기계정비시험연구회 편저

일진사

머리말

오늘날 산업 설비는 고도화, 대형화, 다기능화되어 가고 있다. 설비 운전은 약간의 교육만 이수하면 가능하지만, 고장이 발생하면 이것을 회복할 수 있는 기술력이 부족한 실정이다. 이에 한국산업인력공단에서는 기계정비기능사, 기계정비산업기사 자격검정을 개설하였으며, 국가기술 자격종목 중 수검 응시자가 가장 많은 종목으로 나타나고 있다. 이는 경영진이나 현장의 실무 종사자들이 설비의 TPM이 중요하다는 것을 인식하고 있다는 것을 말한다. 그러나 산업 설비의 종류는 무한대로 많다. 이 설비들을 전부 국가기술자격의 문제로 취급한다는 것은 불가능한 것이다. 따라서 정비요원으로 가져야 할 최소의 지식과 표준화가 가능한 문제로 구성되어 있다.

이 책은 학교나 산업현장에서 필요한 지침서임은 물론, 국가기술 자격검정 지침서가 되도록 다음 사항에 중점을 두어 구성하였다.

첫째, 한국산업인력공단의 출제 기준에 따라 공유압 및 자동화 시스템 / 설비 진단 및 관리 / 공업 계측 및 전기 전자 제어 / 기계 정비 일반 등 과목별 핵심 이론을 일목요연하게 정리하였다.

둘째, 지금까지 출제된 과년도 문제를 과목별, 단원별로 세분하여 예상문제로 수록하였으며, 각 문제마다 상세한 해설을 곁들여 이해를 도왔다.

셋째, 부록으로 최근에 시행된 기출문제를 수록하여 줌으로써 출제 경향을 파악하고, 이에 맞춰 전체 내용을 복습할 수 있도록 하였다.

이 책을 통하여 산업 사회의 유능한 기술인으로서의 소질을 기르고, 이 분야에 대한 지식과 기술의 발전에 이바지하기를 바라며, 끝으로 이 책을 출판하기까지 여러모로 도와주신 도서출판 **일진사** 여러분께 감사드린다.

저자 씀

기계정비산업기사(필기) 출제기준

필기 검정방법	객관식	문제 수	80	시험 시간	2시간

○ 직무내용: 설비의 장치 및 기계를 효율적으로 관리하기 위해 일상 및 정기 점검을 통해 정비 작업 등의 직무 수행

필기 과목명	출제 문제수	주요항목	세부항목
공유압 및 자동화 시스템	20	1. 유공압	1. 유·공압의 개요 2. 유압 기기 3. 공압 기기 4. 유·공압 기호 5. 유·공압 회로
		2. 자동화 시스템	1. 자동화 시스템의 개요 2. 센서 3. 액추에이터 4. 자동화 시스템 회로 구성 5. 자동화 시스템의 유지 보수
설비 진단 및 관리	20	1. 설비 진단	1. 설비 진단의 개요 2. 진동 이론 3. 진동 측정 4. 소음 이론과 측정 5. 소음 진동 제어 6. 회전 기계의 진단 7. 윤활 관리 진단
		2. 설비 관리	1. 설비 관리 개론 2. 설비 계획 3. 설비 보전의 계획과 관리 4. TPM
공업 계측 및 전기 전자제어	20	1. 공업 계측	1. 공업 계측의 개요 2. 센서와 신호 변환 3. 공업량의 계측 4. 변환기 5. 조작부 6. 프로세스 제어

		2. 전기 제어	1. 전기 기초 2. 교류 회로 3. 시퀀스 제어
		3. 전자 제어	1. 전자 이론 2. 논리 회로
기계 정비 일반	20	1. 기계 정비용 공기구 및 정비 점검	1. 정비용 공기구 및 재료 2. 기계요소 점검 및 정비
		2. 기계 장치 점검, 정비	1. 기계 장치 점검과 정비 2. 펌프 장치 3. 기계의 분해 조립

기계정비산업기사 (실기) 출제기준

실기 검정방법	작업형	시험 시간	6시간 정도

○ 직무내용 : 설비의 장치 및 기계를 효율적으로 관리하기 위해 일상 및 정기 점검을 통해 정비 작업 등의 직무 수행

○ 수행준거 : 1. 기계의 전기 회로 시스템을 이해하고 측정 장치 등을 사용하여 관련 전기 장치의 고장을 진단할 수 있다.
2. 소음 및 진동 측정 장비 등을 사용하여 기계를 진단할 수 있다.
3. 유·공압 및 전기 시스템을 이해하고 회로를 구성하여 동작 시험을 할 수 있다.
4. 기계 요소를 이해하고 기계 정비용 장비 및 공구를 사용하여 부품 교체 작업을 할 수 있다.

실기 과목명	주 요 항 목	세 부 항 목
기계 정비 작업	1. 기계 점검	1. 전기 장치 측정하기 2. 설비 진단하기
	2. 기계 정비	1. 유공압 회로 구성 및 점검하기 2. 기계요소 스케치 및 기계 정비 작업하기

차례

제1편 유·공압 및 자동화 시스템

제1장 유·공압

제2장 자동화 시스템

제2편 설비 진단 및 설비 관리

제1장 설비 진단

제2장 설비 관리

제 3 편 공업 계측 제어, 전기 제어, 전자 제어

제1장 공업 계측 제어

제2장 전기 제어

제3장 전자 제어

제 4 편 기계 정비 일반

제 1 장 기계 정비용 공기구 및 정비 점검

제 2 장 기계 요소 보전

제 3 장 기계 장치 점검, 정비

제 4 장 펌프 장치

제 5 장 기계의 분해 조립

부 록 과년도 출제 문제

유 · 공압 및 자동화 시스템

CHAPTER 1

유 · 공압

1. 유 · 공압의 개요

1-1 유 · 공압 장치의 구성 및 작동 유체

(1) 유압 장치의 구성

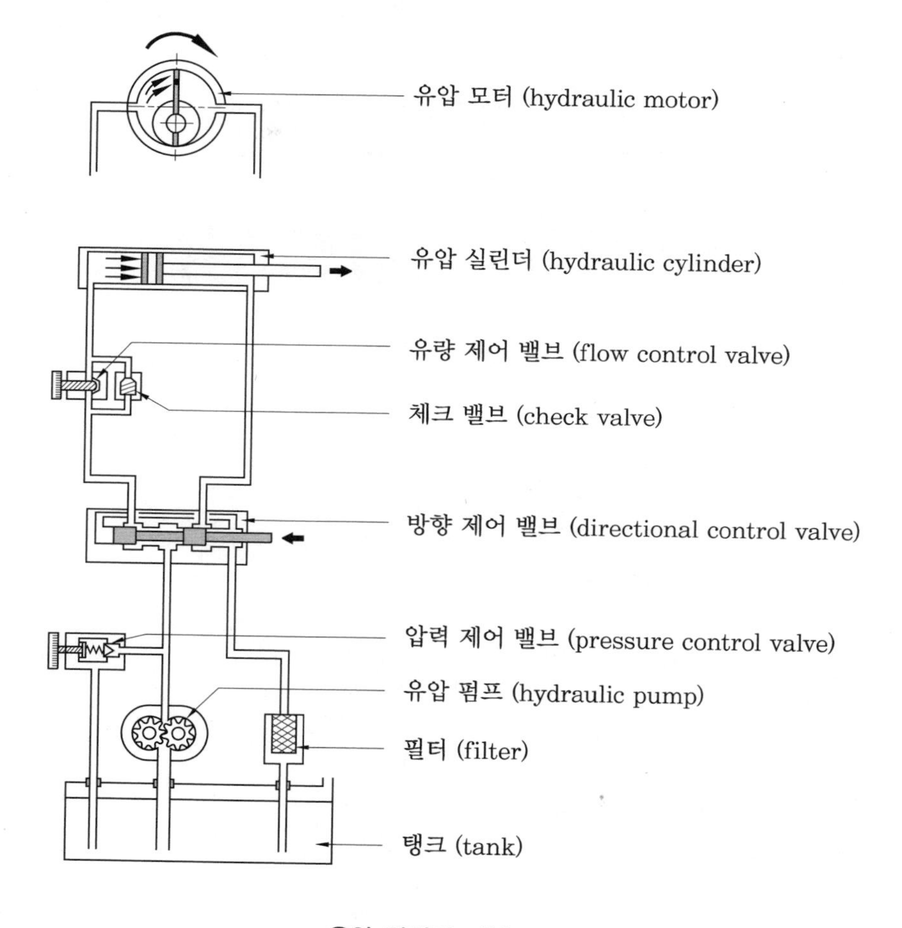

유압 장치의 기본 구성

(2) 공압 장치의 구성

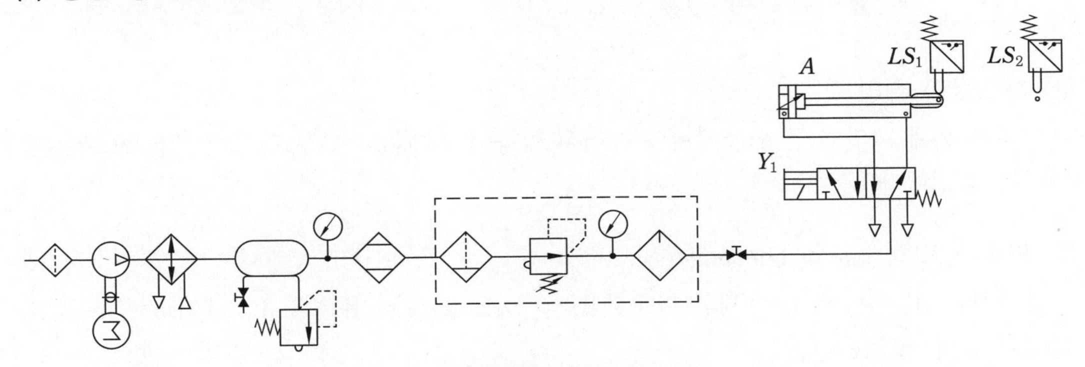

공압 장치의 기본 구성

(3) 작동 유체

① 공기 : 공압 장치에 사용되는 공기는 수분이나 오염 물질이 포함되지 않은 좋은 질의 것이어야 한다.

② 오일 : 유압 장치에서 가장 중요한 물질인 오일은 유압 장치의 성능과 수명에 크게 영향을 끼친다. 유압 장치를 효율적으로 운전하려면 깨끗하고 질이 좋은 오일을 사용하여야 한다.

③ 유체의 성질

(가) 비중량, 밀도, 비중

㉮ 유체의 비중량은 단위 체적당의 무게로 정의된다.

$$\gamma = \frac{W}{V}$$

여기서, γ : 비중량 (kgf/m^3), V : 체적 (m^3)

㉯ 밀도는 단위 체적당 유체의 질량으로 나타낸다.

밀도 ρ [kg/m^3]는 $\rho = \dfrac{m}{V}$

㉰ 비중은 물체의 밀도를 물의 밀도로 나눈 값으로 유체의 밀도를 ρ, 비중의 밀도를 ρ'라고 하면, 비중 S는 $S = \dfrac{\rho}{\rho'}$이다.

즉, 물의 비중을 1로 보고 유체의 상대적 무게를 나타낸 것이다.

(나) 체적 탄성 계수 (bulk modulus of elasticity) : 유체가 얼마나 압축되기 어려운가 하는 정도를 나타내는 것이며, 체적 탄성 계수가 크면 압축이 잘되지 않는다.

(다) 점성 계수 (coefficient of viscosity) : 온도의 변화에 따라 크게 변화한다.

(라) 공기의 상태 변화 : 기체의 압력, 체적, 온도의 3요소에는 일정한 관계가 있는데 이들 중의 2요소가 정해지면 나머지 요소는 필연적으로 정해진다. 이 3요소 간의 관계를 나타내는 식을 상태식이라 하고, 이들의 변화를 상태의 변화라 한다.

1-2 유·공압의 기초

(1) 파스칼의 원리

정지된 유체 내의 모든 위치에서의 압력은 방향에 관계없이 항상 같으며, 직각으로 작용한다는 원리이다.

(2) 연속의 법칙(law of continuity)

단면적을 A_1, A_2[m^2], 유체의 비중량을 γ_1, γ_2[kgf/m^3], 유속을 V_1, V_2[m/s]라 하면, 유체의 중량 G[kg/s]는

$$G = \gamma_1 A_1 V_1 = \gamma_2 A_2 V_2$$

$$\frac{G}{\gamma} = A_1 V_1 = A_2 V_2 = Q = \text{일정}$$

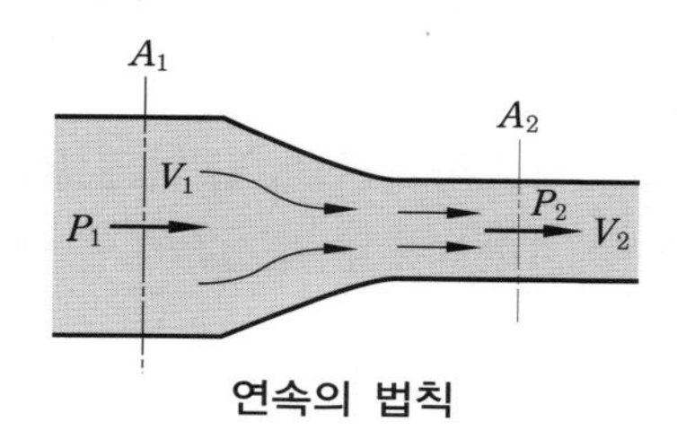

연속의 법칙

(3) 베르누이의 정리(Bernoulli's theorem)

관 속에서 에너지 손실이 없다고 가정하면, 즉 점성이 없는 비압축성의 액체는 에너지 보존의 법칙(law of conservation of energy)으로부터 유도될 수 있다.

(4) 유체의 흐름

① 난류 : 유체의 레이놀즈 수(Re)가 2320보다 큰 경우, 즉 점도 계수가 작고, 유속이 크며, 굵은 관을 흐를 때 일어나기 쉬우며 에너지를 많이 소비한다.

② 층류 : 유체의 동점도가 크고, 유속이 비교적 작으며, 가는 관이나 좁은 틈새를 통과할 때, 레이놀즈 수가 작은 경우, 즉 점성 계수가 큰 경우에 잘 일어나며, 유체의 점성만이 압력 손실의 원인이 된다.

출제 예상 문제

기계정비산업기사

1. 공기압 장치에 사용되는 압축 공기의 장점이 아닌 것은? (05년 1회)

① 청결성 ② 안전성
③ 윤활성 ④ 저장성

해설 윤활성은 유압 시스템의 장점이다.

2. 공압 장치가 유압 장치에 비해 특히 좋은 점은? (12년 2회)

① 온도에 민감하다.
② 저압이기에 효율이 좋다.
③ 공기를 사용하기 때문에 인화의 위험이 없다.
④ 작동 요소의 구조가 복잡하다.

3. 공압 장치에서 압축 공기의 설명으로 옳은 것은? (09년 3회)

① 압축 공기는 온도가 상승해도 팽창하지 않는다.
② 에너지 손실이 적어서 가격이 저렴하다.
③ 압축 공기는 저장될 수 없다.
④ 압축 공기를 배출할 때 소음이 발생한다.

해설 소음 발생은 공압의 단점 중 하나이다.

4. 유압 장치의 특성에 대해 잘못 설명된 것은 어느 것인가? (12년 3회)

① 큰 힘을 낼 수 있다.
② 공압에 비해 작업 속도가 빠르다.
③ 무단 변속이 가능하다.
④ 균일한 속도를 얻을 수 있다.

해설 작업 속도는 유압에 비해 공압이 빠르다.

5. 다음 중 1 bar의 압력값과 다른 것은 어느 것인가? (07년 1회)

① 750.061 mmHg ② 14.507 PSI
③ 100000 Pa ④ 101325 N/m^2

6. 동점성 계수의 단위는? (03년 1회)

① poise ② stokes
③ viscosity ④ degree

해설 점성 계수를 밀도로 나눈 값을 동점성 계수(kinematic coefficient of viscosity)라고 한다. 점성 계수의 단위로는 푸아즈(poise, P), 센티푸아즈(cP) 등이 있다.

7. 절대 압력이 686 kPa이고 게이지 압력이 603 kPa이다. 이때 국소 기압은 몇 mmHg인가? (05년 3회)

① 523 ② 623
③ 723 ④ 733

해설 게이지 압력 = 절대 압력 − 국소 기압

8. 1표준 기압은 수은주 760 mmHg이다. 상온의 물이라면 이것의 수주는 약 얼마인가? (07년 1회/11년 1회)

① 0.76m ② 1.04m
③ 7.6m ④ 10.34m

9. 면적이 10 cm^{2}인 곳을 50 kgf의 무게로 누르면 작용 압력은? (06년 3회/07년 1회)

① 5 kgf/cm^2 ② 10 kgf/cm^2
③ 58 kgf/cm^2 ④ 5 kgf/m^2

해설 $P = \frac{F}{A} = \frac{50}{10} = 5\,\text{kgf/cm}^2$

정답 1. ③ 2. ③ 3. ④ 4. ② 5. ④ 6. ② 7. ② 8. ④ 9. ①

10. 실린더 전진 시 이론 출력을 나타내는 식으로 맞는 것은? (D : 실린더 안지름, P : 사용 공기 압력, d : 로드 지름이며, 마찰력은 무시하고 로드 측 압력은 대기압이다.) (11년 3회)

① $\left(\frac{\pi d^2}{4}\right)P$　② $\left(\frac{\pi}{4}\right)(D^2-d^2)P$
③ $\frac{\pi}{4}DP^2$　④ $\frac{\pi}{4}(D-d)P^2$

해설 이론 출력$\left(\frac{\pi d^2}{4}\right)P$은 실린더의 튜브 안지름과 피스톤 로드의 바깥지름 및 사용 압력으로 결정된다.

11. 공압 장치의 구성 요소 중 공압 발생 장치와 거리가 먼 것은? (09년 2회)

① 압축기　② 냉각기
③ 공기 탱크　④ 레귤레이터

해설 공압 발생 장치에는 압축기, 공기 탱크, 냉각기, 건조기 등이 있으며, 레귤레이터는 공기압 조정 기기, 필터는 공기 청정화 기기이다.

12. 수평 원관 속을 흐르는 유체에 대한 다음 설명 중 옳은 것은? (단, 에너지 손실은 없다고 가정한다.) (10년 1회/11년 2회)

① 유체의 압력과 유체의 속도는 제곱 특성에 비례한다.
② 유체의 속도는 압력과의 관계가 없다.
③ 유체의 속도는 압력에 비례한다.
④ 유체의 속도가 빠르면 압력이 낮아진다.

13. 유압 시스템의 파워 유닛에 속하지 않는 것은? (10년 2회)

① 릴리프 밸브　② 유량 제어 밸브
③ 펌프　④ 오일 탱크

해설 파워 유닛 : 오일 탱크, 릴리프 밸브, 펌프

14. 밀폐된 용기 내의 압력을 동일한 힘으로 동시에 전달하는 것을 증명한 법칙을 무엇이라 하는가? (10년 3회)

① 뉴턴의 법칙　② 베르누이 정리
③ 파스칼의 원리　④ 돌턴의 법칙

해설 파스칼의 원리 : 정지된 유체 내의 모든 위치에서의 압력은 방향에 관계없이 항상 같으며, 또 유체를 통하여 전달된다.

15. 압축 공기의 생산과 준비 단계가 올바르게 표현된 것은? (10년 3회)

① 압축기－애프터 쿨러－건조기－저장 탱크－서비스 유닛
② 압축기－건조기－애프터 쿨러－저장 탱크－서비스 유닛
③ 압축기－애프터 쿨러－저장 탱크－건조기－서비스 유닛
④ 압축기－애프터 쿨러－저장 탱크－서비스 유닛－건조기

16. 다음 중 온도가 일정할 때 절대 압력과 체적과의 관계는? (11년 3회)

① 공기의 체적은 절대 압력에 비례한다.
② 공기의 체적은 절대 압력에 반비례한다.
③ 공기의 체적은 절대 압력의 제곱에 비례한다.
④ 공기의 체적은 절대 압력의 제곱에 반비례한다.

해설 온도가 일정할 때 절대 압력과 체적과의 관계 : 공기의 체적은 절대 압력에 반비례한다(보일의 법칙).

17. 기체는 압력을 일정하게 유지하면서 온도를 상승시키면 체적이 증가되는 것을 알 수 있으며 체적 증가는 온도 1℃ 증가함에 따라 체적이 1/273.1씩 증가한다. 이 법칙을 무엇

정답 10. ① 11. ④ 12. ④ 13. ② 14. ③ 15. ③ 16. ② 17. ②

이라고 하는가? (12년 2회)

① 보일의 법칙 ② 샤를의 법칙
③ 연속의 법칙 ④ 베르누이 정리

해설 • 보일의 법칙 : 온도가 일정하면 일정량의 기체의 압력과 체적을 곱한 값은 일정하다.
• 샤를의 법칙 : 압력이 일정하면 일정량의 체적은 그 절대 온도에 비례한다.

18. 압축성이 좋은 것부터 차례로 나열한 것은 어느 것인가? (12년 1회)

① 액체 → 고체 → 기체
② 기체 → 액체 → 고체
③ 고체 → 액체 → 기체
④ 기체 → 고체 → 액체

해설 압축성이란 압축률을 나타내는 것으로 체적이 감소한 비율을 말한다.

19. 단위 질량당 유체의 체적(SI 단위), 또는 단위 중량당 유체의 체적(중력 단위)을 무엇이라 하는가? (12년 1회)

① 비중 ② 비체적
③ 밀도 ④ 비중량

해설 밀도는 단위 체적당 질량, 비중량은 단위 체적당 중량을 의미한다.

20. 유체의 성질에 대한 설명 중 옳은 것은? (06년 1회/09년 2회/17년 3회)

① 유체의 속도는 단면적이 큰 곳에서는 빠르다.
② 유속이 느리고 가는 관을 통과할 때 난류가 발생된다.
③ 유속이 빠르고 굵은 관을 통과할 때 층류가 발생한다.
④ 점성이 없는 비압축성의 유체가 수평관을 흐를 때 압력, 위치, 속도 에너지의 합은 일정하다.

21. 양 끝의 지름이 다른 관이 수평으로 놓여 있다. 왼쪽에서 오른쪽으로 물이 정상류를 이루고 매초 2.8 L가 흐른다. B 부분의 단면적이 20 cm^2라면 B 부분에서 물의 속도는 얼마나 되겠는가? (08년 3회/13년 6회)

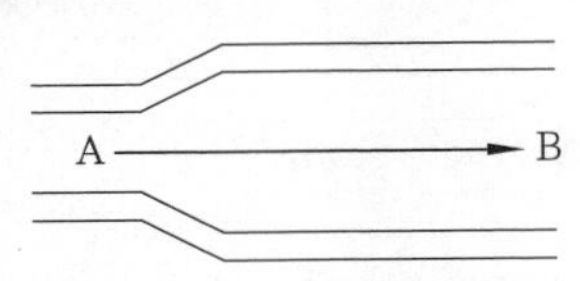

① 14 cm/s ② 56 cm/s
③ 140 cm/s ④ 56 m/s

해설 $2.8\ L = 2800\ cm^3$
$\therefore\ 2800 \div 20 = 140\ cm/s$

2. 공압 기기

2-1 ○ 공압 발생 장치

공압 발생 장치는 공기를 압축하는 공기 압축기, 압축된 공기를 냉각하여 수분을 제거하는 냉각기, 압축 공기를 저장하는 공기 탱크, 압축 공기를 건조시키는 공기 건조기 등으로 구성되어 있다.

(1) 공기 압축기(air compressor)

공압 에너지를 만드는 기계로서 공압 장치는 이 압축기를 출발점으로 하여 구성된다. 공기 압축기는 기압의 공기를 흡입, 압축하여 100 kPa (1kgf/cm^2) 이상의 압력을 발생시키는 것을 말한다.

① 공기 압축기의 분류

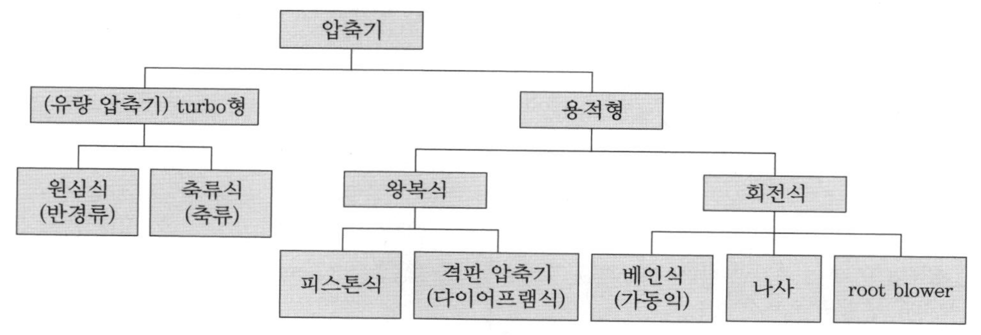

압축 원리, 구조상의 분류

② 공기 압축기의 특징

공기 압축기의 특징

구 분	왕복식	나사식	터보식
진동	비교적 크다.	작다.	작다.
소음	크다.	작다.	크다.
맥동	크다.	비교적 작다.	작다.
토출 압력	높다.	낮다.	낮다.
비용	작다.	높다.	높다.
이물질	먼지, 수분, 유분, 탄소	유분, 먼지, 수분	먼지, 수분
정기 수리 시간	3000~5000	12000~20000	8000~15000

③ 공기 압축기의 사용 대수
(가) 고장 시 작업 중지에 의한 손해 방지
(나) 부하 변동에 의한 대처
(다) 보전과 사용 효율 면에 대한 고려
(라) 일반적 방식으로는 2대가 최량의 방법

(2) 공기탱크(air tank)

① 압축기로부터 배출된 공기 압력의 맥동을 방지하거나 평준화한다.
② 일시적으로 다량의 공기가 소비되는 경우의 급격한 압력 강하를 방지한다.
③ 정전 등 비상시에도 일정 시간 공기를 공급하여 운전이 가능하게 한다.
④ 주위의 외기에 의해 냉각되어 응축수를 분리시킨다. 또, 공기탱크는 압력 용기이므로 법적 규제를 받는다.

(3) 공기 정화 시스템

공기 정화 장치는 압축 공기 중에 함유된 먼지, 기름, 수분 등의 오염 물질을 요구 정도의 기준치 이내로 제거하여 최적 상태의 압축 공기로 정화하는 기기이다.

① 냉각기(after cooler) : 냉각기에는 공랭식과 수냉식이 있다.
② 공기 건조기(air dryer) : 공기 건조기에는 냉매를 사용하는 냉동식 공기 건조기와 실리카 겔, 활성 알루미나 등을 이용한 흡착식 공기 건조기 및 화학적 건조 방법을 사용하는 흡수식 공기 건조기가 있다.
③ 공기 여과기(air filter) : 공기에 있는 수분, 먼지 등의 이물질이 공압 기기에 들어가지 못하도록 하기 위해 입구부에 공기 여과기를 설치한다.
④ 윤활기(lubricator) : 공압 기기의 작동을 원활하게 하고, 내구성을 향상시키기 위해 급유를 공급하는 장치로 근간에는 그리스 등이 미리 봉입되어 있는 무급유식이 많이 사용되고 있다.
⑤ 공기 조정 유닛(air control unit, service unit) : 공기 필터, 압축 공기 조정기, 윤활기, 압력계가 한 조로 이루어진 것으로 기기가 작동할 때 선단부에 설치하여 기기의 윤활과 이물질 제거, 압력 조정, 드레인 제거를 행할 수 있도록 제작된 것이다.

2-2 공압 밸브

(1) 압력 제어 밸브(pressure control valve)

① 압력 조절 밸브(감압 밸브, reducing valve) : 압력을 일정하게 유지하는 기기로서, 배기공이 없는 압력 조절 밸브가 많이 사용되며 압축 공기는 밖으로 배기되지 않는다.

② 릴리프 밸브 : 직동형 압력 제어 밸브에 보완 장치를 갖춘 것으로 시스템 내의 압력이 최대 허용 압력을 초과하는 것을 방지해 주고, 교축 밸브의 아래쪽에는 압력이 작용하도록 하여 압력 변동에 의한 오차를 감소시키며, 주로 안전밸브로 사용된다.

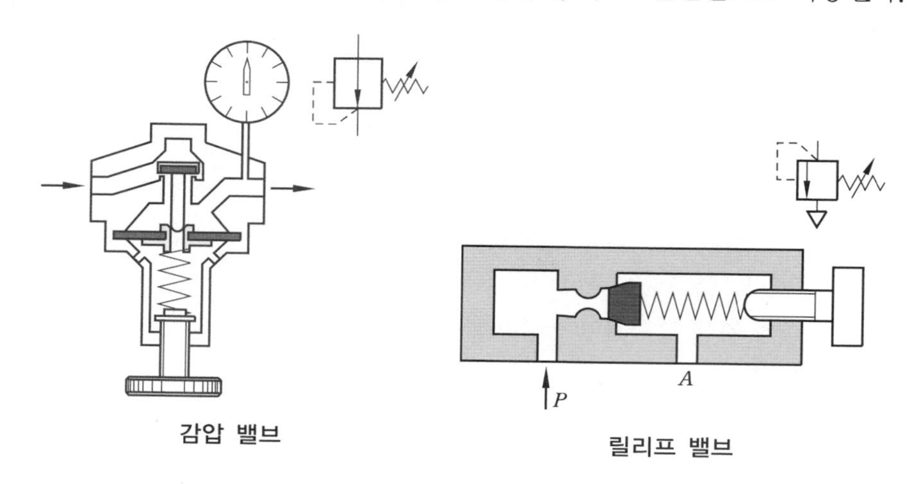

감압 밸브

릴리프 밸브

③ 시퀀스 밸브 : 공기압 회로에 다수의 실린더나 액추에이터를 사용할 때 각 작동 순서를 미리 정해 놓고 그 순서에 따라 움직이게 하는 경우에 캠 조작 밸브나 공기 타이머 또는 전기적 제어 장치에 의해 그 작동 순서를 자유로이 작동시킬 수 있으나 이 밸브는 그 순서를 압력의 축압(蓄壓) 상태에 따라 순차로 작동을 전달해 가면서 작동한다.

④ 압력 스위치 : 일명 전공 변환기라고도 하며, 회로 중의 공기 압력이 상승하거나 하강할 때 어느 압력이 되면 전기 스위치가 변환되어 압력 변화가 전기 신호로 보내진다.

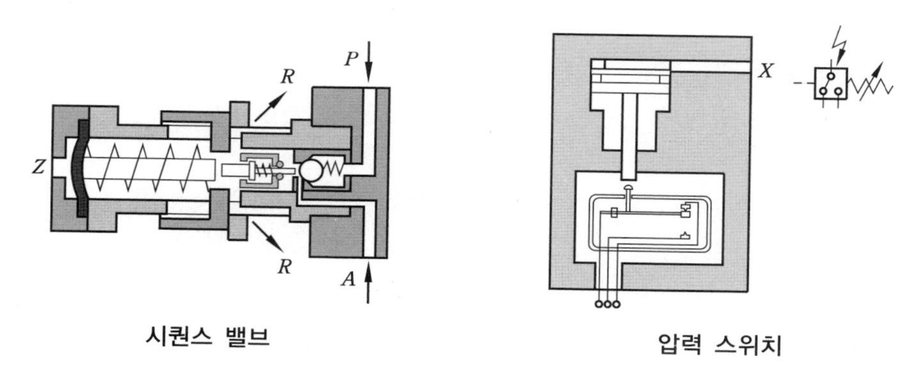

시퀀스 밸브

압력 스위치

(2) 유량 제어 밸브(flow control valve)

공기의 유량은 관로의 저항의 대소에 따라 정해지는데, 이 저항을 가지게 하는 기구를 교축(throttle)이라 하고, 이 교축을 목적으로 하여 만든 밸브를 스로틀 밸브(throttle valve)라고 부른다. 이 스로틀 밸브는 유량의 제어를 목적으로 하고 있으므로 유량 제어 밸브라고도 부른다.

① 양방향 유량 제어 밸브(throttle valve, needle valve) : 나사 손잡이를 돌려 그 끝의 니들(또는 콕, 원추형 등)을 상하로 이동시키면 유로의 단면적을 바꾸어 스로틀의 정도를 조정하게 되어 있는 간단한 구조로 되어 있다.

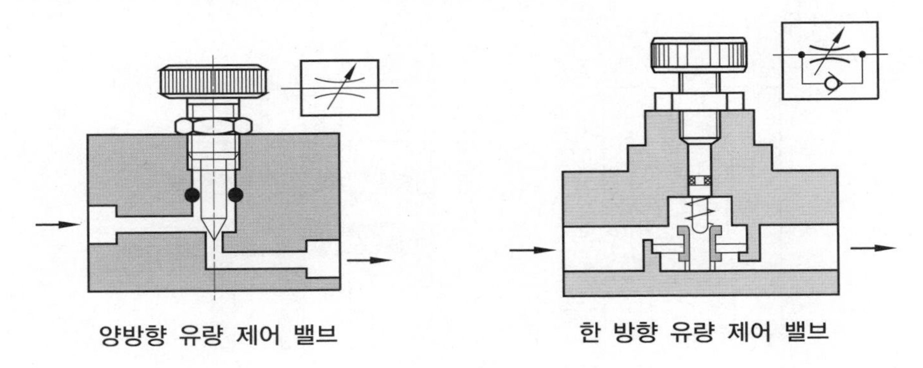

양방향 유량 제어 밸브 한 방향 유량 제어 밸브

② 한 방향 유량 제어 밸브(speed control valve) : 스로틀 밸브와 체크 밸브를 조합한 것으로 흐름의 방향에 따라서 교축 작용이 있기도 하고 없기도 하는 밸브

(3) 방향 제어 밸브(directional valves or way valves)

방향 제어 밸브는 실린더나 액추에이터로 공급하는 공기의 흐름 방향을 변환시키는 밸브이다.

① 방향 제어 밸브의 분류

㈎ 기능에 의한 분류

㉮ 포트 수 : 밸브에 뚫려 있는 공기 통로의 개구부를 포트(port)라 한다. 포트에는 보통 IN 또는 P(흡기구)와 A, B(액추에이터와의 접속구), R 또는 S(배출구)의 문자가 표시되어 있으며, 밸브 주 관로를 연결하는 접속구의 수를 포트 수라 하며, 표준인 경우 2, 3, 4, 5의 것이 있다.

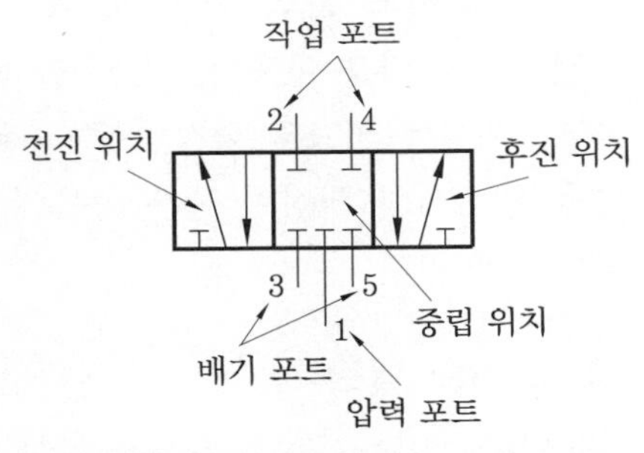

방향 제어 밸브의 포트 수 및 위치 수

㉯ 위치의 수 : 위치(position)라고 하는 것은 밸브의 전환 상태의 위치를 말하는데, 일반적인 밸브에서는 2위치 및 3위치가 대부분이고 4위치, 5위치, 다위치 등의 특수 밸브도 있다.

㈏ 조작 방식에 의한 분류 : 유체의 흐름을 변환하기 위해서는 조작력이 필요하고 이 조작력의 종류에 따라 분류되며 이들의 기본 조작 방식을 조합하여 사용하는 것이 대부분이다.

㈐ 구조에 의한 분류

㉮ 포핏식 밸브(poppet valves) : 볼, 디스크, 평판(plate) 또는 원추에 의해 연결

구가 열리거나 닫히게 되는 것으로 구조가 간단하여 이물질의 영향을 잘 받지 않고, 전환 거리가 짧고, 배압에 의해 밸브의 밀착이 완전하게 되며, 윤활이 불필요하고 수명이 길다. 그러나 큰 변환 조작이 필요하고, 다 방향 밸브로 되면 구조가 복잡하게 되는 결점도 있다.

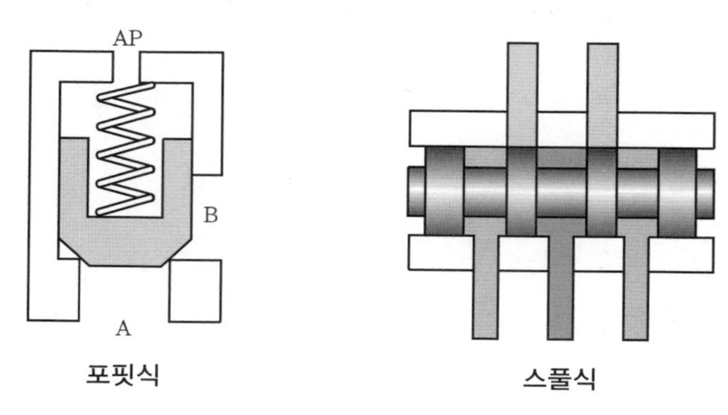

포핏식 스풀식

㉯ 슬라이드 밸브(스풀식) (slide valves, spool type) : 압력에 따른 힘을 거의 받지 않기 때문에 작은 힘으로 밸브를 변환할 수 있으나 소량의 공기 누출이 있으며 미끄럼면이 정밀한 치수로 가공되어 있어 이물질의 침입을 최대한 방지하여야 하고, 윤활유의 관리가 필요하다.

(4) 솔레노이드 밸브(solenoid valve)

전자석의 힘을 이용하여 밸브를 움직이게 하는 전환 밸브로 직동식과 파일럿식이 있다. 솔레노이드는 비교적 행정이 큰 경우에 사용되는 것으로 규소 강판을 수십 장 겹친 구조인 T형 플런저와 행정이 작은 경우에 사용되는 F형과 I형 플런저가 있다. 또한 교류용과 직류용이 있다.

(5) 그 밖의 밸브

① 체크 밸브(check valve) : 역류 방지 기능을 가진 밸브이다.

② 셔틀 밸브(shuttle valve, OR valve) : 3방향 체크 밸브, OR 밸브, 고압 우선 셔틀 밸브라고도 한다.

③ 2압 밸브(two pressure valve) : AND요소로서 저압 우선 셔틀 밸브라고도 한다.

④ 급속 배기 밸브(quick release valve or quick exhaust valve) : 액추에이터의 배출 저항을 적게 하여 속도를 빠르게 하는 밸브로 가능한 액추에이터 가까이에 설치하며, 충격 방출기는 급속 배기 밸브를 이용한 것이다.

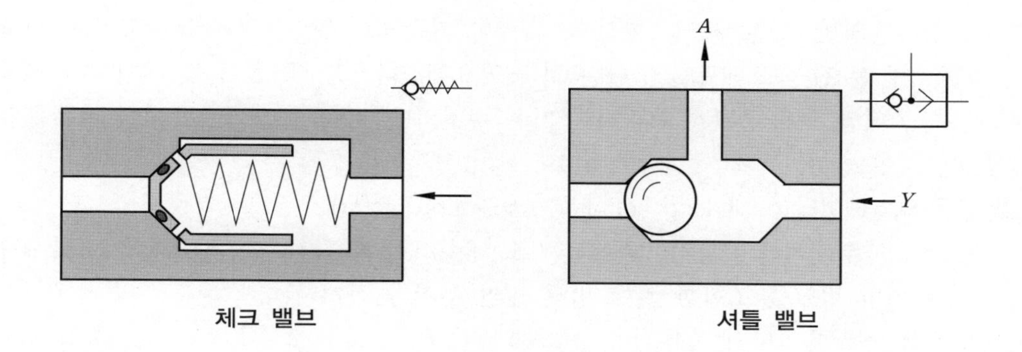

체크 밸브　　　　셔틀 밸브

2-3 공압 액추에이터

(1) 공압 실린더

압력 에너지를 직선 운동으로 변환하는 기기이다.

① 피스톤형 실린더 : 피스톤 실린더, 램형 실린더, 다이어프램형 실린더, 벨로스형 실린더

② 작동 방식 : 단동 실린더, 복동 실린더, 차압 작동 실린더

③ 복합 실린더 : 텔레스코프 실린더, 탠덤 실린더, 듀얼 스트로크 실린더

④ 피스톤 로드식 : 편 로드형, 양 로드형

⑤ 쿠션의 유무 : 쿠션 없음, 한쪽 쿠션, 양쪽 쿠션

⑥ 위치 결정 형식 : 2위치형, 다위치형, 브레이크 붙이, 포지셔너

⑦ 기타 : 가변 스트로크 실린더, 임팩트형 실린더, 플라스틱형 실린더, 와이어형 실린더 (로드리스 실린더), 플렉시블 튜브형 실린더 (로드리스 실린더)

(2) 공압 모터 및 요동 액추에이터

① 공압 모터 : 공압 모터는 공기 압력 에너지를 기계적인 연속 회전 에너지로 변환시키는 액추에이터로, 시동, 정지, 역회전 등은 방향 제어 밸브에 의해 제어된다.

㈎ 공압 모터의 종류 : 공압 모터에는 피스톤형, 베인형, 기어형, 터빈형 등이 있고, 주로 피스톤형과 베인형이 사용되고 있으며, 피스톤형은 반경류 (radial)와 축류 (axial)로 구분된다.

㈏ 공압 모터의 특성 : 공기 모터에 발생 토크는 회전 속도에 정비례하며 시동 토크와 연속 구동 토크가 다른 경우에는 큰 양의 토크로부터 모터의 크기를 결정한다. 출력은 무부하 회전 속도의 약 $\frac{1}{2}$에서 최대로 된다.

(다) 선정 : 일반적으로 토크, 회전수, 출력이 기준으로 된다. 그리고 반송 등에 응용할 경우는 관성 모멘트를 구하는 것도 필요해진다. 또, 공급 측 및 배기 측의 압력 손실, 배압 등을 충분히 고려하여 기준 수치의 50~70%로 보고, 충분한 여유를 잡는 것이 좋다.

② 요동 액추에이터 (oscillating actuator, oscillating motor)

(가) 요동 액추에이터의 특징 : 한정된 각도 내에서 반복 회전 운동을 하는 기구로 공압 실린더와 링크를 조합한 것에 비해 훨씬 부피가 적게 든다.

(나) 요동 액추에이터의 종류

㉮ 베인형

㉯ 피스톤형 : 랙 피니언형, 스크루형, 크랭크형, 요크형

2-4 공·유압 조합 기기

(1) 공·유압 변환기 (pneumatic hydraulic converter)

공기 압력을 동일 압력의 유압으로 변환하는 것으로, 비교적 저압의 유압이 쉽게 얻어지게 하는 것을 특징으로 하고 있다.

(2) 하이드롤릭 체크 유닛 (hydraulic check unit)

공압 실린더에 연결된 스로틀 밸브를 조정하여 공압 실린더의 속도를 제어하는 데 사용된다. 또, 바이패스 밸브를 설치하면 중간 정지도 가능하게 되나, 자력에 의한 작동 기능은 없으며, 외부로부터의 피스톤 로드를 전진시키려는 힘이 작용되었을 때에 작동된다.

(3) 증압기 (intensifier)

보통의 공압 회로에서 얻을 수 없는 고압을 발생시키는 데 사용하는 기기로, 공작물의 지지나 용접 전의 이송 등에 사용된다.

출제 예상 문제

기계정비산업기사

1. 그림에서 공급 압력 $P_1 = 600$ kPa이고 압력 강하 $\Delta P = 100$ kPa라면 유량은 몇 m³/h인가? (02년 3회)

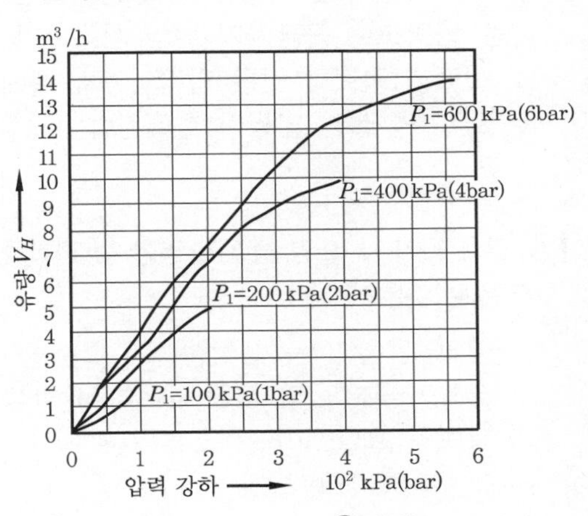

① 2 ② 2.8
③ 3.3 ④ 4

2. 공기 압축기에서 표준 대기압 상태의 공기를 시간당 10m³씩 흡입한다. 이 공기를 700 kPa로 압축하면 압축된 공기의 체적은 약 몇 m³인가? (단, 압축 시 온도의 변화는 무시한다.) (08년 1회)

① 0.43 ② 1.25
③ 2.43 ④ 3.25

3. 일반적으로 압축기에서 압축의 정도를 나타낼 때에는 흡입 공기 압력과 배출 공기 압력의 비를 사용한다. 압축기는 얼마의 압력비로 압축된 것을 말하는가? (07년 3회)

① 0.1~0.3 ② 0.5~1.1
③ 1.3~1.8 ④ 2.0 이상

해설 압력비 $= \dfrac{\text{토출 절대 압력}}{\text{흡입 절대 압력}}$

4. 다음 중 왕복형 공기 압축기의 특징으로 맞는 것은? (07년 1회)

① 진동이 적다.
② 고압에 적합하다.
③ 소음이 적다.
④ 맥동이 적다.

해설 왕복식 공기 압축기는 고압용이다.

5. 다음 압축기의 종류 중 왕복 피스톤 압축기에 해당되는 것은? (08년 3회)

① 원심식 ② 다이어프램식
③ 스크루식 ④ 베인식

해설 왕복 피스톤 압축기에는 피스톤 압축기, 격판 압축기가 있고, 고압 성향은 피스톤 압축기이다.

6. 토출되는 압축 공기가 왕복 운동을 하는 피스톤과 직접 접촉하지 않아 주로 깨끗한 환경에 사용되는 압축기는? (12년 2회/17년 1회)

① 격판 압축기 ② 베인 압축기
③ 스크루 압축기 ④ 피스톤 압축기

해설 스크루 압축기는 일종의 헬리컬 기어를 케이싱 내에서 맞물리게 한 것으로, 고속 회전이 가능하고 저주파 소음이 없어서 소음 대책이 필요 없으며 연속적으로 압축 공기가 토출되므로 맥동이 적다.

7. 다음 중 공기탱크의 역할과 거리가 먼 것은? (06년 3회)

정답 1. ④ 2. ② 3. ④ 4. ② 5. ② 6. ① 7. ④

① 공기 압력의 맥동을 평준화한다.
② 응축수를 분리시킨다.
③ 압축 공기를 저장한다.
④ 급격한 압력 강하를 시킨다.

8. 공기압 저장 탱크의 기능으로 적합하지 않은 것은? (11년 3회)

① 넓은 표면적에 의해 압축 공기를 냉각시킨다.
② 공기 압력의 맥동을 없애는 역할을 한다.
③ 정전에 비해 짧은 시간 운전이 가능하다.
④ 공기의 소모량을 줄인다.

9. 공압 시스템에서 저장 탱크 내 공기의 적정 온도는 몇 ℃인가? (06년 1회)

① −10~0 ② 10~20
③ 40~50 ④ 90~100

10. 공기압 조정 유닛에 대한 설명 중 잘못된 것은? (09년 3회)

① 윤활기에 공급되는 기름은 스핀들 오일이 적당하다.
② 에어 서비스 유닛이라고도 한다.
③ 공압 필터–압력 조절 밸브–윤활기 순서로 조립한다.
④ FRL 콤비네이션이라고도 한다.

해설 공기 조정 유닛(air control unit, service unit) : 공기 필터, 압력계가 부착된 압축 공기 조정기, 윤활기가 한 조로 이루어진 것

11. 공기를 여과하여 분리하는 방법 중 사용하지 않는 것은 무엇인가? (05년 3회)

① 원심력을 이용하여 분리하는 방법
② 충돌판에 닿게 하여 분리하는 방법
③ 냉각하여 분리하는 방법
④ 교축하여 분리하는 방법

12. 공기압 기기 중 압력 조절기에 대한 설명으로 맞는 것은? (11년 2회)

① 압력 조절기는 방향 전환 밸브의 일종이다.
② 일정 압력 이상으로 압력이 상승하는 것을 방지하기 위하여 사용한다.
③ 공기의 압력을 사용 공기압 장치에 맞는 압력으로 공급하기 위해 사용된다.
④ 설정 압력보다 낮은 압력이 1차 측에 공급되면 설정 압력이 출력된다.

13. 압축 공기 내 오염 물질의 영향 중 적합하지 않은 것은? (07년 1회)

① 필터, 윤활기 등의 합성수지 파손
② 슬라이딩부 등의 흠집이나 부식 발생
③ 밸브의 고착, 마모, 실 불량 발생
④ 실린더의 진동 발생

해설 압축 공기 내 오염 물질의 영향
㉠ 필터, 윤활기 등의 합성수지 파손
㉡ 필터 엘리먼트의 눈 막힘 및 드레인 밸브의 배수 기능 저하
㉢ 녹의 발생에 의한 작동 불량 및 스프링의 절손
㉣ 냉각 시 수분 동결에 의한 기기의 작동 불량
㉤ 먼지의 퇴적에 의한 관로 면적 감소 및 가동부의 작동 불량
㉥ 슬라이딩부 등의 흠집이나 부식 발생
㉦ 드레인에 의해 막힌 윤활제를 세척
㉧ 실재나 다이어프램의 팽윤 이상 마모 또는 파손

14. 공압 기기 및 관로 내에서 유동 또는 침전 상태에 있는 물 또는 기름의 혼합 액체를 무엇이라고 하는가? (10년 2회)

① 누설 ② 드레인
③ 개스킷 ④ 오일 미스트

정답 8. ④ 9. ③ 10. ① 11. ④ 12. ③ 13. ④ 14. ②

15. **서비스 유닛의 구성 중 윤활기 내에 있는 윤활유가 과도할 경우 발생되는 사항이 아닌 것은?** (10년 2회)

① 진동 소음 발생
② 공기압 부품의 오동작
③ Gumming 현상 발생
④ 작업장 내 환경 오염

16. **공압 장치의 윤활기에 관한 일반적인 사항 중 잘못 설명된 것은?** (12년 1회)

① 과도한 윤활은 부품의 오동작을 야기한다.
② 윤활기의 세척은 중성 세제를 사용한다.
③ 윤활기는 밸브나 실린더 가까운 곳에 설치한다.
④ 윤활기의 원리는 파스칼의 법칙을 응용한 것이다.

해설 베르누이의 정리(Bernoulli's theorem) : 손실이 없는 경우에 유체의 위치, 속도 및 압력 수두의 합으로 표시된다. 오리피스 유량계도 이 원리를 이용한 것이다.

17. **윤활유를 분무 급유하는 루브리케이터(lubricator)의 작동 원리는?** (12년 2회)

① 파스칼 원리
② 베르누이의 원리
③ 벤투리 원리
④ 연속의 원리

해설 윤활기는 벤투리 원리를 이용한 것으로 전량식과 선택식 등이 있고, 전량식에는 고정 벤투리식, 가변 벤투리식이 있다.

18. **공압 윤활기에서 사용되는 윤활유의 설명으로 틀린 것은?** (12년 2회)

① 윤활성이 좋아야 한다.
② 마찰 계수가 적어야 한다.
③ 열화의 정도가 적어야 한다.
④ 일반적으로 윤활유는 ISO VG 45 이상을 사용한다.

해설 윤활유는 마찰 계수가 적고, 윤활성이 좋으며, 마멸, 발열화의 정도가 적어야 한다. 그러나 공압 기기 내에 실(seal) 등을 침식시켜서도 안 된다. 즉, 공압 장치를 구성하는 모든 기기에 좋지 않은 영향을 끼치지 않는 것도 중요하며, 윤활유로는 터빈 오일 1종(무첨가) ISO VG 32와 터빈 오일 2종(첨가) ISO VG 32를 권장하고 있다.

19. **공유압 시스템에서 기본적인 3가지 제어가 아닌 것은?** (11년 3회)

① 압력 제어 ② 유량 제어
③ 위치 제어 ④ 방향 제어

20. **다음 중 공기 압축기에서 공급되는 공기압을 보다 낮은 일정의 적정한 압력으로 감압하여 안정된 공기압으로 하여 공압 기기에 공급하는 기능을 하는 밸브는?** (09년 1회)

① 감압 밸브 ② 릴리프 밸브
③ 교축 밸브 ④ 시퀀스 밸브

해설 공기압에 사용되는 압력 조절 밸브(감압 밸브)는 회로 내의 압력을 감압, 일정하게 유지시킨다.

21. **다음은 감압 밸브에 대하여 설명한 것이다. 맞는 것은?** (09년 3회)

① 입구 압력을 일정하게 유지하는 밸브이다.
② 감압 밸브는 무부하 밸브로 사용될 수 있다.
③ 감압 밸브는 정상 상태 열림형이다.
④ 2 way 감압 밸브는 스스로 출구의 과도한 압력을 제거한다.

정답 15. ① 16. ④ 17. ③ 18. ④ 19. ③ 20. ① 21. ③

해설 공기압에 사용되는 압력 조절 밸브(감압 밸브)는 회로 내의 압력을 감압, 일정하게 유지시킨다.

22. 방향 제어 밸브의 작동을 위한 조작 방식이 아닌 것은? (12년 3회)

① 유량 제어 방식 ② 인력 조작 방식
③ 기계 방식 ④ 전자 방식

해설 밸브의 조작 방식에는 인력 조작 방식, 기계 방식, 공압 방식, 보조 방식, 전자 방식 등이 있다.

23. 다음 밸브의 설명으로 틀린 것은? (11년 2회)

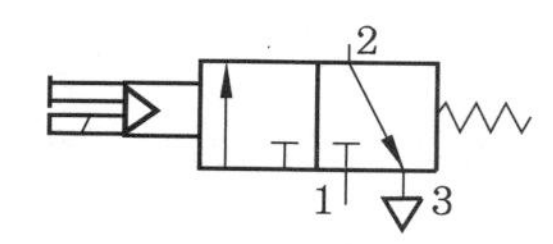

① 솔레노이드 작동 ② 스프링 귀환형
③ 정상 상태 열림 ④ 수동 조작 가능

해설 그림의 밸브는 정상 상태 닫힘형이다.

24. 압축 공기의 출입구가 있는 본체에 끝 부분이 원추 형상을 한 조절 나사가 설치되어 밸브 본체 통로와 원추체 간의 틈새를 변화시켜 양방향으로 공기량을 조절 가능하게 한 밸브는? (09년 1회)

① 스톱 밸브
② 스로틀 밸브
③ 체크 밸브
④ 파일럿 작동 체크 밸브

25. 공압 장치에 사용되는 방향 제어 밸브의 종류가 아닌 것은? (04년 1회)

① 체크 밸브 ② 셔틀 밸브
③ 니들 밸브 ④ 방향 전환 밸브

해설 니들 밸브는 유량 제어 밸브이다.

26. 실린더 동작 중 속도를 변화시키거나 부하가 큰 경우에 정지나 방향 전환 시 충격을 방지하는 경우 사용되는 밸브는? (09년 2회)

① 액셀러레이터 밸브
② 급배기 밸브
③ 압력 보상형 유량 제어 밸브
④ 디셀러레이션 밸브

해설 감속 밸브 : 캠 기구를 이용하여 스풀을 이동시킴으로써 유량을 증감 또는 개폐할 수 있는 작용을 하는 밸브

27. 다음은 체크 밸브를 설명한 것이다. 옳지 않은 것은? (04년 1회)

① 이 밸브는 한 방향의 유동을 허용하나 역방향의 유동은 완전히 저지한다.
② 밸브 본체, 볼, 시트, 스프링 등으로 구성되어 있다.
③ 형식에 따라 흡입형, 스프링 부하형, 유량 제한형, 파일럿 조작형 등이 있다.
④ 스톱 밸브라고도 한다.

해설 체크 밸브(check valve) : 유체를 한쪽 방향으로만 흐르게 하고, 다른 한쪽 방향으로 흐르지 않게 하는 기능을 가진 방향 밸브이다.

28. 공압 선형 액추에이터 중 단동 실린더에 속하지 않는 것은? (11년 2회)

① 피스톤 실린더 ② 충격 실린더
③ 격판 실린더 ④ 벨로스 실린더

해설 충격 실린더는 복동형 실린더에 속하지만, 피스톤, 격판, 벨로스 실린더는 단동형이다.

29. 공압 단동 실린더의 종류가 아닌 것은 어느 것인가? (04년 1회)

① 피스톤형 ② 벨로스형

정답 22. ① 23. ③ 24. ② 25. ③ 26. ④ 27. ④ 28. ② 29. ④

③ 다이어프램형 ④ 탠덤형

30. **전진과 후진할 때의 속도와 출력이 같은 실린더는?** (09년 2회)

① 충격 실린더
② 탠덤 실린더
③ 텔레스코프 실린더
④ 복동 양로드 실린더

31. **다음 실린더 중 피스톤이 없이 로드 자체가 피스톤 역할을 하는 실린더는?** (08년 3회/09년 2회)

① 탠덤 실린더
② 양로드형 실린더
③ 램형 실린더
④ 로드리스 실린더

해설 램형 실린더(ram type cylinder)는 피스톤 지름과 로드 지름의 차가 없는 가동부를 갖는 구조, 즉 피스톤 없이 로드 자체가 피스톤의 역할을 하게 된다. 로드는 피스톤보다 약간 작게 설계한다. 로드의 끝은 약간 턱이 지게 하거나 링을 끼워 로드가 빠져나가지 못하도록 한다. 이 실린더는 피스톤형에 비하여 로드가 굵기 때문에 부하에 의해 휠 염려가 적고, 패킹이 바깥쪽에 있기 때문에 실린더 안벽의 긁힘이 패킹을 손상시킬 우려가 없으며, 같은 크기의 실린더일 때 로드의 좌굴하중을 가장 크게 받을 수 있는 실린더로 공기구멍을 두지 않아도 된다. 공압용으로는 사용 빈도가 적다.

32. **충격 실린더(impact cylinder)의 특징이 아닌 것은?** (05년 1회)

① 상당히 큰 충격 에너지를 얻을 수 있다.
② 충격 실린더의 속도는 7.5~10 m/s까지 얻을 수 있다.
③ 큰 위치 에너지를 얻기 위해 설계된 실린더이다.
④ 일반적으로 복동 실린더의 형태이다.

해설 충격 실린더(impact cylinder) : 실린더 내에 있는 공기탱크에서 피스톤에 공기 압력을 급격하게 작용시켜 피스톤에 충격(25~500 N·m 정도)을 고속인 속도 에너지를 이용하게 된 실린더로, 보통 실린더는 성형 작업을 할 때에 추력에 제한을 받게 되므로 운동 에너지를 얻기 위해 이 실린더를 설계하였다. 속도를 7.5~10 m/s까지 얻을 수 있으며, 프레싱, 플랜징, 리베팅, 펀칭 등의 작업에 이용한다.

33. **제한된 공간상에서 긴 행정 거리가 요구되는 곳에서 사용하며 외부와 피스톤 사이의 강한 자력에 의해 운동을 전달하므로 내·외부의 실링 효과가 우수하고 비접촉식 센서에 의해서 위치 제어가 가능한 실린더는?** (08년 1회)

① 텔레스코프 실린더
② 케이블 실린더
③ 로드리스 실린더
④ 충격 실린더

해설 로드리스 실린더 : 실린더의 설치 면적을 최소화하기 위해 로드 없이 영구 자석이 내장되어 있어 내외부의 실링 효과가 우수하며, 케이블 실린더 등이 있다. 제한된 공간상에 최대 10 m의 긴 행정 거리를 가지고 있으며, 비접촉식 센서에 의해 위치 제어가 가능하다.

34. **공기압 실린더의 고정 방법 중 가장 강력한 부착이 가능한 형식은?** (11년 3회)

① 풋형 ② 플랜지형
③ 클레비스형 ④ 트러니언형

해설 지지 형식
㉠ 축심 고정형 : 파일럿형, 플랜지형(축심이 고정된 것), 풋형
㉡ 축심 요동형 : 트러니언형, 클레비스형(부하가 한 평면 내에서 요동할 경우 사용), 볼형

35. 다음의 그림은 복동 실린더를 나타낸 것이다. 번호가 붙여진 부분 중에서 7, 8, 9번 위치의 명칭으로 맞는 것은? (06년 3회)

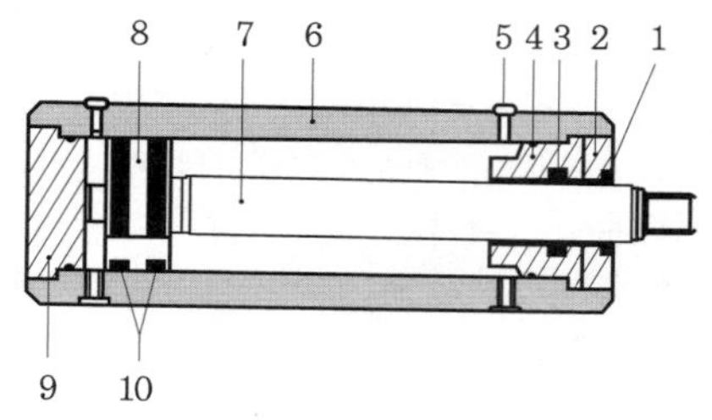

① 와이퍼 실–실린더 배럴–피스톤 실
② 앤드 캡–피스톤 로드–피스톤 로드 실
③ 피스톤–피스톤 실–공기빼기 스크립
④ 피스톤 로드–피스톤–앤드 캡

36. 공압 실린더의 출력을 결정하는 요소 중 전진 시의 출력을 구하는 데 필요 없는 요소는 어느 것인가? (10년 3회)

① 실린더의 튜브 안지름
② 피스톤 로드의 바깥지름
③ 사용 유체의 압력
④ 실린더의 추력 계수

37. 공기압 조정 유닛에서 공급되는 공기압이 0.6 MPa이고 실린더의 단면적이 10 cm^2라고 하면 작용할 수 있는 하중은 몇 N인가? (09년 1회)

① 60 N ② 600 N
③ 6000 N ④ 60000 N

38. 공압 모터의 장점이 아닌 것은? (11년 1회)

① 회전 방향을 쉽게 바꿀 수 있다.
② 회전 속도와 관계없이 일정한 공기를 소모한다.
③ 속도 조절 범위가 크다.
④ 과부하에 대하여 안전하다.

해설 공압 모터는 공기 압력 에너지를 기계적인 연속 회전 에너지로 변환시키는 액추에이터이며, 시동, 정지, 역회전 등은 방향 제어 밸브에 의해 제어된다.

39. 공압 모터의 단점에 대한 설명으로 틀린 것은? (12년 3회)

① 에너지 변환 효율이 낮다.
② 공기의 압축성에 의해 제어성은 거의 좋지 않다.
③ 배기음이 크다.
④ 공압 모터는 과부하 시 위험성이 크다.

해설 공압 모터는 과부하 시 위험성이 없는 것이 장점이다.

40. 다음 중 공압 모터의 종류가 아닌 것은 어느 것인가? (09년 2회)

① 피스톤 모터 ② 베인 모터
③ 기어 모터 ④ 스크루 모터

해설 공압 모터에는 피스톤형, 베인형, 기어형, 터빈형 등이 있고, 주로 피스톤형과 베인형이 사용되고 있으며, 피스톤형은 반경류(radial)와 축류(axial)로 구분된다.

41. 반경류 공압 피스톤 모터의 회전력과 관계가 없는 것은? (03년 1회)

① 공기의 압력
② 로드의 지름
③ 피스톤의 수
④ 피스톤 행정 거리

해설 공기의 압력, 피스톤의 개수, 피스톤 면적, 행정 거리와 속도에 의하여 출력이 좌우된다.

42. 공압 기기에서 회전 실린더의 상용화된 회전 범위가 아닌 것은? (08년 1회)

① 45° ② 90°

정답 35. ④ 36. ② 37. ② 38. ② 39. ④ 40. ④ 41. ② 42. ④

③ 180° ④ 270°

해설 상업화된 회전 범위는 45°, 90°, 180°, 290°~720°이다.

43. 공압 요동형 액추에이터 중 피스톤 로드에 기어의 형상이 있으며, 피스톤의 직선 운동을 피니언의 회전 운동으로 변화시키는 것은 어느 것인가? (11년 1회)

① 베인 실린더 ② 회전 실린더
③ 공압 모터 ④ 터빈 모터

해설 회전 실린더 : 피스톤 로드가 기어의 형상을 하고 있으며 기어를 구동시켜 직선 운동을 회전 운동으로 변화시키는 요동형 액추에이터
㉠ 요동 액추에이터 : 회전 실린더 (720°), 회전 날개 실린더 (300°)
㉡ 모터 : 피스톤 모터, 미끄럼 날개 모터, 기어 모터, 터빈 모터

44. 관(튜브)의 끝을 원뿔형으로 넓힌 구조를 가진 관 이음쇠는? (05년 1회)

① 스위블 이음쇠
② 플레어드관 이음쇠
③ 셀프 실 이음쇠
④ 플랜지관 이음쇠

45. 동관 이음을 할 때 관 끝 모양을 접시 모양으로 넓혀서 이음하는 방식을 무엇이라 하는가? (08년 3회/10년 2회)

① 플랜지 (flange) 이음
② 나사 (screw) 이음
③ 압축 (compressed) 이음
④ 플레어리스 (flareless) 이음

46. 공압 시퀀스 제어 회로를 구성할 때 사용되는 스테퍼 모듈의 구성 요소가 아닌 것은 어느 것인가? (06년 1회)

① OR 밸브 ② 타이머
③ 메모리 밸브 ④ 3/2-way 밸브

47. 공유압 조합 기기의 특징 중 옳은 것은 어느 것인가? (03년 3회)

① 정밀 속도 제어가 가능하다.
② 단계적 속도 제어가 불가능하다.
③ 정확한 위치 제어가 불가능하다.
④ 충격이 발생한다.

해설 공유압 조합 기기는 공압 기구의 단점인 공기의 압축성에 의한 문제를 해소하고 시동의 경우나 부하 변동에도 같은 속도의 구동, 저속에서의 고착 현상을 방지, 실린더의 정밀 정속 이송, 중간 정지, 스킵 (skip) 이송 및 모터의 저속 구동에도 적합하며, 공·유압 변환기, 하이드롤릭 체크 유닛, 증압기 등이 있다.

48. 보통 공압 회로에서는 얻을 수 없는 공압을 발생시키는 경우에 사용되는 것으로 기기의 입구 측 압력을 그것에 비례한 높은 출구 측 압력으로 변환하는 기기는 다음 중 어느 것인가? (05년 3회)

① 공유압 변환기 (pneumatic-hydraulic converter)
② 인덕터 (inductor)
③ 하이드롤릭 체크 유닛 (hydraulic check unit)
④ 증압기 (intensifier)

해설 증압기 (intensifier) : 보통의 공압 회로에서 얻을 수 없는 고압을 발생시키는 데 사용하는 기기로, 공작물의 지지나 용접 전의 이송 등에 사용된다. 단면적의 비에 따라서 증압의 크기가 정해지며, 직압식과 예압식의 두 종류가 있다.

49. 공기압 회로에서 압축 공기를 대기 중으로 방출할 경우 배기 속도를 줄이고 배기음을 작

정답 43. ② 44. ② 45. ④ 46. ② 47. ① 48. ④ 49. ①

게 하기 위하여 사용되는 공압 부품은 어느 것인가? (10년 3회/11년 1회)

① 소음기 ② 완충기
③ 진공 패드 ④ 원터치 피팅

해설 소음기 : 소음기는 일반적으로 배기 속도를 줄이고 배기음을 저감하기 위하여 사용되고 있으나, 소음기로 인한 공기의 흐름에 저항이 부여되고 배압이 생기기 때문에 공기압 기기의 효율 면에서는 좋지 않다.

50. 제어 신호가 입력된 후 일정한 시간이 경과된 다음에 작동되는 시간 지연 밸브의 구성 요소가 아닌 것은? (08년 1회)

① 속도 조절 밸브 ② 3/2 way 밸브
③ 압력 증폭기 ④ 공기 저장 탱크

해설 시간 지연 밸브 : 3/2－way 밸브, 속도 제어 밸브, 공기탱크로 구성되어 있으나 3/2－way 밸브가 정상 상태에서 열려 있는 점이 공기 제어 블록과 다르다.

51. 분사 노즐과 수신 노즐이 같이 있으며 배압의 원리에 의하여 작동되는 공압 기기는 무엇인가? (12년 3회)

① 공압 제어 블록 ② 반향 감지기
③ 공압 근접 스위치 ④ 압력 증폭기

52. 다음 그림과 같이 두 개의 복동 실린더가 한 개의 실린더 형태로 조립되어 있고 실린더의 지름이 한정되고 큰 힘을 요하는 곳에 사용되는 실린더는? (08년 3회/13년 1회/17년 3회)

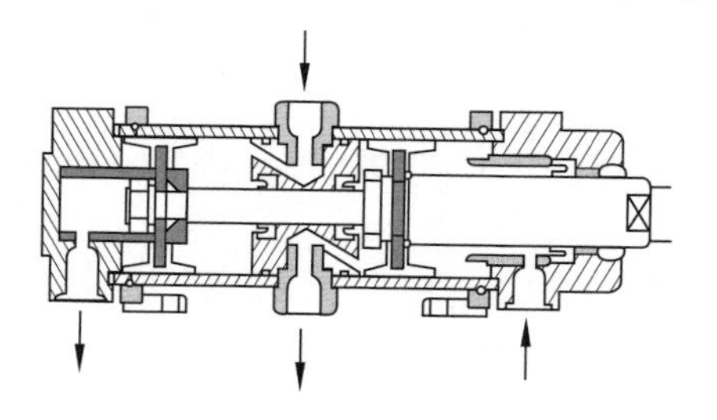

① 탠덤 실린더
② 양 로드형 실린더
③ 쿠션 내장형 실린더
④ 텔레스코프형 실린더

53. 다음 중 공압 포핏식 밸브의 단점으로 옳은 것은? (09년 1회/14년 1회)

① 이물질의 영향을 잘 받는다.
② 윤활이 필요하고 수명이 짧다.
③ 짧은 거리에서 개폐를 할 수 있다.
④ 다방향 밸브일 때는 구조가 복잡하다.

54. 공유압 변환기 사용 시 주의 사항으로 옳은 것은? (09년 1회/14년 2회)

① 수평 방향으로 설치한다.
② 열원에 가까이 설치한다.
③ 반드시 액추에이터보다 낮게 설치한다.
④ 실린더나 배관 내의 공기를 충분히 뺀다.

해설 공유압 변환기는 수직으로 높게, 열원에는 멀리 설치한다.

55. 그림과 같은 공기압 실린더의 올바른 명칭은? (06년 1회/14년 2회)

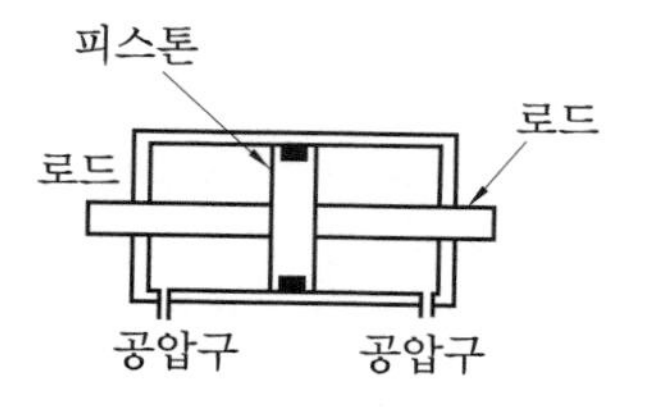

① 단동 실린더
② 편 로드 복동 실린더
③ 탠덤형 실린더
④ 양 로드 복동 실린더

정답 50. ③ 51. ② 52. ① 53. ④ 54. ④ 55. ④

3. 유압 기기

3-1 유압 펌프 (hydraulic oil pump)

(1) 펌프의 종류와 특징

① 기어 펌프

(개) 외접 기어 펌프 (external gear pump) : 펌프 유량은 기어의 회전수에 따라 증가된다. 보통 체적 효율은 90% 이상이다.

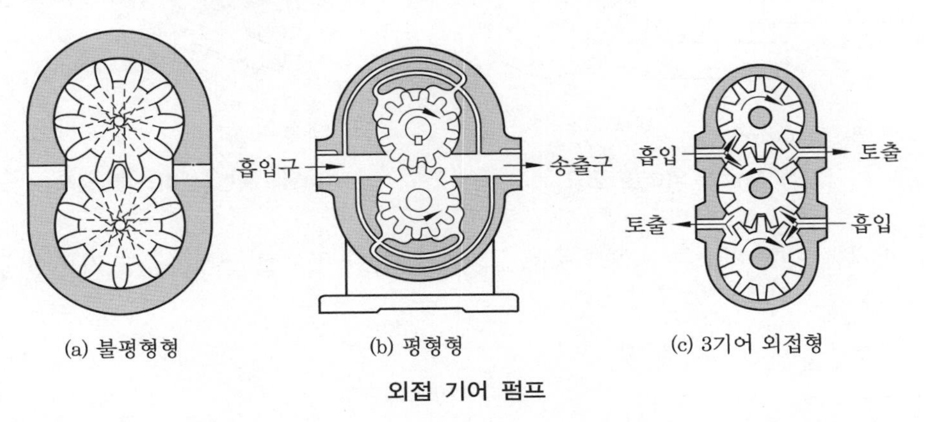

(a) 불평형형 (b) 평형형 (c) 3기어 외접형

외접 기어 펌프

(내) 내접 기어 펌프 (internal gear pump) : 두 기어가 같은 방향으로 회전하며, 그밖에 로브 펌프, 트로코이드 펌프가 있다.

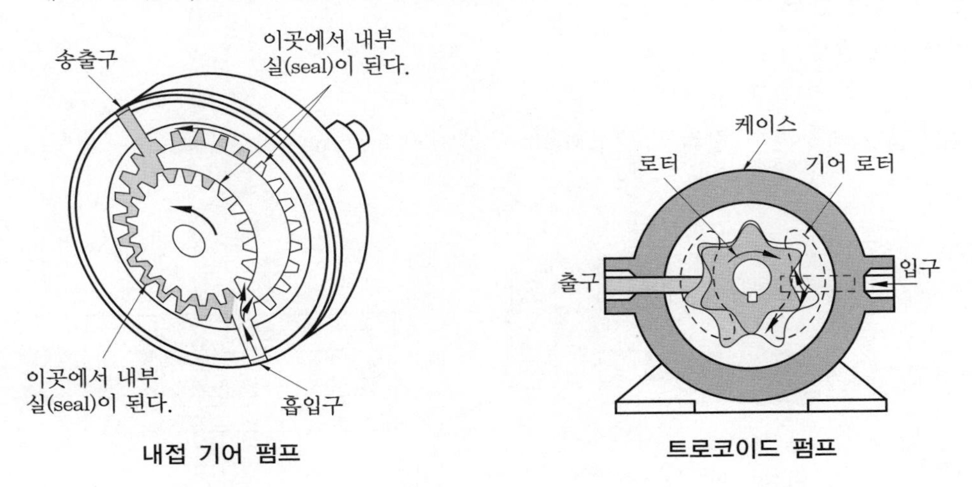

내접 기어 펌프 트로코이드 펌프

② 베인 펌프 (vane pump) : 로터의 회전에 의한 원심 작용으로 베인은 케이싱의 내벽과 밀착된 상태가 되므로 기밀이 유지되며, 로터를 회전시켜 로터와 케이싱 사이의 공간

에 의해 흡입 및 배출을 하게 된다.

③ 피스톤 펌프(piston pump, plunger pump) : 고속, 고압에 적합하나, 복잡하여 수리가 곤란하며, 값이 비싸다. 이 펌프는 고정 체적형이나 가변 체적형 모두 할 수 있고, 효율이 매우 좋으며, 높은 압력과 균일한 흐름을 얻을 수 있어서 성능이 우수하다.

㈎ 축방향 피스톤 펌프 : 사판식과 사축식의 두 가지가 있다.

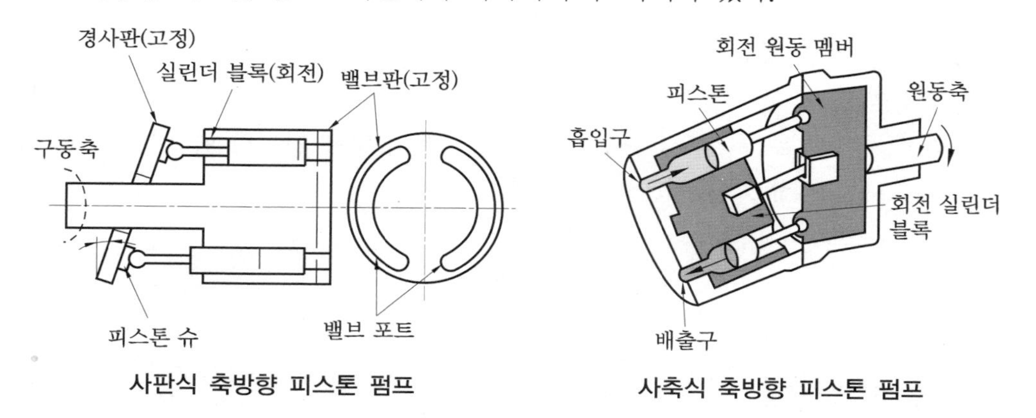

사판식 축방향 피스톤 펌프 사축식 축방향 피스톤 펌프

㈏ 반지름 방향 피스톤 펌프 : 구조가 가장 복잡한 펌프로 고압, 용량 가변형에 적합하다.

3-2 유압 제어 밸브

(1) 압력 제어 밸브

① 릴리프 밸브

㈎ 직동형 릴리프 밸브

㈏ 평형 피스톤형 릴리프 밸브(balanced piston type relief valve)

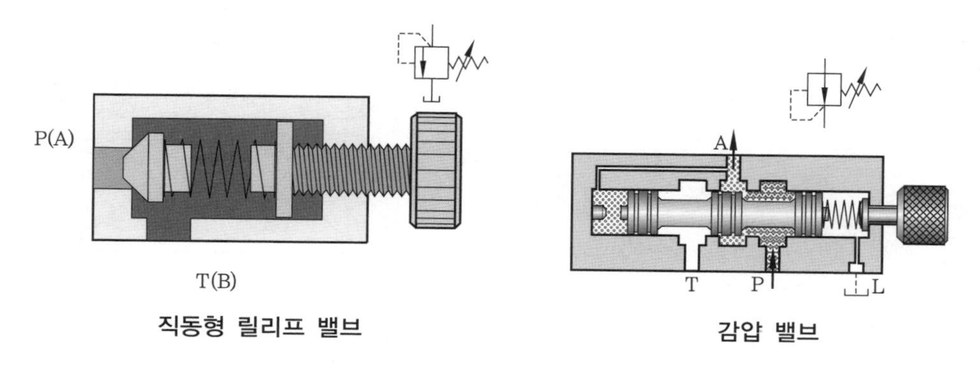

직동형 릴리프 밸브 감압 밸브

② 감압 밸브(pressure reducing valve)

③ 시퀀스 밸브(sequence valve)

④ 카운터 밸런스 밸브(counter balance valve)

⑤ 무부하 밸브(unloading valve)

⑥ 압력 스위치(pressure switch)

(가) 소형 피스톤과 스프링과의 평형을 이용하는 것

(나) 부르돈관(bourdon tube)을 사용하는 것

(다) 벨로스(bellows)를 사용하는 것

⑦ 유압 퓨즈(fluid fuse)

(2) 유량 제어 밸브(flow control valve)

① 교축 밸브(flow metering valve, 니들 밸브)

(가) 스톱 밸브(stop valve) : 작동유의 흐름을 완전히 멎게 하든가 또는 흐르게 하는 것을 목적으로 할 때 사용한다.

(나) 스로틀 밸브(throttle valve) : 미소 유량으로부터 유량까지 조정할 수 있는 밸브이다.

(다) 스로틀 체크 밸브(throttle and check valve) : 한쪽 방향으로의 흐름은 제어하고 역방향의 흐름은 자유로 제어가 불가능한 것으로, 압력 보상 유량 제어 밸브로 사용한다.

② 압력 보상 유량 제어 밸브(pressure compensated valve)

③ 바이패스식 유량 제어 밸브 : 오리피스와 스프링을 사용하여 유량을 제어하며, 유동량이 증가하면 바이패스로 오일을 방출하여 압력의 상승을 막고, 바이패스된 오일은 다른 작동에 사용되거나 탱크로 돌아가게 된다.

④ 유량 분류 밸브 : 유량 분류 밸브는 유량을 제어하고 분배하는 기능을 하며, 작동상의 기능에 따라 유량 순위 분류 밸브, 유량 조정 순위 밸브 및 유량 비례 분류 밸브의 세 가지로 구분된다.

⑤ 압력 온도 보상 유량 조정 밸브(pressure and temperature compensated flow control valve) : 온도가 변화하면 오일의 점도가 변화하여 유량이 변하는 것을 막기 위하여 열팽창률이 다른 금속봉을 이용하여 오리피스 개구 넓이를 작게 함으로써 유량 변화를 보정하는 것이다.

⑥ 인라인형(in line type) 유량 조정 밸브 : 소형이며 경량이므로 취급이 편리하고, 특히 배관 라인에 직결시켜 사용하므로 공간을 적게 차지하며 조작이 간단하다.

(3) 방향 제어 밸브(directional control valve)

① 방향 전환 밸브의 형식 : 전환 밸브에 사용되는 밸브의 기본 구조는 포핏 밸브식

(poppet valve type), 로터리 밸브식(rotary valve type), 스풀 밸브식(spool valve type)으로 구별할 수 있다.

② 방향 전환 밸브의 위치 수, 포트 수, 방향 수 : 공압 기기와 같다.

③ 체크 밸브(check valve) : 역류 방지 밸브로 흡입형, 스프링 부하형, 유량 제한형, 파일럿 조작형으로 나눈다.

(가) 흡입형 체크 밸브 : 이 형식의 밸브는 공동 현상 발생을 방지할 목적으로 사용한다. 즉 펌프 흡입구 또는 유압 회로의 부(−)압 부분에 이 밸브를 사용하여 유압이 어느 정도 압력 이하로 내려가면 포핏이 열려 압유를 보충한다.

(나) 스프링 부하형 체크 밸브 : 앵글형과 인라인형이 있는 이 밸브는 관로 내에 항상 압류를 충만시켜 놓고자 할 경우나 열교환기나 필터에 급격한 고압유가 흐르는 것을 막고 기기를 보호할 목적으로 사용하는 일종의 안전밸브이다.

(다) 유량 제한형 체크 밸브(throttle and check valve) : 한 방향의 유동은 허용되고 역류는 오리피스를 통하게 하여 유량을 제한하는 밸브이다.

(라) 파일럿 조작 체크 밸브(pilot operated check valve)

3-3 유압 액추에이터

(1) 유압 실린더(hydraulic cylinder)

① 종류

(가) 작동 형식에 따른 분류

㉮ 단동 실린더 : 공압 단동 실린더와 유사하다.

㉯ 복동 실린더 : 공압 복동 실린더와 유사하다.

㉰ 다단 실린더 : 텔레스코프(telescopic)형과 디지털(digital)형이 있다.

- 텔레스코프형 : 유압 실린더의 내부에 또 하나의 다른 실린더를 내장하고 유압이 유입하면 순차적으로 실린더가 이동하도록 되어 있다.
- 디지털형 : 하나의 실린더 튜브 속에 몇 개의 피스톤을 삽입하고, 각 피스톤 사이에는 솔레노이드 전자 조작 3방면으로 유압을 걸거나 배유한다.

② 유압 실린더의 호칭 : 유압 실린더의 호칭은 규격 명칭 또는 규격 번호, 구조 형식, 지지 형식의 기호, 실린더 안지름, 로드경 기호, 최고 사용 압력, 쿠션의 구분, 행정의 길이, 외부 누출의 구분 및 패킹의 종류에 따르고 있다.

(2) 유압 모터

① 기어 모터(gear motor) : 유압 모터 중 구조 면에서 가장 간단하고 유체 압력이 기어의

이에 작용하여 토크가 일정하며, 또한 정회전과 유체의 흐름 방향을 반대로 하면 역회전이 가능하다. 그리고 기어 펌프의 경우와 같이 체적은 고정되며, 압력 부하에 대한 보상 장치가 없다.

② 베인 모터 (vane motor) : 이 모터는 구조 면에서 베인 펌프와 동일하며 공급 압력이 일정할 때 출력 토크가 일정, 역전 가능, 무단 변속 가능, 가혹한 운전 가능 등의 장점이 있으며, 회전축과 함께 회전하는 로터에 있는 베인이 압력을 받아 토크를 발생시키게 되어 있다.

③ 회전 피스톤 모터 (rotary piston motor) : 회전 피스톤 (플런저) 모터는 고속, 고압을 요하는 장치에 사용되는 것으로 다른 형식에 비하여 구조가 복잡하고 비싸며, 유지 관리에도 주의를 요한다. 펌프와 마찬가지로 축방향 모터와 반지름 방향 모터로 구분된다.

④ 요동 모터 (rotary actuator motor) : 일명 로터리 실린더라고도 하며, 가동 베인이 칸막이가 되어 있는 관을 왕복하면서 토크를 발생시키는 구조로 되어 있으며 360° 전체를 회전할 수는 없으나 출구와 입구를 변화시키면 보통 ±50° 정·역회전이 가능하며 가동 베인의 양측의 압력에 비례한 토크를 낼 수 있다.

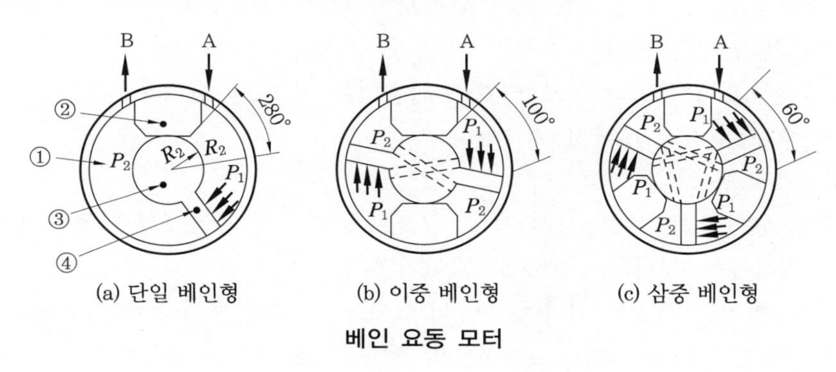

(a) 단일 베인형 (b) 이중 베인형 (c) 삼중 베인형

베인 요동 모터

3-4 부속 기기

(1) 오일 탱크

유압 장치는 모두 오일 탱크를 가지고 있다. 오일 탱크는 오일을 저장할 뿐만 아니라, 오일을 깨끗하게 하고, 공기의 영향을 받지 않게 하며, 가벼운 냉각 작용도 한다.

(2) 여과기 (filter)

① 오일 여과기의 형식

㈎ 분류식 (bypass type) : 펌프로부터의 오일의 일부를 작동부로 흐르게 하고, 나머지는 여과기를 경유한 다음 탱크로 되돌아가게 되어 있다.

(나) 전류식 (full-flow type) : 가장 많이 사용하는 형식으로 펌프에서 오일이 전부 여과기를 거쳐 동력부와 윤활부로 흐르게 되어 있어 여과기가 자주 막히므로, 릴리프 밸브를 설치하여 여과되지 않은 오일이 작동부나 윤활부로 흐르게 한다. 여과기가 막히는 것은 불순물이 퇴적되었거나 오일의 점도가 너무 높기 때문이다.

② 여과기의 구조 및 작동 원리 : 유압 장치에 사용되는 여과기는 설치 위치에 따라 탱크용과 관로용으로 나누어진다. 또한 표면식, 적층식, 자기식으로 대별되기도 한다.

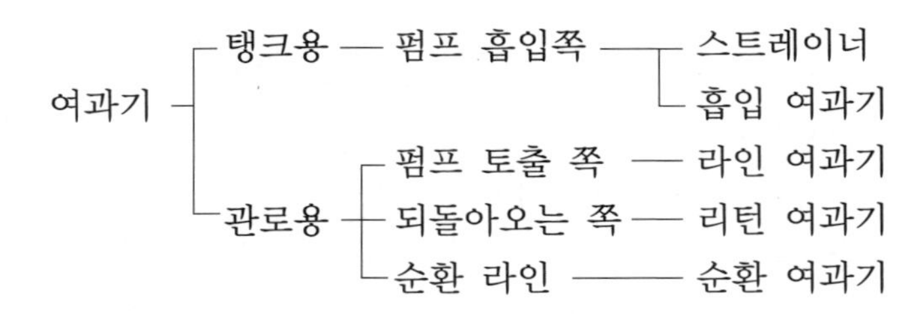

③ 사용 조건

(가) 여과 입도

㉮ 보통의 유압 장치 : 20~25 μm 정도의 여과

㉯ 미끄럼면에의 정밀한 공차가 있는 곳 : 10 μm까지 여과

㉰ 세밀하고 고감도의 서보 밸브를 사용하는 곳 : 5 μm 정도

㉱ 특수 경우 : 2 μm까지

(나) 불연성 작동 오일

㉮ 흡착성이 있는 산성·활성 백토, 규조토를 이용한 여과재를 사용하면 작동 오일의 첨가제를 제거하게 되므로 피하여야 한다.

㉯ 석유계 작동 오일에 비하여 비중이 크므로, 펌프의 흡입 쪽에 사용되는 여과기는 40~60 메시 (340~230 μm) 정도의 것을 사용하는 것이 좋다.

㉰ 세밀한 여과는 압력 회로, 리턴 회로 또는 독립의 여과 회로에서 한다.

④ 필터 성능 표시 : 통과 먼지 크기, 먼지의 정격 크기, 여과율 (정격 크기), 여과 용량, 압력 손실, 먼지 분리성

(3) 축압기 (accumulator)

축압기는 에너지의 저장, 충격 흡수, 압력의 점진적 증대 및 일정 압력의 유지에 이용된다. 축압기는 위의 네 가지 기능 가운데에서 어느 것이든 할 수 있으나, 실제의 사용에 있어서는 어느 한 가지 일만 하게 되어 있다.

(4) 오일 냉각기 및 가열기

① 오일 냉각기 (oil cooler) : 유압 장치를 작동시키면 오일의 온도가 상승하여 점도의 저하, 윤활제의 분해 등을 초래하여, 작동부가 녹아 붙는 등의 고장을 일으키게 된다. 또, 유압 펌프의 효율 저하와 오일 누출 등의 원인도 된다. 일반적으로, 60℃ 이상이

되면 오일의 산화에 의해 수명이 단축되며, 70 ℃가 한계로 생각되고 있다. 열의 발생이 적을 경우에는 열을 발산시킬 수 있으나, 발열량이 많은 경우에는 강제적으로 냉각할 필요가 있으며, 이 역할을 하는 것이 오일 냉각기이다. 오일 냉각기는 회로의 되돌아오는 쪽에 설치하며, 내압은 대략 500~1000 kPa이다. 또, 냉각기의 안전을 위해 바이패스 회로를 설치한 것도 있다.

② 가열기 (heater)

(가) 가열기의 와트 밀도가 높은 것일수록 작동체 상온의 열화가 빨라지고 냄새가 난다.

(나) 가열기의 발열부를 완전히 오일 속에 담그고 발열시킨 후, 오일이 대류되도록 한다.

㉮ 투입 가열기

- 소형이며 설치가 용이하다.
- 보수 관리가 간단하고 가격이 싸다.
- 100~500 L 정도의 기름 탱크로 한다.
- 히터 둘레의 기름을 강제적으로 순환시킨다.

㉯ 밴드 가열기

- 소형이나 설치가 어렵다.
- 화재의 위험성이 높으며 보수 관리가 간단하다.
- 주 배관의 보온에 사용된다.
- 히터의 보호막에 상처를 내지 않고, 이물질이 묻지 않도록 주의한다.

㉰ 증기 가열기

- 증기를 열원으로 하므로 대형이다.
- 설치가 어렵고 고가이다.
- 인화성이 없는 곳에 사용한다.

출제 예상 문제

기계정비산업기사

1. 유압 펌프의 종류가 아닌 것은? (10년 2회)

① 기어 펌프 ② 베인 펌프
③ 피스톤 펌프 ④ 마찰 펌프

2. 유압 기기에서 유압 펌프(hydraulic pump)의 특성은 어떠한 것이 좋은가? (04년 1회)

① 토출량에 따라 속도가 변할 것
② 토출량에 따라 밀도가 클 것
③ 토출량의 맥동이 적을 것
④ 토출량의 변화가 클 것

해설 맥동은 고장의 원인이다.

3. 유압 펌프에서 강제식 펌프의 장점이 아닌 것은? (06년 1회)

① 비강제식에 비해 크기가 대형이며 체적 효율이 좋다.
② 높은 압력(70 bar 이상)을 낼 수 있다.
③ 작동 조건의 변화에도 효율의 변화가 적다.
④ 압력 및 유량의 변화에도 원활하게 작동한다.

4. 유압 펌프의 동력(L_P)을 구하는 식으로 맞는 것은? [단, P = 펌프 토출압(kgf/cm²), Q = 이론 토출량(L/min), η = 전효율이다.] (07년 1회)

① $L_p = \dfrac{P \times Q}{450\eta}$ [kW]

② $L_p = \dfrac{P \times Q}{612\eta}$ [kW]

③ $L_p = \dfrac{P \times Q}{7500\eta}$ [kW]

④ $L_p = \dfrac{P \times Q}{10200\eta}$ [kW]

5. 240 kgf/cm²의 사용 압력으로 50000 kgf의 힘을 내고 0.5 m의 행정 거리를 0.01 m/s의 속도로 움직이는 유압 프레스를 설계할 때 필요한 실린더 지름 및 펌프의 토출 유량은 약 얼마인가? (07년 1회)

① 16.3 mm, 11 L/min
② 163 mm, 12 L/min
③ 17.3 mm, 11 L/min
④ 273 mm, 12 L/min

해설 $P = \dfrac{F}{A}$ 이므로

$$A = \frac{F}{P} = \frac{50000}{240} = 208.3\,\text{cm}^2$$

$A = \dfrac{\pi d^2}{4}$ 이므로

$$d = \sqrt{\frac{4A}{\pi}} = \sqrt{\frac{4 \times 208.3}{\pi}} = 16.3\,\text{cm} = 163\,\text{mm}$$

$$Q = AV = 208.3 \times 0.01 \times 10^2 \times 60 = 12498\,\text{cm}^3/\text{min} \fallingdotseq 12\,\text{L/min}$$

6. 펌프의 캐비테이션에 대한 설명으로 틀린 것은? (08년 3회)

① 캐비테이션은 펌프의 흡입 저항이 크면 발생하기 쉽다.
② 캐비테이션의 방지를 위하여 흡입관의 굵기는 펌프 본체 연결구의 크기보다 작은 것을 사용한다.
③ 캐비테이션의 방지를 위하여 펌프 흡입 라인을 가능한 한 짧게 한다.
④ 캐비테이션의 방지를 위하여 펌프의

정답 1. ④ 2. ③ 3. ① 4. ② 5. ② 6. ②

운전 속도는 규정 속도 이상으로 해서는 안 된다.

7. **유압 펌프의 형식 중 비용적형에 해당되는 것은?** (09년 2회)

① 베인 펌프 ② 원심 펌프
③ 로브 펌프 ④ 피스톤 펌프

해설 원심 펌프는 비용적형이다.

8. **다음 펌프 중 다른 펌프와 비교하여 비교적 높은 압력까지 형성할 수 있는 펌프는 어느 것인가?** (10년 3회)

① 베인 펌프 ② 내접 기어 펌프
③ 외접 기어 펌프 ④ 피스톤 펌프

해설 피스톤 펌프(piston pump, plunger pump) : 피스톤을 실린더 내에서 왕복시켜 흡입 및 토출을 하는 것으로 고속, 고압에 적합하나, 복잡하여 수리가 곤란하며 값이 비싸다. 이 펌프는 고정 체적형이나 가변 체적형 모두 할 수 있고, 효율이 매우 좋으며, 높은 압력과 균일한 흐름을 얻을 수 있어서 성능이 우수하다.

9. **일반적으로 구조가 간단하고 값이 싸므로 차량, 건설 기계, 운반 기계 등에 널리 사용되고 있으며, 외접, 내접, 로브, 트로코이드, 스크루 펌프의 종류가 있는 펌프를 무엇이라 하는가?** (10년 2회)

① 기어 펌프 ② 베인 펌프
③ 피스톤 펌프 ④ 플런저 펌프

해설 기어 펌프의 특징
㉠ 구조가 간단하고, 다루기가 쉬우며, 가격이 저렴하다.
㉡ 기름의 오염에 비교적 강한 편이며, 흡입 능력이 가장 크다.
㉢ 피스톤 펌프에 비해 효율이 떨어지고, 가변 용량형으로 만들기가 곤란하다.

10. **유압 펌프에 관련되는 용어로서 가변 용량형 펌프를 올바르게 설명한 것은?** (0년 2회)

① 토출 에너지가 일정한 펌프 토출량을 변화시킬 수 있는 펌프
② 기어가 내접 물림하는 형식의 펌프
③ 기어가 외접 물림하는 형식의 펌프
④ 가변형은 토출량을 조절할 수 있는 것

11. **베인 펌프의 종류가 아닌 것은?** (11년 2회)

① 단단(單段) 펌프 ② 복합 베인 펌프
③ 2단 베인 펌프 ④ 로브 펌프

해설 로브 펌프 : 작동 원리는 외접 기어 펌프와 같으나, 연속적으로 접촉하여 회전하므로 소음이 적고, 기어 펌프보다 1회전당의 배출량은 많으나 배출량의 변동이 다소 크다.

12. **정용량 베인 펌프 종류가 아닌 펌프는 어느 것인가?** (02년 3회)

① 단단(單段) 펌프 ② 복합 베인 펌프
③ 2단 베인 펌프 ④ 더블 펌프

해설 2연(連) 베인 펌프(double vane pump) : 동일 축선상에 단단 소용량 펌프와 용량 펌프 2개 펌프를 가지며, 제각기 독립하여 펌프 작용을 하는 형식의 펌프로 흡입구가 1구형과 2구형인 것이 있고, 토출구는 2개가 있어 서로 다른 유압원이나 동일 회로에서 서로 다른 토출량을 필요로 할 때 사용하는 것으로 서로 다른 펌프를 조합시켜 동일 축으로 구동하고, 베어링의 수도 줄일 수 있어 설치비가 매우 경제적이다.

13. **유압 펌프인 가변 용량 베인 펌프의 토출량을 변화시키는 방법 중 가장 바람직한 것은?** (03년 3회)

① 로터 회전 중심을 고정하고 캠 링을 움직인다.
② 로터 회전 중심을 움직이고 캠 링을 고

정답 7. ② 8. ④ 9. ① 10. ② 11. ④ 12. ④ 13. ①

정시킨다.

③ 로터 회전 중심과 캠 링을 고정시킨다.

④ 로터 회전 중심을 움직이든가 캠 링을 움직인다.

해설 가변 체적형 베인 펌프(variable delivery vane pump) : 로터의 중심과 캠 링의 중심이 편심되어 있어 기계적으로 편심량을 바꿈으로써 토출량을 변화시킬 수 있는 비평형 펌프로 유압 회로에 필요한 유량만 토출하고, 회로 내의 효율을 증가시킬 수 있으며, 오일의 온도 상승이 억제되어 전체 에너지를 유효한 일량으로 변화시킬 수 있는 펌프이나 수명이 짧고 소음이 많다.

14. 단단 펌프 2개를 1개의 본체 내에 직렬로 연결시킨 펌프로, 고압의 출력이 요구되는 액추에이터의 구동에 적합한 펌프는? (11년 1회)

① 2단 베인 펌프 ② 단단 베인 펌프
③ 2연 베인 펌프 ④ 복합 베인 펌프

해설 2단 베인 펌프(two stage vane pump) : 베인 펌프의 단점인 고압을 가능하게 하기 위해 용량이 같은 단단 펌프 2개를 1개의 본체 내에 직렬로 연결시킨 것으로 고압, 출력이 필요한 곳에 사용하나 소음이 발생한다. 정지 압력은 14 MPa, 최대 압력은 21 MPa까지도 발생할 수 있으며, 회전수는 600~1500 rpm 정도이다.

15. 다음의 조건으로 유압 펌프를 선정하고자 할 때 적합하지 않은 펌프는? (11년 3회)

사용 압력 : 120 bar, 토출량 : 250 L/min

① 나사 펌프
② 회전 피스톤 펌프
③ 왕복동 펌프
④ 베인 2단 펌프

해설 나사 펌프는 토출량은 200 L/min 이상이 가능하나 70 bar 이하의 압력을 쓰고자 할 때 사용한다. 회전 피스톤, 왕복동, 베인 2단 펌프는 70~140 bar의 압력과 200 L/min 이상의 토출량이 가능하다. 나사 펌프는 3개의 정한 스크루가 꼭 맞는 하우징 내에서 회전하며 매우 조용하고 효율적으로 유체를 배출한다. 안쪽 스크루가 회전하면 바깥쪽 로터는 같이 회전하면서 유체를 밀어내게 된다.

16. 고압 소용량 펌프 및 저압 대용량 펌프와 릴리프 밸브, 무부하 밸브, 체크 밸브를 1개의 본체에 조합시킨 펌프로 오일의 온도 상승을 방지하는 효율적인 펌프이나 가격이 고가이고 체적이 큰 단점이 있는 펌프는? (09년 1회)

① 다단 펌프 ② 다련 펌프
③ 기어 펌프 ④ 복합 펌프

해설 복합 베인 펌프(combination vane pump) : 고압 소용량 펌프로 저압 대용량 펌프와 릴리프 밸브, 언로드 밸브, 체크 밸브를 1개의 본체에 조합시킨 펌프이다. 압력 제어가 자유롭고 온도 상승을 방지할 수 있으나 가격이 비싸고 체적이 크다.

17. 유압 회로 안에 있어야 할 3가지 종류의 밸브에는 어떤 것이 있는가? (02년 3회)

① 방향 전환 밸브, 디렉셔널 밸브, 압력 제어 밸브

② 압력 제어 밸브, 유량 조정 밸브, 방향 전환 밸브

③ 압력 조정 밸브, 압력 제어 밸브, 유량 조정 밸브

④ 압력 조정 밸브, 압력 제어 밸브, 유량 조정 밸브

해설 기능상 제어 밸브에는 압력 제어 밸브, 유량 제어 밸브, 방향 제어 밸브가 있다.

18. 다음은 유압 제어 밸브의 분류이다. 잘못 연결된 것은? (12년 1회)

① 일의 크기 – 압력 제어 밸브

정답 14. ① 15. ① 16. ④ 17. ② 18. ③

② 일의 방향 – 방향 제어 밸브
③ 일의 종류 – 유량 제어 밸브
④ 일의 속도 – 유량 제어 밸브

19. **다음 중 압력 제어 밸브가 아닌 것은 어느 것인가?** (08년 3회)

① 교축 밸브
② 감압 밸브
③ 시퀀스 밸브
④ 카운터 밸런스 밸브

해설

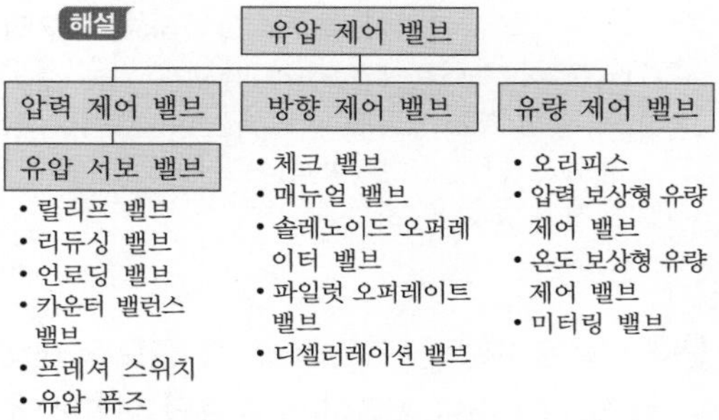

유압 제어 밸브

- 압력 제어 밸브
  - 유압 서보 밸브
  - 릴리프 밸브
  - 리듀싱 밸브
  - 언로딩 밸브
  - 카운터 밸런스 밸브
  - 프레셔 스위치
  - 유압 퓨즈
- 방향 제어 밸브
  - 체크 밸브
  - 매뉴얼 밸브
  - 솔레노이드 오퍼레이터 밸브
  - 파일럿 오퍼레이트 밸브
  - 디셀러레이션 밸브
- 유량 제어 밸브
  - 오리피스
  - 압력 보상형 유량 제어 밸브
  - 온도 보상형 유량 제어 밸브
  - 미터링 밸브

기능에 따른 유압 제어 밸브 분류

20. **압력 제어 밸브는 유압 시스템의 전체 혹은 일부의 압력을 제어한다. 다음 중 압력 릴리프 밸브의 사용 목적에 따른 밸브 명칭이 아닌 것은?** (06년 1회)

① 카운터 밸런스 밸브
② 브레이크 밸브
③ 로딩 밸브
④ 시퀀스 밸브

21. **다음 중 2차 압력을 일정하게 만들 수 있는 밸브는?** (07년 1회)

① 감압 밸브 ② 릴리프 밸브
③ 시퀀스 밸브 ④ 무부하 밸브

해설 감압 밸브 (pressure reducing valve) : 이 밸브는 유압 회로에서 어떤 부분 회로의 압력을 주 회로의 압력보다 저압으로 해서 사용하고자 할 때의 분기 회로로 사용한다.

22. **작동형 압력 릴리프 밸브의 특징이 아닌 것은?** (09년 2회)

① 원격 제어가 가능하다.
② 구조가 간단하다.
③ 압력 오버라이드 특성이 크다.
④ 저압 소용량에 적합하다.

해설 직동형은 원격 제어가 불가능하다.

23. **유압 회로 내에 설정 압력 이상으로 유압유가 동작될 때 설정 압력 초과분의 압력을 탱크로 바이패스 시켜 회로 내의 과부하를 방지하는 기능을 가진 압력 제어 밸브는 어느 것인가?** (12년 2회)

① 릴리프 밸브 ② 시퀀스 밸브
③ 리듀싱 밸브 ④ 압력 스위치

해설 • 감압 밸브 (pressure reducing valve) : 어떤 부분 회로의 압력을 주 회로의 압력보다 저압으로 해서 사용하고자 할 때 사용한다.
• 시퀀스 밸브 (sequence valve) : 주 회로의 압력을 일정하게 유지하면서 유압 회로에 순서적으로 유체를 흐르게 하여 2개 이상의 실린더를 차례로 동작하도록 하는 것이다.

24. **유압 회로의 최고 압력을 제한하여 회로 내의 과부하를 방지하며, 유압 모터의 토크나 실린더의 출력을 조절하는 밸브는?** (11년 3회)

① 릴리프 밸브 ② 시퀀스 밸브
③ 언로딩 밸브 ④ 스로틀 밸브

해설 릴리프 밸브 : 실린더 내의 힘이나 토크를 제한하여 부품의 과부하 (over load)를 방지하고 최대 부하 상태로 최대의 유량이 탱크로 방출되기 때문에 작동 시 최대의 동력이 소요된다.

정답 19. ① 20. ③ 21. ① 22. ① 23. ① 24. ①

25. **유압 실린더를 조작하는 도중 부하가 급속히 제거될 경우, 배압을 발생시켜 실린더와 급속 전진을 방지하려 할 때 사용되는 밸브는?** (07년 3회/10년 3회)

① 감압 밸브
② 무부하 밸브
③ 시퀀스 밸브
④ 카운터 밸런스 밸브

해설 • 카운터 밸런스 밸브(counter balance valve) : 회로의 일부에 배압을 발생시키고자 할 때 사용하는 밸브로, 램이 중력에 의하여 자유 낙하하는 것을 방지하고자 할 경우에 사용한다.
• 무부하 밸브(unloading valve) : 펌프의 송출 압력을 지시된 압력으로 조정되도록 한다. 따라서 원격 조정되는 파일럿 압력이 작용하는 동안 펌프는 오일을 그대로 탱크로 방출하게 되어 펌프에 부하가 걸리지 않게 되므로 동력을 절약할 수 있다.

26. **회로의 일부에 배압을 발생시키고자 할 때 사용하는 밸브로서 한 방향의 흐름에 대해서는 설정된 배압을 부여하고 다른 방향의 흐름은 자유흐름을 행하는 밸브는?** (08년 1회)

① 브레이크 밸브
② 카운터 밸런스 밸브
③ 디플레이션 밸브
④ 파일럿 릴리프 밸브

27. **압력 스위치는 유압 신호를 전기 신호로 전환시키는 일종의 스위치이다. 이 스위치의 구조상 종류에 해당되지 않는 것은?** (11년 2회)

① 소형 피스톤과 스프링과의 평형을 이용하는 것
② 부르동관(bourdon tube)을 사용한 것
③ 벨로스(bellows)를 사용한 것
④ 오리피스(orifice)를 사용한 것

해설 오리피스를 사용하는 곳은 유량 제어 밸브이다.

28. **유압의 방향 제어 밸브 중 슬라이드 밸브 구조의 특징은?** (08년 1회)

① 밀봉이 우수하다.
② 누유가 발생한다.
③ 이물질에 둔감하다.
④ 작동 거리가 짧다.

해설 슬라이드 밸브는 밸브 안을 스풀이 미끄러지며 운동하여야 하므로 약간의 간격을 필요로 하기 때문에 누유가 따르게 되는 결점이 있어 로크(lock) 회로에는 이 형식을 이용하지 않고 포핏 형식을 사용하여 장시간 확실한 로크를 하도록 한다.

29. **다음은 3위치 4포트 밸브 중 클로즈 센터형 밸브에 대한 설명이다. 밸브의 설명이 옳지 않은 것은?** (07년 1회)

① 실린더를 임의의 위치에서 정지시킬 수 있다.
② 중립 위치에서 펌프를 무부하시킬 수 있다.
③ 1개의 펌프로 2개 이상의 실린더를 작동시킬 수 있다.
④ 급격한 밸브 전환 시 서지압(surge pressure)이 발생된다.

해설 클로즈 센터형 밸브는 중립 위치에서 모든 포트가 막혀 펌프를 무부하시킬 수 없다.

30. **다음의 3위치 4방향 제어 밸브 중 중간 정지용으로 사용할 수 있고 밸브의 전환 시 서지압이 발생될 수 있는 밸브는?** (09년 2회)

① 펌프 클로즈드 센터형(pump closed center type)
② 오픈 센터형(open center type)

정답 25. ④ 26. ② 27. ④ 28. ② 29. ② 30. ④

③ 클로즈드 센터형(closed center type)
④ 오픈 탠덤 센터형(open tandem center type)

31. 작은 지름의 파이프에서 유량을 미세하게 조정하기에 적합한 밸브는 무엇인가? (10년 1회)

① 니들 밸브 ② 체크 밸브
③ 셔틀 밸브 ④ 소켓 밸브

32. 외부의 압력 부하가 변하더라도 회로에 흐르는 유량을 항상 일정하게 유지시켜 주면서 유압 모터의 회전이나 유압 실린더의 이동 속도를 제어하는 밸브는? (12년 2회)

① 온도 보상형 유량 조절 밸브
② 압력 보상형 유량 조절 밸브
③ 단순 교축 밸브
④ 분류 밸브

해설 압력 보상형 유량 조절 밸브 : 압력 보상 기구를 내장하고 있으므로 압력의 변동에 의하여 유량이 변동되지 않도록 회로에 흐르는 유량을 항상 일정하게 자동적으로 유지시켜 주면서 유압 모터의 회전이나 유압 실린더의 이동 속도 등을 제어한다.

33. 적당한 캠 기구로 스풀을 이동시켜 유량의 증감 또는 개폐 작용을 하는 밸브로서 상시 개방형과 상시 폐쇄형이 있으며 귀환 운동을 자유롭게 하기 위하여 체크 밸브를 내장한 것도 있는 유압 기기는? (12년 3회)

① 스로틀 변환 밸브
② 감속(deceleration) 밸브
③ 파일럿 조작 체크 밸브
④ 셔틀 밸브

34. 로킹 회로에 큰 외력에 항해서 정지 위치를 확실히 유지하기 위해 사용되는 밸브는? (10년 3회)

① 셔틀 밸브
② 시퀀스 밸브
③ 감압 밸브
④ 파일럿 조작 체크 밸브

해설 파일럿 조작 체크 밸브(pilot operated check valve) : 이 형식은 작동 면에서 스프링 부하형과 같으나 파일럿으로서 작용되는 유체 압력에 의해 역류도 허용될 수 있는 체크 밸브

35. 서보 유압 밸브의 특징으로 볼 수 없는 것은? (10년 1회)

① 소형으로서 출력을 얻을 수 있다.
② 빠른 응답성을 가지고 있다.
③ 작동기와 부하 장치를 보호하는 효과가 있다.
④ 소형으로서 가격이 저렴하다.

해설 서보 밸브(servo valve) : 전기 그 밖의 입력 신호에 따라 유량 또는 압력을 제어하는 밸브

36. 짧은 실린더 본체로 긴 행정 거리를 낼 수 있어 작은 공간에 실린더를 장착하여 긴 행정 거리를 필요로 할 경우에는 좋으나 필요한 힘 이상의 큰 직경이 요구되는 것은? (09년 3회)

① 케이블 실린더
② 양 로드 실린더
③ 로드리스 실린더
④ 텔레스코프 실린더

해설 텔레스코프형 : 유압 실린더의 내부에 또 하나의 다른 실린더를 내장하고, 유압이 유입하면 순차적으로 실린더가 이동하도록 되어 있어, 실린더 길이에 비하여 큰 스트로크를 필요로 하는 경우에 사용된다. 이 경우에 포트가 하나이고, 중력에 의해서 돌아가는 것을 단동형이라 한다.

정답 31. ① 32. ② 33. ② 34. ④ 35. ④ 36. ④

37. 안지름 32 mm의 실린더가 10 mm/s의 속도로 움직이려 할 때 필요한 최소 펌프 토출량은 몇 L/min인가? (06년 1회)

① 0.5 ② 1
③ 1.5 ④ 2

해설 $Q = AV = \frac{\pi d^2}{4} \times V = \frac{\pi \times 32^2}{4} \times 10$
$= 8038.4 \text{mm}^3/\text{s} = 0.48 \text{ L/min}$

38. 유압 프레스를 설계하려고 한다. 사용 압력은 24 MPa, 필요한 힘은 500 kN이며, 행정거리는 0.8 m이다. 또한 실린더의 속도는 0.01 m/s라고 가정할 경우 실린더의 지름(mm)은 약 얼마인가? (11년 2회)

① 113 mm ② 123 mm
③ 153 mm ④ 163 mm

해설 $F = PA$이므로
$d = \sqrt{\frac{4F}{\pi P}} = \sqrt{\frac{4 \times 500 \times 10^3}{\pi \times 24}}$
$= 163 \text{mm}$

39. 유압 모터의 종류가 아닌 것은? (12년 2회)

① 기어형 ② 베인형
③ 피스톤형 ④ 나사형

해설 유압 모터의 종류에는 기어(gear)형, 베인(vane)형, 피스톤(piston)형이 있다.

40. 유압 모터의 특징으로 틀린 것은? (12년 2회)

① 소형 경량으로도 큰 출력을 낼 수 있다.
② 토크 제어의 기계에 사용하면 편리하다.
③ 최대 토크를 제한하는 기계에 사용하면 편리하다.
④ 회전 속도는 쉽게 변화시킬 수 있으나 역회전을 할 수 없다.

41. 다음 ( ) 안의 ㉠, ㉡ 내용으로 적절한 것은? (06년 1회)

“유압 모터의 토크는 (㉠)으로 제어하고, 회전 속도는 (㉡)으로 제어한다.”

① ㉠ 방향 ㉡ 유량 ② ㉠ 압력 ㉡ 유량
③ ㉠ 유량 ㉡ 압력 ④ ㉠ 유량 ㉡ 볼트

42. 유압 모터 중 구조가 가장 간단하며 출력 토크가 일정하고 정·역회전이 가능한 유압 모터는? (11년 3회)

① 피스톤 모터 ② 요동 모터
③ 베인 모터 ④ 기어 모터

해설 기어 모터는 유압 모터 중 구조 면에서 가장 간단하고, 유체 압력이 기어의 이에 작동하여 출력 토크가 일정하며, 정회전과 역회전이 가능하다.

43. 유압 모터 중 가장 간단하며 출력 토크가 일정하고 정·역회전이 가능하며 토크 효율이 약 75~85 %, 전 효율은 약 80 % 정도이고 최저 회전수는 150 rpm으로 정밀 서보 기구에는 부적합한 모터는 무엇인가? (08년 1회/10년 1회/12년 1회)

① 베인 모터(vane motor)
② 기어 모터(gear motor)
③ 액시얼 피스톤 모터(axial piston motor)
④ 레이디얼 피스톤 모터(radial piston motor)

해설 기어 모터는 입구는 고압이고 출구는 저압이므로, 기어와 베어링에 많은 추력을 받게 되므로 유체의 통로가 180 떨어진 대칭으로 하여 압력에 의한 추력이 보상되도록 한 대칭형 기어 모터를 사용하기도 한다. 또 대략 140 kgf/cm^2 이하의 압력에서 작동하고 작동 회전수는 2400 rpm 정도이며 최대 유량은 600 L/min 정도로 되어 있다.

정답 37. ① 38. ④ 39. ④ 40. ④ 41. ② 42. ④ 43. ②

44. 유압 모터에서 가장 효율이 높으며, 고압에서도 사용할 수 있는 모터는? (09년 3회/11년 2회)

① 피스톤 모터　② 기어 모터
③ 기어 펌프　④ 베인 모터

해설 피스톤형 모터 (piston type motor)
㉠ 원리 : 압축 공기를 순차적으로 실린더 피스톤 단면에 공급하여 피스톤 사판이나 캠 크랭크축 등을 회전시켜 왕복 운동을 기계적으로 회전 운동으로 변환함으로써 회전력을 얻는 것이다. 변환 방식은 크랭크를 사용한 것 (레이디얼 피스톤형), 경사판을 이용한 것 (액시얼 피스톤형), 캠의 반력을 이용한 것 (멀티 스트로크, 레이디얼 피스톤형) 등이 있다.
㉡ 특징 : 중저속 회전 (20~400 rpm), 대용량 고토크형으로 최고 회전 속도는 3000 rpm, 출력은 1.5~2.6 kW이다.
㉢ 용도 : 각종 반송 장치에 이용한다.

45. 유압 베인형 요동 모터 중 더블 베인형의 출력축의 회전 각도 범위는 얼마 이내인가? (12년 3회)

① 280°　② 100°
③ 60°　④ 360°

해설 싱글 베인 : 280° 이내, 더블 베인 : 100° 이내, 트리플 베인 : 60° 이내

46. 유압 베인 모터의 1회전당 유량이 50 cc일 때 공급 압력, 8 MPa, 유량 30 L/min으로 할 경우 최대 회전수 (rpm)는? (07년 3회/09년 1회)

① 700　② 650
③ 625　④ 600

해설 $Q_T = V_D \cdot N$

47. 유압 시스템에서 기름 탱크 내의 유온이 안전 온도 영역에 해당되는 것은 몇 ℃ 범위인가? (12년 1회)

① 80~100　② 65~80
③ 55~65　④ 45~55

해설 80~100℃ : 위험 온도 영역, 30~46℃ : 이상 온도 영역, 65~80℃ : 한계 온도 영역, 20~30℃ : 상온 영역, 55~65℃ : 주의 온도 영역, 0~20℃ : 저온 영역, 45~55℃ : 안전 온도 영역

48. 오일 탱크의 바닥면과 지면의 최소 유지 간격으로 가장 바람직한 것은? (11년 1회)

① 300 mm　② 250 mm
③ 150 mm　④ 100 mm

해설 오일 탱크의 구비 요건
㉠ 오일 탱크 내에서는 먼지, 절삭분, 윤활유 등의 이물질이 혼입되지 않도록 주유구에는 여과망과 캡 또는 뚜껑을 부착하고 오일로부터 분리할 수 있는 구조이어야 한다.
㉡ 공기 (빼기) 구멍에는 공기 청정기를 부착하여 먼지의 혼입을 방지하고 오일 탱크 내의 압력을 언제나 대기압으로 유지하는데 충분한 크기인 것으로 비말 유입 (飛沫流入)을 방지할 수 있어야 한다. 공기 청정기의 통기 용량은 유압 펌프 토출량의 2배 이상이면 된다.
㉢ 소형 오일 탱크는 에어블리저가 주유구를 공용시켜도 무방하고, 오일 탱크의 용량은 장치 내의 작동유가 모두 복귀하여도 지장이 없을 만큼의 크기를 가져야 한다.
㉣ 오일 탱크 내에는 방해판으로 펌프 흡입 측과 복귀 측을 구별하여 오일 탱크 내에서의 오일의 순환 거리를 길게 하고 기포의 방출이나 오일의 냉각을 보존하며 먼지의 일부를 침전케 할 수 있도록 한다.
㉤ 오일 탱크의 바닥면은 바닥에서 최소 간격 15 cm를 유지하는 것이 바람직하다.
㉥ 운전 중에도 보기 쉬운 곳에 유면계를 설치하고 최고와 최저 위치를 표시한다.
㉦ 오일 탱크는 완전히 세척할 수 있도록 제작한다.
㉧ 오일 탱크에는 스트레이너의 삽입이나 분

정답 44. ①　45. ②　46. ④　47. ④　48. ③

리를 용이하게 할 수 있는 출입구를 만든다.

ⓩ 스트레이너의 유량은 유압 펌프 토출량의 2배 이상의 것을 사용한다.

⓪ 오일 탱크의 내면은 방청과 수분의 응축을 방지하기 위하여 양질의 내유성 도료를 도장 또는 도금한다.

ⓚ 업세팅 운반용으로서 적당한 곳에 훅을 단다.

ⓔ 정상적인 작동에서 발생한 열을 발산할 수 있어야 한다.

49. 스트레이너는 어느 위치에 설치하는가? (10년 1회)

① 유압 실린더와 방향 제어 밸브 사이
② 방향 제어 밸브의 복귀 포트
③ 유압 펌프의 흡입관
④ 유압 모터와 방향 제어 밸브 사이

50. 어큐뮬레이터의 용도로 옳지 않은 것은 어느 것인가? (06년 3회)

① 에너지 저장
② 유압의 맥동 증대
③ 충격의 흡수
④ 일정 압력의 유지

51. 어큐뮬레이터의 용도에 대한 설명으로 적합하지 않은 것은? (08년 1회/12년 1회)

① 에너지 축적용
② 펌프 맥동 흡수용
③ 압력 증대용
④ 충격 압력의 완충용

52. 오일 히터의 최대 열용량 와트 밀도로 적당한 것은? (12년 2회)

① 2 W/cm^2 이하 ② 5 W/cm^2 이하
③ 7 W/cm^2 이하 ④ 10 W/cm^2 이하

53. 다음 중 유압용 금속관의 특징으로 옳지 않은 것은? (03년 3회)

① 강관 : 펌프의 흡입관, 토출 배관, 탱크 귀환용으로 사용된다.
② 동관 : 열전도율이 크고 내식성이 우수하므로 화학적 분위기가 나쁜 곳에 사용한다.
③ 알루미늄관 : 구리관에 비해 무게가 1/3로 가벼워 항공기용으로 사용된다.
④ 스테인리스관 : 난연성 작동 오일을 사용하는 경우 부식을 일으키기 쉬운 곳에 사용한다.

해설 동관 : 열전도율이 좋고, 물이나 공기에 대한 내식성이 커서 열 교환기나 공기 배관 등에 사용한다.

54. 윤활유의 목적으로 적합하지 않은 것은? (09년 1회)

① 실(seal)을 고착시킬 것
② 내구성을 향상시킬 것
③ 마찰력을 감소시킬 것
④ 장치의 부식을 방지할 것

55. 다음 중 유압 작동유의 구비 조건으로 맞는 것은? (06년 1회)

① 압축성일 것
② 녹이나 부식의 발생을 촉진시킬 것
③ 적당한 유막 강도를 가질 것
④ 휘발성이 좋을 것

56. 유압 작동유의 구비 조건으로 맞지 않는 것은? (12년 3회)

① 비압축성이어야 한다.
② 적절한 점도가 유지되어야 한다.
③ 발생되는 열을 잘 보관, 저장하여야 한다.

정답 49. ③ 50. ② 51. ③ 52. ① 53. ② 54. ① 55. ③ 56. ③

④ 녹이나 부식이 생기지 않고 장시간 사용에도 화학적으로 안정되어야 한다.

해설 열에 의하여 점도가 변하는 것을 방지하기 위해 유압 작동유의 발생 열을 잘 방출하여야 한다.

57. **작동유의 점도가 너무 높은 경우 어떤 현상이 발생하는가?** (12년 3회)

① 내부 마찰 증대와 온도 상승
② 내부 누설 및 외부 누설
③ 동력 손실의 감소
④ 마찰 부분의 마모 증대

해설

점도가 너무 낮은 경우	점도가 너무 높은 경우
• 내부 누설 및 외부 누설 • 마찰력 증대 • 제어 곤란	• 내부 마찰 증대, 온도 상승 • 압력 증대, 동력 손실 증대 • 작동유의 비활성

58. **유압 작동유의 점도가 너무 낮을 경우 발생되는 현상이 아닌 것은?** (09년 1회)

① 내부 누설 및 외부 누설
② 마찰 부분 마모 증대
③ 정밀한 조절과 제어 곤란
④ 작동유의 응답성 저하

59. **윤활유에 사용되는 소포제로 가장 적당한 것은?** (11년 2회)

① 파라핀유 ② 실리콘유
③ 중화수 ④ 나프텐계유

해설 소포성(消泡性) : 작동유에는 보통 용적 비율로 5~10%의 공기가 용해되어 있고 용해량은 압력 증가에 따라 증량한다. 이러한 작동유를 고속 분출시키든가, 압력을 저하시키면 용해된 공기가 분리되어 물거품이 일어나 작동유가 손실될 뿐만 아니라, 펌프의 작동을 불능케 한다. 작동유 중에 공기가 혼입되면 물의 경우와 마찬가지로 윤활 작용이 저하되고, 산화 촉진을 야기시키고, 압축성이 증대되어 유압 기기의 작동이 불규칙하게 되며, 펌프에서 공동 현상 발생의 원인이 된다. 그러므로 작동유는 소포성이 좋아야 하고 만일 물거품이 발생하더라도 유조 내에서 속히 소멸되어야 한다. 작동유의 소포제로서 실리콘유가 사용된다.

60. **유압 시스템에 사용되는 작동유에 대한 수분의 영향과 거리가 먼 것은?** (11년 2회)

① 작동유의 윤활성을 향상시킨다.
② 작동유의 방청성을 저하시킨다.
③ 밀봉 작용이 저하된다.
④ 작동유의 산화 및 열화를 촉진시킨다.

61. **다음 설명에서 ( )에 알맞은 용어는 무엇인가?** (09년 3회)

> • 유압 장치의 작동유 최적 온도는 45 ~ 55 ℃이다.
> • 작동유가 60 ℃ 이하에서는 ( )가(이) 비교적 완만하다.
> • 60 ℃를 넘으면 ( )가(이) 크다.
> • 0.5 ℃ 상승 때마다 수명이 반감하므로 펌프 흡인력 온도는 55 ℃를 넘겨서는 안 된다.

① 마찰 계수
② 산화 속도
③ 동력
④ 기계적 효율

해설 유압 장치의 작동유 최적 온도는 45~55℃로 알려져 있으며, 작동유가 60℃ 이하에서는 산화 속도가 비교적 완만하나, 60℃를 넘으면 산화 속도가 크다.

정답 57. ① 58. ④ 59. ② 60. ① 61. ②

4. 유·공압 기호

4-1 유·공압 기기 기호의 기본 사항

유압·공압 기호의 표시 방법과 해석과 기본 사항은 다음에 따른다.

① 기호는 기능 조작 방법 및 외부 접속구를 표시한다.

② 기호는 기기의 실제 구조를 나타내는 것은 아니다.

③ 복잡한 기능을 나타내는 기호는 원칙적으로 표 1 기호 요소와 표 2 기능 요소를 조합하여 구성한다. 단, 이들 요소로 표시되지 않는 기능에 대하여는 특별한 기호를 용도에 한정시켜 사용하여도 좋다.

관련규격 : KS B 0001 기계제도
KS B 0119 유압용어
KS B 0120 공압용어

④ 기호는 원칙적으로 통상의 운휴 상태 또는 기능적인 중립 상태를 나타낸다. 단, 회로도 속에서는 예외도 인정된다.

⑤ 기호는 해당 기기의 외부 포트의 존재를 표시하나 그 실제의 위치를 나타낼 필요는 없다.

⑥ 포트는 관로와 기호 요소의 접점으로 나타낸다.

⑦ 포위선 기호를 사용하고 있는 기기의 외부 포트는 관로와 포위선의 접점으로 나타낸다.

⑧ 복잡한 기호의 경우, 기능상 사용되는 접속구만을 나타내면 된다. 단, 식별하기 위한 목적으로 기기에 표시하는 기호는 모든 접속구를 나타내야 한다.

⑨ 기호 속의 문자(숫자는 제외)는 기호의 일부분이다.

⑩ 기호의 표시법은 한정되어 있는 것을 제외하고는 어떠한 방향이라도 좋으나 90° 방향마다 쓰는 것이 바람직하다. 또한, 표시 방법에 따라 기호의 의미가 달라지는 것은 아니다.

⑪ 기호는 압력, 유량 등의 수치 또는 기기의 설정 값을 표시하는 것은 아니다.

⑫ 간략 기호는 그 규격에 표시되어 있는 것 및 그 규격의 규정에 따라 고안해 낼 수 있는 것에 한하여 사용하여도 좋다.

⑬ 2개 이상의 기호가 1개의 유닛에 포함되어 있는 경우에는, 특정한 것을 제외하고, 전체를 1점 쇄선의 포위선 기호에 둘러싼다. 단, 단일 기능의 간략 기호에는 통상 포위선을 필요로 하지 않는다.

⑭ 회로도 중에서, 동일 형식의 기기가 수 개소에 사용되는 경우에는, 제도를 간략화하기 위하여, 각 기기를 간단한 기호 요소로 대표시킬 수가 있다. 단, 기호 요소 중에는 적당한 부호를 기입하고, 회로도 속에 부품란과 그 기기의 완전한 기호를 나타내는 기호표를 별도로 붙여서 대조할 수 있게 한다.

표 1 기호 요소

번호	명칭	기호	용도	비고
1-1 선				
1-1.1	실선	———	(1) 주 관로 (2) 파일럿 밸브에의 공급 관로 (3) 전기 신호선	• 귀환 관로를 포함 • 2-3.1을 부기하여 관로와의 구별을 명확히 한다.
1-1.2	파선	-------	(1) 파일럿 조작 관로 (2) 드레인 관로 (3) 필터 (4) 밸브의 과도 위치	• 내부 파일럿 • 외부 파일럿
1-1.3	1점 쇄선	—·—·—	포위선	• 2개 이상의 기능을 갖는 유닛을 나타내는 포위선
1-1.4	복선	$\frac{1}{5}l$	기계적 결합	• 회전축, 레버, 피스톤 로드 등
1-2 원				
1-2.1	대원	l	에너지 변환 기기	• 펌프, 압축기, 전동기 등
1-2.2	중간원	$\frac{1}{2}\sim\frac{3}{4}l$	(1) 계측기 (2) 회전 이음	
1-2.3	소원	$\frac{1}{4}\sim\frac{1}{3}l$	(1) 체크 밸브 (2) 링크 (3) 롤러	• 롤러 : 중앙에 점을 찍는다. ⊙
1-2.4	점	$\frac{1}{8}\sim\frac{1}{5}l$	(1) 관로의 접속 (2) 롤러의 축	
1-3 반원		l	회전 각도가 제한을 받는 펌프 또는 액추에이터	
1-4 정사각형				
1-4.1		l	(1) 제어 기기 (2) 전동기 이외의 원동기	• 접속구가 변과 수직으로 교차한다.

1-4.2			유체 조정 기기	• 접속구가 각을 두고 변과 교차한다. • 필터, 드레인 분리기, 주유기, 열 교환기 등
1-4.3		$\frac{1}{2}l$, $\frac{1}{2}l$	(1) 실린더 내의 쿠션 (2) 어큐뮬레이터 내의 추	
1-5 직사각형				
1-5.1		m, l	(1) 실린더 (2) 밸브	• $m > l$
1-5.2		$\frac{1}{4}l$, l	피스톤	
1-5.3		$\frac{1}{2}l$, m	특정의 조작 방법	• $l \leq m \leq 2l$ • 표 6 참조
1-6 기타				
1-6.1	요형(대)	$\frac{1}{2}l$, m	유압유 탱크(통기식)	• $m > l$
1-6.2	요형(소)	$\frac{1}{4}l$, $\frac{1}{2}l$	유압유 탱크(통기식)의 국소 표시	
1-6.3	캡슐형	l, $2l$	(1) 유압유 탱크(밀폐식) (2) 공기압 탱크 (3) 어큐뮬레이터 (4) 보조 가스 용기	• 접속구는 표 10과 16-2 참조

표 2 기능 요소

번호	명칭	기호	용도	비고
2-1 정삼각형				• 유체 에너지의 방향 • 유체의 종류 • 에너지원의 표시
2-1.1	흑	▶	유압	
2-1.2	백	▷	공기압 또는 기타의 기체압	• 대기 중에의 배출을 포함

2-2 화살표 표시				
2-2.1	직선 또는 사선		(1) 직선 운동 (2) 밸브 내의 유체의 경로와 방향 (3) 열류의 방향	
2-2.2	곡선	90° l	회전 운동	• 화살표는 축의 자유단에서 본 회전 방향을 표시
2-2.3	사선		가변 조작 또는 조정 수단	• 적당한 길이로 비스듬히 그린다. • 펌프, 스프링, 가변식 전자 액추에이터
2-3 기타				
2-3.1			전기	
2-3.2			폐로 또는 폐쇄 접속구	폐로 접속구
2-3.3			전자 액추에이터	
2-3.4			온도 지시 또는 온도 조정	
2-3.5		M	원동기	• 11-3, 11-4 참조
2-3.6			스프링	• 산의 수는 자유
2-3.7			교축	
2-3.8		90°	체크 밸브의 간략 기호의 밸브 시트	

출제 예상 문제

기계정비산업기사

1. I.E.C (국제전기표준회의)에서 권고하고 있는 전기 릴레이 회로의 작성에 대한 설명으로 맞는 것은? (03년 3회)

① 종속선은 위에서 아래로 신호 흐름을 갖는다.
② 전원의 모선을 좌측과 우측에 그린다.
③ 전원 부분을 실제의 위치에 그린다.
④ 제어의 순서에 따라 위에서 아래로 그린다.

해설 접속선은 동작 순서별로 좌에서 우로 또는 위에서 아래로 순서적으로 표시한다.

2. 기호의 표시 방법과 해석의 기본 사항이 아닌 것은? (03년 3회)

① 기호는 기능·조작 방법 및 외부 접속구를 표시한다.
② 기호는 기기의 실제 구조를 나타내는 것이다.
③ 기호는 원칙적으로 통상의 운휴 상태 또는 기능적 중립 상태를 나타낸다.
④ 회로도에서는 반드시 중립 상태를 나타내지 않아도 무방하다.

해설 기호는 기기의 실제 구조를 나타내는 것은 아니다.

3. 기호 요소 중 대원의 용도는? (09년 3회)

① 제어 기기
② 특수한 형태의 롤러
③ 에너지 변환 기기
④ 체크 밸브의 기호 중 원의 표시

해설 KSB 0054의 기호 요소
㉠ 대원 : 에너지 변환기
㉡ 중간원 : 계측기, 회전 이음
㉢ 소원 : 체크 밸브, 링크, 롤러
㉣ 점 : 관로의 접속, 롤러의 축

4. 다음 중 조작력이 작용하지 않는 때의 밸브 몸체 위치로서 맞는 것은? (11년 1회)

① 중앙 위치 ② 초기 위치
③ 노멀 위치 ④ 중간 위치

해설 • 노멀 위치 (normal position) : 조작력 또는 제어 신호가 걸리지 않을 때의 밸브 몸체의 위치
• 노멀 오픈 (정상 열림) : 정상 상태에서 위치가 열림 위치 (출력이 있는 경우)인 상태

5. 밸브의 조작력이나 제어 신호를 가하지 않은 상태를 무엇이라 하는가? (09년 3회)

① 정상 상태 ② 복귀 상태
③ 조작 상태 ④ 누름 상태

해설 정상 상태 (normal position) : 조작력 또는 제어 신호가 걸리지 않을 때의 밸브 몸체의 위치

6. 기능을 나타내는 기호와 용도가 옳게 연결된 것은? (06년 1회/08년 1회/10년 3회)

① ▷ : 유압 ② ▶ : 공압
③ M : 스프링 ④)(: 교축

해설 ▷ : 공압, ▶ : 유압

7. ISO 1219 규정 (문자식 표현)에 의한 공압 표시 밸브의 연결구 표시 방법 중 작업 라인을 나타내는 것은? (09년 2회)

① P ② A, B, C
③ R, S, T ④ X, Y, Z

정답 1. ① 2. ② 3. ③ 4. ③ 5. ① 6. ④ 7. ②

해설 밸브의 기호 표시법

라인	ISO 1219	ISO 5509/11
작업 라인	A, B, C –	2, 4, 6 –
공급 라인	P	1
배기구	R, S, T	3, 5, 7
제어 라인	Y, Z, X	10, 12, 14

8. 다음 조작 방식 중 레버를 나타내는 것은 어느 것인가? (08년 3회)

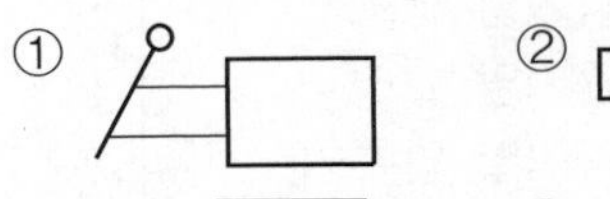

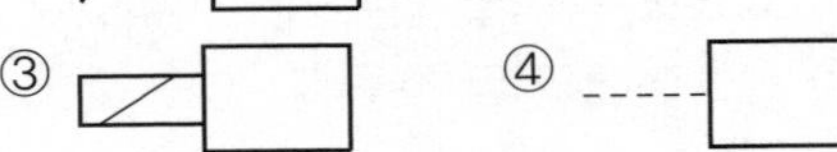

9. 다음 유압 공유압 도면 기호는 어떤 보조 기기의 기호인가? (07년 1회)

① 압력계
② 차압계
③ 온도계
④ 유량계

10. 다음 기호의 명칭으로 맞는 것은 어느 것인가? (06년 3회/11년 1회)

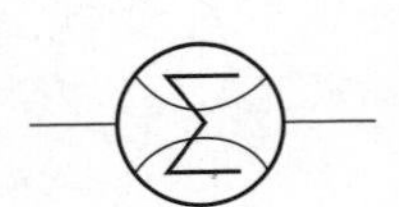

① 적산 유량계
② 회전 속도계
③ 토크계
④ 유면계

11. 공기압 장치 부속 기기에서 배수기를 나타내는 기호는? (03년 1회/05년 1회)

①
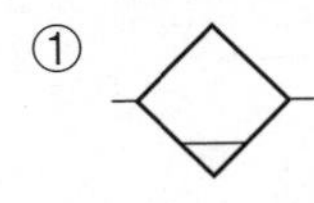
②
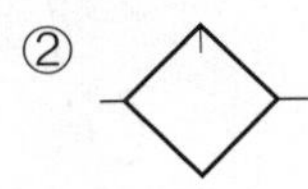
③
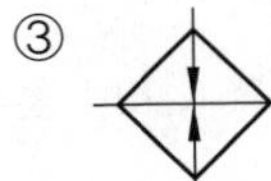
④
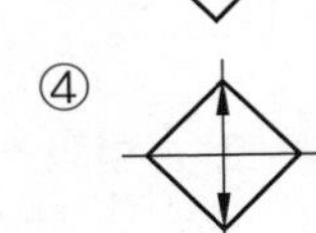

해설

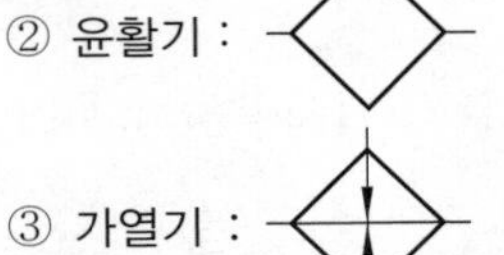

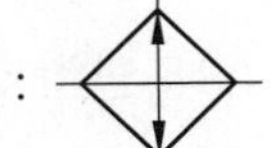

④ 에어 드라이어 :

12. 다음의 밸브 기호는 무엇을 나타내는가? (03년 1회)

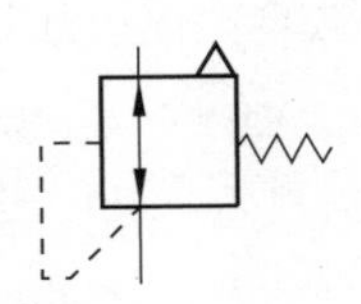

① 시퀀스 밸브
② 무부하 밸브
③ 릴리프붙이 감압 밸브
④ 카운터 밸런스 밸브

해설 파일럿 조작 릴리프 감압 밸브

13. 다음 기호 중 릴리프 밸브는? (07년 1회)

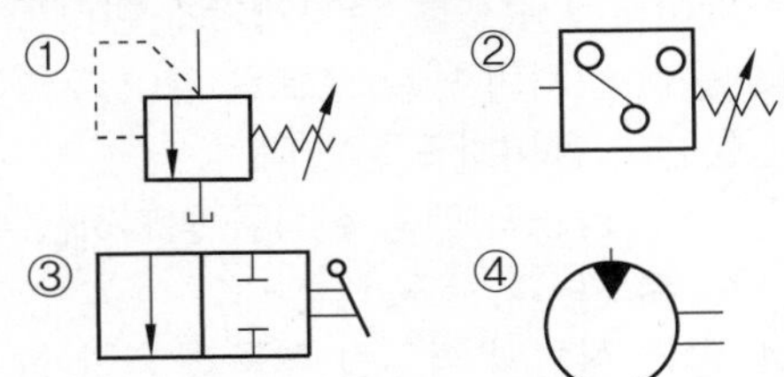

해설 ②는 압력 스위치, ③은 2/2way 밸브, ④는 유압 모터이다.

14. 다음 기호의 명칭으로 적합한 것은? (11년 3회)

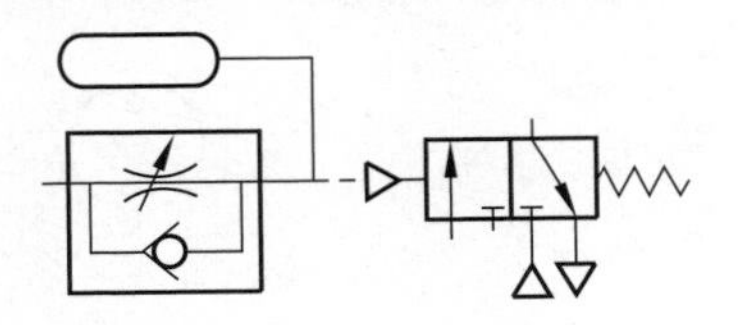

정답 8. ① 9. ② 10. ① 11. ① 12. ③ 13. ① 14. ③

① 정상 상태 열림 한시복귀형 시간 제어 밸브
② 정상 상태 열림 한시작동형 시간 제어 밸브
③ 정상 상태 닫힘 한시복귀형 시간 제어 밸브
④ 정상 상태 닫힘 한시작동형 시간 제어 밸브

15. 제어 신호가 입력된 후 일정한 시간이 경과된 다음에 작동되는 시간 지연 밸브의 구성 요소가 아닌 것은? (10년 2회)

① 속도 조절 밸브 ② 3/2 Way 밸브
③ 압력 증폭기 ④ 공기 저장 탱크

16. 다음 기호의 설명으로 적합한 것은 어느 것인가? (09년 1회)

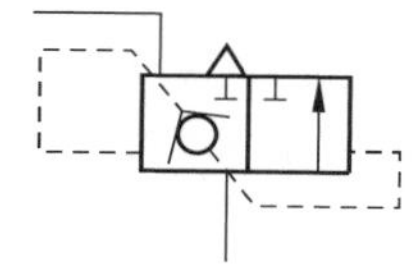

① 공압 장치의 배기 시 저항을 줄여 액추에이터의 속도를 증가시키게 한다.
② 공압 장치의 벤트 포트를 열어 무부하 운전이 용이하도록 한다.
③ 공압 장치의 맥동 현상을 방지하는 특수 밸브이다.
④ 공압 장치의 파일럿 작동에 의한 작은 힘으로 작동하여 작동 압력을 줄일 수 있다.

17. 다음 기호는 무엇을 나타내는 기호인가? (03년 3회)

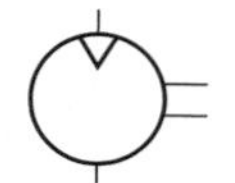

① 공기 압축기
② 공기압 모터
③ 유압 펌프
④ 진공 펌프

해설

한 방향 공압 모터 : 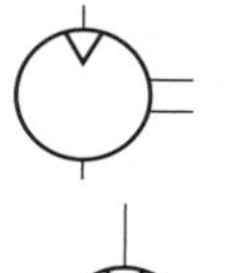

양 방향 공기압 모터 : 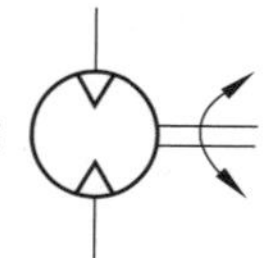

18. 다음의 기호가 나타내는 것은? (11년 1회)

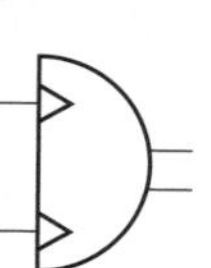

① 요동형 공기압 펌프
② 요동형 공기압 모터
③ 요동형 공기압 압축기
④ 요동형 공기압 실린더

19. 다음의 기호가 뜻하는 것은? (09년 2회)

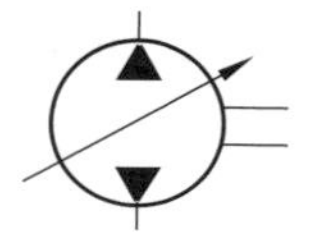

① 고정형 유압 펌프
② 가변 용량형 유압 펌프
③ 공기 압축기
④ 기어 모터

해설 고정 용량형 유압 펌프

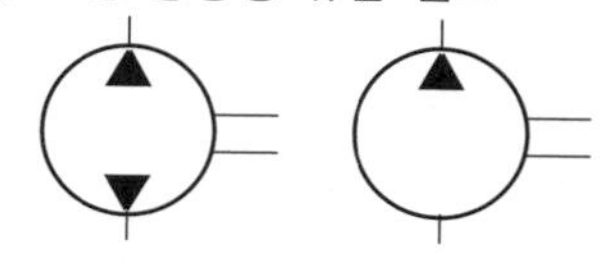

20. 다음 기호의 설명으로 옳은 것은? (05년 1회)

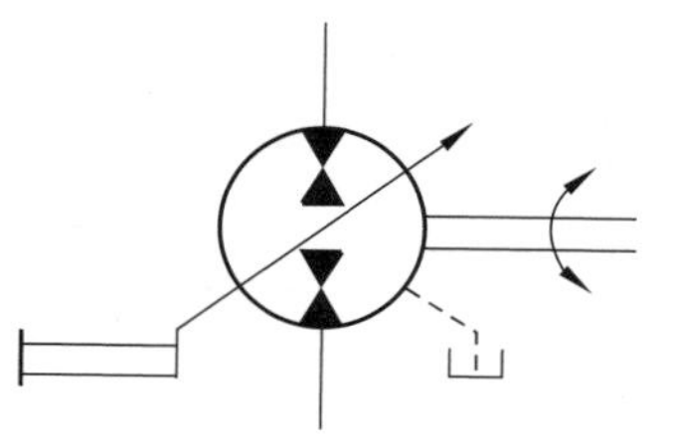

① 가변 용량형, 2방향 유동, 외부 드레인, 인력 조작

정답 15. ③ 16. ① 17. ② 18. ② 19. ② 20. ①

② 가변 용량형, 2방향 유동, 내부 드레인, 인력 조작
③ 가변 용량형, 2방향 유동, 외부 드레인, 조작 기구 미지정
④ 정용량형, 2방향 유동, 외부 드레인, 인력 조작

21. 다음의 유압 기호를 설명한 것 중 옳은 것은? (05년 3회)

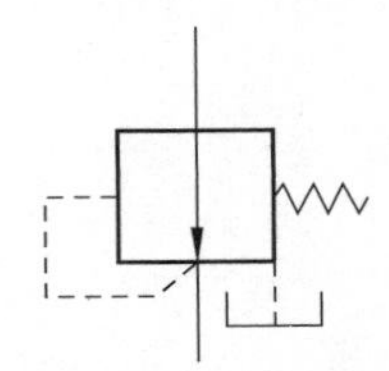

① 항상 고압 측 신호만 통과시켜 주는 전환 밸브이다.
② 유체의 방향을 제어해 주는 밸브이다.
③ 주 회로의 압력을 일정하게 유지시키고 조작 순서를 제어하는 밸브이다.
④ 유체의 흐름의 양을 제어하는 밸브이다.

22. 다음 기호는 무엇을 나타내는가? (12년 3회)

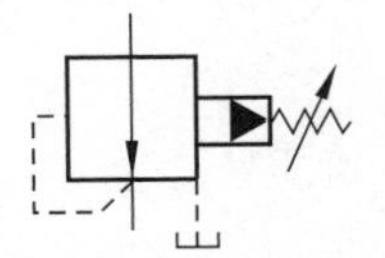

① 파일럿 작동형 감압 밸브
② 릴리프붙이 감압 밸브
③ 일정 비율 감압 밸브
④ 파일럿 작동형 시퀀스 밸브

해설 KS B 0054, 14-6

23. 다음 기호의 명칭은? (12년 1회)

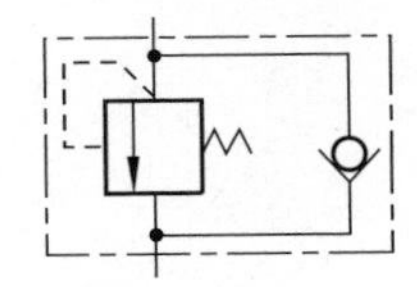

① 양방향 릴리프 밸브
② 무부하 릴리프 밸브
③ 카운터 밸런스 밸브
④ 1방향 교축 밸브

해설 KS B 0054, 14-14

24. 유압 기계에서 사용되는 다음의 밸브가 뜻하는 것과 거리가 먼 것은? (06년 1회/11년 3회)

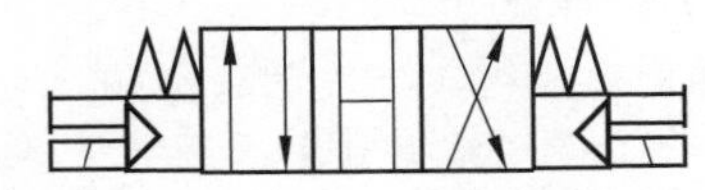

① 4포트 ② 오픈 센터
③ 개스킷 ④ 3위치

해설 이 밸브는 센터 4port 3way 밸브이다.

25. 다음의 그림은 무엇을 나타내는 것인가? (07년 3회)

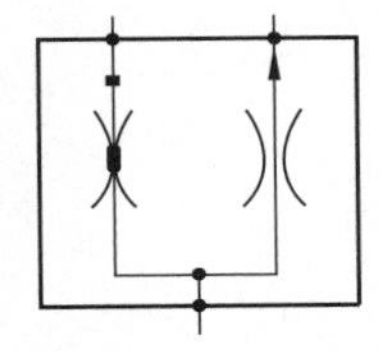

① 집류 밸브
② 분류 밸브
③ 스톱 밸브
④ 감압 밸브

해설 분류 밸브(flow dividing valve) : 유압원으로부터 2개 이상의 유압 관로로 나누어 흐르게 할 때 각각의 관로 압력의 크기에 관계없이 일정 비율로 유량을 분할시켜서 흐르게 하는 밸브이다.

26. 다음 그림의 밸브 명칭은? (05년 3회)

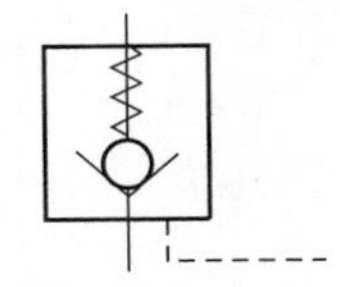

① 급속 배기 밸브
② 파일럿 조작 체크 밸브
③ 체크 밸브
④ 서보 밸브

정답 21. ③ 22. ① 23. ③ 24. ③ 25. ② 26. ②

27. 다음 그림은 어떤 실린더를 나타내는 기호인가? (05년 3회)

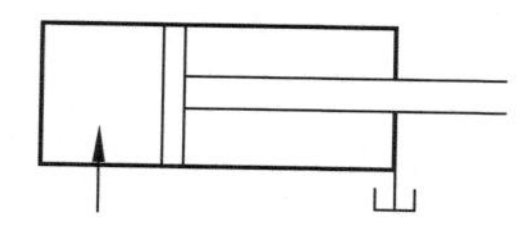

① 다이어프램형 실린더
② 복동 실린더
③ 쿠션 장착 실린더
④ 단동 실린더

해설 단동 실린더 : 일반적으로 100 mm 미만의 행정 거리로 클램핑, 프레싱, 이젝팅, 이송 등에 사용되며 실린더와 밸브 사이의 배관이 하나로 족하다.

28. 다음 밸브의 설명으로 틀린 것은 어느 것인가? (10년 2회/16년 2회)

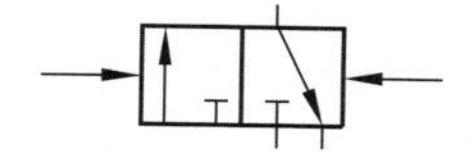

① 메모리형
② 3/2 way 밸브
③ 정상 상태 닫힘형
④ 유압에 의한 작동

해설 공압에 의한 작동이다.

정답 27. ④ 28. ④

5. 유·공압 회로

5-1 유·공압 회로 설계

(1) 제어 회로의 구성 방법

① 직관적 설계 방법 : 축적된 경험을 바탕으로 설계하는 방법이다.

② 조직적 설계 방법 : 미리 정해진 규칙에 의하여 설계하는 방법으로 설계자 개개인의 역량에 의한 영향이 적다.

(2) 도식 표현 형태

① 운동 도표

㈎ 변위 단계 도표

㈏ 변위 시간 도표

㈐ 제어 도표

(3) 제어 신호 간섭 현상

중첩 현상이란 세트(set) 신호와 리셋(reset)이 동시에 존재하는 것이다. 간섭 신호의 배제에는 작용 신호의 억제(suppression)와 제거(elimination)의 두 가지 방법이 있다.

① 신호 억제 회로 : 차동 압력기를 갖는 방향 제어 밸브 이용 방법과 압력 조절 밸브를 이용하는 두 가지 방법

② 신호 제거 회로

㈎ 기계적인 신호 제거 방법 : 오버센터 장치(over center device) 사용

㈏ 방향성 리밋 스위치 사용

㈐ 타이머에 의한 신호 제거 : 정상 상태 열림형 시간 지연 밸브 사용

(4) 조직적 설계 방법

불필요한 신호를 제거함으로써 단계별 독립적 제어 기능을 얻을 수 있는 간단한 방법은 각 운동 단계별로 하나의 제어 신호만을 추출하는 것으로, 캐스케이드 회로가 그 대표적인 예이다.

5-2 공압 회로

(1) 복동 실린더의 속도 조절 회로

① 미터 인 회로 : 실린더로 들어가는 공기를 교축시키는 회로
② 미터 아웃 회로 : 실린더에서 나오는 공기를 교축시키는 회로

(2) 논리 제어 회로

① AND 회로(AND circuit)
② OR 회로(OR circuit)
③ NOT 회로(NOT circuit)
④ NOR 회로(NOR circuit)

(3) 플립플롭 회로(flip-flop circuit)

주어진 입력 신호에 따라 정해진 출력을 내는 것인데, 기억(memory) 기능을 겸비한 것으로 되어 있다.

(4) 순차 작동 제어 회로(시퀀스 회로)

미리 몇 작동 순서를 정해 놓고 한 동작이 완료될 때마다 다음 동작으로 옮겨 가는 제어 방법을 말한다.

5-3 유압 회로

(1) 유압 장치의 기본 회로

① 압력 제어 회로
(가) 압력 설정 회로
(나) 압력 가변 회로
(다) 충격압 방지 회로
(라) 고저압 2압 회로

② 언로드 회로[unload circuit, 무부하 회로(unloading hydraulic circuit)] : 유압 펌프의 유량이 필요하지 않게 되었을 때, 즉 조작단의 일을 하지 않을 때 작동유를 저압으로 탱크에 귀환시켜 펌프를 무부하로 만드는 회로로서, 펌프의 동력 절약, 장치의 발열 감소, 펌프의 수명 연장, 장치 효율의 증대, 유온 상승 방지, 압유의 노화 방지 등의 장점이 있다.

③ 축압기 회로 : 유압 회로에 축압기를 이용하면 축압기는 보조 유압원으로 사용되고, 이것에 의해 동력을 크게 절약할 수 있으며, 압력 유지, 회로의 안전, 사이클 시간 단축, 완충 작용은 물론, 보조 동력원으로 효율을 증진시킬 수 있고, 콘덴서 효과로 유압 장치의 내구성을 향상시킨다.

(가) 안전장치 회로

(나) 보조 동력원 회로 (secondary source of energy)

(다) 압력 유지 회로

(라) 사이클 시간 단축 회로

(마) 동력 절약 회로

(바) 충격 흡수 회로 (shock absorption circuit)

④ 속도 제어 회로

(가) 미터 인 회로 (meter in circuit)

(나) 미터 아웃 회로 (meter out circuit)

(다) 블리드 오프 회로 (bleed off circuit) : 이 회로는 작동 행정에서의 실린더 입구의 압력 쪽 분기 회로에 유량 제어 밸브를 설치하여 실린더 입구 측의 불필요한 압유를 배출시켜 일정량의 오일을 블리드 오프하고 있어 작동 효율을 증진시킨 회로이다.

(라) 재생 회로 [regenerative circuit, 차동 회로 (differential circuit)]

(마) 카운터 밸런스 회로 (counter balance circuit) : 일정한 배압을 유지시켜 램의 중력에 의하여 자연 낙하하는 것을 방지한다.

(바) 감속 회로 (deceleration circuit)

(사) 유보충 밸브와 보조 실린더의 회로 : 큰 추력을 필요로 하는 대형 프레스에서는 램의 속도를 빠르게 작동시키기 위하여 키커 실린더 (kicker cylinder)를 보조 실린더로 사용한다.

(아) 중력에 의한 급속 이송 회로 : 카운터 밸런스 밸브를 생략하면 램은 자중에 의하여 급속한 하강 동작을 한다. 그러나 펌프를 무부하시키기 위하여 오픈 센터형 3위치 4포트 밸브를 사용하면 밸브의 중립 위치에서도 램이 하강하므로 2위치 4포트 밸브를 사용하여 상승 행정 끝에서만 하강하도록 하는 회로이다.

(자) 이중 실린더에 의한 급속 이송 회로 : 설치 장소가 제한되어 있어 보조 실린더를 외측에 설치할 수 없는 경우 이중 실린더를 사용하여 키커 실린더와 동일한 작용을 하는 회로이다.

⑤ 로크 회로

⑥ 시퀀스 회로 (sequence circuit)

⑦ 증압 및 증강 회로 (booster and intensifier circuit)

(가) 증강 회로 (force multiplication circuit) : 유효 면적이 다른 2개의 탠덤 실린더를 사용하거나, 실린더를 탠덤 (tandem)으로 접속하여 병렬 회로로 한 것인데 실린더

의 램을 급속히 전진시켜 그리 높지 않은 압력으로 강력한 압축력을 얻을 수 있는 힘의 증대 회로이다.

(나) 증압 회로 : 4포트 밸브를 전환시켜 펌프로부터 송출압을 증압기에 도입시켜 증압된 압유를 각 실린더에 공급시켜 큰 힘을 얻는 회로이다.

⑧ 동조 회로

⑨ 유압 모터 회로

(가) 일정 출력 회로

(나) 일정 토크 회로

(다) 제동 회로(brake circuit)

(라) 유보충 회로 : 펌프와 유압 모터를 폐회로로 연결하였을 경우 소형의 정용량형 펌프에 의하여 압유를 공급시키면 효율이 좋아지며, 공급용 펌프가 없을 경우에는 탱크로부터 직접 압유를 흡입시켜 보충시킨다.

(마) 유압 모터의 직렬 회로 : 회로의 일부 관 지름은 병렬 배치 경우보다 작아지고 입력관과 귀환관과 각 한 개의 관으로 충분하다. 펌프 송출 압력은 각 유압 모터는 압력강하의 합이 되므로 높아진다.

(바) 유압 모터의 병렬 회로 : 병렬 배치 미터인 회로는 각 유압 모터를 독립으로 구동, 정지, 속도 제어가 되고 각각의 모터에 걸리는 부하가 같은 경우에 유리하다.

출제 예상 문제

기계정비산업기사

1. 기기 간 접속보다 단지 액추에이터의 동작 순서를 표시하는 것은? (08년 1회/11년 1회)

① 논리도 ② 래더 다이어그램
③ 변위-단계 선도 ④ 제어 선도

해설 변위 단계 도표 : 작업 요소의 순차적 작동 상태로 나타내는 것으로, 변위 작업 요소의 상태 변화인 각 단계의 기능으로 표현하고, 작업 요소가 제어 장치에 많이 들어가면 차례로 같은 방법으로 밑으로 나타낸다.

2. 작업 요소의 변위가 순서에 따라 표시되며, 제어 시스템에 여러 개의 작업 요소가 표시되면 같은 방법으로 여러 줄로 표시하는 것은 것인가? (08년 3회)

① 변위-단계 선도 ② 논리도
③ 기능 선도 ④ 제어 선도

3. 시퀀스 제어 회로 작성에 있어 간섭 제거를 위해 사용하는 방법이 아닌 것은? (12년 1회)

① 유도형 센서 사용
② 공압 타이머 사용
③ 방향성 리밋 스위치 사용
④ 공압 제어 체인(예 : 캐스케이드 방식)을 구성

해설 유도형 센서는 근접 센서로 물체의 위치를 정확하고 빠르게 인식하며, 간섭 제거를 위해 짧은 펄스를 만드는 데는 부적합하다.

4. 다음의 변위 단계 선도에서 시스템의 동작 순서가 옳은 것은? (+ : 실린더의 전진, - : 실린더의 후진) (04년 1회)

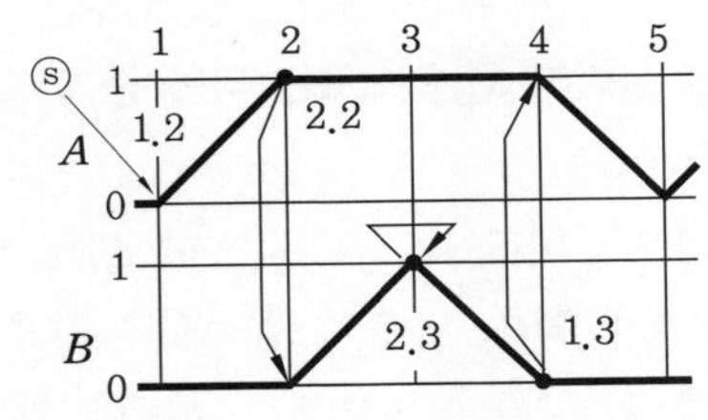

① $1^+, 2^+, 2^-, 1^-$ ② $1^-, 2^-, 2^+, 1^+$
③ $2^+, 1^+, 1^-, 2^-$ ④ $2^-, 1^-, 1^+, 2^+$

5. 회로 설계를 하고자 할 때 부가 조건의 설명이 잘못된 것은 무엇인가? (10년 1회)

① 리셋(reset) : 리셋 신호가 입력되면 모든 작동 상태는 초기 위치가 된다.
② 비상 정지(emergency stop) : 비상 정지 신호가 입력되면 대부분의 경우 전기 제어 시스템에서는 전원이 차단되나 공압 시스템에서는 모든 작업 요소가 원위치 된다.
③ 단속 사이클(single cycle) : 각 제어 요소들을 임의의 순서로 작동시킬 수 있다.
④ 정지(stop) : 연속 사이클에서 정지 신호가 입력되면 마지막 단계까지는 작업을 수행하고 새로운 작업을 시작하지 못한다.

해설 단속 사이클(single cycle) : 시작 신호가 입력되면 제어 시스템이 첫 단계에서 마지막 단계까지 1회 동작된다.

6. 두 개의 입력 신호 A와 B에 대하여 미리 정한 복수의 조건을 동시에 만족하였을 때에만 출력되는 회로는? (09년 1회)

① AND 회로 ② OR 회로

정답 1. ③ 2. ① 3. ① 4. ① 5. ③ 6. ①

③ NOT 회로 ④ NOR 회로

7. **공압 기본 논리 회로에서 입력되는 복수의 조건 중에 어느 한 개라도 입력 조건이 충족되면 출력이 되는 회로는 다음 중 어느 것인가?** (06년 3회)

① AND 회로 ② OR 회로
③ NOT 회로 ④ NOR 회로

해설 ① AND 회로(AND circuit) : 입력되는 복수의 조건이 모두 충족될 경우 출력이 나오는 회로이다.
② OR 회로(OR circuit) : 입력되는 복수의 조건 중 어느 한 개라도 입력 조건이 충족되면 출력이 나오는 회로이다.
③ NOT 회로(NOT circuit) : 입력 신호가 "1"이면 출력은 "0"이 되고, 입력 신호가 "0"이면, 출력은 "1"이 되는 부정의 논리를 갖는 회로로 인버터(inverter)라 부른다.
④ NOR 회로(NOR circuit) : NOT OR 회로의 기능을 가지고 있다.

8. **다음 회로에서 단동 실린더의 후진 속도를 증속시키기 위해 비어 있는 부분에 사용해야 할 요소는?** (09년 3회)

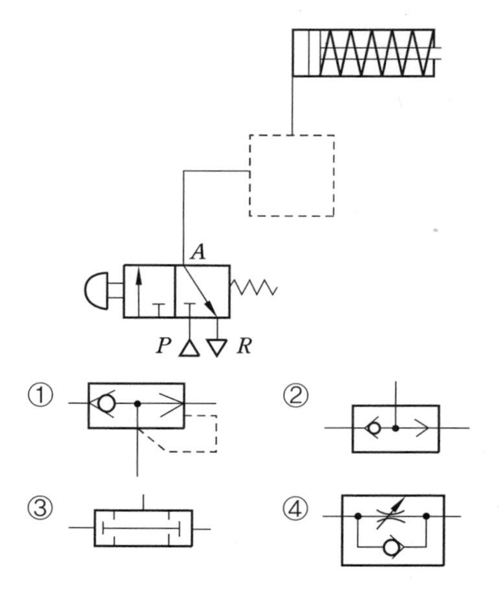

해설 급속 배기 밸브에 의한 후진 속도 증가 회로이다.

9. **그림과 같은 회로에서 속도 제어 밸브의 접속 방식은?** (12년 2회)

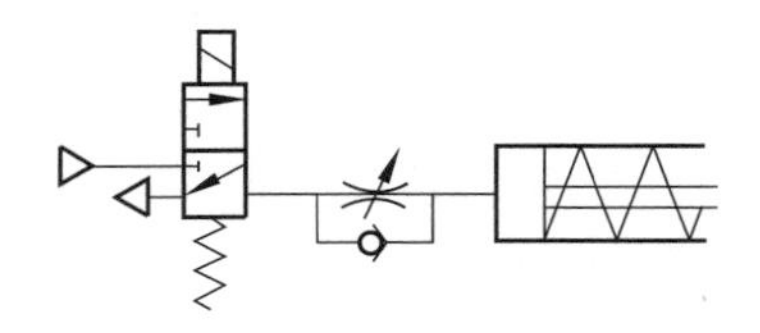

① 미터 인 방식
② 미터 아웃 방식
③ 블리드 오프 방식
④ 파일럿 오프 방식

해설 • 미터 인 방식 : 실린더 양단에 유입되는 공기를 교축하여 제어
• 미터 아웃 방식 : 실린더 양단에 유출되는 공기를 교축하여 제어
• 블리드 오프 방식 : 병렬연결 방식

10. **다음 회로도의 설명으로 틀린 것은 어느 것인가?** (12년 3회)

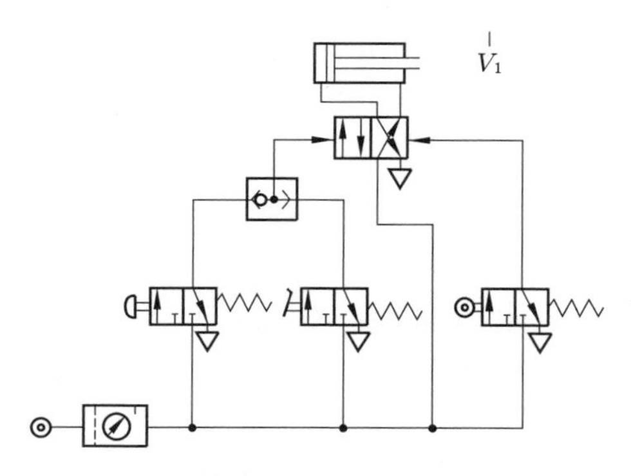

① 푸시버튼을 누르면 실린더는 전진한다.
② 페달을 밟으면 실린더는 전진한다.
③ 롤러 리밋 스위치(V_1)가 작동되면 실린더는 후진한다.
④ 푸시버튼과 페달을 동시에 누르면 실린더는 전진하지 않는다.

정답 7. ② 8. ① 9. ① 10. ④

해설 푸시버튼과 페달을 동시에 누르면 실린더는 전진한다.

11. 액추에이터가 작동하는 것을 확인하여 제어 회로에 피드백하는 회로를 무엇이라 하는가? (04년 1회)

① 출력 회로
② 최대 압력 설정 회로
③ 속도 제어 회로
④ 검출 회로

해설 검출 회로 : 액추에이터가 작동하는 것을 확인하여 제어 회로에 피드백하는 회로로서, 액추에이터의 작동 확인 및 압력, 온도 등의 검출도 한다.

12. 다음 회로의 명칭으로 적합한 것은 어느 것인가? (10년 1회)

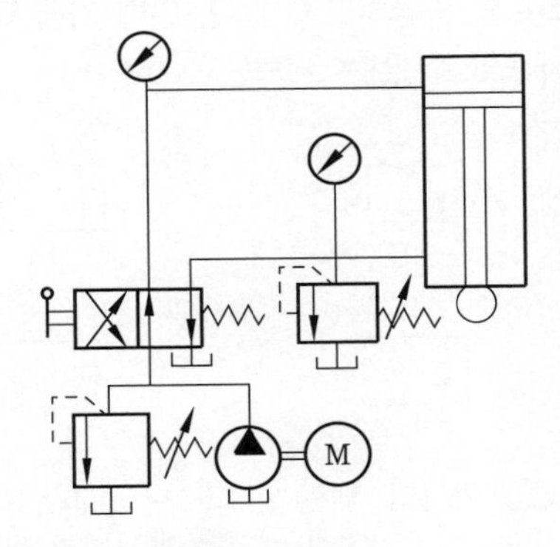

① 최고 압력 제한 회로
② 블리드 오프 회로
③ 무부하 회로
④ 증압 회로

해설 릴리프 밸브는 주로 회로의 최고 압력을 결정하는 데 사용되며, 실린더의 하강, 상승의 최고 압력을 별개로 설정하여 각각의 기능을 하도록 한다. 고압과 저압의 2종의 릴리프 밸브를 사용하여 상승 중에는 저압용 릴리프 밸브로 제어하여 동력의 절약, 발열 방지, 과부하 방지 등의 역할을 하고, 실제로 일을 하는 하강에서는 고압용 릴리프 밸브로 회로 압력을 제어한다.

13. 다음 유압 회로의 명칭은? (11년 3회)

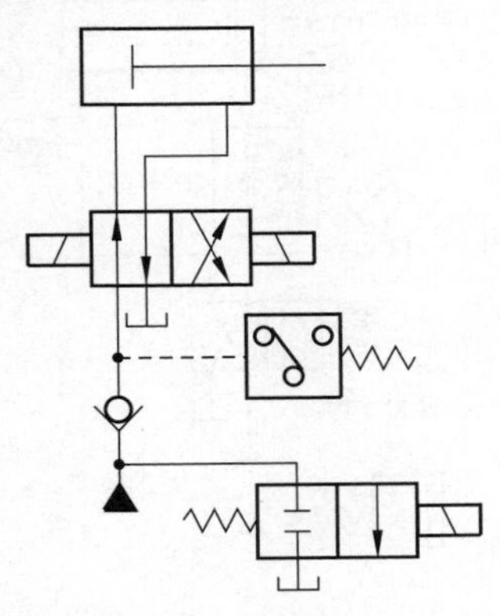

① 최대 압력 제한 회로
② 단락에 의한 무부하 회로
③ Hi-Lo에 의한 무부하 회로
④ 탠덤 센터 밸브에 의한 무부하 회로

해설 언로드 회로 [unload circuit, 무부하 회로 (unloading hydraulic circuit)] : 유압 펌프의 유량이 필요하지 않게 되었을 때, 즉 조작단의 일을 하지 않을 때 작동유를 저압으로 탱크에 귀환시켜 펌프를 무부하로 만드는 회로로서, 펌프의 동력 절약, 장치의 발열 감소, 펌프의 수명 연장, 장치 효율의 증대, 유온 상승 방지, 압유의 열화 방지 등의 장점이 있다.

14. 미터 인 회로와 미터 아웃 회로의 공통점은 무엇인가? (06년 3회)

① 릴리프 밸브를 통해 여분의 기름이 탱크로 복귀하지 않는다.
② 릴리프 밸브를 통해 여분의 기름이 탱크로 복귀하므로 유온이 떨어진다.
③ 릴리프 밸브를 통해 여분의 기름이 탱크로 복귀하므로 동력 손실이 크다.
④ 릴리프 밸브를 통해 여분의 기름이 탱크로 복귀치 않으므로 동력 손실이 있다.

정답 11. ④ 12. ① 13. ② 14. ②

15. **다음의 회로는 유압의 미터-인 속도 제어 회로이다. 장점에 해당하지 않는 것은 어느 것인가?** (05년 1회)

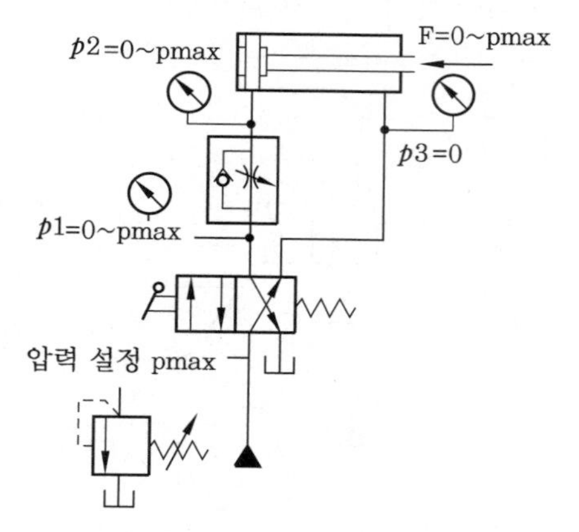

① 피스톤 측에만 압력이 걸린다.
② 낮은 속도에서 일정한 속도를 얻는다.
③ 조절된 유압유가 실린더 측으로 인입되는데 실린더 측의 면적이 실린더 로드 측 면적보다 크므로 낮은 속도 조절면에서 유리하다.
④ 부하가 카운터 밸런스되어 있어 끄는 힘에 강하다.

해설 ④의 반대 현상이 나타난다.

16. **다음과 같은 유압 회로에 대한 설명 중 틀린 것은?** (12년 1회)

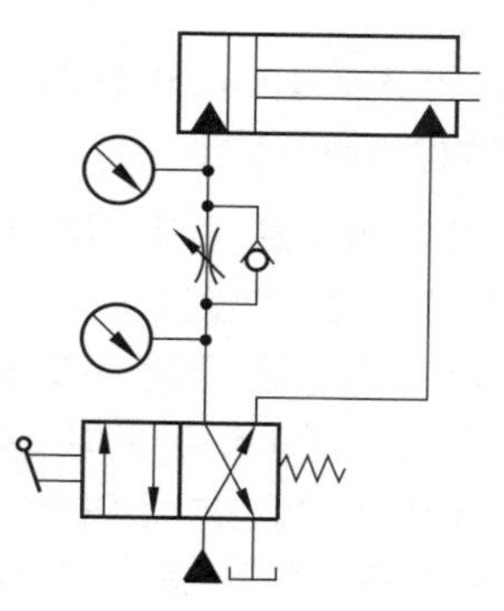

① 실린더의 속도를 항상 정확하게 제어할 수 있다.
② 실린더의 인장하중의 작용 시 카운터 밸런스 회로를 필요로 한다.
③ 전진 운동 시 실린더에 작용하는 부하 변동에 따라 속도가 달라진다.
④ 시스템에 형성되는 모든 압력은 항상 설정된 최대 압력 이내이다.

해설 도면의 회로는 유압 실린더의 미터-인 속도 조절 회로로 미터-아웃 회로에 비해 속도 조절 면에서 유리하고, 동작 시 시스템의 압력은 항상 설정된 최대 압력 이내에서 작동된다. 그러나 인장하중의 작용 시에는 피스톤의 속도가 조절되지 않음으로 인하여 카운터 밸런스 회로를 필요로 하고 부하 변동에 따라 운동 속도가 달라진다.

17. **실린더의 부하가 급격히 감소하더라도 피스톤이 급속히 전진하는 것을 방지하기 위하여 귀환 쪽에 일정한 배압을 걸어 주기 위한 회로를 구성하고자 한다. 이때 가장 적합하게 사용할 수 있는 밸브는?** (10년 2회)

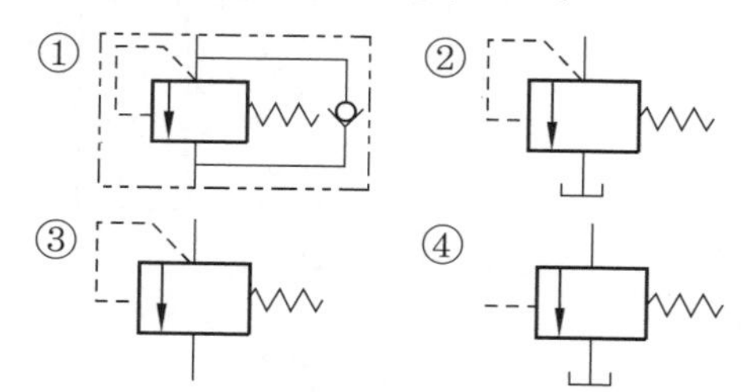

해설 카운터 밸런스 회로(counter balance circuit) : 일정한 배압을 유지시켜 램의 중력에 의하여 자연 낙하하는 것을 방지한다.

18. **다음 중 유압 회로에 발생하는 서지(surge) 압력을 흡수할 목적으로 사용되는 회로는 어느 것인가?** (08년 1회)

① 블리드 오프 회로
② 압력 시퀀스 회로
③ 어큐뮬레이터 회로
④ 동조 회로

정답 15. ④ 16. ① 17. ① 18. ③

해설 어큐뮬레이터 회로는 펌프를 운전하지 않고 장시간 동안 고압으로 유지시켜 서지 탱크용으로도 사용한다.

19. 유압 회로 구성에 필요한 동력 공급 회로 중에서 실린더를 급속하게 작동시킬 때 단시간에 작은 동력으로 용량의 유압유를 공급할 수 있는 것은? (10년 2회)

① 단일 펌프 회로
② 시퀀스 회로
③ 가변 용량형 펌프 회로
④ 어큐뮬레이터와 고압 펌프 회로

해설 단일 펌프 회로는 동력 손실이 많은 회로이며, 동력을 절약할 수 있는 것으로 고압, 저압 펌프 회로와 가변 용량형 펌프 회로가 있다. 설명하는 것은 어큐뮬레이터에서 방출되는 유량은 사이클 중에 충전되는 어큐뮬레이터와 고압 펌프를 이용한 것이다.

20. 동조 회로(싱크로나이징)란? (07년 1회)

① 복수 실린더나 모터를 가변 속도로 동작시킬 때
② 복수 실린더나 모터를 동속도로 동작시킬 때
③ 단일 실린더나 모터를 가변 속도로 동작시킬 때
④ 단일 실린더나 모터를 동속도로 동작시킬 때

해설 같은 크기의 2개의 유압 실린더에 같은 양의 압유를 유입시켜도 실린더의 치수, 누유량, 마찰 등이 완전히 일치하지 않기 때문에 완전한 동조 운동이란 불가능한 일이다. 또 같은 양의 압유를 2개의 실린더에 공급한다는 것도 어려운 일이다. 이 동조 운동의 오차를 최소로 줄이는 회로를 동조 회로라 한다. 동조 회로에서 동기를 방해하는 요인은 실린더 속의 안지름의 차, 마찰의 차이, 내부 누설 등이다.

21. 다음 그림의 회로는? (03년 3회)

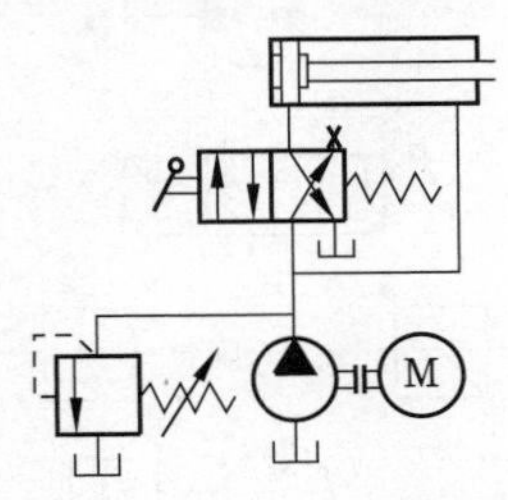

① 로킹 회로 ② 재생 회로
③ 동조 회로 ④ 속도 회로

해설 재생 회로(regenerative circuit) : 피스톤이 전진할 때에는 펌프의 송출량과 실린더의 로드 쪽의 오일이 함유해서 유입되므로 피스톤 진행 속도는 빠르게 된다. 또, 피스톤을 미는 힘은 피스톤 로드의 단면적에 작용되는 오일의 압력이 되므로 전진 속도가 빠른 반면, 그 작용력은 작게 되어 소형 프레스에 간혹 사용된다.

22. 실린더의 면적 차를 이용하여 피스톤의 전진 방향을 급속히 이동시키는 회로는 다음 중 어느 것인가? (10년 3회)

① 시퀀스 회로
② Hi-Lo 회로
③ 차동 회로
④ 증압 회로

해설 차동 회로(differential circuit) : 전진할 때의 속도가 펌프의 배출 속도 이상이 요구되는 것과 같은 특수한 경우에 사용된다. 피스톤이 전진할 때에는 펌프의 송출량과 실린더의 로드 쪽의 오일이 함유해서 유입되므로 피스톤 진행 속도는 빠르게 된다. 또, 피스톤을 미는 힘은 피스톤 로드의 단면적에 작용되는 오일의 압력이 되므로 전진 속도가 빠른 반면, 그 작용력은 작게 되어 소형 프레스에 간혹 사용된다.

23. 다음 그림은 유압 모터 회로이다. 옳은 것은? (05년 3회)

정답 19. ④ 20. ② 21. ② 22. ③ 23. ③

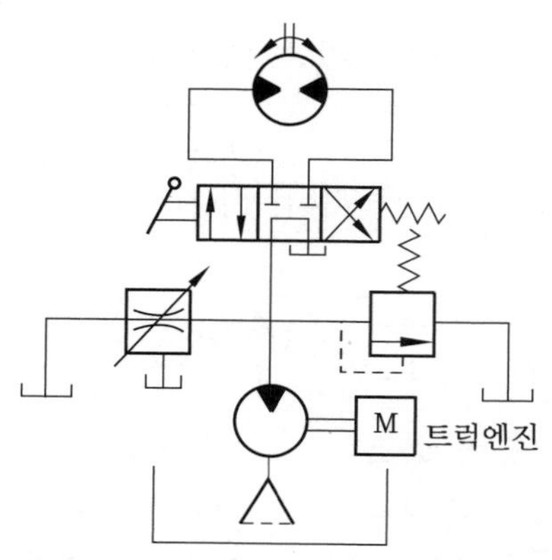

① 정출력 구동 회로
② 브레이크 회로
③ 일정 토크 구동 회로
④ 증압 회로

해설 • 일정 토크 회로 : 가변 체적형 펌프와 고정 체적형 유압 모터를 조합한 정역전 폐회로에서, 유압 모터의 회전 속도는 펌프 송출량을 제어하고, 릴리프 밸브를 일정 압력으로 설정하여 토크를 일정하게 유지시킨다.

• 일정 출력 회로 : 펌프의 송출 압력과 송출 유량을 일정히 하고 정변위 유압 모터의 변위량을 변화시켜 유압 모터의 속도를 변환시키면 정마력 구동이 얻어진다.

• 제동 회로(brake circuit) : 서지압 방지나, 정지할 경우 유압적으로 제동을 부여하거나, 주된 구동 기계의 관성 때문에 이상 압력이 생기거나 이상음이 발생되어 유압 장치가 파괴되는 것을 방지하기 위해 제동 회로를 둔다.

24. 유압 카운터 밸런스 회로의 특징이 아닌 것은? (06년 3회/11년 2회/14년 1회)

① 부하가 급격히 감소되더라도 피스톤이 급발진되지 않는다.
② 카운터 밸런스 밸브는 릴리프 밸브와 체크 밸브로 구성되어 있다.
③ 이 회로는 실린더 포트에 카운터 밸런스 밸브를 병렬로 연결시킨 회로이다.
④ 일정한 배압을 유지시켜 램의 중력에 의해서 자연 낙하하는 것을 방지한다.

25. 그림과 같은 변위 단계 선도에 맞는 동작 순서는? (07년 3회/14년 3회)

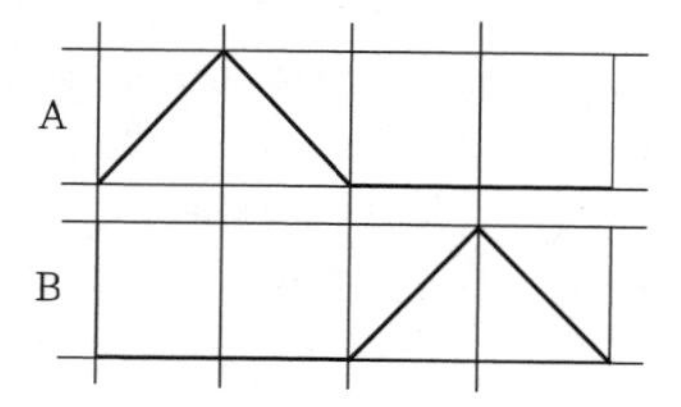

① A+, B+, B−, A ② A+, A−, B+, B
③ A+, B+, A−, B ④ A+, B−, B+, A

정답 24. ③ 25. ②

CHAPTER 2

자동화 시스템

1. 자동화 시스템의 개요

1-1 자동화 시스템

(1) 자동화 시스템의 개요

자동화 시스템은 입력부와 제어부, 출력부로 구성되어 있고 "외부로부터의 에너지를 공급받아 공간상으로 제한된 운동을 함으로써 인간의 노동을 대신하는 구조물"이란 기계의 정의에서 자동화 기계는 외부의 에너지를 공급받아 일하는 액추에이터 (actuator 작동 요소)와 액추에이터의 작업 완료 여부 및 상태를 감지하여 제어부 (controller)에 공급하여 주는 센서 (sensor) 및 센서로부터 입력되는 제어 정보를 분석하고 처리하여 필요한 제어 명령을 주는 제어 신호 처리 장치 (signal processor)의 3부분으로 크게 나눌 수 있다.

(2) 공장 자동화의 종류

① 저투자성 자동화 (LCA : low cost automation) : 비용이 적게 드는 자동화

(가) 원리가 간단하고 확실하여 스스로 자동화 장치를 설계 및 시설할 수 있어야 한다.

(나) 기존의 장비를 이용하여 자동화에 최소의 시간을 투입한다.

(다) 단계별 자동화를 구축한다.

(라) 자신이 직접 자동화를 한다.

② 유연 생산 시스템 (FMS : flexible manufacturing system)

(가) FMC (flexible manufacturing cell) : 1대의 NC (수치 제어) 공작 기계를 핵심으로 하여 자동 공구 교환 장치 (ATC), 자동 팰릿 교환 장치 (APC), 팰릿 매거진을 배치한 것

(나) 전형적 FMS : 복수의 NC 공작 기계가 가변 루츠인 자동 반송 시스템으로 연결되어 유기적으로 제어

(다) FTL (flexible transfer line) : 다축 헤드 교환 방식 등의 유연한 기능을 가진 공작 기계군을 고정 루츠인 자동 반송 장치로 연결한 것

1-2 제어와 자동 제어

(1) 제어계

① 제어(control)의 정의

㈎ 작은 에너지로 큰 에너지를 조절하기 위한 시스템을 말한다.

㈏ 기계나 설비의 작동을 자동으로 변화시키는 구성 성분의 전체를 의미한다.

㈐ 기계의 재료나 에너지의 유동을 중계하는 것으로써 수동이 아닌 것이다.

㈑ 사람이 직접 개입하지 않고 어떤 작업을 수행시키는 것 등을 뜻한다.

㈒ 시스템 내의 하나 또는 여러 개의 입력 변수가 약속된 법칙에 의해 출력 변수에 영향을 미치는 공정을 뜻한다.

㈓ 자동 제어의 정의 : 어떤 목적에 적합하도록 되어 있는 대상에 필요한 조작을 가하는 것(KSA 3008)

② 제어 시스템의 최종 작업 목표

㈎ 공정 상태의 확인

㈏ 공정 상태에 따른 자료의 분석 처리

㈐ 처리된 결과에 기초한 공정에의 작업

③ 제어계를 구성하고 있는 요소에 의한 공정의 진행

㈎ 센서는 처리 상태를 확인하고 측정한 제어 신호를 발생시킨다.

㈏ 측정된 제어 신호는 프로세서에 공급된다.

㈐ 프로세서는 측정된 제어 신호를 분석 처리하여 액추에이터에 필요한 제어 신호를 발생시킨다.

㈑ 프로그램은 프로세서가 분석 처리할 작업 지침을 포함하고 있다.

㈒ 해당되는 프로그램이 프로세서에서 처리된다.

㈓ 프로세서에 의하여 발생된 제어 신호는 액추에이터로 전달된다.

㈔ 복잡한 제어 시스템에서는 여러 개의 프로세서들이 네트워크로 연결될 수 있다.

(2) 제어 시스템의 분류

① 제어 정보 표시 형태에 따른 분류

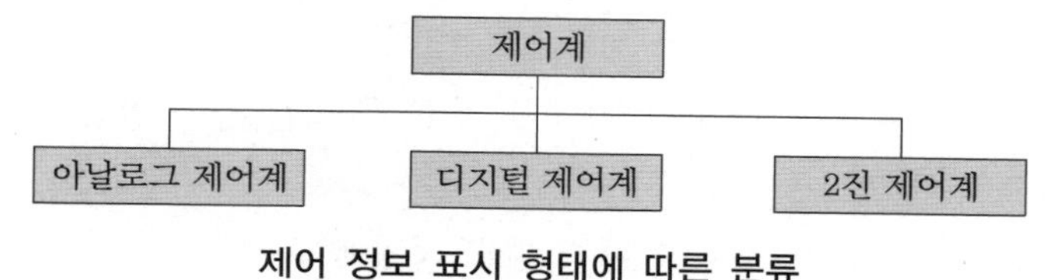

제어 정보 표시 형태에 따른 분류

② 신호 처리 방식에 따른 분류

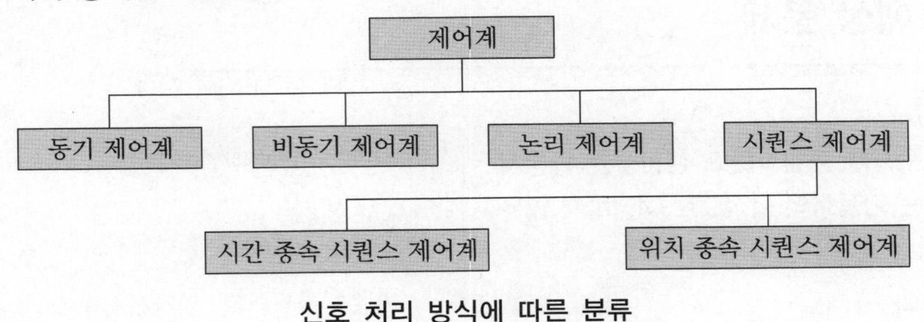

신호 처리 방식에 따른 분류

③ 제어 과정에 따른 분류

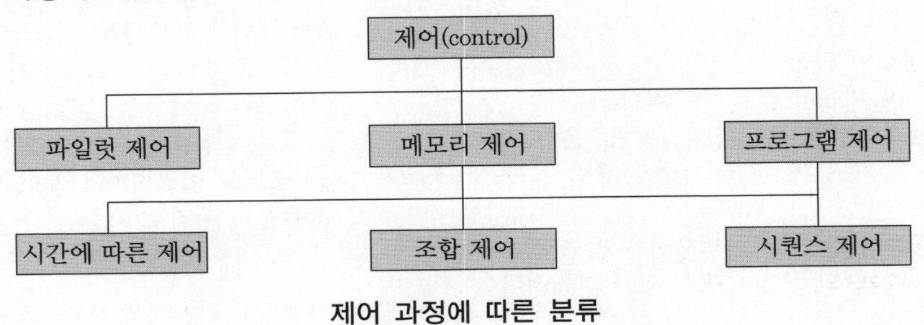

제어 과정에 따른 분류

(3) 제어와 자동 제어

① 제어(control) : "시스템 내의 하나 또는 여러 개의 입력 변수가 약속된 법칙에 의하여 출력 변수에 영향을 미치는 공정"으로 제어를 정의하고 개회로 제어 시스템(open loop control system) 특징을 갖는다.

② 자동 제어(automatic control) : 자동 제어는 "제어하고자 하는 하나의 변수가 계속 측정되어서 다른 변수, 즉 지령치와 비교되며 그 결과가 첫 번째의 변수를 지령치에 맞추도록 수정을 가하는 것"이라고 정의되고 있으며 폐회로 제어 시스템의 특징을 갖는다.

출제 예상 문제

기계정비산업기사

1. 제품의 품질을 균일화하고 생산성을 향상시킬 수 있는 자동화의 목적으로 적당하지 않은 것은? (11년 2회)

① 이익의 극대화
② 인건비 절감
③ 생산 탄력성 증가
④ 신뢰성 향상

해설 자동화의 단점
㉠ 자동화 비용이 많이 필요하다.
㉡ 자동화하기 전보다 설계, 설치, 운영 및 보수 유지 등에 높은 기술 수준을 요구한다.
㉢ 자동화란 한 기계가 범용성을 잃고 전문성을 갖게 되는 것이므로 생산 탄력성이 결여된다.

2. 자동화의 일반적인 목적을 설명한 것 중 잘못된 것은? (08년 3회)

① 생산성 향상 ② 원가 절감
③ 품질의 균일화 ④ 재고의 증가

해설 자동화의 목표
㉠ 생산성 향상
㉡ 원가 절감 및 인건비 축소로 이익 극대화
㉢ 품질의 균일화 및 고급화

3. 자동화를 하는 중요한 이유가 아닌 것은 어느 것인가? (09년 1회)

① 생산성 향상
② 인건비 절감
③ 제품 품질의 안정
④ 생산 리드 타임의 증가

4. 자동화 시스템을 구성하고 있는 5대 요소가 아닌 것은? (07년 3회)

① 센서 ② 액추에이터
③ 프로세서 ④ 신호 변환기

해설 자동화의 펜타곤(pentagon)이라 칭하는 5대 요소는 ㉠ 센서, ㉡ 프로세서, ㉢ 액추에이터, ㉣ 소프트웨어, ㉤ 네트워크이다.
- 액추에이터(actuator) : 각종 에너지를 기계적 에너지로 변환하여 인간의 손이나 발의 기능을 수행하는 요소로 기계 구조에 의하여 공간상 제한을 받는 장치
- 프로세서 : 인간의 두뇌에 해당되는 것으로 센서로부터 입력되거나 제어 명령을 주는 제어 신호 처리 장치

5. 자동화 생산 시스템에 있어 주요 하드웨어 설비에 속하지 않는 것은? (04년 1회)

① 제조 설비 ② 운반 설비
③ 저장 설비 ④ A/S 설비

6. 자동화를 공장 자동화와 정보 자동화로 구분할 때 적용 분야가 정보 자동화인 것은 어느 것인가? (10년 2회)

① ROM ② CAD
③ robot ④ 자동 운반

해설 자동화에 있어서 공장 자동화의 적용 분야는 CAM, robot, 자동 운반이고, 정보 자동화의 적용 분야는 CAD, group technology, 제조 계획 및 관리이다.

7. FMS의 자동화 레벨을 결정하는 요소가 아닌 것은? (11년 3회)

① 필요 공구 ② 처리 시간
③ 생산량 ④ 로트 사이즈

정답 1. ③ 2. ④ 3. ④ 4. ④ 5. ④ 6. ② 7. ③

해설 자동화 대상 선정 시 고려 사항
㉠ 자동화 목적의 명확화
㉡ 제품의 수명 및 경향 파악
㉢ 노동력에 대한 인식
㉣ 자체 기술력 배양
㉤ 생산 자동화 투자의 채산성

8. **FMS 형태의 기본 설계에서 시스템 형태 결정에 관계없는 것은?** (08년 1회)

① 제품의 종류 ② 생산량
③ 공정 ④ 필요 공구

9. **다양한 제품을 취급할 때 대상적으로 낮은 유연성을 갖는 자동화 방법은?** (10년 3회)

① 고정 자동화
② 프로그램 가능 자동화
③ 유연 자동화
④ 유연 생산 시스템

해설 각 측면에서 본 생산 자동화 대상 선정
㉠ 제품적인 측면에서 본 생산 자동화 대상
㉡ 작업적인 측면에서 본 생산 자동화 대상 선정
㉢ 기술적 측면에서 본 생산 자동화 대상 선정

10. **다음 중 자동화 추진 시 나타나는 단점이 아닌 것은?** (12년 3회)

① 높은 자동화 비용
② 품질의 균일화
③ 생산 탄력성 결여
④ 보수 유지 등에 높은 기술 수준 요구

해설 자동화의 목표
㉠ 생산성 향상
㉡ 원가 절감 및 인건비 축소로 이익 극대화
㉢ 품질의 균일화 및 고급화

11. **컴퓨터를 도입한 디지털 제어에 대한 설명으로 맞는 것은?** (12년 1회)

① 연속적인 정보를 가지고 있다.
② 제어 정보는 카운터, 레지스터 등의 기구를 통해 입력된다.
③ 아날로그 신호를 사용한다.
④ 온도, 속도 등의 값이 포함된다.

해설 • 아날로그 제어계 : 이 제어 시스템은 연속적 물리량의 온도, 속도, 길이, 조도, 질량 등의 정보가 아날로그 신호로 처리되는 시스템을 말한다.
• 디지털 제어계 : 이 시스템은 정보의 범위를 여러 단계로 등분하여 각각의 단계에 하나의 값을 부여한 디지털 제어 신호에 의하여 제어되는 시스템으로 입력 정보는 카운터, 레지스터, 메모리 등이다.

12. **연속적인 시간에 대하여 연속적인 정보를 가지는 신호는?** (07년 1회)

① 아날로그 신호 ② 디지털 신호
③ 이산 신호 ④ 불연속 신호

13. **제어 시스템 중 신호 처리 방식에 의해 구분한 것이 아닌 것은?** (02년 3회)

① 동기 제어계 ② 비동기 제어계
③ 논리 제어계 ④ 피드백 제어계

해설 ㉠ 동기 제어계(synchronous control system) : 실제의 시간과 관계된 신호에 의하여 제어가 행해지는 시스템이다.
㉡ 비동기 제어계(asynchronous control system) : 이 제어 시스템은 시간과는 관계없이 입력 신호의 변화에 의해서만 제어가 행해지는 것이다.
㉢ 논리 제어계(logic control system) : 요구되는 입력 조건이 만족되면 그에 상응하는 신호가 출력되는 시스템이다.
㉣ 시퀀스 제어계(sequence control) : 제어 프로그램에 의해 미리 결정된 순서로 제어 신호가 출력되어 순차적인 제어를 행하는 것이다.

정답 8. ④ 9. ① 10. ② 11. ② 12. ① 13. ④

14. **시퀀스 제어계에서 위치 종속 시퀀스 제어계란 무엇인가?** (08년 1회)

① 순차적인 작업이 이전 단계의 작업 완료 여부를 확인하여 수행하는 제어 시스템
② 순차적인 제어가 시간의 변화에 따라서 행해지는 제어 시스템
③ 프로그램 벨트나 캠축을 모터로 회전시켜 일정한 시간이 경과되면 다음 작업이 행해지도록 하는 시스템
④ 실제의 시간과 관계없이 입력 신호 변화에 의해서만 제어가 행해지는 시스템

해설 위치 종속 시퀀스 제어계(process-dependent sequence control system) : 순차적인 작업이 전 단계의 작업 완료 여부를 확인하여 수행하는 제어 시스템이다.

15. **시간 종속 순차 제어 시스템에 해당되는 것은?** (09년 3회)

① 프로그램 벨트 ② 엘리베이터
③ 카운터 ④ 플립플롭

해설 시간 종속 시퀀스 제어계(time sequence control system) : 순차적인 제어가 시간의 변화에 따라서 행해지는 제어 시스템이다.

16. **제어 시스템에서 제어를 행하는 과정에 따른 분류 중 설명이 틀린 것은?** (11년 1회)

① 파일럿 제어 – 메모리 기능이 없고 이의 해결을 위해 불 논리 방정식을 이용한다.
② 메모리 제어 – 출력에 영향을 줄 반대되는 입력 신호가 들어올 때까지 이전에 출력된 신호는 유지된다.
③ 시퀀스 제어 – 이전 단계 완료 여부를 센서를 이용하여 확인 후 다음 단계의 작업을 수행한다.
④ 조합 제어 – 요구되는 입력 조건에 관계없이 그에 관련된 모든 신호가 출력된다.

해설 • 시간에 따른 제어(time schedule control) : 제어가 시간의 변화에 따라서 행해지게 된다.
• 조합 제어(coordinated motion control) : 목표치(command variable)가 캠축이나 프로그래머에 의해 주어지나 그에 상응하는 출력 변수는 제어계의 작동 요소에 의해 영향을 받는다.

17. **다음 설명 중 시퀀스 제어의 정의는 어느 것인가?** (12년 3회)

① 이전 단계 완료 여부를 센서를 이용하여 확인 후 다음 단계의 작업을 수행하는 제어
② 어떤 신호가 입력되어 출력 신호가 발생한 후에는 입력 신호가 없어져도 그 때의 출력 상태를 유지하는 제어
③ 시스템 내의 하나 또는 여러 개의 입력 변수가 약속된 법칙에 의하여 출력 변수에 영향을 미치는 공정
④ 제어하고자 하는 하나의 변수가 계속 측정되어서 다른 변수, 즉 지령치와 비교되며 그 결과가 첫 번째의 변수를 지령치에 맞추도록 수정을 가하는 것

해설 ① – 시퀀스 제어, ② – 메모리 제어, ③ – 제어, ④ – 자동 제어

18. **개회로 제어와 폐회로 제어에 대한 설명으로 틀린 것은?** (12년 1회)

① 개회로 제어는 외란의 영향을 무시하고 제어계의 출력을 유지한다.
② 외란의 영향에 응하는 제어가 폐회로 제어이다.
③ 개회로 제어는 센서를 통해 출력을 연속적으로 감시한다.

정답 14. ① 15. ① 16. ④ 17. ① 18. ③

④ 폐회로 제어는 개회로 제어에 비해 설치에 많은 비용이 소요된다.

해설 외란의 영향을 감지하여 원래의 목적한 값으로 시스템이 동작하도록 하는 제어는 폐회로 제어이고 외란의 영향을 무시하고 한번 발생한 출력을 계속 유지하는 제어는 개회로 제어이다. 폐회로 제어는 외란에 대한 제어계의 출력을 감시해야 하고 이를 위해 센서가 필요하며, 개회로 제어보다는 센서의 부가 설치와 센서의 정보를 비교 분석하여 새로운 출력을 발생시켜야 하므로 설치에 상대적으로 많은 비용이 든다.

19. **어떤 시스템에서 목표값과 비교할 수 있는 장치가 있어 외부 조건 변화에 수정 동작을 할 수 있는 제어계는?** (12년 2회)

① 폐회로 제어계 ② 개회로 제어계
③ 시퀀스 제어계 ④ 정성적 제어계

해설 수정 동작을 할 수 있는 제어를 되먹임 제어라 하며, 이는 폐회로 제어계이다.

20. **자동 제어에 대한 설명으로 맞지 않은 것은?** (08년 3회)

① 외란에 의한 출력값 변동을 입력 변수로 활용한다.
② 제어하고자 하는 변수가 계속 측정된다.
③ 개회로 제어(오픈 루프 : open loop) 시스템을 말한다.
④ 피드백(feedback) 신호를 필요로 한다.

해설 자동 제어 : 제어하고자 하는 하나의 변수가 계속 측정되어서 다른 변수, 즉 지령치와 비교되며, 그 결과가 첫 번째의 변수를 지령치에 맞추도록 수정을 가하는 것이라고 정의된다. 즉 목표값과 실제값을 비교한다. 설계가 복잡하고, 제작 비용이 비싸며, 피드백을 하면 외란이나 잡음 신호의 영향을 줄일 수 있다. 피드백은 시스템의 상태나 출력 신호를 검출하여야 하므로 반드시 센서가 필요하다. 폐회로 제어 시스템의 특징을 갖는다.

21. **자동 제어를 설명한 것과 거리가 먼 것은 어느 것인가?** (09년 1회)

① 귀환 신호(피드백 신호)가 필요하다.
② 개회로(오픈 루프) 시스템이다.
③ 서보 시스템이 여기에 속한다.
④ 목표치에 맞추어 오차를 수정한다.

22. **제어(control)에 대한 설명 중 옳은 것은 어느 것인가?** (07년 1회)

① 측정 장치, 제어 장치 등을 정비하는 것
② 어떤 목적에 적합하도록 대상이 되어 있는 것에 필요한 조작을 가하는 것
③ 어떤 양을 기준으로 하여 사용하는 양과 비교하여 수치나 부호로 표시하는 것
④ 입력 신호보다 높은 레벨의 출력 신호를 주는 것

해설 제어의 정의 : 시스템 내의 하나 또는 여러 개의 입력 변수가 약속된 법칙에 의하여 출력 변수에 영향을 미치는 공정

23. **제어와 자동 제어의 선택 조건에서 제어 시스템의 선택 조건에 해당되지 않는 것은 어느 것인가?** (10년 1회)

① 외란 변수에 의한 영향이 무시할 정도로 작을 때
② 특징과 영향을 확실히 알고 있는 하나의 외란 변수만 존재할 때
③ 외란 변수의 변화가 아주 작을 때
④ 여러 개의 외란 변수들이 존재할 때

해설 ㈎ 제어 시스템의 선택 경우
㉠ 외란 변수에 의한 영향이 무시할 정도로 작을 때
㉡ 특징과 영향을 확실히 알고 있는 하나의 외란 변수만 존재할 때
㉢ 외란 변수의 변화가 아주 작을 때

정답 19. ① 20. ③ 21. ② 22. ② 23. ④

㈏ 자동 제어 시스템의 선택 경우
㉠ 여러 개의 외란 변수가 존재할 때
㉡ 외란 변수들의 특징과 값이 변화할 때

24. 자동 제어 시스템의 피드백(feedback)에 한 설명 중 틀린 것은? (10년 1회)

① 목표값과 실제값을 비교한다.
② 피드백 제어는 정성적 제어이다.
③ 설계가 복잡하고 제작 비용이 비싸다.
④ 피드백을 하면 외란이나 잡음 신호의 영향을 줄일 수 있다.

해설 정량적 제어 : 제어량이 현재 값을 시시각각으로 자동 수정하여 일정하게 유지하거나 정해진 목표값에 따라 변화시키는 제어

25. 다음 중 메모리 기능이 없고 여러 입·출력 요소가 있을 때는 논리적인 해결을 위해 부울 수가 이용되므로 논리 제어라고도 하는 것은? (03년 1회/04년 3회/14년 1회)

① 조합 제어 ② 파일럿 제어
③ 시퀀스 제어 ④ 메모리 제어

해설 파일럿 제어 : 입력 조건이 만족되면 그에 상응하는 출력 신호가 발생하는 형태의 제어이며, 논리 제어라고도 한다.

26. 하나의 제어 변수에 ON/OFF와 같이 두 가지의 값으로 제어하는 제어계는? (09년 2회/17년 3회)

① 2진 제어계
② 동기 제어계
③ 디지털 제어계
④ 아날로그 제어계

해설 2진 제어계 : 사이클링이 있는 제어로 하나의 제어 변수에 2가지의 가능한 값 신호의 유/무, ON/OFF, YES/NO, 1/0 등과 같은 2진 신호를 이용하여 제어하는 시스템을 의미한다.

27. 제어를 행하는 과정에 따라 제어 시스템을 분류한 것 중 설명이 틀린 것은 어느 것인가? (11년 1회/15년 2회)

① 메모리 제어-출력에 영향을 줄 반대되는 입력 신호가 들어올 때까지 이전에 출력된 신호는 유지된다.
② 시퀀스 제어-이전 단계 완료 여부를 센서를 이용하여 확인 후 다음 단계의 작업을 수행한다.
③ 조합 제어-요구되는 입력 조건에 관계없이 그에 관련된 모든 신호가 출력된다.
④ 파일럿 제어-메모리 기능이 없고 이의 해결을 위해 불(boolean) 논리 방정식을 이용한다.

28. 자동화 시스템의 목적으로 가장 거리가 먼 것은? (11년 2회/14년 3회)

① 원가 절감
② 이익의 극대화
③ 제품 품질의 균일성
④ 생산 탄력성 증가

해설 자동화를 통해 시스템이 전문성을 갖게 되므로 생산 탄력성은 결여된다.

정답 24. ② 25. ② 26. ① 27. ③ 28. ④

2. 센 서

2-1 센서의 개요

(1) 센서 선정 시 고려할 사항

고안정성, 고내구성, 고신뢰성, 긴 수명 등은 센서의 기본 요구 조건이다.

(2) 센서의 종류

① 측정 또는 검출하고자 하는 양에 따른 분류

(가) 화학 센서

(나) 물리 센서

(다) 역학 센서

② 대상물의 정보 획득 방법에 따른 분류

(가) 능동형 센서 (active sensor)

(나) 수동형 센서 (passive sensor)

(3) 센서 재료

① 반도체

(가) 반도체 재료의 특성

㉮ 소형화, 경량화가 가능 ㉯ 경제적 ㉰ 집적화 용이

㉱ 응답 속도가 빠름 ㉲ 고분해능 (고감도) 가능 ㉳ 지능화 가능

(나) 광도전 재료 : 광전 재료 또는 전자 감광 재료로 사용

(다) 금속 반도체 재료 : Ge, Si, Se 등이 광센서, 자기 센서, 온도 센서, 압력 센서, 고체 촬상 소자나 자동차 탑재용 압력 센서 등에 이용

(라) 아몰포스 반도체 재료 (비정질) : 광센서나 솔라 셀에 이용

(마) 광도전 효과형 재료 : ㉮ 가시광 ㉯ 적외광 ㉰ 자외광 ㉱ 광도전 셀

(바) 광기전력 효과형 재료 : 포토 다이오드, 포토 트랜스, pin형, 애벌런시형의 각 포토 다이오드, MOS형 및 CCD 고체 촬상 소자에 이용

(사) 자기 센서용 반도체

㉮ 홀 효과형 ㉯ Si가 사용되는 것은 IC화가 용이하기 때문 ㉰ 자기 저항 효과형

(아) 압전 반도체 재료 : 피에조 저항 효과형

② 세라믹 : 내열, 내식, 내마모성이 우수하고 검출되는 정보도 전기, 자기, 열, 위치 (속도, 가속도 포함), 빛, 이온, 가스 등 다양하다.

2-2 신호 처리

(1) 측정 대상

센서의 특정 대상은 온도, 광, 힘, 길이, 각도, 압력, 자기, 속도 등의 절댓값이나 변위 등을 감지하고 그 대표적인 것은 온도, 광, 자기 센서이다.

(2) 신호 처리

① 아날로그 신호(analog signal) : 시간과 정보가 연속적인 신호이므로 연속 시간 신호라고도 한다. 아날로그 신호는 센서의 출력값들을 이들이 가진 정보 그대로 전압, 전류 또는 저항값의 변화로 내보낸다.

② 연속 신호(continuance signal) : 시간은 연속이나 그 정보량은 불연속적인 신호이며, 정보의 정의역은 기준 단위의 정수배로 표현된다.

③ 이산 시간 신호(discrete-time signal) : 아날로그 신호를 일정한 간격의 표본화를 통하여 정보를 얻을 수 있으며, 시간은 불연속, 정보는 연속적인 신호이다.

④ 디지털 신호(digital signal) : 시간과 정보 모두 불연속적인 신호로 아날로그 신호를 일정한 샘플링 주기로 표본화하고 기준 단위의 정수배로 정보량을 표시하고 유한한 정보를 표현하기 위해 2진 신호를 이용한다.

(3) 신호 변환

① 디지털 변환

㈎ 2진 신호 : 한 개의 2진 신호를 사용하면 0~10 V 아날로그 전압 범위는 2개의 균등한 간격으로 나누어진다.

전압 범위	신 호
0 ~ 4.9 V	0
5.0 ~ 10.0 V	1

㈏ 최소 정보 단위 : 최소 단위는 2진 신호에 의해 표현되어 1 bit라 하며 8개의 이진 신호로 데이터가 전송될 때 8 bit 데이터이다. 8개의 bit 조합을 워드(word) 혹은 코드워드(code word)라 하며 한 개의 8 bit 코드워드가 전송되기 위해서는 8개의 신호선이 필요하다.

㈐ 아날로그-디지털 변환기 : A/D 변환기는 입력 측에 공급되는 아날로그 신호(전압값)를 등가의 비트 조합값으로 변환하여 출력 측에 전달하는 회로가 내장되어 있다. A/D 변환기의 중요한 특성은 ㉮ 변환 속도이며, 빠른 변환의 경우 마이크로 초(μs) 단위이다. ㉯ 출력 측에서 디지털 정보의 크기(word-width : 비트의 수)이다.

② 신호 증폭 : 센서는 구동 기기를 구동시킬 수 없을 정도로 작은 범위의 신호값을 출력하므로 신호를 증폭시켜야 한다.

③ 신호의 선형화 : 전기 신호를 사용하는 방법 외에도 불필요한 신호를 제거하는 필터 회로, 측정 저항값의 변화량이 전압으로 변환되어 출력되는 브리지 회로 등이 신호 변환에 사용되며, 전기적 변화로 측정하는 센서에는 전원, 스위치, 부하 등 3가지 요소가 있다.

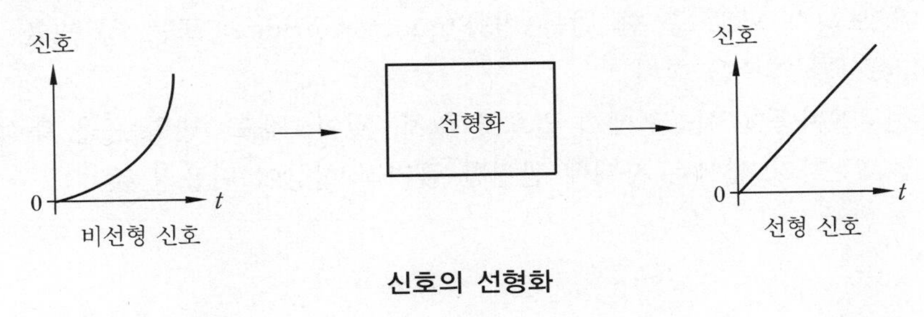

신호의 선형화

2-3 물체 감지 및 검출 센서

(1) 접촉식 센서

① 전기 리밋 스위치

(가) 상시 개방 접점 (normally open contact) : a 접점

(나) 상시 닫힘 접점 (normally closed contact) : b 접점

(다) 전환 접점 (change over contact) : c 접점

(2) 비접촉식 센서

① 유도형 근접 센서

② 용량형 근접 센서

③ 광센서

④ 리드 스위치

⑤ 온도 센서 (temperature sensor) : 접촉 방식과 비접촉 방식으로 나누어진다.

(가) 열전대 (thermocouple)

(나) 서미스터 (thermistor)

(다) 측온 저항체

(라) 적외선 센서

⑥ 압력 센서(pressure sensor)

(가) 스트레인 게이지 : 금속체를 잡아당기면 늘어남과 동시에 가늘어져서 전기 저항이 증가하며, 또 반대로 압축하면 줄어들고 전기 저항은 감소한다는 원리를 이용한 것으로 금속 저항선 게이지와 박형 게이지, 반도체 게이지, 부르동관이나 퍼텐쇼미터 등이 있다.

(나) 로드 셀 : 스트레인 게이지를 이용하여 기계적 변형에 따른 전기량을 측정하고자 할 때 브리지 회로 중 한 변을 변화(quarter bridge) 또는 두 변을 변화(half bridge)시켜 계측을 한다.

⑦ 변위 센서 : 자동화 시스템에서 필요한 위치, 길이, 각도, 변형 등을 측정하는 것

⑧ 자기 센서 : 자기 센서는 자계에 관련한 물리적 현상이 이용된 것

⑨ 초음파 센서

출제 예상 문제

기계정비산업기사

1. 제어 시스템에서 감지 장치의 주요 역할은 어느 것인가? (09년 2회)

① 생산 공정의 장비와 생산되고 있는 부품, 조작하는 오퍼레이터로부터 정보를 수집하는 역할을 한다.
② 생산 공정의 장비와 생산되고 있는 부품, 조작하는 오퍼레이터로부터 정보를 분석하는 역할을 한다.
③ 생산 공정의 장비를 구동시키는 역할을 한다.
④ 생산된 부품 또는 제품에 대한 검사를 시행한다.

해설 센서(sensor)란 라틴어로 '지각한다, 느낀다' 등의 의미를 갖는 센스(sense)에서 유래된 말로 사람의 5관(눈, 코, 귀, 혀, 피부)을 통해 외계의 자극을 느끼는 5감(시각, 청각, 후각, 미각, 촉각)과 같이 자연 대상 가운데서의 물리 또는 화학적량을 감지하여, 전기량으로 변환 전달되어 자동화 시스템에서 공정 처리가 자동적으로 제어될 때 이 제어를 위해 공정 처리에 관한 정보를 받도록 하는 검출기이다.

2. 다음 중 센서에 대한 설명으로 잘못된 것은 어느 것인가? (05년 1회)

① 물리적인 값을 전기 신호로 변환하는 장치이다.
② 자동화 시스템에서 중요한 역할을 한다.
③ 정보의 전달을 기계적으로 수행하는 장치이다.
④ 사람의 오감과 같은 역할을 하는 제어 시스템 요소이다.

해설 정보의 전달을 전기적으로 수행하는 장치이다.

3. 센서에서 감각 기관의 수용기에 해당하는 부분은? (11년 2회)

① 트랜스듀서 ② 신호 전송기
③ 수신 장치 ④ 정보 처리 장치

해설 수용기와 트랜스듀서는 변환의 역할을 한다.

4. 센서 선정 시 고려할 사항이 아닌 것은 어느 것인가? (07년 3회)

① 감지 거리 ② 반응 속도
③ 제조 일자 ④ 정확성

5. 자동화를 위한 센서의 선정 기준이 아닌 것은? (09년 1회)

① 생산 원가의 절감
② 생산 공정의 합리화
③ 생산 설비의 자동화 생산
④ 체제의 전형화

해설 센서의 기본 요구 조건
㉠ 감지 거리
㉡ 신뢰성과 내구성
㉢ 단위 시간당 스위칭 사이클
㉣ 반응 속도
㉤ 선명도
㉥ 정확성

6. 일반적으로 메카트로닉스계에서 사용될 센서가 갖추어야 하는 조건이 아닌 것은? (09년 2회)

① 선형성, 응답성이 좋을 것
② 안정성과 신뢰성이 높을 것
③ 외부 환경의 영향을 적게 받을 것
④ 가격이 비싸며 취급성이 우수할 것

정답 1. ① 2. ③ 3. ① 4. ③ 5. ④ 6. ④

7. 역학 센서의 범주에 들지 않는 것은 다음 중 어느 것인가? (12년 1회)

① 습도 센서 ② 길이 센서
③ 압력 센서 ④ 진동 센서

해설 측정 또는 검출하고자 하는 양에 따른 센서의 분류
㉠ 화학 센서 : 효소 센서, 미생물 센서, 면역 센서, 가스 센서, 습도 센서, 매연 센서, 이온 센서
㉡ 물리 센서 : 온도 센서, 방사선 센서, 광센서, 칼라 센서, 전기 센서, 자기 센서
㉢ 역학 센서 : 길이 센서, 압력 센서, 진공 센서, 속도·가속도 센서, 진동 센서, 하중 센서

8. 다음 중 화학 센서에 해당하는 것은? (08년 3회)

① 가속도 센서 ② 자기 센서
③ 가스 센서 ④ 변위 센서

9. 센서 시스템의 구성에서 신호 전달 순서가 현상으로부터 제어로 진행하는 과정이 맞는 것은? (08년 1회/12년 3회)

① 신호 전송 요소 → 신호 처리 요소 → 변환 요소 → 정보 출력 요소
② 변환 요소 → 신호 전송 요소 → 신호 처리 요소 → 정보 출력 요소
③ 신호 처리 요소 → 변환 요소 → 신호 전송 요소 → 정보 출력 요소
④ 신호 처리 요소 → 신호 전송 요소 → 변환 요소 → 정보 출력 요소

해설 센서 시스템의 구성 : 현상 → 변환 요소 → 신호 전송 요소 → 신호 처리 요소 → 정보 출력 요소 → 인간/컴퓨터 → 액추에이터 → 제어

10. 다음 중 일반적으로 아날로그 신호로 사용되지 않는 것은? (11년 3회)

① AC 0~24 V
② DC −10 V ~ +10 V
③ DC 0 ~ +10 V
④ 4~20 mA

해설 한 개의 2진 신호를 사용하면 0~10 V 아날로그 전압 범위는 2개의 균등한 간격으로 나누어진다.

전압 범위	신 호
0 ~ 4.9 V	0
5.0 ~ 10.0 V	1

11. 출력 측의 한쪽을 부하와 연결하고 다른 쪽 단자(공통 단자)를 0 V에 접지시키는 센서는 어느 것인가? (단, 센서 작동 시 + 전압이 출력된다.) (10년 1회)

① NP형 ② PN형
③ NPN형 ④ PNP형

12. 검출 속도가 빠르고 수명의 길고 와전류 형성에 의한 금속 물체를 검출하는 센서는 어느 것인가? (03년 3회)

① 광센서
② 용량형 센서
③ 유도형 근접 스위치
④ 리드 스위치

해설 ① 광센서 : 빛을 이용하여 물체 유무, 속도나 위치 검출, 레벨, 특정 표시 식별 등을 하는 곳에 사용되며, 포토 센서(photo sensor) 또는 광학 센서(optical sensor)라고도 한다. 제어의 용이함 때문에 전기 신호로 변환되는 경우가 많아 광기전력 효과형, 광도전 효과형, 광전자 방출형으로 분류하기도 한다.
② 용량형 근접 센서 : 정전 용량형 센서(capacitive sensor)라고도 하며 전계 중에 존재하는 물체 내의 전하 이동, 분리에 따른 정전 용량의 변화를 검출하는 것으로 플라스틱, 유리, 도자기, 목재와 같은 절

정답 7. ① 8. ③ 9. ② 10. ① 11. ④ 12. ③

연물과 물, 기름, 약물과 같은 액체도 검출이 가능하다.
③ 유도형 근접 센서 : 물리적인 값의 변화, 즉 자계를 이용하여 검출하는 센서이다.
④ 리드 스위치(reed switch) : 자석과 조합한 자석 센서로 광범위하게 사용되고 있고, 실린더에 부착하여 소형화를 할 수 있으며 동작을 위한 별개의 전원을 부가할 필요가 없어 자동화에 많이 응용된다.

13. **자계에 관련한 물리 현상을 이용하여 자기 센서로 이용되는 소자가 아닌 것은?** (09년 2회)

① 홀 IC ② 자기 저항 소자
③ 조셉슨 소자 ④ 서미스터

해설

감지 대상	센 서	주요 효과
자기	Hall 소자, 자기 저항 소자	Hall, Josephson

14. **구동 전원을 필요로 하지 않고, 2개의 자성체 조각으로 구성되어 자계에 반응하는 스위치는?** (07년 3회)

① 광전 스위치
② 리드 스위치
③ 유도형 근접 스위치
④ 용량형 근접 스위치

15. **리드 스위치(reed switch)의 특성이 아닌 것은?** (05년 3회/07년 1회)

① 스위칭 시간이 짧다.
② 반복 정밀도가 높다.
③ 회로 구성이 복잡하다.
④ 소형, 경량, 저가격이다.

해설 리드 센서의 특징
㉠ 접점부가 완전히 차단되어 있으므로 가스나 액체 중, 고온 고습 환경에서 안정되게 동작한다.
㉡ ON/OFF 동작 시간이 비교적 빠르고(<1 μS), 반복 정밀도가 우수하여(±0.2mm) 접점의 신뢰성이 높고 동작 수명이 길다.
㉢ 사용 온도 범위가 넓다(-270~+150℃).
㉣ 내전압 특성이 우수하다(>10 kV).
㉤ 리드의 겹친 부분은 전기 접점과 자기 접점으로의 역할도 한다.
㉥ 가격이 비교적 저렴하고, 소형, 경량이며, 회로가 간단하다.

16. **빛을 이용하여 물체의 유무를 검출하거나 속도 위치 결정에 응용되는 센서는 어느 것인가?** (03년 1회/12년 2회)

① 유도형 센서 ② 용량형 센서
③ 광센서 ④ 리드 스위치

해설 광센서는 비접촉식으로 피검출 물체에 상처를 남기지 않는다. 거의 모든 물체를 먼 거리에서도 빠른 응답 속도(0.1~20 ms 정도)로 검출할 수 있고, 진동, 자기의 영향이 적으며, 광파이버로 이용할 경우에는 접근하기 어려운 위치나 미세한 물체도 분해능이 높게 검출할 수 있다. 그러나 발광부나 수광부에 유리나 렌즈 등을 사용하여 기름이나 먼지 등에 의해 이들의 표면이 10 %만 흐려도 감도가 약 1/3 정도 감소되며 외부의 강한 빛에 의한 오동작도 발생된다. 투광기와 수광기로 되어 있으며 검출 방식에 따라 투과형, 직접 반사형, 거울 반사형으로 구분된다.

17. **광파이버 센서의 종류에서 광파이버의 형상에 따라 분류하는 방식이 아닌 것은 어느 것인가?** (04년 1회)

① 분할형 ② 평행형
③ 랜덤 확산형 ④ 투과형

해설 광센서는 비접촉식으로 거의 모든 물체를 먼 거리에서도 빠른 응답 속도로 검출할 수 있고, 진동, 자기의 영향이 적다. 광파이버 센서는 접근하기 어려운 위치나 미세한 물체도 분해능이 높게 검출될 수 있다. 설치 장소에 제약이 없고, 유도 잡음에 강하며, 앰

정답 13. ④ 14. ② 15. ③ 16. ③ 17. ③

프 내장형이고 고감도이다.

18. 복합형 광센서의 일종이며 물체 유무의 검출이나 회전체의 속도 검출 및 위치 판단용으로 사용하는 센서는? (10년 3회)

① 바이메탈 ② 리드 스위치
③ 다이오드 ④ 포토 커플러

해설 포토 커플러(photo coupler)는 발광 다이오드(LED : light emitting diode)를 발광부에 사용하고 수광부에 포토 다이오드를 사용한 복합형이며 물체 유무의 검출, 회전체의 속도 검출 및 위치 검출에 사용된다.

19. 컨베이어에서 1분에 3000개의 검출체가 이동할 때 통과한 검출체를 계수하기 위한 근접 센서의 최소 감지 주파수(Hz)는? (12년 2회)

① 20 ② 30
③ 40 ④ 50

해설 $\frac{3000}{60} = 50\text{ Hz}$

20. 다음 중 온도 센서에 요구되는 특성으로 틀린 것은? (10년 3회)

① 검출단과 소자의 열 접촉성이 좋을 것
② 검출단에서 열방사가 클 것
③ 열용량이 적고 열을 빨리 전달할 것
④ 피측정체에 외란으로 작용하지 않을 것

해설 온도 센서(temperature sensor) : 접촉 방식과 비접촉 방식으로 나누어진다.

21. 다음 중 온도 센서에 해당하는 것은 어느 것인가? (12년 1회)

① 리드 스위치
② PTC
③ 홀 소자
④ 스트레인 게이지

해설 리드 스위치는 자석식 근접 스위치이고, 홀 소자는 자기 센서이며, 스트레인 게이지는 압력 센서이다.

22. 열전대의 특징이 아닌 것은? (08년 1회)

① 제베크 효과를 이용한다.
② 열 저항을 측정하여 온도를 알 수 있다.
③ 기준 접점에 대한 온도와 열기전력을 이용하여 온도를 측정한다.
④ B형은 온도 변화에 대한 열기전력이 매우 작다.

해설 온도 센서의 대표적 열전대(thermocouple)는 제베크 효과라고 불리는 것으로, 재질이 다른 두 금속을 연결하고 양 접점 간에 온도차를 부여하면 그 사이에 열기전력이 발생하여 회로 내에 열전류가 흐르는데 이러한 물질을 말한다.

23. 측온 저항체의 특징이 아닌 것은? (10년 2회)

① 출력 신호는 전압이다.
② 최고 사용 온도가 600℃ 정도이다.
③ 전원을 공급하여야 한다.
④ 백금 측온 저항체는 표준용으로 사용한다.

해설 측온 저항체는 백금 측온 저항체가 가장 안전하고 온도 범위가 넓으며 높은 정확도가 요구되는 온도 계측에 많이 사용된다. 측온 저항체는 백금, 니켈, 구리 등의 순금속을 사용하며, 표준 온도계나 공업 계측에 널리 이용되고 있는 것은 고순도(99.999% 이상)의 백금선이다. 가격이 비싸고, 응답 속도가 느리며, 충격 진동에 약하고, 출력 신호는 저항이다.

24. 다음 중 서미스터에 대한 설명으로 맞지 않는 것은? (11년 2회)

정답 18. ④ 19. ④ 20. ② 21. ② 22. ② 23. ① 24. ①

① 온도 변화를 전압으로 출력한다.
② NTC는 부(−)의 온도 계수를 갖는다.
③ PTC는 주로 온도 스위치로 사용한다.
④ CTR은 서미스터의 한 종류이다.

해설 서미스터(thermistor) : 온도 변화에 의해서 소자의 전기 저항이 크게 변화하는 표적 반도체 감온 소자로 서미스터 자체가 기본적인 저항값을 갖고 있으며, 발열체로도 동작하기 때문에 전력 용량을 표시하는 등의 열에 민감한 저항체이다.

25. 회전체의 회전 속도를 검출할 수 있는 로터리 인코더의 취급 시 주의 사항이 아닌 것은 어느 것인가? (04년 3회)

① 떨어뜨리거나 무리한 충격을 가해서는 안 된다.
② 체인, 타이밍 벨트 및 톱니바퀴와 결합하는 경우는 커플링을 사용하여야 한다.
③ 커플링의 결합 시 회전축 간의 결합 오차(편심, 편각)는 어느 정도 있어야 한다.
④ 인코더 케이블의 실드(차폐)선은 0 V에 접속하거나 접지시켜야 한다.

해설 결합 오차가 발생하면 정확한 정보를 수집할 수 없고, 정밀 제어가 불가능하다.

26. 다음 중 초음파 센서의 특징으로 틀린 것은 어느 것인가? (12년 2회)

① 비교적 검출 거리가 길다.
② 투명체도 검출할 수 있다.
③ 먼지나 분진, 연기에 둔감하다.
④ 특정 형상, 재질, 색깔은 검출할 수 없다.

해설 초음파란 보통 인간의 귀에서 들을 수 있는 20 Hz~20 kHz 범위의 가청음보다 높은 주파수, 즉 20 kHz 이상의 주파수의 음파를 지칭한다. 일반적으로 초음파의 발생이나 검출을 크게 나누면 전자 유도 현상, 자왜 현상, 압전 현상 중 하나를 이용하고 있다. 이것들에는 전기 에너지와 탄성 에너지의 변환을 하는 수파기(마이크로폰)가 있다. 일반적으로 이들은 동일 구조로 초음파의 발생과 검지가 가능하며, 합쳐서 이것을 초음파 센서라고 한다.

(가) 장점
㉠ 비교적 검출 거리가 길고 검출 거리의 조절이 가능하다.
㉡ 검출체의 형상, 재질 및 색깔과 무관하며, 투명체도 검출(예 : 유리병)할 수 있다.
㉢ 먼지나 분진, 연기에 둔감하다.
㉣ 옥외에 설치가 가능하고, 검출체의 배경에 무관하다.

(나) 단점
㉠ 검출체의 표면이 경사진 경우 검출이 곤란하여 투과형 센서를 이용하여야 한다.
㉡ 스위칭 주파수가 1~125 Hz 정도로 낮아 센서 동작이 느리다.
㉢ 광 근접 센서에 비해 고가(대략 2배)이다.
㉣ 물체가 센서 표면에 너무 근접하면 센서 출력에 오차를 가져올 수 있다.
㉤ 재질, 색깔에 둔감하다.

(다) 특징
㉠ 초음파의 발생과 검출을 겸용하는 가역 형식이 많다.
㉡ 전기 음향 변환 효율을 높이기 위하여 보통 공진 상태로 되므로 센서로서 사용할 경우 감도가 주파수에 의존한다.
㉢ 음파압의 절댓값보다는 초음파의 존재의 유무, 또는 초음파 펄스 파면의 상대적 크기를 이용하는 경우가 많다.

27. 서보량(위치, 속도, 가속도 등)을 정밀하게 제어하는 서보 제어계에 사용되는 서보 센서의 종류가 아닌 것은? (11년 1회)

① 열전대 ② 퍼텐쇼미터
③ 태코미터 ④ 리졸버

정답 25. ③ 26. ④ 27. ①

3. 액추에이터

3-1 개 요

액추에이터 (actuator)는 각종 에너지를 기계적 에너지로 변환하여 인간의 손이나 발의 기능을 수행하는 요소로 운동 형태에 따라 선형 운동과 회전 운동, 사용하는 에너지에 따라 공압, 유압, 전기식 액추에이터로 세분할 수 있다.

3-2 선형 운동

(1) 공압 선형 액추에이터

공압 실린더와 같다.

(2) 유압 선형 액추에이터

유압 실린더와 같다.

(3) 전기 선형 액추에이터

① 전기-기계 구동 장치 : 1차 구동 요소로서 전기 모터를 사용하고 웜과 웜휠을 통해 나선식 스핀들이 회전하면서 피스톤 로드를 왕복 이동시킨다.

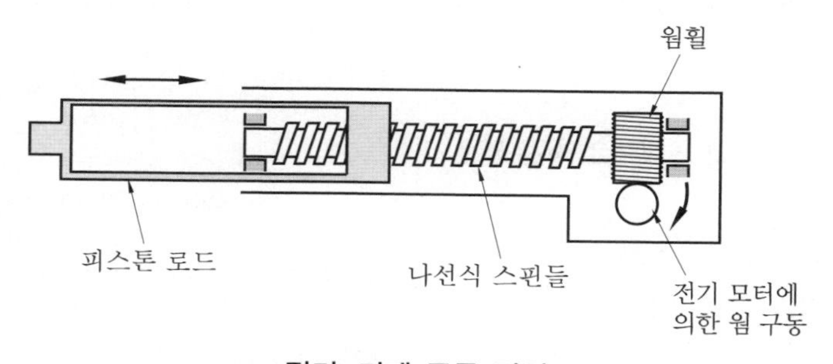

전기-기계 구동 장치

② 리니어 모터 : 리니어 모터는 직선 운동을 일으키는 전기 선형 액추에이터이다.

③ 선형 스텝 모터 : 선형 액추에이터에서 로터는 나선식 스핀들이 내장된 기어로 구성되고 스텝 모터의 각 회전 (회전 스텝)은 나선식 스핀들을 정해진 거리만큼 전·후진시킨다.

3-3 회전 운동

(1) 공압 회전 액추에이터

공압 모터와 같다.

(2) 유압 회전 액추에이터

유압 모터와 같다.

(3) 전기 회전 액추에이터

모터인 전기 회전 액추에이터는 전기 에너지를 기계 에너지로 변환하는 회전기를 뜻하며 종류는 대단히 많으나 직류 전동기, 유도 전동기, 동기 전동기가 많이 사용된다.

① 직류 전동기

(가) 계자 : 강한 자계를 만드는 부분으로 영구 자석을 사용한 것도 있지만 부분 연철에 코일을 부착한 전자석으로 이용한다.

(나) 전기자 : 회전력을 발생시키는 부분으로 주 전류를 통하게 한다.

(다) 정류자 : 전기자 코일에 흐르는 전류의 방향을 계자와의 관계에 따라 바꾸는 부분으로 전기자 코일에 흐르는 전류를 정류하는 장치이다.

② 동기 전동기 : 직류 전동기의 계자 고정, 전기자 회전의 역할을 역전하여 계자를 회전시키고 전기자를 고정시킬 수 있다.

③ 유도 전동기 : 고정자는 동기 전동기와 같다. 회전자에도 고정자와 같은 권선을 하며 고정자를 1차 측, 회전자를 2차 측이라 한다.

④ 스테핑 모터 : 스테핑 모터는 1개의 전기 펄스가 가해질 때 1스텝만 회전하고 그 위치에서 일정의 유지 토크로 정지하는 모터이다. 구조가 간단하고 완전한 브리스 모터로 견고하며 신뢰성이 높고, 펄스 수에 비례하는 회전 각도를 얻을 수 있어 D/A 변환기, 디지털 플로터, CNC 공작 기계 등에 이용되고 있다.

3-4 핸들링

(1) 정 의

핸들링 (handling)이란 간단한 이송, 분리 및 클램핑 장치 등의 단순한 핸들링뿐 아니라 산업용 로봇에 장착되는 복잡한 구조의 산업용 핸들링까지도 포함한다.

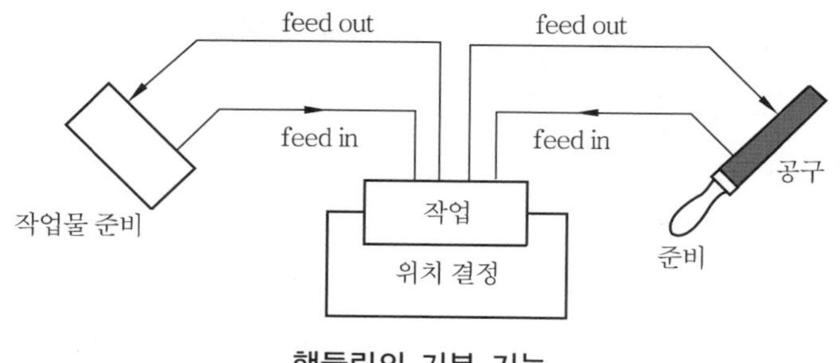

핸들링의 기본 기능

(2) 개 요

① 정렬 : 기계화된 핸들링은 이미 정렬 (orientation)이 끝난 부품에 대해서만 적용되며 정렬은 이송의 한 부분으로 부분의 정렬 기능은 동시에 공급 기능을 구성한다.

② 위치 결정 : 위치 결정 (position control) 기능 중의 하나는 부품의 존재 유무를 결정하는 것이다.

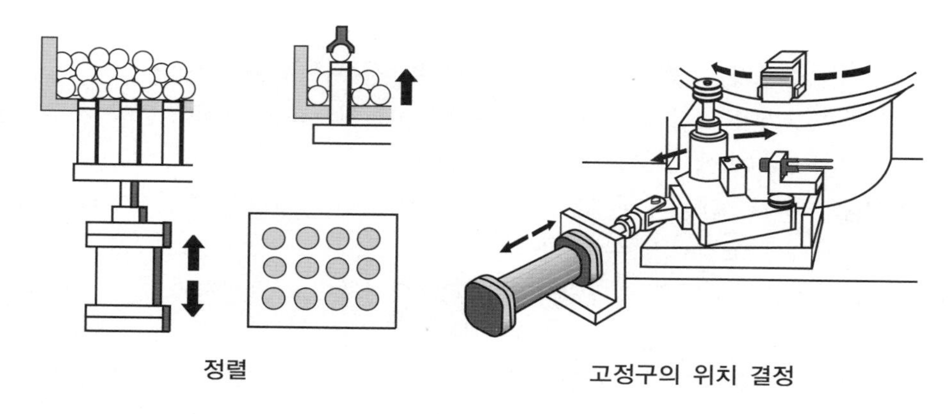

정렬　　　　고정구의 위치 결정

③ 반전 : 반전 (turnover or turnaround)은 180°의 회전이나 선회에 의해서 위치를 변경하는 것으로 부품을 거꾸로 위치시키거나 전후를 역전시키는 것을 말한다. 전환 (diversion)은 기계로 공급되고 있는 부품의 방향을 변경시키는 것이다. 회전 (rotation)은 부품 자체의 중앙부를 기준으로 위치를 변경시키는 것이고, 선회 (swivelling)는 부품으로부터 떨어진 지점을 중심으로 위치를 변경하는 것이다.

④ 이송 : 생산 작업과 관련된 자재나 작업물의 모든 이동 기능을 이송 (feeding)이라 한다. 이동 (transfer), 분류 (distributing), 취합 (merging), 진출 (advancing), 계량 (metering), 위치 및 추출 (locating and ejecting)이 다 해당된다.

㈎ 비축 (stocking) : 호퍼 (hopper) 또는 저장소 (magazine)가 해당된다.

㈏ 운동이나 장소의 변경 : 이동 (transfer), 분배 (distribution), 취합 (merging), 진출 (advancing), 위치 (locating), 추출 (ejecting)

㈐ 위치 변경(위치 제어) : 정렬(orientation), 반전(turning), 회전(rotating), 선회(swivelling), 전환(diverting), 정위치(positioning)

㈑ 유지(holding) 및 해제(releasing) : 클램핑 및 언클램핑(clamping and unclamping)

(3) 종 류

① 직진 인덱싱 핸들링(linear indexing handling)

② 로터리 인덱싱(rotary indexing)

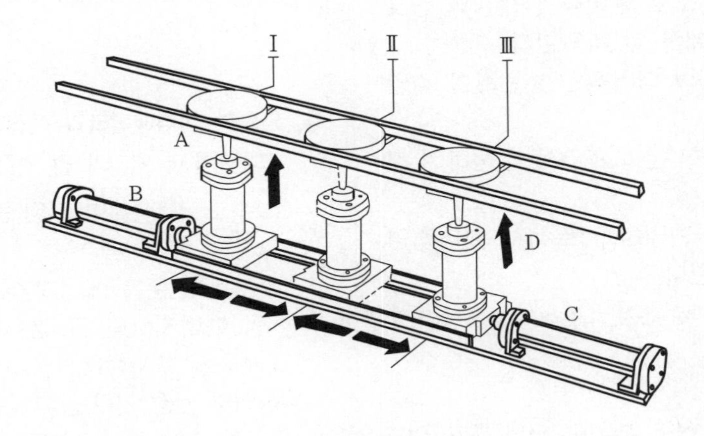

리니어 인덱싱

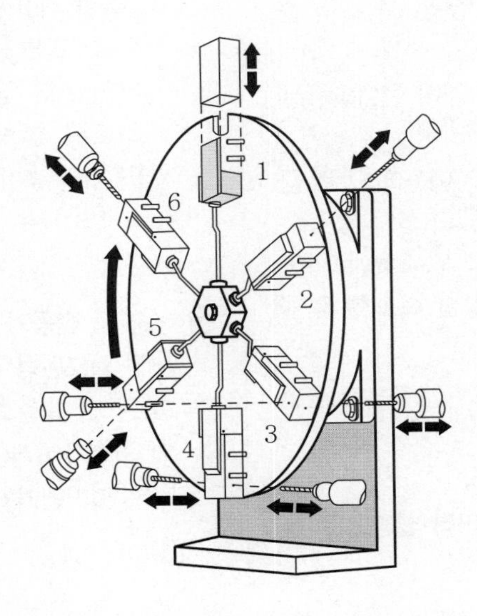

수직 로터리 인덱싱 테이블

출제 예상 문제

기계정비산업기사

1. 액추에이터를 설계하거나 선정할 때는 충분한 검토를 거쳐야 한다. 다음 중 잘못된 사항은? (03년 3회)

① 회전 운동으로 일어나는 관성의 상호 역학적 관계를 잘 파악한다.
② 기계 전체의 역학적인 밸런스를 감안해야 한다.
③ 경험에 의한 운동 조건을 추정하여 결정한다.
④ 설계식을 면밀히 검토해서 합리적인 수치를 구한다.

해설 계산에 의한 운동 조건을 추정하여 결정한다.

2. 다음 중 공압 선형 액추에이터의 특징이 아닌 것은? (12년 3회)

① 20 mm/s 이하의 저속 운전 시 스틱 슬립 현상이 발생한다.
② 사용하는 압력이 높지 않아 큰 힘을 낼 수 없다.
③ 비압축성 작업 매체를 이용하므로 균일한 속도를 얻을 수 있다.
④ 일반적인 작업 속도가 1~2 m/s이다. 압축성을 사용하여 균일한 속도를 얻을 수 없다.

해설 공압은 압축성 매체를 이용하므로 균일한 속도를 얻기 힘들다.

3. 다음 중 유압 선형 액추에이터 설명으로 틀린 것은? (11년 1회)

① 비압축성 유체를 사용한다.
② 정밀한 속도 제어가 가능하다.
③ 온도 변화에 따라 유체의 점도 변화가 심하다.
④ 빠른 속도가 필요한 곳에 유용하다.

해설 유압은 비압축성, 점도 등으로 인해 속도가 느리다.

4. 요동형 액추에이터의 선정과 보수 유지 시 고려 사항과 거리가 먼 것은? (12년 1회)

① 속도 조절은 미터 인 방식으로 접속한다.
② 부하의 운동 에너지가 기기의 허용 운동 에너지보다 큰 경우에는 외부 완충 기구를 설치한다.
③ 외부 완충 기구는 부하 쪽의 지름이 큰 곳에 설치하여 내구성의 향상과 정지 정밀도를 확보할 수 있게 한다.
④ 축과 베어링에 과부하가 작용되지 않도록 과부하를 직접 액추에이터 축에 부착하지 않고 축에 부하가 적게 작용하도록 부착한다.

해설 유량 조절 밸브를 미터 아웃 방식으로 구성하여 속도 조절을 행한다.

5. 스테핑 전동기는 1개의 펄스를 부여하면 정해진 각도만큼 회전하며 이 각도를 스텝각이라 한다. 다음 그림과 같이 극수가 8, 회전자의 치수가 6개인 4상 스테핑 전동기의 스텝각은 얼마인가? (04년 3회)

① 10°　　② 15°
③ 20°　　④ 25°

해설 $\frac{360}{6 \times 4} = 15$

정답 1. ③ 2. ③ 3. ④ 4. ① 5. ②

6. 스텝각 1.8°인 스테핑 모터의 제원이 그림과 같을 때 기어비를 구하면 얼마인가? (단, 스텝 이동량 $d=0.01$ mm/pulse이다.) (05년 3회)

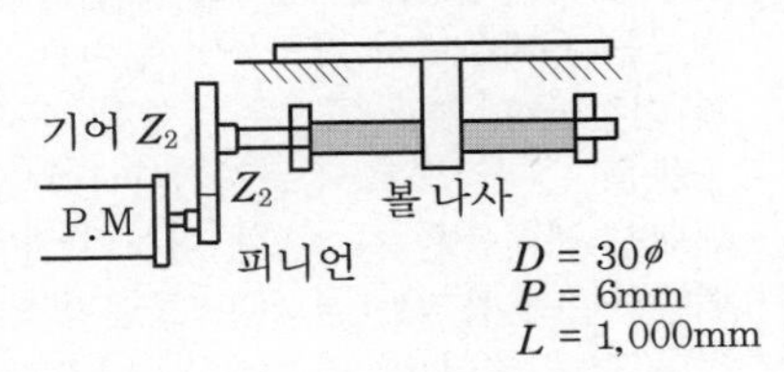

① 1　　② 3
③ 5　　④ 10

해설 $\frac{360}{1.8}=200$

$200\times0.01=2 \qquad \therefore \ \frac{2}{P}=\frac{1}{3}$

7. 직류 전동기의 회전수를 일정하게 유지하기 위해 전압을 변화시킨다. 이때 회전수는 자동 제어계의 구성에서 무엇과 같은가? (05년 1회)

① 제어 대상　　② 제어량
③ 조작량　　④ 입력값

8. 직류 전동기에서 정류자의 역할로 타당한 것은? (05년 3회)

① 전기자 코일의 전류의 방향을 계자와의 관계에 따라 바꾸는 장치이다.
② 계자를 회전시키고 전기자를 고정시킨다.
③ 축수 부하를 작게 하기 위해 사용된다.
④ 회전력을 발생시키는 부분으로 주 전류를 통하게 한다.

해설 직류 전동기는 전기자, 정류자, 계자로 구성되어 있다.

9. 다음 그림의 아라고(Arago)의 회전 원판 실험과 같이 비자성체인 알루미늄 혹은 구리로 만들어진 원판 위에서 화살표 방향으로 영구자석을 회전시키면 원판도 자석의 방향으로 함께 회전하는 원리를 이용한 전동기는 어느 것인가? (10년 1회)

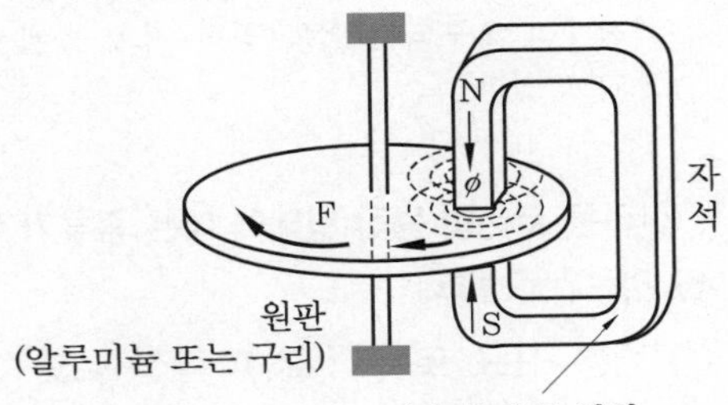

① 유도 전동기　　② 직류 전동기
③ 스테핑 전동기　　④ 선형 전동기

해설 아라고의 원판(Arago's disk) : 와전류는 일정한 자계 내에 있으면 발생하는데 축을 중심으로 원판이 회전할 수 있는 구조로 말굽자석이 정지된 상태에서 왼쪽으로 회전하면 자석이 움직이는 앞쪽에는 자속이 증가한다. 렌츠의 법칙에 의해 자속의 증감을 반대하는 쪽으로 유도 기전력에 의한 전류가 형성되어야 하므로 와전류가 발생하며, 자석의 뒤편에는 반대 방향, 즉 접선 방향의 와전류가 형성되어 금속체 전체에 축 방향의 합성 전류가 흐르게 된다. 결국 이 전류와 자계에 의하여 금속 도체 역시 자석 방향으로 회전을 하는 유도 전동기, 적산 전력계와 같은 원리이다. 이 와전류에 의한 발진 진폭의 감쇄에 따른 감지 거리는 감도 조정기에 의해 스위칭되는 기준 레벨을 바꾸는 것에 의해 변경될 수 있다.

10. 산업용 로봇의 관절 기구같이 임의의 회전각을 제어하기 위하여 주로 사용되고 있는 모터는? (10년 3회)

① 동기 전동기
② 농형 유도 전동기
③ 스테핑 모터
④ 리니어 모터

해설 스테핑 모터는 구조가 간단하고 완전한

정답 6. ② 7. ② 8. ① 9. ① 10. ③

브리스 모터로 견고하며 신뢰성이 높고, 펄스 수에 비례하는 회전 각도를 얻을 수 있다. 일정한 회전각 위치 제어가 필요한 경우 사용하며 D/A 변환기, 디지털 플로터, 정확한 회전각이 요구되는 CNC 공작 기계 등에 이용되고 있다.

11. 산업용 로봇의 동작 형태에 따른 종류가 아닌 것은? (04년 1회)

① 원통 좌표 로봇 ② 다관절 로봇
③ 직각 좌표 로봇 ④ 용접용 로봇

12. 서보 기구의 제어량은? (07년 3회)

① 위치, 방향, 자세
② 온도, 유량, 압력
③ 조성, 품질, 효율
④ 각도, 농도, 속도

해설 서보 기구 : 물체의 위치, 방위, 자세 등의 기계적인 변위를 제어량으로 하고 목표치의 임의의 변화에 추종하도록 구성된 제어계이다.

13. 자동화 시스템에서 핸들링 공정에 속하는 작업 요소가 아닌 것은? (09년 3회)

① 부품의 위치 이동
② 가공 절삭
③ 분리
④ 클림핑

14. 로터리 인덱싱 장치를 사용하는 경우로 적합한 것은? (07년 1회)

① 공구를 주기적으로 교체해야 할 때
② 가공물이 여러 공정을 걸쳐 작업될 때
③ 큰 직경의 로드 형상 재질이 가공될 때
④ 스트립 형태의 재질이 길이 방향으로 작업될 때

해설 로터리 인덱싱(rotary indexing) : 하나의 가공물에 여러 개의 가공 공정이 진행되어야 할 때 유용하다. 가공물은 한번 이송되면 모든 가공 작업이 완료될 때까지 그 작업 위치를 유지하면서 가공물이 위치한 이송체가 회전하며, 가공 공정은 수행할 공구에 가공물을 순서적으로 접근시킨다. 이 로터리 인덱싱 테이블은 최소 2개 이상의 가공물을 이송하여 반복되는 클램핑, 클램핑 해제 공정이 필요 없이 한 위치에서 연속되는 가공 공정을 완료한다. 따라서 한 공정 사이클 중에 재정리 작업이 필요 없으며, 이송과 추출 작업은 마지막 로터리 인덱싱 위치에서 수행되므로 가공 공정의 수는 무의미하다.

15. 로터리 인덱싱 핸들링 장치를 이용하여 작업하기에 적합한 것은? (12년 2회)

① 전체의 길이에 걸쳐 부분적인 공정이 이루어질 때
② 하나의 가공물에 여러 가공 공정을 거쳐야 할 때
③ 연속된 동일 작업을 수행할 때
④ 스트립 형태의 재질이 길이 방향으로 작업될 때

해설
- 직진 인덱싱 핸들링 : 스트립(strip) 또는 로드 형상의 재질이 그 재질 전체의 길이에 걸쳐 부분적인 공정이 이루어지는 작업에 적합하다.
- 로터리 인덱싱 : 하나의 가공물에 여러 개의 가공 공정이 진행되어야 할 때 유용하다.

정답 11. ④ 12. ① 13. ② 14. ② 15. ②

4. 시스템 회로의 구성

4-1 동작 상태 표현법

(1) PFC (program flow chart)

PFC는 상업용, 기술용으로 논리 순서를 표현하는 방법 중 널리 사용하고 있는 방법의 하나이다.

기 호	설 명
	제약 예 : 시작 또는 끝
	일반적인 작업 (예 : 계산, 비교)
	분지
	입력 또는 출력
	서브루틴(subroutines)
	전이점
	프로그램 흐름의 방향 표시 화살표

프로그램 플로 차트의 기호

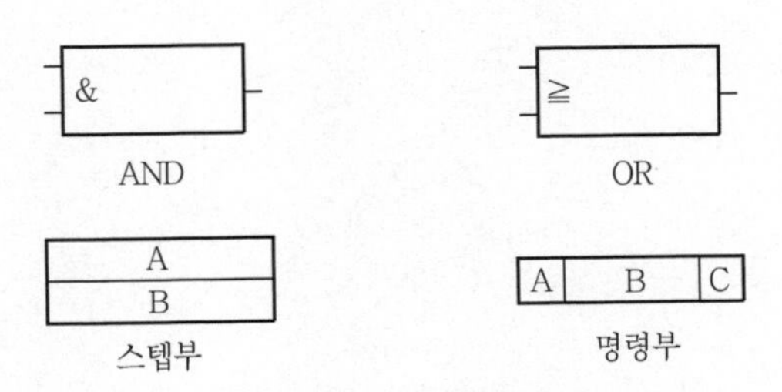

기능 선도의 기본 기호

(2) 기능 선도(function chart : FUP)

제어 문제를 표시하는 방법 중 하나로 순차 제어 문제를 표시하는 데 적절한 방법이다.

(3) 래더 다이어그램(ladder diagram)

제어 회로는 여러 조건 및 실행되는 몇 개의 수평으로 그려지는 렁(rung)에 표시된다.

(4) 동작 순서 표시 다이어그램 기능

다이어그램은 공압, 유압, 전기 또는 기계적인 제어 시스템과 이들의 조합에 의한 시스템을 표시하는 방법이다.

① 변위-단계 선도(displacement-step diagram)
② 제어 선도(control diagram)

(5) 논리도

제어 작업이 주로 논리 제어의 형태로 이루어지는 경우에 논리 기호를 이용하여 표시하는 방법이 사용되기도 한다.

4-2 프로그램 제어 방법

동작 상태 표현 방법으로 작업 내용이 표시되면 프로그래밍을 한다. 프로그래밍은 우선 회로 내의 작동 요소를 연결하는 방법 중 서로 결선을 이용하는 방법, 프로그램 메모리의 프로그램을 이용하는 방법 등이 있다.

출제 예상 문제

기계정비산업기사

1. 프로그램 플로 차트(flow chart)에 대한 설명으로 옳은 것은? (03년 1회)

① 기계나 장치의 동작을 순서적으로 표현하는 방법이다.
② 그래픽 논리 기호 연결이다.
③ 제어의 시간 관계를 표현한다.
④ 제어 문제 해결을 위한 컴퓨터이다.

해설 PFC (program flow chart) : 시퀀스 제어계에서 전체의 관련 동작에 대하여 순서를 세우고 이것을 사각형의 기호와 화살표로 나타낸 것으로 상업용, 기술용으로 논리 순서를 표현하는 방법 중 널리 사용하고 있는 방법이다.

2. 래더 다이어그램(ladder diagram)의 회로 구성에 사용되지 않는 논리 조건은? (12년 2회)

① AND ② OR
③ NOT ④ STC

해설 래더 다이어그램에는 AND, OR, NOT 등이 널리 사용된다.

3. 제어 시스템의 AND 논리를 잘못 표현한 것은? (04년 3회)

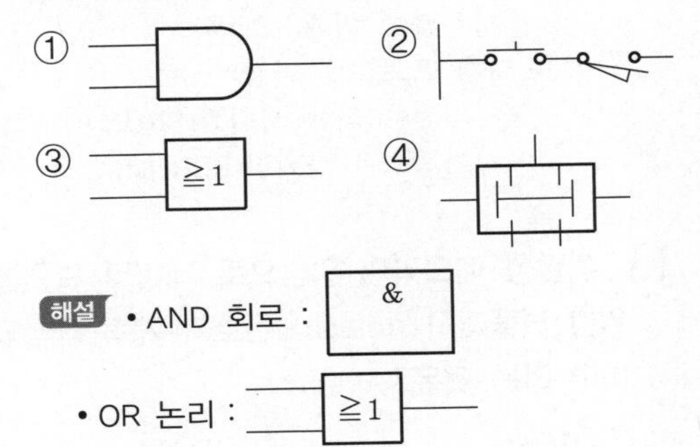

4. 다음 그림에서 S_1과 S_2를 동시에 누른 경우 램프에 불이 들어오는 논리 회로의 구성 방법을 무엇이라고 하는가? (07년 3회/12년 1회)

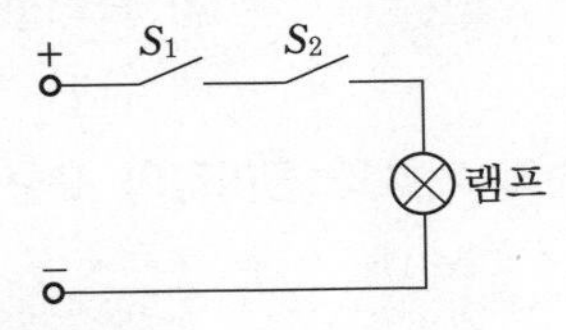

① AND 회로
② OR 회로
③ NOT 회로
④ NOR 회로

해설 S_1과 S_2가 직렬연결이므로 AND 회로이다.

• AND 회로 (AND circuit) : 입력되는 복수의 조건이 모두 충족될 경우 출력이 나오는 회로로, 논리적 회로라 한다.

5. 다음 그림의 논리 회로에서 램프에 불이 들어올 수 있는 경우를 S_1, S_2의 순서로 표시한 것으로 맞는 것은? (12년 3회)

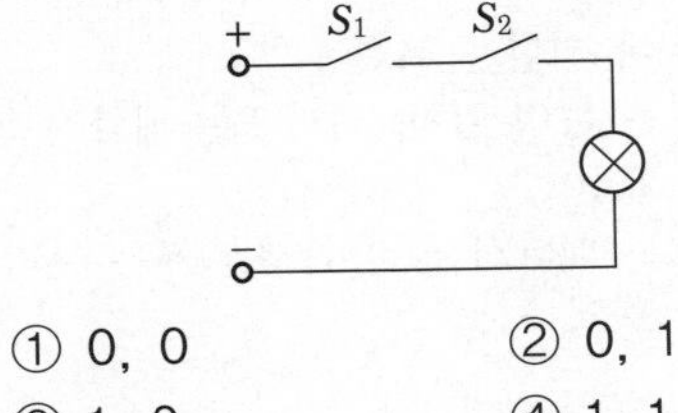

① 0, 0 ② 0, 1
③ 1, 0 ④ 1, 1

해설 두 스위치가 동시에 눌러져야 램프에 불이 들어온다.

6. 다음 표에 나타낸 결과 Z는 어떤 연산의 수행을 나타낸 것인가? (12년 1회)

정답 1. ① 2. ④ 3. ③ 4. ① 5. ④ 6. ①

X	Y	Z
0	0	0
0	1	0
1	0	0
1	1	1

① AND ② OR
③ NOT ④ 플립플롭

7. 다음 논리 기호와 진리값의 표현이 바르게 된 것은? (08년 1회)

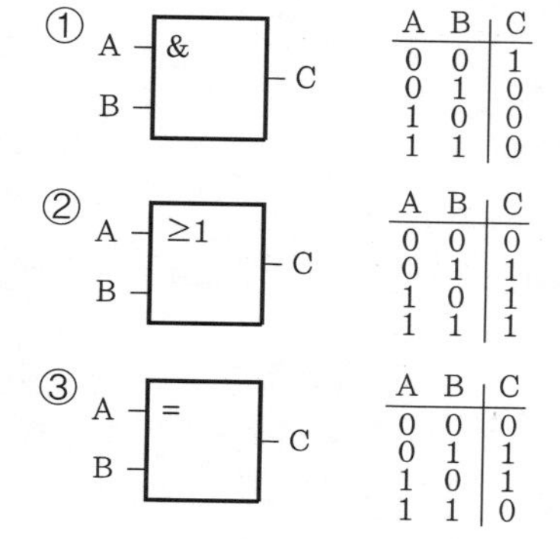

① (&)

A	B	C
0	0	1
0	1	0
1	0	0
1	1	0

② (≥1)

A	B	C
0	0	0
0	1	1
1	0	1
1	1	1

③ (=)

A	B	C
0	0	0
0	1	1
1	0	1
1	1	0

④ A, B → (=1) → C

A	B	C
0	0	1
0	1	0
1	0	0
1	1	1

해설 ① 기호는 논리곱, 진리표는 논리합의 부정을 표현
② 모두 논리합을 표현
③ 기호는 논리 일치, 진리표는 배타적 논리합을 표현
④ 기호는 배타적 논리합, 진리표는 논리 일치를 표현

8. 4개의 입력 요소 중 첫 번째와 두 번째 요소가 함께 작동되든지, 세 번째 요소가 작동되지 않은 상태에서 네 번째 요소가 작동되었을 때 출력이 존재하는 제어기의 구성을 논리식으로 표현한 것은? (09년 3회)

① $Z = S_1 + S_2 + \overline{S_3} + S_4$
② $Z = (S_1 + S_2) \cdot (\overline{S_3} + S_4)$
③ $Z = S_1 \cdot S_2 + \overline{S_3} \cdot S_4$
④ $Z = S_1 \cdot S_2 \cdot \overline{S_3} + S_4$

해설 S_1과 S_2는 AND 조건, S_3는 NOT 상태에서 S_4와 AND 조건이며 두 AND 조건은 OR 조건이다.

9. 제어 시스템에서 쓰이는 트랜지스터 연산 증폭기 노튼 앰프의 공통적인 역할로 타당한 것은? (09년 3회)

① 신호 저장 ② 신호 제한
③ 신호 증폭 ④ 신호의 선형화

해설 신호 증폭은 대개 트랜지스터(transistor)나 연산 증폭기(operational amplifier) 등을 이용하여 수행되는데, 온도에 따른 변화가 적은 연산 증폭기를 이용하는 방법이 정확한 측정을 위하여 좋은 방법이다.

10. 제작자에 의해 오직 한 번만 프로그램되는 메모리는 어느 것인가? (11년 2회)

① ROM ② PROM
③ RAM ④ EPROM

해설 반도체 메모리의 분류
(가) RAM
㉠ 내용 차단 시 지워짐(RAM)
㉡ 전원 차단 시 내용 유지(EAROM)
(나) ROM
㉠ 오직 1번 프로그램
• 메이커에서(ROM)
• 사용자에 의해(PROM)
㉡ 다시 프로그램 가능
• 자외선에 의해 지워짐(PROM)
• 전기적으로 지워짐(EEROM)

11. 휘발성 메모리의 일종으로 데이터 보존을 위한 리플래시(reflash) 신호가 계속 공급되어야 하는 것은? (07년 1회)

① ROM ② DRAM

정답 7. ② 8. ③ 9. ③ 10. ① 11. ②

③ SRAM ④ EPROM

해설 • DRAM : 용량을 지닌 메모리
• EPROM (erasable programmable read only memory) : 마이크로프로세서 시스템에서 메모리의 내용이 지워진 프로그래밍이 가능한 플로팅 게이트 (floating gate) 메모리 셀로 구성된 것

12. 다음의 메모리 중에서 사용자가 한 번에 한하여 써 넣을 수 (write) 있는 것은 어느 것인가? (07년 1회 / 10년 1회)

① EAROM ② PROM
③ EPROM ④ EEROM

해설 • PROM (programmable read only memory) : 사용자가 1번에 한하여 써 넣을 수 있는 것
• EEROM (electrically erasable read only memory) : 반도체 메모리 중 비휘발성이며 전기적으로 데이터를 읽거나 써 넣을 수 있는 것

13. 다음 중 반도체 메모리의 특징이 아닌 것은? (05년 1회)

① 기계적 구동부가 없음
② 작은 크기
③ 빠른 처리 속도
④ 고자계 자성체

해설 반도체 메모리의 특징을 구분하는 방법
㉠ 메모리 용량
㉡ 워드의 길이
㉢ 액세스 시간
㉣ 프로그램 언어 (고자계 자성체는 사용할 수 없다.)

14. 다음 설명 중 맞는 것은? (09년 2회)

① 1 byte는 2 bit로 구성되고, 1 kbyte는 1024 byte이다.
② 1 byte는 8 bit로 구성되고, 1 kbyte는 1000 byte이다.
③ 1 byte는 2 bit로 구성되고, 1 kbyte는 1000 byte이다.
④ 1 byte는 8 bit로 구성되고, 1 kbyte는 1024 byte이다.

해설 1 byte = 8 bit, 1 kbyte = 1024 byte

15. 다음 중 1 kbit에 대한 설명으로 맞는 것은 어느 것인가? (11년 3회)

① 256 bit이다. ② 128 byte이다.
③ 256 byte이다. ④ 128 bit이다.

해설 1 kbit는 1024 bit이고, 8 bit가 1 byte이므로 1 kbit는 128 byte이다.

16. 공장 자동화가 확장됨에 따라 릴레이 제어 (유접점)에서 전자 제어 (무접점)로 전환되어 가는 주된 이유는? (10년 1회)

① 작업 환경의 개선
② 품질의 고급화
③ 부품 수명과 동작 시간
④ 노동력의 감소

17. PLC 제어를 이용 시 릴레이 (relay) 제어보다 좋은 점이 아닌 것은? (08년 3회)

① 제어 장치의 크기를 소형화한다.
② 노이즈 (noise)에 강하다.
③ 제어반의 보수가 용이하다.
④ 제어의 변경이 쉽게 이루어진다.

해설 PLC 제어는 ㉠ 제어 변경이 용이하다, ㉡ 프로그램의 변경으로 제어 동작의 변경이 가능하다, ㉢ 입출력 장치의 착탈이 용이하다, ㉣ 장치 구성 시간이 적게 소요된다.

18. PLC의 기능과 성능을 결정하는 시스템 프로그램은 PLC의 어느 메모리에 저장되는가? (03년 3회)

정답 12. ② 13. ④ 14. ④ 15. ② 16. ③ 17. ② 18. ①

① ROM ② PROM
③ RAM ④ EAROM

19. **PLC에서 내장된 프로그램에 따라 입력 신호가 만족되면 해당 출력 신호를 발생하기 위해 연속적으로 프로그램을 진행하는 기능은 어느 것인가?** (06년 3회/10년 3회)

① 스캐닝 ② 인출 사이클
③ ALU ④ 실행 사이클

20. **다음 중 PLC의 입력 신호 변환 과정으로 맞는 것은?** (08년 3회)

① I/O 모듈 단자 → 입력 신호 변환 → 모듈 상태 표시 → 전기적 절연
② 모듈 단자 I/O → 멀티플렉서 → 모듈 상태 표시 → 전기적 절연
③ 모듈 단자 I/O → 전기적 절연 → 입력 신호 변환 → 모듈 상태 표시
④ 모듈 단자 I/O → 전기적 절연 → 멀티플렉서 → 입력 신호 변환

21. **PLC 프로그램의 최초 단계인 0 스텝에서 최후 스텝까지 진행하는 데 걸리는 시간을 스캔 타임이라 한다. 6 μs 의 처리 속도를 가진 PLC가 1,000스텝을 처리하는 데 걸리는 스캔 타임은?** (06년 3회)

① 6×10^{-3} s ② 6×10^{-4} s
③ 6×10^{-5} s ④ 6×10^{-6} s

해설 $t=6\ \mu s\times1000$스탭$=6\times10^{-3}s$

22. **PLC 프로그램에서 카운터의 출력은 어떻게 OFF 시키는가?** (09년 1회)

① 카운터의 계수치가 설정치와 같아지면 OFF 된다.
② 카운터의 리셋 입력을 ON으로 한다.
③ 카운터의 계수 입력을 설정 시간 동안 ON으로 한다.
④ 카운터의 계수 입력을 설정 시간 동안 OFF로 한다.

23. **PLC를 이용하여 시스템을 제어하는 과정에서 프로그램 에러를 찾아내어 수정하는 작업은?** (08년 3회/09년 1회/11년 3회/15년 1회)

① 코딩 ② 디버깅
③ 모니터링 ④ 프로그래밍

해설 래더도를 기본으로 프로그램을 작성하는 것을 코딩, 로더 등의 입력 장치로 프로그램을 입력하는 것을 프로그래밍 또는 로딩, 시스템의 동작 상태를 점검하는 것을 모니터링이라 한다.

24. **제어 작업이 주로 논리 제어의 형태로 이루어지는 곳에 AND, OR, NOT, 플립플롭 등의 기본 논리 연결을 표시하는 기호도를 무엇이라고 하는가?** (09년 2회/14년 3회)

① 논리도 ② 회로도
③ 제어 선도 ④ 변위-단계 선도

25. **하드 와이어드한 제어(릴레이 제어)와 소프트 와이어드한 제어(PLC 제어)의 차이점에 대한 설명으로 옳지 않은 것은?** (10년 2회/14년 1회)

① 릴레이 제어의 경우 회로도는 배선도이다.
② 제어 내용의 변경이 용이한 것은 PLC 제어이다.
③ 릴레이 제어가 PLC 제어의 경우보다 배선이 간단하다.
④ 소프트웨어와 하드웨어 구성을 동시에 할 수 있는 것이 PLC 제어이다.

정답 19. ① 20. ① 21. ① 22. ② 23. ② 24. ① 25. ③

5. 자동화 시스템 보수 유지

5-1 자동화 시스템 보수 유지 방법

(1) 공압 시스템의 보수 유지

① 오동작 및 고장

② 공압 시스템의 고장

(가) 공급 유량 부족으로 인한 고장

(나) 수분으로 인한 고장

(다) 이물질로 인한 고장 : 슬라이드 밸브의 고착, 포핏 밸브의 시트부 융착으로 누설, 유량 제어 밸브에 융착되어 속도 제어를 방해

(라) 공압 기기의 고장

㉮ 공압 타이머의 고장 : 공기 누설 또는 밸브 고착으로 인하여 제어 신호가 있어도 출력 신호가 발생되지 않음

㉯ 솔레노이드 밸브에서의 고장

- 전압이 있어도 아마추어 미작동 : 아마추어 고착, 고전압, 고온도 등으로 인한 코일 소손 및 저전압 공급
- 솔레노이드 소음 : AC 솔레노이드에서만 발생하는데, 이는 아마추어가 완전히 작동되지 않았기 때문이며, 솔레노이드에서는 미열이 발생하므로 조치함. 응급 조치로는 솔레노이드 액추에이터 주위에 구리선을 감으면 됨

㉰ 공압 밸브에서의 고장 : 포핏 밸브의 경우 밸브 전환 제어가 안 되는 것으로 실링 시트 손상, 과도한 마찰이나 스프링 손상으로 기계적 스위칭 오동작, 실링 플레이트에 구멍 발생 또는 너무 유연하여 충분한 힘을 가하지 못하는 경우 발생

㉱ 슬라이드 밸브에서의 고장

- 과도한 마찰이나 스프링 손상으로 기계적 스위칭 오동작
- 배기공의 막힘으로 배압 발생
- 실링 손상으로 누설 발생
- 평판 슬라이드 밸브의 압력 스프링 손상으로 누설 발생

㉲ 실린더에서의 고장

(2) 유압 시스템의 보수 유지

① 유압 시스템의 고장

결 함	원 인
전동기의 과열, 소음, 파손	• 구동 방식 불량 • 전동기 동력이 작음 • 전동기 고장 • 전동기와 펌프의 중심내기 불량 • 볼트 이완, 커플링 진동
비금속 실의 파손	• 이탈 : 고압, 과 틈새, 삽입구 불량, 삽입 불량 • 실의 노화 : 고유온, 저온 경화, 자연 노화 • 회전, 비틀림 : 굽힘 하중 발생 • 실 표면 손상, 마모 : 연삭 마모, 윤활 불량 • 실의 팽윤 : 부적합 작동유, 부적당한 운전 조건, 윤활 불량, 삽입 불량 • 실의 파손, 접착, 변형 : 고압, 부적당한 운전 조건, 윤활 불량, 삽입 불량 • 실의 부적당 : 재질, 치수 불량
금속 실의 불량	• 실린더 내면 불량 : 진원도 불량, 직각도 불량, 치수 과다 • 마모 증대 : 재질 불량, 이물질에 의한 연삭 마모, 표면 다듬질 불량 • 삽입 불량 : 부착 불량, 엔드 클리어런스 불량, 위치 불량, 홈 가공 치수 불량 • 내부 누설 증대 : 실린더 내면 불량, 마모 증대, 삽입 모양 불량
작동유 불량	• 작동 온도 불량 • 작동유 불량 • 이물질, 물, 공기 흡입 • 제어 회로 설계 불량 • 재질 적합성 불량 • 물리적·화학적 성질 변화

(3) 전기 시스템의 보수 유지

① 2상, 3상 유도 전동기의 고장

결 함	원 인
회전 이상	• 퓨즈 단락 • 베어링 불량 • 병렬 결선 단락 • 상 결선의 단락 및 오류 • 코일 단락 • 회전자 움직임 • 전압 또는 주파수 부적당

	• 권선의 접지
저속 회전	• 과부하 • 베어링 불량 • 결선 착오 • 코일 결선 반대 • 코일 단락 • 회전자 움직임

② 2상, 3상 전동기 제어 시스템의 고장

결 함	원 인
주 접촉자를 페로 했을 때 기동 불능	• 열동 계전기 코일의 단선 또는 결선 착오 • 주 접촉자 불완전 페로 • 접촉자 접촉 불량 • 저항 요소 또는 단권 변압기 단선 • 단자 결선 부분 단선 또는 접촉 불량, 단자 파손 • 기계적 고장, 연동 장치 동작 불량 • 피그테일 (pigtail) 결선 불량 또는 단선
기동 버튼 누를 때, 전원 퓨즈 용단	• 접촉자 정지 • 접촉자 단락 • 코일 단락
전자 계폐기 동작 중 소음	• 셰이딩 코일 단선으로 오작동 • 철심면의 오손
전자석 코일의 소손 또는 단락	• 과전압 • 오손, 이물질 혼입, 기계적 공장으로 공극 거리가 커 과전류 통전 • 사용 빈도 과다

③ 직류 전동기의 고장

결 함	원 인
스위치 ON 후 기동 불능	• 퓨즈 단락 • 브러시 오손 또는 고착 • 과부하 • 계자 권선 단선, 단락 또는 접지 • 전기자 회로 단선 • 전기자 권선 또는 정류자편의 단락 • 베어링 불량 • 제어기 불량 • 브러시 지지기에서의 접지

전동기 과속 회전	• 계자 권선 단락 또는 접지 • 분권 계자 회로 단선 • 직권 전동기 무부하 운전 • 차동 복권 전동기로 결선

④ 직류 전동기 제어 시스템의 고장

결 함	원 인
핸들 이동 후 전동기 기동 불능	• 퓨즈 단락 • 저항 요소 단선 • 과부하 • 암과 접촉점 사이 접촉 불량 • 전동기 결선 착오 • 전기자 회로 또는 계자 회로상의 단선 • 저전압 • 단자 경선 풀림 또는 파손 • 지지 코일의 단선
핸들 최종 위치 후 핸들 고정 안 됨	• 소손, 리드선 단선, 접촉 불량으로 지지 코일 단선 • 저전압 • 코일 단락 • 결선 착오 • 과부하 접촉자의 개로
핸들 돌릴 때 퓨즈, 용단	• 저항 단락 • 핸들 이송 속도 과다 • 저항 요소, 접촉자 또는 결선에 접지

(4) 수치 제어 시스템의 보수 유지

① 윤활

㈎ 기어 박스 윤활 시스템 : 설치 3개월 후 교체, 6개월마다 교체

㈏ 메인 스핀들 베어링 : 고정도 그리스 도포

㈐ 가이드 윤활 시스템 : 매 60시간 주기로 보충

㈑ 파워척의 윤활 : 매일 윤활 점검

② 냉각수

㈎ 냉각 펌프 : 실드 볼 베어링 그리스 도포

㈏ 냉매 : 필요에 의해 보충, 함수계 냉매와 비함수계 냉매 사용

㈐ 탱크의 청결도 유지

③ 백래시 보정

㈎ 백래시 정도를 측정

㈏ 백래시에 영향을 미치는 요인을 검출

(다) 백래시 보정을 위한 데이터와 재입력

④ 터릿 클램핑 속도 조정

(가) 로크너트를 제거 후 세트 나사를 조정하여 속도를 조정한다.

(나) 조정 작업이 완료되면 로크너트를 재장치한다.

⑤ 터릿 인덱싱 속도 조정

(가) 스위블 속도 조정 : 터릿 클램핑 속도 조정과 같은 방법으로 조정, 스위블 속도는 1회전당 3초 정도

(나) 감속 조정 : 터릿 클램핑 속도 조정과 같은 방법으로 조정, 감속 정도는 인덱싱 이 부드러운 동작을 할 수 있도록 조정

⑥ 주축과 심압의 재정렬

(가) 캐리지 지브 조정 : 베드면에 10 μm 이내의 유격 유지

(나) 크로스 슬라이드 지브 조정 : 볼트의 조임이 너무 세면 DC 서보모터에 과부하 발생

⑦ 벨트의 장력 조정 : 벨트 설치 후 3개월 이내 재조정하고 이후 6개월마다 재조정

(가) 메인 모터와 기어 박스 사이의 V벨트 장력 조정

㉮ 모터 베이스 고정 볼트를 풀고 베이스와 모터는 조정 나사로 앞으로 당김

㉯ V벨트의 장력 확인

(나) 기어 박스와 주축의 V벨트 장력 조정

㉮ 볼트와 너트를 풀고 조정 나사를 조정하여 트랜스미션 베이스를 당김

㉯ V벨트의 장력 확인

㉰ 고정 볼트와 너트를 다시 체결

출제 예상 문제

기계정비산업기사

1. 자동화 시스템 보수 관리 목적에 대해 바르게 설명한 것은? (10년 3회)

① 수리 시간이 장기적이고, 단축할 수 있다.
② 기계의 내용 연수를 짧게 하여 새로운 시스템을 도입할 수 있다.
③ 고장의 배제와 수리를 신속하고 확실하게 한다.
④ 평균 고장 시간 간격을 줄여 보수 유지에 걸리는 시간을 줄인다.

해설 보수 관리의 목적
㉠ 자동화 시스템을 항상 최량의 상태로 유지한다.
㉡ 고장의 배제와 수리를 신속하고 확실하게 한다.

2. 다음 자동화 시스템 유지 보수에 관한 설명 중 틀린 것은? (12년 2회)

① 설비가 고장을 일으키기 전에 정기적으로 예방 수리를 하여 돌발적인 고장을 줄이는 데 목적이 있는 설비 관리 기법이 PM이다.
② 유지 보수비 지출을 가능한 최소로 하는 것이 전체 생산 원가를 줄이는 방법이다.
③ 예비 부품의 상시 확보 여부는 그 부품의 보관 비용과 고장 빈도 또는 고장 1회당 설비 손실 금액을 고려하여 결정하여야 한다.
④ 설비의 상태를 관찰하여 필요한 시기에 필요한 보전을 하는 것을 CM이라 한다.

해설 CM은 corrective maintenance로 개량 보전이다. ④의 내용은 예지 보전(PM)이다.

3. 윤활된 부품들이 일정 시간(주말이나 공휴일 등) 정지 후에 윤활유 및 기타 이물질이 고착되어 제 기능을 발휘하지 못하는 것을 무엇이라 하는가? (09년 2회/11년 3회)

① gumming 현상 ② jumping 현상
③ chattering 현상 ④ cavitation 현상

해설 gumming 현상 : 윤활된 부품들이 일정 시간 정지 후에 윤활유 및 이물질이 고착되어 제 기능을 발휘하지 못하는 것

4. 공압 제어 시스템의 오동작을 예방하기 위한 방법과 거리가 먼 것은? (03년 3회)

① 먼지와 이물질이 많은 경우에 자체 정화 커버를 사용한다.
② 신호의 지연을 방지하기 위해 배관을 가능한 한 짧게 한다.
③ 제어 및 파워 밸브의 배기는 보장되도록 한다.
④ 오염된 공기는 부품에 별 영향이 없다.

해설 공압 제어 시스템의 고장 : 공급 유량 부족으로 인한 고장, 수분으로 인한 고장, 이물질로 인한 고장, 공압 기기의 고장

5. 공압 기기에서 포핏 밸브의 제어 위치가 전환되지 않는 경우가 아닌 것은 어느 것인가? (02년 3회/09년 1회)

① 과도한 마찰이나 스프링의 손상으로 기계적인 스위칭 동작에 이상이 있는 경우
② 실링 시트가 손상을 입은 경우
③ 실링 플레이트에 구멍이 발생한 경우

정답 1. ③ 2. ④ 3. ① 4. ④ 5. ④

④ 배기공이 열려 있어 증기 유출이 자유로운 경우

6. **솔레노이드 밸브에서 전압이 걸려 있는데도 아마추어가 작동되지 않는 원인이 아닌 것은?** (07년 3회)

① 코일이 소손
② 전압이 너무 낮음
③ 아마추어의 고착
④ 실링 시트가 마모

해설 솔레노이드 밸브에서의 고장
㉠ 전압이 있어도 아마추어 미작동, 아마추어 고착, 고전압 고온도 등으로 인한 코일 소손 및 저전압 공급
㉡ 솔레노이드 소음 : AC솔레노이드에서만 발생하는데, 이는 아마추어가 완전히 작동되지 않았기 때문이며, 솔레노이드에서는 미열이 발생하므로 조치한다. 응급조치로는 솔레노이드 액추에이터 주위에 구리선을 감으면 된다.

7. **슬라이드 밸브에서의 고장이 아닌 것은 어느 것인가?** (07년 3회)

① 배기공의 막힘으로 인한 배압 발생
② 실링 손상으로 인한 누설의 발생
③ 압력 스프링의 손상으로 누설의 발생
④ 밸브의 위치가 정확하지 않을 때

해설 슬라이드 밸브에서의 고장
㉠ 과도한 마찰이나 스프링 손상으로 기계적 스위칭 오동작
㉡ 배기공의 막힘으로 배압 발생
㉢ 실 손상으로 누설 발생
㉣ 평판 슬라이드 밸브의 압력 스프링 손상으로 누설 발생

8. **공압 실린더의 고장을 예방하기 위한 방법이 아닌 것은?** (03년 1회)

① 실린더의 압력 강하를 방지하기 위해 가능한 최저속으로 운전한다.
② 실링 교체 시 실린더의 내부를 깨끗이 청소한 후 새 윤활유를 주입한다.
③ 피스톤 로드는 먼지나 퇴적물로부터 손상을 받지 않도록 주기적으로 청소한다.
④ 급유형 실린더의 경우 윤활된 공기를 사용하고 윤활량은 너무 과하지 않도록 한다.

해설 실린더에서의 고장 : 행정 거리가 길고 무거운 하중을 달고 운동하는 경우에는 로드 실의 마모가 발생되고 로드의 윤활유가 고착되어 실린더의 불안정한 운전이 되므로, 실린더 피스톤 로드에 윤활유 피막이 형성되어 있는가를 점검하여야 한다.
※ 실린더의 이상을 예방하기 위한 방법
㉠ 보수 유지 및 실링을 교체할 때에는 실린더 내부를 청결하게 하여 오일과 이물질을 제거한 후 새 그리스를 주입한다.
㉡ 레이디얼 하중이 작용하지 않도록 한다. 이 하중이 작용하면 피스톤 로드 베어링이 쉽게 마모되어 내구 수명이 단축된다.
㉢ 윤활된 공기를 사용하고 과도한 윤활은 피한다.

9. **공압 실린더 취급 시 주의 사항으로 잘못된 것은?** (10년 1회)

① 로드 선단과 연결부에 자유도가 없도록 한다.
② 작업 환경의 주위 온도는 5~60℃가 적당하다.
③ 피스톤 로드는 가로 하중과 굽힘 모멘트가 걸리지 않도록 고려한다.
④ 부하의 운동 방정식과 실린더의 작동 방향이 추종하도록 한다.

해설 실린더를 설치할 때는 부하의 운동 방향으로 실린더의 작동 방향이 추종하도록 하고, 로드 선단과 부하의 연결부에 자유도를 가지게 하는 방법이나, 스트로크가 길 경우의 로드 지지 방법을 고려해야 한다.

정답 6. ④ 7. ④ 8. ① 9. ①

10. 유압 기기를 보수 관리할 때 일상 점검 요소가 아닌 것은? (09년 1회)

① 유압 펌프 토출 압력
② 기름 탱크 유면 높이
③ 기기 배관 등의 누유
④ 작동유의 샘플링 검사

11. 유압 시스템에서 압력 저하의 원인이 아닌 것은? (10년 3회)

① 내부 누설의 증가
② 펌프와 흡입 불량
③ 구동 동력의 부족
④ 펌프 회전이 빠름

해설 펌프의 마모, 파손 결함의 원인
㉠ 부적절한 작동유 사용
㉡ 작동유 오염
㉢ 펌프 흡입 불량
㉣ 공기 흡입
㉤ 구동 방식 불량
㉥ 작동유 저점성
㉦ 고압 사용 및 발생
㉧ 작동유 부족에 의한 공운전
㉨ 이물질 침입
㉩ 펌프 케이싱의 지나친 조임

12. 유압 펌프가 기름을 토출하지 못하고 있다. 점검 항목이 아닌 것은? (08년 1회)

① 오일 탱크에 규정량의 오일이 있는지 확인
② 흡입 측 스트레이너 막힘 상태
③ 유압 오일의 점도
④ 릴리프 밸브의 압력 설정

해설 릴리프 밸브를 잠그면 유압 토출이 안 된다.

13. 토출 유량 감소의 원인은? (08년 1회)

① 릴리프 밸브의 작동 불량 또는 조정 불량
② 내부, 외부 누설 증가, 밸브 성능 불량, 과부하 작동
③ 탱크 내 유면이 낮다. 펌프의 파손, 펌프의 흡입 불량
④ 작동유의 오염, 구동 방식 불량, 이물질 침입

해설 토출 유량 감소의 원인
㉠ 탱크 내 유면이 낮음
㉡ 펌프 흡입 불량
㉢ 펌프 회전수가 너무 낮거나 공운전
㉣ 펌프 회전 방향 반대
㉤ 작동유 점성이 높아 흡입 곤란
㉥ 작동유 점성이 낮아 내부 누설 증대
㉦ 펌프 파손 또는 고장, 성능 저하
㉧ 릴리프 밸브 조정 불량
㉨ 공기 흡입
㉩ 실린더, 밸브 가공 정밀도 불량, 실 파손으로 인한 내부 누설 증대

14. 다음 중 유압 펌프의 흡입 불량으로 인하여 발생되는 결함이 아닌 것은? (05년 1회)

① 토출 유량 감소
② 실린더 추력의 감소
③ 작동유의 과열
④ 펌프의 마모 및 파손

해설
• 흡입 불량 : 펌프 소음, 압력 저하 또는 실린더 추력 감소, 토출량 감소
• 작동유 과열 : 고압, 펌프 내 마찰 증대, 유량 과소, 오일 냉각기 고장, 장시간 고압 운전, 작동유 저점성, 작동유 고점성, 회로 국부적 교축

15. 유압 펌프에서 소음이 나는 원인은 다음 중 어느 것인가? (10년 3회)

① 에어 브리더의 막힘
② 이종유 사용
③ 장시간 저압에서의 운전
④ 회로가 국부적으로 교축

해설 펌프 소음 결함의 원인

정답 10. ④ 11. ④ 12. ④ 13. ④ 14. ③ 15. ①

㉠ 펌프 흡입 불량
㉡ 공기 흡입 밸브
㉢ 필터 막힘
㉣ 펌프 부품의 마모, 손상
㉤ 이물질 침입
㉥ 작동유 점성 증대
㉦ 구동 방식 불량
㉧ 펌프 고속 회전
㉨ 외부 진동

16. 유압 펌프의 고장 중 소음이 증대되는 원인이라고 할 수 없는 것은? (12년 1회)

① 흡입관이 가늘거나 혹은 막혀 있다.
② 탱크 안에 기포가 있다.
③ 흡입 필터를 설치하지 않았다.
④ 전동기 축과 펌프 축의 중심이 잘 맞지 않았다.

해설 흡입 필터가 막히거나 또는 용량이 부족하면 소음 발생의 원인이 되며, 이 경우 필터를 청소하거나 용량이 큰 것으로 교체한다.

17. 다음 중 기름이 누설되는 원인이 아닌 것은? (11년 1회)

① 배관 재질이 불량한 경우
② 밸브의 작동이 불량한 경우
③ 배관 접속법이 불량한 경우
④ 실(seal)이 불량한 경우

18. 실린더가 불규칙적으로 작동할 경우, 고려해야 할 고장 원인으로 적합하지 않은 것은 어느 것인가? (12년 2회)

① 작동유 점성 감소
② 밸브의 작동 불량
③ 펌프의 성능 불량
④ 배관 내의 공기 흡입

해설 실린더가 불규칙적으로 작동하는 원인 : 공기 흡입, 밸브의 작동 불량, 펌프의 성능 불량, 배관 내의 공기 흡입, 마찰 저항 증대, 과부하 작동, 축압기 압력 변화, 작동유 점성 증대

19. 단상 혹은 3상 전동기의 고장 중 전동기의 과열 원인과 거리가 먼 것은? (08년 1회)

① 과부하　② 축 조임의 과다
③ 퓨즈의 단선　④ 코일의 단락

해설 전동기 과열의 원인
㉠ 전동기 과부하
㉡ 핸들 이송 속도 느림
㉢ 코일 또는 접촉자 단락
㉣ 스파크
㉤ 베어링 조임 과다
㉥ 브러시 압력 과다

20. 직류 전동기 과열의 원인이 아닌 것은 어느 것인가? (11년 1회)

① 전동기 과부하
② 퓨즈의 용단
③ 스파크
④ 베어링 조임 과다

해설 전동기 과열 원인
㉠ 과부하
㉡ 스파크
㉢ 베어링 조임 과다
㉣ 코일 단락
㉤ 브러시 압력 과다

21. 직류 전동기에 과부하가 걸리면 발생하는 현상은? (09년 2회)

① 브러시에서 스파크 발생
② 저속 회전
③ 정격 속도 이상으로 회전
④ 회전 방향 불량

22. 직류 전동기가 저속으로 회전할 때 그 원인에 해당하지 않는 것은? (07년 1회)

정답 16. ③　17. ②　18. ①　19. ③　20. ②　21. ②　22. ②

① 축받이의 불량 ② 단상 운전
③ 코일의 단락 ④ 과부하

해설 직류 전동기 저속 회전 결함의 원인
㉠ 전압 부적당
㉡ 중성축으로부터 브러시 벗어난 고정
㉢ 과부하
㉣ 전기자 또는 정류자의 단락
㉤ 전기자 코일의 단선
㉥ 베어링 불량
㉦ 구동 동력 부족

23. 모터의 운전 시 브러시로부터 스파크가 일어나는 경우가 아닌 것은? (05년 1회)

① 전기자 리드선 결선 착오
② 보극의 극성 불량
③ 과부하
④ 계자 회로의 단선

해설 스파크의 원인
㉠ 정류자와 브러시 접촉 불량
㉡ 운모 돌출
㉢ 계자 회로 단선
㉣ 계자 권선 단선, 단락 또는 접지
㉤ 전기자 리드선 결선 착오
㉥ 정류자편 오손
㉦ 보극 극성 불량
㉧ 브러시 고정 불량
㉨ 브러시 지지기에서의 접지

24. 직류 전동기 운전 시 브러시로부터 스파크가 일어나는 경우와 거리가 먼 것은? (03년 1회)

① 전압의 부적당
② 보극의 극성 불량
③ 정류자편의 오손
④ 정류자와 브러시 접촉 불량

25. 직류 전동기가 회전 시 소음이 발생하는 원인으로 틀린 것은? (09년 3회/11년 2회)

① 축받이의 불량
② 정류자 면의 높이 불균일
③ 전동기의 과부하
④ 정류자 면의 거침

해설 소음 발생 원인
㉠ 베어링 불량
㉡ 정류자 면의 거침
㉢ 정류자 면의 높이 불균일

26. 수치 제어 시스템의 벨트 장력 조정에 대한 설명으로 맞는 것은? (12년 1회)

① 설치 후 3개월 이내에 실시하고 이후 매 6개월에 1회 정도 실시한다.
② 설치 후 3개월 이내에 실시하고 이후 매 3개월에 1회 정도 실시한다.
③ 설치 후 6개월 이내에 실시하고 이후 매 6개월에 1회 정도 실시한다.
④ 설치 후 6개월 이내에 실시하고 이후 매 3개월에 1회 정도 실시한다.

해설 벨트의 장력 조정 : 벨트 설치 후 3개월 이내 재조정하고 이후 6개월마다 재조정

27. 신뢰성으로 설비를 설명할 때의 편리한 점이 아닌 것은? (10년 1회)

① 설비의 수명 예측 가능
② 운전 조업 중인 설비의 장해 상황 예측 가능
③ 작업자의 능력 예측 가능
④ 사용 시간과 고장 발생과의 관계 예측 가능

28. 설비의 6대 로스(loss)에 해당하지 않는 것은? (10년 2회)

① 생산율 감소 로스
② 초기 유동 관리수율 로스
③ 순간 정지 로스
④ 속도 저하 로스

정답 23. ③ 24. ① 25. ③ 26. ① 27. ③ 28. ①

해설 설비의 효율화 6대 로스
㉠ 고장 로스
㉡ 작업 준비, 조정 로스
㉢ 일시 정체 로스
㉣ 속도 로스
㉤ 불량 수정 로스
㉥ 초기, 수율 로스

29. 설비의 로스(loss) 중 정지 로스에 해당되는 것은? (11년 3회)

① 고장 정지 로스, 작업 준비 조정 로스
② 공정 순간 정지 로스, 속도 저하 로스
③ 불량 수선 로스, 초기 유동 관리 수율 로스
④ 고장 정지 로스, 공정 순간 정지 로스

해설
- 정지 로스 – 고장 정지 로스, 작업 준비 조정 로스
- 속도 로스 – 공정 순간 정지 로스, 속도 저하 로스
- 불량 로스 – 불량 수선 로스, 초기 유동 관리 수율 로스

30. 설비의 효율화에 악영향을 미치는 로스(loss)에 속하지 않는 것은? (08년 3회)

① 고장 정지 로스
② 작업 준비 조정 로스
③ 속도 저하 로스
④ 유지 보수 로스

31. 설비의 신뢰성을 나타내는 척도 중 MTBF는 무엇을 의미하는가? (11년 1회)

① 평균 고장 수리 시간
② 평균 고장 간격 시간
③ 고장률
④ 고장 설비 수

해설 고장률은 MTBF(평균 고장 간격 시간)의 역수이다.

32. 설비의 신뢰도를 나타내는 조건이 아닌 것은? (11년 2회)

① 운전원의 수 ② 고장 발생 수
③ 고장 수리 시간 ④ 설비의 총수

해설 설비의 신뢰성 척도 : 신뢰도, 고장률, 평균 고장 간격 시간, 평균 고장 수리 시간

33. 먼지, 더러움, 흔들림 등과 같이 평소에는 아무것도 없는 것으로 간주되어 주의를 하지 않으며, 고장이나 불량이 미치는 영향이 적다고 보는 것은? (09년 1회)

① 복원 ② 미결함
③ 자연 열화 ④ 강제 열화

해설 미결함 : 극히 작은 정도의 결함으로서 불량 고장 등에 주는 영향이 적다고 생각되어 무시될 수 있으나, 미소 결함을 매우 중요시해야 한다. 그 이유는 미소 결함의 축적에 의해 결함 상승 작용이 일어나기 때문이다. 상승 작용으로 인하여 다른 요인을 유발하고, 또 다른 요인과 겹쳤을 때 큰 결함을 일으킬 수 있고 연쇄 반응을 일으키므로 미소 결함을 방치해서는 안 된다.

34. 설비 개선의 사고법에 대한 설명 중 틀린 것은? (08년 1회)

① 복원이란 결함이 있는 현재의 상태를 원래의 바른 상태로 되돌리는 일이다.
② 미결함의 사고법은 결과에 대한 영향이 적다고 일반적으로 생각되는 것을 철저하게 제거하는 사고를 뜻한다.
③ 조정의 조절화의 사고법은 기계에 의한 정량화와 수치화를 통해 활용하는 것이다.
④ 기능의 사고법이란 모든 현상에 대하여 체득한 것을 근거로 바르게 또한 반사적으로 행동할 수 있는 힘이며 장시간에 걸쳐 지속될 수 있는 능력을 말한다.

정답 29. ① 30. ④ 31. ② 32. ① 33. ② 34. ③

설비 진단 및 설비 관리

CHAPTER 1

설비 진단

1. 설비 진단의 개요

1-1 정 의

(1) 설비 관리의 중요 업무

① 보수나 교환의 시기나 범위의 결정
② 수리 작업이나 교환 작업의 신뢰성 확보
③ 예비품 발주 시기의 결정
④ 개량 보전 방법의 결정

(2) 설비 진단 기술

① 설비에 걸리는 스트레스
② 고장이나 열화
③ 강도 및 성능을 정량적으로 파악하여 이상 원인 등의 정비 수행 범위 결정

1-2 설비 진단 기술의 구성

(1) 설비 진단 기술 시스템

① 간이 진단 기술
② 정밀 진단 기술

1-3 진동 상태 감시 (vibration condition monitoring)

(1) 목적은 기계의 작동 상태에 있어서 보호와 예지 보전 (predictive maintenance)을 위한 정보를 제공하는 데 있다.

(2) 상태 감시에서 진동 계측의 변화는 불평형(unbalance), 축정렬 불량(misalignment), 베어링, 저널의 손상 및 마모, 기어 손상, 축, 날개 등의 균열, 과도 운전, 유체 유동의 교란 및 전기 기계의 과도한 여자, 접촉(rubbing) 등에 의하여 발생된다.

1-4 설비 진단 기법

(1) 진동 분석법

① 회전 기계에 생기는 각종 이상(언밸런스, 미스얼라인먼트 등)의 검출, 평가 기술
② 송풍기, 팬 등의 밸런싱 기술
③ 유압 밸브의 리크 진단 기술
④ 진동 이외의 파라미터(온도, 압력 등)의 설비 이상 원인의 해석 기술 등

(2) 오일 분석법

① 페로그래피법
② SOAP법

(3) 응력법

① 각 설비에 실제 응력을 측정한다.
② 설비 내부에 실제 응력의 분포를 해석한다.
③ 설비의 피로에 의한 수명을 해석한다.

출제 예상 문제

기계정비산업기사

1. 설비 진단 기술의 필요성 중 연결이 잘못된 것은? (04년 1회)

① 설비 측면 – 데이터에 의한 신뢰성
② 조업 면 – 클레임 방지
③ 정비 계획 면 – 고장의 미연 방지
④ 설비 관리 측면 – 정수적

해설 설비 진단 기술의 필요성
㉠ 설비 측면 – 데이터에 의한 신뢰성
㉡ 조업 면 – 클레임 방지
㉢ 정비 계획 면 – 고장의 미연 방지
㉣ 설비 관리 면 – 정량적
㉤ 점검 면 – 우수 점검자 확보
㉥ 에너지 면 – 자원 절약
㉦ 환경 안전 면 – 사고, 오염 방지

2. 설비 진단 기술을 이용한 결과로 볼 수 있는 것은? (08년 1회)

① 인위적 고장 증가
② 돌발 고장 감소
③ 정비 비용의 증가
④ 점검 개소의 증가

3. 다음 중 간이 진단의 기능과 거리가 먼 것은? (08년 3회)

① 설비에 걸리는 스트레스의 경향 관리
② 설비에 걸리는 스트레스의 측정, 계산 및 평가
③ 설비의 열화나 고장의 경향 관리와 이상의 조기 발견
④ 설비의 성능 효율 등의 경향 관리와 이상의 조기 발견

해설

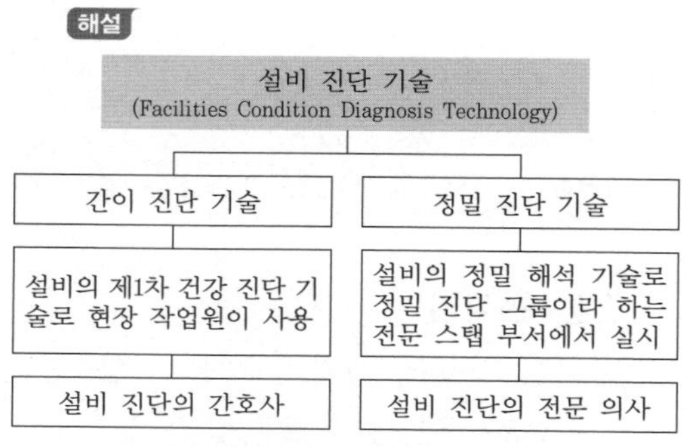

설비 진단 기술의 기본 시스템

4. 설비의 이상 진단 방법 중 정밀 진단에 속하는 것은? (06년 3회)

① 주파수에 의한 판정
② 경험에 의한 판정
③ 절댓값 기준에 의한 판정
④ 상댓값 기준에 의한 판정

해설 정밀 진단 기술 : 행동을 결정하기 위한 상태 분석 기술로서 전문 스태프 요원이 실시한다.
(가) 스트레스 정량화 기술
㉠ 스트레스 측정
• 기계 스트레스 계측
• 화학 스트레스 계측
• 온도 스트레스 계측
• 전기 스트레스 계측
㉡ 스트레스 계산
• 기계 스트레스 계산
• 화학 스트레스 계산
• 온도 스트레스 계산
• 전기 스트레스 계산
(나) 고장 검출 해석 기술
㉠ 고장 해석 기술
• 강제 열화 시험
• 파괴 시험
• 판단면 해석

정답 1. ④ 2. ② 3. ② 4. ①

• 화학 분석
㉡ 고장 검출 기술
• 회전 기계 진단 기술
• 전동기 진단 기술
• 정지 기계 진단 기술
• 배관류 진단 기술
㈐ 강도·성능의 정량화 기술
• 피로 강도 추정 기술
• 내열 강도 추정 기술
• 절연 내력 추정 기술
• 내부식 강도 추정 기술

5. **설비 진단 기법 중 진동법으로 알 수 없는 것은?** (11년 1회)

① 송풍기의 언밸런스
② 베어링의 결함
③ 플라이 휠의 언밸런스
④ 윤활유에 포함된 이물질의 양

해설 진동법을 응용한 진단 기술
㉠ 회전 기계에 생기는 각종 이상(언밸런스·베어링 결함 등)의 검출, 평가 기술
㉡ 블로·팬 등의 밸런싱 진단·조정 기술
㉢ 유압 밸브의 리크 진단 기술
㉣ 진동 이외의 파라미터(온도, 압력 등)의 설비 이상 원인의 해석 기술 등

6. **설비의 진단 기술 중 진동 진단 기술로 알 수 있는 것은?** (10년 1회)

① 펌프 축의 불평형
② 윤활유의 열화
③ 전력 케이블의 절연 상태
④ 균열 및 부식 진단

해설 진동 진단 기술로 알 수 있는 것은 불평형이다.

7. **회전 기계에서 채취한 오일 샘플링에서 마모 입자를 자석으로 검출하여 크기, 형상 및 재질 등을 분석하여 이상 원인을 규명하는 설비 진단 기법은?** (11년 3회)

① 원자흡광법　　② 회전전극법
③ 페로그래피법　　④ 응력법

해설 오일 분석법
• 페로그래피법 : 채취한 오일 샘플링을 용제로 희석하고 경사진 고정 슬라이드에 흘려서 슬라이드 아래에 강력한 자석으로 마모 입자, 자력선으로 채취된 입자를 페리스코프 현미경으로 마모 입자의 크기, 형상, 성분을 관찰하여 분석한다.
• SOAP법 : 오일 SOAP법은 채취한 시료유를 연소 시 발생되는 금속 성분의 발광 또는 흡광 현상을 분석하여 오일 중 마모 성분과 농도를 검출하는 방법이다.

8. **설비의 노화를 나타내는 파라미터에 해당되지 않는 것은?** (07년 1회)

① 진동　　② 소음
③ 기름의 오염도　　④ 가격

해설 각종 파라미터 계측~통합 해석 기술
• 계측 바로미터 예
진동(변위, 속도, 가속도)·토크·응력·온도·압력·전류·전압
• 윤활유 진단 기술 등과 조합한 진동 진단

9. **열화상 측정 장비(thermography)를 이용하여 발견하기에 가장 적절한 결함은?** (09년 1회)

① 구조적 헐거움(looseness)
② 공진
③ 회전체의 질량 불균형
④ 과전압 차단기의 고정 상태 불량

10. **효율적으로 설비 보전 활동을 위하여 설비의 열화나 고장, 성능 및 강도 등을 정량적으로 관측하여 그 장래를 예측하는 것은 무엇인가?** (09년 3회/17년 2회)

① 신뢰성 기술　　② 정량화 기술
③ 설비 진단 기술　　④ 트러블 슈팅 기술

정답 5. ④　6. ①　7. ③　8. ④　9. ④　10. ③

2. 진동 이론

2-1 기계 진동

(1) 자유 진동(free vibration)

① 비감쇠 자유 진동(undamped free vibration)

② 감쇠 자유 진동(damped free vibration)

(2) 강제 진동(forced vibration)

(3) 전달률

주파수비와 힘의 전달률과의 관계에서 주파수비(ω $/\omega_n$)에 대한 힘의 전달률 T의 변화는 주파수비가 $\sqrt{2}$일 때 감쇠비에 관계없이 1이 된다.

스프링 강재와 같이 비감쇠($c=0$)인 경우 주파수비가 1일 때 공진이 발생하여 힘의 전달은 최대가 된다. 따라서 시스템의 공진 발생 또는 힘의 전달률이 1보다 큰 경우에는 감쇠비가 주강재 등의 재료를 사용하면 효과적이다.

(4) 고유 진동(proper vibration)

진동체에 물리량이 주어졌을 때 그 진동체가 갖는 특정한 값을 가진 진동수와 파장만의 진동만이 허용될 때의 진동을 말하며, 이때의 진동수를 고유 진동수라고 한다.

고유 진동 주파수 $f_n = \dfrac{\omega_n}{2\pi} = \dfrac{1}{2\pi}\sqrt{\dfrac{k}{m}}$

(5) 공진(resonance)

물체가 갖는 고유 진동수와 외력의 진동수가 일치하여 진폭이 증가하는 현상이며 이때의 진동수를 공진 주파수라고 한다.

2-2 진동의 기초

(1) 진폭(amplitude) : 진동의 정도를 나타내는 특성

① 편진폭(p, peak) : 절댓값이며, 짧은 시간 충격 등의 크기를 나타내기에 유용하나 단지 최댓값만을 표시할 뿐이며, 시간에 대한 변화량은 나타나지 않는다.

② 양진폭($p-p$, peak to peak) : 최댓값으로서 $2\times p$이며 기계 부속이 최대 응력 기계

공차 측면에서 진동 변위가 중요시될 때 사용된다.

③ 실효값(RMS, root mean square) : 진동의 에너지를 표현할 때 적합한 값으로 정현파의 경우 $\frac{p}{\sqrt{2}}$ 배이며, $X_s = \sqrt{\frac{1}{T}\int_0^T X^2(t)dt}$ 로 정의하고 있다.

④ 평균값(ave) : 순간 측정값 자체의 시간 평균을 구하는 것이며, 정현파의 경우 $2p-p$ $\sqrt{2}$ 배이고, 시간에 대한 변화량을 표시하지만 실제적으로 사용 범위가 국한되어 있다.

(2) 주파수(frequency) : 1초당 사이클 수 (f), 단위는 H_z

진동 주기 $T=\frac{2\pi}{\omega}$(s/cycle) [T: 진동 주기(s/cycle) ω: 각진동수(rad/s)]

진동 주파수 $f=\frac{1}{T}=\frac{\omega}{2\pi}$(cycle/s, or Hz) 1 Hz=1 cps (cycle per second)

축의 분당 회전수 N[rpm]의 주파수 표현 : $f=\frac{N}{60}$[Hz]

(3) 진동 위상(vibration phase)

진동체상의 고정된 기준점에 대하여 다른 정점의 순간적인 위치 및 시간의 지연을 말한다.

2-3 진동의 물리량

(1) 진동 변위(displacement)

편진폭, 양진폭, 진동 변위의 편진폭을 A로 표시할 때 표기 기호는 D[mm]로 표시, 단위는 μm, mm이며, 진동 주파수는 10 Hz 이하의 낮은 주파수에서 발생한다.

(2) 진동 속도(velocity)

시간의 변화에 대한 진동 변위의 변화율이며, 진동 진폭은 시간 함수이므로 기계 시스템의 피로 및 노후화와 관련이 크다. 진동 속도는 단위 초당 변위량으로 V[mm/s, cm/s]로 표시, 진동 주파수는 10 Hz~1000 Hz 범위에서 발생한다.

(3) 진동 가속도(acceleration)

시간의 변화에 대한 진동 속도의 변화율을 말한다. 단위는 A[mm/s^2]로 표시하고, 가진력과 관계된 기어나 베어링 등 회전 기계의 정밀 진단에 널리 사용되며, 진동 주파수는 1 kHz 이상에서 발생한다.

2-4 진동 단위

(1) 진동 측정량의 ISO 단위

진동 진폭	ISO 단위	설 명
변 위	m, mm, μm	회전체의 운동 (10 Hz 이하의 저주파 진동)
속 도	m/s, mm/s	피로와 관련된 운동 (10 Hz~1000 Hz의 중간 주파수)
가속도	m/s^2	가진력과 관련된 운동 (고주파 진동 측정이 용이)

(2) 진동 측정량의 dB 단위

진동 측정량을 ISO 단위가 아닌 dB 단위로 표현하면 진동 측정값을 대수로 표현하는 데 유용하게 사용할 수 있다.

① 진동 변위 D의 dB 단위

$$L_D = 20\log_{10}\left(\frac{D}{D_o}\right)[\text{dB}]$$

여기서, $D[\mu\text{m}]$: 측정된 진동 변위, $D_o = 10^{-5}[\mu\text{m}]$: 기준 진동 변위

② 진동 속도 V의 dB 단위

$$L_V = 20\log_{10}\left(\frac{V}{V_o}\right)[\text{dB}]$$

여기서, $V[\mu\text{m/s}]$: 측정된 진동 속도, $V_o = 10^{-2}[\mu\text{m/s}]$: 기준 진동 속도

③ 진동 가속도 A의 dB 단위

$$L_A = 20\log_{10}\left(\frac{A}{A_o}\right)[\text{dB}]$$

여기서, $A[\mu\text{m/s}^2]$: 측정된 진동 가속도, $A_o = 10[\mu\text{m/s}^2]$: 기준 진동 가속도

출제 예상 문제

기계정비산업기사

1. 외력이나 외부 토크가 연속적으로 가해짐으로써 생기는 진동은? (06년 1회 / 06년 3회 / 15년 2회)

① 공진 ② 강제 진동
③ 고유 진동 ④ 자유 진동

해설 어떤 계가 외력을 받고 진동한다면 강제 진동이다.

2. 진동하는 동안 마찰이나 다른 저항으로 에너지가 손실되지 않은 진동을 무엇이라 하는가? (12년 3회)

① 자유 진동 ② 강제 진동
③ 비감쇠 진동 ④ 선형 진동

해설 • 비감쇠 자유 진동(undamped free vibration) : 저항이 없는 진동, 저항이 있으면 감쇠 진동을 한다. 대부분의 물리계에서 감쇠의 양이 매우 적어 공학적으로 감쇠를 무시한다.
• 감쇠 자유 진동(damped free vibration) : 내부 마찰이나 감쇠에 의해서 그 진동 에너지의 일부를 상쇄하게 되어 있어 진폭이 점차 감소하는 진동이다.

3. 정현파 신호의 진동 파형에서 중심으로부터 제일 높은 부분의 최댓값의 진동 크기를 나타내는 것은? (11년 1회)

① 편진폭 ② 양진폭
③ 실효값 ④ 평균값

해설

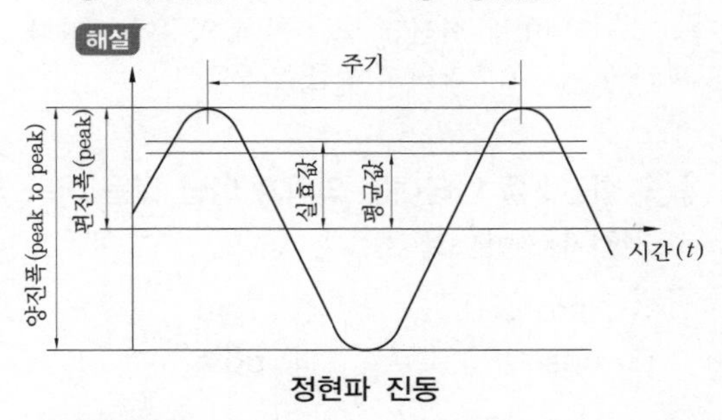

정현파 진동

4. 진동의 변위를 측정할 때 사용되는 값은 어느 것인가? (07년 3회)

① 속도값 ② 평균값
③ 실효값 ④ 피크-피크

해설 피크-피크(양진폭, 전진폭) : 정측의 최댓값에서 부측의 최댓값까지의 값이다. 정현파의 경우는 피크값의 2배이다.

5. 진동 에너지를 표현하는 값으로 정현파의 경우 피크값의 $\frac{1}{\sqrt{2}}$ 배에 해당되는 것은 어느 것인가? (08년 3회)

① 피크값 ② 피크-피크값
③ 실효값 ④ 평균값

6. 실효값으로 적합한 것은? (05년 3회)

① $X_{rms} = \int_0^T X(t)dt$

② $X_{rms} = \frac{1}{T}\int_0^T X(t)dt$

③ $X_{rms} = \sqrt{\frac{1}{T}\int_0^T X(t)dt}$

④ $X_{rms} = \sqrt{\frac{1}{T}\int_0^T X^2(t)dt}$

7. 정현파 신호에서 진동의 크기를 표현하는 방법으로 피크값의 $\frac{2}{\pi}$ 배인 값은? (09년 3회)

① 편진폭 ② 양진폭
③ 실효값 ④ 평균값

정답 1. ② 2. ③ 3. ① 4. ④ 5. ③ 6. ④ 7. ④

8. 진동의 한 개의 사이클에 걸린 총 시간을 무엇이라 하는가? (02년 3회)

① 주파수 ② 진폭
③ 주기 ④ 진동수

해설 • 진동 주기 : $T=\frac{2\pi}{\omega}$ (s/cycle)

[T : 진동 주기 ω : 각진동수 (rad/s)]

• 진동 주파수 : $f=\frac{1}{T}=\frac{\omega}{2\pi}$ (cycle/s), 또는 Hz, 1Hz=1cps (cycle per second)

• 축의 분당 회전수 N[rpm]의 주파수 표현 : $f=\frac{N}{60}$ [Hz]

9. 주기, 진동수, 각진동수에 관한 설명으로서 올바른 것은? (10년 2회)

① 진동수란 단위 시간당 사이클 (cycle)의 횟수를 말한다.
② 각진동수 (ω)란 진동의 한 사이클 (cycle)에 걸린 총 시간을 나타낸다.
③ 각진동수 (ω)는 $2\pi\times$주기로 구할 수 있다.
④ 주기는 $\frac{각진동수}{2\pi}$로 구할 수 있다.

해설 ② 주기 : 진동의 한 사이클에 걸린 총 시간

③, ④ : 진동수$=\frac{각진동수}{2\pi}$

10. 단위 시간당 사이클의 횟수를 나타내는 것은? (11년 3회)

① 진폭 ② 주기
③ 변위 ④ 주파수

해설 주파수는 1초당 사이클 수를 나타내며, 단위는 Hz이다.

11. 다음 중 진동 주파수에 대한 설명으로 옳은 것은? (07년 3회/10년 2회)

① 주기가 길면 주파수가 높다.
② 주기가 짧으면 주파수가 높다.
③ 회전수를 높이면 주파수는 낮아진다.
④ 회전수를 낮추면 주파수는 높아진다.

해설 주파수란 단위 시간당(초, 분, 시간) 사이클의 횟수를 말하며 일반적으로 주파수는 분당 사이클의 수로 나타낸다. 약어로는 CPM (cycle per minute)이라 표기한다.

$F=\frac{1}{T}$이므로 주기 (T)가 짧으면 주파수 (F)가 높아지고, $F=\frac{N}{60}$이므로 N을 높이면 F는 높아지고 N을 낮추면 F는 낮아진다.

12. 다음은 진동 주파수에 대한 설명이다. 틀린 것은? (09년 1회/10년 3회)

① 회전체가 불평형 시 그 물체의 회전 주파수의 정수배와 동일한 진동수를 유발시킨다.
② 기계 부품 이완 시 축 회전 주파수의 정수배와 동일한 진동수를 형성한다.
③ 베어링에 손상이 있는 경우 베어링 회전에 해당하는 고주파의 진동을 일으킨다.
④ 진동 주파수는 단위 시간당 사이클의 횟수이다.

해설 ① 회전체가 불평형일 때에는 그 물체의 회전 속도와 동일한 진동수 (1 rpm)를 유발시킨다.

② 기계 부품이 이완되었을 경우는 회전 속도의 정수배와 동일한 진동수 (2 rpm)를 형성한다.

③ 베어링이나 기어에 손상이 있을 경우는 베어링 회전당 도는 기어 잇수에 해당하는 고주파의 진동을 일으킨다.

13. 회전수를 나타내는 의미가 아닌 것은 어느 것인가? (07년 3회)

① rpm ② cpm
③ cps ④ ppm

정답 8. ③ 9. ① 10. ④ 11. ② 12. ① 13. ④

14. 다음 중 진동의 크기를 알아내는 데 필요한 진폭 표시의 파라미터에 속하지 않는 것은 어느 것인가? (09년 2회)

① 변위 ② 속도
③ 가속도 ④ 위상

해설 진폭 표시의 파라미터로는 변위, 속도, 가속도의 3종이 있다.

15. 변위(μm)와 속도(mm/s)의 관계식으로 옳은 것은? (단, V : 속도, D : 변위, f : 주파수이다.) (12년 3회)

① $V=(\frac{1.59}{f})\times 10^2$

② $V=2\pi f D\times 10^{-3}$

③ $V=\frac{D}{(2\pi f)^2}\times 10^6$

④ $V=\frac{(2\pi f)^2 D}{9.81}\times 10^{-6}$

해설 속도(V)는 변위(D)에 회전 각속도(ω)를 곱한 값이다.(ω=$2\pi f$)

16. 고속으로 회전하는 기어 및 베어링의 이상 진동 주파수를 분석할 때 일반적으로 널리 사용되는 측정 변수는? (12년 3회)

① 변위 ② 속도
③ 가속도 ④ 위상각

해설 고속 회전하는 시스템에서의 진동 측정 시 진동 가속도를 측정한다.

17. 일정한 정점에 대하여 다른 정점의 순간적인 위치 및 시간의 지연을 나타내는 것은? (05년 3회/14년 1회)

① 변위 ② 위상
③ 댐핑 ④ 주기

해설 위상이란 일정한 정점(부품)에 대하여 다른 정점의 순간적인 위치 및 시간의 지연(time delay)을 말한다.

18. 외력이나 외부 토크가 연속적으로 가해짐으로써 생기는 진동은? (06년 1회/06년 3회/15년 2회)

① 공진 ② 강제 진동
③ 고유 진동 ④ 자유 진동

19. 정현파 신호에서 피크값(편진폭)을 기준한 진동의 크기가 1일 때 실효값의 크기는 얼마인가? (07년 1회/14년 2회)

① 2 ② $\frac{1}{2}$

③ $\frac{1}{\pi}$ ④ $\frac{1}{\sqrt{2}}$

해설 실효값은 편진폭의 $1/\sqrt{2}$ 만큼의 크기를 가진다.

20. 진동 에너지를 표현하는 데 가장 적합한 것은? (07년 3회/14년 3회)

① 피크값 ② 평균값
③ 실효값 ④ 최댓값

해설 실효값(rms) : 시간에 대한 변화량을 고려하고, 에너지량과 직접 관련된 진폭을 표시하는 것으로 진동의 에너지를 표현하는 데 가장 적합한 값이다. 정현파의 경우는 피크값의 $\frac{1}{\sqrt{2}}$ 배이다.

21. 다음 진폭을 나타내는 파라미터 중 거리로 측정하는 것은? (08년 1회/11년 2회/17년 3회)

① 속도 ② 변위
③ 가속도 ④ 중력

해설 진폭을 나타내는 요소는 변위, 속도, 가속도가 있지만 그중에서 거리는 변위로 나타낸다.

정답 14. ④ 15. ② 16. ③ 17. ② 18. ② 19. ④ 20. ③ 21. ②

3. 진동 측정

3-1 진동 측정의 개요

(1) 개 요

진동 측정은 측정 절차, 측정 위치, 측정 방향, 센서 선정, 센서 설치를 제대로 하여 측정하여야 한다.

① 오실로스코프(oscilloscope) : 실시간으로 변화하는 진동 현상을 파형으로 관측할 수 있다. 이것은 진동을 진폭 대 시간으로 취하는 것이며 시간을 중심으로 하는 해석이 된다. 대부분의 진동은 많은 주파수 성분이 서로 중복되어서 진동 현상으로 나타나고 있기 때문에 이러한 시간 역의 해석에서는 주파수(진동수)를 정량적으로 파악할 수 없다.

② 디지털 FFT(digital fast fourier transform) : 디지털 FFT 분석기에는 시간 역과 함께 그 신호로부터 나오는 특징적인 성분을 각 주파수마다 레벨로 분해하며 표시하는 주파수 역도 관측할 수 있다.

3-2 진동 측정 시스템

측정 시스템은 측정 및 분석의 결과에 큰 영향을 미치므로 이는 센서로부터 데이터를 받아 전치 증폭기를 통해 필터에서 적정한 신호를 걸러서 검출한 다음 신호 처리하여 모니터에 보여 주는 단계를 걸친다.

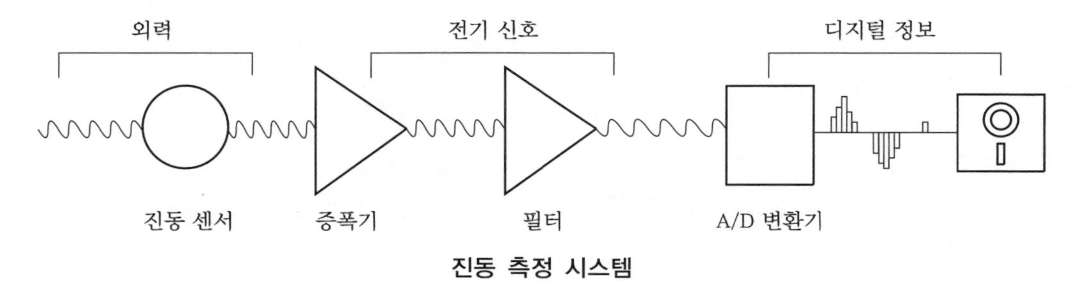

진동 측정 시스템

(1) 신호 처리 시스템

신호 처리 시스템은 세 부분으로서 회전 기계 진동의 물리량을 검출하는 검출부, 아날로그 신호를 디지털 신호로 변화시키는 변환부, 변환된 신호를 보여 주는 신호 처리부로 구성된다.

① 신호 처리 기능 : 진동 신호를 분석할 때 측정된 복합 진동 성분을 시간 대역, 주파수 대역 그리고 전달 특성을 FFT 분석기 1대만으로 해석할 수 있지만, 진동들의 상대적인 관계를 알기 위해서는 2채널 이상의 분석기가 필요하게 된다.

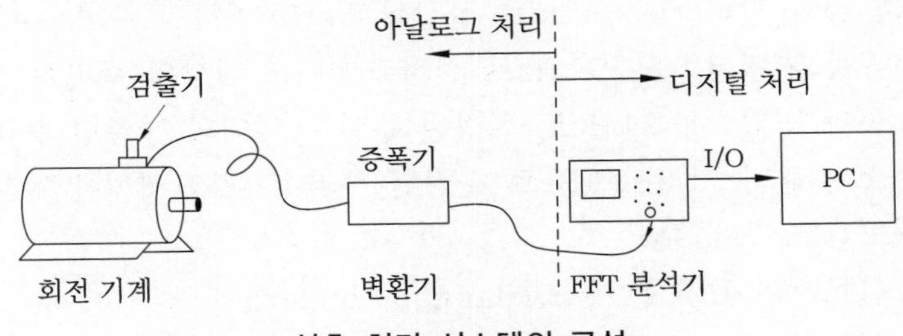

신호 처리 시스템의 구성

② 디지털 신호 해석 : 고속 푸리에 변환(fast fourier transform : FFT)은 신호를 고속도로 처리하고 해석 주파수 범위를 쉽게 조절할 수 있는 디지털 신호 해석이다.

③ 디지털 신호 처리

(개) 신호의 샘플링 : 컴퓨터를 이용하여 어떤 신호로부터 원하는 정보를 추출하기 위하여 신호 처리를 할 때는 A/D변환기를 사용하여 연속적 신호를 이산적 신호로 바꾸어야 한다.

㉮ 샘플링 시간과 분석에 필요한 데이터의 개수의 양을 결정해야 한다.

㉯ 신호에 내포된 가장 높은 주파수와 신호 처리 주파수 대역을 알아야 한다.

㉰ 엘리어싱(aliasing) 현상 방지 : 데이터 샘플링 시간이 큰 경우 높은 주파수 성분의 신호를 낮은 주파수 성분으로 인지하는 현상을 방지하기 위해 샘플링 시간을 작게 해야 한다.

(내) 데이터의 경향(trend) 제거 방법 : 일반적으로 데이터의 경향을 제거하는 방법은 최소 자승법을 이용하는 것이 보통이다.

(대) 주밍(zooming) : FFT를 이용하여 스펙트럼 해석을 하는 경우 비교적 큰 주파수 성분을 내포하는 신호를 매우 작은 분해능(resolution)으로 해석하고자 할 때 데이터의 개수 N이 매우 커야만 한다. 그러나 FFT를 행할 때 처리할 수 있는 최대 데이터 개수가 2048개일 때 문제점을 극복하는 방법이 데이터 주밍(data zooming) 방법이다.

④ FFT 분석기

(개) 40 kHz 대역까지 사용할 수 있다.

(내) 엘리어싱의 샘플링 정리 : 엘리어싱은 아날로그 신호를 디지털로 변환할 때 발생되는 현상으로 아날로그 신호의 고주파 성분이 디지털로 변환되는 과정에서 저주파 성분과 뒤섞여 구분할 수 없게 되는 현상이다. 이것을 주파수의 반환 현상이라 한다.

(대) 샘플링 비(sampling rate)는 샘플링되는 신호에서 가장 높은 성분의 2배 이상이

어야 한다.

(라) 주파수의 전대역이 DC~50 kHz이고 설정된 주파수 대역폭이 1 kHz~3 kHz일 때 디지털 필터를 사용한다면

㉮ 저주파 통과 필터 : 0~3 kHz로 설정된 4 kHz 이하의 주파수 성분만 통과

㉯ 고주파 통과 필터 : 1~50 kHz로 설정된 1 kHz 이상의 주파수 성분만 통과

㉰ 대역 통과 필터 : 1~3 kHz로 설정된 주파수 대역의 성분만 통과

㉱ 대역 소거 필터 : 1.5~2 kHz로 설정된 주파수 대역 제외한 성분만 통과

(마) 시간 윈도 (time window)

㉮ 주기 신호에는 플랫 톱 윈도 (flat top window)

㉯ 랜덤 신호에는 해닝 윈도 (hanning window)

㉰ 트랜젠트 신호에는 구형 윈도 (rectangular window)

(바) 피켓펜스 효과 : 주파수 영역에서 1/3 옥타브 분석과 같이 분리된 필터를 사용하여 샘플링하기 때문에 발생한다.

3-3 진동 측정용 센서

- 전하 감도 센서 : 단위 물리량에 대해 발생시키는 전하를 측정하며 단위는 $\frac{pC}{g}$
- 전압 감도 센서 : 단위 물리량에 대해 발생시키는 전압을 측정하며 단위는 $\frac{mV}{g}$
- 사용 단위 : mV, pC (pico Coulomb) – 전기량의 단위로서 $1pC = 10^{-12}C$, 전하 감도 가속도계 센서는 용량성 부하의 영향을 받지 않으므로, 케이블의 길이가 변해도 감도는 변하지 않으나 전압 감도 가속도계 센서는 케이블의 길이가 용량에 영향을 받으므로 감도가 변한다.

(1) 센서의 종류

① 접촉형 : 속도, 가속도 검출형

② 비접촉형 : 변위 검출형

(가) 변위 센서 : 진동의 변위를 측정하며, 축의 운동이 직선일 경우 고감도 와전류형 변위 센서가 사용된다.

(나) 속도 센서

㉮ 다른 센서보다 형태가 커서 자체 질량의 영향을 받는다.

㉯ 외부의 전원이 없어도 영구 자석에서 전기 신호가 발생한다.

㉰ 감도가 안정적이지만 출력 임피던스가 낮다.

㉣ 자장이 강한 장소에서는 사용하기 힘들다.

㉤ 내부에 스프링과 자석을 장기간 동안 사용하면 내구성이 짧아진다.

(다) 가속도 센서

㉮ 적은 출력 전압에서 가속도 레벨이 낮아지는 취약성이 나타나고, 높은 주파수 대역에서는 저주파 결함이 나타난다 (약 5 Hz로 제한).

㉯ 매우 고감도이므로 정교하게 나사나 밀랍으로 고정해야 한다.

㉰ 중·고주파수 대역 (10 kHz 이하)의 가속도 측정에 사용한다.

㉱ 소형 경량이고 출력 임피던스가 커서 높은 주파수 측정에 알맞다.

㉲ 충격, 온도, 습도, 바람, 큰 소음과 진동, 방사선 등의 영향을 받는다.

㉳ 케이블의 용량에 따라 감도가 변화할 수 있다.

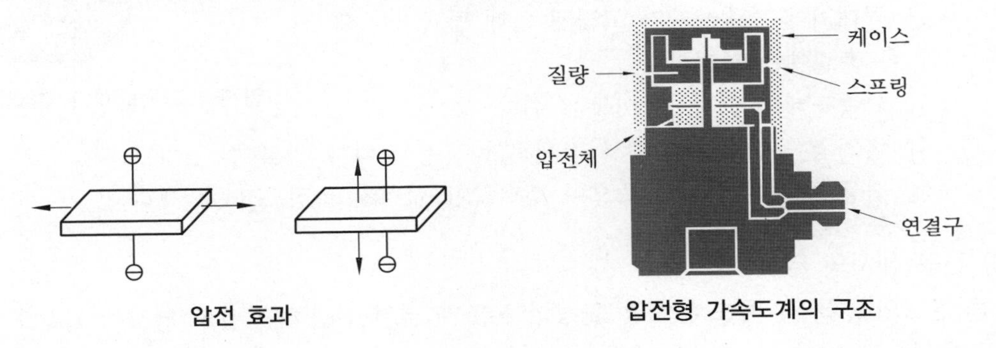

압전 효과 압전형 가속도계의 구조

(2) 진동 센서의 선정 조건

① 축이 돌출되었을 때 또는 플렉시블 로터 베어링 시스템에서 시간 신호 해석할 때 - 변위 센서 사용

② 축이 돌출되지 않은 경우 (기어 박스 내에 있는 내부 축 등) 또는 로터 - 베어링 시스템이 강성일 때 속도 센서나 가속도 센서 사용

③ 주요 진동이 1 kHz 이상의 주파수일 때 - 가속도 센서 사용, 10~1000 Hz - 속도 센서나 가속도 센서 사용

(3) 진동 센서의 설치

① 변위 센서 : 회전 기계의 진단을 행할 경우 그 회전축의 중심 위치와 운동 방향을 알 필요가 있어 회전축의 반경 방향의 진동 범위를 서로 90° 떨어진 2개의 변위계로 측정해야 한다.

② 속도 센서 : 통상 1,000 Hz 이하에서 사용되지만 그림 B, C와 같은 부착법을 사용할 때는 우선 접촉 공진을 고려할 필요가 있으며 하이패스필터를 사용하여 1 kHz 이상의 주파수 성분을 출력하면 좋다.

③ 가속도 센서 : 가속도계는 원하는 측정 방향과 주 감도축이 일치하도록 부착되어야 한다.

(가) 나사 고정 (나) 에폭시 시멘트 고정

(다) 밀랍 고정 (라) 자석 고정

(마) 절연 고정

㉮ 운모 와셔와 나사못은 센서의 몸체가 측정물로부터 전기적으로 절연되어야 하는 곳에 사용된다.

㉯ 접지 루프를 방지하는 역할을 하고 주위의 영향을 받는 곳에서는 더욱 필요하다.

㉰ 두꺼운 운모 와셔로부터 얇은 막을 벗겨 내어 사용한다.

(바) 손 고정

㉮ 꼭대기에 가속도계가 고정된 막대 탐촉자는 빠른 측정에는 편리하다.

㉯ 가속도계의 고정 및 이동이 쉽다.

㉰ 손의 흔들림으로 인해서 전체적인 측정 오차가 생길 수 있다.

㉱ 사용 주파수 영역이 좁으며 정확도가 떨어져 측정 오차가 크다.

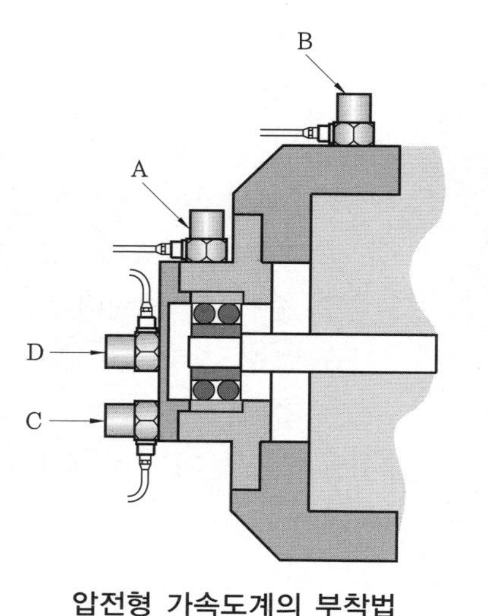

압전형 가속도계의 부착법

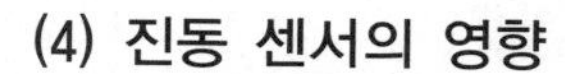

(4) 진동 센서의 영향

① 온도의 영향 : 가속도계 사용 환경의 온도가 급격히 변하면 온도 영향이 가속도계의 출력으로 나타나는 수가 있다.

② 마찰 전기 잡음 : 가속도계 사용 중 가속도계의 케이블이 진동하게 되면 케이블 내부의 철망이 내부 절연체로부터 벗어나게 되며, 이때 철망과 내부 절연체 사이에 전기장이 발생하여 이것이 철망에 전류를 유도하여 가속도계를 사용할 때 잡음 성분으로 나타나게 된다.

③ 환경 조건의 영향

(가) 기저부 응력 상태 : 기저부의 응력에 의한 영향은 가속도계의 기저부를 두껍게 설계하여 줄일 수 있다. 이때는 델타 전단형 센서를 사용한다.

(나) 습기 센서 자체는 기밀이 아주 잘 유지된 상태이지만 커넥터와의 연결 부위에서 문제가 생길 우려가 있으므로 습기가 많을 때는 실리콘 접착제를 연결 부위에 도포해 주는 것이 좋다.

(다) 음향 : 가속도계가 측정하는 진동 신호에 비해 그 영향은 무시될 수 있다.

(라) 내식성 : 가속도계의 외곽은 부식성 물질에 대한 내식성이 강한 재질로 만들어져 있다.

(마) 자기장 : 자기장에 대한 민감도는 0.01~0.25 ms^{-2}/k Gauss 이하이다.

(바) 방사능 : 10 kRad/h 이내 및 누적 조사량 2 MRad 이내의 환경에서는 영향 없이 사용될 수 있다.

출제 예상 문제

기계정비산업기사

1. 기어, 베어링 및 축 등으로부터의 검출된 시간 영역의 여러 진동 신호를 주파수 영역의 신호로 변환하는 분석기는? (10년 2회)

① 디지털 신호 분석기
② FFT 분석기
③ 소음 분석기
④ 유 분석기

2. 진동 픽업(vibration pickup) 중 비접촉형에 해당하는 것은? (12년 3회)

① 압전형 ② 서보형
③ 동전형 ④ 와전류형

해설 변위 센서는 와전류식, 전자 광학식, 정전 용량식 등이 있고 비접촉식이다.

3. 전기적인 진동 검출 방법 중 접촉형은 어느 것인가? (05년 3회)

① 압전형 ② 용량형
③ 상호 판정 ④ 절대 판정

해설 압전형 가속도 센서의 특징은 적은 출력 전압에서 가속도 레벨이 낮아지는 취약성과 높은 주파수 대역에서 저주파 결합이 나타난다는 것이다(약 5 Hz 제한). 또한 마운팅에 매우 고감도이므로 손으로 고정할 수 없고 정교하게 나사로 고정해야 한다.

4. 다음 중 가속도 센서로 가장 널리 사용되는 형식은? (10년 3회)

① 압전형 가속도 센서
② 와전류형 가속도 센서
③ 용량형 가속도 센서
④ 광학형 가속도 센서

해설 가속도 센서로 현재 가장 널리 사용되고 있는 것은 압전형(piezo electric type) 가속도계이며 광대역 주파수, 소형 경량화, 사용 온도 범위가 넓은 장점을 가지고 있다. 원리는 압전체(수정 또는 세라믹 합금)에 힘이 가해질 때 전하가 발생하는 것이다.

5. 진동 측정 기기의 검출단 설치 방법 중 주파수 특성이 가장 넓은 것은? (10년 2회)

① 접착제
② 비왁스(bee wax)
③ 마그네틱(magnetic)
④ 손 고정

해설 에폭시 시멘트 고정
㉠ 영구적으로 센서를 기계에 설치하거나 구멍을 뚫을 수 없을 때 사용한다.
㉡ 고정이 빠르다.
㉢ 사용 주파수의 영역이 넓고 정확도와 정기적 안정성이 좋다.
㉣ 먼지와 습기는 접착에 문제를 발생시킬 수 있다.
㉤ 에폭시를 사용할 경우 고온에서 문제가 발생할 수도 있다.
㉥ 가속도계를 뗄 때 구조물에 에폭시가 남아 있다.

6. 가속도 센서를 물체에 고정할 때 밀랍 고정의 특징이 아닌 것은? (12년 1회)

① 고정 및 이동이 용이하다.
② 먼지, 습기, 고온은 접착에 문제를 발생시키지 않는다.
③ 장기적 안정성이 나쁘다.
④ 사용 후 구조물의 접착면을 깨끗이 할 수 있다.

정답 1. ② 2. ④ 3. ① 4. ① 5. ① 6. ②

해설 밀랍 고정

㉠ 밀랍(bees-wax)을 발라서 센서를 고정하여 고온이 되면, 밀랍이 녹아 센서가 떨어지므로 사용 범위를 40℃ 이하로 제한한다.
㉡ 가속도계의 고정 및 이동이 용이하다.
㉢ 사용 주파수 영역이 적당하고, 정확성이 좋다.
㉣ 장기적 안정성이 나쁘다.
㉤ 먼지, 습기, 고온은 접착에 문제를 발생시킨다.
㉥ 사용 후 구조물의 접착면을 깨끗이 할 수 있다.

7. 가속도 센서의 부착 방법 중 마그네틱 고정 방식의 특징이 아닌 것은? (06년 3회)

① 가속도계의 고정 및 이동이 용이하다.
② 작은 구조물에는 자석의 질량 효과가 크다.
③ 습기에는 문제가 없다.
④ 장기적인 안정성이 좋다.

해설 자석 고정

㉠ 영구 자석은 측정 지점이 평탄한 자성체일 때 부착 방법이다.
㉡ 가속도계의 고정 및 이동이 용이하다.
㉢ 사용 주파수 영역이 좁고 정확도가 떨어진다.
㉣ 작은 구조물에는 자석의 질량 효과가 크다.
㉤ 습기에는 문제가 없다.
㉥ 먼지와 고온은 접착력을 약화시킨다.
㉦ 측정 구조물에 손상을 주지 않는다.

8. 진동을 측정할 때 축을 기준으로 진동 센서를 부착하여 측정하려 한다. 사용되는 측정 방향이 아닌 것은? (07년 3회)

① 축 방향　　② 수직 방향
③ 임의 방향　　④ 수평 방향

해설 진동 센서의 측정 방향

㉠ 과거에는 진동 센서를 이용하여 기계 설비의 진동을 측정하는 경우에 일반적으로 수평 방향(H), 수직 방향(V), 축 방향(A)으로 3방향의 값을 측정했다.
㉡ 베어링이 스러스트를 받고 있는 경우 진동 센서는 A방향에 부착되는 쪽이 감도가 좋다.
㉢ 상하에 경사진 형상을 가진 베어링 상자의 진동은 V방향보다도 H방향 쪽에서 측정하는 것이 좋다.

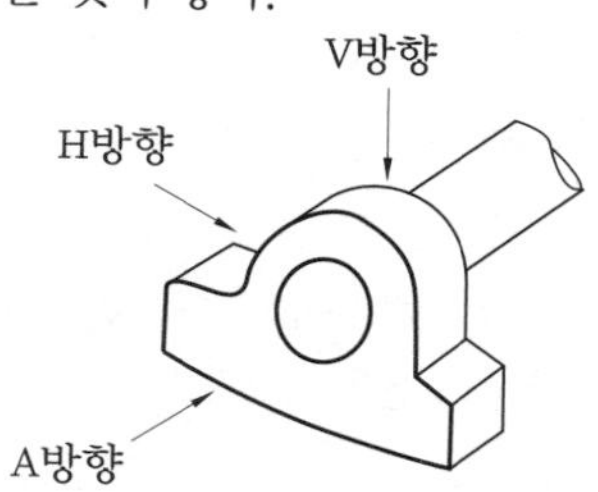

9. 센서 고정 방법 중 주파수 영역이 넓고 정확도가 가장 좋은 것은? (08년 3회/10년 1회/14년 1회)

① 나사 고정　　② 손 고정
③ 밀랍 고정　　④ 마그네틱 고정

10. 진동 측정 기기의 검출단 설치 방법 중 사용할 수 있는 주파수 영역이 가장 넓은 고정 방식은? (08년 3회/10년 1회/14년 1회/14년 3회)

① 나사 고정　　② 밀랍 고정
③ 영구 자석 고정　　④ 손 고정

해설 가속도 센서 부착 방법을 공진 주파수 영역이 넓은 순서로 나열하면 나사>에폭시 시멘트>밀랍>자석>손이다.

11. 진동 측정용 센서 중 접촉형은 어느 것인가? (09년 1회/15년 1회)

① 압전형　　② 용량형
③ 와전류형　　④ 전자 광학식

정답 7. ④　8. ③　9. ①　10. ①　11. ①

4. 소음 이론과 측정

4-1 소음의 물리적 성질

(1) 음파의 종류

① 평면파 : 음파의 파면들이 서로 평행한 파. 그 예로 긴 실린더의 피스톤 운동에 의해 발생하는 파

② 발산파 : 음원으로부터 거리가 멀어질수록 더욱 넓은 면적으로 퍼져 나가는 파

③ 구면파 : 음원에서 모든 방향으로 동일한 에너지를 방출할 때 발생하는 파

④ 진행파 : 음파의 진행 방향으로 에너지를 전송하는 파

⑤ 정재파 : 둘 또는 그 이상의 음파의 간섭에 의해 시간적으로 일정하게 음압의 최고와 최저가 반복되는 패턴의 파. 그 예로 튜브 악기, 파이프 오르간 등에서 발생

(2) 음의 굴절

음의 굴절은 음파가 한 매질에서 다른 매질로 통과할 때 구부러지는 현상을 말한다.

① 온도 차에 의한 굴절

② 풍속 차에 의한 굴절

(3) 반사 투과와 흡수

① 반사율 $\alpha_r = \dfrac{\text{반사음의 세기}}{\text{입사음의 세기}} = \dfrac{I_r}{I_i}$

② 투과율 $\gamma = \dfrac{\text{투과음의 세기}}{\text{입사음의 세기}} = \dfrac{I_t}{I_i}$

③ 흡음률 $\alpha = \dfrac{(\text{입사음} - \text{반사음})}{\text{입사음의 세기}} = \dfrac{I_t - I_\gamma}{I_i}$

(4) 간 섭

두 개 이상의 음파가 서로 다른 파동 사이의 상호 작용으로 나타나는 현상으로서 음파가 겹쳐질 경우 진폭이 변하는 상태를 음의 간섭이라 한다. 음의 간섭에는 보강 간섭, 소멸 간섭 및 맥놀이 현상이 있다.

(5) 호이겐스 원리

어떤 점에서 빛이 나갈 때, 빛이 일정 시간 t 후에 퍼진 면(포락선)이 생기면, 그 포락선의 모든 점에서 빛이 또다시 나가는 현상을 말한다.

(6) 마스킹 효과

음원이 두 개인 경우 소리의 크기가 서로 다른 소리를 동시에 들을 때 큰 소리만 들리고 작은 소리는 듣지 못하는 현상이다.

(7) 음의 회절

회절은 투과되지 않은 음이 장애물에 입사한 경우 장애물의 크기가 입사음의 파장보다 크면 음이 장애물 뒤쪽으로 전파하는 현상을 말한다. 즉 물체에 있는 틈새 구멍이 작을수록 회절이 잘 일어난다.

(8) 도플러 효과

음원이 이동할 경우 음원이 이동하는 방향 쪽에서는 원래 음보다 고주파음(고음)으로 들리고, 음이 이동하는 반대쪽에서는 저주파음(저음)으로 들리는 현상을 도플러 효과라 한다. 파원이 다가오는 경우 주파수가 높아지는 것을 느낄 수 있다.

4-2 음의 제량 및 단위

(1) 음파(sound wave)

① 기본음(fundamental tone) : 물체가 진동하여 소리를 낼 때 가장 진동수가 적은 기본 진동에 해당하는 소리를 말한다.

② 파장(λ : wavelength) : 음파의 한 주기에 대한 거리 또는 위상의 차이가 360°가 되는 거리로 정의되며, 단위는 m이다. 음의 전달 속도를 음속 c [m/s]라 하면 파장은 $\lambda = \frac{c}{f}$ 이다.

③ 주파수(f : frequency) : 음파가 1초에 몇 번 진동하는지를 측정하는 단위이며, 초당 사이클을 의미한다.

④ 주기(T : period) : 진동 현상에서 정현파의 왕복 운동이 한 번 이루어지거나 물리적인 값의 요동이 한 번 일어날 때까지 걸리는 시간을 말한다.

⑤ 진폭(A : amplitude) : 파형의 산이나 골과 같이 진동하는 입자에 의해 발생하는 최대 변위 값을 말하며, 단위는 m이다. 음파에 의한 공기 입자의 진동 진폭은 실제로 매우 작은 값인 0.1 nm 정도이다.

⑥ 변위(D : displacement) : 진동하는 공기의 어떤 순간의 위치와 그것의 평균 위치와의 거리로 입자 변위라고도 하며, 단위는 m이다.

⑦ 음의 전파 속도(c : speed of sound) : 음의 전파 속도(음속)는 음파가 1초 동안에 전파하는 거리를 말하며, 단위는 m/s이다. 공기 중에서의 음속은 기압과 공기 밀도에

따라 변하게 된다.

⑧ 음의 세기(I : sound intensity) : 음의 진행 방향에 수직하는 단위 면적을 단위 시간에 통과하는 음에너지를 음의 세기라 하며, 단위는 W/m^2이다.

⑨ 음압(P : sound pressure) : 소밀파의 압력 변화의 크기를 말한다.

⑩ 음향 출력(W : acoustic power) : 단위 시간에 음원으로부터 방출되는 음의 에너지를 말한다.

(2) 음의 dB 단위

① dB(decibel) : 음의 크기를 파스칼(Pa)의 압력 단위로 나타낼 경우 숫자가 너무 커 사용하기 불편하여 dB을 사용한다.

$$1\,\text{dB} = 10\log\left(\frac{P}{P_0}\right)$$

여기서, P : Power, P_0 : 기준 Power이며, dB는 음압의 r.m.s.값에 의해서 정의된다. P_0는 정상 청력을 가진 사람이 1,000 Hz에서 가청할 수 있는 최소 음압 실효값($2\times10^{-5}\text{N/m}^2$)이며, P는 대상음의 음압 실효값이다. 가청 한계는 60 N/m^2, 즉 130 dB 정도이다.

② dB의 대수법 : 두 음압을 합하고자 할 때 다음과 같은 식을 이용한다. 두 개의 음압이 L_{p1}, L_{p2}일 때 합성음은 $L_{pt} = 10\log\left(10^{\frac{L_{p1}}{10}} + 10^{\frac{L_{p2}}{10}}\right)$이다.

③ 음의 세기 레벨(SIL : sound intensity level) : I_0 – 최저 가청 압력 $P_0(=2\times10^{-5}\text{N/m}^2)$에 해당하는 기준 세기로서 $I_0 = 10^{-12}\text{W/m}^2$로 정의하며, I는 대상음의 세기이다.

④ 음압 레벨(음압도, SPL : sound pressure level) : $SPL = 20\log\left(\frac{P}{P_0}\right)$

⑤ 음향 파워 레벨(PWL : sound power level) : PWL= W_o는 기준 음향 파워(10^{-12}W)

⑥ 음의 크기 레벨(L_L : loudness level) : 감각적인 음의 크기를 나타내는 양으로 같은 음압 레벨이라도 주파수가 다르면 같은 크기로 감각되지 않는다. 단위는 pone이다.

⑦ 음의 크기(S : loudness) : 1,000 Hz 순음의 음의 세기 레벨 40 dB의 음 크기를 1 sone, 으로 정의하며, 단위는 sone이다. S의 값이 3배, 4배 등으로 증가하면 감각량의 크기도 3배, 4배 등으로 증가한다.

⑧ 소음 레벨(소음도, SL : sound level) : 소음계의 청감 보정 회로 A·B·C 등을 통하여 측정한 값을 소음 레벨이라 말하며, 단위는 dB(A), dB(B) 등이다.

4-3 음의 발생과 특성

① 음의 발생
(가) 고체음 : 북이나 타악기, 스피커, 기계의 충격음, 마찰음과 같이 물체의 진동에 의한 기계적 원인으로 발생한다.
(나) 기체음 : 관악기나 불꽃의 폭발음, 선풍기음, 압축기음 및 음성과 같이 직접적인 공기의 압력 변화에 의한 유체 역학적인 원인으로 발생한다.
② 공명
③ 진동에 의한 고체음 방사
④ 기체에 의한 공기음 방사
(가) 개구부로부터의 방사음
(나) 개구부의 기류음

4-4 소음의 거리 감쇠

① 점음원의 경우
② 선음원의 경우
③ 면음원의 경우
④ 대기 조건에 따른 감쇠
⑤ 수목 기타에 의한 감쇠

출제 예상 문제

기계정비산업기사

1. 소리(음)가 서로 다른 매질을 통과할 때 구부러지는 현상은? (10년 1회)

① 음의 반사
② 음의 간섭
③ 음의 굴절
④ 마스킹(masking) 효과

해설 음의 굴절은 음파가 한 매질에서 다른 매질로 통과할 때 구부러지는 현상을 말한다. 각각 서로 다른 매질을 음이 통과할 때 그 매질 중의 음속은 서로 다르게 된다. 입사각을 θ_1, 굴절각을 θ_2라 하면 그때의 음속비 γ_c는 스넬(Snell)의 법칙에 따라 $\gamma_c = \dfrac{c_1}{c_2} = \dfrac{\sin\theta_1}{\sin\theta_2}$ 이다.

2. 소음 투과율의 정의로 알맞은 것은? (07년 1회)

① $\dfrac{\text{투과된 에너지}}{\text{입사 에너지}}$

② $10\log\left(\dfrac{\text{입사 에너지}}{\text{투과된 에너지}}\right)$

③ $\dfrac{\text{입사 에너지}}{\text{투과된 에너지}}$

④ $10\log\left(\dfrac{\text{투과된 에너지}}{\text{입사 에너지}}\right)$

해설 매질을 통과하는 음파가 어떤 장애물을 만나면 일부는 반사되고, 일부는 장애물을 투과하면서 흡수되며, 나머지는 장애물을 투과하게 된다. 이와 같이 평탄한 장애물이 있을 경우 입사파와 반사파는 동일 매질 내에 있고, 입사각과 동일한 것을 반사 법칙이라 한다.

(가) 반사율 $\alpha_r = \dfrac{\text{반사음의 세기}}{\text{입사음의 세기}} = \dfrac{I_r}{I_i}$

$$\therefore I = \frac{p^2}{\rho c}$$

(나) 소음 투과율

투과율 $\gamma = \dfrac{\text{투과음의 세기}}{\text{입사음의 세기}} = \dfrac{I_t}{I_i}$

$$\therefore \text{투과 손실} = 10\log\frac{1}{\tau}$$

재료의 투과 손실(transmission loss : TL)은 투과율 Υ를 이용해서 다음과 같이 구해진다.

$$\therefore TL = 10\log\frac{1}{\gamma} = 10\log\frac{\text{투과된 에너지}}{\text{입사 에너지}}$$

3. 재료의 흡음률(α)을 나타내는 것은? (11년 3회)

① $\alpha = \dfrac{\text{입사 에너지}}{\text{흡수된 에너지}}$

② $\alpha = \dfrac{\text{흡수된 에너지}}{\text{입사 에너지}}$

③ $\alpha = \dfrac{\text{흡수된 에너지}}{\text{투과 에너지}}$

④ $\alpha = \dfrac{\text{입사 에너지}}{\text{투과 에너지}}$

해설 흡음률$(\alpha) = \dfrac{(\text{입사음}-\text{반사음})}{\text{입사음의 세기}} = \dfrac{I_t - I_\gamma}{I_i}$

4. 소음의 물리적인 성질에 대한 설명 중 올바른 것은? (09년 3회 / 11년 3회)

① 음원에서 모든 방향으로 동일한 에너지를 방출할 때 발생하는 파는 정재파이다.
② 대기 온도 차에 의한 음의 굴절은 온도가 높은 쪽으로 굴절한다.
③ 음파가 한 매질에서 다른 매질로 통과할 때 굴절되는 것을 음의 회절이라 한다.
④ 서로 다른 파동 사이의 상호 작용은 음의 간섭이다.

정답 1. ③ 2. ① 3. ② 4. ④

해설 ① 음원에서 모든 방향으로 동일한 에너지를 방출할 때 발생하는 파는 구형파이다.
② 대기 온도 차에 의한 음의 굴절은 온도가 낮은 쪽으로 굴절한다.
③ 음파가 한 매질에서 다른 매질로 통과할 때 구부러지는 현상은 음의 굴절이라 한다.
④ 음의 간섭 (interference of sound wave) : 서로 다른 파동 사이의 상호 작용으로 나타나는 현상

5. 서로 다른 파동 사이의 상호 작용으로 나타나는 음의 현상을 무엇이라 하는가? (12년 2회)

① 음의 반사 ② 음의 굴절
③ 음의 간섭 ④ 음의 회절

해설 두 개 이상의 음파가 서로 다른 파동 사이의 상호 작용으로 나타나는 현상으로서, 음파가 겹쳐질 경우 진폭이 변하는 상태를 음의 간섭이라 한다. 음의 간섭에는 보강 간섭, 소멸 간섭 및 맥놀이 현상이 있다.

6. 다음 현상 중 음의 간섭 현상에 속하지 않는 것은? (10년 3회)

① 보강 간섭 ② 소멸 간섭
③ 맥놀이 ④ 굴절 현상

해설 ① 보강 간섭 : 여러 파동이 마루는 마루끼리, 골은 골끼리 서로 만나 엇갈려 지나갈 때 그 합성파의 진폭이 크게 나타나는 현상
② 소멸 간섭 : 여러 파동 마루는 골과, 골은 마루와 만나면서 엇갈려 지나갈 때 그 합성파의 진폭이 작게 나타나는 현상
③ 맥놀이 : 두 개의 음원에서 보강 간섭과 소멸 간섭을 교대로 이룰 때 어느 순간에 큰 소리가 들리면 다음 순간에는 조용한 소리로 들리는 현상으로 맥놀이 수는 두 음원의 주파수 차와 같다.

7. 다음 중 공장 소음에서 마스킹 (masking) 효과의 특징이 아닌 것은? (08년 3회)

① 두 음의 주파수가 비슷할 때는 마스킹 효과가 대단히 커진다.
② 두 음의 주파수가 거의 비슷할 때는 맥동이 생겨 효과가 감소한다.
③ 저음이 고음을 잘 마스킹한다.
④ 발음원이 이동할 때 그 진행 방향 쪽에서는 원래 발음원의 음보다 고음으로 나타난다.

해설 마스킹의 특징
㉠ 저음이 고음을 잘 마스킹한다.
㉡ 두 음의 주파수가 비슷할 때는 마스킹 효과가 대단히 커진다.
㉢ 두 음의 주파수가 거의 같을 때는 맥동이 생겨 마스킹 효과가 감소한다.

8. 공장 내에서의 가청 주파수 범위로 가장 적합한 것은? (09년 2회)

① 20 Hz～20 kHz ② 20 Hz～40 kHz
③ 10 Hz～10 kHz ④ 10 Hz～40 kHz

9. 음향 진단에서 주파수를 나타내는 관계식으로 옳은 것은? (07년 1회)

① $\frac{\text{소리 속도}}{\text{파장}}$ ② $\frac{\text{파장}}{\text{소리 속도}}$
③ $\frac{\text{밀도}}{\text{소리 속도}}$ ④ $\frac{\text{소리 속도}}{\text{밀도}}$

해설 주파수 (f : frequency) : 음파가 1초에 몇 번 진동하는지를 측정하는 단위이며, 초당 사이클을 의미하고 c/s (cycle per second) 혹은 헤르츠 (Hertz)로 표시한다.

10. 음의 한 파장이 전파되는 데 소요되는 시간을 무엇이라 하는가? (07년 1회)

① 파장 ② 주파수
③ 주기 ④ 변위

해설 주기 (period) : 정현파의 왕복 운동이 한 번 이루어지거나 물리적인 값의 요동이 한

정답 5. ③ 6. ④ 7. ④ 8. ① 9. ① 10. ③

번 일어날 때까지 걸리는 시간을 말하며, 단위는 초(s)이다.

$$T=\frac{1}{f}=\frac{c}{\lambda}[s]$$

11. dB 단위로 음압 레벨(SPL)의 정의로 맞는 것은? (단, P는 측정값, P_0는 최저 가청 압력임) (12년 2회)

① $\text{SPL}=20\log\left(\frac{P}{P_0}\right)$[dB] ($P_0=20\mu$Pa)

② $\text{SPL}=10\log\left(\frac{P}{P_0}\right)$[dB] ($P_0=20\mu$Pa)

③ $\text{SPL}=20\log\left(\frac{P}{P_0}\right)$[dB] ($P_0=2\times10^{-6}$ N/m^2)

④ $\text{SPL}=10\log\left(\frac{P}{P_0}\right)$[dB] ($P_0=2\times10^{-6}$ N/m^2)

12. 정상적인 사람이 들을 수 있는 가청 음압의 변화 범위는 얼마인가? (08년 1회)

① 20μPa – 200Pa ② 11μPa – 15Pa
③ 2μPa – 10Pa ④ 0.1μPa – 1Pa

해설 사람이 들을 수 있는 소리의 크기는 최저 가청 압력인 2×10^{-5} N/m^{2}에서 통증을 느끼기 시작하는 압력인 200 N/m^{2}까지 광범위하기 때문에 소리의 압력 자체로서 소리의 크기를 정의하는 데는 불편이 따른다.

13. 정상 청력을 가진 사람이 들을 수 있는 음의 한계는? (12년 3회)

① 130 dB ② 110 dB
③ 90 dB ④ 60 dB

14. 두 물체의 고유 진동수가 같을 때 한쪽을 울리면 다른 쪽도 울리는 현상은? (11년 1회)

① 음의 지향성 ② 공명
③ 맥동음 ④ 보강 간섭

해설 공명은 2개의 진동체의 고유 진동수가 같을 때 한쪽을 진동시키면, 다른 쪽도 진동하는 현상이다.

15. 직접 소음은 소음원으로부터 거리가 2배 증가함에 따라 얼마나 감소하는가? (09년 1회)

① 2dB ② 4dB
③ 6dB ④ 8dB

해설 소음의 거리 감쇠
㉠ 점음원의 경우 : 거리가 2배 멀어질 때마다 음압 레벨이 6 dB (=20 log2)씩 감쇠되는데 이를 역 2승 법칙이라 한다.
㉡ 선음원의 경우 : 선음원에서는 3 dB (=10 log2)씩 감쇠된다.
㉢ 면음원의 경우
㉣ 대기 조건에 따른 감쇠 : 바람은 영향이 없고, 기온은 20℃일 때, 주파수는 클수록, 습도는 낮을수록 감쇠치는 증가한다. 일반적으로 기온이 낮을수록 감쇠치는 증가한다.
㉤ 수목 기타에 의한 감쇠 : 지면에 의한 흡음은 음원에서 30~70m 이내의 거리에서는 무시한다.

16. 주택 및 산업체의 소음 크기를 측정하는 지시 소음계(sound level meter)의 측정 범위는? (03년 3회)

① 0~40 dB ② 40~140 dB
③ 140~240 dB ④ 240~340 dB

17. 음파가 1초 동안에 전파하는 거리를 무엇이라 하는가? (07년 1회)

① 음압 ② 음량
③ 음속 ④ 음향 임피던스

해설 음의 전파 속도(speed of sound) : 음속은 음파가 1초 동안에 전파하는 거리를 말하며, 그 표기 기호는 c, 단위는 m/s이다.

정답 11. ① 12. ① 13. ① 14. ② 15. ③ 16. ② 17. ③

5. 소음 진동 제어

5-1 공장 소음과 진동의 발생음

(1) 기계 소음의 발생원

① 모터 소음 : 소음도 증가량 (dB) = $17\log_{10}$(마력 증가비)

② 회전 속도 : 컴프레서, 송풍기, 펌프 등의 소음도 증가량 (dB) = $(20\sim50)\log_{10}$ (회전 속도 증가비)

③ 구조물의 공진

④ 회전체의 불균형 : 회전체의 불균형은 재료의 밀도 차이와 기공 등에 의한 불균형과 편심이나 조립 불량 등의 불균형으로 나눌 수 있다. 이에 의해서 회전 주파수의 1차 성분의 강제 진동 주파수가 발생된다.

$$f = \frac{N}{60}\,[\text{Hz}]$$ N : 축의 회전수 (rpm)

⑤ 베어링

⑥ 기어 : 두 개의 맞물린 기어의 접촉 부분에서는 항상 어느 정도의 금속 사이에 미끄럼이 발생하며 이에 의해서 소음과 진동이 발생한다.

⑦ 기계의 패널 : 기계의 표면을 덮고 있는 패널들은 진동을 포한한 소음이 발생된다. 소음의 크기는 패널 표면 운동의 속도와 패널 크기에 따라서 결정된다. 큰 패널에 구멍을 뚫어서 패널 양쪽으로의 공기의 흐름을 도움으로써 저주파 소음 발생을 방지할 수 있다.

⑧ 충격

⑨ 왕복 운동형 내연 기관 : 공기 역학적 소음 발생은 주로 공기 흡입과 배기 과정이 큰 원인이다. 내연 기관의 피스톤 점화 주파수에서 발생하며, 흡입 소음보다 대체로 8~10 dB 정도 높다.

⑩ 공기 동력학적 발생원

㈎ 추진 날개의 회전 속도 : 소음도 증가량은 속도 증가비와 상용대수의 20~50배이다.

㈏ 날개 통과 주파수 : 회전 주파수에 날개 수를 곱한 값의 주파수가 발생한다.

㈐ 불균일한 날개 간격 : 날개 간격을 불균일하게 하여 날개 통과 주파수의 소음을 방지할 수는 있으나, 기계의 동적 균형과 제작 비용 등으로 실용적이지 못하다.

㈑ 날개의 수 : 날개 수를 증가시킴에 따라서 소음은 감소한다. 특히 날개 수가 적고 날개 면적이 작은 경우에는 날개 수 증가에 의한 소음도 감소는 대체로 날개 수 증가비의 상용대수의 10배로 주어진다.

$$소음도\ 감소량(NR) = 10\log_{10}(날개\ 수\ 증가비)[dB]$$

(2) 음원 대책

① 음원 기계의 밀폐 및 음원 에너지 차단
② 소음기, 흡음 덕트 설치
③ 음원실 안의 흡음 처리
④ 음원의 차음벽 시공

5-2 공장 소음 방지 대책

(1) 공장 건물의 방음 대책

① 건물 내외벽의 흡음관, 차음관 시공
② 천장에 부착된 환기팬 등의 소음기 및 흡음 덕트 시공

(2) 소음 방지 대책

소음 방지 5가지 기본 방법 : 흡음, 차음, 소음기, 진동 차단, 진동 댐핑

① 흡음(sound absorption) : 흡음이란 음파의 파동 에너지를 감쇠시켜 매질 입자의 운동 에너지를 열에너지로 전환하는 것이다. 흡음 재료는 밀도와 투과 손실이 극히 작은 것이 일반적이다.

(가) 흡음률(absorption coefficient) : 입사 에너지 중 흡수되는 에너지의 비를 흡음률(α)이라 하며 0~1의 값을 갖는다.

(나) 흡음재 흡음률 측정 : 난입사 흡음률 측정법으로 잔향실법에 의한 흡음률이 현장에 활용된다.

(다) 흡음 재료 : 다공질형 흡음재, 얇은 판의 흡음재, 공명기형 흡음재, 유공판 흡음재

[흡음 재료 사용상의 유의점]

- 흡음률은 공기층 상황에 따라 변화되므로 시공할 때와 동일 조건의 흡음률 재료를 이용해야 한다.
- 흡음 재료를 전체 내벽에 분산해서 부착하여 흡음력을 증가시키고 반사음을 확산시킨다.
- 방의 구석이나 가장자리 부분에 흡음재를 부착하면 효과가 크다.
- 흡음텍스 등 다공질 재료를 접착제보다 못으로 시공하는 것이 좋다.
- 다공질 재료는 산란하기 쉬우므로 표면을 거칠고 얇은 직물로 피복하는 것이 바람직하다.
- 다공질 재료의 표면을 도장하면 고음역의 흡음률을 저하시킨다.

- 막진동이나 판진동형의 것은 도장해도 차이가 없다.
- 다공질 재료의 표면에 종이로 도배하는 것은 피해야 한다.

② 차음

(가) 투과 손실(TL : transmission loss) : 투과 손실은 투과되지 않고 반사되거나 흡수된 에너지를 의미한다.

(나) 단일 벽의 투과 손실

㉮ 음파가 벽면에 수직 입사할 경우

㉯ 음파가 벽면에 랜덤하게 입사할 경우

㉰ 입사음의 파장과 굴곡파의 파장이 일치할 때

(다) 이중벽의 차음 특성 : 두 개의 얇은 벽이라 할지라도 공기층을 사이에 두면 투과 손실은 단일 벽의 2배에 달하며, 질량 법칙의 효과뿐만 아니라 높은 차음 효과를 얻을 수 있다.

(라) 차음 대책

㉮ 경계 벽 근처의 차음

㉯ 경계 벽에서 떨어진 곳의 차음

㉰ 외부에서 들어오는 소음에 대한 차음

㉱ 벽의 틈새에 의한 누설음

(마) 차음 대책 수립 시 유의 사항

㉮ 틈새는 차음에 큰 영향을 미치므로 틈새 관리가 매우 중요하다.

㉯ 차음 재료는 질량 법칙에 의해 벽체의 질량이 큰 재료를 선택한다.

㉰ 큰 차음 효과를 위해서는 다공질 재료를 삽입한 이중벽 구조로 시공하고, 공명 주파수에 유의한다.

㉱ 진동이 발생하는 차음벽은 차음 효과가 저하되므로, 방진 처리 및 제진 처리가 요구된다.

㉲ 효율적인 차음 효과를 위하여 음원의 발생부에 흡음재 처리를 한다.

㉳ 콘크리트 블록을 차음벽으로 사용할 경우 한쪽 표면에 모르타르를 바르면, 한쪽 면은 5 dB의 투과 손실이 증가하고, 양쪽 면에 모르타르를 바르면 10 dB의 투과 손실이 증가한다.

(바) 방음벽 대책 : 고주파수의 음의 대책의 경우에는 낮은 방음벽이라도 효과가 있으나, 저주파수의 음의 경우에는 높은 방음벽이 아니면 효과가 적다. 따라서 방음벽의 설계를 위해서는 반드시 소음의 주파수 분석을 해야 한다. 문제가 되는 기계와 소음 방지가 필요한 지역 사이에 방음벽을 설치하면 10~20 dB 정도의 소음 감소 효과를 기대할 수 있다.

㉮ 음원과 수음점이 지상에 있을 경우의 방음벽 설계 : 음원과 수음점이 지상에 있을 경우 자유 공간일 경우보다 5 dB을 뺀 수치를 사용한다.

㈏ 방음벽 설계 시 유의해야 할 점

- 이상의 방음벽 설계는 무지향성 음원으로 가정한 것으로 음원의 지향성과 크기에 대한 상세한 조사가 필요하다.
- 음의 지향성이 수음점 방향으로 강할 때는 방음벽에 의한 감쇠치는 계산치보다 커진다. 상공을 향해서 강한 지향성이 있는 경우에는 방음벽에 의한 감쇠의 실제 값은 계산치보다 작아진다.
- 점음원일 때 방음벽의 길이가 높이의 5배 이상, 선음원일 때는 음원으로부터 직선 거리의 2배 이상으로 하는 것이 좋다.
- 방음벽이나 칸막이에 의한 감쇠음의 최대한은 점음원일 때 25 dB 정도이고, 선음원일 때 21 dB이며, 실제로는 5~15 dB 정도이다.

③ 소음기 (muffler, silencer)

(가) 소음 효과의 정의

㉮ 감음량 (attenuation) : 방사된 음압 레벨을 귀로 듣고 소음의 크기가 판단된다는 데에서, 대책 전의 음압 레벨 (SPL'), 대책 후의 음압 레벨 (SPL)이라고 할 때의 음압 레벨 차를 말한다.

㉯ 삽입 손실 (insertion loss) : 소음기를 부착했을 때와 부착하지 않았을 때의 음압 레벨의 차를 말한다.

㉰ 투과 손실 (transmission loss)

(나) 소음기의 설계 방법

㉮ 소음 발생원의 기본 주파수를 파악한다.

㉯ 목표하고자 하는 차음의 성능을 결정한다.

㉰ 최대 감음 주파수를 결정한다.

㉱ 소음기의 허용 압력 손실을 결정한다.

㉲ 관로상에 소음기의 설치 위치를 결정한다.

(다) 소음기의 종류

㉮ 흡음형 (absorption type) 소음기 : 소음기의 내면에 파이버 글라스와 암면 등과 같은 섬유성 재료의 흡음재를 부착하여 소음을 감소시키는 장치

㉯ 팽창형 (expanding type) 소음기 : 관의 입구와 출구 사이에서 큰 공동이 발생하도록 급격한 관의 지름을 확대시켜 공기의 유속을 낮추어 소음을 감소시키는 장치이다. 이 소음기는 흡음형 소음기가 사용되기 힘든 나쁜 상태의 가스를 처리하는 덕트 소음 제어에 효과적으로 이용될 수 있다. 반면에 넓은 주파수폭을 갖는 흡음형 소화기와는 달리 팽창형 소음기는 일반적으로 낮은 주파수 영역의 소음에 대해서 높은 효과를 갖는다.

㉰ 간섭형(interference type) 소음기 : 음파의 간섭을 이용한 것으로서 입구에서 흡입된 소음이 L_1과 L_2로 분기되었다가 재차 합류시키면 음의 간섭으로 인해서 감쇠되는 원리이다. L_1음의 파장을 L_2음의 파장보다 1/2 정도 길게 하여 두 음의 간섭이 발생하여 감쇠된다.

㉱ 공명형(resonance type) 소음기 : 내관의 작은 구멍과 그 배후 공기층이 공명기를 형성하여 흡음함으로써 감쇠시킨다.

㉲ 취출구 소음기 : 압축 공기나 보일러의 고압 증기의 대기 방출 등과 같이 취출 유속이 대단히 큰 (음속 정도) 경우의 발생 소음은 취출구 부근에서는 고주파 음이, 좀 떨어진 곳에서는 저주파 음이 발생한다. 보통 취출구 지름 D의 15배 정도까지의 하류가 소음원이 된다.

5-3 기계 진동 방지 대책

(1) 개 요

기계 진동 방지는 진동이 인체에 도달하는 경로를 파악하여 다음과 같은 순서로 대책을 세운다.

① 발생원에 대해서는 진동 발생이 적은 기계를 사용한다.
② 발생한 가진력에 대하여 기초가 절대로 진동하지 않도록 한다.
③ 기초의 진동이 지반 및 구조물에 절대로 전달되지 않도록 한다.
④ 지반에 전달된 진동의 전파를 방지한다.

(가) 진동 방지의 목적

㉮ 진동원에서의 진동 제어, 외부로 진동이 전달되는 것을 방지
㉯ 진동 전달 경로를 차단하는 방법

(2) 일반적 진동 방지 기술

① 진동 차단기
② 질량이 큰 경우 거더(girder)의 이용
③ 2단계 차단기의 사용
④ 기초의 진동을 제어하는 방법

(3) 진동 차단기의 선택

일반적으로 강철 스프링, 천연고무 혹은 네오프렌과 같은 합성고무로 만들어진다.

(4) 댐 핑

① 댐핑판의 설치 위치를 선정함에 있어서의 주의 사항

(가) 댐핑판은 구조물이 진동할 때 현저한 변형을 받을 수 있는 곳에 설치해야 한다. 만약, 특별한 위치 선정에 대한 기준 설정이 곤란하다면, 구조물의 판 전체에 감쇠 처리를 함으로써, 실제로 큰 진동을 할 수 있는 부분을 놓치지 말아야 한다.

(나) 댐핑판을 구조물에 완전히 부착시킴으로써 진동 에너지의 상당 부분을 흡수할 수 있도록 해야 한다.

(다) 댐핑판은 그것이 흡수한 에너지의 상당 부분을 열로 발산할 수 있는 높은 손실 계수를 갖는 재료이어야 한다. 댐핑판의 두께가 증가함에 따라서 댐핑은 커진다. 댐핑의 크기는 판 두께의 1~2 사이의 지수의 승으로 주어지며, 구조물판 두께의 2 내지 4배 정도 두께의 댐핑판을 사용하며, 접착제로서는 에폭시 (epoxy)와 같은 강한 접착제를 얇은 막으로 하여 사용한다.

(5) 방진 지지 이론

① 완충 지지

② 방진 지지

(가) 고유 각진동수 f_n과 강제 각진동수 f의 관계

㉮ $f_n \gg f$일 때 스프링의 강도, 즉 스프링 정수를 크게 하고, $f \gg f_n$일 때는 질량 (기계의 중량)을 크게 하여 각각의 진폭 크기를 제어할 수 있으며, 공진 시에는 감쇠기를 부착하여 감쇠비를 크게 함으로써 제어할 수 있다.

㉯ f와 f_n에 따른 방진 효과 (T : 전달률의 변화)

- $\frac{f}{f_n}=1$일 때 (공진 상태) : 진동 전달률이 최대
- $\frac{f}{f_n} < \sqrt{2}$ 일 때 : 전달력은 항상 외력 (강제력)보다 큼
- $\frac{f}{f_n} = \sqrt{2}$ 일 때 : 전달력은 외력과 같음
- $\frac{f}{f_n} > \sqrt{2}$ 일 때 : 전달력은 항상 외력보다 작기 때문에 방진의 유효 영역

(나) 방진 대책 시 고려 사항

- 방진 대책은 $\frac{f}{f_n} > 3$이 되도록 설계 (이 경우 전달률은 12.5% 이하가 됨)

③ 방진 지지에 미치는 주파수

출제 예상 문제

기계정비산업기사

1. 산업 현장에서 소음의 증가 원인으로 해석할 수 있는 사항은? (06년 3회)

① 종류가 같은 기계를 출력이 큰 기계로 교체했다.
② 같은 기계를 회전 속도를 낮추어 작업을 하였다.
③ 밸런싱 작업을 하여 불균형을 바로잡았다.
④ 소음 방지를 위해 항상 수지 기어로 교체했다.

해설 • 모터 소음 : 소음도 증가량(dB)=17 $\log_{10}$(마력 증가비)
• 회전 속도 : 컴프레서, 송풍기, 펌프 등의 소음도 증가량(dB)=(20∼50)$\log_{10}$(회전 속도 증가비)

2. 구조물의 공진을 피하기 위하여 고유 진동수를 낮추고자 할 때 올바른 방법은 어느 것인가? (04년 1회)

① 구조물의 강성을 작게 하고 질량을 크게 한다.
② 구조물의 강성을 크게 하고 질량을 줄인다.
③ 구조물의 강성과 질량을 줄인다.
④ 구조물의 강성과 질량을 최대한 크게 한다.

해설 구조물의 공진 : 공진이 발생하면 소음이 발생하며 구조물의 수명이 저하되거나 시스템이 불안정해지므로 구조물의 공진 현상을 방지하기 위해서는 감쇠 계수가 큰 주철재와 같은 재료로 변경하거나, 구조를 변경하여 강제 진동 주파수와 고유 진동 주파수가 멀리 떨어지도록 설계해야 한다.

3. 차음벽이 고유 진동 모드의 주파수로 입사한 소음과 공진하는 영향 요소와 거리가 먼 것은? (12년 2회)

① 차음벽의 강성 ② 차음벽의 무게
③ 차음벽의 표면 ④ 내부 댐핑

해설 • 차음 : 공기 속을 전파하는 음을 벽체 재료로 감쇠시키기 위하여 음을 반사 또는 흡수하도록 하여 입사된 음이 벽체를 투과하는 것을 막는 것을 차음이라 한다. 차음 성능은 dB단위의 투과 손실로 나타내며, 그 값이 클수록 차음 성능이 좋은 재료가 된다.
• 차음벽의 결정 요소 : 차음벽 재료의 강성, 차음벽의 무게, 내부 댐핑, 공진 현상, 소음의 주파수

4. 공장 내의 차음벽이 공진하면 일어나는 현상은? (09년 2회)

① 공진 주파수의 소음은 거의 그대로 투과한다.
② 소음을 대부분 흡수한다.
③ 공진 주파수는 차음벽과는 관계없다.
④ 차음벽의 강성과 전혀 상관없다.

해설 공진 현상 : 처음 패널의 고유 진동수에서 발생한다. 대체로 100 Hz 이상 주파수에서 일어나며, 공진 주파수의 소음 성분은 거의 손실됨이 없이 투과한다.

5. 소음을 거의 완전하게 투과시키는 유공 판의 개공률과 효과적인 구멍의 크기 및 배치 방법은? (08년 1회)

① 개공률 30%, 많은 작은 구멍을 균일하게 분포
② 개공률 50%, 많은 작은 구멍을 균일하

정답 1. ① 2. ① 3. ③ 4. ① 5. ①

게 분포

③ 개공률 30%, 몇 개의 큰 구멍을 균일하게 분포

④ 개공률 50%, 몇 개의 큰 구멍을 균일하게 분포

해설 30% 정도의 개공률은 소음을 거의 완전히 통과시킨다. 동일한 개공률에 대해서는 몇 개의 큰 구멍을 주는 것보다 많은 작은 구멍을 균일하게 분포시키는 것이 일반적으로 더욱 효과적이다.

6. 공장 소음 특히 저주파 소음을 방지할 수 있는 방법은? (08년 3회)

① 재료의 강성을 높여야 한다.
② 재료의 무게를 늘린다.
③ 재료의 내부 댐핑을 줄인다.
④ 재료의 무게를 줄인다.

해설 차음벽 재료의 강성은 저주파 소음의 투과 손실을 결정하는 요소이다. 강성을 두 배 증가시키면 투과 손실은 6 dB 정도 증가한다.

7. 다음 중 흡음식 소음기를 사용하기에 적당한 곳은? (10년 3회)

① 냉난방 덕트
② 내연 기관의 배기구
③ 집진 시설의 송풍기
④ 헬름홀츠 공명기

해설 흡음식 소음기는 넓은 주파수 폭을 갖는 소음 감소에 효과적이어서 실내 냉난방 덕트 소음 제어에 흔히 이용된다. 내연 기관 배기 소음이나 집진 시설의 송풍기 소음 같은 경우에는 내부의 흡음재가 손상될 우려가 있기 때문에 사용이 힘들다.

8. 덕트(duct) 소음이나 배기 소음을 방지하기 위해서 사용되는 장치로 맞는 것은? (11년 2회)

① 소음기　② 진동 차단기
③ 유공판　④ 공명판

해설 소음기는 덕트(duct) 소음이나 배기 소음을 방지하기 위해서 사용되는 장치이다.

9. 공장에서 소음을 방지하기 위한 일반적인 방법이 아닌 것은? (12년 3회/07년 3회)

① 흡음
② 진동 차단
③ 차음
④ 소음기(silencer) 제거

10. 팽창식 체임버의 소음 흡수 능력을 결정하는 기본 요소는? (07년 1회/09년 3회)

① 진동비　② 체적비
③ 면적비　④ 소음비

해설 팽창식 체임버의 소음 흡수 능력을 결정하는 기본 요소는 면적비(m)이다.

$$m = \frac{\text{팽창식 쳄버의 단면적}}{\text{연결 덕트의 단면적}}$$

11. 다음과 같이 기계의 진동 방지 대책 중 가장 효과적인 것은? (09년 2회)

① 진동 전달 경로의 차단
② 진동원에서의 진동 제어
③ 고유 진동 주파수의 증가
④ 스프링 마운트의 설치

해설 기계의 진동 방지 대책 중 진동원에서의 진동 제어는 가장 효과적이다. (㉠ 진동원에서의 진동 제어, ㉡ 진동 전달 경로를 차단하는 방법)

12. 진동 방지의 일반적인 방법에 해당되지 않은 것은? (09년 3회)

① 진동 차단기 사용
② 질량이 큰 경우 거더(girder)의 이용
③ 2단계 차단기의 사용

정답 6. ① 7. ① 8. ① 9. ④ 10. ③ 11. ② 12. ④

④ 가진기 사용

해설 진동 차단기는 강성이 충분히 작아서, 이의 고유 진동수가 차단하려고 하는 진동의 최저 진동수보다 적어도 반 이상 작아야 한다.

진동 보호 대상체를 스프링 차단기 위에 놓인 거더(girder) 위에 설치하는 경우, 블록의 질량은 차단기의 고유 진동수를 낮추는 역할을 한다.

13. 다음 중 진동 차단기의 기본 요구 조건과 거리가 먼 것은? (12년 2회)

① 차단기의 강성은 그에 부착된 진동 보호 상체의 구조적 강성보다 작아야 한다.
② 차단기의 강성은 차단하려는 진동의 최저 주파수보다 작은 고유 진동수를 가져야 한다.
③ 온도, 습도, 화학적 변화 등에 의해 견딜 수 있어야 한다.
④ 강성을 충분히 크게 하여 차단 능력이 있어야 한다.

해설 강성은 충분히 작아서 차단 능력이 있어야 한다.

14. 진동 차단기를 설명한 것 중 옳은 것은 어느 것인가? (10년 3회)

① 나선형으로 제작된 스프링은 측면 하중에 잘 견딘다.
② 파이버 글라스 패드는 습기에 잘 견딘다.
③ 천연고무는 탄화수소와 오존에 잘 견딘다.
④ 코르크로 만든 패드는 수분에 잘 견딘다.

15. 진동 차단기의 외부에서 들어오는 진동 주파수와 시스템 고유 주파수의 비가 1에 근접할 때 진동 차단 효과는? (12년 1회)

① 증폭 ② 낮음
③ 보통 ④ 높음

해설 외부에서 들어오는 진동 주파수와 시스템 고유 주파수의 비가 1에 근접하면 공진이 발생하므로 진동이 증폭된다.

16. 다음 진동 시스템에 대한 댐핑 처리 중 옳지 않은 방법은? (05년 1회)

① 시스템이 그의 고유 진동수에서 강제 진동을 하는 경우
② 시스템이 많은 주파수 성분을 갖는 힘에 의해 강제 진동되는 경우
③ 시스템이 충격과 같은 힘에 의해서 진동되는 경우
④ 시스템이 고유 진동수에서 자유 진동되는 경우

해설 진동 시스템에 대한 댐핑 처리의 효과적인 경우
㉠ 시스템이 그의 고유 진동수에서 강제 진동을 하는 경우
㉡ 시스템이 많은 주파수 성분을 갖는 힘에 의해서 강제 진동되는 경우
㉢ 시스템이 충격과 힘에 의해서 진동되는 경우

17. 진동 제어를 위한 댐핑 재료에 대한 내용으로 옳지 않은 것은? (04년 1회)

① 구조물에 완전히 부착해야 한다.
② 점성 탄성인 재료는 사용하지 않는다.
③ 열을 잘 발산해야 한다.
④ 구조물이 진동할 때 현저한 변형을 받을 수 있는 곳에 설치한다.

해설 점성 탄성 댐핑판은 구조물판에 견고하게 연속적으로 부착해야만 좋은 댐핑 효과를 볼 수 있다. 접착제로서는 에폭시(epoxy)와 같은 강한 접착제를 얇은 막으로 하여 사용한다.

18. 흡진 재료인 파이버 글라스(fiber glass)에 대한 설명 중 옳은 것은? (11년 1회)

정답 13. ④ 14. ④ 15. ① 16. ④ 17. ② 18. ①

① 습기를 흡수하려는 성질이 있다.
② 강성은 밀도에 따라 결정되지 않는다.
③ 파이버의 지름과 상관없다.
④ 모세관이 소량 포함되어 있다.

해설 패드
㉠ 스펀지 고무 : 스펀지 고무는 액체를 흡수하려는 경향이 있으므로, 발화 물질 등의 액체가 있는 곳에서 이용할 때는 플라스틱 등으로 밀폐된 패드를 이용해야 하며 가벼운 물체일 경우에 사용한다.
㉡ 파이버 글라스 (fiber glass) : 파이버 글라스는 1600℃로 용융된 유리를 고속으로 인출하여 와인딩한 실로서, 패드의 강성은 주로 파이버의 밀도와 지름에 의해서 결정된다. 파이버 글라스는 많은 수의 모세관을 포함하고 있으므로 습기를 흡수하려는 경향이 있다. 따라서 파이버 글라스 패드는 PVC 등 플라스틱 재료를 밀폐해서 사용하는 것이 바람직하다.
㉢ 코르크 (cork) : 코르크는 비대 생장 (肥大生長)을 하는 식물의 줄기나 뿌리의 주변부에 만들어지는 보호 조직으로 코르크 형성층의 분열에 의하여 생기는 것으로서, 단열·방음·전기적 절연·탄력성 등에서 뛰어난 성질을 가지고 있으며, 스페인 등 남유럽에서 산출되는 너도밤나무 과의 코르크 참나무에서 얻는 것이 가장 질이 좋다.
㉣ 공기 스프링 : 주 공기실의 스프링 작용을 이용한 것으로서, 벨로스식, 피스톤식 등이 있다. 벨로스식이 널리 쓰이고, 차량에 많이 사용되며, 성능이 좋아 기계류나 고급 방진 지지용으로 쓰인다.

19. 진동 방지재 중 실리콘 합성 고무의 가장 큰 약점은? (06년 1회)
① 값이 비싸다.
② 시간에 따라 강성이 변한다.
③ 무게가 무겁다.
④ 미끄럽다.

해설 실리콘 합성 고무는 −75℃에서 20℃까지도 이용할 수 있다. 모든 고무 차단기의 가장 큰 단점은 강성이 시간이 흐름에 따라서 천천히, 그러나 계속적으로 변한다는 것이다. 이것은 무거운 하중을 걸었을 때 더욱 심하다.

20. 회전 기계에서 발생하는 진동 신호의 주파수 분석에 대한 설명이 잘못된 것은? (09년 1회)
① 시간 신호를 푸리에 변환하여 주파수를 분석한다.
② 회전 기계에서 발생하는 여러 가지의 진동 신호의 분석이 가능하다.
③ 언밸런스의 이상 현상은 회전 주파수 1 f의 특성으로 나타난다.
④ 진동 주파수는 회전축의 회전수와 반비례한다.

해설 강제 진동 주파수 (f)
㉠ 축 : $f=\frac{N}{60}$ (N : rpm)
㉡ 송풍기 : $f=\frac{\text{날개 수}\times N}{60}$
㉢ 기어 : $f=\frac{ZN}{60}$ (Z : 잇수)
㉣ 내연 기관 : f = 매초 폭발 횟수×실린더 수

21. 질량 m에 의해 인장 스프링의 길이가 δ만큼 늘어날 때 δ가 인장 스프링에 비례한다면 질량 (m)과 늘어난 길이 (δ), 고유 진동수 (W_n)의 관계가 올바르게 설명된 것은 어느 것인가? (10년 2회)
① 질량 m이 클수록 고유 진동수가 높아진다.
② 늘어난 길이 δ가 작을수록 고유 진동수가 낮아진다.
③ 늘어난 길이 δ가 클수록 고유 진동수가 높아진다.
④ 늘어난 길이 δ가 클수록 고유 진동수가 낮아진다.

정답 19. ② 20. ④ 21. ④

6. 회전 기계의 진단

6-1 회전 기계 진단의 개요

(1) 기계의 고장 원인

설계 결함, 재료 결함, 조립 불량, 생산 결함, 운전 불량, 정비 결함 등이다.

(2) 이상 현상의 특징

① 저주파 : 언밸런스(unbalance), 미스얼라인먼트(misalignment), 풀림(looseness), 오일 휩(oil whip)

② 중간주파 : 압력 맥동, 러너 날개 통과 진동

③ 고주파 : 공동(cavitation), 유체음, 진동

6-2 회전 기계의 간이 진단

(1) 측정 주기의 결정

① 기계 고장이 발생되지 않을 정도로 짧게 선정한다.

② 대상 설비의 수, 점검 점의 수, 점검 점과의 거리 등을 충분히 고려하여 결정한다.

③ 항상 일정할 필요는 없다.

(2) 판정 기준의 결정

① 절대 판정 기준 ② 상대 판정 기준 ③ 상호 판정 기준

6-3 회전 기계의 정밀 진단

(1) 진동 분석 방법

① 주파수 분석 : 시간 축의 복합된 파형을 주파수 축으로 변환시켜 각각의 이상 주파수별로 분해한 후 이 중에서 가장 특징적인 주파수를 찾아내어 이상의 원인을 찾아내는 방법이다.

② 위상 분석 : 각 베어링에 발생하는 위상의 패턴을 보는 방법이다. 여기서 위상이란 축에 표시한 회전 표시와 진동의 특징적인 주파수 성분과의 위상각을 말한다. 즉, 각 베

어링각 위치에 대하여 위상각을 측정하여 기계가 어떠한 움직임으로 진동하고 있는가를 분석하는 방법이다.

③ 진동 방향 분석 : 진동의 이상 발생 원인 중에서 어떤 경우에는 특징적인 방향으로 진동을 일으키므로 진동이 주로 발생하는 방향을 찾아내서 이상 원인을 밝혀내는 효과적인 방법이다.

④ 세차 운동 방향 분석 : 회전축은 베어링 내부에서 베어링 중심에 대하여 회전축 중심이 흔들리며 회전하는 운동을 일으킨다. 즉, 태양이 베어링의 축 중심이 되고 지구가 회전축이 되어 자전은 회전축의 회전이고 공전은 회전축이 흔들리며 도는 현상이 세차 운동에 해당된다. 세차 운동의 방향은 회전축의 회전 방향에 대하여 같은 방향으로 공전하거나 반대 방향으로 공전하게 된다. 따라서 이 방향을 알아냄으로써 몇 가지 진동 원인을 파악할 수 있다. 단, 이 세차 운동의 방향을 측정하기 위해서는 가속도계나 속도계보다 축의 변위를 측정할 수 있는 비접촉식 변위계로 측정한다.

(2) 이상 진동 주파수

① 언밸런스 (unbalance)

② 미스얼라인먼트 (misalignment)

③ 기계적 풀림 (looseness) : 기계적 풀림은 부적절한 마운드나 베어링의 케이스에서 주로 발생된다. 그 결과 많은 수의 조화 진동 스펙트럼이 나타나며 충격적인 피크 파형을 볼 수 있다. 회전 기계에서는 기계적 풀림의 존재에 따라 축 떨림이 생기고 1회전 중의 특정 방향으로 크게 변하므로 축의 회전 주파수 f와 그 고주파 성분 ($2f$, $3f$, $4f\cdots$) 또는 분수 주파수 성분 ($1/2f$, $1/3f$, $1/4f\cdots$)이 나타난다.

④ 편심 : 진동 특성은 언밸런스와 같고 중심의 한쪽이 다른 쪽보다 무거워진다. 베어링의 편심, 기어의 편심, 아마추어의 편심 등이 있다.

⑤ 슬리브 베어링

⑥ 공진 (resonance)

⑦ 캐비테이션 (cavitation) : 공동 현상 (空洞現象)

⑧ 울림 (rubbing) : 기계의 고장부와 회전부의 울림에 의해 발생하는 진동이 1f (2f)로 나타난다. 만약 울림이 연속적으로 발생하면 마찰이 시스템의 고유 진동수를 유발하게 하여 높은 주파수의 소음을 발생하게 된다.

⑨ 상호 간섭 : 2개 이상의 다른 진동·소음이 발생하는 경우 상호 간섭이 없어도 진폭과 주파수가 항상 변하는 경우가 있다.

⑩ 구름 베어링의 진단

⑪ 기어의 진단

출제 예상 문제

기계정비산업기사

1. 회전 기계 장치에서 회전수와 동일한 주파수가 검출되었을 때 진동을 발생시키는 주원인은? (08년 3회/11년 3회)

① 언밸런스 (unbalance)
② 풀림
③ 오일 휩 (oil whip)
④ 캐비테이션 (cavitation)

해설 언밸런스 (unbalance) : 진동 중 가장 일반적인 원인으로 모든 기계에 약간씩 존재한다. 진동 특성은 다음과 같다.
㉠ 회전 주파수의 $1f$ 성분의 탁월 주파수가 나타난다.
㉡ 언밸런스 양과 회전수가 증가할수록 진동 레벨이 높게 나타난다.
㉢ 높은 진동의 하모닉 신호로 나타나지만 만약 $1f$의 하모닉 신호보다 높으면 언밸런스가 아니다.
㉣ 수평·수직 방향에 최대의 진폭이 발생한다. 그러나 길게 돌출된 로터 (rotor)의 경우에는 축 방향에 큰 진폭이 발생하는 경우도 있다.

2. 커플링으로 연결되어 있는 2개의 회전축의 중심선이 엇갈려 있을 경우로서 통상 회전 주파수 또는 고주파가 발생하는 이상 현상은 어느 것이가? (12년 2회)

① 언밸런스 ② 미스얼라인먼트
③ 풀림 ④ 오일 휩

해설 미스얼라인먼트는 커플링 등에서 서로의 회전 중심선 (축심)이 어긋난 상태로서 일반적으로는 정비 후에 발생하는 경우가 많다. 미스얼라인먼트 측정은 축 방향에 센서를 설치하여 측정되므로 진동 특성은 다음과 같다.
㉠ 항상 회전 주파수의 $2f$ 또는 $3f$의 특성으로 나타나며, 2차 진동 성분은 정렬 불량이 심한 경우에 1차 성분보다 커질 수 있다.
㉡ 높은 축 진동이 발생한다.

3. 커플링 등에서 축심이 어긋난 상태를 말하며 이것으로 야기된 진동이 회전 주파수의 배수 성분으로 나타나는 것은? (12년 3회)

① 미스얼라인먼트 (misalignment)
② 언밸런스 (unbalance)
③ 기계적 풀림
④ 편심

해설 미스얼라인먼트는 커플링 등을 정비한 후에 많이 발생하고 진동은 $1f$, $2f$, $3f$ 성분으로 나타난다.

4. 미끄럼 베어링에서 나타날 수 있는 진동 현상은? (07년 1회)

① 오일 휩 (oil whip)
② 미스얼라인먼트 (misalignment)
③ 압력 맥동
④ 공동 (cavitation)

해설 오일 휩은 강제 윤활을 하고 있는 미끄럼 베어링에는 반드시 있는 트러블로서 비교적 고속 운전하는 기계에 발생한다. 미끄럼 베어링은 틈새 과다에 의한 진동, 오일 휠 (oil wheel)이 진동 원인이다.

5. 유체 기계에서 국부적 압력 저하에 의하여 기포가 생기며 고압부에 도달하면 파괴되어 일반적으로 불규칙한 고주파 진동 음향이 발생하는 현상은? (08년 3회)

① 언밸런스 ② 미스얼라인먼트
③ 풀림 ④ 공동

정답 1. ① 2. ② 3. ① 4. ① 5. ④

해설

발생 주파수	이상 현상	진동 현상의 특징
중간 주파	압력 맥동	펌프의 압력 발생 기구에서 임펠러가 벌루트 케이싱부를 통과할 때에 생기는 유체 압력 변동, 압력 발생 기구에 이상이 생기면 압력 맥동에 변화가 생긴다.
	러너 날개 통과 진동	압축기, 터빈의 운전 중에 동정익(動靜翼) 간의 간섭, 임펠러와 확산(difuser)과의 간섭, 노즐과 임펠러의 간섭에 의하여 발생하는 진동
고주파	공동(cavitation)	유체 기계에서 국부적 압력 저하에 의하여 기포가 생기며 고압부에 도달하면 파괴하여 일반적으로 불규칙한 고주파 진동 음향이 발생한다.
	유체음, 진동	유체 기계에서 압력 발생 기구의 이상, 실기구의 이상 등에 의하여 발생하는 와류의 일종으로서 불규칙성의 고주파 진동 음향이 발생한다.

6. 다음 진동 현상의 특징 중 저주파에서 발생되는 이상 현상이 아닌 것은 다음 중 어느 것인가? (06년 1회/11년 2회)

① 언밸런스(unbalance)
② 캐비테이션(cavitation)
③ 미스얼라인먼트(misalignment)
④ 풀림

해설 캐비테이션은 고주파에서 나타난다.

7. 회전 기계의 진동 측정 방법 중 변위를 측정해야 하는 경우로 가장 적합한 것은? (08년 1회)

① 회전축의 흔들림
② 캐비테이션 진동
③ 베어링 홈 진동
④ 기어의 홈 진동

해설

측정 변수	이상의 종류	예
변위	변위량 또는 움직임의 크기가 문제로 되는 이상	공작 기계의 떨림 현상, 회전축의 흔들림
속도	진동 에너지나 피로도가 문제로 되는 이상	회전 기계의 진동
가속도	충격력 등과 같이 힘의 크기가 문제로 되는 이상	베어링의 홈 진동, 기어의 홈 진동

8. 다음은 회전 기계에서 발생하는 진동을 측정하는 경우 측정 변수를 선정하는 내용에 대한 설명이다. 맞는 것은? (09년 1회)

① 낮은 주파수에서는 가속도, 중간 주파수에서는 속도, 높은 주파수에서는 변위를 측정 변수로 한다.
② 진동 에너지나 피로도가 문제가 되는 경우 측정 변수는 속도로 한다.
③ 주파수가 낮을수록 가속도의 검출 감도가 높아진다.
④ 주파수가 높을수록 변위의 검출 감도가 높아진다.

해설 • 낮은 주파수에서는 변위 또는 가속도를 변수로, 중간 주파수에서는 속도를, 높은 주파수에서는 가속도를 측정 변수(parameter)로 한다.
• 주파수가 낮을수록 변위의 검출 감도가 높아지며, 주파수가 높아지면 가속도의 검출 감도가 높아진다.

정답 6. ② 7. ① 8. ②

9. 회전 기계에서 발생하고 있는 진동을 측정할 때 변위, 속도, 가속도의 측정 변수 선정에 대한 설명 중 옳은 것은? (09년 3회)

① 주파수가 높을수록 변위의 검출 감도가 높아진다.
② 주파수가 낮을수록 가속도의 검출 감도가 높아진다.
③ 주파수가 낮을수록 속도의 검출 감도가 높아진다.
④ 주파수가 높을수록 가속도의 검출 감도가 높아진다.

해설 주파수가 낮을수록 변위의 검출 감도가 높아지며, 주파수가 높아지면 가속도의 검출 감도가 높아진다.

10. 모터와 펌프의 두 축심을 어긋난 상태로 연결했을 때 발생하는 이상 진동 현상으로 회전 주파수의 $2f(2X)$ 성분이 크게 발생하는 것은? (09년 2회)

① 언밸런스 (unbalance)
② 미스얼라인먼트 (misalignment)
③ 기계적 풀림 (looseness)
④ 공동 (cavitation)

해설 미스얼라인먼트는 커플링 등에서 서로의 회전 중심선 (축심)이 어긋난 상태로서 일반적으로는 정비 후에 발생하는 경우가 많다. 이때 야기된 진동은 항상 회전 주파수의 $2f$ $(3f)$의 특성으로 나타나며, 높은 축 진동이 발생한다. 어긋난 축이 볼 베어링에 의하여 지지된 경우 특성 주파수가 뚜렷이 나타나며 미스얼라인먼트의 주요 발생 원인은 다음과 같다.
㉠ 휨 축이거나 베어링의 설치가 잘못되었을 경우
㉡ 축 중심이 기계의 중심선에서 어긋났을 경우

11. 회전 기계 장치에서 1 kHz 이상의 고주파를 발생시키는 진동은? (04년 1회)

① 구름 베어링의 홈에 의한 진동
② 미스얼라인먼트에 의한 진동
③ 오일 휩에 의한 진동
④ 언밸런스에 의한 진동

해설 회전 기계의 저주파 진동을 이용한 정밀 진단에서 베어링 내륜에 굴곡이 있을 경우이다. 언밸런스, 미스얼라인먼트가 있을 때에도 역시 낮은 주파수의 진동이 발생한다. 롤링 베어링의 스폿 (spot) 홈에 의하여 발생하는 주파수 (엄밀히는 충격 진동의 간격)는 고주파 진동이다.

12. 회전 기계 정밀 진단 시 진동 방향 분석으로 잘못 짝지어진 것은? (09년 3회 / 11년 2회)

① 언밸런스 – 수평 방향
② 풀림 – 수직 방향
③ 미스얼라인먼트 – 축 방향
④ 캐비테이션 – 회전 방향

해설 언밸런스의 경우는 수평 방향 (H), 풀림의 경우는 수직 방향 (V), 미스얼라인먼트의 경우는 축 방향 (A)으로 특징적인 진동이 발생한다.

13. 다음 중 설명이 옳은 것은? (08년 1회)

① 변위 측정 – 기어 및 베어링 진동 측정
② 가속도 측정 – 회전체의 불평형 및 구조 진동 측정
③ 속도 측정 – 전동기의 전기적 진동과 같이 이하의 진동 측정
④ 2 kHz 절대 위상 측정 – 설비의 결함 원인 분석

해설 가속도를 파라미터로 한 진동 특성은 고주파 성분의 영향을 강조하는 경향이 있다. 반면에 변위를 파라미터로 하는 경우에는 저주파 성분이 상대적으로 강조된다.

정답 9. ④ 10. ② 11. ① 12. ④ 13. ③

14. 구조 설계에 의한 진동 제어를 설명함에 있어 적용되는 요소로 틀린 것은? (08년 3회)

① 구조물의 질량을 고려하여 진동이 최소화되도록 설계한다.
② 구조물의 강성의 크기를 진동이 최소화되도록 설계한다.
③ 구조물의 강성의 분포를 고려하여 진동이 최소화되도록 설계한다.
④ 구조물의 형태를 고려하여 진동이 최소화되도록 설계한다.

해설 모든 구조물은 그에 고유한 공진 주파수를 갖는다. 만일 구조물에 가해지는 힘이 이 공진 주파수와 동일한 주파수를 갖는다면 구조물의 큰 진동과 함께 소음이 발생할 수 있다. 기계 구조물의 이러한 공진 현상은 회전체의 불균형, 충격, 마찰 등에 의해서 발생되는 주기적 힘이 해당 구조물에 전달됨으로써 일어난다. 구조물의 공진 현상을 방지하는 최선의 방법은 중요한 구조물의 공진 주파수가 예상되는 강한 여진 주파수(회전 속도 등)와 일치하지 않도록 적절한 설계를 하는 것이다.

15. 감쇠가 매우 적은 시스템에서 고유 진동 주파수와 강제 진동 주파수가 일치하거나 유사할 때 발생되는 현상은? (09년 2회)

① 공진이 발생하며 진동 진폭이 크게 발생한다.
② 시스템이 매우 안정된다.
③ 진동 진폭이 감소된다.
④ 진동 전달률이 감소한다.

해설 공진은 고유 진동수와 강제 진동수가 일치할 때 진폭이 증가하는 현상으로, 위험한 큰 진동이 발생된다.
㉠ 회전수 변경을 통해서 주파수를 기계의 고유 진동수와 다르게 한다.
㉡ 기계의 강성과 질량을 바꾸고 고유 진동수를 변화시킨다.
㉢ 우발력을 없앤다.

16. 구름 베어링의 상태 감시 수단으로 적절한 진동 측정 변수(parameter)는? (11년 2회)

① 변위 ② 속도
③ 가속도 ④ 위상

해설 구름 베어링은 높은 주파수가 발생하므로 가속도 파라미터를 사용한다.

17. 다음 중 슬리브 베어링의 진동 원인으로 틀린 것은? (11년 3회)

① 축과 틈새의 과다
② 기계적 헐거움
③ 전동체의 결함
④ 윤활유 관계의 문제

해설 ③은 구름 베어링의 진동 원인이다.

18. 롤링 베어링에서 발생하는 진동의 종류에 해당되지 않는 것은? (07년 1회/09년 2회/10년 1회)

① 베어링 구조에 기인하는 진동
② 베어링의 비선형성에 의해 발생하는 진동
③ 다듬면의 굴곡에 의한 진동
④ 신품의 베어링에 의한 진동

해설 구름 베어링에서 발생하는 진동 특성
㉠ 베어링의 구조에 기인하는 진동
㉡ 베어링의 비선형성에 의하여 발생하는 진동
㉢ 다듬면의 굴곡에 의한 진동
㉣ 베어링의 손상에 의하여 발생하는 진동

19. 베어링이 스러스트 하중을 받고 있는 경우 진동 센서는 어느 방향으로 부착하는 것이 좋은가? (12년 3회)

① 수직 방향 ② 수평 방향
③ 축 방향 ④ 45° 방향

해설 베어링이 스러스트 하중을 받고 있는 경우 진동 센서는 축 방향에 부착되는 쪽이 감도가 좋다.

정답 14. ④ 15. ① 16. ③ 17. ③ 18. ④ 19. ③

7. 윤활 관리 진단

7-1 윤활의 개요

(1) 마찰과 윤활

① 마찰(friction) : 접촉하고 있는 두 물체가 상대 운동을 하려고 하거나 또는 상대 운동을 하고 있을 때 그 접촉면에서 운동을 방해하려는 저항이 생기는데, 이러한 현상을 '마찰'이라 하며, 이때의 저항력을 마찰력(frictional force)이라 한다. 마찰이 크다는 것은 동력의 손실을 가져오고, 다음에 마모가 생기며, 기계요소의 파괴는 물론 녹아 붙음과 같은 치명적 사고를 가져온다.

② 윤활(lubrication) : 마찰이 일어날 때 그 접촉면에 유막(油膜)을 조성해 마모나 발열 등을 감소시키는 것을 의미하며, 마찰 면 사이에 삽입하는 다양한 물질을 윤활제(lubricant)라 한다.

(2) 윤활의 목적과 방법

① 윤활의 목적 : 윤활의 목적은 기계에 올바른 윤활과 정기적인 점검을 통하여 제반 고장이나 성능 저하를 없애고, 기계나 설비의 완전 운전을 도모함으로써 생산성을 향상시키고 생산비를 절감하는 데 있다.

② 윤활 관리의 4원칙 : 적유, 적법, 적량, 적기

③ 윤활 관리의 주요 기능

(가) 마찰 손실 방지와 마모 방지

(나) 녹아 붙음 및 소부 현상 방지

(다) 밀봉 작용과 냉각 효과 및 방청 및 방진 작용

④ 윤활의 효과

(3) 윤활 작용

① 윤활 상태 : 상대 운동을 하는 표면에서의 윤활 상태는 윤활제의 유막 두께에 따라 유체 윤활, 경계 윤활, 극압 윤활로 분류된다.

(가) 유체 윤활(fluid lubrication)

(나) 경계 윤활(boundary lubrication)

(다) 극압 윤활(extreme-pressure lubrication)

② 윤활유의 작용 : 감마, 냉각, 응력 분산, 밀봉, 청정, 녹 방지 및 부식 방지, 방청, 방진, 동력 전달

7-2 ∘ 윤활제의 종류와 특성

(1) 원유의 분류

① 물리적 성질에 의한 분류 : API (american petroleum institute) 수치가 클수록 가벼운 원유이며, 황의 함유율이 1% 이하인 것을 저유황 원유, 2%를 넘는 것을 고유황 원유라 한다.

② 화학적 성질에 의한 분류 : 원유를 화학적 성분에 따라 분류하면 석유의 주성분인 탄화수소의 종류에 따라 나프텐계 원유 (아스팔트계 원유), 파라핀계 원유, 혼합계 (중간) 원유로 나뉜다.

(가) 파라핀계 원유 : 파라핀계의 탄화수소를 많이 함유한 원유로서 등유, 세탄가가 높은 경유의 품질은 우수하나 휘발유의 옥탄가는 낮다. 중유 분은 비교적 응고점이 높으나 탈납함으로써 고품질의 윤활유를 제조할 수 있다. 일반적으로 아스팔트 분은 적고 파라핀 왁스 분은 많다.

(나) 나프텐계 원유 : 나프텐계의 탄화수소를 비교적 많이 함유하고, 휘발유의 옥탄가가 높아 품질이 좋으며, 아스팔트 분이 많아 아스팔트계 원유라고도 한다. 다량의 아스팔트를 생산할 수 있으나 등유, 경유는 세탄가가 낮아 품질이 그다지 좋지 않다.

(다) 중간기 원유 : 위의 두 가지 계통의 중간적 성상의 원유로서 세계 대부분은 이 계통에 속하며, 중동 원유의 대부분은 여기에 속한다고 보고 있다.

(2) 윤활기유의 분류

윤활기유 (base oil)는 모든 석유계 윤활유 제품의 주원료가 되는 물질로서, 석유계 윤활유는 첨가제가 함유되지 않은 순 광유와 첨가유의 두 가지로 분류된다.

① 윤활기유의 종류

윤활기유의 분류

윤활기유의 종류	점도 지수 (VI)	유동점 (pour point)
표준 파라핀 (normal paraffins)계	매우 높음	높음
ISO 파라핀 (ISO paraffins)계	높음	낮음
나프텐 (naphthenes)계	중간	낮음
아로매틱 (aromatics)계	낮음	낮음

② 윤활기유의 특성 : 나프텐계 원유의 생산이 줄어들고 있으며 최근에 생산되는 다수의 윤활유 제품은 파라핀계의 기유가 사용되고 있다.

윤활기유의 특성

항 목	파라핀계	나프텐계
밀도	낮음	높음
점도 지수(VI)	높음	낮음
인화점, 발화점, 유동점	높음	낮음
잔류 탄소	많음	적음
색	밝음	어두움
부분 분리성	좋음	나쁨
산화 안정도	높음	낮음
휘발성, 증기압	낮음	높음
왁스 함량	높음	낮음

(3) 윤활제의 종류

외관 형태로 분류하면 액상의 윤활유, 반고체상의 그리스 및 고체 윤활제로 분류된다.

윤활제의 종류

윤활제의 분류		종 류
액체 윤활제 (윤활유)	광유계	순 광유 및 순 광유에 첨가제가 함유된 윤활유
		유압 작동유, 기어, 엔진 오일 등
	합성계	광유에 지방유를 합성한 윤활유
		PAO, 에스테르 등
		특수 엔진유, 항공용 윤활유 등
	천연 유지계	동식물 유지(에스테르 화합물), 압연유, 절삭유용
	동식물계	지방유
반고체 윤활제	그리스	윤활유로 적합하지 않은 곳, 기어, 베어링 등
고체 윤활제	고체 자체	MoS, PbO, 흑연, 그라파이트 등
	반고체 혼합	그리스와 고체 물질의 혼합
	액체와 혼합	광유와 고체 물질의 혼합

① 윤활유의 분류 : 윤활제로서 가장 많이 사용되는 것은 액상의 윤활유이며, 액상의 윤활유로서 갖추어야 할 성질은 다음과 같다.

(가) 사용 상태에서 충분한 점도를 가질 것

(나) 한계 윤활 상태에서 견디어 낼 수 있는 유성이 있을 것

㈐ 산화나 열에 대한 안정성이 높고 화학적으로 안정될 것

㉮ 원료에 의한 분류

- 석유계 윤활유 : 파라핀계 윤활유, 나프텐계 윤활유, 혼합 윤활유
- 비광유계 윤활유 : 동식물계 윤활유, 합성 윤활유

㉯ 점도에 의한 분류 : 석유계 윤활유를 점도에 따라 경질 윤활유(light stocks), 중간질 윤활유(medium stocks), 중질 윤활유(heavy stocks)로 분류한다.

- SAE의 분류 : 윤활유의 점도에 따라 분류하는 방법으로 SAE 분류법이 널리 사용된다. SAE 등급에서 W자는 겨울용이라는 뜻으로 숫자의 크기가 클수록 점성이 커진다.
- ISO점도 분류 : ISO의 점도 분류는 18등급으로 분류한다.
- API에 의한 분류 : 미국석유협회의 API 서비스 분류이며, 기관의 종류와 사용 조건에 따라 크게 가솔린 기관과 디젤 기관으로 분류된다.

㉰ 용도에 의한 분류

- 전기 절연유(KS C 2301) : 오일 속의 콘덴서나 케이블, 변압기 등에 사용되는 것을 전기 절연유라고 하며, 1종에서 7종까지 구분하고 있다.
- 금속 가공유 : 금속 가공용 윤활유에는 절삭유, 연삭유, 열처리유, 압연유 등이 있다.
- 방청유
- 유압 작동유 : 작동유는 광유계 작동유와 불연성 작동유로 나누어지며, 불연성 작동유에는 수분 함유형 작동유와 합성 작동유가 있다.

(4) 윤활유 성질

① 비중(specific gravity) : 윤활유의 비중은 성능에는 관계없으나 규정의 기름인지 또는 연료유 등의 이물질이 혼입되었는지 여부를 확인하는 데 유용하게 사용된다.

② 점도(viscosity) : 액체 내의 전단 속도가 있을 때 그 전단 속도 방향의 수직면에서 속도 방향으로 단위 면적에 따라 생기는 전단 응력의 크기로서 표시하는 액체의 내부 저항을 말한다.

③ 점도 지수(VI : viscosity index) : 점도 지수는 온도의 변화에 따른 윤활유의 점도 변화를 나타내는 수치, 즉 지수로서 단위를 사용하지 않는다. VI값은 100을 기준으로 점도 지수가 클수록 온도가 변할 때 점도 변화의 폭이 작다는 것을 의미한다. 동일한 조건의 윤활유인 경우 점도 지수가 높은 윤활유일수록 고급유에 해당한다. 점도 지수는 40℃ 동점도와 100℃ 동점도의 계산에 의하여 구해진다.

④ 유동점(pour point) : 윤활유가 유동성을 잃기 직전의 온도, 즉 유동할 수 있는 최저의 온도를 말한다.

⑤ 인화점(flash point) : 석유 제품은 모두 그들의 온도에 상당하는 증기압을 갖기 때문

에 이들은 어느 온도까지 가열하게 되면 증기가 발생하게 되고 그 증기는 공기와의 혼합 가스로 되어 인화성 또는 약한 폭발성을 갖게 된다. 이 혼합 가스에 외부로부터 화염을 접근시키면 순간적으로 섬광을 내면서 인화되어 발생 증기가 소멸된다. 이때의 온도를 인화점이라고 한다. 표준 시료는 프탈산디옥틸을 사용한다.

⑥ 전산가(TAN : total acid number) : 오일 중에 포함되어 있는 산성 성분의 양을 나타내며, 시료 1g 중에 함유된 전 산성 성분을 중화하는 데 소요되는 수산화칼륨(KOH)의 양을 mg 수로 표시한 값이다. 전산가의 값이 클수록 윤활유의 산화가 증가되었음을 의미한다.

⑦ 전알칼리가(TBN : total base number) : 시료 1g 중에 함유된 전 알칼리 성분을 중화하는 데 소요되는 산과 같은 당량의 수산화칼륨(KOH) 양을 mg 수로 표시한 것이다.

⑧ 잔류 탄소분(carbon residue) : 잔류 탄소분이란 기름의 증발, 오일을 공기가 부족한 상태에서 불완전 연소시켜 열분해 후에 발생되는 탄화 잔류물이다. 고온으로 작동되는 내연 기관용 윤활유는 잔류 탄소분으로 인하여 윤활유의 산화와 부식을 촉진하게 한다. 보통 휘발성이 높고 점도가 낮은 윤활유는 잔류 탄소분이 적다.

⑨ 동판 부식(copper strip corrosion) : 동판 부식 시험은 기름 중에 함유된 유리 유황 및 부식성 물질로 인한 금속의 부식 여부에 관한 시험이다. 시험 방법은 잘 연마된 동판을 시료에 담그고 규정 시간, 규정 온도로 유지한 후 이것을 꺼내어 세정하고 동판 부식 표준 시험편과 비교하여 비료의 부식성을 판정한다.

⑩ 황산회분(sulfated ash content) : 황산회분이란 시료가 연소하고 남은 탄화 잔류물에 황산을 가하여 가열한 후 황량으로 된 회분을 말한다. 따라서 황산회분은 윤활유의 첨가제를 정량적으로 측정하는 데 그 목적이 있다.

⑪ 산화 안정도(oxidation stability) : 윤활유는 탄화수소 화합물이므로 공기 중의 산소와 반응해서 산화되기 쉽다. 특히 산화 조건인 온도 촉매에서 반응 속도가 빨라지고 윤활유가 산화를 받으면 물질 특성의 변화를 가져온다. 따라서 윤활유의 산화 안정도 시험은 내산화도를 평가하는 방법이고, 이것은 윤활유를 일정 조건(온도, 시간, 촉매)에서 산화시킨 후 신유와의 점도비, 전산가 증가 등을 시험하여 오일의 산화 안정성을 평가한다.

⑫ 주도(cone penetration) : 그리스의 주도는 윤활유의 점도에 해당하는 것이다.

⑬ 적점(dropping point) : 그리스를 가열했을 때 반고체 상태의 그리스가 액체 상태로 되어 떨어지는 최초의 온도를 말한다.

⑭ 이유도(oil segregation) : 그리스를 장시간 사용하지 않고 저장할 경우 또는 사용 중 그리스를 구성하고 있는 기름이 분리되는 현상을 말한다. 이것을 또 이장(離漿)현상이라 한다. 이장 현상은 그리스의 제조 시 농축이 잘못된 경우와 사용 과정에서 외력이 작용하여 온도가 상승한 경우 발생된다.

⑮ 혼화 안정도(working stability) : 그리스의 전단 안정성, 즉 기계적 안정성을 평가하는

방법이다. 시험 방법은 혼화기에 시료를 채우고 혼화 장치에서 10만 회 혼화한 후 주도를 측정해서 변화를 비교 측정하는 방법이 있다.

(5) 윤활제의 첨가제

① 윤활 성능 보강제

㈎ 점도 지수(VI) 향상제(viscosity index improvers) : 온도 변화에 따른 점도 변화의 비율을 낮게 하기 위하여 VI 향상제를 사용한다.

㈏ 유성 향상제(oilness improvers) : 유성 향상제는 금속의 표면에 유막을 형성시켜 마찰 계수를 작게 하여 유막이 끊어지지 않도록 한다.

㈐ 유동점 강하제(pour point depressants) : 저온일 때 왁스 분의 성장을 저지시켜 유동성을 높여 주는 첨가제이다.

② 표면 보호제

㈎ 청정제, 분산제(detergent, dispersant) : 산화에 의하여 금속 표면에 붙어 있는 슬러지나 탄소 성분을 녹여 기름 중의 미세한 입자 상태로 분산시켜 내부를 깨끗이 유지하는 역할을 한다.

㈏ 부식 방지제(corrosion inhibitor)

㈐ 방청제(rust inhibitor, antirust additives) : 금속에 피막을 이루어 녹의 발생을 억제하는 데 사용된다.

㈑ 극압성 첨가제(EP, agent)(extreme pressure additives)

㈒ 내마모성 첨가제(anti wear agent)

③ 윤활유 보호제

㈎ 산화 방지제(antioxidant)

㈏ 기포 방지제(소포제, antifoam agent) : 윤활유가 밸브 등을 통과할 때 발생되는 거품을 빨리 소포시킨다.

㈐ 착색제(dye) : 윤활유의 누설을 쉽게 하기 위하여 오일에 색소를 넣어 사용한다.

㈑ 유화제(emulsifier) : 물과 안정된 유화액을 이루도록 사용되는 첨가제이다.

(6) 그리스

그리스(grease)는 액체 상태의 윤활제에 증주제를 혼합한 후 각종 첨가제를 배합하여 생산한 반고체 윤활제이며, 금속비누와 윤활유로 되어 있으며 비누의 그물 모양의 섬유 구조로 관유를 감싸고 있다.

① 그리스의 성분 : 그리스는 기유(base oil)와 증주제(thickener) 및 각종 첨가제로 구분되며 그 조성은 다음과 같다.

㈎ 기유 : 기유는 그리스에서 윤활 주체가 되며 전체 조성의 80~90%를 차지한다. 기유는 정제 광유와 합성유로 구분되며, ISO VG10의 낮은 점도에서부터 ISO VG159

의 높은 점도유가 사용되고 있다.

(나) 증주제 : 그리스의 특성을 결정하는 데 매우 중요한 요소가 증주제이며, 그리스의 주도는 증주제의 양에 따라 결정된다. 증주제에는 비누기 증주제와 비비누기 증주제가 있다. 비누기 (soap) 증주제는 알칼리 금속과 지방산으로 만들어지며 칼슘, 나트륨, 알루미늄 및 리튬 등이 있다. 지방산으로서는 동식물 유지의 지방산이 많이 사용된다. 비비누기 (non soap) 증주제는 무기계와 유기계의 두 종류가 있다.

(다) 첨가제 : 그리스 첨가제는 그리스의 물리, 화학적인 성능을 향상시켜 주며, 그리스의 수명 연장과 함께 윤활 부위의 금속 재질에 대한 마모, 부식 및 녹 발생 등의 손상을 최소화시켜 주는 역할을 한다.

㉮ 유성 향상제
㉯ 산화 방지제
㉰ 구조 안정제
㉱ 극압 첨가제
㉲ 방청제
㉳ 마모 방지제
㉴ 녹, 부식 방지제
㉵ 고체 첨가제

② 그리스의 주도 : 그리스의 주도는 윤활유의 점도에 해당하고 무르고 단단한 정도를 나타낸 값이며, 규격으로 정한 원추를 시료에 일정한 높이에서 낙하시켜 5초 동안 침투한 깊이 (mm)의 10배의 단위로 나타낸다.

③ 그리스의 충전 : 베어링에 필요 이상의 충전을 하면 교반 때문에 발열하여 그리스의 열화, 연화, 누설 등의 원인이 된다. 그러므로 그리스 충전량은 베어링이 부착된 상태에서 하우징 공간의 약 $\frac{1}{3} \sim \frac{1}{2}$ 이 적당하다. 베어링의 그리스 충전량은 다음 식으로 구할 수 있다.

충전량 $Q = 0.005\text{dB}$

여기서, Q : 그리스량 (G) D : 베어링의 내경 B : 베어링의 외경

7-3 윤활제의 급유법

(1) 윤활유 급유법

① 비순환 급유법
② 순환 급유법

(2) 그리스 급유법

① 개요 : 그리스 급유법에는 손 급유법, 그리스 컵, 그리스 건 및 집중 그리스 윤활 장치가 있으며, 300 이상의 주도를 갖는 그리스를 선택하여 사용한다. 그리스를 새로운 것으로 교환할 때는 용제로 완전히 닦아 내고 새 그리스를 충전한다.

② 급유법의 종류

(가) 그리스 급유 : 그리스 윤활은 유 윤활에 비해 몇 가지 장단점이 있다. 장점은 급유 간격이 길고, 누설이 적으며, 밀봉성과 먼지 등의 침입이 적다는 점이고, 단점은 냉각 작용이 적고 질의 균일성이 떨어진다는 점이다.

(나) 그리스 충진(充塡) 베어링 : 슬라이딩 베어링의 메탈 상부에 그리스를 충진하여 뚜껑을 덮어 두는 방식으로 저속의 베어링과 선박의 저널 베어링 및 압연기의 롤 베어링 등에 사용된다. 이 베어링은 뚜껑을 닫아 불순물의 침입을 방지하고 베어링이 발열하여 그리스가 적하점(dropping point) 이상의 온도로 되면 그리스가 유출되므로 유의해야 한다.

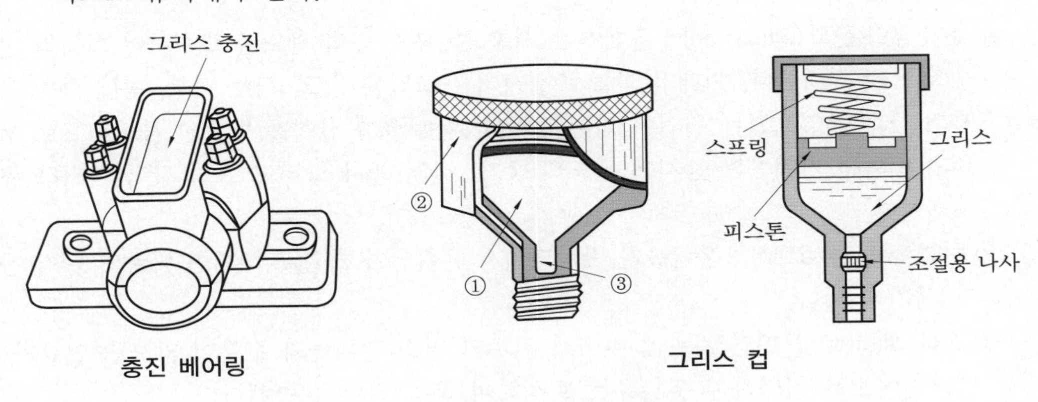

충진 베어링　　　　그리스 컵

(다) 그리스 컵 : 그리스 컵은 그림과 같이 ①은 그리스, ②는 그리스 컵이며, 여기에 스프링이 달려 있다. 컵 속의 그리스가 열에 녹아 ③에서 마찰 면으로 공급한다.

(라) 그리스 건 : 베어링에 그리스를 충진하는 휴대용 그리스 펌프로서 1회의 공급으로 적정 시간 운전에 적합할 경우 그리스 건이 사용된다.

(마) 그리스 펌프 : 여러 개의 펌프 유닛을 가지고 상당수의 마찰 면에 자동적으로 일정량의 그리스를 압송할 수 있으므로 그리스 건보다 훨씬 우수한 방법이다.

(바) 집중 그리스 윤활 장치 : 그리스 펌프에 의해 관 지름이 50 mm 정도의 주관을 시공하고 분배관을 배열하여 다수의 베어링에 동시 일정량의 그리스를 확실히 급유하는 방법이다. 자동으로 전동기의 스위치가 제어되어 규정된 시간대로 간헐적으로 급유된다.

7-4 윤활유의 열화와 관리 기준

(1) 윤활유의 열화 원인

윤활유는 사용 중에 변질되어 그 성질이 저하되는데, 이것을 윤활유의 열화라 한다.

첫째는 윤활유 자체에서 일으키는 화학적 열화이고, 둘째는 외부적 요인에 의하여 생기는 열화로서 윤활유의 훼손이다.

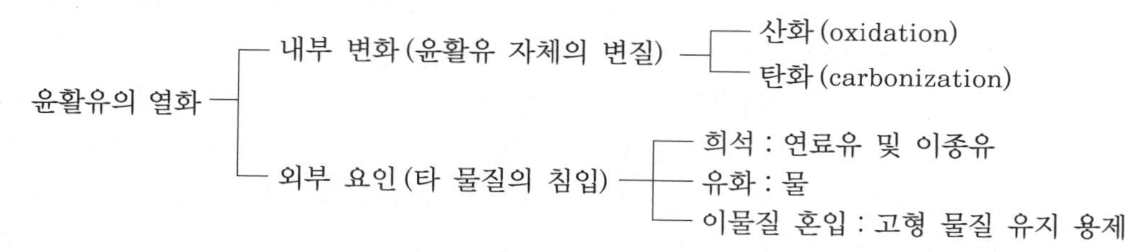

(2) 윤활유 열화에 미치는 인자

① 윤활유의 산화 (oxidation) : 윤활유는 사용 중 공기 중의 산소를 흡수하여 화학적 반응을 일으켜 산화한다. 이때 산화를 촉진시키는 조건은 온도, 사용 시간, 촉매 등이 유분자의 산화를 일으키는 원인이 되는 것이다. 윤활유가 산화를 받으면 물리적으로 우선 색의 변화를 가져옴과 동시에 점도의 증가, 산의 증가 그리고 표면 장력의 저하 등을 초래한다.

② 탄화 (cabonization) : 윤활유가 탄화되면서 윤활유가 가열 분해되어 다량의 탄소 잔류가 생기게 된다.

③ 희석 (dilution) : 내연 기관에 있어서 연료의 연소 잔류물과 수분이 많으면 연료가 크랭크케이스로 침입하여 윤활유를 희석하여 윤활 작용을 방해한다.

㈎ 사용 연료의 품질이 불량하여 분사 상태가 나쁘고, 따라서 연소 불량이 되어 그 일부가 윤활유 중에 혼입하였을 경우

㈏ 윤활유 가열 온도가 적절하지 않거나 분사 압력이 너무 낮고, 분사 장치의 불량 등에 의하여 분사 상태의 불량에서 오는 연료유의 혼입

㈐ 엔진의 정비 불량에 의한 연료유 또는 수분이 윤활유 중에 혼입한 경우

④ 유화 (emulsification) : 윤활유가 수분과 혼합해서 유화액을 만드는 현상은 유중에 존재하는 미세한 이물질 입자의 극성 (일종의 응집력)에 의해서 물과 기름의 표면 장력이 저하해서 W/O형 에멀전이 생성되어 점차 강인한 보호막이 형성되는 결과로 일어나는 것으로, 유화 입자는 보통 1개의 크기가 10−5~10−6 mm 정도이며 큰 것도 있어, 이것이 집합해서 유화액이 형성되는 것으로 생각된다. 윤활유가 유화되는 원인으로는 오일의 산화가 상당히 일어났을 때, 윤활유가 열화하여 이물질이 증가하여 고점도유에 이르렀을 때, 운전 조건이 가혹해서 탄화수소 분의 변질을 가져왔을 때, 수분과의

접촉이 많을 때 등이 있다.

(3) 윤활유의 열화 판정법

① 직접 판정법

(가) 신유(新油)의 성상(性狀)을 사전에 명확히 파악해 둔다.

(나) 사용유의 대표적 시료를 채취하여 성상을 조사한다.

(다) 신유와 사용유의 성상을 비교 검토한 후에 관리 기준을 정하고 교환하도록 한다.

② 간이 판정법

(가) 냄새를 맡아 보고 강한 냄새가 있으면 연료 기름의 혼입이나 불순물의 함유량이 많다고 판단한다.

(나) 시험관 중에 적당량의 기름을 넣고 그의 선단부를 110℃ 정도로 가열해서 함유 수분의 존재를 물이 튀는 소리로 듣는다.

(다) 손으로 기름을 찍어 보고 경험으로 점도의 대소, 협잡물의 다소를 판단한다.

(라) 투명한 2장의 유리판에 기름을 넣고 투시해서 수분의 존재 또는 이물질의 발생 유무를 조사한다.

(마) 시험관에 기름과 물을 같은 양으로 넣고 심하게 교반한 후 방치해서 기름과 물이 완전히 분리할 때까지 시간을 측정하여 항유화성을 조사한다.

(바) 기름을 소량의 증류수로 씻어 낸 수분을 취하여 리트머스 시험지를 적셔 적색으로 변하면 산성이다.

(사) 시험관에 기름과 농유산을 같은 양으로 넣고 잘 교반한 다음 잠시 후에 흑색의 침전물이 되는 양 및 관벽 온도의 상승 정도로써 불순물의 혼입 비율 및 열화의 정도를 알 수 있다.

(아) 적당한 용기에 소량의 시료를 채취하여 이것을 60~70 ℃로 가열하고 지름이 2~3 mm의 금속 또는 유리막대를 이용하여 그 유적을 로지상에 적하하고, 15분 후 침투된 유폭을 측정하여 유폭이 2 mm 이하로 되면 이용 한도가 넘은 것으로 판정한다.

(자) 현장에서 간이식 점도계, 중화가 시험기, 비중계, 비색계가 있으면 적극 활용하거나 간이 시험기를 이용한다.

(4) 윤활유의 사용 한계

① 윤활유의 사용 한계 : 윤활유를 장기간에 걸쳐 사용하게 되면 윤활유는 내적 또는 외적인 요인에 의하여 열화되므로 윤활유로서의 기능을 상실하고 만다. 이때는 신유로 교환하여야 되나 일반적으로 성상의 변화에 관계없이 일정 기간이 지나면 자동적으로 교환하는 방법과 또 관리 기준을 정해 놓고 수시로 관리 항목을 체크해서 교환하는 방법 등이 있다.

② 실험실에서 오염 정도 측정

(가) 중량법 : 시료유 100 mL 중의 오염 물질의 중량 측정

(나) 계수법 : 시료유 100 mL 중의 오염 물질의 크기 개수를 측정

(다) 오염 지수법 : 오일 중의 미립자 또는 젤라틴상의 물질에 따라 필터의 눈이 막혀 여과 시간의 변화 현상을 이용하여 시료의 오염도를 산출하는 방법으로 SAE에 측정법이 규정되어 있다.

(라) 수분 측정법 : 크실렌 등의 용제와 혼합한 시료를 가열, 증류하여 검수관에 분리된 수분을 측정하여 시료에 대한 용량 또는 중량으로 표시한다.

(마) 기포성 측정법 : 기포성이란 규정 온도에서 5분간 공기를 불어넣은 직후의 거품량(mL)을 말하며, 기포 안정도란 기포도 측정 후 10분간 방치한 후의 거품량을 말한다.

③ 윤활유 트러블 대책 : 윤활유의 오염은 언제나 될 수 있다. 공기과 열, 수분이 그 주요 원인이다.

윤활유의 트러블과 대책

트러블 현상	원 인	대 책
동점도 증가	• 고점도유의 혼입 • 산화로 인한 열화	• 다른 윤활유 순환 계통 점검 • 동점도 과도 시 윤활유 교환
동점도 감소	• 저점도유 혼입 • 연료유 혼입에 의한 희석	• 다른 윤활유 순환 계통 점검 • 연료 계통 누유 상태 점검
수분 증가	• 공기 중의 수분 응축 • 냉각수 혼입	• 수분 제거 • 수분 혼입원의 점검
외관 혼탁	• 수분이나 고체의 혼입	• 점검 후 윤활유 교환
소포성 불량	• 고체 입자 혼입 • 부적합 윤활유 혼입	• 윤활유 교환
전산가 증가	• 열화가 심한 경우 • 이물질 혼입	• 열화 원인 파악 • 이물질 파악 및 교환
인화점 증가	• 고점도유 혼입	• 점검 후 윤활유 교환
인화점 감소	• 저점도유 혼입 • 연료유 혼입	• 점검 후 윤활유 교환

출제 예상 문제

기계정비산업기사

1. 접촉면 사이에 마찰제가 충분한 유막을 형성하고 마멸이나 발열이 미소하여 베어링으로서 가장 양호한 마찰 상태는? (03년 3회)

① 고체 마찰　② 유체 마찰
③ 경계 마찰　④ 복합 마찰

2. 윤활 상태 중 기름의 점도에 대하여 유체 역학적으로 설명할 수 없는 유막의 성질, 즉 유성(oilless)에 관계되며 시동이나 정지 전·후에 반드시 일어나는 윤활 상태는? (07년 1회)

① 유체 윤활　② 극압 윤활
③ 경계 윤활　④ 완전 윤활

해설 ① 유체 윤활(fluid lubrication) : 마찰 면 사이에 유체 역학적으로 점성 유막이 형성된 윤활 상태이므로 완전 윤활 또는 후막 윤활이라고도 한다. 마찰 계수는 0.01~0.05로서 최저이다.
② 극압 윤활(extreme-pressure lubrication) : 마찰 면의 접촉 압력이 높아, 유막의 파단이 일어나기 쉬운 상태가 되면 융착과 소부 현상이 일어나게 된다. 이때의 마찰 계수는 0.25~0.4 정도이다.
③ 경계 윤활(boundary lubrication) : 윤활 부위에 하중이 증가하거나 속도가 저하될 경우 윤활제의 점도가 낮아지고 유막의 두께는 점점 얇아져서 국부적으로 금속 접촉점이 발생하고 있는 상태를 말하며, 고하중 저속 상태 또는 시동 정지 전후에 반드시 일어난다. 이때의 마찰 계수는 0.08~0.14 정도이다.

3. 윤활 관리의 목적과 거리가 먼 것은 어느 것인가? (03년 1회)

① 적유　② 적기
③ 적량　④ 적압

해설 윤활 관리의 기본적인 4원칙은 적유, 적법, 적량, 적기이다.

4. 설비의 윤활 관리로서 적절하지 않은 것은 어느 것인가? (02년 3회)

① 매일 윤활유를 교체시켜 공급한다.
② 적절한 윤활유를 사용한다.
③ 적절한 양을 공급한다.
④ 올바른 방법으로 윤활유를 공급한다.

5. 윤활유의 작용이 아닌 것은? (03년 3회)

① 감마 작용　② 냉각 작용
③ 응력 분산 작용　④ 마찰 작용

해설 윤활유의 작용 : 감마 작용, 냉각 작용, 응력 분산 작용, 밀봉 작용, 청정 작용, 녹방지 및 부식 방지, 방청 작용, 방진 작용, 동력 전달 작용

6. 윤활유의 작용이 아닌 것은? (09년 1회)

① 감마 작용　② 냉각 작용
③ 방독 작용　④ 응력 분산 작용

7. 다음 중 윤활유의 작용으로 감마 작용을 설명한 것은? (07년 3회)

① 마찰로 발생한 열을 흡수하여 역으로 방출하는 작용
② 마찰을 감소하고 마모와 소착을 방지하는 작용
③ 활동 부분에 작용하는 힘을 분산하여 균일하게 하는 작용
④ 윤활 개소의 혼입 이물을 무해한 형태

정답 1. ②　2. ③　3. ④　4. ①　5. ④　6. ③　7. ②

로 바꾸는 작용

해설 감마 작용 : 윤활 개소의 마찰을 감소하고 마모와 소착을 방지한다. 결과로서 소음 방지도 한다.

8. 실린더 내의 분사 가스가 누설되지 않게 한다든가 외부로부터의 물이나 먼지 등의 침입을 막아 주는 윤활유의 작용은 다음 중 어느 것인가? (03년 1회/04년 1회)

① 냉각 작용 ② 밀봉 작용
③ 청정 작용 ④ 방진 작용

해설
- 밀봉 작용 : 기계의 활동 부분을 밀봉하는 것으로 실린더 내의 분사 가스가 누설되지 않게 한다든가 또는 외부로부터 물이나 먼지 등의 침입을 막아 주는 작용
- 청정 작용 : 윤활 개소의 혼입 이물을 무해한 형태로 바꾸든가 외부로 배출하여 청정하게 해 주는 작용

9. 다음 중 방청유의 종류에 해당되는 것은 어느 것인가? (09년 2회)

① 절삭유 ② 연삭유
③ 압연유 ④ 지문 제거형

해설 방청유는 지문 제거형, 용제 희석형, 방청 페트롤레이텀, 방청 윤활유, 방청 그리스, 기화성 방청제로 구분되어 있다.
- 지문 제거형 방청유 (KS M 2210) : 기계 일반 및 기계 부품 등에 부착된 지문 제거 및 방청용

종류	기호	막의 성질	주 용도
1종	KP-0	저점도 유막	기계 일반 및 기계 부품

10. 유체 윤활 상태가 유지될 때 마찰에 가장 큰 영향을 주는 윤활유의 성질은? (09년 3회)

① 비중 ② 유동점
③ 점도 ④ 인하점

해설 점도 (viscosity) : 점도는 윤활유의 물리화학적 성질 중 가장 기본이 되는 성질 중의 하나이고, 액체 내의 전단 속도가 있을 때 그 전단 속도 방향의 수직면에서 속도 방향으로 단위 면적에 따라 생기는 전단 응력의 크기로, 액체가 유동할 때 나타나는 내부 저항을 말한다. 기계 윤활에 있어서 기계의 조건이 동일하다면 마찰 손실, 마찰열, 기계적 효율이 점도에 의해 크게 좌우된다.

㉠ 점도의 차원 : $\frac{\text{질량}}{\text{길이}\times\text{시간}}$

㉡ 점도의 단위 : Newton · second/m^2, 보조 단위에는 푸아즈 (Ps)와 센티푸아즈 (cPs)가 있다. 1 Ps = 0.1 N · s/m^2, 1 cPs = 0.01 Ps

11. 다음 윤활유에 관한 설명 중 올바르지 않은 것은? (08년 1회/10년 1회)

① 윤활유의 비중은 성능에는 관계없고 물과 비교한 무게비이다.
② 절대 점도는 동점도를 윤활유의 밀도로 나눈 값을 나타낸다.
③ 윤활유의 온도를 낮추게 되면 유동성이 없어지고 응고되며 유동성을 잃기 직전의 온도를 유동점이라고 한다.
④ 점도는 윤활유의 기본이 되는 성질이며 점도의 단위로는 절대 점도와 동점도 단위를 사용한다.

해설 (가) 비중 (specific gravity) : 윤활유의 비중은 성능에는 관계없으나 규정의 기름인지 또는 연료유 등의 이물질이 혼입되었는지 여부를 확인하는 데 유용하게 사용된다.

$$\text{비중} = \frac{t_1℃\text{ 에 있어서의 시료 기름의 용적 무게}}{t_2℃\text{ 에 있어서의 물의 동일 용적 무게}} = \frac{t_1℃\text{ 에 있어서의 기름의 밀도}}{t_2℃\text{ 에 있어서 물의 밀도}}$$

여기서, $t_1 = 15℃$, $t_2 = 4℃$ (미국 : $t_1 = t_2 = 60°F$)

(나) 동점도 (kinematic viscosity)의 차원 : $\frac{(\text{길이})^2}{\text{시간}}$[$m^2$/s], 보조 단위에는 스토크스

정답 8. ② 9. ④ 10. ③ 11. ②

(St)와 센티스토크스 (cSt)가 있다. 1 St = 0.0001 m^2/s, 1 cSt = 0.01 St

(다) 절대 점도 : 표시할 때 푸아즈 (poise)를 사용, g/cm·s의 중력 단위로 나타내며, 동점도의 차원 $\left(\frac{길이^2}{시간}\right)$×밀도의 차원 $\left(\frac{질량}{길이^3}\right)$

$= \frac{질량}{길이 \times 시간}$

즉, 동점도×밀도 = 절대 점도

(라) 유동점 (pour point) : 윤활유를 냉각시켜 온도를 낮추게 되면 유동성을 잃어 마침내는 응고된다. 윤활유가 이와 같이 유동성을 잃기 직전의 온도, 즉 유동할 수 있는 최저의 온도

㉠ 왁스 유동점 (wax pour point) : 윤활유 중에 함유된 파라핀 왁스 (paraffin wax)가 결정 화합과 동시에 결정격자 등으로 유분이 흡수되어 전체가 고화되는 현상이다.

㉡ 점도 유동점 (viscosity pour point) : 온도가 하강함에 따라 점도가 극단적으로 커져서 일정 온도에서는 유동하지 않는 현상으로서 대체로 윤활유의 점도가 300,000 cSt에 달하면 유동성을 잃게 된다고 한다. 그러나 윤활유의 응고 현상은 대부분 왁스의 결정 때문이다.

12. **그리스의 굳은 정도를 나타내는 것을 무엇이라고 하는가?** (08년 3회)

① 부식 ② 응고
③ 공석 ④ 주도

해설 주도 (cone penetration) : 윤활유의 점도에 해당하는 것으로서, 그리스의 굳은 정도를 나타내며, 이것은 규정된 원추를 40 mm 위에서 그리스 표면에 떨어뜨려 일정 시간 (5초)에 들어간 깊이 (mm)를 측정하여 그 깊이에 10을 곱한 수치로서 나타낸다.

㉠ 혼화 주도 : 시험 온도를 25℃로 하여 혼화기 내에서 그리스를 60회 혼화한 후 측정한다.

㉡ 불혼화 주도 : 그리스를 혼화하지 않은 상태로 측정한다.

㉢ 고형 주도 : 고형 시료를 25℃에서 측정한 주도로서 주도가 85 이하인 그리스에 적용한다.

13. **그리스의 내열성을 평가하는 기준이 되는 것은?** (12년 1회)

① 전산가 ② 알칼리가
③ 산화 안정도 ④ 적하점

해설 적하점 (적점, dropping point) : 그리스를 가열했을 때 반고체 상태의 그리스가 액체 상태로 되어 떨어지는 최초의 온도를 말한다. 그리스의 적점은 내열성을 평가하는 기준이 되고 그리스의 사용 온도가 결정된다.

14. **윤활유 내에 산소를 감소하는 윤활유 보호용 첨가제는?** (10년 3회)

① 부식 방지제
② 산화 방지제
③ 극압성 첨가제
④ 내마모성 첨가제

해설 윤활유 보호제

㉠ 산화 방지제 (antioxidant) : 공기 중의 산소에 의하여 산화되는 것을 방지하고 슬러지 생성을 억제한다.

㉡ 기포 방지제

15. **윤활유의 극압제로 사용하지 않는 것은 어느 것인가?** (11년 2회)

① 염소 (Cl) ② 유황 (S)
③ 텅스텐 (W) ④ 인 (P)

해설 윤활유의 극압제로는 염소, 유황, 인 등을 사용한다.

16. **하중과 마찰이 증대하여 유막이 파괴되는 것을 방지하기 위해 사용되는 극압제가 아닌 것은?** (12년 2회)

① 염소 (Cl) ② 규소 (Si)

정답 12. ④ 13. ④ 14. ② 15. ③ 16. ②

③ 유황(S)   ④ 인(P)

해설 극압 첨가제(extreme pressure additives) : EP유라고 하며 큰 하중을 받는 베어링의 경우 유막이 파괴되기 쉬우므로 이를 방지하기 위하여 극압 첨가제가 사용된다.

17. 윤활제의 공급 방식 중 순환 급유법으로만 짝지어진 것은? (10년 2회)

① 패드 급유법, 사이펀 급유법
② 체인 급유법, 비말 급유법
③ 원심 급유법, 손 급유법
④ 바늘 급유법, 나사 급유법

해설 순환 급유법 : 윤활유를 반복하여 마찰면에 공급하는 방식으로 기름 용기 속에서 기름을 반복하여 사용하는 급유법과, 펌프에 의해 강제 순환시켜 도중에서 오일을 여과하여 세정(洗淨) 또는 냉각하는 방법으로 패드 급유법, 유륜식 급유법, 원심 급유법, 나사 급유법, 비말 급유법, 중력 순환 급유법, 강제 순환 급유법 등이 있다.

18. 다음 윤활유 급유 방식 중에서 비순환 급유법은? (10년 3회)

① 유욕 급유법   ② 원심 급유법
③ 적하 급유법   ④ 패드 급유법

해설 비순환 급유법 : 이 급유법은 윤활유의 열화가 쉽게 발생되는 경우나 고온으로 인하여 윤활유의 증발이 쉽게 생길 경우 또는 기계의 구조상 순환 급유법을 채용할 수 없는 경우 등에 사용된다. 급유법에는 손 급유법, 적하 급유법, 가시부상(可視浮上) 유적 급유법 등이 있다.

19. 다음 급유법 중 가장 이상적인 급유법은 어느 것인가? (07년 1회)

① 유욕 급유법
② 적하 급유법
③ 강제 순환 급유법
④ 수급유법

해설 강제 순환 급유법(forced circulation oiling) : 고압 고속의 베어링에 윤활유를 기름펌프에 의해 강제적으로 밀어 공급하는 방법으로 고압(1~4 kgf/cm^2)으로 몇 개의 베어링을 하나의 계통으로 하여 기름을 강제 순환시키는 것이다. 즉 배출된 기름은 다시 기름탱크에 모이고 여과 냉각 후에 다시 기어 펌프로 순환한다. 내연 기관, 특히 고속도의 비행기, 자동차 엔진, 증기 터빈, 공작 기계 등의 고급 기관에 사용된다.

20. 모세관 현상을 이용하여 윤활시키며 윤활유를 순환시켜 사용하는 급유 방법은 어느 것인가? (11년 1회)

① 손 급유법
② 가시 부상 유적 급유법
③ 패드 급유법
④ 적하 급유법

해설 패드 급유법(pad oiling) : 패킹을 가볍게 저널에 접촉시켜 급유하는 방법

21. 축면에 나선상의 홈을 만들고 축의 회전에 따라 나선상의 기름 홈을 통해서 윤활유가 급유되는 방식은? (11년 3회)

① 롤러 급유법   ② 원심 급유법
③ 나사 급유법   ④ 유욕 급유법

해설 축면에 나선 홈을 만들고 축을 회전시키면 기름이 홈을 따라 올라가 급유되는 방법을 나사 급유법이라 한다.

22. 그리스 윤활이 유(oil) 윤활과 비교하여 장점에 해당되는 것은? (09년 1회)

① 냉각 작용이 크다.
② 누설이 적다.
③ 급유가 용이하다.
④ 순환 급유가 용이하다.

정답 17. ② 18. ③ 19. ③ 20. ③ 21. ③ 22. ②

해설 윤활유와 그리스 윤활의 비교

구 분	윤활유	그리스
회전 속도	범위가 넓다.	초고속에는 곤란하다.
회전 저항	작다.	초기 저항이 크다.
냉각 효과	크다.	작다.
누설	많다.	적다.
밀봉 장치	복잡	용이
순환 급유	용이	곤란
먼지 여과	용이	곤란
교 환	용이	곤란

23. 그리스(grease) 윤활이 유(oil) 윤활에 비해 나쁜 점은? (09년 3회)

① 냉각 작용　② 누설
③ 급유 간격　④ 먼지 칩입

24. 윤활유의 열화 방지법 중 옳은 것은? (09년 2회)

① 기름을 혼합 사용한다.
② 교환을 할 때에는 열화유와 혼합하여야 한다.
③ 기계를 새로 도입하여 사용할 경우에는 충분히 세척을 한 후 사용한다.
④ 고온에서 사용한다.

해설 윤활유의 열화 방지법
㉠ 고온은 가능한 피한다.
㉡ 기름의 혼합 사용은 극력 피한다.
㉢ 신기계 도입 시는 충분히 세척(flushing)을 행한 후 사용한다.
㉣ 교환 시 열화유를 완전히 제거한다.
㉤ 협잡물(挾雜物)(수분, 먼지, 금속 마모분, 연료유) 혼입 시는 신속히 제거한다.
㉥ 연 1회 정도는 세척을 실시하여 순환 계통을 청정하게 유지한다.
㉦ 사용유는 가능한 원심 분리기 백토 처리 등의 재생법을 사용하여 재사용한다.
㉧ 경우에 따라 적당한 첨가제를 사용한다.
㉨ 급유를 원활히 한다.

25. 윤활유의 열화 방지법이 아닌 것은 어느 것인가? (11년 1회)

① 고온은 가능한 피한다.
② 기름의 혼합 사용은 극력 피한다.
③ 신기계 도입 시는 충분히 세척 후 사용한다.
④ 교환 시는 열화유를 조금 남기고 교환한다.

26. 윤활유를 고온에서 사용할 때 주로 만들어지며 윤활유가 가열 분해되어 고체 성분이 잔류하고 윤활 부분에 이상을 발생시키는 윤활유의 열화 현상은 무엇인가? (03년 1회)

① 산화　② 희석
③ 유화　④ 탄화

해설 탄화(carbonization) : 탄화는 윤활유가 특히 고온하에 놓이게 되는 부분, 즉 디젤 기관의 실린더 윤활 등에 이용되는 윤활유에 발생한다. 윤활유가 탄화되는 현상은 윤활유가 가열 분해되어 기화된 기름 가스가 산소와 결합할 때에 열전도 속도보다 산소와의 반응 속도 쪽이 늦으면 열 때문에 기름이 건류되어 탄화됨으로써 다량의 잔류 탄소를 발생하게 된다. 또 지극히 고점도유인 경우는 기화 속도가 열을 받는 속도보다 늦으며 탄화 작용은 한층 빨라진다. 따라서 디젤 기관 또는 공기 압축기의 실린더 내부 윤활에는 특히 탄화 경향이 적은 윤활유를 선정할 필요가 있다. 기화 속도가 큰 쪽, 즉 점도가 낮은 쪽은 탄화 경향이 적다.

27. 미끄럼 베어링에 그리스를 사용할 경우 고려하지 않아도 될 사항은? (06년 3회/10년 1회)

① 급유 방법　② 하중
③ 재질　④ 용도

정답 23. ① 24. ③ 25. ④ 26. ④ 27. ③

CHAPTER

2 설비 관리

1. 설비 관리 개론

1-1 설비 관리의 의의와 발전 과정

(1) 설비 관리의 의의

설비 관리 : 유형 고정 자산의 총칭인 설비를 활용하여, 기업의 최종 목적인 수익성을 높이는 활동

$$\text{생산성} = \frac{\text{생산량}}{\text{사람 수}} = \frac{\text{자본 투자}}{\text{사람 수}} \times \frac{\text{생산 능력}}{\text{자본 투자}} \times \frac{\text{생산량}}{\text{생산 능력}}$$

시스템의 라이프 사이클

<table>
<tr><th colspan="2">시스템의 탄생에서 사멸까지의 라이프 사이클</th><th>시스템 연구의 방법</th><th>의사 결정 단계</th></tr>
<tr><td rowspan="4">제1단계
↓
제2단계
↓
제3단계
↓
제4단계</td><td>시스템의 개념 구성과 규격 결정</td><td>시스템 해석
(system analysis)</td><td>최고(top) 관리의 전략적 의사 결정</td></tr>
<tr><td>시스템의 설계·개발</td><td rowspan="2">시스템 공학
(system engineering)</td><td rowspan="2">중간(middle) 관리의 전략적 의사 결정</td></tr>
<tr><td>제작·설치</td></tr>
<tr><td>운용·유지</td><td>시스템 관리
(system management)</td><td>제일선의 일상적 의사 결정</td></tr>
</table>

(2) 설비 관리의 발전 과정

BM (사후 보전) ⇨ PM (예방 보전) ⇨ PM (생산 보전) ⇨ CM (개량 보전) ⇨ MP (보전 예방) ⇨ TPM (종합적 생산 보전)

1-2 설비 관리의 목적과 필요성

(1) 설비 관리의 목적

설비 관리의 목적은 최고의 설비를 선정 도입하여 설비의 기능을 최대한으로 활용, 기업의 생산성 향상을 도모하는 데 있다.

$$생산성 = \frac{산출}{투입}$$

즉, 설비 관리의 목적은 최고 경영자로부터 제일선 종업원에 이르기까지 전원이 참가 설비 관리를 함으로써 생산 계획 달성, 품질 향상, 원가 절감, 납기 준수, 재해 예방, 환경 개선 등에 기인, 종업원의 근무 의욕을 높일 수 있어 회사의 이윤 증대의 효과를 꾀하는 것이다.

(2) 설비 관리의 필요성

설비 고장 시 손실

(가) 생산 정지 시간의 감산(減産)에 의한 손실
(나) 돌발 고장의 수리비의 지출
(다) 정지 기간 중 작업자의 작업이 없어서 기다리는 시간
(라) 가동 중 원재료의 손실
(마) 제품 불량에 의한 손실
(바) 품질 저하에 따른 손실
(사) 고장 수리 후부터 평상 생산에 들어가기까지의 복구 기간 중의 저능률 조업에 따른 복구 손실
(아) 생산 계획 착오로 인한 납기 연장, 신용의 저하 등에서 오는 유형, 무형 손실

1-3 설비 관리 기능

① 일반 기능
② 기술 기능
③ 실행 기능
④ 지원 기능

1-4 설비의 분류 및 범위

설비는 그 목적에 따라 분류해야 하며 그 이유는 다음과 같다.

① 설비 투자를 합리적으로 할 수 있다.

② 설비 원가, 평가, 통계 자료의 파악이 잘된다.

③ 예산화, 예산 통계 및 고정 자산 관리가 편리하다.

(가) 생산 설비

(나) 유틸리티 설비

(다) 연구 개발 설비

(라) 수송 설비

(마) 판매 설비

(바) 관리 설비

1-5 설비 관리 조직의 개념

① 설비 관리의 목적을 달성하기 위한 수단이다.

② 설비 관리의 목적을 달성하는 데 지장이 없는 한 될수록 단순해야 한다.

③ 인간을 목적 달성의 수단이라는 요소로서만 인식해야 한다.

④ 구성원을 능률적으로 조절할 수 있어야 한다.

⑤ 그 운영자에게 통제상의 정보를 제공할 수 있어야 한다.

⑥ 구성원 상호 간을 효과적으로 연결할 수 있는 합리적인 조직이어야 한다.

⑦ 환경의 변화에 끊임없이 순응할 수 있는 산 유기체이어야 한다.

1-6 설비 관리의 조직 계획

(1) 분업의 방식

① 설비 관리의 기능

(가) 직접 기능 : 설계, 건설, 수리 등을 직접 수행하는 실무적인 기능

(나) 관리 기능 : 직접 기능을 수행하기 위한 계획, 통제, 조정 등과 같은 관리적인 기능

② 기능 분업

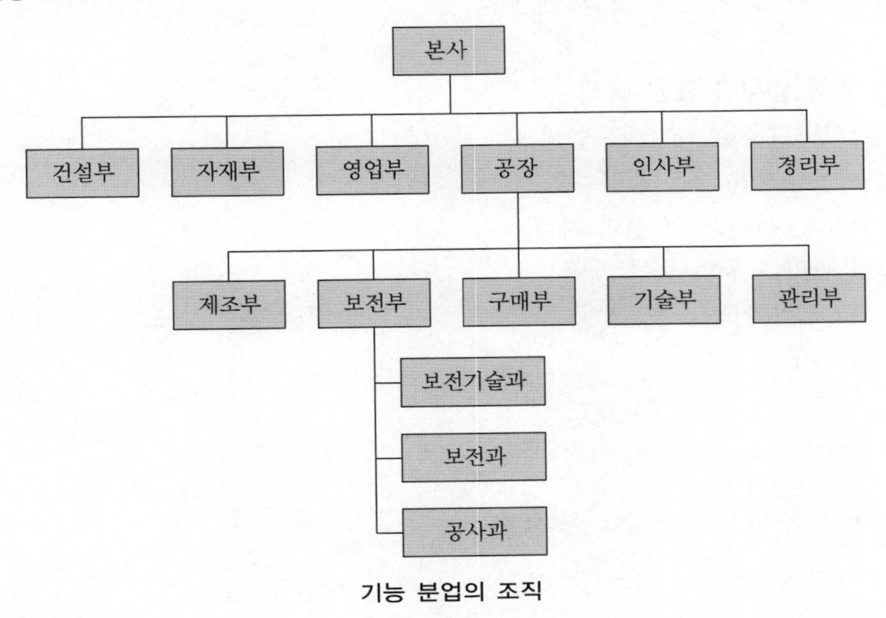

기능 분업의 조직

③ 전문 기술 분업

④ 지역(제품별, 공정별) 분업 : 지역이나 제품, 공정 등에 따라서 설비를 분류하여 그 관리를 담당하는 방식으로 공장 내를 몇 개의 지구로 나누어서 각 지구마다 보전과를 두는 경우이다.

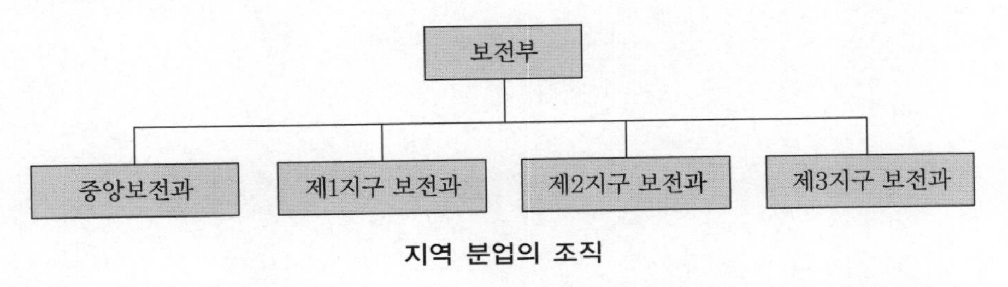

지역 분업의 조직

(2) 조직 계획상의 고려할 사항

① 제품의 특성 : 원료, 반제품, 제품의 물리적·화학적·경제적 특성

② 생산 형태 : 프로세스, 계속성

③ 설비의 특징 : 구조, 기능, 열화의 속도, 열화의 정도

④ 지리적 조건 : 입지, 분산의 비율, 환경

⑤ 기업의 크기, 또는 공장의 규모

⑥ 인적 구성과 그의 역사적 배경 : 기술 수준, 관리 수준, 인간관계

⑦ 외주 이용도 : 외주 이용의 가능성, 경제성

1-7 설비 관리의 요원 대책

(1) 설비 관리 업무와 요원 대책

① 최고 부하(peak load)를 없앤다.
② 긴급 돌발적인 것을 없앤다.
③ 작업자(operator)의 협력 자세
④ 보전 관리 요원의 능력 개발
⑤ 외주업자의 이용
⑥ IE적 연구

출제 예상 문제

기계정비산업기사

1. 일반적인 시스템 구성 요소로서 맞는 것은 어느 것인가? (05년 3회)

① 투입-산출-관리-처리 기구-생산
② 투입-산출-처리 기구-관리-피드백
③ 조사-연구-설계-관리-제작
④ 설치-운전-보전-생산-검사

해설

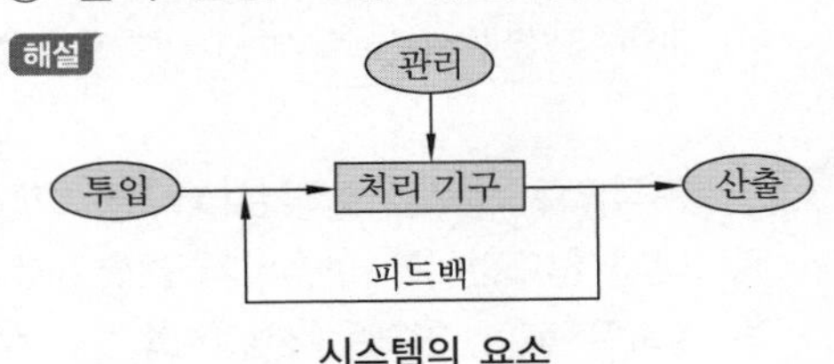

시스템의 요소

- 투입 : 원료
- 산출 : 제품
- 처리 기구 : 설비
- 관리 : 운전 조작·운전 조건
- 피드백 : 제품 특성의 측정치 등

2. 시스템 구성 요소와 설비 시스템을 서로 연결하여 놓은 것 중 잘못된 것은? (09년 3회)

① 투입-원료
② 산출-제품
③ 처리 기구-설비
④ 관리-제품 특성의 측정치

3. 설비 관리의 시스템을 구성하는 기본적 요소 중 기계 장치나 설비에 해당하는 것은 어느 것인가? (06년 3회/11년 2회)

① 투입 ② 처리 기구
③ 관리 ④ 피드백

4. 다음 중 좁은 의미의 설비 관리에 해당하는 것은? (09년 2회)

① 운전 ② 보전
③ 설치 ④ 폐기

해설 • 설비 관리의 협의적 개념 : 설비 보전 관리
• 광의(廣義)의 개념 : 설비 계획에서 보전에 이르는 '종합적 관리'

5. 설비의 라이프 사이클 중 설비 투자 계획 과정에 속하는 것은? (12년 3회)

① 설계, 제작 ② 설치, 운전
③ 보전, 폐기 ④ 조사, 연구

해설 • 설비 투자 계획 과정 : 조사, 연구
• 건설 과정 : 설계, 제작, 설치
• 조업 과정 : 운전, 보전, 폐기

6. 체계적인 설비 관리를 함으로써 얻을 수 있는 효과가 아닌 것은? (10년 2회)

① 생산 계획이 달성되고 품질이 향상된다.
② 설비 고장 시 복구 시간이 단축된다.
③ 작업 능률이 증대되고 생산성이 향상된다.
④ 돌발 고장이 증가하나 수리비가 감소한다.

7. 고장이 나서 설비의 정지 또는 유해한 성능 저하를 가져온 후에 수리를 행하는 보전 방식은? (05년 1회)

① 사후 보전 ② 예방 보전
③ 개량 보전 ④ 보전 예방

해설 사후 보전 : 설비 및 장치, 기기가 기능이 저하되었거나 기능이 정지, 즉 고장 정지된 후에 보수나 교체를 실시하는 것

정답 1. ② 2. ④ 3. ② 4. ② 5. ④ 6. ④ 7. ①

8. 설비를 주기적으로 검사하여 유해한 성능 저하 상태를 미리 발견하고, 성능 저하의 원인을 제거하거나 원 상태로 복구시키는 보전은? (07년 3회 / 08년 1회 / 12년 3회)

① 보전 예방 ② 개량 보전
③ 생산 보전 ④ 예방 보전

해설 예방 보전 : 고장, 정지 또는 유해한 성능 저하를 가져오는 상태를 발견하기 위한 설비의 주기적인 검사로 초기 단계에서 이러한 상태를 제거 또는 복구시키기 위한 보전. 1950년 일본의 'PM을 중심으로 하는 보전 기능'

9. 1950년 미국의 GE사에서 제창한 것으로 생산성을 높이기 위한 보전으로 경제성을 강조하는 보전 방식은? (12년 2회)

① 예방 보전 ② 생산 보전
③ 개량 보전 ④ 보전 예방

해설 생산 보전 : 생산성이 높은 보전, 즉 최경제 보전

10. 다음 중 설비 자체의 체질을 개선하는 활동은? (07년 1회)

① 생산 보전 ② 개량 보전
③ 보전 예방 ④ 예방 보전

해설 개량 보전 : 설비 자체의 체질 개선으로 고장이 없고, 수명이 길고, 고장이 적으며, 보전 절차가 없는 재료나 부품을 사용할 수 있도록 개조, 갱신을 해서 열화 손실 혹은 보전에 쓰이는 비용을 인하하는 방법

11. 다음 중 설비의 체질을 개선하여 설비의 수명 연장을 위하여 실시하는 보전 활동은 어느 것인가? (09년 1회)

① 예방 보전 ② 개량 보전
③ 생산 보전 ④ 사후 보전

해설 PM (생산 보전) : '생산성이 높은 보전', 즉 '최경제 보전' 1954년 미국의 GE사 제창 '생산성을 높이기 위한 보전-경제성의 강조'

12. 설비의 수명이 길고 고장이 적으며 보전 절차가 없는 재료나 부품을 사용할 수 있도록 설비의 체질을 개선해서 열화 손실을 줄이도록 하는 설비 관리 기법은? (09년 1회)

① 예방 보전 (preventive maintenance)
② 생산 보전 (productive maintenance)
③ 보전 예방 (maintenance prevention)
④ 개량 보전 (corrective maintenance)

13. 기본적으로 새로운 설비일 때부터 고장이 일어나지 않으면서도 보전비가 소요되지 않는 설비로 해야 한다는 신설비의 PM 설계는? (08년 3회)

① 생산 보전(PM : productive maintenance)
② 예방 보전(PM : prevention maintenance)
③ 개량 보전(CM : corrective maintenance)
④ 보전 예방(MP : maintenance prevention)

해설 보전 예방 : 신설비의 PM 설계

14. 새로 설치한 설비의 도입 단계에서 고장이 나지 않고, 불량이 발생되지 않도록 설비를 설계하는 것은? (06년 3회)

① FM (functional maintenance) 설계
② PM (phenomena maintenance) 설계
③ 예지 (condition based) 설계
④ MP (maintenance prevention) 설계

해설 MP : 1960년 미국의 팩토리 (factory)지 제창 '신뢰성, 보전성, 경제성을 고려한 설비 설계에 대한 중요성 인식'

15. 설비를 관리하기 위해서는 생산 현장에서 보전 요원이나 엔지니어가 보전 업무를 실시하는 기능이 필요하다. 다음 중 설비 보전의

정답 8. ④ 9. ② 10. ② 11. ② 12. ④ 13. ④ 14. ④ 15. ①

실시 기능과 관계가 가장 먼 것은? (12년 2회)

① 고장 분석 방법 개발
② 점검 및 검사
③ 주유, 조정 및 수리 업무
④ 설비 개조를 위한 가공 업무

해설 고장 분석 방법 개발은 기술 기능(technical function)에 포함된다.

16. 설비 관리 기능에서 기술 기능은 현 설비나 잠재적인 설비 설계의 향상 및 설비 구매에 대한 의사 결정의 기반이 되는 기능이다. 이러한 기술 기능에 해당되지 않는 것은 어느 것인가? (10년 1회/12년 3회)

① 설비 성능 분석
② 고장 분석 방법 개발 및 실시
③ 설비 진단 기술 이전 및 개발
④ 주유, 조정 그리고 수리 업무 등의 준비 및 실시

해설 ㉠ 기술 기능 : 설비 성능 분석과 고장 분석 방법 개발 및 실시, 보전도 향상 및 연구 부품 교체 분석, 설비 진단 기술 이전 및 개발, 설비 간의 networking 구축 및 정보 체제의 전산화 구축, 보전 업무 분석 및 검사 기준 개발, 보전 기술 개발 및 매뉴얼 갱신, 보전 자료와 정보의 설계로의 피드백(feedback)
㉡ 실행 기능 : 점검 및 검사 실행, 주유 조정 수리 업무 등의 준비 및 실행, 가공 용접 마무리 등의 기술 작업
㉢ 지원 기능 : 보전 요원 인력 관리, 교육 및 훈련 지원, 보전 자재 및 포장 및 자재 취급과 저장 수송, 측정 장비 및 보전용 설비

17. 다음 중 설비의 분류가 옳게 연결된 것은 어느 것인가? (12년 1회)

① 관리 설비 – 인입선 설비, 도로, 항만 설비, 육상 하역 설비, 저장 설비
② 유틸리티 설비 – 기계, 운반 장치, 전기 장치, 배관, 계기, 배선, 조명, 냉난방 설비
③ 판매 설비 – 서비스 스테이션(service station), 서비스 숍(service shop)
④ 생산 설비 – 건물, 공장 관리 설비 및 보조 설비, 복리 후생 설비

해설 • 관리 설비 – 건물, 공장 관리 설비 및 보조 설비, 복리 후생 설비
• 유틸리티 설비 – 증기, 전기, 공업용수, 냉수, 불활성 가스, 연료 등
• 생산 설비 – 기계, 운반 장치, 전기 장치, 배관, 계기, 배선, 조명, 냉난방 설비
• 수송 설비 – 인입선 설비, 도로, 항만 설비, 육상 하역 설비, 저장 설비

18. 다음 중 설비의 범위에 속하지 않는 것은 어느 것인가? (12년 3회)

① 생산 설비 ② 원자재
③ 운반 기계 ④ 냉동기

해설 설비는 계속적·반복적으로 사용할 수 있는 것이며, 원자재는 설비에 포함되지 않는다.

19. 유틸리티 설비와 관계없는 것은? (10년 3회)

① 펌프 ② 보일러
③ 컴프레서 ④ 호이스트

해설 유틸리티란 증기, 전기, 공업용수, 냉수, 불활성 가스, 연료 등을 말한다.

20. 설비의 목적에 따른 분류에서 부대설비로서 배관 설비, 발전 설비, 수처리 시설 등과 같은 설비란 무엇인가? (06년 1회)

① 생산 설비 ② 관리 설비
③ 유틸리티 설비 ④ 공장 설비

해설 유틸리티 설비에는 증기 발생 장치 및 배관 설비, 발전 설비, 공업용 원수·취수(原水取水) 설비, 수처리 시설(공업, 식수용 등)

정답 16. ④ 17. ③ 18. ② 19. ④ 20. ③

냉각탑 설비, 펌프 급수 설비 및 주 배분관 설비, 냉동 설비 및 주 배분관 설비, 질소 발생 설비, 연료 저장 수송 설비, 공기 압축 및 건조 설비 등이 있다.

21. 다음 중 유형 고정 자산이 아닌 것은 어느 것인가? (06년 3회)

① 토지, 건물
② 유틸리티 (utility) 설비
③ 원료
④ 생산 설비

22. 설비 관리의 조직 계획에서 분업의 방식이 아닌 것은? (12년 2회)

① 기능 분업
② 지역 분업
③ 직접 분업
④ 전문 기술 분업

해설 분업의 방식 : 기능 분업, 지역 (제품별, 공정별) 분업, 전문 기술 분업

23. 다음은 설비 관리 조직을 설명한 것이다. 맞는 것은? (07년 1회)

① 매트릭스 (matrix) 조직은 상사가 1인 이상이다.
② 제품 중심 조직은 특정 사업에 대한 집중적 기술 투자가 쉽지 않다.
③ 기능 중심 조직은 전반적인 기술 개발에 대한 총괄 업무의 부족 현상이 발생한다.
④ 제품 중심 조직은 고객 지향이 되지 못한다.

24. 다음 그림과 같은 설비 관리의 조직 형태는 어느 것인가? (12년 1회)

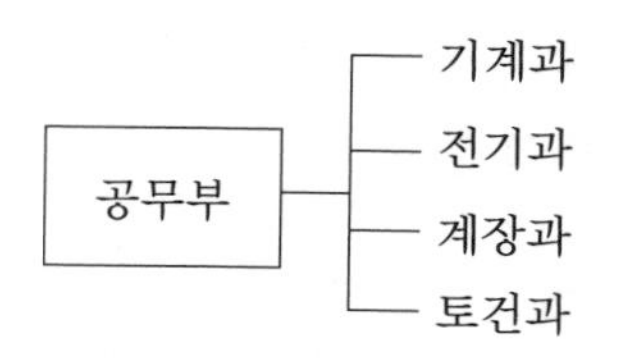

① 기능별 조직
② 매트릭스 (matrix) 조직
③ 전문 기술별 조직
④ 대상별 조직

해설 전문 기술 분업 : 전문 기술의 향상에는 유리하지만 전문 기술 간의 수평적인 의사 전달 (communication)에 차질이 생길 수 있다는 결함이 있다.

25. 다음 그림과 같은 설비 관리 조직의 형태를 무엇이라 하는가? (11년 3회)

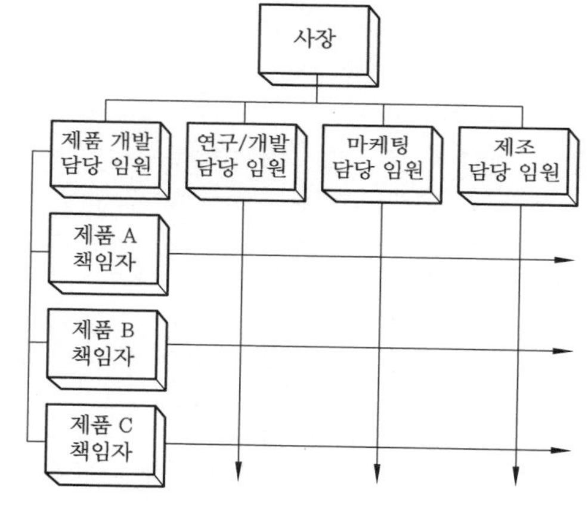

① 기능 중심 매트릭스 (matrix) 조직
② 제품 중심 매트릭스 (matrix) 조직
③ 대상별 조직
④ 전문 기술별 조직

26. 설비 관리의 조직 계획상 고려할 사항이 옳게 연결된 것은? (11년 3회)

① 제품의 특성 – 프로세스, 계속성
② 설비의 특징 – 입지, 분산의 비율, 환경
③ 외주 이용도 – 구조, 기능, 열화의 속

정답 21. ③ 22. ③ 23. ① 24. ③ 25. ② 26. ④

도 및 정도

④ 인적 구성과 그의 역사적 배경 - 기술 수준, 관리 수준, 인간관계

해설 조직 계획상 고려할 사항
㉠ 제품의 특성 : 원료, 반제품, 제품의 물리적·화학적·경제적 특성
㉡ 생산 형태 : 프로세스, 계속성
㉢ 설비의 특징 : 구조, 기능, 열화의 속도, 열화의 정도
㉣ 지리적 조건 : 입지, 분산의 비율, 환경
㉤ 기업의 크기, 또는 공장의 규모
㉥ 인적 구성과 그의 역사적 배경 : 기술 수준, 관리 수준, 인간관계
㉦ 외주 이용도 : 외주 이용의 가능성, 경제성

27. **다음 중 공장의 증설 및 신설, 휴지 공사 등에 임시로 편성하는 설비 관리 조직은 어느 것인가?** (04년 3회/17년 3회)

① 정상 조직 ② 프로젝트 조직
③ 기능별 조직 ④ 경상적 조직

해설 프로젝트 조직 : 휴지 공사나 대규모의 신·증설 공사를 처리하는 조직으로 대공사가 발생할 때마다 임시로 편성하는 조직

28. **다음 중 설비 관리 업무의 특징으로 거리가 먼 것은?** (04년 3회)

① 작업량의 변동이 크다.
② 다직종에 걸쳐 숙련된 노동력이 필요하다.
③ 전문 기술을 갖춘 기술자가 필요하다.
④ 생산 설비를 관리하기 위한 숙련된 작업자가 필요하다.

해설 설비 관리 업무의 특징
㉠ 휴지 공사나 신·증설 공사 등 작업량의 변동이 크다.
㉡ 배관, 용접, 전기 등 여러 직종에 걸쳐 경험이 풍부한 숙련 노동력을 필요로 한다.
㉢ 기계, 전기, 계장, 토건, 화학 등 많은 전문 기술을 갖춘 기술자를 필요로 한다.

29. **연속 조업을 하는 공장에서 휴지 공사로 인한 보전의 최고 부하를 줄이는 방법으로 잘못된 것은?** (09년 2회)

① 현장용 진동계를 이용하여 운전 중 검사한다.
② 바이패스 관로를 이용하여 운전 중에 밸브를 교환 수리한다.
③ 계통에 따라 순차적으로 기계를 정지시키고 수리한다.
④ 고장 부품은 교체하지 않고 즉시 정비한다.

해설 회전 기계는 설비의 운전 중에 진동 등을 측정하고 설비의 상태를 파악하며, 정기적으로 검사하여 회전부에 이상이 발생하면 즉시 수리한다. 계측기, 감속기 등은 예비품을 보유하고 이상이 발생되면 교체하며, 항상 예비품을 보유한다.

30. **설비 관리 요원이 가져야 할 업무 자세가 아닌 것은?** (08년 1회)

① 작업량의 변동이 크므로 최고 부하를 없앤다.
② 다직종에 걸쳐 풍부한 경험과 기능을 필요로 한다.
③ 긴급 돌발을 없애고 작업자와 협력하는 자세를 가져야 한다.
④ 광범위한 전문 기술을 필요로 하므로 다수의 요원이 독자적인 전문 기술을 가지고 협력해야 한다.

해설 작업자(operator)의 협력 자세 : 운전자와 보전자의 기능을 너무 지나치게 분리하여 모든 보전 업무는 보전 부문이 담당, 운전 부문은 단순한 운전만을 한다면 비효율적인 것은 당연하다. 급유·외관·점검 등의 작업은 운전의 일부로 작업자가 하는 것은 물론, 설비의 휴지 시 보전 업무 중 청소나 보전 등의 작업을 작업자가 담당하면 보전의 피크 해소에 크게 이바지할 수 있다.

정답 27. ② 28. ④ 29. ④ 30. ④

31. 설비 관리 요원이 가져야 할 근무 자세로 옳은 것은? (05년 3회)

① 전문 기술 영역이나 작업량 증가 시 외주 업체를 이용한다.
② 중요 설비의 최고 부하(peak load)를 없앤다.
③ 보전 요원의 능력을 개발한다.
④ 긴급 돌발이 발생하지 않도록 조치한다.

해설 설비 관리 업무와 요원 대책
(가) 최고 부하(peak load)를 없앤다.
㉠ OSI (on stream inspection) : 기계 장치 등의 운전 중에 실시되는 검사
㉡ OSR (on stream repair) : 운전 중에 실시되는 수리
㉢ 부분적 SD (shut down)
㉣ 유닛 방식 : 예비 유닛을 갖춘 후 유닛을 교체하고, 교체한 유닛을 운전 중에 보전하도록 한다.
(나) 긴급 돌발적인 것을 없앤다.
(다) 작업자(operator)의 협력 자세
(라) 보전 관리 요원의 능력 개발
(마) 외주업자의 이용
(바) IE적 연구

32. 고장이 없고, 보전이 필요치 않은 설비를 설계, 제작하기 위한 설비 관리 방법은 어느 것인가? (07년3회/17년 2회)

① 사후 보전(BM) ② 생산 보전(PM)
③ 개량 보전(CM) ④ 보전 예방(MP)

해설 보전 예방(MP)은 신설비의 PM 설계, 고장이 없고, 보전이 필요치 않은 설비를 설계, 제작 또는 구입하는 것을 말한다.

33. 설비 관리 기능을 일반 관리 기능, 기술 기능, 실시 기능 및 지원 기능으로 분류할 때 일반 관리 기능이라고 볼 수 없는 것은 어느 것인가? (09년 1회/13년 2회)

① 보전 정책 결정 및 보전 시스템 수립
② 자산 관리와 연동된 설비 관리 시스템 수립
③ 보전 업무의 경제성 및 효율성 분석·측정
④ 보전 업무 분석 및 검사 기준 개발

34. 다음 중 생산의 3요소가 아닌 것은 어느 것인가? (10년 1회/16년 2회)

① 사람(man) ② 자본(capital)
③ 설비(machine) ④ 재료(material)

35. 생산의 정지 혹은 유해한 성능 저하를 초래하는 상태를 발견하기 위한 설비의 정기 적인 검사를 무엇이라 하는가? (10년 2회/14년 2회)

① 개량 보전 ② 사후 보전
③ 예방 보전 ④ 보전 예방

36. 설비나 부품의 고장 결과를 다시 원 상태로 회복시키기 위한 설비 보전 방법은 어느 것인가? (10년 3회/14년 3회)

① 개량 보전 ② 사후 보전
③ 예방 보전 ④ 자주 보전

정답 31. ④ 32. ④ 33. ④ 34. ③ 35. ③ 36. ②

2. 설비 계획과 설비 배치

2-1 설비 계획

설비 계획은 새로운 사업의 개발, 기존 사업의 혁신, 확장에 따른 공장의 증설일 때에는 물론, 제품의 품종 변경 또는 설계 변경이나 생산 규모를 변경할 경우, 공장의 생산 능률 향상을 위해서 설비의 경제성을 고려하여 설비의 신설과 갱신에 대한 계획을 할 필요가 있다.

2-2 설비 배치

(1) 설비 배치의 형태

① 기능별 배치
② 제품별 배치
③ 제품 고정형 배치

(2) GT 흐름 라인(group technology layout)

GT 설비 배치는 제품의 종류 P와 생산량 Q가 제품별과 기능별의 중간인 경우로서, 유사한 부품을 그룹으로 모아서 하나의 로트(lot)로서 가공하기 위한 효율적인 설비 배치이다.

(3) 설비 배치의 분석 기법

① 제품 수량 분석(product-quantity analysis : P-Q 분석)
② 자재 흐름 분석
③ 활동 상호 관계 분석(activity relationship chart)
④ 흐름 활동 상호 관계 분석
⑤ 면적 상호 관계 분석

(4) 설비 배치 순서

방침 설정 → 입지 계획 → 기초 자료 수집 → 물건의 흐름 검토 → 운반 계획 → 건물 형식의 고찰 → 소요 설비의 산출 → 소요 면적의 산정 → 서비스 분야의 계획 → 배치의 구성 등

① 운반 계획의 순서 : 운반 작업 요소의 계획 → 운반 방법의 계획 → 운반 설비의 계획 → 운반 설비, 시설의 보수 계획 → 작업원의 계획

② 소요 설비의 산정 : 기계의 소요 대수를 결정하려면 기계 자체의 능력, 기계의 가동률, 1인당 기계 보유 수, 수율(收率) 또는 불량률, 조업의 피크, 재고 방침, 기계의 전용화, 실 가동 시간 등을 고려해야 한다.

$$\text{소요 기계 대수} = \frac{\text{계획 생산량}}{\text{기계 1시간당 생산 능력}}$$

③ 소요 면적의 산정 : 소요 면적의 결정 방법에는 계산법, 변환법, 표준 면적법, 개략 레이아웃법, 비율 경향법 등이 있으나, 계산법과 변환법이 많이 사용되고 있다.

2-3 설비의 신뢰성 및 보전성 관리

(1) 신뢰성의 의의

신뢰성(reliability)이란 '어떤 특정 환경과 운전 조건하에서 어느 주어진 시점 동안 명시된 특정 기능을 성공적으로 수행할 수 있는 확률'이다.

(2) 신뢰성의 평가 척도

① 고장률(failure) : $\text{고장률}(\lambda) = \frac{\text{고장 횟수}}{\text{총 가동 시간}}$

② 평균 고장 간격(mean time between failures : MTBF)

$$MTBF = \frac{1}{F(t)}$$ 여기서, $F(t)$: 고장률

③ 평균 고장 시간(mean time to failure : MTTF)

$$MTTF = \frac{\text{장비의 총 가동 시간}}{\text{특정 시간으로부터 발생한 총 고장 수}}$$

(3) 신뢰성의 수리적 판단

신뢰도를 $R(t)$, 불신뢰도를 $F(t)$라고 하면 $R(t) + F(t) = 1$이다. 고장률을 $\lambda(t)$라고 하면, $\lambda(t) = \frac{\text{그 기간의 고장 수}}{\text{그 기간의 동작 시간 합계}}$로 표현한다.

(4) 보전성과 유용성

① 보전성(保全性 : maintainability) : 보전도 $M(t)$가 지수 분포에 따른다면,

$$M(t) = 1 - e^{-\mu t}$$

여기서, μ : 수리율(신뢰도에서의 고장률 λ에 응하는 값)
t : 시간(보전 작업)
$1/\mu$: 평균 수리 시간(MTTR : mean time to repair)

② 유용성(有用性 : availability)

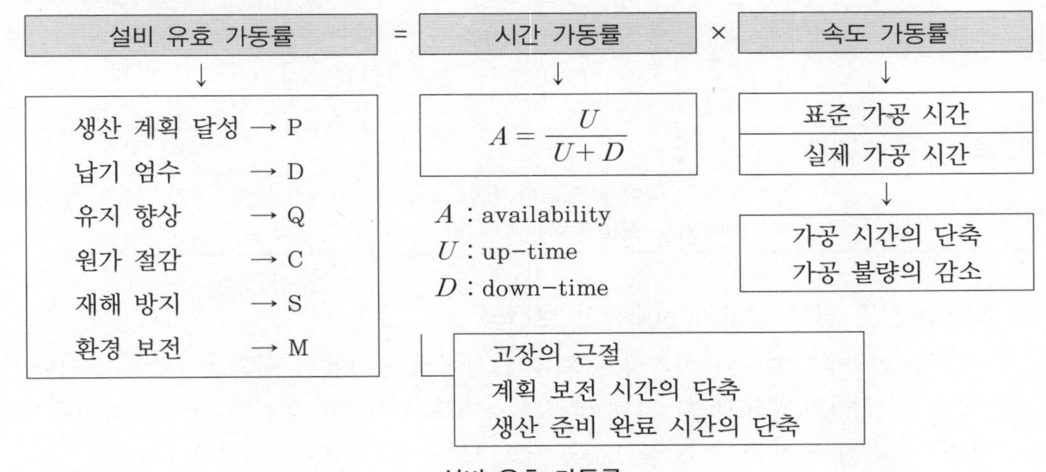

설비 유효 가동률

시스템이 정상 상태(steady state)에 있을 경우 정상 상태의 유용성 ASS는

$$ASS = \frac{E(U)}{E(U)+E(D)} = \frac{MTBF}{MTBF+MTTR}$$

여기서, $E(U)$: mean up-time
$E(D)$: mean down-time

즉, 유용성을 최대로 유지하려면 고장률을 줄이거나 고정 시간(수리 시간)을 감소시켜야 한다.

(5) 신뢰성과 보전성의 설계 시 고려 사항

신뢰성 설계 시 고려 사항

항 목	요 목
1. 스트레스에 대한 고려	① 환경 스트레스 : 온도, 습도, 압력, 외부 온도, 화학적 분위기, 방사능, 진동, 충격, 가속도 ② 동작 스트레스 : 전압, 전류, 주파수, 자기 발열, 마찰, 진동
2. 통계적 여유	사용 부품의 규격에 대해서 충분한 여유가 있는 사용 조건
3. 부하의 경감	
4. 과잉도	기기나 부품을 여분으로 둔다.
5. 안전에 대한 고려	안전 계수, 안전율

6. 신뢰도의 배분	서브 시스템에 대한 신뢰도의 배분
7. 결합의 신뢰도	결합 부분 : 나사 체결, 용접, 플러그와 잭, 납땜, 와이어로프, 압착 단자
8. 인간 요소	① 사용상의 오조작 문제 ┌ 페일 세이프 (fail safe) : 고장이 일어나면 안전 측에 표시하는 설계 └ 풀 프루프 (fool proof) : 오조작하면 작동되지 않는 설계 ② 인간 공학
9. 보전에 대한 고려	
10. 경제성	라이프 사이클 코스팅 (life cycle costing) 설계, 제작, 운전, 안전의 총비용을 최소로 하는 설계

(6) 설비 보전을 위한 설비의 신뢰성과 보전성

① 설비의 신뢰성 : 설비의 신뢰성은 고유의 신뢰성과 사용의 신뢰성으로 구분된다.

② 설비의 고장률과 열화 패턴 : 기계 장치의 라이프 사이클과 인간의 사망률 곡선은 유사하며 이 곡선을 서양 욕조 곡선, 즉 배스터브 (bath tub) 곡선이라 부른다.

③ 신뢰성 향상을 위한 설비 연구

(가) MQ 분석 (machine quality analysis) : 제품 변동을 설비 열화와 관련하여 분석하고 설비 개선이나 일상 보전 방식을 표준화하는 것이다.

(나) MTBF 분석 (mean time between failures analysis) : 물리적 정지형 고장으로 인한 성능 저하를 분석하는 것으로 설비 개량이나 일상 보전 방식의 재검토를 통해 각 작업자의 행동 기준을 표준화하는 것이다. 일상 점검 기준서, 조정·청소 기준서, 윤활 기준서, 분해 보전 기준서 등이 여기에 해당된다.

(7) 고장 분석과 대책

① 고장 분석의 필요성 : 설비 관리의 궁극적인 목적은 최소의 보전 비용으로 최대의 설비 효율을 얻는 것

② 고장 분석의 순서와 방법 : 상황 분석법 → 특성 요인 분석법 → 행동 개발법 → 의사결정법 → 변화 기획법

2-4 설비의 경제성 평가

(1) 경제성 평가의 필요성

설비 투자를 결정할 때에는 그 투자에 의한 이익의 대소, 비용 절감, 손익 분배점, 유리한 투자안, 자본 회수 기간 등을 정량적인 계산에 의한 경제성 평가가 필요하다. 또한, 투

자 결정에서 야기되는 기본 문제에는 다음 사항을 고려해야 한다.

① 미래의 불확실한 현금 수익을 비교적 명백한 현금 지출에 관련시켜 평가한다.

② 자금의 시간적 가치는 현재의 자금이 미래 자금보다 가치가 높다.

③ 투자의 경제적 분석에 있어서 미래의 기액은 그 금액과 상응되는 현재의 가치로 환산되어야 한다.

(2) 설비의 경제성 평가 방법

① 비용 비교법

② 자본 회수법

③ MAPI 방식

④ 신 MAPI 방식

2-5 보전 계획 수립 방법

(1) 보전 계획에 필요한 요소

① 점검과 보전 계획

② 고장 관리와 보전 계획

③ 예비품 관리와 보전 계획

㈎ 부품 예비품

㈏ 부분적 세트(set) 예비품

㈐ 단일 기계 예비품 : 전 공장에 영향을 미치는 동력 설비에서 많이 볼 수 있다.

㈑ 라인 예비품 : 특수한 고장을 제외하면 없다.

(2) 보전 계획 수립 방법

보전 계획은 생산 계획, 수리 능력, 수리 형태, 수리 요원 등 주어진 조건을 잘 조합하여 최적 보수 비용, 최적 고장 시기를 1~2년간에 대해서 산출한다.

출제 예상 문제

기계정비산업기사

1. 설비의 정비 계획 시에 주간 보전 계획의 6S 활동이 아닌 것은? (08년 1회)

① 정리 ② 의식화
③ 분석 ④ 청소

해설 정기 점검은 기계 정지 중에 주로 행해지며 각종 계측기를 사용하여 설비의 정도 유지, 부품의 사전 교환을 목적으로 정비원을 중심으로 행해진다. 각 설비마다 점검표(check list)를 작성하고 그 점검 결과를 자료로 저장하여 이 자료들을 해석하고 검토하여 교환 주기, 분해 점검 주기 등을 정확히 판단하여 정비 계획을 경제성이 높게 수립하는 것이 정비원에게 부여된 중요한 임무이다.

2. 다음 중 설비 배치의 목적이 아닌 것은 어느 것인가? (04년 3회)

① 생산의 증가
② 생산 원가의 절감
③ 공장 환경의 정비
④ 설비비의 증가

해설 설비 배치의 목적
㉠ 생산의 증가
㉡ 생산 원가의 절감
㉢ 우량품의 제조 및 설비비의 절감
㉣ 공간의 경제적 사용 및 노동력의 효과적 활용
㉤ 작업 환경 및 공장 환경의 정비
㉥ 커뮤니케이션(communication)의 개선
㉦ 배치 및 작업의 탄력성 유지
㉧ 안전성의 확보

3. 설비 배치를 하는 목적이 아닌 것은 (10년 2회)

① 생산량 및 원가의 증가
② 작업 환경 및 공장 환경의 정비
③ 공간의 경제적 사용
④ 우량품의 제조 및 설비비의 절감

해설 설비 배치의 목적은 생산 원가의 감소에 있다.

4. 설비를 배치할 때 고려할 사항과 거리가 먼 것은? (02년 3회)

① 공정 간 부품의 이동 거리와 작업자의 효과적 활용
② 재공품 및 부품의 적치 장소
③ 작업자의 이동 거리
④ 생산량을 증가시키기 위한 고가 장비의 배치

5. 다음 중 설비 배치 계획이 필요하지 않은 것은? (11년 3회)

① 새 원료의 투입 ② 새 공장의 건설
③ 신제품의 제조 ④ 작업장의 확장

해설 새 원료의 투입은 신제품 개발과는 관계가 없다.

6. 다음 중 기능별 설비 배치의 특징에 대한 설명으로 맞지 않는 것은? (11년 1회)

① 다품종 소량 생산 형태로서 불규칙한 비율로 생산한다.
② 다품종 대량의 원자재 재고, 제공품 재고가 발생한다.
③ 운반 거리가 길고 운반 형식이 다양하다.
④ 공간 활용이 효과적이고 단위 면적당 생산량이 높다.

해설 기능별 배치(process layout, functional

정답 1. ③ 2. ④ 3. ① 4. ④ 5. ① 6. ④

layout) : 일명 공정별 배치라고도 하는 이 배치는 주문 생산과 표준화가 곤란한 다품종 소량 생산일 경우에 알맞은 배치 형식으로 생산 효율을 극대화하기 위해서 운반 거리의 최소화가 주안점이 된다. 이 배치는 동일 공정 또는 기계가 한 장소에 모여진 형으로 동일 기종이 모여진 경우를 갱 시스템 (gang system)이라고 하고, 제품 중심으로 그 제품을 가공하는 데 소요되는 일련의 기계로 작업장을 구성하고 있을 경우에는 이를 블록 시스템 (block system)이라고 한다.

7. 제품의 종류가 많고 수량이 적으며, 주문 생산과 표준화가 곤란한 다품종 소량 생산일 경우에 알맞은 설비 배치 형식은? (07년 3회)

① 기능별 배치
② 제품별 배치
③ 제품 고정형 배치
④ 혼합형 배치

8. 동일한 공정의 기계를 한곳에 배치시켜 다품종 소량 생산에 적합한 설비 배치 형태는 어느 것인가? (09년 2회)

① 제품별 설비 배치
② 라인별 설비 배치
③ 기능별 설비 배치
④ 제품 고정형 설비 배치

9. 공정별 배치(process layout)의 장점으로 틀린 것은? (11년 3회)

① 기계의 이용률이 높아져 적은 수의 기계를 요구하게 된다.
② 특정한 임무를 위한 장비나 인원의 배정에 대한 융통성이 높다.
③ 기계에 비교적 적은 투자를 요구하게 된다.
④ 단순한 생산 계획과 통제 체계가 가능하다.

해설 공정별 배치는 기능별 배치이며, ④는 제품별 배치 (product layout)의 장점에 해당하는 내용이다.

10. 제품별 배치 형태의 장점을 설명한 것은 어느 것인가? (10년 2회)

① 수요 변화가 있는 경우에 설비 변경이 어렵다.
② 단순 작업으로 인하여 작업자의 직무 만족이 떨어진다.
③ 생산 라인 중에서 한 부분이 고장 나거나 원자재가 부족한 경우 전체 공정에 영향을 준다.
④ 재공품 재고의 수준이 낮고, 보관 면적이 적다.

해설 제품별 배치의 장점
㉠ 공정 관리 철저
㉡ 분업 전문화
㉢ 간접 작업의 제거 정체 감소
㉣ 공정 관리
㉤ 사무의 간소화
㉥ 품질 관리 철저
㉦ 훈련의 용이성
㉧ 작업 면적의 집중

11. 제품별 배치(product layout)의 장점으로 틀린 것은? (09년 3회 / 12년 3회)

① 배치가 작업 순서에 대응하므로 원활하고 논리적인 유선이 생긴다.
② 한 공정의 작업물이 직접 다음 공정으로 공급되므로 재공품이 적어진다.
③ 단위당 총 생산 시간이 짧다.
④ 전문적인 감독이 가능하다.

해설 ④는 공정별 배치 (process layout)의 장점이다.

12. 교량이나 선박 제작 시 주재료와 부품이 고

정답 7. ① 8. ③ 9. ④ 10. ④ 11. ④ 12. ④

정되고 사람이나 도구가 이동하여 작업을 행하는 설비 배치는? (04년 3회)

① 기능별 설비 배치
② 제품별 설비 배치
③ GT 설비 배치
④ 제품 고정형 설비 배치 제품

해설 고정형 배치(fixed position layout) : 주 재료와 부품이 고정된 장소에 있고 사람, 기계, 도구 및 기타 재료가 이동하여 작업이 행하여진다.
㉠ 제품 특성 : 소량의 개별 특정 제품
㉡ 작업 흐름의 유형 : 작업 흐름이 거의 없고 필요에 따라 공구·작업자의 현장 작업
㉢ 작업 숙련도 : 작업 숙련도가 높음
㉣ 관리 지원 : 일정 계획의 고도화, 작업별 조정 필요
㉤ 운반 관리 : 운반의 형태가 다양하고 일반 범용 운반구 필요
㉥ 재고 현황 : 생산 기간이 길어 재고 발생이 많음
㉦ 면적 가동률 : 옥외 생산의 경우는 예외나 옥내 생산의 경우는 이용률이 낮음
㉧ 자본 소요와 설비 특징 : 다목적 설비 및 공정이므로 이동 작업에 필요한 특징을 갖고 있음

13. 제품의 물리적 특성이 기계와 사람을 제품으로 가져오도록 강요하는 설비 배치 방식은? (12년 1회)

① 제품별 배치(product layout)
② 공정별 배치(process layout)
③ 정지 제품 배치(static product layout)
④ 혼합 방식 배치(mixed model layout)

해설 제품 특성으로 기계와 사람을 제품에 가져오도록 하는 방식의 배치는 정지 제품 배치로, 조선업에서 주로 사용한다.

14. 유사한 부품 그룹의 가공 공정이 같아서 가공의 흐름이 동일한 경우의 설비 배치로서 대량 생산에서의 흐름 생산 형식에 가깝고, GT 설비 배치 중 가장 바람직하며 생산 효율도 높은 것은? (12년 3회)

① GT 셀　② GT 흐름 라인
③ GT 센터　④ GT 계획

해설 • GT 셀 : 여러 종류의 기계 그룹에서 속하는 모든 부품, 또는 부분의 부품 가공을 할 수 있는 경우의 설비 배치
• GT 센터 : 어느 한 종류의 작업에서 가공 방법이 유사한 부품의 그룹을 가공할 수 있도록 같은 성능의 기계를 각각 모아서 배열한 설비 배치로 GT 설비 배치 중 가장 수준이 낮은 것

15. 리차드 무더(richard muther)에 의한 총체적 공장 배치 계획 단계가 순서로 된 것은 어느 것인가? (08년 1회/12년 2회)

① P-Q 분석 → 흐름-활동 상호 관계 분석 → 면적 상호 관계 분석
② P-Q 분석 → 면적 상호 관계 분석 → 흐름-활동 상호 관계 분석
③ 흐름-활동 상호 관계 분석 → P-Q 분석 → 면적 상호 관계 분석
④ 흐름-활동 상호 관계 분석 → 면적 상호 관계 분석 → P-Q 분석

16. 다음 중 기계가 고장을 일으키지 않는 성질은 어느 것인가? (07년 3회)

① 신뢰성　② 보전성
③ 생산성　④ 경제성

해설 신뢰성(reliability) : 언제나 안심하고 사용할 수 있고 고장이 없으며 신뢰할 수 있다. 어떤 특정 환경과 운전 조건하에서 어느 주어진 시점 동안 명시된 특정 기능을 성공적으로 고장 없이 기능을 수행할 수 있는 확률을 양적으로 표현할 때는 신뢰도라고 한다.

정답 13. ③ 14. ② 15. ① 16. ①

17. **설비의 신뢰성 평가 척도에 대한 설명으로 적절한 것은?** (07년 1회)

① 평균 고장 간격이란 신뢰성의 대상물이 사용되어 처음 고장이 발생할 때까지의 평균 시간을 말한다.
② 평균 고장 시간이란 설비의 고장 수에 대한 전 사용 시간의 비율을 말한다.
③ 고장률이란 일정 기간 동안 발생하는 단위 시간당 고장 횟수를 말한다.
④ 보전성이란 어느 특정 순간에 기능을 유지하고 있는 확률을 말한다.

해설 • 평균 고장 간격 : 어떤 신뢰성의 대상물에 대해 전체 고장 수에 대한 전체 사용 시간의 비로 고장률의 역수이다.

$$MTBF = \frac{1}{F(t)}$$ 여기서, $F(t)$: 고장률

• 고장률 : 일정 기간 중에 발생하는 단위 시간당 고장 횟수로 1000시간당의 백분율

$$\text{고장률}(\lambda) = \frac{\text{고장 횟수}}{\text{총 가동 시간}}$$

18. **전기 스위치나 퓨즈(fuse) 등 수리하지 않고 고장이 나면 교체하는 부품의 신뢰성 평가 척도는?** (10년 3회)

① 고장률
② 평균 고장 간격
③ 평균 고장 시간
④ 유용성

해설 평균 고장 시간(mean time to failure : MTTF) : 신뢰성의 대상물이 사용되어 처음 고장이 발생할 때까지의 평균 시간이다. 또한 어떤 보전 조건하에서 규정된 시간에 수리 가능한 시스템이나 설비, 제품, 부품 등이 기능을 유지하여 만족 상태에 있을 확률로 정의하는 유용성(availability)은 신뢰성과 보전성을 함께 고려한 광의의 신뢰성 척도로 사용된다.

$$MTTF = \frac{\text{장비의 총 가동 시간}}{\text{특정 시간으로부터 발생한 총 고장 수}}$$

19. **신뢰성의 대상물이 사용되어 처음 고장이 발생할 때까지의 평균 시간은?** (12년 2회)

① 평균 고장 간격
② 고장률
③ 평균 고장 시간
④ 보전성

20. **설비가 어느 특정 순간에 기능을 유지하고 있는 확률로 정의할 수 있는 용어는?** (09년 2회)

① 설비 가동률 ② 보전성
③ 유용성 ④ 경제성

해설 • 보전성(保全性 : maintainability) : 보전에 대한 용이성(容易性)을 나타내는 성질
• 고장률 : 일정 기간 중에 발생하는 단위 시간당 고장 횟수로 1000시간당의 백분율
• 신뢰성(reliability) : 어떤 특정 환경과 운전 조건하에서 어느 주어진 시점 동안 명시된 특정 기능을 성공적으로 수행할 수 있는 확률
• 유용성(availability) : 어떤 보전 조건하에서 규정된 시간에 수리 가능한 시스템이나 설비·제품·부품 등이 기능을 유지하여 만족 상태에 있을 확률

21. **설비의 사용 시간에 따른 고장률에 관한 설명이 적절하지 않은 것은?** (04년 1회)

① 설비의 유효 수명이 지난 마모 고장기에서 예방 보전의 효과가 우수하다.
② 새로운 설비를 설치한 후 일정 기간 내에는 고장이 발생하지 않으며 이 시기에는 예비품과 점검이 거의 필요 없다.
③ 설비의 유효 수명 내에서는 설비의 수명을 연장시키기 위하여 점검 및 개선이 필요하다.
④ 초기 고장기에는 고장률이 점차 감소하며 부품 또는 설계 불량 등의 결함이 이 시기에 나타난다.

정답 17. ③ 18. ③ 19. ③ 20. ③ 21. ②

22. **설비의 유효 가동률을 나타낸 것은?** (09년 3회/11년 2회)

① 시간 가동률×속도 가동률
② 시간 가동률/속도 가동률
③ 시간 가동률−속도 가동률
④ 시간 가동률+속도 가동률

해설 유효 가동률=시간 가동률×속도 가동률

23. **어느 공장의 월 가동 수가 20일인 장비가 설비 고장과 작업 고장에 의한 설비 휴지 시간이 1개월에 10시간이 걸리면 실제 가동률은 몇 %인가? (단, 1일 가동 시간은 8시간이다.)** (05년 3회)

① 93.75 ② 96.25
③ 95.3 ④ 91.8

해설 $\dfrac{(20\times8)-10}{20\times8}=\dfrac{150}{160}=93.75$

24. **다음 설명 중 올바르지 못한 것은 어느 것인가?** (04년 1회)

① 평균 고장 간격은 $\dfrac{1}{\text{고장률}}$이다.
② 평균 고장 시간은 부품이 처음 사용되어 고장이 발생할 때까지의 평균 시간이다.
③ 고장 강도율은 $\dfrac{\text{고장 정지 시간}}{\text{부하 시간}}\times100$이다.
④ 고장 도수율은 $\dfrac{\text{동작 시간 합계}}{\text{정지 횟수 합계}}$이다.

해설 고장 도수율$=\dfrac{\text{고장 횟수}}{\text{부하 시간}}\times100$

25. **조업 시간을 올바르게 표현한 것은?** (10년 1회)

① 부하 시간+무부하 시간+기타 시간
② 부하 시간+정미 가동 시간+정지 시간+기타 시간
③ 정미 가동 시간+무부하 시간+기타 시간
④ 부하 시간+정지 시간+무부하 시간+기타 시간

해설 • 조업(操業) 시간 : 잔업을 포함한 실제 가동 시간을 말하며, 부하 시간+무부하 시간+기타 시간
• 부하 시간 : 정미 가동 시간에 정지 시간을 부가한 시간(단위 운전 시간)
• 기타 시간 : 조업 시간 내에 전기, 압축기 등이 정지하여 작업 불능 시간이나 조회, 건강 진단 등의 시간

26. **기계를 가동하여 직접 생산하는 시간을 무엇이라 하는가?** (08년 3회)

① 직접 조업 시간 ② 실제 생산 시간
③ 정미 가동 시간 ④ 실제 조업 시간

해설 정미 가동 시간 : 기계를 가동하여 직접 생산하는 시간

27. **부하 시간에 관한 것은?** (08년 1회)

① 부하 시간+무부하 시간
② 조업 시간+무부하 시간
③ 정미 가동 시간+정지 시간
④ 조업 시간+정지 시간

해설 • 무부하 시간 : 기계가 정지하고 있는 시간
• 정지 시간 : 준비 시간, 대기 시간, 설비 수리 시간, 불량 수정 시간 등

28. **부하 시간에서 고장, 품목 변경에 의한 작업 준비, 금형 교체, 그리고 예방 보전 등의 시간을 뺀 실제 설비가 가동된 시간을 의미하는 것은?** (11년 2회)

① 가동 시간 ② 휴지 시간
③ 조업 시간 ④ 캘린더 시간

해설 • 부하 시간=조업 시간−휴지 시간
• 캘린더 시간 : 공휴일을 포함한 1년 365일

정답 22. ① 23. ① 24. ④ 25. ① 26. ③ 27. ③ 28. ①

29. 보전 효과 측정을 위한 항목과 거리가 먼 것은? (11년 2회)

① MTBF
② 고장 강도율
③ 설비 가동률
④ 자동화율

30. 설비의 전형적인 고장률 곡선과 유사한 곡선은? (09년 1회)

① 로그(log) 곡선
② 정현(sine) 곡선
③ 배스터브(bath tub) 곡선
④ 하이포이드(hypoid) 곡선

해설 예방 보전에 의한 사전 교체를 하지 않으면 인간의 사망률과 유사한 곡선이 나타난다. 처음에는 고장률이 높은 초기 고장기, 안정되어 고장률이 거의 일정하게 되는 우발 고장기, 구성 부품의 마모 열화에 의하여 고장률이 상승하는 마모 고장기의 3단계로 나타난다.

31. 새 펌프를 구입하여 설치 후 시험 가동 중에 축봉부에 누설이 생겨 목표한 양정으로 올리지 못하여 메커니컬 실(mechanical seal)을 교체하여 가동하였다. 표에서 어느 구역의 고장기에 해당하는가? (03년 1회/11년 1회)

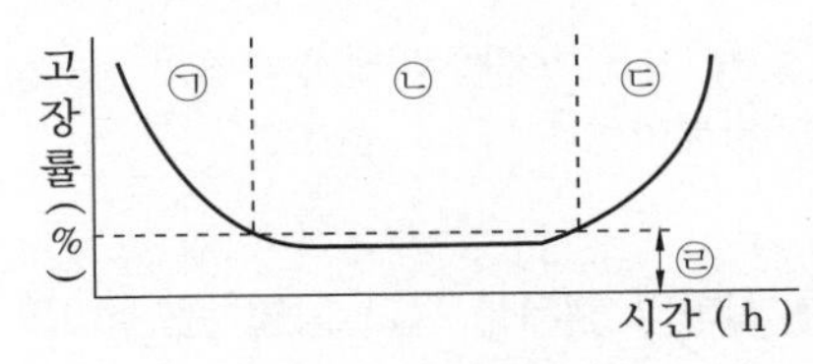

① ㉠ 구역 ② ㉡ 구역
③ ㉢ 구역 ④ ㉣ 구역

해설 ㉠ 구역은 초기 고장 기간, ㉡ 구역은 우발 고장 기간, ㉢ 구역은 마모 고장 기간이다.

32. 부품은 고장률을 알면 보전에 의하여 제품의 수명을 연장시킬 수 있다. 다음 중 부품을 사전 교환 등에 의한 예방 보전(preventive maintenance)을 실시하여 제품의 수명을 연장시키기에 가장 합당한 고장률의 유형은 무엇인가? (10년 1회)

① 감소형(decreasing failure rate)
② 증가형(increasing failure rate)
③ 일정형(constant failure rate)
④ 랜덤형(random failure rate)

해설 증가형은 고장이 집중적으로 일어나기 전에 예방 보전으로 교환하면 유효하다.

33. 설비의 고장률 곡선에서 시간이 지날수록 고장률이 감소하며 예방 보전이 거의 필요 없는 고장기는? (06년 3회)

① 초기 고장기 ② 우발 고장기
③ 마모 고장기 ④ 노후 고장기

해설 초기 고장기 : 부품의 수명이 짧은 것, 설계 불량, 제작 불량에 의한 약점 등의 원인에 의한 고장률 감소형으로 이 고장기에는 예방 보전이 필요 없다.

34. 제품에 대한 전형적인 고장률 패턴은 욕조 곡선으로 나타낼 수 있다. 우발 고장 기간에 발생될 수 있는 원인과 관계가 없는 것은 어느 것인가? (10년 2회)

① 안전 계수가 낮은 경우
② 스트레스가 기대 이상인 경우
③ 사용자 과오가 발생한 경우
④ 부식 또는 산화에 의하였을 경우

해설 우발 고장기 : 예측할 수 없는 고장률 일정형으로 유효 수명이라고 한다. 설비 보전원의 고장 개소의 감지 능력을 향상시키기 위한 교육 훈련과 고장률을 저하시키기 위한 개선, 개량이 절대 필요하며, 예비품 관리가 중요하다.

정답 29. ④ 30. ③ 31. ① 32. ② 33. ① 34. ④

35. **설비를 구성하고 있는 부품의 피로, 노화 현상 등에 의해서 시간의 경과와 함께 고장률이 증가하는 시기는?** (12년 2회)

① 초기 고장기 ② 우발 고장기
③ 마모 고장기 ④ 라이프 사이클

해설

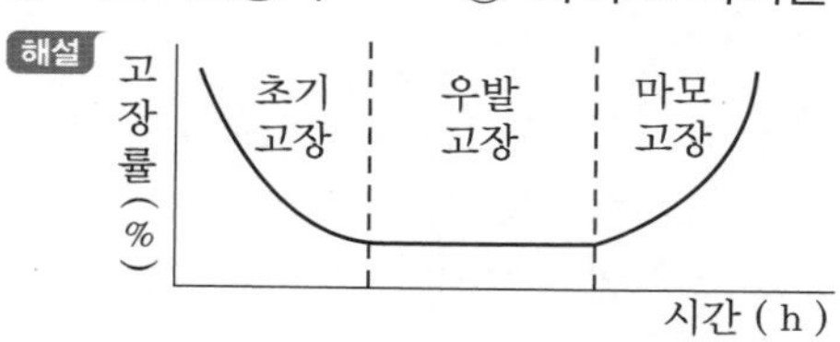

36. **설비의 고장률에 관한 설명으로 올바른 것은?** (12년 1회)

① 설비의 도입 초기에는 고장이 없다.
② 우발 고장기의 고장률 곡선은 고장률 증가형이다.
③ 마모 고장기에서 예방 정비의 효과가 크다.
④ 설계 불량으로 인한 고장은 우발 고장기에 주로 발생한다.

해설 ① 설비 도입 초기에는 고장률이 감소한다.
② 우발 고장기에는 고장률이 일정하다.
④ 설계 불량으로 인한 고장은 초기 고장기에 주로 발생한다.

37. **최소의 비용으로 최대의 설비 효율을 얻기 위하여 고장 분석을 실시한다. 고장 분석을 행하는 이유가 아닌 것은?** (07년 3회/10년 1회)

① 설비의 고장을 없애고 신뢰성을 향상시키기 위하여
② 설비의 고장에 의한 휴지 시간을 단축시켜 보전성을 향상시키기 위하여
③ 설비의 보수 비용을 늘려 경제성을 향상시키기 위하여
④ 설비의 가동 시간을 늘리고 열화 고장을 방지하기 위하여

해설 고장 분석의 필요성 : 설비 관리의 궁극적인 목적은 최소의 보전 비용으로 최대의 설비 효율을 얻는 것
㉠ 신뢰성의 향상 : 설비의 고장을 없게 한다.
㉡ 보전성의 향상 : 고장에 의한 휴지 시간을 단축한다.
㉢ 경제성의 향상 : 가능한 비용을 절감한다.

38. **고장의 빈도가 높은 설비의 고장률을 감소시키고자 한다. 올바른 대책이 아닌 것은 어느 것인가?** (07년 3회)

① 응력을 집중시킨다.
② 온도, 습도 등 주변 환경을 개선시킨다.
③ 작업 방법, 치공구 등의 조건을 개선시킨다.
④ 검사 주기 및 검사 방법을 개선시킨다.

해설 고장률(failure) : 일정 기간 중에 발생하는 단위 시간당 고장 횟수로 1000시간당의 백분율로 나타내는 것이 보통이다. 전자 부품 등 시간으로 표현되는 것은 주로 10^3 hr를 사용한다.
고장률(λ)=고장 횟수/총 가동 시간

39. **설비 투자의 합리적인 투자 결정에 필요한 경제성 평가 방법이 아닌 것은?** (10년 1회/12년 1회/17년 2회)

① 자본 회수법 ② 비용 비교법
③ MAPI법 ④ 처분 가치법

해설 처분 가치법은 설비 투자의 경제성 평가 방법이 아니다.

40. **설비의 경제성 평가 방법 중 설비의 내구 사용 기간 사이의 자본 비용과 가동비의 합을 현재 가치로 환산하여 내구 사용 기간 중의 연평균 비용을 비교하여 대체안을 결정하는 방법은?** (11년 1회)

① 자본 회수법 ② 평균 이자법

정답 35. ③ 36. ③ 37. ③ 38. ① 39. ④ 40. ③

③ 연평균 비교법 ④ 자본 회수 기간법

해설 • 연평균 비교법 : 설비의 내구 사용 기간 사이의 자본 비용과 가동비의 합을 현재 가치로 환산하여 내구 사용 기간 중의 연평균 비용을 비교하여 대체안을 결정하는 방법
• 평균 이자법 : 연간 비용으로서 정액제에 의한 상각비와 평균 이자 및 가동비를 취한 방법. 연간 비용=상각비+평균 이자+가동비

41. 다음은 내용 연수의 각 단위별로 감가되는 원가를 결정하는 기법이다. 시간을 기준으로 하는 감가상각법이 아닌 것은? (09년 3회)

① 정액법 ② 정률법
③ 연수 합계법 ④ 생산량 비례법

42. 설비 투자의 경제성 평가를 위하여 중요한 비용 개념으로서 주어진 상황에서 회수할 수 없는 과거의 원가로서 고려 대상이 되는 어떠한 안에도 부과할 수 없는 비용은? (12년 2회)

① 기회비용 ② 매몰비용
③ 대체비용 ④ 생애비용

43. 정비 계획 수립 시 검토할 사항이 아닌 것은? (06년 1회)

① 생산 계획을 파악하고 증산 체제 시 정비 계획을 무기한 연기한다.
② 설비의 능력을 파악한다.
③ 수리 형태를 파악하고 점검 계획을 세운다.
④ 수리 요원의 능력과 인원을 검토하여 정비 계획을 수립하고 필요 시 외주업자를 이용한다.

해설 정비 계획 수립 시 고려할 사항
㉠ 정비 비용
㉡ 수리 시기
㉢ 수리 시간
㉣ 수리 요원
㉤ 생산 및 수리 계획
㉥ 일상 점검 및 주간, 월간, 연간 등의 정기 수리 구분

44. 정비 계획 수립 시 고려할 사항이 아닌 것은? (09년 2회/11년 3회)

① 생산 계획 확인 ② 설비 능력 파악
③ 제품 성분 분석 ④ 수리 요원

해설 정비 계획 수립 시 ①, ②, ④ 외에 수리 형태를 고려해야 한다.

45. 보전 작업 계획은 연간, 월간, 주간, 개별 설비 보전 계획을 수립한다. 이 중 연간 보전 계획 항목이 아닌 것은? (10년 1회)

① 조업 계획, 설비 능력 및 가동 시간 계획
② 보전 작업 및 설비 표준의 개량
③ 분해 검사 및 외주 계획
④ 작업량에 의한 설비 가동 시간 계획

해설 ④는 월간 보전 계획 항목이다.

46. 컴퓨터를 이용한 설비 배치 기법이 아닌 것은? (10년 1회/14년 1회)

① PERT/CPM ② CRAFT
③ CORELAP ④ ALDEP

47. 다음 중 제품별 배치 형태의 특징으로 틀린 것은? (10년 2회/14년 3회)

① 작업 흐름 판별이 용이하며 조기 발견, 예방, 회복 등이 쉽다.
② 공정이 확정되므로 검사 횟수가 적어도 되며 품질 관리가 쉽다.
③ 작업을 단순화할 수 있으므로 작업자의 훈련이 용이하다.
④ 정체 시간이 길기 때문에 재공품(在工品)이 많다.

정답 41. ④ 42. ② 43. ① 44. ③ 45. ④ 46. ① 47. ④

3. 설비 보전의 계획과 관리

3-1 설비 보전과 관리 시스템

(1) 설비 보전의 의의

설비 보전이란 설비 열화에 대한 대책이며, 설비를 가장 유효하게 활용함으로써 기업의 생산성을 높이는 것이다.

(2) 설비 보전의 목적

설비 보전의 목적은 설비를 가장 유효하게 활용하여 생산량(P : production), 품질(Q : quality), 원가(C : cost), 납기(D : delivery), 안전(S : safety), 의욕(M : morale) 여섯 가지 요소들에 대하여 항상 현상을 파악하고 개선하여 기업의 생산성을 향상시키는 데 있다.

(3) 설비 보전 시스템의 개요

예방 보전(preventive maintenance)과 생산 보전(productive maintenance) 중 PM은 생산 보전 시스템을 가리키는 것이 보통이다.

① 중점 설비·개소의 선정
② 설비 보전의 표준 설정
③ 설비 보전의 계획 : 설비 검사, 설비 보전, 설비 수리를 하기 위해서는 일정 계획, 인원 계획, 자료 계획 등과 같은 계획을 수립하고, 실행해야 한다.
④ 설비 보전의 실시
⑤ 설비 보전의 기록
⑥ 보전비 관리
⑦ 보전 효과 측정과 개선 조치

3-2 설비 보전 조직과 표준

(1) 설비 보전 조직

① 설비 보전 조직의 기능

(가) 직접 기능 : '설비가 열화하고 고장 정지를 일으켜 유해한 성능 저하를 가져오는 상태를 제거, 조정 또는 회복하여 설비 성능을 최경제적으로 유지하는 활동'으로 설

비 검사 (점검), 보전 (일상 보전), 수리 (공작)의 세 가지로 대별한다.

(나) 관리 기능 : 경제적 측면은 가치 관리, 기술적 측면은 성능 관리이다.

② 설비 보전 조직의 기본형과 특색 : 보처 (H. F. Bottcher)는 보전 조직을 집중 보전, 지역 보전, 부분 보전 및 절충형으로 분류하고 있다.

(2) 설비 보전 표준화

① 설비 관계의 제 표준 : 표준이란 '종업원이 이룩해야 할 작업 기준이 되는 사항을 표시하는 것'이다.

② 설비 표준의 종류

(가) 설비 설계 규격
(나) 설비 성능 표준
(다) 설비 자재 구매 규격
(라) 설비 자재 검사 표준
(마) 시운전 검수 표준
(바) 설비 보전 표준
(사) 보전 작업 표준

③ 설비 보전 표준의 분류

(가) 설비 검사 표준 : 예방 보전을 위해 하는 검사를 점검이라고 한다.

㉮ 주기에 따른 구분 : 일상 검사는 매일, 매주하는 것으로 검사 주기가 1개월 이내인 것, 정기 검사는 1개월 이상의 것으로서 3개월, 6개월 주기의 것이다.

㉯ 검사 항목에 따른 구분 : 성능 검사, 정도 검사 등으로 구분된다.

㉰ 대상 설비에 따른 구분 : 검사 대상이 되는 설비에 따라 기계 설비, 배관, 전기 설비, 계장 설비 등으로 분류한다.

(나) 보전 표준 : 보전의 조건이나 방법의 표준을 정한 것

(다) 수리 표준 : 수리 조건·방법에 대한 표준

3-3 설비 보전의 본질과 추진 방법

(1) 설비 보전의 효과

① 정지 손실 감소
② 보전비 감소
③ 제작 불량 감소
④ 가동률 향상
⑤ 예비 설비의 필요성 감소
⑥ 재고품 감소
⑦ 제조 원가 절감
⑧ 보상비나 보험료 감소
⑨ 납기 지연 감소

(2) 설비 보전에 의한 설비의 유지 관리

① 설비의 열화 현상과 원인 : 설비의 성능 열화 (性能劣化)란 사용에 의한 열화 (운전 조

건, 조작 방법), 자연 열화(녹, 노후화 등), 재해에 의한 열화(폭풍, 침수, 지진 등)로 대별할 수 있다.

② 설비 열화의 대책

㈎ 열화 방지

㈏ 열화 회복

㈐ 열화 측정

(3) 설비의 최적 보전 계획

① 설비 보전의 비용 개념

㈎ 기회 손실 : 보전비를 사용하여 설비를 만족한 상태로 유지하여, 막을 수 있었던 생산성의 손실

㈏ 생산의 3요소 : 사람(man), 설비(machine), 재료(material)

㉮ 생산량 감소 손실 : 생산 감소 손실은 감산량×(판매 단가－변동비)로 계산되며, (판매 단가－변동비)는 한계 이익이다.

㉯ 품질(quality) 저하 손실 : 저하 손실액 외에도 저하로 인하여 회사의 신용이 저하되는 것도 고려하여야 한다.

㉰ 원단위 증대 손실 : 원료의 보유 감소, 기계의 효율 저하에 따른 동력비 증가, 노무원 단위 증가 등에 의하여 발생하는 손실

㉱ 납기(delivery) 지연 손실 : 생산 감소로 인한 납기 지연, 계약상 지체료의 지불, 선적의 체선료(滯船料) 지불 등에 의하여 발생하는 손실

㉲ 안전(safety) 저하에 의한 재해 손실 : 안전 저하 때문에 발생하는 재해 보상비에 의한 손실

㉳ 환경 조건의 악화로 인한 의욕 저하 손실

- 일상 보전 : 급유, 교환, 조정, 청소 등의 적정 실시
- 정상 운전 : 운전자에게 훈련과 지도 실시
- 예방 보전 : 주기적 검사와 예방 수리의 적정 실시
- 개량 보전 : 보전 면에 중점을 둔 설비 자체의 적정 체질 개선
- 설비 갱신 : 갱신 분석의 조직화
- 보전 예방 : 신설비의 PM 설계

㈐ 보전 비용을 분류 목적별로 분류하면 일상 보전비(열화 방지비), 검사비(열화 측정비), 수리비(열화 회복비)가 되며, 요소별은 노무비, 재료비, 외주비, 휴지(정지) 손실비, 준비 손실비, 회복 손실비, 재고 관리비로 분류할 수 있다. 여기서 휴지 손실, 준비 손실, 회복 손실을 기회 손실이라 한다.

② 최적 수리 주기의 결정 방법

㈎ 설비의 보전비와 열화 손실비의 합계를 최소로 하는 것이 가장 경제적인 방법

이다.

(나) 단위 기간당의 열화 손실비는 시간(처리량)의 증가와 더불어 증가한다.

(다) 단위 기간당의 보전비는 수리 주기(시간 또는 처리량)를 길게 하면 할수록 감소한다.

(라) 이 두 가지 비용 곡선의 합계 곡선으로부터 최소 비용점을 구할 수 있다.

(마) 이 최소 비용점까지의 주기로 수리하는 것이 가장 경제적이며, 이를 설비의 최적 수리 주기라고 한다.

③ 부품의 최적 대체법 : 최적 수리 주기의 계산은 주로 성능 저하형의 열화에 대하여 적용되나, 돌발 고장형의 열화에 대해서는 부품의 최적 대체법을 적용하고 세 가지 부품 대체 방식을 생각할 수 있다.

(가) 각개 대체(사후 대체)

(나) 개별 사전 대체

(다) 일제 대체

(4) 보전 시간

① 고장 시간

② 예방 보전 시간

(가) 정기 점검

(나) 오버홀(overhaul)

(다) 수리

(라) 부품 교체

(마) 정기 교정

(바) 연료 보급

(사) 셧다운(shutdown)

(5) 설비 보전의 추진 방법

① 현 보유 설비와 현존 기술 범위 내에서 가장 설비 비용이 적게 드는 보전의 최소 비용점을 찾아내야 한다.

② 열화 손실비를 최소화해야 한다.

③ 최소의 보전비로 보전 효과를 높이는 방법을 찾아내야 한다.

(6) 기본 설비 보전 업무

① 고장 점검 수리(trouble shooting)

② 교정(calibration)

③ 기능 시험

④ 대체 또는 교체

⑤ 수리

⑥ 오버홀(overhaul)

⑦ 윤활 관리

⑧ 재설치

⑨ 제거

⑩ 점검

⑪ 조정

3-4 설비의 예방 보전

(1) 예방 보전의 기능

① 취급되어야 할 대상 설비의 결정
　㈎ 중요 점검 대상 설비
　㈏ 예방 보전의 비용이 고장 수리 비용보다 적은 설비
　㈐ 기 장비가 쉽게 준비될 수 있는 설비
　㈑ 설비의 상태가 수명이 한계에 도달되지 않은 설비
② 대상 설비 점검 개소의 결정 : 생산 설비에 대한 점검 목록 작성
③ 보전 작업에서 점검 주기의 결정 : 보전 주기는 설비의 노후화에 따라 점검 빈도가 높아져야 하며, 마찰, 침식, 진동 과부하 또는 압력, 가동 부하의 변동에 따라 주기를 조정한다.
④ 점검 시기에 관한 결정 : 연간 작업 총괄 계획을 작성하고, 합리적으로 점검 일정이 주기를 충족할 수 있어야 한다.
⑤ 조직에 관한 결정 : 이상의 네 가지 기능을 수행하기 위하여 어떠한 조직이 적합한가는 공장의 규모 및 종류에 따라 결정이 되며, 예방 보전을 포함하여 일반 보전 작업의 계획을 수립하고 이를 위해 하자 없는 구성 인원의 자격이 고려된다.

(2) 예방 보전의 효과

① 설비의 정확한 상태 파악(예비품의 적정 재고 제도 확립)
② 수리의 감소
③ 긴급용 예비 기기의 필요성 감소와 자본 투자의 감소
④ 예비품 재고량의 감소
⑤ 비능률적인 돌발 고장 수리로부터 계획 수리로 이행 가능
⑥ 고장 원인의 정확한 파악
⑦ 보전 작업의 질적 향상 및 신속성
⑧ 유효 손실의 감소와 설비 가동률의 향상(경제적인 계획 수리 가능)
⑨ 작업에 대한 계몽 교육, 관리 수준의 향상(취급자 부주의에 의한 고장 감소)
⑩ 설비 갱신 기간의 연장에 의한 설비 투자액의 경감
⑪ 보전비의 감소, 제품 불량의 감소, 수율의 상승, 제품 원가의 절감
⑫ 작업의 안전, 설비의 유지가 좋아져서 보상비나 보험료가 감소
⑬ 작업자와의 관계가 좋아져서 빈번한 고장으로 인한 작업 의욕의 감퇴 방지와 돌발 고장의 감소로 안도감 고취
⑭ 고장으로 인한 생산 예정의 지연으로 발생하는 납기 지연의 감소

(3) 중점 설비의 분석

① 현 설비의 이론 능력, 최대 능력, 조건 능력, 기대 능력 등 능력 파악
② 예비기의 유무로 휴지(정지) 손실의 영향이 큰 중점 설비의 파악
③ 기준 생산량을 위배한 생산 감소 손실을 주는 것, 수리비가 큰 것 등 과거의 고장 통계 분석
④ 설비 열화가 저하 또는 원단위에 미치는 영향이 큰 설비
⑤ 설비 환경과 작업 조건이 열화에 미치는 영향이 큰 설비
⑥ 안전상의 중점 설비
⑦ 중점도 설정 기준을 수립

(4) 예방 보전 검사 제도

① PM 검사 표준의 설정
(가) 설비의 열화 정도를 조사하는 검사 방법과 측정 방법의 표준을 말한다.
(나) 설비 표준에는 검사 부위, 항목, 주기, 검사 방법, 기구, 판정 기준 처리 등이 포함된다.
(다) 검사의 종류
㉮ 방법별 : 외관, 분해, 정밀 검사 등
㉯ 주기별 : 일상·정기·임시 검사 등
㉰ 항목별 : 성능, 정밀 검사 등
㉱ 대상 설비별 : 기계 장치, 배관, 전기 설비, 계장 기기 검사 등

② PM 검사 계획 : 검사 계획은 설비 검사 표준에 입각해서 조업 현장의 생산성에 대한 사정과 검사 요원의 부하에 대한 양쪽을 고려해서 언제, 무엇을 검사할 것인가에 대해서 계획을 하는 것이다.

③ PM 검사의 실시 : 비파괴 검사법은 X선 탐상기, 초음파 탐상기, 자기 탐상기, 침투 탐상액 등이 널리 이용되고 있으며, 최근에 이르러서는 아이소톱을 이용해서 운전 중에 검사할 수 있는 수준에 도달하고 있다.

④ 검사에 따르는 수리 요구 : 설비에 대한 검사를 하는 것은 수리 요구를 계획적으로 하기 위한 것이다.

⑤ 수리의 검수 : 수리 요구자는 요구한 대로의 수리가 되었는지의 여부에 대해서 확실히 체크하여야 한다.

⑥ 설비 보전의 기록 보고 : 설비 보전 기록의 역할은
(가) 수리 주기의 예측 및 소요 비용의 견적에 도움이 되며 예산 편성의 근거가 된다.
(나) 설비마다 매년 수리비를 파악할 수 있으므로 갱신 분석의 기초 자료가 된다.
(다) 수리용 자재의 상비수 계산의 기초가 된다.

3-5 공사 관리

(1) 공사의 목적 분류

① 자본적 지출 : 신설, 증설, 확장, 갱신, 개조 등과 같은 자산 공사비를 가리키는 것

② 경비 지출 : 설비 성능을 유지 보전하기 위한 수리 공사비 등을 말하는 것으로, 보통 수선 또는 보수라고도 함

(2) 공사 관리 제도의 개요

① 공사의 완급도를 정확하게 결정한다.

② 소요의 순서와 공수를 견적한다.

③ 완급도, 견적 공수 능력에 기초를 두고 여력 관리를 하여 일정을 결정한다.

④ 일정을 표시한 작업 명령을 내리고 진도를 통제한다.

⑤ 실적을 조사하여 원가 절감을 도모한다.

(3) 공사 전표의 역할

① 원 라이팅 시스템(one writing system) : 공사의 요구에서부터 실적에 대한 집계에 이르기까지 처음에 발행한 전표를 끝까지 일괄해서 사용하는 것

② 공사 전표의 필요 조건

㈎ 공사 요구를 위해서는 공사 요구 부서에서 공사 내용을 작성하여 공사 담당 부서에 보낸다.

㈏ 공사 담당 부서에서는 작업원에 대한 공사 명령서로 사용한다.

㈐ 공사비 실적을 집계하는 데에도 사용한다.

(4) 공사의 완급도

완급도	명 칭	설 명	사무 수속
1	긴급공사	즉시 착수해야 할 공사	구두 연락으로 즉시 착공하고, 착공 후 전표를 제출한다. 여력표에 남기지 않는다.
2	준급공사	당 계절에 착수하는 공사	전표를 제출할 여유가 있다. 여력표에 남기지 않고, 당 계절에 착공한다.
3	계획공사	일정 계획을 수립하여 통제하는 공사	당 계절에 접수하여 공수 견적을 한다. 다음 계절 이후로 넘긴다.
4	예비공사	한가할 때 착수하는 공사	예비적으로 직장이 전표를 보관하고 있다가 한가할 때 착공한다.

(5) 공사의 견적

공사 견적법으로는 경험법, 실적 자료법, 표준 자료법의 세 가지가 있다.

(6) 여력 관리와 일정 계획

① 여력 관리 : 여력 관리의 목적은 계획 공사의 견적 공수와 현 보유 표준 능력을 비교하여 이월량이 거의 일정하게 되도록 공사 요구의 접수, 예비 공사 중간 차입, 외주 발주량을 조정하며, 여력 관리의 기본이 되는 공수 계획을 세우기 위해 다음과 같이 한다.

(가) 작업 직종별 기준 공수를 결정해 둔다.

(나) 직종별 현 보유 표준 능력을 확실히 파악한다.

(다) 작업량과 능력의 균형을 도모한다.

② 일정 계획 : 일정 계획은 공정 담당자의 희망 납기에 맞도록 세워야만 한다.

(가) 여유표에서 기존 일정을 정한다.

(나) 일별 또는 월별 공사 일정표를 작성한다.

㉮ 공사 단위별 일정표

㉯ 작업자 개인 또는 그룹별 공사 일정표

(다) 공사 일정의 합리적인 일정 계획을 세우기 위해서는 다음의 4항목을 들 수 있다.

㉮ 납기의 정확화

㉯ 관계 각 업무의 동기화

㉰ 작업량의 안정화

㉱ 공사 기간의 단축

(7) 진도 관리

진도 관리란 일정 계획에 결정된 착수·완성의 예정에 따라 작업자에게 작업 분배를 하고, 당해 공사의 납기로 완성해 가는지 시간상 진행에 있어서 통제를 하는 것으로, 납기의 확정과 공사 기일의 단축이 그 목적이며 납기 관리, 일정 관리라고도 한다.

(8) 휴지 공사

장치 공업과 같이 프로세스 연속 생산 공장에서는 공장 전체 또는 일련의 장치를 휴지(운전 정지)하여 한 번에 보전 공사를 실시하는 방법이 채택된다. 이것을 휴지 공사, 정기 수리, 수리 공사, SD (shut-down) 공사라고 한다.

(9) 긴급 돌발 공사와 외주 공사

① 긴급 돌발 공사

(가) 긴급 돌발 공사는 계획 공사와는 별도로 예외적으로 처리해야 한다.

(나) 긴급 돌발 공사는 고장 정지에 의해서 적지 않은 휴지 손실을 일으키는 경우에 한정하여 실시한다.

② 외주 공사

3-6 보전용 자재 관리와 보전비 관리

(1) 보전용 자재 관리

① 보전용 자재의 관리상 특징

㈎ 보전용 자재는 연간 사용 빈도 또는 창고로부터의 불출 회수가 낮으며, 소비 속도가 늦은 것이 많다.

㈏ 자재 구입의 품목, 수량, 시기의 계획을 수립하기 곤란하다.

㈐ 보전 기술 수준 및 관리 수준이 보전 자재의 재고량을 좌우하게 된다.

㈑ 불용자재의 발생 가능성이 크다.

㈒ 소모, 열화되어 폐기되는 것과 예비기 및 예비 부품과 같이 순환 사용되는 것이 있다.

㈓ 재고 유지비와 수리 기간 중의 정지 손실비의 합계를 최소화시켜 가장 경제적인 것에 따라 정한다.

② 보전용 자재의 관리상 구분

㈎ 형태 분류 : 소재, 유닛 등과 같은 형태 분류가 일반적으로 널리 쓰이고 있다.

㈏ 관리 중점에 의한 구분 : ABC분석 또는 팔레트 그림 등이 사용된다.

㈐ 상비품과 비상비품의 구분

㈑ 상비품의 발주 방식에 의한 구분

㉮ 정량 발주 방식

㉯ 사용고 발주 방식

㉰ 정기 발주 방식

㈒ 자사 제품과 업자 예치품의 구분 : 업자 예치품 방식과 사용고 불출 방식이 있다.

㈓ 불출 방법에 따른 구분 : 개별 불출품과 일괄 불출품이 있다.

3-7 보전 작업 관리와 보전 효과 측정

(1) 보전 작업 관리

① 보전 작업 표준의 설정 : 보전 작업 표준이란 보전 작업에 대한 작업 순서와 표준 시간을 표시하는 것이다. 보전 작업 표준 대상 작업은 다음과 같다.

㈎ 정기 보전 (수리)에 의한 공사 계획이 시간적으로 애로가 있는 작업

(나) 공사 지연에 의해 생산에 미치는 영향이 큰 작업

(다) 비용 면에 미치는 영향이 큰 작업

(라) 비교적 작업 능률이 나쁘다고 생각되는 작업

(마) 고도의 기술을 요하는 작업

㉮ 경험법 : 경험자의 견적에 의하여 작업 표준을 설정하는 것으로서, 수리 공사에 많이 사용되는 방법이다.

㉯ 실적 자료법 : 실적 기록에 입각해서 작업의 표준 시간을 결정하는 방법이다.

㉰ 작업 연구법 : 작업 연구에 의해서 표준 시간을 결정하는 방법으로서, 작업 순서나 시간이 다 같이 신뢰적인 방법이다. 사용되는 기법에는 PTS (predetermined time standard)법이 있으며, PTS법에서 WF (work factor)법과 MTM (methods-time measurement)법이 대표적인 방법이며, MTM법은 UMS (universal maintenance standard)가 보전 작업을 위한 작업 표준 시간 설정법이다.

(2) 보전 효과 측정

① 효과 측정 제도화의 절차

(가) 보전 효과 측정 대상을 그룹으로 나눈다.

(나) 보전 효과의 평가 요소를 선택한다.

(다) 보전의 목표를 결정한다.

(라) 평가 요소에 대한 소자료를 결정한다.

(마) 기록 보고의 절차 양식을 결정한다.

② 보전 효과 측정을 위한 듀폰 방식

(가) 자기 진단에 따라 보전 효과를 높이는 것에 중점을 두고 있다.

(나) 도식 평가를 하는 것이 특징이다.

(다) 보전 효과를 네 가지 기본 기능에 따라 표시한다.

(라) 16가지의 요소는 작업량의 두 가지 요소를 제외하고 어느 것이나 비율에 의해 표시된다.

(마) 기본적인 기능의 성적을 E : 우수, G : 양 (良), +A : 보통 이상, A : 보통, -A : 보통 이하, P : 불량으로 표시한다.

(바) 정기적으로 평가하여 개선 목표를 수립하고, 이 목표를 달성하기 위한 개선 계획을 작성한다.

출제 예상 문제

기계정비산업기사

1. 고장 예방 또는 조기 처치를 위해서 실시되는 급유, 청소, 조정, 부품 교체에 해당하는 설비 보전은? (09년 3회)

① 일상 보전 ② 예방 수리
③ 사후 수리 ④ 개량 보전

해설 일상 보전 : 간단한 수공구로 해낼 수 있는 범위의 작업

2. 설비가 열화하여 성능 저하를 초래하는 상태를 조기 조치하기 위해 행해지는 급유, 부품 교환, 청소 등이 이루어지는 정비는 어느 것인가? (03년 1회)

① 사후 정비 ② 개량 정비
③ 일상 정비 ④ 예방 정비

해설 일상 정비 (점검)는 기계 운전 중에 행하는 것으로 설비 이상의 징후 (진동, 소음)를 고장 발생 이전에 발견하여 고장을 미연에 방지하는 것을 주된 목적으로 하고 있다.

3. 설비 보전 표준의 분류 중 일상 보전과 관계있는 것으로서 공작 기계가 없어도 할 수 있는 보전 작업은? (03년 3회)

① 검사 ② 정비
③ 수리 ④ 설치

해설
- 수리 : 공작 기계나 기타 기계를 사용하여 설비를 상당 시간 정지시켜 하는 작업
- 예방 수리 : 예방 보전 검사에 의해 실시하는 수리
- 사후 수리 : 검사를 하지 않은 상태에서 고장이 발생되어 수리하는 것
- 정비 : 주로 공작 기계가 없어도 할 수 있는 작업으로, 설비의 고장 장소에서 하는 경우가 많음

4. 설비 보전 조직 중 공장의 모든 보전 요원을 한 사람의 관리자 밑에 조직하고 모든 보전을 관리하는 보전 방식은? (08년 3회 / 10년 3회)

① 집중 보전 ② 지역 보전
③ 부분 보전 ④ 절충 보전

해설 집중 보전은 공장의 모든 보전 요원을 한 사람의 관리자인 보전 부문의 장 밑에 두고, 모든 보전 요원을 집중 관리하는 보전 방식이다.

5. 집중 보전의 장점을 설명한 것 중 거리가 먼 것은? (11년 1회)

① 수리가 필요할 때 충분한 인원을 동원할 수 있다.
② 자본과 새로운 일에 대하여 통제가 보다 확실하다.
③ 작업 표준을 위한 시간 손실이 적다.
④ 보전 요원의 기능 향상을 위해 훈련이 보다 잘 행하여진다.

6. 집중 보전의 장점을 설명한 것 중 틀린 것은? (09년 1회 / 12년 3회)

① 작업의 신속성
② 인원 배치의 유연성
③ 보전 책임의 명확성
④ 작업 일정 조정 용이성

해설 집중 보전은 작업 일정의 조정이 곤란하다.

7. 다음 중 집중 보전의 장점이 아닌 것은 어느 것인가? (03년 3회)

① 수리 시 인원 동원이 용이하다.
② 보전 요원을 적절히 관리 감독할 수

정답 1. ① 2. ③ 3. ② 4. ① 5. ③ 6. ④ 7. ②

있다.

③ 긴급 작업이나 새로운 작업을 신속히 처리할 수 있다.

④ 보전원의 기능 향상을 위한 훈련이 잘 행해진다.

해설 집중 보전(central maintenance) : 공장의 모든 보전 요원을 한 사람의 관리자인 보전 부문의 장 밑에 두고, 모든 보전 요원을 집중 관리하는 보전 방식으로 기동성, 이원 배치의 유연성, 보전비 통제의 확실성, 보전 요원 1인이 보전에 관한 전 책임성이 좋으나 보전 요원이 공장 전체에서 작업을 하기 때문에 적절한 관리 감독이 어렵고, 전 요원이 생산 작업에 대하여 우선순위를 가질 수 있으나 적절한 관리 감독을 할 수 없으며, 작업 표준을 위한 시간 손실이 많고 일정 작성이 곤란하다.

8. **부문 보전의 단점을 설명한 것이다. 단점이 아닌 것은?** (10년 2회)

① 생산 우선에 의한 보전 경시
② 보전 기술의 향상이 곤란
③ 보전 책임의 분할
④ 현장 왕복 시간

해설 ④는 집중 보전의 단점이다.

9. **설비 보전 조직의 기본형 중 부분 보전의 장점에 해당하는 것은?** (04년 3회)

① 생산 라인의 공정 변경이 신속히 이루어진다.
② 보전 작업의 계획이 생산 할당에 따라 책임을 져야 할 관리자에 의해 세워진다.
③ 공장의 보전 책임이 분할된다.
④ 보전 감독자와 보전 요원이 해당 설비에 정통하게 된다.

해설 부분 보전의 장점 : 지역 보전의 장점과 유사하나 보전 요원이 제조 부문의 감독자 밑에 배속되어 생산 할당에 따라 책임을 져야 할 관리자에 의하여 작업 계획이 수립되며, 인사 문제도 지역 보전보다 양호하다.

10. **공장의 보전 요원을 각 제조 부문의 감독자 밑에 배치하는 보전 방식은?** (04년 3회)

① 집중 보전(central maintenance)
② 지역 보전(area maintenance)
③ 부분 보전(departmental maintenance)
④ 절충 보전(combination maintenance)

해설 부분 보전 : 공장의 보전 요원을 각 제조 부문의 감독자 밑에 배치하여 보전을 행하는 보전 방식이다.

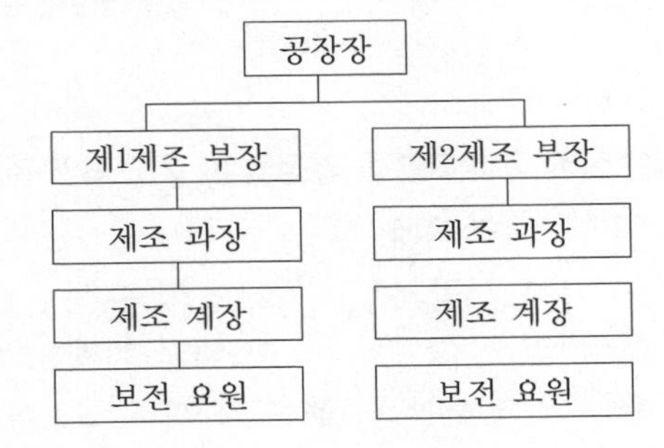

11. **다음은 설비 보전 조직의 기본형과 특징을 설명한 것이다. 맞는 것은?** (06년 3회)

① 집중 보전은 공장의 작업 요구에 대하여 충분한 인원을 동원할 수 있다.
② 지역 보전은 수리 작업 처리가 쉽다.
③ 부분 보전은 보전비의 획득과 관리가 쉽다.
④ 절충 보전은 일정 작성이 곤란하다.

해설 보전 조직의 분류

분 류	조직상	배치상
집중 보전	집중	집중
지역 보전	집중	분산
부분 보전	분산	분산
절충 보전	조합	조합

정답 8. ④ 10. ② 9. ③ 11. ①

12. 부분 보전과 집중 보전을 조합시킨 절충 보전에 대한 장단점으로 잘못된 것은? (10년 1회)

① 집중 그룹의 기동성에 대한 장점
② 집중 그룹의 보행 손실에 대한 단점
③ 지역 그룹의 운전과의 일체감에 대한 장점
④ 지역 그룹의 노동 효율에 대한 장점

13. 설비 보전 표준 설정의 직접 기능에 속하지 않는 것은? (06년 3회/08년 1회/11년 3회)

① 설비 검사 ② 설비 정비
③ 설비 수리 ④ 설비 교체

해설 직접 기능은 설비 검사, 설비 정비, 설비 수리의 3가지로 대별된다.

14. 설비 정비 표준을 결정할 때 기술적인 면에 속하는 것은 (08년 1회)

① 규격 사양서 ② 조직 규정
③ 관리 규정 ④ 책임 한계

해설 기술적인 표준을 규격 또는 표준이라 한다.

15. 설비 사양서라고도 하며 설비의 용도, 주요 치수, 용량, 응력, 정도, 성능 등을 표시하는 설비 보전은? (05년 3회)

① 시운전 검수 표준
② 설비 성능 표준
③ 설비 자재 검사 표준
④ 손상된 벨트 수리

해설 (가) 설비 설계 규격 : 설비의 설계에 관한 표준으로 설비 표준이라고도 한다.
(나) 설비 성능 표준 : 설비 사양서라고도 하며, 설비를 운전할 때에 나타나는 성능의 표준으로 설비의 용도, 주요 치수, 용량 및 성능, 정밀도, 주요 부분의 구조, 재질, 소비 전력, 증기량, 수량 등을 표시한다.
(다) 설비 자재 구매 규격 : 설비 설계 표준, 설비 성능 표준에 따라 규정되는 것으로 설비 비용 재료, 부품 등과 같은 것에 대한 품질의 표준이다.
(라) 설비 자재 검사 표준 : 표준에 일치되는지의 시험 방법, 검사 방법에 대한 표준이다.

16. 설비를 새로 도입하거나 개조, 변경, 수리 등을 행한 후 성능을 검사하는 규정에 관한 표준은 어느 것인가? (04년 1회)

① 설비 성능 표준
② 시운전 검수 표준
③ 설비 자재 검사 표준
④ 설비 보전 표준

해설 시운전 검수 표준 : 설비의 신설, 개조, 교체, 수리 등의 공사 후 정해진 성능을 발휘할 수 있는지에 대한 시운전 검수를 하는 방법에 관한 표준이다.

17. 설비의 기술적 표준으로서 검사, 정비, 수리 등의 보전 작업 방법과 보전 작업 시간 표준을 명시한 것은? (12년 1회)

① 시운전 검수 표준
② 설비 성능 표준
③ 설비 설계 규격
④ 보전 작업 표준

18. 보전 요원이 실시한 수리 표준 시간, 준비 작업 표준 시간 또는 분해 검사 표준 시간을 결정하는 보전 표준의 종류는 다음 중 어느 것인가? (12년 3회)

① 일상 점검 표준
② 설비 점검 표준
③ 보전 작업 표준
④ 수리 표준

정답 12. ④ 13. ④ 14. ① 15. ② 16. ② 17. ④ 18. ③

19. **다음과 같은 설비 표준화를 위한 설비 위치 코드 부여 순서로 맞는 것은?** (08년 3회)

① 공장 – 작업장 – 부서 – 생산 라인
② 일련번호 – 부서 – 작업장 – 공장
③ 생산 라인 – 작업장 – 부서 – 공장
④ 부서 – 작업장 – 생산 라인 – 일련번호

20. **설비 보전의 관리 기능에 속하는 것은 어느 것인가?** (09년 3회)

① 보전 표준 설정
② 예방 보전 검사
③ 일상 보전 및 점검
④ 사후 보전 및 개량 보전

해설 관리 기능 : 설비 보전 목표 평가는 관리의 경제적 측면이며, 이 결과가 나타나도록 하는 실제 활동의 원천은 기술적 측면이다. 경제적 측면은 설비와 화폐 가치 측면에서 관리하는 가치 관리이고, 기술적 측면은 설비 성능의 면을 관리하는 성능 관리이다. 이 양 측면은 칼의 양면과 같아 양 측면의 조화를 이룬 활동이 절대 필요하다.

21. **다음 중 설비 보전의 효과로서 적합하지 않은 것은?** (06년 1회/08년 1회)

① 설비 불량으로 인한 정지 손실이 감소한다.
② 예비 설비가 줄어들어 투자 비용이 절감된다.
③ 고장으로 인한 납기 지연이 적어진다.
④ 가동률이 향상되나 보전비가 증가한다.

해설 설비 보전의 효과
㉠ 설비 고장으로 인한 정지 손실 감소 (특히 연속 조업 공장에서는 이것에 의한 이익이 크다.)
㉡ 보전비 감소
㉢ 제작 불량 감소
㉣ 가동률 향상
㉤ 예비 설비의 필요성이 감소되어 자본 투자가 감소
㉥ 예비품 관리가 좋아져 재고품 감소
㉦ 제조 원가 절감
㉧ 종업원의 안전, 설비의 유지가 잘되어 보상비나 보험료 감소
㉨ 고장으로 인한 납기 지연 감소

22. **다음 설명 중 설비 보전의 효과가 아닌 것은?** (09년 2회)

① 설비 고장으로 인한 정지 손실이 감소된다.
② 설비 보전 비용이 감소된다.
③ 가동률이 향상된다.
④ 예비 설비의 필요성이 증가된다.

해설 예비 설비의 필요성 감소로 자본 투자가 감소된다.

23. **설비의 열화 중 피로 현상의 원인은 어느 것인가?** (09년 3회)

① 사용에 의한 열화
② 자연적인 열화
③ 재해에 의한 열화
④ 비교적인 열화

해설 설비의 열화 현상과 원인 : 설비의 성능 열화(性能劣化)는 사용에 의한 열화, 자연 열화, 재해에 의한 열화(폭풍, 침수, 지진 등)로 대별할 수 있으며, 이들의 결과에 의하여 마모, 부식 등의 감모(減耗), 충격, 피로 등에 의한 파손(破損), 원료 부착, 진애(塵埃) 등에 의한 오손(烏孫) 현상이 일어난다.

사용 열화	운전 조건	온도, 압력, 회전수, 설비 기능과 재질, 마모, 부식, 충격, 피로, 원료 부착, 진애
	조작 방법	취급, 반자동 등의 오조작

24. **설비를 방치하여 녹 및 재질의 노후화가 발생하였다. 어떤 열화인가?** (10년 3회)

정답 19. ① 20. ① 21. ④ 22. ④ 23. ① 24. ②

① 사용 열화 ② 자연 열화
③ 재해 열화 ④ 방치 열화

해설 자연 열화 : 녹, 노후화 등

25. 돌발 고장으로 인한 설비의 열화(劣化) 현상은? (05년 1회)

① 과부하로 인한 축의 절단
② 장기간 사용에 의한 기어의 백래시(back-lash) 증가
③ 녹 발생, 부품의 마모 등으로 인한 열화(劣化)
④ 윤활 불량으로 인한 베어링의 온도 상승

26. 설비가 신품일 때와 비교하여 점차로 열화되어 가는 것을 무엇이라고 하는가? (09년 2회)

① 절대적 열화
② 돌발 고장형 열화
③ 기능 정지형 열화
④ 우발적 열화

해설 현 보유 설비가 신품일 때와 비교하여 점차로 열화되어 가는 절대적 열화(노후화)와 현 보유 설비보다 성능이 우수한 신형 설비에 비하여 구형이 되어 가는 상대적 열화(구형화)가 있다.

27. 설비의 열화 방지 대책으로 볼 수 없는 것은? (03년 3회)

① 윤활유가 부족하여 급유를 하였다.
② 오일필터를 교체하였다.
③ 컨베이어 속도를 조정하였다.
④ 베어링이 파손되어 수리하였다.

해설 설비 열화의 대책
㉠ 열화 방지 : 정상 운전 및 일상 보전에 힘써야 한다.
㉡ 열화 회복 : 원래의 성능으로 회복할 필요가 있는데, 이 열화 회복을 수리라고 한다.
㉢ 열화 측정 : 열화의 측정은 검사라고 부르며, 그 성질에 따라 성능 저하형의 열화 측정에 적용되는 양부(良否) 검사와 돌발 고장형의 열화에 대하여 열화의 경향을 예측하기 위하여 실시하는 경향(傾向) 검사로 구분한다.

28. 보전 비용을 들여 설비를 안정된 상태로 유지하기 위하여 발생되는 생산 손실을 무엇이라 하는가? (12년 3회)

① 매몰 손실 ② 이익 손실
③ 차액 손실 ④ 기회 손실

해설 기회 손실 : 보전비를 사용하여 설비를 만족한 상태로 유지하여 막을 수 있었던 생산성의 손실로, 기회 원가(opportunity cost)라고도 한다.

29. 다음 중 가장 경제적인 최적 수리 주기는 어느 것인가? (07년 1회)

① 보전비가 최소일 때
② 열화 손실이 최소일 때
③ 열화로 인한 고장 간격이 가장 길 때
④ 열화 손실과 보전비의 합이 최소일 때

해설 열화 손실을 감소시키기 위해서는 보전비가 필요하며, 보전비를 사용하지 않으면 설비의 열화 손실은 증대되는 상반되는 경향이 있는 두 가지 요소의 조합(설비 비용의 합계)에서 최적 방법(최소 비용점)을 구한다.

30. 다음 중 최적 수리 주기 X_0를 구하는 공식으로 적당한 것은? (단, a : 1회의 보전비, m : 월 수리비) (05년 1회)

① $X_0 = \sqrt{\dfrac{a}{m}}$ ② $X_0 = \sqrt{\dfrac{m}{a}}$
③ $X_0 = \sqrt{\dfrac{m}{2a}}$ ④ $X_0 = \sqrt{\dfrac{2a}{m}}$

정답 25. ① 26. ① 27. ④ 28. ④ 29. ④ 30. ④

31. 어떤 설비의 열화 손실 곡선은 $f(t)=40{,}000+80{,}000t$이고, 1회의 보전비가 640,000원일 때 이 설비의 최적 수리 주기는 몇 개월인가? (04년 1회)

① 4 ② 8
③ 16 ④ 32

32. A =1회에 소요되는 검사 비용, B=고장으로 인한 단위 기간당 손실, C=손실 계수 $\frac{B}{A}$, γ=단위 기간당 장해 발생 빈도 수일 때 설비의 최적 검사 주기를 구하는 식은 어느 것인가? (09년 1회)

① $\sqrt{\frac{2}{C\times\gamma}}$ ② $\sqrt{\frac{2C}{\gamma}}$
③ $\sqrt{\frac{2}{A\times\gamma}}$ ④ $\sqrt{\frac{2}{B\times\gamma}}$

해설 최적 설비 검사(점검) 주기의 결정 방법

$$T \fallingdotseq \sqrt{\frac{2\cdot A}{\gamma\cdot B}}=\sqrt{\frac{2}{C\times\gamma}}$$

여기서, T : 최적 검사 주기

33. 설비 열화로 생산량이 저하하여 발생한 생산 감소 손실을 바르게 나타낸 것은 어느 것인가? (05년 3회)

① 감산량×판매 단가×변동비
② (감산량 + 판매 단가)×변동비
③ 감산량×(판매 단가 + 변동비)
④ 감산량×(판매 단가 − 변동비)

해설 생산 감소 손실은 감산량×(판매 단가 − 변동비)로 계산되며, 이 경우 생산된 제품은 전부 판매되는 것을 전제로 해야 한다. (판매 단가 − 변동비)는 한계 이익을 나타내며, 여기서 변동비의 산출을 어떻게 하느냐가 생산 감소 손실을 최소로 하는 첩경이 된다.

34. 설비의 돌발적 고장이 발생하였을 때의 손실이 아닌 것은? (07년 1회)

① 제품의 불량에 의한 손실
② 품질 저하에 따른 손실
③ 열화로 인한 손실
④ 돌발 고장의 수리비 지출

해설 설비의 돌발 고장 시 손실
㉠ 생산 정지 시간의 감산(減産)에 의한 손실
㉡ 돌발 고장의 수리비의 지출
㉢ 정지 기간 중 작업자의 작업이 없어서 기다리는 시간
㉣ 가동 중 원재료의 손실
㉤ 제품 불량에 의한 손실
㉥ 품질 저하에 따른 손실
㉦ 고장 수리 후부터 평상 생산에 들어가기까지의 복구 기간 중의 저능률 조업에 따른 복구 손실
㉧ 생산 계획 착오로 인한 납기 연장 신용의 저하 등에서 오는 유형, 무형 손실

35. 설비 효율을 저해하는 손실 요소가 아닌 것은? (05년 1회)

① 돌발적 또는 설비 열화로 발생하는 고장 손실
② 불량품의 재작업에 의한 불량, 수정 손실
③ 설비의 설계 속도와 실제 가동되는 속도와의 차이에서 생기는 속도 손실
④ 치공구의 잘못된 조작에 의한 조정 손실

36. 오버홀(overhaul)은 설비의 효율을 높이기 위하여 관리하는 데 매우 중요한 활동이다. 다음 중 오버홀은 어떤 보전 활동에 포함되는가? (09년 1회)

① 일상 보전 활동 ② 사후 보전 활동
③ 예방 보전 활동 ④ 개량 보전 활동

해설 예방 보전 시간
㈎ 정기 점검

정답 31. ① 32. ① 33. ④ 34. ③ 35. ④ 36. ③

㉠ 내부 검사 또는 특정 장비 없이 자체 점검
㉡ 외부 검사 또는 특정 장비로 외주 점검
(나) 수리
(다) overhaul
(라) 부품 교체
(마) 정기 교정
(바) 연료 보급
(사) shutdown

37. 설비 보전의 추진 방법으로 적합하지 않은 것은? (08년 3회)

① 보전 작업은 계획적으로 시행한다.
② 보전 작업 방법을 개선한다.
③ 열화 손실 비용은 가급적 적게 한다.
④ 외주업자의 활용은 배제한다.

38. 다음 중 중점 설비 분석에 관한 설명이 잘못된 것은? (12년 2회)

① 현재 사용되고 있는 설비의 능력을 파악한다.
② 정지 손실의 영향이 큰 설비를 파악한다.
③ 설비 환경과 작업 조건이 열화에 미치는 영향이 큰 설비를 파악한다.
④ 원재료의 불량이 품질에 영향을 미치는 상태를 파악한다.

해설 원재료의 적합, 부적합 유무는 수입 검사 항목이다.

39. 보전 측면에서 MP(보전 예방) 설계 시 확인 사항과 관계가 없는 것은? (12년 2회)

① 부품 교환이 용이한가
② 유닛(unit) 교환이 되는가
③ 도면 관리가 간편한가
④ 윤활유의 교환 및 급유가 편리한가

해설 도면 관리는 무관하다.

40. 생산 보전(PM)의 관점에서 설비 교체를 위한 수리 한계의 시기를 결정하는 기준은 어느 것인가? (02년 3회)

① 안전 위생 ② 물리적 손상
③ 경제적 비용 ④ 제품의 품질

41. 제조 원가를 추정하기 위해서는 제조 직접비와 제조 간접비를 산출해야 한다. 일반적으로 간접비라고 할 수 없는 항목은? (11년 2회)

① 간접 자재비
② 외주 및 임가공 비용
③ 생산 보전비
④ 간접 노무비

42. 보전 자재 관리 중에서 가장 중요한 요소 중 하나는 보전 자재에 대한 재고 관리이다. 그러나 모든 자재를 동일하게 관리할 수 없기 때문에 금액이나 중요도에 의하여 구분한다. 다음 중 중요도에 의한 구분에서 A등급에 포함되지 않는 것은? (11년 3회)

① 수입 자재
② 납기 기간이 2개월 이상인 자재
③ 즉시 확보 가능 자재
④ 생산에 지대한 영향을 주는 자재

해설 즉시 확보 가능 자재는 C등급에 포함된다.

43. 보전용 상비품의 품목 결정 요인으로 옳지 않은 것은? (09년 2회)

① 여러 공정의 부품에 공통적으로 사용될 것
② 사용량이 비교적 적으며 일시적으로 사용될 것
③ 단가가 낮을 것
④ 보관에 지장이 없을 것

정답 37. ④ 38. ④ 39. ③ 40. ③ 41. ② 42. ③ 43. ②

44. 보전 자재 관리의 경제성을 보증하는 시스템 설계에서 기본적으로 고려해야 할 사항이 아닌 것은? (08년 1회/11년 1회/12년 3회)

① 자재의 표준화
② 자재 조달과 사용의 실태에 맞는 자재 관리 방식 적용
③ 자재의 재고 비용보다 자재 품질로 인한 비용을 크게 함
④ 자재 관리에 관계하는 각 부서 업무의 적절한 분배

해설 ③에서 재고 비용과 품질에 따른 비용은 적정하게 균형을 유지해야 한다.

45. 보전 자재 관리상의 특색을 열거한 것 중 틀린 것은? (09년 1회)

① 보전 자재는 연간 사용 빈도가 낮으며, 소비 속도가 낮은 것이 많다.
② 자재 구입, 품목, 수량, 시기, 계획을 수립하기 곤란하다.
③ 불용 자재의 발생 가능성이 적다.
④ 보전 기술 수준 및 관리 수준이 보전 자재의 재고량을 좌우하게 된다.

해설 불용 자재의 발생 가능성이 많다.

46. 보전용 자재의 상비품 발주 방식에 해당되는 것은? (12년 1회)

① 정량 발주 방식
② 순환 발주 방식
③ 적소 발주 방식
④ 비상 발주 방식

해설 정량 발주 방식 : 발주량은 일정하지만 발주의 시기를 변화시키는 방식으로 주문점법이라고도 하며, 재고량이 있는 양(주문점)까지 내려가면 일정량만큼 보충의 주문을 하고, 계획된 최고·최저의 사이에서 언제든지 재고를 보유해 가는 방식으로 복책법(더블빈 방법) 및 포장법이 있다.

47. 발주량과 발주 시기가 일정한 정량 발주 방식으로 용량이 균등한 두 개의 같은 용기에서 한쪽 용기 내의 물품을 다 소모했을 경우 발주하는 상비품의 발주 방식은 다음 중 어느 것인가? (02년 3회)

① 포장법
② 복책법
③ 2궤법
④ 사용고 발주 방식

해설 복책법 : 용량이 균등한 두 개의 같은 용량, 용기를 상호적으로 사용하여, 주문점인 한쪽 용기 내의 물품이 다 소모했을 경우 용량분의 주문량을 주문한다는 기법

48. 최고 재고량을 일정량으로 정해 놓고 사용할 때마다 사용량만큼 발주해서 언제든지 일정량을 유지하는 방식은? (08년 3회)

① 정량 발주 방식 ② 정기 발주 방식
③ 사용고 발주 방식 ④ 2궤법 방식

해설 사용고 발주 방식 : 발주량과 발주의 시기가 같이 변화하는 방식으로 최고 재고량을 일정량으로 정해 놓고, 사용할 때마다 사용량만큼을 발주해서, 언제든지 일정량을 유지하는 방식으로 정량 유지 방식, 정수형 또는 예비품 방식이라고도 한다.

49. 상비품 보전 자재에 대한 발주 방식에 관한 설명으로 맞는 것은? (09년 3회)

① 사용하면 사용한 만큼 즉시 보충하는 식은 정량 발주 방식이다.
② 발주 시기는 일정하고 소비의 실적 및 예상 변화에 따라 발주 수량을 바꾸는 방식은 사용고 발주 방식이다.
③ 발주량을 항상 일정하게 하는 방식은 정기 발주 방식이다.
④ 재고량이 항상 일정한 방식은 사용고 발주 방식이다.

정답 44. ③ 45. ③ 46. ① 47. ② 48. ③ 49. ④

50. 발주 시기를 일정하게 하고 소비의 실적 및 예상의 변화에 따라 발주 수량을 변화시키는 상비품의 발주 방식은? (05년 3회/12년 3회)

① 정량 발주 방식
② 정수 발주 방식
③ 정기 발주 방식
④ 주문점 방식

해설 정기 발주 방식 : 발주 시기를 일정하게 하고, 소비의 실적 및 예상의 변화에 따라 발주 수량을 그때마다 바꾸는 방식

51. 정기 발주법에서 발주 목표가 100개이고 현 재고가 30개, 이미 발주된 자재가 40개이다. 이번에 몇 개를 발주해야 하는가? (05년 3회)

① 30개 ② 40개
③ 90개 ④ 110개

해설 100−(40+30)=30개

52. 월간 사용량이 적고 단가가 높은 품목에 적용되는 보전 자재 관리법은? (12년 1회)

① 정량 발주법
② 정기 발주법
③ 2궤법
④ 불출 후 발주법

해설 정량 발주법 : 발주량은 일정하지만 발주의 시기를 변화시키는 방식으로 주문점법이라고도 한다.

53. 어떤 보전 자재의 연간 자료가 다음과 같다. 경제적 주문량은? (11년 1회)

- 연간 평균 수요량 : 2,000개
- 보전 자재 단가 : 3,000원
- 1회 발주 비용 : 20,000원

① 152 ② 164
③ 203 ④ 244

54. 보전비의 요소 중 수리비와 가장 관계가 깊은 것은? (11년 2회)

① 열화의 방지 ② 열화의 측정
③ 열화의 회복 ④ 열화의 경향

해설 • 열화의 방지 : 일상 보전
• 열화의 측정 : 검사비

55. 보전 작업 관리의 특징을 설명한 것 중 틀린 것은? (12년 2회)

① 다양성 및 복잡성 ② 가혹한 조건
③ 투입 비용 과다 ④ 표준화 곤란

해설 표준화의 이점이 많다.

56. 다음 중 보전 활동을 위한 5S 활동이 아닌 것은? (12년 1회)

① 검사 ② 정돈
③ 청소 ④ 청결

해설 5S에는 정돈, 청소, 청결, 생활화 그리고 의식화가 포함된다.

57. 설비를 분류하고 기호를 명백히 하였을 때의 장점이라 볼 수 없는 것은? (11년 2회)

① 설비 대상이 명백히 파악된다.
② 설비 계획을 수립하기가 쉬워진다.
③ 사무적인 처리는 어려워지나 착오가 적다.
④ 통계적인 각종 데이터를 얻기가 쉽다.

해설 설비를 분류하고 기호를 명백히 해 두면 다음과 같은 이점이 있다.
㉠ 설비 대상이 명백히 파악된다.
㉡ 설비 계획을 수립하기가 손쉬워진다.
㉢ 사무적인 처리가 쉬워지며, 착오가 감소된다.
㉣ 통계적인 각종 데이터를 얻기가 쉬워진다.

정답 50. ③ 51. ① 52. ④ 53. ② 54. ③ 55. ④ 56. ① 57. ③

4. 종합적 생산 보전

4-1 종합적 생산 보전의 개요

(1) 종합적 생산 보전의 의의

종합적 생산 보전(TPM : total productive maintenance)이란 설비의 효율을 최고로 높이기 위하여 설비의 라이프 사이클을 대상으로 한 종합 시스템을 확립하고, 설비의 계획 부문, 사용 부문, 보전 부문 등 모든 부문에 걸쳐 최고 경영자로부터 제일선의 작업자에 이르기까지 전원이 참가하여 동기 부여 관리, 다시 말해서 소집단의 자주 활동에 의하여 생산 보전을 추진해 나가는 것을 말한다.

(2) TPM의 특징

① TPM의 5가지 활동

(가) 설비의 효율화를 위한 개선 활동

(나) 작업자의 자주 보전 체제의 확립

(다) 계획 보전 체제의 확립

(라) 기능 교육의 확립

(마) MP 설계와 초기 유동 관리 체제의 확립

② TPM의 특징 : TPM의 특징은 '제로(0) 목표'에 있다. 즉, '고장 제로', '불량 제로'의 달성을 의미하며 이를 위하여 '예방하는' 것이 필수 조건이다.

4-2 설비 효율 개선 방법

(1) 설비의 효율화 6 저해 로스(loss)

① 고장 로스 : 돌발적 또는 만성적으로 발생하는 고장에 의하여 발생, 효율화를 저해하는 최대 요인을 말한다.

② 작업 준비, 조정 로스

(가) 오차의 누적에 의한 것

(나) 표준화의 미비에 의한 것

③ 일시 정체 로스

④ 속도 로스

⑤ 불량 수정 로스

⑥ 초기, 수율 로스 : 생산 개시 시점으로부터 안정화될 때까지의 사이에 발생하는 로스로 가공 조건의 불안정성, 지그·금형의 정비 불량, 작업자의 기능 등에 따라 그 발생량은 다르지만 의외로 많이 발생하며 대책은 불량 로스와 비슷하다.

(2) 로스 계산 방법

① 시간 가동률 $= \dfrac{\text{부하 시간} - \text{정지 시간}}{\text{부하 시간}} = \dfrac{\text{가동 시간}}{\text{부하 시간}}$

② 성능 가동률 : 속도 가동률 $= \dfrac{\text{기준 사이클 시간}}{\text{실제 사이클 시간}}$

실질 가동률 $= \dfrac{\text{생산량} \times \text{실제 사이클 시간}}{\text{부하 시간} - \text{정지 시간}}$

성능 가동률 = 속도 가동률 × 실질 가동률

③ 종합 효율 (overall equipment effectiveness) : 시간 가동률 × 성능 가동률 × 양품률

(3) 로스의 6대 개선 목표

로스 대책	목 표	설 명
고장 로스	제로	모든 설비에 있어서 제로
작업 준비, 조정 로스	극소화	가능한 짧은 시간, 10분 이하의 단순 조정 제조
속도 저하 로스	제로	설계 시방과의 차이를 제로, 개량에 의한 그 이상의 속도
일시 정체 로스	제로	모든 설비에 있어서 제로
불량 수정 로스	제로	정도 차이는 있어도 ppm으로 논할 수 있는 범위
초기 로스	극소화	

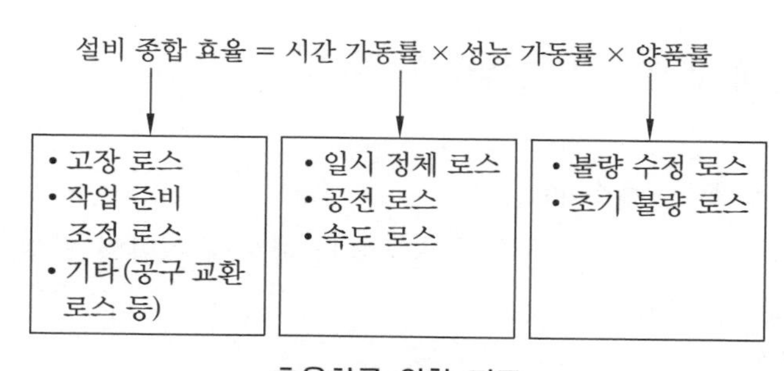

효율화를 위한 지표

4-3 만성 로스 개선 방법

(1) 만성 로스의 개요

① 돌발형과 만성형

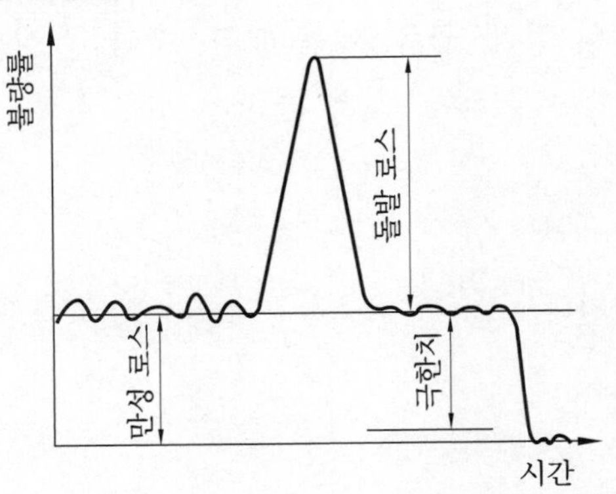

돌발형 로스와 만성형 로스의 차이

② 만성 로스의 특징

(가) 원인은 하나이지만 원인이 될 수 있는 것이 수없이 많으며, 그때마다 바뀐다.

(나) 복합 원인으로 발생하며, 그 요인의 조합이 그때마다 달라진다.

③ 만성 로스의 대책

(2) PM 분석 단계

제1단계 : 현상을 명확히 한다.
제2단계 : 현상을 물리적으로 해석한다.
제3단계 : 현상이 성립하는 조건을 모두 생각해 본다.
제4단계 : 각 요인의 목록을 작성한다.
제5단계 : 조사 방법을 검토한다.
제6단계 : 이상한 점을 발견한다.
제7단계 : 개선안을 입안(立案)한다.

(3) 결함의 발견 방법

① 이상적 상태의 개념
② 이상적인 상태의 검토
③ 미소 결함으로부터의 접근
④ 미소 결함을 발견하는 방법

(4) 복 원

설비의 고장이 연속적으로 발생하는 경우 기구, 부품의 변경 전에 반드시 복원을 하고, 그 결과를 확인하여 좋아지지 않았으면 개선을 하는 것이 바람직하다.

4-4 자주 보전 활동

(1) 자주 보전의 개요

자주 보전 (autonomous maintenance)이란 작업자 개개인이 '자기 설비는 자신이 지킨다'는 것을 목표로 평상시 자기 설비의 점검, 급유, 부품 교환, 수리, 이상의 조기 발견, 정밀도 체크 등을 행하는 것이다.

(2) 자주 보전의 진행 방법

① 진행 방식의 특징

(가) 단계 (step) 방식으로 진행시킨다.

(나) 진단을 실시한다.

(다) 직제 지도형으로 한다.

(라) 활동판을 활용한다.

(마) 전달 교육을 한다.

(바) 모임을 갖는다.

② 자주 보전의 전개 단계

(가) 제1단계 : 초기 청소

(나) 제2단계 : 발생 원인·곤란 개소 대책

(다) 제3단계 : 점검·급유 기준의 작성과 실시

(라) 제4단계 : 총 점검

(마) 제5단계 : 자주 점검

(바) 제6단계 : 자주 보전의 시스템화

(사) 제7단계 : 자주 관리의 철저

4-5 계획 보전 활동

(1) 보전 부문과 제조 부문의 분담

자주 보전 활동의 TPM 활동에서의 활동 범위는 한정되므로 다음과 같은 점검, 측정은 자주 보전에서는 할 수 없다.

① 특수한 기능을 요하는 것

② 오버홀을 요하는 것

③ 분해, 부착이 어려운 것

④ 특수한 측정을 필요로 하는 것

⑤ 고공 작업처럼 안전상 어려운 것

(2) 계획 보전의 활동 내용

① 현장에 적응하는 체제

(가) 정기 보전

㉮ 정기 점검 (주·월·연간 단위)

㉯ 정기적 부품 교환

㉰ 정기적 오버홀

㉱ 정기적 정밀도 측정 (정적·동적)

㉲ 정기적 갱유

(나) 예지 보전

㉮ 간이 진단 : 간이 진동계의 기기를 사용하여 측정한 후 이상으로 판별된 것은 수리한다.

㉯ 정밀 진단 : 정밀 진동계 등을 사용하여 주파수 분석 등을 통한 이상 여부의 판별과 진동계의 원인 계통을 파악한다.

② 고장을 재발시키지 않는 활동

(가) 만성화된 고장을 줄이기 위한 개별적 개선 → 현 설비의 약점 파악, 개선 계획 활동 추진

(나) 수명 연장을 위한 개별적 개선 → 재질 검토, 부품 선택, 시스템 및 기구 검토

③ 수리 시간의 단축을 위한 활동

(가) 고장 진단의 연구

(나) 부품 교환 방법의 연구

(다) 예비품 관리

④ 그 밖의 활동 : 윤활 관리, 도면 관리, 보전 정보의 수집과 활용 시스템 등

(3) 기능 교육

TPM을 보다 효율적으로 추진하기 위해서는 작업자가 자주 보전을 실시하고 작업자와 보전 요원 전원에게 기초적 기능을 교육하여 확실한 수리 작업을 할 수 있도록 육성하는 것이 중요하다.

(4) MP 설계와 초기 유동 관리 체제

① MP 설계 : 자주 보전을 하기 편한 면에서, 신뢰성 면에서, 조작성 면에서, 품질 면에서, 보전 면에서, 안전 면에서, 운전성, 환경성, 라이프 사이클 코스팅 (life cycle costing) 면에서 한다.

② 초기 유동 관리 : 초기 유동 관리란 신설비가 설치, 시운전, 양산에 이르기까지의 기

간, 즉 안전 가동(고장, 불량 모두 낮은 상태)에 들어가기까지의 기간을 최소로 하기 위한 활동

4-6 품질 개선 활동

(1) 문제 해결의 기본

① 문제 해결의 기본

㈎ 개선할 문제점 발견 방법

㈏ 현장의 문제점을 발견하는 체크 리스트

㈐ 문제점의 결정 방법

㈑ 상사의 평가 의뢰 방법

㈒ 문제점의 결정

㈓ 문제점 발견을 위한 수법을 익힌다.

② 문제 해결의 개념 : "문제 해결을 위해서는 항상 후 공정에 어려움을 주고 있지 않은가?", "현재의 업무 처리 방식보다 더 나은 방법은 없는가?"를 생각하고 개선 활동으로 연결한다.

(2) 문제 해결의 전개 방법

① 불량 원인의 2가지 형태

㈎ 원인 찾기가 어려우나 찾기만 하면 해결하기 쉬운 것

㈏ 원인은 알고 있지만 해결하기 어려운 문제

② 현상 파악에 사용되는 수법

㈎ 체크 시트 ㈏ 히스토그램

㈐ 파레토도 ㈑ 관리도

㈒ 산점도 ㈓ 그래프

③ 목표 설정

㈎ 목표의 설정 방법 : 주제가 정해지면 목표를 설정하게 되는데 목표는 "불량을 없애자." 등의 막연한 것을 뜻하는 것이 아니다.

㈏ 목표 설정할 때 이용되는 QC 수법

㉮ 레이더 차트에 의한 방법

㉯ 막그래프에 의한 방법

㉰ 꺾은선 그래프에 의한 방법

㉱ 히스토그램에 의한 방법

출제 예상 문제

기계정비산업기사

1. 종합적 생산 보전(TPM)에 대한 설명 중 옳지 않은 것은? (09년 1회)

① 설비 효율을 최고로 높이기 위한 보전 활동
② 전원이 참가하여 동기 부여 관리
③ 생산 설비의 라이프 사이클만 관리하는 활동
④ 작업자의 자주 보전 체제의 확립

해설 TPM의 5가지 활동
㉠ 설비의 효율화를 위한 개선 활동
㉡ 작업자의 자주 보전 체제의 확립
㉢ 계획 보전 체제의 확립
㉣ 기능 교육의 확립
㉤ MP 설계와 초기 유동 관리 체제의 확립

2. TPM (total productive maintenance)의 활동에 관계없는 것은? (11년 1회)

① 설비에 관계하는 사람은 빠짐없이 참여한다.
② 작업자를 보전 전문 요원으로 활용한다.
③ 설비의 효율화를 저해하는 로스(loss)를 없앤다.
④ 계획 보전 체제를 확립한다.

3. TPM (total productive maintenance)의 활동으로 볼 수 없는 것은? (10년 1회)

① 설비의 효율화를 위한 개선 활동
② 작업자의 자주 보전 체제의 확립
③ 계획 보전 체제의 확립
④ 사후 보전(BM : breakdown maintenance) 설계와 초기 유동 관리 체제의 확립

4. 생산 설비나 시스템의 생애 주기 동안에 회사의 모든 조직과 기능이 설비의 효율 극대화를 위하여 추진하는 전사적인 생산 보전을 무엇이라고 하는가? (12년 2회)

① 6 Sigma ② PQC
③ TPM ④ LCC

해설 종합적 생산 보전(TPM)이란 설비의 효율을 최고로 높이기 위하여 설비의 라이프 사이클을 대상으로 한 종합 시스템을 확립하고, 설비의 계획 부문, 사용 부문, 보전 부문 등 모든 부문에 걸쳐 최고 경영자로부터 제일선의 작업자에 이르기까지 전원이 참가하여 동기 부여 관리, 다시 말해서 소집단의 자주 활동에 의하여 생산 보전을 추진해 나가는 것을 말한다.

5. 설비 관리에 있어서 TPM은 여러 가지 측면에서 전통적인 관리 시스템과 차이가 있다. 다음 중 TPM 관리와 가장 거리가 먼, 즉 전통적 관리 개념은 어떤 것인가? (10년 1회/12년 1회)

① 원인 추구 시스템
② 현장에서의 사실에 입각한 관리
③ 문제가 발생한 후 해결하려는 접근 방법
④ 로스(loss) 측정

해설 문제가 발생한 후 해결하려는 접근 방법은 전통적인 방법이다. 이에 반하여 TPM 관리에서는 사전에 문제를 제거하려고 예방 활동을 추진한다.

6. 설비 효율화를 저해하는 로스(loss)에 해당하지 않는 것은? (09년 3회/11년 3회/12년 2회)

① 고장 로스

정답 1. ③ 2. ② 3. ④ 4. ③ 5. ③ 6. ④

② 작업 준비 조정 로스
③ 속도 로스
④ 시가동 로스

해설 시가동 로스는 프로세스형 설비 로스로 구분된다. 6대 로스는 고장 로스, 작업 준비 조정 로스, 일시 정체 로스, 속도 로스, 불량 수정 로스, 초기 수율 로스이다.

7. 제품 생산 중 만성적인 불량품이 발생되어 대책을 세우고자 한다. 불량 수정 로스(loss)에 대한 대책이 아닌 것은? (06년 3회)

① 강제 열화를 방치한다.
② 불량품이 발생하는 모든 요인에 대하여 대책을 세운다.
③ 불량 현상의 관찰을 충분히 한다.
④ 불량 요인의 계통을 재검토한다.

해설 불량 수정 로스 대책
㉠ 원인을 한 가지로 정하지 말고, 생각할 수 있는 요인에 대해 모든 대책을 세울 것
㉡ 현상의 관찰을 충분히 할 것
㉢ 요인 계통을 재검토할 것
㉣ 요인 중에 숨은 결함의 체크 방법을 재검토할 것

8. 일시 정체 로스의 중요 대책 중 거리가 먼 것은? (05년 3회)

① 현상 파악
② 미세 결함 시정
③ 최적 조건 파악
④ 요인 계통 재검토

해설 일시 정체 대책
㉠ 현상을 잘 볼 것
㉡ 미세한 결함도 시정할 것
㉢ 최적 조건을 파악할 것

9. 가공 및 조립 설비에서 부품 막힘, 센서의 오작동에 의한 일시적인 설비 정지 또는 설비만 공회전함으로써 발생되는 로스에 해당하는 것은? (12년 3회)

① 고장 로스 ② 속도 저하 로스
③ 수율 저하 로스 ④ 순간 정지 로스

10. 다음 중 로스(Loss) 계산 방법이 잘못된 것은? (09년 2회/11년 2회)

① 시간 가동률 $= \dfrac{\text{부하 시간} - \text{정지 시간}}{\text{부하 시간}}$

② 속도 가동률 $= \dfrac{\text{기준 사이클 시간}}{\text{실제 사이클 시간}}$

③ 실질 가동률 $= \dfrac{\text{생산량} \times \text{실제 사이클 시간}}{\text{부하 시간} - \text{정지 시간}}$

④ 성능 가동률 $= \dfrac{\text{속도 가동률} \times \text{실질 가동률}}{\text{부하 시간} - \text{정지 시간}}$

해설 • 성능 가동률 = 속도 가동률 × 실질 가동률
• 실질 가동률 : 단위 시간 내에서 일정 속도로 가동하고 있는지를 나타내는 비율
• 시간 가동률 $= \dfrac{\text{부하 시간} - \text{정지 시간}}{\text{부하 시간}}$
$= \dfrac{\text{가동 시간}}{\text{부하 시간}}$

11. 설비 효율을 저하시키는 손실 계산에 대한 설명이 올바른 것은? (02년 3회)

① 실질 가동률은 부하 시간에 대한 가동 시간의 비율이다.
② 시간 가동률은 단위 시간당 일정 속도로 가동하고 있는 비율이다.
③ 속도 가동률은 설비의 이론 생산 능력과 실제 생산 능력의 비율이다.
④ 성능 가동률은 속도 가동률에 시간 가동률을 곱한 수치이다.

해설 • 시간 가동률 : 유용성을 나타내는 척도로 설비가 가동하여야 할 시간에 고장, 조정, 준비 및 교체 또는 초기 수율 저하에 의해 시간이 손실되는 지수로 설비 가동률이라고도 하며, 부하 시간(설비를 가동시켜야 하는 시간)에 대한 가동 시간의 비율

정답 7. ① 8. ④ 9. ④ 10. ④ 11. ③

이다. 여기서, 부하 시간이란 1일(또는 월간)의 조업 기간으로부터 생산 계획상의 휴지 시간, 계획 보전의 휴지 시간, 일상 관리상의 조회 시간 등의 휴지 시간을 뺀 것이며, 정지 시간이란 고장, 준비, 조정, 바이트 교환 등으로 정지한 시간을 말한다.

- 성능 가동률 : 속도 가동률과 실질 가동률로 되어 있다. 속도 가동률은 속도의 차이로서 설비가 본래 갖고 있는 능력(cycle-time-stroke 수)에 대한 실제 속도의 비율이다. 또, 실질 가동률이란 단위 시간 내에서 일정 속도로 가동하고 있는지를 나타내는 비율이다.

12. 다음은 만성 로스의 대책이다. 거리가 먼 것은? (08년 1회/12년 1회)

① 로스의 발생량을 정확하게 측정한다.
② 관리해야 할 요인계를 철저히 검토한다.
③ 현상 해석을 철저히 한다.
④ 요인 중에 숨어 있는 결함을 표면으로 끌어낸다.

해설 (가) 만성 로스의 대책
㉠ 현상의 해석을 철저히 한다.
㉡ 관리해야 할 요인계를 철저히 검토한다.
㉢ 요인 중에 숨어 있는 결함을 표면으로 끌어낸다.
(나) 미소 결함을 발견하는 방법
㉠ 원리 원칙에 의해 다시 본다.
㉡ 영향도에 구애받지 않는다.

13. 설비 효율화를 저해하는 최대 요인의 로스(loss)로 맞는 것은? (08년 3회/13년 3회)

① 고장 로스 ② 조정 로스
③ 속도 로스 ④ 불량 로스

14. PM에서의 로스에 대하여 설비의 종합 이용 효율을 계산하기 위하여 측정하는 종류로 가장 거리가 먼 것은? (11년 1회/14년 3회/17년 1회)

① 에너지 효율 ② 시간 가동률
③ 성능 가동률 ④ 양품률

15. 품질 보전의 전개에 있어서 요인 해석의 방법에 해당하지 않는 것은? (11년 3회/16년 3회)

① PM 분석 ② 특성 요인도
③ 경제성 분석 ④ FMECA 분석

해설 경제성 분석은 건설, 설비 구입, 생산 보전 등에서 고려할 사항이다.

16. 다음 중 만성 로스의 대책으로 틀린 것은 어느 것인가? (12년 1회/17년 2회)

① 현상의 해석을 철저히 한다.
② 관리해야 할 요인계를 철저히 검토한다.
③ 원인이 명확하므로 표면적인 요인만 해결한다.
④ 요인 중에 숨어 있는 결함을 표면으로 끌어낸다.

해설 만성 로스의 대책
㉠ 현상의 해석을 철저히 한다.
㉡ 관리해야 할 요인계를 철저히 검토한다.
㉢ 요인 중에 숨어 있는 결함을 표면으로 끌어낸다.

정답 12. ① 13. ① 14. ① 15. ③ 16. ③

공업 계측 제어, 전기 제어, 전자 제어

CHAPTER 1 공업 계측 제어

1. 공업 계측의 개요

1-1 계측의 개요

(1) 계측의 정의

계측(instrumentation)이란 플랜트의 제어 변수를 측정·제어하거나 통신하는 데 필요한 장치 혹은 시스템으로서의 기기를 뜻하며, 오늘날 계측을 계장(計裝)이라고도 표현한다.

(2) 계측의 목적과 효과

① 계측의 목적

㈎ 계장 설비를 합리적으로 운영할 수 있도록 적합한 계측 제어 기기를 설치하거나 배치하는 목적

㈏ 환경 문제에서의 계측의 목적

② 계측의 효과

㈎ 직접적인 효과

㉮ 합리적인 플랜트(plant) 실현

㉯ 원료와 에너지의 효과적인 이용

㉰ 제품의 균일성

㉱ 원격 측정과 제어

㈏ 간접적인 효과

㉮ 공정계선에 필요한 자료 수집

㉯ 사고 예방과 적절한 처리

㉰ 근로 의욕의 향상

㈐ 계측의 단점 : 여러 가지의 계기나 고도의 계장 방식을 채용하면 투자비가 많아지고 운용하기 위한 근로자가 증원되어야 함

(3) 계측기의 분류

일반적으로 사용되는 계측기는 크게 전기 계측기, 계측 기기 및 전자 응용 장치로 분류되며, 생산 공장의 프로세스에 널리 사용되는 공업 계기는 전기 계측기에 포함된다.

① 전기 계측기
(가) 전기 계기, 지시 계기, 기록계 전력량계 등
(나) 전기 측정기
(다) 공업 계기

② 계측 기기
(가) 측정 기기 : 마이크로미터, 수도미터, 분석 기기, 공해 계측기 등
(나) 시험기 : 재료 시험기 등
(다) 측량 기기

③ 전자 응용 장치
(가) X선 장치 의료용 등
(나) 초음파 응용 장치 : 어군 탐지기, 세정기, 용접기 등
(다) 컴퓨터 및 관련 장치

1-2 측정과 단위

(1) 측정 방식

① 측정의 종류 : 측정이란 기계, 기구, 장치 등을 이용하여 물질의 양 또는 상태를 결정하기 위한 조작
(가) 직접 측정 (direct measurement)
(나) 간접 측정 (indirect measurement)
(다) 비교 측정 (relative measurement)
(라) 절대 측정 (absolute measurement)

② 측정 방식의 종류 : 측정값을 기준량과 비교하기 위한 방법을 원리적으로 분류하면 편위법, 영위법, 치환법, 보상법 등으로 나누어진다.

③ 전위차계와 브리지 : 공업 계측에서 측정하려는 공업량과 전압, 저항, 임피던스와 같은 전기량의 측정에 전위차계나 브리지 회로가 흔히 사용된다.

1-3 측정의 정밀도

측정 결과의 정확성 정도를 표현하는 척도를 정밀도라 하며, 정밀도는 오차가 작다는 지표로서 오차 한계로 표현된다.

(1) 오 차

오차=측정값−참값 오차율$=\dfrac{\text{오차}}{\text{참값}}$

① 이론 오차
② 계기 오차
③ 개인 오차
④ 환경 오차
⑤ 과실 오차

(2) 정밀도

정밀도란 계측기가 나타내는 값 또는 측정 결과의 정확도와 정밀도를 포함한 종합적인 우량도를 의미하며, 측정 오차가 정규 분포로 된다는 것을 전제로 한 확률론을 배경으로 하여 사용되는 용어이다.

(3) 감 도

계측기가 측정량의 변화를 감지하는 민감성의 정도를 그 기기의 감도(感度)라고 하며, 그 값은 다음과 같이 표현된다.

감도$=\dfrac{\text{지시량의 변화}}{\text{측정량의 변화}}$

또한, 계측기가 미소한 측정량의 변화를 감지할 수 있는 최소 측정량의 크기를 분해능이라 하며 그 크기를 백분율로 표현하기도 한다. (예 감도 0.05 %)

1-4 단위와 단위계

(1) 국제단위계(SI : system of international units)

(2) 절대 단위계

① MKS 단위계 : 기본 단위로서 미터(m), 킬로그램(kg), 초(s)를 사용한 단위계이다.
② CGS 단위계 : 기본 단위로서 센티미터(cm), 그램(g), 초(s)를 사용한 단위계이다.
③ 야드 파운드 단위계 : 야드(yd), 파운드(lb), 초(s)를 사용한 단위계이다.

(3) 중력 단위계

① 미터식 중력 단위계 : MKS 단위계의 기본 단위로서 질량의 단위 대신 힘의 단위로서 질량 1kg의 물체에 작용하는 중력의 크기, 즉 중량 킬로그램 (kgw)을 사용한 단위계이다.

② 야드·파운드 중력 단위계 : 야드 (yd), 중량 파운드 (lbw), 초 (s)를 기본 단위로 한 단위계이다.

1-5 계측계

(1) 계측계의 구성

계측의 목적은 측정량에 관한 신호의 검출로부터 시작해서 전송된 신호를 지시 또는 기록하여 측정값을 구하거나 신호를 조절계로 보내어 제어 동작을 행하게 하는 것이다.

검출된 신호가 사용하기 쉬운 형태로 변환되고 전송되어 결과를 지시, 기록하는 시스템을 계측계라 한다.

① 계측계의 기본 구성 : 계측계는 검출기, 전송기, 수신기 등으로 구분된다.

계측계의 신호 흐름

② 계측계의 구성 요소

(가) 검출기 : 측정량을 측정 대상으로부터 검출하는 장치로 보통 측정량이 이것에 대응하는 다른 물리량으로 변환되어 검출된다. 검출기로부터 입력 신호는 각각의 측정 대상에 따라 여러 가지이며 검출기에서 나오는 출력 신호도 변위, 압력, 전압 등의 신호로 되어 전송기 또는 수신기로 보내진다.

(나) 전송기 : 전송기는 검출기에서 얻어진 신호에 대하여 전송에 필요한 신호 크기로 변환하여 수신기에 전달하는 장치로, 대부분 신호 변환기와 전송기가 동일 구조 형태로 되어 있어 분리할 수 없는 경우가 많다. 전송기에서 얻어지는 신호는 공기압의 경우 20~100 kPa이고 전기식의 경우 DC 4~20 mA가 많이 사용된다.

(다) 수신기 : 검출·변환하여 전송된 신호를 지시 또는 기록하는 계기이다. 수신기의 신호 표시 형태는 크게 아날로그식과 디지털식으로 나눌 수 있다.

(라) 조작부 : 조작부는 조절기 또는 수동 조작기에서 조절 신호를 조작량으로 바꾸어 제어 대상을 움직이는 부분으로, 조절기로부터 신호를 받아 그에 대한 조작량으로

변하는 부분과 조작량을 받아 제어 대상에 직접 작용하는 부분으로 구성되어 있다.

(2) 계측계의 동작 특성

계측계의 특성은 크게 정특성과 동특성으로 나눌 수 있다.

① 정특성 : 측정계의 입력 신호가 시간적으로 변동하지 않거나 또는 변동이 느려서 그 영향을 무시할 수 있는 경우 입력 신호와 출력 신호의 관계를 정특성이라 한다.

(가) 감도 : 감도 (sensitivity)는 계측기가 어느 정도 민감한가를 표시하는 정량적인 지표

$$S = \frac{dM}{dI}$$

여기서, S : 감도, I : 입력 신호, M : 출력 신호

(나) 직선성 : 비직선도, 즉 직선으로부터의 차 ΔM을 측정 범위 또는 최대 출력으로 나눈 백분율로 표시한다.

$$\text{비직선성} = \frac{\Delta M}{2M} \times 100$$

(다) 히스테리시스 오차

② 동특성

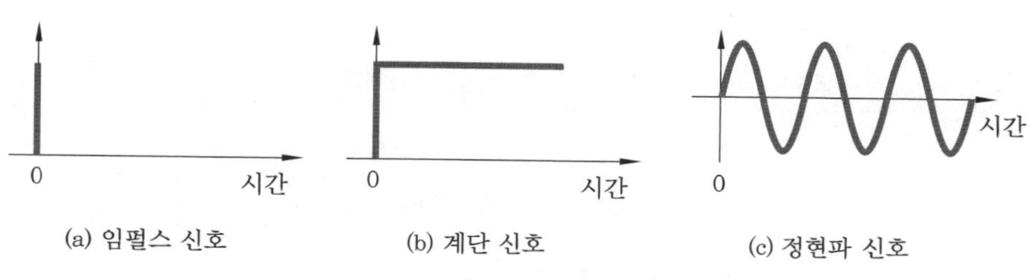

(a) 임펄스 신호 (b) 계단 신호 (c) 정현파 신호

과도 응답을 위한 입력 신호

출제 예상 문제

기계정비산업기사

1. 다음 중 전기 계측기의 프로세스용 공업 계기가 아닌 것은? (09년 2회)

① 조절계 ② 유량계
③ 조작기 ④ 마이크로미터

해설 전기 계측기
(가) 전기 계기, 지시 계기, 기록계, 전력량계 등
(나) 전기 측정기 : 전압·전류 및 전력 측정기, IC 측정기, 파형 측정기 등
(다) 공업 계기
㉠ 프로세스용 공업 계기, 온도계, 유량계, 지시·기록계, 조절계, 보조 기기, 조갈기 등
㉡ 프로세스용 분석계
㉢ 프로세스 감시 제어 시스템
㉣ 기타의 공업 계기

2. 물체의 크기를 버니어 캘리퍼스로 측정하여 그 크기를 구하는 방식은? (07년 3회)

① 간접 측정 ② 직접 측정
③ 비교 측정 ④ 절대 측정

해설 직접 측정 : 측정하고자 하는 양을 직접 접촉시켜 그 크기를 구하는 방법으로서 버니어 캘리퍼스, 마이크로미터, 휘트스톤 브리지 등의 측정기를 사용하여 측정한다.

3. 물체의 크기를 버니어 캘리퍼스로 측정하여 그 크기를 구하는 방식은? (07년 3회)

① 간접 측정 ② 직접 측정
③ 비교 측정 ④ 절대 측정

4. 측정량과 일정한 관계가 있는 몇 개의 양을 측정하고, 이로부터 계산에 의하여 측정값을 유도하는 측정의 종류는? (10년 3회)

① 직접 측정 ② 간접 측정
③ 비교 측정 ④ 절대 측정

해설 간접 측정(indirect measurement) : 측정량과 일정한 관계가 있는 몇 개의 양을 측정하고 이로부터 계산에 의하여 측정값을 유도해 내는 경우를 말하며, 예로서 변위와 이에 소요된 시간을 측정하여 속도를 구하는 경우와 사인바에 의한 각도 측정 등이 있다.

5. 다음 중 정의에 따라서 결정된 양을 사용하여 기본량만의 측정으로 유도하는 측정 방법은? (06년 1회)

① 직접 측정 ② 간접 측정
③ 비교 측정 ④ 절대 측정

해설 절대 측정(absolute measurement) : 정의에 따라서 결정된 양을 사용하여 기본량만의 측정으로 유도하는 것을 절대 측정이라 하며, 예로서 압력을 U자관 압력계로 수은주의 높이·밀도, 중력 가속도를 측정해서 유도하여 압력의 측정값을 결정하는 것이 절대 측정이다.

6. 압력을 U자관 압력계로 수은주의 높이, 밀도, 중력 가속도를 측정해서 유도하여 압력의 측정값을 결정하였다. 이와 같은 측정의 종류는? (11년 2회)

① 직접 측정 ② 간접 측정
③ 비교 측정 ④ 절대 측정

7. 측정 방식에서 영위법 방식으로 많이 쓰이는 계기는? (11년 3회)

① 다이얼 게이지
② 전위차계
③ 부르동관 압력계

정답 1. ④ 2. ② 3. ② 4. ② 5. ④ 6. ④ 7. ②

④ 가동 코일형 전압계

8. 다음 중 미세한 측정 조건의 변동으로 인한 오차는? (04년 3회/11년 3회)

① 과실 오차 ② 환경 오차
③ 개인 오차 ④ 계기 오차

해설 ㉠ 이론 오차 : 측정 원리나 이론상 발생되는 오차로서 예를 들면 탱크의 액위를 차압 액위계로 측정할 경우 설계 시와 사용 시의 밀도 차에 의한 오차이다.
㉡ 계기 오차 : 계기 오차에는 측정기 본래의 기차(器差)에 의한 것과 히스테리시스(hysteresis) 차에 의한 것이 있다. 예를 들면 기계적인 유극이나 저항값의 오차 등에 의한 것으로서 계측기를 교정함으로써 측정값을 보정할 수 있다.
㉢ 개인 오차 : 눈금을 읽거나 계측기를 조정할 때 개인차에 의한 오차이다.
㉣ 환경 오차 : 주위 온도, 압력 등의 영향, 계기의 고정 자세 등에 의한 오차로서 일반적으로 불규칙적이다.
㉤ 과실 오차 : 계측기의 이상이나 측정자의 눈금 오독 등에 의한 오차이다.

9. 참값 25.00 A인 직류 전류를 측정하여 24.85 A의 값을 얻었다. 이 측정치의 백분율 오차는? (12년 1회)

① 0.3 ② 0.6
③ 0.9 ④ 1.0

10. %오차가 −2%인 전압계로 측정한 값이 100 V라면 참값은 약 몇 V인가? (11년 1회)

① 98 ② 102
③ 104 ④ 106

11. 일반적인 제어계의 기본적 구성에서 조절부와 조작부로 표현되는 것은? (07년 1회)

① 비교부 ② 외란
③ 제어 요소 ④ 작동 신호

12. 회전 속도 전송기에서 얻어지는 공기압 신호는 얼마인가? (08년 3회)

① 0.2~1.0 kgf/cm^2
② 1.0~2.2 kgf/cm^2
③ 3~4 kgf/cm^2
④ 10~20 kgf/cm^2

해설 전송기에서 얻어지는 신호는 공기압의 경우 0.2~1.0 kg/cm^{2}이고 전기식의 경우 DC 4~20 mA가 많이 사용된다.

13. 계측기의 전송기에 사용되는 전기 신호의 크기는? (12년 3회)

① DC 0.4~1 mA ② DC 1.5~3 mA
③ DC 4~20 mA ④ DC 20~40 mA

14. 계측계의 동작 특성 중 다음 그림과 같이 시간 지연에 의해 임의의 순간에 입력 신호값과 출력 신호값의 차(E)가 발생하는 동특성은? (단, I : 입력 신호, M : 출력 신호) (10년 1회)

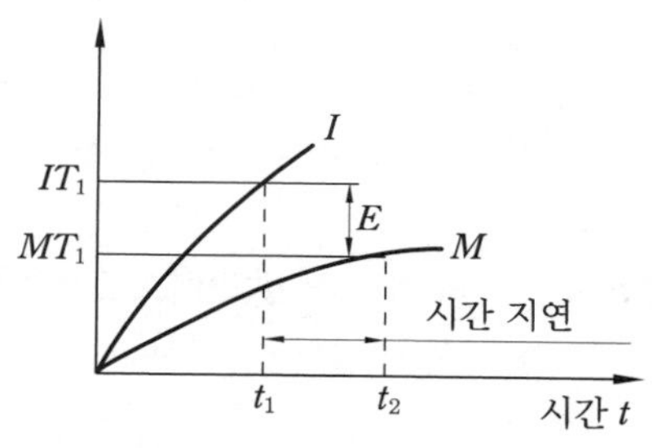

① 시간 지연과 동오차
② 시간 지연과 정오차
③ 히스테리시스 오차
④ 입출력 신호의 직선성

해설 계측계에서 입력 신호인 측정량이 시간적으로 변동할 때 출력 신호인 계측기 지시 특성을 동특성, 이때 출력 신호의 시간적인 변화 상태를 응답이라 하며, 동오차는 임의의 순간에 참값과 지시값 사이의 차를 말한다.

15. 그림에서와 같이 계측기의 측정량을 증가시킬 때와 감소시킬 때 동일 측정량에 대하여 지시값이 다른 경우가 있는데 이와 같이 생기는 오차로서 ( ) 안에 맞는 것은 어느 것인가? (12년 2회)

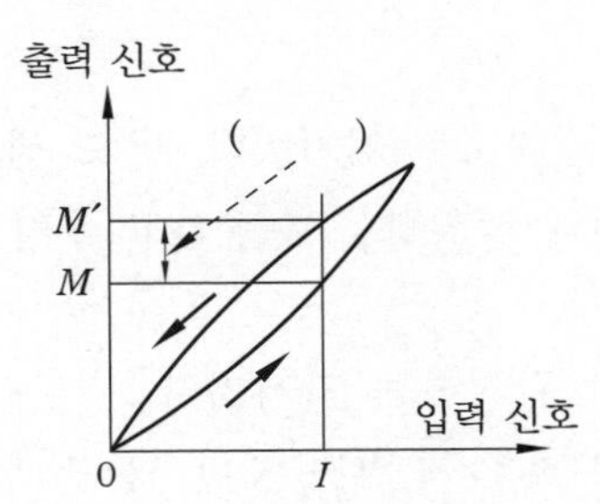

① 히스테리시스 오차
② 직선적 오차
③ 정특성 오차
④ 감특성 오차

해설 계측기의 측정량을 증가시킬 때와 감소시킬 때 동일 측정량에 대하여 지시값이 다른 경우가 있다. 이와 같이 측정의 이력(履歷)에 의하여 생기는 동일 측정량에 대한 지시의 차를 히스테리시스 오차라 한다.

16. 기준량을 준비하고 이것을 피측정량과 평행시켜 기준량의 크기로부터 피측정량을 간접적으로 알아내는 방법은? (11년 1회/14년 1회)

① 편위법 ② 영위법
③ 치환법 ④ 보상법

17. 측정량과 크기가 거의 같은 미리 알고 있는 양의 분동을 준비하여 분동과 측정량의 차이로부터 측정량을 구하는 방법은 어느 것인가? (09년 3회/14년 3회)

① 영위법 ② 편위법
③ 치환법 ④ 보상법

해설 ① 영위법 : 측정하려고 하는 양과 같은 종류로서 크기를 조정할 수 있는 기준량을 준비하고 기준량을 측정량에 평행시켜 계측기의 지시가 0위치를 나타낼 때의 기준량의 크기로부터 측정량의 크기를 간접으로 측정하는 방식
② 편위법 : 측정하려는 양의 작용에 의하여 계측기의 지침에 편위를 일으켜 이 편위를 눈금과 비교함으로써 측정을 행하는 방식
③ 치환법 : 다이얼 게이지를 이용하여 길이 측정 시 블록 게이지에 올려놓고 측정한 다음 피측정물을 바꾸어 넣었을 때의 지시의 차를 읽고 사용한 게이지 블록의 높이를 알면 피측정물의 높이를 구하는 방식
④ 보상법 : 천평을 이용하여 물체의 질량을 측정할 때 측정량과 크기가 거의 같은 미리 알고 있는 양의 분동을 준비하여 분동과 측정량의 차이로부터 측정량을 구하는 방식

18. 계측기가 미소한 측정량의 변화를 감지할 수 있는 최소 측정량의 크기를 무엇이라 하는가? (08년 1회/10년 2회/14년 3회)

① 정밀도 ② 정확도
③ 오차 ④ 분해능

19. 어떤 회로에서 저항 양단 전압의 참값이 40 V이나 회로 시험기로 전압을 측정한 결과 39 V를 지시했다면 이 회로 시험기의 백분율 오차(%)는? (08년 3회/15년 1회)

① −1.0 ② +1.0
③ −2.5 ④ +2.5

해설 $\epsilon = \frac{M-T}{T} \times 100\%$

$= \frac{39-40}{40} \times 100\% = -2.5\%$

정답 15. ① 16. ② 17. ④ 18. ④ 19 ③

2. 센서와 신호 변환

2-1 센서의 정의

(1) 센서의 개념

센서란 대상물이 가지고 있는 정보를 감지 또는 검지하는 기기이다.

(2) 센서의 종류

① 온도 센서 : 대상물이 가지고 있는 온도의 정보를 감지하는 기기이다. 온도 센서는 비접촉형 센서와 접촉형 센서가 있는데 전자는 물체의 적외광을 수광하고 후자는 물체의 열을 직접 받는 것이다.

② 습도 센서 : 대상물이 가지고 있는 습도의 정보를 감지하는 기기이다.

③ 자기 센서 : 자기의 정보를 감지 또는 검지하거나 대상물에 자기 에너지를 의식적으로 주고 그 자기 에너지를 정보로서 검출하는 기기이다.

④ 음파 센서 : 음파의 정보를 감지 또는 검지하거나 대상물에 음파 에너지를 정보로서 검출하는 기기이다.

⑤ 마이크로파 센서 : 대상물에 마이크로파를 주어서 그 파를 정보로서 검출하거나 대상물에서 발생하는 마이크로파를 검출하는 기기이다.

⑥ 방사능 센서 : 대상물이 가지고 있는 방사능의 정보를 감지하는 기기이다. 대상물에 방사선을 투사하여 그 파를 정보로서 검출하는 형태에서 물체 내부의 결함 검출에 사용되는 X선 센서, 도금 두께를 감지하는 β선 센서, 물체의 두께를 감지하는 γ선 센서 등이 있다.

⑦ 압력 센서 : 대상물이 가지고 있는 압력의 정보를 감지하는 기기로서, 실리콘 압력 센서 등이 있다.

⑧ 속도 센서 : 대상물이 가지고 있는 속도의 정보를 감지하는 기기이다.

⑨ 화학 센서 : 화학 반응들에 의한 수단을 사용하여 감지하는 기기이다.

⑩ 바이오 센서 : 대상물이 가지고 있는 정보를 주로 생물, 수용기 등 각종 생물의 메커니즘을 사용하여 감지하는 기기이다.

(3) 센서용 재료

① 반도체 재료

㈎ 센서로 응용되는 반도체 재료는 주로 광도전 재료, 예를 들면 Ag_2S 등의 유화물, ZnO 등의 산화물이나 ZnSe 등의 셀렌화물이 광전 재료로서 사용되며, 금속 반도체

로서는 Ge, Si, Se, Te 등이 광센서, 자기 센서, 온도 센서로 사용된다.

(나) 광센서로 응용되는 광도전 효과형 재료 중에서 촬상관의 타깃 광전면 물질에 사용되고 있는 것은 가시광에서는 Sb_2S_3 증착막, PbO 증착막 등이 있고, 적외광에서는 PbO-Sb_2O_3 증착막, 자외선에서는 Se계나 As_2S_3계 등의 비정질 증착막 등이 있다.

(다) 광도전 셀은 가시광용으로 주로 CdS 분말을 소결한 것이 염가로 제작할 수 있는 이점이 있으며, 적외광용은 $3\mu m$보다 단파장의 것은 PbS 다결정증착소자가, $3 \sim 5\mu m$에서는 InSb 단결정이 사용된다.

(라) 자기 센서용 반도체 재료로서는 홀 효과형에 InSb 증착막이나 GaAs, Si가 이용되며, 자기 저항 효과형에는 InSb, InAsBi 등이 사용된다. 압력 센서에서는 Si가 주로 사용된다.

② 세라믹 재료 : 세라믹은 내열, 내식, 내마모성이 우수한 재료로서, 센서용 재료로 이용하는 경우 다음의 3가지 성질이 이용된다.

(가) 결정 자체의 성질을 이용한 것 : NTC 서미스터, 고온 서미스터, 산소 가스 센서 등

(나) 입계(粒界) 및 입자 간 석출상의 성질을 이용한 것 : PTC 서미스터, 반도체 콘덴서 ZnO계 배리스터 등

(다) 표면의 성질을 이용한 것 : 반도체 콘덴서(표면 언층형), $BaTiO_3$계 배리스터, 가스 센서, 습도 센서, 세라믹 촉매 등의 성질을 재료로 안정화 지르코니아, 티탄산 바륨 반도체, 산화주석(SnO_2), CoO-MgO계 고용체 등이다.

③ 유기 재료

(가) 전계 감응 기능(電界感應機能) : 압전 효과, 전기 광학 효과, 전기 화학 반응 등이 포함된다.

(나) 자계 감응 기능 : 제만 효과, 홀 효과, 조셉슨 효과 또는 자기 공명 흡수 등이 있으며 유기 재료로서 관계 깊은 것은 자기 공명 흡수이고 유기 재료 일반으로 인정된다.

(다) 응력 감응 기능 : 압력과 왜형 등이 가해지면 여러 효과가 나오지만 대표적인 것은 가압 도전성이다. 이것은 압력에 따라 전기 저항이 절연 상태에서 수십 Ω 이하로 급속하게 가역적으로 변화하는 현상이다. 이와 같은 성질을 이용한 것은 가압 도전성 고무, 가압 도전성 시트 등이 있다.

(라) 광 감응 기능 : 빛이 조사되었을 때 발생하는 변화로서 이용되며 유기 반도체의 광도전 효과에서는 폴리비닐 칼비졸 + 증감계가 사용되고, 집전 효과에서는 PVDF, TGS, 또한 편광에서는 PVA/I_2 필름이 사용된다.

(마) 온도 감응 기능 : 유기 반도체는 세라믹 반도체와 같은 온도-저항 특성(NTC)을 나타낸다.

(바) 분위기 감응 기능 : 가스 분자에 감응하는 유기 재료로서 β - 카로틴 박막은 산소 분자가 흡착하면 현저하게 저항이 변화(10^3배)한다.

④ 금속 재료

(가) 기능성 재료 : 센서의 트랜스듀서 기능을 담당하고 경우에 따라 액추에이터 기능을 하는 재료

(나) 구성 보조 재료 : 기능성 재료의 기능을 위한 보조 기구 및 센서 구조에 필요한 보조 재료

(다) 기구·보조 양용 재료

⑤ 복합 재료(CM) : 복합 재료란 다른 재료를 조합해서 만들어진 것이므로 만들어진 재료의 안에서 원래 재료의 특성이 각각 살아 있고 복합화하는 것에 의해서 단일 재료에서는 가질 수 없는 새로운 기능을 갖게 된 재료를 말한다.

(가) 압전성 복합 재료 : 압전성 복합 재료의 최초의 것은 압전 세라믹 분말(PZT계)과 고분자 재료의 플렉시블 압전체이다.

(나) 도전성 고분자 복합 재료 : 도전성 고분자 복합 재료로는 도전성(導電性) 고무가 많고 대부분이 실리콘 고무와 카본 블랙 또는 은(Ag) 입자계이다.

(다) 바이메탈 : 열팽창 계수가 큰 금속과 작은 금속의 판을 접합시키면 온도 변화에 따라 변형 또는 내부 응력을 발생하므로 온도 센서가 된다.

(4) 전기적 변환

① 기초 변환

(가) 변조식 변환 : 측정량의 변화를 전기 저항, 인덕턴스, 정전 용량 등의 임피던스의 변화로 변환하는 것

(나) 직동식 변환 : 압전 효과, 열전 효과 등의 물리적 현상에 따라 발생하는 기전력으로 변환하는 것

(다) 디지털 변환 : 측정량의 크기에 대응하는 전압이나 전류의 펄스로 변환하는 것

㉮ 간단한 전기 계기

- 구동 장치 : 전기적인 측정량, 즉 전압, 전류, 전력 등의 측정은 전기 자기적인 원리에 의하여 이들의 측정량을 힘으로 변환한다. 힘을 발생하는 기구에 따라 가동 코일형, 가동 철편형, 유도형 및 전류력계형, 정전형 등이 있다.
- 전류, 전압 및 저항계 : 전류계에서 전류의 범위를 늘리기 위해서는 최대 눈금(full scale) 편위를 일으키는 전류의 크기를 변화시켜 줄 필요가 있다. 이것은 전류계와 병렬로 저항을 연결하여 전류계에 흐르는 전류의 일부를 분류(shunting)시키면 된다. 전류계에서는 코일의 내부 저항 R_m의 값이 표시되어 있다. 전압계로 사용하여 측정 범위를 확대시키기 위해서는 계기와 직렬로 외부에 적당한 저항을 삽입하면 된다. 이때 사용되는 외부 저항을 배율기

(multiplier)라 하며 배율기를 사용할 때에 회로에서 측정하고자 하는 전압을 E라 하면 $E = I_m(R_m + R_s)$이다.

㉯ 입력 회로의 기본

- 전류 감지 입력 회로
- 전압 감지 입력 회로
- 전압 분할 회로
- 전압 평형 전위차계 회로
- 브리지 회로 등

② 변조 변환

(가) 저항 변환

㉮ 가변 저항기(변위 → 전기 저항)

㉯ 저항선 스트레인 게이지(힘 → 저항)

㉰ 저항 온도계(온도 → 저항)

(나) 정전 용량 변환(변위 → 정전 용량) : 변위 등의 입력 신호를 정전 용량으로 변화시켜 전압이나 전류의 변화로 변환할 수 있다.

(다) 인덕턴스 변환(변위 → 인덕턴스) : 입력 신호로 코일의 자기 인덕턴스 또는 상호 인덕턴스를 변화시켜 이것을 전압, 전류로 변환할 수 있다.

(라) 자기 변환 : 인덕턴스 변환기와 크게 차이는 없으나 물성적인 효과를 이용하고 있는 것으로 자기 스트레인 변환기, 홀 효과(Hall-effect) 변환기가 있다.

③ 직동 변환 : 여러 가지 입력 신호를 이에 비례하는 전압 또는 전류의 변화로 직동적으로 변환하는 경우 물리 법칙이나 물리 효과를 이용한다. 대표적인 예로는 전자 유도 작용, 압전 효과, 열전 효과 등이 있으며 이들은 전원이 필요 없고 측정량 자체에 의해 전압을 발생하므로 기전력 변환이라 한다.

(5) 광학적 및 기타의 변환

① 빛으로의 변환 : 일정 광원으로부터 공급되는 빛을 입력 신호로 변조하여 빛의 강도의 변화로 변환하는 변조 변환의 방법이 널리 쓰이고 있다.

② 빛의 전기적 변환 : 물질이 빛을 흡수하여 자유 전자를 발생시켜 기전력이 발생하거나 전도도가 증가하는 현상을 광전 효과라 하며, 광도전 효과와 광기전력 효과 등으로 나눌 수 있다.

출제 예상 문제

기계정비산업기사

1. 센서 선정 시 고려해야 할 사항으로 거리가 먼 것은? (10년 3회)

① 센서의 재질 ② 정확성
③ 감지 거리 ④ 반응 속도

해설 센서에 요구되는 특성

항 목	내 용
특성	• 검출 범위 • 감도 검출 한계 • 선택성 • 구조의 간략화 • 과부화 보호 • 다이내믹 레인지 • 응답 속도 • 정도 • 복합화 • 기능화
신뢰성	• 내환경성 • 경시 변화 • 수명
보수성	• 호환성 • 보수 • 보존성
생산성	• 제조 산출률 • 제조 원가

2. 다음 중 화학 센서에 해당하는 것은 어느 것인가? (06년 3회)

① 가속도 센서 ② 자기 센서
③ 가스 센서 ④ 변위 센서

3. 피크노미터를 이용하여 밀도 측정 시 20 ℃에서 수은의 체적이 25 cm^3, 질량이 1kg일 때의 밀도는 몇 g/cm^3인가? (03년 3회)

① 30 ② 40
③ 50 ④ 60

4. 다음 중 배율기를 이용하여 전압의 측정 범위를 확대하려면 저항을 어떻게 연결하여야 하는가? (05년 1회)

① 직렬접속을 한다.
② 병렬접속을 한다.
③ 직・병렬접속을 한다.
④ 혼렬 접속을 한다.

5. 투광기에서 나오는 광선을 수광기로 받고 검출 물체가 차폐하면 신호를 보내는 검출 스위치는? (03년 3회)

① PS ② FS
③ PHS ④ LS

6. 다음 중 반도체 광센서는? (05년 1회)

① 포토 다이오드 ② 포토 트랜지스터
③ 포토 사이리스터 ④ 포토 커플러

해설 포토 커플러 : GaAs 발광 다이오드에 순방향 전압을 인가하여 발광시키고 그 광을 포토 트랜지스터로 받아 큰 전류를 얻을 수 있게 한 것을 말한다. 수광 측에 포토 다이오드를 사용한 것도 있다. 입출력은 완전히 전기적으로 차단되어 있다.

7. 반도체 결정에 빛이 닿으면 전자가 증가하여 전기 저항이 낮아지고, 전류를 쉽게 통과시키는 광도전 현상을 나타내는 소자는 어느 것인가? (10년 3회)

① DIAC ② CdS

정답 1. ① 2. ③ 3. ② 4. ① 5. ③ 6. ④ 7. ②

③ TRIAC ④ SCR

8. **시료를 통에 넣어 회전시켜 점도를 측정하는 점도계는?** (12년 2회)

① 회전식 ② 진동식
③ 모세관식 ④ 버너식

해설

회전식	안쪽 회전식 점도계	안쪽 통을 일정한 회전수만큼 회전시키는 데 필요한 시간을 측정
	바깥쪽 회전식 점도계	바깥쪽 통을 일정한 회전수만큼 회전시키는 데 필요한 시간을 측정

9. **신호 변환기에서 변위 센서로 많이 사용되며, 변위를 전압으로 변환하는 장치는?**
(08년 1회/08년 3회/10년 3회/13년 1회/17년 1회)

① 벨로즈 ② 서미스터
③ 노즐, 플래퍼 ④ 차동 변압기

10. **다음 중 열전 조합으로 사용되지 않는 것은?** (12년 2회/14년 2회)

① 백금-콘스탄탄
② 백금-백금로듐
③ 구리-콘스탄탄
④ 철-콘스탄탄

해설 열전대 조합 : 백금-로듐, 크로멜-알루멜, 철-콘스탄탄, 구리-콘스탄탄

11. **제어 기기는 검출기, 변환기, 증폭기, 조작 기기 등으로 구성된다. 이때 서보모터는 어디에 해당되는가?** (09년 2회/16년 2회)

① 증폭기 ② 변환기
③ 검출기 ④ 조작 기기

12. **실리콘 제어 정류기(SCR)에 관한 설명으로 틀린 것은?** (12년 3회/17년 2회)

① PNPN 소자이다.
② 스위칭 소자이다.
③ 쌍방향성 사이리스터이다.
④ 직류, 교류 전력 제어에 사용된다.

해설 SCR : 사이리스터와 유사하며 애노드와 캐소드, 게이트를 갖는 PNPN 구조의 4층 반도체

정답 8. ① 9. ④ 10. ① 11. ④ 12. ③

3. 공업량의 계측

3-1 온도 계측

(1) 온도의 단위

온도에는 섭씨, 화씨, 켈빈(K) 단위가 사용된다.

(2) 온도계의 종류와 특징

① 저항 온도계(resistance thermometer) : 온도에 비례하여 순수 금속의 저항률이 변화하는 것을 이용한 온도계로서 측온점의 측온 저항 변화량을 검출해서 온도를 측정하는 것

② 열전 온도계(thermo electric pyrometer) : 제베크 효과(Seebeck effect)를 이용하여 온도를 측정하기 위한 소자가 열전(thermocouple)이다.

③ 방사 온도계

(가) 모든 물체는 절대 온도의 4승에 비례한 방사 에너지 $E=\sigma T^4[\mathrm{W/m^2}]$를 방사한다. 여기서, $\sigma=5.67\times10^{-8}[\mathrm{W/m^2K^4}]$이고 이를 슈테판-볼츠만(Stefan-Boltzmann)의 법칙이라 한다.

(나) 이상적으로 방사하는 것을 흑체(black body)라 하며 실제의 물체는 흑체보다 훨씬 적게 방사된다. 같은 상태·온도에서 실제 방사와 흑체 방사의 비를 방사율(emissivity)이라 하며 이것은 물체와 그 표면 상태에 의해서 크게 변하므로 측정 오차의 원인이 된다.

(다) 방사 온도계에는 다음과 같은 종류들이 있다.

㉮ 광 고온계 : 단색 파장에 대한 방사 휘도를 측정하고 흑체 온도를 구하는 온도계로서 방사선 중에서 가시광선을 이용하는 것이며 700~4,000℃까지 측정할 수 있다. 고온의 물체에 직접 닿지 않고 측정할 수 있으므로 화염이나 용광로 등의 온도 측정에 사용되지만 시각에 의한 오차가 생기기 쉽다.

㉯ 2색 고온계 : 방사율의 영향을 적게 하기 위해 특정의 두 파장에 대한 휘도를 측정하고 그 비에서 온도를 측정하는 온도계이다.

㉰ 서모 파일 : 열전대를 직렬로 연결해서 약간의 온도 차에서도 높은 출력을 얻도록 한 것이다.

(3) 온도 측정상의 주의

① 정적 오차 : 보호관의 열전도에 의해 생기는 오차이다.

② 동적 오차 : 피측정물 온도 → 보호관 → 열전 또는 측온 저항체 → 신호의 온도 검출 프로세스로 각 부분의 피측정물 온도가 시간적으로 변화하고 있는 경우 열전대 또는 측온 저항체로 검출한 온도는 피측정물 온도의 정확한 온도를 나타내지 않고 시간적으로 늦은 값을 나타내기 때문에 오차를 일으키는데, 이것을 동적 오차라고 한다.

3-2 압력 계측

(1) 압력 측정

① 절대 압력 (absolute pressure)
② 게이지 압력 (gauge pressure)
③ 차압 (differential pressure)

(2) 압력 센서

① 압전형 압력 센서

(가) 측정 원리

㉮ 압전체는 기계적인 왜형이 생기면 전기 신호를 발생시키며, 이 신호 전압은 왜형의 크기에 비례한다.

㉯ 다이어프램에 공정의 압력이 걸리면 기계적인 연결 장치에 의해 압전체에 다이어프램의 변위가 전달된다. 이때 압전체에서 아주 미세한 전압이 발생된다.

(나) 압전체 : 압전 효과를 이용하여 압력을 측정할 수 있는 소자

(다) 압전 효과 (piezo effect) : 외부에서 압력이 증가되면 압전체의 기전력이 양 단자에 힘이 전달되어 인가 압력의 크기에 비례하는 기전력이 양 단자에 나타나는 효과

(라) 역압전 효과 : 압전 효과와 반대로 결정에 전기를 인가하면 +극의 방향에 따라서 결정이 수축하거나 팽창하는 효과

② 정전 용량형 압력 센서

(가) 측정 원리

㉮ 감압 다이어프램의 가동 전극과 고정 전극 사이의 정전 용량이 고압 쪽과 저압 쪽 사이에 차압에 비례하여 변화하므로 정전 용량의 차인 변화를 전송부의 증폭부에서 통일 전류 신호 (4~20 mA DC)로 변환하여 전송한다.

㉯ 전송부 출력 신호 $= K(P_H - P_L)$

여기서, K : 비례 계수, P_H : 감압 다이어프램 고압 측 압력, P_L : 감압 다이어프램 저압 측 압력

㉰ 정전 용량식은 차압 전송기는 물론 게이지압 전송기, 절대압 전송기에도 사용되지만 구조적으로 차압 전송기에 가장 적합하다.

(나) 특징

㉮ 콘덴서의 전극 간격, 전극의 대향 면적, 전극 간 유전체(절연체 : 전기가 통하지 않는 물질)의 상태가 변화함에 따라 정전 용량(콘덴서에 전기를 담아 둘 수 있는 크기)이 변화하는 현상을 이용하여 변위를 정전 용량으로 변환시키는 센서이다.

㉯ 전극 간격에 반비례하고 정전 용량 C는 $C=\frac{\epsilon A}{l}$로 전극 면적에 비례한다.

③ 반도체 왜형 게이지식 센서

반도체의 응력이나 신장력이 어떤 방향으로 작용했을 때 반도체의 길이, 면적이 변화하여 저항값이 변화하는 피에조 저항 효과를 이용하여 생긴 저항값의 변화를 검출하여 입력 압력에 비례한 신호를 얻는 것이다.

④ 진공 센서

(가) 피라니 게이지(Pirani gauge)

㉮ 측정 저항에서 발생되는 열과 기체 분자 사이의 전도율은 완전 진공에 가까울수록 떨어지며, 이에 따라 측정 저항의 저항값이 변화된다.

㉯ 일정한 열에너지를 받아 가열되는 물체의 온도는 열전쌍에 의해 주위 기체로 방출되는 열량에 따라 정해지므로 열전도율의 변화를 가열체의 온도 변화로부터 측정할 수 있다.

(나) 열전자 진리 진공계

㉮ 압력이 높을수록 기체 분자가 증가하여 이온이 많이 생긴다. 전자의 충돌에 의해 생긴 이온량을 측정하여 진공도를 구할 수 있다.

㉯ • 음극 : 전자 발생기
• 이온 집극관 : 이온의 양을 검출(진공도)
• 전자 집극관 : 전자의 양을 검출

⑤ 스트레인 게이지

(가) 금속체를 잡아 당기면 늘어나면서 전기 저항이 증가하며, 반대로 압축하면 전기 저항은 감소한다. 이러한 전기 저항의 변화 원리를 이용한 것이다.

(나) R : 저항선이 갖는 저항, l : 길이, A : 단면적, ρ : 고유 저항, ε : 소자가 받는 응력률, K : 게이지율, ΔL : 외력에 의한 길이 변화라 하면, 도선의 저항은 $R=\rho\frac{l}{A}=\frac{\text{비저항(상수)}\times\text{도선의 길이}}{\text{도선의 단면적}}$이라 하고, $\frac{\Delta R}{R}=K\cdot\epsilon=K\cdot\frac{\Delta l}{l}$로 표현된다.

⑥ 로드셀

(가) 로드셀은 스트레인 게이지를 붙여 사용하기 곤란한 경우에 범용적으로 사용하기 위해 제작된 물체 중량을 측정하는 변환기이다.

(나) 스트레인 게이지를 이용한 하중 감지 센서로서 힘이나 하중에 대해 변형을 발생

시키는 탄성 변형체 (elastic strain member)인 감지부에서 발생하는 물리적 변형을 스트레인 게이지를 이용하여 전기 저항의 변화로 변환시키고 휘트스톤 브리지 (wheatstone bridge) 전기 회로를 구성하여 정밀한 전기적 신호로 변환시켜 하중을 측정한다.

(3) 압력계의 종류와 측정 방법

① 압력의 측정법에는 크기를 알고 있는 무게와 평형시키는 방법, 탄력성과 평형시켜 스프링의 변위로 압력을 재는 방법, 압력에 의하여 변화하는 물리적 현상을 이용하는 방법 등이 있다.

② 무게와 평형되는 압력계에는 물, 수은 등의 액체 기둥을 사용하는 액체 기둥 압력계와 금속제의 추를 사용하는 분동식 압력계가 있고 이외에 침종식, 환상식 압력계 등이 있다.

③ 탄성식 압력계는 압력에 평형된 수압체의 휨에 의해 압력을 측정하며, 휨이 아주 작으므로 이것을 여러 방법으로 확대해서 지시 또는 기록한다.

④ 수압체 탄성은 온도, 압력 크기에 따라 휨의 상태가 다르므로 장시간 사용하면 휨이 점차 증가하는 것이 이 형식의 압력계의 공통된 결점이다.

㈎ 액체 압력계

㉮ 액주식 압력계 (liquid type manometer) : 양 끝이 열려진 U자관에 물, 수은 등의 액체를 넣어 좌우관 2개에 압력을 가하면 액면이 높고 낮게 되며, 그 높이의 차로부터 양쪽 압력의 차를 구하는 것이다. 모세관 현상이나 관 지름의 불균일 등으로 확대율은 10배 정도까지만 하는 것이 좋다. 일반적으로 수주 또는 수은주 10~2,000 mmHg의 범위에서 사용한다.

㉯ 침종식 압력계 (inverted bell jar type manometer) : 침종 (浸種)이라 불리는 용기를 액면에 엎어서 띄워 놓고 용기 내부 및 외부에 압력이 도입되도록 한 구조의 것을 싱글 벨 압력계 (single bell manometer) 또는 단종 압력계라 한다.

㉰ 환상식 압력계 (ring manometer) : 환상의 일부에 수은과 같은 액체를 넣은 것으로 환상의 윗부분이 서로 막혀 두 부분으로 분리되어 있다. 이 환상은 날 끝 (knife edge)으로 받쳐져 진자 (pendulum)와 같이 작동할 수 있게 되어 있다. 측정 범위는 2~200 torr이고 구동력이 커서 발진기 (oscillator)나 기록계 등을 직접 움직일 수 있고, 또 추의 무게나 중심으로부터 거리를 바꾸면 감도의 조절도 할 수 있다.

㈏ 탄성 압력계

㉮ 부르동관식 압력계 (bourdon-tube type pressure gauge)

㉯ 다이어프램식 압력계 (diaphragm type manometer)

㉰ 벨로스식 압력계 (bellows type manometer)

㈐ 분동식 압력계 (dead weight tester)

㈑ 압력 전송기 : 측정 상의 유체 압력을 그 측정 범위에 대응하여 표준화된 신호로 변환하는 기기가 압력 전송기이다.

㉮ 공기식 압력 전송기

- 차압 전송기 : 고압 측 압력 P_H와 저압 측 압력 P_L의 차를 측정하여 출력으로 $P_H - P_L$에 비례한 DC 전류 4~20 mA 신호를 보낸다.
- 게이지압 전송기 : 저압 대기를 개방하여 게이지 압력 $P_H - P_L$에 비례한 DC 전류 4~20 mA 신호를 보낸다.
- 절압 전송기 : 저압 측을 진공으로 하여 절대 압력에 비례한 DC 전류 4~20 mA 신호를 보낸다.

㉯ 노즐 플래퍼 (nozzle-flapper)

- 변위를 압력으로 변환하기 위해 일반적으로 사용되는 것이다.
- 공급 압력이 일정한 경우 출력 압력은 플래퍼와 노즐 간의 간격에 의존한다.
- 이 입력과 출력 압력과의 관계는 다소 비선형적이 되지만 공기식 계기에 적용된다.

3-3 유량 계측

(1) 차압식 유량계

① 차압 기구의 종류

㈎ 오리피스 (orifice) : 오리피스 판을 배관 내에 삽입하면 유체가 오리피스를 통과할 때 유속이 증가되고 차압이 발생한다. 오리피스에 의한 차압을 측정하기 위해 오리피스 양측에 오리피스와 근접하게 차압 전송기용 탭을 설치한다. 유체 유속은 오리피스 통과 전 유속보다 오리피스 통과 후 유속이 빠르며, 유체 압력은 반대로 오리피스 통과 전 압력이 오리피스 통과 후 압력보다 크다. 이 오리피스 통과 전후의 압력 차를 측정하여 유량을 측정한다.

㈏ 플로 노즐 (flow nozzle) : 노즐은 둥근 유입부와 이것에 이어지는 원통부로 되어 있으며, 유체는 노즐의 곡면에 따라 흐르고 하류에서 축류를 일으키지 않는다. 따라서 유출 계수 C는 1에 가깝다. 그리고 노즐에서 차압을 뽑아낼 때는 코너 탭을 사용한다.

㈐ 벤투리 (venturi)관 : 원통 부분의 중간에 하류 측의 압력 탭이 있다. 벤투리관의 특징은 하류 부분이 확관으로 되어 있는 1차 요소이며, 오리피스나 노즐의 경우만큼 유량에 대한 차압이 크지 않아 이에 의한 압력 손실이 매우 적고 침전물이 관벽에

부착되지 않아 내구성이 크다는 점 등의 많은 장점이 있다. 반면에 제작이 힘들어 값이 비싸고 쉽게 교환할 수 없다는 결점이 있다.

② 차압계 : 오리피스 등의 검출 기구에서 발생한 차압은 차압계 또는 차압 변환기에서 측정·변환되어 유량을 지시한다.

(2) 면적식 유량계

부자의 이동으로 유로 면적을 변화시켜 차압을 일정하게 유지하고 이때의 면적을 측정하여 유량을 알 수 있는 것이다.

(3) 용적식 유량계

용적식 유량계는 관로에 흐르는 유체의 통과 체적을 측정하는 방식이다.

(4) 전자 유량계

패러데이(Faraday)의 전자 유도 법칙을 이용하여 도전성 유체의 유속 또는 유량을 구하는 것을 전자 유량계(electromagnetic flowmeter)라 한다.

(5) 터빈식 유량계

회전자의 축이 흐름에 대해서 직각으로 설치된 접선류식과 흐름에 대해서 평행으로 설치된 축류식이 있다. 전자는 구조가 간단하고 싸게 만들어지나 누설이 상대적으로 커서 고정도는 기할 수 없으며 가정용 수도미터 등에 사용되고 있다. 한편 후자는 마찰력에 대해서 구동력을 상당히 크게 얻을 수 있으므로 고정도 측정을 할 수 있으며 ±0.2% 이상의 정도를 요구하는 석유류의 취인용 유량계로서 사용되고 있다.

(6) 와류식 유량계

측정 상에 제한 없이 기체·액체의 어느 것도 측정할 수 있으며, 유체의 조성·밀도·온도·압력 등의 영향을 받지 않고 유량에 비례한 주파수로서 체적 유량을 측정할 수 있다.

(7) 초음파식 유량계

① 도플러(doppler)법 ② 싱 어라운드(sing around)법

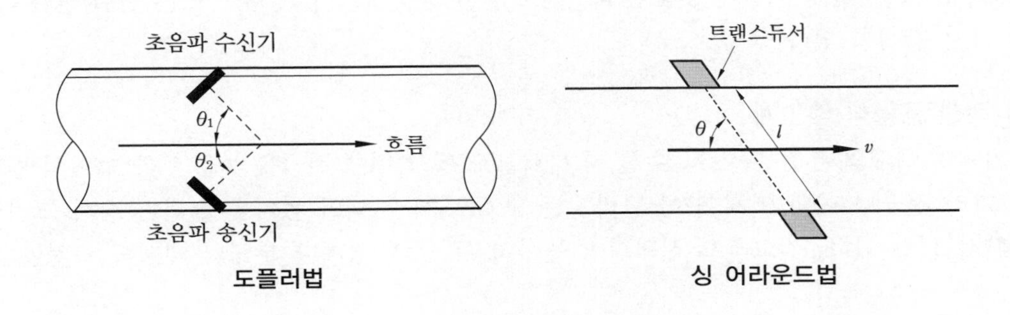

도플러법 싱 어라운드법

3-4 액면 계측

(1) 차압식 액면계

액체 내의 각 점에 있어서의 정수압은 그 점으로부터 액면까지의 높이에 비례하므로 액체의 밀도가 일정하면 압력을 측정하여 액면의 높이를 구할 수 있다. 드라이 레그(dry leg)법과 웨트 레그(wet leg)법이 있다.

(2) 기포식 액면계(purge type liquid level gauge)

기포관을 액체 중에 삽입하고 공기원으로부터 압축 공기를 적당한 유량으로 보내어 선단으로부터 기포를 방출시키면 기포관의 배압은 액의 정압과 같아지게 된다. 따라서 기포관의 배압을 측정하여 액면의 높이를 구할 수 있다.

(3) 부자식 액면계

측정 원리가 원시적이기 때문에 고정도이고 오차가 측정 범위에 관계없이 거의 일정하다.

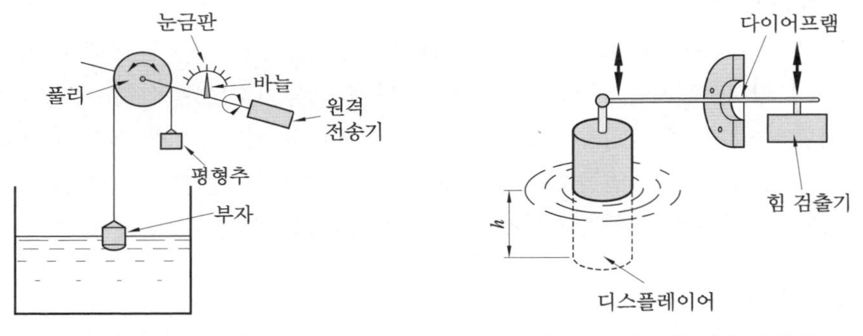

부자식 액면계 디스플레이스먼트식 액면계

(4) 디스플레이스먼트식 액면계

단면적이 일정한 원통형의 디스플레이서(displacer)가 액으로부터 받는 부력이 액 중에 잠기는 체적 또는 깊이 h에 비례한다. 이 힘을 외부로 뽑아내어 측정하면 되며 토크 튜브(torque tube) 등을 이용한 것도 있다. 신호 변환 방식에는 힘 평형식 또는 변위 변환식의 두 가지 방식이 있다.

(5) 정전 용량식 액면계

기체와 액체의 유전율은 수~수십 배 다르므로 탱크 내에 전극을 놓고 액체 높이의 변화에 따라 전극 사이의 액체 양이 달라지는 구조로 하면 액면 높이를 정전 용량의 크기로 변환시킬 수 있다. 견고하고 신뢰성이 높아서 두 액의 경계나 분체의 레벨도 측정할 수 있다. 반면에 측정 상의 유전율 변화나 전극에의 부착물의 영향을 받는다. 액면 제어용의 검출단(sensor)으로 적합하다.

(6) 사운딩식 액면계

분립체의 경우 부자를 사용하여 연속적으로 레벨을 측정할 수 없으므로 사일로(silo) 등의 두부(頭部)에 테이프 또는 와이어로 매달아 내린 추를 전동기기 동력에 의해서 아래 분입 면에 이르게 하고 중량을 잃어버릴 때까지 감아 내려 그 사이에 나온 테이프의 길이에서 레벨을 측정한다. 레벨 측정 후 추는 바로 감아올려 사일로의 두부에 유지한다. 측정 원리는 원시적이나 측정 범위가 넓어 시멘트, 곡물 사일로, 광석 펄프, 녹차 등의 레벨 측정에 사용된다.

(7) 방사선식 액면계

고온, 고압 용기 내의 액면 측정, 고점도 액체, 분립체의 레벨 측정을 할 수 있고 다른 액면계에서 측정할 수 없는 매우 까다로운 조건의 레벨 측정에서 진가를 발휘한다.

(8) 초음파식 액면계

초음파의 송·수신기를 설치하고 발신기로부터 발사되는 초음파 펄스가 액면에서 반사하여 수신기로 되돌아오는 왕복 시간을 측정하면 액면의 위치를 구할 수 있다.

출제 예상 문제

기계정비산업기사

1. 전기로의 온도를 900℃로 일정하게 유지시키기 위하여 열전 온도계의 지시값을 보면서 전압 조정기로 전기로에 대한 인가전압을 조절하는 장치가 있다. 이 경우 열전 온도계는 다음 중 어디에 해당하는가? (11년 1회)

① 제어량 ② 외란
③ 목표값 ④ 검출부

해설 열전 온도계 : 측온 저항체와 같이 비교적 안정되고 정확하며 일부 원격 전송 지시를 할 수 있는 특징이 있다.

2. 섭씨온도에서 물의 빙점을 0℃로 하면 화씨온도의 물의 빙점은 얼마인가? (05년 3회)

① 0 ② 32
③ 273.15 ④ 491.67

해설 $°F = (\frac{9}{5}) \times ℃ + 32$

3. 다음 중 열전 온도계에 이용하는 현상은 어느 것인가? (07년 1회 / 11년 2회)

① 펠티에 효과 ② 제베크 효과
③ 줄 효과 ④ 피에조 효과

해설 제베크 효과 : 재질이 다른 두 금속을 연결하고 양 접점 간에 온도 차를 부여하면 그 사이에 열기전력이 발생하여 회로 내에 열전류가 흐르는데, 이러한 물질을 열전대 (thermocouple)라 부른다.

4. 두 종류의 금속선의 한끝을 접합하면 접합부와 온도 차이에 따라 기전력이 발생하는 원리를 이용하여 온도를 측정하는 센서는? (04년 3회)

① 열전대
② 서미스터
③ 측온 저항체
④ 탄성 표면과 온도 센서

해설 제베크 효과 (Seebeck effect)를 이용하여 온도를 측정하기 위한 소자가 열전대이다. 한쪽 접점의 온도를 알면 다른 접점의 온도는 열기전력을 측정하면 알 수 있다. 기준 측의 접점을 기준 접점 (냉접점), 측온 측의 접점을 측온 접점 (온접점)이라 한다.

5. 서로 다른 두 종류의 금속을 접합하여 온도의 차를 주면 회로 내에 열기전력이 발생하는 것을 제베크 효과라 한다. 제베크 효과와 관련이 없는 것은? (04년 3회)

① 도전율 ② 열전쌍
③ 구리-콘스탄탄 ④ 크로멜-알루멜

해설 열전대에 의한 측정 방법

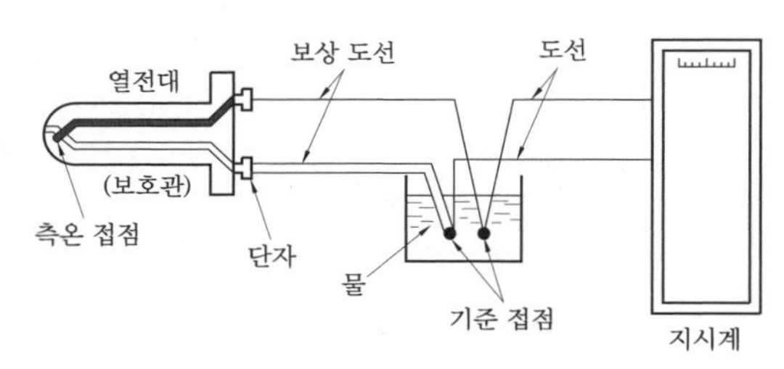

열전대에 의한 측정 방법

6. 다음 중 공업량의 계측에 필요한 비접촉식 방식의 온도계는? (08년 1회)

① 저항 온도계 ② 열전 온도계
③ 방사 온도계 ④ 서미스터 온도계

해설 • 접촉식 : 측온 저항체, 열전대, 서미스터
• 비접촉식 : 광 고온계, 광전 고온계, 방사 온도계

정답 1. ④ 2. ② 3. ② 4. ① 5. ① 6. ③

7. 다음 중 방사 온도계의 특징이 아닌 것은 어느 것인가? (12년 3회)

① 비접촉 측정을 할 수 있다.
② 비교적 높은 온도도 측정할 수 있다.
③ 물체에서 방사되는 방사 에너지를 측정한다.
④ 열전의 열기전력을 이용하여 측정한다.

해설 방사 온도계의 특징
㉠ 비접촉 측정을 할 수 있다.
㉡ 비교적 높은 온도도 측정할 수 있다.

8. 다음 중 탄성 압력계에 속하지 않는 것은 어느 것인가? (09년 3회)

① 부자식 압력계
② 다이어프램식 압력계
③ 벨로스식 압력계
④ 부르동관식 압력계

해설 탄성 압력계
㉠ 부르동관식 압력계 : 단면이 원 또는 타원형인 관을 환상으로 구부려 만든 부르동관의 한쪽 끝을 고정시키고 다른 끝을 밀폐시킨 것이다. 고정시킨 끝으로부터 압력을 관 안에 작용시키면 관의 단면은 원형에 가깝게 되고 링의 반지름을 크게 변화하여 자유단이 이동한다. 이 변위는 거의 압력에 비례하므로 이것을 링크와 기어로 확대해서 바늘을 회전시킨다.
㉡ 다이어프램식 압력계 : 다이어프램은 가해진 미소 압력의 변화에 대응된 수직 방향으로 팽창 수축하는 압력 소자이다. 또한 그 압체를 분리하는 역할 및 가압체를 용기로부터 외부로 밀봉시켜 주는 역할을 한다.
㉢ 벨로스식 압력계 : 벨로스는 그 외주에 주름상자형의 주름을 갖고 있는 금속 박판원통상으로 그 내부 또는 외부에 압력을 받으면 중심축 방향으로 팽창 및 수축을 일으키는 압력 센서이다. 재료로는 인청동, 황동이 사용되며 그 두께는 0.1~0.35 mm이다.

9. 다음 그림과 같은 압력의 측정 표시는 어떤 압력을 측정하는 방법인가? (07년 1회)

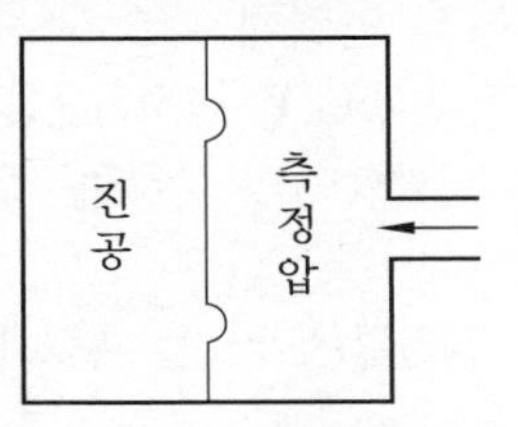

① 절대 압력　　② 게이지 압력
③ 차압　　④ 정압

해설 ① 절대 압력(absolute pressure) : 완전 진공 상태를 0으로 보았을 때의 압력으로 표현할 때에는 단위 끝에 "abs"를 붙여 표시한다. ($kgf/cm^2 \cdot abs$) 절대 압력＝대기압+계기 압력
② 게이지 압력(gauge pressure) : 표준 기압을 기준점 0으로 하여 측정되는 압력으로 공업적으로 측정되는 압력은 주로 게이지압으로 표시되고 있다.
③ 차압(differential pressure) : 기압 이외의 압력을 기준으로 하여 측정하는 것으로 서로 다른 압력 중 어느 한쪽을 기준으로 다른 압력과의 차를 차압이라고 하며, 차압식 유량 측정이나 레벨 측정 시 이용한다. 단위 끝에 "diff"를 붙여 표시한다. ($kgf/cm^2 \cdot diff$)

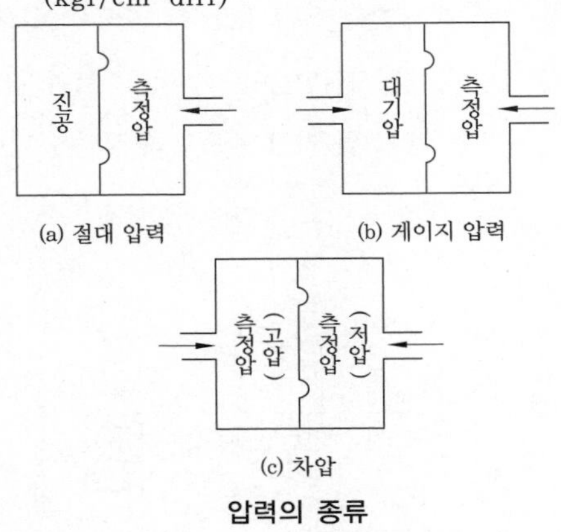

압력의 종류

10. 탄성 압력계에 속하지 않는 것은? (10년 3회)

① 부르동관식 압력계

정답 7. ④　9. ①　8. ①　10. ④

② 다이어프램식 압력계
③ 벨로스식 압력계
④ 분동식 압력계

해설 탄성 압력계 : 다이어프램식 압력계, 벨로스식 압력계, 부르동관식 압력계

11. 피토 정압관은 무엇을 측정하는가? (07년 3회)

① 유동하고 있는 유체에 대한 동압
② 유동하고 있는 유체에 대한 정압
③ 유동하고 있는 유체에 대한 전압
④ 유동하고 있는 유체에 대한 비중량

12. 압력계의 표준 압력계로서 다른 압력계의 교정용으로 사용되는 것은? (08년 3회)

① 부르동관식 압력계
② 피스톤식 압력계
③ 단관식 압력계
④ 분동식 압력계

해설 분동식 압력계 : 압력계의 표준 압력계로서 다른 압력계의 교정용으로 사용되며, 2 kgf/cm^2 이상 (3000 kgf/cm^{2}까지 측정 가능)의 고압 측정용으로 기름의 압력 p[kgf/cm^2]에 의해 단면적 A[cm^2]의 램이 떠오를 때 램 위에 분동 W[kgf]를 얹어서 기름의 압력과 평형시키면 $p=\dfrac{W}{A}$이다. 램과 실린더, 기름 탱크 및 가압 펌프로 구성되어 있다.

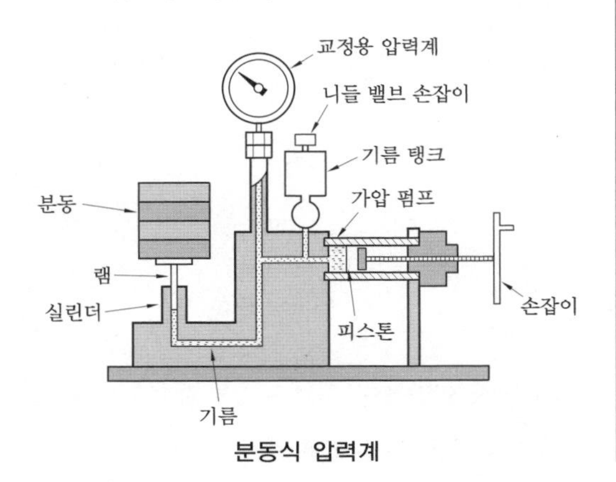

분동식 압력계

13. 압력계의 설치 장소를 선정할 때의 고려 사항이 아닌 것은? (10년 2회)

① 진동이 적고 가능한 청결한 곳
② 주위 온도 변화가 적고 전송기 허용 온도 범위 내
③ 도압관의 길이는 가능한 짧게
④ 보수, 점검이 용이하게

14. 그림과 같은 압력계에서 유량을 나타내는 식으로 맞는 것은? (단, P_i = 입구 압력, P_o = 출구 압력) (03년 1회)

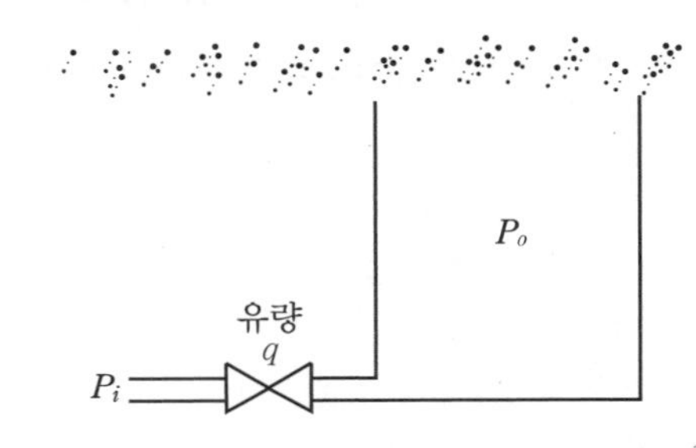

① $k(P_o+P_i)^2$ ② $k(P_i-P_o)^{\frac{1}{2}}$
③ $k(P_i-P_0)$ ④ $k(P_i+P_o)$

해설 압력계의 특성을 구하면 유량 q는 입구와 출구의 차압 제곱근에 비례한다.
$q=k\sqrt{P_i-P_o}$

15. 차압식 유량계에서 유량은 교축 기구 전후의 차압과 어떤 관계인가? (02년 3회)

① 비례한다.
② 반비례한다.
③ 제곱근에 비례한다.
④ 근사값이다.

해설 $Q=C\dfrac{Am}{\sqrt{1-m^2}}\cdot\sqrt{\dfrac{2g\Delta p}{\gamma}}$
여기서, $\Delta p=p_1-p_2$로 차압이다.

16. 베르누이의 정리에 의해 유량을 측정하는

정답 11. ① 12. ④ 13. ③ 14. ② 15. ③ 16. ④

방식은? (05년 1회)

① 면적 유량계　② 용적 유량계
③ 전자 유량계　④ 차압 유량계

해설 차압 유량계 : 관로 내에 차압 기구를 설치하여 그 전후(상류 측과 하류 측)의 차압으로부터 유량을 구하는 방식으로 가장 많이 사용하고 있으며, 차압 기구로는 오리피스(orifice), 노즐(flow nozzle), 벤투리(venturi) 관, 피토(pitot tube) 관 등이 있으며, 이들의 가격은 순서대로 비싸다. 가격이 고가로 되는 반면 유체의 압력 손실과 측정을 위한 에너지의 손실이 적다. 압력 손실에 지장을 받지 않는 곳에는 오리피스를 사용하는 경우가 많다.

17. 유량에 따라 테이퍼 관 내를 상하로 이동하는 부자의 위치에 의해 유량을 지시하는 유량계는? (12년 2회)

① 차압식 유량계　② 면적식 유량계
③ 용적식 유량계　④ 터빈식 유량계

해설 면적식 유량계(variable area flow meter or rotameter)의 특징
㉠ 기체, 액체 어느 것도 측정할 수 있고 부식성 유체도 측정 가능하다.
㉡ 압력 손실이 적다.
㉢ 균등 유량 눈금으로 되어 있다.
㉣ 전후의 직관부는 거의 필요하지 않다.
㉤ 지름이 크면 고가라서 지름 100 mm 이상은 부적당하다.
㉥ 실류 실험에서 교정해야 한다.
㉦ 액체 중 기포가 들어가면 오차가 발생되므로 기포 빼기가 필요하다.
㉧ 유리관식은 기계적 강도, 내충격력에 약해 배관의 무게를 직접 받지 않고 유체가 역류되지 않도록 해야 하며, 급격한 온도, 유량 변화에 주의해야 한다.

18. 다음 유량계 중 부자(float)의 이동으로 유로 면적을 변화시켜 차압을 일정하게 유지하여 유량을 측정하는 유량계는? (11년 1회)

① 차압식 유량계　② 면적식 유량계
③ 용적식 유량계　④ 터빈식 유량계

해설 면적식 유량계 : 유량에 따라 테이퍼 관 내부를 상하로 이동하는 부자의 이동으로 유로 면적을 변화시켜 차압을 일정하게 유지하고 이때의 면적을 측정하여 유량을 알 수 있는 것으로 면적 유량계(variable area flow meter), 로터미터(rotameter)라고도 한다.

19. 도전성 유체의 유속 또는 유량 측정에 가장 적합한 것은? (08년 1회/10년 2회/12년 3회)

① 차압식 유량계
② 전자 유량계
③ 초음파식 유량계
④ 와류식 유량계

해설

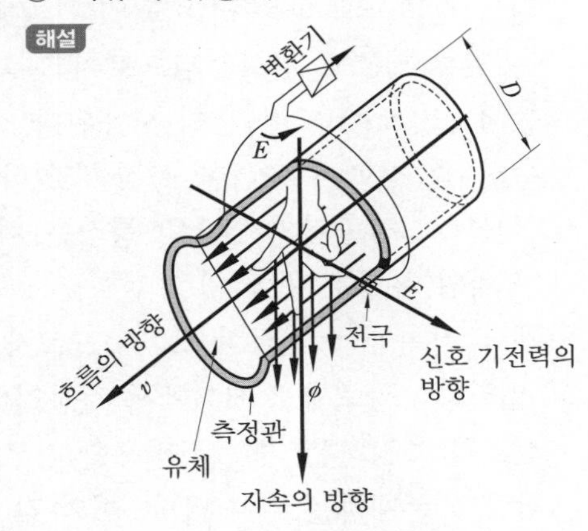

전자 유량계의 측정 원리

20. 다음 중 비접촉 방식의 액면계는? (07년 3회)

① 부자식 액면계
② 디스플레이스먼트 액면계
③ 사운딩식 액면계
④ 방사선식 액면계

해설 방사선식 액면계 : 방사선 동위 원소에서 방사되는 γ선이 투과할 때 흡수되는 에너지를 이용하는 것으로 탱크 외벽에 방사선을 놓고 강한 투과력에 의해 탱크벽을 통해서 투과해 오는 측정 방식으로 비접촉 측정이다.

정답 17. ② 18. ② 19. ② 20. ④

4. 변환기

4-1 계측 신호 변환기

(1) 신호 변환기의 개요

① 신호 레벨 변환 : 검출기에서 발신되는 아날로그 신호에는 저 레벨로부터 고 레벨까지 여러 가지 전압 레벨이 있다. 이러한 신호는 증폭기를 통과시킴으로써 일정한 신호 레벨로 변환된다. 프로세스 제어 시스템에서 일반적으로 사용되는 전압 신호는 1~5 V DC, 0~10 V DC가 있다.

② 신호 형태의 변환 : 저항값의 변화로 표시되는 신호는 전압 신호로 변환시킴으로써 증폭이나 전달이 용이해지는 것과 같이 신호의 형태를 다른 신호로 변환시킴으로써 처리를 간편하게 하는 경우도 있다. 검출기와 수신계의 거리가 멀리 떨어져 있는 경우에는 전류 신호로 변화시킴으로써 전송 도중에 신호의 감쇠를 없앨 수 있다. 전류 신호는 4~20 mA DC가 흔히 사용된다. 이 신호의 특징은 선로 저항의 변화에 무관하고, 수신 측 정합이 편리한 이점이 있다.

③ 직선화 : 검출기의 입출력 특정은 비선형인 것이 많다. 예를 들면 열전, 측온 저항체나 차압 유량계 등에 의한 검출 신호의 비선형성을 신호 변환기로 직선화한 후에 지시계나 기록계에 전달함으로써 프로세스의 상태를 알기 쉽게 한다.

④ 필터링 : 프로세스 제어에서 전동기나 전자 밸브 등 큰 전력을 소비하는 기기와 미소 신호를 측정하는 기기를 병용할 경우 60 Hz의 전원 주파수에 동기한 잡음이나 펄스성 잡음이 존재하는 수가 많다. 이와 같은 잡음에 의한 수신계의 오동작을 방지하는 것도 신호 변환기의 역할이다.

⑤ 신호 절연 : 컴퓨터 시스템 및 다수의 입력 신호를 동시에 처리하거나 또는 하나의 신호를 다른 시스템에서 동시에 이용할 때, 신호 상호 간을 절연시킴으로써 우회 전류 등에 의한 오동작을 방지한다. 절연 방식에는 트랜스를 이용하는 방법이나 포토 커플러를 사용하여 전기적으로 절연시키는 방식이 있다.

⑥ 신호 변환기의 전송부 : 검출기에서 나오는 신호를 각각의 용도에 따라 필요한 기능을 부가하여 통일된 신호로 변환하는 부분이 변환기 및 전송부이다.

(2) 신호의 종류

① 공기압 신호 방식 : 공업 계측의 전송 신호의 크기는 일반적으로 20~100 kPa로 사용된다.

② 전기 신호 방식 : 전기 신호는 응답이 빠르고, 전송 지연이 거의 없으며, 열기전력, 저

항 브리지 전압과 같이 직접 전기적으로 측정할 수 있다는 점과 전송 거리의 제한을 받지 않는 특징이 있다. 또한, 컴퓨터와의 결합도 공기식보다 더욱 용이하다.

(3) 변환기

① 온도 변환기

㈎ 온도 변환기의 구성

온도 변환기의 요구 기능은

㉮ mV 레벨 신호를 안정하게 높은 레벨까지 증폭할 수 있을 것

㉯ 입력 임피던스(impedance)가 높고, 장거리 전송이 가능할 것

㉰ 온도와 열전의 열기전력 관계, 또는 온도와 측온 저항체의 저항값 변화에서 생기는 비직선 특성을 보정하여 온도와 출력 신호의 관계를 직선화시킬 수 있는 리니어 라이저(linear riser)를 갖고 있을 것

㉱ 외부의 노이즈(noise) 영향을 받지 않는 회로일 것

㉲ 주위 온도 변환, 전원 변동 등이 출력에 영향을 주지 말 것

㉳ 입출력 간은 직류적으로 절연되어 있어야 할 것 : 온도 변환기는 레인지 유닛(range unit) 부분과 증폭기 및 전원으로 구성된다. 열전대와 측온 저항체인 경우에는 검출기의 레인지 유닛 회로 구성이 다르다. 또 이 유닛에서는 입력 온도 레인지에 맞추어 정수를 변경시킬 수 있게 되어 있다.

㈏ 온도 변환기의 특성 : 입력 도선은 3선식으로 하여 각 도선의 저항값을 균등히 하는 것이 필요하나, 브리지의 전원 측에 들어오는 도선 저항을 무시할 수 없으므로 오차가 발생한다.

② 압력 변환기

㈎ 힘, 평형식 압력 변환기

㉮ 절대압 변환기 : 절대압을 측정하는 것으로 차압 변환기와 동일하지만, 저압 체임버(chamber)를 10^{-3}mmHg의 진공 상태로 봉하고 있다. 측정 범위는 절대압에서 0~50 mmHg에서 0~1520 mmHg 사이의 여러 가지가 있으며 최대 사용 압력은 10.5 MPa이다.

㉯ 중압용 압력 변환기 : 수압부는 SUS316으로 된 벨로스(bellows)이며 측정 범위에 따라 종류가 다양하다. 이 벨로스는 압력 검출 소자로서의 성능을 완전히 갖추고 최대 정압의 3.5배 이상의 내압을 갖고 있으며 과압 방지용 장치가 부착되어 있다.

㉰ 저압용 압력 변환기 : 수압 부분에 사용되는 벨로스(bellows)의 재질은 청동 또는 SUS316이고 구조 및 동작 원리는 중압용과 같다. 측정 범위는 0~70에서 0~420 kPa, 최대 허용 압력은 보통 700 kPa이다.

㉱ 고압용 압력 변환기 : 수압용 요소는 부르동관으로서 과압 방지 장치가 부착되어

있다. 고감도, 고내압으로 구조가 간단하고 측정 범위는 0~7에서 0~84 MPa이며 최대 허용 압력은 126 MPa이다.

(나) 지시 전송기 : 측정 현장에서 측정량을 지시하면서, 신호를 변환하여 원격의 수신계로 전송하는 것이다. 지시 전송기 중 편위식 압력 전송기는 현장 지시 외에 차압의 측정과 힘 평형식 전송기로는 측정하기가 곤란한 경우에도 사용된다. 지시 전송기의 예로써 자기 평형식 변위-전류 변환기를 사용하며, DC 24 V로 구동되고 전원선과 신호선을 공유하는 2선식 전송 방법을 이용한 전자식 지시 전송기의 특성은 다음과 같다.

㉮ 변환기의 특성

- 입출력 특성 : 입력각 변위의 구간(span)은 약 40%로 이 범위 내에서는 DC 10~50 mA의 출력을 얻는다.
- 전원 전압 변동의 영향 : 전원 전압을 DC 24±2V로 변화하였을 때 ±0.1%의 출력 변동을 나타낸다.
- 주위 온도의 영향 : 주위 온도를 −10~80℃로 변화시켰을 때 0점 및 구간의 변화는 ±0.5%이다.

㉯ 측정 요소 : 압력 전송기의 요소는 다이어프램, 벨로스, 부르동관을 사용한다. 이들 요소에 의하여 254 mmH_2O에서 210 kPa까지의 압력을 측정할 수 있고 절대 압력 및 진공압의 측정도 가능하다.

③ 유량 변환기

(가) 차압 변환기(차압 전송기)

㉮ 힘 평형식 차압 전송기 : 차압 전송기의 가장 대표적인 것은 힘 평행식으로 공기식, 전기식에 널리 사용된다. 이 방식은 정밀도, 응답 속도가 다른 방식에 비해 우수하다.

㉯ 스트레인 게이지를 이용한 차압 변환기 : 이것은 격막으로 차압을 받아 막대 레버(cane lever)에 접착된 스트레인 게이지의 출력을 압력 용기에서 얻는 단순한 기구이다.

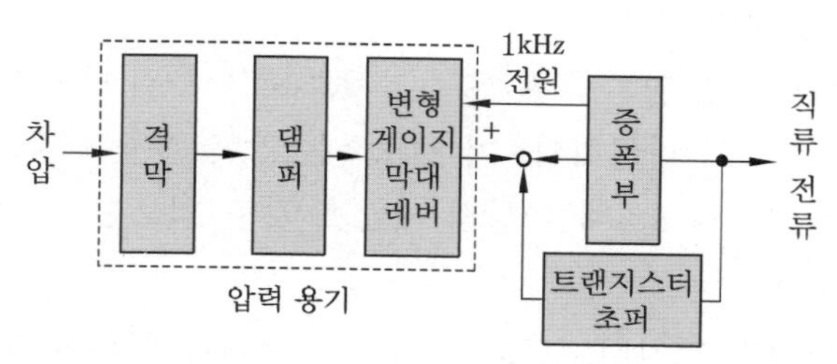

스트레인 게이지를 이용한 차압 변환기의 원리

㉰ 차압 변환기의 응용 : 차압 변환기는 차압 유량계용 외에 매우 응용 범위가 넓다.

압력 변환기로서도 응용되며 다른 유량계 용도로 타깃(target)식 유량 변환기로 도 사용된다.

(나) 전자(電磁) 유량계용 변환 증폭기 : 이 변환기의 기능은 검출기에서 얻어진 기전력을 이것에 비례한 전송 신호로 변환하는 것으로서 입력 신호의 성질 및 특수성의 면에서 이것을 안정하게 정밀도를 높이면서 변환하기 위해서는 복잡한 회로 구성이 요구된다.

④ 변위 변환기 : 변위를 전기 신호로 변환하는 방법으로는 차동 변압기, 홀(hall) 발전기, 변위 자기 변조기 등이 있다.

(가) 홀 발전기 : 홀 효과는 1879년 E. H. Hall이 발견한 전류 자기 효과로, 반도체 연구에 매우 중요한 현상이다. 이 현상을 사용한 소자를 홀(hall) 발전기라 한다. 홀 발전기의 출력 전압을 V라고 하면, $V = RIB\sin$이다. 여기서, R : 홀 정수, I : 제어 전류, B : 자속 밀도, θ : 자계와 홀 소자의 각도

(나) 홀 발전기를 이용한 변위 변환기

㉮ 공간적 강도의 변화로 자계를 만들어 홀 소자를 이용시키는 것

㉯ 평등 자계 내에서 홀 소자에 각 변위를 주어 유효 자계를 변화시키는 것

㉰ 자기 회로의 중간에 공극을 2군데 설치하여 각각에 회전 자석, 홀 소자를 삽입하여 회전 자석의 회전 변위에 의해 홀 소자의 자계를 변화시키는 것

⑤ 전·공 변환기 : 전·공 변환기란 전기-공기 변환기를 의미하며, 공기식 계기를 사용하여 온도를 측정할 때에 가스 또는 액체의 체적이나 압력 등의 변화를 봉입식 측온체로 검출하여 공기압으로 변환하는 온도 변환기가 쓰이지만 조정이나 측정 정밀도가 전기적으로 검출한 것보다는 떨어진다. 그러나 프로세스 제어에서는 공기식 제어 기어가 많이 사용되며 전기적으로 검출하여 공기압으로 변환하는 변환기를 전·공 변환기라 한다.

⑥ 공·전 변환기 : 공·전 변환기란 공기-전기 변환기를 의미하며, 공기압 계기의 출력을 전자식 계기로 수신할 경우나 공기압 계기로 계장되어 있는 프로세스를 컴퓨터와 인터페이스할 때에는 공기압 신호를 전기 신호로 변환할 필요가 생긴다. 이와 같은 목적으로 만들어진 것이 공기-전기 변환기이다.

(4) 신호 전송의 노이즈

신호 전송 중 특히 낮은 레벨의 신호를 전송할 때에는 전송 라인의 임피던스와 그 사이의 노이즈(noise)가 문제가 된다. 일반적으로 프로세스 제어 시스템에서의 노이즈는, 측정 대상 노이즈, 측정기 내부의 노이즈, 신호 전송 라인에서 발생하는 노이즈가 있다.

① 노이즈의 발생 원인

(가) 전도

(나) 정전 유도

㈐ 전자 유도

㈑ 중첩 (cross link)

㈒ 접지 루프 (loop)

㈓ 접합, 전위차

② 노이즈의 종류 : 노이즈의 종류를 크게 나누면 신호 전송 라인에서 나타나는 정상 모드 (normal mode) 노이즈와, 접지와 라인 사이에서 나타나는 일반 모드(common mode) 노이즈의 2가지가 있다.

③ 노이즈 대책

㈎ 신호 전송 라인의 격리

㈏ 실드 (shield) 선의 사용

㈐ 접지

㈑ 회로 밸런스

출제 예상 문제

1. **다음 중 물리적, 화학적인 양을 전기적인 양으로 변환하는 방법으로서 시간 변환에 해당하는 것은?** (04년 3회)

① 전기 저항의 온도 계수를 이용하는 저항 온도계
② 주파수나 펄스 간격 등으로 변환하는 방법으로 원격 측정
③ 저항 측정에 의한 고장 점의 검출
④ 열전 온도계와 같이 전압, 전류 등으로 변환하는 것으로 열전 현상, 압전 현상 등

2. **다음 중 변위를 전압으로 변환하는 장치는?** (08년 1회/08년 3회/10년 3회/11년 1회)

① 서미스터　② 노즐 플래퍼
③ 차동 변압기　④ 벨로스관

해설 변위 변환기 : 유량, 액면 압력, 진공 등의 측정에서 측정량은 벨로스, 격막, 부르동관 튜브 등에 의하여 기계적 변위량으로 검출되는 것이 많다. 이 기계적 변위량을 전기적 신호로 변환하는 것이 변위 변환기이다. 변위를 전기 신호로 변환하는 방법으로는 차동 변압기, 홀(hall) 발전기, 변위 자기 변조기 등이 있다.

3. **다음 중 차압 변환기를 이용하여 공기압 신호나 전기 신호로 변환할 수 없는 것은?** (09년 2회)

① 온도　② 유량
③ 밀도　④ 액면(레벨)

해설 차압 전송기라고 하는 차압 변환기는 유량, 압력, 액면, 밀도 등을 공기압 신호나 전기 신호로 변환할 수 있는 변환기로서 널리 사용되는 유량 변환기이다.

4. **다음 중 차압 검출 기구에 속하지 않는 것은?** (06년 1회)

① 오리피스　② 노즐
③ 벤투리관　④ 자이로스코프

해설 • 차압 기구 : 오리피스, 노즐, 벤투리관, 피토관
• 자이로스코프 : 회전 속도 또는 각속도의 기계적인 검출

5. **계측된 신호를 전송할 때 발생하는 노이즈의 원인이 아닌 것은?** (07년 1회/09년 2회)

① 전도　② 정전 유도
③ 중첩　④ 온도 변화

해설 노이즈의 원인
㉠ 전도(傳導) : 수분이나 절연 불량에 의한 리크(leak)로 인해 수신 측의 입력 단자 사이에 전압이 발생한다.
㉡ 정전 유도 : 전력선이나 그 외의 외부 전원에 의한 전계(電界)가 신호 전송 라인과 정전 결합되어, 노이즈와 전압으로서 신호에 중첩된다.
㉢ 전자 유도 : 전력선, 모터 릴레이 등에 의한 자계를 신호 전송 라인이 통할 때 유도 전류가 흘러 노이즈로 된다.
㉣ 중첩(cross link) : 서로 접근하고 있는 신호 전송 라인의 전자적(電磁的), 정전적(靜電的)인 결합에 의하여 한쪽에 다른 쪽의 신호가 중첩하는 현상으로서 양자의 신호 레벨이 다른 만큼 크게 되는 현상을 말한다.
㉤ 접지 루프(loop) : 측정점이 2점 이상 접지되어 있을 때, 각 접지점의 전위가 다르면 신호 전송 라인에 전류가 흘러 노이즈 전압이 발생한다.
㉥ 접합, 전위차 : 각종 금속 결합부에 노이즈 전압이 발생하여 온도에 의해 그 크기가 변화한다.

정답 1. ② 2. ③ 3. ① 4. ④ 5. ④

6. 다음 중 노이즈 대책에 대한 설명으로 알맞은 것은? (09년 3회)

① 실드에 의한 방법은 자기 유도를 제거할 수 있다.
② 관로를 사용하면 정전 유도를 제거할 수 있다.
③ 연선을 사용하면 자기 유도를 제거할 수 있다.
④ 필터를 사용하면 접지와 라인 사이에서 나타나는 일반 모드(common mode)의 노이즈를 제거할 수 있다.

해설 연선을 사용하면 자기 유도가 제거되고 케이블의 접속 부분은 2in 정도가 적당하다.

7. 신호 전송 노이즈 대책의 방법 중 정전 유도의 제거에 효과가 있는 것은? (09년 1회)

① 필터 사용 ② 연선 사용
③ 관로 사용 ④ 실드선 사용

8. 신호 전송의 노이즈에 대한 대책으로 전력선 용량 중 전압이 250 V이면 전력선과 신호선 관의 최저 격리 거리는? (11년 3회)

① 300mm ② 460mm
③ 610mm ④ 1200mm

9. 신호 전송에서 노이즈를 막기 위한 접지 방법으로 옳지 않은 것은? (07년 3회/12년 3회)

① 1점으로 접지한다.
② 가능한 굵은 도선(도체)을 사용한다.
③ 병렬 배선을 피하고 직렬로 한다.
④ 실드 피복이나 패널류는 필히 접지한다.

해설 접지할 때의 주의 사항
㉠ 1점으로 접지할 것
㉡ 가능한 굵은 도선(도체)을 사용할 것
㉢ 직렬 배선을 피하고 병렬로 할 것
㉣ 실드 피복 패널류는 필히 접지할 것

10. 접지에 의하여 노이즈를 개선할 때의 주의할 점으로 맞는 것은? (10년 1회)

① 한 점으로 접지한다.
② 가능한 가는 선을 사용한다.
③ 직렬 배선을 한다.
④ 실드 피복은 접지하지 않는다.

11. 다음 중 계측된 신호를 전송할 때 발생하는 노이즈의 원인과 거리가 먼 것은 어느 것인가? (07년 1회/09년 2회/14년 2회)

① 전도 ② 정전 유도
③ 중첩 ④ 온도 변화

12. 변환기에서 노이즈 대책이 아닌 것은 어느 것인가? (06년 3회/11년 2회/15년 3회)

① 실드의 사용 ② 비접지
③ 접지 ④ 필터의 사용

해설 노이즈 대책
㉠ 신호 전송 라인의 격리 : 신호 전송 라인을 노이즈 원(源)으로부터 멀리 두며, 각각에 다른 덕트(duct)로 배선한다.
㉡ 실드(shield) 선의 사용 : 강(steel)으로 된 실드 선이나 구리로 된 실드 선은 정전 유도에 대한 효과를 얻을 뿐, 전자 유도계에 대한 효과는 거의 없다.
㉢ 접지 : 접지는 보통 판넬이나 계기를 접지하는 것과 SN비의 개선으로 노이즈에 의한 장애를 막기 위한 접지가 있다.
㉣ 회로 밸런스 : 수신 계기의 접지 임피던스가 매우 높으면 일반 모드 노이즈로 변환될 염려가 없고, 충분히 높지 않더라도 회로 밸런스를 잡음으로써 2차적으로 발생하는 노이즈를 소거할 수 있다.

정답 6. ③ 7. ④ 8. ② 9. ③ 10. ① 11. ④ 12. ②

5. 조작부

5-1 제어 밸브

(1) 제어 밸브의 선정

① 선정 조건

(가) 대상 프로세스 : 제어 밸브를 포함한 시스템의 전체적인 이해와 파악이 필요하며 프로세스의 시동, 정지 및 긴급할 때 대책이 필요하다.

(나) 사용 목적 : 제어 밸브는 프로세스의 변수를 제어하는 것만이 아니라 유체의 차단 또는 개방, 2유체의 혼합, 2방향으로 분류, 유체의 전환, 압력 강하 등을 목적으로 하는 것 등이 있다.

(다) 응답성 : 신호의 변화에 대한 밸브 스템이 글랜드 패킹 등의 마찰에 이겨 내고 동작될 때까지의 정체 시간(dead time), 규정된 거리만 이동하기 위한 작동 시간이 있으므로 시스템 전체의 제어성 및 안전성을 고려해야 한다.

(라) 프로세스의 특성 : 자기(自己) 평형성의 유무, 필요 유량 변화 범위, 응답 속도 등을 확인한다.

(마) 유체 조건 : 유체의 명칭, 성분, 조성, 유량, 압력, 온도, 점도, 밀도, 증기압, 과열도 등이다.

(바) 밸브 시트의 누설량 : 밸브 차단 시의 밸브 시트의 누설량이 어느 정도까지 허용될 수 있는가를 확인한다. 누설량의 표현은 일반적으로 밸브의 정격 C_v값 비율 %로 표현한다.

(사) 밸브 작동 : 밸브 작동에는 페일 세이프로서의 작동과 밸브의 압력 신호에 대한 작동의 2가지가 있다.

(아) 배관 시방 : 제어 밸브가 설치되어 있는 배관의 시방에 관해 확인한다. 예를 들면 호칭 지름, 배관 규격, 재질, 접속 방식 등이다.

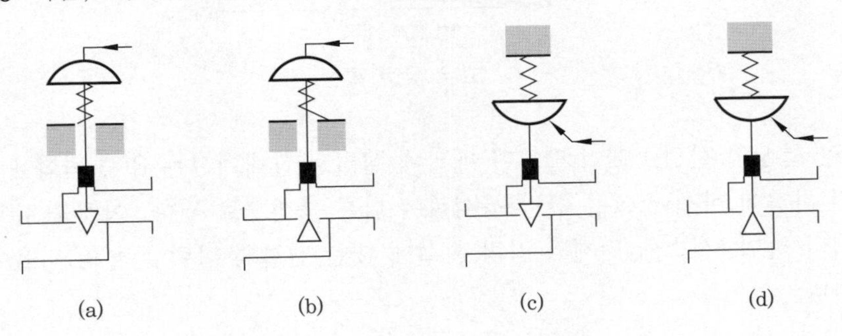

그림	구동부	내부 밸브	밸브 작동
(a)	정	정	정작동
(b)	정	역	역작동
(c)	역	정	역작동
(d)	역	역	정작동

밸브의 작동

② 정격 용량 : 제어 밸브의 정격 용량은 밸브를 통과하는 유체 조건으로부터 산출하며 C_v로 표시한다. 이때 제어 밸브의 정격 C_v 값을 산출하여 적절한 밸브를 선정하는 것을 사이징이라고 한다.

③ 유량 특성

(가) 유량 특성의 종류

㉮ 퀵 오픈(quick open) 특성(접시형), ㉯ 스퀘어 루트(square root) 특성(2차 특성, V노치 특성), ㉰ 리니어(linear) 특성, ㉱ 이퀄 퍼센트(equal %) 특성(등비율형), ㉲ 하이퍼볼릭(hyperbolic) 특성(쌍곡선 특성) 등이 있으며 이 중 ㉮, ㉰, ㉱의 특성이 널리 이용된다.

(나) 고유 유량 특성 : 퀵 오픈 특성은 작은 개도 변화에 대해 유량 변화가 크기 때문에 ON-OFF용에 한해서 사용되며 제어용으로서는 리니어 특성, 이퀄 퍼센트 특성 등이 사용된다.

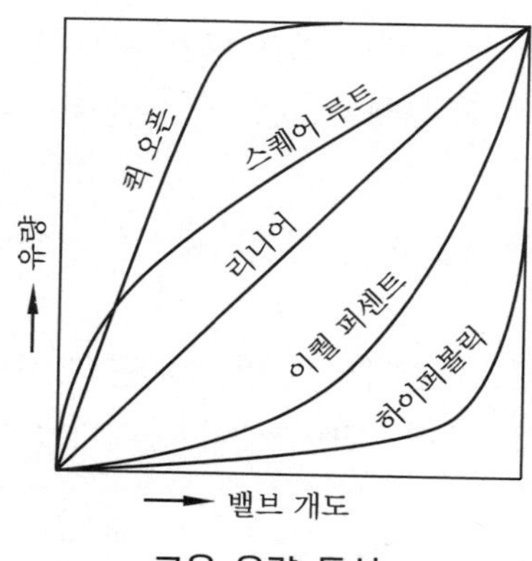

고유 유량 특성

(다) 유량 특성의 선정 : 제어 밸브가 배관에 설치된 상태에서는 유량 변화에 따라서 밸브의 차압이 바뀌어 고유 유량 특성과는 다른 특성으로 된다. 이것을 유효 유량 특성이라 하며, 시스템 전체의 압력 손실에 대한 밸브의 압력 손실의 비율에 따라 변화한다.

(2) 밸브용 재료

밸브용 재료는 크게 본체 재료, 트림 (trim) 재료, 실 (seal) 재료로 구분된다.

① 본체 재료

② 트림 재료 : 트림 (trim)이란 직접 유체에 접촉되어 교환이 가능한 부품으로서 본체 재료보다 1단계 상위의 재료를 사용한다. 트림 재료로는 SUS440C, SUS630, 스텔라이트 등이 널리 사용된다.

③ 실 재료 : 실 재료로는 정지 부분의 밀봉에 사용되는 개스킷 및 습동부의 밀봉에 사용되는 글랜드 패킹이 있다.

5-2 제어 밸브의 구동부

제어 밸브의 개폐 조작을 하는 구동부는 조절계로부터 조작 신호를 받아 그에 대응하여 확실한 개도를 얻기 위해 필요한 구동력을 발생하는 부분의 총칭이다.

(1) 구동원

구동부의 동력원으로서는 공기압, 유압, 전기 등이 사용된다.

(2) 구동부의 종류와 특징

구동부의 구조와 특징

방식	출력축 동작	형 식	약 도	조작 출력	스트로크	동력원	형상	포지셔너	동력 원정 지시
공기압 작동식	직선	다이어프램식 스프링형		소	소	공기압 120~ 400 kPa	대	필요 또는 불필요	스프링 리턴
		실린더식 스프링리스형		대	대	공기압 300~ 700 kPa	대	필요	자유
	회전 (회전 작동 밸브와 조합)	에어 모터식 스프링리스형		대	대	공기압 또는 가스압 0.4~ 7 MPa	대	필요	그 위치 유지

	회전	다이어프램식 스프링형	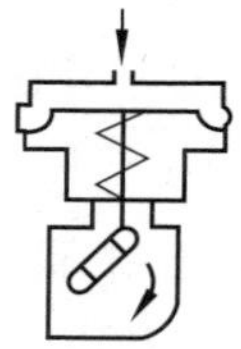	소	60° 또는 90°	공기압 120~400 kPa	소	필요	스프링 리턴
전동식 구동부	회전 (회전 작동 밸브와 조합)	전동 모터식 스프링 리스형	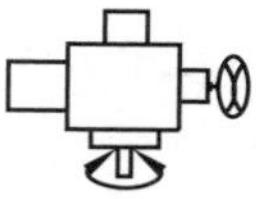	대	대	AC 200V 220V 440V	중	필요	그 위치 유지
	직선			소	소	AC 100V 200V	소	필요 (내장)	그 위치 유지
	직선	서보 모터식 (전자석) 스프링 리스형		소	소	AC 100V	소	내장	그 위치 유지
	회전		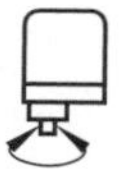	소	60° 또는 90°	AC 100V	소	내장	그 위치 유지
전유식 구동부	직선	전동 유압 서보식 스프링 리스형	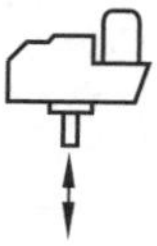	중	소	AC 100V 200V	중	필요	자유 (고정)
		전동 유압 서보식 리스형	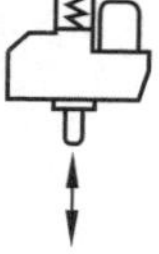	소	소	AC 100V 200V	중	필요	스프링 리턴
유압식 구동부	직선	실린더식 스프링 리스형	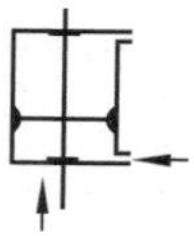	대	대	유압 1~21 MPa	소	필요	자유
	회전	실린더식 스프링형		대	60° 또는 90°	유압 1~21 MPa	중	필요	자유

① 공기압 작동식 구동부 : 공기압 작동식 구동부를 크게 나누면 다이어프램식과 실린더식으로 구분되며, 다이어프램식은 수압부를 다이어프램 (격막)으로 쓰는 것으로 스프링 힘에 의하여 복귀하는 스프링형과 스프링리스형이 있는데 저압에서 행정(stroke)이 적을 경우에는 다이어프램식이, 고압으로 행정이 큰 경우는 실린더식이 적합하다.

(가) 다이어프램식 : 제어 밸브의 구동부로서 널리 사용되는 형식으로 구조가 간단하고 정밀도, 응답성 모두가 공기압식 구동부 중에서 가장 우수하고 신뢰성이 높다. 형식은 출력축이 직선 운동하는 것, 회전 운동하는 것의 2종류가 있고 각각 정작동형과 역작동형이 있다.

(나) 실린더식 : 다이어프램식에 비하면 응답성 등에서 약간 뒤떨어지지만 높은 조작 압력에서 사용되고 소형으로 고출력이 얻어지는 등의 이점이 많다. 특히 회전 밸브, 온-오프 (ON-OFF) 밸브, 대구경 밸브 등의 구동부로 널리 사용된다.

② 유압식 구동부 : 유압식 구동부는 유압의 힘을 높임으로써 보다 큰 조작력과 높은 응답성이 얻어지므로 동특성이 좋은 소형 조작부로서 다른 방식에 비해 큰 이점을 갖고 있다.

(가) 종류 : 스프링형과 스프링리스형이 있지만 스프링형은 큰 조작력을 얻기 어렵기 때문에 거의 사용하지 않고 있다. 스프링리스형은 차압형이라고도 하며 운동 방향에 따라 직동형, 크랭크형, 회전형으로 세분된다. 스프링리스형은 무정위 (無定位) 적분성의 특성을 갖기 때문에 정위성 (定位性)을 위하여 포지셔너를 사용한다.

(나) 특징 : 유압식은 오일의 압력이 1~21 MPa의 고압에서 사용되므로 유압원과 고압 배관이 필요하다. 구조상 오일이 외부로 누설되지 않도록 배관 회로를 만들어 동작 후의 오일을 유압원으로 되돌리는 방식으로 되어 있다.

③ 전동식 구동부 : 전동식은 동력원이 용이하고 큰 조작력이 얻어지며 신호 전달의 지연이 없다는 것이 큰 특징이다. 한편 구조가 복잡하여 방폭 구조가 필요하며 공기압에 비하여 가격이 높아진다. 용도는 석유 탱크원 밸브, 상하수도용 슬루스 밸브 등 대구경의 밸브에 널리 사용된다.

(가) 전동 모터식 : 소구경 밸브용의 소형과 대구경 밸브용의 대형으로 구분되며 모터의 회전은 기어를 통해서 출력축에 전달된다. 소형은 보통 AC 110V의 전원으로 구동되며 입력 신호가 4~20 mA DC로 작동되는 전전 (電電) 포지셔너 내장형도 있다. 대형은 AC 220V의 3상 전원으로 구동된다.

(나) 서보모터식 : 서보모터식은 소형 밸브와 조합하여 사용되며 적은 출력이지만 고정밀도로서 응답성이 좋은 것이 최대 특징이다. 입력 신호가 4~20 mA DC를 인가하면 입력 신호와 개도의 편차가 없어지는 방향으로 DC 모터를 구동한다.

④ 전유식 구동부 : 전유식 (戰油式)은 구조가 복잡하고 방폭 구조를 필요로 하며 유압 펌프와 유압 장치를 일체형으로 한 것으로서 다음과 같은 특징이 있다.

(가) 비압축형 유체가 사용되므로 강성이 크고 조작 정밀도가 높다.

(나) 유압 부분은 패키지화되어 있어 입력은 전원뿐이므로 취급이 용이하다.

5-3 포지셔너

(1) 작동 원리

포지셔너는 조절 신호를 설정치로 하고 구동축의 위치를 측정치로 하여 구동부에 출력을 조절하는 비례 조절기라 볼 수 있다.

작동 형식에 따라 변위 평형식(motion balance)과 힘 평형식(force balance)이 있다. 변위 평형식은 구동부의 움직임이 링크를 축으로 하여 신호에 의한 변위와 비교하는 데 비하여, 힘 평형식은 구동부의 움직임을 스프링의 힘으로 피드백하여 신호에 의한 힘과 비교하는 것으로 실린더와 같이 스트로크(stroke)가 큰 경우에 유효하다.

(2) 공기-공기식 포지셔너

공기식 조절계로부터의 신호, 그 밖의 공기압 신호를 받아 작동하며 특히 고온에서 사용하는 포지셔너나 큰 조작 공기압을 필요로 하는 복동 실린더와 조합하는 복동형 포지셔너로 이용된다.

(3) 전기-공기식 포지셔너

전기 신호를 받아 공기식 조작부를 움직일 경우에는 전기-공기압 변환기에 의하여 공기압으로 변환하면 가능하지만 일반적으로 전기-공기압 변환기와 공기식 포지셔너의 기능을 조합한 전기-공기식 포지셔너가 사용된다.

(4) 전기-유압식 포지셔너

전기-유압식 구동부는 전류 수신부, 유압 변환부, 조작 실린더, 피드백 기구 유압 펌프 및 오일 탱크가 1세트로 구성되어 있다. 또한 밸브에 직접 부착시킨 것과 댐퍼 등을 구동하기 위하여 크랭크 레버를 외부에 설치한 것이 있으며 이 중에서 전류 수신부, 유압 변환부, 피드백 기구는 포지셔너에 상당하고 포지셔너로서 단일체인 것은 없다.

(5) 전기-전기식 포지셔너

전동 밸브의 제어성을 양호하게 하기 위하여 사용된다.

출제 예상 문제

1. 제어량이 온도, 유량, 압력 및 액면 등과 같은 일반 공업량일 때의 제어 방식을 무엇이라 하는가? (12년 1회)

① 프로그램 제어 ② 프로세스 제어
③ 시퀀스 제어 ④ 추종 제어

2. 다음 중 프로세스 제어 시스템에서 조작부의 구비 조건으로 옳지 않은 것은 어느 것인가? (07년 3회/08년 3회/10년 3회/11년 2회)

① 제어 신호에 정확히 동작할 것
② 주위 환경과 사용 조건에 충분히 견딜 것
③ 보수 점검이 용이할 것
④ 응답성이 좋고 히스테리시스가 클 것

3. 다음 중 조작 기기의 요소가 구비해야 할 조건으로 적절하지 않은 것은? (08년 1회/11년 3회)

① 신뢰성이 높고 보수가 쉬울 것
② 요소에 가해지는 반력에 대하여 작동하는 조작력이 있을 것
③ 동작 범위, 특성 및 크기가 적당할 것
④ 움직이는 부분의 이력 현상(hysteresis)이 있고 반응 속도가 빠를 것

4. 다음 중 공기식 조작기는 (09년 1회/11년 1회)

① 다이어프램 밸브 ② 전자 밸브
③ 진동 밸브 ④ 서보 전동기

5. 공기식 조작부에 널리 사용되는 공기압은 얼마인가? (06년 1회/10년 1회)

① 4~20 kgf/cm^2
② 0.4~5.0 kgf/cm^2
③ 0.2~1.0 kgf/cm^2
④ 0.01~0.1 kgf/cm^2

6. 제어 밸브를 선정하는 필요한 요건이 아닌 것은? (10년 2회)

① 대상 프로세스
② 적정 재고
③ 응답성
④ 사용 목적

해설 선정 조건
㉠ 대상 프로세스 ㉡ 사용 목적
㉢ 응답성 ㉣ 프로세스의 특성
㉤ 유체 조건 ㉥ 밸브 시트의 누설량
㉦ 밸브 작동 ㉧ 배관 시방

7. 다음 중 제어 밸브를 밸브 시트의 형태에 따라 분류한 것으로 옳지 않은 것은 (08년 3회)

① 앵글 밸브
② 공기압식 제어 밸브
③ 게이트 밸브
④ 글로브 밸브

해설

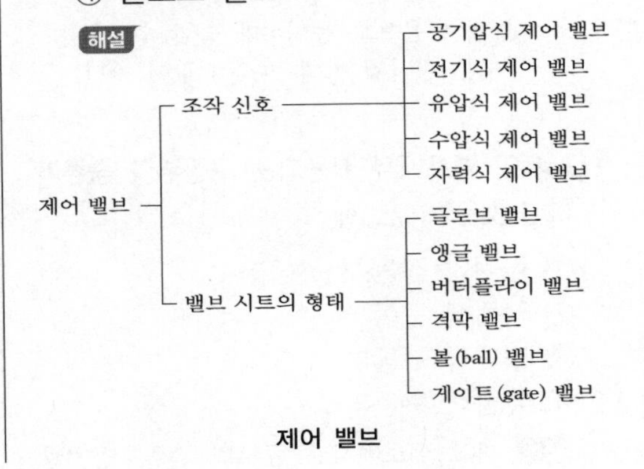

제어 밸브

정답 1. ② 2. ④ 3. ④ 4. ① 5. ③ 6. ② 7. ②

8. 제어 밸브는 프로세스의 요구에 따라 여러 종류의 형식이 있다. 다음 중 제어 밸브를 조작 신호와 밸브 시트의 형식에 따라 분류할 때 조작 신호에 따른 분류에 속하는 것은 어느 것인가? (08년 1회/10년 2회)

① 글로브 밸브 ② 격막 밸브
③ 게이트 밸브 ④ 자력식 밸브

9. 제어 밸브 구동부의 동력원으로 공기압이 많이 사용되는 이유로 적합하지 않은 것은 어느 것인가? (12년 2회)

① 구조가 간단하다.
② 방폭성을 보유하고 있다.
③ 비용이 저렴하다.
④ 고정밀도가 있다.

해설 구동부의 동력원으로서는 공기압, 유압, 전기 등이 사용된다. 그중에서도 다음과 같은 이유로 공기압이 가장 많이 사용된다. 그러나 공기는 압축성이 있으므로 고정밀도, 고응답성에는 한계가 있다. 따라서 서보모터식, 전유식(電油式) 등의 요구가 증가되고 있다.

㉠ 구동부의 구조가 다른 형식에 비교해 볼 때, 간단하고 고장이 적으며 큰 구동력을 얻을 수 있다.
㉡ 방폭성을 보유하고 있어 취급이 용이하다.
㉢ 신호의 원거리 전송에 대해 전기/공기, 포지셔너, 전기/공기, 변환기, 전자 밸브 등의 병용으로 용이하게 응할 수 있다.
㉣ 다른 형식에 비해 비교적 값이 싸다.

10. 제어 밸브에서 사용되는 구동부의 종류가 아닌 것은? (10년 1회)

① 공기압 작동식 구동부
② 전동식 구동부
③ 기계식 구동부
④ 유압식 구동부

해설 제어 밸브에서 구동부의 종류 : 공기압 작동식 구동부, 전동식 구동부, 전유식 구동부, 유압식 구동부, 공유식 구동부

11. 제어 밸브의 정격 유량 C_v를 계산하기 위한 식은? (단, Q_t는 액체의 체적 유량, G_t는 액체의 비중, $\triangle P$는 밸브의 차압이다.) (10년 3회)

① $1.17Q_t\sqrt{\dfrac{G_t}{\triangle P}}$ ② $1.17Q_t\sqrt{\dfrac{\triangle P}{G_t}}$

③ $1.17Q_t\sqrt{\dfrac{Q_t}{\triangle P}}$ ④ $1.17Q_t\sqrt{\dfrac{\triangle P}{Q_t}}$

12. 조절계로부터 신호와 구동축 위치 관계를 외부의 힘에 대하여 항상 정확하게 유지시키고 조작부가 제어 루프 속에서 충분한 기능을 발휘할 수 있도록 하기 위해 사용하는 것은 어느 것인가? (09년 1회)

① 구동부 ② 제어 밸브
③ 포지셔너 ④ 변환기

해설 포지셔너 : 조작부의 구성은 조절계로부터 신호를 받아 그에 대한 조작량으로 변하는 부분과 조작량을 받아 제어 대상에 직접 작용하는 부분으로 되어 있다. 필요에 따라 신호를 조작량으로 변화시키는 부분에 일종의 비례 동작 조절기인 포지셔너를 사용한다.

13. 전동 밸브의 제어성을 양호하게 하기 위하여 사용되는 포지셔너(positioner)는 어느 것인가? (07년 1회/15년 1회)

① 전기-전기식 포지셔너
② 전기-유압식 포지셔너
③ 전기-공기식 포지셔너
④ 공기-공기식 포지셔너

해설 포지셔너는 조절계로부터의 신호와 구동축 위치 관계를 외부의 힘에 대하여 항상 정확하게 유지시키고 조작부가 제어 루프 속에서 충분한 기능을 발휘할 수 있도록 하기 위해 사용된다.

정답 8. ④ 9. ④ 10. ③ 11. ① 12. ③ 13. ①

6. 프로세스 제어

6-1 피드백 제어의 기초

(1) 제어계의 구성

피드백 제어란 「피드백에 의하여 제어량과 목표값을 비교하고 그들이 일치되도록 정정 동작을 하는 제어」로 되어 있다.

(2) 제어계의 특성

① 블록 선도

(가) 블록

(나) 가산점

(다) 인출점

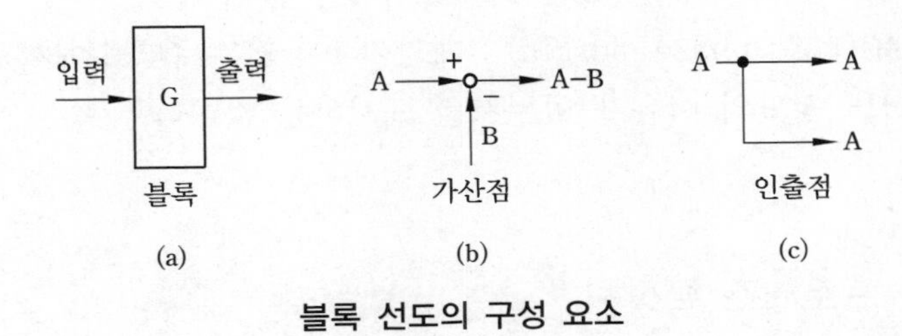

블록 선도의 구성 요소

② 전달 함수 : 신호 전달 요소를 표현하는 것으로서 보통 전달 함수(transfer function)가 사용되며 라플라스 변환에 의하여 정의된다. 즉, 전달 요소 입력 신호 $x(t)$ 및 출력 신호 $y(t)$의 초기 값을 0으로 했을 때의 라플라스 변환을 각각 $X(s)$, $Y(s)$라 하고 그 입·출력 신호의 비 $Y(s)/X(s)$를 $G(s)$로 표시하며 이 $G(s)$를 전달 함수라 한다.

$X(s)$ → $G(s)$ → $Y(s)$, $Y(s)=G(s) \cdot X(s)$

(a) 전달 함수

$X(j\omega)$ → $G(j\omega)$ → $Y(j\omega)$, $Y(j\omega)=G(j\omega) \cdot X(j\omega)$

(b) 주파수 전달 함수

전달 요소

③ 라플라스 변환 : 전달 함수는 전달 요소의 특성을 주파수 영역에서 표현한 것으로 시간 영역에서 어떤 특성을 가지는 것은 주파수 영역에서도 특정한 특성을 나타낸다. 시간 함수 $f(t)$와 주파수 함수 $F(\omega)$ 사이의 변환에는 푸리에 변환(Fourier transform)이 사용된다.

④ 과도 응답

⑤ 주파수 응답 : 라플라스 변환에 의하여 전달 요소의 과도 응답이 구해지며 전달 요소의 주파수 응답(frequency response)을 아는 것도 중요하다. 정현파 입력 신호를 가한 경우 정상 상태에서 출력 신호의 입력 신호에 대한 진폭비(gain) 및 위상 지연이 입력 신호의 주파수에 의하여 변화하는 특성을 주파수 특성이라고 하며 주파수 응답에 의하여 표시한다.

(3) 피드백 제어와 안정성

① 1차 전달 함수의 게인 : 조절계의 게인을 충분히 크게 하면 제어량은 목표값과 일치되며 외란의 영향은 0이 된다. 그러나 실제로는 프로세스의 지연 때문에 조절계의 게인을 충분히 올릴 수 없는 경우가 많고 안정성이 문제가 된다. 제어량이 감쇠 진동을 하는 경우를 안정, 일정 진폭의 지속 진동을 하는 경우를 안정 한계, 발산 진동을 하는 경우를 불안정이라 한다.

② 게인 여유와 위상 여유

㈎ 게인 여유(GM : gain margin) : 위상이 −180°가 되는 주파수에서의 게인이 1에 대하여 어느 정도 여유가 있는지를 표시하는 값이다.

㈏ 위상 여유(PM : phase margin) : 게인이 1이 되는 주파수에서의 위상이 −180°에 대하여 어느 정도의 여유가 있는지를 표시하는 값이다.

6-2 프로세스 특성

(1) 프로세스의 자유도, 제어량 및 조작량

평형 상태에 있는 프로세스에서 서로 독립적으로 변화시킬 수 있는 프로세스 변수의 개수를 프로세스의 자유도라고 한다.

(2) 프로세스 특성

① 정특성 : 정특성(static characteristic)이란 입력 신호에 여러 가지 크기의 스텝 신호를 가했을 때 정상 상태의 특성를 말한다.

② 동특성 : 동특성(dynamic characteristic)이란 입력 신호 $x(t)$에 대한 출력 신호 $y(t)$의 특성이다.

③ 외란 : 프로세스에는 제어계의 상태를 문란하게 하려는 외적 작용, 즉 외란(disturbance)이 존재한다.

(3) 프로세스 모델

① 비례 요소 : 관로 속에 흐르는 액체는 관성에 의한 지연을 무시하면 비례 요소

(proportional control element)로 볼 수 있다. 단위량만큼 밸브 개도를 바꾸었을 때 유량의 변화량 k가 비례 게인이다.

② 불감 시간 요소

(가) 불감 시간 L의 라플라스 변환은 e^{-LS}이다.

(나) 게인은 주파수에 관계없이 항상 일정하며, 위상은 주파수와 함께 한없이 지연되며, 불감 시간 요소는 제어가 곤란하다.

③ 적분 요소

(가) 정량 유출 탱크의 액위계는 적분 요소(integral element)의 프로세스이다.

(나) 유입량을 q_i, 유출량을 q_o, 액위를 $y(t)$, 탱크 단면적을 C라 하면 $C\dfrac{dy(t)}{dt}=q_i-q_o$, $q_o=$일정, $q_i-q_o=x(t)$라 하면 $y(t)=(1/t)\int x(t)dt$가 된다. [단, $C+T$(시정수)]

(다) 전달 함수로 표시하면 $\dfrac{Y(s)}{X(s)}=\dfrac{1}{T(s)}$, 게인은 $\omega T=1$의 주파수에서 1이 된다. -20 dB/deg의 오른쪽 아래로 내려가는 직선이 된다. $\omega=0$에서의 게인은 ∞이며 위상은 주파수에 관계없이 90° 늦어진다.

④ 1차 지연 요소

(가) 탱크 액위계는 1차 지연 요소(first order lag element)의 계이므로 $C\dfrac{dy(t)}{dt}=q_1-q_0$, $q_o=$일정, 유입량 $q_i=x(t)$로 놓고 유출 저항을 R, 유출량이 액위에 비례한다면 $q_o=\dfrac{y(t)}{R}$, $C\dfrac{dy(t)}{dt}=x(t)-\dfrac{y(t)}{R}$

(나) $RC=T$(시정수)로 놓으면 $T\dfrac{dy(t)}{dt}+y(t)=Rx(t)$가 되며, 전달 함수로 표시하면

$$\therefore \frac{Y(s)}{X(s)}=\frac{R}{1+Ts}$$

(다) 게인은 $\omega T=1$의 주파수를 절점 주파수로 하고 그보다 낮은 주파수에서의 점근선은 게인이 일정한 직선이며 그보다 높은 주파수에서는 -20 dB/dec의 점근선에 따라 저하한다. 절점 주파수에서의 게인은 -3 dB이다. 위상은 절점 주파수에서 45° 늦고 주파수의 증가와 함께 90°의 지연에 접근한다.

⑤ 2차 지연 요소 : 1차 지연 요소를 2단 직렬로 접속한 2차 지연 요소(second order lag element)의 전달 함수는 각 1차 지연 요소의 전달 함수의 적이 된다. 이와 같은 후단의 영향이 전단에 미치지 못하는 직렬접속을 캐스케이드(cascade) 접속이라 한다. 전단 탱크의 전달 함수는 $\dfrac{Y_1(s)}{X_1(s)}=\dfrac{R_1}{1+T_1s}$이다.

⑥ 고차 지연계

(가) 1차 지연계가 다수 직렬로 접속된 계를 고차 지연계라 한다.

(나) 지연의 차수가 증가될수록 상승이 시작되기까지의 시간이 길어지며 불감 시간 요소가 가해진 것 같은 특성을 나타낸다.

6-3 조절계의 제어 동작

(1) 단일 루프 제어계

① ON·OFF 제어

② 비례 제어

(가) 입력에 비례하는 크기의 출력을 내는 제어 동작을 비례 동작(proportional action) 또는 P 동작이라고 한다.

(나) $Y(s) = K_C X(s)$ 여기서, K_C는 비례 게인이다. 실제의 조절계에서는 비례 게인 대신 비례대(PB : proportional band)가 사용되며 비례대 PB는 $PB = \left(\dfrac{1}{K_C}\right) \times 100\,\%$이다.

(다) 비례대란 출력이 유효 변화 폭의 0~100 % 변화하는 데 요하는 입력 변화 폭을 퍼센트로 표시한 것이다.

③ 비례 적분 제어

(가) 적분 제어는 입력 $X(s)$에 비례하고 적분 시간에 반비례하는 크기의 출력 $Y(s)$은 $Y(s) = \dfrac{1}{T_i s} X(s)$이며 T_i는 적분 시간이다.

(나) 위상 지연은 전 주파수 대역에서 90°가 되므로 제어의 안정상 좋지 않다. 그러므로 보통은 비례 동작과 함께 구성한 PI 동작으로서 사용된다.

$$Y(s) = K_C\left(1 + \frac{1}{T_i s}\right) X(s)$$

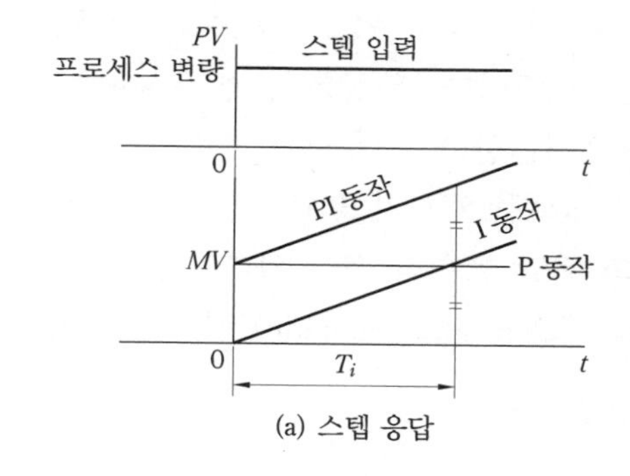

(a) 스텝 응답

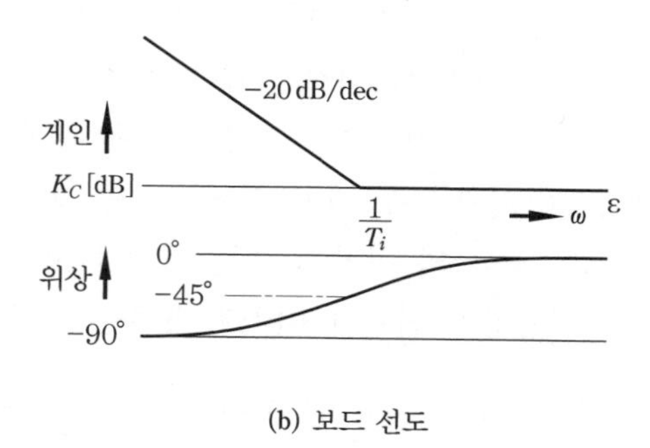

(b) 보드 선도

PI 제어

④ 비례 미분 제어

(가) 미분 동작은 입력 $X(s)$의 미분 시간(입력의 변화율, 즉 레이트)에 비례하는 크기의 출력 $Y(s)$를 낸다.

$Y(s) = T_D s X(s)$ 여기서, T_D는 미분 시간이다.

⑤ 비례 적분 미분 제어 : PID 동작의 기본식은 $Y(s) = K_C\left(1 + \frac{1}{T_I s} + \frac{T_D s}{1 + T_d s}\right)X(s)$이다.

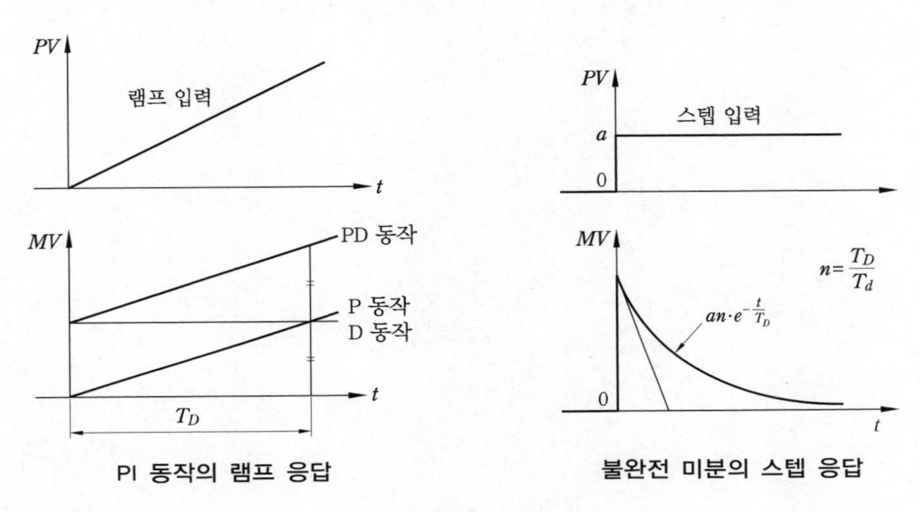

PI 동작의 램프 응답 불완전 미분의 스텝 응답

(2) 복합 루프 제어계

피드백 제어계에서 하나의 제어 장치(1차 조절계)의 출력 신호에 의하여 다른 제어 장치(2차 조절계)의 목표값을 변화시켜 실시하는 제어를 캐스케이드 제어(cascade control)라고 한다.

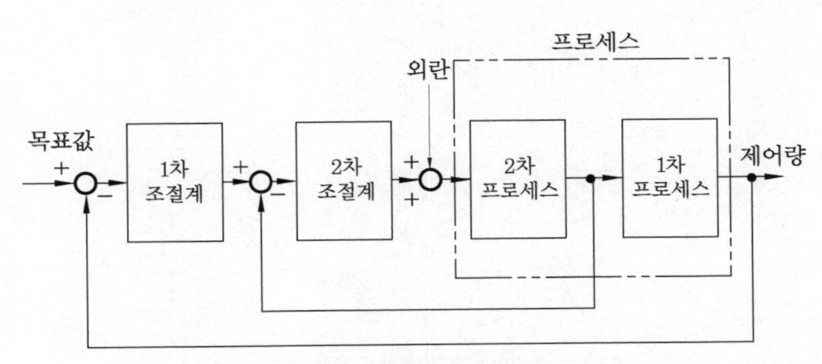

캐스케이드 제어계의 블록 선도

① 캐스케이드 제어 : 중합부의 캐스케이드 제어 예를 보면 온도 유량 제어계만큼 1차와 2차의 사이에 고유 주기의 차가 없으므로 2차 조절계는 비례 제어를 주체로 해서 제어계의 응답을 될 수 있는 한 빨리 한다. 또 2차 제어계에 비선형이 있으면 1차 제어계의

1차 전달 함수의 게인이 변동하여 바람직하지 못하다.

② 비율 제어 : 2개 이상의 변량 사이에 어떤 비례 관계를 유지시키는 제어를 비율 제어라고 하며 연소로의 공연비 제어 등 일반적으로 유량 사이의 비율을 제어하는 데 사용된다.

③ 선택 제어 : 선택 제어에는 측정값의 선택 제어와 하나의 조작량에 대하여 제어량이 다른 2개의 조절계의 출력을 선택하여 제어하는 오버라이드 제어가 있다.

출제 예상 문제

1. 피드백 제어계에서 설정값을 표시하는 것은? (07년 3회)

① PV ② SV
③ MV ④ DV

해설 프로세스 제어에서의 제어량은 검출부에서 검지하여 프로세스 변량(PV : process variable)으로서 조절계에 가한다. 조절계는 설정값(SV : setting value)과 비교하여 편차를 조절부에서 연산하여 조작 신호(MV : manipulate variable)로 조작부에 상당하는 조절 밸브에 가한다. 조절 밸브는 조작 신호에 따라 개폐하여 조작량을 조정한다. 이에 의하여 외란으로 생긴 제어 편차를 정정한다.

2. 전기로의 온도를 900℃로 일정하게 유지시키기 위하여 열전 온도계의 지시값을 보면서 전압 조정기로 전기로에 대한 인가전압을 조절하는 장치가 있다. 이 경우 열전 온도계는 어디에 해당하는가? (02년 3회)

① 제어량 ② 외란
③ 목표값 ④ 검출부

3. 제어 대상에 속하는 것으로 측정되어 제어될 수 있는 것은? (03년 3회)

① 목표값 ② 제어 대상
③ 제어량 ④ 조작량

4. 제어량을 검출하고 기준 입력 신호와 비교시키는 피드백 제어의 구성 요소는? (10년 1회)

① 조작부 ② 검출부
③ 조작량 ④ 명령 처리부

5. 일반적인 제어계의 기본적 구성에서 조절부와 조작부로 표현되는 것은? (07년 1회)

① 비교부 ② 외란
③ 제어 요소 ④ 작동 신호

6. 입력 신호가 어떤 정상 상태에서 다른 상태로 변화했을 때 출력 신호가 정상 상태에 도달하기까지의 특성을 무엇이라 하는가? (12년 1회)

① 임펄스 응답 ② 과도 응답
③ 램프 응답 ④ 스텝 응답

해설 입력 신호가 어떤 정상 상태에서 다른 상태로 변화했을 때 출력 신호가 정상 상태에 도달하기까지의 특성을 과도 특성이라고 하며 과도 응답으로 표시한다.

7. 피드백 제어 시스템에서 반드시 필요한 장치는? (11년 2회)

① 안정도 향상 장치
② 속음성 향상 장치
③ 입출력 비교 장치
④ 조작 장치

8. 피드백 제어 시스템에서 안정도와 관련이 있는 것은? (12년 2회)

① 전압 ② 주파수 특성
③ 이득 여유 ④ 효율

9. 피드백 제어계의 특성 방정식의 근에 의하여 안정도 판별을 할 수 있다. 계가 안정하기 위한 특성근의 특성은? (10년 1회)

정답 1. ② 2. ① 3. ③ 4. ② 5. ② 6. ② 7. ③ 8. ③ 9. ③

① 근의 허수부가 양(+)의 부분에 위치하여야 한다.
② 근이 실수축 위에 모두 위치하여야 한다.
③ 근의 실수부가 모두 음수(−)이어야 한다.
④ 근의 허수부가 음(−)의 부분에 위치하여야 한다.

10. **다음 중 제어 시스템의 안정도 판별법이 아닌 것은?** (11년 3회)

① 루츠−후르비츠 판별법
② 나이퀴스트 판별법
③ 디지털 제어 판별법
④ 보드 선도 판별법

11. **다음 중 프로세스 제어 시스템에서 조작부의 구비 조건으로 옳지 않은 것은?** (08년 3회)

① 제어 신호에 정확히 동작할 것
② 주위 환경과 사용 조건에 충분히 견딜 것
③ 보수 점검이 용이할 것
④ 응답성이 좋고 히스테리시스가 클 것

12. **1차 지시 요소의 스탭 응답이 시정수를 경과했을 때 그 값의 최종 도달값에 대한 비율은 약 얼마인가?** (09년 3회)

① 50 %　　② 63 %
③ 90 %　　④ 98 %

해설 스텝 응답에서 $t=0$에서 응답 곡선에 접선을 그리고 그것이 최종값에 도달하기까지의 시간이 시정수 T가 된다. 또한 시정수 T를 경과했을 때의 값은 최종 도달값의 63.2%가 된다.

13. **적분 요소의 전달 함수는?** (08년 1회 / 10년 2회)

① T_S　　② $\frac{1}{T_S}$
③ $\frac{K}{1+T_S}$　　④ K

해설 비례 요소의 전달 함수는 K, 미분 요소는 T_{DS}, 1차 지연 요소는 $\frac{1}{1+T_S}$, 2차 지연 요소는 $\frac{1}{(1+T_{1S})(1+T_{2S})}$, 불감 지연 요소는 e^{LS}이다.

14. **제어량을 목표값으로 유지하기 위해 조작량이 너무 크거나 작아 진동이 생길 수 있어 실제로는 동작 간격(히스테리시스 : hysteresis)을 가지며, 정밀도가 높은 공정 제어에는 사용이 곤란한 제어는?** (09년 1회)

① 비례 제어　　② 온/오프 제어
③ 비례 적분 제어　　④ 비례 미분 제어

해설 온/오프 제어 : 편차의 극성에 따라 출력을 ON 또는 OFF 하므로 2위치 조절계라고도 한다. ON 또는 OFF일 때의 조작량은 제어량을 목표값으로 유지하기 위해서 너무 크거나 너무 작기 때문에 진동(cycling)이 생긴다. 프로세스 공압에 사용되는 탱크 내의 압력은 일정 범위 내에서만 있으면 만족되는 경우가 많다. 예를 들면 계장용 공기탱크 내의 필요 압력은 6~7 kgf/cm^2 사이의 압력이면 되므로 제어 회로를 ON−OFF 회로로 해도 좋다.

15. **잔류 편차가 발생하는 제어계는 어느 것인가?** (07년 1회 / 10년 1회)

① 비례 제어계
② 적분 제어계
③ 비례 적분 제어계
④ 비례 적분 미분 제어계

해설 비례 제어 : 압력에 비례하는 크기의 출력을 내는 제어 동작을 비례 동작(proportional action) 또는 P 동작이라 하고 조절계의 출력값은 제어 편차에 대응하여 특정한 값을 취하므로 편차 0일 때의 출력값에 상당하는 조작

정답 10. ③　11. ④　12. ②　13. ②　14. ②　15. ①

량에 의해 제어량이 목표값에 일치되지 않는 한 잔류 편차가 발생한다.

16. 다음 중 구조는 간단하나 잔류 편차가 생기는 제어 요소는? (10년 3회)

① 적분 제어 ② 미분 제어
③ 비례 제어 ④ 온/오프 제어

해설 • 적분 제어 : 적분 제어의 동작을 I 동작 또는 리셋 동작(reset action)이라고도 하며 I 동작은 등가적으로 지연되므로 시스템을 진동적으로 만들기 쉽다. 특히 전달 지연이 큰 프로세스나 불감 시간이 있는 경우는 안정성이 나쁘게 되므로 적분 시간 T_i를 너무 작게 할 수 없고, 또한 크게 하면 응답이 늦어진다. PI 동작은 제어량을 언제나 목표값에 가깝게 유지할 수 있는 장점이 있다.
• 미분 제어 : 미분 동작은 D 동작 또는 레이트 동작(rate action)이라고 하며, 입력의 변화 속도에 비례하는 출력을 내는 동작이므로 단독으로 사용할 수 없으며 반드시 P 동작 또는 PI 동작과 함께 사용된다.

17. 다음 보드 선도의 이득 특성 곡선은 어떤 제어기에 해당되는가? (07년 3회)

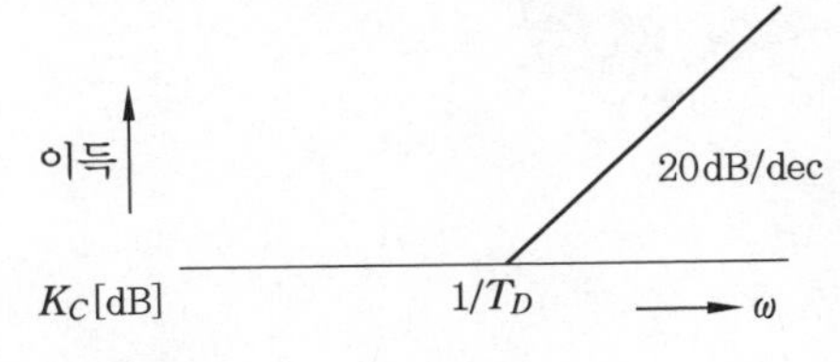

① 비례 제어
② 비례 적분 제어
③ 비례 미분 제어
④ 비례 미분 적분 제어

해설 절점 주파수를 초과하면 게인은 20 dB/decade의 점근선에 따라 상승된다. 이로 인하여 약간의 설정값 변경, 측정값 변화나 잡음에 대해 출력이 크게 변하여 좋지 않다.

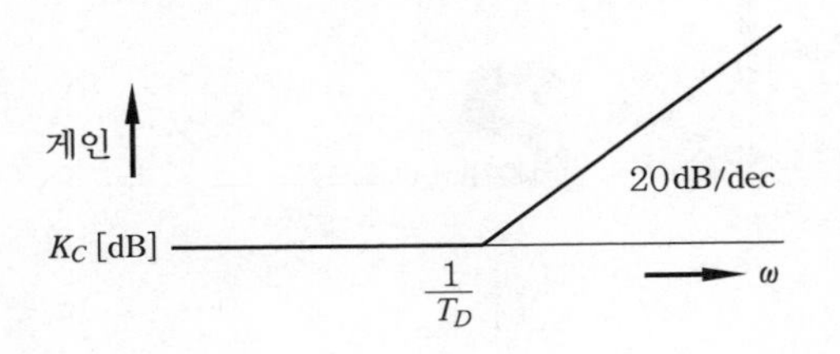

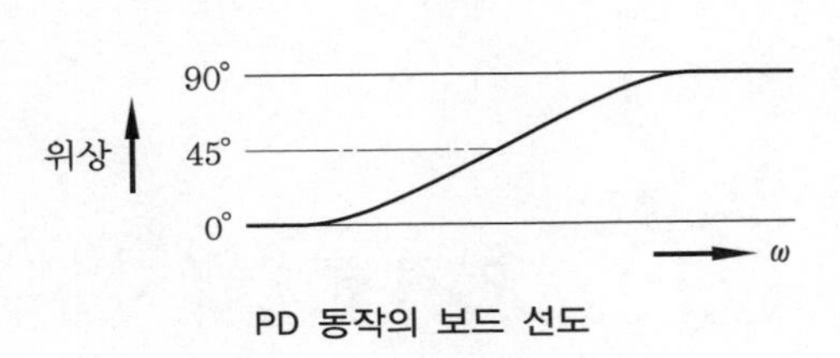

PD 동작의 보드 선도

18. 다음 중 응답 속도가 빠르고 안정도가 가장 좋은 동작은? (07년 3회)

① 온 오프 동작
② 비례 미분 동작
③ 비례 적분 동작
④ 비례 적분 미분 동작

해설 비례 적분 미분 제어 : 비례, 적분, 미분의 3동작을 합성한 것이 PID 동작이다.

19. 되먹임 제어(feed back control)에서 반드시 필요한 장치는? (05년 3회/14년 2회)

① 구동기 ② 조작기
③ 검출기 ④ 비교기

해설 피드백 제어에서 반드시 필요한 장치는 입·출력 비교 장치이며 비교기는 기준량과 출력량을 비교하여 편차를 가려내는 장치이다.

정답 16. ③ 17. ③ 18. ④ 19. ④

CHAPTER 2

전기 제어

1. 전기 기초

1-1 전 류

• 전류란 외부의 힘에 의하여 전자가 일정한 방향으로 흐르는 것이라 할 수 있다.
• 전류의 단위는 암페어(Ampere, 기호 A)이다. 1A는 1초 동안 1쿨롱의 전하가 이동한 전류의 양이다. 즉 1초당 6.24×10^{18}개의 전자가 흐르는 것을 말한다.
• 따라서 일정한 비율로 t초 동안에 Q[C]의 전하가 이동한다면 전류 I와 전하량 Q 사이에는 $I = \frac{Q}{t}$[A] 또는 $Q = It$[C]인 관계가 성립한다.
• 전류의 값이 작을 때는 밀리암페어(기호는 mA, 1A=1000 mA)나 마이크로암페어(기호는 μA, 1A=1000000μA)를 사용한다.

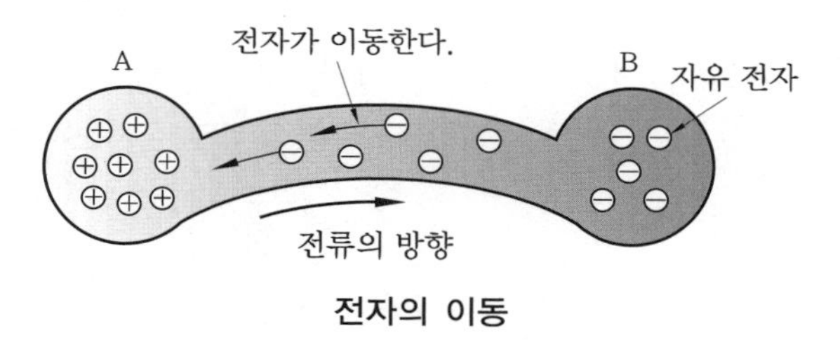

전자의 이동

1-2 전 압

• 도선 내의 전하의 이동은 도선의 두 지점 간의 전위차(electric potential difference)가 형성될 때 이루어진다.
• 전위(electric potential)는 전기적인 위치 에너지라 할 수 있고, 이 전위차를 전압(voltage)이라고 하며, 전압의 크기를 표시하는 데는 볼트(V)라는 단위를 사용한다.
• 두 점 간의 전위차는 단위 정전하가 그 두 점 사이를 이동할 때 얻거나 잃는 에너지를 일컬으며 1V는 1C의 전하가 두 점 간을 이동할 때 얻거나 잃는 에너지가 1J이 되는

두 점 간의 전위차이다.

- 전기 회로에서 (+)단자와 (−)단자 사이에 전구를 연결하면 (+)단자에서 (−)단자로 전류가 흐르게 된다.
- 이는 전구에 흐르게 하려는 전기의 압력이 작용하기 때문이다. 즉, 전기의 압력이 가해지면 물질을 형성하고 있는 원자 내의 자유 전자가 움직이므로 전류는 흐르며, 이 전류를 흐르게 하는 압력이 전압이다.

(1) 전류와 전압의 측정

① 전류 측정 : 회로에 흐르고 있는 전류를 측정하기 위해서는 전류계(current meter)의 (+)단자를 전원의 (+)쪽에, 전류계의 (−)단자를 전원의 (−)쪽에 연결한다. 만일, 직류 전류계를 잘못 연결하여 (+), (−)단자가 반대가 되면 전류계의 지침이 반대 방향으로 동작하여 전류계를 파손시킬 수도 있으므로 주의해야 한다. 교류를 측정할 때도 교류 전류계를 부하에 직렬로 연결하여 사용하며, 교류 전류계의 단자에는 (+), (−)의 구별이 없다.

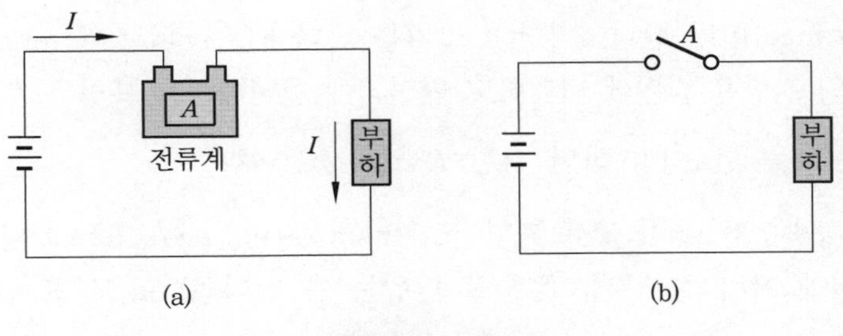

전류계의 연결

② 전압 측정 : 전압을 측정하기 위해서는 전압계(volt meter)를 사용하며, 측정하고자 하는 곳에 전압계의 두 단자를 병렬로 연결하면 된다. 직류 전압계는 직류 전류계와 마찬가지로 (+), (−)의 극성을 구별하여 사용하며 전압계의 (+)단자를 피측정물의 (+)측에, 전압계의 (−)단자를 (−)측에 각각 연결한다. 교류 전압계는 교류 전류계와 마찬가지로 (+), (−)의 극성이 불필요하므로 전압계의 단자를 전원의 어느 쪽에 연결해도 무방하다.

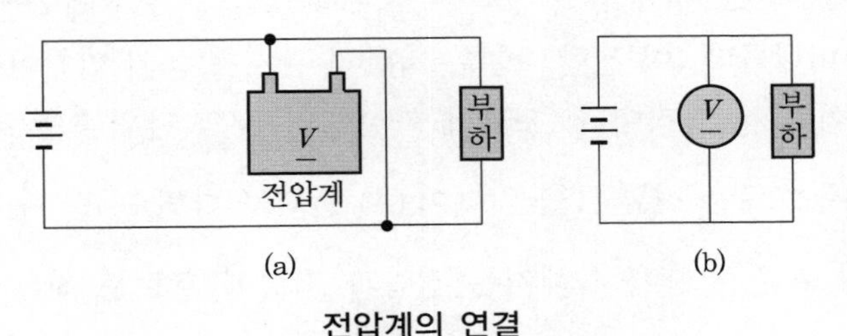

전압계의 연결

③ 전류계, 전압계 합성 연결법 : 전류계는 부하와 직렬로, 전압계는 부하와 병렬로 연결한다.

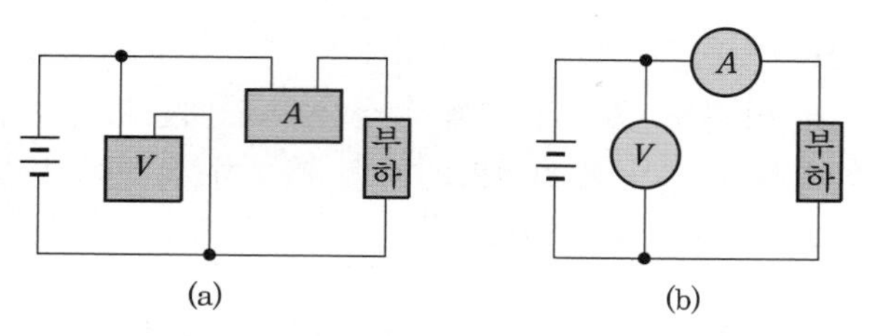

전압계와 전류계의 합성 연결

1-3 ∘ 저 항

(1) 도체의 저항

도체나 전선에 전류의 흐름을 방해하는 작용을 저항(resistance) 또는 전기 저항(electric resistance)이라 한다. 저항의 크기를 나타내는 단위는 옴(ohm, 기호는 Ω)을 사용한다. 도체의 저항은 길이에 비례하고 단면적에 반비례하는 특성을 갖는다. 도선의 길이를 l[m], 단면적을 S[m^2]라 하면 저항 $R=\rho\frac{l}{S}$[Ω]이다.

여기서 비례 정수 ρ (rho)를 고유 저항(intrinsic resistance) 또는 저항률(resistivity)이라 하며, 물질에 따라 정해지는 정수로 단위는 옴 미터 [Ω·m]로 표시한다.

(2) 줄의 법칙과 가변 저항

저항(R)에 전류(I)가 흐르면 I^2R의 줄 열이 발생한다. 이 열 때문에 과도한 전류를 저항에 흘리면 저항이 타 버리게 된다. 그러므로 저항의 크기는 허용 전력에 따라 크기가 결정되며, 허용 전력이 클수록 전류의 흐름과 열 소비를 높이기 위하여 저항의 크기가 커져야 한다.

(3) 옴의 법칙(Ohm's law)

도체(conductor)를 흐르는 전류의 크기는 도체의 양끝에 가한 전압에 비례하고 그 도체의 전기 저항에 반비례한다. 이 전압, 전류, 저항의 관계를 옴의 법칙이라 하며, 이는 전기 회로의 가장 기본이 되는 법칙이다. 도체에 가한 전압 V의 단위를 볼트(V), 도체의 저항 R을 옴(Ω), 도체에 흐르는 전류 A를 암페어(A) 단위로 하면, $I=\frac{V}{R}$[A], $R=\frac{V}{I}$[Ω]이 성립된다. 즉 저항 R은 저항에 가해지는 전압과 저항에 흐르는 전류의 비율로 구한다.

(4) 저항의 연결

① 저항의 직렬연결 : 전류가 한 개의 저항을 지나 다음의 다른 저항을 통하여 한 길로 흐르도록 저항을 일렬로 접속하는 방법을 직렬접속(series connection) 또는 직렬연결이라 한다. 이때 연결된 회로 전체의 저항을 그 회로의 합성 저항이라 한다. 저항을 직렬로 연결했을 때의 합성 저항은 각 저항의 크기의 합으로 계산된다. 직렬로 저항을 연결했을 때 각 저항에 흐르는 전류의 크기는 같다. 3개의 저항을 직렬로 연결하고 여기에 전압 V[V]를 가했을 때의 회로의 합성 저항은 $R = R_1 + R_2 + R_3$가 되고 회로에 흐르는 전체의 전류 I는 옴의 법칙에 따라 $I = \dfrac{V}{R_1 + R_2 + R_3}$[A]가 된다. 저항이 직렬로 연결되었을 때 각 저항 R_1, R_2, R_3에 흐르는 전류 I[A]는 같다. 각 저항의 양단 전압을 각각 V_1, V_2, V_3라 하면 옴의 법칙에 의해 $V_1 = IR_1$, $V_2 = IR_2$, $V_3 = IR_3$가 된다. V_1, V_2, V_3의 합이 전압 V와 같으므로 $V = V_1 + V_2 + V_3 = IR_1 + IR_2 + IR_3 = I(R_1 + R_2 + R_3)$가 된다. 직렬접속된 회로에서는 다음과 같은 특징이 있다.

(가) 회로의 전체 저항값은 각각 저항의 총합계와 같다.
(나) 회로 내에서의 각 저항에는 같은 크기의 전류가 흐른다.
(다) 회로 내에서의 각 저항에 걸리는 전압의 총합계는 전원 전압과 같다.

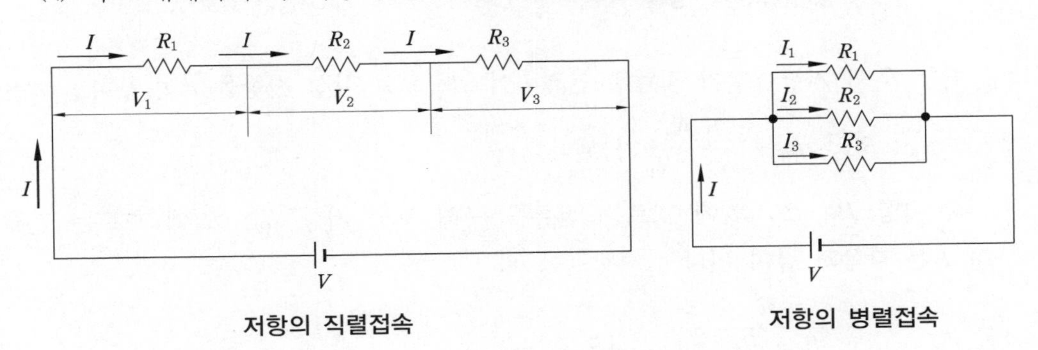

저항의 직렬접속 저항의 병렬접속

② 저항의 병렬연결 : 몇 개의 저항을 나란히 연결하는 방법을 병렬연결 또는 병렬접속(parallel connection)이라 한다. 저항 R_1, R_2, R_3에 흐르는 전류를 각각 I_1, I_2, I_3라 하고 전압을 V라 하면 옴의 법칙에 의해 $I_1 = \dfrac{V}{R_1}$, $I_2 = \dfrac{V}{R_2}$, $I_3 = \dfrac{V}{R_3}$[A]가 된다. 전원으로부터 회로에 흐르는 전 전류 I[A]는 각 저항에 흐르는 전류 I_1, I_2, I_3의 합과 같게 된다. 3개의 저항 R_1, R_2, R_3가 병렬로 연결되었을 때의 합성 저항 R[Ω]은 $R = \dfrac{1}{\dfrac{1}{R_1} + \dfrac{1}{R_2} + \dfrac{1}{R_3}}$로 되어 합성 저항 R은 각각 저항의 역수의 합의 역수가 된다. 병

렬접속된 회로에서는 다음과 같은 특징이 있다.

(가) 회로 내의 각 저항에는 같은 전원 전압이 걸린다.

(나) 각 저항에 흐르는 전류의 합은 전원으로부터 흐르는 전류와 같다.

(다) 회로 전체 저항의 합계는 각 저항의 어느 것보다 작다.

③ 저항의 직·병렬연결 : 저항이 직렬과 병렬로 연결된 회로를 저항의 직·병렬연결 회로라고 한다. [그림]과 같이 저항 R_2와 R_3가 병렬로 연결된 회로에 다시 저항 R_1과 직렬로 연결된 회로에서 합성 저항을 구하기 위해서는 먼저 저항 R_2와 R_3의 병렬 합성 저항을 구하여 이 합성 저항을 R_{23}라 하면 $R_{23}=\dfrac{R_2R_3}{R_2+R_3}$이다. 따라서 이것은 다음과 같이 그릴 수가 있다.

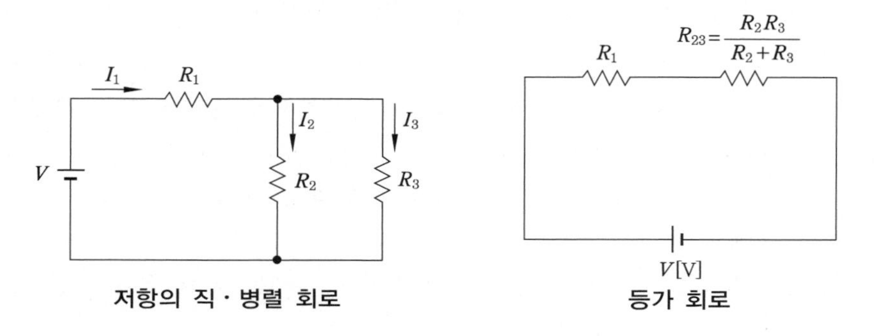

저항의 직·병렬 회로　　　　등가 회로

저항 R_1과 저항 R_{23}가 직렬로 연결되어 있으므로 합성 저항을 R이라 하면 R은 $R=R_1+R_{23}=R_1+\dfrac{R_2R_3}{R_2+R_3}$가 된다.

각 저항 R_1, R_2, R_3에 흐르는 전류를 구해 보면 저항 R_2, R_3에 흐르는 전류 I_2, I_3는 다음과 같이 된다.

$$I_2=I_1\cdot\frac{\dfrac{R_2R_3}{R_2+R_3}}{R_2}=I_1\cdot\frac{R_3}{R_2+R_3}\,[\text{A}]$$

$$I_3=I_1\cdot\frac{\dfrac{R_2R_3}{R_2+R_3}}{R_3}=I_1\cdot\frac{R_2}{R_2+R_3}\,[\text{A}]$$

$$I_1=\frac{V}{R_1+R_{23}}=\frac{V}{R_1+\dfrac{R_2R_3}{R_2+R_3}}\,[\text{A}]$$

(5) 키르히호프의 법칙

복잡한 전기 회로, 즉 회로망(network)의 해석에 자주 사용되는 법칙이 키르히호프의 법칙(Kirchhoff's law)이다. 이것에는 전류 법칙(KCL : Kirchhoff's current law)과 전압 법칙(KVL : Kirchhoff's voltage law)이 있다.

① 키르히호프의 전류 법칙(제1 법칙), KCL : 키르히호프의 전류 법칙에서 도선의 임의의 분기점에 유입 또는 유출되는 전류의 대수합은 각 순간에 있어서 0이다. 즉, 회로 내의 임의의 한 점에 들어오는 전류의 합은 나가는 전류의 합과 같다. 일반적으로, 전류의 법칙에서 임의의 점에서 들어오는 전류에는 (+)부호를, 나가는 전류에는 (−)부호를 사용하는 것이 일반적이다.

그림에서 접속점 a에 들어오는 전류를 I_1, I_2, I_5라 하고, 나가는 전류를 I_3, I_4라 하면 키르히호프의 전류 법칙에서

$I_1 + I_2 - I_3 - I_4 + I_5 = 0$ 또는 $I_1 + I_2 + I_5 = I_3 + I_4$가 된다.

일반적인 경우에는 $\sum_{k=1}^{n} I_k = 0$이 된다.

키르히호프의 전류 법칙은 간단히 요약하면 $I_{\in} = I_{out}$이라 할 수 있다.

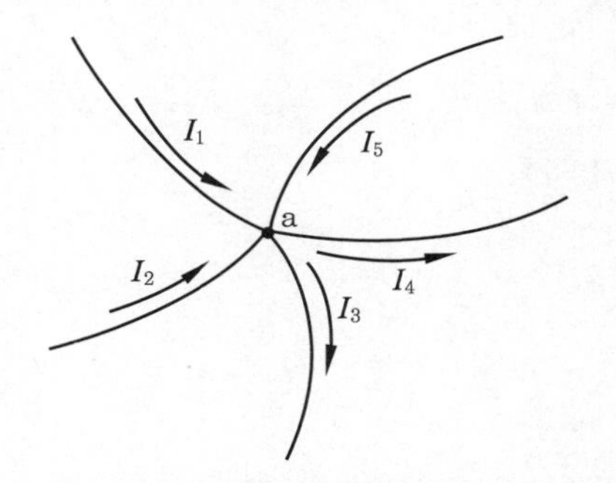

키르히호프의 전류 법칙(KCL)

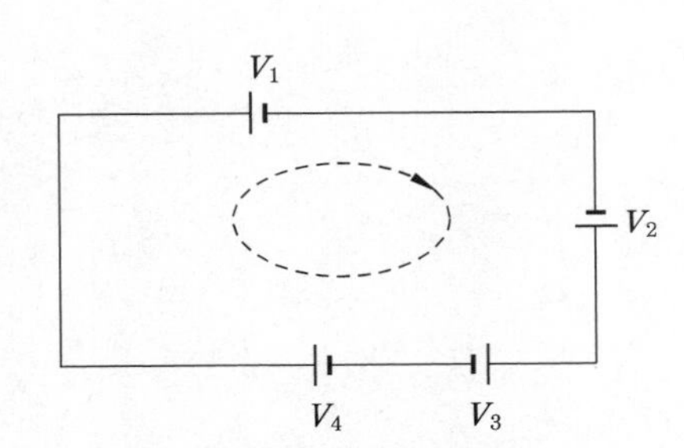

키르히호프의 전압 법칙(KVL)

② 키르히호프의 전압 법칙(제2 법칙), KVL : 키르히호프의 전압 법칙에서 회로망 내의 임의의 폐회로에서 한 방향으로 일주하면서 취한 전압 상승 또는 전압 강하의 대수합은 각 순간에 있어서 0이다. 폐회로에서 시계 방향으로 일주할 때 전압 상승, 즉 먼저 접하게 되는 전압 단자의 극성이 (+)이면 그 전압의 대수 부호는 (+)가 되고, 반대로 전압 강하, 즉 전압의 극성이 (−)이면 그 전압의 대수 부호는 (−)가 된다.

$V_1 - V_2 + V_3 - V_4 = 0$

일반적인 경우에는 $\sum_{k=1}^{n} V_k = 0$이 된다. 이는 폐회로에서 한 방향으로 일주하면서 취한 전압 상승의 총합은 전압 강하의 총합과 같음을 의미한다.

1-4 직류와 교류 회로

그림 (a)와 같이 시간의 변화에 관계없이 그 크기와 방향이 일정한 전류를 직류 (direct current, D.C)라 하며, 시간의 변화에 따라 그 크기와 방향이 주기적으로 변화하는 전류를 교류 (alternating current, A.C)라 한다.

교류 중에서도 그 변화가 정현적일 때 정현파 (sinusoidal wave) 교류라 하며 정현파가 일그러진 모양의 파형을 왜형파 또는 비정현파 (non sinusoidal wave) 교류라 한다.

일반적으로 교류라 함은 정현파를 의미한다.

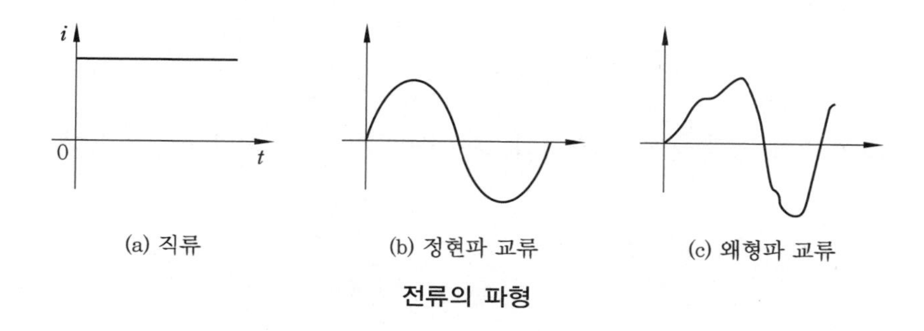

(a) 직류 (b) 정현파 교류 (c) 왜형파 교류

전류의 파형

출제 예상 문제

기계정비산업기사

1. 쿨롱(Coulomb)의 법칙을 설명한 것 중 옳지 않은 것은? (07년 1회/10년 3회)

① 전하의 크기에 비례하고 두 전하 사이의 거리 제곱에 반비례한다.
② 두 전하 사이에 작용하는 힘의 크기는 두 전하 간 거리의 제곱에 비례한다.
③ 작용하는 힘의 크기는 매질의 종류에 의해 정해진다.
④ 두 전하 사이에 작용하는 힘의 크기는 두 전하의 크기에 비례한다.

2. 대전체의 전하가 가지고 있는 전기량을 나타내는 데 사용되는 단위는? (09년 3회)

① 옴(Ω) ② 쿨롱(C)
③ 볼트(V) ④ 암페어(A)

3. 어떤 도체에 10초간 5 A의 전류가 흐를 때 이동한 전기량은 몇 C인가? (09년 1회)

① 0.5 C ② 2.0 C
③ 15 C ④ 50 C

해설 $Q = I \times t$

4. 30 V의 기전력으로 300 C의 전기량이 이동할 때 몇 J의 일을 하게 되는가? (10년 1회)

① 10 J ② 600 J
③ 9000 J ④ 15000 J

5. 다음 중 도체의 저항에 대한 설명으로 틀린 것은? (12년 3회)

① 도체 저항의 단위는 Ω이다.
② 도체의 저항은 길이에 반비례한다.
③ 도체의 저항은 단면적에 반비례한다.
④ 도체의 저항은 고유 저항에 비례한다.

6. 2개의 합성 저항 R_1과 R_2를 병렬로 접속하면 합성 저항 R은 어떻게 되는가? (10년 1회)

① $\dfrac{R_1 + R_2}{2}$ ② $\dfrac{R_1 + R_2}{R_1 \cdot R_2}$
③ $R_1 + R_2$ ④ $\dfrac{R_1 \cdot R_2}{R_1 + R_2}$

7. 다음 중 도선을 절단하지 않고 교류 전류를 측정할 수 있는 계기는? (07년 1회)

① 회로 시험기 ② 클램프 미터
③ 어댑터 ④ 전류계

8. 도선에 흐르는 교류 전류를 측정하기 위한 계기는? (10년 1회)

① 절연 저항계 ② 클램프 미터
③ 회로 시험기 ④ 접지 저항계

9. 다음 중 회로 시험기를 사용하여 측정할 수 없는 것은? (10년 2회)

① 직류 전류 측정 ② 직류 전압 측정
③ 접지 저항 측정 ④ 교류 전압 측정

10. 다음 중 회로 시험기를 사용하여 측정할 때 주의할 점 중 잘못된 것은? (03년 1회)

① 측정할 양에 알맞은 계기를 사용한다.
② 직류용 계기의 단자에 표시되어 있는 극성과 전원의 극성에 주의한다.

정답 1. ② 2. ② 3. ④ 4. ③ 5. ② 6. ④ 7. ② 8. ② 9. ③ 10. ③

③ 측정 시 지침은 최대 측정 범위를 넘도록 조정한다.
④ 배율 선택 스위치는 측정값에 알맞게 조절한다.

해설 계기를 사용하여 측정할 때 주의할 점
㉠ 측정할 양에 알맞은 계기를 사용·동작 및 원리상의 분류에 따라 계기를 사용·측정 전에 정격 사항을 검토하고, 지침은 0점으로 조정한다.
㉡ 직류용 계기를 사용할 때는 계기의 단자에 표시되어 있는 극성과 전원의 극성이 같도록 연결하여 측정한다.
㉢ 측정 시 지침은 최대 눈금의 1/3 이상 움직이도록 하고, 최대 측정 범위를 넘지 않도록 주의한다.
㉣ 배율 선택 스위치는 측정값에 알맞게 조절한다.
㉤ 건전지가 내장된 계기는 반드시 건전지를 검사한다.
㉥ 감전이 되지 않도록 주의한다.
㉦ 측정 결과는 측정 시의 온도, 사용 계기, 사용 기구 등을 기록한다.

11. 다음 중 지시 계기의 3대 요소와 거리가 먼 것은? (09년 2회/11년 2회)

① 제어 장치 ② 제동 장치
③ 지지 장치 ④ 구동 장치

해설 지시 계기는 제어 장치, 제동 장치, 구동 장치의 3대 요소로 구성된다.

12. 전류계의 측정 범위를 확대하기 위하여 사용하는 것은? (08년 3회)

① 분류기 ② 검진기
③ 배율기 ④ 전류기

해설 분류기 : 큰 전류를 측정하고자 하는 경우 가동 코일과 병렬로 저항을 접속시켜 저항을 통해 전류의 일부를 분류시킨 것

13. 다음과 같은 범위(0.1~10 Ω)의 저항을 측정할 때 가장 적합한 계기는? (11년 1회)

① 절연 저항계
② 코올라시 브리지
③ 켈빈 더블 브리지
④ 휘트스톤 브리지

14. 지시 전기 계기의 일반적인 특징이 아닌 것은? (11년 3회)

① 기계적으로 강할 것
② 지침의 흔들림이 빨리 정지할 것
③ 내전압이 낮을 것
④ 과부하에 강할 것

15. 회로 내 임의의 분기점에 유입, 유출되는 전류의 수합은 같다는 법칙은? (10년 2회)

① 옴의 법칙
② 키르히호프의 법칙
③ 렌츠의 법칙
④ 플레밍의 오른손 법칙

16. 다음 그림과 같은 $R_1 = 140$ kΩ, $R_2 = 10$ kΩ인 회로에 $V = 150$ V를 인가하면 R_2 양단에 걸리는 전압 V_2는? (09년 3회)

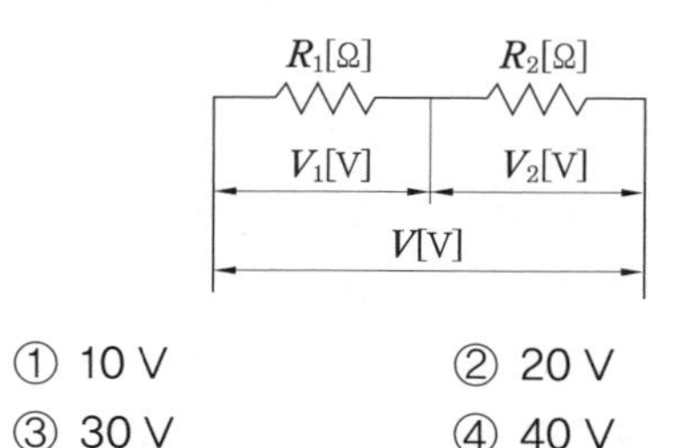

① 10 V ② 20 V
③ 30 V ④ 40 V

17. 다음 설명 중 옳지 않은 것은? (08년 1회)

① 직류는 크기와 방향이 일정하다.
② 일반적으로 외형파와 정현파는 같은 의미이다.

정답 11. ③ 12. ① 13. ④ 14. ③ 15. ② 16. ① 17. ②

③ 일반적으로 교류라 함은 정현파를 의미한다.
④ 교류는 시간에 따라서 크기와 방향이 주기적으로 변화한다.

해설 교류가 직류와 다른 점은 시간에 따라 크기와 방향이 주기적으로 변화하는 것이다.

18. 전하를 축적할 목적으로 두 개의 도체 사이에 절연물 또는 유전체를 삽입한 것을 무엇이라 하는가? (12년 2회)

① 저항 ② 콘덴서
③ 코일 ④ 변압기

19. 콘덴서의 용량을 나타내는 단위는 어느 것인가? (12년 2회)

① A ② F
③ W ④ mH

20. 다음 중 극성을 가지는 콘덴서는? (08년 1회)

① 전해 콘덴서 ② 세라믹 콘덴서
③ 마일러 콘덴서 ④ 마이카 콘덴서

21. 2 μF의 콘덴서에 1000 V를 가할 때 저장되는 에너지(J)는 얼마인가? (11년 2회)

① 0.1 ② 1
③ 10 ④ 100

해설 충전 에너지 $(W) = \frac{1}{2}CV^2$

$= \frac{1}{2} \times 2 \times 10^{-6} \times 1000^2$

$= 1\text{J}$

22. 0.2 μF의 콘덴서에 1000V의 전압을 가할 때 축적되는 에너지는 얼마인가? (12년 3회)

① 0.1 J ② 1 J
③ 10 J ④ 100 J

23. 전해 콘덴서 3μF와 6μF를 병렬접속할 때의 합성 정전 용량은 몇 μF인가? (11년 2회)

① 0.5 ② 2
③ 9 ④ 15

24. 전해 콘덴서 3μF와 5μF을 병렬로 접속했을 때의 합성 정전 용량은 몇 μF인가? (08년 3회)

① 1.9μF ② 2μF
③ 8μF ④ 15μF

25. 4μF와 6μF의 콘덴서를 직렬로 접속했을 때 합성 정전 용량(μF)은 얼마인가? (10년 1회)

① 2 ② 2.4
③ 10 ④ 24

해설 $C_s = \frac{C_1 \cdot C_2}{C_1 + C_2} = \frac{24}{10} = 2.4$

26. AC 200 V 5 A의 전열기를 7분간 사용했을 때 발생하는 열량은 대략 몇 kcal인가? (08년 1회)

① 1kcal ② 10kcal
③ 100kcal ④ 1000kcal

27. 공급 전압을 일정하게 하고 부하 저항의 값을 $\frac{1}{2}$로 감소시키면 소비 전력은 몇 배가 되는가? (10년 3회)

① 0.25 ② 0.5
③ 2 ④ 4

28. 다음 중 오실로스코프로 측정할 수 없는 것은? (09년 1회/12년 1회)

① 주파수 ② 전압
③ 위상 ④ 임피던스

정답 18. ② 19. ② 20. ① 21. ② 22. ① 23. ③ 24. ③ 25. ② 26. ③ 27. ③ 28. ④

2. 교류 회로

2-1 정현파 교류

(1) 정현파 교류 기전력의 발생

정현파 교류 기전력을 발생하는 가장 간단한 장치는 2극 발전기이며 패러데이 법칙에 의해 도체가 매초 1 Wb의 비율로 자속을 자를 때 도체 내에 1 V의 기전력이 유기되므로 도체에 발생되는 유기 기전력은 $e = 2Blv\sin\theta$[V]이고, 도체가 회전을 시작하여 t[s] 동안에 각도 θ만큼 회전했다면 $\theta = \omega t$[rad]이므로 $e = 2Blv\sin\omega t$[V], 여기서 $2Blv$를 정현파의 진폭(amplitude) 또는 최댓값(maximum value)이라 한다.

$2Blv$를 V_m이라 하면 V_m은 유기 기전력 e의 최댓값이 된다. 즉

$$e = 2Blv\sin\omega t = V_m\sin\omega t = V_m\sin\theta$$

여기서, B[Wb/m²] : 자속 밀도 l [m] : 도체의 길이
v[m/s] : 선속도 ω [rad/s] : 각속도
t[s] : 시간 θ : 회전각

기전력이 한번 변화하여 다시 원 상태가 되기까지를 1사이클(cycle)이라 하고, 1초 동안의 사이클의 수를 주파수(frequency) f라 한다. 주파수의 단위는 헤르츠(hertz ; [Hz])가 사용된다.

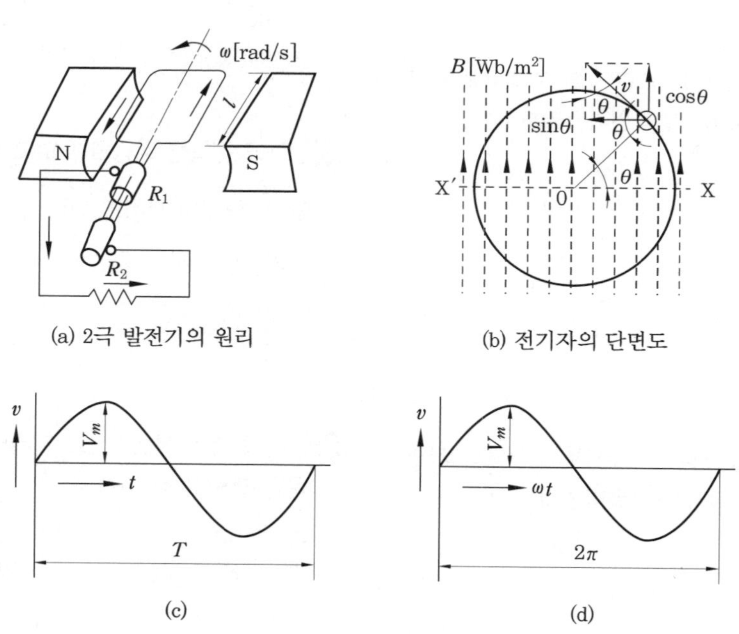

(a) 2극 발전기의 원리 (b) 전기자의 단면도

(c) (d)

정현파 기전력의 발생 원리

(2) 주파수와 주기

교류가 직류와 다른 점은 시간에 따라 크기와 방향이 주기적으로 변화하는 것이다. 1회의 변화를 하는 데 걸리는 시간을 주기 T (period)라고 하며 단위는 초 [s]를 사용한다. 주기 T, 주파수 f [Hz]와의 관계는

$$T=\frac{1}{f}\,[\mathrm{s}],\quad f=\frac{1}{T}\,[\mathrm{Hz}]$$

동력과 같이 큰 전력을 필요로 할 경우에는 낮은 주파수의 교류가 사용되고 통신 등에는 높은 주파수의 교류가 사용된다.

(3) 정현파 교류의 크기

① 순시값 (instantaneous value)

$$v=V_m\sin\theta=V_m\sin\omega t$$

순시값 중에서 가장 큰 값 V_m을 최댓값 (maximum value) 또는 진폭이라 한다.

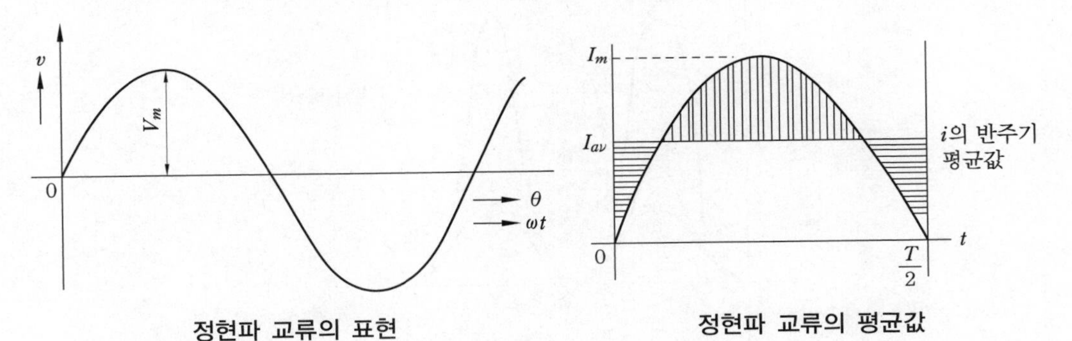

정현파 교류의 표현　　　　정현파 교류의 평균값

② 평균값 (average value or mean value) : 교류의 평균값은 교류의 순시값이 0으로 되는 순간부터 다음 0으로 되기까지의 정 (+)의 반파에 대한 순시값의 평균을 평균값 또는 평균치라고 하며 기호로는 V_{av} 및 I_{av}를 사용한다.

$$I_{av}=\frac{2}{\pi}I_m\simeq 0.637I_m \qquad V_{av}=\frac{2}{\pi}V_m\simeq 0.637V_m$$

따라서 정현파 교류의 평균값은 최댓값의 $\frac{2}{\pi}$배 또는 약 0.637배가 된다.

③ 실효값 (effective value) : 교류 전류 i를 저항 R에 임의의 시간 동안 흘렸을 때의 발열량이 같은 저항 R에 직류 전류 I[A]를 같은 시간 동안 흘렸을 때의 발열량과 같을 때 그 교류 i를 실효값이라고 한다. 저항 R[Ω]에 직류 전류 I[A]를 t[s] 동안 흘렸을 때의 전력 P_{dc}와 발열량 W는 $P_{dc}=VI=I^2R$[W], $W=I^2Rt$[J]이다.

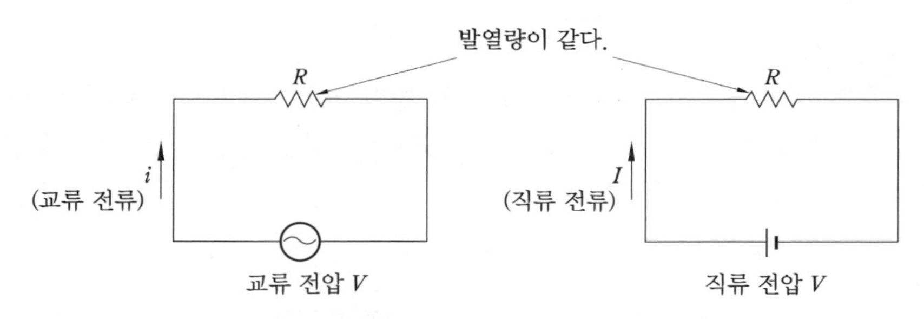

정현파 교류의 실효값

같은 저항 $R[\Omega]$에 가변 전류 또는 주기파 전류 $i(t)$가 흐를 때의 순시 전력은 $p = i^2R$ [W]

순시 전력에 대한 1주기 동안의 평균 전력 P_{av} =(I^2R의 평균)=(i^2 의 평균)× R 이므로 t [s] 동안의 발열량을 W''라고 하면 W''= (i^2 의 평균)× R × t[J]

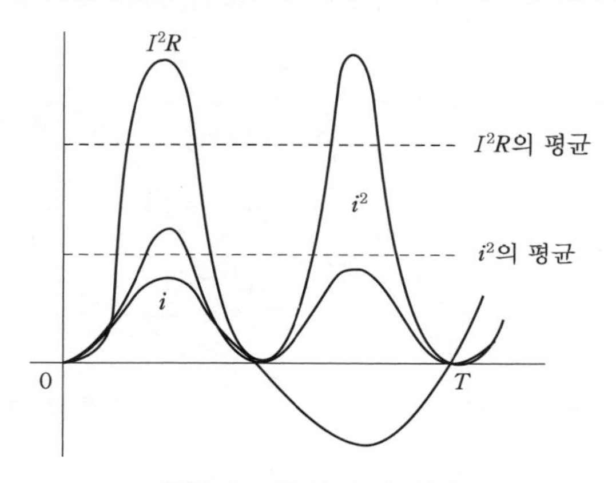

정현파 교류의 순시 전력

$i = I_m \sin\omega t = I_m \sin\theta$ [A]로 표시되는 정현파 교류 전류의 실효값 r.m.s (root mean square value)은 최댓값의 $\frac{1}{\sqrt{2}}$ 배가 된다.

그러므로 정현파 전류 및 전압의 실효값은 각각

$$I = \frac{I_m}{\sqrt{2}} \simeq 0.707 I_m \qquad V = \frac{V_m}{\sqrt{2}} \simeq 0.707 V_m$$

$I_m = \sqrt{2}\, I$, $V_m = \sqrt{2}\, V$가 되므로 정현파의 순시값은

$$i = I_m \sin\omega t = \sqrt{2}\, I \sin\omega t \qquad v = V_m \sin\omega t = \sqrt{2}\, V \sin\omega t$$

정현파의 최댓값, 실효값, 평균값

최댓값	실효값	평균값
1	0.707	0.637
1.414	1	0.900
1.571	1.11	1

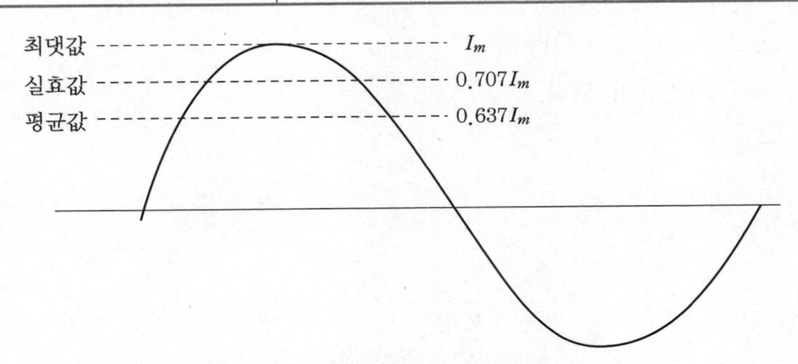

정현파 교류의 최댓값, 평균값, 실효값의 관계

(4) 정현파 회로

① 저항만의 회로 : 그림 (a)와 같이 저항 R만을 가지는 회로에 $i = \sqrt{2}\, I_m \sin\omega t$[A]의 정현파 전류가 흐를 때 저항 양단의 전압은 옴의 법칙에 의해

$$v = Ri = RI_m \sin\omega t \ \ [\text{V}]$$

여기서 v의 최댓값을 V_m이라 하면 RI_m이 된다. 전압과 전류의 최댓값 사이에는

$$V_m = RI_m$$

전압과 전류의 실효값 사이에는

$$V = RI \text{ 또는 } I = \frac{V}{R}$$

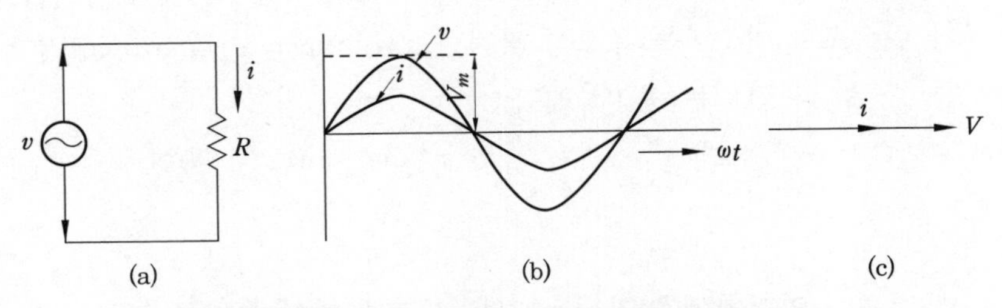

저항만의 회로와 전압과 전류 사이의 위상 관계

저항 회로만의 교류 회로에서의 특징은 다음과 같다.

㈎ 전압과 전류는 동일 주파수의 정현파이다.

(나) 전압과 전류는 동상이다.

(다) 전압과 전류의 실효값, 최댓값의 비는 R이다.

② 인덕턴스 회로 : 인덕턴스 L[H]만을 가지는 회로에 $i = I_m \sin\omega t$[A]인 정현파 교류 전류가 흐를 때 전류의 방향으로 생기는 전압 강하 v는

$$v = e_L = L \cdot \frac{di}{dt} = L \cdot \frac{d}{dt}(I_m \sin\omega t) = \omega L I_m \cos\omega t$$

$$= \omega L I_m \sin(\omega t + 90°)[\text{V}]$$

$\omega L I_m$은 v의 최댓값이 된다.

$V_m = \omega L I_m$

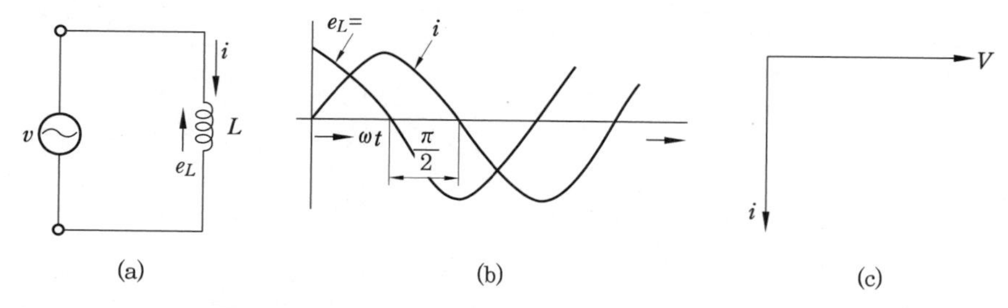

인덕턴스만의 회로와 전압과 전류 사이의 위상 관계

전압과 전류의 실효값을 V 및 I라 하면 $V = \omega L I$, $I = \dfrac{V}{\omega L}$

인덕턴스만의 회로에서의 특징은 다음과 같다.

(가) 전압과 전류는 동일 주파수의 정현파이다.

(나) 전압은 전류보다 위상이 90° 앞서고, 전류는 전압보다 위상이 90° 뒤진다.

(다) 전압과 전류의 실효값 또는 최댓값의 비는 ωL이다.

인덕턴스 회로를 저항 회로와 비교하면 ωL은 저항 회로에서의 R과 같은 일종의 교류 저항임을 알 수 있다. 그러나 전압과 전류 사이에 90°의 위상차를 생기게 하는 효과가 있으므로 이 ωL을 유도성 리액턴스 (inductive reactance)라 부르며 X_L로 표시한다. X_L의 단위는 옴 (Ω)이다.

$\omega L = X_L = 2\pi f L[\Omega]$ $\qquad$ $v = X_L I_m \sin(\omega t + 90°)$

$V = X_L I$ $\qquad$ $I = \dfrac{V}{X_L}$

직류 전원이 인덕터에 인가되는 경우 시간의 변화에 따른 전류의 변화가 일정하므로 $\dfrac{di}{dt} = 0$이므로 직류에 의한 전압 강하는 0이 된다.

$$v_L = L\frac{di}{dt} = 0$$

③ 커패시턴스 회로 : 커패시턴스 C만을 가지는 회로에 $i=I_m\sin\omega t$[A]로 표시되는 정현파 전류가 흐를 때 전류 방향으로의 전압 강하를 v라 하면

$$v=\frac{1}{C}\int i\cdot dt=\frac{1}{C}\int I_m\sin\omega t dt=-\frac{1}{\omega C}I_m\cos\omega t$$

$$=\frac{1}{\omega C}I_m\sin(\omega t-90^\circ)[V]$$

v의 최댓값은 $\frac{1}{\omega C}\cdot I_m$이 된다.

$$V_m=\frac{1}{\omega C}I_m$$

전압과 전류의 실효값을 V 및 I라 하면 이들 사이에는

$$V=\frac{1}{\omega C}I \qquad I=\omega CV=\frac{V}{\frac{1}{\omega C}}$$

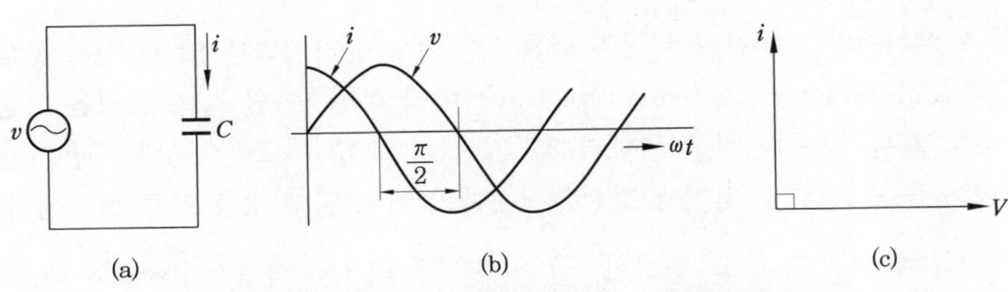

커패시턴스만의 회로와 전압과 전류 사이의 위상 관계

커패시턴스만의 회로에서의 전압과 전류는 다음과 같은 특징이 있다.

㈎ 전압과 전류는 동일 주파수의 정현파이다.

㈏ 전압은 전류보다 위상이 90° 늦고, 전류는 전압보다 위상이 90° 빠르다.

㈐ 전압과 전류의 최댓값 및 실효값의 비는 $\frac{1}{\omega C}$이다.

$\frac{1}{\omega C}$은 커패시턴스 회로의 전류를 제한하는 일종의 교류 저항으로서의 역할을 하지만 인덕턴스와는 달리 전류가 전압보다 위상이 90° 앞서게 하는 효과가 있으므로 이 $\frac{1}{\omega C}$을 용량성 리액턴스(capacitive reactance)라 부르며 보통 X_c로서 표시한다. X_c의 단위도 역시 옴[Ω]이다.

$$X_c=\frac{1}{\omega C}=\frac{1}{2\pi fC}[\Omega]$$

$$V=X_CI \quad \text{또는} \quad I=\frac{V}{X_C}$$

용량성 리액턴스는 커패시턴스 C와 주파수 f에 반비례하기 때문에 일정 전압에서 커패시턴스와 주파수가 클수록 X_c가 작아져서 회로 전류는 증가하게 된다. 결국 주파수가 낮을수록 X_c, 즉 저항 성분이 커지므로 전류는 커패시터를 통하여 흐르기 어렵기 때문에 커패시턴스는 저주파의 신호 전류가 흐르는 것을 억제하는 데 사용한다.

정상 상태의 직류 회로에서는 커패시턴스 양단의 전위차가 일정하므로 $\frac{dv}{dt}=0$이 되고 따라서, $i_C = C\frac{dv}{dt}=0$이 되어 커패시턴스에는 직류가 흐르지 못하게 된다.

2-2 다상 교류

교류 회로에서 주파수가 같고 위상이 다른 2개 이상의 기전력을 1조로 사용할 때 이것을 다상 기전력(polyphase－electromotive force)이라 하며, 이런 접속 방식을 다상 방식이라 한다. 3상 교류 회로는 위상이 다른 3개의 단상 교류 회로를 1조로 사용하는 것으로 왕복 6개 전선을 필요로 할 것이나 전선은 3개만 있어도 된다. 3상 교류 회로에서 각 상의 기전력과 전류의 크기가 같고 위상만 $\frac{2\pi}{3}$일 때 평형 3상 회로(balanced three phase circuit)라 하며, 그렇지 않을 때를 불평형 3상 회로(unbalanced three phase circuit)라 한다. 다상 방식 중에서 주로 3상을 이용하는 이유는 단상에 비해 경제적이고, 회전 자계를 쉽게 얻을 수 있으며, 회전기의 진동이 작기 때문이다. 따라서 발전, 송전·배전 등과 같은 전력 계통에서는 대부분 3상 방식을 사용하고 있다.

(1) 대칭 n상 교류

n개의 기전력의 크기가 서로 같고 위상차가 차례로 $\frac{2\pi}{n}$[rad]만큼 다를 때, 이러한 교류를 대칭 n상 교류라 하고, 그렇지 않을 경우를 비대칭 n상 교류라 한다.

① 성형 결선과 환상 결선 : 동일 극성의 단자(주로 저전위 단자)를 0점으로 함께 묶어 결선한 방식을 성형 결선(star connection)이라 한다. 이때 0점을 중성점(neutral point)이라 하며, 각 상의 외부 단자를 전원 단자로 사용한다.

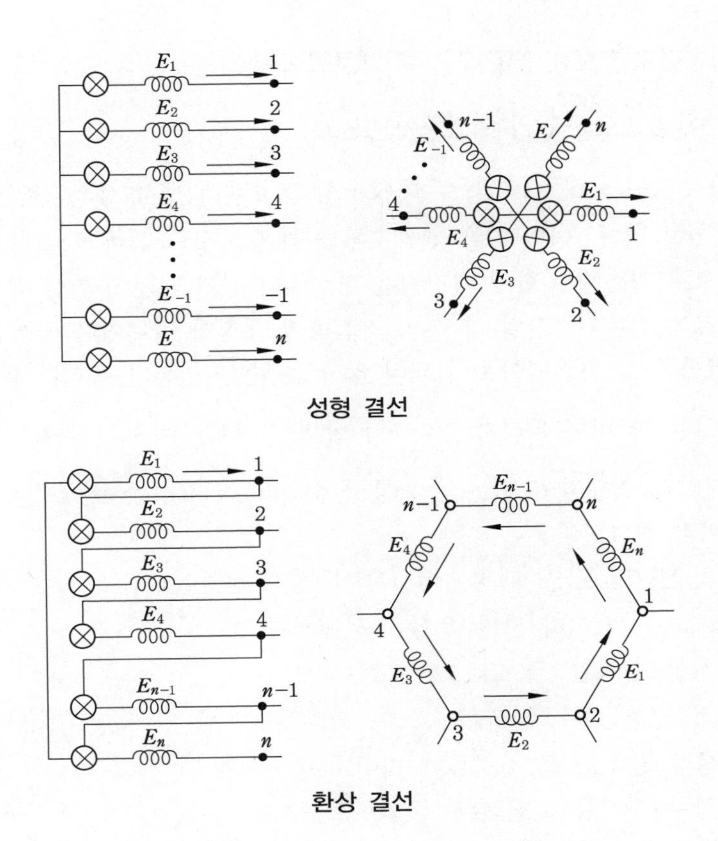

성형 결선

환상 결선

각 상의 극성이 다른 단자끼리 직렬로 접속하여 고리 모양으로 접속하는 방식을 환상 결선(ring connection)이라 한다. 이때는 각 상의 접속 단자를 전원 단자로 사용한다. 특히, 3상 결선의 경우에는 성형 결선은 Y 결선(Y connection), 환상 결선은 Δ 결선(Δ connection)이라고 한다.

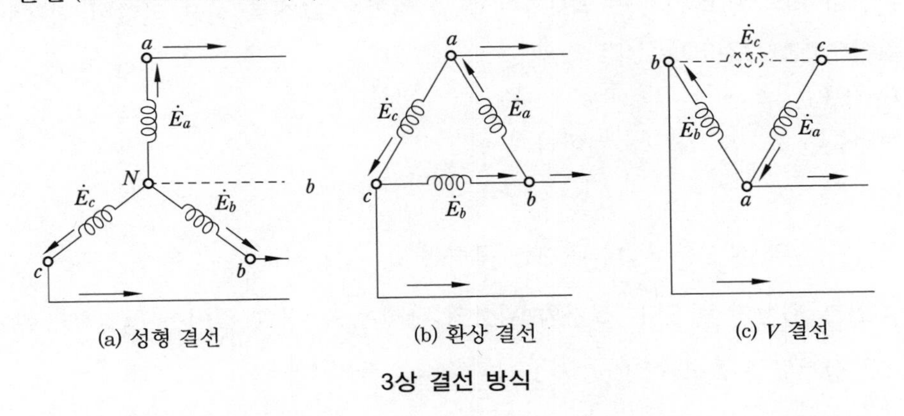

(a) 성형 결선 (b) 환상 결선 (c) V 결선

3상 결선 방식

다상 교류 회로에서 부하의 임피던스의 접속 방법도 기전력의 결선 방식과 같은 방식으로 결선하고 전원 단자와 연결하여 사용한다.

② 기전력 : 대칭 n상 교류에서 각 상의 기전력의 순시값 e_1, e_2, e_3, $\cdots$, e_n은 모두 크기가 같고 순차적으로 $\frac{2\pi}{n}$의 위상차가 있다.

$\dot{E}_1 + \dot{E}_2 + \dot{E}_3 + \cdots + \dot{E}_n = 0$이므로 대칭 n상 교류에서는 각 상의 전압이나 전류의 총합은 항상 0이 된다. 이와 같은 관계로부터 대칭 n상 교류에서는 각 기전력이 합하도록 환상으로 접속해도 합성 기전력은 항상 0이 되기 때문에 환상 결선 내에서 순환 전류는 흐르지 않는다. 만일 각 상의 기전력이 대칭이 아니거나 극성을 잘못 접속하면 환로 내의 합성 기전력이 0이 되지 않고 큰 순환 전류가 흘러서 권선은 과전류로 인하여 때로는 타 버릴 우려가 있다. 각 상의 기전력이 $\frac{2\pi}{n}$씩 뒤지는 상의 순서, 즉 각 상의 전압의 최댓값이 되는 순서를 상순(phase sequence) 또는 상회전(phase rotation)이라 한다.

③ 성형 결선의 전압과 전류 : 대칭 n상 교류의 성형 전압을 $E_1, E_2, E_3, \cdots, E_n$, 성형 전류를 $I_1, I_2, I_3, \cdots, I_n$이라 하면 성형 결선에서

성형 전압(상전압) $= E_1, E_2, E_3, \cdots, E_n$

성형 전류(상전류) $= I_1, I_2, I_3, \cdots, I_n$

그러나 성형 전류는 곧 선전류가 되어 유출하므로

성형 전류(상전류)=선전류 $\quad I_1 + I_2 + I_3 + \cdots + I_n = 0$

일반적으로 전원 단자에서 부하 단자로 연결되는 외선의 전류를 선전류(line current), 외선의 2선 간의 전압을 선간 전압(line voltage)이라 한다.

④ 환상 결선의 전압과 전류 : 환상 전압(상전압)$= E_1, E_2, E_3, \cdots, E_n$

환상 전류(상전류)$= I_{12}, I_{23}, I_{34}, \cdots, I_{n1}$

권선의 내부 임피던스를 무시하면 환상 전압은 그대로 선간 전압이 되므로

환상 전압(상전압)=선간 전압

$E_1 = V_{12},\ E_2 = V_{23}, \cdots,\ E_n = V_{n1}$

선전류를 $I_1,\ I_2,\ I_3, \cdots,\ I_n$이라 하면

$I_1 = I_{12} - I_{n1},\ I_2 = I_{23} - I_{12}, \cdots,\ I_n = I_{n1} - I_{(n-1)n}$

선전류 I_1와 상전류 I_{12}의 관계를 구하면 $I_1 = 2I_{12}\sin\frac{\pi}{n}$, I_1은 I_{12}보다 $\frac{\pi}{2}\left(1 - \frac{2}{n}\right)$ [rad]만큼 위상이 뒤진다. 크기와 위상의 관계는 각 상에 있어서 동일하므로 선전류를 I_l, 상전류를 I_p라 하면 $I_l = 2\sin\frac{\pi}{n}I_p - \frac{\pi}{2}\left(1 - \frac{2}{n}\right)$

출제 예상 문제

기계정비산업기사

1. 다음 (   )에 알맞은 내용은? (09년 1회)

> "교류의 전압 전류의 크기를 나타낼 때 일반적으로 특별한 언급이 없을 때는 (   )을 가리킨다."

① 평균값 ② 최댓값
③ 순시값 ④ 실효값

2. 교류의 최댓값이 100 V인 경우 실효값은 약 몇 A인가? (08년 3회 / 10년 2회)

① 141 ② 80
③ 70.7 ④ 63.7

3. 220V를 사용하는 가정집 전압의 최댓값은 약 몇 V인가? (09년 1회)

① 220V ② 283V
③ 346V ④ 440V

4. 교류 기전력과 전류의 크기를 나타내는 값이 아닌 것은? (11년 1회)

① 순시값 ② 최댓값
③ 파고값 ④ 실효값

5. 다음 중 파고율을 잘 나타낸 것은? (12년 2회)

① $\frac{\text{최댓값}}{\text{실효값}}$ ② $\frac{\text{실효값}}{\text{최댓값}}$
③ $\frac{\text{평균값}}{\text{최댓값}}$ ④ $\frac{\text{실효값}}{\text{평균값}}$

6. 3상 교류 회로의 각 상의 기전력과 전류의 크기가 같고 위상이 몇 도일 때 대칭 3상 교류라 하는가? (08년 1회)

① 180° ② 360°
③ 120° ④ 90°

7. 교류 회로의 피상 전력이 500 VA, 유효 전력이 300 W일 때 역률은 얼마인가? (09년 3회)

① 0.56 ② 0.60
③ 0.85 ④ 0.95

8. 저항 R[Ω], 리액턴스 X[Ω]가 직렬로 연결되어 있고, 임피던스가 Z[Ω]인 부하에 교류 전원이 가해졌을 때 역률은? (12년 2회)

① $\cos\theta = \frac{R}{\sqrt{R^2+X^2}}$

② $\cos\theta = \frac{R}{\sqrt{R+X}}$

③ $\cos\theta = \frac{R}{\sqrt{R^2+Z^2}}$

④ $\cos\theta = \frac{R}{\sqrt{X^2+Z^2}}$

해설 전압과 전류는 위상이 같으므로 $\cos\theta=1$이 되어 역률은 1이다.

9. 6극 유도 전동기에 60 Hz의 교류 전압을 가하면 동기 속도(rpm)는? (11년 1회)

① 1800 ② 3600
③ 2400 ④ 1200

해설 $N_s = \frac{120f}{P} = \frac{120\times 60}{6} = 1200\,\text{rpm}$

10. 유도 전동기의 극수가 4이고 주파수가 60Hz일 때 전동기의 회전 속도는 몇 rpm인

정답 1. ④ 2. ③ 3. ② 4. ③ 5. ① 6. ③ 7. ② 8. ① 9. ④ 10. ②

가? (07년 1회)

① 1200 ② 1800
③ 2400 ④ 3600

11. 다음 중 무효 전력의 단위는 어느 것인가? (09년 2회 / 12년 3회)

① W ② J
③ Var ④ VA

12. 환상 솔레노이드에서 인덕턴스는 다음 중 어느 것에 비례하는가? (12년 1회)

① 전류 ② 투자율
③ 도전율 ④ 유전율

13. 다음 중 자기 인덕턴스가 0.5 H인 코일에 전류 10 A를 흘릴 때 축적되는 에너지는 몇 J 인가? (11년 3회)

① 50 ② 25
③ 5 ④ 2.5

해설 $W = \frac{1}{2}LI^2 = \frac{1}{2} \times 0.5 \times 10^2 = 25\,\text{J}$

14. 두 코일의 자체 인덕턴스를 L_1, L_2, 결합 계수를 K라 할 때 상호 인덕턴스는 어떻게 되는가? (07년 1회)

① $K\sqrt{L_1 \cdot L_2}$ ② $K \cdot L_1 \cdot L_2$
③ $\sqrt{L_1 \cdot L_2}$ ④ $K\sqrt{L_1 + L_2}$

정답 11. ③ 12. ② 13. ② 14. ①

3. 시퀀스 제어

3-1 ○ 시퀀스 제어 기초 및 기기

(1) 시퀀스 제어 기초

시퀀스 제어는 KS에 의하면 「미리 정해진 순서에 따라 제어의 각 단계를 순차 진행하는 제어」라 정의된다. 이 제어 시스템은 전 단계의 작업 완료 여부를 리밋 스위치나 센서를 이용하여 확인한 후 다음 단계의 작업을 수행하는 것으로서, 공장 자동화에 가장 많이 이용되는 제어 방법으로 여기에 해당하는 우리 주변의 시퀀스 제어에는 전자동 세탁기, 엘리베이터 등이 있다.

(2) 시퀀스 제어의 종류

① 프로그램 제어(공정형) : 미리 정해진 프로그램(공정)에 따라 제어를 진행해 나간다.

② 조건 제어(감시형) : 내부·외부 상태를 감시하고 그 조건에 따라 제어를 행한다.

(3) 시퀀스 제어계(sequence control)

제어 프로그램에 의해 미리 결정된 순서대로 제어 신호가 출력되어 순차적인 제어를 행하는 것을 의미하며, 시간 종속과 위치 종속 시퀀스 제어계로 구분된다.

① 시간 종속 시퀀스 제어계(time sequence control system) : 이 제어 시스템은 순차적인 제어가 시간의 변화에 따라서 행해지는 제어 시스템이다.

② 위치 종속 시퀀스 제어계(process-dependent sequence control system) : 순차적인 작업이 전 단계의 작업 완료 여부를 확인하여 수행하는 제어 시스템이다.

(4) 시퀀스 제어의 기술 방식

① 릴레이 회로(relay circuit) : 시퀀스 제어 회로는 오래전부터 릴레이, 타이머 등을 사용해서 실현되어 왔으므로 그 릴레이 회로도가 기술 형식으로서 사용되고 있다.

② 논리 회로(logic circuit) : 논리 기호를 사용해서 기술한 것으로 회로의 기호는 KS 등에서 규정된 것이 사용되고 있다.

③ 플로 차트(flow chart) : 컴퓨터 프로그램 작성과 같이 플로 차트를 사용해서 기술한 방식이다.

④ 타임 차트(time chart) : 시간의 추이에 따라 시퀀스 제어기 사이의 상호 동작을 그림으로 나타내는 방식이다.

⑤ 디시전 테이블(decision table) : 조건과 그에 대응하는 조작을 테이블상에 매트릭스형으로 표시하는 방식이다.

⑥ 동작 선도(motion diagram) : 스텝의 진행에 따라 시퀀스 제어기의 동작 상태를 그림으로 나타내는 방식이다.

(5) 시퀀스 제어용 기기

① 전기 기기의 용어

(가) 여자 : 계전기 코일에 통전시켜 자화 성질을 갖게 되는 것

(나) 소자 : 계전기 코일에 전류를 차단시켜 자화 성질을 잃게 되는 것

(다) 자기 유지 : 계전기가 여자된 후에도 동작 기능이 계속 유지되는 것

(라) 조깅 : 기기의 미소 시간 동작을 위해 조작, 동작시키는 것

(마) 인터로크 : 두 계전기의 동작을 관련시키는 것으로 한 계전기가 동작할 때에는 다른 계전기가 동작하지 않는 것

(바) a접점 : 외력이 작용하지 않으면 접점이 항상 열려 있는 것으로 상시 열림, 정상 상태 열림(normally open, N/O형), make contact라고도 한다.

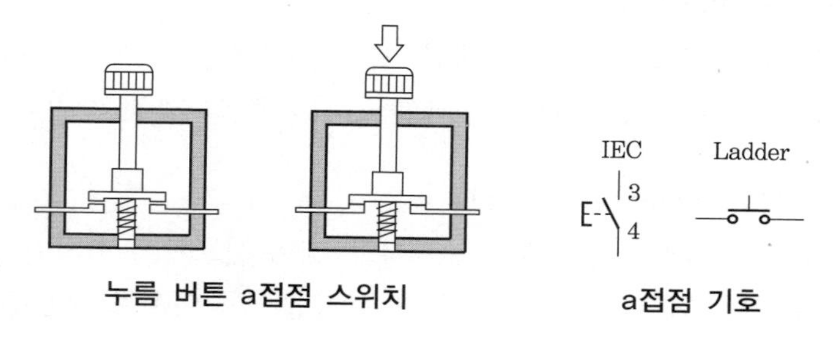

누름 버튼 a접점 스위치 a접점 기호

(사) b접점 : 접점이 항상 닫혀 있어 통전되고 있다가 외력이 작용하면 열리는 것, 즉 통전이 차단되는 것을 상시 닫힘형, 정상 상태 닫힘형(normally closed, N/C형), break 접점(b접점)이라고 부른다.

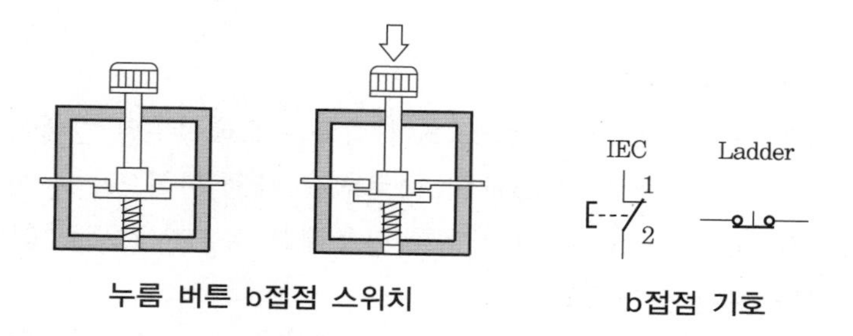

누름 버튼 b접점 스위치 b접점 기호

(아) c접점 : 하나의 스위치에 a, b접점을 동시에 가지고 있는 접점을 c접점(change over contact) 또는 절환 접점, 전환 접점이라 한다. 이 접점은 전기적으로 독립되어 있지 않으므로 a접점이나 b접점을 동시에 사용하지 못하고 두 접점 중 하나의 기능을 선택하여 사용한다.

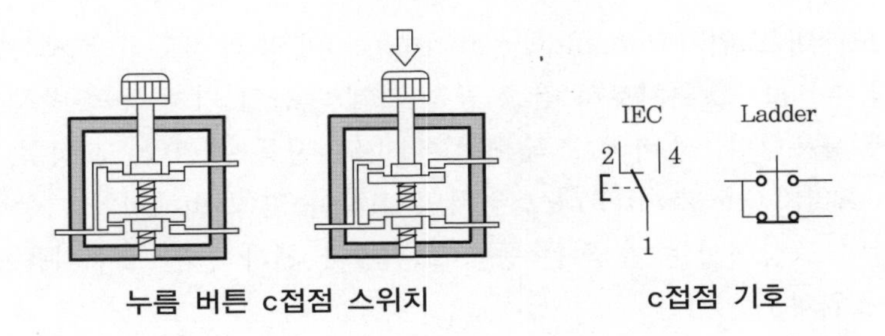

누름 버튼 c접점 스위치　　　　c접점 기호

(자) 다접점 스위치 : 하나의 스위치에 여러 개의 독립된 접점을 갖고 있어 한 번의 동작에 여러 개의 접점을 ON/OFF 시킨다.

② 수동 조작 스위치

(가) 푸시버튼 스위치 (push button switch) : 버튼을 누르는 것에 의하여 접점 기구부가 개폐되는 동작에 의하여 전기 회로를 개로 또는 폐로하는데, 손을 떼면 스프링의 힘에 의하여 자동으로 원래의 상태로 되돌아오는 제어용 조작 스위치를 말한다.

(나) 토글 스위치 (toggle switch) : 텀블러 스위치의 일종으로 핸들 조작에 의해 회로를 개폐하는 유지형 스위치로서 소용량의 전원 스위치로 사용한다.

(다) 슬라이드 스위치 (slide switch) : 접점부가 미끄러져서 이동하는 것으로 스위치를 고정시키기 위하여 위치를 고정시키는 볼이 내장되어 있는 유지형 스위치이다.

(라) 전압 절환용 스위치 (voltage selector switch) : 사용 전압에 적당한 전압을 절환하는 유지형 스위치로서 특별한 경우에는 트랜스를 내장하는 경우도 있다.

(마) 파형 스위치 (rocker switch) : 슬라이드 스위치의 일종으로 파형 손잡이를 누르면 스프링의 힘을 갖는 접점 기구에 의하여 회로를 개폐하는 스위치이다.

(바) 트리거 스위치 (trigger switch) : 슬라이드 스위치의 일종으로 전기 해머 등 전동공구의 전원을 절환하는 스위치로 많이 사용한다.

(사) 실렉터 스위치 (selector switch) : 조작을 가하면 반대 조작이 있을 때까지 조작 접점 상태를 유지하는 유지형 스위치로서 운전/정지, 자동/수동, 연동/단동 등과 같이 조작 방법의 절환 스위치로 사용한다.

(아) 로터리 스위치 (rotary switch) : 접점부의 회전 작동에 의해서 접점을 변환하는 스위치이며, 원주상으로 접촉 단자를 배열하고 회전축과 연결된 중심 단자와의 접속으로 회로가 연결된다.

(자) 캠 스위치 (cam switch) : 캠의 작동에 의하여 접점이 개폐되는 스위치이며 여러 개의 단자를 이용할 수 있다.

(차) 풋 스위치 (foot switch) : 발로 밟아서 조작되는 스위치이다. 주로 반자동기, 프레스, 재봉틀, 용접 기계, 의료 기계, 사진 기기 등에서 많이 사용한다.

㈎ 모노레버 스위치 (monolever switch) : 1개의 레버로 4방향의 동작을 임의로 조작할 수 있는 스위치로서 각종 공작 기계와 산업 기계 등의 방향을 자주 전환하는 곳에 사용한다. 레버의 조작 방식에 따라 자동 복귀형, 고정형, 혼합형이 있다.

㈏ 키 스위치 (key switch) : 스위치의 조작이 키에 의해서만 가능한 스위치로 다른 사람이 조작해서는 안 되는 동력 스위치나 기타 안전 스위치용으로 사용한다.

③ 검출 스위치

㈎ 접촉식 스위치

㉮ 마이크로 스위치 (micro switch) : 소형으로 성형 케이스에 접점 기구를 내장하고 밀봉되어 있지 않은 스위치로서 압력 검출, 액면 검출, 바이메탈을 이용한 온도 조절, 중량 검출, 밀링 머신의 테이블 왕복 운동 등의 검출 스위치로 여러 분야에서 응용되고 있다.

㉯ 리밋 스위치 (limit switch) : 기기의 작동 행정 중 정해진 위치에서 작동하는 스위치로서 작동부와 스위치부로 구성된다. 스위치부는 마이크로 스위치가 견고한 케이스 속에 들어 있고 작동부의 형태에 따라 롤러 레버형, 롤러 조절 레버형, 로드 레버형, 코일 스프링형, 롤러 플런저형, 푸시 플런지형 등이 있으며, 외형의 형태에 따라 횡형과 입형으로 구분한다.

㉰ 액면 스위치 (FLTS : float switch) : 액면을 검출하기 위한 액면 스위치는 검출 방법에 따라 플로트를 사용하는 플로트 (float)식과 액체가 전극에 접촉했을 때 전극 간의 저항의 변화를 검출하는 전극식으로 나눈다.

㈏ 비접촉식 스위치

㉮ 근접 스위치 (PROS : proximity switch) : 자계의 에너지를 이용하여 검출 헤드에 접근하는 금속체를 검출하여 전기 회로를 개폐하는 스위치로, 마이크로 스위치, 리밋 스위치는 기계적 접점인 반면에 근접 스위치는 무접점 스위치이다.

- 고주파 발진형 근접 스위치 : 검출 코일에서 발생하는 고주파 자계 중에 검출체 (금속)가 접근하면 전자 유도 현상에 의해 검출체에 와전류가 발생하여 검출 코일에서 발생하는 자속의 변화를 이용하여 검출체의 유·무를 검출한다.
- 정전 용량형 근접 스위치 : 검출 전극에 검출체 (금속 또는 유전체)가 접근하면 검출 전극과 검출체 표면에 분극이 발생하여 대지 간 정전 용량이 변화하는 것을 이용하여 검출체의 유·무를 검출한다.

㉯ 광전 스위치 (PHS : photo electric switch) : 빛을 대상 물체에 투과하여 빛의 반사, 투과, 흡수, 차광 등의 변화를 이용하여 검출하는 스위치로서 물체의 유·무 검출뿐만 아니라 검출체의 대·소, 색상, 명암 등을 검출하는 스위치로 빔 스위치 (beam switch)라고도 한다. 투광기와 수광기로 구성되어 있으며, 광의 검출 방식에 따라 투과형, 직접 반사형, 거울 반사형으로 구분한다.

㈐ 온도 스위치 (thermo switch) : 온도가 설정 온도값에 도달했을 때 동작하는 검출 스위치이며, 온도의 변화에 대하여 전기적 특성이 변하는 소자인 서미스터와 백금 등의 저항이 변하는 것과 열기전력이 생기는 열전대 등을 측온체로 이용하여 그 변화에서 미리 설정한 온도에 도달되는 것을 검출하여 동작하는 스위치이다.

④ 차단기

㈎ 커버 나이프 스위치 (cover knife switch) : 전면에 베이클라이트 또는 도자기로 외피를 입힌 스위치로 전원의 상수에 따라 단상형, 삼상형으로 구분되며, 밑부분에는 퓨즈가 부착되어 있다.

㈏ 배선용 차단기 (molded case circuit breaker) : 과부하 장치가 있는 장치로 일명 NFB (NO Fuse Breaker)라고 하며, 전동기 0.2 kW 이상의 운전 회로, 주택 배전반용 및 각종 제어반에 사용되고 있으며 전원의 상수와 정격 전류에 따라 구분하여 사용하고 주변의 온도는 40℃를 기준으로 한다.

㈐ 누전 차단기 : 누전, 감전 등의 재해를 방지하기 위하여 누전이 발생하기 쉬운 곳에 설치하고 이상 발생을 감지하여 회로를 차단시키는 작용을 한다.

㈑ 퓨즈 및 퓨즈 홀더 (fuse links and fuse holder) : 정격 전류 이상의 전류가 흐를 때 자동으로 끊어져서 회로를 차단시켜 주는 역할을 하며 퓨즈를 고정시키는 것이 퓨즈 홀더이다.

⑤ 제어 기기

㈎ 전자 계전기 (electromagnetic relay) : 코일 단자에 전류를 가하면 철심이 여자되어 전자석의 힘에 의하여 가동 철편 단자를 끌어당겨 접점의 개폐를 변환하는 계전기로 릴레이 (relay)라 한다.

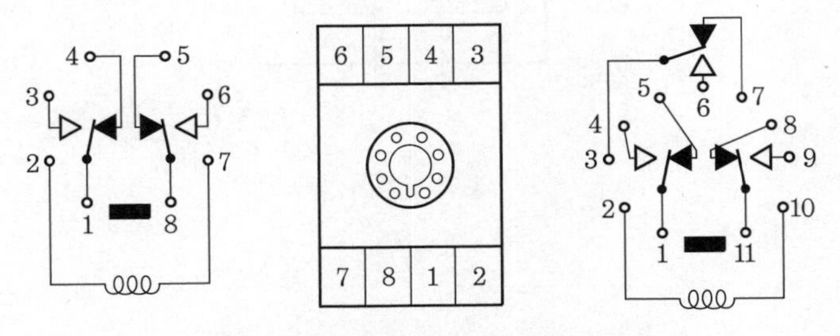

릴레이의 내부 구조 및 베이스의 구조

㈏ 한시 계전기 (timer) : 한시 계전기는 시퀀스 제어 회로에서 미리 정해진 시간이 경과한 후에 회로를 전기적으로 개폐하는 접점을 가진 계전기를 말하며, 일반적으로 타이머 (timer)라 한다.

(다) 카운터 (counter) : 카운터는 입력 신호의 여부에 따라 수를 계수하는 기기로 공작 기계나 자동화 기기 등에서 기계의 동작 횟수 및 생산 수량을 계수하는 목적으로 사용한다.

⑥ 구동용 기기 : 제어계의 명령 처리부에서 명령에 따라 기계 본체를 제어 목적에 맞게 동작시키기 위한 것으로 명령을 운전으로 중개 역할을 하는 제어 기기로 전기식, 공압식, 유압식 등으로 세 종류가 있다.

(가) 전자 접촉기 (electro magnetic contactor) : 전자석의 동작에 의하여 부하 회로를 빈번하게 개폐하는 접촉기를 말하며, 일명 플런저형 전자 계전기라고 한다. 접점에는 주 접점과 보조 접점이 있으며, 주 접점은 전동기를 기동하는 접점으로 접점 용량이 크고 a접점만으로 구성되어 있다. 보조 접점은 보조 계전기와 마찬가지로 작은 전류 및 제어 회로에 사용하며, a접점과 b접점으로 구성되어 있고 주 접점과 보조 접점은 동시에 동작한다.

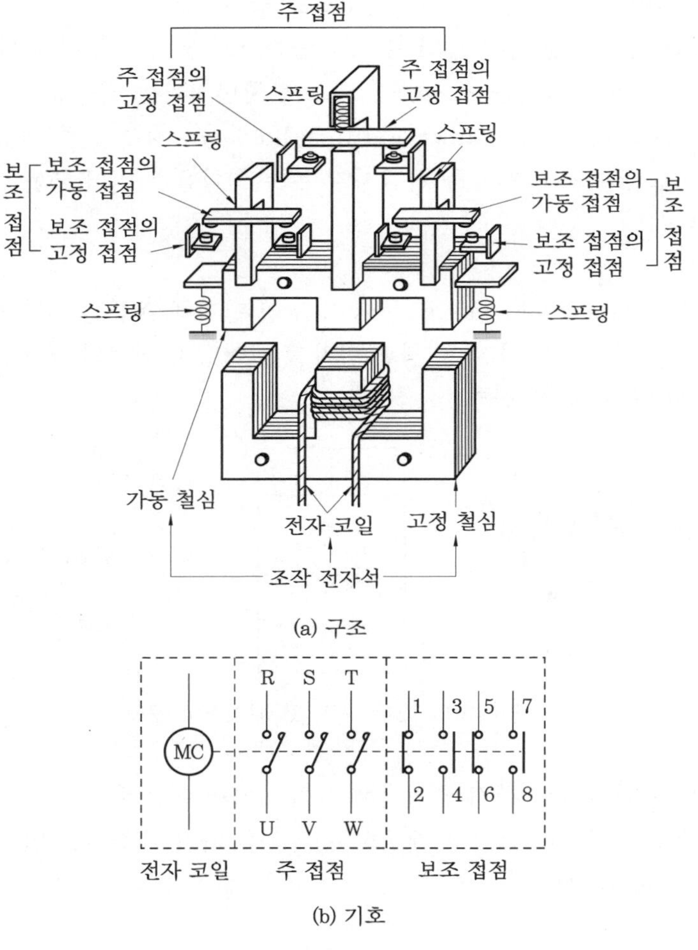

(a) 구조

(b) 기호

전자 접촉기의 구조

(나) 열동형 과전류 계전기 (thermal relay) : 전동기의 과부하 또는 구속 상태 등으로 정격 전류 이상의 과전류가 흐르면 열에 의해 바이메탈이 휘어지는 원리를 이용하여 회로의 개폐기를 차단하여 전동기의 소손을 방지하는 계전기이다.

3-2 시퀀스 제어 회로

(1) 시퀀스도 접속도 작도법

① 시퀀스도의 작성 방법

(가) 제어 전원 모선은 전원 도선으로 도면 상하에 가로선으로 또는 도면 좌우에 세로선으로 표시한다.

(나) 제어 기기를 연결하는 접속선은 상하 전원 모선 사이에 수직선으로 또는 좌우 전원 모선 사이에 수평선으로 표시한다.

(다) 접속선은 작동 순서에 따라 좌에서 우로 또는 위에서 아래로 그린다.

(라) 제어 기기는 비작동 상태로 하며 모든 전원은 차단한 상태로 표시한다.

(마) 개폐 접점을 가진 제어 기기는 그 기구 부분이나 지지 보호 부분 등의 기계적 관련 상태를 생략하고 접점 및 코일 등으로 표시하며, 접속선에서 분리하여 표시한다.

(바) 제어 기기가 분산된 각 부분에는 그 제어 기기명을 표시한 문자 기호를 첨가하여 기기의 관련 상태를 표시한다.

② 시퀀스도의 종서와 횡서 : 접속선 내의 신호의 흐름 방향을 기준으로 해서 종서와 횡서로 구분된다.

(가) 종서 시퀀스도의 작도법

㉮ 제어 전원 모선은 도면의 상하 방향으로 가로선으로 그린다.

㉯ 접속선은 제어 전원 모선 사이의 세로선으로 그린다.

㉰ 제어 기기는 작동 순서에 따라 좌에서 우로 그리는 것을 원칙으로 한다.

(나) 횡서 시퀀스도의 작도법

㉮ 제어 전원 모선은 도면의 좌우 방향으로 세로선으로 그린다.

㉯ 접속선은 제어 전원 모선 사이의 가로선으로 그린다.

㉰ 제어 기기는 작동 순서에 따라 위에서 아래로 그리는 것을 원칙으로 한다.

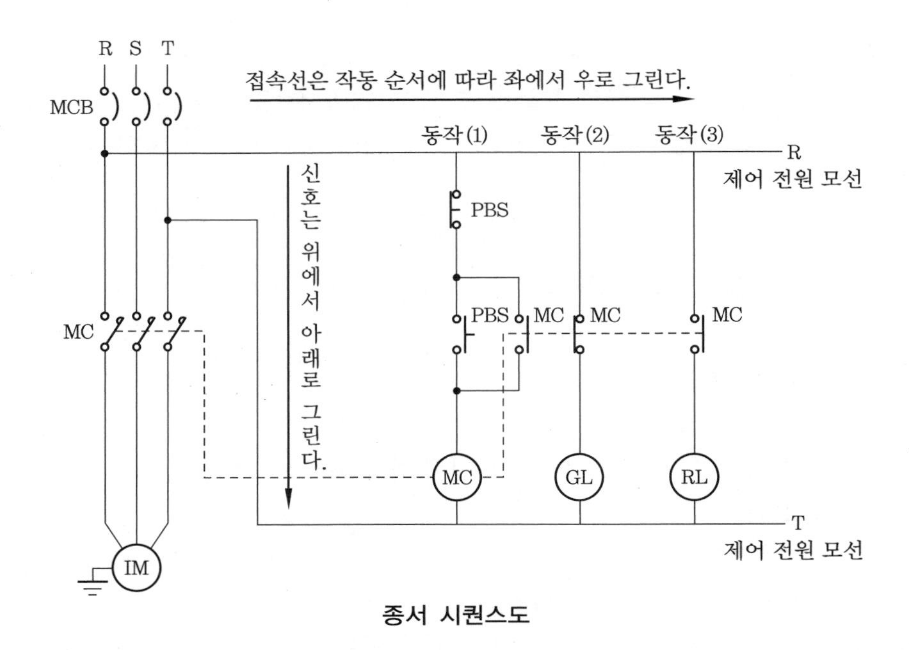

종서 시퀀스도

③ 시퀀스도의 제어 전원 모선의 표시법 : 시퀀스도의 제어 전원 모선은 하나하나씩 전원 심벌로 표시하지 않고 직류 전원은 P, N으로, 교류 전원은 R, S 또는 R, T로 표시한다.

㈎ 직류 제어 전원 모선의 표시법 : 직류 전원은 P (positive) 선과 N (negative) 선으로 표시하는데 양극 P는 +(정)를 표시하고 위쪽이나 좌측에 그리며, 음극 N은 -(부)를 표시하고 아래쪽이나 우측에 그린다.

㈏ 교류 제어 전원 모선의 표시법 : 교류 전원은 R, S 또는 R, T로 표시하며 극성은 극히 중요하지 않다.

㈐ 직류 및 교류 제어 전원 모선의 표시법 : 직류 전원 모선은 종서에는 위쪽에, 횡서에는 왼쪽으로 그리고, 교류 전원은 종서에는 아래쪽, 횡서에는 오른쪽에 그린다.

④ 개폐점을 갖는 기기의 표현법

㈎ 수동 조작 기기는 손을 뗀 상태를 그린다.

㈏ 전원은 차단한 상태로 그린다.

㈐ 복귀형 기기는 복귀한 상태로 그린다.

⑤ 표시등의 색상

표시 종류	색상	약호	표시 종류	색상	약호
전원 표시	백색	WL, PL	경보 표시	등색	OL
운전 표시	적색	RL	고장 표시	황색	YL
정지 표시	녹색	GL			

(2) 전동기 회로

① 기본 회로

㈎ 전 전압 기동 회로 : 3상 유도 전동기의 전 전압 기동 회로는 소형 전동기를 운전할 때 정격 전압을 인가하는 방법으로 기동 스위치 PBS_{ON}을 누르면 전동기가 회전하고 정지 스위치 PBS_{OFF}를 누르면 전동기가 정지하는 회로이다.

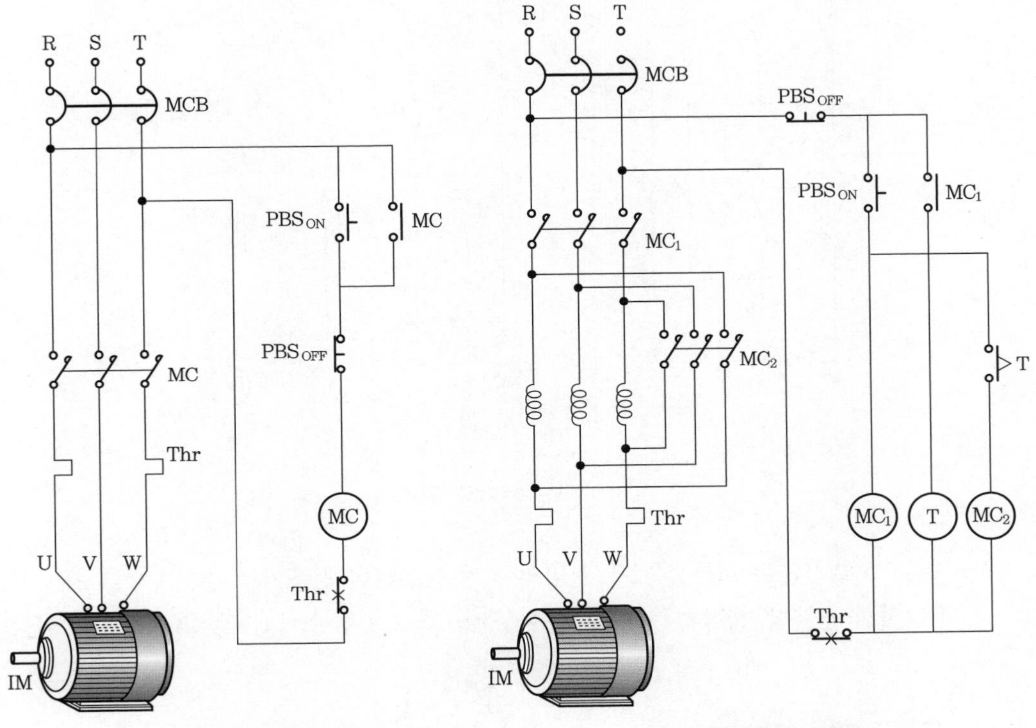

전 전압 기동 회로　　　　리액터 기동 회로

㈏ 리액터 기동 회로 : 리액터 기동 회로는 전동기의 1차 측에 직렬로 기동 리액터를 연결하여 기동 시에는 리액터에 의해 저압을 감압한 전원으로 기동하고 속도가 상승하면 리액터를 차단하여 전 전압으로 전동기를 운전하는 저전압 기동법이다.

㈐ 기동 보상기 기동 회로 : 기동 보상기 회로는 단권 변압기의 구조로 구성된 기동 보상기를 이용하여 감압된 전원으로 전동기를 기동한 후 속도가 상승하면 기동 보상기를 단락시켜 전 전압으로 전동기를 운전하는 저전압 기동법이다.

㈑ $Y-\Delta$ 기동 회로 : $Y-\Delta$ 기동 회로는 유도 전동기의 고정자 권선의 결선을 외부의 전자 접촉기에 의하여 Y 결선으로 결선하여 전압을 $\frac{1}{\sqrt{3}}$로 감압하여 기동한 후 전동기의 속도가 상승하면 Δ 결선으로 바꾸어 전 전압으로 운전하는 방법이다.

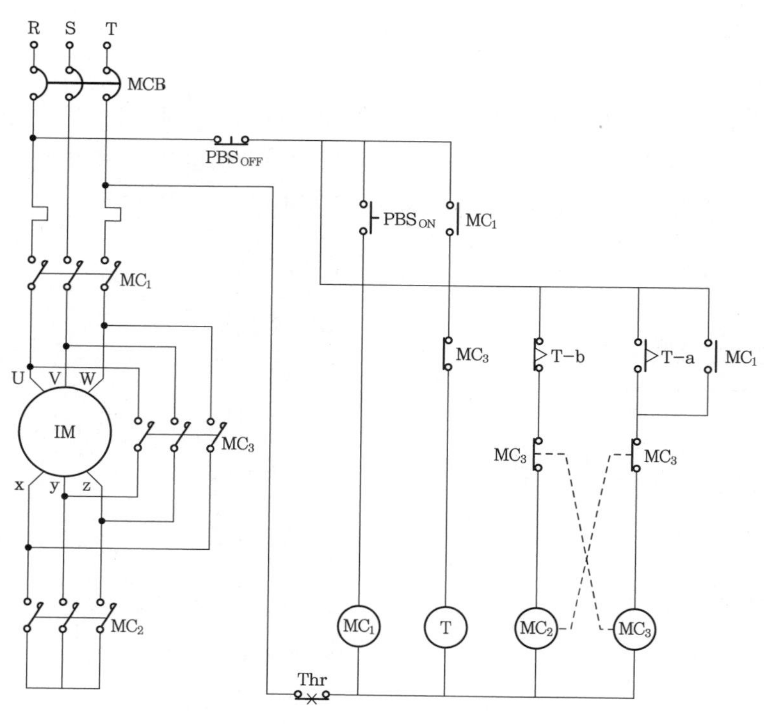

Y-⊿ 기동 회로

(마) 촌동 회로 : 촌동 회로는 기계 설비의 조정을 위하여 전동기를 순간적으로 기동 또는 정지시킬 경우에 사용하는 미동 운전 제어 회로이며 조그(jog) 회로라고도 한다.

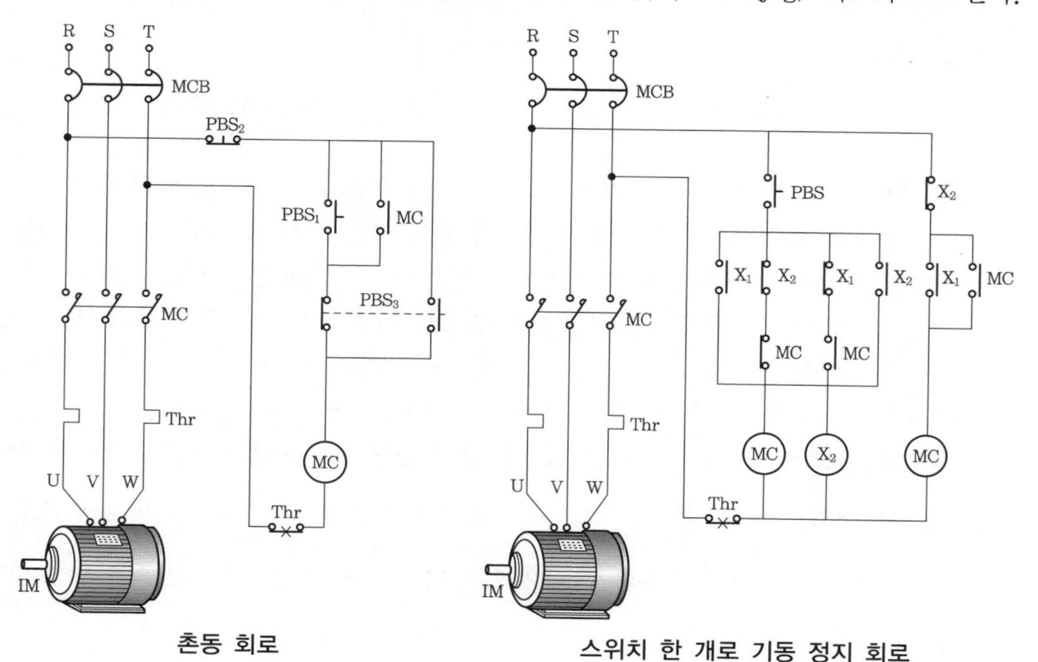

촌동 회로

스위치 한 개로 기동 정지 회로

(바) 스위치 한 개로 기동 정지 회로 : 스위치 한 개를 이용하여 기동과 정지하는 회로로 정지 상태에서 스위치를 누르면 운전 상태가 되고 운전 상태에서 스위치를 누르면 정지하는 제어 회로이다.

(사) 단상 콘덴서 전동기 기동 : 단상 유도 전동기에서 가장 효율이 좋은 콘덴서 전동기는 세탁기, 냉장고, 펌프 등 가정용 전동기용으로 많이 사용하고 있다. 콘덴서 전동기는 주 권선과 보조 권선을 전기가 90°로 극축을 달리하여 권선이 감겨 있고 보조 권선에는 콘덴서를 직렬로 접속하여 보조 권선의 전류 위상을 주 권선보다 진상으로 동작시킨다.

(아) 정역 운전 회로 : 정역 운전 회로는 유도 전동기의 전원 R, S, T의 3단자 중 2단자의 접속을 바꾸어 전동기의 회전 방향을 변경하는 방법으로 전자 개폐기 2개를 사용하여 전동기의 주 회로 결선을 바꾸어 정역 회전을 변환시킨다.

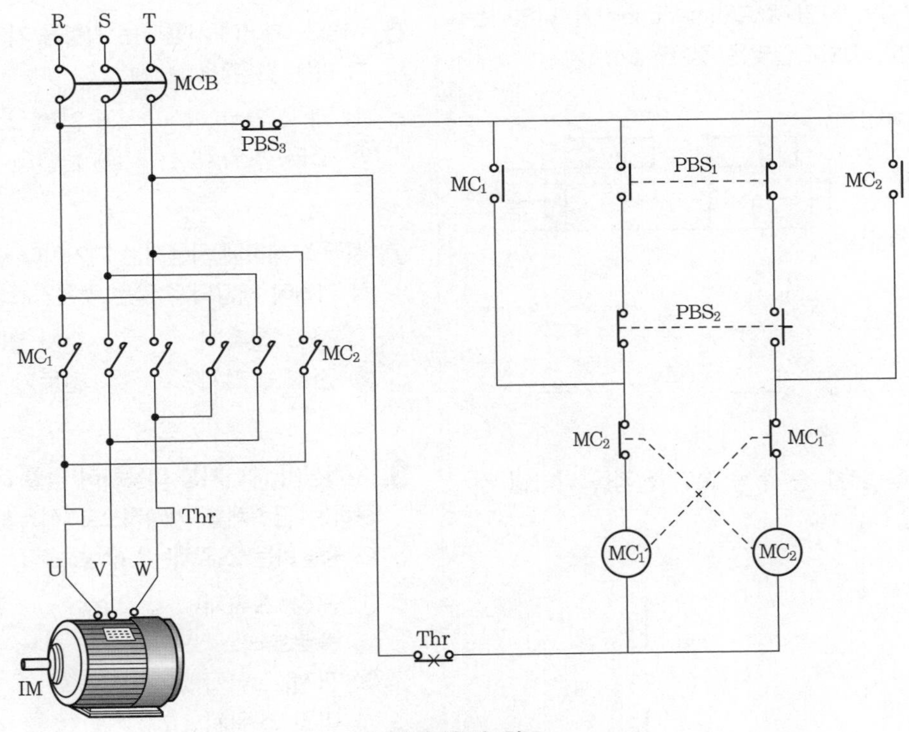

정역 운전 회로

(자) 단상 콘덴서 전동기 정역 회로 : 단상 콘덴서 전동기의 회전 방향 변경은 전동기 내 보조 권선의 전류의 극성을 바꾸어 운전한다.

출제 예상 문제

기계정비산업기사

1. 시퀀스 제어에 관한 설명 중 틀린 것은 어느 것인가? (11년 3회)

① 논리 조합 회로가 이루어진다.
② 전체 시스템을 순차적으로 작동시킬 수 있다.
③ 릴레이 회로가 사용된다.
④ 시간 지연 요소가 이용된다.

2. 그림의 타임 차트(time chart)가 나타내는 접점 기호로 알맞은 것은? (08년 1회)

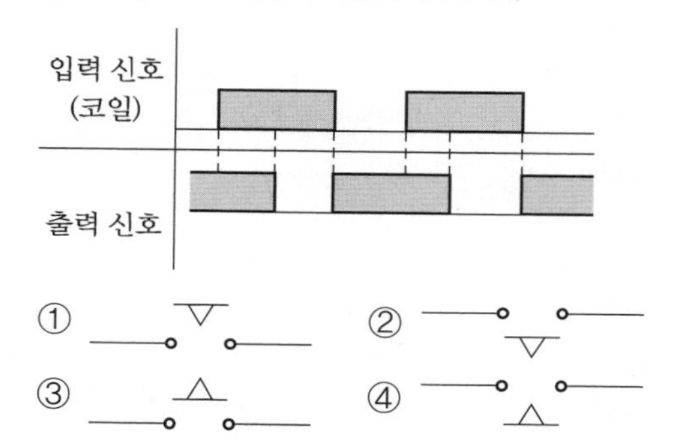

3. 다음 심벌 중 수동 복귀 접점을 나타낸 것은? (09년 3회)

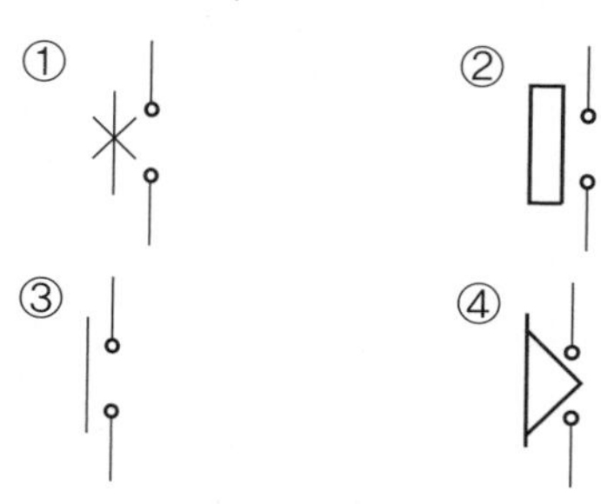

4. 검출용 기기에서 접촉식 검출 기기에 해당되는 것은? (08년 3회)

① 근접 센서 ② 광전 센서
③ 리밋 스위치 ④ 초음파 센서

5. 비접촉 검출 스위치의 종류에 해당되지 않는 것은? (07년 1회/09년 3회)

① 광전 스위치 ② 마이크로 스위치
③ 초음파 스위치 ④ 근접 스위치

6. 시퀀스 제어에 사용되는 지령용 기기에 속하지 않는 것은? (07년 1회)

① 캠 스위치 ② 압력 스위치
③ 토글 스위치 ④ 텀블러 스위치

7. 시퀀스 제어에 사용되는 기기이다. 조작 · 출력 기기에 해당되지 않는 것은? (05년 1회)

① 전자 접촉기 ② 전자 릴레이
③ 전자 클러치 ④ 전동기

8. 자기장의 에너지를 이용하여 검출 헤드에 접근하는 금속체를 기계적으로 접촉시키지 않고 검출하는 스위치는? (10년 3회)

① 근접 스위치
② 플로트리스 스위치
③ 광전 스위치
④ 리밋 스위치

9. 물탱크의 수위를 조절하는 자동 스위치를 표시하는 것은? (12년 1회)

① FS ② FCB
③ FLTS ④ FTS

정답 1. ② 2. ④ 3. ① 4. ③ 5. ② 6. ② 7. ② 8. ① 9. ③

10. 다음 중 전자 계전기의 기능이라 볼 수 없는 것은? (09년 3회/12년 2회)

① 증폭 기능 ② 전달 기능
③ 연산 기능 ④ 충전 기능

11. 계전기의 기기 기호 중 전류 계전기는 어느 것인가? (10년 1회)

① R ② OVR
③ OCR ④ GR

12. 다음 시퀀스 회로를 논리식으로 나타낸 것은? (11년 2회)

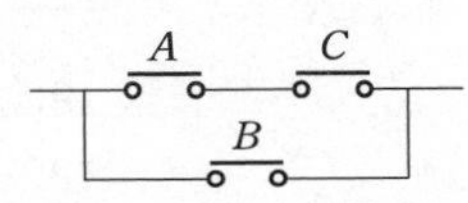

① $A+B+C$ ② $(A \cdot C)+B$
③ $A \cdot (B+C)$ ④ $(A+B) \cdot C$

13. 그림은 접점에 의한 논리 회로를 표현한 것이다. 알맞은 논리 회로는? (11년 2회)

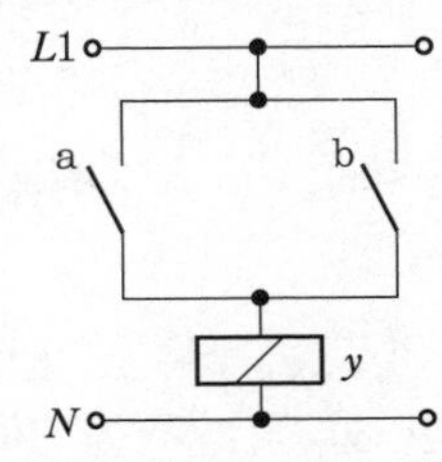

① OR 논리 회로 ② AND 논리 회로
③ NOT 논리 회로 ④ X-OR 논리 회로

14. 다음 시퀀스 회로를 논리식으로 나타낸 것은? (10년 1회)

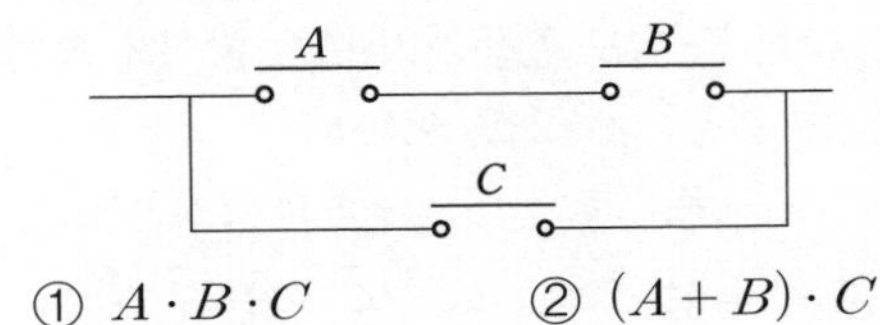

① $A \cdot B \cdot C$ ② $(A+B) \cdot C$
③ $A \cdot (B+C)$ ④ $(A+B) \cdot C$

15. 그림에 표시된 회로의 설명으로 잘못된 것은? (04년 1회)

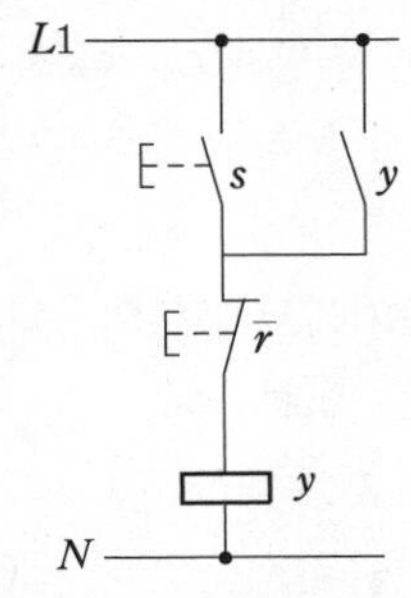

① 세트(set) 우선 회로이다.
② 래칭(latching) 회로라고도 한다.
③ 메모리 회로의 일종이다.
④ 논리식은 y=(s+y)r이다.

16. 다음 그림의 회로도 명칭은? (05년 1회)

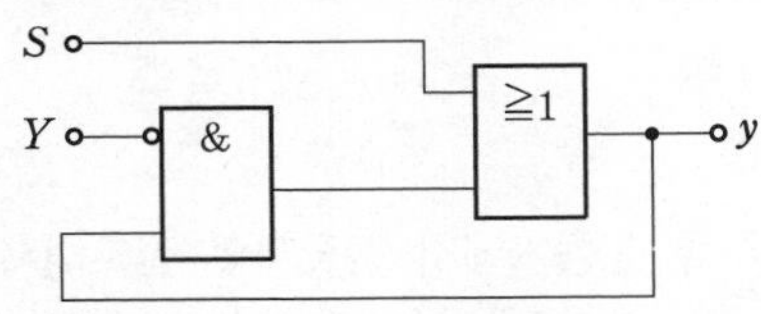

① 존동 회로 ② 병렬 회로
③ 세트 우선 회로 ④ 리셋 우선 회로

17. 다음 중 직류 전동기의 속도 제어와 관계없는 것은? (11년 2회)

① 전압 제어 ② 계자 제어
③ 저항 제어 ④ 전기자 제어

18. 직류 전동기의 회전 방향을 바꾸는 방법으로 적합한 것은? (10년 3회)

① 콘덴서의 극성을 바꾼다.
② 정류자의 접속을 바꾼다.
③ 브러시의 위치를 조정한다.
④ 전기자 권선의 접속을 바꾼다.

정답 10. ④ 11. ③ 12. ② 13. ① 14. ② 15. ① 16. ③ 17. ④ 18. ④

해설 직류 전동기의 회전 방향을 반대로 하려고 할 때 전동기의 단자 전압의 극성을 바꾸어도 역전되지 않는다. 그 이유는 자속 Φ와 전기자 전류 I_a의 방향이 동시에 반대가 되기 때문이다. 따라서 자속 Φ와 전기자 전류 I_a 중 하나만 반대로 해야 한다. 즉 계자 회로나 전기자 회로 중 어느 하나만 바꾸면 된다.

19. 직류 전동기에서 별도의 계자 전원이 필요한 전동기는? (10년 2회)

① 직권 전동기 ② 분권 전동기
③ 복권 전동기 ④ 타여자 전동기

해설 타여자 전동기는 여자 전원과 전기자 전원이 독립되어 있는 경우에 사용된다.

20. 직류 전동기에서 자속을 감소시키면 회전수는? (09년 1회)

① 증가 ② 감소
③ 정지 ④ 불변

21. 직류 전동기에서 정류자와 접촉해서 전기자 권선과 외부 회로를 연결하여 주는 것은 어느 것인가? (09년 2회)

① 계자 ② 전기자
③ 브러시 ④ 계자 철심

22. 농형 유도 전동기의 기동법으로 사용되지 않는 것은? (07년 3회/11년 3회)

① 전 전압 기동법 ② 기동 보상기법
③ $Y-\Delta$ 기동법 ④ 2차 저항법

23. 회전 방향을 바꿀 수 없고 기동 토크와 효율이 낮으나 구조가 간단하여 전자 밸브, 녹음기 및 가정용 전동기에 많이 사용되는 것은? (06년 3회/10년 1회)

① 반발 기동형 전동기
② 셰이딩 코일형 전동기
③ 콘덴서 기동형 전동기
④ 분상 기동형 전동기

24. 유도 전동기의 동기 속도가 3600 rpm이고, 실제 회전자 속도가 3492 rpm일 때 슬립은 몇 %인가? (12년 3회)

① 9 ② 6
③ 3 ④ 0.03

25. 60 Hz, 4극, 3상 유도 전동기가 있다. 슬립이 4 %일 때 전동기의 회전수는? (12년 1회)

① 3600rpm ② 1800rpm
③ 1728rpm ④ 1228rpm

26. 60 Hz, 4극 유도 전동기의 회전자 속도가 1728 rpm일 때 슬립은 얼마인가? (11년 1회)

① 0.04 ② 0.05
③ 0.08 ④ 0.10

27. 유도 전동기의 $Y-\Delta$ 기동과 관계없는 것은? (12년 3회)

① 전동기의 기동 전류를 제한한다.
② 정격 전압을 직접 전동기에 가해 기동한다.
③ 기동 시 전동기의 고정자 권선을 Y 결선한다.
④ 기동 전류가 감소하면 Δ로 전환한다.

28. 다음 중 유도 전동기의 보호 방식에 속하지 않는 것은? (06년 3회/12년 1회)

① 전개형 ② 보호형
③ 방수형 ④ 방진형

정답 19. ④ 20. ① 21. ③ 22. ④ 23. ② 24. ③ 25. ③ 26. ① 27. ② 28. ①

29. 다음 중 단상 유도 전동기의 기동 방법으로 옳지 않은 것은? (08년 3회)

① 분상 기동형 ② 콘덴서 기동형
③ 직권 기동형 ④ 셰이딩 코일형

해설 단상 유도 전동기 : 분상 기동형 콘덴서, 기동형 반발 기동형, 셰이딩 코일형 특수 전동기

30. 3상 유도 전동기가 운전 중 갑자기 정지하였다. 대책 방법이 아닌 것은? (02년 3회 / 11년 3회)

① 전원의 정전 유무를 조사한다.
② 전동기 전원을 다시 넣어 전동기가 운전되면 그냥 사용한다.
③ 전동기를 기동해 보아 이상이 없는가를 조사한다.
④ 전동기의 단자의 전압을 측정한다.

31. 3상 유도 전동기의 회전 속도 제어와 관계없는 요소는? (11년 2회)

① 전압 ② 극수
③ 슬립 ④ 주파수

32. 회전자에 슬립링을 설치하고 외부에 기동 저항을 접속하여 기동 전류를 제한하는 전동기는? (11년 1회)

① 농형 유도 전동기
② 권선형 유도 전동기
③ 단상 유도 전동기
④ 반발 유도 전동기

33. 다음 중 DC 서보모터의 장점으로 맞지 않는 것은? (05년 3회)

① 브러시가 없어 보수가 용이하다.
② 토크가 전력에 비례하므로 기동 토크가 크다.
③ 제어 선형성이 좋아 응답성이 좋다.
④ 회전수는 모터 단자 전압에 의해 정해진다.

34. 다음 중 서보 전동기용 검출기가 아닌 것은 어느 것인가? (12년 3회)

① 태코 제너레이터
② 인코더
③ 리졸버
④ 조속기

35. 전기 기기에서 히스테리시스손을 경감시키기 위한 방법은 어느 것인가? (12년 2회)

① 성층 철심 사용
② 보상 권선 설치
③ 규소 강판 사용
④ 보극 설치

36. 전기자 철심용으로 얇은 규소 강판을 성층하는 이유는? (07년 1회 / 10년 1회)

① 비용 절감 ② 기계손 감소
③ 와류손 감소 ④ 가공 용이

37. 직류 발전기에서 전기자의 주된 역할은 어느 것인가? (11년 2회)

① 교류를 직류로 변환한다.
② 자속을 만든다.
③ 회전자를 지지한다.
④ 기전력을 유도한다.

38. 직류 발전기에서 계자 철심에 잔류 자기가 없어도 발전할 수 있는 발전기는? (11년 1회)

① 분권 발전기 ② 복권 발전기
③ 직권 발전기 ④ 타여자 발전기

정답 29. ③ 30. ② 31. ① 32. ② 33. ① 34. ④ 35. ③ 36. ③ 37. ④ 38. ④

39. **직류 발전기의 규약 효율은?** (10년 3회)

① $\frac{\text{출력}}{\text{입력}} \times 100\%$

② $\frac{\text{출력}}{\text{출력}+\text{손실}} \times 100\%$

③ $\frac{\text{입력}-\text{손실}}{\text{입력}} \times 100\%$

④ $\frac{\text{출력}}{\text{입력}+\text{손실}} \times 100\%$

40. **직류기에서 기전력을 유도하는 부분은 어느 것인가?** (12년 1회)

① 계자 ② 전기자
③ 정류자 ④ 계철

41. **직류 발전기에서 전기자 철심을 성층 철심으로 하는 이유는?** (09년 1회)

① 동손의 감소 ② 기계손의 감소
③ 철손의 감소 ④ 풍손의 감소

해설 전기자가 회전할 때 자속을 끊게 되면 와류가 발생, 철심이 가열되는 것을 방지한다.

42. **다음 중 직류 발전기의 주요 3요소라 할 수 있는 것은?** (10년 2회)

① 전기자, 계자, 브러시
② 브러시, 계자, 정류자
③ 전기자, 브러시, 정류자
④ 전기자, 계자, 정류자

43. **직류 발전기에서 전기자 반작용을 방지하는 대책으로 볼 수 없는 것은?** (09년 1회)

① 브러시의 위치를 전기적 중성축까지 이동한다.
② 정류자를 설치한다.
③ 보상 권선을 설치한다.
④ 보극을 설치한다.

44. **타여자 발전기의 전기자 저항 0.1Ω에 50 A의 부하 전류를 공급하여 단자 전압 200 V를 얻었다. 다음 중 발전기의 유도 기전력은 몇 V인가?** (12년 2회)

① 200 ② 450
③ 195 ④ 205

45. **전기 회로에서 일어나는 과도 현상은 그 회로의 시정수와 관계가 있다. 이 사이에 관계를 바르게 표현한 것은?** (09년 2회)

① 시정수는 과도 현상의 지속 시간에는 상관하지 않는다.
② 시정수가 클수록 과도 현상은 빨라진다.
③ 회로의 시정수가 클수록 과도 현상은 오래 지속된다.
④ 시정수의 역이 클수록 과도 현상은 천천히 사라진다.

46. **다음 중 오실로스코프로 측정할 수 없는 것은?** (09년 1회)

① 위상 ② 임피던스
③ 전압 ④ 주파수

47. **다음 중 변류기(CT)의 2차 정격 전류는 몇 A인가?** (10년 2회)

① 3 ② 5
③ 8 ④ 10

48. **계장 배선의 장·단점에서 MI 케이블의 장점이 아닌 것은?** (10년 2회)

① 전선관에 넣을 필요가 없다.
② 방폭 공사 시에 피팅(fitting)이 불필요

정답 39. ② 40. ② 41. ③ 42. ④ 43. ② 44. ④ 45. ③ 46. ② 47. ② 48. ④

하다.
③ 피복이 없고 불에 전혀 타지 않는다.
④ 방습을 위하여 단말 처리가 필요하다.

49. 전원 회로에서 리플(ripple) 전압이란 무엇인가? (07년 1회)
① 정류된 직류 전압
② 정류된 전압의 교류분
③ 부하 시의 전압
④ 무부하 시의 전압

50. 장시간(수 밀리초 : 수 ms) 데이터를 유지하지 못해 리프레시(refresh)가 필요하나, 대용량을 지닌 메모리는? (05년 3회)
① PROM ② DRAM
③ SRAM ④ EPROM

51. 다음 그림의 래더 다이어그램(ladder diagram)을 PLC 프로그램 할 때 최소의 스텝 수는? (04년 3회)

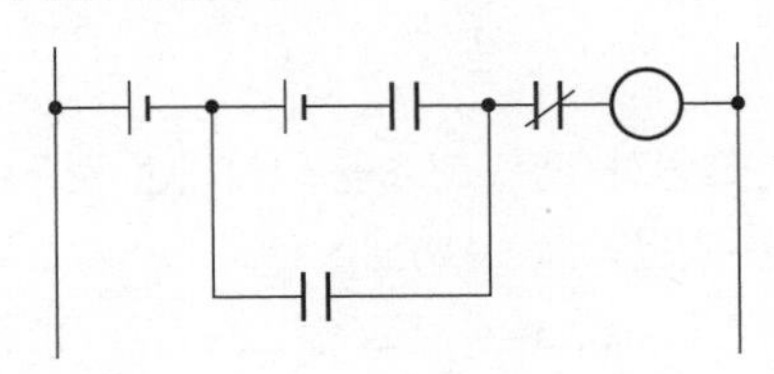

① 6 ② 8
③ 10 ④ 12

52. PLC의 구성 중 입력(input) 측에 해당되지 않는 것은? (04년 3회)
① 센서(sensor)
② 입력 스위치
③ 열동 과전류 계전기의 접점
④ 벨(bell)

53. 정보를 기억 장치에 기억시키거나 읽어 내는 명령을 한 후부터 실제로 정보가 기억 또는 읽기 시작할 때까지 소요되는 시간을 무엇이라 하는가? (02년 3회)
① access time
② processing time
③ seek time
④ idle time

54. 다음 PLC용 프로그램 작성 중 프로그램 오류를 찾아서 수정하는 작업을 무엇이라 하는가? (08년 3회)
① 입출력 기기의 할당
② 시퀀스 회로 조립
③ 디버깅
④ 코딩

55. PLC(programmable logic controller) 특징이 아닌 것은? (12년 3회)
① 릴레이 제어반에 비해 가격이 매우 저가이다.
② 릴레이 제어반에 비해 배선 및 설치가 용이하다.
③ 릴레이 제어반에 비해 유지 보수가 용이하다.
④ 릴레이 제어반에 비해 높은 신뢰성을 갖는다.

56. 다음 중 PLC 제어의 특징이 아닌 것은 어느 것인가? (11년 3회)
① 복잡한 제어라도 설계가 용이하다.
② 신뢰성이 우수하다.
③ 접촉 불량 발생 우려가 있으며 수명의 제약이 있다.
④ 프로그램 변경만으로 제어 내용이 변

정답 49. ② 50. ② 51. ① 52. ④ 53. ① 54. ③ 55. ① 56. ③

할 수 있다.

57. 다음 중 PLC 기본 모듈(CCU)의 구성이 아닌 것은? (11년 1회)

① 전원부 ② A/D 변환부
③ CPU ④ 입출력부

58. 다음 중 PLC의 특징이 아닌 것은? (11년 1회)

① 설비의 변경, 확장이 쉽다.
② 제어반 설치 면적이 크다.
③ 안정성 및 신뢰성이 높다.
④ 노이즈에 대한 대책이 필요하다.

59. 다음 중 PLC의 입력부에 연결될 기기는 어느 것인가? (12년 1회)

① 솔레노이드 밸브
② 광전 스위치
③ 경보 벨
④ 표시 램프

60. PLC 제어반의 특징이 아닌 것은? (11년 2회)

① 프로그램으로 복잡한 제어 기능도 할 수 있다.
② 유닛 교환으로 수리를 할 수 있다.
③ 복잡한 제어라도 설계가 용이하다.
④ 완성된 장치는 다른 곳에서 사용할 수 없다.

61. 다음 중 PLC의 입력부에 연결되는 기기가 아닌 것은? (08년 3회)

① 솔레노이드 밸브
② 광전 스위치
③ 근접 스위치
④ 리밋 스위치

62. 60Hz 4극 3상 유도 전동기의 회전 자기장 회전수(rpm)는? (07년 1회/15년 2회)

① 3600 ② 1800
③ 1600 ④ 1200

해설 $n = \frac{120f}{P} = \frac{120 \times 60}{4} = 1800$

63. 다음 중 3상 유도 전동기의 속도 제어법이 아닌 것은? (08년 1회/09년 2회/13년 1회)

① 슬립 제어 ② 극수 제어
③ 주파수 제어 ④ 계자 제어

해설 직류 전동기의 회전 속도를 변화시키려면 전압 변화, 저항 제어, 계자 제어로 가능하다.

64. 다음 중 셰이딩 코일형 전동기의 특성이 아닌 것은? (09년 3회/13년 3회)

① 구조가 간단하다.
② 회전 방향을 바꿀 수 있다.
③ 효율이 좋지 않다.
④ 기동 토크가 매우 작다.

65. 그림과 같은 기호를 나타내는 것으로서 옳은 것은? (07년 3회/15년 3회)

① 수동조작 자동복귀 b접점
② 전자 접촉기 b접점
③ 보조 계전기 b접점
④ 수동복귀 b접점

66. 시퀀스 제어의 작동 상태를 나타내는 방식이 아닌 것은? (07년 1회/16년 2회)

① 타임 차트 ② 플로 차트
③ 릴레이 회로도 ④ 나이퀴스트 선도

정답 57. ② 58. ② 59. ② 60. ④ 61. ① 62. ② 63. ③ 64. ② 65. ④ 66. ④

CHAPTER

3 전자 제어

1. 전자 이론

1-1 반도체 소자

(1) 전자의 운동

원자핵은 양으로 대전된 입자인 양자와 비전된 입자인 중성자로 구성된다. 전자는 기본적으로 음으로 대전된 입자이다. 전자 하나가 갖고 있는 에너지를 1 eV라 정의하며, 1 eV $=1.6\times10^{-19}$ J이다.

(2) 에너지 구조

① 절연체 : 절연체는 유리, 나무와 같이 가전자들이 원자핵에 강하게 구속이 되어 있어 전류가 흐르지 못하는 물질이다. 가전자와 전도의 에너지 갭(energy gap)이 크기 때문에 가전자의 전자가 쉽게 전도로 이동을 하지 못한다.

② 반도체 : 도체와 절연체 사이에 존재하는 물질로 가전자와 전도의 에너지 갭이 작아 에너지를 받으면, 가전자의 전자가 전도대로 쉽게 이동을 할 수 있다. 일반적인 반도체는 실리콘(Si), 게르마늄(Ge)이다.

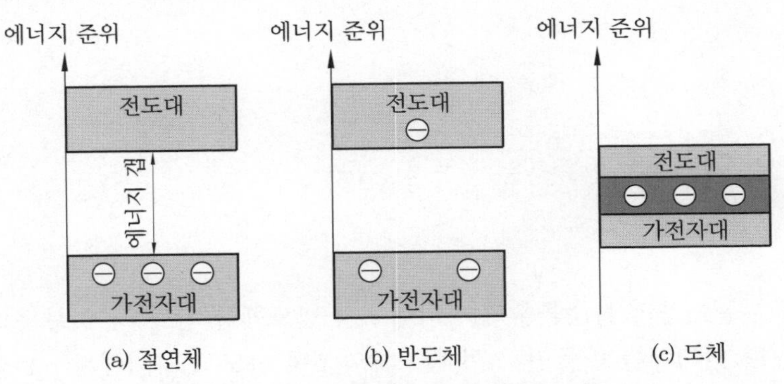

절연체, 반도체, 도체의 에너지 다이어그램

③ 도체 : 도체는 전도와 가전자가 중복되어 쉽게 전자가 이동할 수 있는 물질이다. 금, 은, 동과 같은 단일 물질로 느슨하게 묶여진 가전자들이 쉽게 전기 전도도에 관계되는

자유 전자가 될 수 있다.

(3) 공유 결합

실리콘, 게르마늄과 같은 반도체 물질은 최외각에 4개의 전자를 갖는다. 이러한 4개의 전자들은 원자핵에 대한 구속력이 약하나, 인접한 원자들과 4개의 전자들을 공유하게 되면 각 원자에 대해 8개의 가전자를 갖는 화학적인 안정 상태를 이루며, 이러한 결합을 공유 결합이라 한다.

(4) n형과 p형 반도체

① n형 반도체 : 4개의 가전자를 갖는 순수 반도체에 비소(As), 인(P), 안티몬(Sb)과 같은 5가의 불순물을 첨가한다. 5가의 불순물 원자의 4개 가전자들은 인접한 실리콘 원자의 4개의 가전자들과 공유 결합을 이루지만 나머지 한 개의 가전자는 잉여 전자가 된다. 이러한 잉여 전자는 구속력이 약하기 때문에 쉽게 전도 전자가 되어 전기 전도에 영향을 끼친다.

② p형 반도체 : 순수 실리콘에 알루미늄(Al), 붕소(B), 인듐(In), 갈륨(Ga)과 같은 3가의 불순물을 첨가한다. 첨가된 불순물의 3개의 가전자들은 인접한 실리콘 원자의 4개의 가전자들과 공유 결합을 이루지만 하나의 전자가 부족하여 전자를 받아들일 수 있는 빈 자리가 발생하며, 이것을 정공이라 한다. 이러한 정공은 전기 전도도에 관계되며 (+)인 전기적 성질을 갖는다.

③ 다수 반송자와 소수 반송자 : n형 반도체에서 전기 전도도에 관계되는 전류 반송자(carrier)는 5가 불순물에 의해 발생하는 잉여 전자이다. 이러한 전자들을 다수 반송자(majority carrier)라 부른다. 이와는 별도로 외부 에너지에 의해 극소수의 전자-정공쌍이 발생한다. 이때의 n형 반도체에서의 정공을 소수 반송자(minority carrier)라 한다.

1-2 다이오드

(1) pn 접합

실리콘에 일부는 5가의 불순물을 첨가하여 n형 반도체를 만들고, 일부는 3가의 불순물을 첨가하여 p형 반도체를 만들면, n형 반도체와 p형 반도체 사이에는 pn 접합이 생성된다. pn 접합이 형성되는 순간 접합면에서는 n형 반도체의 자유 전자가 확산하여 일부는 p형 반도체 영역으로 넘어가 p형 반도체의 정공과 결합한다. 이와 같은 전자와 정공의 결합으로 접합면에서는 캐리어가 존재하지 않는 영역이 생성되며, 이것을 공핍층(depletion region), 또는 공간 전하 영역이라 한다.

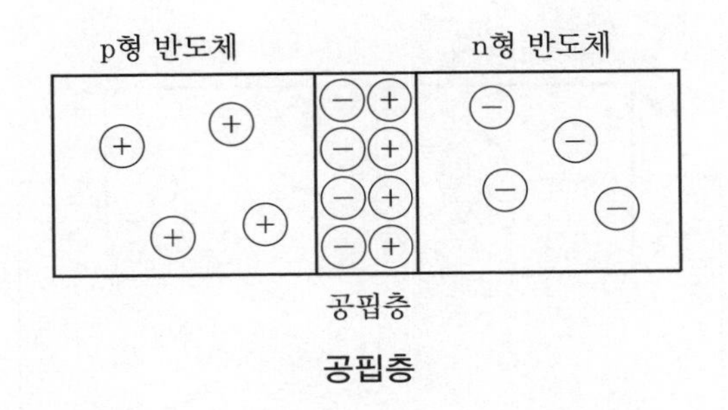

공핍층

(2) 바이어스 전압

① 순방향 바이어스

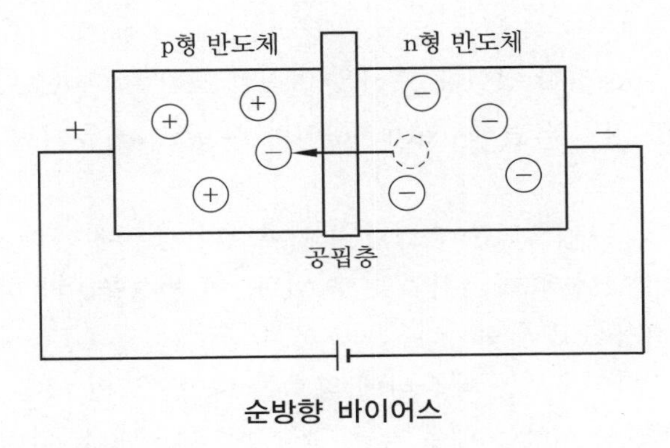

순방향 바이어스

② 역방향 바이어스

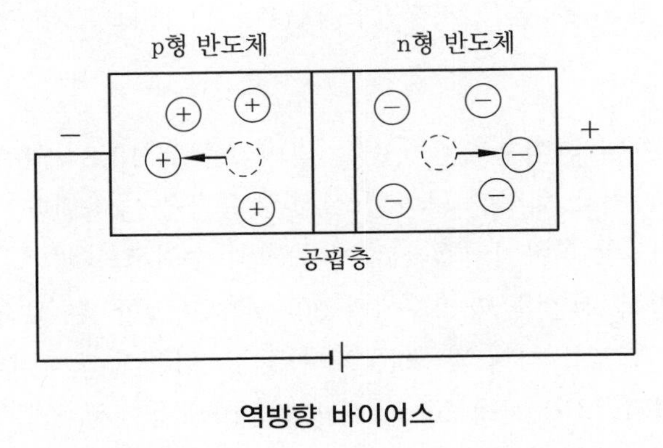

역방향 바이어스

③ 항복 : 역방향 바이어스를 크게 증가시키면 p형 영역의 소수 캐리어인 전자가 에너지를 크게 얻어 충분히 가속하여 다른 원자들과 충돌한다. 소수 캐리어의 충돌로 인해 새로운 전자-정공쌍을 생성시키며 새로 생성된 전자와 원래의 전자가 또 다른 원자를 두드리면서 또 다른 전자-정공쌍을 형성한다. 이에 따라 우라늄이 핵분열을 일으키는 것과 같이 p형 영역에서 전자의 수가 급격히 증가한다. 이러한 현상을 항복(breakdown)이라 하며, 이때의 전압을 항복 전압이라 한다.

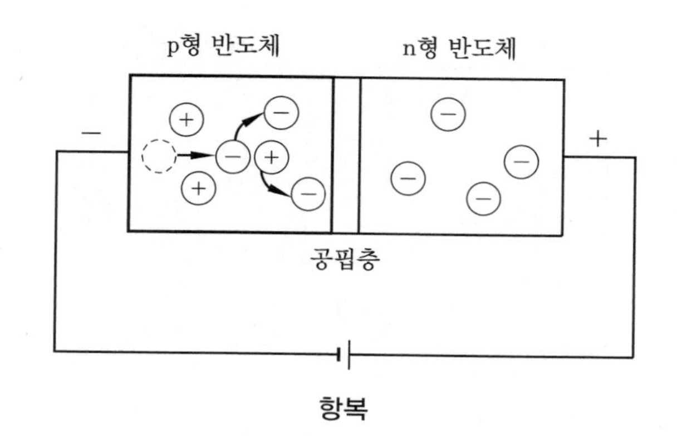

항복

(3) 다이오드

① 다이오드의 동작 : pn 접합 양단에 도선을 연결한 소자를 다이오드라 하며 p형 영역을 양극 (anode), n형 영역을 음극 (cathode)이라 부르고, 전류의 방향을 화살표로 표시한다.

② 다이오드의 근사화 : 다이오드는 순방향 바이어스의 경우에 단락 회로로, 역방향 바이어스의 경우에 개방된 것으로 근사화할 수 있다. 이 특성을 이용하여 다이오드를 스위칭 회로로 널리 사용하고 있다.

③ 다이오드의 시험 : 다이오드는 테스터에 양호한 다이오드의 경우 순방향 시에는 매우 낮은 저항값을, 역방향 시에는 매우 높은 저항값을 나타낸다. 다이오드에 고장이 발생한 경우 순방향이나 역방향 모두 낮은 저항값을 나타내면 다이오드가 단락된 것이며, 순방향이나 역방향 모두 높은 저항값을 나타내면 다이오드가 개방된 것이다.

(4) 기타 반도체 소자

① 제너 다이오드 : 제너 다이오드는 5.6 V, 밑의 소자는 10.8 V의 특성을 갖는다. 일반 다이오드와 마찬가지로 외형에 나타난 실선은 음극을 나타낸다. 제너 영역에서 특성은 제너 전압인 V_Z의 역바이어스 전압에서 거의 수직으로 떨어진다. 실리콘 도핑 레벨을 변화시켜 항복 전압을 약 2 V에서 200 V로 조절할 수 있다.

② 발광 다이오드 : 계산기, 시계 및 모든 표시 장치, 컴퓨터 모니터나 핸드폰에 많이 사용되는 액정 표시기 (LCD : liquid crystal display) 등에서 사용된다. LED는 순방향 바이어스되는 경우 전기적인 에너지를 빛 에너지로 바꾸는 소자이다.

③ 7-세그먼트 표시기 : 7-세그먼트 표시기 (FND)는 8개의 LED로 구성되는 소자이다. 뒷면에서 보았을 때 10개의 핀을 가지며 위 중앙에 위치한 핀과 아래 중앙에 위치한 핀은 서로 공통이다. 소자에 따라 (+)공통 또는 (-)공통을 가진다.

④ 포토 다이오드 : 포토 다이오드는 역바이어스로 동작하는 소자이다. 빛이 투과할 수 있는 작은 투명한 창을 갖고 있으며, 들어오는 빛의 강도에 따라 역전류가 증가한다. 이런 성질을 이용하여 빛의 강도로 제어되는 가변 저항 소자로서 사용될 수 있다. 포토

다이오드와 광원(light source)을 이용하여 경보 시스템을 구성할 수도 있다.

⑤ 광 결합기 : 광 결합기(photo coupler)는 LED와 포토 다이오드 또는 LED와 포토 트랜지스터가 결합된 소자로서 입력 회로와 출력 회로 사이에 완전한 전기적 절연을 위해 사용된다. 포토 인터럽터(photo interrupter) 또는 포토 인터럽트 소자(OID : optical interrupt device)라고도 부른다.

⑥ 쇼트키 다이오드 : 낮은 주파수에서 일반 다이오드는 바이어스가 순방향에서 역방향으로 변했을 때 쉽게 차단 가능하나, 고주파의 경우에는 전류를 제한시킬 만큼 빨리 차단시킬 수가 없게 된다. 이러한 역방향 회복 시간의 해결책으로 접합면의 한쪽에 몰리브덴, 백금, 크롬, 텅스텐 등과 같은 금속을, 다른 쪽에는 도핑된 실리콘으로 구성되는 쇼트키 다이오드를 사용한다. 반도체의 형태는 부분 n형 반도체이다. 금속은 정공이 없으므로 전하 축적과 역방향 회복 시간이 없다. 저전압, 고전류를 갖는 전원과 교류-직류 변환기, 레이더 시스템, 컴퓨터에 사용되는 쇼트키 논리 회로, 통신 장비의 혼합기와 검파기, A/D 변환기 등에 많이 사용되고 있다.

⑦ 가변 용량 다이오드 : 버랙터(varactor), 배리캡(varicap), 전압 가변 커패시턴스(VVC : voltage-variable capacitance), 튜닝(tunning) 다이오드라고도 하며, 전압에 의존하는 가변 커패시터이다. 다이오드에 역방향 전압을 인가하는 경우 공핍층이 확산된다. 공핍층의 고유 정전 용량이 최대가 되도록 도핑하면, 공핍층은 역방향 바이어스의 크기에 따라 콘덴서와 같은 동작을 하게 된다. 이러한 특성을 이용하여 약 2~100 pF의 용량을 갖는 가변 용량 다이오드로 이용할 수 있다. 가변 용량 다이오드는 FM 수신기, 조정 가능한 대역 통과 필터 및 기타 통신 장비에 널리 사용된다.

⑧ 터널 다이오드 : 터널(tunnel) 다이오드는 일반 다이오드와는 달리 전압이 증가할 때 다이오드 전류가 감소하는 부성 저항을 갖는다. 일반적인 반도체 다이오드보다 수백에서 수천 배까지 도핑 농도를 증가시켜 제작한다. 이로 인해 공핍층이 일반 다이오드에 비해 $\frac{1}{100}$ 정도로 매우 감소된다. 따라서 캐리어가 에너지를 얻어 공핍층을 넘어가기보다는 관통하여 지나게 된다.

⑨ 서미스터 : 서미스터(thermistor)는 온도에 따라 저항값이 변화하는 소자이다. 서미스터의 온도 계수는 보통 온도가 올라가면 저항값이 낮아지는 부(-)의 온도 계수(NTC : negative temperature coefficient)를 가지며, 최근 실용화된 정(+)의 온도 계수(PTC : positive temperature coefficient), 임계의 온도 계수(CTC : critical temperature coefficient)를 갖는 서미스터의 경우에는 냉장고의 자동 서리 제거, 화재 경보기 등에 이용되고 있다.

1-3 트랜지스터

(1) 트랜지스터의 구조

트랜지스터는 크게 바이폴러 접합 트랜지스터 (BJT : bipolar junction transistor)와 전계 효과 트랜지스터 (FET : field effect transistor)로 나뉜다. 트랜지스터는 두 개의 pn 접합으로 이루어지며, 반도체형에 따라 npn, 또는 pnp 트랜지스터로 부른다. pn 접합으로 이루어지는 각각의 영역을 이미터 (emitter), 베이스 (base), 컬렉터(collector)라 부르며, 머리글자를 따서 E, B, C로 표시한다. 일반적으로 이미터 영역은 캐리어의 농도를 높게, 베이스 영역은 매우 좁게, 그리고 엷게 도핑한다.

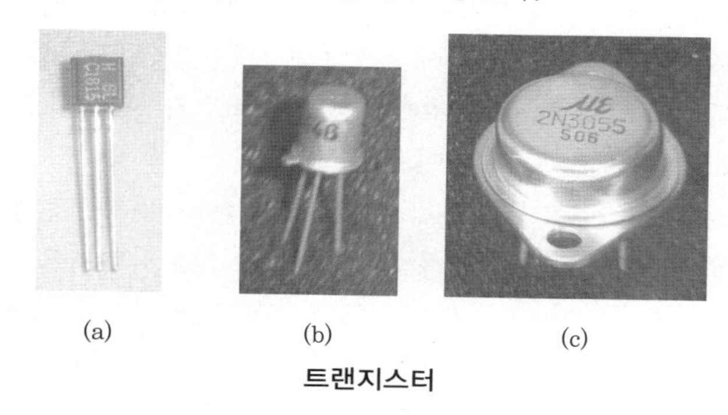

(a) (b) (c)

트랜지스터

(2) 트랜지스터의 작용

트랜지스터가 증폭기 (amplifier)로서 동작하기 위해서는 베이스와 이미터 (BE) 접합은 순방향 바이어스가 인가되어야 하고, 베이스와 컬렉터 (BC) 접합은 역방향 바이어스 되어야 한다.

(3) 바이어스 회로

트랜지스터가 증폭기로 동작하기 위해서는 적절한 동작점을 설정하여야 하며 이를 위하여 바이어스를 인가한다.

① 고정 바이어스 회로 : 고정 바이어스 회로에서 전원으로부터 베이스 단자로 키르히호프의 전압 법칙을 적용하면

$$I_B = \frac{V_{CC} - V_{BE}}{R_B}$$

$$I_C = \beta I_B = \beta\left(\frac{V_{CC} - V_{BE}}{R_B}\right)$$

② 컬렉터 귀환 바이어스 회로 : 고정 바이어스 회로가 온도에 따른 영향이 크다는 단점을 개선한 것이 컬렉터 귀환 바이어스 회로이다. 어떠한 이유로 인해 I_C가 증가하면 V_{CE}가 감소하고, V_{CE}의 감소로 인해 I_E가 감소하여 I_C의 증가를 억제하도록 한다.

③ 전압 분배 바이어스 회로 : 전압 분배 바이어스 회로는 선형 동작을 위해 저항 전압 분배기를 사용하는 가장 일반적으로 사용하는 바이어스 회로이다. 전압 분배 바이어스는 단일 전원으로 좋은 안정도를 얻는다는 장점을 갖고 있다.

(4) 기본 증폭 회로

동작점 Q는 바이어스가 인가되었을 때 트랜지스터에 흐르는 I_C, V_{CE}값에 의해 결정된다. $I_C=0$일 때의 V_{CE}값과 $V_{CE}=0$일 때의 I_C값을 연결한 선을 부하선이라 하고, 동작점은 부하선상에 위치하게 되며, 입력단에 교류 신호를 인가하였을 때 동작점을 기준으로 증폭이 이루어진다. 교류 신호는 첨자를 소문자로 표시하여 문자로 표시되는 직류 성분과 구분하도록 한다. 트랜지스터의 3단자 중 하나를 공통으로 하고 나머지 2개의 단자를 입력과 출력으로 할당하면 3가지 결합 방법이 나타난다. 공통으로 하는 단자를 기본으로 하여 공통 이미터(CE : common emitter) 증폭기, 공통 컬렉터(CC : common collector) 증폭기, 공통 베이스(CB : common base) 증폭기라 한다.

① 공통 이미터 증폭기 : 다른 방식의 증폭기에 비해 전압 이득 및 전류 이득이 크고, 입력 임피던스가 낮으며 출력 임피던스가 높아 가장 일반적으로 사용되는 증폭기이다.

② 공통 컬렉터 증폭기 : 이미터 폴로어(emitter follower)라고도 불리며 전압 이득이 거의 1이고, 높은 전류 이득과 입력 저항을 갖는다는 점에서 높은 입력 임피던스를 갖는 전원과 낮은 임피던스를 갖는 부하 사이의 완충단의 역할을 하는 버퍼(buffer)로서 사용된다.

③ 공통 베이스 증폭기 : 높은 전압 이득과 1의 전류 이득을 갖는다. 낮은 입력 임피던스를 갖기 때문에 공통 베이스 증폭기는 신호원이 매우 낮은 저항 출력을 갖는 고주파 응용에 많이 사용된다.

(5) 전력 증폭기

전력 증폭기는 전력을 증폭하는 신호 증폭기이다. 전력 증폭기는 일반적으로 스피커나 송신 안테나에 신호 전력을 제공하기 위해 통신 장비의 수신기나 송신기의 최종단에 적용되거나 스피커나 모터와 같은 장치들을 구동할 수 있는 충분한 크기의 전력을 제공하도록 한다.

① A급 증폭기 : 공통 이미터, 공통 컬렉터, 공통 베이스 증폭기가 바이어스 되었을 때 차단 영역이나 포화 영역에서 동작하지 않고, 입력 주기의 전 주기에 대해 선형 영역으로 동작하면 A급 증폭기이다. 따라서 출력 파형의 모양이 입력 파형의 모양과 같으며, $A_V\left(=\dfrac{V_o}{V_i}\right)$는 증폭기의 이득을 표시한다.

② B급, AB급 푸시풀 증폭기 : 증폭기가 입력 주기의 180°에 대하여 선형 영역에서 동작하고 나머지 반 주기의 180°에서는 차단 영역에서 동작하면 B급 증폭기이다. 180°보

다 조금 더 선형 영역에서 동작하도록 바이어스가 되면 AB급 증폭기라 한다. B급, AB급 증폭기의 이점은 A급 증폭기에 비해 효율적이어서 주어진 입력 전력의 크기보다 더욱 큰 출력 전력을 얻을 수 있다는 점이다. 이 증폭기의 단점은 입력 파형을 충실히 재현하기 위해 회로 구성이 조금 더 어렵다는 것이다. 일반적으로 2개의 트랜지스터를 이용하는 푸시풀 (push pull) 증폭기의 형태로 사용된다.

③ C급 증폭기 : C급 증폭기는 180° 미만에서 동작하도록 바이어스 된다. 이 증폭기는 다른 형태의 증폭기보다 효율이 높아 더욱 큰 출력 전력을 얻을 수 있으나, 출력 파형이 심하게 일그러지므로 일반적으로 고주파 동조 증폭기에만 한정적으로 사용된다.

(6) 전계 효과 트랜지스터

① 전계 효과 트랜지스터의 종류와 기호 : 전계 효과 트랜지스터 (FET : field effect transistor)는 다수 캐리어만 사용하는 단극 소자이다.

(가) JFET : JFET는 두 개의 pn접합으로 구성되며, 각각의 단자를 드레인 (drain), 소스 (source), 게이트 (gate)라고 하고, D, S, G로 표시한다. 드레인과 소스 간 다수 캐리어가 흐르는 부분을 채널 (channel)이라 부른다. 채널을 구성하는 반도체에 따라 n채널 JFET, p채널 JFET라 한다.

(나) MOSFET : MOSFET는 게이트가 산화실리콘 (SiO_2)층에 의해 채널과 격리되어 있다. 드레인과 소스 간 채널의 유무에 따라 공핍형 MOSFET와 증가형 MOSFET로 구분된다.

㉮ 공핍형 MOSFET : 공핍형 MOSFET는 게이트에 인가하는 전압의 양부에 따라 공핍형 모드와 증가형 모드로 나뉜다.

㉯ 증가형 MOSFET : 게이트에 양의 전압을 인가하면 SiO_2층에 인접한 기판에 전자가 유도된다. 임계 (threshold)값 이상의 게이트 전압이 인가되는 경우 유도된 전자의 층이 채널을 형성하여 드레인 전류를 흐르도록 한다.

② JFET 바이어스 회로 : 자기 바이어스 회로, 전압 분배 바이어스 회로가 있다.

1-4 연산 증폭기

(1) 연산 증폭기의 기초

입력 전압의 가산치나 연산치 등을 출력 전압으로 출력하는 연산 기능을 가진 증폭기가 연산 증폭기 (op amp, operational amplifier)이다. 이상적인 연산 증폭기의 특징은 다음과 같다.

① 무한의 전압 이득을 갖는다. 따라서 아주 작은 입력이라도 큰 출력을 얻을 수 있다.

② 무한의 역폭을 갖는다. 따라서 모든 주파수 대역에 대해 동작한다.
③ 입력 임피던스가 무한이다. 따라서 구동을 위한 공급 전원이 연산 증폭기 내부로 유입되지 않는다.
④ 출력 임피던스가 0이다. 따라서 부하에 의해 영향을 받지 않는다.
⑤ 동상 신호 제거비(CMRR : common mode rejection ratio)는 무한이다. 따라서 입력단에 인가되는 잡음을 제거하여 출력단에 나타나지 않도록 한다.
(가) 차동 증폭기 : 차동 증폭기(differential amplifier)는 연산 증폭기의 입력단으로 작용하며 공통 이미터 회로로 구성된다. 차동 입력인 경우 차동 동작 특성을 갖는다.
(나) 오프셋 조절 : 이상적인 연산 증폭기의 경우 입력이 0이면 출력이 0이 되어야 하지만 차동 입력단의 베이스와 이미터 사이의 전압이 약간 차이가 나기 때문에 입력이 인가되지 않은 상태에서도 작은 출력 전압이 나타난다. 이러한 것을 오프셋 전압이라 하며, 출력이 0이 되도록 입력 오프셋 전압을 조절한다.

(2) 연산 증폭기의 응용

① 반전 증폭기 : 이상적인 연산 증폭기의 입력 임피던스는 무한이므로 반전 입력 단자에서 연산 증폭기로 흐르는 전류는 0이다. 연산 증폭기의 입력 전류가 0이라면 옴의 법칙에 의해 반전 입력 단자와 비반전 입력 단자 사이의 전압 강하도 0이 된다. 이러한 반전 입력 단자, 즉 A지점에서의 0V 전위를 가상 접지라 한다.
② 비반전 증폭기 : 신호원에서 비반전 입력 단자에서 접지 방향으로 R_i 저항으로 흐르는 전류는 옴의 법칙에 의해

$$I_i = \frac{V_i}{R_i} \qquad I_f = \frac{V_o}{R_f}$$

키르히호프의 전류 법칙에 의해

$$I_i = I_f$$

비반전 증폭기의 이득은

$$A_V = \frac{V_o}{V_i} = -\frac{R_f}{R_i}$$

③ 전압 폴로어 : 전압 폴로어는 모든 출력이 입력으로 귀환되는 비반전 증폭기이다. 연산 증폭기의 반전 입력 단자와 비반전 입력 단자는 가상 접지이므로 두 단자의 전압은 서로 같으며 따라서

$$V_i = V_o \qquad A_V = \frac{V_o}{V_i} = 1$$

전압 폴로어는 높은 입력 임피던스와 낮은 출력 임피던스를 가지며, 이러한 특징으로 인해 이미터 폴로어와 마찬가지로 높은 임피던스를 갖는 전원과 낮은 임피던스를

갖는 부하 사이의 완충단으로 사용된다.

④ 가산기 : 가산기에 중첩의 원리를 적용하면 입력 V_1, V_2, V_3에 대해 연산 증폭기는 반전 증폭기로 동작하여 각각의 입력에 대해 V_{o1}, V_{o2}, V_{o3}를 출력한다.

⑤ 비교기 : 비교기는 피드백 저항이 없는 개방 루프 형태를 취하며, 하나의 전압을 기준 전압과 비교하여 출력을 나타낸다. 연산 증폭기는 매우 높은 전압 이득을 가지므로 미약한 입력 신호에도 큰 출력을 가져온다. 영전위 비교기는 입력 신호가 0 V보다 조금이라도 높으면 정의 포화 전압값을 출력하고, 입력 신호가 0 V보다 조금이라도 낮으면 부의 포화 전압값을 출력한다. 비교기는 전압 신호를 감시하는 목적으로 레벨 검출이나 과열 검출 회로 등과 같은 산업 분야에 많이 이용되며, 아날로그 신호를 디지털 신호로 변환하기 위하여 A/D 변환기의 기본 회로로서 사용된다.

⑥ 적분기 : 저항과 커패시터가 결합하여 RC 회로를 구성하며, 커패시터에 걸리는 전압, 전류는

$$Q = CV \qquad I_f = \frac{C}{t} V_o$$

키르히호프의 전류 법칙과 가상 접지에 의해

$$I_i + I_f = \frac{V_i}{R_i} + \frac{CV_o}{t} = 0 \qquad V_o = -\frac{V_i}{R_i C} t$$

⑦ 미분기 : 미분기는 입력 전압의 변화율에 비례하는 출력을 낸다. 커패시터 양단의 전압은 단위 시간당 흐르는 전류의 양과 상관관계가 있으므로 $V_i = \left(\frac{I_i}{C}\right) t$로부터

$$I_i = \left(\frac{V_i}{t}\right) C$$

키르히호프의 전류 법칙과 가상 접지에 의해

$$I_i + I_f = \left(\frac{V_i}{t}\right) C + \frac{V_o}{R_f} = 0$$

따라서 미분기의 출력 전압은

$$V_o = -\left(\frac{V_i}{t}\right) R_f C$$

입력 신호가 정의 기울기를 가질 때 부의 출력을 나타내고, 입력 신호가 부의 기울기를 가질 때 정의 출력을 나타낸다. 출력은 입력 신호의 기울기 $\frac{V_i}{t}$에 비례하며, 비례 상수의 값은 시정수 $R_f C$이다.

출제 예상 문제

기계정비산업기사

1. 금속 표면으로부터 자유 전자를 방출시키는 방법이 아닌 것은? (09년 1회)

① 광전자 방출 ② 열전자 방출
③ 2차 전자 방출 ④ 3차 전자 방출

해설 자유 전자 방출 : 광전자 방출, 열전자 방출, 2차 전자 방출

2. 진성 반도체에 첨가 물질을 도핑하여 n형 반도체를 만들기 위한 도핑 물질은? (12년 2회)

① 갈륨 ② 인듐
③ 붕소 ④ 비소

3. 다음 중 N형 반도체의 불순물에 해당되지 않는 것은? (09년 3회)

① As ② P
③ Sb ④ In

해설 • P형 반도체의 불순물 : 인듐(In), 갈륨(Ga), 알루미늄(Al)
• N형 반도체의 불순물 : 비소(As), 인(P), 안티몬(Sb)

4. 도너(donor)와 억셉터(accepter)의 설명 중 옳지 않은 것은? (09년 2회)

① 반도체 결정에서 Ge이나 Si에 넣는 5가의 불순물을 도너라고 한다.
② 반도체 결정에서 Ge이나 Si에 넣는 3가의 불순물에는 In, Ga, B 등이 있다.
③ Ge이나 Si에도 불순물을 넣어 결정하면 과잉 전자(Excess electron)가 생긴다.
④ N형 반도체의 불순물은 억셉터이고, P형 반도체의 불순물이 도너이다.

5. 반도체의 성질을 설명한 것으로 옳지 않은 것은? (08년 1회)

① 반도체는 온도가 상승하면 전기 저항이 감소한다.
② 반도체에서 전기 전도는 전자와 정공으로 이루어진다.
③ 반도체에 열이나 빛을 가하면 전기 저항이 변한다.
④ 반도체는 불순물이 증가하면 전기 저항이 현저하게 증가한다.

6. 반도체 소자를 나타내는 기호 중 2SK00에서 K는 무엇을 나타내는가? (03년 1회)

① SCR 음극
② TRIAC의 게이트
③ UJT의 이미터
④ FET의 N채널

해설 반도체 소자의 형명 표시

① 숫자	S	② 문자	③ 숫자	④ 문자

① 숫자 : 반도체 P-N 접합면 수
0 : 광 트랜지스터, 광 다이오드
1 : 각종 다이오드, 정류기
2 : 트랜지스터, 전계 효과 트랜지스터, 사이리스터, 단접합 트랜지스터
3 : 전력 제어용 4극 트랜지스터
기호 S : 반도체(semiconductor)의 약자
② 문자
A : pnp형의 고주파용
B : pnp형의 저주파용
C : npn형의 고주파용
D : npn형의 저주파용
F : pnp 사이리스터

정답 1. ④ 2. ④ 3. ④ 4. ④ 5. ④ 6. ④

G : npnp 사이리스터
H : 단접합 트랜지스터 (VJT)
J : p 채널 전계 효과 트랜지스터
K : n 채널 전계 효과 트랜지스터

③ 숫자 : 등록 순서에 따른 번호로서 11부터 시작

④ 문자 : 보통은 붙이지 않으나 개량 품종이 생길 경우 A에서 J까지를 이용

7. PN 접합 다이오드의 순방향 바이어스 전압의 설명 중 잘못된 것은? (04년 1회)

① 전위 장벽이 높아진다.
② 공핍층이 좁아진다.
③ P형 쪽에 (+)단자를 접속한다.
④ 정공이나 전자는 접합면을 빠져나가 이동한다.

해설 • 순방향 바이어스 : pn 접합 양단에 직류 전압을 인가한다. p형 영역에는 (+)단자를, n형 영역에는 (−)단자를 인가하는 것을 말한다.
• 역방향 바이어스 : p형 영역에는 (−)단자를, n형 영역에는 (+)단자를 인가하는 것을 말한다. 역방향 바이어스 인가 시 역전류 (reverse current)가 흐르게 된다.

8. 전원 전압을 안정하게 유지하기 위해서 사용되는 다이오드는? (10년 1회/12년 1회/12년 2회/16년 1회/16년 2회)

① 터널 다이오드
② 제너 다이오드
③ 버랙터 다이오드
④ 발광 다이오드

해설 일반 다이오드와는 달리 역방향 항복에서 동작하도록 설계된 다이오드로서 전압 안정화 회로로 사용된다.

9. 다음 중 정전압용으로 사용하는 반도체 소자는? (09년 2회/11년 1회/12년 3회)

① 발광 다이오드 ② 터널 다이오드
③ P-N 다이오드 ④ 제너 다이오드

해설 제너 다이오드 : 순방향으로 바이어스 되면 일반 다이오드처럼 동작된다. 온도와 전류 용량이 크기 때문에 보통 실리콘이 사용된다. 역방향 바이어스를 걸어 주면 어느 한도 이상의 역방향 바이어스를 넘어서면 전류가 급속히 증가하고 전압이 일정하게 된다.

10. LED (light emitting diode)란? (07년 3회)

① 역방향 바이어스일 때 광을 감지한다.
② 역방향 바이어스일 때 광을 방출한다.
③ 순방향 바이어스일 때 광을 감지한다.
④ 순방향 바이어스일 때 광을 방출한다.

해설 발광 다이오드(LED, light emitting diode) : 순방향 바이어스 되는 경우 전기적인 에너지를 빛 에너지로 바꾸는 소자이다.

11. 다음 중 트랜지스터에 관한 설명 중 잘못된 것은? (05년 1회)

① npn형과 pnp형이 있다.
② 양극성 트랜지스터 (BJT)이다.
③ 이미터, 베이스, 컬렉터 층으로 구분된다.
④ 물리적 구조로 보면 가운데 층이 이미터이다.

12. 전력용 트랜지스터의 종류가 아닌 것은 어느 것인가? (11년 2회)

① RCT ② BJT
③ MOSFET ④ IGBT

13. 트랜지스터가 증폭을 하기 위해 동작점은 어느 동작 영역에 있어야 하는가? (12년 1회)

① 차단 영역 ② 활성 영역
③ 포화 영역 ④ 항복 영역

정답 7. ① 8. ② 9. ④ 10. ④ 11. ④ 12. ① 13. ②

14. 전계 효과 트랜지스터 (FET)의 설명과 거리가 먼 것은? (12년 3회)

① 극성이 1개만 존재하는 단극성 트랜지스터이다.
② N채널 JFET의 경우 게이트는 N형이다.
③ 소스, 드레인, 게이트 3개의 전극이 있다.
④ 게이트 음(−)전압에 의해 채널이 막히는 것이 핀치 오프이다.

15. 다음 중 FET (field effect transistor) 기호를 나타내는 것은? (09년 1회)

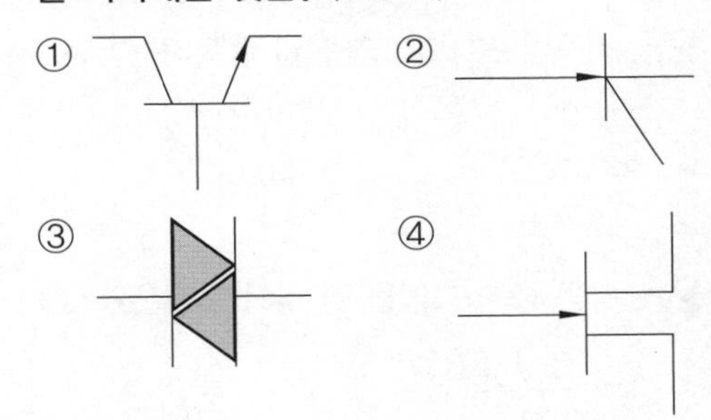

해설 FET는 전계 효과 트랜지스터이다.

16. 트랜지스터 증폭 회로 중 입력과 출력 전압이 동위상이고 이득이 1보다 작아 낮은 임피던스를 갖는 회로와 결합이 적합한 회로는 어느 것인가? (10년 3회)

① 공통 이미터 회로
② 공통 베이스 회로
③ 공통 컬렉터 회로
④ 공통 소스 회로

해설 공통 컬렉터 증폭기는 이미터 폴로어(emitter follower)라고도 하며 전압 이득이 거의 1이고 높은 전력 이득과 입력 저항을 갖는다는 점에서 높은 입력 임피던스를 갖는 전원과 낮은 임피던스를 갖는 부하 사이의 완충단 역할을 하는 버퍼 (buffer)로 사용된다.

17. 다음 기호가 나타내는 것으로 알맞은 것은? (08년 1회)

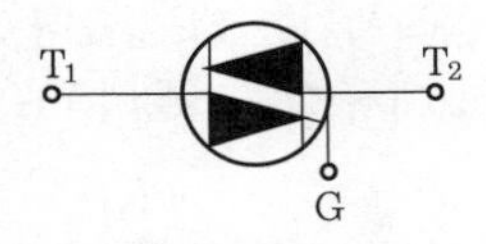

① 실리콘 제어 정류기 (SCR)
② 다이액 (diac)
③ 트라이액 (triac)
④ 실리콘 양방향 스위치 (SBS)

해설 트라이액 : 5층 구조로 게이트 단자를 가진 특성이 더해진 다이액의 특성을 가진 교류 제어용으로 SCR과는 달리 + 또는 게이트 신호로 전원의 정역방향으로도 동작이 가능하기 때문에 양방향 3단자 사이리스터 또는 AC사이리스터라고도 한다.

18. 다음 사이리스터 중에서 단방향성 소자는 어느 것인가? (04년 3회)

① 트라이액 (triac) ② 다이액 (diac)
③ SSS ④ SCR

19. 그림과 같은 회로는 어떤 회로인가? (08년 1회)

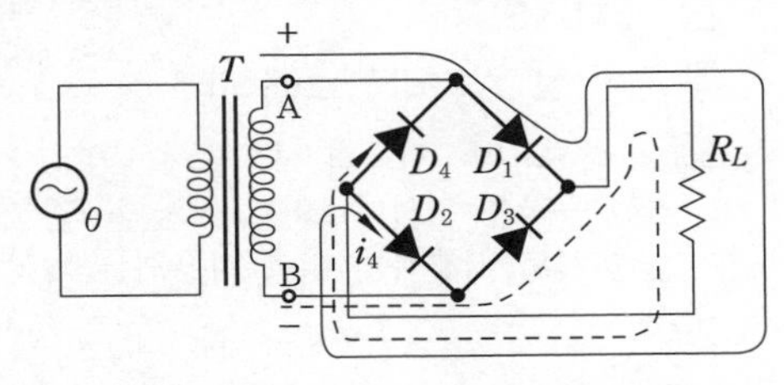

① 브리지 (bridge)형 전파 정류 회로
② 반파 정류 회로
③ 배전압 정류 회로
④ 전파 정류 회로

해설 브리지형 전파 정류 회로 : 다이오드 4개에 중간 탭이 없는 변압기로 전파 정류하는 방법으로 가장 많이 사용되는 회로

정답 14. ② 15. ④ 16. ③ 17. ③ 18. ④ 19. ①

20. 그림의 회로에서는 SCR을 동작시키려면 X 점의 전압을 몇 V로 하면 되는가? (단, 다이오드를 동작시키는 데 필요한 게이트 전류는 정상 상태에서 20 mA이다.) (12년 2회)

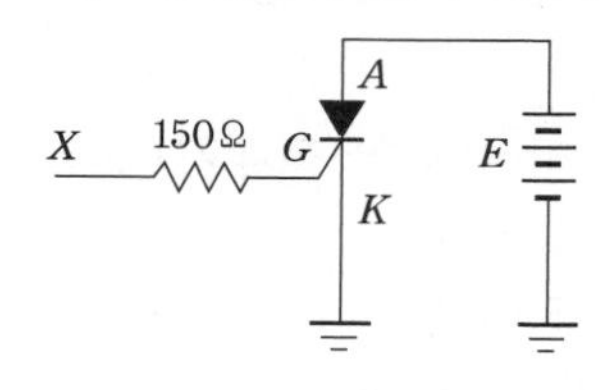

① 3.0　② 3.6
③ 7.0　④ 7.5

21. 정류기의 평활 회로로 사용되는 여파기의 종류는 어느 것인가? (06년 3회)

① 저역 여파기　② 고역 여파기
③ 역 여파기　④ 역 소거 여파기

22. 데이터를 한 장치에서 다른 장치로 전송할 때, 또는 다른 장치로부터 전송되어 온 데이터를 받아들일 때에 일시적으로 기억되는 직렬 기억 소자로 사용하는 것은? (10년 2회)

① 디코더
② 멀티플렉서
③ 레지스터
④ 단안정 멀티바이브레이터

해설 레지스터 : 디지털 시스템에서 여러 가지 연산 동작을 위하여 1비트 이상의 2진 정보를 임시로 저장하기 위해 사용되는 기억 장치

23. 플립플롭 회로는 다음 중 어느 회로에 해당되는가? (08년 3회)

① 쌍안정 멀티바이브레이터
② 비안정 멀티바이브레이터
③ 단안정 멀티바이브레이터
④ 블로킹 발진 회로

해설 플립플롭 회로는 쌍안정 멀티바이브레이터이며 RS플립플롭, JK플립플롭(마스터 슬레이브 플립플롭), D플립플롭, T플립플롭이 있다.

24. J-K 플립플롭에서 J=1, K=1이면 동작 상태는? (09년 3회/11년 1회)

① 변하지 않음　② set 상태
③ 반전　④ reset 상태

해설 JK 플립플롭에서 J=K=1이면 클럭 펄스가 인가되어 출력이 반전되도록 구성되어 있다.

25. 이득이 80 dB이면 전압 증폭비는? (08년 1회)

① 10^2　② 10^4
③ 10^3　④ 10

26. 다음 중 파고율을 잘 나타낸 것은? (12년 2회)

① $\frac{최댓값}{실효값}$　② $\frac{실효값}{최댓값}$
③ $\frac{평균값}{최댓값}$　④ $\frac{실효값}{평균값}$

27. "차동 증폭기는 보통 연산 증폭기의 ( )으로 사용된다." ( ) 안에 알맞은 것은 어느 것인가? (04년 1회)

① 입력단　② 출력단
③ 접지단　④ 전원단

해설 차동 증폭기는 연산 증폭기의 입력단으로 작용하며, 공통 이미터 회로로 구성된다.
- 감산기 : 접지되지 않은 두 입력단 사이의 전압 차를 증폭하는 것으로 차동 증폭기에 해당된다.

28. 증폭기에서 잡음의 크기는 어떤 값으로 환산하여 표시하는가? (12년 1회)

정답 20. ② 21. ① 22. ③ 23. ① 24. ③ 25. ② 26. ① 27. ① 28. ④

① 저항 ② 온도
③ 전류 ④ 전압

29. 연산 증폭기의 출력 오프셋 전압 측정 조건은? (03년 3회)

① 2개의 입력 단자를 개방한다.
② 2개의 입력 단자를 단락한다.
③ 2개의 입력 단자를 그라운드에 접속한다.
④ 2개의 입력 단자를 반전시킨다.

30. 다음 중 이상적인 연산 증폭기의 특성이 아닌 것은? (05년 3회/09년 3회/11년 3회)

① 입력 임피던스는 무한대이다.
② 전압 이득은 0이다.
③ 역폭은 무한대이다.
④ 출력 임피던스는 0이다.

해설 이상적인 연산 증폭기의 특징
㉠ 무한의 전압 이득을 가져 아주 작은 입력이라도 큰 출력을 얻을 수 있다.
㉡ 무한의 대역폭을 가져 모든 주파수 대역에서 동작된다.
㉢ 입력 임피던스가 무한대라서 구동을 위한 공급 전원이 연산 증폭기 내부로 유입되지 않는다.
㉣ 출력 임피던스가 0이라서 부하에 영향을 받지 않는다.
㉤ 동상 신호 제거비(CMRR)가 무한대이다. 따라서 입력단에 인가되는 잡음을 제거하여 출력단에 나타나지 않는다.

31. OP앰프는 0V의 입력 차에 대하여 출력이 0V로 되지 않으므로 차동 입력단에 고정 전압을 인가하여 출력 전압을 0V로 되게 한다. 이를 무엇이라 하는가? (09년 2회)

① 공통 입력 모드
② 공통 모드 제거율
③ 폐루프 전압 이득
④ 오프셋 조절

해설 오프셋 조절 : OP앰프가 0V 입력에 대하여 출력이 0V로 주어지지 않는 경우를 오프셋 전압이라 하고 출력이 0이 되도록 오프셋 전압을 조절한다.

32. 이상적인 연산 증폭기가 갖추어야 할 조건 중 틀린 것은? (11년 1회)

① 입력 저항은 무한이다.
② 출력 저항은 0이다.
③ 전압 이득이 무한이다.
④ 동위상 신호 제거비는 0이다.

33. 부궤환 증폭기의 특징이 아닌 것은? (11년 2회)

① 이득이 증가한다.
② 찌그러짐이 감소한다.
③ 입력 저항이 증가한다.
④ 출력 저항이 감소한다.

34. 연산 증폭기의 응용 회로 중 타이밍 회로나 A/D 변환기에 유용하게 사용되는 것은 어느 것인가? (07년 3회/08년 3회/10년 3회/11년 2회)

① 적분기 ② 미분기
③ 감산기 ④ 가산기

35. 연산 증폭기를 사용한 전압 폴로어의 특징이 아닌 것은? (11년 3회)

① 이득이 1에 가까운 비반전 증폭기이다.
② 추종성이 좋아 입력과 다른 극성의 출력을 얻는다.
③ CMRR의 영향을 받기 쉽다.
④ 출력 임피던스를 낮게 잡을 수 있다.

해설 전압 폴로어 : 모든 출력이 입력으로 귀환되는 비반전 증폭기로 버퍼 증폭기라고도 한다. Vi : Va이고 따라서 이득은 1이 되고,

정답 29. ③ 30. ② 31. ④ 32. ④ 33. ① 34. ① 35. ②

이미터 폴로어처럼 완충단으로 사용되며, 입력 임피던스가 높다.

36. 아래 그림과 같은 연산 증폭기의 기본 회로는? (10년 1회)

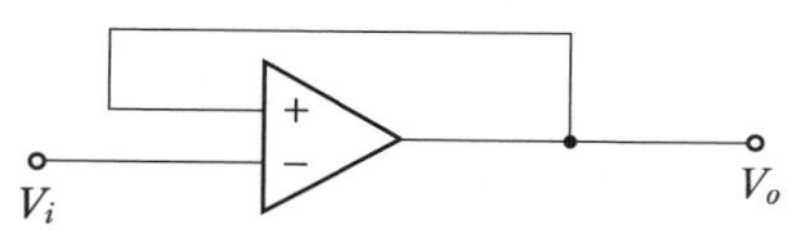

① 반전 증폭기　　② 비반전 증폭기
③ 전압 폴로어　　④ 차동 증폭기

해설 전압 폴로어 : 모든 출력이 입력으로 귀환되는 비반전 증폭기이다. 연삭 증폭기의 반전 입력 단자와 비반전 입력 단자는 가상 접지이므로 두 단자의 전압은 서로 같다.

37. 그림과 같은 회로의 특징은? (12년 2회)

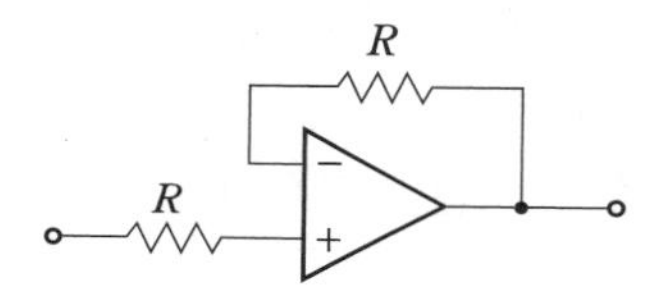

① 입력 임피던스를 낮게 잡을 수 있다.
② 출력 임피던스를 높게 잡을 수 있다.
③ 입력과 같은 극성의 출력을 얻을 수 있다.
④ 동상 입력 전압의 범위에서 사용하므로 CMRR의 영향이 없다.

38. 그림의 회로에서 저항값은 각각 $R_F = 75$ kΩ, $R_{in} = 15$ kΩ 이다. V_{in} 에 −200 mV의 입력을 가했을 때 V_{out} 의 출력 전압은 얼마인가? (09년 3회)

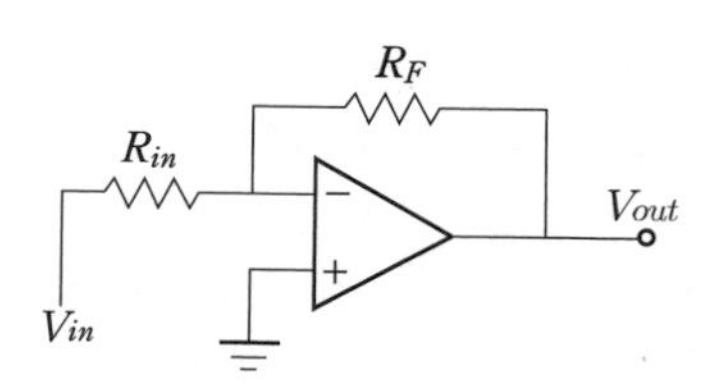

① +1 V　　② −1 V
③ +5 V　　④ −5 V

39. 그림과 같은 연산 증폭기의 폐루프 전압 이득은? (03년 1회)

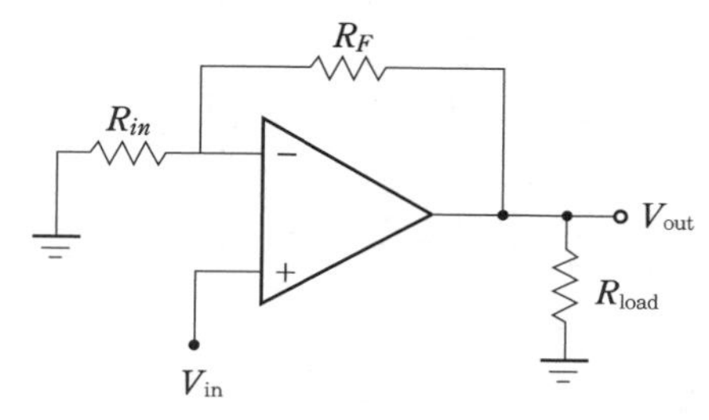

① $-\left(\dfrac{R_F}{R_{in}}\right)$　　② $-\left(\dfrac{R_{in}}{R_F}\right)$
③ $\left(\dfrac{R_F}{R_{in}}\right)+1$　　④ $\left(\dfrac{R_{in}}{R_F}\right)+1$

40. 다음 연산 증폭기 중 아날로그 적분기에 속하는 것은? (03년 3회/12년 1회)

①
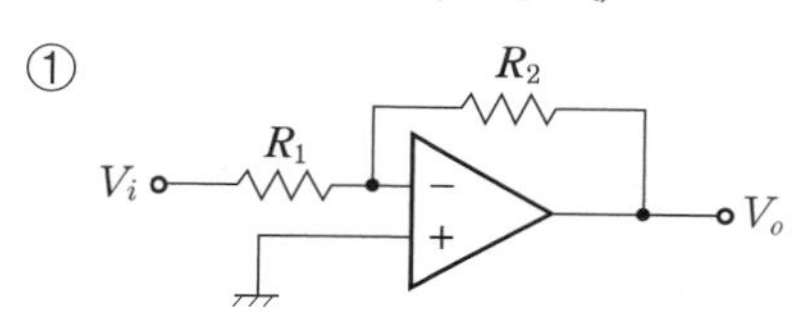

②
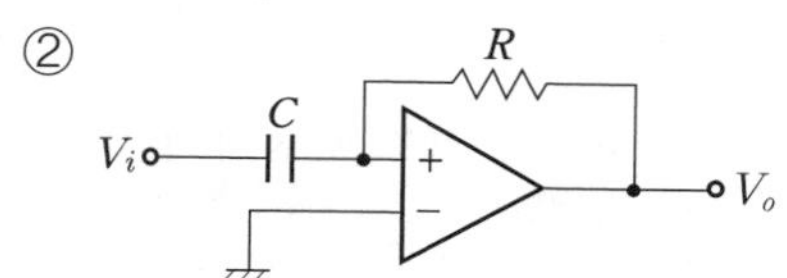

③
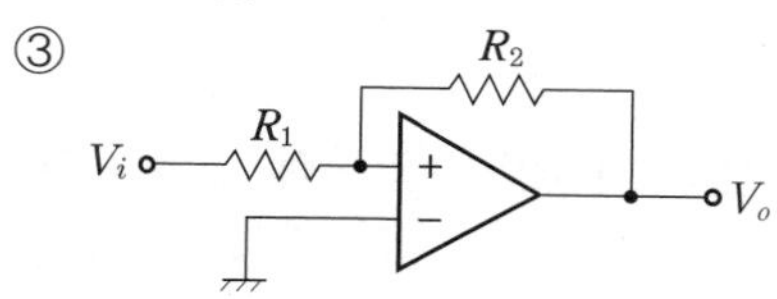

④
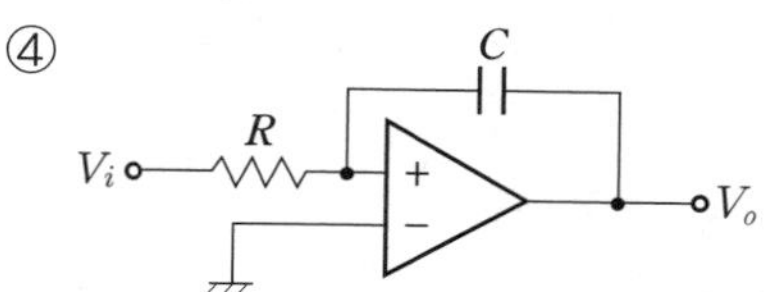

정답 36. ③　37. ③　38. ①　39. ④　40. ④

2. 논리 회로

2-1 논리 회로

(1) 아날로그와 디지털

아날로그 신호는 흔히 우리가 접하게 되는 길이, 온도, 전압, 압력 또는 사람의 목소리 등과 같이 정보를 연속적인 물리량으로 표시하는 것을 말한다. 반면에 조명의 스위치와 같이 on/off 중 어느 한 상태밖에 유지할 수 없는 회로 또는 이러한 것들의 조합으로 이루어지는 회로를 디지털이라 한다. 아날로그 신호는 시간축상에서 연속적으로 변화한다. 하지만 디지털 신호는 항상 0이나 1의 값만을 가지며, 어느 한순간 그 값이 변화한다. 즉 신호의 변화가 불연속적으로 변화한다는 특징을 갖고 있다. 아날로그 신호를 디지털 신호로 바꾸기 위해서는 A/D 변환기(analog to digital converter)를 사용한다.

(2) 수체계와 2진수 연산

① 10진수 : 10진법(decimal number system)에서는 수를 0, 1, 2, 3, 4, 5, 6, 7, 8, 9의 10개의 숫자의 열(列)로서 표시한다.

② 2진수 : 2진법에서는 2개의 기호, 즉 0, 1을 사용하며 이들 기호의 조합으로 어떤 값의 크기를 표시할 수 있다. 2진수 1011.01은 다음과 같이 표현된다.

$$1011.01_2 = 1\times 2^3 + 0\times 2^2 + 1\times 2^1 + 1\times 2^0 + 0\times 2^{-1} + 1\times 1^{-2}$$

③ 16진수 : 16진수는 기수를 16으로 하고 0에서 9까지의 숫자와 영문자 A, B, C, D, E, F 모두 16가지의 기호를 사용한 수치의 값을 말한다. 16진수의 수도 각 자리마다 하중을 갖는다. 예를 들어 16진수 9C5D는

$$9C5D = 9\times 16^3 + C\times 16^2 + 5\times 16^1 + D\times 16^0$$

(3) 수의 변환

① 10진수를 2진수로 변환 : 10진수의 수를 다른 진수의 수로 변환하는 방법은 정수 부분과 소수 부분의 변환 방법이 다르다. 정수 부분의 변환은 정수 부분을 변환된 기수 2로 나눌 수 있을 때까지 나누면서 나누는 단계에서 발생하는 나머지는 기록하여 이를 역순으로 나타내면 된다. 소수 부분의 변환은 10진수의 소수 부분이 0이 될 때까지 2를 곱해 주면서 소수점 위로 올라오는 정수 부분을 차례로 나열하면 된다. 예를 들어 10진수의 수 78.25를 2진수로 변환하는 과정은 다음과 같다.

2	78			0.25
2	39	⋯ 0	×	2
2	19	⋯ 1		0.5
2	9	⋯ 1	×	2
2	4	⋯ 1		1.0
2	2	⋯ 0		
2	1	⋯ 0		

즉, $78.25_{10} = 1001110.01_2$

② 10진수를 16진수로 변환 : 10진수를 16진수로 변환하는 방식은 10진수를 2진수로 변환하는 방식과 동일하다. 예를 들어 십진수 78.25를 16진수로 변환하면,

16	78			0.25
	4	⋯ E	×	16
				4.0

즉, $78.25_{10} = 4E.4_{16}$

③ 2진수, 16진수를 10진수로 변환 : 2진수, 16진수는 각 자리마다 하중을 갖는다. 10진수로의 변환은 각 자리에 해당되는 하중을 각 자리에 곱하여 더함으로써 얻어진다. 먼저 2진수 1011.01을 10진수로 변환하는 과정은

$$1011.01_2 = 1\times2^3 + 0\times2^2 + 1\times2^1 + 1\times2^0 + 0\times2^{-1} + 1\times2^{-2}$$
$$= 8 + 2 + 1 + 0.25$$
$$= 11.25$$

16진수 2B.5를 10진수로 변환하면

$$2B.5_{16} = 2\times16^1 + B\times16^0 + 5\times16^{-1}$$
$$= 32 + 11 + 0.3125$$
$$= 43.3125_{10}$$

④ 2진수를 16진수로 변환 : 2진수의 수를 16진수로 변환하려면 소수점을 중심으로 좌우로 4자리씩 묶어서 변환하면 된다. 이때 각각 자리수를 묶고 남은 수는 필요한 자리만큼 0을 채워 놓으면 된다.

2진수 $(110101001.101100111)_2$를 16진수로 변환하면

0001	1010	1001	.	1011	0011	1000
↓	↓	↓	↓	↓	↓	↓
1	A	9	.	B	3	8

⑤ 16진수를 2진수로 변환 : 16진수의 수를 2진수로 변환하려면 16진수의 각 자리를 2진수 4자리로 확장하면 된다.

16진수　7　A　.　C　5는
2진수　0111 1010　.　1100 0101로 된다.

(4) 논리 소자

① OR 게이트 (논리합)

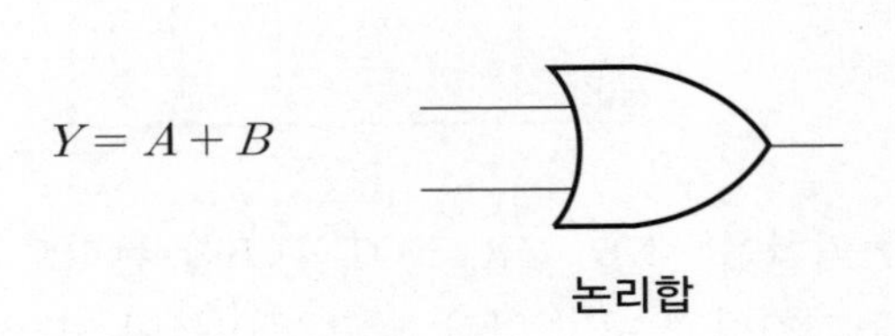

논리합의 진리표

A	B	Y
0	0	0
0	1	1
1	0	1
1	1	1

② AND 게이트 (논리곱)

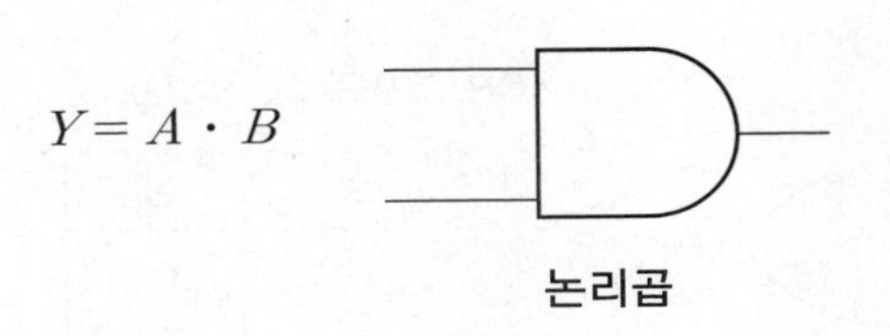

논리곱의 진리표

A	B	Y
0	0	0
0	1	0
1	0	0
1	1	1

③ NOT 게이트 (논리 부정) : 입력 변수 A에 대해 부정은 $\overline{A}$, A', A^C, NOT 등으로 표현되는 기본 연산이다.

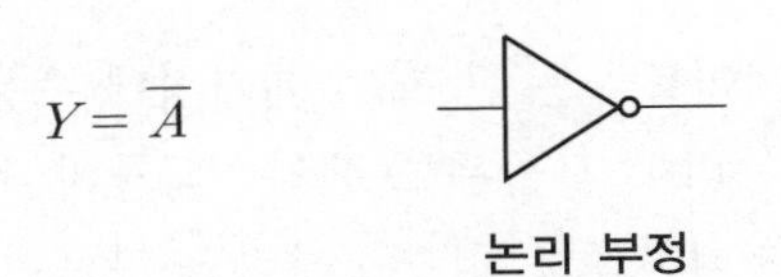

논리 부정의 진리표

A	Y
0	1
1	0

④ NOR 게이트 : OR 게이트와 NOT 게이트가 합친 동작을 수행하며, 두 개의 입력 모두가 0이 되어야만 출력이 1이 된다.

$Y = \overline{A + B}$

NOR 게이트

NOR 게이트의 진리표

A	B	Y
0	0	1
0	1	0
1	0	0
1	1	0

⑤ NAND 게이트 : AND 게이트와 NOT 게이트가 합친 동작을 수행하며, 두 개의 입력 모두가 1이 되어야만 출력이 0이 된다.

$$Y = \overline{A \cdot B}$$

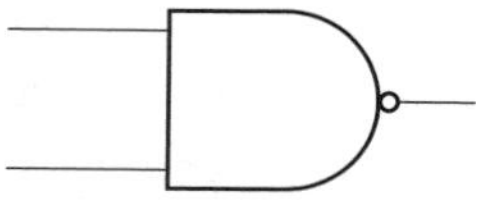

NAND 게이트

NAND 게이트의 진리표

A	B	Y
0	0	1
0	1	1
1	0	1
1	1	0

⑥ XOR 게이트(exclusive OR) : 배타적 논리합은 AND, OR, NOT의 조합 논리로 구성되며 줄여서 XOR 또는 EOR 게이트라 표기한다. 2개의 입력 XOR 게이트의 경우 입력이 같으면 출력은 0이고, 입력이 서로 다르면 출력이 1이 된다. XOR 게이트는 입력의 개수에 상관없이 1의 개수가 홀수이면 그 출력은 1이고, 짝수이면 0이 된다. 이러한 특성을 이용하여 데이터를 전송하는 데 있어 에러가 발생하는지의 여부를 검사하는 패리티 검사에 사용할 수 있다.

$$Y = A\overline{B} + \overline{A}B = A \oplus B$$

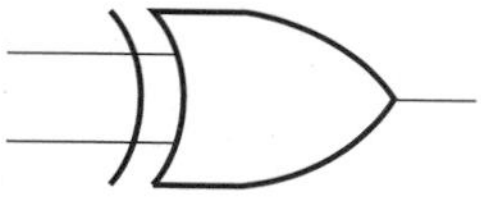

XOR 게이트

XOR 게이트의 진리표

A	B	Y
0	0	0
0	1	1
1	0	1
1	1	0

(5) 디지털 IC

AND, OR 또는 NOT 등의 논리 소자 또는 논리 게이트들은 한 개의 패키지에 수용되어 IC(integrated circuit) 형태로 제작된다. 이러한 논리 소자들은 트랜지스터들의 조합으로 제작되어 +5V를 논리 1로, GND를 논리 0으로 처리하므로 TTL 소자라고 부르며 일반적으로 상업용으로는 74XX 시리즈의 IC를 사용한다.

(6) 불 대수

불 대수(Boolean algebra)는 디지털 회로의 해석을 위한 수학적 수단을 제공한다. 불 대수는 논리식을 간략화하는 데 매우 유용하게 사용된다. 논리식을 논리 회로로 표현할 때, 논리식에서의 논리 연산의 우선순위가 있으며, 이러한 우선순위는 다음과 같다.

① 괄호 안의 논리식이 우선한다.

② 연산의 순서는 부정(NOT), 논리곱(AND), 논리합의 순서로 한다.

㈎ 기본 법칙

$A+0=A$ $A \cdot 0=0$ $A+1=1$ $A \cdot 1=A$ $A+A=A$

$A \cdot A=A$ $A+\overline{A}=1$ $A \cdot \overline{A}=0$ $\overline{\overline{A}}=A$

㈏ 기본 정리

㉮ 교환 법칙 : $A+B=B+A$ $A \cdot B=B \cdot A$

㉯ 결합 법칙 : $A+(B+C)=(A+B)+C$ $A \cdot (B \cdot C)=(A \cdot B) \cdot C$

㉰ 분배 법칙 : $A \cdot (B+C)=A \cdot B+A \cdot C$

$A+(B \cdot C)=(A+B) \cdot (A+C)$

㉱ 드모르간 (De Morgan)의 법칙 : $\overline{A+B}=\overline{A} \cdot \overline{B}$ $\overline{A \cdot B}=\overline{A}+\overline{B}$

㉲ 흡수 법칙 : $A+AB=A$

2-2 논리의 표현

(1) 논리의 표현

n개의 2진수로 표현 가능한 논리 조합의 수는 2^n이다. n개의 논리 변수로 이루어지는 논리 조합의 상태를 표현하는 방법은 2가지가 있다. 하나는 논리 변수들의 AND 연산으로 이루어지는 최소항 (minterm) 표현이고, 다른 하나는 논리 변수들의 OR 연산으로 이루어지는 최대항 (maxterm) 표현이다. 진리표에 나타나는 함수값을 보고 논리 함수를 구하는 방법에는 최소항 표현을 이용한 가법형 (sum of product)과 최소항 표현을 이용한 승법형 (product of sum)이 있다.

(2) 논리식의 간략화

① 기본 정리를 이용한 간략화

$Y=\overline{A}B+AB+\overline{A}\,\overline{B}$ ……… 공통 인수 묶기

$=(\overline{A}+A)B+\overline{A}\,\overline{B}$

$=B+\overline{A}\,\overline{B}$ ……… 분배 법칙 적용

$=(B+\overline{A})(B+\overline{B})$

$=B+\overline{A}$

② 카르노맵을 이용한 간략화 : 불 대수의 기본 정리를 이용하여 논리식을 간략화시키는 것은 논리 함수가 복잡한 경우 매우 까다롭기 때문에 카르노맵에 의해 논리 함수를 간략화시킨다. 인접한 논리식을 2, 4, 8, 16개를 묶고 공통 인수를 제외한 나머지 인수들을 지우는 방법으로 논리 함수를 간략화시킨다.

출제 예상 문제

기계정비산업기사

1. 보드(bode) 선도의 횡축에 대하여 옳은 것은 어느 것인가? (11년 3회)

① 이득-균등 눈금
② 이득-수 눈금
③ 주파수-균등 눈금
④ 주파수-수 눈금

2. 8비트(bit)로 표현 가능한 최대 정보량은 얼마인가? (07년 3회)

① 64 ② 128
③ 256 ④ 512

해설 2^n bit ∴ $2^8 = 256$

3. 2진수 $(1101)_2$의 값을 10진수값으로 변환하면? (09년 2회)

① $(10)_{10}$ ② $(11)_{10}$
③ $(13)_{10}$ ④ $(15)_{10}$

4. 2진수 1011101.1010을 16진수값으로 변환하면? (07년 1회)

① 135.5 ② 5D.A
③ B5.5 ④ B5.A

5. 10진수 25를 2진수로 변환하면? (12년 2회)

① 10011 ② 11010
③ 11001 ④ 11100

6. 8421 코드에서 각 비트를 D, C, B, A라고 할 때 10진수 5를 나타낸 것은? (단, D=MSB, A=LSB이다.) (10년 2회)

① A=1, B=0, C=1, D=0
② A=1, B=1, C=0, D=0
③ A=0, B=0, C=1, D=1
④ A=0, B=1, C=0, D=1

7. 다음 그림의 게이트 명으로 알맞은 것은 어느 것인가? (12년 3회)

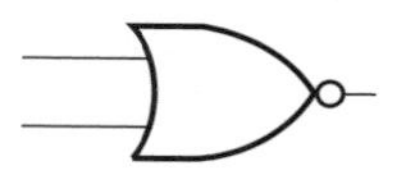

① NAND 게이트 ② NOR 게이트
③ XOR 게이트 ④ NOT 게이트

8. 다음 그림은 어떤 논리 회로를 나타낸 것인가? (05년 3회)

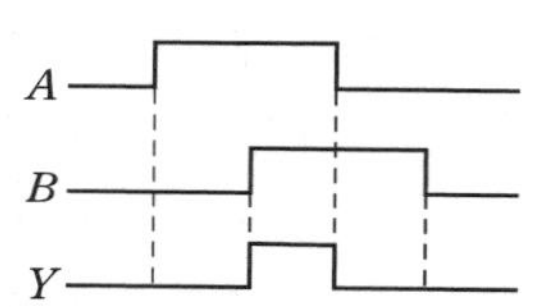

① AND 회로 ② OR 회로
③ NAND 회로 ④ NOR 회로

9. 다음 벤 다이어그램 A와 B를 논리 회로로 비교한다면 어떤 회로가 되는가? (05년 1회)

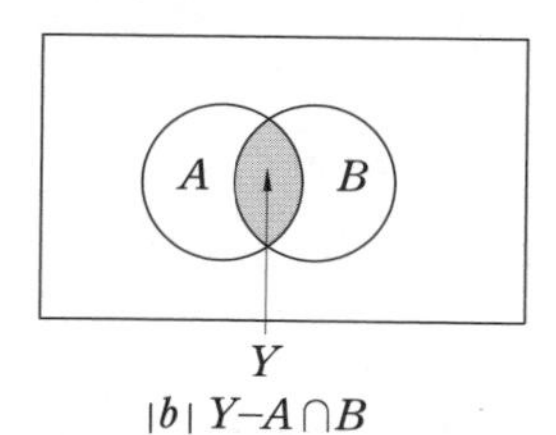

① AND 회로 ② NAND 회로
③ OR 회로 ④ NOR 회로

정답 1. ④ 2. ③ 3. ③ 4. ② 5. ③ 6. ① 7. ② 8. ① 9. ①

10. 입력 회로가 "0"이면 출력은 "1", 입력 신호가 "1"이면 출력이 "0"이 되는 논리 회로는 어느 것인가? (10년 1회)

① AND 회로 ② NOT 회로
③ OR 회로 ④ NAND 회로

11. 다음 진리표의 출력식은? (06년 3회)

Input			Output
A	B	C	Y
0	0	0	0
0	0	1	1
0	1	0	1
0	1	1	1
1	0	0	1
1	0	1	1
1	1	0	1
1	1	1	1

① $Y = A \cdot B \cdot C$ ② $Y = A + B + C$
③ $Y = AB + C$ ④ $Y = A + BC$

12. 동작 속도가 가장 빠른 논리 gate는 다음 중 어느 것인가? (05년 1회)

① DTL 게이트 ② CMOS 게이트
③ ECL 게이트 ④ RTL 게이트

13. 여러 개의 데이터 입력 중에서 한 번에 1개 입력 데이터만 출력단에 나타나는 조합 논리 회로는? (04년 1회)

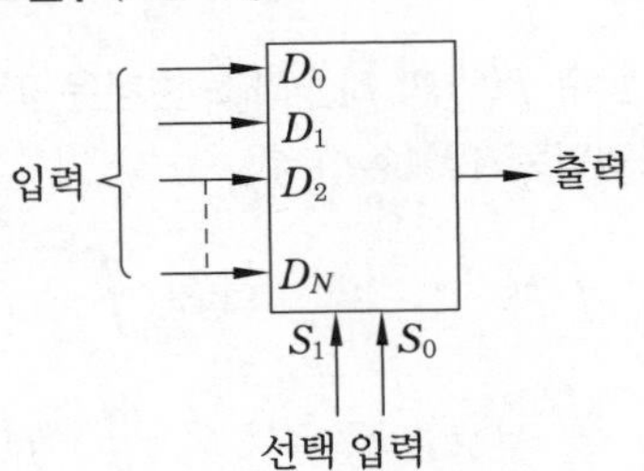

① 인코더 ② 멀티플렉서
③ 디멀티플렉서 ④ 코드 변환기

14. 다음 그림의 논리 회로는? (04년 3회)

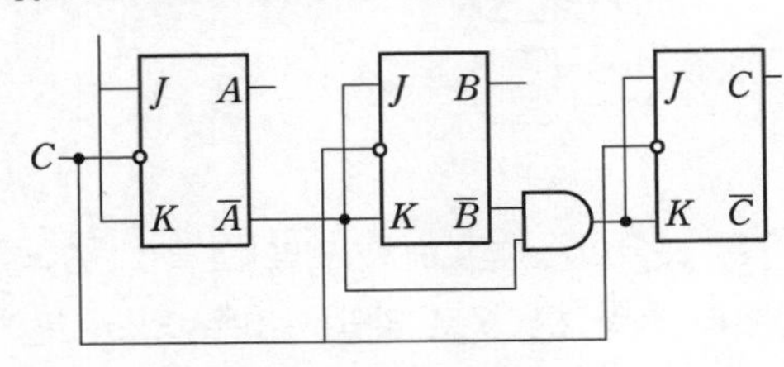

① 동기식 8진 다운 카운터
② 비동기식 8진 다운 카운터
③ 동기식 8진 업 카운터
④ 비동기식 8진 업 카운터

15. 다음 논리 회로의 논리식은? (02년 3회)

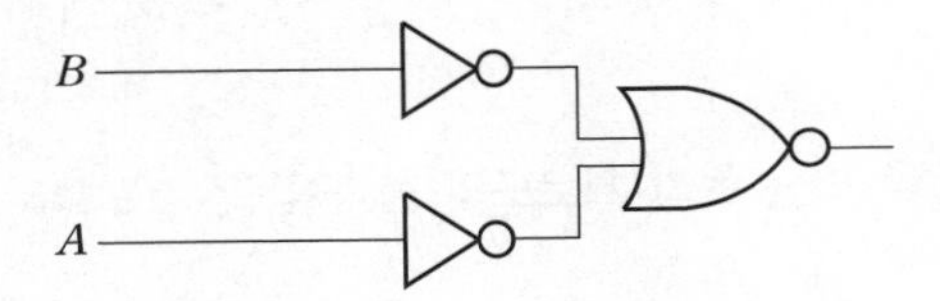

① $y = A \cdot B$ ② $y = \overline{A} + B$
③ $y = A + B$ ④ $y = A + \overline{B}$

16. 다음 논리도에서 출력되면 X의 값은 어느 것인가? (09년 2회)

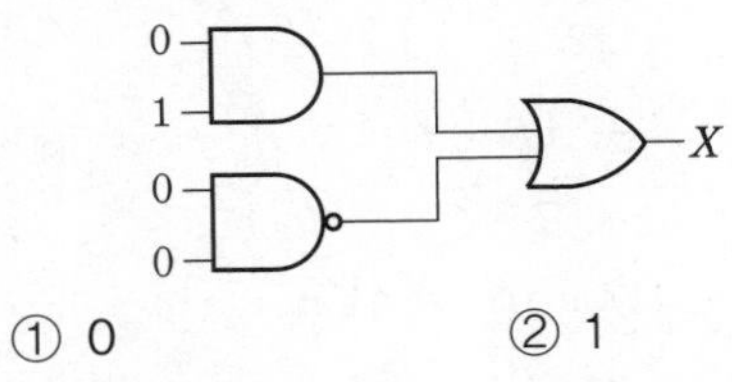

① 0 ② 1
③ 11 ④ 101

17. 다음 논리 회로와 등가인 것은 (10년 1회)

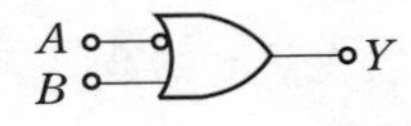

정답 10. ② 11. ② 12. ③ 13. ② 14. ① 15. ① 16. ② 17. ③

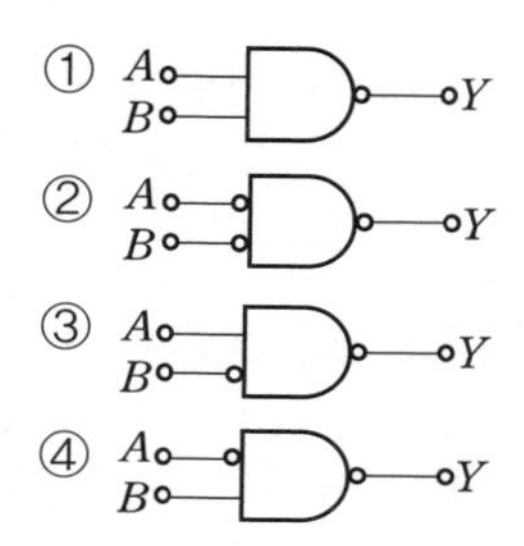

18. 다음의 회로도에서 입력 $A=0$, $B=1$일 때 출력 C, S로 알맞은 것은 어느 것인가? [단, C : 자리올림(carry), S : 합(sum)] (08년 1회/10년 3회/12년 1회)

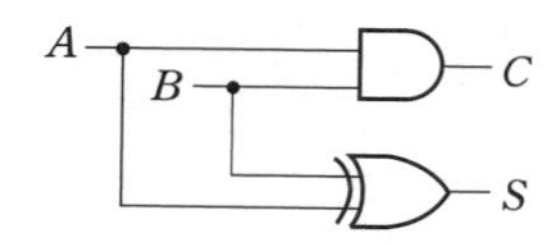

① $C=0$, $S=0$　　② $C=0$, $S=1$
③ $C=1$, $S=0$　　④ $C=1$, $S=1$

19. 다음 논리 회로도의 출력식은? (11년 3회)

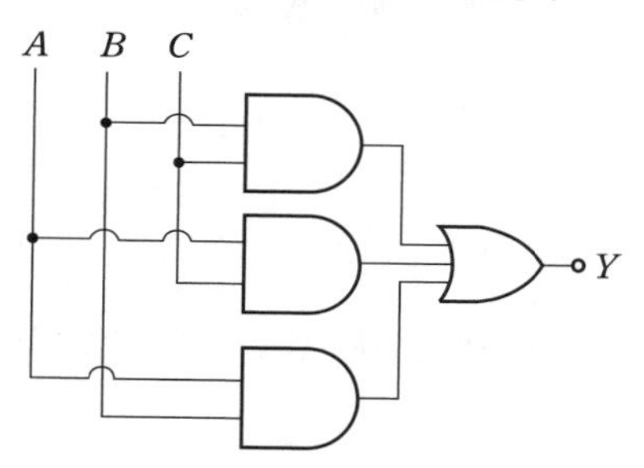

① $Y=ABC$
② $Y=A+AB+C$
③ $Y=\overline{A}+\overline{B}+\overline{C}$
④ $Y=AB+BC+AC$

20. 다음 논리식의 정리 중 맞지 않는 것은 어느 것인가? (06년 1회)

① $A+A=A$　　② $0 \cdot A=1$
③ $A \cdot A=A$　　④ $1+A=1$

해설 $A \cdot 0=0$

21. 논리식 $\overline{A+B}$와 같은 의미를 나타내는 논리식은? (12년 1회)

① $\overline{A \cdot B}$　　② $A \cdot B$
③ $\overline{A}+\overline{B}$　　④ $\overline{A} \cdot \overline{B}$

22. 논리식 $X=\overline{ABC}+A\overline{BC}+\overline{A}B\overline{C}+AB\overline{C}$를 간략히 하면? (11년 1회)

① $\overline{C}$　　② A
③ $\overline{B}$　　④ $\overline{AB}$

23. 다음 논리식을 간단히 한 것은 (09년 3회)

$$Y=\overline{A} \cdot B \cdot \overline{C}+A \cdot B \cdot \overline{C}+\overline{A} \cdot B \cdot C+A \cdot B \cdot C$$

① A　　② $\overline{A}$
③ B　　④ $\overline{B}$

해설 $Y=\overline{A}B\overline{C}+AB\overline{C}+\overline{A}BC+ABC$
$=B\overline{C}(\overline{A}+A)+BC(\overline{A}+A)$
$=B\overline{C}+BC=B(\overline{C}+C)=B$

24. 다음 수식에서 드모르간의 법칙이 맞는 것은? (03년 3회/11년 3회)

① $a+ab=a$
② $a(a+b)=a$
③ $\overline{a+b+c}=\overline{a} \cdot \overline{b} \cdot \overline{c}$
④ $\overline{a+b+c}=\overline{a}+\overline{b}+\overline{c}$

25. 함수 $f(t)$의 라플라스 변환은 어떤 식으로 정의되는가? (04년 1회)

① $\int f(t)e^{-st}dt$　　② $\int_{-\infty}^{\infty} f(t)e^{st}dt$
③ $\int_{0}^{\infty} f(t)e^{-st}dt$　　④ $\int_{0}^{\infty} f(t)e^{st}dt$

정답 18. ② 19. ④ 20. ② 21. ④ 22. ① 23. ③ 24. ③ 25. ③

26. 전달 함수 $G(s)=\dfrac{1}{s+1}$인 제어계 응답을 시간 함수로 맞게 표현한 것은? (12년 2회)

① e^{-t}　② $1+e^{-t}$
③ $1-e^{-t}$　④ $e^{-t}-1$

27. 다음 중 논리회로의 불 수식을 간략화하는 데 사용되는 규칙으로 옳지 않은 것은 어느 것인가? (08년 1회 / 13년 1회)

① $A+1=1$　② $A\cdot A=A$
③ $A+A=A$　④ $A\cdot\overline{A}=A$

28. 논리식 $A\cdot(A+B)$를 간단히 하면 다음 중 어느 것인가? (09년 1회 / 10년 2회 / 16년 3회)

① A　② B
③ $A\cdot B$　④ $A+B$

29. 논리식 $Y=A\cdot\overline{A}+B$를 간단히 한 식은? (12년 2회 / 17년 1회)

① $Y=A$　② $Y=B$
③ $Y=\overline{A}+B$　④ $Y=1+B$

30. 다음 논리 회로도에서 출력되는 X의 값은 어느 것인가? (09년 2회 / 13년 2회)

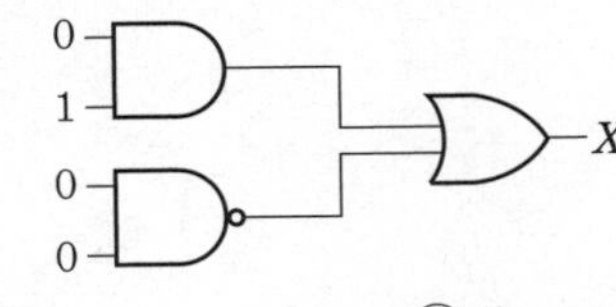

① 0　② 1
③ 11　④ 01

31. 다음 논리 회로의 출력 X는 어느 것인가? (10년 3회 / 17년 2회)

① $A\cdot B+\overline{C}$　② $A+B+\overline{C}$
③ $(A+B)\cdot\overline{C}$　④ $A\cdot B\cdot\overline{C}$

32. 다음 논리 회로에서 입력이 A, B일 때 출력 Y에 나타나는 논리식은? (10년 2회 / 17년 3회)

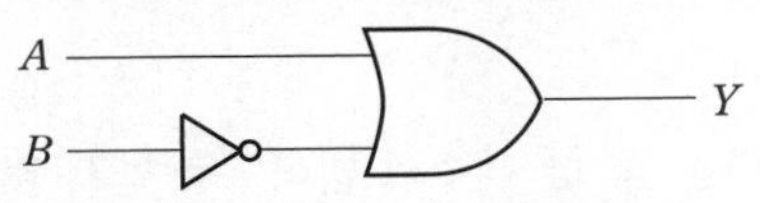

① $A+B$　② $A\times B$
③ $A\times\overline{B}$　④ $A+\overline{B}$

33. 다음 중 연산 증폭기의 심벌은? (07년 3회 / 14년 1회)

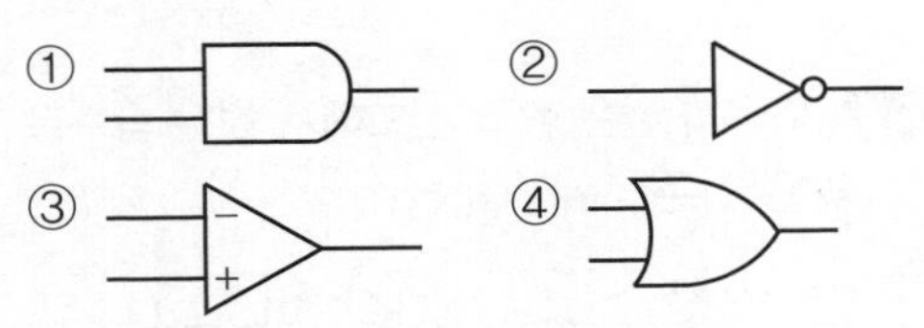

해설 이상적인 연산 증폭기의 특징

㉠ 무한대의 전압 이득을 가져 아주 작은 입력이라도 큰 출력을 얻을 수 있다.
㉡ 무한대의 대역폭을 가져 모든 주파수 대역에서 동작된다.
㉢ 입력 임피던스가 무한대라서 구동을 위한 공급 전원이 연산 증폭기 내부로 유입되지 않는다.
㉣ 출력 임피던스가 0이라서 부하에 영향을 받지 않는다.
㉤ 동상 신호 제거비(CMRR)가 무한대이다. 따라서 입력단에 인가되는 잡음을 제거하여 출력단에 나타나지 않는다.

34. 십진수 53을 2진수로 표시한 것은? (12년 4회 / 16년 1회)

① 111101　② 110101

정답 26. ③ 27. ④ 28. ① 29. ② 30. ② 31. ④ 32. ④ 33. ③ 34. ②

③ 110111 ④ 111111

35. 다음 중 10진수 256을 BCD 코드로 변환한 것은? (07년 3회/14년 2회)

① 0101 0110 0010
② 0010 0101 0110
③ 0010 0101 0100
④ 0101 0110 0110

36. 다음 중 불 대수의 법칙으로 옳지 않은 것은? (12년 3회/17년 1회)

① $A+1=1$ ② $A \cdot 1 = A$
③ $A+\overline{A}=A$ ④ $A \cdot \overline{A}=0$

해설 $A+\overline{A}=1$

37. 다음과 같은 블록 선도에서 전달 함수로 알맞은 것은? (09년 1회/14년 3회)

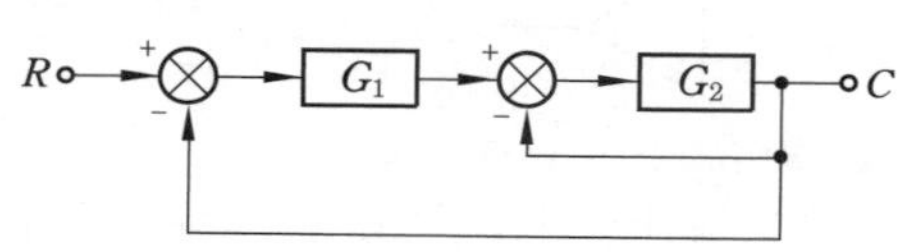

① $\dfrac{G_1 G_2}{1+G_1 G_2}$

② $\dfrac{G_1 G_2}{1+G_1+G_2}$

③ $\dfrac{G_1 G_2}{1+G_1+G_1 G_2}$

④ $\dfrac{G_1 G_2}{1+G_2+G_1 G_2}$

38. A와 B가 입력되고 X가 출력일 때 다음 그림과 같이 타임 차트(time chart)가 그려졌다면 어느 회로인가? (06년 1회/16년 1회)

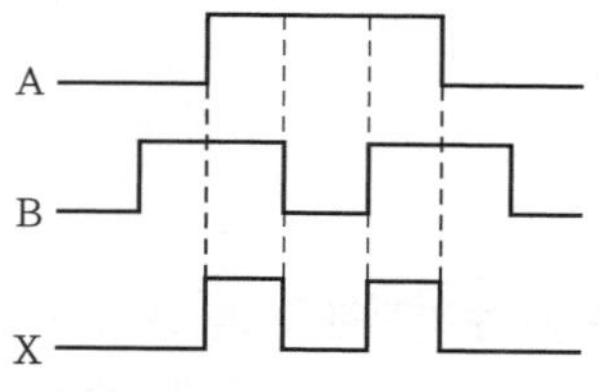

① AND 회로
② OR 회로
③ Flip-Flop 회로
④ Exclusive-OR 회로

39. 단위 계단 함수 u(t)의 라플라스 변환은? (11년 2회/16년 2회)

① e ② $\dfrac{1}{s}e$
③ $\dfrac{1}{e}$ ④ $\dfrac{1}{s}$

해설 $F(s)=\int_0^\infty e^{-st}dt=-\dfrac{1}{s}[e^{-st}]_0^\infty=\dfrac{1}{s}$

정답 35. ② 36. ③ 37. ④ 38. ① 39. ④

기계 정비 일반

CHAPTER

1 기계 정비용 공기구 및 정비 점검

1. 정비용 공기구 및 재료

1-1 정비용 측정 기구

(1) 측정의 개요

① 직접 측정

② 간접 측정

③ 한계 게이지 (limit gauge)

(2) 측정용 기구의 종류 및 사용법

① 강철자 (steel rule) : A형, B형, C형의 3종류로 기계 가공 현장에서 흔히 사용되고 있는 것은 C형이며 C형은 150, 300, 600, 1000, 1500, 2000 mm 등으로 구분되어 있다.

② 캘리퍼스 (calipers)

(가) 외측 캘리퍼스 (outside calipers) : 외측 면의 거리나 지름 등의 측정에 사용된다. 크기는 측정할 수 있는 최대의 치수로 표시된다.

(나) 내측 캘리퍼스 (inside calipers) : 내측 면의 거리나 지름을 측정하는 데 사용되며 지름 등의 측정에 편리하도록 다리 끝이 둥글게 되어 있다.

(다) 짝다리 캘리퍼스 : 디바이더와 캘리퍼스의 다리를 각각 하나씩 가진 것이며, 물체의 모서리에 한쪽 다리를 대고 평행선을 그을 때와 원통 물체의 중심을 찾을 때 등에 사용된다.

③ 버니어 캘리퍼스 : 버니어 캘리퍼스는 직선 자와 캘리퍼스를 하나로 한 것과 같은 것으로 길이, 바깥지름, 안지름, 깊이 등을 하나의 기구로 측정할 수 있고, 측정 범위도 상당히 넓어 대단히 편리하게 사용된다.

④ 마이크로미터

⑤ 다이얼 게이지

⑥ 게이지 블록

⑦ 틈새 게이지 (thickness gauge) : KS B 5224에 규정되어 있는 것으로 일명 필러 게이

지 (feeler gauge)라고도 하며, 서로 다른 두께인 강편을 9~26매를 1조로 하며 나사로 고정했고 각 강편에는 각각의 두께가 표시되어 있다.

⑧ 나사 게이지 (thread gauge) : 나사 게이지에는 센터 게이지와 스크루 피치 게이지가 있다.

⑨ 높이 게이지 (height gauge) : KS B 5233에 규정되어 있는 것으로 지그 (jig)나 부품을 마름질할 때 또는 구멍 위치의 점검, 표면의 점검, 금 긋기 등에 사용된다.

(3) 보전용 측정 기구

① 베어링 체커 (bearing checker) : 베어링의 윤활 상태를 측정하는 측정 기구이다.

② 진동계 (tele-vibro meter) : 전동기, 터빈, 공작 기계, 각종 산업 기계, 건설 기계, 차량 등 여러 가지 진동을 측정하는 것으로 휴대용 진동 측정기, 머신 체커 등이 있으며 주파수 분석까지 필요할 경우 FFT 분석기로 측정 및 분석을 한다.

③ 지시 소음계 (sound level meter) : 소리의 크기를 측정하는 계기로서 일반 목적에 사용되는 측정기이다. 40~140 dB이고 주택 및 산업체에서 소음의 크기를 측정한다.

④ 회전계 (tachometer) : 기계의 회전축 속도를 측정하는 장치로 접촉식과 비접촉식 및 공용식이 있다.

⑤ 표면 온도계 (surface thermo meter) : 열전대 (thermo couple)를 이용하여 물체의 표면 온도를 측정하는 측정기이다.

1-2 정비용 공기구

(1) 체결용 공구

① 양구 스패너 (open end spanner) : 나사 분해, 결합용 공구로 쓰이며 규격은 입의 너비 (입에 맞은 볼트 머리, 너트)의 대변 거리로 규정한다.

② 편구 스패너 (single spanner) : 입이 한쪽에만 있는 것으로 규격은 양구 스패너와 동일하다.

③ 타격 스패너 (shock spanner) : 입이 한쪽에만 있고 자루가 튼튼하여 망치로 타격이 가능하다. 규격은 양구 스패너와 동일하다.

④ 더블 오프셋 렌치 (double off-set wrench, ring spanner) : 볼트 머리, 너트 모서리를 마모시키지 않고 좁은 간격에서 작업이 용이하다. 규격은 양구 스패너와 동일하다.

⑤ 조합 스패너 (combination spanner) : 양구 스패너와 오프셋 렌치의 겸용으로 사용된다.

⑥ 훅 스패너 (hook spanner)

⑦ 소켓 렌치(socket wrench)

㈎ 핸들 : 래칫핸들, T형 플렉시블 핸들, 슬라이딩 T핸들, 스피드 핸들

㈏ 부속 공구 : 연장 봉, 소켓 어댑터, 팁 소켓, 유니버설 조인트

⑧ 멍키 스패너(monkey spanner) : 입의 크기를 조정할 수 있는 공구

㈎ 규격 : 전체의 길이(100 mm, 150 mm, 200 mm 또는 8", 10", 12"……)

㈏ 유사 공구 : 모터 렌치, 조정 스피드 렌치, 솔리드 스틸 바 렌치, adjust box wrench

⑨ L-렌치(hexagon bar wrench) : 육각 홈이 있는 둥근 머리 볼트를 빼고 끼울 때 사용하고, 6각형 공구강 막대를 L자형으로 굽혀 놓은 것으로 크기는 볼트 머리의 6각형 대변 거리이며 이외에 볼 포인트 L렌치도 있다.

(2) 분해용 공구

① 기어 풀러(gear puller) : 축에 고정된 기어, 풀리, 커플링 등을 빼낼 때 사용된다.

② 베어링 풀러(bearing puller) : 축에 고정된 베어링을 빼내는 공구이다.

③ 스톱 링 플라이어(stop ring plier) : 스냅 링(snap ring) 또는 리테이닝 링(retaining ring)의 부착이나 분해용으로 사용하는 플라이어이다.

④ 집게

㈎ 조합 플라이어

㈏ 롱 노즈 플라이어(long nose plier)

㈐ 워터 펌프 플라이어(water pump plier)

㈑ 콤비네이션 바이스 플라이어(combination vise plier, grip plier)

㈒ 라운드 노즈 플라이어(round nose plier)

㈓ 와이어로프 커터(wire rope cutter)

(3) 배관용 공기구

① 파이프 렌치(pipe wrench)

② 파이프 커터(pipe cutter)

③ 파이프 바이스(pipe vise)

④ 오스터(oster)

⑤ 플레어링 툴 세트(flaring tool set)

⑥ 파이프 벤더(pipe bender)

⑦ 유압 파이프 벤더

1-3 보전용 재료

(1) 접착제

① 접착제의 정의 및 성질

㈎ 접착제의 정의 : 접착이란 어떤 물질의 접착력에 의하여 같거나 다른 종류의 고체를 접합하는 것으로 이 접착에 사용되는 재료를 접착제라 한다(KS M 3699).

㈏ 접착제의 종류

㉮ 모노머(monomer) 또는 중합제(prepolymer)형 접착제 : 중합, 축합 등의 화학반응에 의하여 경화되는 것. 페놀 요소, 멜라민(melamine) 등의 포름알데히드계 접착제, 에폭시(epoxy)계 등 순간 접착제와 혐기성 접착제가 여기에 속한다.

㉯ 용액 또는 유화액형 접착제(emulsion adhesive) : 합성수지를 물에 유화 분산시킨 것으로 라텍스형 접착제라고도 한다.

㉰ 상온 경화형 접착제(cold setting adhesive) : 열을 가하지 않고 경화시키는 것

㉱ 압력 감응형 접착제(pressure sensitive adhesive) : 상온에서 압력을 가하는 것만으로 경화하는 것

㉲ 일액형 접착제(one component adhesive) : 다른 성분의 첨가 없이 빛, 열, 전자선 등의 적당한 수단에 의해 경화하는 것

㉳ 이액형 접착제(two component adhesive) : 두 개의 성분으로 나누어져 있고, 사용 직전에 혼합되어 경화되는 것

㉴ 올리고머형 접착제(oligomer adhesive) : 올리고머(서중합체)에 가교제, 분자고리 연장제 등을 배합하여 빛, 열, 전자선 등의 적당한 수단에 의해 경화하는 것

㉵ 가열 경화형 접착제(heat setting adhesive) : 가열에 의해 경화하는 것

② 용도별 접착제의 특성

㈎ 금속 구조용 접착제의 특징

㉮ 경량화 금속에 의한 접합 방법에 비하여 접착제의 중량이 훨씬 적다.

㉯ 강도-응력 분산에 용이하다.

㉰ 설계가 간단하다.

㉱ 접착 시간이 단축된다.

㉲ 샌드위치 또는 벌집형(honey-comb) 구조로서 재료의 경량화 및 강도 향상이 된다.

㉳ 가스나 액체에 대해 완전한 실링이 가능하다.

㉴ 전기 절연, 단열, 방음, 방진이 가능하다.

㉵ 방청으로 녹의 발생을 방지한다.

㉶ 가격이 저렴하다.

㉾ 극저온에서 접합이 가능하다.

㈏ 혐기성 접착제

㉮ 특성 및 용도 : 진동이 있는 차량, 항공기, 동력기 등의 풀림 방지 및 가스, 액체의 누설 방지를 위해 사용된다. 침투성이 좋고 경화할 때에 감량되지 않으며 일단 경화되면 유류, 약품 종류, 각종 가스, 소금물, 유기 용제에 대하여 내성이 우수하고 반영구적으로 노화되지 않는다.

㉯ 사용상 주의 사항

- 작업 중 신체와 접촉되지 않도록 주의하고 환기에 주의할 것
- 접착 부분을 깨끗이 할 것
- 일액형으로서 경화가 빠르므로 작업을 신속히 할 것
- 충진 고착에 필요한 강도 및 틈(clearance)에 대하여 알맞게 선택할 것

(2) 세정제(KS I 9203 : 구 KS M 2960)

세정제는 다음과 같은 조건을 갖추어야 한다.

① 환경 공해 및 인체에 악영향을 미치지 않을 것
② 녹과 부식, 탈지, 먼지 등의 세척력이 우수할 것
③ 방청성을 겸할 것
④ 비휘발성으로 화재의 위험성이 없을 것
⑤ 독성이 적을 것
⑥ 잔유물이 생기지 않을 것

(3) 소부 방지제

초미립 순수 니켈 입자와 극압용 몰리브덴, 특수 그리스를 섞어 고착 방지와 윤활 작용의 효과를 최대한 얻을 수 있도록 제조된 최첨단 고착 방지 및 극압, 고온용 윤활제로 염수, 산, 알칼리, 고습도, 수증기, 이온수, 고하중, 고온 등의 극한 조건으로부터 고가의 산업 기계 등을 보호하고 유지시켜 준다. 고착 방지, 우수한 밀봉, 방청, 내부식성, 내마모성, 내약품성 등의 특징이 있으며, 조립 해체가 용이하여 나사 결합, 개스킷 밀봉, 밸브 조립, 고온, 충격, 진동이 수반되는 곳에 사용된다.

(4) 방청제

금속 표면에 기름 보호막을 만들어 공기 중의 산소나 수분을 차단하는 것으로, 금속 제품의 보관·수송·보존 등의 특정 기간 동안 녹이 발생되는 것을 방지한다. 한편, 녹 방지를 위해서는 보일유·유성니스·합성수지 니스 등으로 혼합한 광명단(사삼산화 납)·벵갈라 또는 크롬산 아연 성분의 방청 도료도 흔히 사용된다.

① 용제 희석형(溶劑稀釋形) 방청유

② 지문(指紋) 제거형 방청유
③ 방청 윤활유
④ 방청 바셀린
⑤ 방청 그리스
⑥ 기화성(氣化性) 방청유

(5) 윤활유

제2편 설비 진단 및 설비 관리 참고

(6) 밀봉 장치

① 실의 정의 : 유체의 누설 또는 외부로부터 이물질의 침입을 방지하기 위해 사용되는 실(seal)은 밀봉 장치라 그들을 총칭하고 고정 부분에 사용되는 정적 실(static seal)을 개스킷(gasket), O-링, 운동 부분에 사용되는 동적 실(dynamic seal)을 패킹(packing)이라 한다. 재료에는 내열성, 내유성, 내노화성이 우수한 합성 고무류나 합성수지인 4불화 에틸렌 수지(테프론, PTFE)를 사용하고, 회전 측의 실로서 메커니컬 실이나 오일 실 등을 사용하며, 축이나 로드의 실 또는 압축 패킹 등이 이에 속한다.

② 실(seal)의 특징 : 실의 구비 조건은 개스킷의 경우 작동유에 대하여 적당한 저항성이 있고 온도, 압력의 변화에 충분히 견딜 수 있어야 한다. 패킹은 운동 방식(왕복, 회전, 나선 등), 속도, 허용, 누설량, 마찰력, 접촉면의 조밀(粗密)에 의한 영향 등도 고려하여야 한다.

㈎ 개스킷 : 개스킷은 압력 용기나 파이프의 플랜지 면, 기기의 접촉면, 그 밖의 고정면에 끼우고 볼트나 기타 방법으로 결합, 실 효과를 주는 것으로 누설은 허용되지 않는다.

㉮ 종이 개스킷 : 종이 및 식물성 또는 동물성의 긴 섬유를 고해시켜 결합력을 좋게 하고 사이징 및 기타 필요한 과정을 거쳐 초지하되 고무 및 석면질을 포함시키지 않고 윤활유, 휘발유, 물에 영향을 받지 않는 재질로 제조한다.

㉯ 고무 개스킷 : 고무는 탄성과 유연성을 겸하여 우수한 개스킷 재료인 반면에 강성이 적어 죄임이 크거나 편심 하중 또는 압력 변동에 이탈되기 쉬우므로 홈을 만들어 부착한다.

㉰ 석면 조인트 개스킷 : 석면 섬유 70~80 %에 고무 콤파운드를 배합하여 가압, 가유한 것이다.

㉱ 석면 포 개스킷 : 석면사로 평직(平織)한 테이프상에 내열 고무를 도포한 것으로 내열, 내증기성이 좋다.

㉲ 플라스틱 개스킷 : 개스킷으로는 부적합하나 불소 수지는 내약품성, 내열, 내한성이 좋아 완충재와 같이 사용하거나 복잡한 형상에 적합하다.

㉶ 가죽 개스킷 : 강인, 다공질, 내마모성, 탄력성이 우수하나 변질되기 쉽다.

㉷ 금속 개스킷 : 내부식성이 우수하며 유체에 따라 차이는 있으나 고온 고압에 적합하다.

㉸ 액상 개스킷

㈏ 패킹 : 기기의 접합면 또는 접동면의 기밀을 유지하여 그 기기에서 처리하는 유체의 누설을 방지하는 밀봉 장치로 저압 부분에 저속에서 고속까지 넓은 범위에 사용된다. 구조가 간단하여 취급하기가 쉽고, 장착 공간이 적어도 되는 등 많은 이점이 있다.

㉮ 기계적 실 (mechanical seal) (KS B 1566) : 회전축의 동적 실로 사용되며, 보통 금속과 고무로 되어 있다.

㉯ 금속 실 (metallic seal) : 피스톤과 로드에 사용되며, 기관에 사용되는 피스톤 링과 매우 비슷하다. 이 실은 팽창하는 것과 팽창하지 않는 것이 있으며, 모두 동적 실로 보통 강철로 되어 있다. 비팽창 실 (non-expanding seal)은 정확하게 설치하지 않으면 누유가 심하게 된다. 피스톤에 사용되는 팽창 실(expanding seal)과 피스톤 로드에 사용되는 수축 실 (extracting seal)은 마찰 손실과 누출 손실을 알맞게 조절해야 한다. 고온을 유지하는 장치에 사용되나, 다른 실에 비해 유밀 기능이 떨어지므로, 와이퍼형 실 (wiper seal)로 사용되기도 한다.

㈐ 글랜드 패킹 (gland packing) : 스테핑 박스 내에 넣고 축과 마찰면을 밀봉하는 것으로 마찰 저항이 크고, 완전히 누설을 방지할 수 없으므로 다소 누설이 허용하는 곳에 쓰이며, 약간의 누설은 마찰면의 윤활과 냉각 효과를 기할 수 있다.

출제 예상 문제

기계정비산업기사

1. 측정기를 측정 방법에 따라 분류할 때 미니미터, 옵티미터, 공기 마이크로미터는 어디에 포함되는가? (09년 1회)

① 직접 측정
② 비교 측정
③ 한계 게이지 측정
④ 계량 측정

해설 간접 측정 : 표준 치수의 게이지와 비교하여 측정기의 바늘이 지시하는 눈금에 의하여 그 차이를 읽는 것이다. 비교 측정에 사용되는 측정기는 다이얼 게이지(dial gauge), 미니미터, 옵티미터, 공기 마이크로미터, 전기 마이크로미터 등이 사용된다.

2. 다음 측정기 중 비교 측정에 사용되는 것은 어느 것인가? (12년 1회)

① 버니어 캘리퍼스
② 마이크로미터
③ 측장기
④ 전기 마이크로미터

해설 전기 마이크로미터, 다이얼 게이지 등은 비교 측정기이다.

3. 비교 측정기가 아닌 것은? (05년 1회)

① 측장기
② 옵티미터
③ 공기 마이크로미터
④ 전기 마이크로미터

해설 직접 측정 : 측정하고자 하는 양을 직접 접촉시켜 그 크기를 구하는 방법으로서 버니어 캘리퍼스, 마이크로미터, 측장기, 휘트스톤 브리지 등의 측정기를 사용하여 측정한다.

4. 제품에 주어진 허용값 중 최대 허용 치수와 최소 허용 치수의 두 허용 한계 치수를 정하여 통과와 정지의 두 가지만으로 합격·불합격을 판정하는 측정기는? (06년 1회)

① 측장기
② 미니미터
③ 한계 게이지
④ 앤빌 교환식 마이크로미터

해설 한계 게이지 : 제품에 주어진 허용차 중 최대 허용 치수와 최소 허용 치수의 두 허용 한계 치수를 정하여 통과와 정지의 두 가지만으로 합격·불합격을 판정하는 측정기

5. 다음 중 한계 게이지에 속하는 것은 어느 것인가? (03년 3회)

① GO-NO GO 게이지
② 캘리퍼스
③ 마이크로미터
④ 하이트 게이지

6. 아베의 원리(Abbes principle)에 어긋나는 측정기는? (07년 1회)

① 외측 마이크로미터
② 내측 마이크로미터
③ 나사 마이크로미터
④ 깊이 마이크로미터

7. 버니어 캘리퍼스 형식이 아닌 것은 어느 것인가? (04년 1회)

① CB형 ② CM형
③ M형 ④ CK형

해설 버니어 캘리퍼스 : KS 규격에서는 M1형,

정답 1. ② 2. ④ 3. ① 4. ③ 5. ① 6. ② 7. ④

M2형, CB형, CM형의 4가지 형식을 규정

8. 버니어 캘리퍼스의 사용상 주의점이 아닌 것은? (06년 3회/11년 1회)

① 측정 시 측정면의 이물질을 제거한다.
② 눈금을 읽을 때 눈금으로부터 직각 위치에서 읽는다.
③ 측정 시 본척과 부척의 영점 일치 여부를 확인한다.
④ 정압 장치가 있으므로 측정력은 제한이 없다.

9. 표준형 마이크로미터에 이용되는 나사의 피치는? (04년 3회)

① 0.25mm ② 0.5mm
③ 1.0mm ④ 2.0mm

10. 아래의 그림에서 버니어 캘리퍼스의 측정값은 얼마인가? (12년 1회)

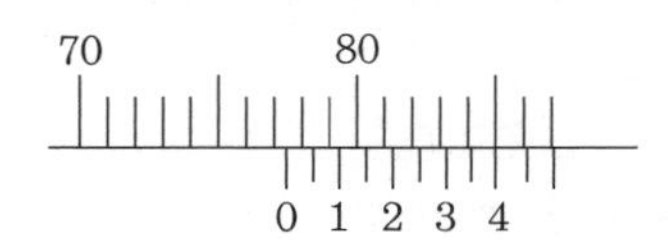

① 77.0mm ② 77.4mm
③ 7.04mm ④ 77.14mm

해설 측정값 77+0.4=77.4mm

11. 마이크로미터를 설명한 사항 중 틀린 것은 어느 것인가? (11년 3회)

① 보통의 마이크로미터 스핀들 나사의 피치는 0.5 mm이고 심블은 원주를 50 등분하였다.
② 앤빌과 스핀들 사이에 측정물을 넣어 심블을 가볍게 회전시켜 측정한다.
③ 마이크로미터의 측정 범위는 0~50 mm, 50~100 mm와 같이 50 mm 간격으로 되어 있다.
④ 마이크로미터 래칫스톱을 2회 이상 공전시킨 후 눈금을 읽는다.

해설 마이크로미터의 측정 범위는 25 mm 간격으로 되어 있다.

12. 나사의 회전각과 심블(thimble) 지름의 눈금으로 확대하여 측정하는 측정기는? (07년 3회)

① 게이지 블록 ② 다이얼 게이지
③ 버니어 캘리퍼스 ④ 마이크로미터

해설 마이크로미터의 원리는 길이의 변화를 나사의 회전각과 심블의 지름에 의해서 확대한 것이다.

13. 마이크로미터 스핀들이 α 각도만큼 회전함으로써 스핀들의 측정 단이 X[mm]만큼 이동한다면, X와 α 간의 성립식은? (05년 1회)

① $X=\dfrac{P\alpha}{2\pi}$ ② $X=\dfrac{P\alpha}{\pi}$
③ $X=\dfrac{P\pi}{\alpha}$ ④ $X=\dfrac{\pi\alpha}{P}$

해설 $X=\dfrac{P\alpha}{2\pi}$

P : 나사의 피치 (mm)
α : 나사의 회전각 (rad)

14. 다음 마이크로미터에 나타난 측정값은 어느 것인가? (09년 3회)

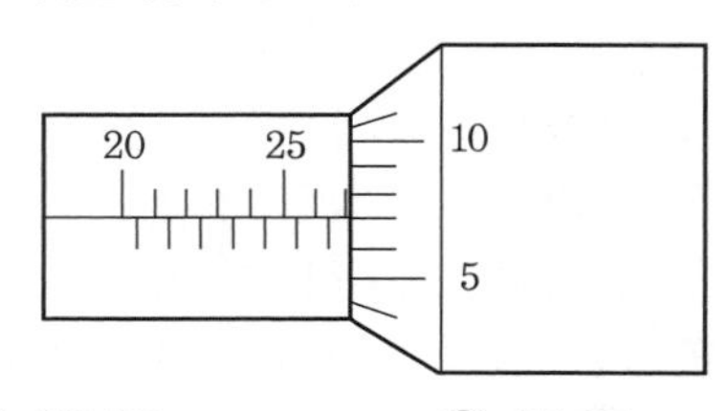

① 26.07mm ② 27.07mm
③ 27.00mm ④ 25.07mm

정답 8. ④ 9. ② 10. ② 11. ③ 12. ④ 13. ① 14. ②

15. **회전축의 흔들림 점검, 공작물의 평형도 측정 및 표준과의 비교 측정에 이용되는 측정 기기는?** (07년 3회 / 08년 1회)

① 스트레인 게이지 ② 다이얼 게이지
③ 서피스 게이지 ④ 게이지 블록

해설 다이얼 게이지는 랙과 기어의 운동을 이용하여 작은 길이를 확대하여 표시하게 된 비교 측정기이며, 회전체나 회전축의 흔들림 점검, 공작물의 평행도 및 평면 상태의 측정 표준과의 비교 측정 및 제품 검사 등에 사용된다.

16. **다음 중 다이얼 게이지를 응용한 측정이 아닌 것은?** (12년 3회)

① 바깥지름 측정 ② 두께 측정
③ 피치 측정 ④ 높이 측정

해설 바깥지름, 높이, 두께, 길이, 직각도, 흔들림 등은 다이얼 게이지를 응용하여 측정한다.

17. **다음 블록 게이지 등급 중에서 특수 검교정 실험실에서 사용되는 것은** (08년 3회)

① K급 ② 0급
③ 1급 ④ 2급

해설 게이지 블록은 KS B 5201에 규정되어 있으며 그 측정 면이 정밀하게 다듬질된 블록으로 되어 있다. 정밀도 등급은 K, 0, 1, 2가 있다.

18. **V블록 위에 측정물을 올려놓고 회전하였을 때, 다이얼 게이지의 눈금이 0.5mm 차이가 있었다면 진원도는 얼마인가?** (09년 2회)

① 0.25mm ② 0.5mm
③ 1.0mm ④ 5mm

19. **노치(notch) 붙음 둥근나사 체결용으로 적합한 것은?** (10년 1회)

① 훅 스패너
② 더블 오프셋 렌치
③ 몽키 스패너
④ 기어 풀러

해설 훅 스패너(hook spanner) : 둥근 너트 등 원주면에 홈이 파져 있는 부분을 체결할 때 사용하는 공구이다.

20. **다음 중 분해용 공구가 아닌 것은?** (11년 2회)

① 기어 풀러
② 베어링 풀러
③ 오일 건
④ 스톱링 플라이어

해설 오일 건은 윤활용 공구이다.

21. **기어, 커플링, 풀리 등이 축에 고착되었을 때 분해하려고 한다. 다음 중 가장 적절한 방법은?** (08년 3회 / 10년 1회)

① 황동 망치로 가볍게 두드린다.
② 쇠붙이를 대고 쇠망치로 두드린다.
③ 풀러(puller)를 이용한다.
④ 가열하여 팽창되었을 때 충격을 주어 빼낸다.

해설 기어 풀러(gear puller) : 축에 고정된 기어, 풀리, 커플링 등을 빼낼 때 사용하며 기어, 풀리 등의 분해가 곤란할 때에 사용한다.

22. **스톱 링 또는 리테이닝 링의 부착이나 분해용으로 사용하는 공구는?** (04년 1회)

① 베어링 풀러
② 스톱 링 플라이어
③ 롱 노즈 플라이어
④ 조합 플라이어

해설 스톱 링 플라이어는 스냅 링, 리테이닝 링의 분해용으로 사용된다.

정답 15. ② 16. ③ 17. ① 18. ② 19. ① 20. ③ 21. ③ 22. ②

23. 스톱 링 플라이어에 대한 설명 중 틀린 것은? (07년 1회)

① 스냅 링의 부착이나 분해용으로 사용한다.
② 리테이너의 부착이나 분해용으로 사용한다.
③ 축용은 손잡이를 쥐면 벌어지는 것으로 S-0에서 S-8까지의 종류가 있다.
④ 구멍용은 손잡이를 쥐면 닫히는 것으로 H-0에서 H-8까지의 종류가 있다.

24. 정비용 공구 중 집게에 속하며 쥐면 고정된 채 놓지 않는 것은? (03년 1회)

① 조합 플라이어
② 롱 노즈 플라이어
③ 라운드 로즈 플라이어
④ 콤비네이션 바이스 플라이어

해설 ㉠ 조합 플라이어 (combination plier) : 일반적으로 말하는 플라이어로 재질은 크롬강이고 규격은 전체의 길이로서 150, 200, 250 mm 등이 있다.
㉡ 롱 노즈 플라이어 (long nose plier) : 끝이 가늘어 전기 제품 수리나 좁은 장소에서 작업이 적합한 것으로 규격은 전체 길이로 표시한다.
㉢ 라운드 노즈 플라이어 (round nose plier) : 전기 통신기 배선 및 조립 수리에 사용하며 규격은 전체 길이로 표시한다.
㉣ 콤비네이션 바이스 플라이어 (combination vise plier) : 쥐면 고정된 채 놓질 않도록 되어 있는 것으로 사용 범위가 넓다. 또한 물건을 집는 턱의 옆날을 이용해서 와이어 같은 것으로 절단할 수도 있다. 크기는 몸통의 크기에 따른 대소 이외에 두꺼운 것과 얇은 것이 있다.
㉤ 워터 펌프 플라이어 (water pump plier) : 이빨이 파이프 렌치처럼 파여 둥근 것을 돌리기에 편리하다.
㉥ 와이어로프 커터 (wire rope cutter) : 와이어로프 절단에 사용, 규격은 전체의 길이로 표시한다.

25. 공구 전체의 길이로 규격을 나타내지 않는 것은 (08년 1회)

① 스톱 링 플라이어
② 멍키 스패너
③ 롱 노즈 플라이어
④ 조합 플라이어

26. 다음 중 멍키 스패너의 규격을 나타내는 것은? (07년 1회)

① 무게
② 전체의 길이
③ 입의 최대 너비
④ 적용 가능한 볼트의 최대 지름

해설 멍키 스패너 (monkey spanner)는 조절 렌치라고 하며 입의 크기를 조정할 수 있는 공구로 규격은 전체의 길이로 표시한다.

27. 다음 중 배관용 공구가 아닌 것은 어느 것인가? (05년 3회)

① 파이프 렌치
② 플레어링 툴 세트
③ 파이프 벤더
④ 훅 스패너

해설 • 파이프 렌치 (pipe wrench) : 파이프를 쥐고 회전시켜 조립, 분해하는 데 사용한다.
• 파이프 벤더 (pipe bender) : 파이프를 구부리는 공구로 180° 이상도 벤딩이 가능하다.

28. 다음 중 배관용 공기구에 해당되지 않는 것은? (10년 2회)

① 오스터
② 기어 풀러

정답 23. ④ 24. ④ 25. ① 26. ② 27. ④ 28. ②

③ 플레어링 툴 세트
④ 유압 파이프 벤더

해설 • 플레어링 툴 세트(flaring tool set) : 파이프 끝을 플레어링 하는 기구로서 플레어 툴(flare tool), 콘 프레스(cone press), 파이프 커터(pipe cutter)로 구성되어 있다.
• 유압 파이프 벤더 : 지름이 큰 파이프 굽힘에 사용하며 유압 작동을 이용한 공구이다.

29. 다음 중 정비용 측정기에 해당되는 것은 어느 것인가? (11년 3회)

① 파이프 렌치(pipe wrench)
② 오스터(oster)
③ 베어링 체커(bearing checker)
④ 플레어링 툴 세트(flaring tool set)

해설 ①, ②, ④는 배관용 공구이며, 정비용 측정기 종류에는 베어링 체커, 진동 측정기, 지시 소음계, 표면 온도계 등이 있다.

30. 접착제란 접착력에 의해서 동종 또는 다른 종류의 고체를 접합하는 것으로 접착제의 구비 조건으로 볼 수 없는 것은? (10년 3회)

① 액체성일 것
② 좁은 틈새에 침투하여 모세관 작용을 할 것
③ 화학 반응으로 고체화되고 일정한 강도를 가질 것
④ 내마모성이 강할 것

31. 진동이 있는 차량 항공기, 동력 기계 등의 체결 요소 풀림 방지를 위해 사용되는 접착제는? (09년 2회)

① 유화액형 접착제
② 열용융형 접착제
③ 혐기성 접착제
④ 감압형 접착제

해설 혐기성 접착제 : 산소의 존재에 의해 액체 상태를 유지하다가 산소가 차단되면 중합(重合)이 촉진되어 경화된다. 액체 고분자 물질을 주성분으로 한 일액성, 무용제형 강력 접착제이다.

32. 다음 중 액상 윤활제는? (05년 3회)

① 유압 작동유 ② 그리스
③ 유기 화합물 ④ 고체 윤활유

33. 장비 운전자가 매일 아침 오일러 스핀들을 세워서 1분 간격으로 5~10방울 정도 급유하는 체인 급유법은? (08년 3회)

① 적하 급유(저속용)
② 유욕 윤활(중 · 저속용)
③ 회전판에 의한 윤활(중 · 고속용)
④ 강제 펌프 윤활(고속, 중하중용)

해설 적하 급유법 : 비교적 고속 회전의 소형 베어링 등에 많이 사용되며 기름통에 저장되어 있는 오일을 일정량으로 떨어지게 유량 조절을 하여 윤활하는 방식이다.

34. 다음 중 방청제라고 볼 수 없는 것은 어느 것인가? (03년 1회)

① 용제 희석형 방청제
② 산화 촉진형 방청제
③ 지문 제거형 방청제
④ 기화성 방청유

해설 방청유 : 용제 희석형(溶劑稀釋形)(solvent cutback type rust preventive oil), 바셀린(rust preventive petrolatum), 윤활, 지문(指紋) 제거형(finger print remover type rust preventive oil), 기화성(氣化性)(volatile rust preventive oil), 방청 그리스(rust preventive grease)

35. 한국산업규격에 따른 방청유로 구분되지 않는 것은? (05년 3회)

정답 29. ③ 30. ④ 31. ③ 32. ① 33. ① 34. ② 35. ①

① 수분 함유형
② 지문 제거형
③ 용제 희석형
④ 방청 페트롤레이텀

해설 (가) 지문 제거형 방청유 : [KS M 2210]

종류	기호	막의 성질	주 용도
1종	KP-0	저점도 유막	기계 일반 및 기계 부품

(나) 기화성 방청유 : [KS A 2111, KS M 2209] 주로 밀폐 상태에 있는 철강의 녹 발생 방지에 사용되는 분말로 상온에서 승화성이 있다.

종류	기호	막의 성질	주 용도
1종	KP-20-1	저점도 유막	밀폐용
2종	KP-20-2	중점도 유막	

(다) 용제 희석형 방청유 (KSM 2212) : 녹슬지 못하게 피막을 만드는 성분을 석유계 용제에 녹여서 분산시켜 놓은 것으로, 금속면에 바르면 용제가 증발하고 나중에 방청 도포막이 생긴다.

종류		기호	막의 성질	주 용도
1종		KP-1	경질막	옥내 및 옥외용
2종		KP-2	연질막	옥내용
3종	1호	KP-3-1	연질막	옥내용 (물치환형)
	2호	KP-3-2	중·고점도 유막	
4종		KP-19	투명, 경질막	옥내외용

36. 바셀린 (petrolatum) 방청유의 종류가 아닌 것은? (05년 1회)

① KP-4 ② KP-5
③ KP-6 ④ KP-7

해설 방청 페트롤레이텀 (KS A 1105)

종류	기호	도포 온도(℃)	주 용도
1종	KP-4	90 이하	대형 기계 및 부품 녹 방지
2종	KP-5	85 이하	일반 기계 및 소형 정밀 부품 녹 방지
3종	KP-6	80 이하	구름 베어링 등 고정면 녹 방지

37. 다음 중 바셀린 방청유로서 막의 성질에 따른 분류로 맞는 것은? (11년 1회)

① KP-1 ② KP-2
③ KP-3 ④ NP-4

해설 방청 바셀린 : 상온에서 고체 상태 또는 반 고체 상태인 바셀린 등을 기제로 한 방청제로 피막에 따라 연질막, 중질막, 경질막이 있다.

38. 롤러 베어링, 볼 베어링, 크레인 와이어 로프 등의 윤활 또는 방청 등으로 사용되는 것은? (05년 1회)

① 방청 그리스
② 윤활 방청유
③ 지문 제거형 방청유
④ 바셀린 방청유

해설 방청 그리스 (KS A 1105, KS M 2136) : KP-11로 표시하며 1종 (1호~3호)과, 2종 (1호~3호)이 있다. 그리스를 주재료로 한 것으로 구름 베어링용의 윤활유 겸용형 방청제이다. 주 용도는 롤러 베어링, 볼 베어링의 방청이고 크레인 등의 와이어 로프 등의 윤활 또는 방청용으로도 사용된다.

39. 합성 고무와 합성수지 및 금속 클로이드 등을 주성분으로 제조된 액상 개스킷의 특징이 아닌 것은? (12년 2회)

정답 36. ④ 37. ④ 38. ① 39. ②

① 상온에서 유동성이 있는 접착성 물질이다.
② 액체 고분자 물질을 주성분으로 한 일액성 무용제형 강력 봉착제이다.
③ 접합면에 바르면 일정 시간 후 건조된다.
④ 접합면을 보호하고 누수를 방지하고 내압 기능을 가지고 있다.

해설 ②는 혐기성 접착제의 특성이다. 액상 개스킷은 자동차, 기계 장치 등에 사용된다.

40. 액상 개스킷의 사용 방법 중 잘못된 것은 어느 것인가? (08년 3회)

① 접합면에 수분 등 오물을 제거한다.
② 얇고 균일하게 칠한다.
③ 바른 직후 접합해서는 안 된다.
④ 사용 온도 범위는 대체적으로 40~400℃ 이다.

해설 액상 개스킷 : 합성 고무와 합성수지 및 금속 클로이드 등을 주성분으로 제조된 액체 상태 개스킷으로, 어떤 상태의 접합 부위에도 용이하게 바를 수 있다. 상온에서 유동적인 접착성 물질이나 바른 후 일정한 시간이 경과하면 건조되거나 균일하게 안정되어 누설을 완전히 방지한다.

41. 접착제의 구비 조건으로 적합하지 않은 것은? (11년 2회/15년 2회)

① 액체성일 것
② 고체 표면에 침투하여 모세관 작용을 할 것
③ 도포 후 일정 시간 경과 후 누설을 방지할 것
④ 도포 후 고체화하여 일정한 강도를 유지할 것

해설 접착제의 구비 조건
㉠ 액체성일 것
㉡ 고체 표면의 좁은 틈새에 침투하여 모세관 작용을 할 것
㉢ 액상의 접합체가 도포 직후 용매의 증발 냉각 또는 화학 반응에 의하여 고체화하여 일정한 강도를 가질 것

42. 가로×세로가 1 m, 두께가 200 mm인 철판의 가운데에 지름 500 mm의 구멍이 가공되어 있다. 비중을 7.8로 하였을 때의 철판의 무게를 구하시오(단, 소수 둘째 자리에서 반올림하시오). (03년 3회)

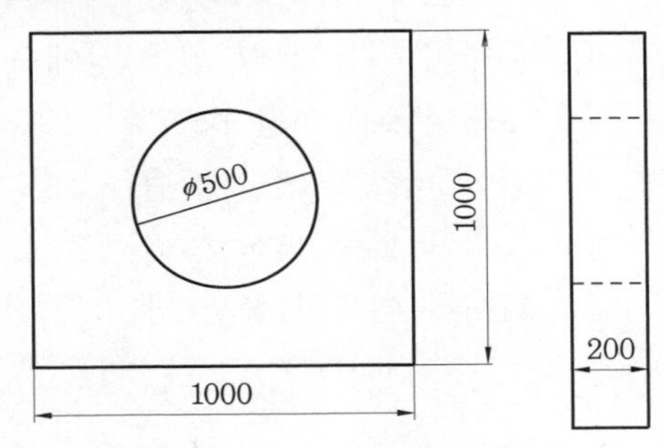

① 1253.9 kgf ② 780.6 kgf
③ 1531.2 kgf ④ 1560.7 kgf

해설 • 체적 $=(100\times100\times20)-\left(\frac{\pi\times50^2}{4}\times20\right)$
$=200,000-39,250=160,750$
• 무게 = 체적×비중
$=160,750\times7.8=1,253,850$ kgf
$=1,253.85$ kgf

43. 합성 고무와 합성수지 및 금속 클로이드 등을 주성분으로 한 액상 개스킷의 사용 방법으로 옳지 않은 것은? (12년 1회/15년 3회)

① 얇고 균일하게 칠한다.
② 바른 직후 접합해도 관계없다.
③ 사용 온도 범위는 0~30°C까지의 범위이다.
④ 접합면의 수분, 기름, 기타 오물을 제거한다.

해설 사용 온도 범위는 40~400℃이다.

정답 40. ③ 42. ③ 41. ① 43. ③

CHAPTER 2

기계 요소 보전

2-1 체결용 기계 요소 보전

(1) 나 사

① 볼트 너트의 이완 방지

㈎ 홈붙이 너트 분할 핀 고정에 의한 방법 (KS B 1015)

㈏ 로크너트에 의한 방법

㈐ 절삭 너트에 의한 방법

㈑ 특수 너트에 의한 방법

㈒ 와셔를 이용한 풀림 방지

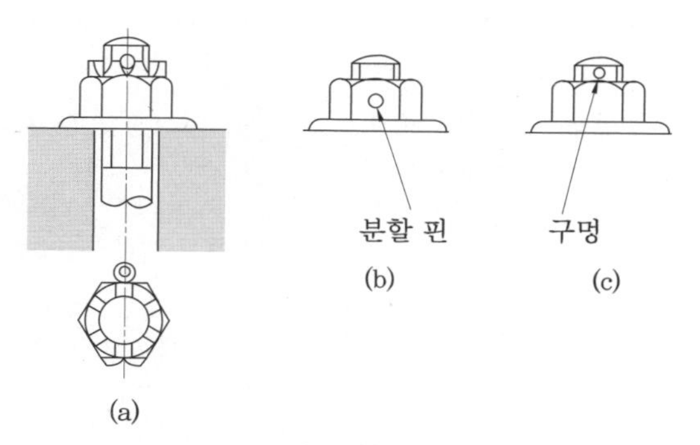

분할 핀 고정

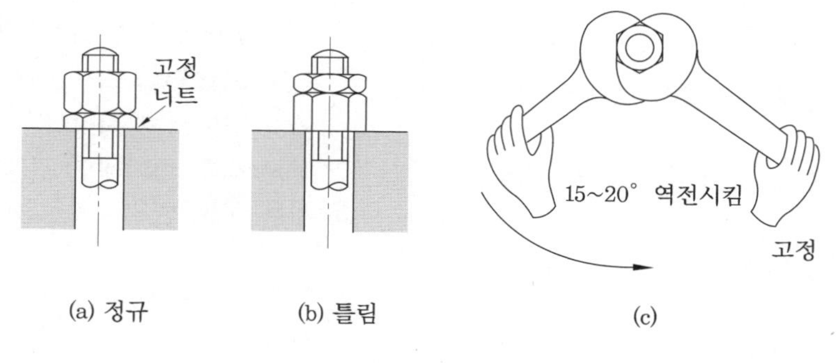

로크너트

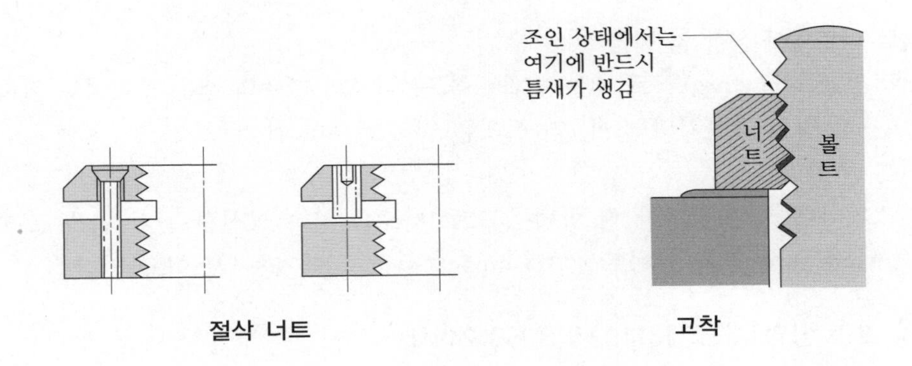

절삭 너트 고착

② 고착(固着)된 볼트 너트 빼는 방법

(가) 고착의 원인 : 볼트를 분해할 경우 간혹 나사부가 굳어서 쉽게 풀리지 않는다. 이것은 그림과 같이 너트를 조였을 때 나사 부분에 반드시 틈이 발생하고 이 틈새로 수분, 부식성 가스, 부식성 액체가 침입해서 녹이 발생하여 고착의 원인이 되기 때문이다. 녹은 산화철로 원래 체적의 몇 배나 팽창하기 때문에 틈새를 메워서 너트가 풀리지 않게 된다. 또 고온 가열됐을 때도 산화철이 생기므로 풀리지 않게 된다.

(나) 고착된 볼트의 분해법

㉮ 너트를 두드려 푸는 방법 : 해머 두 개를 사용, 한 개의 해머는 너트의 각에 강하게 밀어 대고 반쪽을 두드렸을 때 강하게 튀어나오게끔 지지한다. 또 한편의 해머로 몇 번씩 순차적으로 위치를 바꾸어 가며 두드리면 상당히 녹이 많이 난 너트도 풀 수 있다.

㉯ 너트를 잘라 넓히는 방법 : 너트를 두드려 푸는 방법으로 너트가 풀리지 않는 경우 너트를 정으로 잘라 넓힌다.

㉰ 죔용 볼트를 빼는 방법 : 죔용 볼트가 고착된 경우 보통은 볼트의 목 밑의 구멍 부분에 녹이 나서 잘 빠지지 않을 때가 많다. 이 경우 너트를 두드려 푸는 방법으로 뺄 수 있다.

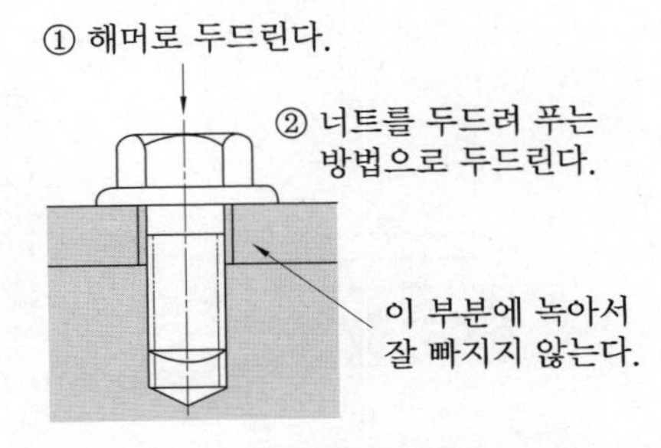

비틀어 넣기 볼트를 빼는 방법

㉱ 부러진 볼트 빼는 방법 : 죔용 볼트가 밑부분에서 부러져 있을 경우 스크루 엑스트랙터를 사용한다.

③ 볼트 너트의 적정한 죔 방법

㈎ 적정한 토크(torque)로 죄는 방법 : 볼트, 너트의 다수의 죔은 스패너로 죄지만 힘이 작용하는 점까지의 길이 l과 돌리는 힘 F로부터 죔 토크 $T=l\times F$ [N-m]를 구할 수 있다.

㈏ 스패너에 의한 적정한 죔 방법 : 볼트, 너트를 신속 확실히 죄기 위해 토크 렌치(torque wrench), 임팩트 렌치(impact wrench)가 많이 쓰이고 있다.

(2) 키의 맞춤 방법(KS B 1311, KS B ISO 2491)

① 맞춤의 기본적인 주의

㈎ 키의 치수, 재질, 형상, 규격 등을 참조하여 충분한 강도를 검토해서 규격품을 사용한다.

㈏ 축과 보스의 끼워 맞춤이 불량한 상태에서는 키 맞춤을 하지 않는다.

㈐ 키는 측면에 힘을 받으므로 폭(h7), 치수의 마무리가 중요하다.

㈑ 키 홈은 축 보스 모두 기계 가공에 의해 축심과 완전히 평행으로 깎아 내고 축의 홈 폭은 H9, 보스 측의 홈 폭은 D10의 끼워 맞춤 공차로 한다.

㈒ 키의 각(角)모서리는 면 따내기를 하고 또한 양단은 타격에 의한 밀림 방지 때문에 큰 면 따내기를 한다.

㈓ 키의 재료는 인장 강도가 600 N/mm^{2}인 KSD 3752(기계 구조용 탄소강)의 S42C 이나 S55C를 사용한다.

(3) 핀(pin)

① 테이퍼 핀의 사용 방법(KS B 1308) : 테이퍼 핀은 그림 (a)와 같이 관통 구멍의 밑에서 때려 뺄 수 있는 것과, (b)와 같이 밑에서 때려 뺄 수 없을 경우에는 핀의 머리에 나사를 내고 너트를 걸어서 뺀다.

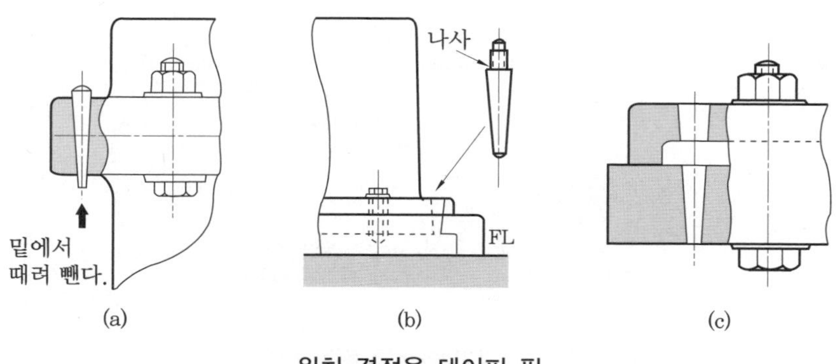

위치 결정용 테이퍼 핀

축에 컬러를 부착해서 유극(有隙) 컬러의 고정에 테이퍼 핀을 쓰는 경우 테이퍼 핀을 부착하지만 축의 강도를 약하게 하는 단점이 있다. 그러므로 핀을 축 중심에서 어긋나게 부착하면 축도 약해지지 않고 오히려 핀의 파단 단면적을 높이는 이점이 생긴다.

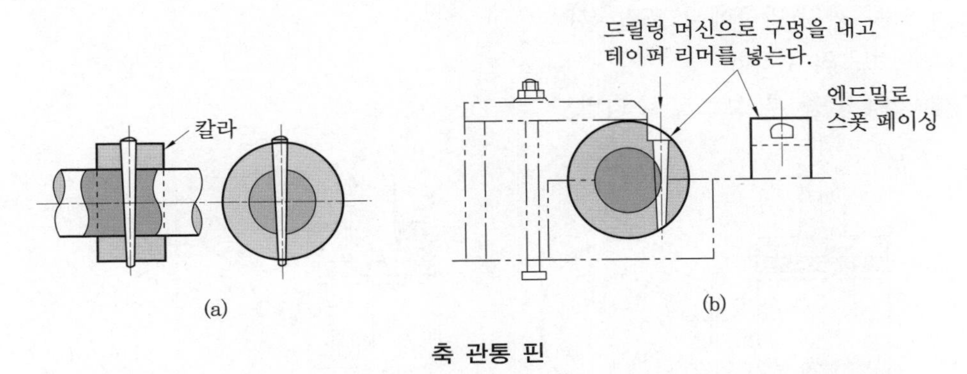

축 관통 핀

② 평행 핀의 사용법(KSB 1310, 1320) : 평행 핀도 사용 방법의 기본은 테이퍼 핀과 같으며 관통 구멍에 넣고 핀 펀치로 밑으로 때려 빠지게끔 해서 사용한다. 핀 구멍은 드릴로 구멍을 낸 다음 스트레이트 리머로 관통시켜 정확한 구멍 지름으로 다듬질하며, 핀과의 끼워 맞춤은 m6로 한다.

③ 분할 핀의 사용법 : 분할 핀의 경우는 결합이나 위치 결정이라기보다 이음 핀의 빠짐 방지 또는 볼트 너트의 풀림 방지 등에 사용되지만 큰 강도에는 적합하지 않다. 한번 사용한 것은 사용하지 않아야 하며, 부착할 때에는 끝을 충분히 넓혀 두어 빠짐 방지의 분할 핀이 빠지거나 또는 넣는 것을 잊어 사고가 나지 않도록 한다.

(4) 코터(cotter)

최근 들어 사용하는 간단하고 확실한 방법이며, 특히 플런저 펌프 등에서는 크로스 헤드(cross head)와 플런저의 결합 부분에 많이 쓰이고 있다. 코터는 양쪽 구배와 편 구배(片句配)가 있으며 편 구배가 많이 쓰인다.

2-2 축계 기계 요소 보전

(1) 축의 보전

① 축의 고장 원인과 대책

㈎ 조립, 정비 불량 : 보스 안지름을 절삭하고 축을 덧살 붙이기 또는 교체하여 정확한 끼워 맞춤을 함, 곧게 수리 또는 교체, 적당한 유종 선택, 유량 및 급유 방법 개선

㈏ 설계 : 재질 변경(주로 강도), 크기 변경, 노치 부 형상 개선

㈐ 기타 : 외관 검사로 판명, 수리 또는 교체

② 축의 고장 방지

㈎ 정확한 끼워 맞춤 공차의 설정

㈏ 억지 끼워 맞춤에서 조립 분해

③ 축과 보스의 수리법

㈎ 끼워 맞춤 부 보스의 수리법

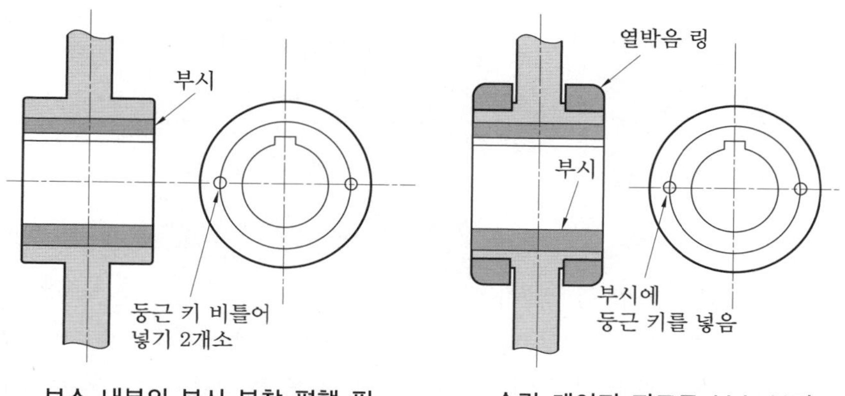

보스 내부의 부시 부착 평행 핀 **슈링 케이지 피트로 보스 보강**

㈏ 축의 구부러짐의 수리 : 그림 (a)와 같이 바닥 면에 V블록을 2개 놓고 그 위에 축을 올려놓고 손으로 돌리면서 다이얼 게이지로 그 정도를 확인한 후 흔들림이 제일 심한 곳에 (b)와 같이 짐 크로(jim crow)를 설치하고 약간씩 힘을 가하면서 구부러짐을 수정하는 것이다. 이 방법으로 신중히 하면 0.1~0.2 mm 정도까지 수정할 수 있다.

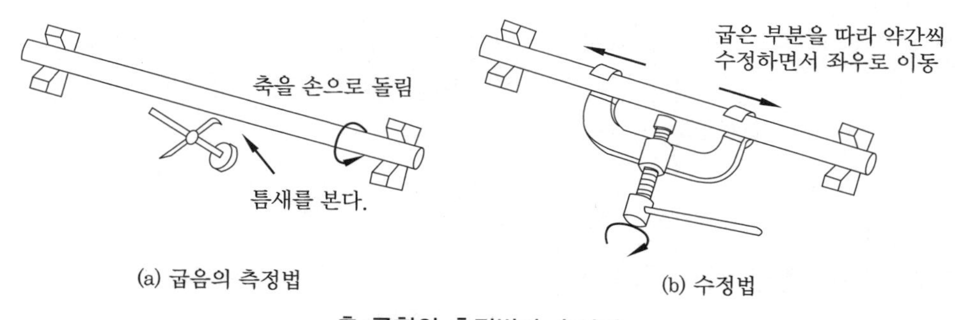

(a) 굽음의 측정법 (b) 수정법

축 굽힘의 측정법과 수리법

(2) 축이음(shaft coupling) 보전

① 커플링의 점검

㈎ 점검 항목

㉮ 플랜지형 축 커플링 취부 볼트 느슨함

㉯ 고무축 커플링 고무의 마모·열화

㉰ 체인 커플링의 체인 마모

㉱ 유니버설 조인트의 핀 마모

㉲ 축심 일치 상태 불량

㉳ 부식 상태

(나) 커플링 취급 시 유의 사항

㉮ 원통 커플링을 조립할 때 축의 센터링에 유의

㉯ 원통 분할 커플링의 조립과 분해를 할 때 유의 사항

㉰ 플랜지 커플링의 조립과 분해할 때 유의 사항 (KS B 1551)

㉱ 그리드 커플링의 조립과 분해할 때 유의 사항 (KS B 1557)

㉲ 기어 커플링의 조립과 분해할 때 유의 사항 (KS B 1553)

㉳ 체인 커플링의 조립과 분해할 때 유의 사항 (KS B 1556)

㉴ 고무 탄성 커플링의 조립과 분해할 때 유의 사항 (KS B 1555)

㉵ 나일론 커플링의 조립과 분해할 때 허용 오차에 유의 (편심 : 1.0m/m 편각 1°)

㉶ 올덤 커플링의 조립과 분해할 때 커플링과 탄성체와의 간격이 밀착하지 않도록 유의 (축의 진동 및 커플링 파손)

㉷ 링크형 커플링의 조립과 분해할 때 링크의 회전각에 유의 (지름의 $\frac{1}{2}$ 까지, 과부하의 원인)

㉸ 유니버설 조인트의 조립과 분해할 때 유의 사항 (KS B 1554)

② 이음에서 중요한 중심 내기 : 센터링 (centering) 작업은 기계가 운전 중에 가장 양호한 동심 (同心) 상태를 유지하기 위한 것으로서 진동, 소음을 최소한으로 억제하고 기계의 손상을 적게 하여 설비의 수명을 연장하려는 것이다.

(가) 센터링 방법

㉮ 두 축을 동시에 회전하여 센터를 측정하는 방법

㉯ 축 하나를 회전하여 센터를 측정하는 방법

(나) 센터링이 불량할 때의 현상

㉮ 진동이 크다.

㉯ 축의 손상 (절손 우려)이 심하다.

㉰ 베어링부의 마모가 심하다.

㉱ 구동의 전달이 원활하지 못하다.

㉲ 기계 성능이 저하된다.

(다) 플렉시블 커플링의 중심 내기 : 플렉시블 커플링도 정확한 중심 내기가 돼 있어야 수명이 길어지므로 최적의 중심을 찾아내야 한다.

(3) 베어링 (bearing) 점검 및 정비하기

① 베어링의 점검

(가) 일상 점검

㉮ 온도

베어링 온도 상승의 원인과 대책

설 비	원 인	대 책
냉각수	단수·유량 저하	통수, 증량
	수온 상승	통수량 증량
윤활유	열화	윤활유 교환
	물·이물 혼입	윤활유 교환
윤활 장치	급유 펌프 불량	펌프 수리
	유압·유량 저하	압력·유량 조정 스트레이너 청소
	냉각기 능력 저하	내부 청소
베어링 손상		베어링 보수·교환

㉯ 소리 (음향)

㉰ 진동

㉱ 윤활

(나) 정기 점검

베어링의 정기 점검 (주기 2~6년)

베어링의 종류	손상 요인	검사 방법	판정 기준
구름 베어링	전동체·레이스 흠	목측 검사	유해한 흠이 없을 것
	전동체·레이스 마모	목측 검사	심한 마모가 없을 것
	소부	목측 검사	소부형적이 없을 것
	발청	목측 검사	심한 발청이 없을 것
	지지 기기 파손	목측 검사	파손이 없을 것
	베어링 상자·축과의 감합	치수 계측	허용 범위에 있을 것
미끄럼 베어링	마모·박리	격간 측정 염색 탐상 검사	결함 제거 끝처리 후 허용값 내에 있을 것
	흠	목측 검사	결함 제거 끝처리 후 허용값 내에 있을 것
	소부	목측 검사	결함 제거 끝처리 후 허용값 내에 있을 것
	오일링 벗겨짐 변형	목측 검사 치수 계측	벗겨지는 일이 없을 것, 변형이 허용값 내일 것

② 베어링의 취급 유의 사항

㈎ 취급상 유의 사항

㉮ 사용할 베어링 및 주변 환경 청결 유지

㉯ 베어링 취급 조심

㉰ 청결한 윤활제 및 그리스 사용

㉱ 베어링 녹 발생 유의

㉲ 적절한 공구 사용

㈏ 보관상 유의 사항

㉮ 습기가 많지 않은 서늘하고, 건조한 곳에 보관한다 (50～60℃ 이상이 되면 온도에 의한 열화로 베어링 밖으로 누유 발생).

㉯ 나무상자로 포장되어 수송된 것은 즉시 꺼내어 반드시 선반 위에 보관한다.

㉰ 베어링의 표면은 방청제를 도포하여 보관한다.

㉱ 베어링은 세워서 보관하지 말고 눕혀서 보관한다.

㈐ 검사상 유의 사항

㉮ 오물이 묻어 있는 베어링은 세척유로 세척 후 검사한다.

㉯ 세척할 때는 내륜이나 외륜을 조금씩 돌려 가면서 한다.

㉰ 실이나 실드가 양쪽에 있는 것은 세척하지 말고 오물을 제거하고 방청제를 얇게 바른 후 사용하거나 기름종이에 싸서 보관한다.

㈑ 베어링의 운전 성능 검사

㉮ 소형 베어링의 경우

- 손으로 축을 회전시켜 원활하게 회전하는지 여부
- 이물질이나 압흔 등의 표면 손상에 의한 걸림 현상
- 베어링 장착 면의 가공 불량
- 내부 틈새의 감소
- 설치 (장착) 오차에 의한 정렬 미스

㉯ 대형 베어링의 경우

- 무부하 저속 시동하여 회전 중의 소음 및 이상음의 유무를 청음기를 이용하여 검사한다.
- 베어링의 온도 추이 및 발열에 의한 온도 상승이 가동 후 1～2시간 지나면 정상 상태에 도달 가능하여야 한다.
- 윤활제의 변색 및 누유를 검사한다.

③ 베어링의 조립

㈎ 베어링의 장착 방법

㉮ 가열에 의한 방법 : 축에 내륜을 억지 끼워 맞춤할 때 베어링을 가열하여 조립한다.

- 열판에 의한 가열 : 온도가 120℃를 넘지 않도록 하여야 한다. 또한 균일한 가

열 효과를 얻기 위하여 자주 베어링을 뒤집어 놓아야 한다.

- 오일 욕조에 의한 가열 : 정급 베어링과 그리스가 충진된 봉형 베어링을 제외한 모든 베어링은 오일 욕조에서 가열할 수도 있다. 이 경우 균일한 가열을 위하여 80~100℃의 자동 온도 조절이 가능한 오일 배스에 담그어 가열한다.
- 열풍 캐비닛에 의한 가열 : 주로 중·소형 크기의 베어링을 가열할 때 이용되며 사용할 때 이물질이 들어가지 않도록 주의하여야 한다. 단점은 가열 소요 시간이 길기 때문에 여러 개를 동시에 가열하는 것이 바람직하다는 점이다.
- 유도 가열기에 의한 가열 : 자기 유도 가열 장치는 베어링의 일괄 조립에 사용할 수 있는 방법으로 변압기의 원리에 의하여 작동되고, 구름 베어링을 신속, 안전, 정확하게 조립 온도까지 깨끗하게 가열할 수 있으며, 베어링의 크기와 무게에 따라 적절한 장치를 사용할 필요가 있다.

㉯ 기계적인 방법 : 원통 내경 베어링의 조립에 있어서 기계적인 방법은 유압 프레스 혹은 방치를 이용하는 방법으로 베어링의 내경이 80 mm 이하일 때 냉간 조립하는 방법이다.

- 유압에 의한 방법 (오일 인젝션법)
- 정압 프레스 압입 넣기

(나) 부착 후의 조립 방법

㉮ 분할 하우징에 부착하는 방법 : 베어링 중심부에서 상하 분할이 된 기어 감속기 등의 하우징에 부착할 때에는 미리 축에 기어 베어링 커플링을 부착해 두고 하우징에 조립한다. 그리고 축 방향의 여유를 반드시 확인한다. 또한 위 뚜껑을 부착하고 임시 죄기를 하고, 고정축의 베어링 커버를 부착하면서 전체의 조립, 볼트를 죈다. 틈새가 있는 쪽의 베어링 커버는 마지막에 죄도록 한다.

㉯ 하우징에 축을 넣은 다음 베어링을 부착할 경우 : 중소형 전동기의 베어링이나 기어 박스의 경우 하우징에 축을 넣은 다음 베어링을 부착하게 된다. 이 경우

- 부하 측 베어링은 미리 축에 조립해 둔다.
- 기어는 점검 창에서 와이어로프로 매달고 중심을 맞춘다.
- 축도 한끝을 와이어로프로 매달고 기어에는 대기 나무를 물려 넣는다.
- 축이 소정의 위치까지 들어갔으면 부하 측 베어링 커버를 임시로 고정시키고 반편 베어링을 신중히 때려 넣는다.

㉰ 베어링 사용 시 주의할 점

- 베어링의 압력과 미끄럼 속도에 따라서 윤활법과 윤활유의 종류를 선정한다.
- 마찰에 의해서 발생되는 열을 발산할 수 있어야 하며, 만약 필요하다면 강제 냉각도 해야 한다.
- 먼지의 침입에 주의하고 윤활제의 열화에 적당한 조치를 취한다.
- 진동 혹은 충격 하중에 견디도록 확실히 고정한다.

(다) 테이퍼 내경 베어링의 설치 : 테이퍼 내경 베어링은 테이퍼진 축에 직접 설치되거나, 어댑터 슬리브나 해체 슬리브를 이용하여 원통 축에 설치된다. 작용 하중이 커질수록 테이퍼 축의 끼워 맞춤은 보다 강성이 큰 억지 끼워 맞춤을 한다. 내륜의 끼워 맞춤량은 내륜 팽창에 의한 직경 방향 틈새의 감소를 틈새 게이지를 이용하여 측정하거나, 축 방향 변위를 측정함으로써 알 수 있다. 소형 베어링 (내경 약 80 mm 이하)은 로크너트를 이용하여 테이퍼진 축이나 어댑터 슬리브에 압입할 수 있다. 너트를 조일 때는 훅 스패너를 이용한다. 로크너트를 이용하여 소형 해체 슬리브도 축과 내경 사이의 틈으로 압입할 수 있다.

④ 베어링의 해체

(가) 원통 내경 베어링의 해체

㉮ 소형 베어링의 해체는 고무망치 또는 플라스틱 해머로 가볍게 두드려 해체하며 이때 풀러 (puller)나 드리프트 (drift)를 사용한다.

㉯ 베어링 풀러 및 프레스에 의한 방법을 사용하는 것이 능률적이다.

㉰ 끼워 맞춤 면에 유압을 이용해서 행하는 오일 인젝션 방법도 있다.

㉱ 내륜만을 국부적으로 급격히 가열 및 팽창시켜 해체하는 유도 가열기를 이용하는 방법도 있다.

(나) 테이퍼 내경 베어링의 해체

㉮ 베어링이 어댑터 슬리브나 테이퍼 축에 설치되었을 때에는 먼저 로크너트를 약간 풀어 준 후 치구를 이용하여 망치로 두드려서 베어링을 빼낸다.

㉯ 작업이 곤란한 경우에는 너트에 미리 원주상으로 볼트 구멍을 가공하여 볼트의 조임에 의해 베어링을 빼낼 수도 있다.

㉰ 억지 끼워 맞춤한 대형 베어링에 녹이 발생했을 경우에는 볼트 이용법이나 오일 인젝션법 (또는 기름 주입법, 유압법)을 사용한다.

㉱ 대형 베어링의 경우에는 유압 너트를 이용하면 작업이 훨씬 용이해진다.

(다) 외륜의 해체 : 억지 끼워 맞춤한 베어링의 외륜을 해체하려면 미리 하우징에 외륜 압출 볼트용 구멍을 원주 상으로 몇 곳에 설치해 놓고 볼트를 균등하게 조이면서 해체하거나, 하우징의 턱부에 몇 군데의 흠을 가공해 놓고 받침쇠를 이용하여 프레스 또는 해머로 해체한다.

⑤ 베어링의 틈새 : 베어링의 내부 틈새는 내륜 또는 외륜의 어느 한쪽을 고정시키고, 다른 쪽의 궤도륜을 상하 또는 좌우 방향으로 움직였을 때의 움직임 양을 말하며 KS B 2102에 규정되어 있다.

⑥ 베어링의 예압 : 베어링은 일반적인 운전 상태에서 약간의 틈새를 갖도록 선정되고 사용되나, 용도에 따른 여러 가지 효과를 목적으로 구름 베어링을 장착한 상태에서 음 (−)의 틈새를 주어 의도된 내부 응력을 발생시키는 경우가 있다. 이와 같은 구름 베어링의 사용 방법을 예압법이라 한다.

2-3 전동 장치 보전

(1) 기어의 보전

① 기어의 손상 : 사용 중의 기어 손상은 이의 피팅 (pitting), 파손 (breakage), 장시간의 마모 (long-range wear), 소성 변형 (plastic deformation), 스코링 (scoring) 그리고 비정상적인 파괴적인 마모 (destructive wear) 등의 원인으로 볼 수 있다.

② 이 면에 일어나는 주요 손상과 대책

(가) 이 접촉과 백래시 (back lash) : 정확한 이 접촉은 이의 축 방향 길이의 80% 이상, 유효 이 높이의 20% 이상 닿거나, 이의 축 방향 길이의 40% 이상, 유효 이 높이의 40% 이상이 닿아야 한다. 이때에 두 가지 조건 어느 것이나 피치원을 중심으로 유효 이 높이의 1/3 이상 강하게 닿아야 한다. 이 접촉과 백래시는 적색 페인트를 칠해 두면 모두 측정할 수 있다.

(나) 이의 면의 초기 마모

㉮ 초기 마모의 체크 : 새 기어는 운전 개시 후 대략 500시간이 경과했을 때 이 면의 상태를 체크한다. 이의 접촉 기준에 합치된 가벼운 마모 상태는 적색 페인트로 접촉면이 부각된 상태보다 약간 작으면 초기 마모로서 양호한 것이다.

㉯ 초기 이상과 이의 면의 수정 : 산업용 기계는 기어의 제작, 조립 불량과 윤활 불량이 주원인으로 인하여 운전 초기에 접촉 마모, 스코어링 (scoring), 진행성 피팅 (pitting)이나, 스폴링 (spalling)을 일으킬 때가 있다. 접촉 면적의 대소는 제작상의 문제이며, 윤활은 정비 부문에서 취급해야 한다. 이 면의 열화가 가벼울 때는 수리하고 이후의 경과를 보면서 500~1000시간마다 2~3회 같은 방법으로 수리를 하면 안전하게 운전시킬 수 있다. 그러나 이 경우 이 폭의 거의 양 끝에서 백래시를 측정했을 때 그 차가 50 μm 이내이어야 하고 그 이상이면 교체해야 한다.

㉰ 소성 유동 (plastic flow) : 과부하 상태에서 접촉면이 항복이나 변형될 때 높은 접촉 응력하에 맞물림의 구름과 미끄럼 동작으로 발생한다. 이런 소성 유동은 기어 이의 끝과 가장자리 부분에서 얇은 금속의 돌출 상태로 나타나며 작용 하중을 줄이고 접촉 부분의 경도를 높이면 줄일 수 있다.

㉱ 표면 피로 (surface fatigue)

㉲ 파손 (breakage)

㉳ 스코어링

③ 기어의 윤활 관리

(가) 기어의 손상

㉮ 정상 마모 (normal wear)

㉯ 리징 (ridging)

㉰ 리플링 (rippling) : 리징은 마모적인 활동 방향과 평행하게 되지만, 리플링은 활동 방향과 직각으로 잔잔한 과도 혹은 린상 형상이 되며 소성 항복의 일종이다. 이 현상은 윤활 불량이나 극하중 또는 진동 등에 의해 이면에 스틱 슬립을 일으켜 리플링이 되기 쉽다.

㉱ 긁힘 (scratching)

㉲ 스코어링 (scoring)

㉳ 피팅 (pitting)

㉴ 스폴링 (spalling)

㉵ 부식 (corrosion) : 윤활제 중에 함유된 수분, 산분, 알칼리 성분 그 밖의 불순물에 의해 이면의 표면이 화학적으로 침해되는 현상을 말하며 부식을 일으키게 되면 기계 가공 특유의 광택을 잃고 표면 거칠음이 발생되며 높은 온도에서 운전, 해수, 부식성 산 등의 접촉이 많은 경우에는 이 같은 현상이 발생한다. 또 윤활유 중의 극압 첨가제의 질이나 양이 적합하지 않을 경우는 문제가 되기도 한다.

㈏ 기어의 윤활

㉮ 밀폐형 (스퍼, 헬리컬, 베벨) 기어 : 주로 사용 온도는 10~50℃의 범위에서 사용하며 감속비, 회전수, 전달 동력 및 급유 방법 등을 기준으로 선정한다. 일반적으로 하중이 크면 기어와 기어 사이에 유막을 유지하기 위해서 점도가 높은 윤활유가 필요하다. 또 고속에서는 하중이 작아지기 때문에 점도가 낮은 윤활유가 적당하다. 이런 종류의 기어 윤활유로서는 특수한 경우를 제외하고는 산화 안정성이 높은 순광유을 사용한다. 일반적으로 산화 안정성이 높은 순광유 터빈의 고속 강제 순환 개방식에서는 터빈유 중하중 충격 부하를 받는 경우에는 경하중 마모 방지성을 갖춘 불활성 극압 기어유를 사용한다.

㉯ 개방형 기어 : 오일의 비산 유출이나 기어 면 사이로부터의 압출을 방지하는 의미에서 점착성이나 유막 강도가 우수한 고점도의 윤활제가 요구된다. 일반적으로 대형, 중하중일 경우에는 기어 콤파운드를 사용하고 증발 방지가 중요하며, 고점도이기 때문에 급유법에 제한을 받는다. 용제 희석형 콤파운드는 도포법, 적하, 스프레이, 비말 등의 방법으로 사용하며, 방진, 방수 대책이 필요하다.

㉰ 하이포이드 기어의 윤활 : 하이포이드 기어는 일반적으로 중하중을 받으므로 가혹한 윤활 조건이며, 상대 기어 간의 미끄럼이 크고 중하중을 받아 순광유나 불활성 극압 윤활유는 부적당하여 스커핑 (scuffing)을 일으킬 위험이 있으므로 활성형 극압 윤활유가 적당하다.

㉱ 웜 기어의 윤활 : 웜 기어는 미끄럼이 크고, 웜과 휠 간의 오일이 강한 압출 작용을 받기 때문에 완전한 유막 보존과 고점도유가 필요하다. 속도가 빠르고 운전 온도도 높게 되므로 산화 안정성이 우수한 순광유가 일반적으로 사용된다. 고하중 조건에서는 혼성유를 사용하는 경우도 있다. 고하중에서 유온 상승이 심한 경

우 합성유를 사용하면 유온이 저하되어 안정한 윤활이 가능하다.

㈐ 기어유의 관리

㉮ 기어유의 제반 조건 : 기어의 윤활에 있어서도 운전 온도, 운전 속도, 하중 급유법, 급유량 외에 형식, 재질, 다듬질 정도, 표면 처리, 조립도 등의 기계적 요인에 따라 윤활유의 효과가 좌우된다.

㉯ 기어유의 적용 : 기어의 경우는 점도와 내하중성이 중요한 요소이다. 오일의 점도가 높으면 유막의 두께가 두꺼워 기어 간의 마모는 많이 발생하지 않지만, 점도가 너무 높으면 급유 곤란, 유온 상승, 동력 손실을 초래한다. 그래서 극압 성능을 가진 오일을 선호한다. 스퍼, 헬리컬, 베벨 기어 등은 순광유에 방청제, 산화방지제를 첨가한 R&O 타입으로 충분하며 고하중일 경우 마일드 EP 또는 EP 타입이 요구된다. 웜 기어는 가혹한 조건에서 유지계 첨가제를 함유한 콤파운드 타입을 사용한다.

㉰ 기어유의 관리 기준 : 기어유의 교환 기준은 일반적으로 점도 증가 15%, 전산가 증가 1.0 등으로 되어 있다. 또한 물, 스케일, 그리스 등의 혼입으로 사용할 수 없게 되는 경우도 많으므로 충분한 관리가 요구된다.

(2) 벨트의 보전

① 평벨트의 동력 전달 : 두 축에 고정된 평벨트 풀리에 벨트를 거는 방법에는 바로걸기 방법 (open belting)과 엇걸기 방법 (crossed belting)이 있다. 엇걸기로 할 경우 접촉각이 바로걸기보다 크기 때문에 큰 동력을 전동할 수 있다. 그러나 축 간 거리가 벨트 폭의 20배 이상이어야 하며 고속에는 적합하지 않다. 두 평벨트 풀리의 회전 방향은 바로걸기 방법에서는 같은 방향이고, 엇걸기 방법에서는 반대 방향이다. 벨트가 원동차로 들어가는 쪽을 인장 쪽 (tension side), 원동차로부터 풀려 나오는 쪽을 이완 쪽 (loose side)이라 한다. 이완 쪽이 원동차의 위쪽으로 오게 하거나 인장 풀리를 사용하면 접촉각이 크게 되어 미끄럼이 작게 된다.

② 평벨트의 성능 : 벨트를 부착할 때의 기준 장력은 약 2% 정도의 늘어남을 허용하지만 최종적으로는 사용 조건에 따라 경험적인 장력을 찾아내서 적용하면 1.5~2년 이상의 수명을 유지할 수 있다.

③ V 벨트 종류 : M, A, B, C, D, E의 여섯 가지가 있다.

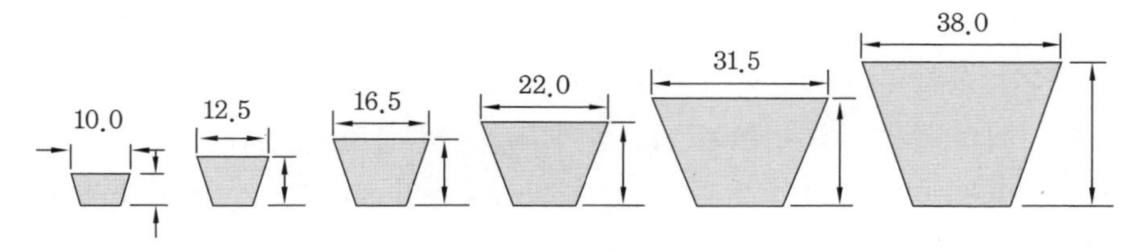

벨트의 규격

④ 타이밍 벨트 정비

㈎ 타이밍 벨트의 특징 : 타이밍 벨트는 기어 대신 이에 해당하는 돌기를 지닌 고무벨트로 만들어져 있다. 늘어남이 적고 한번 풀리에 장착하면 그 이후의 조정은 거의 불필요하다. 그러나 한 줄의 코드를 나선상으로 감아 고무로 싸서 성형되어 있어 2축 사이의 평행도가 정확해도 다소 옆으로 치우치는 성질이 있어서 구동축 풀리에 사이드 플랜지를 부착해 쓴다. 축의 평행도 오차는 0.03 % 이내로 $\tan\theta$로 계산하면 1000 mm 사이에 1 mm의 허용 오차가 된다.

㈏ 중심 내기 방법

㉮ 타이밍 벨트도 V벨트와 같이 장력 풀리는 타이밍 풀리를 사용하고, 또한 3축 평행이 필요하므로 중심 내기도 어렵다.

㉯ 타이밍 벨트도 평벨트의 일종이므로 반드시 장력을 고려한다.

㉰ 간단한 원통형의 장력 풀리를 써서 벨트의 도피 방향에 따라 접촉 각도가 조절되는 가대(架臺)를 설치하여 풀리의 스파이럴 작용에 의해 벨트의 도피를 방지하게끔 반대 장력을 준다.

㉱ 일반적으로 벨트 수명은 3개월 이하이나 이 장치를 사용하면 벨트 수명이 1년 이상 연장된다.

(3) 체인 전동의 보전

① 체인의 사용상 주의점

㈎ 용량에 맞는 체인을 사용한다.

㈏ 무게 중심을 맞추고 모서리는 피한다.

㈐ 과부하는 피하고 작업 전에 이상 유무를 확인한다.

㈑ 정격 하중의 70~75%, 충격 하중은 1/4 이하로 사용한다.

㈒ 체인 블록을 2개 사용 시 무게 중심이 한곳으로 쏠리지 않도록 한다.

㈓ 물건을 장시간 걸어 두지 않는다.

㈔ 비꼬임이나 비틀림이 없어야 한다.

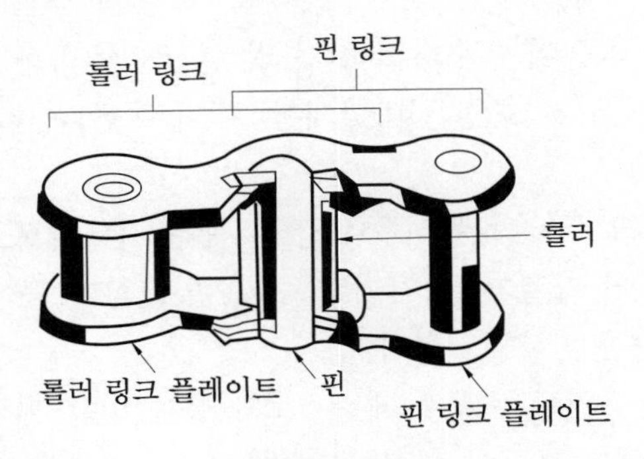

롤러 체인

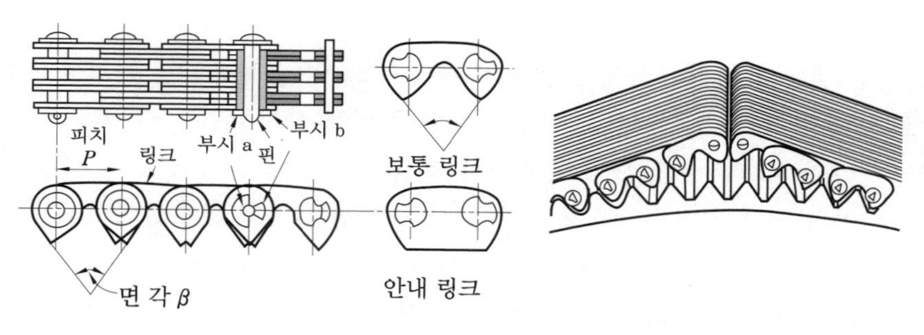

사일런트 체인

② 체인의 검사 시기

(가) 체인의 길이가 처음보다 5% 이상 늘어났을 때

(나) 롤러 링크 단면의 지름이 10% 이상 감소했을 때

(다) 균열이 발생했을 때

③ 체인의 윤활 : 체인과 스프로킷 정비는 스프로킷의 정확한 중심 내기와 윤활에 달려 있다. 체인의 경우 그리스 윤활로는 불충분하므로 윤활유를 병행 사용한다.

2-4 관계 요소 보전

(1) 관이음의 종류

① 관의 종류

(가) 주철관 : 내식성이 풍부하고 내구성이 우수하며 가격이 저렴하여 수도, 가스, 배수 등의 배설관과 지상과 해저 배관용으로 미분탄, 시멘트 등을 포함하는 유체 수송에 사용된다.

(나) 강관 : 이음매 없는 강관은 바깥지름이 500 mm까지, 이음매 있는 강관은 500 mm 이상의 큰 지름관이다.

(다) 동관 : 내식성, 굴곡성이 우수하고 전기 및 열전도성이 좋고 내압성도 상당히 있으며, 길이는 보통 3~5 m, 호칭은 바깥지름×두께로 한다. 값이 비싸고, 고온 강도가 약한 결점이 있다.

(라) 황동관 : 냉간 인발로 제작된 이음매 없는 작은 지름관으로, 동관과 거의 같고 가격이 싸며 강도가 커 가열기, 냉각기 복수기, 열교환기 등에 사용되는 것이 특징이다. 호칭은 바깥지름×두께로 한다.

(마) 연관 및 연합금관 : 연관은 압출 제관기로 이음매 없는 제작을 하며 내산성이 강하고 굴곡성이 우수하여 공작이 용이하므로 상수도, 가스의 인입관, 산성 액체, 오수

수송용관에 사용된다. Sb 6%를 함유한 경연관은 특히 내산성과 강도를 요하는 곳에 사용한다. 호칭은 안지름×두께로 한다.

(바) 알루미늄관 : 냉간 인발로 제작된 이음매 없는 관으로 비중이 작고 동, 황동 다음에 열과 전기 전도도가 높고, 고순도일수록 내식성과 가공성이 우수하여 화학 공업용, 전기 기기용, 건축용 구조재로 널리 사용된다. 가공을 연하게 하려면 300℃ 정도로 가열하면 된다. 호칭은 바깥지름×두께로 한다.

(사) 염화 비닐관 : 압출 제관기로 이음매 없는 제작을 하며 연질과 경질이 있다. 연질은 내약품성, 내알칼리성, 내유성, 내식성이 우수하여 고무호스 대신 사용된다. 또 전기 절연성이 우수하고, 불연성이므로 연관, 가스관 대신으로 화학 공장, 식품 공장용 배관, 절연 부품으로도 사용된다. 열가소성 수지이므로 고온에서는 기계적 강도가 저하되므로 −10~60℃ 범위에서 사용한다.

(아) 고무호스 : 진공용은 압궤 방지를 위하여 코일상으로 강선을 넣은 흡입 호스가 있다. 호칭은 내경으로 한다. 수송 물체에 따라 증기 호스, 물 호스, 공기 호스, 산소 호스, 아세틸렌 호스 등이 있다.

(자) 특수관 : 강관의 내면에 고무 또는 유리를 라이닝한 라이닝관은 내약품, 내산, 내알칼리용으로 널리 사용된다. 토관, 목관, 콘크리트관은 배기 배수용으로 사용된다. 원심 유입법에 의한 철근 콘크리트관인 흄관은 강도가 크다. 목관은 내산성의 배기 배수관으로 화학 공장에서 사용된다.

(차) KD 관 : 자외선 안정제(UV)를 혼합한 고도 합성수지(HDPE)를 원료로 외부를 파형으로 한 관 벽과 평활한 내부 관 벽을 압출 성형으로 접착시켜 이중 구조로 된 관이다.

② 관이음

(가) 관이음의 종류

㉮ 영구 이음(용접 이음) : 파이프의 이음부를 용접하여 사용하는 것으로서, 이음부를 되도록 적게 하여 누설이 발생하지 않도록 할 때 사용하며, 설비비와 유지비가 적게 든다. 용접 이음을 할 때에는 수리에 편리하도록 플랜지 이음(flange joint)을 병용하는 것이 좋으며, 이음부는 V형 맞기 용접으로 하여, 안쪽에 이면 비드가 나오지 않도록 한다.

㉯ 분리 가능 이음

- 나사 이음 : 파이프의 끝에 관용 나사를 절삭하고 적당한 이음쇠를 사용하여 결합하는 것이다.
- 패킹 이음 : 생 이음이라고도 하며, 파이프에 나사를 절삭하지 않고 이음하는 것으로 숙련이 필요하지 않고, 시간과 공정이 절약된다.
- 턱걸이 이음
- 플랜지 이음

- 고무 이음 : 진동 흡수용 이음으로 냉동기, 펌프의 배관에 사용된다.
- 신축 이음

(나) 관이음쇠 : 관과 관을 연결시키고, 관과 부속 부품과의 연결에 사용되는 요소를 관 이음쇠라 부르며 관로의 연장, 관로의 곡절, 관로의 분기, 관의 상호 운동, 관 접속의 착탈의 기능을 갖는다.

㉮ 영구 관이음쇠 : 주로 용접, 납땜에 의하여 관을 연결하는 것으로 고장 수리와 관 내의 청소가 필요 없는 경우와 빌딩과 땅속의 매설관 접속에 많이 사용된다. 또 플랜지 이음이나 유니온 이음이 많이 사용된다.

㉯ 착탈 관이음쇠 : 정기적으로 배관을 해체, 검사, 보수하는 곳에 가단주철제가 많이 사용된다. 형관 또는 주철, 주강, 청동 등의 관 이음에도 사용되며, 종류에는 나사 관 연결쇠, 플랜지 관 연결쇠, 소켓 관 연결쇠 등이 있다.

㉰ 주철관의 이음쇠 : 주로 주철관을 지하 매설할 경우에 소켓(socket) 이음은 대마사, 무명사 등의 패킹을 굳게 다져 넣고 납이나 시멘트로 밀폐한 이음을 한다. 신축성은 있으나 시공할 때에 고도의 숙련이 필요하여 거의 사용되지 않는다. 그 대신 메커니컬 이음 등이 이용되고, 주철관에서는 플랜지 이음으로 한다.

㉱ 신축 관이음쇠 : 열에 의한 관의 팽창 수축을 허용하고 축 방향으로 과도한 응력이 걸리지 않게 하기 위해 신축이 가능한 각종의 팽창 이음쇠가 사용된다.

(2) 배관 정비

① 나사 이음부의 누설

(가) 누설 방지 요점 : 반복의 나사부 착·탈에 의한 마모, 증기, 물 등의 나사부 누설은 관의 나사 부분을 부식시켜 강도 저하, 균열, 파단의 원인이 된다.

(나) 더 죄기로 인한 누설 방지 : 배관에서 나사부 누설이 생겼을 경우 그 상태로 밸브나 관을 더 죄면 반드시 반대 측의 나사부에 풀림이 발생되므로 플랜지로부터 순차적으로 비틀어 넣기부를 분리하여 교체 여부를 확인한다. 교체가 불필요할 때는 실 테이프를 감고 순차적으로 비틀어 넣어 최후에 플랜지나 유니언 이음쇠가 적당히 설치되어야 한다.

② 배관 지지 장치의 정비 : 배관 지지 장치는 고정식과 가동식으로 분류된다. 상온의 물, 공기, 기름, 가스 등의 일반 배관에서는 고정식이 많으며 열팽창이나 수축을 고려해야 할 증기 배관에서는 부분의 개소에 가동식을 사용하고 있다.

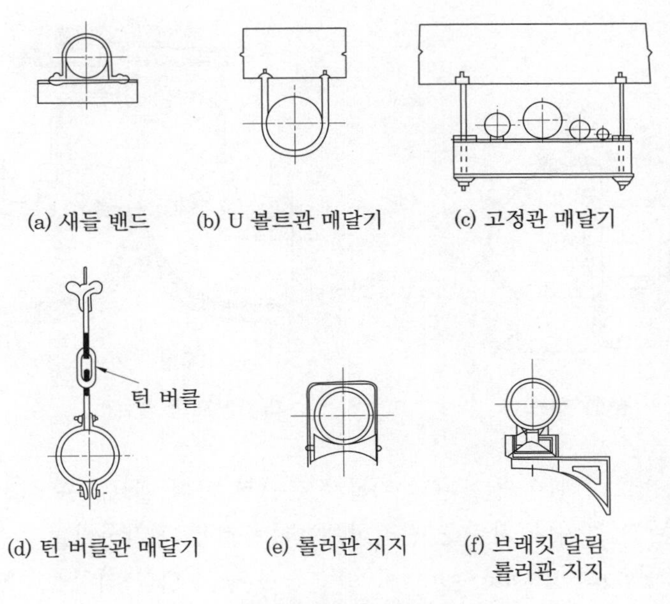

(a) 새들 밴드 (b) U 볼트관 매달기 (c) 고정관 매달기

(d) 턴 버클관 매달기 (e) 롤러관 지지 (f) 브래킷 달림 롤러관 지지

각종 배관 지지 장치

(3) 밸브의 구조와 정비

① 밸브

㈎ 리프트 밸브 (lift valve) : 유체 흐름의 차단 장치로 가장 널리 사용되는 스톱 밸브로 유체의 에너지 손실이 크나 작동이 확실하고, 개폐를 빨리 할 수 있으며, 밸브와 밸브 시트의 맞댐도 용이하고 가격도 저렴하다.

㉮ 글로브 밸브 (globe valve) : 유체의 입구 및 출구가 일직선상에 있고 흐름의 방향이 동일한 밸브로, 보통 밸브 박스가 구형으로 만들어져 있으며 구조상 유로가 S형이고 유체의 저항이 크므로 압력 강하가 큰 결점이다.

㉯ 앵글 밸브 (angle valve) : 흐름의 방향이 90° 변화하는 밸브이다.

㈏ 게이트 밸브 : 밸브 봉을 회전시켜 열 때 밸브 시트 면과 직선적으로 미끄럼 운동을 하는 밸브로 밸브 판이 유체의 통로를 전개하므로 흐름의 저항이 거의 없다. 밸브를 여는 데 시간이 걸리고 높이도 높아져 밸브와 시트의 접합이 어렵고 마멸이 쉬우며 수명이 짧다.

㈐ 플랩 밸브와 나비형 밸브

㉮ 플랩 밸브 (flap valve) : 관로에 설치한 힌지로 된 밸브판을 가진 밸브로 밸브판을 회전시켜 개폐를 한다. 스톱 밸브 또는 역지 밸브로 사용된다.

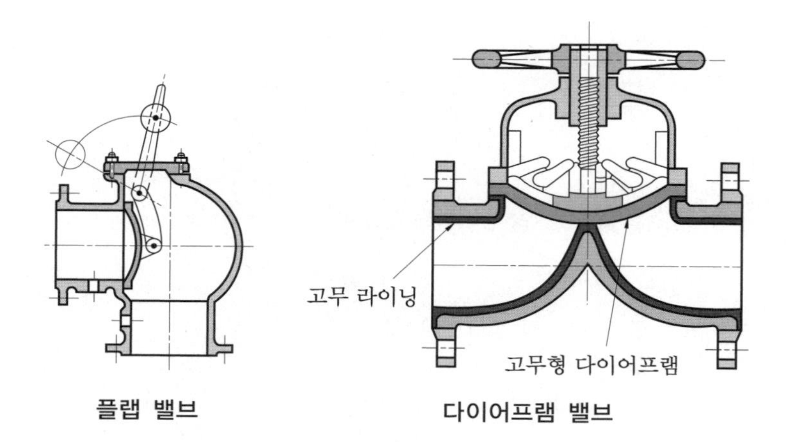

플랩 밸브 다이어프램 밸브

㉯ 나비형 밸브 : 원형 밸브판의 지름을 축으로 하여 밸브판을 회전함으로써 유량을 조절하는 밸브이나 기밀을 완전하게 하는 것은 곤란하다.

㈑ 다이어프램 밸브(diaphragm valve) : 산성 등의 화학 약품을 차단하는 경우에 내약품, 내열 고무제의 격막 판을 밸브 시트에 밀어붙이는 것으로 부식의 염려도 없다.

㈒ 체크 밸브 및 자동 밸브

㉮ 체크 밸브 : 유체의 역류를 방지하여 한쪽 방향에만 흘러가게 하는 밸브이다.

㉯ 자동 밸브 : 펌프 등의 흡입, 배출을 행하여 피스톤의 왕복 운동에 의한 유체의 역류를 자동적으로 방지하는 밸브이다.

㈓ 감압 밸브 : 유체 압력이 사용 목적에 비하여 너무 높을 경우 자동적으로 압력이 감소되어 감압시키고 감소된 압력을 일정하게 유지시키는 데 사용되는 밸브이다.

② 콕 : 콕은 구멍이 뚫려 있는 원통 또는 원뿔 모양의 플러그(plug)를 0~90° 회전시켜 유량을 조절하거나 개폐하는 용도로 사용하는 것이다.

③ 밸브의 정비

㈎ 밸브 관리의 중요 사항

㉮ 플랜지부의 누설은 정확한 개스킷의 선정이 제일 중요하며 플랜지의 누설 방지를 위해서는 우선 적절한 종류와 약간 두꺼운 개스킷을 선정한다. 취급 유체가 일반 공장에 있어서 1 MPa, 120 ℃ 이하의 물, 기름, 공기, 가스, 포화 증기라면 개스킷 1 mm 두께 전후의 것을 정확히 잘라서 부착한다.

㉯ 플랜지 볼트의 죔을 적절히 한다.

㉰ 나사 이음의 경우는 테플론 실 테이프를 사용한다. 이것은 240~300 ℃까지의 유체에 적합하다.

㉱ 누설을 방지하려면 나사 이음을 정확히 해야 한다.

출제 예상 문제

기계정비산업기사

1. 피치가 2 mm인 세 줄 나사 스크루 잭을 2회 전시켰을 때 이동 거리는? (09년 1회/12년 2회)

① 2 mm ② 4 mm
③ 6 mm ④ 12 mm

2. 스패너를 사용하여 볼트를 체결할 때, 스패너의 길이를 L, 가하는 힘을 F라 하면 볼트에 작용되는 토크 T는? (10년 2회)

① $T=L\times F$ ② $T=\dfrac{F}{L}$

③ $T=L^2\cdot F$ ④ $T=\dfrac{F}{L^2}$

3. 다음 그림과 같이 스패너를 이용하여 볼트, 너트를 체결하고자 한다, 볼트의 규격에 따른 적정한 죔 방법으로 맞지 않는 것은? (10년 3회)

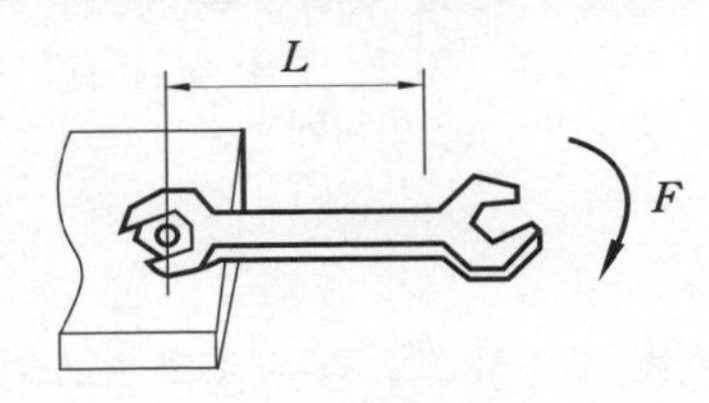

① M6 이하의 볼트 : L=10 cm, F=약 10 kgf
② M10까지의 볼트 : L=12 cm, F=약 20 kgf
③ M12~14까지의 볼트 : L=15 cm, F=약 50 kgf
④ M20 이상의 볼트 : L=20 cm 이상, F=100 kgf

해설 ① M6 이하의 볼트 : 인지, 중지, 엄지손가락의 3개로 스패너를 잡고 손목의 힘만으로 돌린다. L : 10 cm, F : 약 5 kgf
② M10까지의 볼트 : 스패너의 거리를 잡고 팔꿈치의 힘으로 돌린다. L : 12 cm, F : 약 20 kgf
③ M12~14까지의 볼트 : 스패너 손잡이 부분의 끝을 꽉 잡고 팔의 힘을 충분히 써서 돌린다. L : 15 cm, F : 약 50 kgf
④ M20 이상 : 한쪽 손은 확실한 지지물을 잡고 몸을 지지하며 발을 충분히 버티고 체중을 실어서 스패너를 돌린다. 이때 손끝, 발끝이 미끄러지지 않게 주의한다. L : 20 cm 이상, F : 100 kgf 이상

4. 다음 중 볼트, 너트의 녹이 발생하는 고착 원인이 아닌 것은? (07년 1회/07년 3회)

① 수분 ② 부식성 가스
③ 부식성 액체 ④ 첨가제

해설 볼트를 분해할 경우 간혹 나사부가 굳어서 쉽게 풀리지 않는다. 이것은 너트를 조였을 때 나사 부분에 반드시 틈이 발생하고 이 틈새로 수분, 부식성 가스, 부식성 액체가 침입해서 녹이 발생하여 고착의 원인이 되기 때문이다. 녹은 산화철로 원래 체적의 몇 배나 팽창하기 때문에 틈새를 메워서 너트가 풀리지 않게 된다. 또 고온 가열됐을 때도 산화철이 생기므로 풀리지 않게 된다.

5. 나사부의 녹에 의한 고착을 방지하기 위한 방법으로 잘못된 것은? (08년 1회)

① 산화연분을 기계유로 반죽하여 나사부에 칠한다.
② 나사부에 유성 페인트를 칠한다.
③ 나사부에 개스킷을 사용한다.
④ 스테인리스강 등의 내식성 금속을 사용한다.

정답 1. ④ 2. ① 3. ① 4. ④ 5. ③

6. 양 끝에 오른나사와 왼나사가 있어 배관 지지 장치의 높낮이를 조절할 때 사용되는 너트는? (06년 3회)

① 홈붙이 너트 ② 나비 너트
③ 턴버클 ④ T 너트

7. 강판을 정형하여 만든 너트로서 혀 부분이 나사 밑에 파고들어 풀림을 방지하는 것은 어느 것인가? (12년 1회)

① 절삭 너트 ② 더블 너트
③ 홈달림 너트 ④ 플레이트 너트

해설 강판 정형(鋼板整形)한 플레이트 너트를 비틀어 넣으면 혀의 부분이 나사 밑에 파고들어 풀림 방지가 된다. 경량이므로 항공기, 차량, 고속 회전체 등에 쓰인다.

8. 부러진 볼트를 빼는 데 사용되는 공구는 무엇인가? (06년 3회 / 11년 3회)

① 토크 렌치
② 짐 크로
③ 임팩트 렌치
④ 스크루 엑스트랙터

9. 볼트가 밑부분에 부러져 있을 경우 어떤 공구를 사용하여 빼낼 수 있는가? (07년 3회 / 09년 3회)

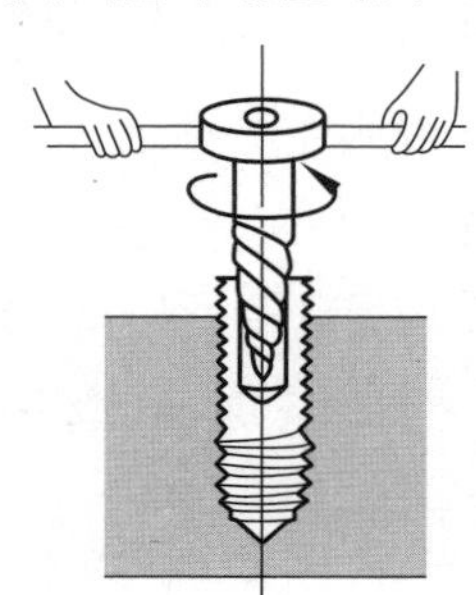

① 스크루 엑스트랙터
② 스크루 로크너트
③ 스크루 절삭 너트
④ 스크루 엑스 싱크

10. 기계의 분해 조립 시 나사 체결은 필연적이다. 나사 체결 트러블의 원인으로 볼 수 없는 것은? (10년 3회)

① 사용 조건에 대한 조이기 불량
② 패킹의 불량
③ 열화 및 부식
④ 공작 정밀도 불량

11. 그림과 같은 육각 홈이 있는 둥근 머리 볼트를 조이거나 풀 때 사용하는 공구는 어느 것인가? (11년 2회)

① 드라이버 ② 소켓 렌치
③ 훅 스패너 ④ L-렌치

해설 L-렌치 : 육각 홈이 있는 둥근 머리 볼트를 빼고 끼울 때 사용하고, 6각형 공구강 막대를 L자형으로 굽혀 놓은 것으로 크기는 볼트 머리의 6각형 대변 거리이며 미터계는 1.27~32 mm, 인치계는 1/16″~1/2″로 표시한다.

12. 키를 조립하였을 경우 축과 보스가 가볍게 이동할 수 있는 키는? (06년 1회)

① 묻힘 키 ② 접선 키
③ 반달 키 ④ 슬라이딩 키

13. 다음 중 키의 설명으로 잘못된 것은 어느 것인가? (07년 1회)

① 축에 기어, 풀리 등을 조립할 때 사용한다.
② 원활한 작동을 위해 원주 방향 이동 틈새를 둔다.

정답 6. ③ 7. ④ 8. ④ 9. ① 10. ② 11. ④ 12. ④ 13. ②

③ 축의 재료보다 약간 강한 재료를 사용한다.
④ 보통 키에는 테이퍼를 주고, 축과 보스에는 키 홈을 설치한다.

해설 키는 측면에 힘을 받으므로 폭, 치수의 마무리가 중요하다.

14. 결합이나 위치 결정보다 볼트, 너트의 풀림 방지에 쓰이며 큰 강도가 요구되지 않는 곳에 사용되는 핀은 무엇인가? (08년 3회)

① 평행 핀 ② 분할 핀
③ 테이퍼 핀 ④ 슬롯 테이퍼 핀

해설 분할 핀의 경우는 결합이나 위치 결정이라기보다 이음 핀의 빠짐 방지나 볼트 너트의 풀림 방지 등에 쓰며 큰 강도를 기대할 수 없다. 한 번 쓴 것은 사용하지 않아야 하며 부착할 때는 넓혀 둘 것 등에 주의하고 빠짐 방지의 분할 핀이 빠지거나 혹은 넣는 것을 잊어버리면 사고를 일으키는 원인이 된다. 볼트 또는 기계 부품의 위치 결정용은 평행 핀이다.

15. 분할 핀의 사용 방법 중 적합하지 않은 것은? (03년 3회)

① 볼트 또는 기계 부품의 위치 결정용으로 사용한다.
② 볼트, 너트의 풀림 방지용으로 사용한다.
③ 분할 핀 부착 시 평와셔와 같이 사용한다.
④ 부착 후 양 끝은 충분히 넓혀 둔다.

16. 볼트, 너트의 풀림 방지에 주로 사용되는 핀은? (09년 2회)

① 분할 핀 ② 스프링 핀
③ 평행 핀 ④ 테이퍼 핀

해설 홈 달림 너트 분할 핀 고정에 의한 방법은 일반적으로 많이 쓰고 확실한 방법이다. 홈과 분할 핀 구멍을 맞출 때 너트를 되돌려 맞추지 말고, 규격에 적합한 분할 핀을 사용하며, 분할된 선단(先端)을 충분히 굽힐 것 등 확실한 시공을 하면 완벽하다. 보통 너트를 죈 다음 구멍을 내서 분할 핀을 끼우는 것은 볼트의 강도를 약하게 하고, 또 재사용할 경우에는 구멍이 어긋나기도 하므로 좋은 방법이라고 할 수 없다.

17. 축의 고장 중 설계 불량에 의한 고장 원인이 아닌 것은? (09년 3회)

① 재질 불량 ② 치수 강도 부족
③ 급유 불량 ④ 형상 구조 불량

해설 축 고장의 설계 불량 원인과 대책

직접 원인	주요 원인	조치 요령
재질 불량	마모, 휨은 단시에 피로 파괴 발생	재질 변경 (주로 강도)
치수 강도 부족	마모, 휨은 단시간에 피로 파괴 발생	크기 변경
형상 구조 불량	노치 또는 응력 집중에 의한 파단	노치부 형상 개선
	한쪽으로 치우침, 발열 파단	개선

18. 다음 중 설계 불량에 속하는 것은 어느 것인가? (02년 3회)

① 급유 불량 ② 재질 불량
③ 휜 축 사용 ④ 끼워 맞춤 불량

19. 축의 급유 불량으로 나타나는 현상은 어느 것인가? (11년 1회)

① 조립 불량 ② 축의 굽힘
③ 강도 부족 ④ 베어링 발열

해설 축의 급유 불량 시 기어 마모 및 소음, 베어링 부위 발열이 나타난다.

정답 14. ② 15. ① 16. ① 17. ③ 18. ② 19. ④

20. 축 마모부의 수리는 보스 안지름과의 관계를 고려, 그 수리 방법을 결정해야 한다. 수리 방법의 판단 기준으로 적합하지 않은 것은? (12년 3회)

① 비용과 시간 ② 신뢰성
③ 수리 후의 강도 ④ 외관

해설 수리 방법 결정 기준 : 강도, 신뢰성, 사고, 비용

21. 축의 끼워 맞춤부 마모 수리법 중 축 지름이 작아져도 쓸 수 있을 때 실시하는 축의 수리 방법은? (05년 1회)

① 마모부 살 더하기 용접
② 마모 부분 금속 용사
③ 마모부에 로렛 수리
④ 마모 부분 다시 깎기

해설 축의 끼워 맞춤부 마모 부분 다시 깎기

단 점	장 점	보스의 수리 방법과 조합
축 지름이 작아져도 쓸 수 있을 때만 적용	축의 수리는 간단하지만 보스 수리와 종합하여 가공	보스에는 부시를 넣어 가늘어진 축 지름에 맞춤

22. 끼워 맞춤부 보스의 수리법으로 부적당한 것은? (02년 3회)

① 편마모된 부분은 최소한도로 다듬질한다.
② 원래 구멍 이상으로 절삭할 경우는 부시를 삽입한다.
③ 보스의 외경이 작아서 강도가 부족할 시에는 링을 열박음한다.
④ 보스 내경을 잘 연삭한 후 중간 끼워 맞춤으로 조립한다.

해설 끼워 맞춤부 보스의 수리법 : 보스 내경이 마모된 경우 구멍을 크게 해도 될 때는 선반으로 편마모되어 있는 부분을 최소한도로 깎아서 다듬질하면 된다. 이때는 키 홈의 마모도 깎아서 고친다. 한편 원래의 구멍 이상으로 할 수 없을 경우는 보스 내경을 상당량 깎아 내고 부시를 넣게끔 한다. 이 경우 보스의 강도가 허락하는 한 강한 끼워 맞춤으로 때려 넣고 프레스 압입 또는 보스를 약 300℃ 정도로 가열해서 부시를 열박음으로 한다. 내경 마무리는 압입 후 중심내기 마무리를 해 둔다. 또 보스의 외경이 작아서 부시 압입 후의 강도 부족이 염려될 때는 보스 외경부에 링을 열박음으로 해서 보강하면 된다.

23. 축이 마모되어 수리할 때 보스에 부시를 넣어야 하는 경우는? (08년 1회)

① 마모 부분 다시 깎기
② 마모부에 금속 용사하기
③ 마모부에 덧살 붙임 용접하기
④ 마모부를 잘라 맞춰 용접하기

해설 보스에는 부시를 넣어 가늘어진 축 지름에 맞춘다.

24. 축 끼워 맞춤부 보스의 내경을 상당량 깎아 내고 부시를 끼울 때 보스와 부시의 끼워 맞춤은? (09년 1회)

① 헐거움 끼워 맞춤
② 중간 끼워 맞춤
③ 억지 끼워 맞춤
④ 틈새 끼워 맞춤

25. 일반 산업 기계에서 축의 구부러짐만으로 발생하는 현상으로 볼 수 없는 것은? (03년 1회)

① 기어의 이상 마모
② 베어링의 발열
③ 진동 및 소음
④ 흔들림

해설 축에 구부러짐이 있으면 기어에 흔들림이 발생되고 기어에 흔들림이 일어나면 진

정답 20. ④ 21. ④ 22. ④ 23. ① 24. ③ 25. ④

동, 소음, 이의 이상 마모의 원인이 된다. 또 커플링, 풀리, 스프로킷 등에서도 흔들림이 발생되어 베어링의 발열이 발생된다. 단지 흔들림은 반드시 축의 구부러짐만이 원인이라고 볼 수 없다. 예를 들면 기어의 가공 정도, 베어링이나 끼워 맞춤의 양부 등도 관계되므로 흔들림이 일어나고 있을 때는 이들도 함께 체크해야 한다.

26. 축이 구부러졌을 때 현장에서 수리할 수 있는 판단 기준은? (02년 3회)

① 축의 회전수가 500 rpm 이하이며 베어링 간격이 비교적 긴 축
② 축의 회전수가 1500 rpm 이상이며 베어링 간격이 비교적 긴 축
③ 축의 회전수가 1500 rpm 이상이며 베어링 간격이 비교적 짧은 축
④ 축의 회전수가 500 rpm 이하이며 베어링 간격이 비교적 짧은 축

해설 판단 기준
㉠ 축의 회전수가 500 rpm 이하이며 베어링 간격이 비교적 긴 축이 휘어져 있을 때
㉡ 경하중 기계에서 축 흔들림 때문에 진동이나 베어링의 발열이 있을 경우
㉢ 베어링 중간부의 풀리 스프로킷이 흔들려 소리를 낼 때

27. 구부러진 축을 현장에서 수리하여 사용할 수 있는 일반적인 경우로 맞는 것은? (12년 3회)

① 단 달림부에서 급하게 휘어져 있는 경우
② 감속기의 고속 회전축일 경우
③ 중하중용이고 고속 회전축일 경우
④ 500 rpm 이하이며 베어링 간격이 길 경우

해설 다단축, 고속 회전축, 중하중용의 축인 경우는 새로운 것과 교체하는 것이 무난하다. 500 rpm 이하이고 베어링 간격이 길 경우에는 현장에서 수리 가능하다.

28. 축이 휘었을 경우 짐 크로(jim crow)로 수정을 가할 수 있다. 이 짐 크로에 의한 일반적인 축의 수정 한계는 얼마인가? (08년 3회)

① 0.01~0.02 mm ② 0.1~0.2 mm
③ 0.05~0.1 mm ④ 0.5~1 mm

해설 이 방법은 철도 레일을 굽히기 위한 방법이었으며, 신중히 하면 0.1~0.2 mm 정도까지 수정할 수 있다.

29. 기계가 운전 중에 가장 양호한 동심 상태를 유지케 하기 위한 것으로 맞는 것은? (10년 1회)

① 분해 작업 ② 센터링 작업
③ 끼워 맞춤 작업 ④ 열박음 작업

해설 센터링(centering) 작업은 기계가 운전 중에 가장 양호한 동심(同心) 상태를 유지하기 위한 것으로서 진동, 소음을 최소한으로 억제하고 기계의 손상을 적게 하여 설비의 수명을 연장하려는 것이다.

30. 두 축을 동시에 센터링 작업 시 측정 준비 사항으로 틀린 것은? (10년 3회)

① 커플링의 외면을 세척한다.
② 다이얼 게이지의 오차 및 편차를 구한다.
③ 커플링 볼트 1개를 체결한다.
④ 면간을 블록 게이지로 측정 기록한다.

해설 면간(面間)을 틈새 게이지 또는 테이퍼 게이지(taper gauge)로 측정 기록한다.

31. 축이음 중심 내기(alignment)에 사용되는 공구가 아닌 것은? (10년 2회)

① 테이퍼 게이지
② 틈새 게이지(thickness gauge)
③ 다이얼 게이지(dial gauge)
④ 하이트 게이지

정답 26. ① 27. ④ 28. ② 29. ② 30. ④ 31. ④

32. 주철제 원통 속에 두 축을 맞대어 끼워 키로 고정한 축이음으로 맞는 것은 (11년 3회)

① 유체 커플링 ② 머프 커플링
③ 플렉시블 커플링 ④ 플랜지 커플링

해설 머프 커플링(muff coupling)은 주철제의 원통 속에서 두 축을 맞대어 맞추고 키로 고정하는 구조가 가장 간단한 고정 커플링으로, 축 지름과 전단 동력이 아주 작은 기계의 축이음에 사용되나, 인장력이 작용하는 축이음에는 적합하지 않다.

33. 다음 중 가장 정밀하게 축이음을 하여야 하는 것은? (05년 3회)

① 기어 커플링 ② 플렉시블 커플링
③ 체인 커플링 ④ 플랜지 커플링

해설 플랜지 커플링(flange coupling)은 윤활제를 사용하지 않는 커플링으로 두 축 끝에 플랜지를 끼워 키로 고정하고 리머 볼트로 결합시키는 커플링으로, 두 축을 정확하게 결합시킬 수 있고 확실하게 동력을 전달시킬 수 있어 지름이 200 mm 이상인 축과 고속 정밀 회전축의 축이음에 많이 사용된다.

34. 회전체에 연결한 커플링 중에서 윤활제를 사용하지 않는 것은? (09년 2회)

① 플랜지 커플링
② 체인 커플링
③ 기어 커플링
④ 유니버설 커플링

35. 두 축을 정확하게 결합시킬 수 있고, 확실하게 동력을 전달시킬 수 있어 지름이 200 mm 이상인 축과 고속 정밀 회전 축이음에 많이 사용되는 것은? (09년 3회)

① 올덤 커플링
② 플렉시블 커플링
③ 고무 커플링
④ 플랜지 커플링

36. 플랜지 커플링에 다이얼 게이지를 사용하여 중심내기를 할 때 다이얼 게이지의 허용 편심 오차의 한계는 몇 mm 인가? (03년 1회)

① 0.001~0.01 ② 0.01~0.1
③ 0.03~0.05 ④ 1.5~2.0

해설 축 구멍 중심에 대한 커플링 바깥지름의 흔들림 및 바깥지름 부근에서의 커플링 면의 흔들림 공차는 0.03 mm, 커플링 조립 시 한쪽의 축 구멍 중심에 대한 다른 쪽 축 구멍의 흔들림 공차는 0.05 mm, 커플링 축 구멍 공차는 H7, 커플링 바깥지름은 g7, 끼움부는 H7/g7, 볼트 구멍과 볼트는 H7/h7 [KS B 1551 플랜지 커플링]이다.

37. 플렉시블 커플링을 사용하는 이유로 적합하지 않은 것은? (11년 1회)

① 두 축의 중심을 완전히 일치시키기 어려울 때
② 전달 토크의 변동으로 축에 충격이 가해질 때
③ 고속 회전으로 인한 진동을 완화시킬 때
④ 두 축의 동력을 일시적으로 멈추고자 할 때

38. 두 축의 중심을 완전히 일치시키기 어려운 경우, 설치 볼트에 고무 부시를 끼워 그 탄성을 이용한 커플링은? (03년 3회)

① 플랜지형 플렉시블 커플링
② 올덤 커플링
③ 자재 이음
④ 버프 커플링

해설 플랜지형 플렉시블 커플링(flange flexible

정답 32. ② 33. ④ 34. ① 35. ④ 36. ③ 37. ④ 38. ①

coupling)은 연결 볼트에 끼인 고무 부시(rubber bush)의 탄성을 이용한 커플링으로 조립과 분해 및 결합이 쉬워 일반적인 축이음에 널리 사용된다(KS B 1552).

39. **접촉면 사이에 마찰제가 충분한 유막을 형성하고 마멸이나 발열이 미소하여 베어링으로서 가장 양호한 마찰 상태는?** (05년 1회)

① 고체 마찰　　② 유체 마찰
③ 경계 마찰　　④ 복합 마찰

해설 유체 윤활 : 완전 윤활 또는 후막 윤활이라고도 하며 이것은 가장 이상적인 유막에 의해 마찰 면이 완전히 분리되어 베어링 간극 중에서 균형을 이루게 된다. 이러한 상태는 잘 설계되고 적당한 하중, 속도 그리고 충분한 상태가 유지되면 이때의 마찰은 윤활유의 점도에만 관계될 뿐 금속의 성질에는 거의 무관하여 마찰 계수는 0.01~0.05로서 최저이다.

40. **다음 중 베어링을 설명한 것 중 옳은 것은 어느 것인가?** (05년 3회)

① 슬라이딩 베어링은 롤링 베어링에 비하여 베어링 압력이 높다.
② 슬라이딩 베어링은 롤링 베어링에 비하여 수명이 짧다.
③ 슬라이딩 베어링은 롤링 베어링에 비하여 소음이 적다.
④ 슬라이딩 베어링은 롤링 베어링에 비하여 충격에 약하다.

해설 진동 및 소음 비교

슬라이딩(미끄럼) 베어링	롤링(구름) 베어링
• 발생하기 어렵다. • 유막 구성이 좋으면 매우 정숙하다.	• 발생하기 쉽다. • 전동체, 궤도면의 정도에 따라 소음이 발생한다.

41. **6208IC3 P4로 표시된 베어링의 호칭 번호의 설명 중 틀린 것은?** (05년 1회)

① 6 : 단열 깊은 홈 볼 베어링
② 2 : 치수 기호
③ 08 : 틈새 기호
④ P4 : 등급 기호

해설 • 베어링의 호칭 번호 배열

기본 기호					보조 기호				
베어링 형식 기호	베어링 계열 기호	안지름 번호	접촉각 기호	리테이너 기호	밀봉 기호 또는 실드 번호	레이스 형상 기호	복합 표시 기호	틈새 기호	등급 기호

• 롤링 베어링의 기본 기호

형식 번호	치수 기호 (폭 기호 +지름기호)	안지름 번호	접촉각 기호

㉠ 첫 번째 기호 : 형식 번호
1 : 자동 조심 볼 베어링
2 : 구면 롤러 베어링
3 : 테이퍼 롤러 베어링
5 : 스러스트 베어링
6 : 단열 홈형 볼 베어링
7 : 단열 앵귤러 콘택트 볼 베어링
N : 원통 롤러형

㉡ 두 번째 숫자 : 치수 기호(폭 기호+지름 기호)
0,1 : 특별 경하중형
2 : 경하중형
3 : 중간하중형

㉢ 세 번째 숫자 : 안지름 번호

㉣ 네 번째 기호 : 접촉각 기호(생략 가능) 또는 보조 기호(생략 가능)

정답 39. ② 40. ③ 41. ③

42. 608C2P6으로 표시된 베어링의 호칭 번호의 설명 중 틀린 것은? (07년 1회)

① 60 : 베어링 계열 번호
② 8 : 안지름 번호
③ C2 : 외부 틈새 기호
④ P6 : 등급 기호

해설

내부 틈새 기호	
기 호	내 용
C1	C2보다 작음
C2	보통 틈새보다 작음
무기호	보통 틈새
C3	보통 틈새보다 큼
C4	C3보다 큼
C5	C4보다 큼

43. 베어링을 축의 양쪽에 부착할 때 적당하지 않은 방법은 어느 것인가? (05년 3회)

① 양쪽 베어링을 이동하지 않도록 부착한다.
② 양쪽 베어링을 모두 이동 가능하도록 부착한다.
③ 한쪽은 고정하고 한쪽은 이동하도록 부착한다.
④ 한쪽은 고정하고 한쪽은 자유롭게 부착한다.

해설 축의 양단에 베어링을 조립할 때 한쪽 베어링은 축 방향으로 자유로이 이동할 수 있도록 한다.

44. 베어링이 축에 조립될 때 단달림부의 구석을 도피시켜 놓는 것은? (04년 3회)

① 모따기 ② 멈춤링
③ 릴리프 ④ 오일링

해설 내륜과 축의 조립에서 중요한 점은 축단의 릴리프를 취하는 방법이다. 내륜의 안지름 각 모서리부는 라운드가 되어 있으므로 이에 응한 축단의 구석 라운드는 충분히 도피시켜 두어야 한다.

45. 다음 중 베어링 가열 시 경도가 저하되는 온도는 어느 것인가? (06년 1회 / 09년 1회 / 10년 1회 / 10년 3회 / 12년 3회)

① 80℃ ② 50℃
③ 130℃ ④ 20℃

해설 베어링이 경화되는 온도는 130℃이다.

46. 베어링을 열박음할 때 130℃ 이상 가열하지 않는 가장 중요한 이유는 어느 것인가? (07년 1회 / 07년 3회)

① 가열 유조 내의 열처리유의 특성 변환 때문에
② 열박음 중 화상 방지를 목적으로
③ 베어링 자체의 경도 저하 방지를 목적으로
④ 더 이상 팽창할 수 없는 열팽창의 한계 온도이므로

해설 베어링 온도가 130℃를 초과하게 되면 베어링 재질의 입자 구조가 변화하고, 이로 인하여 경도가 저하되며, 치수가 불안정하게 된다. 실드형 베어링이나 실형 베어링은 제작할 때 그리스가 주입된 상태이므로 80 ℃ 이하로만 가열하여야 하고 오일 배스(oil bath)를 사용한 가열은 하지 않는다.

47. 죔새가 있는 베어링을 축에 설치할 경우, 베어링의 적정 가열 온도는? (12년 1회)

① 90~120℃ ② 120~150℃
③ 150~180℃ ④ 180~210℃

해설 가열 온도는 80~100℃가 적절하며 이 온도에서 충분한 팽창이 얻어진다.

48. 다음 중 베어링의 열박음에 적당한 온도는

정답 42. ② 43. ① 44. ③ 45. ③ 46. ③ 47. ① 48. ②

어느 것인가? (11년 2회)

① 50℃ 정도 ② 100℃ 정도
③ 200℃ 정도 ④ 400℃ 정도

해설 열박음 적정 온도 : 100℃

49. 다음 중 베어링 온도는 정상 운전 상태에서 주위 온도보다 얼마를 초과하지 말아야 하는가? (12년 1회)

① 5~10℃ ② 20~30℃
③ 40~50℃ ④ 60~70℃

해설 베어링 온도는 정상 상태에서 20~30℃를 초과하지 말아야 한다.

50. 베어링의 외륜은 하우징에 고정되어 정지해 있고 내륜이 회전하며 수직으로 하중을 받고 있을 때 내륜과 외륜에 알맞은 끼워 맞춤은? (04년 3회)

① 억지-헐거움
② 헐거움-억지
③ 억지-억지
④ 헐거움-헐거움

해설 베어링 조립의 요점 : 일반적으로 내륜과 축은 억지 끼워 맞춤을, 또 외륜과 하우징은 헐거움 끼워 맞춤이 사용된다.

51. 하우징에 축을 넣은 다음 베어링을 부착하는 방법에 대한 설명으로 맞는 것은 어느 것인가? (04년 3회)

① 부하 측 베어링은 미리 하우징에 조립해 둔다.
② 반부하 측 베어링은 미리 하우징에 조립한다.
③ 부하 측 베어링은 미리 축에 조립해 둔다.
④ 반부하 측 베어링은 미리 축에 조립해 둔다.

52. 롤러 베어링을 축에 장착하는 방법으로 적당하지 않은 것은? (08년 1회/11년 3회)

① 가열유조에 의한 방법
② 고주파 가열기에 의한 방법
③ 프레스 압입에 의한 방법
④ 펀치에 의한 타격 방법

해설 베어링 장착 시 펀치로 타격하면 베어링이 손상될 우려가 있다.

53. 축의 중심부 구멍에 펌프를 접속하고 끼워 맞춤부에 높은 유압을 걸어 그 반작용에 의해서 베어링의 내륜을 빼내는 방법은 어느 것인가? (05년 1회)

① 센터링 ② 드레인
③ 스트레이너 ④ 오일 인젝션

해설 조립할 때에는 전용 유압 너트로 밀어 넣고, 분해할 때는 축의 중심부의 구멍에 유압 펌프를 접속하여 끼워 맞춤부에 높은 유압을 걸어 그 반작용에 의해 베어링의 내륜을 빼낸다. 이와 같은 방법을 오일 인젝션이라고 한다.

54. 두 축이 평행한 경우에 사용되는 기어가 아닌 것은? (10년 1회)

① 스퍼 기어 ② 헬리컬 기어
③ 내접 기어 ④ 베벨 기어

해설 평행축형 감속기 기어 : 스퍼 기어, 헬리컬 기어, 더블 헬리컬 기어

55. 두 축이 만나는 기어가 아닌 것은 어느 것인가? (09년 2회)

① 베벨 기어 ② 스큐 베벨 기어
③ 스파이럴 베벨 기어 ④ 헬리컬 기어

해설 두 축의 중심선이 만나는 경우는 베벨 기어, 크라운 기어이다. 헬리컬 기어는 두 축이 평행할 때 사용된다.

정답 49. ② 50. ① 51. ③ 52. ④ 53. ④ 54. ④ 55. ④

56. **헬리컬 기어에 대한 설명 중 틀린 것은 어느 것인가?** (10년 2회)

① 이가 잇면을 따라 연속적으로 접촉을 하므로 이의 물림 길이가 길다.
② 임의로 비틀림각을 선정할 수 있으므로 중심거리를 조정할 수 있다.
③ 웜 기어에 비해 작은 공간에서 큰 감속비를 얻을 수 있다.
④ 기하학적 형상으로 인하여 축 방향 하중이 발생한다.

57. **기어 전동 장치에서 두 축이 직각이며, 교차하지 않는 경우에 큰 감속비를 얻을 수 있으나 전동 효율이 매우 나쁜 기어는 어느 것인가?** (11년 2회)

① 내접 기어 (internal gear)
② 웜 기어 (worm gear)
③ 베벨 기어 (beval gear)
④ 헬리컬 기어 (helical gear)

58. **기어의 피치원 지름을 D[mm], 잇수를 Z라고 할 때 모듈 M은 어떻게 표시되는가?** (08년 1회 / 10년 3회)

① $M=\dfrac{\pi Z}{D}$　　② $M=\dfrac{Z}{\pi D}$
③ $M=\dfrac{Z}{D}$　　④ $M=\dfrac{D}{Z}$

해설 이 크기 기준의 상호 관계
D : 피치원 지름 (mm), D_{in} : 피치원 지름 (in), z : 이의 수, P : 원주 피치 (m), m : 모듈, 지름 피치 D_p의 관계는
$D[\text{mm}]=25.4D_{\in}$

$P=\dfrac{\pi D}{z}[\text{mm}]$ 또는 $P=\dfrac{\pi D_{IN}}{z}$

$m=\dfrac{D}{z}$ 또는 $m=\dfrac{25.4D_{in}}{z}$

$D_P=\dfrac{z}{D_{in}}$ 또는 $D_P=\dfrac{25.4z}{D}$

59. **기어의 백래시(back lash)를 주는 이유로 틀린 것은?** (09년 3회)

① 백래시를 가능한 크게 주어 소음 진동을 줄이기 위해서다.
② 치형 오차, 피치 오차, 편심 가공 오차 때문이다.
③ 중하중, 고속 회전으로 발열되어 팽창되기 때문이다.
④ 윤활을 위한 잇면 사이의 유막 두께를 유지하기 위해서다.

해설 한 쌍의 기어가 서로 물릴 때 기어 제작 오차, 중심 거리 변동, 부하에 의한 이와 기어축 및 기어 박스의 변형과, 온도 차에 의한 열팽창 등에 의하여 원활한 전동을 할 수 없어 이의 물림 상태에서 이의 뒷면에 틈새를 준다. 이 틈새를 이면의 흔들림 또는 백래시(back lash)라 한다. 이 백래시는 윤활 유막 두께를 확보하는 데 반드시 필요하다.

60. **고속 고하중 기어에 이면의 유막이 파괴되어 국부적으로 금속이 접촉하여 마찰에 의해 그 부분이 용융되어 뜯겨 나가는 현상으로 마모가 활동 방향에 생기는 현상은 어느 것인가?** (05년 3회)

① 정상 마모 (normal wear)
② 리징 (ridging)
③ 긁힘 (scratching)
④ 스코어링 (scoring)

해설 • 스코어링(scoring) : 운전 초기에 자주 발생하는 현상으로 이뿌리 면과 이 끝면의 맞물리는 시초와 끝부분에 많이 발생한다. 이의 면은 회전할 때의 접촉 압력에 의해 휨이 일어나고 피치 오차, 이 형태의 오차 등에 의해 이 끝에서 상측의 이뿌리에 버티는 작용(간섭)을 일으키고 국부적인 고온 때문에 윤활막이 파단되어 완전한 금속 접촉이 되게 하여 금속의 국부 융착이 생겨서 미끄럼 운동으로 찢겨 손상을 입는 현상이다. 이 접촉 압력은 헤르츠 압력이라고 하

정답 56. ③ 57. ② 58. ④ 59. ① 60. ④

며 대단히 높고, 기어 재질 자신의 용융점 보다 월등히 낮은 온도(그러나 유막이 끊어질 정도의 고온)라도 순간적으로 표면의 극소 부분에 용착이 발생하게 된다. 응급조치로는 급유량 증량, 높은 점도 윤활유로 교체, 적정유의 선정 등을 들 수 있다.

- 긁힘(scratching) : 이면 간에 마모분, 먼지, 그 밖의 고형물 입자가 침입하여 마모 방향에 크게 손상되는 현상을 말한다. 이 현상은 기어의 성능에 큰 손상은 없고 진행성도 없으며 표면적인 것이다. 그러나 이 현상이 발생하는 기어나 윤활제가 마모분 등의 고형물에 오염되어 있음을 표시하는 것으로서 기어를 세정하고 윤활제를 교환할 필요가 있다.
- 리징(ridging) : 이면의 외관이 삼나무 무늬 또는 미세한 홈과 퇴적상이 마찰 방향과 평행으로 거의 등 간격으로 된 것이 특징이다. 이 현상은 극하중이 걸려 윤활이 불량한 경우 이면이 소성, 유동하여 미끄럼 방향으로 평행한 요철이 발생할 수도 있으며 특히 이면의 가공 경화가 클 때에는 심한 파손의 원인이 된다.

61. 기어의 치면 열화가 아닌 것은? (07년 1회/ 10년 1회)

① 마모 ② 소성 항복
③ 표면 피로 ④ 과부하 절손

해설 이면의 열화

마모	정상 마모, 습동 마모, 과부하 마모, 줄 흔적 마모
소성 항복	압연 항복(로징), 피닝 항복, 파상 항복
용착	가벼운 스코어링, 심한 스코어링
표면 피로	초기 피칭, 파괴적 피칭, 피칭(스폴링)
기타	부식 마모, 버닝, 간섭, 연삭 파손

62. 기어의 이 부분이 파손되는 주원인이 아닌 것은? (06년 3회)

① 과부하 절손 ② 피로 파손
③ 균열 ④ 마모

해설 이의 파손 : 과부하 절손(over load breakage), 피로 파손, 균열, 소손

63. 기어 조립 후 운전 초기에 발생하는 트러블 현상이 아닌 것은? (07년 3회)

① 진행성 피팅 ② 스코어링
③ 접촉 마모 ④ 피로 파손

해설 파손(breakage) : 기어의 전체나 일부분의 피로 현상은 이의 면의 초기 마모로 설계 및 가공 단계에서 잘못된 초과 하중, 호브 자국, 노치, 금속 함유물, 열처리 크랙, 정열 오차 등에서 발생한다. 또한 과도한 마모나 피팅 파손의 2차적인 결과이다.

64. 다음 중 기어 이의 열화 현상이 아닌 것은 어느 것인가? (11년 3회)

① 과부하로 인한 파손
② 표면의 피로
③ 이면의 간섭
④ 습동 마모

해설 고장은 아니나 정상이 아닌 상태를 열화라 하며, 파손은 고장 상태를 말한다.

65. 다음 중 기어 이면의 열화에 의한 기어의 손상은 어느 것인가? (09년 1회)

① 과부하 절손 ② 피로 파손
③ 균열 ④ 습동 마모

66. 기어를 분해할 때 주의 사항 중 옳지 않은 것은? (12년 2회)

① 분해는 깨끗한 작업장에서 시행한다.
② 분해한 기어 박스와 케이싱을 깨끗이 닦는다.
③ 정비 후 기어 박스에 오일은 가득 채

정답 61. ④ 62. ④ 63. ④ 64. ③ 65. ② 66. ③

운다.

④ 내부 부품을 주의하여 취급한다.

해설 적정량의 오일을 채워야 한다.

67. **V 벨트 전동 장치에서 V 벨트를 선정하려 할 때 고려하지 않아도 되는 것은?** (10년 1회)

① V 벨트의 종류 및 형식
② V 벨트의 장력
③ 소요 벨트의 가닥 수
④ V 벨트 풀리의 형상과 지름

68. **V 벨트 정비에 관한 사항 중 거리가 먼 것은?** (10년 2회)

① 2줄 이상을 건 벨트는 균등하게 처져 있어야 한다.
② 홈 상단과 벨트의 상면이 일치하지 않아도 된다.
③ 벨트 수명은 이론적으로 보면 정장력이 옳다고 본다.
④ 베이스가 이동할 수 없는 축 사이에서는 장력 풀리를 쓴다.

해설 V 벨트의 정비 요점

㉠ 2줄 이상을 건 벨트는 균등하게 처져 있어야 한다.
㉡ 풀리의 홈 마모에 주의한다. 홈 상단과 벨트의 상면은 거의 일치되어 있는데, 벨트가 어느 정도 밑으로 내려가 있다면 그것은 홈이 마모되어 있기 때문이다.
㉢ V 벨트는 합성고무라 해도 장기간 보관하면 열화된다. 보관품의 구입 연월을 정확히 하고 오래된 것부터 쓰는 것이 좋다.
㉣ V 벨트 전동 기구는 설계 단계에서부터 벨트를 거는 구조로 되어 있다. 원동부에서는 전동기의 슬라이드 베이스나 이동할 수 없는 축 사이에서 장력 풀리를 쓴다.

69. **V 벨트 풀리의 홈 각이 V 벨트의 각도에 비해 작은 이유로 가장 알맞은 것은?** (11년 2회)

① V 벨트가 굽혀졌을 때 단면 변화에 따른 미끄럼 발생을 방지
② V 벨트가 인장력을 받아 늘어났을 때 동력 손실을 방지
③ 장기간 사용 시 마모에 의한 V 벨트와 풀리 간 헐거움 방지
④ 고속 회전 시 풀리의 진동 및 소음을 방지

70. **벨트 풀리와 벨트 사이의 접촉면에 치형의 돌기가 있어 미끄럼을 방지하고 맞물려 전동할 수 있는 벨트는?** (12년 3회)

① 평벨트 ② V벨트
③ 타이밍 벨트 ④ 체인 벨트

해설 타이밍 벨트는 풀리와 벨트에 기어형의 돌기가 있어 미끄럼이 없이 동력을 전달할 수 있다.

71. **롤러 체인은 스프로킷 휠과 체인이 마모하면 진동, 소음이 발생하는데 이러한 결점을 감소시킬 수 있으나 제작이 어렵고 무거우며 가격이 비싼 체인은?** (12년 1회)

① 부시 체인 (bush chain)
② 더블 롤러 체인 (double roller chain)
③ 오프셋 체인 (offset chain)
④ 사일런트 체인 (silent chain)

해설 사일런트 체인은 전동 시 조용하다.

72. **다음 중 체인의 검사 기준과 관련이 가장 적은 것은?** (11년 3회)

① 체인의 길이가 처음보다 5 % 이상 늘어났을 때
② 링 (ring) 단면의 지름이 10 % 이상 감소했을 때
③ 과부하가 걸렸을 때
④ 균열이 발생했을 때

정답 67. ② 68. ② 69. ① 70. ③ 71. ④ 72. ③

73. 원형의 긴 끝으로 된 벨트로서 전달력이 작은 소형 공작 기계의 전동 벨트로 사용되는 것은? (09년 1회)

① 보통 벨트 ② 링크 벨트
③ 레이스 벨트 ④ 타이밍 벨트

해설 레이스 벨트(lace belt)는 원형의 긴 끈으로 된 벨트로서 전달력이 작은 소형 공작 기계의 전동 벨트로 사용된다.

74. 관의 이음 중 열에 의한 관의 팽창 수축을 허용하는 이음 방법은? (08년 3회)

① 용접 이음 ② 신축 이음
③ 유니언 이음 ④ 플랜지 이음

해설 신축 이음 : 온도에 의해 관의 신축이 생길 때 양단이 고정되어 있으면 열응력이 발생한다. 관이 길 때는 그 신축량도 커지면서 굽어지고, 관뿐만 아니라 설치부와 부속 장치에도 나쁜 영향을 끼쳐 파괴되거나 패킹을 손상시킨다. 따라서 적당한 간격 및 위치에 신축량을 조정할 수 있는 이음이 필요한데, 이것을 신축 이음이라 한다.

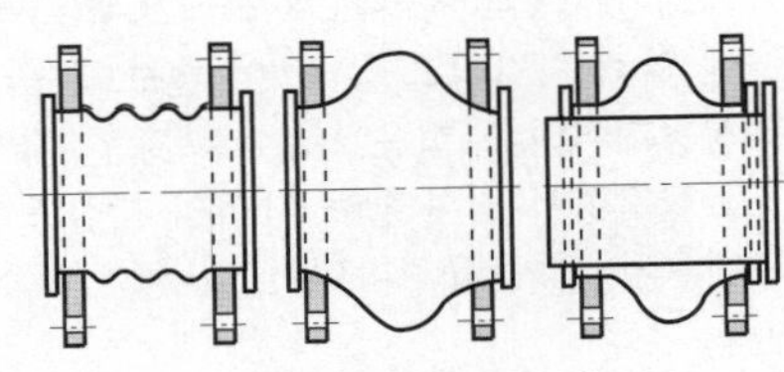

(a) 파형 파이프 조인트

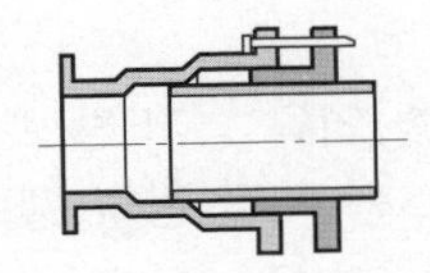

(b) 슬라이드 조인트

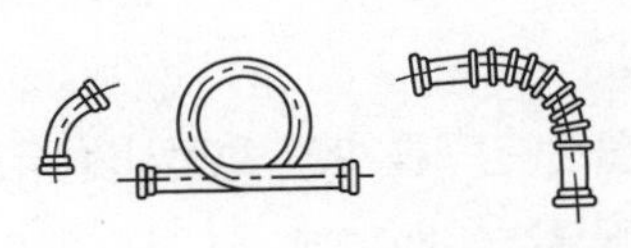
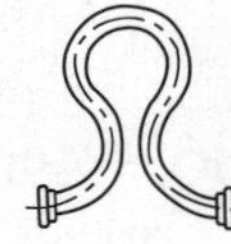

(c) 밴드 조인트

신축 이음

75. 신축 이음(flexible joint)을 하는 이유로 부적당한 것은? (11년 1회)

① 온도 변화에 따라 열팽창에 대한 관의 보호
② 열 영향으로부터 관을 보호
③ 작업이 용이하고 설치 및 분해가 쉬워 관을 보호
④ 매설관 등 지반의 부등침하에 따른 관의 보호

해설 신축 이음 : 파이프에 나사를 절삭하지 않고 열에 의한 수축을 허용하는 진동이나 충격이 있는 곳에 적합한 이음 방법

76. 배관의 직선 연결 이음에 사용되지 않는 배관용 관 이음쇠는? (08년 1회)

① 유니언 ② 니플
③ 플러그 ④ 부싱

77. 다음 중 밸브의 기능으로 적당하지 않은 것은? (07년 3회/10년 2회)

① 유량 조절 ② 온도 조절
③ 방향 전환 ④ 흐름 단속

78. 유체의 유량, 흐름의 단속, 방향 전환, 압력 등을 조절할 때 사용하는 밸브의 종류가 아닌 것은? (06년 1회)

① 스톱 밸브 ② 슬루스 밸브
③ 안전밸브 ④ 집류 밸브

79. 게이트 밸브(gate valve) 일명 슬루스 밸브를 설명한 사항 중 틀린 것은? (09년 1회)

① 압력 손실이 글로브 밸브보다 적다.
② 유체의 흐름에 대해 수직으로 개폐한다.
③ 전개, 전폐용으로 주로 쓰인다.

정답 73. ③ 74. ② 75. ③ 76. ③ 77. ② 78. ④ 79. ④

④ 밸브의 개폐 시 다른 밸브보다 소요 시간이 짧다.

해설 게이트 밸브는 밸브 봉을 회전시켜 열 때 밸브 시트면과 직선적으로 미끄럼 운동을 하는 밸브로 밸브 판이 유체의 통로를 전개하므로 흐름의 저항이 거의 없다. 그러나 1/2만 열렸을 때는 와류가 생겨서 밸브를 진동시킨다. 밸브를 여는 데 시간이 걸리고 높이도 높아져 밸브와 시트의 접합이 어렵고 마멸이 쉬우며 수명이 짧다. 밸브의 경사는 1/8~1/15이고 보통 1/10이다.

80. 글로브 밸브에 관한 설명 중 옳지 않은 것은? (11년 2회)

① 유체의 저항이 적어 압력 강하가 매우 적다.
② 관 접합에 따라 나사 끼움형과 플랜지형이 있다.
③ 구조상 폐쇄(閉鎖)의 확실성을 장점으로 한다.
④ 밸브 디스크의 모양은 평면형, 반구형, 반원형 등의 형상이 있다.

해설 글로브 밸브(globe valve) : 유체의 입구 및 출구가 일직선상에 있는 달걀형으로 흐름의 방향이 동일한 밸브로 보통 밸브 박스가 구형으로 만들어져 있으며 주로 밸브의 개도를 조절해서 교축 기구로 이용된다. 구조상 유로가 S형이고 유체의 저항이 크므로 압력 강하가 큰 결점이 있다. 그러나 전개까지의 밸브 리프트가 적으므로 개폐가 빠르고 또 구조가 간단해서 가격이 싸므로 많이 사용되고 있다.

81. 토출관이 짧은 저양정 펌프(전 양정 약 10 m 이하)에 사용되는 역류 방지 밸브는 어느 것인가? (08년 1회/11년 1회)

① 게이트 밸브 ② 풋 밸브
③ 플랩 밸브 ④ 슬루스 밸브

82. 다음 중 체크 밸브의 종류가 아닌 것은 어느 것인가? (10년 2회)

① 글로브(globe)형 ② 스윙(swing)형
③ 풋(foot)형 ④ 리프트(lift)형

83. 다음 중 체크 밸브의 종류가 아닌 것은 어느 것인가? (08년 1회)

① 스윙형 체크 밸브
② 리프트형 체크 밸브
③ 솔리드 웨지 체크 밸브
④ 경사 디스크 체크 밸브

84. 유체의 역류를 방지하는 것으로 밸브체가 힌지 핀에 의해 지지되는 것은? (09년 2회)

① 스윙 체크 밸브
② 흡입형 체크 밸브
③ 리프트 체크 밸브
④ 코크 체크 밸브

해설 스윙 체크 밸브 : 리프트식과 마찬가지로 개폐(開閉)로 작용하게끔 밸브체는 힌지 핀에 의해 지지되고 있다. 이 밸브도 나사형은 청동제이며 소형용, 주철 주강은 대형이고, 플랜지형이 되며 밸브 자리의 재질도 글루브 밸브와 같이 규격화되어 있다.

85. 다음 중 역류 방지 밸브의 종류가 아닌 것은? (07년 1회)

① 스윙형 역류 방지 밸브
② 리프트형 역류 방지 밸브
③ 콕 역류 방지 밸브
④ 듀얼 플레이트 역류 방지 밸브

86. 구멍이 뚫린 강구를 90° 회전시켜 유로를 개폐하는 밸브는? (10년 1회)

① 콕 밸브
② 디스크 밸브

정답 80. ① 81. ③ 82. ① 83. ④ 84. ① 85. ③ 86. ①

③ 다이어프램 밸브
④ 체크 밸브

해설 콕은 구멍이 뚫려 있는 원통 또는 원뿔 모양의 플러그(plug)를 0~90° 회전시켜 유량을 조절하거나 개폐하는 용도로 사용하는 것으로 플러그는 보통 원뿔형이 많으며, 신속한 개폐 또는 유로 분배용으로 많이 사용된다.

87. 구멍이 있는 플러그를 회전시켜 유체의 통로를 간단히 개폐할 수 있고 작은 지름 관로나 배출용으로 쓰이는 밸브는? (12년 2회)

① 언로드 밸브 ② 시퀀스 밸브
③ 메인 콕 ④ 이압 밸브

해설 콕에는 메인 콕과 그랜드 콕이 있다.

88. 유로 방향의 수로 분류한 콕의 종류가 아닌 것은? (12년 2회)

① 이방 콕 ② 삼방 콕
③ 사방 콕 ④ 오방 콕

해설 • 유로 방향 수 : 이방 콕, 삼방 콕, 사방 콕
• 접속 방법 : 나사식, 플랜지식

89. 다음 중 밸브 조립 불량에 의한 고장이 아닌 것은? (11년 2회)

① 밸브 홀더 볼트의 체결이 불량할 때
② 밸브 조립 순서의 불량
③ 밸브 분해 순서의 불량
④ 밸브 홀더 볼트의 조립이 불량할 때

90. 밸브 취급상의 일반적인 주의 사항으로 옳지 않은 것은? (12년 2회)

① 밸브를 열 때는 처음에 약간 열고 기기의 상태를 확인하면서 소정의 열림 위치까지 연다.
② 밸브를 완전히 열 때는 개폐 손잡이를 정지할 때까지 회전시킨 후 손잡이를 잠가 둔다.
③ 밸브를 닫을 때 밸브가 진동을 일으키면 빨리 닫는다.
④ 이중 금속으로 이루어진 밸브를 닫을 때는 냉각된 다음 더 죄기를 한다.

해설 밸브 취급 주의 사항
㉠ 핸들의 회전 방향을 정확히 확인한다.
㉡ 밸브를 여는 방법 : 처음에 약간 열고 유체가 흐르기 시작하는 소리 및 약간 진동을 느끼면 흐름 방향의 관이나 기기에 이상이 없음을 확인한 후 핸들바퀴가 정지될 때까지 회전시킨 후 약 1/2 회전을 「닫음」 방향으로 역전시켜 둔다.
㉢ 밸브를 닫을 때 : 서서히 닫지만 밸브 누르개의 부분이 마모된 글로브 밸브나 슬루스 밸브에서는 전폐에 가까워지면 밸브체가 내부에서 진동을 일으킬 때가 있다. 이 경우에는 빨리 닫아야 한다.
㉣ 이종(異種) 금속 밸브 : 열팽창 차이에 주의한다.

91. 체인을 걸 때 이음 링크를 관통시켜 임시 고정시키고 체인의 느슨한 측을 손으로 눌러 보고 조정해야 하는데 아래 그림에서 S-S'가 어느 정도일 때 적당한가? (08년 1회/13년 1회)

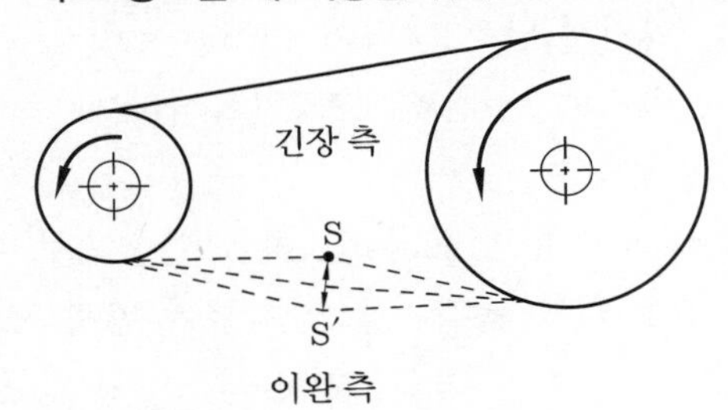

① 체인 폭의 1~2배
② 체인 폭의 2~4배
③ 체인 피치의 1~2배
④ 체인 피치의 2~4배

정답 87. ③ 88. ④ 89. ③ 90. ② 91. ②

CHAPTER

3 기계 장치 점검, 정비

1. 기계 장치 점검과 정비

1-1 통풍기

(1) 통풍기의 개요 및 분류

통풍기 (ventilator)를 압력에 의해 분류하면 통풍기 (fan), 송풍기 (blower), 압축기 (compressor)로 대별하고, 작동 방식에 의해 분류하면 원심식, 왕복식, 회전식, 프로펠러 (propeller)식 등으로 세분할 수 있다.

① 원심식 : 외형실 내에서 임펠러가 회전하여 기체에 원심력이 주어진다.
② 왕복식 : 기통 내의 기체를 피스톤으로 압축한다 (고압용 압축비 2 이상).
③ 회전식 : 일정 체적 내에 흡입한 기체를 회전 기구에 의해서 압송한다 (원심식에 비해 압력은 높으나 풍량이 적다).
④ 프로펠러식 : 고속 회전에 적합하다.

(2) 통풍기의 냉각 장치

① 필요성 : 압력비가 높은 송풍기, 압축기에서 압축된 기체가 베인 (vane) 내에서 단열 압축 (adiabatic compressor)을 받아서 온도가 상승하고 기체의 비체적이 증가한다. 여기서 압축 압력이 19.6 kPa (2 kgf/cm^2) 이상일 때 온도 상승 방지 및 동력 절약 목적으로 냉각 장치가 필요하다.
② 냉각법
㈎ 케이싱 (casing) 벽을 이중으로 하여 그 사이에 냉각수를 유동시키는 방법
㈏ 별도 냉각기를 설치하여 압축 도중에 냉각하는 방법 (중간 냉각 : inter cooling)

1-2 송풍기

(1) 개 요

① 풍량(Q) : 송풍기 (blower)의 풍량이란 토출 측에서 요구되는 경우라도 흡입 상태로 환산하는 것을 말한다.

$$Q = Q_N \times \frac{273+t}{273} \times \frac{1.033}{1.033+P}$$

여기서, Q : 표준 상태의 흡입 풍량 (m^3/min)
Q_N : 기준 상태의 흡입×풍량 (Nm^3/min)
t : 흡입 gas 온도 (℃)
P : 흡입 압력 (mmAq)

② 정압 (P_s, static pressure) : 정압은 기체의 흐름에 평행인 물체의 표면에 기체가 수직으로 밀어내는 압력으로 그 표면의 수직 구멍을 통해 측정한다.

③ 동압 (P_d, dynamic pressure, velocity pressure) : 동압은 속도 에너지를 압력 에너지로 환산한 값으로 송풍기의 동압은 50 mmAq (약 30 m/s)를 넘지 않는 것이 좋다.

$$P_d = \frac{V^2}{2g} r \qquad V = \sqrt{\frac{2g \times P_d}{r}}$$

여기서, V : 속도 (m/s), r : 비중량 (kgf/m^3), g : 중력 가속도 (m/s^2)

④ 전압 (P_t, total pressure) : 전압은 정압과 동압의 절대압의 합으로 표시된다.

$$P_t = P_s + P_d$$

⑤ 수두 : 송풍기의 흡입구와 배출구 사이의 압축 과정에서 임펠러에 의하여 단위 중량의 기체에 가해지는 가역적 일당량 kgf·m/kgf를 말하며 기체의 기둥 높이로 나타내고 이것을 수두라고 한다.

$$\text{이론 수두 } H = \frac{P_t}{r} \qquad \text{압력비} = \frac{\text{토출구 절대 압력}(P_2)}{\text{흡입구 절대 압력}(P_1)}$$

여기서, H : 수두 (Head, m), P_t : 전압 (kgf/m^2), r : 비중량 (kgf/m^3)

⑥ 비속도 (비교 회전도 : N_s) : 비속도란 송풍기의 기하학적으로 닮은 송풍기를 생각해서 풍량 1 m^3/min, 풍압을 수두 1 m 생기게 한 경우의 가상 회전 속도이고 송풍기의 크기에 관계없이 송풍기의 형식에 의해 변하는 값이다.

$$N_s = N \times Q^{\frac{1}{2}} \times H^{\frac{3}{4}}$$

N : 송풍기의 회전 속도 (rpm), Q : 풍량 (m^3/min 또는 m^3/s)

⑦ 동력 계산

(가) 이론 동력

$$L_a = \frac{Q \times P_t}{6120}[\mathrm{kW}]$$

여기서, Q : 풍량 ($\mathrm{m^3/min}$), P_t : 전압 (mmAq)

(나) 축동력 (black horse power)

$$L_w = \frac{Q \times P_t}{6120 \times \eta}[\mathrm{kW}]$$

여기서, η : 송풍기 효율

(다) 실제 사용 동력

$$L_k = L_w \times \alpha[\mathrm{kW}]$$

여기서, α : 안전율 (25 HP 이하 : 20 %, 25～60 HP 이하 : 15 %, 60 HP 이상 : 10 %)

(2) 분 류

송풍기는 크게 터보형 송풍기와 용적형 송풍기로 나누어진다. 터보형 송풍기는 회전차가 회전함으로써 발생하는 날개의 양력에 의하여 에너지를 얻게 되는 축류 송풍기와 원심력에 의해 에너지를 얻는 원심 송풍기로 나누어진다.

① 임펠러 (impeller) 흡입구에 의한 분류

(가) 편 흡입형 (single suction type)

(나) 양 흡입형 (double suction type)

(다) 양쪽 흐름 다단형 (double flow multi-stage type)

② 흡입 방법에 의한 분류

(가) 실내 대기 흡입형

(나) 흡입관 취부형

(다) 풍로 흡입형

③ 단수에 의한 분류

(가) 단단형 (single stage)

(나) 다단형 (multi stage)

④ 냉각 방법에 의한 분류

(가) 공기 냉각형 (air cooled type)

(나) 재킷 냉각형 (jacket cooled type)

(다) 중간 냉각 다단형 (inter cooled multi-stage type)

⑤ 안내차 (guide vane)에 의한 분류

(가) 안내차가 없는 형 (blower without guide vane)

(나) 고정 안내차가 있는 형 (blower with fixed guide vane)

㈐ 가동 안내차가 있는 형 (blower with adjustable guide vane)

⑥ 날개 (blade)의 형상에 따른 분류

㈎ 원심형

㉮ 시로코 팬 (sirocco fan) : 날개의 끝부분이 회전 방향으로 굽은 전곡형 (前曲形)

㉯ air foil fan (limit load fan) : 날개의 끝부분이 회전 방향의 뒤쪽으로 굽은 후곡형 (後曲形)으로 박판을 접어서 유선형으로 형성된 것이다. 고속 회전이 가능하며 소음이 적다. 다익형은 풍량이 증가하면 축 동력이 급격히 증가하며 over load 가 된다. 이를 보완한 것이 익형과 limit load이다. limit load는 날개가 S자형이며 후곡형과 전곡형을 개량한 것이다 (압력 범위 : 25～300 mmAq).

㉰ 터보 팬 : 날개 끝 부분이 회전 방향의 뒤쪽으로 굽은 후곡형으로 날개가 곡선으로 된 것과 직선으로 된 것이 있다.

㉱ 레이디얼 팬 : 방사형은 자기 청소의 특성이 있으나 분진의 누적이 심하고, 이로 인해 송풍기의 날개의 손상이 우려되는 공장용 송풍기에 적합하다. 효율적이나 소음 면에서는 다른 송풍기에 비해 좋지 못하다 (압력 범위 : 50～500 mmAq).

㈏ 축류형 : 축류 송풍기는 낮은 풍압에 많은 풍량을 송풍하는 데 적합하며 프로펠러형의 날개가 기체를 축 방향으로 송풍한다. 축류 팬은 풍압 10 mmAq 이상 150 mmAq 이하에서 다량의 공기 또는 가스를 취급하는 데 적합한 팬으로 효율이 높다 (대형의 경우 최고 80 %). 특히, 가변 날개로 하면 높은 효율을 광범위하게 가질 수 있으므로 대풍량의 풍량 제어의 경우 동력비의 점에서 유리한 팬이다.

㉮ 프로펠러 팬 : 덕트 관이 없는 송풍기

㉯ 덕트붙이 축류 팬 : 덕트 관이 있으며 뒤쪽에 분속도가 남지 않는다.

㉰ 고정 깃붙이 축류 팬 : 덕트 관에 고정 날개가 고정되어 있다. 이 고정 날개에 의해 회전 방향의 흐름은 정압으로 회수되고 효율은 그만큼 높아진다. 커버를 이용하여 옥상 및 외부에 설치한다.

(3) 운전 및 정지

① 운전까지의 점검

㈎ 임펠러와 케이싱 흡입구, 케이싱, 베어링 케이스의 측 관통부와 축과의 틈새를 재점검한다.

㈏ 각부 볼트의 조임 상태, 특히 베어링 케이스 볼트 테스트 해머 (test hammer)로서 확실히 점검한다.

㈐ 댐퍼 및 베인 컨트롤 장치의 개폐 조작이 원활한가를 재확인하여 전폐해 둔다.

㈑ 운전 부서와 상담하여 기동 시간을 정하여 둠과 동시에 기동 후 이상이 있을 경우를 대비하여 긴급 정지 체제를 확립한다.

② 기동 후의 점검

(가) 이상 진동이나 소음의 발생 혹은 베어링 온도의 급상승이 있을 때는 즉시 정지시켜 각부를 재점검한다.

(나) 케이싱이 이상 진동을 하는 것은 축 관통부와 실이 축에 강하게 접촉되어 있는 경우가 많으므로 재점검한다.

(다) 베어링의 온도가 급상승하는 경우의 점검

㉮ 관통부에 펠트(felt)가 쓰이는 경우는 이것이 축에 강하게 접촉되어 있지 않은가, 축 관통부와 축 틈새가 균일한가 확인한다(구름 베어링의 경우 베어링이 눕는다든지 하면 이 틈새가 균일치 못할 때가 있다).

㉯ 윤활유의 적정 여부를 점검한다.

㉰ 상하 분할형이 아닌 베어링 케이스의 경우는 자유 측의 카버가 베어링의 외륜을 누르고 있지 않나 점검한다.

㉱ 누름 베어링은 궤도량(외륜 및 내륜)이나 진동체(볼 또는 롤러)에 흠집 여부를 점검한다.

㉲ 미끄럼 베어링은 오일 링의 회전이 정상인가 또는 베어링 메탈과 축과의 간섭이 정상인가 점검한다(오일 링의 회전이 가끔 정지한다든지 옆 이행이 심할 때는 오일 링의 변형이 예상됨).

③ 운전 중의 점검

(가) 베어링의 온도 : 주위의 공기 온도보다 40℃ 이상 높으면 안 된다고 규정되어 있지만 운전 온도가 70℃ 이하이면 큰 지장은 없다.

(나) 베어링의 진동 및 윤활유 적정 여부를 점검한다.

④ 정 지

(가) 정지하면 댐퍼(또는 베인 control)를 전폐로 한다.

(나) 베어링 내의 영하 기상 조건의 경우에는 냉각수를 조금씩 흘려 준다.

(다) 고온 송풍기에서는 케이싱 내의 온도가 100℃ 정도로 된 후 정지한다.

1-3 압축기

(1) 부품 취급

① 밸브의 취급 : 운전 중 사고를 미연에 방지하기 위해 정기 점검은 반드시 실시하며 1일 24시간의 연속 운전을 충분히 고려하여 표준적인 기간을 정하여 하나의 지침을 삼는다.

- 정기 점검 기간 : 1000시간마다 실시

- 교환 기간 : 4000시간마다 실시
- 밸브 플레이트, 밸브 스프링을 사용 한계의 기준값 내에서도 이상이 있으면 전부 교환한다.

(가) 밸브의 취급

㉮ 흡입 기체의 종류와 부식의 정도

㉯ 흡입 기체의 순분과 먼지의 양

㉰ 흡입, 토출 기체, 온도, 압력의 정도

㉱ 연속 운전인가, 간헐적 운전인가

㉲ 일상의 운전 관리 및 손실 상태

(나) 밸브 부품의 교환

㉮ 밸브 플레이트

㉯ 밸브 스프링

- 자유 상태하에서 높이가 규정값 이하로 되었을 때 교환한다.
- 교환 시간이 되었을 때 탄성 마모가 없어도 교환한다.
- 손으로 간단히 수정하여 사용해서는 안 된다.

㉰ 밸브 시트

- 밸브 시트의 접촉면 Ⓐ가 상처에 의한 편마모를 발생시켜 플레이트와의 접촉이 좋지 않으면 랩핑하여 맞춘다.
- 시트 면의 연마 랩핑제 # 600~800
- 밸브는 너무 강한 힘으로 조이지 말 것

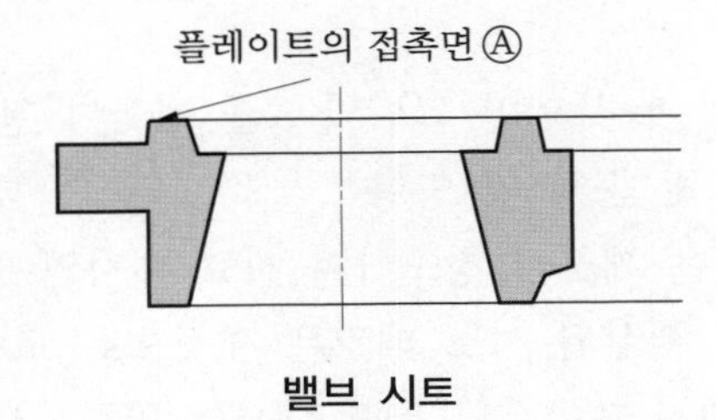

밸브 시트

② 글랜드 패킹의 취급

(가) 기체 누설 원인 및 손질

㉮ 내측 패킹의 Ⓣ가 0.1 mm 마모되면 교환한다.

㉯ 가이드 스프링이 변형 또는 절손되었을 때는 교환한다.

㉰ 내측 패킹의 내면이 불량한 경우 피스톤 로드 외주 면에 맞추며, 흠집, 파손이 있을 때는 교환한다.

㉱ 내외 패킹의 조립 면의 밀착이 불량한 경우 변형된 틈새를 발생시킨 것은 교환한다.

㉮ 내외 패킹의 측면이 동일 측면이 아닌 경우 A면과의 직각도에 주의하여 맞춘다.

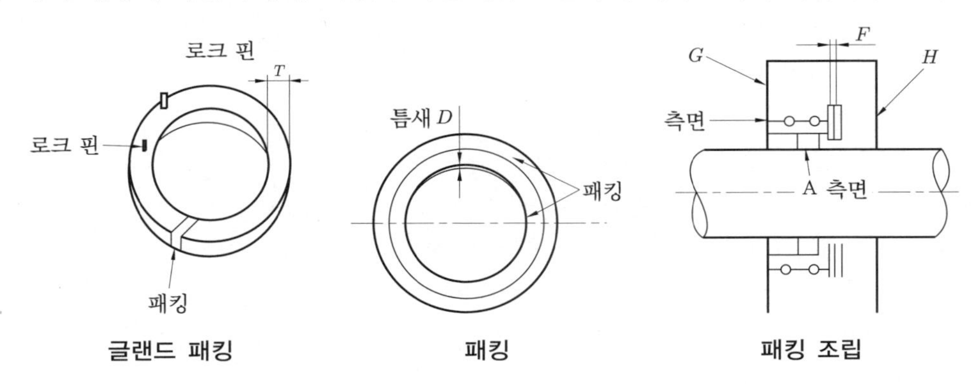

글랜드 패킹　　　패킹　　　패킹 조립

(나) 패킹의 조정

㉮ 패킹 케이스의 측면 G, H는 각각의 로드에 직각되게 주의하여 충분히 맞출 것. 흠집 및 접촉면 불량 시는 보수 또는 교환한다.

㉯ 틈새 F를 확인하기 위해 패킹과 스프링을 조립, 조성한다.

㉰ 코일 스프링형은 코일 스프링을 전압축하여 스프링 흠이 잠기는가 확인한다.

㉱ 코일 스프링, 플레이트 스프링, 가이드 스프링은 중요한 역할을 하므로 순수 부품 이외는 사용하지 않는다. 탄성이 줄거나 변형 절손된 것은 즉시 교체한다.

(다) 패킹의 조립

㉮ 패킹은 세척용 기름으로 깨끗이 씻어 낸 후 윤활유를 바르고 이물질이 부착되지 않도록 주의한다 (단, 산소 등 폭발성 가스 압축기에 대해서는 압축기 제작사의 지시에 따른다).

㉯ 글랜드 실의 시트 패킹 면인 그림의 A를 깨끗이 청소한다.

㉰ 패킹 케이스의 조립 순서 및 방향

- 실린더 측의 패킹은 깨끗이 청소하여 시트 패킹의 양면에 잘 벗겨지는 실재를 도표해서 넣으며, 손상된 시트 패킹은 새것으로 교체하여 조립한다.
- 오일 홈에 붙은 패킹 케이스의 조립 순서는 원칙적으로 안쪽에서 두 번째로 조립한다. 오일 흠의 출구가 피스톤 로드 상부가 되도록 조립해서 넣는다.
- 랜턴 링 (lantern ring)의 조립 위치는 정확한지 사용 기종의 경우를 고려하여 확인한다.
- 오일 스프링 형식의 패킹은 코일 스프링의 탈락에 주의하여 조립한다.
- 글랜드를 체결하는 볼트는 대칭으로 조이고 한쪽만 세게 조이지 않도록 주의한다.

③ 오일 웨이퍼 링의 취급 : 크랭크 케이스 내의 윤활유가 피스톤 로드를 흘러나와 외부로 누설됨을 방지하고자 오일 웨이퍼 링을 부착한다.

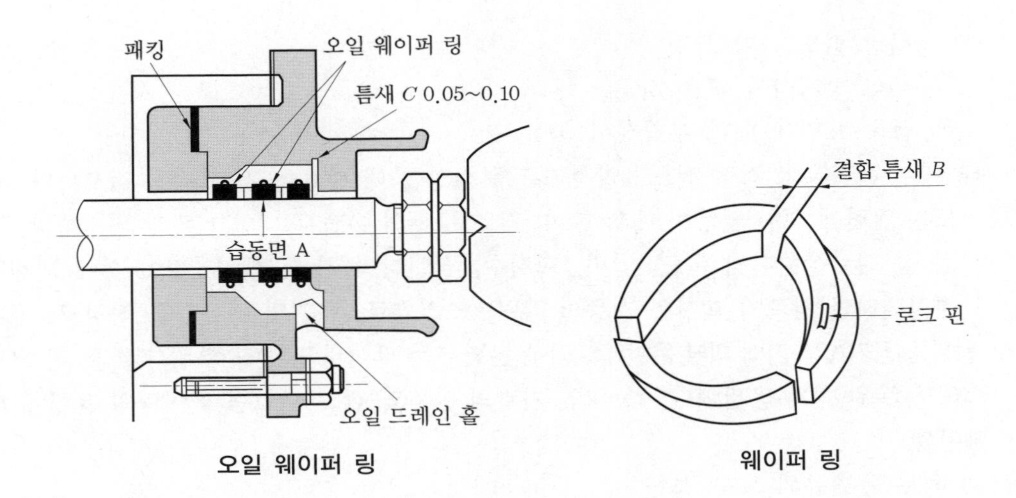

오일 웨이퍼 링 웨이퍼 링

(가) 웨이퍼의 접촉면 A가 불량한 때 피스톤 로드의 외주 면에 정확하게 절단하여 맞춘다. A부에 상처 파손이 있는 것은 교체한다.

(나) 내면이 마모하여 컷 (cut) 부분의 틈새 *B*가 없어졌을 때 교체한다.

(다) 가이드 스프링의 절손 및 변형이 있을 때 교체한다.

(라) 로크 (lock) 핀이 탈락했을 때 컷 틈새 *B*에 록 핀을 넣어 조립한다.

(마) 링에 이물이 혼입되었을 때 충분히 세척하여 조립한다.

(바) 피스톤 로드 습동면 불량 시 상처, 편 마모의 정도에 따라 보수 또는 교체한다.

(사) 조립 조정 불량 시는 3조의 링의 상하 방면으로 무리 없이 움직일 정도로 틈새 (기준치 C=0.05~0.01 mm)를 패킹의 두께로 조정한다. 윤활유 배출구가 하부에 위치하도록 조립한다.

(2) 압축기의 윤활

① 왕복 피스톤 압축기의 윤활 : 공기 압축기의 윤활유는 윤활 개소에 따라 내부 윤활과 외부 윤활로 분류되며, 많이 사용되는 왕복식 압축기 (10 kgf/cm^2 이하)의 내부 윤활유의 동점도는 ISO VG 68 터빈유가 널리 사용된다.

(가) 공기 압축기의 윤활 트러블 원인

㉮ 실린더, 피스톤 링의 마모 등이 있고 가장 위험한 것은 토출계의 발화, 폭발이다.

㉯ 탄소의 부착, 발화

㉰ 드레인 트랩의 작동 불량

㉱ 이상 발열은 압축기 고장의 27%를 나타낸다.

(나) 내부 윤활유의 요구 성능

㉮ 열, 산화 안정성이 양호할 것

㉯ 생성 탄소가 연질이고 제거가 쉬울 것

㉰ 적정 점도를 가질 것

㉱ 부식 방지성이 좋을 것

㉲ 금속 표면에 대한 부착성이 좋을 것

(다) 내부 윤활유의 적정 점도 : 압축기유를 선정할 때 중요한 것은 적정 점도이다. 점도는 압력에 의한 영향이 매우 크며, 각 기구부의 윤활은 내연 기관과 비슷하다. 적정 점도는 실린더의 온도, 압력, 회전수, 실린더의 지름, 행정, 길이 등에 의해서 결정되지만 압축기 회사는 기종별, 운동 조건별로 점도 및 급유량을 정하고 있다.

② 왕복동 공기 압축기의 외부 윤활유 : 외부 윤활유는 베어링 크랭크 부위 피스톤 핀 크로스헤드 부위 등의 윤활이다. 즉 내연 기관의 윤활과 같고 미끄럼 베어링의 윤활에 해당된다.

(가) 외부 윤활유의 요구 성능

㉮ 적정 점도를 가질 것

㉯ 고점도 지수를 가질 것

㉰ 산화 안정성이 좋을 것

㉱ 수분성이 좋을 것

㉲ 방청성, 소포성이 좋을 것

③ 고압가스 압축기의 윤활유 : 공기 이외의 고압가스 압축기유의 경우에는 대상 압축가스의 종류에 따른 내부 윤활유 선정이 중요하므로 압축가스의 반응성과 가스에 의한 윤활유의 희석에 주의해야 한다.

(가) 희석성 가스 : 메탄, 에탄, LPG, LNG (천연액화가스), TG (도시가스)와 같이 윤활유에 희석성이 있는 것과 헬륨과 같이 압축 온도가 높은 것에 대해서는 비교적 점도가 높은 압축기유를 필요로 한다.

(나) 반응성 가스 : 산소, 염소 가스, 염화수소 가스 등과 같이 탄화수소와의 반응성이 큰 가스에는 윤활유의 사용이 불가능하기 때문에 무급유 또는 물이나 농류산 글리세린이 사용된다.

(다) 불활성 가스 : 질소, 수소, 아르곤, 일산화가스 등 윤활유와 반응성, 희석성이 없는 것에 대해서는 일반적으로 저점도유의 사용도 가능하다. 그러나 유 분리 밀봉 효과를 기대할 때는 고점도유를 사용한다.

(라) 산성 가스 : 유화수소, 아황산가스, 탄산가스 등과 같은 산성 가스의 압축기유는 중화 능력을 가진 윤활유가 사용된다. 탄산가스일 때는 드라이아이스 제조, 탄산음료 제조 등 유동 파라핀과 같이 정제도를 향상시킨 냄새가 없는 윤활유가 사용된다.

(마) 합성 화학용 가스 : 합성 화학용 촉매를 사용하는 경우 황이 적게 함유된 윤활유를 사용한다.

(3) 압축기유의 관리 기준

왕복동 압축기의 분해 점검은 일반적으로 매 2년마다 실시하며, 압축기유에 전용 윤활유를 사용하는 경우에는 운전 개시 초기는 500시간 만에 행하고 그 이후는 1,000시간마다 실시한다. 일반적으로 유분석으로 점검하는 항목은 전산가(TAN), 동점도 및 수분에 대해서 분석하고 종합적으로 판단한다.

1-4 감속기 및 변속기

(1) 감속기

① 기어 정비

㈎ 스파이럴 베벨 기어를 조립하고 적색 페인트로 체크한 닿는 면에 부하를 걸고 운전할 때는 이의 휨, 베어링의 탄성 왜곡 등에 의해 약간 닿는 면이 이동하므로 미리 이동량을 알아 둔다.

㈏ 닿는 중심을 이 폭의 내측으로 약 10 % 정도 어긋나게 해 둔다.

㈐ 웜 기어 감속기의 경우에는 웜 휠의 이 간섭 면을 약간 중심이 어긋나게 해 둔다.

② 사이클로이드 감속기의 구조와 정비

㈎ 이 감속기는 잇수의 차가 1개인 내접식 유성 기어 감속기라고 할 수 있다.

㈏ 크랭크축을 회전시키면 유성 기어는 이 수분(齒數分)의 1로 감속된다.

㈐ 최소 잇수 11개에서 최대 87개까지의 것이 있고 1단식에서는 그것이 입력 측과 출력 측의 감속비가 된다.

㈑ 무단 변속기와 조합해서 극히 저속 영역의 무단 변속으로 하거나 이 기구를 더욱더 2~6단으로 조합해서 1/121로부터 수백억분의 1까지 대단히 큰 감속비가 얻어지는 특징을 갖고 있다.

(2) 변속기

① 변속기의 정의 : 자동차 등의 원동기에서 출력축의 회전 속도 및 회전력을 바꿔 주는 장치가 변속기(speed changer gear)이며 변속 기어 장치(transmission)가 대표적이다. 변속기에는 자동차에서 사용되는 기어식 수동, 자동 변속기와 선반에서 사용되는 기어식 변속 기어 장치 외에 마찰 바퀴식 무단 변속기, 체인식 무단 변속기, 벨트식 무단 변속기 등이 있다.

② 마찰 바퀴식 무단 변속기의 구조와 정비

㈎ 가변 마찰 바퀴식 무단 변속기의 종류와 특징

㉮ 바이에르 변속기라고도 한다.

㉯ 몇 장의 원추 판(圓錐板)과 거기에 대응하는 플랜지 디스크(원추 달림)가 있고 플랜지 디스크는 페이스 캠과 스프링으로 눌러져 원추 판을 변속 핸들에 의해 그 속으로 밀어 넣어 접촉 부분의 반경을 무단계로 바꾸어 변속시키는 것이다.

㈐ 이 원추 판은 원추 방향으로 3~8조 배치되어 있고 대단히 많은 접촉점을 갖고 있으며 케이싱 내에서 유욕 윤활되어 적정한 정도의 윤활유를 씀으로써 유막 윤활의 상태로 운전된다.

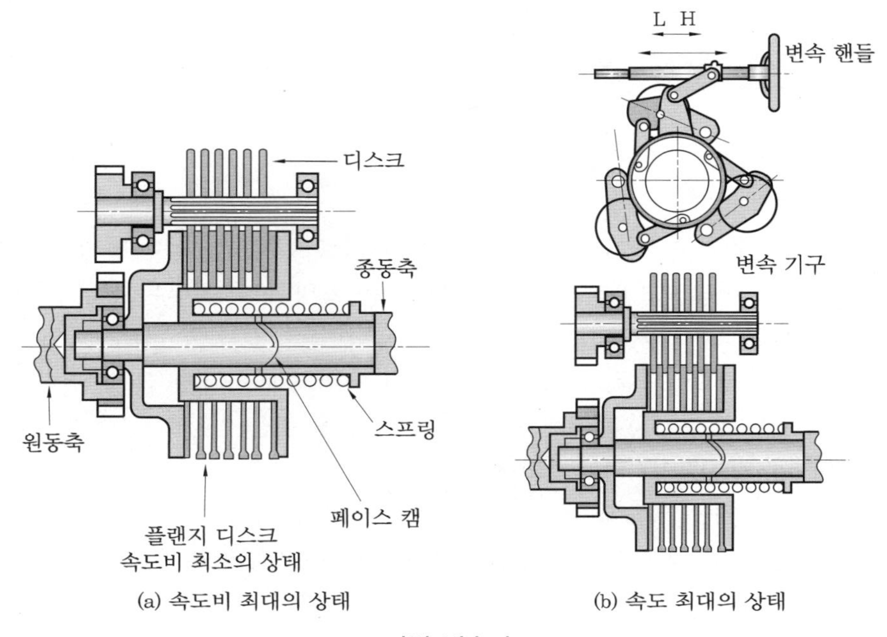

(a) 속도비 최대의 상태 (b) 속도 최대의 상태

가변 변속기

③ 체인식 무단 변속기의 취급

㈎ 이 변속기도 마찰 바퀴식과 마찬가지로 변속 조작은 회전 중에 한다.

㈏ 변속용의 작동축은 수동식 전동이나 유공식(油空式), 실린더에 의한 레버식 등으로 원격 조작도 되지만 본체의 회전과 인터로크를 해야 한다.

㈐ 또 부하 측의 정지 브레이크를 듣게 하는 방법에 따라서는 마찰식과 마찬가지로 문제의 원인이 되며, 특히 체인 플레이트의 마모가 심하고 마모분이 윤활유 속에 혼입되며 그것이 또 베어링이나 습동 부분의 마모를 촉진시키므로 적정 브레이크 힘의 유지에 주의가 필요하다.

㈑ 또한 체인을 거는 정도는 미끄럼이나 마모의 촉진, 효율 및 체인 수명에 큰 영향을 미친다. 보통의 사용 상태에서 거의 1000~1500시간마다 위의 뚜껑을 열어 체인을 손으로 당겨 느슨해진 양을 측정하여 지정 조건으로 유지한다.

④ 벨트식 무단 변속기의 특징 : 벨트식의 변속기는 기본적으로 표준 V벨트와 전용의 광폭 V벨트로 분류된다. 표준 V벨트를 쓰는 것은 가변 피치 시브를 이동시켜 무단 변속하는 것으로 중간 바퀴 방식이 많고, 광폭 전용 벨트를 쓰는 것은 체인식과 거의 같은 구조이다. 이 중에서 가변 피치 풀리를 1개 쓸 때에는 축간 거리를 증감해야 한다. 일

반적으로 벨트식은 기계식, 무단 변속기보다 변속 범위와 정도가 낮고 가격이 싸므로 경기계용에 사용한다.

1-5 전동기의 정비

(1) 전동기의 종류와 용도

분류		특징	용도
유도 전동기	농형	• 노출 충전부가 없기 때문에 나쁜 환경에서도 사용 가능하다. • 구조가 간단하고 견고하다.	• 일반 정속 운전용 • 일반 산업 기계용
	권선형	• 2차 권선 저항을 바꿈으로써 회전수를 바꿀 수 있다.	• 크레인, 펌프, 블로어, 공작 기계 등
동기 전동기		• 전원 주파수와 동기하여 일정 속도로 회전한다. • 역률 효율이 좋다.	• 전동 발전기, 터보 압축기 등
직류 전동기		• 정밀한 가변 속도 제어가 가능하다.	• 압연기, 하역 기계 등

(2) 3상 유도 전동기

① 3상 유도 전동기의 구조 : 3상 유도 전동기는 회전자의 구조에 따라 농형과 권선형으로 구분하며, 그 구조는 회전하는 부분의 회전자와 정지하고 있는 부분의 고정자로 되어 있다.

② 3상 유도 전동기의 정역 회로 : 3상의 선 중에서 두 상을 서로 바꾸어서 연결하면 가능하다.

③ 3상 유도 전동기의 점검 : 전동기의 점검은 전동기의 운전 중에 실시하는 일상 점검과 일시 정지할 때 실시하는 점검, 장시간 정지할 때 실시하는 정밀 점검으로 구분한다. 전동기의 운전 중에 점검해야 할 것은 각 상 전류의 밸런스, 전원 전압, 베어링 진동 데이터의 채취와 해석이며, 정지할 때 점검해야 할 것은 절연 저항 측정, 설치 상태, 벨트, 체인, 커플링의 이상 유무, 윤활유의 양, 변색, 이물 혼입 유무이다.

출제 예상 문제

기계정비산업기사

1. 다음 중 용적형 공기 기계의 종류는 어느 것인가? (09년 3회)

① 터보 블로어 ② 루츠 블로어
③ 레이디얼 팬 ④ 프로펠러 팬

해설 루츠 블로어(roots blower)
㉠ 2개의 고리형 회전자를 90° 위상으로 설치하고, 미소한 틈을 유지하며, 역방향으로 회전한다.
㉡ 비접촉형이므로 무급유, 소형, 고압 송풍 등에 사용된다.
㉢ 토크 변동이 크고, 소음이 큰 것이 단점이다.

2. 송풍기에서 유체 흐름의 흐트러짐을 작게 하기 위해 날개 간 피치를 작게 하여 다익 팬이라고도 하는 것은? (05년 1회)

① 전향 팬 ② 레이디얼 팬
③ 익형 팬 ④ 축류 팬

해설 가변 피치에 의한 조절은 임펠러 날개의 취부 각도를 바꾸는 방법으로서, 원심 송풍기에서는 그 구조가 복잡해져 비용이 많이 들므로 실용화되지 않고 단지 축류 송풍기에 적용되고 있다.

3. 축류 송풍기 중에서 회전차의 통풍관이 없는 송풍기는? (03년 1회)

① 다익 팬 ② 축류 팬
③ 프로펠러 팬 ④ 터보 팬

해설 회전차를 둘러싼 덕트(duct)의 유무와 구조에 따라 프로펠러 팬(propeller fan), 덕트붙이 축류 팬(tube axial fan), 고정 깃붙이 축류 팬(vane axial fan)으로 분류된다.
• 프로펠러 팬 : 덕트 관이 없는 송풍기로 회전차 뒤쪽에 회전 방향으로 바람이 분 속도가 남는다. 관 모양의 하우징 내에 송풍기가 들어 있다. 환기용, 유닛 히터용으로 많이 사용한다.

4. 통풍기(fan)에 관한 설명 중 올바르지 않은 것은? (03년 1회)

① 시로코 팬(sirocco fan)은 왕복형 통풍기이다.
② 플레이트 팬은 베인 형상이 간단하다.
③ 터보 팬은 효율이 가장 좋다.
④ 프로펠러식은 고속 회전에 적합하다.

해설 시로코 통풍기는 베인형이다.

5. 풍량 변화에 따른 풍압 변화가 적고 풍량이 증가하면 소요 동력이 증가하는 원심형 팬은? (08년 3회)

① 시로코 팬 ② 플레이트 팬
③ 터보 팬 ④ 프로펠러 팬

해설 시로코 팬 : 날개의 끝부분이 회전 방향으로 굽은 전곡형(前曲形)으로 동일 용량에 대해서 다른 형식에 비해 회전수가 상당히 적고, 동일 용량에 비해서 송풍기의 크기가 작아 특히 팬 코일 유닛에 적합하며, 저속 덕트용 송풍기이다.

6. 원심형 통풍기 중 고속도로 터널 환풍기에 사용되며 효율이 가장 좋은 통풍기는 어느 것인가? (07년 3회/09년 1회)

① 실로코 통풍기
② 플레이트 통풍기
③ 용적식 통풍기
④ 터보 통풍기

해설 터보 팬 : 날개 끝부분이 회전 방향의 뒤

정답 1. ② 2. ① 3. ③ 4. ① 5. ① 6. ④

쪽으로 굽은 후곡형으로 날개가 곡선으로 된 것과 직선으로 된 것이 있다. 효율이 높고 non over lad (풍량 증가에 따른 소요 동력의 급상승이 없음) 특성이 있으며, 고속에서도 비교적 정숙한 운전을 할 수 있다.

7. 토출 압력이 50~250 mmHg이며 경향 베인을 사용하고 베인 형상이 간단한 원심형 통풍기는? (07년 3회)

① 다익 팬 ② 축류 팬
③ 플레이트 팬 ④ 터보 팬

8. 원심형 팬(fan)을 냉난방용으로 사용할 경우 필터의 설치 위치는? (07년 1회)

① 배기 측 ② 흡기 측
③ 토출 측 ④ 덕트와 연결부

해설 팬(fan)을 냉난방용으로 사용할 경우 필터는 흡기 측에 설치한다.

9. 냉난방 공조용으로 사용하는 통풍기의 필터 설치 위치는? (09년 2회)

① 통풍기의 흡기구에 설치한다.
② 통풍기의 배기구에 설치한다.
③ 열교환기 앞에 설치한다.
④ 열교환기 뒤에 설치한다.

해설 냉난방 공조용으로 사용할 경우는 흡기 측에 필터를 쓰는 것이 상식이다.

10. 원심형 통풍기(fan)의 정기 검사 항목이 아닌 것은? (08년 1회)

① 흡기 배기의 능력
② 통풍기의 주유 상태
③ 덕트의 마모 상태
④ 베어링의 진동 상태

11. 송풍기의 냉각 방법에 의한 분류 중 틀린 것은? (06년 3회/09년 3회/11년 2회)

① 공기 냉각형
② 재킷 냉각형
③ 풍로 흡입 냉각형
④ 중간 냉각

해설 냉각 방법에 의한 분류 : 공기 냉각형 (air cooled type), 재킷 냉각형 (jacket cooled type), 중간 냉각 다단형 (inter cooled multi-stage type)

12. 다음 중 송풍기의 분류 방법으로 맞지 않는 것은? (10년 2회)

① 임펠러의 흡입구에 의한 분류
② 흡입 방법에 의한 분류
③ 냉각 방법에 의한 분류
④ 흡입 압력에 의한 분류

해설 송풍기의 분류 방법
㉠ 임펠러 (impeller) 흡입구에 의한 분류
㉡ 흡입 방법에 의한 분류
㉢ 단수에 의한 분류
㉣ 냉각 방법에 의한 분류
㉤ 안내차 (guide vane)에 의한 분류

13. 송풍기 분류 중 양쪽 흐름 다단형은 어느 분류에 속하는가? (07년 1회)

① 임펠러 흡입구에 의한 분류
② 배기 방법에 의한 분류
③ 냉각 방법에 의한 분류
④ 단수에 의한 분류

14. 송풍기의 토출 측 압력 게이지가 200 mmHg일 때 절대 압력은 얼마인가? (단, 대기압은 표준 대기압으로 한다.) (08년 3회)

① 1.8 kgf/cm^2 ② 1.3 kgf/cm^2
③ 0.7 kgf/cm^2 ④ 0.5 kgf/cm^2

해설 절대 압력 = 표준 대기압 + 게이지 압력 = 760 mmHg + 200 mmHg = 960 mmHg = 1.3

정답 7. ③ 8. ② 9. ① 10. ④ 11. ③ 12. ④ 13. ① 14. ②

kgf/cm^2 (1 kgf/cm^2=735.55924 mmHg이므로 1 mmHg=0.0013596 kgf/cm^2)

15. 송풍기를 설치한 곳의 기초 지반이 연약할 때 가장 큰 영향을 미치는 고장 발생의 현상은? (09년 1회)

① 베어링의 과열
② 시동 시 과부하 발생
③ 진동 발생
④ 풍량 풍압 과소

16. 송풍기를 설치하기 전 기초 작업으로 확인되어야 할 사항이 아닌 것은? (09년 2회)

① 기초 치수 ② 기초 볼트 위치
③ 부품 배치 ④ 베어링 조정

17. 송풍기를 설치할 때 기초판 위에 넣어 높이를 조정할 수 있도록 하는 장치는 어느 것인가? (04년 3회)

① 평행 핀 ② 구배 키
③ 구배 라이너 ④ 미끄럼 베어링

해설 기초 볼트의 양쪽에 기초판 (base plate)을 놓고 설치하여 기초의 높이를 조정한다. 기초판에는 구배 $\left(\frac{1}{10} \sim \frac{1}{15}\right)$ 라이너(liner) 또는 평행 라이너를 넣어 조정한다.

18. 송풍기의 설치 시 축이 관통되는 커버를 조립하기 전에 기밀을 위해 커버에 장입하는 것은? (05년 1회)

① 그리스 ② 베어링
③ 펠트 ④ 테플론 실

해설 관통부에 펠트 (felt)가 쓰이는 경우에는 이것이 축에 강하게 접촉되어 있지 않은가 축 관통부와 축 틈새가 균일한가 확인한다.

19. 송풍기 임펠러 (impeller)를 축에 가열 끼움할 때 축부에 눌러붙기 방지제로 사용되는 것은? (05년 3회)

① 서모 크레용 (thermo crayon)
② 몰리코트 (moly kote)
③ 패킹 (packing)
④ 짐 크로 (Jim crow)

해설 축에 윤활제 (moly-kote)를 바른다.

20. 다음 중 송풍기 축의 온도 상승에 대한 신장 대책은? (04년 3회)

① 전동기 축이 신장되도록 한다.
② 반전동기 축 방향으로 신장되도록 한다.
③ 안쪽이 모두 신장되도록 한다.
④ 신장되지 못 하도록 제한한다.

해설 축의 축 방향의 신장 여유 : 송풍기 축은 압축열이나 취급하는 가스의 온도 등의 영향으로 운전 중에 축 방향으로 신장하려고 한다. 이 때문에 전동기 측 베어링 (고정 측)은 고정하고 반전동기 측 (자유 측) 방향으로 신장되도록 되어 있다.

21. 송풍기 베어링 케이스의 발열 원인이 아닌 것은? (05년 3회)

① 베어링 케이스에 그리스 과다 주입
② 베어링 케이스 커버의 심한 조임
③ 베어링 내륜의 마모
④ 베어링과 축의 억지 끼워 맞춤

해설 고온 송풍기에서는 케이싱 (casing) 내의 온도가 100℃ 정도로 된 후 정지한다. 그리스는 지나치게 많이 넣으면 발열하여 온도 상승의 원인이 된다.

22. 송풍기 임펠러의 부식 마모에 의해 생기는 문제점은? (05년 1회)

정답 15. ③ 16. ④ 17. ③ 18. ③ 19. ② 20. ② 21. ④ 22. ④

① 토출량 감소 ② 이물질 혼입
③ 베어링 발열 ④ 수직 진동 발생

해설 임펠러가 부식 마모로서 침해되거나 먼지 등이 부착하면 불균형이 생기기 쉬우며 이상 진동의 원인이 된다.

23. 다음 중 송풍기의 베어링 과열 원인이 아닌 것은? (10년 2회)

① 베어링의 마모
② 임펠러 (impeller)의 부식
③ 임펠러 (impeller)와 케이싱 (casing)의 접촉
④ 그리스 (grease)의 과충전

해설 베어링 (bearing)의 온도 : 주위의 공기 온도보다 40℃ 이상 높으면 안 된다고 규정되어 있지만 운전 온도가 70℃ 이하이면 큰 지장은 없다. 베어링 (bearing)의 진동 및 윤활유 적정 여부를 점검한다.

24. 송풍기 성능 저하의 원인이라고 할 수 없는 것은? (10년 3회)

① 내부 부식 및 더스트 (dust) 부착
② 스트레이너의 막힘
③ 밀봉부의 누풍
④ 시운전 전의 플러싱

25. 송풍기 가동 후 베어링의 온도가 급상승하는 경우 점검 사항이 아닌 것은? (11년 1회)

① 윤활유의 적정 여부
② 미끄럼 베어링은 오일 링의 회전이 정상인지 여부
③ 댐퍼 및 베인 컨트롤 장치의 개폐 조작이 원활한지 여부
④ 관통부에 펠트 (felt)가 쓰이는 경우, 축에 강하게 접촉되어 있는지 여부

해설 베어링 (bearing)의 온도가 급상승하는 경우의 점검

㉠ 관통부에 펠트 (felt)가 쓰이는 경우는 이것이 축 (shaft)에 강하게 접촉되어 있지 않은가, 축 관통부와 축 틈새가 균일한가 확인한다 [구름 베어링의 경우 베어링 (bearing)이 낡는다든지 하면 이 틈새가 균일치 못할 때가 있다].
㉡ 윤활유의 적정 여부를 점검한다.
㉢ 상하 분할형이 아닌 베어링 케이스 (bearing case)의 경우는 자유 측의 커버 (cover)가 베어링의 외륜을 누르고 있지 않나 점검한다.
㉣ 구름 베어링은 궤도량(외륜 및 내륜)이나 진동체 (볼 또는 롤러)에 흠집 여부를 점검한다.
㉤ 미끄럼 베어링 (bearing)은 오일 링 (ring)의 회전이 정상인가 또는 베어링 메탈 (bearing metal)과 축과의 간섭이 정상인가 점검한다 [oil ring의 회전이 가끔 정지한다든지 옆 이행이 심할 때는 오일 링 (oil ring)의 변형이 예상된다].

26. 고온 가스를 취급하는 송풍기에서 중심 내기 (alignment)를 할 때 우선적으로 고려해야 할 사항은? (11년 2회)

① 열팽창 ② 케이싱 균열
③ 가스 누출 ④ 강도 저하

해설 고온 가스를 취급하는 송풍기에서 중심 내기를 할 때 특히 열팽창을 우선적으로 고려해야 한다.

27. 대형 송풍기의 V-벨트가 마모 손상되었을 때의 대책은? (11년 3회)

① 전체 세트로 교체한다.
② 손상된 벨트만 교체한다.
③ 손상된 벨트를 계속 사용한다.
④ 손상된 벨트를 수리한다.

해설 V-벨트가 마모 손상되었을 때는 전체 세트로 교체한다 (1개만 교체하면 불균일하게 되기 쉽기 때문이다).

정답 23. ② 24. ④ 25. ③ 26. ① 27. ①

28. 송풍기(blower)의 중심 맞추기(centering)에 일반적으로 사용되는 게이지는? (12년 1회)

① 블록 게이지 ② 다이얼 게이지
③ 센터 게이지 ④ 높이 게이지

해설 다이얼 게이지 : 래크와 기어의 운동을 이용하여 작은 길이를 확대 표시하는 비교 측정기

29. 송풍기 임펠러 축의 수평을 맞출 때 사용되는 것은? (12년 3회)

① 각도기 ② 수준기
③ 직각자 ④ 석면 패킹

해설 수준기는 수평 또는 수직을 측정하는 데 사용한다.

30. 압축기의 작동 원리에 의한 종류가 아닌 것은? (12년 1회)

① 왕복식 압축기 ② 원심식 압축기
③ 회전식 압축기 ④ 배압식 압축기

해설 압축기 종류와 원리

(가) 왕복식 압축기(reciprocating compressor) : 압축기의 피스톤은 주로 고급 주철로 만들고 고속인 것에는 경합금을 이용하며 피스톤 로드는 주강제로 한다. 또한 밸브는 주로 Ni-Cr 같은 특수강을 사용한다.

(나) 원심식 압축기 : 회전체의 원심력에 의하여 압송하는 기계이다.

(다) 회전식 압축기(rotary compressor)

㉠ 루츠형 압축기(roots compressor) : 로터의 치형에는 cycloid type, involute type, envelop type 세 가지가 있다.

㉡ 스크루 압축기(screw compressor) : 일종의 헬리컬 기어를 케이싱 내에서 맞물리게 한 것으로 공기를 회전축의 방향으로 이송하는 기어 펌프의 변형이라고 생각하면 된다. 케이싱 내에서 서로 맞물려 있는 수로터와 암로터의 회전에 의해 케이싱과 조성되는 밀폐 공간의 증가와 감소가 밀봉선을 경계선으로 이루어 공기의 흡입, 압축 및 토출 과정을 연속적으로 진행한다.

㉢ 가동익형 압축기(sliding vane compressor) : 원통형 실린더 내에 편심해서 설치한 회전차는 한쪽을 실린더에 근접해서 회전하므로 날개와 실린더 사이에 흡입된 공기를 점차 축소하여 압력을 높인 후 송출한다.

㉣ 스크롤 압축기(scroll compressor) : 스크롤 압축기는 로터리 압축기의 일종으로 인벌류트 치형의 두 개의 맞물린 스크롤이 선화 운동을 하면서 압축하는 압축기이다.

31. 기압의 공기를 흡입하여 1 kgf/m^2 이상 압축하는 장치로 맞는 것은? (11년 2회)

① 송풍기 ② 터보 팬
③ 진공 펌프 ④ 압축기

32. 다음 중 왕복식 압축기에 대한 설명으로 맞는 것은? (06년 3회/07년 1회/10년 1회)

① 맥동 압력이 없다.
② 용량이다.
③ 고압 발생이 가능하다.
④ 윤활이 쉽다.

해설 왕복식 압축기 : 모터로부터 구동력을 크랭크축에 전달시켜 크랭크축의 회전에 의하여 실린더 내부의 피스톤 왕복 운동에 의해 흡입 밸브를 통하여 흡입된 공기를 토출 밸브를 통하여 압송한다.

33. 공기를 압축할 때 압력 맥동이 발생하는 압축기는? (12년 2회)

① 왕복식 압축기 ② 원심식 압축기
③ 축류식 압축기 ④ 나사식 압축기

해설 왕복식 압축기는 밸브의 개폐에 다소 시간이 걸리므로 회전수를 비교적 적게 해야 하며, 공기의 맥동이 심하다. 그러나 1단당 압력 상승은 압력비 7 정도로 높다. 그러므

정답 28. ② 29. ② 30. ④ 31. ④ 32. ③ 33. ①

로 고압인 것에는 주로 이 왕복식 압축기를 사용한다.

34. **원심식 압축기의 장점이 아닌 것은 어느 것인가?** (07년 3회 / 09년 3회)

① 설치 면적이 비교적 적다.
② 기초가 견고하지 않아도 된다.
③ 고압의 압축 공기를 발생시킬 수 있다.
④ 압력 맥동이 없다.

35. **다음 원심식 압축기에 대한 설명 중 관계없는 것은?** (08년 1회 / 09년 1회)

① 설치 면적이 비교적 작다.
② 윤활이 쉽다.
③ 압력 맥동이 없다.
④ 고압 발생이 쉽다.

36. **압축 공기 저장 탱크의 하부에 설치되는 드레인 밸브의 설치 이유는?** (09년 2회)

① 이물질의 혼입을 방지하기 위하여 설치한다.
② 압축 공기가 역류하는 것을 방지하기 위하여 설치한다.
③ 압축기의 효율을 높이고 압축 공기를 청정하게 저장하기 위하여 설치한다.
④ 저장 탱크 내의 응축된 수분을 배출하기 위하여 설치한다.

37. **다음 중 압축기 밸브 플레이트 교환 시 잘못된 것은?** (08년 3회)

① 마모된 플레이트는 뒤집어서 재사용한다.
② 교환 시간이 되었으면 사용 한계의 기준치 내에서도 교환한다.
③ 마모 한계에 달하였을 때는 파손되지 않아도 교환한다.
④ 두께가 0.3 mm 이상 마모되면 교환한다.

해설 밸브 플레이트
㉠ 마모 한계에 달하였을 때는 파손되지 않았어도 교환한다.
㉡ 교환 시간이 되었으면 사용 한계의 기준치 내라 할지라도 교환한다.
㉢ 마모된 플레이트는 뒤집어서 사용해서는 안 된다 (두께가 0.3 mm 이상 마모되면 교체한다).

38. **압축기 부품에서 밸브의 취급 불량에 의한 고장이라고 볼 수 없는 것은?** (11년 3회)

① 리프트의 감소
② 볼트의 조임 불량
③ 시트의 조립 불량
④ 스프링과 스프링 홈의 부적당

39. **압축기에서 발생한 고온의 압축 공기를 그대로 사용하면 패킹의 열화를 촉진하거나 기기에 나쁜 영향을 주므로 이 압축 공기를 냉각하는 기기는?** (07년 1회)

① 애프터 쿨러 ② 필터
③ 공기 건조기 ④ 방열기

40. **다음 중 기어 감속기의 분류에서 평행축형 감속기에 속하지 않는 것은?** (09년 3회 / 15년 2회)

① 스트레이트 베벨 기어
② 스퍼 기어
③ 헬리컬 기어
④ 더블 헬리컬 기어

해설 ㉠ 평행축형 감속기 : 스퍼 기어, 헬리컬 기어, 더블 헬리컬 기어
㉡ 교쇄 축형 감속기 : 직선 베벨 기어, 스파이럴 베벨 기어
㉢ 이물림 축형 감속기 : 웜 기어, 하이포이드 기어

정답 34. ③ 35. ④ 36. ④ 37. ① 38. ① 39. ① 40. ①

41. 체인식 무단 변속기의 변속 조작은 어떻게 하여야 하는가? (09년 2회)

① 정지 중에 한다.
② 회전 중에 한다.
③ 정지 또는 회전 중 아무 때나 한다.
④ 일시 정지 중에 한다.

해설 무단 변속기의 변속 조작, 즉 변속 핸들을 움직이는 것은 보통 회전 중이라야 한다. 기어 감속기에서 기어를 이동시켜 맞물리게 하는 것은 정지 중이어야만 한다는 것과 정반대인 것이다. 마찰 바퀴식은 정지 중에는 금속 접촉이 되어 있어 무리하게 변속 조작을 하면 접촉부가 손상되기 때문이다.

42. 전동기 과부하 시 회로 및 기기의 보호용으로 사용되는 것은? (08년 3회)

① 퓨즈
② 타이머
③ 서머 릴레이
④ 노 퓨즈 브레이크

43. 흐르는 전류를 검출하여 전동기를 보호하는 것은? (10년 1회/11년 3회)

① 전자 릴레이
② 과전류 계전기
③ 전자 개폐기
④ 누전 차단기

44. 전동기 사용 시 베어링부에서의 발열의 원인이 아닌 것은? (08년 1회)

① 윤활 불량
② 베어링 조립 불량
③ 체인, 벨트 등이 지나치게 느슨함
④ 커플링의 중심 내기 불량이나 적정 틈새가 없음

45. 전동기의 고장에서 과열 현상의 원인이 아닌 것은? (09년 2회)

① 서머릴레이 작동
② 과부하 운전
③ 빈번한 기동 정지
④ 냉각 불충분

46. 전동기의 과열 원인으로 잘못된 것은 어느 것인가? (10년 3회)

① 3선 중 1선이 단락
② 무부하 운전
③ 냉각이 불충분
④ 과부하 운전

47. 전동기의 과열 원인으로 거리가 먼 것은 어느 것인가? (11년 3회)

① 과부하 운전
② 빈번한 기동
③ 베어링부에서의 발열
④ 전원 전압의 변동

48. 전동기의 고장 중 진동의 직접 원인에 해당되지 않는 것은? (11년 2회)

① 베어링의 손상
② 커플링, 풀리 등의 마모
③ 냉각 팬, 날개바퀴의 느슨해짐
④ 과부하 운전

49. 소형(1kW 이하) 3상 유도 전동기에서 가장 많이 사용되는 급유 형태는? (10년 1회)

① 그리스 급유
② 유욕 급유
③ 강제 순환 급유
④ 적하 급유

정답 41. ② 42. ① 43. ② 44. ③ 45. ① 46. ② 47. ④ 48. ④ 49. ①

CHAPTER

4 펌프 장치

4-1 펌프의 종류와 특성

(1) 원리 구조상에 따른 분류

① 비용적식 펌프 : 임펠러의 회전에 의한 반작용에 의하여 유체에 운동 에너지를 주고 이를 압력 에너지로 변환시키는 것으로, 토출되는 유체의 흐름 방향에 따라 원심형과 축류형 및 혼류형이 있는 프로펠러형으로 구분된다.

② 용적식 펌프 : 왕복식과 회전식으로 구분되며, 왕복식은 원통형 실린더 안에 피스톤 또는 플런저를 왕복 운동시키고 이에 따라 개폐하는 흡입 밸브와 토출 밸브의 조작에 의해 피스톤의 이동 용적만큼의 유체를 토출하는 것이다. 회전식은 회전하는 폐 공간에 유체를 가두어 저압에서 고압으로 압송하는 것으로 점도가 높은 오일이나 기타 특수 액체용으로 사용되며 소형이 많다.

(2) 사용되는 재질에 따른 분류

① 주철제 펌프 : 일반 범용 펌프는 대부분 이에 속하나 일부 임펠러 샤프트 메탈 등에 다른 재질을 사용한 것도 있다.

② 전 주철제 펌프 : 특별히 접액부에 쇠 이외의 것을 사용하여서는 안 되는 액인 경우 구별하고 있다.

③ 요부 청동제 펌프, 요부 스테인리스 펌프 : 펌프의 특별히 중요한 부분에, 예를 들면 임펠러 베어링 기어 샤프트에 포금 또는 스테인리스를 사용한다.

④ 접액부 청동제 펌프, 접액부 스테인리스 펌프 : 액이 접촉되는 곳 전부를 포금 또는 스테인리스로 한 펌프이다.

⑤ 전 청동제 펌프, 전 스테인리스 펌프 : 펌프 본체 전부를 포금 또는 스테인리스로 제작한 펌프이다.

⑥ 경질 염비제 펌프 : 경질 염화비닐 또는 동일한 수지로 만든 펌프이며 내식성이 우수하나 일반적으로 온도에 약하고 외력에 약한 결점이 있다.

⑦ 주강제 펌프 : 대단히 고압용에 사용된다. 이에 준하여 덕타일 주철제도 사용한다.

⑧ 고규소 주철제 : 규소를 많이 함유한 내식성 있는 특수 주철제 펌프이다.

⑨ 고무 라이닝 펌프 : 내식 또는 내마모를 위해 접액부에 고무 라이닝한 펌프이다.

⑩ 경연 펌프 : 경연 또는 경연 라이닝한 펌프이다.

⑪ 자기제 펌프 : 도자기로 접액부를 만든 펌프이다.
⑫ 티탄 하스텔로이 탄탈 펌프 : 특수 금속제 펌프이다.
⑬ 테플론 플라스틱 펌프

(3) 취급액에 따른 분류

① 청수용 펌프 : 얕은 우물용, 깊은 우물용
② 오수용 펌프(오물용) : 수세식 정화조
③ 온수용, 냉수용 펌프 : 난방용 온수 순환 펌프
④ 특수 액용 펌프
⑤ 오일 펌프
⑥ 유압 펌프

(4) 실에 따른 분류

① 글랜드(gland) 방식 펌프
② 메커니컬 실(mechanical seal) 방식 펌프
③ 오일 실 방식 펌프

4-2 펌프의 구조

(1) 원심 펌프(centrifugal pump)

① 원심 펌프의 구조와 특징 : 원심 펌프는 흡입관, 펌프 케이싱, 안내깃, 와류실, 축, 패킹상자, 베어링, 토출관으로 구성되어 있다.

㈎ 케이싱 : 임펠러에 의해 유체에 가해진 속도 에너지를 압력 에너지로 변환되도록 하고 유체의 통로를 형성해 주는 역할을 하는 일종의 압력 용기로 벌류트(volute) 케이싱과 볼(bowl) 케이싱으로 크게 분류한다.

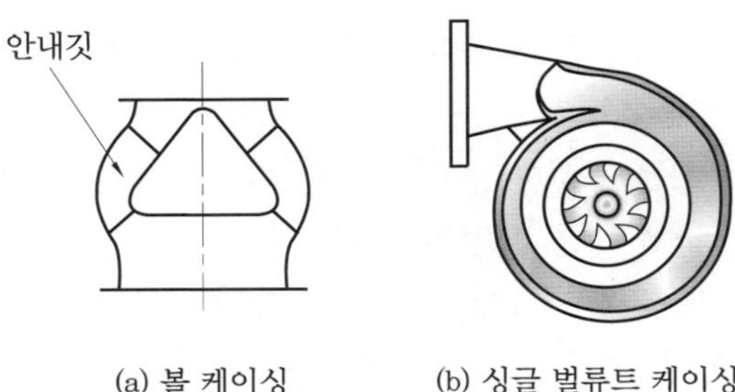

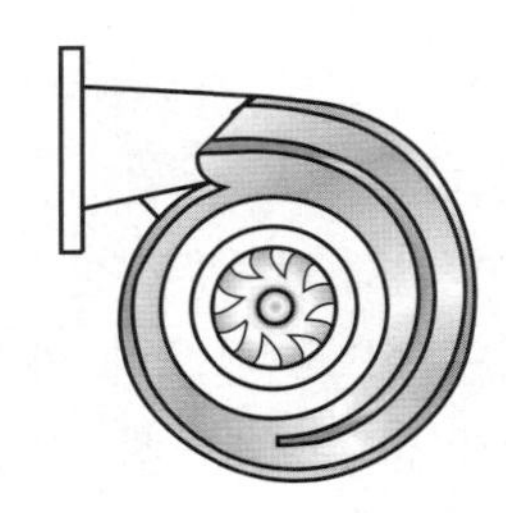

(a) 볼 케이싱
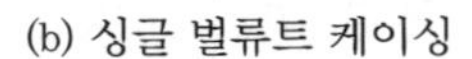
(b) 싱글 벌류트 케이싱
(c) 더블 벌류트 케이싱

케이싱

(나) 안내깃 (guide vane) : 임펠러로부터 송출되는 유체를 와류실로 유도하며 유체 속도 에너지를 마찰 저항 등 불필요한 에너지 소모 없이 압력 에너지로 전환되게 하는 것이다.

(다) 임펠러 (회전차) : 일정 속도로 회전하는 전동기에 의해 구동축이 회전을 하고 임펠러는 이 구동축에서 전달하는 동력을 유체에 전달하게 된다.

(라) 밀봉 장치 : 펌프의 밀봉 장치는 축봉 장치라고도 하며 축이 케이싱을 관통하는 부문 속에 축 주위에 원통형의 스터핑 박스 (stuffing box) 또는 실 박스 (seal box)를 설치하고 내부에 실 요소를 넣어 케이싱 내의 유체가 외부로 누설되거나 케이싱 내로 공기 등의 이물질이 유입되는 것을 방지하는 장치이다.

(마) 베어링 : 베어링은 힘과 자중을 지지하면서 마찰을 줄여 동력을 전달하는 기계 요소이다.

(바) 축 : 축은 구동 장치-전동기 또는 스팀 터빈에 연결되어 임펠러를 회전 동력을 전달해야 하므로 강도뿐만 아니라 진동상의 안전도 고려하여 치수를 결정한다.

(사) 커플링 : 커플링은 동력을 원동 축에서 종동 축으로 전달하는 요소이다.

(아) 스러스트 경감 장치 : 축 추력은 원심 펌프에서만 발생한다. 축 추력은 베어링에서만 받을 수 있도록 하는 것이 가장 효율적이나 고가의 베어링을 사용해야 하며 펌프의 체적도 커지기 때문에 추력을 경감시키는 방법을 사용해야 한다.

② 원심 펌프의 특징

(가) 전동기와 직결하여 고속 회전 운전이 가능하다.

(나) 유량, 양정이 넓은 범위에서 사용이 가능하다.

(다) 다른 펌프에 비해 경량이고 설치 면적이 작다.

(라) 맥동이 없이 연속 송수가 가능하다.

(마) 구조가 간단하고 취급이 쉽다.

③ 디퓨저 펌프와 벌류트 펌프

(가) 디퓨저 펌프 (diffuser pump) : 일명 터빈 펌프라고 하며 안내 날개가 있는 펌프이다.

(나) 벌류트 펌프 (volute pump) : 일명 와류형이라고 하며 안내 날개가 없는 펌프이다.

④ 편흡입 펌프와 양흡입 펌프

(가) 편흡입 펌프 (single suction pump) : 임펠러의 한쪽으로만 액체가 흡입되는 펌프이다.

(나) 양흡입 펌프 (double suction pump) : 흡입 노즐이 임펠러 양쪽으로 설치되고 임펠러, 축 등을 맞게 해서 양쪽으로 액체가 흡입되는 펌프로 축 추력을 제거하는 방식이며 용량을 필요로 하거나 가용 NPSH가 적을 경우 사용된다.

⑤ 수평형 펌프와 수직형 펌프

(가) 수평형 펌프 : 펌프의 축이 수평인 펌프로 수직형보다 많이 사용된다.

(나) 수직형 펌프 : 펌프의 축이 수직인 펌프로 설치 장소가 좁거나 흡입 양정이 높은 경우에 사용된다.

⑥ 일체형 펌프와 분할형 펌프

(가) 일체형 펌프 : 와류실 부를 한 몸체로 만들고 그 한쪽을 커버형으로 만들어 임펠러를 넣는 형식으로 비교적 소형의 편흡입형 펌프 및 압축 펌프에 많이 사용된다. 압축 펌프에서는 형 구조로 와류실을 설치 그대로 회전부를 빼낼 수 있도록 한다.

(나) 수평 분할형 (horizontal split type) : 축심을 포함한 수평면에서 케이싱을 상하 분할하는 형식으로 양흡입형 펌프에 많이 사용되며 흡입 토출구를 하부 케이싱에 만들어 흡입 토출관을 분해하지 않고 상부 케이싱을 분해하므로 회전부를 분해할 수 있는 장점이 있다.

(다) 수직 분할형 (vertical split type) 펌프 : 축심을 포함한 수직면에서 케이싱을 상하 분할하는 형식이다.

(라) 배럴형 (barrel type) 펌프 : 고온 고압의 액체를 취급하는 발전소 등의 펌프에서 열팽창 및 압력에 의한 인장으로부터 펌프를 보호하기 위하여 펌프 케이싱 밖에 만들어 주는 또 하나의 케이싱인 배럴 형식이다.

⑦ 단단 펌프 : 임펠러의 수에 따라 단단 또는 다단이라 한다. 임펠러 수를 다수로 하는 다단 펌프는 최종 토출 수두를 증가시키기 위한 것이며, 빨아올리는 능력, 즉 흡상 능력은 증가되지 않는다.

⑧ 다단 펌프 : 임펠러 다단 펌프로 양정이 부족할 때 임펠러에서 나온 액체를 다음 단의 임펠러 입구로 이송하고 다시 임펠러로 에너지를 주면 양정이 높아지며, 단수를 더욱 겹칠수록 높은 양정을 만드는 펌프를 다단 펌프라 한다.

(2) 프로펠러 펌프 (propeller pump)

프로펠러의 형태와 그 작용에 따라 혼류형 (mixed flow type)과 축류형 (axial flow type)으로 나누어진다. 수면 위를 고속으로 운전되는 보트는 스크루를 고속 회전시켜 물을 뒤쪽으로 밀고 그 반작용으로 추진력을 얻어 움직여진다. 만약 보트를 고정시키고 프로펠러를 회전시키면 물이 앞에서 뒤로 이송되게 된다. 이 프로펠러의 작용을 펌프에 이용한 것이 프로펠러 펌프의 기본 원리이다. 이 펌프는 용량으로 비교적 양적이 낮은 곳에서 많이 이용되고 있다.

(3) 왕복 펌프

실린더 안을 피스톤 또는 플런저가 왕복 운동을 하는 과정에서 토출 밸브와 흡입 밸브가 교대로 개폐하여 유체를 펌핑하는 펌프가 왕복 펌프이다. 이것은 송수할 때 맥동이 발생되어 송수량을 평균화하기 위해 복동 펌프, 차동 펌프 또는 단동 펌프를 다수 조합하는 구조로 되어 있다.

① 피스톤 펌프 : 피스톤 펌프(piston pump)는 피스톤을 하사점으로 이동시켜 입구의 체크 밸브를 열어 실린더에 액체를 흡입하였다가 피스톤이 상사점 행정에서 흡입, 체크 밸브는 닫고 배출, 체크 밸브는 열어 토출하는 펌프이다. 대체로 복동식으로 최대 배출 압력은 약 5MPa이다.

② 플런저 펌프 : 고압의 배출 압력이 필요한 경우에 사용되는 플런저 펌프(plunger pump)는 지름이 작고 벽이 두터운 실린더 안에 꼭 맞는 대형 피스톤과 같은 모양의 왕복 플런저가 들어 있다. 이 펌프는 보통 단동식으로 전기 구동식이고 압력은 150 MPa 이상으로 배출할 수 있다.

③ 다이어프램 펌프 : 다이어프램 펌프(diaphragm pump)에서의 왕복 요소는 유연성이 금속, 플라스틱 또는 고무로 된 격막이다. 수송 액체에 대하여 노출되는 충전물이나 밀봉물이 없으므로 독성 또는 부식성 액체, 진흙이나 모래가 섞여 있는 물 등을 취급하는 데 좋다. 10 MPa 이상의 압력으로 송출할 수 있다.

(4) 회전 펌프

① 기어 펌프 : 효율이 낮고, 소음과 진동이 심하며, 기름 속에 기포가 발생한다는 결점이 있다. 30~250 cSt 정도의 고점성액을 수송할 수 있어 오일의 수송 및 가압용으로 적합하다. 보통 송출량 2~5 m^3/h, 모듈 3~5를 사용하며 회전수 1,200~900 rpm의 윤활유 펌프에 많이 이용되고 있으며 점성이 큰 액체에서는 회전수를 적게 한다.

② 베인 펌프 : 기어, 피스톤 펌프에 비해 토출 맥동이 적고, 공회전이 가능하며, 베인의 선단이 마모되어도 체적 효율의 변화가 없다. LPG, 솔벤트 등 저점도유에 사용이 적합하나 고점도 유체의 사용이 불가능하고, 저·중압이며, 고온 유체 사용이 불가능하다.

③ 나사 펌프(screw pump) : 퀸 바이 펌프(quin by pump)와 INO형 펌프가 있다. 고속·고압이고, 소음이 적으며, 용량이 크고 효율이 좋으나 분말 등 고체 사용이 불가능하고, 공회전이 불가능하며, 저점도에서는 비효율적이다.

④ 로브 펌프(lobe pump) : 케이싱 내 로브의 회전에 의해 흡입 측 공동으로 유체가 유입된 후 로브에 의해 토출 측으로 송출시킨다. 분말 등 고체 사용이 가능하고, 점도에 의한 구애를 받지 않으며, 공회전이 가능하고, 저속에 구조가 복잡하며, 가격이 비싸고 실에 문제가 있다.

(5) 특수 펌프

① 마찰 펌프 : 여러 형상의 매끈한 회전체 또는 주변 홈이 있는 원판 상 회전체를 케이싱 속에서 회전시켜 이것에 접촉하는 액체를 유체 마찰에 의해 압력 에너지를 주어 송출하는 펌프로, 구조가 간단하고 제작이 쉬우며 소형에 적당하고 유량이 적은 편이다. 구조상 접촉 부분이 없으므로 운전 보수가 쉬우며 효율이 낮은 편이다.

② 분류 펌프 : 노즐에서 높은 압력의 유체를 혼합실 속으로 분출시켜 혼합실로 보내진 송출 유체를 동반하여 확관으로 송출 압력이 증가되어 목적하는 곳에 수송되는 장치로 한 것으로, 손실이 크고 기계 효율이 낮으며 구조가 간단하고 운동 부분이 없기에 고장이 적고 부식성 액체나 가스를 취급하는 데 편리하고 또 다른 종류의 유체를 혼합하는 데 사용된다.

③ 기포 펌프 : 기포 펌프는 공기관에 의하여 압축 공기를 양수관 속에 송입하면 양수관 속은 물보다 가벼운 공기와 물의 혼합체가 되므로 관 외부의 물에 의한 압력을 받아 물이 높은 곳으로 수송되는 것이다.

④ 수격 펌프 : 수격 펌프는 비교적 저낙차의 물을 긴 관으로 이끌어 그 관성 작용을 이용 일부분의 물을 원래의 높이보다 높은 곳으로 수송하는 양수기이다.

4-3 캐비테이션

(1) 캐비테이션의 형상과 특징

펌프의 내부에서 흡입 양정이 높거나 흐름 속도가 국부적으로 빠른 부분에서 압력 저하로 유체가 증발하는 현상이 발생하게 되며, 원심 펌프 내부에 있어서는 임펠러 입구의 압력이 가장 낮은데 감소한 압력이 유체의 포화 증기압보다 낮을 경우에는 임펠러 입구에서 유체의 일부가 증발해서 기포가 발생하게 된다. 이때 생긴 기포는 임펠러 안의 흐름을 따라 펌프 고압부인 토출구로 이동하여 압력 상승과 함께 순간적으로 기포가 파괴되면서 급격하게 유체로 돌아온다. 이 현상을 캐비테이션(cavitation, 空洞現像)이라 한다.

(2) 캐비테이션 발생 원인

① 펌프의 흡입 측 수두가 큰 경우
② 펌프의 마찰 손실이 클 경우
③ 펌프의 흡입관이 너무 작은 경우
④ 이송하는 유체가 고온일 경우
⑤ 펌프의 흡입 압력이 유체의 증기압보다 낮은 경우
⑥ 임펠러 속도가 지나치게 큰 경우

4-4 서 징

(1) 원심 펌프의 토출량

양정 곡선에서 토출량 증가에 따른 양정 감소를 갖는 것을 하강 특성이라 하고, 한 번 증가한 후 감소하는 것을 산형 특성이라 하며, 하강 특성 펌프는 항상 안정된 운전이 되는 데 비하여 산형 특성의 펌프는 사용 조건에 따라 흐름과 같은 상태로 흡입, 토출구에 장치한 진공계 및 압력계의 지침이 흔들려 토출량이 변화한다. 펌프 운전 중에 토출 측 관로의 하류에서 밸브를 천천히 닫으면서 유량을 감소시켜 가면 갑자기 압력계가 흔들리면서 토출량이 어떤 범위 내에서 주기적인 변동이 생기며 흡입, 토출 배관에서 주기적인 소음, 진동을 동반하는 현상을 서징 (surging)이라 한다.

(2) 관로 계에서 서징의 발생 조건

① 펌프의 양정 곡선이 우측 상황의 경사인 경우
② 배관 중에 수조가 있거나 이상이 있는 경우
③ 토출량을 조절하는 밸브 위치가 후방에 있는 경우

(3) 발생 원인

① 펌프의 H-Q 곡선이 산고 곡선, 즉 우향 상승 구배 곡선일 때
② 송출량이 Q1 이하에서 운전할 때
③ 배관 도중에 수압 탱크 또는 공기통이 있을 때
④ 기체 상태가 있는 부분의 하류 측 밸브에서 토출량을 조절하는 경우

(4) 방지 대책

① 저유량 영역에서 펌프를 운전할 때 펌프의 특성 곡선이 우향 하강 구배 곡선인 펌프를 사용한다.
② 유량 조절 밸브를 펌프 토출 측 직후에 배치한다.
③ 바이패스관을 사용하여 운전점이 H-Q 곡선 하강 구배 특성 범위에 있도록 조절한다.

4-5 수격 현상 (water hammer, 수주 분리)

(1) 특 징

① 관로에서 유속의 급격한 변화에 의해 관 내 압력이 상승 또는 하강하는 현상을 말

한다.

② 펌프의 송수관에서 정전에 의해 펌프의 동력이 급히 차단될 때, 펌프의 급가동 밸브의 급개폐 시 생긴다.

③ 수격 현상에 따른 압력 상승 또는 압력 강하의 크기는 유속의 상태(펌프의 정지 또는 기동의 방법), 밸브의 닫힘 또는 열기에 필요한 시기, 관로 상태, 유속 펌프의 특성에 따라 변화한다.

(2) 현 상

펌프에서 동력 급차단 시 생기는 3가지 형태

① 토출 측에 밸브가 없는 경우

② 토출 측에 체크 밸브가 있을 경우

③ 토출 측에 밸브를 제어할 경우

(3) 펌프의 온도 상승

원심 펌프에 투입된 동력은 유효일과 기계 손실 등에 소비되는 것 외에 유체 마찰에 의해 그 일부가 열로 전환되어 펌핑되는 액체의 온도를 상승시키며, 이 온도 상승은 펌프를 통과하는 유속에 따라 달라진다.

① 유량이 증가하면 온도 상승 비율은 급격히 감소한다.

② 체절점으로 접근할수록 온도는 급격히 상승한다.

③ 고속 고압 펌프나 다단 펌프에서는 온도 상승이 문제가 되는 경우가 많기 때문에 특히 주의한다.

(4) 진 동

진동이란 어떤 시간 간격을 가지고 반복해서 발생하는 운동을 말하며, 펌프에서의 진동 원인은 크게 수력적인 원인과 기계적인 원인으로 구별되며, 펌프 설치 기초가 연약하거나 펌프 운전점이 설계점으로부터 멀어지면 진동이 문제될 수 있다.

4-6 펌프의 운전

(1) 펌프의 특성

① 에너지 보존의 법칙 : 유체는 높은 데서 낮은 곳으로, 압력이 높은 곳에서 낮은 곳으로 이동한다. 그러나 낮은 곳에서 높은 곳으로 이동하려면 역으로 에너지의 변화, 즉 에너지를 공급해야 한다. 에너지 보존의 법칙에 따라 유체가 갖고 있는 에너지는 위치 에너지(potential energy), 운동 에너지(kinetic energy), 압력 에너지(pressure energy)로 구분한다.

$$h_1 + \frac{v_1^2}{2g} + \frac{p_1}{\gamma} = h_2 + \frac{v_2^2}{2g} + \frac{p_2}{\gamma}$$

② 전양정

(가) 양정 (head) : 펌프가 물을 끌어올려 위로 보낼 수 있는 수직 높이(m)

(나) 전양정 (全揚程 : total had) : 전양정 (H_T) = 압력 수두 (H_P)+토출 실양정 (H_{ad})+ 흡입 실양정 (H_{as})+유속 양정 (H_v)+관손실 양정 (H_f)

㉮ 압력 수두 (pressure head) : 흡입, 송출 수면에 작용하는 압력과 유체의 밀도와의 관계를 환산한 높이

$$H_p = \frac{P_d - P_a}{\rho g}$$

여기서, P_d : 송출 수면에 작용하는 압력
P_a : 흡입 수면에 작용하는 압력
ρ : 밀도
g : 중력 가속도(9.81 m/s²)

㉯ 실 토출 수두 (actual delivery head) : 펌프 중심에서 송출 수면까지의 높이

㉰ 실 흡입 수두 (actual suction head) : 펌프 중심에서 흡입 수면까지의 높이

㉱ 속도 수두 (velocity head) : 흡입과 토출관의 지름 차이에서 생기는 것으로, 관의 지름이 같을 경우 0 ($V_a = V_d$이므로)이며 실제로 지름의 차이가 있어도 무시할 만큼 그 값이 작음

$$H_v = \frac{V_d^2 - V_a^2}{2g}$$

여기서, V_d : 토출관에서의 평균 유속
V_a : 흡입관에서의 평균 유속

㉲ 마찰 손실 수두 (friction head) : 펌프 배관 내에서 발생하는 마찰 손실 (관과 유체, 유체와 유체 또는 곡관)

③ 물 펌프의 이론적 흡입 높이 : 흡입 수면에 기압 (1.013×10^5 N/m²)이 미치고 있고, 펌프의 흡입부가 완전 진공이라면, 그 압력 차에 상당하는 수두가 펌프의 이론적 흡입 높이가 된다. 따라서 기압을 P_a, 물의 밀도를 ρ, 흡입 높이를 H라 하면

$$H = \frac{P_a - 0}{\rho g} = \frac{(1.013 - 0) \times 10^5}{1000 \times 9.81} = 10.33\,\text{m}$$

④ 상사의 법칙 : 펌프 용량을 증대시키거나 임펠러를 가공할 때에 상사의 법칙 (affinity law)을 적용하면 펌프 회전수나 임펠러 지름 변화에 따라 펌프 성능이 어떻게 변화하는지 알 수 있다. 에너지 절감을 위해 펌프의 용량을 낮추고자 할 때에는 펌프의 회전수를 낮추거나 임펠러 지름을 줄여 준다.

⑤ 비속도 : 비속도 (specific speed, N_S)는 한 개의 임펠러를 형상과 운전 상태를 상사(相似)하게 유지하면서 그 크기를 변경시키면 단위 토출량 (1 gpm)에서 단위 양정 (수두 1 m)을 발생시킬 때, 그 임펠러에 주어져야 할 매분 회전수 (N_S)를 기준이 되는 처음의 임펠러 (A)의 비속도 또는 비교 회전도라 한다.

$$N_S = \frac{N\sqrt{Q}}{H^{3/4}}$$

여기서, N : 펌프의 회전수(rpm)
Q : 토출량(양흡입 시 적용)(gpm)
H : 전 양정[다단(Z단)일 경우 적용](m)

(2) 펌프 이론

① 흡입 수두 (NPSH : net positive suction head)

(가) 압력 강하에 의한 캐비테이션 발생 여부를 판단하기 위해서는 펌프의 흡입 조건에 따라 정해지는 유효 흡입 수두와 흡입 능력을 나타내는 필요 흡입 수두 ($NPSHre$)의 계산이 필요하다.

(나) 유효 흡입 수두 ($NPSHav$, NPSH available) : 펌프가 이용할 수 있는 흡입 수두로, 펌프 임펠러 입구 직전의 압력이 액체의 포화 증기압보다 어느 정도 높은가를 나타내는 값이며, 유효 흡입 수두값은 펌프 설치 위치에 따라 변한다.

$$NPSHav = Hp \pm Hz - Hvp - Hf$$

여기서, H_p : 흡입 수면에서의 절대압
H_Z : 펌프 중심에서 수면까지 높이 (토출 +, 흡입 −)
H_{vp} : 액체의 증기압
Hf : 흡입 측 배관에서의 총 손실 수두

(다) 필요 흡입 수두 ($NPSHre$, NPSH required) : 임펠러 부근까지 유입된 액체는 가압되어 토출구로 나가는 과정에서 일시적인 압력 강하가 일어나는데, 이에 해당하는 수두를 필요 흡입 수두라 한다.

(라) 유효 흡입 수두와 필요 흡입 수두와의 관계 : 일반적으로 흡입은 $NPSHav > NPSHre$ 이면 되나, 펌프를 선정할 때에는 펌프의 안전 운전을 고려하여 흡입 조건에 약간의 여유를 준다. $NPSHav \geq NPSHre + 0.6\text{m}$

(마) 필요 흡입 수두 $NPSHre$ 구하는 방법 : 펌프의 전 양정을 H라 할 때, Thoma 캐비테이션 계수는

$$\sigma = \frac{NPSHre}{H}$$

② 흡입 비속도 : 흡입 비속도 (Nss, suction specific speed)는 임펠러를 선정할 때 캐비테이션을 예측토록 해 주는 것으로 형태는 비속도 Ns와 유사하나 전양정 H 대신

필요 흡입 수두를 사용한다는 것이 다르다.

$$Ns = \frac{N\sqrt{Q}}{H^{3/4}}, \; Nss = \frac{N\sqrt{Q}}{NPSHre^{3/4}}$$

여기서, N : 펌프의 회전수(rpm)

Q : 최대 지름 임펠러의 BEP에서의 유량(gpm)

양흡입 시 $Q-\frac{Q}{2}$를 적용

$NPSHre$: 20℃ 물을 기준한 $NPSHre$ 값

③ 펌프의 동력

㈎ 수동력 (Lw, hydraulic horse power) : 펌프에 의해서 유체에 공급하는 동력을 펌프의 수동력이라 한다. 펌프의 유량을 Q[m^3/s], 양정을 H[m], 액체의 밀도 ρ [kg/m^3], γ : 액체의 비중량(kg/m^3), 중력 가속도를 g[m/s^2]이라고 하면

$$L_w = \rho g H Q[\mathrm{W}] = \frac{\gamma QH}{75}[\mathrm{Hp}]$$

$$\text{단위} : \frac{\mathrm{kg}}{\mathrm{m}^3} \cdot \frac{\mathrm{m}}{\mathrm{s}^2} \cdot \mathrm{m} \cdot \frac{\mathrm{m}^3}{\mathrm{s}} = \frac{\mathrm{kg} \cdot \mathrm{m}}{\mathrm{s}^2} \cdot \frac{\mathrm{m}}{\mathrm{s}} = \frac{\mathrm{N} \cdot \mathrm{m}}{\mathrm{s}} = \frac{\mathrm{J}}{\mathrm{s}} = \mathrm{W}$$

㈏ 축동력 (brake horse power) : 원동기에 의해서 펌프를 구동하는 데 필요한 동력으로, 수동력을 펌프의 효율 η로 나눈 값이다.

$$Ls(\text{또는 } BHP) = \frac{Lw}{\eta}[\mathrm{W}]$$

㈐ 출력 : $L\alpha = kL$

여기서, $L\alpha$: 원동기의 출력, L : 축동력, k : 경험 계수

④ 펌프의 효율

㈎ 체적 효율 (η_v): 펌프의 실제 토출량을 Q라 하면, 임펠러 내를 지나는 유량은 Q와 펌프 내부에서의 누설 유량 ΔQ의 합

$$\eta_v = \frac{\text{펌프의 실제 유량}}{\text{임펠러를 지나는 유량}} = \frac{Q}{Q+\Delta Q}$$

㈏ 기계 효율 (η_m) : 베어링 및 축봉 장치에 있어서 마찰에 의한 동력 손실을 ΔL_m, 임펠러 바깥쪽의 원판 마찰에 의한 손실 동력을 ΔL_d라 하면 펌프의 기계 효율 (mechanical efficiency) η_m은

$$\eta_m = \frac{\text{축동력} - \text{기계 손실}}{\text{축동력}} = \frac{L-(\Delta L_m + \Delta L_d)}{L}$$

㈐ 수력 효율(η_h) : $\eta_h = \dfrac{\text{펌프의 실제 양정}}{\text{이론 양정(깃수 유한)}} = \dfrac{H}{H_{th}} = \dfrac{H_{th} - \Delta H_{th}}{H_{th}}$

㈑ 펌프의 전 효율 η는 $\eta = \dfrac{\text{수동력}}{\text{축동력}} = \dfrac{L_W}{L_S} = \eta_v \cdot \eta_m \cdot \eta_h$

⑤ 펌프의 회전수 : 전동기의 극수를 P, 전원 주파수를 f[Hz]라 하면 등가속도 η[rpm]는 $\eta = \frac{120f}{P}$, 그러나 펌프를 운전할 때에는 부하가 걸리기 때문에 미끄럼(s, slip)이 생기게 되고, 이 미끄럼률 s[%]를 고려한 펌프 회전수 N는

$$N = \eta\left(1 - \frac{s}{100}\right) = \frac{120f}{P}\left(1 - \frac{s}{100}\right)$$

⑥ 펌프의 성능 곡선 : 펌프의 성능은 펌프 성능 곡선(performance curve 또는 characteristic curve)으로 표시할 수 있으며, 이것은 펌프 제작사가 구매자에게 펌프 성능을 알려 주는 방법 중의 하나이다. 펌프 성능 곡선은 펌프의 규정 회전수에서의 유량(Q), 전양정(H), 효율(η), 축동력(BHP), 필요 흡입 수두($NPSHre$)와의 관계를 나타낸 것이다.

4-7 펌프의 방식법

(1) 펌프의 부식과 그 방지책

① 부식 작용

(가) 금속의 부식은 금속이 환경 속을 물질과 불필요한 화학적 또는 전기 화학적 반응을 일으켜 표면에서 변질하여 모양이 흐트러지거나 산화 현상으로 소모하는 것을 말한다.

(나) 유체 속에 불순물의 금속이 있을 때 두 종류의 금속 간의 전기를 구성해서 저전위의 금속 표면이 이온화되어 흘러나와 부식한다. 활성이 큰 금속일수록 전위가 낮고, 활성이 작은 금속일수록 전위가 높다.

(다) 내부식성 재료는 전극 전위가 높고 전기 활성이 작으며 이온화가 작다.

㉮ 활성이 작고 이온화 경향이 적은 순서 : Mg → Al → Zn → Cr → Fe → Ni → Sn → Cu → Ag → Au

㉯ 금속의 고유 전위 순서 : 백금(+0.33), 금(+0.18), 스테인리스(−0.04), 청동(−0.14), 황동(−0.15), 동(−0.17), 니켈(−0.27), 강, 주철(−0.5), 두랄루민(−0.61), 알루미늄(−0.78), 아연(−0.07)

출제 예상 문제

기계정비산업기사

1. 펌프를 원리 구조상에 따라 분류할 때 용적형 회전 펌프의 종류에 해당되지 않는 것은 어느 것인가? (10년 3회)

① 기어 펌프 ② 나사 펌프
③ 편심 펌프 ④ 프로펠러 펌프

해설 • 왕복 펌프 : 피스톤 펌프, 플런저 펌프, 다이어프램 펌프, 윔 펌프
• 회전 펌프 : 기어 펌프, 편심 펌프, 나사 펌프

2. 펌프의 원리 구조상 분류 시 용적형 회전 펌프가 아닌 것은? (11년 1회)

① 기어 펌프 ② 베인 펌프
③ 터빈 펌프 ④ 나사 펌프

3. 용적형 펌프의 종류가 아닌 것은? (10년 2회)

① 기어 펌프 ② 베인 펌프
③ 나사 펌프 ④ 마찰 펌프

4. 펌프 임펠러와 와류실 사이에 안내깃을 두고 임펠러를 나온 물의 운동 에너지 일부를 압력으로 변환시키는 펌프는? (12년 3회)

① 기어 펌프 ② 편심 펌프
③ 프로펠러 펌프 ④ 단단 펌프

해설 임펠러가 물속에서 외부의 동력에 의해 회전할 때 임펠러 속의 물은 외부에 흘러 임펠러를 나와 와류실 내에 모여서 토출구로 간다.

5. 다음 중 높은 토출 양정을 위해 사용하는 펌프는? (06년 1회/10년 2회)

① 단단 펌프 ② 다단 펌프
③ 양흡입 펌프 ④ 추력 펌프

6. 다음 중 편심 펌프가 아닌 것은? (06년 3회)

① 다단 펌프
② 베인 펌프
③ 롤러 펌프
④ 로터리 플랜지 펌프

7. 피스톤 또는 플런저의 왕복 운동에 의해서 액체를 흡입하여 소요 압력으로 압축 후 송출하는 것으로 송출량은 적으나 고압을 요구하는 경우에 적합한 펌프는? (08년 3회)

① 원심 펌프 ② 축류 펌프
③ 왕복 펌프 ④ 회전 펌프

해설 왕복 펌프의 특징 : 피스톤 또는 플런저의 왕복 운동에 의해서 액체를 흡입하여 소요 압력으로 압축하여 송출하는 것으로 송출량은 적으나 고압을 요구하는 경우에 적합하다.

8. 펌프를 구조상 분류할 때 왕복 펌프의 종류가 아닌 것은? (09년 2회)

① 피스톤 펌프
② 다이어프램 펌프
③ 로터리 플랜지 펌프
④ 플런저 펌프

9. 다음 중 기어 펌프의 특징으로 맞는 것은 어느 것인가? (09년 3회)

① 효율이 낮다.
② 소음과 진동이 적다.
③ 기름 속에 기포가 발생되지 않는다.

정답 1. ④ 2. ③ 3. ④ 4. ④ 5. ② 6. ① 7. ③ 8. ③ 9. ①

④ 점성이 큰 액체에서는 회전수를 크게 해야 한다.

해설 기어 펌프 : 유압 펌프로 사용할 수 있으나 효율이 낮고 소음과 진동이 심하며 기름 속에 기포가 발생한다는 결점이 있다. 보통 송출량 2~5 m^3/h, 모듈 3~5를 사용하고 회전수 1,200~900 rpm의 윤활유 펌프에 많이 이용되고 있으며 점성이 큰 액체에서는 회전수를 작게 한다.

10. 펌프 내부에 흡입 양정이 높거나 흐름 속도가 국부적으로 빠른 부분에서 압력 저하로 유체가 증발하여 소음과 진동을 수반하는 현상은? (08년 1회/12년 2회)

① 수격 현상 ② 공동 현상
③ 점 침식 현상 ④ 서징 현상

해설 펌프의 내부에서도 흡입 양정이 높거나 흐름 속도가 국부적으로 빠른 부분에서 압력 저하로 유체가 증발하는 현상이 발생하게 되며 펌프의 운전 불능 상태가 되기도 하는 현상을 캐비테이션이라 한다.

11. 캐비테이션의 방지책 중 틀린 것은 어느 것인가? (03년 1회)

① 펌프의 회전수를 낮게 한다.
② 양정의 변화가 클 경우에도 캐비테이션이 생기지 않도록 한다.
③ 흡입 측에서 펌프의 토출량을 줄이는 것은 절로 피한다.
④ 흡입관을 부득이 길게 할 경우에는 흡입관을 작게 한다.

12. 펌프의 공동 현상(cavitation) 방지책으로 부적당한 것은? (10년 1회/11년 2회)

① 비교 회전도(NS)가 작은 펌프를 채택한다.
② 흡입 배관은 가능한 굵고 짧게 한다.
③ 펌프의 설치 위치를 가능한 높게 하여 흡입 양정을 길게 한다.
④ 손실 수두를 작게 한다.

해설 캐비테이션의 방지책 중 하나가 펌프의 설치 위치를 되도록 낮게 하고 흡입 양정을 짧게 하는 것이다.

13. 펌프의 공동 현상 방지책이 아닌 것은 어느 것인가? (10년 3회)

① 펌프의 설치 높이를 낮추고 흡입 양정을 짧게 한다.
② 펌프의 회전수를 높여 흡입 비교 회전도를 크게 한다.
③ 양흡입 펌프를 사용한다.
④ 흡입축에서 펌프의 토출량을 줄이지 않는다.

해설 펌프의 설치 위치를 되도록 낮게 하고 흡입 양정을 짧게 해야 하며, 외적 조건으로 캐비테이션을 피할 수 없는 경우에는 임펠러 재질을 강한 고급 재질로 택한다.

14. 관로에 유속의 급격한 변화 및 정전에 의한 펌프의 동력이 급히 차단될 때 관 내 압력이 상승 또는 하강하는 현상은? (12년 3회)

① 수격(water hammer) 현상
② 베이퍼 로크(vapor lock) 현상
③ 캐비테이션(cavitation) 현상
④ 서징(surging) 현상

15. 수격 현상의 피해를 설명한 것 중 적합하지 않은 것은? (12년 1회)

① 압력 강하에 따라 관로가 파손된다.
② 펌프 및 원동기에 역전, 과속에 따른 사고가 발생된다.
③ 워터 해머 상승압에 따라 밸브 등이 파손된다.

정답 10. ② 11. ④ 12. ③ 13. ② 14. ① 15. ④

④ 수주 분리 현상에 기인하여 펌프를 돌리는 전동기의 전압 상승이 일어난다.

해설 전동기의 전압 상승은 수격 현상과는 직접적인 관계가 없다.

16. 다음 중 수격 현상의 방지책으로 옳지 않은 것은? (11년 1회)

① 플라이 휠 장치 사용
② 서지 탱크 설치
③ 관로의 부하 발생점에 공기 밸브 설치
④ 관로의 지름을 작게 하여 관 내 유속을 증가시킴

해설 관로의 지름을 크게 해서 관 내 유속을 감속시키면 관로 내 수주의 관성력이 작아지므로 압력 강하가 작아져 수격 현상을 방지할 수 있다.

17. 원심 펌프에서 수격 작용의 방지책이 아닌 것은? (12년 2회)

① 펌프의 급가동을 하지 않는다.
② 배관 구경을 작게 한다.
③ 서지 탱크를 설치한다.
④ 밸브의 급개폐를 하지 않는다.

해설 배관 구경이 작아지면 유속이 증가하므로 수격 현상이 발생한다.

18. 펌프에 관한 설명 중 올바른 것은? (11년 1회)

① 다단 펌프는 유량을 증가시킨다.
② 양흡입 펌프는 양정을 증가시킨다.
③ 양흡입 펌프는 축추력이 발생되지 않는다.
④ 축 방향으로 유체를 흡입하고 반지름 방향으로 토출시키는 펌프는 축류식 펌프이다.

해설 임펠러, 축 등을 맞게 해서 양흡입형으로 하여 사용함으로써 축추력을 제거하는 방식을 양흡입형 임펠러형이라 한다.

19. 펌프를 중심으로 하여 흡입 수면으로부터 송출 수면까지 수직 높이를 무엇이라 하는가? (07년 3회 / 10년 3회)

① 전양정 ② 실 양정
③ 흡입 양정 ④ 토출 양정

20. 다음 중 비속도가 가장 큰 펌프로 맞는 것은? (12년 3회)

① 원심 펌프 ② 벌류트 펌프
③ 사류 펌프 ④ 축류 펌프

해설 비속도란 단위 송출량에서 단위 양정을 내게 할 때 그 회전차에 주어져야 할 회전수를 말한다.

21. 펌프 운전 시 캐비테이션(cavitation) 발생 없이 펌프가 안전하게 운전되고 있는가를 나타내는 척도로 사용되는 것은 어느 것인가? (09년 3회 / 10년 2회 / 12년 3회)

① 비속도 ② 유효 흡입 수두
③ 전양정 ④ 수동력

해설 유효 흡입 수두($NPSH$) : 펌프 임펠러 입구 직전의 압력이 액체의 포화 증기압보다 어느 정도 높은가를 나타내는 값이며, 펌프 설치 위치에 따라 변한다. 캐비테이션(cavitation)의 방지 근본책은 $NPSH$(net positive suction head : 유효 흡입 수두)를 필요 $NPSH$보다 크게 하는 데 있다.

22. 완전 진공 상태를 0으로 하여 측정한 압력의 표시는? (12년 3회)

① 절대 압력 ② 게이지 압력
③ 동압력 ④ 정압력

해설 대기 압력을 0으로 측정한 압력을 게이지 압력이라 하고, 완전한 진공을 0으로 하여 측정한 압력을 절대 압력이라 한다.

정답 16. ④ 17. ② 18. ③ 19. ② 20. ④ 21. ② 22. ①

23. 유량 240 L/min, 100 m 높이로 물을 보내고자 한다. 다음 중 펌프에 필요한 동력은 몇 kW인가? (06년 3회)

① 1.8kW ② 3.9kW
③ 4kW ④ 176.5kW

해설 $L_w = \frac{rQH}{102}$

$$= \frac{1000 \times \frac{240}{(1000 \times 60)} \times 100}{102}$$

$= 3.92\,\text{kW}$

24. 다음 중 펌프의 전 효율을 구하는 식으로 맞는 것은 어느 것인가? (단, 전 효율 = η, 수력 효율 = η_k, 기계 효율 = η_m, 체적 효율 = η_v) (07년 1회/08년 1회)

① $\eta = \eta_k$
② $\eta = \eta_k \times \eta_m$
③ $\eta = \eta_k \times \eta_v$
④ $\eta = \eta_k \times \eta_m \times \eta_v$

해설 펌프의 전 효율 $\eta = \eta_k \times \eta_m \times \eta_v$

25. 정지 중 펌프의 분해 점검용으로 펌프 운전 중은 필요하지 않으므로 차단성이 좋고 전개 시 손실 수두가 적은 펌프 흡입 밸브로 적합한 것은? (06년 3회)

① 수동 슬루스 밸브
② 체크 밸브
③ 글로브 밸브
④ 콕 밸브

26. 소형 원심 펌프의 흡입관 끝에 사용되는 밸브는? (12년 2회)

① 풋 밸브 ② 슬루스 밸브
③ 글로브 밸브 ④ 로터리 밸브

해설 ②, ③, ④는 차단용 밸브이다.

27. 소형 원심 펌프에서 전양정 몇 m 이상 일 때 체크 밸브를 설치하는가? (07년 3회/11년 3회)

① 10 m ② 20 m
③ 50 m ④ 100 m

해설 소형 원심 펌프에서 전양정 100 m 이상일 때 체크 밸브, 풋 밸브를 설치한다.

28. 중형, 대형 원심 펌프에서 전양정 몇 m 이하에서 체크 밸브를 설치하는가? (07년 3회)

① 50 m ② 30 m
③ 500 m ④ 18 m

해설 소구경 (40 mm 이하)에서는 스프링식 급폐 체크 밸브, 구경 (500 mm 이상)에서는 중량 체크 밸브 (weight check valve)가 사용된다.

29. 저양정 펌프에서 토출량을 조절할 수 있는 밸브는? (07년 1회)

① 콕 밸브 ② 감압 밸브
③ 체크 밸브 ④ 나비형 밸브

해설 나비형 밸브는 원형 밸브판의 지름을 축으로 하여 밸브판을 회전함으로써 유량을 조절하는 밸브이나 기밀을 완전하게 하는 것은 곤란하다. 10 m 이하의 저양정 펌프에서 토출량을 조절할 수 있는 밸브이다.

30. 펌프 흡입관 배관 시 주의 사항으로 맞지 않는 것은? (11년 2회)

① 관의 길이는 짧고 곡관의 수는 적게 한다.
② 흡입관에서 편류나 와류가 발생치 못하게 한다.
③ 배관은 펌프를 향해 $\frac{1}{100}$ 내림 구배한다.
④ 흡입관 끝에 스트레이너를 설치한다.

정답 23. ② 24. ④ 25. ① 26. ① 27. ④ 28. ① 29. ④ 30. ③

31. **펌프의 흡입관 배관에 대한 설명 중 틀린 것은?** (11년 3회)

① 흡입관에서 편류나 와류가 발생치 못하게 한다.
② 관의 길이는 길게 하고 곡관의 수는 적게 한다.
③ 흡입관 끝에 스트레이너를 사용한다.
④ 배관은 공기가 발생치 않도록 1/50 올림 구배를 한다.

32. **펌프는 기동하지만 물이 안 나오는 원인으로 맞는 것은?** (07년 3회)

① 공기가 흡입되고 있다.
② 마중물을 하지 않았다.
③ 웨어링이 마모되어 있다.
④ 토출 양정이 높다.

해설 물이 안 나오는 원인
㉠ 마중물을 하지 않는다.
㉡ 제수 밸브가 닫힌다.
㉢ 양정이 지나치게 높다.
㉣ 회전 방향 반대이다.
㉤ 임펠러가 매여 있다.
㉥ 흡입 양정이 높다.
㉦ 스트레이너 흡입관이 꽉 막혀 있다.
㉧ 회전수가 저하된다.

33. **원심 펌프 운전 시 베어링의 과열 현상이 발생된 이유는?** (06년 3회)

① 가소성이 작은 축이음을 사용하였다.
② 베어링 케이스에 그리스를 $\frac{1}{2} \sim \frac{1}{3}$ 충진하였다.
③ 펌프 토출구에 슬루스 밸브를 설치하였다.
④ 축심과 축 중심이 0.05 mm 이하의 차가 되도록 설치하였다.

34. **원심 펌프의 이상 원인 중 시동 후 송출이 되지 않는 원인이 아닌 것은?** (12년 1회)

① 회전 방향이 다를 때
② 회전 속도가 너무 빠를 때
③ 펌프 내 공기를 빼지 않았을 때
④ 흡입관 끝이 충분히 액체에 잠겨 있지 않을 때

해설 시동 후 송출 정지의 원인
㈎ 펌프 및 흡입관의 만수 불완전 시
㈏ 흡입 양정이 너무 클 때
㈐ 여분의 공기 또는 가스량 과대 시
㈑ 흡입관에 공기주머니가 있을 경우
㈒ 흡입관 도중에서 갑작스러운 공기 침입
㈓ 스터핑 박스로 공기 침입
㈔ 흡입관 끝이 충분히 액체에 잠겨 있지 않을 경우
㈕ 흡입 밸브 폐쇄나 부분적인 개방
㈖ 흡입관의 필터나 스트레이너에 이물질 침입
㈗ 풋 밸브가 너무 작을 때
㈘ 축 봉에 불충분한 냉각수 공급
㈙ 렌더링과 봉관의 위치가 부정확한 경우
㈚ 병렬 운전이 부적합할 경우의 병렬 운전 실시
㈛ 회전차 내에 이물질이 걸렸을 때
(거) 회전차가 손상되었을 때
(너) 시방서에 명시된 운전 조건이나 시공업체가 다를 경우
(더) 메커니컬 실이 손상되어 있는 경우

35. **다음 중 펌프 운전 시 소음 발생 원인이 아닌 것은?** (11년 3회)

① 캐비테이션 발생
② 흡입 측에 공기 유입
③ 글랜드 패킹의 누수
④ 베어링 불량

해설 소음 발생의 원인에는 캐비테이션 발생, 임펠러에 이물이 막혀 공기를 흡입하였을 경우, 임펠러의 맞닿음, 메탈 베어링 불량 등이 있으며, 글랜드 패킹의 누수는 물이 새는 원인이다.

정답 31. ② 32. ② 33. ④ 34. ② 35. ③

36. 원심 펌프가 기동은 하지만 진동하는 원인으로 옳지 않은 것은? (09년 1회/10년 3회)

① 축의 굽음
② 볼 베어링의 손상
③ 캐비테이션 발생
④ 빈번한 기동

해설

현 상	원 인	대 책
펌프가 이음, 진동한다.	• 임펠러 일부가 매여 있음 • 축이 굽음 • 설치가 불량 • 볼 베어링 손상 • 캐비테이션 발생	• 내부 점검 • 분해 수리 • 설치 상태 조사 • 볼 베어링 교환 • 전문가 상담

37. 다음 중 펌프의 부식 작용 요소로 맞지 않는 것은? (11년 1회)

① 온도가 높을수록 부식되기 쉽다.
② 산소량이 많을수록 부식되기 쉽다.
③ 유속이 느릴수록 부식되기 쉽다.
④ 재료가 응력을 받고 있는 부분은 부식되기 쉽다.

해설 ㉠ 온도가 높을수록, pH값이 낮을수록 부식되기 쉽다.
㉡ 유체 내의 산소량이 많을수록 부식되기 쉽다.
㉢ 유속이 빠를수록 부식되기 쉽다.
㉣ 금속 표면이 거칠수록 부식이 잘된다.
㉤ 접액부 재료의 짝 지움과 표면적비 및 거리 : 수 펌프의 물과 접촉되는 부위의 재료 배합, 조립되는 부위와 표면적의 비율 및 거리에 의해 부식 작용에 영향이 있다.
㉥ 금속 표면의 돌기부, 캐비테이션 발생 부위, 충격 흐름을 받는 부위는 부식되기 쉽다.
㉦ 재료가 응력을 받고 있는 부분은 부식이 생기기 쉽다.

38. 관 속을 충만하게 흐르고 있는 액체의 속도를 급격히 변화시키면 어떤 현상이 일어나는가? (10년 2회/13년 3회)

① 공동 현상
② 서징 현상
③ 수격 현상
④ 펌프 효율 상승 현상

39. 펌프의 축 추력을 제거할 수 있는 방식은 어느 것인가? (07년 1회/08년 3회/13년 3회)

① 양흡입 펌프를 사용한다.
② 고유량 펌프를 사용한다.
③ 다단 펌프를 사용한다.
④ 고양정 펌프를 사용한다.

40. 펌프 분해 검사에서 매일 점검 항목이 아닌 것은? (12년 2회/15년 1회)

① 베어링 온도
② 흡입 토출 압력
③ 패킹 상자에서의 누수
④ 펌프와 원동기의 연결 상태

해설 분기 점검 항목 : 펌프와 원동기의 연결 상태, 그랜드 패킹, 윤활유 면과 변질의 유무, 배관 지지 상태 등

41. 10 m 이하의 저양정 펌프에서 토출량을 조절할 수 있는 밸브는 어느 것인가? (07년 1회/09년 1회/15년 1회)

① 풋 밸브 ② 감압 밸브
③ 체크 밸브 ④ 나비형 밸브

해설 나비형 밸브는 원형 밸브판의 지름을 축으로 하여 밸브판을 회전함으로써 유량을 조절하는 밸브이나 기밀을 완전하게 하는 것은 곤란하다.

정답 35. ④ 37. ③ 38. ② 39. ① 40. ④ 41. ④

CHAPTER

5 기계의 분해 조립

5-1 분해 조립 시 주의

(1) 분해 작업 시 주의 사항

기계 분해의 목적은 부품 교체, 점검, 보수, 급유 등을 통해 완전한 기계로서의 기능을 복원하기 위한 것이다.

① 기계 구조를 충분히 검토하고 이해한 후 분해 순서를 정확히 지킬 것

② 무리한 힘을 가하거나 맞지 않는 공구를 사용하여 부품을 손상하거나 파손하는 일이 없도록 할 것

③ 이상 상황이 있는 부분은 관계 위치에 기록할 것

(가) 분해 중 이상은 없는지 점검할 것

(나) 이상을 확인하면 관계 위치 상태, 정도, 재질, 기타 등을 명확히 기록

(다) 표면이 손상되지 않도록 주의할 것

(라) 특히 부착물 등을 파악하고 확인할 것

(마) 마킹 (marking)은 필히 할 것

④ 사상 또는 습동부에 분해 부품의 흠집 방지

⑤ 분해 부품의 보관 철저

(가) 특히 작은 부품이 분실되지 않도록 상자나 통에 보관할 것

(나) 계기 종류는 조심하여 취급할 것

(다) 부품은 순서로 안전하게 정돈할 것

(라) 파이프류는 양단에 깨끗한 걸레나 비닐 등으로 막아 둘 것

(마) 큰 중량물이나 큰 기계는 부속품의 재분해를 고려하여 재작업 위치의 변경을 하지 않도록 주의할 것

(바) 중량 및 긴 물건은 굽힘을 고려하여 고임목을 사용할 것

⑥ 불안전한 줄 걸이는 하지 말 것

(가) 하물의 중량 중심에 와이어로프를 몇 번 반복해서 감아올릴 것

(나) 아이볼트 및 새클은 확실하게 죌 것

⑦ 분해 부품의 분실에 주의할 것

⑧ 접합부의 틈, 마모 정도를 점검할 것

(가) 마모 부식 상황을 검사 측정하여 기록할 것

(나) 키 고정부의 클리어런스 측정
(다) 불량 원인 및 개소를 점검할 것

⑨ 부자연한 물질이 내부에 존재하는지를 체크할 것
(가) 분해 시 케이싱 혹은 박스 내에 탈락 부품의 여부를 확인할 것
(나) 윤활유조 내에 이물의 혼입이나 필터의 이물질 부착 여부를 확인할 것
(다) 균열의 유무 등 체크, 미심쩍은 개소는 필히 컬러 체크 등을 실시할 것

(2) 조립 작업 시 주의 사항

조립 작업은 연속으로 장기 가동을 하는 전제하에 하는 것으로 완전한 정비를 수행하여 이상이 없는 상태라고 보증되지 않으면 안 된다. 즉 시간에 쫓겨 나쁜 상태를 알면서도 눈을 피한다든지 또 완전이라는 자신의 확인도 없이 끝마치는 무책임한 방법은 절대로 해서는 안 된다.

① 무리한 조립은 하지 말 것 : 각 부품은 정상인가 또는 도면과 같이 조합되어 있는가를 충분히 검토 확인하고 재고 부품이 있으면 그 방법을 비교하여 본 후 의심스러운 곳은 체크할 것
② 마킹은 틀리지 않게 정확히 할 것
③ 청소를 깨끗이 한 후 조립할 것 : 베어링부는 윤이 나도록 문질러 닦고 녹 발생이 없도록 하며 정밀 기계일 때는 장갑 등을 끼지 않고 맨손으로 작업할 것
④ 접합면에 이물이 들어가지 않도록 할 것 : 습동부 등은 걸레로 잘 닦고 맨손으로 훑어볼 것
⑤ 라이너의 틈새 조정을 정확하게 하고 조립할 때에 내부의 부품이 빠졌나 확인하고 메탈 등 회전 방지 로크(lock)는 철저히 확인하고 스러스트 링 또는 칼라 등이 분실되지 않도록 할 것. 또 패킹류 및 라이너는 정규 부품인가 확인할 것
⑥ 회전 로크 장치는 완전하게 할 것
⑦ 불량품을 사용하지 말 것
⑧ 적정 체결력(조임)에 주의할 것, 볼트와 너트를 조일 때는 균일하게 조일 것
⑨ 불확실 부품은 반드시 측정 및 검사를 실시할 것
⑩ 박스 내부와 케이싱에 스패너, 줄, 볼트, 너트 및 라이너 등의 공구를 떨어뜨린 상태로 조립하는 사례가 없도록 할 것
⑪ 배관 내에 이물질을 넣은 채로 조립하거나 걸레나 비닐로 밀봉한 상태로 조립하거나 그리스에 모래, 스케일 등이 혼입되지 않도록 할 것

(3) 조립 완료 시 점검 사항

① 부속품, 부착품은 완전하게 결합되어 있는가?
② 잔류 부품은 없는가?

③ 급유 상태는 양호한가?

④ 조립 부분을 기중기 등으로 가볍게 작동하여 이상이 없나 확인한다.

5-2 가열 끼움

(1) 일반적인 지식

① 가열 끼움의 정의

(가) 가열 끼움 (fitting)이란 기계 부품을 끼워 조립하는 방법을 말한다. 가열 끼움의 종류로는 열박음, 냉각박음 등이 있다.

(나) 가열법 : 가열 시에는 골고루 서서히 가열하며 200~250℃ 이하로 가열한다.

㉮ 가스버너나 가스 토치로 가열하는 법

㉯ 열박음 노(爐)에서 가열하는 법

㉰ 수증기로 가열

㉱ 기름으로 가열

㉲ 전기로로 가열

㉳ 고주파 유도 가열

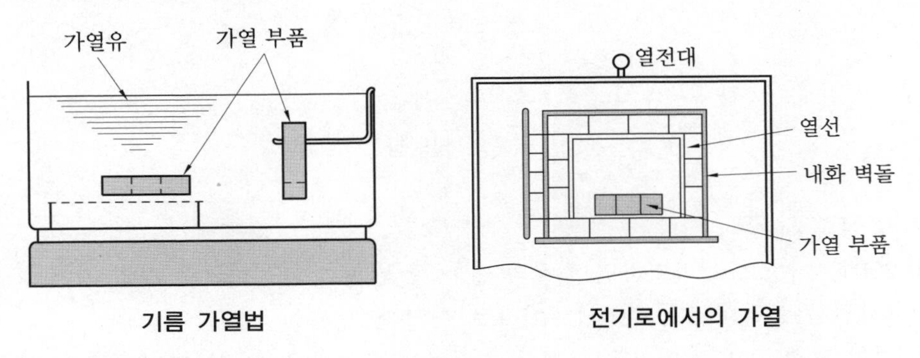

기름 가열법　　　전기로에서의 가열

② 치수 공차 및 끼워 맞춤

(가) 공차 : 어떤 형체의 최대 허용 한계와 최소 허용 한계와의 차이를 공차라 한다.

(나) 치수 공차 : 기준 치수와 최대 허용차와의 차이를 위 치수 허용차, 또 기준 치수와 최소 허용차와의 차이를 아래 치수 허용차라 한다.

(다) 끼워 맞춤 : 두 개의 기계 부품이 서로 끼워 맞추기 전의 치수 차에 의하여 틈새와 죔새를 갖고 서로 접합하는 관계를 말한다.

㉮ 헐거운 끼워 맞춤 (running fit) : 축과 구멍 사이에 항상 틈새가 있는 끼워 맞춤

㉯ 중간 끼워 맞춤 (sliding fit) : 축과 구멍 사이에 틈새와 죔새가 있는 끼워 맞춤

㉰ 억지 끼워 맞춤 (tight fit) : 축과 구멍 사이에 항상 죔새가 있는 끼워 맞춤

③ 재료의 열팽창

㈎ 대부분의 금속은 가열하면 부피가 늘어난다. 1℃ 온도의 변화에 팽창하는 길이와의 비율을 선팽창 계수(α)라 한다.

㈏ 온도와 체적과의 비를 체적 팽창 계수라 하고, 체적 팽창 계수는 선팽창 계수의 3배로 한다.

㈐ 0℃에서 길이를 l_0, t[℃]에서의 길이를 l_t라 하면 선팽창 계수는 $\alpha = \dfrac{l_t - l_0}{l_0 \times t}$가 된다.

㈑ 가열 끼움에서 가열 온도 t는 $t = \dfrac{\Delta D}{\alpha \times D}$ (D : 축 지름[mm], ΔD : 축 지름의 죔새 변화량, α : 선팽창 계수)

㈒ 가열 끼움은 죔새를 이용하여 축과 보스를 고정하는 방식이므로 열응력을 고려하여 적당한 죔새를 유지시켜 줘야 한다.

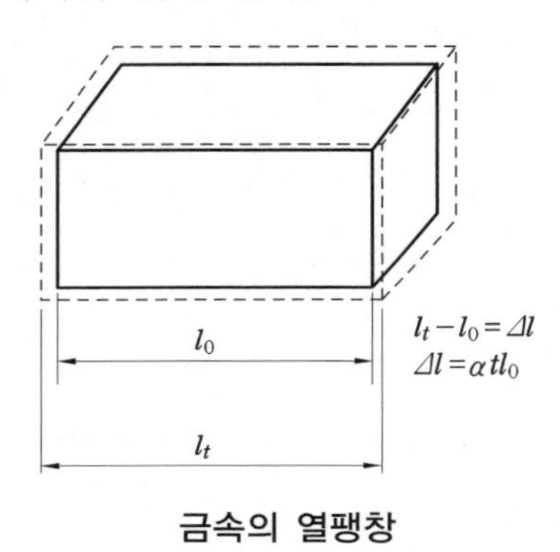

금속의 열팽창

④ 가열 작업 시 주의 사항

㈎ 250℃ 이상으로 가열하면 재질의 변화 및 변형이 발생하므로 가열 시에는 골고루 서서히 가열하며 200~250℃ 이하로 가열한다.

㈏ 가열 도중 구멍 안지름을 수시로 측정하여 팽창량을 점검하고 요구하는 팽창량을 얻었을 때 신속 정확히 조립해야 한다.

㈐ 대형 부품을 열박음할 때는 기중기를 사용한다.

㈑ 둘레에서 중심으로 서서히 균일하게 가열하고 조립 후 냉각할 때에 급랭해서는 안 된다.

⑤ 준비 작업

㈎ 바깥지름, 안지름 마이크로미터를 점검하고 수정한다.

㈏ 축의 표면과 대상물의 내면을 검사하여 흠이 있으면 기름숫돌이나 사포로 다듬는다.

㈐ 축의 바깥지름과 상물의 안지름을 마이크로미터로 측정한다.

㈑ 측정값을 이용하여 죔새를 계산한다.
㈒ 죔새와 재료에 따른 열팽창 계수를 이용하여 열박음을 위한 가열 온도를 계산한다.
㈓ 축과 키 홈 손질을 깨끗이 한다.
㈔ 축에 윤활제 (moly-kote)를 바른다.
㈕ 가열 끼움용 기름통이나 가열 토치 (heating torch)를 준비하고 이상 유무를 확인한다.
㈖ 두터운 장갑을 준비한다.
㈗ 측정 공구 (퍼스)를 준비한다.
㈘ 냉각용 공기를 준비한다.

⑥ 가열 작업
㈎ 가열한 부분에 템퍼 스틱 혹은 서모 크레용 (thermo-crayon)을 바른 후 가열하기 쉽도록 고정한다.
㈏ L.P.G 및 산소 밸브를 열고, 토치에 점화한 후 둘레로부터 서서히 안쪽으로 가열한다.
㈐ 서모 크레용이 용해되면 온도 검출기로 정확한 온도를 확인한다.
㈑ 가열 작업을 할 때에는 온도계를 사용해서 과열되지 않도록 주의해야 한다.
㈒ 대략 150℃ 정도로 가열하면서 퍼스로 팽창량을 측정하여 측정 결과 이상이 없으면 토치의 불을 끈다.

⑦ 가열 끼움 작업
㈎ 가열된 대상물 (coupling)의 안지름을 퍼스로서 확인 측정한다.
㈏ 온도가 적합하면 보호구를 착용한 후 축에 윤활제를 바른다.
㈐ 가열 토치의 불을 끈다.
㈑ 두터운 장갑을 끼고 조립 작업을 하는데 한 사람의 힘으로 조립이 가능한 것은 한 사람이 가열된 대상물을 두 손으로 들고 축에 끼운다.
㈒ 조립할 때에는 대상물이 냉각되므로 시간을 지체하지 않고 열이 식기 전 (20초 이내)에 신속히 조립한다.
㈓ 키 홈과 키를 바르게 맞추어서 조립한다.
㈔ 조립 시 대상물과 축의 중심이 정확히 맞추어져야 한다.
㈕ 한번 실패한 경우에는 완전히 분리하여 대상물은 다시 가열하고 축은 공기나 물로 완전히 냉각시킨다.
㈖ 한번 실패하면 시간에 쫓기게 되므로 주의를 한다.
㈗ 대상물의 치수를 잘못 측정하여 억지로 조립을 하다 보면 대상물인 축에 물려 분해 조립이 안 되는 경우가 있으므로 팽창 내경은 정확히 계산하고 측정하여야 한다.
㈘ 끼움 상태를 확인 후 공기로 냉각한다.

㈕ 뒷정리를 한다.

(2) 가열 빼내기 작업

① 사용 재료 : LP가스, 산소, 서모 크레용

② 사용 공구 및 기계 : 플러, 수평 프레스, 체인 블록

③ 작업 순서

㈎ 가열 온도를 계산한다.

㈏ 토치를 준비하고 LPG 및 산소 레귤레이터를 규정된 사용 압력으로 조정한다.
(L.P.G = 0.5 MPa, 산소 = 0.5~0.7 MPa)

㈐ 축과 커플링 플러를 설치한다.

㈑ 대상물 표면에 서모 크레용을 칠한 후 토치에 불을 붙여 대상물 바깥쪽부터 서서히 가열한다.

㈒ 규정된 온도에 도달하면 토치의 불을 끄고 풀러를 사용하여 대상물을 빼낸다. 이때 죔새가 너무 크거나 큰 지름의 경우 분해 조립용 유압 프레스를 이용하여 분해한다.

㈓ 냉각 후 빼내기 작업을 할 때에 축 및 커플링에 흠집 및 도는 긁힘을 확인한다.

출제 예상 문제

기계정비산업기사

1. 다음은 분해 작업 시 주의 사항이다. 잘못된 것은? (11년 3회)

① 분해 순서를 정확히 지키고 작업한다.
② 마킹(marking)은 반드시 한다.
③ 길이가 긴 부품은 굽힘을 고려하여 세워서 보관한다.
④ 작은 부품은 분실되지 않도록 상자에 보관한다.

해설 길이가 긴 부품은 넘어질 확률이 높으므로 세워서 보관하지 않는다.

2. 가열 끼움 방법이 아닌 것은? (09년 2회)

① 수증기로 가열하는 법
② 기름으로 가열하는 법
③ 전기로로 가열하는 법
④ 자연광으로 가열하는 법

해설 가열법
㉠ 가스버너나 가스 토치로 가열하는 법
㉡ 열박음 노(爐)에서 가열하는 법
㉢ 수증기로 가열
㉣ 기름으로 가열
㉤ 전기로로 가열

3. 가열 끼움 작업 시 필요한 공구 및 기계가 아닌 것은? (07년 1회)

① 래버린스(labyrinth)
② 체인블록
③ 마이크로미터
④ 서모미터(thermo meter)

4. 가열 끼워 맞춤 작업의 설명으로 잘못된 사항은? (08년 1회/09년 1회)

① 가열 시에는 골고루 서서히 가열한다.
② 가열할 때는 200~250℃ 이하로 가열한다.
③ 베어링은 120℃ 이상 가열해서는 안 된다.
④ 조립 후 죔새를 유지하기 위해 급랭한다.

5. 기어 안지름이 D이고 죔새가 Δd일 때 가열 온도(T)를 구하는 식은? (단, 기어의 열팽창 계수는 α이다.) (10년 1회/12년 1회)

① $T=\dfrac{\Delta d}{\alpha D}$ ② $T=\dfrac{D}{\alpha \times \Delta d}$

③ $T=\dfrac{\alpha \times \Delta d}{D}$ ④ $T=\alpha \times \Delta d \times D$

6. 스테인리스강에서 응력 부식 균열(SCC) 발생 요인 3요소와 가장 관련이 적은 것은 어느 것인가? (10년 1회)

① 재료 ② 환경
③ 응력 ④ 용접기

해설 SCC(stress corrosion crack) : 발생 요인의 3요소는 재료, 환경, 응력이며 용접기량은 해당되지 않는다.

7. 강의 표면에 부동태 피막으로 불리는 강력한 산화 피막이 형성되어 재료 내부를 보호하기 때문에 내부식성이 강한 재료는 어느 것인가? (08년 3회/11년 2회)

① 스테인리스강 ② 주철
③ 스텔라이트 ④ 주강

해설 스테인리스강은 표면에 부동태 피막으로 불리는 강력한 산화 피막이 형성되어 내부를 보호하기 때문에 내부식성이 확보된다.

정답 1. ③ 2. ④ 3. ① 4. ④ 5. ① 6. ④ 7. ①

과년도 출제 문제

2013년도 출제 문제

기계정비산업기사

❖ 2013년 3월 10일 시행

자격종목 및 등급(선택분야)	종목코드	시험시간	문제지형별	수검번호	성 명
기계정비산업기사	2035	2시간	A		

제 1 과목 공유압 및 자동화 시스템

1. 다음 중 유압 펌프의 이상 마모 원인이 아닌 것은?

① 유압 작동유의 열화
② 유압 작동유의 오염
③ 유압 작동유의 종류
④ 유압 작동유의 고온

2. 유량 제어 밸브를 사용해서 실린더 속도를 제어하는 다음 그림의 회로 명칭은?

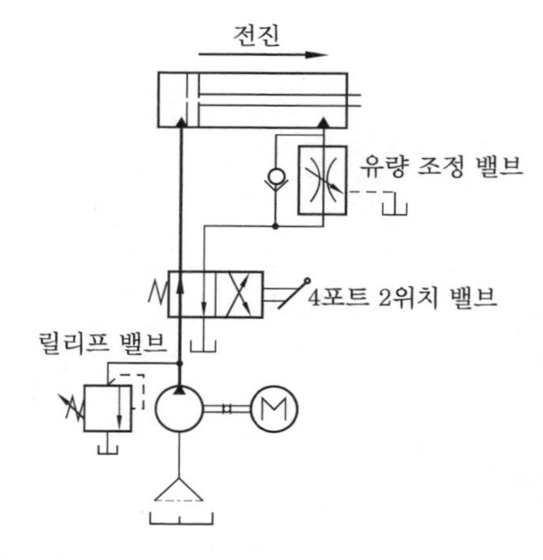

① 미터 아웃 방식 회로
② 미터 인 방식 회로
③ 블리드 오프 방식 회로
④ 블리드 온 방식 회로

해설 미터 – 아웃은 실린더 출구 측에 유량 제어 밸브를 설치한다.

3. 순수한 공압으로 시퀀스 제어 회로를 구성할 때 신호의 간섭을 제거할 수 있는 방법을 열거한 것 중 틀린 것은?

① 방향성 롤러 리밋 스위치의 설치
② 상시 닫힘형의 공압 타이머 설치
③ 캐스케이드 회로의 사용
④ 오버센터 장치를 사용

해설 신호의 간섭을 제거할 수 있는 방법
㉠ 방향성 롤러 리밋 스위치 사용
㉡ N/O형의 타이머 사용
㉢ 캐스케이드 회로의 사용

4. 공기압 조정 유닛의 구성 기기로 적합하지 않은 것은?

① 공압 필터 ② 건조기
③ 압력 조절 밸브 ④ 윤활기

해설 건조기는 공기 청정화 기구이다.

5. 유압 회로에서 유압 작동유를 필요로 하지 않고 실린더가 동작하지 않을 때 유압 작동유를 탱크로 귀환시켜 펌프의 구동력을 절약하는 회로는?

① 미터 아웃 회로
② 무부하 회로
③ 일정 토크 구동 회로
④ 로킹 회로

정답 1. ③ 2. ① 3. ② 4. ② 5. ②

해설 무부하 회로는 장치의 발열이 감소되고, 펌프의 수명을 연장시키며, 장치 효율의 증대, 유온 상승 방지, 압유의 노화 방지 등의 장점이 있다.

6. 유압 장치에서 유압유의 점성이 지나치게 큰 경우에 나타날 수 있는 현상은?

① 각 부품 사이에서 누출 손실이 커진다.
② 부품 사이의 윤활 작용을 하지 못하므로 마멸이 심해진다.
③ 유동의 저항이 급격히 감소한다.
④ 밸브나 파이프를 통과할 때 압력 손실이 커진다.

7. 유체의 교축에서 관의 면적을 줄인 부분의 길이가 단면 치수에 비하여 비교적 긴 경우의 교축을 무엇이라 하는가?

① 오리피스(orifice)
② 다이어프램(diaphragm)
③ 벤투리(venturi)
④ 초크(choke)

해설 오리피스는 관의 길이가 짧은 교축이며, 다이어프램은 격막, 벤투리는 윤활기에서 사용된다.

8. 공압 실린더의 호칭 사항이 아닌 것은?

① 쿠션 유무　② 지지 형식
③ 튜브 안지름　④ 로드 지름

해설 실린더의 호칭법 : 규격 번호 – 지지 형식 – 튜브 안지름 – 쿠션 유무 – 행정 길이

9. 어큐뮬레이터의 사용 목적이 아닌 것은?

① 실린더 추력의 증가
② 일정 압력 유지
③ 충격파 및 진동의 흡수
④ 유압 에너지의 저장

해설 실린더 추력이 증가하려면 압력이 높아져야 하는데 이는 어큐뮬레이터 사용과 관계가 없다.

10. 압력 릴리프 밸브에서 압력 오버라이드는 어떻게 표현되는가?

① 전유량 압력 – 크래킹 압력
② 크래킹 압력 – 전유량 압력
③ 크래킹 압력 ÷ 전유량 압력
④ 전유량 압력 × 크래킹 압력

11. 다음 중 MTTR은 무엇을 의미하는가?

① 신뢰도
② 평균 고장 간격 시간
③ 평균 고장 수리 기간
④ 고장률

12. 서미스터에서 온도의 상승에 따라 저항이 감소하는 요소는?

① PTC　② NTC
③ Pt 100　④ CdS

13. 직류 전동기의 구성 요소로 토크를 발생하여 회전력을 전달하는 요소는? (07년 3회)

① 계자　② 전기자
③ 정류자　④ 브러시

14. 다음 중 릴레이에 의한 제어 시스템과 비교하여 PLC의 특징으로 볼 수 없는 것은?

① 프로그램의 변경으로 제어 동작의 변경이 가능하다.
② 기계적인 접촉이 없으므로 신뢰성이 높다.
③ 고장 발견이 쉽다.
④ 장치 구성에 시간이 많이 소요된다.

정답 6. ④　7. ④　8. ④　9. ①　10. ①　11. ③　12. ②　13. ②　14. ④

15. 미리 정해 놓은 순서에 따라 제어의 각 단계를 차례차례 진행시키는 제어는 어느 것인가?

① 피드백 제어 ② 추종 제어
③ 최적 제어 ④ 시퀀스 제어

16. 스테핑 모터가 사용되는 곳으로 부적절한 것은?

① D/A 변환기
② 디지털 X-Y 플로터
③ 정확한 회전각이 요구되는 NC 공작 기계
④ 큰 힘을 필요로 하는 전동 프레스

17. 신호 발생 요소의 신호 영역을 on-off 표시 방법으로 표현함으로써 각 신호 발생 요소의 작동 상태를 알 수 있는 회로 선도는?

① 제어 선도 ② 래더 다이어그램
③ 기능 선도 ④ 논리도

18. PLC 입출력 모듈에서 절연 회로에 사용되지 않는 것은?

① 포토 커플러 ② 트랜스포머
③ 리드 릴레이 ④ 트라이액

19. 다음 그림과 같이 두 개의 복동 실린더가 한 개의 실린더 형태로 조립되어 있고 실린더의 지름이 한정되고 큰 힘을 요하는 곳에 사용되는 실린더는? (08년 3회)

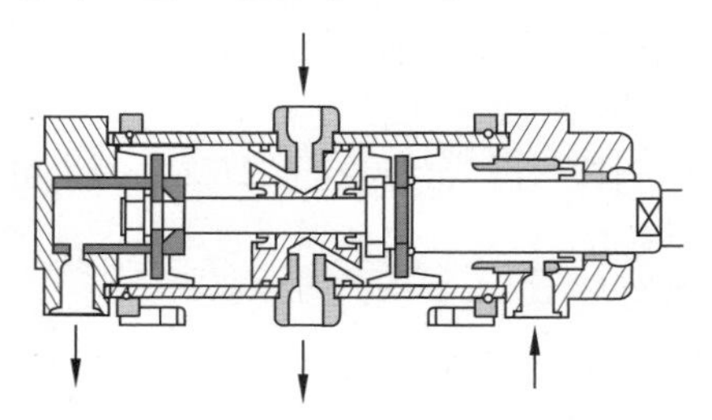

① 탠덤 실린더
② 양 로드형 실린더
③ 쿠션 내장형 실린더
④ 텔레스코프형 실린더

해설 탠덤형 실린더 : 길이 방향으로 연결된 복수의 복동 실린더를 조합시킨 것으로 2개의 피스톤에 압축 공기가 공급되기 때문에 실린더의 출력은 실린더 출력의 합이 되므로 큰 힘이 얻어진다. 또 단계적 출력의 제어도 할 수 있어 직경은 한정되고, 큰 힘이 필요한 곳에 사용된다.

20. 압력이나 변형 등의 기계적인 양을 직접 저항으로 바꾸는 압력 센서는? (08년 3회)

① 서미스터 ② 리니어 인코더
③ 스트레인 게이지 ④ 휘트스톤 브리지

제 2 과목 설비 진단 및 관리

21. 체계적인 설비 관리를 수행함으로써 얻을 수 있는 효과가 아닌 것은?

① 돌발 고장이 증가하나 수리비가 감소한다.
② 설비 고장 시 복구 시간이 단축된다.
③ 작업 능률이 향상되고 생산성이 증대된다.
④ 생산 계획이 달성되고 품질이 향상된다.

22. "설비에 강한 작업자를 육성"하는 목적으로 7단계의 활동 내용을 가지고 있는 TPM의 활동은 무엇인가?

① 개별 개선 ② 자주 보전
③ 계획 보전 ④ 품질 보전

해설 자주 보전은 설비에 강한 작업자를 육성하고 자신의 설비는 자기가 지킨다는 목적으로 초기 청소, 발생된 곤란한 요소 대책, 청

정답 15. ④ 16. ④ 17. ① 18. ④ 19. ① 20. ③ 21. ① 22. ②

소 급유 기준서 작성, 총 점검, 자주 점검, 자주 보전의 시스템화, 철저한 목표 관리 등의 7단계 활동을 가지고 있다.

23. 다음은 컴퓨터를 이용한 설비 배치 기법이다. 자재 운송 비용을 최소화시키기 위한 배치 기법으로 운반 비용은 운반 장비의 효율성과 무관하고 운반 비용은 운반 거리에 비례하여 증가한다는 가정으로 정량적으로 분석하는 기법은?

① CRAFT(Computerized Relative Allocating of Facilities Technique)
② COFAD(Computerized Facilities Design)
③ PLANET(Plant Layout Analysis and Evaluation Technique)
④ CORELAP(Computerized Relationship Layout Planning)

해설 ② COFAD – 장비 효율, ③ PLANET – 정량적, 정성적 입력, ④ CORELAP – 정성적 입력

24. 진동의 측정에서 진동 속도의 단위로 맞는 것은?

① g　② μm
③ mm/s　④ mm/s^2

25. 기계 진동의 방진 대책으로 발생원에 대한 대책과 거리가 먼 것은?

① 가진력을 감쇠시킨다.
② 진동원 위치를 멀리하여 거리 감쇠를 크게 한다.
③ 불평형의 힘이 존재하는 곳을 힘이 균형을 유지하도록 한다.
④ 기초 부분의 중량을 부가하거나 경감한다.

해설 ②는 전파 경로에 대한 대책이다.

26. 보전 작업 표준화의 목적은 보전 작업의 낭비를 제거하여 효율성을 증대시키기 위한 것이다. 다음 중 보전 표준의 종류가 아닌 것은? (10년 2회)

① 작업 표준
② 수리 표준
③ 일상 점검 표준
④ 자재 표준

해설 표준은 크게 설비 점검 표준, 작업 표준, 일상 점검 표준, 그리고 수리 표준으로 구분된다.

27. 진동 측정을 할 때 사용하는 진동 센서의 종류가 아닌 것은?

① 가속도 검출형 센서
② 속도 검출형 센서
③ 변위 검출형 센서
④ 고주파 검출형 센서

28. 설비 진단 기법 중 해당되지 않는 것은 어느 것인가?

① 응력법　② 오일 분석법
③ 진동법　④ 사각 탐상법

29. 다음 용어에 대한 설명 중 틀린 것은?

① 변위란 진동의 상한과 하한의 거리를 말한다.
② 속도란 거리를 몇 초에 지나가는가를 의미한다.
③ 가속도란 단위 시간당 거리의 증가를 말한다.
④ 실효값이란 진동의 에너지를 표현하는 데 적합한 값이다.

해설 가속도란 단위 시간당 속도의 증가를 말한다.

정답 23. ① 24. ③ 25. ② 26. ④ 27. ④ 28. ④ 29. ③

30. 보전 효과를 측정하는 기준 중 틀린 것은?

① 예방 보전 수행률
② 고장 강도율
③ 설비 가동률
④ 제조 원가당 인건비

해설 제조 원가당 인건비, 설비별 가동 시간 분석 등은 설비에 대한 보전 효과를 측정하는 요소가 아니다.

31. 다음 중 진동 차단기의 기본 요구 조건이 아닌 것은?

① 온도, 습도, 화학적 변화에 견딜 수 있어야 한다.
② 강성이 충분히 커야 한다.
③ 차단하려는 진동의 최저 주파수보다 작은 고유 진동수를 가져야 한다.
④ 하중을 충분히 받칠 수 있어야 한다.

해설 강성이 작고 하중을 견딜 수 있어야 한다.

32. 설비 보전 자재 관리의 활동 영역과 거리가 먼 것은?

① 보전 자재 범위 결정
② 구매 또는 제작에 관한 의사 결정
③ 보전 자재 재고 관리
④ 설비 낭비(loss) 관리

33. 음원으로부터 단위 시간당 방출되는 총 음 에너지를 무엇이라고 하는가? (09년 1회)

① 음향 세기 ② 음향 출력
③ 음향 압력 ④ 음장

34. 경제 대안을 수학적으로 비교하는 방법으로 어떤 투자 활동의 수입의 현재(혹은 연간) 등가가 지출의 현재(혹은 연간) 등가와 똑같게 되는 이자율로 경제성을 평가하는 방법은? (08년 3회)

① 자본 회수 기간법
② 수익률 비교법
③ 원가 비교법
④ 이익률법

해설 설비의 경제성 평가 방법
㉠ 비용 비교법 : 비용 비교법은 기계 설비의 1년당 자본 비용과 가동비의 합, 즉 연간 비용을 기초로 설비 투자 정책을 결정하는 방법으로 연간 비용이 적을수록 유리한 설비 투자율로 평가하며, 연평균 비교법과 평균 이자법 등이 있다.
㉡ 자본 회수법 : 설비비를 투자하고, 이를 몇 년간 일정한 금액만큼 균등하게 회수하는 방법으로 시설, 증설 등의 독립 투자에는 적용하기 쉬우나 교체 투자의 경우에는 신중을 요한다.
㉢ MAPI 방식 : 자본 배분에 관련된 투자 순위 결정이 주제이고, 긴급률이라고 불리는 일종의 수익률을 구하여 이의 대소에 따라서 설비자안 상호 간의 우선순위를 평가한다.
㉣ 신 MAPI 방식 : MAPI 방식의 단점을 보완한 방식으로 투자 순위 결정을 위한 긴급 도비율(urgency rating)이라는 비율을 도입하여 신(new) MAPI 방식이라고 명명하였다.

35. 신뢰성의 평가 척도에 관한 설명으로 잘못된 것은?

① 평균 고장 간격이란 전 고장 수에 대한 전 사용 시간의 비이다.
② 평균 고장 시간이란 사용 시간에 대한 평균 고장 시간의 비율이다.
③ 평균 고장 간격은 고장률의 역수이다.
④ 고장률은 일정 기간 중 발생하는 단위 시간당 고장 횟수이다.

해설 평균 고장 시간 : 시스템이나 설비가 사용되어 최초 고장이 발생할 때까지의 평균 시간

정답 30. ④ 31. ② 32. ④ 33. ② 34. ② 35. ②

36. 회전 기계의 간이 진단에서 설비의 열화와 관련해서 속도에 대한 판정 기준을 많이 활용하고 있는 이유에 대한 내용으로 틀린 것은?

① 진동에 의한 설비의 피로는 진동 속도에 비례한다.
② 진동에 의해 발생하는 에너지는 진동 속도의 제곱에 비례한다.
③ 회전수에 관계없이 기준 값을 설정할 수 있다.
④ 인체의 감도는 일반적으로 진동 속도에 반비례한다.

37. 소음을 차단시키기 위하여 차음벽을 설치하였더니 소음이 증가하였다. 소음이 증가하는 요인으로 적당한 것은?

① 차음벽 재료의 강성이 크다.
② 차음벽에 공진이 발생한다.
③ 차음벽의 무게가 무겁다.
④ 차음벽의 내부 댐핑이 크다.

해설 차음벽의 고유 진동수가 소음 주파수와 일치할 때 공진이 발생하며 소음이 증가한다.

38. 기름을 회전체에 떨어뜨려 미립자 또는 분무 상태로 만들어 급유하는 밀폐부의 급유법은? (07년 3회)

① 링 급유법 ② 나사 급유법
③ 중력 급유법 ④ 비말 급유법

해설 비말 급유법 : 기계 일부의 운동부가 기름 탱크 내의 유면에 접촉하여 기름의 미립자 또는 분무 상태로 급유하는 방법

39. 설비 열화를 방지하기 위한 조치로서 부적절한 것은? (05년 1회)

① 전원 스위치를 정기적으로 교체한다.
② 패킹, 실 등을 정기적으로 점검한다.
③ 가동 전에 베어링, 기어 등 회전부에 윤활유를 공급한다.
④ 오일 필터를 규정된 시간마다 정기적으로 교환한다.

40. 설비를 제품별, 공정별 또는 지역별로 나누어 계획과 관리를 담당하는 설비 관리의 조직 형태는?

① 기능별 조직
② 전문 기술별 조직
③ 매트릭스(matrix) 조직
④ 대상별 조직

제 3 과목 공업 계측 및 전기 전자 제어

41. 축전기의 정전 용량을 C[F], 전위차를 V[V], 저장된 전기량을 Q[C]라고 할 때 정전 에너지를 나타내는 식 중 옳지 않은 것은 어느 것인가? (07년 1회)

① $\frac{1}{2}QV$[J] ② $\frac{1}{2}CV^2$[J]
③ $\frac{1}{2}Q^2V$[J] ④ $\frac{Q^2}{2C}$[J]

42. 1차 지연 요소에서 시정수의 응답을 바르게 설명한 것은?

① 시정수가 크면 응답 시간이 길어진다.
② 시정수가 크면 응답 시간이 짧아진다.
③ 시정수는 응답 시간과 무관하다.
④ 시정수가 작으면 응답 시간이 길어진다.

43. 소자 상태에서 트랜지스터의 이미터와 컬렉터 사이의 저항 값은?

① 10Ω ② 20Ω
③ 50Ω ④ ∞Ω

정답 36. ④ 37. ② 38. ④ 39. ① 40. ④ 41. ③ 42. ① 43. ④

44. 전자의 전하량은 얼마인가?

① 9.1×10^{-31}C
② -9.1×10^{-31}C
③ -1.6×10^{19}C
④ -1.6×10^{-19}C

45. 다음 ( )에 알맞은 것으로 나열한 것은 어느 것인가? (07년 3회)

전압의 측정 범위를 늘리기 위하여 (㉠)와 (㉡)로 저항을 접속하여 사용하는데 이러한 목적의 저항을 (㉢)라 한다.

① ㉠ 전압계, ㉡ 직렬, ㉢ 배율기
② ㉠ 전류계, ㉡ 병렬, ㉢ 분류기
③ ㉠ 전압계, ㉡ 병렬, ㉢ 배율기
④ ㉠ 전류계, ㉡ 직렬, ㉢ 분류기

46. 다음에서 전력을 나타내는 단위가 아닌 것은?

① W ② mW
③ kW ④ kWh

47. 다음 중 3상 유도 전동기의 속도 제어법이 아닌 것은? (07년 3회)

① 슬립 제어 ② 극수 제어
③ 주파수 제어 ④ 계자 제어

48. 두 가지 서로 다른 금속선의 양 끝을 상호 융착시켜 회로를 만든 것을 무엇이라 하는가?

① 저항선 ② 열전쌍
③ 서미스터 ④ 바이메탈

49. 다음 그림은 어떤 논리 회로를 나타낸 것인가?

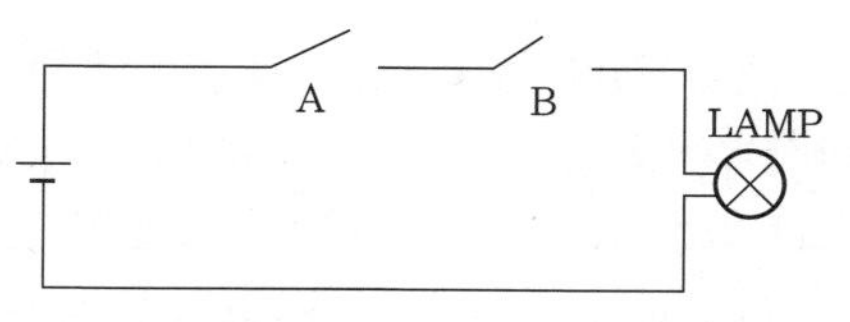

① AND 회로 ② OR 회로
③ NAND 회로 ④ NOR 회로

50. 40Ω의 저항에 5A의 전류가 흐르면 전압은 몇 V인가?

① 8 ② 100
③ 200 ④ 400

해설 $V=IR=5\times40=200$V

51. 제어량에 따른 분류에서 프로세스 제어라고 볼 수 없는 것은?

① 온도 ② 압력
③ 방향 ④ 유량

52. 논리 회로의 불 대수식을 간략화하는 데 사용되는 규칙으로 옳지 않은 것은? (08년 1회)

① $A+1=1$ ② $A\cdot A=A$
③ $A+A=A$ ④ $A\cdot\overline{A}=A$

해설 $A\times\overline{A}=0$

53. 방사선식 액면계 중 방사선 빔(beam)의 차폐 유무의 원리로 2위치 검출 용도로 제작된 액면계는? (09년 3회)

① 추종형
② 정점 감시형
③ 조사형
④ 투과형

해설 정점 감시형 용도 : 방사선식 액면계에서 2위치 검출
㉠ 원리 : 방사선 빔(beam)의 차폐 유무
㉡ 측정 범위 : 한점

정답 44. ④ 45. ① 46. ④ 47. ③ 48. ② 49. ① 50. ③ 51. ③ 52. ④ 53. ②

54. 주기 $T=50\,\text{ms}$이면 주파수(Hz)는 얼마인가?

① 20 ② 60
③ 100 ④ 200

55. 신호 변환기에서 변위 센서로 많이 사용되며, 변위를 전압으로 변환하는 장치는 어느 것인가? (08년 1회 / 08년 3회 / 10년 3회)

① 벨로스 ② 노즐, 플래퍼
③ 차동 변압기 ④ 서미스터

56. 조절기 또는 수동 조작 기기에서 조절 신호를 조작량으로 바꾸어 제어 대상을 움직이는 부분으로 구성된 계측계의 구성 요소는?

① 검출기 ② 전송기
③ 수신기 ④ 조작부

57. 비유전율이 1인 유전체는 어느 것인가?

① 변압기유 ② 진공
③ 자기 ④ 운모

58. 다음 논리 회로 중 두 개의 입력이 모두 "0"일 때에만 출력이 "1"이 되는 회로는?

① NAND 회로 ② NOR 회로
③ AND 회로 ④ OR 회로

59. 출력 특성이 좋고 사용하기 쉬우므로 기계 및 지반 진동에 가장 많이 사용되는 진동 센서는?

① 압전형 가속도 센서
② 동전형 속도 센서
③ 서보형 가속도 센서
④ 와전류형 변위 센서

60. 다음 그림은 제어 밸브 고유 유량 특성에 대한 것이다. ①번 곡선에 해당되는 특성은 어느 것인가?

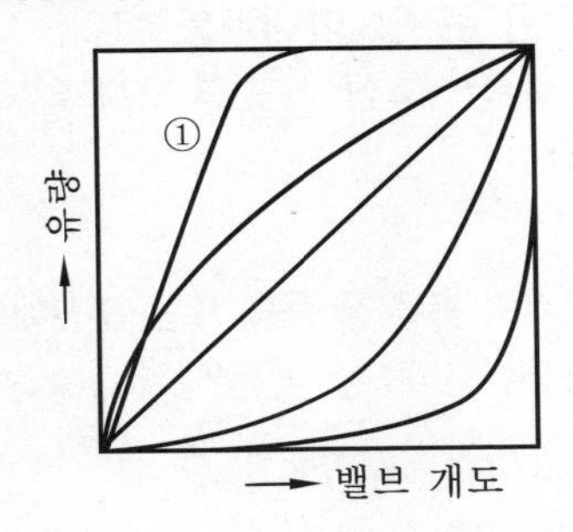

① 리니어 ② 이퀄 퍼센트
③ 퀵 오픈 ④ 하이퍼 볼릭

제 4 과목 기계 정비 일반

61. 체인을 걸 때 이음 링크를 관통시켜 임시 고정시키고 체인의 느슨한 측을 손으로 눌러 보고 조정해야 하는데 아래 그림에서 S－S'가 어느 정도일 때 적당한가? (08년 1회)

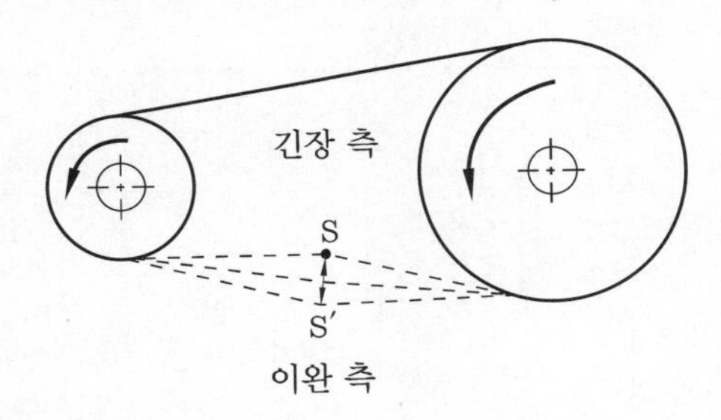

① 체인 폭의 1～2배
② 체인 폭의 2～4배
③ 체인 피치의 1～2배
④ 체인 피치의 2～4배

62. 키 맞춤 시 기본적인 주의 사항으로 틀린 것은?

① 충분한 강도를 검토하여 규격품을 사용한다.

정답 54. ① 55. ③ 56. ④ 57. ② 58. ② 59. ② 60. ③ 61. ② 62. ④

② 키는 측면에 힘이 작용하므로 폭, 치수의 마무리가 중요하다.
③ 키의 각 모서리는 면 따내기를 하고, 양단은 큰 면 따내기를 한다.
④ 키 홈은 축심과 평행되지 않게 가공한다.

63. 접착제의 종류 중 용매 또는 분산매의 증발에 의하여 경화되는 것은?

① 중합제형 접착제
② 유화액형 접착제
③ 열 용융형 접착제
④ 염기성형 접착제

64. 축의 회전수가 1600 rpm일 때 센터링 기준값으로 적정한 것은? (08년 1회)

① 원주간 방향 0.03 mm, 면간 차 0.01 mm
② 원주간 방향 0.06 mm, 면간 차 0.03 mm
③ 원주간 방향 0.08 mm, 면간 차 0.05 mm
④ 원주간 방향 0.10 mm, 면간 차 0.08 mm

해설 센터링 기준값

	센터링 기준		
	RPM	1800까지	3600까지
A : 원주간 방향 B : 면간 차 C : 면간	A B C	0.06 mm 0.03 mm 3~5 mm	0.03 mm 0.02 mm 3~5 mm

65. 이의 맞물림이 원활하여 이의 변형과 진동, 소음이 작고 큰 동력 전달과 고속 운전에 적합한 기어는? (06년 3회/08년 3회)

① 헬리컬 기어(helical gear)
② 스퍼 기어(spur gear)
③ 웜 기어(worm gear)
④ 크라운 기어(crown gear)

66. 더블 너트라고도 하며 처음에 얇은 너트로 조이고 다시 정규 너트를 사용하여 조임하는 체결 방식은? (06년 3회)

① 홈붙이 너트에 의한 방법
② 절삭 너트에 의한 방법
③ 로크너트에 의한 방법
④ 자동 죔 너트에 의한 방법

67. 게이지 압력 0.5 kgf/cm^2의 압력으로 공기를 이송시키고자 한다. 적절한 공기 기계는 어느 것인가?

① 축류식 압축기 ② 통풍기(fan)
③ 원심식 송풍기 ④ 캐스케이드 펌프

68. 보통 밸브 박스가 구형으로 만들어져 있으며 구조상 유로가 S형이고 유체의 저항이 크나 전개(全開)까지의 밸브 리프트가 적어 개폐가 빠른 밸브는?

① 플러그 밸브 ② 버터플라이 밸브
③ 글로브 밸브 ④ 체크 밸브

69. 다음 중 변속기를 분해할 때 유의 사항이 아닌 것은?

① 분해 전 취급 설명서 등을 확인한다.
② 스프링은 분해 전용 공구를 사용한다.
③ 무리한 힘을 가하지 않는다.
④ 가급적 경험에 의존하여 분해한다.

70. 강관의 양 끝에 나사를 절삭하여 관이음을 할 때 많이 사용하는 나사는?

① 톱니 나사 ② 사각 나사
③ 관용 나사 ④ 둥근 나사

정답 63. ② 64. ② 65. ① 66. ③ 67. ③ 68. ③ 69. ④ 70. ③

71. 다음 중 버니어 캘리퍼스의 용도로서 적합하지 않은 것은?

① 물체의 길이 측정
② 구멍의 안지름 측정
③ 구멍의 깊이 측정
④ 나사의 유효지름 측정

72. 다음 중 펌프의 부착 계기가 아닌 것은 어느 것인가?

① 압력 스위치　② 플로트 스위치
③ 리밋 스위치　④ 마그네틱 스위치

73. 다음 중 평행축형 기어 감속기에 사용되는 기어는?

① 스퍼 기어　② 웜 기어
③ 스파이럴 베벨기어　④ 하이포이드 기어

74. 다음 중 정비용 체결용 공구가 아닌 것은 어느 것인가?

① 양구 스패너　② 훅 스패너
③ L－렌치　④ 잭 스크루

75. 3상 220 V 50 Hz용 유도 전동기를 3상 220 V 60 Hz로 사용하면 어떻게 되는가?

① 모터의 회전수가 감소한다.
② 모터가 회전하지 않는다.
③ 모터의 회전수가 증가한다.
④ 모터의 회전수 변화가 없다.

76. 다음 중 리프트 밸브가 아닌 것은?

① 나사박음 글로브 밸브
② 나사박음 앵글 밸브
③ 플랜지형 앵글 밸브
④ 플랜지형 버터플라이 밸브

77. 물의 낙차를 이용하여 흐르는 물을 갑자기 차단함으로써 순간적으로 관 내의 압력이 상승하게 되는데 이와 같이 압력을 이용하여 낮은 곳의 물을 높은 곳으로 퍼올리는 그림과 같은 펌프는?

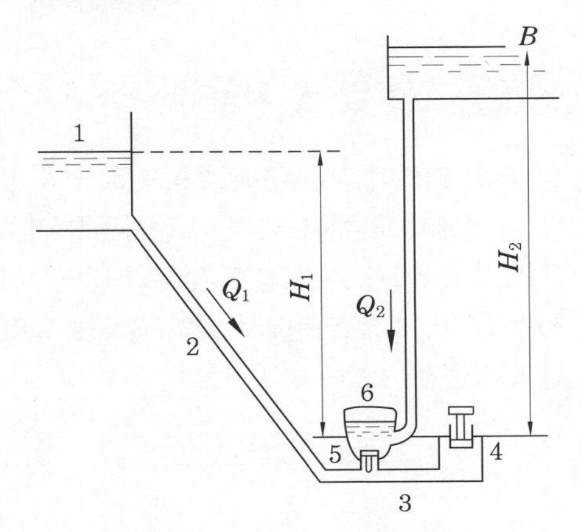

① 수격 펌프　② 베인 펌프
③ 피스톤 펌프　④ 진공 펌프

78. 로크 타이트로 접착되는 곳이 분리되지 않는 경우 그 부분을 몇 ℃ 정도로 가열하면 분리할 수 있는가?

① 80℃　② 100℃　③ 250℃　④ 350℃

79. 볼트 너트에 녹이 발생하여 고착을 일으키는 원인으로 거리가 먼 것은?

① 수분 침투
② 부식성 가스 침투
③ 부식성 액체 혼입
④ 첨가제 혼합 사용

80. 상승된 압력을 직접 도피시켜 계통을 보호하는 밸브는?

① 안전 밸브　② 체크 밸브
③ 유량 밸브　④ 방향 밸브

정답 71. ④ 72. ③ 73. ① 74. ④ 75. ③ 76. ④ 77. ① 78. ③ 79. ④ 80. ①

❖ 2013년 6월 2일 시행

자격종목 및 등급(선택분야)	종목코드	시험시간	문제지형별	수검번호	성 명
기계정비산업기사	**2035**	**2시간**	**A**		

제 1 과목 공유압 및 자동화 시스템

1. 양 끝의 지름이 다른 관에 수평으로 놓여 있다. 왼쪽에서 오른쪽으로 물이 정상류를 이루고 매초 2.8 L가 흐른다. B 부분의 단면적이 20 cm^2이라면 B 부분에서 물의 속도는 얼마나 되겠는가? (08년 3회)

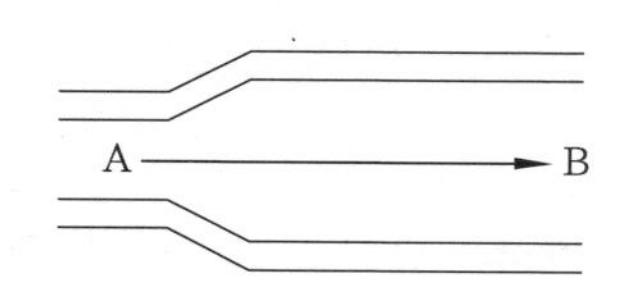

① 14cm/s ② 56cm/s
③ 140cm/s ④ 56m/s

해설 $Q = AV$ $2.8\ L = 2800\ cm^3$
$\therefore\ 2800 \div 20 = 140 cm/s$

2. 실린더의 행정 중 임의의 위치에서 피스톤의 이동을 방지하는 회로는? (08년 3회/11년 2회)

① 미터 인 회로 ② 압력 설정 회로
③ 압력 유지 회로 ④ 로킹 회로

해설 로킹 회로 : 실린더 행정 중에 임의 위치에서, 혹은 행정 끝에서 실린더를 고정시켜 놓을 필요가 있을 때 피스톤의 이동을 방지하는 회로

3. 공기탱크와 공압 회로 내의 공기압을 규정 이상으로 상승되지 않도록 하며 주로 안전 밸브로 사용되는 밸브는?

① 감압 밸브 ② 릴리프 밸브
③ 교축 밸브 ④ 시퀀스 밸브

해설 릴리프 밸브는 직동형 압력 제어 밸브에 보완 장치를 갖춘 것으로 시스템 내의 압력이 최대 허용 압력을 초과하는 것을 방지해 주고, 교축 밸브의 아래쪽에는 압력이 작용하도록 하여 압력 변동에 의한 오차를 감소시키며, 주로 안전 밸브로 사용된다.

4. 유압 실린더를 선정함에 있어서 유의할 사항으로 거리가 먼 것은?

① 부하의 크기 ② 속도
③ 스트로크 ④ 설치 방법

5. 포핏식(poppet type) 방향 전환 밸브의 장점은?

① 밸브의 이동 거리가 길다.
② 밸브의 내부 누설이 작다.
③ 밸브의 조작력을 평형시키기 적당하다.
④ 조작의 자동화가 쉽다.

해설 포핏식은 완전한 밀착이 된다.

6. 실린더의 지지 형식 중 축심 요동형이 아닌 것은?

① 크레비스형(clevis)
② 풋형(foot)
③ 트러니언형(trunnion)
④ 볼형(ball)

해설 풋형은 고정 실린더이다.

7. 윤활유에 사용되는 소포제로 가장 적당한 것은? (11년 2회)

정답 1. ③ 2. ④ 3. ② 4. ④ 5. ② 6. ② 7. ①

① 실리콘유 ② 나프텐계유
③ 파라핀유 ④ 중화수유

해설 소포성(消泡性) : 작동유에는 보통 용적 비율로 5~10 %의 공기가 용해되어 있고 용해량은 압력 증가에 따라 증량한다. 이러한 작동유를 고속 분출시키든가, 압력을 저하시키면 용해된 공기가 분리되어 물거품이 일어나 작동유의 손실뿐만 아니라, 펌프의 작동을 불능케 한다. 작동유 중에 공기가 혼입하면 물의 경우와 마찬가지로 윤활 작용의 저하, 산화 촉진을 야기시키고, 압축성이 증대되어 유압 기기의 작동이 불규칙하게 되며, 펌프에서 공동 현상 발생의 원인이 된다. 그러므로 작동유는 소포성이 좋아야 하고 만일 물거품이 발생하더라도 유조 내에서 속히 소멸되어야 한다. 작동유의 소포제로서 실리콘유가 사용된다.

8. 다음 회로의 속도 제어 방식으로 맞는 것은 어느 것인가?

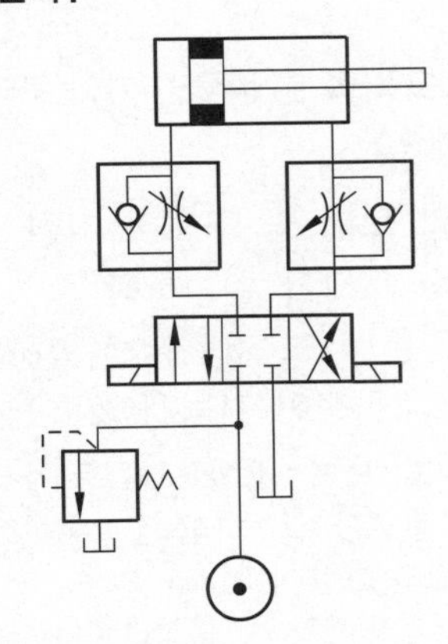

① 미터 – 인 방식
② 블리드 – 오프 방식
③ 미터 – 아웃 방식
④ 카운터 밸런스 방식

해설 미터 – 아웃 회로는 실린더에서 토출되는 유량을 제어하는 회로이다.

9. 공기 저장 탱크의 기능 중 잘못된 것은 어느 것인가? (10년 1회)

① 저장 기능
② 냉각 효과에 의한 수분 공급
③ 공기 압력의 맥동을 제거
④ 압력 변화를 최소화

10. 유압 기기에 적용되는 파스칼 원리에 대한 설명으로 맞는 것은?

① 일정한 부피에서 압력은 온도에 비례한다.
② 일정한 온도에서 압력은 부피와 반비례한다.
③ 밀폐된 용기 내의 압력은 모든 방향에서 동일하다.
④ 유체의 운동 속도가 빠를수록 배관의 압력은 낮아진다.

해설 파스칼의 원리 : 정지된 유체 내의 모든 위치에서의 압력은 방향에 관계없이 항상 같으며, 직각으로 작용한다.

11. 하나의 가공물에 여러 개의 가공 공정이 진행되어야 할 때 가공물을 클램핑, 클램핑 해제 공정이 필요 없이 한 위치에서 연속되는 가공 공정을 수행하는 데 적합한 핸들링 장치는?

① 리니어 인덱스 핸들링
② 로터리 인덱스 핸들링
③ 고정 자동 장치
④ 자동화 라인 장치

해설 로터리 인덱싱(rotary indexing) : 최소 2개 이상의 가공물을 이송하여 반복되는 클램핑, 클램핑 해제 공정이 필요 없이 한 위치에서 연속되는 가공 공정을 완료한다. 따라서 한 공정 사이클 중에 재정리 작업이 필요 없으며 이송과 추출 작업은 마지막 로터리 인덱싱 위치에서 수행되므로 가공 공정의 수는 무의미하다.

정답 **8.** ③ **9.** ② **10.** ③ **11.** ②

12. 유압 시스템에서 기름 탱크 내 유면이 낮을 때 발생하는 현상은?

① 펌프의 흡입 불량
② 실린더의 추력 증대
③ 외부 누설의 증대
④ 토출 유량 감소

13. 유압 기기의 고장 원인이 되는 유압 작동유의 오염의 원인과 거리가 먼 것은?

① 기기의 부식과 녹
② 유압 작동유의 산화
③ 외부로부터 침입하는 고형 이물질
④ 유압 필터의 주기적인 교체

14. 다음 그림은 논리를 전기적으로 표현한 것이다. 어떤 논리에 해당되는가?

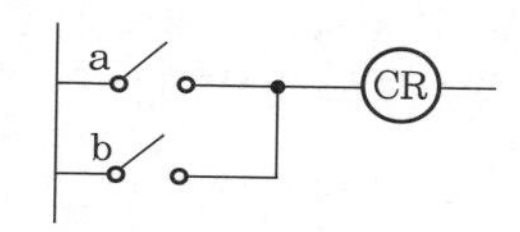

① AND 논리 ② OR 논리
③ NOT 논리 ④ AND OR 논리

해설 OR 논리 : 두 개 입력 신호 중 1개만 만족해도 출력이 발생

15. PLC의 시스템 구축 시 문제가 발생하였을 때 다음 조치 사항 중 틀린 것은?

① 배터리 전압이 저하된 경우 배터리를 교환한다.
② 노이즈 발생 대책으로 접지를 한다.
③ CPU가 해독 불가능한 명령이 포함된 경우는 틀린 명령을 수정한다.
④ 최대 실행이 가능한 입출력 모듈의 개수가 정해진 수량을 초과한 경우 프로그램의 스텝 수를 줄인다.

해설 최대 실행이 가능한 입출력 모듈의 수량을 줄이거나 CPU 모듈을 상위 기종으로 업그레이드한다.

16. 어느 제어계에서 0~10V 아날로그 신호를 센서를 통하여 읽어 들이기 위하여 8비트 A/C 변환기를 사용한다면 아날로그 신호를 몇 V 간격으로 읽어 들일 수 있는가?

① 1.25 ② 0.625
③ 0.078 ④ 0.039

17. 다음 중 광전 스위치의 특징으로 가장 거리가 먼 것은?

① 광도전 효과를 이용한다.
② 검출 거리가 길다.
③ 높은 정밀도를 얻을 수 있다.
④ 금속 물체만 검출이 가능하다.

해설 모든 물체의 검출이 가능하다.

18. 유압 모터의 한 종류인 기어 모터의 특징이 아닌 것은?

① 유압 모터 중 구조가 가장 간단하다.
② 출력 토크가 일정하다.
③ 정밀한 서보 기구에 적합하다.
④ 정·역회전이 가능하다.

해설 기어 모터 : 유압 모터 중 가장 간단하며 출력 토크가 일정하고 정·역회전이 가능하다. 토크 효율이 약 75~85 %, 전 효율은 약 80 % 정도이고 최저 회전수는 150 rpm으로 정밀한 서보 기구에는 부적합하다.

19. 논리 방정식 $X+XY$를 간략하게 하면 어떠한 논리로 대체할 수 있는가?

① 0 ② 1
③ X ④ Y

해설 $X+XY=(1+Y)=X\cdot 1=X$와 같이 된다.

정답 12. ④ 13. ④ 14. ② 15. ④ 16. ④ 17. ④ 18. ③ 19. ③

20. 신호 처리 방식에 따른 제어계의 분류가 옳은 것은?

① 동기 제어계, 비동기 제어계, 논리 제어계, 시퀀스 제어계
② 동기 제어계, 파일럿 제어계, 논리 제어계, 시퀀스 제어계
③ 동기 제어계, 비동기 제어계, 메모리 제어계, 시퀀스 제어계
④ 동기 제어계, 프로그램 제어계, 논리 제어계, 시퀀스 제어계

해설 신호 처리 방식에 따른 제어계의 분류

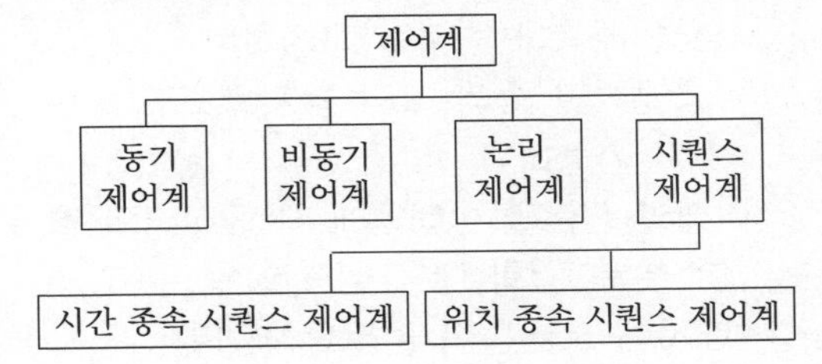

제 2 과목 설비 진단 및 관리

21. 다음 중 윤활유의 점도에 관한 설명이 잘못된 것은?

① 점도란 윤활유가 유동할 때 나타나는 내부 저항의 크기를 나타낸 것이다.
② 동점도는 윤활유의 절대 점도에 윤활유의 밀도를 곱한 값으로 구할 수 있다.
③ 절대 점도를 표시할 때 푸아즈(poise)를 사용한다.
④ 동점도는 스토크스(stokes)를 사용하며 cm^2/s로 나타낸다.

22. PM 초기에 검사 주기를 결정하기 위해 선결되어야 하는 것은?

① 설비 성능 표준 작성
② 프로세스 개선
③ 급유 개소 표시
④ 정확한 자료 축적

23. 다음 중 소음의 크기를 나타내는 단위로 맞는 것은?

① Hz ② dB
③ ppm ④ fc

24. 차음벽의 무게는 중간 이상 주파수 소음의 투과 손실을 결정한다. 무게를 두 배 증가시킬 때 투과 손실은 이론적으로 얼마나 증가하는가? (07년 1회)

① 2 dB ② 6 dB
③ 12 dB ④ 24 dB

해설 이중벽의 차음 특성 : 단일 벽인 경우 질량 법칙에 따라 벽체의 질량이나 주파수가 두 배로 증가하면 투과 손실도 비례하여 6 dB씩 증가하게 된다. 또한, 단일 벽의 두께를 두 배 증가시키면 질량 법칙에 따라 차음 효과는 증가하지만 일치 효과가 저주파수에서 발생하므로 차음 성능의 저하를 초래할 수 있다. 따라서, 두 개의 얇은 벽이라 할지라도 공기층을 사이에 두면 투과 손실은 단일 벽의 2배에 달하며 질량 법칙의 효과뿐만 아니라 높은 차음 효과를 얻을 수 있다.

25. 설비 관리 기능을 일반 관리 기능, 기술 기능, 실시 기능 및 지원 기능으로 분류할 때 일반 관리 기능이라고 볼 수 없는 것은 어느 것인가? (09년 1회)

① 보전 정책 결정 및 보전 시스템 수립
② 자산 관리와 연동된 설비 관리 시스템 수립
③ 보전 업무의 경제성 및 효율성 분석·측정
④ 측정 보전 업무 분석 및 검사 기준 개발

정답 20. ① 21. ② 22. ④ 23. ② 24. ② 25. ④

해설 일반 관리 기능
㉠ 보전 정책 기능
㉡ 보전 조직과 시스템 수립
㉢ 보전 업무의 계획 일정 계획 및 통제
㉣ 보전 요원의 교육 훈련 및 동기 부여
㉤ 보전 자재 관리 및 공구와 보전 설비의 대체 분석
㉥ 보전 업무를 위한 외주 관리
㉦ 공급망 관리(supply chain management)에서의 설비 역할 규명
㉧ 자산 관리와 연동된 설비 관리 시스템 수립
㉨ 예산 관리
㉩ 보전 전산화 계획 및 관리
㉪ 보전 업무의 경제성 및 효율성 분석 측정 및 평가
㉫ TPM에 대한 추진 및 지원

26. 마찰이나 저항 등으로 인하여 진동 에너지가 손실되는 진동의 종류는?

① 자유 진동 ② 감쇠 진동
③ 규칙 진동 ④ 선형 진동

27. 제품별 설비 배치에 대한 특징과 거리가 먼 것은?

① 작업 흐름이 원활하고, 생산 기간이 짧고 작업장 간 거리 축소로 재고 감소, 비용 감소, 생산 통제 용이함
② 하나 또는 소수의 표준화된 제품을 대량으로 반복 생산하는 라인 공정에 적합함
③ 하나의 기계 고장 시에도 유연하게 생산을 수행하며 고임금 기술자가 필요함
④ 작업 흐름은 미리 정해진 패턴을 따라 가며, 각 작업장은 고도로 전문화된 하나의 작업만을 수행함

28. 설비 배치 계획이 필요하지 않은 것은?

① 신제품을 개발할 때
② 공장을 증설할 때
③ 작업 방법을 개선할 때
④ 작업장을 축소할 때

29. 설비 진단 기술을 도입함으로써 얻을 수 있는 일반적인 효과로 보기 어려운 것은?

① 경험적인 지식을 활용하여 설비를 평가하기 때문에 고장의 정도를 정량화 하기 위한 노력이 불필요하다.
② 경향 관리를 실행함으로써, 설비의 수명을 예측하는 것이 가능하다.
③ 돌발적인 중대 고장 방지를 도모하는 것이 가능하다.
④ 정밀 진단을 실행함에 따라 설비의 열화 부위, 열화 내용 정도를 알 수 있기 때문에 오버홀이 불필요해진다.

30. 고장 원인을 분석하기 위하여 많이 쓰이는 방법으로 일명 생선뼈와 같다고 하여 생선뼈 그림이라고도 하는데 특정 문제나 그 상황의 원인을 규명하여 그림으로 보여 줌으로써 문제 해결을 위한 전반적인 흐름을 볼 수 있는 방법으로 맞는 것은?

① 특성 요인 분석법
② 상황 분석법
③ 의사 결정법
④ 변환 기획법

31. 다음 설명 중에서 TPM 특징이 아닌 전통적 관리에 해당하는 것은?

① INPUT 지향, 원인 추구 시스템
② 현장 사실에 입각한 관리
③ 사전 활동, 로스 측정
④ 상벌 위주의 동기 부여

정답 26. ② 27. ③ 28. ① 29. ① 30. ① 31. ④

32. 회전 기계의 이상 현상에서 고주파의 발생에 따른 이상 현상으로 적합한 것은?

① 오일 휩
② 미스얼라인먼트
③ 언밸런스
④ 유체음

33. 고장 정지 또는 유해한 성능 저하를 가져오는 상태를 발견하기 위한 보전은?

① 사후 보전 ② 예방 보전
③ 개량 보전 ④ 보전 예방

34. 설비 보전 조직의 기본형에서 집중 보전의 단점으로 잘못된 것은?

① 보전 요원이 공장 전체에서 작업을 하기 때문에 적절한 관리 감독을 할 수 없다.
② 작업 표준을 위한 시간 손실이 많다.
③ 일정 작성이 곤란하다.
④ 긴급 작업, 새로운 작업의 신속한 처리가 어렵다.

35. 윤활 상태를 표현하는 유체 윤활에 대한 설명으로 적합한 것은?

① 유막에 의하여 윤활면이 완전히 분리되어 베어링 간극 중에서 균형을 이루는 상태
② 유온 상승 혹은 하중의 증가로 점도가 떨어져 유압만으로 하중을 지탱할 수 없는 상태
③ 유막이 파괴되어 금속 간의 접촉이 일어나는 상태
④ 금속에 융착과 소부 현상이 발생하여 극압제인 유기 화합물의 첨가가 필요한 상태

36. 회전 기계에서 발생한 불균형(unbalance)이나 축 정렬 불량(misalignment) 시 널리 사용되는 설비 진단 기법은?

① 진동법
② 페로그래피 진단 기술
③ 오일 SOAP법
④ 응력법

37. 설비의 경제성을 평가하기 위한 방법으로 거리가 먼 것은?

① 자본 회수 기간법
② 수익률 비교법
③ 미래 가치법
④ 원가 비교법

38. 진동 차단 효과는 고유 진동수인 R값에 따라 다르다. 진동 차단 효과가 가장 큰 값으로 맞는 것은? (단, R = 외부 진동 주파수/시스템 고유 진동수)

① 1.4 이하 ② 3~6
③ 6~10 ④ 10 이상

39. 보전용 자재는 재고 품절로 생기는 손실의 대소, 자재 단가, 자재 유지비의 대소 등에 따라 등급을 붙여 중점 관리를 실시한다. 이를 위해 실시하는 분석 기법은?

① ABC 분석 ② PERT/CPM
③ 유입 유출표 ④ 유통도

40. 조직상으로 집중 보전과 같이 한 관리자 밑에 조직되어 있지만 배치상 각 지역에 분산된 형태를 무슨 보전이라고 하는가?

① 지역 보전 ② 부문 보전
③ 절충형 보전 ④ 설비 보전

정답 32. ④ 33. ② 34. ④ 35. ① 36. ① 37. ③ 38. ④ 39. ① 40. ①

제 3 과목 공업 계측 및 전기 전자 제어

41. 0.1 H의 코일에 교류 200 V, 60 Hz 전압을 가하면 유도 리액턴스는 약 몇 Ω인가?

① 12 ② 18.8
③ 37.7 ④ 125.6

해설 $X_L = 2\pi f L$
$= 2 \times 3.14 \times 60 \times 0.1 = 37.7$

42. 직류 전동기의 속도 제어법에 해당되지 않는 것은?

① 계자 제어 ② 저항 제어
③ 전압 제어 ④ 전류 제어

43. 그림과 같은 회로에서 각각의 계기가 100 V, 5 A를 지시할 때 R에서의 소비 전력은 몇 kW인가? (단, 전압계의 내부 저항은 무시한다.)

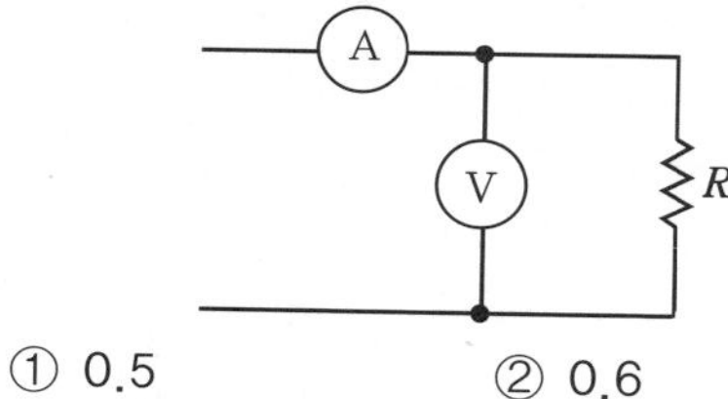

① 0.5 ② 0.6
③ 0.7 ④ 0.8

해설 $100\,\text{V} \times 5\,\text{A} = 500\,\text{W} = 0.5\,\text{kW}$

44. p형 반도체와 n형 반도체를 접합시키면 반송자가 결핍되는 공핍층이 생성된다. Si의 경우 이러한 접합면 사이의 전위차는 얼마인가?

① 0.2 V ② 0.3 V ③ 0.7 V ④ 0.9 V

45. 다음의 열전대 조합에서 가장 높은 온도까지 측정할 수 있는 것은?

① 백금로듐 – 백금
② 크로멜 – 알루멜
③ 철 – 콘스탄탄
④ 구리 – 콘스탄탄

46. 다음 논리 회로에서 입력이 A, B일 때 출력 Y에 나타나는 논리식은?

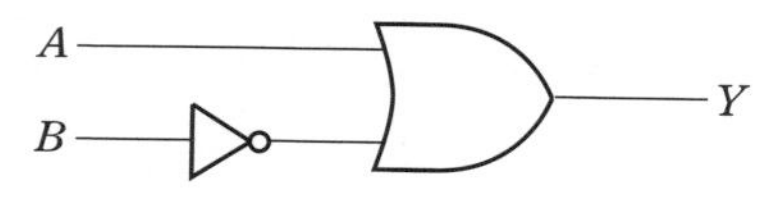

① $A+B$ ② $A \times B$
③ $A \times \overline{B}$ ④ $A + \overline{B}$

47. 통전 중인 변류기를 교체하고자 할 때 어떻게 해야 되는가?

① 1차 측 권선을 개방하고 계기를 바꾼다.
② 1차 측 권선을 단락하고 계기를 바꾼다.
③ 2차 측 권선을 개방하고 계기를 바꾼다.
④ 2차 측 권선을 단락하고 계기를 바꾼다.

48. 클램프 미터(clamp meter)의 용도를 바르게 설명한 것은?

① 교류 전류를 측정할 수 없다.
② 절연 저항을 측정할 수 있다.
③ 반드시 도선을 1선만 클램프시켜 전류를 측정한다.
④ 반드시 도선에 2선을 클램프시켜 전류를 측정한다.

49. 실리콘(Si)의 진성 반도체에 극히 적은 불순물을 혼합하여 N형 반도체를 만들려고 한다. 다음 중 사용할 수 없는 불순물은 어느 것인가?

① 비소(As) ② 인(P)
③ 인듐(In) ④ 안티몬(Sb)

해설 n형 반도체는 4개의 가전자를 갖는 순수 반도체에 비소(As), 인(P), 안티몬(Sb)과 같은 5가의 불순물을 첨가한다.

정답 41. ③ 42. ④ 43. ① 44. ③ 45. ① 46. ④ 47. ④ 48. ③ 49. ③

50. 다음 중 온도에 따라 저항값이 변하는 성질을 이용한 것은?

① 트랜지스터　② SCR
③ 서미스터　④ TRAIC

51. 제어 밸브는 다음 중 어디에 속하는가? (06년 3회 / 09년 3회)

① 변환기　② 조절기
③ 설정기　④ 조작기

52. 2개의 계전기 중에서 먼저 여자된 쪽에 우선순위가 주어지고 다른 쪽의 동작을 금지하는 회로로서, 기기의 보호와 조작자의 안전을 주목적으로 하는 회로는? (07년 3회)

① 자기 유지 회로　② AND 회로
③ 시간 지연 회로　④ 인터로크 회로

53. 다음 중 차압식 유량계가 아닌 것은?

① 오리피스　② 벤투리관
③ 로터미터　④ 피토관

54. 출력 파형이 그림과 같다면 논리 기호는?

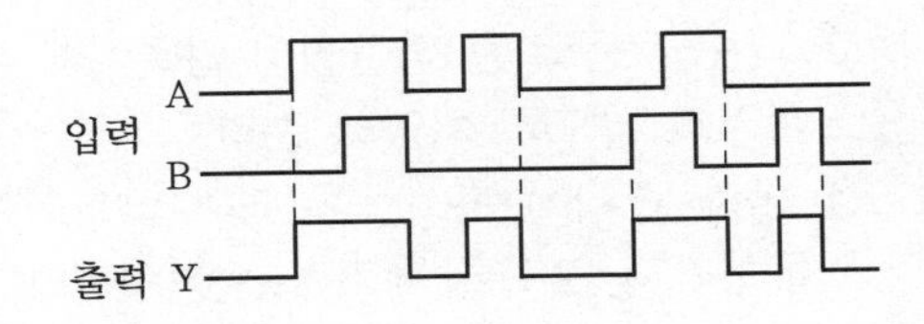

① OR　② AND
③ NOR　④ NAND

55. 천평을 이용하여 물체의 무게를 구할 때 측정량의 크기와 거의 같은 미리 알고 있는 분동을 이용하여 측정량과 분동의 차이로 구하는 방법은?

① 편위법　② 영위법
③ 치환법　④ 보상법

56. 다음 논리 회로도에서 출력되는 X의 값은 어느 것인가? (09년 2회)

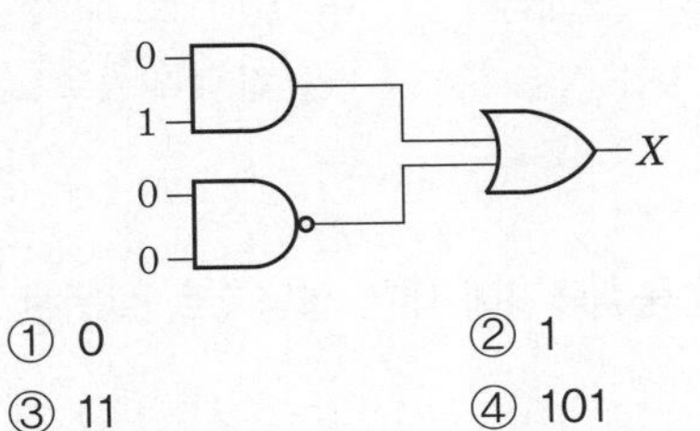

① 0　② 1
③ 11　④ 101

57. 피드백 제어에서 가장 핵심적인 역할을 수행하는 장치는?

① 신호를 전송하는 장치
② 안정도를 증진하는 장치
③ 제어 대상에 부가되는 장치
④ 목표치와 제어량을 비교하는 장치

58. 다음 중 단상 교류 전력 측정법과 가장 관계가 없는 것은?

① 3전압계법　② 3전류계법
③ 단상 전력계법　④ 2전력계법

59. 교류의 정현파에서 주파수가 1 kHz이면 주기는 얼마인가?

① 1 ms　② 1 μs
③ 1 ns　④ 1 ps

60. 공기식 조작부에서 공기량은 일반적으로 조작량에 비례한 몇 kgf/cm^{2}의 공기압이 사용되는가?

① 4~20　② 0.4~5.0
③ 0.2~1.0　④ 0.01~0.1

정답　50. ③　51. ④　52. ④　53. ③　54. ①　55. ④　56. ②　57. ④　58. ④　59. ①　60. ③

제 4 과목 기계 정비 일반

61. 공구 중 규격을 입의 너비의 대변 거리로 나타내지 않는 것은?

① 양구 스패너 ② 편구 스패너
③ 타격 스패너 ④ 멍키 스패너

해설 멍키 스패너는 규격을 전체 길이로 표시한다.

62. 축의 중심내기에 대한 설명으로 잘못된 것은?

① 침형 커플링의 경우 스트레이트 에지를 이용하여 중심을 낸다.
② 체인 커플링의 경우 원주를 4등분한 다음 다이얼 게이지로 측정해서 중심을 맞춘다.
③ 플렉시블 커플링은 중심내기를 하지 않는다.
④ 플랜지의 면간 편차를 측정하여 중심 맞추기를 한다.

해설 플렉시블 커플링도 중심 맞추기를 한다.

63. 펌프 운전 시 기계식 밀봉 부위에서 소음이 발생하는 원인 중 가장 적절한 것은?

① O－링(오링)의 파손
② 섭동면의 열 변형
③ 섭동면의 가공 불량
④ 섭동면의 불충분한 윤활 작용

해설 기계식 밀봉(mechanical seal)에서 섭동면이 윤활 작용이 되지 않으면 소음이 발생한다.

64. 펌프에서 캐비테이션(cavitation)이 발생했을 때 그 영향으로 옳지 않은 것은?

① 소음과 진동이 생긴다.
② 펌프의 성능에는 변화가 없다.
③ 압력이 저하하면 양수 불능이 된다.
④ 펌프 내부에 침식이 생겨 펌프를 손상시킨다.

해설 캐비테이션이 발생되면 압력의 감소에 의하여 성능이 저하된다.

65. 1 m에 대하여 감도 0.05 mm의 수준기로 길이 3 m 베드의 수평도 검사 시 오른쪽으로 3눈금 움직였다면 이때 베드의 기울기는 얼마인가?

① 오른쪽이 0.15mm 높다.
② 왼쪽이 0.3mm 높다.
③ 오른쪽이 0.45mm 높다.
④ 왼쪽이 0.75mm 높다.

해설 기울기＝감도(mm)×눈금 수×전 길이(m)
＝0.05×3×3=0.45mm

66. 공기 압축기의 흡입 관로에 설치하는 스트레이너(strainer)의 설치 목적으로 맞는 것은?

① 빗물이 스며들어 압축기에 들어가지 않도록 차단해 준다.
② 배관의 맥동으로 소음이 발생하는 것을 방지하기 위한 장치이다.
③ 나뭇잎 등의 큰 이물질이 압축기에 들어가지 않도록 차단해 준다.
④ 공기 중의 수분이 응축되어 압축기에 들어가지 않도록 제거하는 장치이다.

해설 스트레이너는 나뭇잎 등의 큰 이물질이 압축기에 들어가지 않도록, 돌 등이 펌프에 혼입되지 않도록 차단해 주는 장치이다.

67. 다음 중 가열 끼움 시 가열 온도로 가장 적당한 것은?

① 50~100℃ 이하
② 100~150℃ 이하

정답 61. ④ 62. ③ 63. ④ 64. ② 65. ③ 66. ③ 67. ③

③ 200~250℃ 이하
④ 300~350℃ 이하

68. 압축기 부품에서 밸브의 취급 불량에 의한 고장이라고 볼 수 없는 것은?

① 그랜드 패킹의 과다 조임
② 볼트의 조임 불량
③ 시트의 조립 불량
④ 스프링과 스프링 홈의 부적당

69. 압력 배관용 탄소 강관에서 스케줄 번호(schedule no)는 무엇을 나타내는가?

① 관의 바깥지름　② 관의 안지름
③ 관의 길이　④ 관의 두께

70. V 벨트나 풀리의 홈 크기에 대한 규격 중 단면이 가장 큰 것은?

① M형　② A형
③ E형　④ Y형

해설 V 벨트 종류에는 M, A, B, C, D, E의 여섯 가지가 있다. V 벨트 풀리의 홈 모양의 크기는 V 벨트의 종류와 마찬가지로 M, A, B, C, D, E의 여섯 가지 규격으로 규정하고 있다. 홈의 각도는 V 벨트 크기에 따라 달라진다. 홈은 V 벨트의 수명과 전동 효율에 큰 영향을 주므로 정밀하게 다듬질되어야 한다.

71. 왕복 피스톤 압축기를 많이 사용하는 이유 중 가장 적합한 것은?

① 설치 면적이 작다.
② 윤활이 쉽다.
③ 대용량이다.
④ 고압 발생이 쉽다.

해설 왕복식 압축기는 고압 발생이 가능한 장점이 있지만, 설치 면적이 넓고 윤활이 어려운 단점이 있다.

72. 원주면에 홈이 있는 원판상 회전체를 케이싱 속에서 회전시켜 이것이 접촉하는 액체를 유체 마찰에 의한 압력 에너지를 주어 송출하는 펌프는?

① 분류 펌프　② 수격 펌프
③ 마찰 펌프　④ 횡축 펌프

해설 마찰 펌프는 구조가 간단하고 제작이 쉬우며 소형에 적당하고 유량이 적은 편이다. 구조상 접촉 부분이 없으므로 운전 보수가 쉬우며 효율이 낮은 편이다.

73. 3상 유도 전동기의 구조에 속하지 않는 것은? (10년 2회)

① 회전자 철심　② 고정자 철심
③ 고정자 권선　④ 정류기

74. 소음과 진동이 적고 역전을 방지하는 기능을 가지고 있으나 효율이 낮고 호환성이 없는 기어로 맞는 것은?

① 스퍼 기어　② 베벨 기어
③ 웜 기어　④ 하이포이드 기어

해설 웜 기어는 감속비가 매우 커서 8~100까지도 가능하며 소음과 진동이 적고 역전을 방지하는 기능이 있다. 그러나 효율이 낮고 호환성이 없으며 값이 비싼 단점이 있다.

75. 관의 이음에서 신축 이음(flexible joint)을 하는 이유로 부적당한 것은?

① 온도 변화에 따라 열팽창에 대한 관의 보호
② 열 영향으로부터 관을 보호
③ 배관 측의 변위 고정, 진동에 대한 관의 보호
④ 매설관 등 지반의 부동침하에 따른 관의 보호

해설 신축 이음을 하는 이유

정답 68. ① 69. ④ 70. ③ 71. ④ 72. ③ 73. ④ 74. ③ 75. ③

㉠ 열에 의한 관의 수축 허용
㉡ 팽창 열응력으로부터 관의 보호
㉢ 축 방향의 과도한 응력 발생 방지
㉣ 매설관 등 지반의 부동침하에 따른 관의 보호

76. 밸브에 대한 설명으로 옳은 것은?

① 글로브 밸브는 밸브 박스가 구형으로 되어 있고 밸브의 개도를 조절해서 교축 기구로 쓰인다.
② 슬루스 밸브는 유체의 역류를 방지하기 위한 밸브이며 리프트식과 스윙식이 있다.
③ 체크 밸브는 전두부(핸들)를 90도 회전시킴으로써 유로의 개폐를 신속히 할 수 있다.
④ 콕(cock)은 밸브 박스의 밸브 시트와 평행으로 작동하고 흐름에 대해 수직으로 개폐를 한다.

해설 ② 체크 밸브는 유체의 역류를 방지하기 위한 밸브로 리프트식과 스윙식이 있다.
③ 콕은 핸들을 90° 회전시킴으로써 유로의 개폐를 신속히 할 수 있는 밸브이다.
④ 슬루스 밸브는 밸브 박스의 밸브 시트와 평행으로 작동하고 흐름에 대해 수직으로 칸막이를 해서 개폐를 하는 밸브이다.

77. 펌프의 흡입관 배관에 대한 설명 중 틀린 것은?

① 흡입관에서 편류나 와류가 발생치 못하게 한다.
② 흡입관 끝에 스트레이너를 사용한다.
③ 관 내 압력은 대기압 이상으로 공기 누설이 없는 관이음으로 한다.
④ 배관은 공기가 발생치 않도록 펌프를 향해 1/50 정도의 올림 구배를 한다.

78. 플렉시블 커플링에 대한 설명으로 틀린 것은?

① 두 축이 일직선상에 일치하는 경우에 사용한다.
② 완충 작용이 필요한 경우에 사용한다.
③ 그리드 플렉시블 커플링은 스틸 플렉시블 커플링이라고도 한다.
④ 고무 커플링은 방진고무의 탄성을 이용한 커플링이다.

해설 플렉시블 커플링은 두 축이 정확히 일치하지 않는 경우, 급격히 힘이 변화하는 경우, 완충 작용과 전기 절연 작용이 필요한 경우에 사용한다.

79. 다음 중 볼트의 호칭 길이를 나타내는 것은 어느 것인가?

① 머리 부분에서 선단까지의 길이
② 선단에서 불완전 나사부까지의 길이
③ 머리부를 제외한 전체 길이
④ 선단에서 완전 나사부까지의 길이

해설 ④는 나사부 유효 길이를 나타낸다.

80. 기어의 언더컷 방지에 대한 설명으로 틀린 것은?

① 이 높이를 높게 제작한다.
② 압력각을 증가시킨다.
③ 한계 잇수 이상으로 제작한다.
④ 전위 기어를 만들어 사용한다.

정답 76. ① 77. ③ 78. ① 79. ③ 80. ①

❖ 2013년 8월 18일 시행

자격종목 및 등급(선택분야)	종목코드	시험시간	문제지형별	수검번호	성 명
기계정비산업기사	2035	2시간	A		

제1과목 공유압 및 자동화 시스템

1. 건설 기계 중 굴삭기는 붐 실린더나 버킷 실린더가 정지된 상태에서 굴삭기가 회전하는 경우가 있다. 4/3-way 밸브를 사용한다면 중간 정지가 가능한 중립 위치의 형식은?

① 펌프 클로즈드 센터형(pump closed center type)
② 오픈 센터형(open center type)
③ 클로즈드 센터형(closed center type)
④ 오픈 탠덤 센터형(open tandem center type)

2. 공기압 기기 중 서비스 유닛에 있는 압력 조절기에 대한 설명으로 맞는 것은?

① 압력 조절기는 방향 전환 밸브의 일종이다.
② 일정 압력 이상이 되어야 순차적으로 동작되는 밸브이다.
③ 높은 압력의 1차 측 압력을 2차 측에서 설정압에 맞게 일정한 저압으로 조절한다.
④ 설정 압력보다 낮은 압력이 1차 측에 공급되면 설정 압력이 출력된다.

해설 압력 조절기는 공기의 압력을 사용 공기압 장치에 맞는 압력으로 공급하기 위해 사용된다.

3. 로킹 회로는 액추에이터 작동 중에 임의의 위치에 정지 또는 최종 단계에 로크(lock)시켜 놓은 회로이다. 다음 그림의 로킹을 위하여 사용한 밸브는?

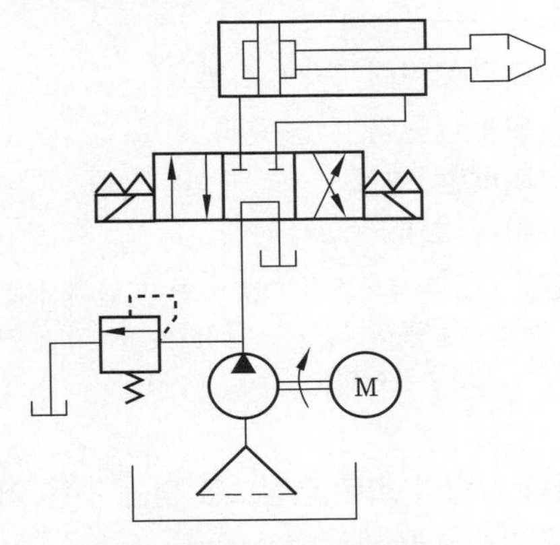

① 올 포트 블록형 변환 밸브
② 탠덤 센터형 변환 밸브
③ PB 포트 블록형 변환 밸브
④ 파일럿 조작 체크 밸브

해설 탠덤 센터형(센터 바이패스형) 변환 밸브를 사용한 회로이다.

4. 공기 압축기의 설치 조건으로 적합하지 않은 것은?

① 지반이 견고한 장소에 설치하여 소음, 진동을 예방한다.
② 고온, 다습한 장소에 설치하여 드레인 발생을 많게 한다.
③ 빗물, 바람, 직사광선 등에 보호될 수 있도록 한다.
④ 예방 정비가 가능하도록 공간을 확보한다.

정답 1. ③ 2. ③ 3. ② 4. ②

5. 다음 회로도의 명칭으로 가장 적합한 것은?

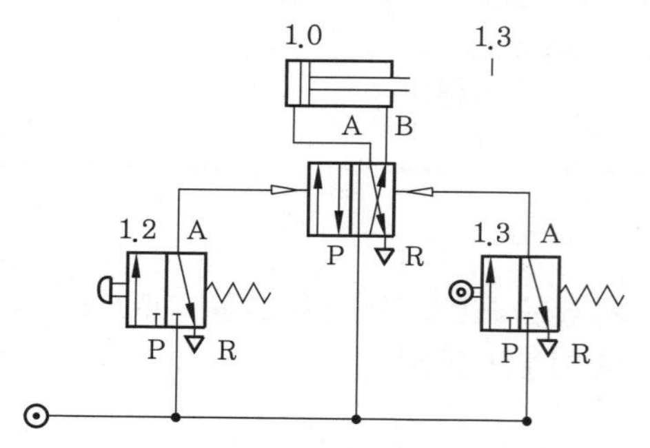

① 단동실린더 전진 회로
② 복동실린더 자동복귀 회로
③ 미터인 회로
④ 차동 회로

해설 1.5 푸시버튼을 ON 하면 실린더가 전진하고 1.3 롤러 리밋 스위치가 ON 되면 자동적으로 후진한다.

6. 다음 그림의 회로 명칭으로 맞는 것은 어느 것인가? (11년 1회)

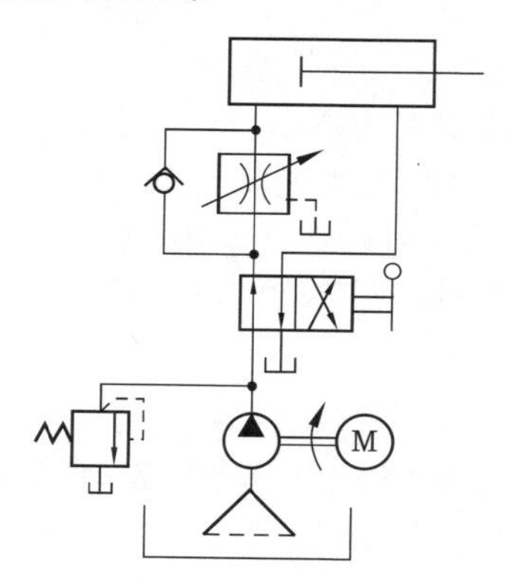

① 미터 – 아웃 회로
② 미터 – 인 회로
③ 블리드 – 아웃 회로
④ 블리드 – 인 회로

해설 미터 인 회로는 실린더에 직렬로 유량 제어 밸브를 실린더의 입구 측에 달아 유량을 조절하며, 항상 실린더의 소요 유량 이상의 압유를 송출해야 한다. 속도 제어에 필요한 압유 이외의 기름은 릴리프 밸브를 통해 탱크로 돌아간다. 실린더에 인장하중의 작용 시 카운터 밸런스 회로를 필요로 하며, 전진 운동 시 실린더에 작용하는 부하 변동에 따라 속도가 달라진다.

7. 유압 구동 기구의 제어 밸브가 아닌 것은?

① 방향 제어 밸브 ② 회로 지시 밸브
③ 유량 제어 밸브 ④ 압력 제어 밸브

해설 제어 밸브에는 압력 제어 밸브, 유량 제어 밸브, 방향 제어 밸브가 있다.

8. 공압에서 사용되는 압축 공기에는 오염된 물질이 혼입되는 경우가 있다. 시스템 외부에서 혼입되는 오염 물질로 볼 수 없는 것은?

① 먼지(분진, 매연, 모래먼지 등)
② 유해 가스(황화수소, 아황산가스 등)
③ 파이프의 부식물(필터의 부스러기, 마모분 등)
④ 유해 물질(습기, 염분 등)

해설 파이프의 부식물은 시스템 내부에서 혼입된다.

9. 다음 중 유압 실린더의 호칭법에 속하지 않는 것은?

① 지지 형식의 기호 ② 로드 무게
③ 최고 사용 압력 ④ 행정 길이

해설 로드 지름은 기호로 나타내고, 무게는 표시하지 않는다.

10. 실린더에 적용된 사양이 다음과 같을 때 실린더의 전진 추력은 얼마인가? (단, 피스톤 지름 10 cm, 공급 압력 1000 kPa, 로드 지름 2 cm이며, 배압은 작용하지 않는다.)

① 250π[N] ② 500π[N]
③ 2500π[N] ④ 5000π[N]

정답 5. ② 6. ② 7. ② 8. ③ 9. ② 10. ③

해설 $F = P_1 A_1$ 에서 $P_1 = 10\,\text{bar} = 1{,}000{,}000\,\text{Pa}$
$= 1{,}000{,}000\,\text{N/m}^2,\ A_1 = \frac{\pi}{4} \times 10^2\,\text{cm}^2$

11. 직류 전동기가 회전 시 소음이 발생하는 원인으로 틀린 것은?

① 정류자 면의 높이 불균일
② 정류자 면의 거칠음
③ 전동기의 무부하 운전
④ 축받이의 불량

12. 저항 변화형 센서가 아닌 것은?

① 스트레인 게이지 ② 리드 스위치
③ 서미스터 ④ 퍼텐쇼미터

13. 전동기 구동 동력이 부족할 때 발생하는 현상은? (10년 1회)

① 실린더 추력이 감소된다.
② 작동유가 과열된다.
③ 토출 유량이 많아진다.
④ 유압유의 점도가 높아진다.

14. 공압 회전 액추에이터 중 피스톤형 요동 액추에이터에 속하지 않는 것은?

① 래크와 피니언형 ② 스크루형
③ 베인형 ④ 크랭크형

15. 제어계 중 시간과 관계된 신호에 의해서만 제어가 행해지는 것은?

① 동기 제어
② 비동기 제어
③ 위치 종속 시퀀스 제어
④ 논리 제어

16. 일상 용어와 가까운 니모닉으로 작성한 소스 프로그램을 기계어로 바꾸는 번역기(번역 프로그램)를 무엇이라 하는가? (11년 1회)

① 파스칼 ② 베이직
③ 어셈블러 ④ 에디터

해설 베이직과 파스칼은 소스 프로그램을 작성하기 위한 언어이며, 에디터는 일종의 프로그램 편집기이다.

17. 다음의 기호가 나타내는 것은?

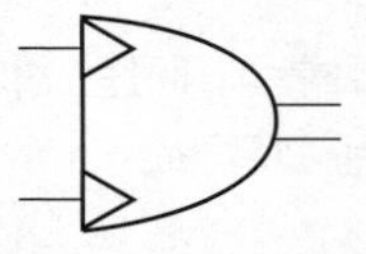

① 요동형 공기압 액추에이터
② 요동형 공기압 펌프
③ 요동형 유압 모터
④ 요동형 공기압 압축기

18. 0~5 V 사이의 아날로그 입력을 8 bit 출력으로 변환할 때 아날로그 입력이 2 V라면 디지털 출력값은 얼마인가?

① 20 ② 51
③ 102 ④ 204

해설 8 bit 사용 시 분해능 $= 2^8 = 256$이며, 최댓값인 5V까지 변화하기 위한 최소 전압값의 변화 $= \frac{5}{256} = 0.01953$이 되고 입력 2V를 나타내기 위해서는 $\frac{2}{0.01953} \fallingdotseq 102.4$가 된다.

19. PLC의 성능이나 기능을 결정하는 중요한 프로그램으로 PLC 제작 회사에서 직접 ROM에 써 넣는 것은? (11년 1회)

① 데이터 메모리
② 수치 연산 제어 메모리
③ 시스템 메모리
④ 사용자 프로그램 메모리

정답 11. ③ 12. ② 13. ① 14. ③ 15. ① 16. ③ 17. ① 18. ③ 19. ③

20. 설비 개선의 사고법의 종류에 속하지 않는 것은?

① 기능의 사고법
② 바람직한 모습의 사고법
③ 결함의 사고법
④ 조정, 조절화의 사고법

제 2 과목 설비 진단 및 관리

21. 설비 효율화를 저해하는 최대 요인의 로스(loss)로 맞는 것은? (03년 3회)

① 고장 로스 ② 조정 로스
③ 속도 로스 ④ 불량 로스

22. 가속도계를 기계에 설치하려 하나 드릴이나 탭을 사용하여 구멍을 뚫을 수 없을 때 사용하는 센서 고정법으로 고정이 빠르고, 장기적 안정성이 좋으나 먼지와 습기는 접착에 문제를 일으킬 수 있고, 가속도계를 분리할 때 구조물에 잔유물이 남을 수 있는 방법은?

① 에폭시 시멘트 고정
② 마그네틱 고정
③ 손 고정
④ 절연 고정

23. 제품의 크기, 무게 및 기타 특성 때문에 제품 이동이 곤란한 경우에 생기는 배치 형태로 자재, 공구, 장비 및 작업자가 제품이 있는 장소로 이동해 와서 작업을 수행하는 설비 배치의 형태는?

① 공정별 배치 ② 제품별 배치
③ 제품 고정형 배치 ④ 혼합형 배치

24. 회전 기계의 열화 시 발생되는 주파수 특성에서 언밸런스(unbalance)에 의한 특성으로 맞는 것은?

① 휨 축이거나 베어링의 설치가 잘못되었을 때 나타난다.
② 축의 회전 주파수 f와 그 고주파 성분($2f$, $3f$, …)이 나타난다.
③ 회전 주파수의 $1f$ 성분의 탁월 주파수가 나타난다.
④ 회전 주파수의 분수 주파수 성분($1/2f$, $1/3f$, $1/4f$ …)이 나타난다.

25. 집중 보전에 대한 특징(장·단점)으로 잘못된 것은?

① 보전 요원의 기동적인 활용이 가능하다.
② 전(全) 공장적인 판단으로 중점 보전이 수행될 수 있다.
③ 공장에서도 보행의 손실이 적다.
④ 직종 간의 연락이 좋고, 공사 관리가 쉽다.

26. 진동 시스템에 대한 댐핑 처리의 효과가 크지 않은 것은?

① 시스템이 그의 고유 진동수 강제 진동을 하는 경우
② 시스템이 많은 주파수 성분을 갖는 힘에 의해서 강제 진동되는 경우
③ 시스템이 충격과 같은 힘에 의해서 진동되는 경우
④ 시스템을 지지한 댐핑(damping) 재료가 공진할 경우

27. 유틸리티 설비와 관계없는 것은?

① 원수 취수 펌프 ② 보일러
③ 공기압축기 ④ 호이스트

정답 20. ③ 21. ① 22. ① 23. ③ 24. ③ 25. ③ 26. ④ 27. ④

28. 금속 가공유에 속하지 않는 것은?

① 절삭유 ② 연삭유
③ 압연유 ④ 방청유

29. 소리(음)가 서로 다른 매질을 통과할 때 구부러지는 현상은?

① 음의 반사 ② 음의 간섭
③ 음의 굴절 ④ 마스킹 효과

30. 회전 기계의 진단 방법으로 가장 폭넓게 많이 이용되는 것은?

① 진동법 ② 오일 분석법
③ 응력법 ④ 음향법

31. 기계 설비의 진동을 측정할 때 진동 센서의 부착 위치가 올바른 것은? (09년 3회)

① 베어링 하우징 부위
② 커플링의 연결 부위
③ 플라이 휠(fly wheel)의 외주 부위
④ 맞물림 기어의 구동 부위

해설 커플링, 플라이 휠, 기어 구동부에는 센서를 설치할 수 없으므로 인접한 베어링부 또는 움직이지 않는 부분에 설치하여 측정한다.

32. 경제 대안의 평가를 위한 방법으로 자본 사용의 여러 가지 방법에 대하여 창출되는 수입 액수를 기준으로 평가하는 기법이다. 즉, 미래의 모든 비용의 현재 가치와 미래의 모든 수입의 현재 가치를 같게 하는 방법은?

① 현가액법 ② 연차등가액법
③ 회수기간법 ④ 수익률법

33. TPM 관리와 전통적 관리의 차이점 중 TPM 관리에 속하지 않는 것은?

① input 지향
② 원인 추구 시스템
③ 전사적 조직과 전사원 참여
④ 문제를 해결하려는 접근 방법

34. 윤활유가 갖추어야 할 성질이 아닌 것은?

① 충분한 점도를 가질 것
② 한계 윤활 상태에서 견디어 낼 수 있을 것
③ 화학적으로 활성이고 안정할 것
④ 청정하고 균질할 것

35. 회전체의 회전수와 동일한 주파수를 나타내는 것은?

① 축정렬 불량(misalignment)
② 불평형(unbalance)
③ 풀림(looseness)
④ 베어링 불량

36. 설비 보전 조직을 구성할 때 고려할 사항이 아닌 것은?

① 제품의 특성을 고려하여야 한다.
② 설비의 특징을 고려하여야 한다.
③ 설비 조작 인력의 출신지를 고려하여야 한다.
④ 공장의 규모와 지리적 조건을 고려하여야 한다.

37. 유용도는 부하 시간에서 설비가 실제로 얼마나 가동되는가를 나타내는 것으로 설비의 고유 유용도(inherent availability)라고 한다. 다음 중 유용도 함수(A)를 정확히 나타낸 수식은 어느 것인가? (단, MTTR = mean time to repair, MTBF = mean time between failure, MTBM = mean time between maintenance,

정답 28. ④ 29. ③ 30. ① 31. ① 32. ④ 33. ④ 34. ③ 35. ② 36. ③ 37. ③

MTFF = mean time to first failure이다.)

① $A = \frac{MTTR}{MTTR + MTBF}$

② $A = \frac{MTFF}{MTFF + MTTR}$

③ $A = \frac{MTBF}{MTBF + MTTR}$

④ $A = \frac{MTBM}{MTBM + MTTR}$

38. 설비 진단 기술의 기본 시스템 구성에서 간이 진단 기술이란? (10년 2회)

① 현장 작업원이 사용하는 설비의 제1차 건강 진단 기술
② 전문 요원이 실시하는 스트레스 정량화 기술
③ 작업원이 실시하는 고장 검출 해석 기술
④ 전문 요원이 실시하는 강도, 성능의 정량화 기술

해설 간이 진단 기술 : 1차 건강 진단에 해당하는 것으로 설비의 상태를 사람의 오감을 통해서 관찰 또는 간단한 간이 진동 측정기를 가지고 설비의 상태를 정기적으로 측정하는 것

39. 설비의 신뢰성 설계 시 풀 프루프(fool proof) 방식이란 무엇인가?

① 고장이 일어나면 안전 측에 표시하는 설계
② 오조작하면 작동되지 않는 설계
③ 최소 비용으로 하는 설계 방식
④ 스트레스에 대한 고려

40. 자주 보전을 추진하기 위한 7단계로 맞는 것은?

① 초기 청소 – 점검·급유 기준 작성 – 발생원 곤란 개소 대책 – 총 점검 – 자주 보전의 시스템화 – 자주 점검 – 자주 관리의 철저
② 초기 청소 – 점검·급유 기준 작성 – 발생원 곤란 개소 대책 – 자주 점검 – 총 점검 – 자주 보전의 시스템화 – 자주 관리의 철저
③ 초기 청소 – 발생원 곤란 개소 대책 – 점검·급유 기준 작성 – 총 점검 – 자주 점검 – 자주 보전의 시스템화 – 자주 관리의 철저
④ 초기 청소 – 발생원 곤란 개소 대책 – 점검·급유 기준 작성 – 자주 보전의 시스템화 – 자주 점검 – 총 점검 – 자주 관리의 철저

제 3 과목 공업 계측 및 전기 전자 제어

41. 다음 중 셰이딩 코일형 전동기의 특성이 아닌 것은? (09년 3회)

① 구조가 간단하다.
② 회전 방향을 바꿀 수 있다.
③ 효율이 좋지 않다.
④ 기동 토크가 매우 작다.

42. 용량이 같은 2 μF의 콘덴서 2개를 직렬로 연결했을 때의 합성 용량(μF)은?

① 1 ② 2
③ 3 ④ 4

43. 다음 중 각도 검출용 센서가 아닌 것은 어느 것인가? (08년 1회/09년 2회)

① 퍼텐쇼미터(potentiometer)
② 싱크로(synchro)
③ 로드 셀(load cell)

정답 38. ① 39. ② 40. ③ 41. ② 42. ① 43. ③

④ 리졸버(resolver)

해설 로드 셀은 스트레인 게이지를 붙여 사용하기 곤란한 경우에 범용적으로 사용하기 위해 제작된 물체 중량을 측정하는 변환기이다.
각도 검출용 센서에는 퍼텐쇼미터, 싱크로, 리졸버, 로터리 인코더가 있다.

44. 측정량과 일정한 관계가 있는 몇 개의 양을 측정하고 이로부터 계산에 의하여 측정값을 유도해 내는 측정법은?

① 직접 측정
② 간접 측정
③ 비교 측정
④ 절대 측정

45. 계측기의 측정량을 증가시킬 때와 감소시킬 때 동일 측정량에 대하여 지시값이 다른 경우의 오차는?

① 비직선성 오차
② 히스테리시스 오차
③ 정상 상태 오차
④ 동오차

46. 유체의 흐름 속에 회전자 날개를 설치하여 유량을 검출하는 유량계는?

① 초음파식 유량계
② 터빈식 유량계
③ 와류식 유량계
④ 용적식 유량계

47. 10 kW 이하의 소용량 농형 유도 전동기에 정격 전압을 가하면 기동 전류는 정격 전류의 몇 배가 흐르는가?

① 1~2배 ② 3~4배
③ 4~6배 ④ 7~10배

48. 검출 대상 물체가 검출면 가까이 왔을 때 검출 신호를 출력하는 비접촉식 검출 스위치는?

① 플로트레스 스위치
② 근접 스위치
③ 리밋 스위치
④ 온도 스위치

49. 논리식 $A \cdot \overline{A}$의 결과는?

① 0 ② 1
③ A ④ $\overline{A}$

50. 계측계의 조작부 구성에서 조작 신호에 따라 응답성이 좋고 큰 조작력을 가지고 있는 것은?

① 전기식 ② 유압식
③ 공기식 ④ 냉동식

51. 입력 신호가 서로 다른 경우에만 출력이 나타나는 조합 논리 회로는?

① NAND 회로 ② EX－OR 회로
③ EX－NOR 회로 ④ AND 회로

52. 어떤 금속의 전기 저항이 20℃일 때 50Ω이었다면 금속을 가열하여 30℃일 때의 전기 저항은 몇 Ω인가? (단, 이 금속의 온도 계수는 0.01이다.)

① 50 ② 55
③ 60 ④ 65

53. 브러시와 접촉하여 전기자 권선에 유도되는 교류 기전력을 직류로 만드는 부분은?

① 계철 ② 계자
③ 전기자 ④ 정류자

정답 44. ② 45. ② 46. ② 47. ③ 48. ② 49. ① 50. ② 51. ② 52. ② 53. ④

54. 조절계에서 PID 제어와 관계없는 것은?

① 비례 제어　② 적분 제어
③ 미분 제어　④ ON－OFF 제어

55. 불순물이 전혀 첨가되지 않은 순수 반도체로 구성된 것은?

① Ge, B　② Ge, Sb
③ Si, As　④ Si, Ge

56. 실리콘(Si) 다이오드의 순방향 전압 강하는 대개 몇 V 정도인가?

① 0.1~0.2　② 0.3~0.4
③ 0.6~0.7　④ 0.9~1.0

57. 0~150 V 전압계가 최대 눈금의 1% 확도를 갖는다. 이 계기를 사용해서 측정한 전압이 60 V일 때 제한 오차를 백분율로 계산하면 얼마인가? (09년 1회)

① 1.0%　② 1.5%
③ 2.0%　④ 2.5%

58. 다음 중에서 열전 온도계의 제작 원리로서 이용되는 것은?

① 제어백 효과　② 펠티에 효과
③ 톰슨 효과　④ 압전기 현상

59. 정전 용량 C[F], 전위차 V[V], 저장 전기량 Q[C]일 때 정전 에너지 W[J]를 나타내는 식 중 틀린 것은? (07년 1회/13년 1회)

① $\frac{QV}{2}$　② $\frac{CV^2}{2}$
③ $\frac{Q^2V}{2}$　④ $\frac{Q^2}{2C}$

60. 운전 중 직류 전동기가 과열하는 고장 원인으로 거리가 먼 것은?

① 축받이 불량
② 코일의 절연 증가
③ 과부하
④ 중성축으로부터 브러시 이탈

제 4 과목 기계 정비 일반

61. 측정 방법 중 비교 측정의 장점으로 맞는 것은?

① 측정 범위가 넓다.
② 측정물의 치수를 직접 잴 수 있다.
③ 길이뿐 아니라 면의 모양 측정 등 사용 범위가 넓다.
④ 소량 다종의 제품 측정에 적합하다.

62. 플렉시블 커플링을 사용하는 이유로 적합하지 않은 것은?

① 축 방향으로 인장력이 작용하는 긴 전동축에 사용할 때
② 전달 토크의 변동으로 축에 충격이 가해질 때
③ 고속 회전으로 인한 진동을 완화시킬 때
④ 두 축의 중심을 완전히 일치시키기 어려울 때

63. 하우징에 베어링을 설치할 때 한쪽 또는 양쪽을 좌우로 이동할 수 있게 하는 이유로 가장 적합한 것은? (09년 2회)

① 베어링 마찰 감소
② 윤활유의 원활한 공급
③ 베어링의 끼워맞춤 용이
④ 열팽창에 의한 소손 방지

정답　54. ④　55. ④　56. ③　57. ④　58. ①　59. ③　60. ②　61. ③　62. ①　63. ④

64. 원심 펌프 내의 안내 깃의 역할을 설명한 것 중 가장 적합한 것은?

① 유체의 흐름을 난류로 바꾸어 준다.
② 임펠러에서 나온 물의 운동 에너지 일부를 압력 에너지로 바꾼다.
③ 케이싱에 고정되어 강도를 증가시켜 준다.
④ 케이싱에 고정되어 유체의 흐름에 역류를 방지한다.

65. 롤러 베어링의 규격이 6200일 때 안지름은 얼마인가?

① 10 mm ② 12 mm
③ 15 mm ④ 20 mm

해설 00 : 10 mm

66. 아래 그림과 같이 볼트를 체결할 때 필요한 조임 토크는 몇 kgf · m인가?

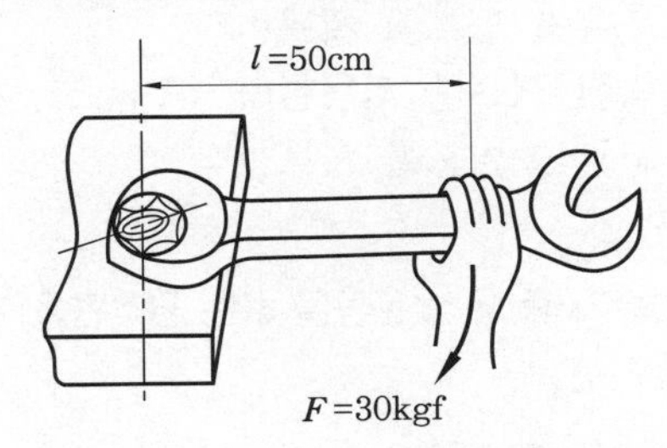

① 300 ② 150
③ 30 ④ 15

해설 토크 $= l \times F$ [kgf−m]
$= 0.5 \times 30 = 15$ kgf−m

67. 밸브의 호칭 경과 단위에 대한 설명 중 옳지 않은 것은? (06년 1회)

① 밸브의 크기는 호칭경으로 나타내며 강관이나 이음쇠의 호칭경 치수와 일치한다.
② 호칭경을 mm로 나타낸 것을 A열, 인치(inch) 단위로 나타낸 것을 B열이라고 한다.
③ 관과의 접속 끝이나 밸브 시트부의 유로경을 구경이라고 한다.
④ 대형, 고압, 선박용 밸브는 호칭경보다 구경을 약간 크게 한다.

68. 전동기의 고장 원인과 그 대책으로 적합하지 않은 것은?

① 시동 불능 : 단선 – 배선 등의 단선을 체크
② 과열 : 통풍 방해 – 냉각용 송풍기 설치
③ 진동, 소음 : 베어링 불량 – 베어링 교체
④ 절연 불량 : 코일 절연물의 열화 – 근본적인 원인의 배제

69. 접착제가 구비하여야 할 일반적인 조건으로 틀린 것은?

① 액체성일 것
② 고체 표면의 좁은 틈새에 잘 침투할 것
③ 도포 직후 고체화하여 일정 강도를 가질 것
④ 고체의 표면을 녹일 수 있는 성질이 우수할 것

70. 펌프를 정격 유량 이하에서 운전할 때, 즉 부분 유량으로 운전 시 발생되는 현상이 아닌 것은?

① 차단점 부근에서 펌프 과열 현상 발생
② 임펠러에 작용하는 추력의 증가
③ 고양정 펌프는 차단점 부근에서 수온 저하 발생
④ 특성 곡선의 변곡점 부근에서 소음 및 진동 발생

정답 64. ② 65. ① 66. ④ 67. ④ 68. ② 69. ④ 70. ③

71. 송풍기의 설치 장소 선정 시 고려 사항으로 거리가 먼 것은?

① 급수 장치
② 습도 및 부식성 가스
③ 보수 작업에 필요한 공간
④ 환기 및 소음

72. 관 속을 충만하게 흐르고 있는 액체의 속도를 급격히 변화시키면 어떤 현상이 일어나는가? (10년 2회)

① 공동 현상
② 서징 현상
③ 수격 현상
④ 펌프 효율 상승 현상

73. 기어에 대한 설명 중 옳지 않은 것은?

① 표준 스퍼 기어의 이 두께(circular thickness)는 원주 피치의 $\frac{1}{2}$이다.
② 뒤틈(back lash)을 두는 이유는 원활한 윤활과 조립상의 오차 등을 고려하기 때문이다.
③ 뒤틈을 너무 크게 하면 소음과 진동의 원인이 된다.
④ 스퍼 기어에서 원주 피치의 값이 클수록 잇수는 커지고, 이의 크기는 작아진다.

74. 배관의 누설에 대한 설명으로 옳지 않은 것은?

① 증기, 물 등의 나사부에서 누설은 관의 나사 부분을 부식시켜 강도 저하, 균열, 파단의 원인이 된다.
② 나사부의 정비 등으로 탈부착을 반복함으로써 나타난 마모는 누설과 관계가 없다.
③ 배관 이음쇠 용접부의 일부에 균열이 생겨 누설이 진행되면 파단에 이르기도 하므로 조기 발견이 중요하다.
④ 비틀어 넣기부 배관의 나사부에서 누설 시 그 상태로 밸브나 관을 더 조이면 반드시 반대 측의 나사부에 풀림이 생겨 누설 개소가 이동한다.

75. 글로브 밸브의 일종으로 L형 밸브라고도 하며 관의 접속구가 직각으로 되어 있는 밸브는?

① 버터플라이 밸브 ② 체크 밸브
③ 앵글 밸브 ④ 게이트 밸브

76. 펌프의 축 추력을 제거할 수 있는 방식은 어느 것인가? (07년 1회 / 08년 3회)

① 양흡입 펌프를 사용한다.
② 고유량 펌프를 사용한다.
③ 다단 펌프를 사용한다.
④ 고양정 펌프를 사용한다.

77. 변속기 중 유성 운동을 하는 원추판을 가진 변속기는?

① 가변 변속기
② 디스크 무단 변속기
③ 하이나우 H 드라이브 무단 변속기
④ 컵 무단 변속기

78. 밸브의 조립에 관한 설명으로 틀린 것은?

① 실린더 밸브 홈의 시트 패킹의 오물은 청소한 후 조립한다.
② 시트 패킹을 물고 있지는 않은가 밸브를 좌우로 회전시켜 확인한다.
③ 밸브 홀더 볼트는 각각 서로 다른 토크

정답 71. ① 72. ③ 73. ④ 74. ② 75. ③ 76. ① 77. ② 78. ③

(torque)로 잠근다.
④ 밸브 조립 불량에 의한 고장의 이유로 는 조립 순서의 불량을 들 수 있다.

79. 다음 중 밸브 취급 방법으로 올바르지 않은 것은? (09년 3회)

① 밸브를 열 때는 기기의 이상 유무를 확인하면서 천천히 연다.
② 밸브를 전개할 때는 완전히 연 후 1/2 회전 역회전시켜 둔다.
③ 이종 금속으로 된 밸브는 열팽창에 주의하여 취급한다.
④ 밸브를 열고 닫을 때는 누설을 방지하기 위해 빨리 조작한다.

해설 밸브 시트 면이 손상돼 있으면 당연히 누설된다.

(가) 밸브 시트 누설의 판정 방법
㉠ 전폐된 밸브 이후의 이차 측의 압력을 빼서 체크하는 방법
• 더운 유체일 때 관의 온도가 내려가지 않을 경우에는 누설의 다소가 판단된다.
• 밸브체 또는 밸브에 가까운 관부에 청음 봉을 접촉시키면 단속음이 날 때는 비교적 소량의 누설이며, 연속음은 비교적 다량의 누설이라고 할 수 있다.
㉡ 1, 2차 측 모두 압력을 전부 빼고 밸브 뚜껑을 분리, 직접 밸브 시트를 확인하는 방법
• 압력이 완전히 빠졌음을 확인하고, 배관계의 일부를 개방한다.

(나) 밸브 시트에서의 누설의 원인
㉠ 장시간의 개폐 조작에 의한 것(즉, 수명)
㉡ 무리한 조작에 의한 것, 특히 닫을 때 지나치게 죄거나 강한 교축으로 장시간 사용했을 때
㉢ 유체의 이물, 관의 녹이나 스케일에 의한 것

80. 기계 요소에 대한 설명 중 옳지 않은 것은 어느 것인가?

① 분할핀은 풀림 방지용으로 사용한다.
② 테이퍼핀은 위치 결정용으로 사용한다.
③ V 벨트는 평벨트보다 전동 효율이 높다.
④ 크랭크 축은 연삭기 등의 주축에 사용한다.

정답 79. ④ 80. ④

2014년도 출제 문제

기계정비산업기사

❖ 2014년 3월 2일 시행

자격종목 및 등급(선택분야)	종목코드	시험시간	문제지형별	수검번호	성 명
기계정비산업기사	2035	2시간	A		

제 1 과목 공유압 및 자동화 시스템

1. 유압 펌프 전체 송출량의 작동유가 필요하지 않게 되었을 때 오일을 저압으로 하여 탱크에 귀환시키는 회로는?

① 시퀀스 회로 ② 신호 설정 회로
③ 언로드 회로 ④ 저압 제어 회로

2. 유압 카운터 밸런스 회로의 특징이 아닌 것은? (06년 3회 / 11년 2회)

① 부하가 급격히 감소되더라도 피스톤이 급발진되지 않는다.
② 카운터 밸런스 밸브는 릴리프 밸브와 체크 밸브로 구성되어 있다.
③ 이 회로는 실린더 포트에 카운터 밸런스 밸브를 병렬로 연결시킨 회로이다.
④ 일정한 배압을 유지시켜 램의 중력에 의해서 자연 낙하하는 것을 방지한다.

3. 다음 중 유압 실린더의 지지 형식에 따른 기호에 해당되지 않는 것은?

① LA ② FA ③ LC ④ TC

해설 • 고정 실린더 : 풋형(LA, LB), 플런저형(FA, PB)
• 요동 실린더 : 클레비스형(CA, CB), 트러니언형(TA, TC, TB)

4. 그림에서 A측에 압력 50 kgf/cm^{2}의 유압유를 12 L/min씩 보낼 때 그 동력(힘)은 약 몇 N·m/s인가?

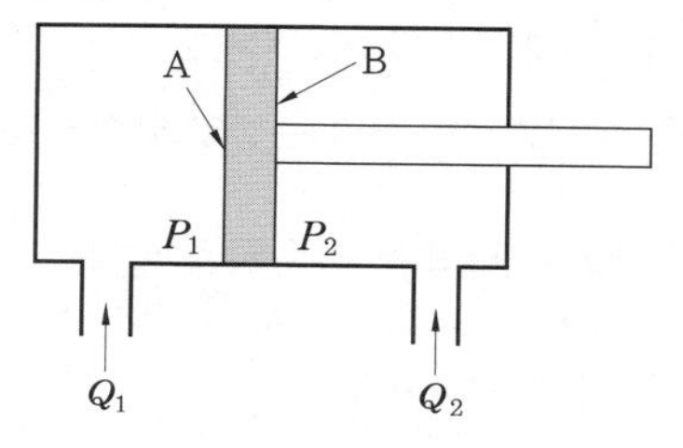

① 1 ② 5
③ 10 ④ 15

해설 $L = pQ = 50 \times \frac{12 \times 10^3}{60}$
$= 10000 \text{ kgf·cm/s}$
$= 100 \text{ kgf·m/s}$
$= 10 \text{ N·m/s}$

5. 다음 기호의 명칭으로 옳은 것은?

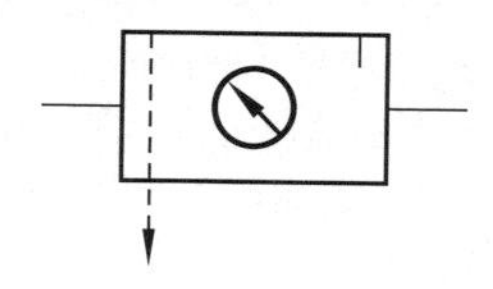

① 루브리케이터
② 공기압 조정 유닛
③ 드레인 배출기
④ 기름 분무 분리기

정답 1. ③ 2. ③ 3. ③ 4. ③ 5. ②

6. 무부하 회로를 사용하는 이유로 적당하지 않은 것은?

① 유온의 상승 방지
② 펌프의 수명 연장
③ 장치의 가열 방지
④ 펌프의 구동력 증가

해설 펌프의 구동력 절약, 펌프의 수명 연장, 장치의 가열 방지, 유온의 상승 방지, 압유의 노화 방지 등이 무부하 회로의 장점이다.

7. 공압 모터에 관한 설명으로 적절치 못한 것은?

① 윤활기를 반드시 설치하여야 한다.
② 고속 회전이나 저온에서 사용할 경우 빙결(氷結)에 주의한다.
③ 밸브는 될 수 있는 한 공압 모터에서 멀리 떨어지도록 설치한다.
④ 배관 및 밸브는 될 수 있는 한 유효 단면적이 큰 것을 사용한다.

해설 공압 모터의 사용상 주의 사항

㉠ 배관과 밸브는 되도록 유효 단면적이 큰 것을 사용하고, 밸브는 공압 모터 가까이에 설치한다.
㉡ 루브리케이터를 반드시 사용하고, 윤활유 부족 등으로 토크 저하, 융착, 내구성 저하, 소결 등을 일으키지 않도록 한다.
㉢ 공압 모터의 내부는 압축 공기의 단열 팽창으로 냉각되므로, 빙결에 주의하고, 공기 건조기를 사용하도록 한다.
㉣ 실제 사용 공압의 70~80 %의 토크 출력, 공기 소비율은 최대 출력의 70~80 % 정도로 하며 회전수 영역도 같은 방법으로 용량을 선정한다.
㉤ 공압 모터에 사용되는 소음기는 연속 배기이므로 큰 유효 단면적을 가진 것을 사용하며, 브레이크를 같이 사용하여 로킹이 되도록 한다.
㉥ 공기 압축기는 이론 토출량에 효율을 곱한 실 토출량으로 선정하고, 장시간 무부하 운전 시 수명이 단축되므로 가급적 피한다.
㉦ 공압 모터의 출력축에 발생된 하중은 허용 용량값 이내로 사용하며 필요에 따라 적당한 커플링을 사용한다.
㉧ 관로 내부를 깨끗이 청소한 후 배관하고, 필터를 반드시 사용하며, 저속 사용 시 스틱 슬립 현상으로 최소 사용 회전수가 제한되어 있으므로 확인을 한 후 사용한다.
㉨ 베인형 공기 모터는 시동할 때나 저속 회전 시에 공기 누설로 인한 토크 저하를 시동 특성에 비교하여 확인한 후 설치하여 사용한다.

8. 다음 도면 기호의 명칭으로 맞는 것은?

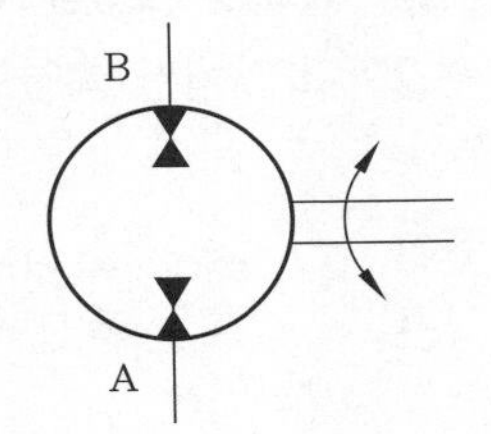

① 기어 모터
② 정용량형 펌프 · 모터
③ 공기 압축기
④ 가변 용량형 펌프 · 모터

9. 다음 중 공압 포핏식 밸브의 단점으로 옳은 것은? (09년 1회)

① 이물질의 영향을 잘 받는다.
② 윤활이 필요하고 수명이 짧다.
③ 짧은 거리에서 개폐를 할 수 있다.
④ 다방향 밸브일 때는 구조가 복잡하다.

해설 포핏 밸브(poppet valves)

㉠ 구조가 간단하여 이물질의 영향을 잘 받지 않는다.
㉡ 짧은 거리에서 밸브의 개폐를 할 수 있다.
㉢ 시트(seat)는 탄성이 있는 실에 의해 밀봉되기 때문에 공기가 새어나가기 어렵다.
㉣ 활동부가 없어 윤활이 불필요하고 수명

정답 6. ④ 7. ③ 8. ② 9. ④

이 길다.
ⓜ 공급 압력이 밸브에 작용하기 때문에 큰 변환 조작이 필요하다.
ⓑ 다방향 밸브로 되면 구조가 복잡하게 된다.

10. 압축 공기 중에 포함된 수분을 제거하기 위한 공기 건조기의 건조 방식이 아닌 것은?

① 냉동식 ② 흡수식
③ 흡착식 ④ 압력식

해설 공기 건조기의 건조 방식은 냉동식, 흡수식, 흡착식이 있다.

11. 검출 물체가 센서의 작동 영역(감지 거리 이내)에 들어올 때부터 센서의 출력 상태가 변화하는 순간까지의 시간 지연을 무엇이라고 하는가?

① 동작 주기 ② 초기 지연
③ 복귀 시간 ④ 응답 시간

12. 그림과 같은 논리 회로도의 명칭은?

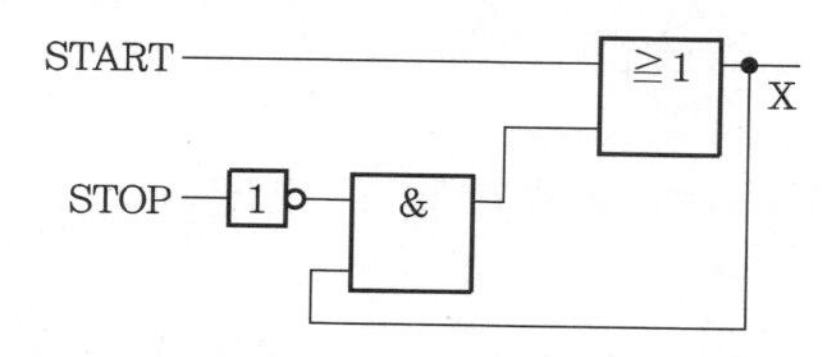

① 계수 회로
② 세트 우선 자기 유지 회로
③ 시간 지연 회로
④ 리셋 우선 자기 유지 회로

해설 START 버튼을 한번 눌렀다 손을 떼어도 출력 신호가 유지되며 STOP 버튼을 눌렀을 때 출력이 사라지는 자기 유지 회로로 START와 STOP 버튼을 동시에 누르면 출력이 발생되는 세트 우선 회로이다.

13. 핸들링 중 직선적으로 부품이 이송되며 작업이 수행되는 핸들링은? (06년 3회)

① 리니어 인덱싱 핸들링
② 로터리 인덱싱 핸들링
③ 수평 로터리 인덱싱 핸들링
④ 수직 로터리 인덱싱 핸들링

14. 일반적인 공압 단동 실린더의 최대 행정 거리는 얼마인가?

① 10 mm ② 50 mm
③ 100 mm ④ 200 mm

해설 단동 실린더의 최대 행정 거리는 100 mm 정도이고 고정(clamping), 추출(ejecting), 프레싱(pressing), 리프팅(lifting), 이송(feeding) 등의 작업에 주로 사용된다.

15. 다음 중 메모리 기능이 없고 여러 입·출력 요소가 있을 때는 논리적인 해결을 위해 부울 대수가 이용되므로 논리 제어라고도 하는 것은? (03년 1회/04년 3회)

① 조합 제어 ② 파일럿 제어
③ 시퀀스 제어 ④ 메모리 제어

해설 파일럿 제어 : 입력 조건이 만족되면 그에 상응하는 출력 신호가 발생하는 형태의 제어이며, 논리 제어라고도 한다.

16. 비상 업무 처리를 위한 기능으로 어떤 특정의 입력이 들어왔을 때 즉시 응답되는 제어 동작을 수행하도록 요구하는 용도로 쓰이는 것은? (02년 3회)

① 병행 처리 기능
② 사이클릭 처리 기능
③ 시퀀스 처리 기능
④ 인터럽트 처리 기능

해설 인터럽트 : 입력 신호, 타이머, 카운터 등에 의하여 지정될 수 있는 이 기능은 신호가 입력되거나 조건이 만족할 경우 수행 중인 프로그램은 즉시 중단되고 미리 지정되어 있는 인터럽트 프로그램이 수행되며, 인터럽트

정답 10. ④ 11. ④ 12. ② 13. ① 14. ③ 15. ② 16. ④

프로그램이 완료됨과 동시에 인터럽트 전에 수행되던 프로그램으로 복귀하여 계속 프로그램이 진행되는 기능으로 비상 업무 처리를 위해 아주 중요한 기능이다.

17. 설비의 신뢰성을 나타내는 척도가 아닌 것은?

① 신뢰도
② 최대 고장 수리 시간
③ 고장률
④ 평균 고장 간격 시간

18. 공압 모터 중 3~10개의 회전 날개를 갖고 있으며 정역회전이 가능한 공압 모터는 어느 것인가? (10년 2회)

① 베인 모터 ② 기어 모터
③ 터빈 모터 ④ 피스톤 모터

19. 하드 와이어드한 제어(릴레이 제어)와 소프트 와이어드한 제어(PLC 제어)의 차이점에 대한 설명으로 옳지 않은 것은? (10년 2회)

① 릴레이 제어의 경우 회로도는 배선도이다.
② 제어 내용의 변경이 용이한 것은 PLC 제어이다.
③ 릴레이 제어가 PLC 제어의 경우보다 배선이 간단하다.
④ 소프트웨어와 하드웨어 구성을 동시에 할 수 있는 것이 PLC 제어이다.

해설 PLC 제어의 경우 입출력 할당표에 의하여 배선하므로 간단하다.

20. 유압 작동유 중 공기의 침입으로 발생하는 현상은?

① 작동유의 과열
② 토출 유량의 증대
③ 비금속 실의 파손
④ 실린더의 불규칙 작동

제 2 과목 설비 진단 및 관리

21. 설비 보전 관리 시스템의 지속적인 개선을 위한 사이클로 맞는 것은?

① P(계획) – A(재실시) – C(분석) – D(실시)
② P(계획) – A(재실시) – D(실시) – C(분석)
③ P(계획) – D(실시) – A(재실시) – C(분석)
④ P(계획) – D(실시) – C(분석) – A(재실시)

해설 지속적인 관리 사이클은 P – D – C – A 이다.

22. 보전 작업 표준을 설정하고자 할 때 사용하지 않는 방법은? (03년 1회)

① 작업 연구법 ② 경험법
③ 실적 자료법 ④ 공정 실험법

23. 윤활제 중 그리스의 상태를 평가하는 항목이 아닌 것은?

① 주도 ② 점도
③ 이유도 ④ 적하점

해설 점도는 액체 윤활유에 사용되는 평가 항목이다.

24. 설비의 제1차 건강 진단 기술로서 현장 작업원이 수행하는 기술은?

① 간이 진단 기술 ② 정밀 진단 기술
③ 고장 해석 기술 ④ 응력 해석 기술

해설 간이 진단 기술이란 설비의 1차 진단 기술을 의미하며, 정밀 진단 기술은 전문 부서에서 열화 상태를 검출하여 해석하는 정량화 기술을 의미한다.

정답 17. ② 18. ① 19. ③ 20. ④ 21. ④ 22. ④ 23. ② 24. ①

25. 설비 열화의 측정, 열화의 진행 방지, 열화의 회복을 위한 제 조건의 표준은?

① 설비 성능 표준 ② 설비 보전 표준
③ 보전 작업 표준 ④ 시운전 검수 표준

해설 설비 보전 표준 : 설비 열화 측정(점검 검사), 열화 진행 방지(일상 보전) 및 열화 회복(수리)을 위한 조건의 표준이다.

26. 컴퓨터를 이용한 설비 배치 기법이 아닌 것은? (10년 1회)

① PERT/CPM ② CRAFT
③ CORELAP ④ ALDEP

해설 PERT/CPM은 일정 관리 기법이다.

27. 기계 진동의 발생에 따른 문제점으로 관련이 적은 것은?

① 진동체에 의한 소음 발생
② 기계 가공 정밀도의 저하
③ 기계의 수명 저하
④ 고유 진동수의 증가

해설 기계 진동으로 인하여 진동체에 의한 소음 발산, 기계 가공 정밀도 문제 및 기계 수명에 영향을 미친다.

28. 산소 가스를 압축할 때 사용하는 윤활제는?

① 점도가 높은 압축기유를 사용한다.
② 점도가 낮은 압축기유를 사용한다.
③ 황 성분이 적은 윤활유를 사용한다.
④ 급유를 하지 않거나 물을 사용한다.

해설 산소는 기름과 접촉하면 고압에서 폭발의 위험이 있으므로 무급유 압축기 또는 윤활제로 물이나 글리세린을 사용한다.

29. 예방 보전의 효과가 가장 높을 때는?

① 설비를 새로 제작하여 시운전할 때
② 설비가 유효 수명 내에서 정상 가동 중일 때
③ 설비가 유효 수명을 초과하여 가동 중일 때
④ 새로운 원료를 투입할 때

해설 예방 보전의 효과가 높은 시기는 유효 수명이 지난 마모 고장기이다.

30. 보전 효과 측정 방법에서 항목에 따른 공식이 잘못된 것은?

① 설비 가동률 $= \dfrac{\text{가동 시간}}{\text{부하 시간}} \times 100$

② 고장 강도율 $= \dfrac{\text{고장 정지 시간}}{\text{부하 시간}} \times 100$

③ 고장 도수율 $= \dfrac{\text{고장 건수}}{\text{부하 시간}} \times 100$

④ 예방 보전 수행률 $= \dfrac{\text{고장 정지 시간}}{\text{예방 보전 건수}} \times 100$

31. 설비의 기술적 표준으로서 설비의 공통 요소와 설비 능력 계산 방식의 기준 등을 표시하는 것은?

① 설비 설계 규격 ② 설비 성능 표준
③ 설비 보전 표준 ④ 보전 작업 표준

32. 다음 그림은 설비 관리 조직 중에서 어떤 형태의 조직인가?

원천 회사

영상 사업부	냉장고 사업부	모니터 사업부
• 기술 총괄 및 관리	• 기술 총괄 및 관리	• 기술 총괄 및 관리
• 시스템 공학팀	• 시스템 공학팀	• 시스템 공학팀
• 기계 기술팀	• 기계 기술팀	• 기계 기술팀
• 신뢰성 공학팀	• 신뢰성 공학팀	• 신뢰성 공학팀
• 보전성 공학팀	• 보전성 공학팀	• 보전성 공학팀
• 인간 공학팀	• 인간 공학팀	• 인간 공학팀

정답 25. ② 26. ① 27. ④ 28. ④ 29. ③ 30. ④ 31. ① 32. ①

① 제품 중심 조직
② 기능 중심 조직
③ 제품 중심 매트릭스 조직
④ 설계 보증 조직

해설 제품 사업에 따라 독립적으로 운영하는 제품 중심 조직이다.

33. 정비의 시기에 맞추어 필요한 예비품을 준비해 두어야 하는 데 해당되는 예비품이 아닌 것은?

① 부품 예비품
② 부분적 세트(set) 예비품
③ 연료 예비품
④ 라인 예비품

해설 예비품은 ①, ②, ④ 외에 단일 기계 예비품이 있다.

34. 설비 투자에 대한 경제성 평가 방법에 해당되지 않는 것은?

① 비용 비교법 ② 자본 회수법
③ MTBF법 ④ MAPI법

35. 일정한 정점에 대하여 다른 정점의 순간적인 위치 및 시간의 지연을 나타내는 것은? (05년 3회)

① 변위 ② 위상
③ 댐핑 ④ 주기

해설 위상이란 일정한 정점(부품)에 대하여 다른 정점의 순간적인 위치 및 시간의 지연(time delay)을 말한다.

36. 센서 고정 방법 중 주파수 영역이 넓고 정확도가 가장 좋은 것은? (08년 3회/10년 1회)

① 나사 고정 ② 손 고정
③ 밀랍 고정 ④ 마그네틱 고정

해설 (가) 주파수 영역 : 나사 고정 31 kHz, 접착제 29 kHz, 비왁스 28 kHz, 마그네틱 7 kHz, 손 고정 2 kHz
(나) 나사 고정
㉠ 센서의 설치 부위에 탭 구멍은 충분히 깊게 작업한다.
㉡ 사용 주파수 영역이 넓고 정확도 및 장기적 안정성이 좋다.
㉢ 얇은 실리콘 그리스나 왁스를 첨가한다면 고정 강성이 증대될 수 있다.
㉣ 먼지, 습기, 온도의 영향이 적다.
㉤ 고정 시 구조물에 탭 작업을 해야 하며, 가속도계의 이동 및 고정 시간이 길다.

37. 시스템에 공진 상태가 존재할 때 제거하는 방법이 아닌 것은?

① 회전수를 변경한다.
② 기계의 강성과 질량을 변경한다.
③ 고유 진동수와 일치한 주파수의 강제 진동을 가한다.
④ 우발력을 없앤다.

해설 고유 진동수와 일치한 주파수의 강제 진동을 가하면 공진이 발생한다.

38. 설비 관리의 목표인 생산성을 나타내는 것은?

① $\frac{\text{투입}}{\text{산출}}$ ② $\frac{\text{산출}}{\text{투입}}$

③ $\frac{\text{제품 생산량}}{\text{보전비}}$ ④ $\frac{\text{보전비}}{\text{제품 생산량}}$

해설 $\text{생산성} = \frac{\text{산출}}{\text{투입}} = \frac{\text{생산량}}{\text{사람 수}}$

$= \frac{\text{자본 투자}}{\text{사람 수}} \times \frac{\text{생산 능력}}{\text{자본 투자}} \times \frac{\text{생산량}}{\text{생산 능력}}$

39. 2대의 기계가 각각 90 dB의 소음을 발생시킨다면 2대가 동시에 동작할 때의 소음도는 얼마인가?

① 90 dB ② 93 dB

정답 33. ③ 34. ③ 35. ② 36. ① 37. ③ 38. ② 39. ②

③ 120 dB ④ 180 dB

해설 같은 소음도를 발생하는 기계가 동시에 동작되면 소음도는 3dB 증가한다.

40. 진동 소음에 관한 설명으로 옳은 것은?

① 공진은 고유 진동수와 상관없다.
② 이론상으로 차음벽 무게를 2배 증가시키면 투과 손실은 6 dB 증가한다.
③ 투과 손실은 반사값만 계산한다.
④ 소음은 진동과 전혀 상관없다.

해설 이론상으로는 차음벽 무게를 2배 증가시키면 투과 손실은 6 dB 증가하나 실제로는 4~5 dB 증가한다.

제 3 과목 공업 계측 및 전기 전자 제어

41. 직류 전동기의 속도 제어법이 아닌 것은?

① 계자 제어법 ② 저항 제어법
③ 극수 제어법 ④ 전압 제어법

42. 그림과 같이 응답이 나타나는 전달 요소는 어느 것인가?

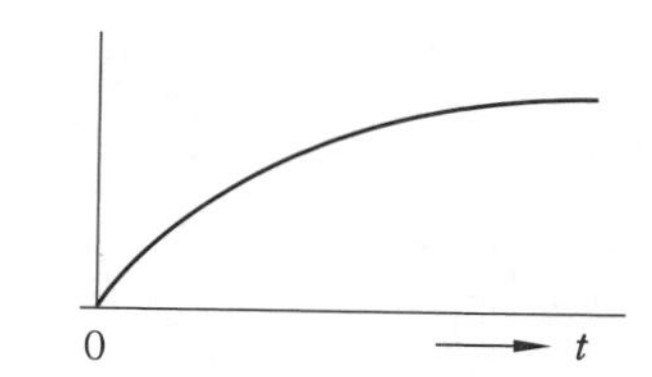

① 비례 요소 ② 1차 지연 요소
③ 적분 요소 ④ 미분 요소

43. 어떤 도체에 5 A의 전류가 10분 동안 흐르면 이때 이동한 전기량은 몇 C인가?

① 500 ② 1000
③ 2000 ④ 3000

44. 피드백 제어계의 구성에서 제어 요소가 제어 대상에 주는 양은?

① 제어량 ② 조작량
③ 검출량 ④ 기준량

45. 제어 밸브의 구동원으로 공기압이 사용되는 이유 중 적당하지 않은 것은? (06년 1회)

① 구조가 간단하고 고장이 적다.
② 방폭성이 있어 취급이 용이하다.
③ 압축성이 있어 원거리 전송에 알맞다.
④ 유압, 전기 요소에 비해 값이 싸다.

46. 와류식 유량계는 유량에 비례한 주파수에 의해 체적 유량을 측정할 수 있다. 안정한 와류를 발생시키는 조건은? (단, 와류의 간격을 L, 와류 사이의 거리를 l이라 한다.)

① $\frac{L}{l}=0.5$ ② $\frac{L}{l}=0.357$
③ $\frac{L}{l}=0.281$ ④ $\frac{L}{l}=0.194$

47. PLC의 구성 중 입력(input) 측에 해당되지 않는 것은?

① 센서
② 푸시버튼 스위치
③ 열동 과전류 계전기의 접점
④ 전자 접촉기

48. 40 W의 전구 4개를 5시간 동안 사용하였다면 전력량은 몇 Wh인가?

① 800 ② 300
③ 200 ④ 160

49. 0.002 μF 콘덴서 2개를 병렬로 연결하여 100 V 전압을 가할 때 전하량(μC)은?

정답 40. ② 41. ③ 42. ② 43. ④ 44. ② 45. ③ 46. ③ 47. ④ 48. ① 49. ②

① 0.04　② 0.4
③ 0.2　④ 0.1

50. 다음 중 연산 증폭기의 심벌은? (07년 3회)

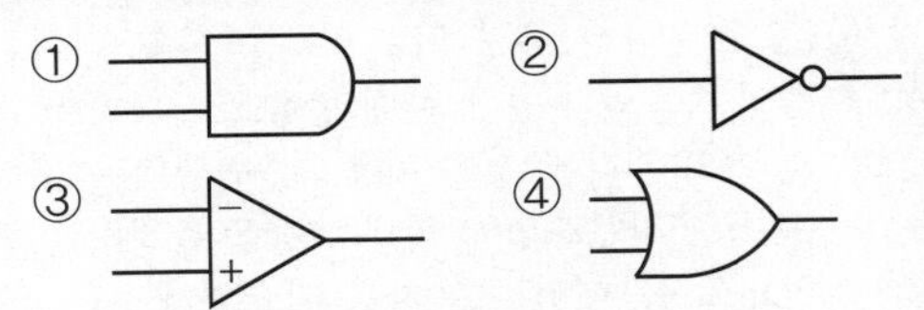

해설 이상적인 연산 증폭기의 특징
㉠ 무한대의 전압 이득을 가져 아주 작은 입력이라도 큰 출력을 얻을 수 있다.
㉡ 무한대의 대역폭을 가져 모든 주파수 대역에서 동작된다.
㉢ 입력 임피던스가 무한대라서 구동을 위한 공급 전원이 연산 증폭기 내부로 유입되지 않는다.
㉣ 출력 임피던스가 0이라서 부하에 영향을 받지 않는다.
㉤ 동상 신호 제거비(CMRR)가 무한대이다. 따라서 입력단에 인가되는 잡음을 제거하여 출력단에 나타나지 않는다.

51. 다음 중 온도 변환기에 요구되는 기능으로 옳은 것은?

① mA 레벨 신호를 안정하게 낮은 레벨까지 증폭할 수 있을 것
② 입력 임피던스(impedance)가 높고 장거리 전송이 가능할 것
③ 입출력 간은 교류적으로 절연되어 있을 것
④ 온도와 출력 신호의 관계를 비직선화시킬 수 있을 것

해설 온도 변환기에 요구되는 기능
㉠ 낮은 신호를 안정하게 높은 레벨까지 증폭할 수 있을 것
㉡ 입력 임피던스가 높고 장거리 전송이 가능할 것
㉢ 외부의 노이즈 영향을 받지 않을 것
㉣ 입출력 간은 직류적으로 절연되어 있을 것

52. 시퀀스 제어 회로에서 입력에 의해 작동된 후 입력을 제거하여도 계속 작동되는 회로는?

① 자기 유지 회로　② 인터로크 회로
③ 수동 복귀 회로　④ 타이머 회로

53. 2개 이상의 논리 변수들을 논리적으로 합하는 연산으로서 논리 변수 중에서 어느 것이라도 "1"이면 그 결과가 "1"이 되는 논리 연산은?

① NOT 연산　② OR 연산
③ AND 연산　④ NOR 연산

54. 다음 전력 증폭기 중 효율이 가장 높은 것은?

① A급 전력 증폭기
② AB급 전력 증폭기
③ B급 전력 증폭기
④ C급 전력 증폭기

55. 옴의 법칙(Ohm's law)에 관한 설명 중 옳은 것은?

① 전압은 저항에 반비례한다.
② 전압은 전류에 반비례한다.
③ 전압은 전류에 비례한다.
④ 전압은 전류의 2승에 비례한다.

해설 옴의 법칙(Ohm's law) : 도체(conductor)를 흐르는 전류의 크기는 도체의 양 끝에 가한 전압에 비례하고, 그 도체의 전기 저항에 반비례한다.

56. 회로 시험기(multi tester)로 측정할 수 없는 것은? (11년 3회/12년 1회)

① 저항　② 교류 전압
③ 직류 전압　④ 교류 전류

정답 50. ③　51. ②　52. ①　53. ②　54. ④　55. ③　56. ④

57. 그림과 같은 논리 입력에 대한 출력은? (단, $R \neq 0$)

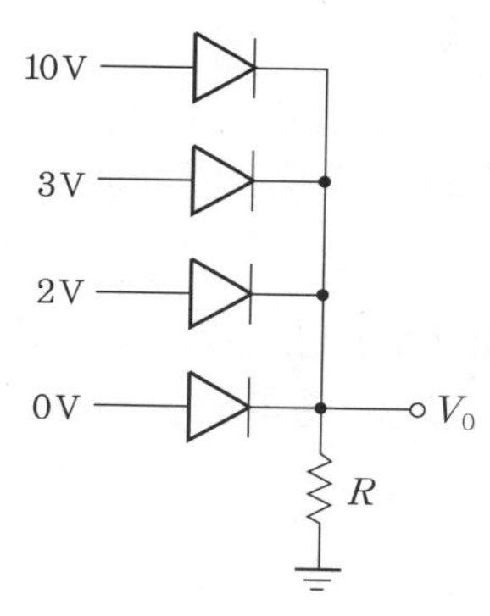

① 15 V ② 10 V
③ 5 V ④ 0 V

58. 기준량을 준비하고 이것을 피측정량과 평행시켜 기준량의 크기로부터 피측정량을 간접적으로 알아내는 방법은? (11년 1회)

① 편위법 ② 영위법
③ 치환법 ④ 보상법

59. 전동식 구동부를 가진 제어 밸브의 특징이 아닌 것은?

① 신호 전달의 지연이 없다.
② 동력원 획득이 용이하다.
③ 큰 조작력을 얻을 수 있다.
④ 구조가 복잡하지 않고 방폭 구조이다.

해설 전동식 구동부의 특징
㉠ 신호 전달의 지연이 없다.
㉡ 동력원 획득이 용이하다.
㉢ 큰 조작력을 얻을 수 있다.
㉣ 구조가 복잡하여 방폭 구조가 필요하다.
㉤ 공기압에 비해 고가이다.

60. 동일 거리를 나가는 데 요하는 초음파 펄스의 흐름과 같은 방향과 반대 방향의 시간 차에 의해 평균 유속을 구하는 싱 어라운드(sing around)법을 측정 원리로 하는 유량계는 어느 것인가? (02년 3회)

① 초음파식 유량계 ② 터빈식 유량계
③ 와류식 유량계 ④ 용적식 유량계

해설 초음파식 유량계는 흐름을 타고 나가는 음의 속도와 흐름에 반대 방향으로 나가는 음의 속도가 다른 것을 이용, 평균 유속을 구하는 싱 어라운드법에 의해 유량을 측정하는 방식으로 음 대신 초음파를 사용한다.

제 4 과목 기계 정비 일반

61. 키 맞춤을 위해 보스의 구멍 지름을 포함한 홈의 깊이를 측정할 때 적합한 측정기는 무엇인가?

① 강철자 ② 마이크로미터
③ 틈새 게이지 ④ 버니어 캘리퍼스

62. 기어 감속기 중 평행축형 감속기가 아닌 것은? (08년 1회/10년 1회/11년 2회)

① 웜 기어 감속기
② 스퍼 기어 감속기
③ 헬리컬 기어 감속기
④ 더블 헬리컬 기어 감속기

해설 웜 기어 감속기는 맞물림축형 감속기이다.

63. 다단 원심 펌프에서 수평 분할형과 수직 분할형에 대한 설명 중 옳은 것은?

① 수평 분할형은 분해 점검이 약간 불편하나 고압 용기에 적당하다.
② 수직 분할형은 분해 점검이 약간 불편하여 고압 용기에 부적당하다.
③ 수직 분할형은 분해 점검이 쉬우나 고압일 경우에는 위아래 면이 누설되기 쉽다.
④ 수평 분할형은 분해 점검이 쉬우나 고

정답 57. ② 58. ② 59. ④ 60. ① 61. ④ 62. ① 63. ④

압일 경우에는 위아래 면이 누설되기 쉽다.

해설 • 수평 분할형 : 분해 점검이 수월하지만 고압일 경우에는 위아래 면이 누설되기 쉽다.
• 수직 분할형 : 분해 점검이 약간 불편하나 고압 용기에 적당하다.

64. 고정 커플링 중 원통 커플링에 속하지 않는 것은?

① 머프 커플링 ② 플랜지 커플링
③ 셀러 커플링 ④ 마찰 원통 커플링

65. 펌프 성능에 관한 몇 가지 일반 원리를 나타낼 수 있는 성능 곡선에 나타나지 않는 성능 값은?

① 효율 ② 축동력
③ 전 양정 ④ 비교 회전도

해설 성능 곡선에는 전 양정, 효율, 유효 흡입수두 및 동력(HP)이 있다.

66. 기어 피치원의 지름을 D, 원주 피치를 P라고 하면 기어의 잇수 Z를 구하는 식은?

① $Z = \frac{\pi D}{P}$ ② $Z = \frac{25.4}{DP}$
③ $Z = \frac{25.4\pi}{P}$ ④ $Z = \frac{D}{\pi P}$

67. 전동기 기동 불능의 원인이 아닌 것은?

① 전선의 단선
② 과부하 계전기의 작동
③ 기계적 과부하
④ 정전류 및 정전압 발생

68. 수도, 가스, 배수관 등에 사용되고 있는 주철관이 강관에 비하여 우수한 점은 어느 것인가? (11년 1회)

① 충격에 강하고 수명이 길다.
② 내식성이 우수하고 가격이 저렴하다.
③ 비중이 작고 높은 내압에 잘 견딘다.
④ 내약품성, 열전도성, 용접성이 좋다.

69. 사이클로이드 감속기의 윤활 방법 중 옳은 것은? (11년 1회)

① 1 kW 이하의 소형에는 그리스, 그 이상의 것은 적하급유 방법이 사용된다.
② 1 kW 이하의 소형에는 적하급유 방법, 그 이상의 것은 그리스가 사용된다.
③ 1 kW 이하의 소형에는 그리스, 그 이상의 것은 유욕(油慾) 윤활 방법이 사용된다.
④ 1 kW 이하의 소형에는 유욕(油慾) 윤활 방법, 그 이상의 것은 그리스가 사용된다.

해설 1 kW 이하의 소형 감속기에는 그리스를 사용하고 그 이상의 것에는 유욕(油慾) 윤활 방법이 쓰인다. 유도관 도중에 오일 시그널(기름이 통과하고 있으면 내부의 볼이 회전함)이 설치되어 있으므로 일상 점검하고 또 케이싱과 출력축의 실은 기름 누설에 의한 사고에 특히 주의한다.

70. V 벨트에 대한 설명으로 틀린 것은?

① V 벨트는 속도비가 큰 경우의 동력 전달에 좋다.
② 비교적 작은 장력으로써 큰 회전력을 얻을 수 있다.
③ V 벨트의 종류에는 A, B, C, D, E의 다섯 가지만 있다.
④ V 벨트는 사다리꼴의 단면을 가지고, 이음매가 없는 고리 모양이다.

71. 무거운 기계나 전동기를 들어 올릴 때 로프, 체인, 훅 등을 거는 데 사용되는 볼트는?

2014

정답 64. ② 65. ④ 66. ① 67. ④ 68. ② 69. ③ 70. ③ 71. ①

① 아이 볼트 ② 충격 볼트
③ 기초 볼트 ④ 스테이 볼트

72. 유체의 역류를 방지하기 위하여 사용되는 밸브는?

① 볼 밸브 ② 체크 밸브
③ 앵글 밸브 ④ 글로브 밸브

73. 밸브 판이 흐름에 대하여 직각으로 놓여지며 밸브 시트에 대하여 미끄럼 운동을 하는 구조이며, 흐름에 대한 유체의 저항이 적은 밸브는?

① 스톱 밸브 ② 슬루스 밸브
③ 감압 밸브 ④ 나비형 밸브

해설 슬루스 밸브 : 칸막이 밸브라고도 하며 밸브체는 밸브 박스의 밸브 자리와 평행으로 작동하고 흐름에 대해 수직으로 개폐한다. 펌프 흡입 쪽에 설치하여 차단성이 좋고 전개 시 손실 수두가 가장 적다.

74. 임펠러 흡입구에 의하여 송풍기를 분류한 것이 아닌 것은?

① 편흡입형 ② 양흡입형
③ 구름체 흡입형 ④ 양쪽 흐름 다단형

75. 고착 또는 부러진 볼트의 분해법으로 거리가 먼 것은?

① 너트를 두드려서 푸는 방법
② 너트를 잘라 넓히는 방법
③ 가스 용접기로 가열하는 방법
④ 스크루 익스트랙터를 사용하는 방법

76. 일반적으로 베어링 끼워 맞춤 시 올바른 방법은? (05년 1회/10년 2회)

① 내륜과 축의 중간 끼워 맞춤
② 내륜과 축의 헐거운 끼워 맞춤
③ 외륜과 하우징의 억지 끼워 맞춤
④ 외륜과 하우징의 헐거운 끼워 맞춤

해설 일반적으로 내륜과 축은 단단한 끼워 맞춤을, 또 외륜과 하우징은 헐거운 끼워 맞춤을 사용한다.

77. 기계 운전 중에 가장 양호한 동심 상태를 유지하기 위한 작업은?

① 분해 작업 ② 센터링 작업
③ 끼워 맞춤 작업 ④ 열박음 작업

78. 관의 이음에서 분해 조립이 편리하고, 산업배관에 많이 사용되며, 관의 지름이 비교적 클 경우, 내압이 높을 경우에 볼트와 너트를 사용하는 이음은?

① 신축 이음 ② 유니언 이음
③ 플랜지 이음 ④ 턱걸이 이음

79. 기어 손상의 분류 중 피팅과 관련이 있는 것은? (11년 3회)

① 마모 ② 소성 항복
③ 용착 ④ 표면 피로

80. 다음 중 펌프의 캐비테이션 방지책으로 적합한 것은?

① 펌프의 흡입 양정을 되도록 높게 한다.
② 펌프의 회전 속도를 되도록 높게 한다.
③ 단흡입 펌프이면 양흡입 펌프로 사용한다.
④ 유효 흡입 수두를 필요 흡입 수두보다 작게 한다.

해설 캐비테이션을 방지하려면 회전수를 줄인다.

정답 72. ② 73. ② 74. ③ 75. ③ 76. ④ 77. ② 78. ③ 79. ④ 80. ③

❖ 2014년 5월 25일 시행

자격종목 및 등급(선택분야)	종목코드	시험시간	문제지형별	수검번호	성 명
기계정비산업기사	2035	2시간	A		

제1과목 공유압 및 자동화 시스템

1. 유압의 동조 회로에서 동조 운전을 방해하는 요소로 보기에 가장 거리가 먼 것은?

① 마찰 차이
② 펌프 토출량
③ 내부 누설의 양
④ 실린더 안지름 차이

해설 동조 회로 방해 요소 : 마찰, 내부 누설, 실린더 크기

2. 공압 루트 블로어(roots blower)에 대한 설명으로 옳은 것은?

① 소음이 작다.
② 토크 변동이 작다.
③ 비접촉형으로 무급유식이다.
④ 대형이고, 고압 송풍을 할 수 없다.

3. 유공압 기호에서 온도계 기호로 옳은 것은?

① 
② 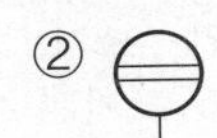
③ 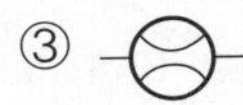
④ 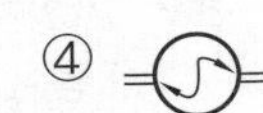

4. 다음 중 공기압 장치의 구성 요소가 아닌 것은?

① 원심 펌프　② 애프터 쿨러
③ 공기탱크　④ 공기 압축기

해설 원심 펌프는 액체의 양수용 또는 유압용으로 사용된다.

5. 비교적 큰 먼지를 제거할 목적으로 사용되는 기기로, 유압 회로에서 펌프의 흡입 관로에 사용되는 것은?

① 탱크　② 스트레이너
③ 필터　④ 어큐뮬레이터

해설 스트레이너(strainer) : 펌프를 고장 나게 할 염려가 있는 약 100메시 이상의 먼지를 제거하기 위하여 오일 필터와 조합하여 사용하며, 오일 탱크 내의 펌프 흡입 쪽에 설치되는 것으로, 케이스를 사용하지 않고 엘리먼트를 직접 탱크 내에 부착하는 구조로 되어 있다. 스트레이너의 여과 능력은 펌프 흡입량의 2배 이상이어야 하고, 여과 입도는 100~150 μm의 것이 많이 사용되고 있다. 여과 재료로는 철망이나 와이어 메시(wire mesh)가 사용되고, 압력 강하는 50~100 mmHg 이하에서 사용되는 것이 바람직하다. 보통 오일 탱크의 펌프 흡입관로에 연결된다.

6. 드릴 및 보링 공구를 이용하여 구멍을 뚫거나 구멍을 확장시키는 다축 보링 머신과 같은 공작 기계에서 관통 구멍의 경우 부하가 급격히 감소하므로 스핀들이 급진된다. 이를 방지하기 위하여 실린더에 유량 조절 밸브를 설치한다. 이러한 회로를 무엇이라 하는가?

① 감속 회로(deceleration circuit)
② 미터 인 회로(meter in circuit)
③ 미터 아웃 회로(meter out circuit)
④ 블리드 오프 회로(bleed off circuit)

7. 그림에서 제시한 2압 밸브의 특성으로 옳지

정답 1. ② 2. ③ 3. ① 4. ① 5. ② 6. ③ 7. ②

않은 것은?

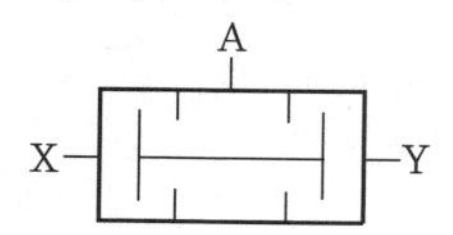

① AND의 논리를 만족한다.
② 먼저 들어온 고압 압력 신호가 출구 A로 나간다.
③ 압축 공기가 2개의 입구 X, Y에 모두 작용할 때에만 출구 A에 압축 공기가 흐른다.
④ 2개의 압력 신호가 다른 압력일 경우에는 낮은 압력 쪽의 공기가 출구 A로 출력된다.

해설 2압 밸브(two pressure valve) : 저압 우선형 셔틀 밸브, AND 밸브라고도 하며, AND 요소로서 두 개의 입구 X와 Y 두 곳에 동시에 공압이 공급되어야 하나의 출구 A에 압축 공기가 흐르고, 압력 신호가 동시에 작용하지 않으면 늦게 들어온 신호가 A 출구로 나가며, 두 개의 신호가 다른 압력일 경우 작은 압력 쪽의 공기가 출구 A로 나가게 되어 안전 제어, 검사 등에 사용된다.

8. 다음 중 압력 제어 밸브로 옳은 것은?

① 체크 밸브 ② 리듀싱 밸브
③ 셔틀 밸브 ④ 감속 밸브

9. 안지름 10 cm, 추력 3140 kgf, 피스톤 속도 40 m/min인 유압 실린더에서 필요로 하는 유압은 최소 몇 kgf/cm²인가?

① 40 ② 60
③ 80 ④ 160

해설 $P=\frac{F}{A}=\frac{3140}{\frac{\pi}{4}\times 10^2}\fallingdotseq 40\ \text{kgf/cm}^2$

10. 공유압 변환기 사용 시 주의 사항으로 옳은 것은? (09년 1회)

① 수평 방향으로 설치한다.
② 열원에 가까이 설치한다.
③ 반드시 액추에이터보다 낮게 설치한다.
④ 실린더나 배관 내의 공기를 충분히 뺀다.

해설 공유압 변환기 사용상의 주의점
㉠ 공유압 변환기는 액추에이터보다 높은 위치에 수직 방향으로 설치한다.
㉡ 액추에이터 및 배관 내의 공기를 충분히 뺀다.
㉢ 열원의 가까이에서 사용하지 않는다.

11. 컨베이어를 이용한 자동화 시스템을 설계하고자 할 때 고려해야 할 기본 설계 원칙에 해당되지 않는 것은? (11년 3회)

① 이송 능력 한계
② 속도의 원칙
③ 균일성의 원칙
④ 투입 산출의 원칙

해설 투입 산출은 시스템 설계의 구조이다.

12. 제작자에 의해 한 번만 프로그램되는 메모리는 어느 것인가?

① RAM ② Mask ROM
③ EAROM ④ EPROM

해설 읽기-쓰기 메모리(read-write memory) : 읽기와 쓰기의 수정이 가능한 메모리로 내용이 전부 지워지는 읽기-쓰기 메모리의 RAM과 그 내용이 지워지지 않는 EAROM이 있다.

13. 정보의 정의역이 어느 구간에서 모든 점으로 표시되는 신호로서 시간과 정보가 모두 연속적인 신호는 어느 것인가? (07년 1회)

① 연속 신호 ② 이산 시간 신호
③ 디지털 신호 ④ 아날로그 신호

정답 8. ② 9. ① 10. ④ 11. ④ 12. ② 13. ④

14. 다음 중 직류 전동기의 과열의 원인이 아닌 것은? (11년 1회)

① 퓨즈의 용단 ② 베어링 조임 과다
③ 전동기 과부하 ④ 브러시 압력 과다

해설 전동기 과열 원인
㉠ 과부하 ㉡ 스파크
㉢ 베어링 조임 과다 ㉣ 코일 단락
㉤ 브러시 압력 과다

15. 다음 그림과 같은 타이밍 차트에서 입력은 A와 B이며, 출력은 Y일 때 이 타이밍 차트는 어떤 회로인가? (단, 입, 출력 모두 양논리로 동작한다.) (06년 3회)

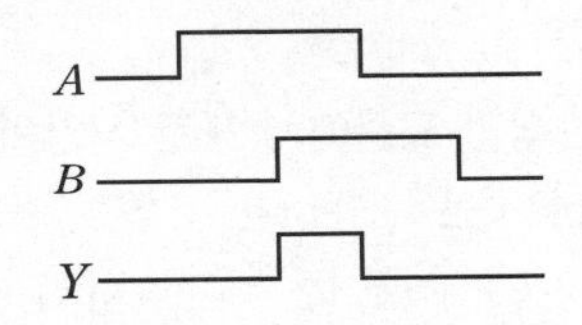

① AND 회로 ② OR 회로
③ NOT 회로 ④ NAND 회로

해설 AND 회로

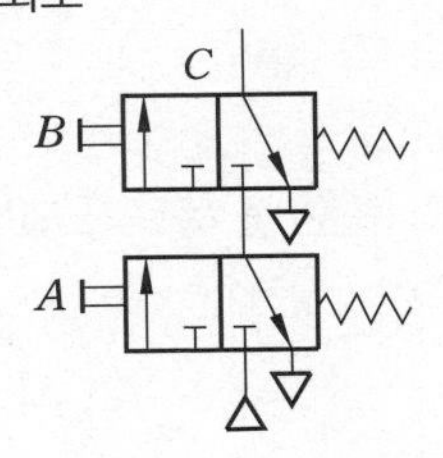

16. 그림과 같은 선형 스텝 모터에서 스핀들 리드가 0.36 cm이고, 회전각이 1°라고 하였을 때 이송 거리는 몇 mm인가? (10년 2회)

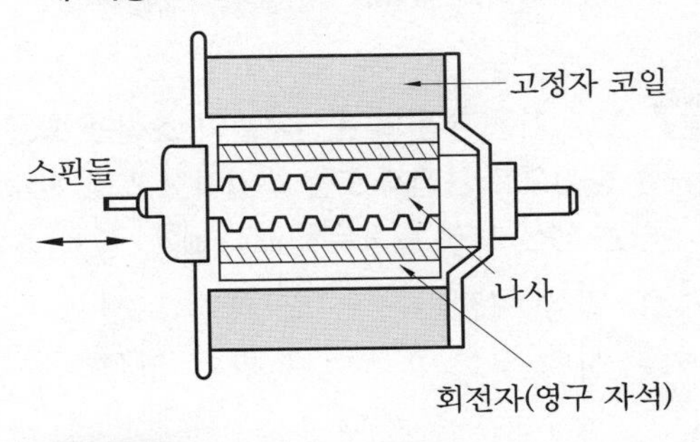

① 0.01 ② 0.02
③ 0.03 ④ 0.04

해설 스핀들 리드를 h, 회전각을 α라 하면 이송 거리 $S = \frac{h}{360°} \times \alpha$

$$\therefore S = \frac{0.36\,\text{cm}}{360°} \times 1° = 0.001\,\text{cm} = 0.01\,\text{mm}$$

17. 유도형 센서의 감지 거리에 대한 설명으로 옳지 않은 것은?

① 공칭 검출 거리 – 제조 공정, 온도, 공급 전압에 의한 허용치를 고려하지 않은 상태의 거리
② 정미 검출 거리 – 정격 전압과 정격 주위 온도일 때 측정하는 거리
③ 유효 검출 거리 – 공급 전압과 주위 온도의 허용 한도 내에서 측정한 거리
④ 정격 검출 거리 – 어떠한 전압 변동 또는 온도 변화에도 관계없이 표준 검출체를 검출할 수 있는 거리

18. 자동화 시스템의 목적으로 가장 거리가 먼 것은? (11년 2회)

① 원가 절감
② 이익의 극대화
③ 제품 품질의 균일성
④ 생산 탄력성 증가

해설 자동화를 통해 시스템이 전문성을 갖게 되므로 생산 탄력성은 결여된다.

19. 그림과 같은 공기압 실린더의 올바른 명칭은? (06년 1회)

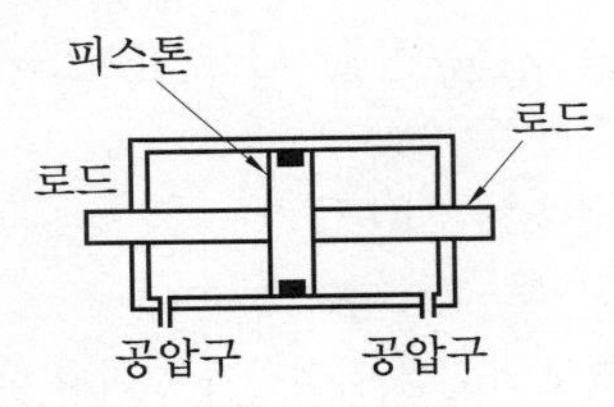

정답 14. ① 15. ① 16. ① 17. ④ 18. ④ 19. ④

① 단동 실린더
② 편로드 복동 실린더
③ 탠덤형 실린더
④ 양로드 복동 실린더

20. 다음 중 유압 펌프의 소음 발생 원인이 아닌 것은?

① 펌프 흡입 불량
② 작동유 점성 증대
③ 펌프의 저속 회전
④ 이물질의 침입

해설 유압 펌프의 소음 발생 원인 : 펌프 흡입 불량, 작동유 점성 증대, 필터 막힘, 이물질 침입, 펌프의 고속 회전

제 2 과목 설비 진단 및 관리

21. 정비 계획에 필요한 예비품의 종류 중 전 공장에 영향을 미치는 동력 설비에서 많이 볼 수 있는 것은? (07년 1회)

① 부품 예비품
② 라인 예비품
③ 단일 기계 예비품
④ 부분적 세트 예비품

해설 라인 예비품은 특수한 고장을 제외하면 없으나, 단일 기계 예비품은 전 공정에 영향을 미치는 동력 설비에서 많이 볼 수 있는 것이다.

22. 다음 중 자재를 취급하는 데 공간적인 면에서 가장 유연성이 우수한 장비는?

① 자동 저장/반출 시스템(AS/RS)
② 호이스트(hoist)
③ 무인 반송차(AGV)
④ 팰릿 트럭(pallet truck)

해설 팰릿 트럭은 작업자가 걷거나 탈 수 있고 유연성이 우수한 자재 취급 장비이다.

23. 설비 보전상 청소, 급유, 조정, 부품 교체 등의 적절한 시기를 산정하는 기준은 어느 것인가? (10년 3회)

① 성능 기준 ② 검사 기준
③ 예방 기준 ④ 정비 기준

24. 다음 중 동점도를 나타내는 단위로 옳은 것은?

① cm^2/s ② s/cm^2
③ m/s^2 ④ s/m^2

25. 보전 작업 표준에서 표준 시간의 결정 방법이 아닌 것은? (07년 1회)

① 경험법 ② 실적 자료법
③ 작업 연구법 ④ 관적 자료법

해설 보전 작업 표준을 설정하기 위해서는 경험법, 실적 자료법, 작업 연구법 등이 사용된다.

26. 기술면의 표준 중 목표가 되는 표준을 지칭하는 것은?

① 규격 ② 사양서
③ 지도서 ④ 조직 규정

해설 목표가 되는 표준은 기술면의 표준으로 기준과 지도서 등을 의미한다. 규격과 사양서는 준수하여야 할 표준이며, 조직 규정은 경영 관리의 표준으로 조직의 표준이다.

27. 설비 가동 부문의 운전자들이 소집단 활동을 중심으로 운전자 또는 작업자 스스로 전개하는 생산 보전 활동은? (10년 3회)

① 일상 보전 ② 예방 보전
③ 자주 보전 ④ 개량 보전

정답 20. ③ 21. ③ 22. ④ 23. ④ 24. ① 25. ④ 26. ③ 27. ③

해설 자주 보전(autonomous maintenance)이란 작업자 개개인이 '자기 설비는 자신이 지킨다'는 것을 목표로 자기 설비를 평상시 점검, 급유, 부품 교환, 수리, 이상의 조기 발견, 정밀도 체크 등을 행하는 것이다. 자주 보전을 하기 위해서는 '설비에 강한 작업자', '이상을 발견할 수 있는 능력'을 가져야 한다.

28. 설비는 사용 기간이 길면 길수록 자본 회수비는 감소하나 열화에 의한 보전비와 운영비는 증가한다. 이 두 비용의 총비용이 최소가 되는 수명은?

① 경제 수명 ② 실질 유효 수명
③ 내용 연수 ④ 운전 수명

29. 진동 차단기로 이용되는 패드의 재료로써 적합하지 않은 것은? (08년 1회)

① 스펀지 고무
② 파이버 글라스
③ 코르크
④ 알루미늄 합금

해설 진동 차단기 재료 : 강철 스프링, 천연고무 혹은 합성고무 절연재, 패드(스펀지 고무, 파이버 글라스, 코르크)

30. 투과 계수가 0.001일 때 투과 손실량은?

① 20 dB ② 30 dB
③ 40 dB ④ 50 dB

31. 정현파 신호에서 피크값(편진폭)을 기준한 진동의 크기가 1일 때 실효값의 크기는 얼마인가? (07년 1회)

① 2 ② $\frac{1}{2}$
③ $\frac{1}{\pi}$ ④ $\frac{1}{\sqrt{2}}$

해설 현파 신호에서의 변화표

	최댓값	최대–최댓값	실효값	평균값
최댓값	V_P	$V_{P-P}=2V_P$	$V_s=\frac{1}{\sqrt{2}}V_P$	$V_{ave}=\frac{2}{\pi}V_P$
최대–최댓값	$V_P=\frac{1}{2}V_{P-P}$	V_{P-P}	$V_s=\frac{1}{2\sqrt{2}}V_{P-P}$	$V_{ave}=\frac{1}{\pi}V_{P-P}$
실효값	$V_P=\sqrt{2}V_s$	$V_{P-P}=2\sqrt{2}V_s$	V_s	$V_{ave}=\frac{2\sqrt{2}}{\pi}V_s$
평균값	$V_P=\frac{\pi}{2}V_{ave}$	$V_{P-P}=\pi V_{ave}$	$V_s=\frac{\pi}{2\sqrt{2}}V_{ave}$	V_{ave}

32. 베어링의 결함 유무를 측정하고자 할 때 사용되는 진동 측정용 센서는?

① 변위계 ② 속도계
③ 가속도계 ④ 레벨계

해설 베어링에서 발생시키는 주파수는 고주파이므로 고주파 측정에 적합한 센서는 가속도계이다.

33. 다음 보전 조직은 무엇인가? (09년 3회)

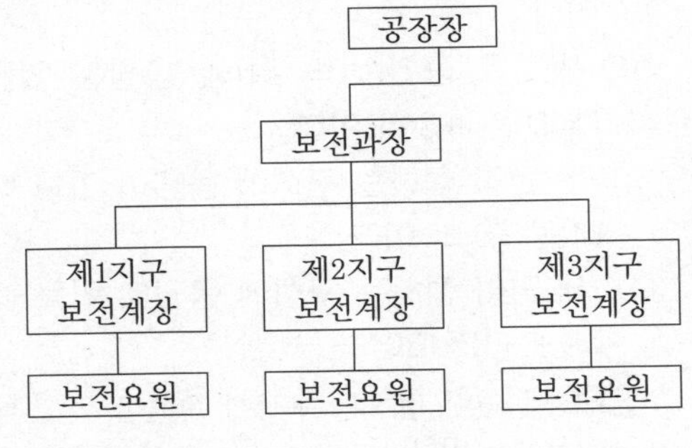

① 집중 보전 조직 ② 부분 보전 조직
③ 지역 보전 조직 ④ 절충 보전 조직

34. 일반적으로 시스템을 구성하는 기본적 요소에 속하지 않는 것은?

정답 28. ① 29. ④ 30. ② 31. ④ 32. ③ 33. ③ 34. ④

① 투입 ② 처리 기구
③ 산출 ④ 품질

해설 시스템 구성 요소는 투입, 산출, 처리 기구, 관리, 피드백이며, 제품 특성의 측정치가 피드백에 속한다.

35. 기계 진동이 공진으로 인하여 높은 경우, 진동을 저감하는 방법으로 잘못된 것은?

① 구조물의 강성을 높여 고유 진동 주파수를 낮은 영역으로 변화시킨다.
② 구조물의 질량을 크게 하여 고유 진동 주파수를 낮은 영역으로 변화시킨다.
③ 구조물의 강성을 낮추어 고유 진동 주파수를 낮은 영역으로 변화시킨다.
④ 구조물의 강성과 질량을 적절히 조절하여 현재 가진되고 있는 공진 주파수 영역을 피하도록 한다.

해설 구조물의 강성을 높이면 공진 주파수는 높은 영역으로 이동된다.

36. 음의 지향 지수(DI)에 대한 설명 중 틀린 것은?

① 음원이 자유 공간에 있을 때 DI는 0 dB이다.
② 반자유 공간(바닥 위)에 음원이 있을 때 DI는 +3 dB이다.
③ 두 면이 접하는 구석에 음원이 있을 때 DI는 +6 dB이다.
④ 세 면이 접하는 구석에 음원이 있을 때 DI는 +12 dB이다.

해설 세 면이 접하는 구석에 음원이 있을 때 DI는 +9 dB이다.

37. 설비 진단 기법 중 금속 성분 특유의 발광 또는 흡광 현상을 이용하는 기법은?

① 진동법 ② 페로그래피법
③ SOAP법 ④ 응력법

해설 SOAP법은 시료유를 채취하여 연소시킨 뒤 그때 생기는 금속 성분 특유의 발광 또는 흡광 현상을 분석하는 것으로 특정 파장과 그 강도에서 오일 속의 마모 성분과 농도를 알 수 있다.

38. 생산의 정지 혹은 유해한 성능 저하를 초래하는 상태를 발견하기 위한 설비의 정기적인 검사를 무엇이라 하는가? (10년 2회)

① 개량 보전 ② 사후 보전
③ 예방 보전 ④ 보전 예방

해설 예방 보전 : 일상 보전, 장비 점검, 예방 수리로 구성되어 있다. 이것은 계획 보전(scheduled maintenance) 특정 운전 상태를 계속 유지시키는 보전 방법이다.

39. 설비 보전의 표준화가 가져오는 직접적인 이점과 가장 거리가 먼 것은? (09년 2회)

① 설비 보전 기술의 축적
② 설비 개량 또는 설계 능력 향상
③ 생산 제품의 불량률 증대
④ 설비 보전 작업의 효율성 증대

해설 표준화 작업 과정에서 확보되는 점검 기준, 수리 표준 또는 측정 방법 개발 등은 보전 기술의 축적을 가져오는 기초가 된다. 또한 이들은 설비 개량 또는 설계 능력 향상에 큰 역할을 하게 된다.

40. 자재 흐름 분석의 P-Q 분석에 의하여 분류가 결정되면 그 분류 내에 있는 제품들에 대하여 개별적인 분석을 행할 때 그 분류와 내용이 옳은 것은?

① D급 분류 : 제품의 종류도 적고 생산량도 적다. 소품종 공정표를 작성한다.
② C급 분류 : 제품의 종류는 적고 생산량이 많다. 단순 작업 공정표 다음 조립

정답 35. ① 36. ④ 37. ③ 38. ③ 39. ③ 40. ③

공정표를 작성한다.

③ B급 분류 : 제품의 종류는 중간이고 생산량도 중간이다. 다품종 공정표를 작성한다.

④ A급 분류 : 제품의 종류는 많고 생산량은 적다. 유입 유출표를 작성한다.

해설 자재 흐름 분석

㉠ A급 분류 : 제품의 종류는 적고 생산량이 많다. 단순 작업 공정표 다음 조립 공정표를 작성한다.

㉡ B급 분류 : 제품의 종류는 중간이고 생산량도 중간이다. 다품종 공정표를 작성한다.

㉢ C급 분류 : 제품의 종류는 많고 생산량은 적다. 유입 유출표(from to chart)를 작성한다.

제 3 과목 공업 계측 및 전기 전자 제어

41. 차압식 유량계의 차압 기구에 해당되지 않는 것은?

① 회전자 ② 오리피스
③ 벤투리관 ④ 피토관

42. 저항 $R_1=5\Omega$, $R_2=10\Omega$, $R_3=15\Omega$을 직렬로 접속하고 전압 120 V 인가하였을 때 저항 R_3에 분배되는 전압(V)은?

① 20 ② 40
③ 60 ④ 80

해설 전체 전류$=\dfrac{120}{5+10+15}=4\,\text{A}$

R_3에 분배되는 전압은 $4\times15=60\,\text{V}$이다.

43. 다음 중에서 압력 스위치의 표시 문자 기호는?

① PS ② FS
③ PXS ④ PHS

44. 외력이 없을 때는 닫혀 있고 외력이 가해지면 열리는 접점은?

① a 접점 ② b 접점
③ c 접점 ④ d 접점

45. 온도가 변화하면 저항값이 매우 많이 변화하는 반도체를 무엇이라 하는가?

① 배리스터(varistor)
② 서미스터(thermistor)
③ CdS(황화카드뮴)
④ 발광 다이오드

46. 다음 중 복합 루프 제어계가 아닌 것은?

① 캐스케이드 제어 ② 선택 제어
③ 비율 제어 ④ 비례 적분 제어

47. 내부 저항이 20 kΩ인 전압계에 40 kΩ의 배율기를 접속하여 어떤 전압을 측정하였더니 전압계의 지시가 50 V였다면 측정 전압(V)은?

① 50 ② 100
③ 150 ④ 200

해설 $V=V_0\left(1+\dfrac{R_m}{r_0}\right)=50\left(1+\dfrac{40}{20}\right)=150\,\text{V}$

48. 다음 중 기계식인 것은? (06년 3회 / 09년 3회)

① 사이리스터 ② 제너 다이오드
③ 트랜지스터 ④ 안내 밸브

49. 직류 전동기에서 저항 기동을 하는 목적으로 가장 옳은 것은?

① 전압을 제어한다.
② 저항을 제한한다.
③ 속도를 제어한다.
④ 기동 전류를 제한한다.

정답 41. ① 42. ③ 43. ① 44. ② 45. ② 46. ④ 47. ③ 48. ④ 49. ④

50. 논리 회로의 불 대수 $(A+B)\cdot(A+\overline{B})$를 간략화한 것은?

① $\overline{B}$ ② $\overline{A}$
③ B ④ A

51. 다음 중 10진수 256을 BCD 코드로 변환한 것은? (07년 3회)

① 0101 0110 0010 ② 0010 0101 0110
③ 0010 0101 0100 ④ 0101 0110 0110

52. 다음 중 수동형 센서(passive sensor)에 속하는 것은?

① 포토 커플러 ② 포토 리플렉터
③ 레이저 센서 ④ 적외선 센서

해설 • 패시브 센서 : 대상물에서 나오는 정보를 그대로 입력하여 정보를 감지 또는 검지하는 기기로 적외선 센서가 대표적이다.
• 액티브 센서 : 대상물에 어떤 에너지를 의식적으로 주고 그 대상물에서 나오는 정보를 감지 또는 검지하는 기기로 레이저 센서가 대표적이다.

53. 제어 밸브를 선정하는 필요 요건이 아닌 것은?

① 대상 프로세스 ② 적정 재고
③ 응답성 ④ 사용 목적

54. 되먹임 제어(feed back control)에서 반드시 필요한 장치는? (05년 3회)

① 구동기 ② 조작기
③ 검출기 ④ 비교기

55. 다음 설명 중 틀린 것은?

① 3상 유도 전동기는 운전 중 전원이 1선 단선되어도 운전이 계속된다.
② 단상 유도 전동기는 기동을 위해 보조 권선을 사용한다.
③ 콘덴서 전동기는 콘덴서에 의해 역률이 높고, 토크가 균일하며 소음이 적다.
④ 분상 기동형 단상 유도 전동기의 회전 방향 변경은 전원의 접속을 바꾼다.

56. 다음 중 계측된 신호를 전송할 때 발생하는 노이즈의 원인과 거리가 먼 것은 어느 것인가? (07년 1회 / 09년 2회)

① 전도 ② 정전 유도
③ 중첩 ④ 온도 변화

57. 다음 그림 기호 중 한시 동작형 a 접점은 어느 것인가?

① ② ③ ④

58. 물리 화학량을 전기적 신호로 변환하거나, 역으로 전기적 신호를 다른 물리적인 양으로 바꾸어 주는 장치는?

① 트랜스듀서 ② 엑추에이터
③ 포지셔너 ④ 오리피스

59. 다음 중 열전대 조합으로 사용되지 않는 것은? (12년 2회)

① 백금–콘스탄탄 ② 백금–백금로듐
③ 구리–콘스탄탄 ④ 철–콘스탄탄

해설 열전대 조합 : 백금–로듐, 크로멜–알루멜, 철–콘스탄탄, 구리–콘스탄탄

60. 계측(계장)용 문자 기호로서 유량 지시 조절 경보계의 표시 방법이 맞는 것은?

① FICA–201 ② TRCA–201
③ QICA–201 ④ LRCA–201

정답 50. ④ 51. ② 52. ④ 53. ② 54. ④ 55. ④ 56. ④ 57. ② 58. ① 59. ① 60. ①

제 4 과목 기계 정비 일반

61. 펌프 축에 설치된 베어링에 이상 현상을 일으키는 원인이 아닌 것은? (06년 1회)

① 윤활유의 부족
② 축 중심의 일치
③ 축 추력의 발생
④ 베어링 끼워 맞춤 불량

62. 롤러 체인을 스프로킷 휠이 부착된 평행축에 평행 걸기를 할 때 거는 방법으로 적합한 것은?

① 긴장 측에 긴장 풀리를 사용하여 건다.
② 이완 측에 이완 풀리를 사용하여 건다.
③ 긴장 측은 위로, 이완 측은 아래로 하여 건다.
④ 긴장 측은 아래로, 이완 측은 위로 하여 건다.

해설 이완 측에 긴장 풀리를 사용하여 건다.

63. 테이퍼 핀을 밑에서 때려서 뺄 수 없을 경우에 적합한 분해 방법은? (10년 2회)

① 테이퍼 핀을 정으로 잘라서 뺀다.
② 스크루 익스트랙터를 사용하여 뺀다.
③ 테이퍼 핀 머리 부분에 용접을 하여 뺀다.
④ 테이퍼 핀 머리 부분에 나사를 내어 너트를 걸어 뺀다.

64. 너트의 이완을 방지하는 방법 중 높이가 다른 2개의 너트를 사용하여 이완을 방지하는 방법은?

① 턴 버클에 의한 방법
② 절삭 너트에 의한 방법
③ 로크너트에 의한 방법
④ 홈붙이 너트에 의한 방법

해설 로크너트는 더블 너트라고도 하며 높이가 서로 다른 2개의 너트를 사용하여 풀림(이완)을 방지한다.

65. 정비용 측정 기구가 아닌 것은?

① 오스터(oster)
② 진동계(vibro-meter)
③ 소음계(sound level meter)
④ 베어링 체커(bearing checker)

해설 오스터는 측정 기구가 아니고 배관용 작업 공구이다.

66. 구름 베어링을 구성하는 기본 요소가 아닌 것은?

① 저널 ② 내륜
③ 전동체 ④ 리테이너

67. 다음 동력 전동 장치 중 직접 접촉에 의한 것은?

① 기어 전동 장치
② 체인 전동 장치
③ 로프 전동 장치
④ V 벨트 전동 장치

68. 펌프의 배관을 90도로 방향을 바꾸고자 할 때 사용하는 배관용 이음쇠는?

① 크로스(cross)
② 유니언(union)
③ 엘보(elbow)
④ 리듀서(reducer)

해설 ① 크로스 : 3방향 분기 시 사용
② 유니언 : 직선 이음 시 사용
③ 엘보 : 90도로 방향을 바꾸고자 할 때 사용
④ 리듀서 : 배관경을 줄이거나 늘리는 데 사용

정답 61. ② 62. ③ 63. ④ 64. ③ 65. ① 66. ① 67. ① 68. ③

69. 수격 현상에서 압력 상승 방지책으로 사용되는 밸브는?

① 안전 밸브 ② 슬루스 밸브
③ 셔틀 밸브 ④ 언로딩 밸브

70. 다음 중 송풍기 진동의 원인으로 볼 수 없는 것은?

① 축의 굽음
② 모터의 회전수 저하
③ 임펠러의 마모나 부식
④ 임펠러에 더스트(dust) 부착

해설 모터의 회전수 저하는 풍량, 풍압 저하로 나타난다.

71. 죔새 Δd, 기어의 열팽창 계수 α, 가열 온도 T일 때 기어 안지름 D는?

① $D=\alpha\times\Delta d\times T$
② $D=\dfrac{T}{\alpha\times\Delta d}$
③ $D=\dfrac{\alpha\times\Delta d}{T}$
④ $D=\dfrac{\Delta d}{\alpha\times T}$

72. 외측 마이크로미터를 0점 조정하고자 한다. 심블(thimble)과 슬리브(sleeve)의 0점이 심블의 한 눈금 간격에 1/2 정도 어긋나 있다면 어떻게 조정하는가?

① 앤빌을 돌려서 0점을 맞춘다.
② 슬리브를 돌려서 0점을 맞춘다.
③ 스핀들을 돌려서 0점을 맞춘다.
④ 래칫 스톱을 돌려서 0점을 맞춘다.

해설 적은 범위 이내의 0점을 조정할 경우 훅 스패너를 이용하여 슬리브를 돌려서 0점을 맞춘다.

73. 고가(高架) 탱크, 물탱크 등에 자동 운전을 위하여 사용되며, 부력을 이용한 것은 어느 것인가?

① 유체 퓨즈
② 플로트 스위치
③ 압력 스위치
④ 유량 제어 스위치

74. 다음 중 센터링 불량으로 인한 현상이 아닌 것은? (10년 3회)

① 기계 성능이 저하된다.
② 축의 진동이 증가한다.
③ 동력의 전달은 원활하다.
④ 베어링부의 마모가 심하다.

해설 센터링이 불량할 때의 현상
㉠ 진동이 크다.
㉡ 축의 손상(절손 우려)이 심하다.
㉢ 베어링부의 마모가 심하다.
㉣ 구동의 전달이 원활하지 못하다.
㉤ 기계 성능이 저하된다.

75. 다음 중 볼트, 너트의 이완 방지법이 아닌 것은?

① 분할 핀에 의한 방법
② 로크너트에 의한 방법
③ 특수 너트에 의한 방법
④ 둥근 와셔에 의한 방법

해설 이완 방지법 : 분할 핀에 의한 방법, 로크너트에 의한 방법, 특수 너트에 의한 방법, 절삭 너트에 의한 방법

76. 저전압 전동기가 고장 났을 시 고장 진단 방법으로 옳지 않은 것은?

① 전류를 측정한다.
② 권선 저항을 측정한다.
③ 절연 저항을 측정한다.

정답 69. ① 70. ② 71. ④ 72. ② 73. ② 74. ③ 75. ④ 76. ①

④ 손으로 전동기를 돌려 본다.

해설 정지 중에 측정할 수 있는 방법이 필요하며 고장이 난 상태에서 전동기를 운전하여 부하 전류를 측정하기는 곤란하다. 현재 상태에서 고장이므로 돌릴 수가 없기 때문이다.

77. 폐수 처리 설비에 사용되는 화학 약품에 적합한 밸브는?

① 콕 밸브
② 플립 밸브
③ 글로브 밸브
④ 다이어프램 밸브

78. 다음 그림은 기어 감속기에 부착된 명판이다. 이 감속기의 출력 회전수는? (10년 2회)

GEAR REDUCER			
TYPE	TE71	INPUT POWER	0.5 kW
INPUT RPM	1720	RATIO	1 : 30
SERIAL NO.	2005050820		
YOSUNG CORPORATION MADE IN KOREA			

① 27.3 rpm ② 57.3 rpm
③ 75.3 rpm ④ 95.3 rpm

해설 $i = \frac{N_2}{N_1} = \frac{1}{30} = \frac{N_2}{1720}$

$\therefore N_2 \fallingdotseq 60$ rpm

79. 다음 중 밸브의 손잡이를 90° 회전시킴으로 유로를 신속히 개폐할 수 있는 밸브는 어느 것인가?

① 앵글 밸브 ② 체크 밸브
③ 콕 밸브 ④ 슬루스 밸브

80. 볼트와 너트의 다듬질 정도에 따라 어떻게 세 가지로 구분되는가?

① 3A, 2A, 1A
② 상, 중, 흑피
③ 3B, 2B, 1B
④ 1급, 2급, 3급

해설 볼트와 너트는 다듬질 정도에 따라 상, 중, 흑피 세 가지로 구분되고, 정밀도 등급에 따라 미터 나사는 1급, 2급, 3급, 유니파이드 수나사는 3A, 2A, 1A, 유니파이드 암나사는 3B, 2B, 1B로 나누어진다.

2014

정답 77. ④ 78. ② 79. ③ 80. ②

❖ 2014년 8월 17일 시행

자격종목 및 등급(선택분야)	종목코드	시험시간	문제지형별	수검번호	성 명
기계정비산업기사	2035	2시간	A		

제 1 과목 공유압 및 자동화 시스템

1. 다음의 공압 및 전기 회로도는 상자 이송 장치 회로도이다. 이 회로도에서 실린더의 동작 순서로 옳은 것은? (단, 실린더 전진은 +, 실린더 후진은 −로 한다.)

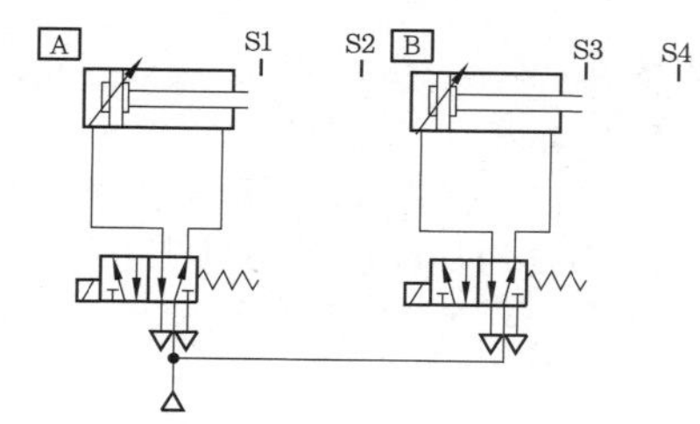

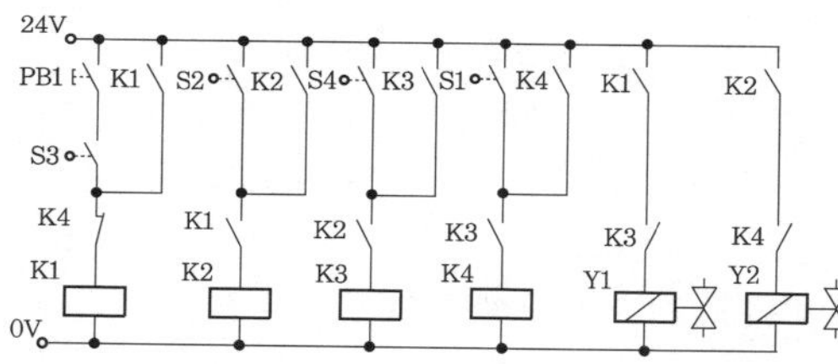

① A+, B+, B−, A−
② A+, B+, A−, B−
③ A+, A−, B+, B−
④ A+, B−, B+, A−

2. 유압의 제어 밸브 중 포핏 밸브 구조가 아닌 것은?

① 콘(cone) 내장 밸브
② 볼(ball) 내장 밸브
③ 스풀(spool) 내장 밸브
④ 디스크(disk) 내장 밸브

해설 스풀(spool) 내장 밸브는 밸브 구조상 슬라이드형 밸브이다.

3. 그림과 같은 변위 단계 선도에 맞는 동작 순서는? (07년 3회)

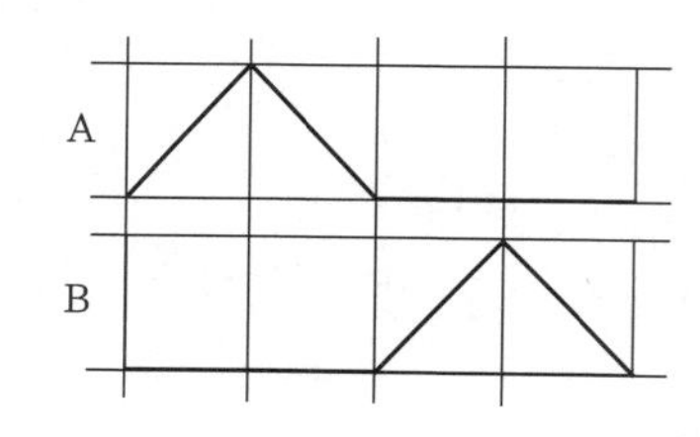

① A+, B+, B−, A−
② A+, A−, B+, B−
③ A+, B+, A−, B−
④ A+, B−, B+, A−

4. 다음과 같은 진리표를 만족하는 것은?

A · B = C

A	B	C
0	0	0
0	1	0
1	0	0
1	1	1

① 2압 밸브
② 셔틀 밸브
③ 3/2 way 밸브의 병렬연결
④ 3/2 way 정상 상태 닫힘형

해설 AND 논리는 2개의 입력을 가질 때 연결도 가능하며 이때에 모든 입력 신호가 만족되어야만 출력이 발생한다.

5. 높은 압력과 많은 토출량을 필요로 하는 유압 장치에 적합한 펌프는?

정답 1. ② 2. ③ 3. ② 4. ① 5. ④

① 기어 펌프 ② 나사 펌프
③ 베인 펌프 ④ 회전 피스톤 펌프

해설 피스톤 펌프는 고압 대유량에 좋다.

6. 공압 장치의 소음기에 관한 설명으로 옳지 않은 것은?

① 공압 시스템의 에너지 효율을 향상시킨다.
② 팽창형, 흡수형, 간섭형 등의 종류가 있다.
③ 압축 공기가 대기 중에 방출할 때 발생하는 소음을 작게 한다.
④ 공기압 회로에서 일을 마친 압축 공기를 대기 중에 방출하는 장치이다.

7. 유압 기기 중 회로압이 설정압을 초과하면 유체압에 의하여 파열되어 압유를 탱크로 귀환시키고 동시에 압력 상승을 막아 기기를 보호하는 역할을 하는 기기는? (10년 1회)

① 체크 밸브 ② 릴리프 밸브
③ 유압 퓨즈 ④ 압력 스위치

해설 유압 퓨즈(fluid fuse) : 유압 퓨즈는 전기 퓨즈와 같이 유압 장치 내의 압력이 어느 한계 이상이 되는 것을 방지하는 것으로 얇은 금속막을 장치하여 회로압이 설정압을 넘으면 막이 유체압에 의하여 파열되어 압유를 탱크로 귀환시킴과 동시에 압력 상승을 막아 기기를 보호하는 역할을 한다. 그러나 맥동이 큰 유압 장치에서는 부적당하다. 급격한 압력 변화에 대하여 응답이 빨라 신뢰성이 좋고, 설정압은 막의 재료 강도로 조절한다.

8. 피스톤의 왕복 운동을 회전 운동으로 변환하며 양 방향의 출력 토크가 같은 요동형 액추에이터는?

① 베인형 액추에이터
② 기어형 액추에이터
③ 스크루형 액추에이터
④ 래크와 피니언형 액추에이터

9. 실린더의 종류 중 전진과 후진 시 추력이 동일하게 발생되는 형식은?

① 탠덤 실린더 ② 케이블 실린더
③ 격판 실린더 ④ 양 로드형 실린더

해설 양 로드형 실린더는 복동 실린더이고, 격판 실린더는 단동 실린더이다.

10. 면적이 1 m^2인 곳을 50 N의 무게로 누를 때 면적에 작용하는 압력은?

① 50 Pa ② 100 Pa
③ 500 Pa ④ 1000 Pa

해설 $P=\frac{F}{S}=\frac{50\,\mathrm{N}}{1\mathrm{m}^2}=50\,\mathrm{Pa}$

11. 공압 배관 연결 작업이나 용접 작업 시 발생되는 이물질이 공압 시스템으로 유입되어 고장이 발생하는데, 이로 인한 고장으로 가장 거리가 먼 것은?

① 압력 스프링 손상으로 누설이 생긴다.
② 슬라이드 밸브의 고착 현상이 생긴다.
③ 포핏 밸브의 시트부에 융착되어 누설이 생긴다.
④ 유량 제어 밸브에 융착되어 속도 제어를 방해한다.

12. 다음의 진리표가 나타내고 있는 논리는?

입력(input)		출력(output)
A	B	Z
0	0	0
0	1	1
1	0	1
1	1	0

2014

정답 6. ① 7. ③ 8. ④ 9. ④ 10. ① 11. ① 12. ②

① NOR ② NAND
③ EX-OR ④ EQUIVALENT

해설 NAND 논리는 두 개의 입력 신호 a와 b가 있을 때 a와 b가 모두 입력되는 경우에만 출력이 없어지는 회로로 AND 논리의 역을 의미한다.

13. 유압 에너지를 이용하여 한정된 회전 운동을 하는 액추에이터는?

① 유압 모터
② 유압 실린더
③ 유압 펌프
④ 유압 요동 액추에이터

해설 • 유압 모터 : 연속 회전 운동
• 유압 실린더 : 직선 운동

14. 다음 중 센서의 사용 목적과 가장 거리가 먼 것은? (11년 3회)

① 정보의 수집
② 연산 제어 처리
③ 정보의 변환
④ 제어 정보의 취급

해설 센서의 사용 목적은 크게 정보의 수집, 정보의 변환, 제어 정보의 취급으로 요약할 수 있다.

15. 다음 중 자동화 시스템을 구성하는 각 단위 기기를 하드웨어 및 소프트웨어적으로 연결하는 방법을 의미하는 것은?

① 네트워크(network)
② 메커니즘(mechanism)
③ 액추에이터(actuator)
④ 프로세서(processor)

해설 네트워크는 신호 전달 시스템이다.

16. 다음 그림이 의미하는 시스템은?

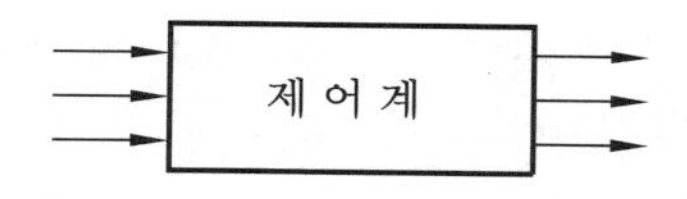

① 서보 시스템(servo system)
② 피드백 제어 시스템(feedback control system)
③ 개회로 제어 시스템(open loop control system)
④ 폐회로 제어 시스템(closed loop control system)

해설 개회로 제어 시스템은 출력이 제어 자체에 아무런 영향을 미치지 않는다.

17. 다음의 기호가 나타내는 것은?

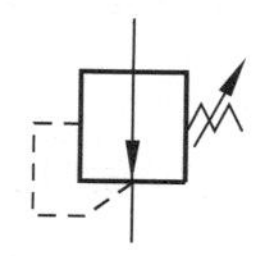

① 체크 밸브 ② 무부하 밸브
③ 감압 밸브 ④ 급속 배기 밸브

해설 그림의 기호는 직동형의 일반 기호인 감압 밸브를 나타낸다.

18. 시스템 회로의 구성 중 동작 상태 표현법에 관한 설명으로 틀린 것은?

① 기능 선도 : 논리 제어 문제를 표시하는 적절한 방법이다.
② 래더 다이어그램 : 릴레이 시퀀스 제어 회로 표시에 이용된다.
③ 변위-단계 선도 : 작업 순서가 표시되고 그 변위는 순서에 따라 선도에 표시되며 각 요소의 관계는 스텝별로 비교할 수 있다.
④ PFC(program flow chart) : 실험용, 기술용으로 논리 순서를 표현하는 방법 중 가장 광범위하게 사용된다.

해설 기능 선도는 순차 제어 문제를 표시하는 적절한 방법이다.

정답 13. ④ 14. ② 15. ① 16. ③ 17. ③ 18. ①

19. 유압 실린더의 수축 과정에서 발생하는 힘을 나타내는 수식 표현으로 옳은 것은?

① 압력×피스톤 면적
② 유량÷피스톤 면적
③ 압력×(피스톤 면적-로드 면적)
④ 유량÷(피스톤 면적-로드 면적)

20. 제어 작업이 주로 논리 제어의 형태로 이루어지는 곳에 AND, OR, NOT, 플립플롭 등의 기본 논리 연결을 표시하는 기호도를 무엇이라고 하는가? (09년 2회)

① 논리도 ② 회로도
③ 제어 선도 ④ 변위-단계 선도

해설 논리 회로(logic circuit) : AND, OR, NOT 등의 논리 기능을 가진 회로

제 2 과목 설비 진단 및 관리

21. 보전 표준의 종류 중 진단(diagnosis) 방법, 항목, 부위, 주기 등에 대한 것이 표준화 대상인 것은? (09년 1회)

① 수리 표준 ② 일상 점검 표준
③ 작업 표준 ④ 설비 점검 표준

22. 설비 관리의 분업 방식으로 가장 거리가 먼 것은?

① 기능 분업 ② 절충 분업
③ 전문 기술 분업 ④ 지역 분업

23. TPM에서의 로스에 대하여 설비의 종합 이용 효율을 계산하기 위하여 측정하는 종류로 가장 거리가 먼 것은? (11년 1회)

① 에너지 효율 ② 시간 가동률
③ 성능 가동률 ④ 양품률

해설 종합 효율(overall equipment effectiveness) : TPM에서는 설비의 가동 상태를 측정하여 설비의 유효성을 판정한다. 즉, 유효성은 설비의 종합 효율로 판단된다.

• 종합 효율 = 시간 가동률×성능 가동률×양품률

양품률은 총 생산량 중 재가공 또는 공정 불량에 의해 발생된 불량품의 비율을 의미한다.

24. 설비 보전 내용을 기록하였을 때 장점으로 가장 거리가 먼 것은? (06년 1회/10년 2회)

① 설비 수리 주기의 예측이 가능하다.
② 설비 수리 비용의 예측 및 판단 자료가 된다.
③ 설비에서 생산되는 생산량을 파악할 수 있다.
④ 설비 갱신 분석의 자료로 활용할 수 있다.

25. 윤활유를 선정할 때 가장 기본적이고 먼저 검토해야 할 사항은? (06년 1회)

① 적정 점도 ② 운전 속도
③ 급유 방법 ④ 관리 방법

26. 설비 보전에서 효과 측정을 위한 척도로서 널리 사용되는 지수 중 고장 도수율의 공식은?

① (정미 가동 시간/부하 시간)×100
② (고장 횟수/부하 시간)×100
③ (고장 정지 시간/부하 시간)×100
④ (보전비 총액/생산량)×100

해설 $\text{고장 도수율} = \frac{\text{고장 횟수}}{\text{부하 시간}} \times 100$ (신뢰성)

27. 제품에 대한 전형적인 고장률 패턴은 욕조 곡선으로 나타낼 수 있다. 우발 고장 기간에 발생될 수 있는 원인과 관계가 없는 것은?

정답 19. ③ 20. ① 21. ④ 22. ② 23. ① 24. ③ 25. ① 26. ② 27. ④

① 안전 계수가 낮은 경우
② 스트레스가 기대 이상인 경우
③ 사용자 과오가 발생한 경우
④ 폐기되었을 경우

28. 진동 에너지를 표현하는 데 가장 적합한 것은? (07년 3회)

① 피크값 ② 평균값
③ 실효값 ④ 최댓값

해설 실효값(rms) : 시간에 대한 변화량을 고려하고, 에너지량과 직접 관련된 진폭을 표시하는 것으로 진동의 에너지를 표현하는 데 가장 적합한 값이다. 정현파의 경우는 피크값의 $\frac{1}{\sqrt{2}}$배이다.

29. 진동 측정 기기의 검출단 설치 방법 중 사용할 수 있는 주파수 영역이 가장 넓은 고정 방식은?

① 나사 고정 ② 밀랍 고정
③ 영구 자석 고정 ④ 손 고정

해설 가속도 센서 부착 방법을 공진 주파수 영역이 넓은 순서로 나열하면 나사 > 에폭시 시멘트 > 밀랍 > 자석 > 손이다.

30. 시스템의 고유 진동 주파수 f를 2배로 증가시키기 위한 정적 처짐량의 δ의 값은?

① 2배로 증가시킨다.
② $\frac{1}{2}$로 감소시킨다.
③ 4배로 증가시킨다.
④ $\frac{1}{4}$로 감소시킨다.

해설 고유 진동 주파수(f)
$=\frac{1}{2\pi}\sqrt{\frac{k}{m}}=\frac{1}{2\pi}\sqrt{\frac{k}{\delta}}$ 이므로 δ를 $\frac{1}{4}$로 감소시키면 2배로 증가하게 된다.

31. 듀폰(Dupont)사에 의해 제시된 보전 요원 자신이 스스로 계획, 작업량, 비용, 생산성 측면으로 평가하여 미래의 목표를 제시하는 목표 관리(MBO : management by object) 시스템에서 계획의 기능에 해당되는 측정 요소는? (10년 2회)

① 노동 효율
② 계획 달성률(예상 효율)
③ 월당 총 공수에 대한 예방 보전 공수의 비율
④ 총 설비 투자에 대한 보전비의 비율

해설 보전 효과 측정을 위한 듀폰 방식
보전 효과를 네 가지 기본 기능, 즉 계획(planning), 작업량(재가 load), 비용(cost), 생산성(productivity)에 따라 표시한다.

32. 회전체 질량 중심의 불균형으로 인해 회전체의 회전 주파수가 가장 크게 나타나는 것은?

① 미스얼라인먼트(misalignment)
② 언밸런스(unbalance)
③ 공진(resonance)
④ 윤활(lubrication) 부족

해설 언밸런스 : 로터의 축심 회전의 질량 분포의 부적정에 의한 것으로 회전 주파수($1f$)가 발생

33. 다음 그림은 최적 수리 주기를 나타낸 것이다. ( ) 안에 들어갈 내용은?

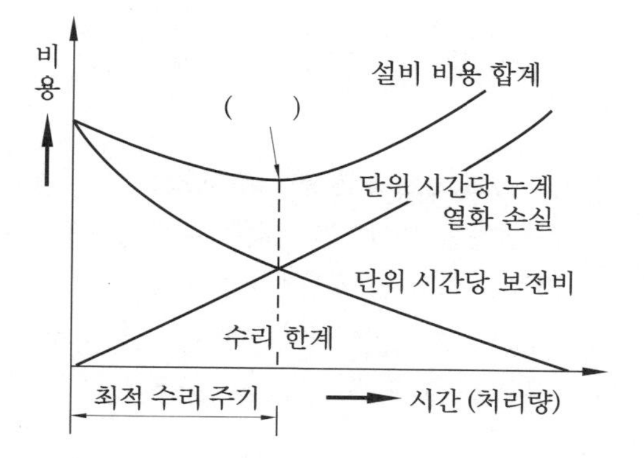

① 최소 비용점 ② 최소 수리점
③ 적정 비용점 ④ 최고 효율점

해설 경제적인 관리는 불합리한 보전비의 삭감보다는 보전비와 설비의 열화에 따른 기회 손실(열화 손실)의 합계를 최소한으로 줄이는 것이 가장 효과적이다.

34. 고정 자산의 구입 가격에서 법정 잔류 가치를 뺀 차액을 법정 내용 연수 기간 동안에 매년 분할하여 손금(損金)의 일종으로 취급하는 비용은?

① 자본 회수비 ② 감가상각비
③ 이익 할인비 ④ 처분 가치비

35. 설비 보전 조직의 유형에서 전문 보전원에 대하여 보전 책임이 집중인지 분산인지에 대한 분류 중 조직상·배치상 모두 분산 형태인 보전 조직은?

① 집중 보전 ② 지역 보전
③ 부분 보전 ④ 절충 보전

해설 설비 보전 조직의 분류
㉠ 집중 보전 : 조직상-집중, 배치상-집중
㉡ 지역 보전 : 조직상-집중, 배치상-분산
㉢ 절충 보전 : 조직상-조합, 배치상-조합

36. 일반적으로 사람이 들을 수 있는 주파수의 범위는? (12년 1회)

① 0.2~30000 Hz ② 0.1~10000 HZ
③ 10~30000 HZ ④ 20~20000 HZ

해설 사람이 들을 수 있는 음파의 가청 주파수는 약 20~20,000 Hz이고 주파수가 20 Hz 이하의 음파는 초저주파, 20,000 Hz 이상의 음파는 초음파라고 한다.

37. 회전 기계에서 발생하는 이상 현상 중 언밸런스나 베어링 결함 등의 검출에 널리 사용되는 설비 진단 기법은?

① 오일 분석법 ② 진동법
③ 응력 해석법 ④ 페로그래피법

38. 다음 중 제품별 배치 형태의 특징으로 틀린 것은? (08년 1회 / 10년 2회)

① 작업 흐름 판별이 용이하며 조기 발견, 예방, 회복 등이 쉽다.
② 공정이 확정되므로 검사 횟수가 적어도 되며 품질 관리가 쉽다.
③ 작업을 단순화할 수 있으므로 작업자의 훈련이 용이하다.
④ 정체 시간이 길기 때문에 재공품(在工品)이 많다.

해설 제품별 배치
㉠ 제품 특성 : 표준 제품, 소품종 대량 생산, 일정률의 생산
㉡ 작업 흐름의 유형 : 직선형이나 전진형 표준 작업과 동일 순서
㉢ 작업 숙련도 : 단순 반복 작업, 전문화된 작업 내용(분업화로 인하여 한두 가지만 단순하게 반복 작업을 하지만 그 작업 내용은 매우 전문화된 작업이 된다.)
㉣ 관리 지원 : 감독이 별로 필요 없고 자재·인원 통제가 생산량 결정과 직결
㉤ 운반 관리 : 운반 시설의 자동화, 컨베이어 사용으로 재고가 적음
㉥ 재고 현황 : 원자재 및 재고의 회전이 빨라 재고비 부담이 적음
㉦ 면적 가동률 : 공간의 활용이 효과적이고 단위 면적당 생산량이 높음
㉧ 자본 소요와 설비 특징 : 설비 투자가 크며 공정이 전문화되어 있어 여건 변동에 따라 적응을 쉽게 할 수 없음

39. 설비나 부품의 고장 결과를 다시 원 상태로 회복시키기 위한 설비 보전 방법은 어느 것인가? (10년 3회)

① 개량 보전 ② 사후 보전
③ 예방 보전 ④ 자주 보전

정답 34. ② 35. ③ 36. ④ 37. ② 38. ④ 39. ②

해설 사후 보전은 돌발 고장이 많고, 설비 가동률이 저하된다.

40. 공장 내의 회전 기계 간이 진단 대상 설비 중 주요 진단 대상으로 가장 거리가 먼 것은 어느 것인가? (07년 3회)

① 생산과 직접 관련된 설비
② 부대 설비인 경우라도 고장이 발생하면 큰 손해가 예측되는 설비
③ 고장이 발생 시 2차 손실이 예측되는 설비
④ 정비비가 낮은 설비

제 3 과목 공업 계측 및 전기 전자 제어

41. 2진수 1100을 10진수로 바꾸면 어떻게 되는가?

① 10 ② 11 ③ 12 ④ 13

해설 $1100_2 = 1\times2^3 + 1\times2^2 + 0\times2^1 + 0\times2^0 = 12$

42. 정전 용량 1 μF의 콘덴서가 60 Hz인 전원에 대한 용량 리액턴스(Ω)의 값은 약 얼마인가?

① 2500 ② 2600
③ 2653 ④ 3753

해설 $X_C = \frac{1}{\omega C} = \frac{1}{2\pi f C}$

$X_C = \frac{1}{2\pi \times 60 \times 10^{-6}} ≒ 2653\Omega$

43. 측정량과 크기가 거의 같은 미리 알고 있는 양의 분동을 준비하여 분동과 측정량의 차이로부터 측정량을 구하는 방법은?

① 영위법 ② 편위법
③ 치환법 ④ 보상법

해설 ① 영위법 : 측정하려고 하는 양과 같은 종류로서 크기를 조정할 수 있는 기준량을 준비하고 기준량을 측정량에 평행시켜 계측기의 지시가 0위치를 나타낼 때의 기준량의 크기로부터 측정량의 크기를 간접으로 측정하는 방식으로 평형형 계기라 하며 천평, 마이크로미터나 휘트스톤 브리지, 전위차계 등이 이 방식에 속한다.

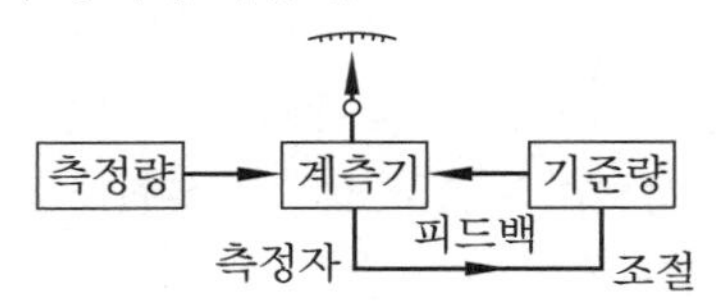

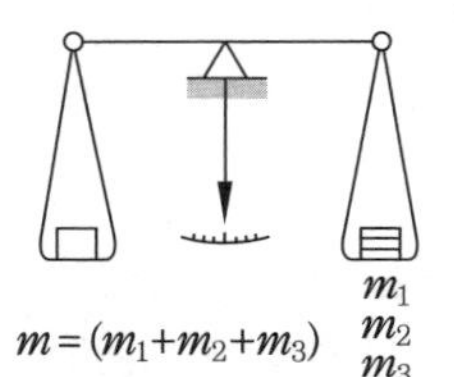

영위법

② 편위법 : 측정하려는 양의 작용에 의하여 계측기의 지침에 편위를 일으켜 이 편위를 눈금과 비교함으로써 측정을 행하는 방식을 편위법(deflection method)이라고 한다.

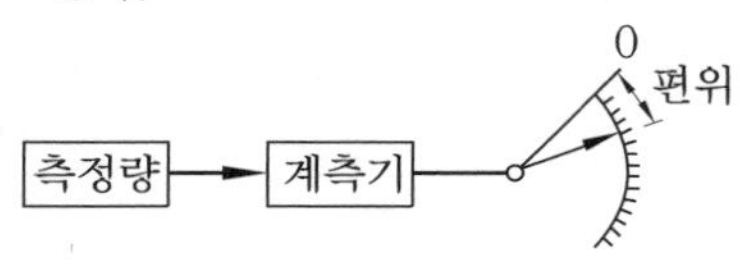

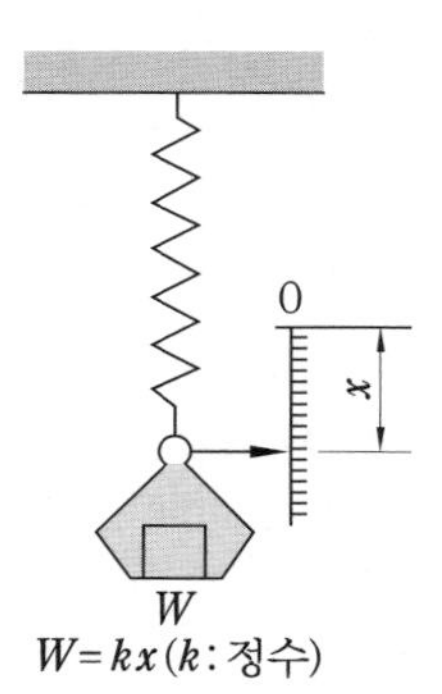

편위법

③ 치환법 : 다이얼 게이지를 이용하여 길이 측정 시 블록 게이지에 올려놓고 측정한

다음 피측정물을 바꾸어 넣었을 때의 지시의 차 (h_2-h_1)를 읽고 사용한 게이지 블록의 높이 h_0를 알면 피측정물의 높이 $H=H_0+(h_2-h_1)$를 구할 수 있다. 이와 같이 이미 알고 있는 양으로부터 측정량을 아는 방법을 치환법(substitution method)이라 한다.

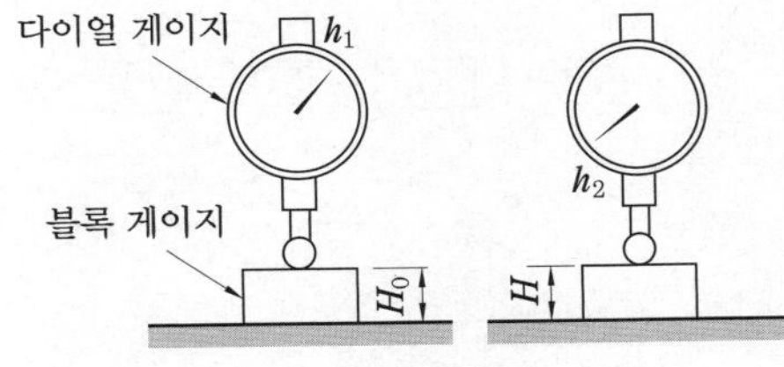

치환법

④ 보상법 : 천평을 이용하여 물체의 질량을 측정할 때 측정량과 크기가 거의 같은 미리 알고 있는 양의 분동을 준비하여 분동과 측정량의 차이로부터 측정량을 구하는 방법을 보상법(compensation method)이라 한다.

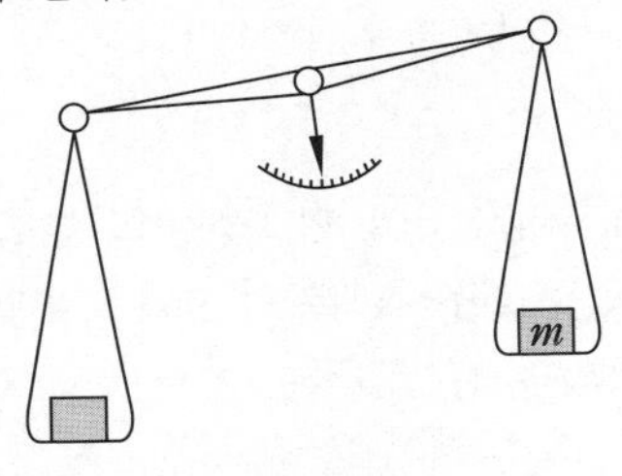

보상법

44. 다이오드의 최대 정격 중 연속적으로 가할 수 있는 직류 전압의 최대 허용값을 나타내는 것은?

① 최대 첨두 역방향 전압
② 최대 직류 역방향 전압
③ 최대 첨두 순방향 전압
④ 최대 평균 정류 전압

45. 연산 증폭기(op-amp)의 입력단과 출력단의 구성은?

① 1개의 입력과 1개의 출력
② 1개의 입력과 2개의 출력
③ 2개의 입력과 1개의 출력
④ 2개의 입력과 2개의 출력

해설 비반전(+) 및 반전(-) 전원 2개와 1개의 출력 단자를 가지고 있다.

46. 전기세탁기, 승강기 및 자동판매기는 다음 중 어떤 제어에 가장 적합한가?

① 폐회로 제어 ② 공정 제어
③ 시퀀스 제어 ④ 되먹임 제어

47. 입력 임피던스가 높고, 100 kHz 정도의 고속 스위칭이 가능하며, 대전류의 출력 특성을 고루 갖추고 있는 사이리스터의 대체 소자로서, 범용 인버터, 스위칭 모드 전원 장치, 무정전 전원 장치 등의 대폭적인 성능 개선에 기여한 전력 제어용 반도체 소자는?

① 실리콘 제어 정류기(SCR)
② 단접합 트랜지스터(UJT)
③ 프로그램 가능 단접합 트랜지스터(PUT)
④ 절연 게이트형 양극성 트랜지스터(IGBT)

48. 절연 저항을 측정하는 계기는?

① 계기용 변류기 ② 계기용 변압기
③ 전력계 ④ 메거

49. 시퀀스 제어에 관한 설명 중 옳지 않은 것은?

① 전체 계통에 연결된 제어 신호가 동시에 동작할 수도 있다.
② 시간 지연 요소도 사용된다.
③ 기계적 계전기도 사용된다.
④ 조합 논리 회로도 사용된다.

정답 44. ② 45. ③ 46. ③ 47. ④ 48. ④ 49. ①

50. 전계 효과 트랜지스터의 특징에 해당되지 않는 것은?

① 유니폴라(unipolar) 소자이다.
② 바이폴라(bipolar) 소자이다.
③ 전압 제어 소자이다.
④ 저전력 증폭기의 입력단에 적합하다.

51. 다음 중 트랜지스터의 접지 방식이 아닌 것은?

① 게이트 접지 ② 이미터 접지
③ 베이스 접지 ④ 컬렉터 접지

52. 다음 중 PLC의 전원부에 대한 잡음 대책이 아닌 것은?

① 스파크 킬러를 사용한다.
② 필터를 사용한다.
③ 트랜스를 사용한다.
④ 트랜스와 필터를 사용한다.

해설 노이즈의 발생원은 주로 사이리스터, 전자 개폐기의 코일이나 접점이다.

53. 2개의 입력을 가지는 경우 두 입력이 서로 다를 때 출력이 "1"이 되고 같을 때는 출력이 "0"이 되는 배타적 OR 회로의 논리식은?

① $Y = A \cdot B$ ② $Y = A + B$
③ $Y = A \oplus B$ ④ $Y = A \odot B$

54. 직류 발전기의 구성 요소 중 자속을 만들어 주는 부분은?

① 계자 ② 전기자
③ 정류자 ④ 브러시

55. 신호 전송 시 노이즈(noise) 대책으로 접지를 할 때의 주의 사항 중 틀린 것은?

① 1점으로 접지할 것
② 가능한 가는 도선을 사용할 것
③ 병렬 배선으로 할 것
④ 실드 피복은 필히 접지할 것

56. 다음과 같은 블록 선도에서 전달 함수로 알맞은 것은? (09년 1회)

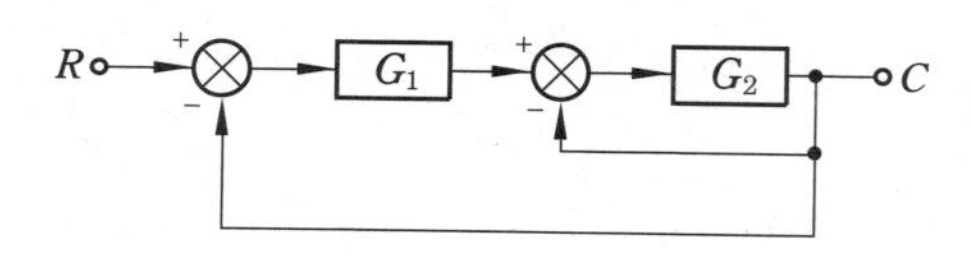

① $\dfrac{G_1 G_2}{1 + G_1 G_2}$

② $\dfrac{G_1 G_2}{1 + G_1 + G_2}$

③ $\dfrac{G_1 G_2}{1 + G_1 + G_1 G_2}$

④ $\dfrac{G_1 G_2}{1 + G_2 + G_1 G_2}$

57. 계측기가 미소한 측정량의 변화를 감지할 수 있는 최소 측정량의 크기를 무엇이라 하는가? (08년 1회 / 10년 2회)

① 정밀도 ② 정확도
③ 오차 ④ 분해능

58. 전기가 잘 통하는 성질을 도전율이라 한다. 도전율이 가장 좋은 물질은?

① 은 ② 구리
③ 금 ④ 알루미늄

59. 다음 그림과 같이 휘트스톤 브리지 회로가 구성되었다. 슬라이드 저항의 브러시 위치를 움직여 검류계 G가 0을 지시하고 브리지가 평형을 이루었을 경우의 관계식은?

정답 50. ② 51. ① 52. ① 53. ③ 54. ① 55. ② 56. ④ 57. ④ 58. ① 59. ①

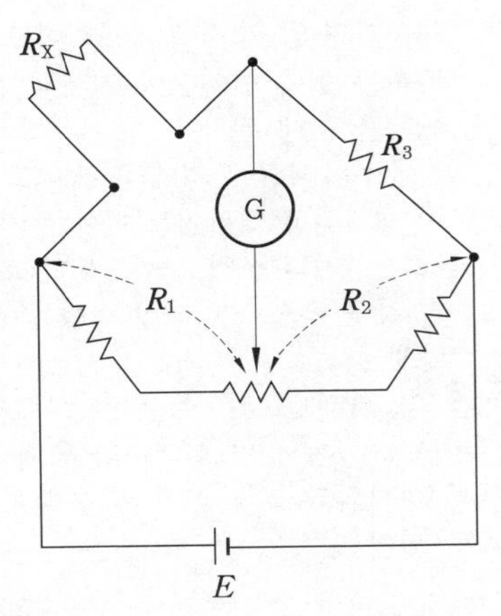

① $R_X R_2 = R_1 R_3$
② $R_1 R_2 = R_X R_3$
③ $R_X + R_2 = R_1 + R_3$
④ $R_1 + R_2 = R_X + R_3$

60. 피드백 제어에서 반드시 필요한 장치는 어느 것인가? (05년 3회 / 14년 2회)

① 조작기 ② 비교기
③ 검출기 ④ 조절기

제 4 과목 기계 정비 일반

61. 원심 펌프 축의 밀봉 장치 요소로 옳은 것은?

① 축 슬리브 ② 스터핑 박스
③ 라이너 링 ④ 케이싱 웨어링

해설 펌프의 밀봉 장치는 축봉 장치라고도 하며, 축 주위에 원통형의 스터핑 박스 또는 실 박스를 설치하고 내부에 실 요소를 넣어 케이싱 내의 유체가 외부로 누설되거나 케이싱 내로 공기 등의 이물질이 유입되는 것을 방지하는 장치이다.

62. 수격 현상에 의해 발생되는 피해 현상이 아닌 것은?

① 압력 강하에 따른 관로의 파손
② 펌프 및 원동기의 역회전 과속에 따른 사고 발생
③ 수격 현상 상승압에 따라 펌프, 밸브, 관로 등의 파손
④ 관로의 압력 상승에 의한 수주 분리로 낮은 충격압 발생

해설 관로의 압력 강하에 따른 높은 충격압이 발생한다.

63. 전동기 베어링 부분에서 발열이 발생할 때 주요 원인이 아닌 것은? (11년 1회)

① 벨트의 장력 과대
② 커플링 중심내기 불량
③ 베어링의 조립 불량
④ 전동기 입력 전압의 변동

64. V 벨트에 관한 설명으로 옳은 것은?

① V 벨트는 미끄럼이 발생되지 않는다.
② V 벨트의 각도는 38도의 마름모꼴 형상이다.
③ 풀리 홈의 각도는 V 벨트 크기에 관계없이 일정하다.
④ V 벨트의 단면 형상은 M, A, B, C, D, E 여섯 가지이다.

65. 입력축과 출력축에 드라이브 콘을 설치하고 그 바깥 가장자리에 강구를 접촉시켜 변속하는 변속기는? (08년 3회 / 10년 3회)

① 컵 무단 변속기
② 디스크 무단 변속기
③ 링 원추 무단 변속기
④ 플랜지 디스크 가변 변속기

해설 (가) 디스크 무단 변속기 : 유성 운동을 하는 원추 판을 반경 방향으로 이동시켜 접시형 스프링을 가진 한 쌍의 태양 플랜지

정답 60. ② 61. ② 62. ④ 63. ④ 64. ④ 65. ①

와 접촉시켜 유성 원추 판의 공전을 출력 축으로 빼내는 구조이다. 접촉 양이 적으므로 소형이고 0.4~3.7 kW 정도의 것이 보통이다.

(나) 링 원추 무단 변속기 S형
㉠ 원추 판과 외주 림을 가진 링을 스프링 및 자동 조압 캠에 의해 누르고 원추 판을 출력축에 대해 화살표 방향으로 이동시킴으로써 변속한다.
㉡ 원추 판 출력축은 전동기 축과 일체로 만들고 케이싱에 편심시켜 설치하며 전동기 케이싱을 일정한 범위 내의 각도로 돌려 변속시킨다.
㉢ 이것도 3.7 kW 정도로 소형이고 웜 기어 감속기와 일체화한 극히 저속 영역에서 쓰이는 것도 있다.

(다) 링 원추 무단 변속기 RC형
㉠ 동일 테이퍼를 가진 원추 축을 번갈아 설치하고 그 원주에 링을 접촉시켜 화살표 방향으로 이동시킴으로써 증·감속을 하는 무단 변속기이다.
㉡ 구조는 원추 베어링이나 접촉면의 친근성 또는 소량의 마찰 손실에 대해서는 링이 이동하거나 탄성 변형을 해서 부하에 따라 자동적으로 접촉 압력이 조정되는 기능을 갖고 있다.
㉢ 그러나 조립 시기부터 슬립하는 상태는 원추를 서로 밀어 넣어 초기 접촉 압력을 조정하는 기구가 반드시 부착돼 있으므로 변속기 취급 설명서를 이해하고 정확한 조작을 하여야 한다.

(라) 링 원추 무단 변속기 유성 원추형 : 입력축에 태양 콘을 비치하고 출력축에는 원주에 4개의 유성 콘을 부착하며 그 외주에 링이 접촉되어 유성 콘의 표면을 링이 축 방향으로 이동함으로써 유성 콘 홀더의 공전이 출력축에 무단계 변속으로서 나온다.

(마) 컵 무단 변속기
㉠ 입력축과 출력축에 드라이브 콘을 비치하고 그 바깥 가장자리에 강구(드라이브 볼)를 접촉시켰다.
㉡ 이 강구는 경사 축에 의해 경사각을 변화시키면 입·출력축의 드라이브 콘에 접촉하는 접촉 반지름이 변화되어 무단계 변속을 하게 된다.
㉢ 강구는 외환에 의해 바깥 측으로 이동이 제한되고 드라이브 콘에는 자동 조정 캠이 설치되어 있으므로 부하 조건에 따라 강구 측으로 밀려서 적정한 접촉압이 발생된다.

(바) 하이나우 H 드라이브 무단 변속기 : 서로 향하고 있는 콘이 입력축과 출력축에 1조씩 설치되고 그 사이에 링을 설치한 구조로 되어 있다.

66. 다음 중 펌프 흡입 밸브로 차단용이 아닌 것은?

① 플랩 밸브(flap valve)
② 앵글 밸브(angle valve)
③ 글로브 밸브(globe valve)
④ 슬루스 밸브(sluice valve)

67. 두 기어 사이에 있는 기어로 속도비에 관계없이 회전 방향만 변하는 기어는?

① 웜 기어 ② 아이들 기어
③ 구동 기어 ④ 헬리컬 기어

68. 펌프에서 발생하는 이상 현상 중 수격 현상에 관한 설명으로 옳은 것은?

① 관로의 유체가 비중이 낮아 흐름 속도가 빨라지는 현상이다.
② 펌프 내부에서 흡입 양정이 높아 유체가 증발하여 기포가 생기는 현상이다.
③ 배관을 흐르는 유체에 불순물이 섞여 관로에서 충격파를 발생시키는 현상이다.
④ 배관에 흐르는 유체의 속도가 급격한 변화에 의해 관 내 압력이 상승 또는 하강하는 현상이다.

해설 ②는 캐비테이션에 관한 설명이다.

정답 66. ① 67. ② 68. ④

69. 두 축을 동시에 센터링할 때 측정 준비 작업이 아닌 것은?

① 커플링의 외면을 세척한다.
② 다이얼 게이지의 오차 및 편차를 구한다.
③ 펌프 베이스 하단에 라이너를 삽입한다.
④ 커플링의 외면에 0°, 90°, 180°, 270°의 방향을 표시한다.

70. 측정을 할 때 측정치와 참값과의 차를 오차라고 하는데 측정기에 의한 오차가 아닌 것은?

① 지시 오차 ② 되풀림 오차
③ 흔들림 오차 ④ 탄성 변형 오차

해설 측정기에 의한 오차 : 측정기 자신이 갖고 있는 오차이며, 지시의 흐트러짐(되풀이 오차, 되돌림 오차), 지시 오차, 직선성 등으로 나타난다.

71. 선반에서 나사 절삭 바이트의 설치 및 측정에 사용되며 게이지 위에 있는 스케일은 인치당 나사수를 정하는 데 사용되는 것으로 맞는 것은?

① 블록 게이지
② 틈새 게이지
③ 센터 게이지
④ 스크루 피치 게이지

72. 축이음의 종류에서 두 축의 관계 위치에 따라 종류를 연결한 것 중 관련이 없는 것은? (09년 3회)

① 플렉시블 커플링 – 2개의 축이 서로 교차되는 것
② 그리드 플렉시블 커플링 – 경강선으로 된 그리드의 탄성을 이용한 것
③ 유니버설 조인트 이음 – 2개의 축이 어느 각도를 가지고 교차되는 것
④ 올덤 커플링 축이음 – 2개의 축이 평행이고, 축선이 어긋나 있는 것

해설 플렉시블 커플링 : 두 축의 중심선을 일치시키기 어렵거나 또는 전달 토크의 변동으로 충격을 받거나, 고속 회전으로 진동을 일으키는 경우에는 고무, 강선, 가죽 스프링 등을 이용하여 충격과 진동을 완화시켜 주는 커플링

73. 구멍의 치수가 축의 치수보다 작을 때의 끼워맞춤은? (06년 1회)

① 억지 끼워맞춤 ② 중간 끼워맞춤
③ 헐거운 끼워맞춤 ④ 가열 끼워맞춤

74. 일반 산업 기계에서 축의 구부러짐으로 발생하는 현상으로 볼 수 없는 것은?

① 베어링의 발열
② 기어의 이상 마모
③ 축의 경도 저하
④ 축의 진동 및 소음

해설 축에 구부러짐이 있으면 기어에 흔들림이 발생되고, 기어에 흔들림이 일어나면 진동 및 소음, 이의 이상 마모의 원인이 된다. 또 커플링, 풀리, 스프로킷 등에서도 흔들림이 발생되어 베어링의 발열이 발생된다.

75. 다음 중 감압 밸브에 관한 설명으로 옳은 것은? (11년 1회)

① 밸브의 양면에 작용하는 온도 차에 의해 자동적으로 작동한다.
② 피스톤의 왕복 운동에 의한 유체의 역류를 자동적으로 방지한다.
③ 내약품, 내열 고무제의 격막 판을 밸브 시트에 밀어 붙인 밸브이다.
④ 유체 압력이 높을 경우 자동적으로 압력을 감소시키며 감소된 압력을 일정하게 유지한다.

정답 69. ③ 70. ④ 71. ③ 72. ① 73. ① 74. ③ 75. ④

해설 감압 밸브 : 유체 압력이 사용 목적에 비하여 너무 높을 경우 자동적으로 압력이 감소되어 압력을 일정하게 유지하는 밸브

76. 기계 조립 작업 시 주의 사항으로 틀린 것은? (08년 3회)

① 베어링 부는 녹 발생이 없도록 한다.
② 이물질 제거 등 청소를 깨끗이 한 후 조립한다.
③ 각 부품이 도면과 같이 조합되어 있는지 확인한다.
④ 정밀 기계일 경우 기계의 보호를 위하여 반드시 장갑을 착용하고 작업한다.

77. 원심형 통풍기 중 시로코 통풍기의 베인 방향으로 맞는 것은? (11년 3회)

① 전향 베인 ② 경향 베인
③ 후향 베인 ④ 회전 베인

해설 원심형 통풍기의 종류

종 류	베인 방향	압 력 (mmHg)	특 징
시로코 통풍기 (sirocco fan)	전향 베인	15~200	• 풍량 변화에 풍압 변화가 적다. • 풍량이 증가하면 동력은 증가한다.
플레이트 팬(plate fan)	경향 베인	50~250	베인의 형상이 간단하다.
터보 팬 (turbo fan)	후향 베인	350~500	효율이 가장 좋다.

78. 다음 중 센터링 불량 시 나타나는 현상이 아닌 것은?

① 진동이 크다.
② 축 하나만 회전한다.
③ 베어링부 마모가 심하다.
④ 회전력 전달이 원활하지 못하다.

해설 센터링이 불량하면 ①, ③, ④ 현상이 나타나고, 축 손상이 심하며 기계 성능이 저하된다.

79. 축 방향에 인장 또는 압축력이 작용하는 두 축의 결합에 사용하는 기계 요소는 무엇인가?

① 핀 ② 코터
③ 키 ④ 스플라인

해설 핀, 키, 스플라인은 축의 원주 방향으로 힘이 작용한다.

80. 펌프에 캐비테이션이 발생하면 성능 저하와 펌프를 손상시킨다. 캐비테이션 방지 방법으로 적합하지 않은 것은?

① 흡입관을 크게 한다.
② 펌프의 회전수를 높인다.
③ 양 흡입형 펌프를 사용한다.
④ 흡입 양정을 되도록 낮게 한다.

해설 캐비테이션을 방지하려면 펌프의 회전수를 줄인다.

정답 76. ④ 77. ① 78. ② 79. ② 80. ②

2015년도 출제 문제

기계정비산업기사

❖ 2015년 3월 8일 시행

자격종목 및 등급(선택분야)	종목코드	시험시간	문제지형별	수검번호	성 명
기계정비산업기사	2035	2시간	A		

제 1 과목 공유압 및 자동화 시스템

1. 공압 모터의 장점이 아닌 것은? (10년 2회)

① 에너지 변환 효율이 매우 높다.
② 폭발의 위험성이 있는 곳에서도 안전하다.
③ 회전수와 토크를 자유롭게 조정할 수 있다.
④ 다른 원동기에 비해 온도, 습도의 영향이 적다.

해설 공압 모터의 특징
(가) 장점
㉠ 값이 싼 제어 밸브만으로 속도, 토크를 자유롭게 조절할 수 있어, 속도 범위가 크다.
㉡ 과부하 시에도 아무런 위험이 없고, 폭발성도 없다.
㉢ 시동, 정지, 역전 등에서 어떤 충격도 일어나지 않고 원활하게 이루어진다.
㉣ 에너지를 축적할 수 있어 정전 시 비상용으로 유효하다.
(나) 단점
㉠ 에너지의 변환 효율이 낮고, 배출음이 크다.
㉡ 이물질에 민감하고, 공기의 압축성 때문에 제어성이 그다지 좋지 않다.
㉢ 부하에 의한 회전 때문에 변동이 크고, 일정 속도를 높은 정확도로 유지하기가 어렵다.

2. 그림과 같은 회로에 대한 설명으로 옳은 것은?

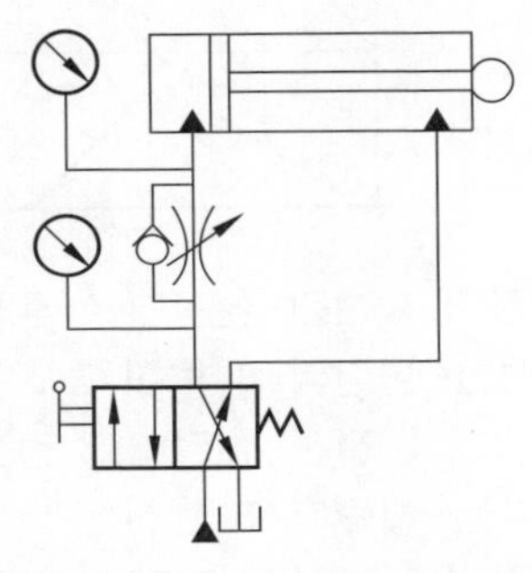

① 미터 인(meter-in) 방식의 전진 속도 조절 회로이다.
② 미터 인(meter-in) 방식의 후진 속도 조절 회로이다.
③ 미터 아웃(meter-out) 방식의 전진 속도 조절 회로이다.
④ 미터 아웃(meter-out) 방식의 후진 속도 조절 회로이다.

해설 유량 제어 밸브를 실린더의 입구 측에 설치한 미터 인 방식의 속도 조절 회로이며 체크 밸브가 작동하여 전진 행정 시에만 속도가 제어된다.

3. 공기의 압력이 일정할 때 온도와 체적과의 관계로 옳은 것은?

① 공기의 체적은 온도에 정비례한다.
② 공기의 체적은 온도에 반비례한다.

정답 1. ① 2. ① 3. ①

③ 공기의 체적은 온도의 제곱에 정비례한다.
④ 공기의 체적은 온도의 제곱에 반비례한다.

해설 샤를의 법칙 : 압력이 일정할 때 공기의 체적은 온도에 정비례한다.

4. 그림의 변위–단계 선도에서 실린더 A, B의 작동 순서는?

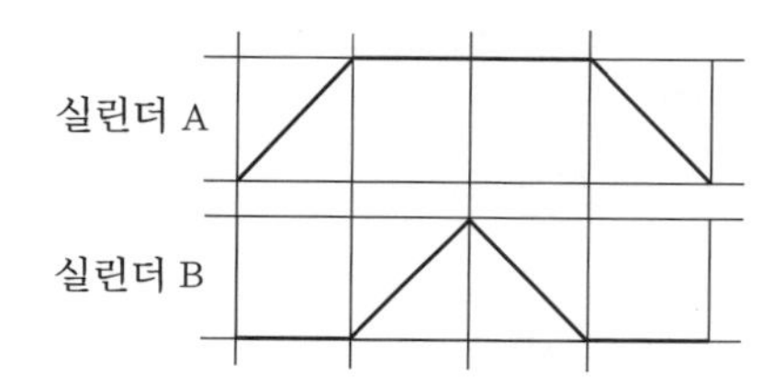

① 실린더 A 전진–실린더 A 후진–실린더 B 전진–실린더 B 후진
② 실린더 A 전진–실린더 B 전진–실린더 A 후진–실린더 B 후진
③ 실린더 B 전진–실린더 B 후진–실린더 A 전진–실린더 A 후진
④ 실린더 A 전진–실린더 B 전진–실린더 B 후진–실린더 A 후진

5. 펌프의 토출량이 15 L/min이고 유압 실린더에서의 피스톤 지름이 32 mm, 배관경이 6 mm일 때 배관에서의 유속(A)과 피스톤의 전진 속도(B)는 각각 몇 m/s인가?

① (A) 0.88, (B) 0.03
② (A) 5.31, (B) 1.87
③ (A) 8.84, (B) 0.31
④ (A) 53.1, (B) 18.7

해설 $Q=\dfrac{15\times10^{-3}\,\mathrm{m}^3}{60\,\mathrm{s}}=2.5\times10^{-4}\,\mathrm{m}^3/\mathrm{s}$

(가) 배관에서의 유속(A)

$$=\frac{Q}{A}=\frac{2.5\times10^{-4}\,\mathrm{m}^3/\mathrm{s}}{\frac{\pi}{4}\times(6\times10^{-3}\,\mathrm{m})^2}=8.84\,\mathrm{m/s}$$

(나) 피스톤의 전진 속도(B)

$$=\frac{Q}{A}=\frac{2.5\times10^{-4}\,\mathrm{m}^3/\mathrm{s}}{\frac{\pi}{4}\times(32\times10^{-3}\,\mathrm{m})^2}=0.31\,\mathrm{m/s}$$

6. 교축 밸브에 체크 밸브를 붙인 것으로, 공압 회로에서 실린더의 속도를 제어하기 위한 밸브는?

① 급속 배기 밸브
② 한방향 유량 제어 밸브
③ 방향 제어 밸브
④ 양방향 유량 제어 밸브

7. 다음 중 비접촉식 공압 근접 센서의 원리는 어느 것인가?

① 파스칼의 원리
② 에너지 보존의 법칙
③ 자유 분사 원리
④ 뉴턴의 운동 방정식

8. 그림과 같은 회로의 명칭은? (단, A, B는 입력, C는 출력이다.)

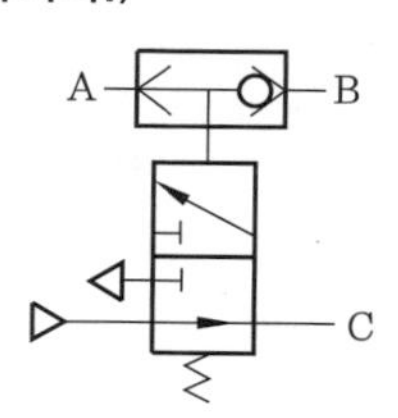

① AND ② NOT
③ NOR ④ NAND

9. 유압 장치 작동 중 관로의 흐름이 밸브 등에 의해 순간적으로 차단될 때, 유체의 운동 에너지가 탄성 에너지로 변하여 나쁜 영향을 미

정답 4. ④ 5. ③ 6. ② 7. ③ 8. ③ 9. ④

치는 것은?

① 오리피스(orifice)
② 채터링(chattering)
③ 캐비테이션(cavitation)
④ 서지 압력(surge pressure)

10. 진공 발생기에서 진공이 형성되는 원리와 가장 관련이 깊은 것은?

① 샤를의 법칙 ② 보일의 법칙
③ 파스칼의 원리 ④ 벤투리의 원리

해설 파스칼의 원리 : 정지된 유체 내의 모든 위치에서의 압력은 방향에 관계없이 항상 같으며, 또 유체를 통하여 전달된다.

11. 유도 전동기의 회전 속도에 영향을 주지 못하는 것은?

① 극수 ② 슬립(slip)
③ 주파수 ④ 정전기

12. 유압 실린더에서 면적비가 1 : 0.5(피스톤 측 면적 : 피스톤 로드 측 면적)이라면 유량이 일정할 때 피스톤의 후진 운동 속도는 전진 속도의 몇 배인가?

① 0.5 ② 1.5
③ 2 ④ 3

13. PLC를 이용하여 시스템을 제어하는 과정에서 프로그램 에러를 찾아내어 수정하는 작업은? (08년 3회 / 09년 1회 / 11년 3회)

① 코딩 ② 디버깅
③ 모니터링 ④ 프로그래밍

해설 래더도를 기본으로 프로그램을 작성하는 것을 코딩이라 하고, 로더 등의 입력 장치로 프로그램을 입력하는 것을 프로그래밍 또는 로딩이라 하며, 시스템의 동작 상태를 점검하는 것을 모니터링이라 한다.

14. 다음 중 서미스터의 분류에 해당되지 않는 것은? (06년 3회 / 09년 1회)

① NTC ② PNP ③ CTR ④ PTC

15. 유압 시스템에서 사용되는 작동유에 대한 수분의 영향과 가장 거리가 먼 것은?

① 밀봉 작용이 저하된다.
② 작동유의 방청성을 저하시킨다.
③ 금속 촉매 작용을 저하시킨다.
④ 작동유의 산화 및 열화를 촉진시킨다.

16. 공압 시스템에서 공급 유량 부족으로 인한 고장 발생 상황으로 옳은 것은?

① 갑작스러운 압력 강하로 실린더가 충분한 추력을 발생시킬 수 있다.
② 밸브가 고착을 일으켜 제대로 동작이 일어나지 못하게 한다.
③ 과도한 마찰이나 스프링의 손상으로 기계적 스위칭 동작에 이상이 발생한다.
④ 반지름 방향의 하중이 작용하면 피스톤 로드 베어링이 빨리 마모된다.

17. PLC (programmable logic control)는 다음 중 어느 영역을 담당하는 장치인가?

① 센서 (sensor)
② 액추에이터 (actuator)
③ 프로세서 (processor)
④ 소프트웨어 (software)

18. 빛을 이용하는 센서로 사용되는 것만을 나열한 것은? (06년 1회)

① 열전쌍, 초전 센서
② 포토 커플러, 조도 센서
③ 퍼텐쇼미터, 차동 트랜스
④ 초음파 센서, 파이로 센서

정답 10. ④ 11. ④ 12. ③ 13. ② 14. ② 15. ③ 16. ① 17. ③ 18. ②

19. 다음 중 단동 실린더에 대한 설명으로 틀린 것은?

① 피스톤의 전진 및 후진 운동을 통해 일을 해야 할 경우에 사용된다.
② 피스톤의 귀환은 스프링의 힘으로 이루어진다.
③ 공압의 경우, 귀환 스프링으로 인하여 최대 행정 거리가 100 mm 정도로 제한된다.
④ 공압의 경우, 귀환 장치로 탄력 있는 인조 고무를 사용하기도 한다.

20. 제어 신호의 간섭을 제거하기 위해 캐스케이드 회로 설계 방법을 이용하였을 때의 특징이 아닌 것은?

① 오버센터 작동 기구를 사용한다.
② 특정한 밸브를 사용하지 않고 일반적인 밸브를 사용한다.
③ 입력 신호와 출력 신호가 각각 대응되어 제어의 신뢰성이 보장된다.
④ 제어 회로가 복잡하여 밸브가 많아지면 회로 내의 압력 강하로 인한 스위칭 시간의 지연과 배선이 복잡해진다.

제 2 과목 설비 진단 및 관리

21. 설비 보전 조직 설계 시 고려 사항으로 가장 거리가 먼 것은?

① 생산 형태　② 설비의 특징
③ 생산 제품의 특성　④ 기업 경영 방식

해설 설비 보전 조직 설계 시 고려 사항
㉠ 제품의 특성 : 원료, 반제품, 제품의 물리적·화학적·경제적 특성
㉡ 생산 형태 : 프로세스, 계속성, 교체 수
㉢ 설비의 특징 : 구조, 기능, 열화의 속도, 열화의 정도
㉣ 지리적 조건 : 입지, 환경
㉤ 공장의 규모
㉥ 인적 구성 및 역사적 배경 : 기술 수준, 관리 수준, 인간관계
㉦ 외주 이용도 : 외주 이용의 가능성, 경제성

22. 사람이 가청할 수 있는 최소 가청음의 세기(W/m^2)는 얼마인가? (단, W/m^2 = 음향 출력/표면적) (06년 1회 / 11년 2회)

① 10^{-12}　② 20^{-12}
③ 100^{-12}　④ 200^{-12}

해설 사람이 가청할 수 있는 최저 가청음의 세기는 10^{-12} W/m^2이다.

23. 문제 해결 방식에 대한 순서로 (　) 안의 내용으로 옳은 것은? (07년 3회)

> 테마 선정 – (㉠) – 목표 설정 – 활동 계획의 입안 – 요인 분석 – 대책 검토 및 실시 – (㉡) – 표준화 및 사후 관리

① ㉠ 현상 파악, ㉡ 효과 파악
② ㉠ 문제 분석, ㉡ 데이터 정리
③ ㉠ 문제 분석, ㉡ 개선 활동
④ ㉠ 현상 파악, ㉡ 개선 활동

해설 문제 해결의 기본 관계

순서	기본 스텝(단계)
1	테마 선정
2	현장 파악 및 목표 설정
3	활동 계획의 입안
4	요인 분석
5	대책 검토 및 실시
6	효과 확인
7	표준화와 관리의 정착

24. 보전용 자재의 재고 문제에 정량 발주 방식의 형태 중 주문량과 주문점을 균등하게 한 것으로서 용량이 같은 저장 용기를 교대로 사

정답 19. ① 20. ① 21. ④ 22. ① 23. ① 24. ①

용하는 방식은?

① Double-Bin 방식 ② 추출 후 발주법
③ 사용고 발주 방식 ④ 정기 발주 방식

25. 회전 기계의 정격 회전 속도가 1800 rpm일 때 이 설비가 5400 rpm의 진동 성분을 발생한다면 이에 대한 설명으로 옳은 것은?

① 30 Hz 진동 성분이다.
② 60 Hz 진동 성분이다.
③ 1차 배수 성분이다.
④ 3차 배수 성분이다.

해설 1800 rpm은 정격 회전 속도이고,
$\frac{5400\text{ rpm}}{1800\text{ rpm}} = 3$차 배수 성분이다.

26. 진동 차단기의 변위가 걸리는 힘에 비례할 때 시스템의 고유 진동수(ω)와 정적 변위(δ)의 관계식으로 옳은 것은?

① $\omega = \frac{5\pi}{\delta}$ ② $\omega = 5\pi\delta$
③ $\omega = \frac{10\pi}{\delta}$ ④ $\omega = \frac{10\pi}{\sqrt{\delta}}$

27. 등청감곡선(equal loudness contours)이란? (06년 1회)

① 소음의 크기를 음압에 따라 표시한 곡선
② 사람이 귀로 듣는 같은 크기의 음압을 주파수별로 구하여 작성한 곡선
③ 정상 청력을 가진 사람이 1000 Hz에서 들을 수 있는 최소 음압의 실효치
④ 음의 진행 방향에 수직하는 단위 면적을 단위 시간에 통과하는 음에너지 양

28. 설비 진단 기법 중 진동 분석법으로 알 수 없는 것은?

① 송풍기의 언밸런스(unbalance)
② 설비의 피로에 의한 수명을 해석
③ 유압 밸브의 누설(leak) 진단
④ 베어링 결함

29. 설비 관리 기능 중 지원 기능으로 가장 거리가 먼 것은?

① 보전 인력 관리 및 교육 훈련
② 보전 자재 선정 및 구매
③ 포장, 자재 취급, 저장 및 수송
④ 부품 대체(교체) 분석

30. 다음 중 손상된 기어에서 나타나는 주파수의 특징은? (07년 3회)

① 축회전 주파수가 나타난다.
② 축회전 주파수의 배수로 나타난다.
③ 축회전 주파수의 분수로 나타난다.
④ 축회전 주파수×기어 잇수로 나타난다.

31. 설비 투자의 경제성 평가에 있어서 각 대안의 미래의 모든 수입과 지출을 일정 동일액으로 바꿔서 비교 평가하는 방법은?

① 연차등가액법 ② 수익률법
③ 현가비교법 ④ 자본회수기간법

32. 소음원으로부터 거리를 2배 증가시키면 음압도(dB)는 어떻게 변하는가? (09년 1회)

① 2배 증가한다. ② 1/2로 감소한다.
③ 6 dB 증가한다. ④ 6 dB 감소한다.

해설 소음의 거리 감쇠
㉠ 점음원의 경우 : 거리가 2배 멀어질 때마다 음압 레벨이 6 dB(= 20 log2)씩 감쇠되는데 이를 역 2승 법칙이라 한다.
㉡ 선음원의 경우 : 선음원에서는 3dB (=10 log2)씩 감쇠된다.
㉢ 면음원의 경우
㉣ 대기 조건에 따른 감쇠 : 바람은 영향이

정답 25. ④ 26. ④ 27. ② 28. ② 29. ④ 30. ④ 31. ① 32. ④

없고, 기온이 20℃일 때, 주파수는 클수록, 습도는 낮을수록 감소치는 증가한다. 일반적으로 기온이 낮을수록 감쇠치는 증가한다.
ⓜ 수목 기타에 의한 감쇠 : 지면에 의한 흡음은 음원에서 30~70 m 이내의 거리에서는 무시한다.

33. 설비 관리 조직의 계획상 고려되어야 할 사항으로 가장 거리가 먼 것은?

① 제품의 품질 ② 설비의 특징
③ 지리적 요건 ④ 외주 이용도

34. 라인별 배치라고도 하며, 공정의 계열에 따라 각 공정에 필요한 기계가 배치되고, 대량 생산에 적합한 설비 배치는?

① 기능별 배치 ② 제품별 배치
③ 혼합별 배치 ④ 제품 고정형 배치

해설 제품별 배치의 장점
ⓐ 공정 관리의 철저
ⓑ 분업 전문화
ⓒ 간접 작업의 제거
ⓓ 정체 감소
ⓔ 공정 관리 사무의 간소화
ⓕ 품질 관리의 철저
ⓖ 훈련의 용이성
ⓗ 작업 면적의 집중

35. 정현파 신호에서 양진폭(peak to peak)은 피크 진폭값의 몇 배인가?

① $\frac{1}{\sqrt{2}}$배 ② $\sqrt{2}$배
③ 1배 ④ 2배

해설 양진폭은 편진폭(피크값)의 2배이다.

36. 시스템을 구성하는 요소 중 피드백에 속하는 것은?

① 원료
② 제품
③ 제품 특성의 측정치
④ 설비

해설 시스템 구성 요소는 투입, 산출, 처리 기구, 관리, 피드백이며, 제품 특성의 측정치가 피드백에 속한다.

37. 설비 보전 표준의 분류 중 가장 거리가 먼 것은?

① 설비 검사 표준 ② 설비 성능 표준
③ 정비 표준 ④ 수리 표준

38. 다음 중 설비 관리 기능과 가장 거리가 먼 것은? (11년 1회)

① 실행 기능 ② 기술 기능
③ 개발 기능 ④ 일반 관리 기능

해설 설비 관리 기능 : 일반 기능, 기술 기능, 실행 기능, 지원 기능

39. 진동 측정용 센서 중 접촉형은? (09년 1회)

① 압전형 ② 용량형
③ 와전류형 ④ 전자 광학식

해설 센서의 종류
ⓐ 접촉형 : 가속도 검출형(압전형, 스트레인 게이지형, 서보형), 속도계(동전형)
ⓑ 비접촉형 : 변위 검출형(와전류형, 용량형, 전자 광학형, 홀 소자형)

40. 설비를 만족한 상태로 유지하여 막을 수 있었던 생산상의 손실을 기회 손실이라 하는데 이러한 기회 손실에 해당하지 않는 것은 어느 것인가? (06년 1회)

① 휴지 손실 ② 준비 손실
③ 회복 손실 ④ 재고 손실

정답 33. ① 34. ② 35. ④ 36. ③ 37. ② 38. ③ 39. ① 40. ④

제 3 과목 공업 계측 및 전기 전자 제어

41. 진리표의 논리 회로는?

입 력		출 력
A	B	X
0	0	0
0	1	1
1	0	1
1	1	0

① AND ② OR
③ NOR ④ NAND

해설 OR 회로 : 입력되는 복수의 조건 중 어느 한 개라도 입력 조건이 충족되면 출력이 나오는 회로를 말한다.

42. 절연 저항 측정 시 가장 많이 사용되는 계기는? (14년 3회)

① 메거 ② 켈빈 더블
③ 휘트스톤 브리지 ④ 코올라시 브리지

43. 다음 중 시퀀스도 작성 방법의 설명으로 틀린 것은?

① 각 기기는 전원이 투입되어 작동되는 상태로 작성한다.
② 각 기호는 전원이 투입되지 않은 상태로 작성한다.
③ 기기명으로 첨가시키는 문자 기호는 시퀀스 제어 기호를 사용한다.
④ 각 접속선은 동작 순서에 따라 좌로부터 우로 배열하여 그린다.

44. 프로세서 제어에 속하지 않는 것은?

① 압력 ② 유량
③ 온도 ④ 자세

45. 전동 밸브의 제어성을 양호하게 하기 위하여 사용되는 포지셔너(positioner)는 어느 것인가? (07년 1회)

① 전기-전기식 포지셔너
② 전기-유압식 포지셔너
③ 전기-공기식 포지셔너
④ 공기-공기식 포지셔너

해설 포지셔너는 조절계로부터의 신호와 구동축 위치 관계를 외부의 힘에 대하여 항상 정확하게 유지시키고 조작부가 제어 루프 속에서 충분한 기능을 발휘할 수 있도록 하기 위해 사용된다.

46. 제어 조작용 기기로서 큰 전류가 흘러도 안전한 큰 전류 용량의 접점을 가지고 있는 조작용 기기는?

① 전자 타이머 ② 전자 릴레이
③ 전자 개폐기 ④ 전자 밸브

47. 컬렉터 접지 증폭기의 일반적인 특징이 아닌 것은?

① 입력 임피던스는 크다.
② 출력 임피던스는 작다.
③ 입력과 출력 전압 신호는 역위상이다.
④ 안정적이고 왜곡이 적다.

48. 일명 PD 미터라고도 부르며 오벌(oval) 기어형과 루츠(roots) 미터형을 주로 사용하고 있는 유량계는? (07년 1회)

① 전자 유량계 ② 와류식 유량계
③ 용적식 유량계 ④ 터빈식 유량계

해설 용적식 유량계는 관로에 흐르는 유체의 통과 체적을 측정하는 방식으로 PD 미터(positive displacement meter)라고도 부르며, 오벌(oval) 기어형과 루츠(roots) 미터형이 대표적인 것으로 다른 유량계의 기준기가 된다.

정답 41. ② 42. ① 43. ① 44. ④ 45. ① 46. ③ 47. ③ 48. ③

49. 불순물 농도가 가장 큰 반도체는?

① 제너 다이오드 ② 터널 다이오드
③ FET ④ SC

50. 접지선의 색은?

① 청색 ② 적색 ③ 황색 ④ 녹색

51. 최대 눈금 5 mA의 직류 전류계로 50 A까지의 전류를 측정하려면 약 몇 Ω의 분류기가 필요한가? (단, 직류 전류계의 내부 저항은 10Ω이다.)

① 0.001 ② 0.01 ③ 0.1 ④ 0.2

해설 $R_S = \dfrac{R_A}{M-1} = \dfrac{10}{\dfrac{50}{5\times10^{-3}}-1} \fallingdotseq 0.001\Omega$

52. 접촉 방식 온도계가 아닌 것은?

① 압력 온도계 ② 저항 온도계
③ 열전 온도계 ④ 방사 온도계

53. 연산 증폭기의 구조(동작 흐름)이다. ( ) 안에 알맞은 것은?

> "V_i(입력) → ( ) → 전치 증폭기 → 완충 증폭기 → 주 증폭기 → V_o(출력)"

① 가산기 ② 감산기
③ 차동 증폭기 ④ 전압 비교기

해설 차동 증폭기(differential amplifier)는 연산 증폭기의 입력단으로 작용하며 공통 이미터 회로로 구성된다.

54. 어떤 회로에서 저항 양단 전압의 참값이 40 V이나 회로 시험기로 전압을 측정한 결과 39 V를 지시했다면 이 회로 시험기의 백분율 오차(%)는? (08년 3회)

① −1.0 ② +1.0
③ −2.5 ④ +2.5

해설 $\varepsilon = \dfrac{M-T}{T}\times100\%$
$= \dfrac{39-40}{40}\times100\% = -2.5\%$

55. 서지 전압을 흡수하고 전자 회로를 보호하거나 또는 스위치나 계전기의 접점을 개폐할 때에 불꽃 소거용으로 사용되고 있는 소자는? (09년 2회)

① 서미스터 ② 배리스터
③ 광 결합기 ④ 터널 다이오드

56. 40Ω과 60Ω의 저항이 병렬로 연결된 경우 합성 저항(Ω)은?

① 24 ② 32 ③ 50 ④ 100

해설 $\dfrac{1}{R} = \dfrac{1}{40}+\dfrac{1}{60} = \dfrac{1}{24}$
$\therefore R = 24\Omega$

57. 다음 중 유접점 시퀀스 제어의 특징이 아닌 것은?

① 개폐 부하의 용량이 크다.
② 제어반의 외형과 설치 면적이 작아진다.
③ 온도 특성이 좋다.
④ 입출력이 분리된다.

58. 제어 밸브 구동부의 동력원으로 가장 많이 사용되는 것은?

① 기계 ② 전기
③ 공기압 ④ 유압

59. 100μF의 콘덴서에 교류 200 V, 60 Hz의 교류 전압을 가할 때 용량성 리액턴스(Ω)는?

① 30.5 ② 26.5

정답 49. ② 50. ④ 51. ① 52. ④ 53. ③ 54. ③ 55. ② 56. ① 57. ② 58. ③ 59. ②

③ 24.6 ④ 30.4

해설 $X_C = \frac{1}{\omega C} = \frac{1}{2\pi f C}$

$$X_C = \frac{1}{2\pi \times 60 \times 100 \times 10^{-6}} \fallingdotseq 26.5\Omega$$

60. 피드백 제어계에서 제어 요소를 나타낸 것으로 가장 알맞은 것은 어느 것인가? (06년 1회/09년 2회/11년 1회)

① 검출부와 조작부 ② 조절부와 조작부
③ 검출부와 조절부 ④ 비교부와 검출부

제 4 과목 기계 정비 일반

61. 송풍기의 분류 중 흡입 방법에 의한 분류가 아닌 것은? (05년 1회)

① 풍로 흡입형
② 양쪽 흐름 다단형
③ 흡입관 취부형
④ 실내 대기 흡입형

해설 임펠러(impeller) 흡입구에 의한 분류 : 편흡입형, 양흡입형, 양쪽 흐름 다단형

62. 벨트식 무단 변속기의 정비에 관한 사항으로 옳지 않은 것은? (09년 1회/12년 1회)

① 벨트를 이동시킴에 있어서 무리가 발생될 수 있다.
② 가변 피치 풀리의 습동부는 윤활 불량이 되기 쉽다.
③ 광폭 벨트는 특수하므로 예비품 관리를 잘 해 두어야 한다.
④ 벨트의 수명은 표준 벨트를 표준적인 사용 방법으로 운전할 때의 1~2배 정도이다.

해설 벨트식 무단 변속기의 정비
㉠ 고무벨트를 스프링으로 누르거나 또는 풀리와의 접촉 위치를 강제적으로 이동시킴으로써 벨트에 무리가 걸리기 쉽다.
㉡ 수명은 표준 벨트를 표준적인 방법으로 사용했을 때 $\frac{1}{2} \sim \frac{1}{3}$ 정도이다.
㉢ 가변 피치 풀리도 체인식과 같이 유욕(油浴)식이 아니므로 피치의 가변 기구 습동부는 고무의 마모분 등으로 오염되어 윤활 불량을 일으키기 쉽다.
㉣ 6개월 내지 1년 이내에 분해 정비하지 않으면 접동부의 녹슬기, 작동 불량 등을 자주 일으킨다.
㉤ 특히 광폭 벨트는 특수하므로 예비품 관리를 잘 해 두어야 한다.

63. 다음 중 체인 전동의 특징으로 옳지 않은 것은? (09년 2회)

① 진동, 소음이 생기지 않는다.
② 유지 및 수리가 간단하고, 수명이 길다.
③ 미끄럼 없이 일정한 속도비를 얻을 수 있다.
④ 인장강도가 크므로 큰 동력을 전달할 수 있다.

64. 유도 전동기에서 회전수(N_S), 극수(P) 및 주파수(F)의 관계식이 옳은 것은? (09년 3회)

① $N_S = \frac{120F}{P}$ ② $N_S = \frac{120P}{F}$
③ $N_S = \frac{120}{PF}$ ④ $N_S = \frac{PF}{120}$

65. 배관 이음 중 용접 이음의 특징으로 옳지 않은 것은?

① 설비비와 유지비가 적게 든다.
② 나사식 이음보다 문제 발생이 적다.
③ 누설의 조기 발견과 처치가 중요하다.
④ 정비를 위하여 중간에 유니언 이음쇠를 부착한다.

2015

정답 60. ② 61. ② 62. ④ 63. ① 64. ① 65. ④

해설 유니언 이음쇠는 나사식 이음에 사용한다.

66. 다음 중 터보형 원심식 송풍기가 아닌 것은 어느 것인가?

① 다익 팬 ② 한정 부하팬
③ 터보 팬 ④ 레이디얼 팬

67. 베어링 사용 시 주의할 점으로 옳지 않은 것은? (12년 2회)

① 진동 또는 충격 하중에 견디도록 하여야 한다.
② 마찰에 의해서 발생하는 열을 흡수하여야 한다.
③ 베어링의 압력과 미끄럼 속도에 따라 윤활유의 종류를 선정하여야 한다.
④ 먼지 침입에 주의하여야 하고 윤활제의 열화에 적당한 조치를 하여야 한다.

해설 마찰에 의해 발생하는 열을 발산해야 한다.

68. 베어링의 주요 기능으로 가장 거리가 먼 것은? (12년 3회)

① 동력 전달 ② 하중의 지지
③ 마찰 감소 ④ 원활한 구동

해설 베어링은 전동체를 고정체에 지지하거나 고정하는 역할을 하며, 동력 전달 기능은 없다.

69. 베어링을 적정한 틈새로 조립하기 위해 사용하는 것은? (08년 3회)

① 부시 ② 라이너
③ 심 플레이트 ④ 베어링용 어댑터

70. 축이음의 종류 중 하중이 충격적이거나 진동을 일으키기 쉬운 경우에 주로 사용하는 것은?

① 원추 커플링
② 플렉시블 커플링
③ 고정 축이음
④ 유니버설 조인트 이음

해설 플렉시블 커플링 : 두 축의 중심선을 일치시키기 어렵거나, 전달 토크의 변동으로 충격을 받거나, 고속 회전으로 진동을 일으키는 경우 고무, 강선, 가죽, 스프링 등을 이용하여 충격과 진동을 완화시켜 주는 커플링

71. 펌프 분해 검사에서 매일 점검 항목이 아닌 것은? (12년 2회)

① 베어링 온도
② 흡입 토출 압력
③ 패킹 상자에서의 누수
④ 펌프와 원동기의 연결 상태

해설 분기 점검 항목 : 펌프와 원동기의 연결 상태, 그랜드 패킹, 윤활유 면과 변질의 유무, 배관 지지 상태 등

72. 펌프를 시운전할 때의 주의 사항이 아닌 것은? (09년 2회)

① 회전 방향을 확인한다.
② 밸브 개폐에 주의한다.
③ 공운전을 먼저 실시한다.
④ 압력, 회전수 등을 확인한다.

해설 시운전 시 주의 사항
㉠ 절대 공운전하지 말고 흡수를 확인한다.
㉡ 회전 방향을 확인한다.
㉢ 밸브 개폐에 주의(원심 펌프는 운전 후 천천히 연다.), 점성이 크거나 피스톤 펌프는 전개(全開) 상태에서 운전하고 서서히 막아 간다.
㉣ 압력, 진공, 전류계의 판독 회전수, 전압 사이클, 정격 전류를 확인한다.
㉤ 소리, 진동, 베어링 온도에 주의한다.

73. 벨트의 종류 중 고무벨트에 대한 설명으로 옳지 않은 것은? (12년 3회)

정답 66. ② 67. ② 68. ① 69. ④ 70. ② 71. ④ 72. ③ 73. ②

① 미끄럼이 적다.
② 비교적 수명이 짧다.
③ 습기에 잘 견디고 기름에는 약하다.
④ 무명에 고무를 입혀 만든 것으로 유연하다.

해설 고무벨트는 가죽 벨트, 면질 벨트보다 수명이 길다.

74. 다음 중 터보 팬(fan)에 관한 설명으로 옳은 것은?

① 축류식 팬의 일종이다.
② 베인 방향이 전향 베인이다.
③ 원심 송풍기 중 가장 크고 효율이 높다.
④ 같은 주속도의 다른 팬보다 풍량이 적다.

75. 펌프의 부식을 촉진시키는 요인으로 옳지 않은 것은? (11년 1회)

① 온도가 높을수록 부식되기 쉽다.
② 유속이 빠를수록 부식되기 쉽다.
③ 산소량이 적을수록 부식되기 쉽다.
④ 금속 표면이 거칠수록 부식되기 쉽다.

76. 구멍이 뚫린 강구를 90° 회전시켜 유로를 개폐하는 밸브는?

① 볼 밸브 ② 디스크 밸브
③ 체크 밸브 ④ 다이어프램 밸브

77. 다음 중 스틸 플렉시블 커플링(steel flexible coupling)이라고도 하며 축 유동 오차를 허용하여 동력을 전달시키는 커플링은? (12년 1회)

① 체인 커플링
② 그리드 플렉시블 커플링
③ 기어 커플링
④ 플랜지 플렉시블 커플링

해설 그리드 플렉시블 커플링은 경강선으로 된 그리드의 탄성을 이용한 커플링으로 스틸 플렉시블 커플링이라고도 한다.

78. 기계를 분해할 때 주의하여야 할 사항으로 옳지 않은 것은? (12년 2회)

① 무리한 힘을 가하지 않는다.
② 기계 구조를 충분히 검토한다.
③ 작은 부품은 상자나 통에 보관한다.
④ 정비 후 기어 박스에 오일을 가득 채운다.

해설 적정량의 오일을 채워야 한다.

79. 10 m 이하의 저양정 펌프에서 토출량을 조절할 수 있는 밸브는? (07년 1회/09년 1회)

① 풋 밸브 ② 감압 밸브
③ 체크 밸브 ④ 나비형 밸브

해설 나비형 밸브는 원형 밸브판의 지름을 축으로 하여 밸브판을 회전함으로써 유량을 조절하는 밸브이나 기밀을 완전하게 하는 것은 곤란하다.

80. 그림과 같이 교차하는 두 축에 동력을 전달할 때 사용하며, 잇줄이 곡선이고 모직선에 대하여 비틀려 있고, 제작이 어려우나 이의 물림이 좋아 조용한 전동을 할 수 있는 기어는? (12년 3회)

① 직선 베벨 기어
② 크라운 베벨 기어
③ 제롤 베벨 기어
④ 스파이럴 베벨 기어

2015

정답 74. ③ 75. ③ 76. ① 77. ② 78. ④ 79. ④ 80. ④

❖ 2015년 5월 31일 시행

자격종목 및 등급(선택분야)	종목코드	시험시간	문제지형별	수검번호	성 명
기계정비산업기사	2035	2시간	A		

제 1 과목 공유압 및 자동화 시스템

1. 그림은 건설 기계에서 사용되고 있는 유압 모터 회로이다. 이 회로의 적당한 명칭은?

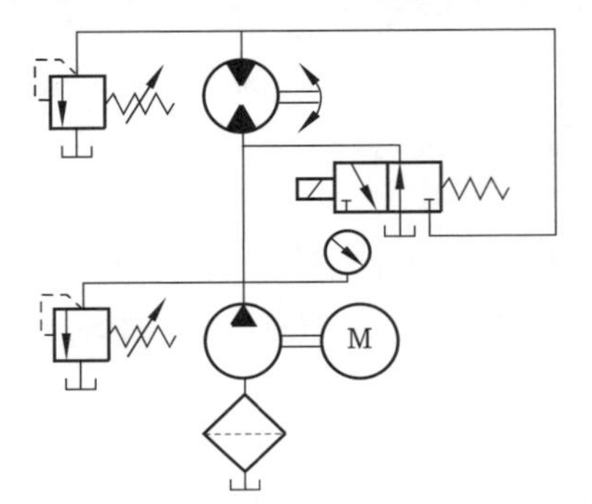

① 정토크 회로 ② 직렬 배치 회로
③ 탠덤형 배치 회로 ④ 병렬 배치 회로

2. 절대 습도를 구하는 식은?

① $\frac{\text{습공기 중의 증기의 중량(g)}}{\text{습공기 중의 건공기의 중량(g)}} \times 100\%$

② $\frac{\text{습공기 중의 건공기의 중량(g)}}{\text{습공기 중의 증기의 중량(g)}} \times 100\%$

③ $\frac{\text{습공기 중의 건공기의 중량(g)}}{\text{포화 수증기량(g)}} \times 100\%$

④ $\frac{\text{포화 수증기량(g)}}{\text{습공기 중의 건공기의 중량(g)}} \times 100\%$

3. 긴 행정 거리를 얻을 수 있도록 다단 튜브형의 로드를 갖춘 실린더는? (09년 1회)

① 충격 실린더
② 양로드 실린더
③ 로드리스 실린더
④ 텔레스코프 실린더

해설 텔레스코프형 : 복동 실린더 내부에 단동 실린더를 내장하고 유압이 유입하면 순차적으로 실린더가 이동하도록 되어 있다. 긴 행정 거리를 얻을 수 있으나, 속도 제어가 곤란하고, 전진 끝단에서의 출력이 떨어진다.

4. 그림의 회로와 같이 필터를 설치했을 때 특징으로 적합한 것은?

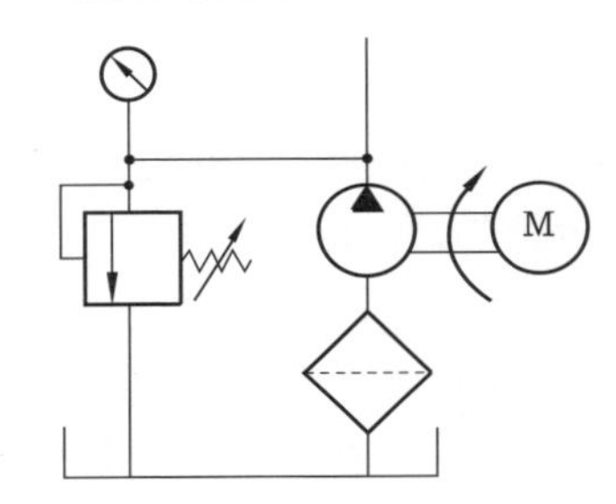

① 유압 밸브 보호를 주목적으로 한다.
② 오염으로부터 펌프를 보호할 수 있다.
③ 복귀관 필터라고 하며 가격이 비싸다.
④ 필터 오염 시 캐비테이션이 발생하지 않는다.

5. 공압 기기에서 비접촉식 감지 장치가 아닌 것은?

① 압력 증폭기
② 반향 감지기
③ 배압 감지기
④ 공기 배리어(barrier)

해설 비접촉식 감지 장치를 공압에서는 근접 감지 장치라 하고, 이의 원리에는 자유 분사

정답 1. ① 2. ① 3. ④ 4. ② 5. ①

원리(free jet principle)와 배압 감지(back pressure sensor) 원리의 두 가지가 있다.

6. 방향 전환 밸브의 포트 수와 위치 수가 그림과 일치하지 않는 것은?

① 2포트 2위치 : 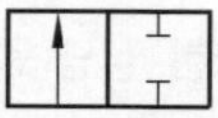
② 3포트 2위치 : 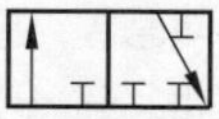
③ 4포트 2위치 : 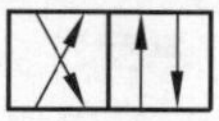
④ 4포트 3위치 :

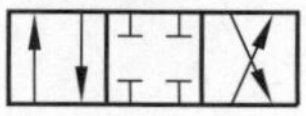

7. 유압 펌프의 이론 토출량에 대한 실제 토출량의 비는?

① 전효율 ② 기계 효율
③ 용적 효율 ④ 동력 효율

8. 유압 펌프 토출 측 관로에 설치하는 필터는 어느 것인가?

① 보조 필터 ② 압력 라인 필터
③ 바이패스 필터 ④ 복귀 라인 필터

9. 다음 중 강관 배관 시 주의 사항으로 옳지 않은 것은?

① 실링 테이프는 1~2산 정도 남기고 감는다.
② 액체 실을 사용할 경우 암나사부에 바른다.
③ 나사 전용기로 정확하게 나사를 가공하고 내부 청소를 깨끗이 한다.
④ 기기의 점검과 보수를 위하여 부분적으로 플랜지, 유니언 등을 사용한다.

10. 압축기 설치 장소에 관한 설명으로 옳지 않은 것은?

① 통풍이 양호한 장소에 설치한다.
② 옥외 설치 시 직사광선을 피한다.
③ 쿨링 타워 부근에 설치하여야 한다.
④ 건축물과는 벽면에 30 cm 이상 떨어져 있어야 한다.

해설 압축기의 설치 조건
㉠ 저온, 저습 장소에 설치하여 드레인 발생을 억제한다.
㉡ 지반이 견고한 장소에 설치한다(5 t/m^2를 받을 수 있어야 되고, 접지 설치한다).
㉢ 유해 물질이 적은 곳에 설치한다.
㉣ 압축기 운전 시 진동을 고려한다(방음, 방진벽 설치).
㉤ 우수, 염풍, 일광의 직접 노출을 피하고 흡입 필터를 부착한다.

11. 다음 공압 액추에이터 중 회전 각도의 범위가 가장 큰 것은? (10년 1회 / 12년 1회)

① 피스톤형 ② 크랭크형
③ 베인형 ④ 래크와 피니언형

해설 (가) 스크루형 : 100~370°, 크랭크형 : 110° 이내
(나) 베인형 : 싱글형(300° 이내), 더블형(90~120°), 래크와 피니언형 : 45~720°
(다) 래크와 피니언형
㉠ 원리 : 2개의 피스톤 왕복 운동을 래크와 피니언을 사용하여 회전 운동으로 변환하며 공기쿠션을 이용할 수 있다.
㉡ 특징 : 외형이 크고 복잡하지만 80~90%의 고효율, 수명과 감도는 다른 방식보다 우수하다.

12. 공압 실린더가 전·후진 시 낼 수 있는 힘과 관계없는 것은?

① 공기 압력
② 실린더 속도
③ 실린더 튜브 지름
④ 피스톤 로드의 지름

13. 직류 전동기 회전 시 소음이 발생하는 원인

정답 6. ② 7. ③ 8. ② 9. ② 10. ③ 11. ④ 12. ② 13. ①

과 가장 거리가 먼 것은?

① 코일 단락
② 축받이의 불량
③ 정류자 면의 거침
④ 정류자 면의 높이 불균일

14. 제어를 행하는 과정에 따라 제어 시스템을 분류한 것 중 설명이 틀린 것은? (11년 1회)

① 메모리 제어-출력에 영향을 줄 반대되는 입력 신호가 들어올 때까지 이전에 출력된 신호는 유지된다.
② 시퀀스 제어-이전 단계 완료 여부를 센서를 이용하여 확인 후 다음 단계의 작업을 수행한다.
③ 조합 제어-요구되는 입력 조건에 관계없이 그에 관련된 모든 신호가 출력된다.
④ 파일럿 제어-메모리 기능이 없고 이의 해결을 위해 불(boolean) 논리 방정식을 이용한다.

15. 아래 그림과 같은 전기 회로도에 해당하는 논리식은? (10년 3회)

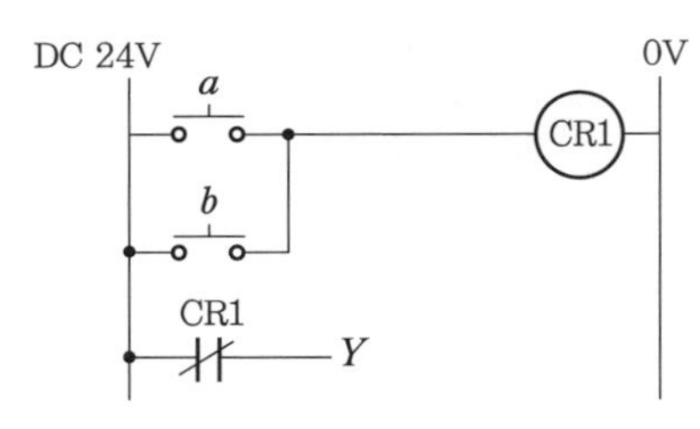

① $y=a+b$
② $y=a\cdot b$
③ $y=\overline{a+b}$
④ $y=(a+b)\cdot\overline{(a+b)}$

해설 y에 출력이 있으려면 CR1이 소자 된 상태, 즉 a와 b 두 스위치가 OFF 되어야 한다.

16. 전기 에너지와 탄성 에너지의 가역 변환에 의해 변형량을 측정하는 데 이용되는 센서는?

① 서미스터 ② 초음파 센서
③ 퍼텐쇼미터 ④ 스트레인 게이지

17. ROM에 대한 설명 중 틀린 것은?

① 저장된 내용을 변경할 수 없다.
② 저장된 내용을 읽기만 가능하다.
③ 한 번만 프로그램 입력이 가능하다.
④ 사용자 프로그램과 데이터를 저장할 수 있다.

18. 설비의 고장 발생 원인 중 미결함에 대한 내용으로 틀린 것은?

① 설비의 고장에 대한 잠재적인 원인이다.
② 만성 로스는 미결함의 방치로 인해 발생한다.
③ 일반적으로 생각되는 먼지, 마모, 녹, 흠, 변형 등을 말한다.
④ 항상 돌발 고장 이후에 직접적인 고장 원인이 되어 발생한다.

19. 기계적인 변위를 제어하는 서보(servo) 센서의 종류가 아닌 것은?

① 리졸버 ② 태코미터
③ 퍼텐쇼미터 ④ 파이로 센서

20. 하나의 피스톤 로드에 두 개의 피스톤을 부착하여 실린더 전진 운동 시 수압 면적이 두 배가 될 수 있어 같은 크기의 다른 실린더에 비하여 두 배 크기의 힘을 낼 수 있는 실린더는?

① 램형 실린더
② 탠덤 실린더
③ 로드리스 실린더
④ 양로드형 실린더

정답 14. ③ 15. ③ 16. ④ 17. ④ 18. ④ 19. ④ 20. ②

제 2 과목 설비 진단 및 관리

21. 설비 관리의 조직 계획에서 지역이나 제품, 공정 등에 따라 설비를 분류하여 그 관리를 담당하는 방식은?

① 기능 분업　② 지역 분업
③ 직접 분업　④ 전문 기술 분업

해설 지역(제품별, 공정별) 분업 : 지역이나 제품, 공정 등에 따라 설비를 분류하여 그 관리를 담당하는 방식으로 공장 내를 몇 개의 지구로 나누어서 각 지구마다 보전과를 두는 경우이다. 이상과 같은 분업은 여러 가지 형태로 조합되는 경우가 많이 있다.

22. 다음 중 일상 보전에서 취급하지 않는 것은 어느 것인가?

① 정기 점검
② 정기적 갱유
③ 정기적인 정밀 진단
④ 정기적 부품 교환

해설 이상 보전
㉠ 정기 점검(주·월·연간 단위)
㉡ 정기적 부품 교환
㉢ 정기적 오버홀
㉣ 정기적 정밀도 측정(정적·동적)
㉤ 정기적 갱유

23. 진동 현상의 특징 중 고주파에서 발생하는 이상 현상인 것은? (10년 2회)

① 풀림(looseness)
② 언밸런스(unbalance)
③ 공동 현상(cavitation)
④ 미스얼라인먼트(misalignment)

해설 캐비테이션[공동 현상(空洞現象), cavitation] : 액체가 고속으로 회전할 때 압력이 낮아지는 부분이 생겨 기포가 형성되는 현상. 원심펌프, 수력 터빈, 해상용 프로펠러 등 금속 표면에 가해 오목한 자국을 형성한다. 캐비테이션은 회전 날개의 과도한 침식과 노킹, 진동에 의한 소음을 유발하고 유동 형태를 변화시켜 효율을 급격히 감소시키기 때문에 바람직하지 않다.

24. 프로세스형 설비의 로스는 9대 로스로 구분된다. 그중 이론 사이클 시간과 실제 사이클 시간의 차이를 나타내는 것은 어떤 로스를 말하는가? (11년 1회)

① 계획 정지 로스　② shut down 로스
③ 순간 정지 로스　④ 속도 저하 로스

해설 속도 로스 : 설비의 설계 속도와 실제로 움직이는 속도와의 차이에서 생기는 로스

25. PM 분석의 특징으로 맞는 것은?

① 현상은 포괄적으로 파악한다.
② 원인 추구 방법은 과거의 경험이다.
③ 각각의 원인을 나열식으로 하여 요인을 발견한다.
④ 원리 및 원칙을 수립하므로 필요한 대책을 수립하기가 용이하다.

26. TPM의 특징 및 목표가 아닌 것은?

① output을 지향할 것
② 현장의 체질을 개선할 것
③ 맨·머신·시스템을 극한 상태까지 높일 것
④ 설비가 변하고, 사람이 변하고, 현장이 변하는 것

해설 TPM의 목표를 크게 나누면, ㉠ 맨·머신·시스템을 극한 상태까지 높일 것, ㉡ 현장의 체질을 개선할 것의 2가지이며, 설비가 변하고, 사람이 변하고, 현장이 변하는 것이다.

27. 다음 중 소음 방지 기본 방법이 아닌 것은 어느 것인가?

① 흡음　② 차음
③ 방풍망　④ 소음기(silencer)

정답 21. ② 22. ③ 23. ③ 24. ④ 25. ④ 26. ① 27. ③

28. 보전 작업의 낭비를 제거하여 효율성을 증대시키기 위한 것으로 보전 작업 측정, 검사 및 일정 계획을 위해서 반드시 필요한 것은?

① 설비 효율 측정
② 로스(loss) 관리
③ 설비 보전 표준
④ 설비 경제성 평가

해설 설비 보전 표준 : 설비 열화 측정(점검 검사), 열화 진행 방지(일상 보전) 및 열화 회복(수리)을 위한 조건의 표준이다.

29. 신뢰성의 대상물이 사용되어 처음 고장이 발생할 때까지의 평균 시간은?

① 고장률 ② 정미 시간
③ 평균 고장 간격 ④ 평균 고장 시간

30. 다음 중 진동 측정 시 주의해야 할 점이 아닌 것은? (11년 1회)

① 언제나 같은 센서를 사용한다.
② 진동계를 바꿔 가면서 측정한다.
③ 항상 동일한 위치에서 측정한다.
④ 항상 동일한 방향으로 측정한다.

해설 진동 측정 시 주의해야 할 점
㉠ 항상 장소 방향에 있어서 동일 포인트에 부착할 것
㉡ 항상 동일 센서의 측정기로 사용할 것
㉢ 항상 같은 회전수로 측정할 것
㉣ 항상 같은 부하일 때에 측정할 것
㉤ 윤활 조건을 항시 같게 유지할 것

31. 보전 효과 측정 방법에서 항목별 계산 공식으로 틀린 것은? (11년 3회)

① 설비 가동률 $= \dfrac{\text{부하 시간}}{\text{가동 시간}} \times 100\%$

② 고장 강도율 $= \dfrac{\text{고장 정지 시간}}{\text{부하 시간}} \times 100\%$

③ 고장 빈도율(회수율)
$= \dfrac{\text{고장 건수}}{\text{부하 시간}} \times 100\%$

④ 예방 보전 수행률
$= \dfrac{\text{예방 보전 건수}}{\text{예방 보전 계획 건수}} \times 100\%$

해설 ㉠ 설비 가동률 $= \dfrac{\text{정비 가동 시간}}{\text{부하 시간}} \times 100$ ……………………(유용성)

㉡ 고장 도수율 $= \dfrac{\text{고장 횟수}}{\text{부하 시간}} \times 100$ ……………………(신뢰성)

㉢ 고장 강도율 $= \dfrac{\text{고장 정지 시간}}{\text{부하 시간}} \times 100$ …………………… (보전성)

㉣ 제품 단위당 보전비 $= \dfrac{\text{보전비 총액}}{\text{생산량}}$ …………………… (경제성)

32. 설비 보전의 효과가 아닌 것은?

① 보전비 및 제작 불량 감소
② 가동률 향상 및 자본 투자 감소
③ 제조 원가 절감 및 보험료 증가
④ 재고품 및 납기 지연 감소

33. 설비 관리 조직 설계상 고려 요인이 아닌 것은? (11년 2회)

① 공장 규모 또는 기업의 크기
② 설비의 특징(구조, 기능, 열화 속도)
③ 제품의 특성(원료, 반제품, 완제품)
④ 설비의 취득부터 폐기까지의 관리

34. 신호 처리를 하는 경우 최소 주파수와 최고 주파수 구간을 설정하여 사용하는 필터는?

① 로 패스 필터(low pass filter)
② 밴드 제거 필터(band stop filter)
③ 하이 패스 필터(high pass filter)
④ 밴드 패스 필터(band pass filter)

35. 설비 배치 계획자가 설비 배치의 기초 자료

정답 27. ③ 28. ③ 29. ④ 30. ② 31. ① 32. ③ 33. ④ 34. ④ 35. ②

수집 및 유형을 선택하는 것을 돕기 위해서 쓰이는 방법은? (09년 1회/11년 2회)

① ABC 분석 ② P-Q 분석
③ 일정 계획법 ④ 활동 관련 분석

해설 설비 배치의 분석 기법

㉠ 제품 수량 분석(P-Q 분석) : 설비 배치 계획을 수립할 때 처음 해야 할 분석 기법으로 결정하는 기본적 요소는 제품(products : P), 수량(quantity : Q), 공정(routine, process : R), 공간(service space : S), 시간(time : T)을 들 수 있다.

㉡ 자재 흐름 분석 : P-Q 분석에 의하여 분류가 결정되면 그 분류 내에 있는 제품들에 대하여 개별적인 분석을 행한다.

㉢ 활동 상호 관계 분석 : 공장 내에서 생산 활동에 직·간접적으로 기여하는 모든 활동 간의 관계, 접근도, 접근 이유 등을 파악하기 위하여 활동 상호 관계 분석표를 이용한다.

㉣ 흐름 활동 상호 관계 분석 : 활동 상호 관계 분석표에 기초를 두고 작성되며, 활동 상호 관계 분석표에 있는 각 활동 간의 접근도에 따라 모든 활동의 상대적인 위치를 도면에 표시함으로써 현실의 제약 조건이 없는 상태에서 이상적인 배치를 하기 위한 분석이다.

㉤ 면적 상호 관계 분석 : 흐름-활동 상호 관계 분석표의 각 활동을 그 소요 면적만큼씩 확대시킨 것으로서, 최종적인 공장 배치에 상당히 근접하여 공장의 중요한 배치 윤곽을 결정할 수 있다.

36. 설비 진단 기술의 도입 효과는?

① 설비의 자동화
② 돌발적인 사고 방지
③ 현장 작업자의 감소
④ 오버홀 주기의 단축

37. 신뢰성을 평가하기 위한 기준에 관한 설명으로 옳은 것은?

① 신뢰성이란 일정 조건하에서 일정 기간 동안 고장 없이 기능을 수행할 확률을 나타낸다.
② 고장률이란 신뢰성의 대상물에 대한 전 고장 수에 대한 사용 시간의 비율을 나타낸다.
③ 평균 고장 시간(mean time to failures)이란 일정 기간 중 발생하는 단위 시간당 고장 횟수를 나타낸다.
④ 평균 시간 간격(mean time between failures)이란 설비 또는 중요 부품이 사용되기 시작하여 처음 고장이 발생할 때까지의 평균 시간을 말한다.

38. 다음 중 미스얼라인먼트(misalignment)의 주요 발생 원인이 아닌 것은?

① 윤활유 불량 ② 축심의 어긋남
③ 휨축(bent shaft) ④ 베어링 설치 불량

39. 윤활유의 첨가제가 갖추어야 할 일반적인 성질과 가장 거리가 먼 것은? (08년 1회)

① 증발이 많아야 한다.
② 색상이 깨끗하여야 한다.
③ 기유에 용해도가 좋아야 한다.
④ 유연성이 있어 다목적이어야 한다.

해설 첨가제 : 윤활유에 첨가하여 이미 갖고 있는 윤활유의 성질을 강화하고 다시 새로운 성질을 주어 그 기능을 향상시키며 사용 중에 일어나는 열화 속도를 감소시키는 것이다. 첨가제의 성분은 일부 풀리(V, I, Improver)를 제외하면 대부분 극성 화합물로 이루어져 있다.

40. 외력이나 외부 토크가 연속적으로 가해짐으로써 생기는 진동은? (06년 1회/06년 3회)

① 공진 ② 강제 진동
③ 고유 진동 ④ 자유 진동

2015

정답 36. ② 37. ① 38. ① 39. ① 40. ②

제 3 과목 공업 계측 및 전기 전자 제어

41. 제어 요소의 동작 중 연속 동작이 아닌 것은? (05년 1회)

① 미분 동작 ② on-off 동작
③ 비례 미분 동작 ③ 비례 적분 동작

해설 액위 제어에도 ON-OFF 제어와 연속 제어가 있다.

42. 두 종류의 금속을 접속하고 양단에 온도 차를 주면 단자 사이에 발생되는 기전력을 이용한 온도계는?

① 광 온도계 ② 열전 온도계
③ 방사 온도계 ④ 액정 온도계

43. 그림과 같이 입력이 A와 B인 회로도에서 출력 Y는? (08년 3회)

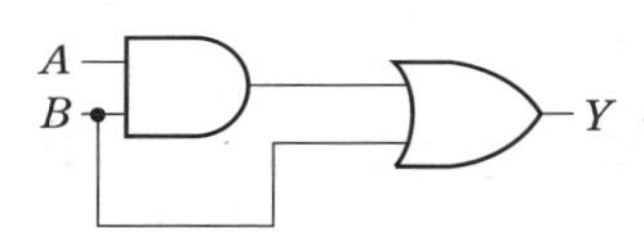

① $A \cdot B$ ② $(A \cdot B) \cdot B$
③ $(A+B)+B$ ④ $(A \cdot B)+B$

44. 외력이 없을 때는 닫혀 있고 외력이 가해지면 열리는 접점은?

① a 접점 ② b 접점
③ c 접점 ④ d 접점

45. 연산 증폭기에 계단파 입력(step function)을 인가하였을 때 시간에 따른 출력 전압의 최대 변화율은? (09년 1회)

① 드리프트(drift)
② 옵셋(offset)
③ 대역폭(bandwidth)
④ 슬루율(slew rate)

46. 미분 시간 3분, 비례 이득 10인 PD 동작의 전달 함수는? (09년 2회)

① $10(1+2s)$ ② $1+3s$
③ $10(1+3s)$ ④ $5+2s$

47. 반복적으로 읽기와 쓰기 양쪽이 가능한 기억 소자는? (09년 1회/12년 1회)

① RAM ② ROM
③ PROM ④ TTL

48. 일정한 환경 조건하에서 측정량이 일정함에도 불구하고 전기적인 증폭기를 갖는 계측기의 지시가 시간과 함께 계속적으로 느슨하게 변화하는 현상은?

① 드리프트(drift) ② 히스테리시스
③ 비직선성 ④ 과도 특성

해설 드리프트는 자기 가열이나 재료의 크리프 현상에 기인한다.

49. 미리 설정된 조건 순서에 따라 행하여지는 제어 방식은 다음 중 어느 것인가?

① 피드백 제어 ② 프로세스 제어
③ 시퀀스 제어 ④ 추치 제어

50. 다음 중 이상적인 연산 증폭기의 특징으로 틀린 것은?

① 전압 이득이 무한대
② 입력 임피던스는 0
③ 대역폭이 무한대
④ 출력 임피던스는 0

해설 이상적인 연산 증폭기의 특징
㉠ 무한대의 전압 이득을 가져 아주 작은 입력이라도 큰 출력을 얻을 수 있다.
㉡ 무한대의 대역폭을 가져 모든 주파수 대역에서 동작된다.
㉢ 입력 임피던스가 무한대라서 구동을 위한 공급 전원이 연산 증폭기 내부로 유입

정답 41. ② 42. ② 43. ④ 44. ② 45. ④ 46. ③ 47. ① 48. ① 49. ③ 50. ②

되지 않는다.

㉣ 출력 임피던스가 0이라서 부하에 영향을 받지 않는다.

㉤ 동상 신호 제거비(CMRR)가 무한대이다. 따라서 입력단에 인가되는 잡음을 제거하여 출력단에 나타나지 않는다.

51. 전동기의 과부하 보호 장치로 사용되는 계전기는?

① 지락 계전기(GR)
② 열동 계전기(THR)
③ 부족 전압 계전기(UVR)
④ 래칭 릴레이(LR)

52. 파형률을 옳게 나타낸 것은?

① $\frac{\text{최댓값}}{\text{실효값}}$ ② $\frac{\text{실효값}}{\text{최댓값}}$

③ $\frac{\text{평균값}}{\text{실효값}}$ ④ $\frac{\text{실효값}}{\text{평균값}}$

해설 파형률(form factor) : 교류 파형의 실효값을 평균값으로 나눈 값으로, 비정현파의 파형 평활도를 나타내는 것이다. 주요 파형의 파형률은 다음과 같다.

파 형	파형률
정현파	1.11
반파 정류파	1.57
양파 정류파	1.11
3각파	1.15
구형파	1.00

53. 연산 증폭기를 이용한 회로 중 전압 폴로어(voltage follower)에 관한 설명으로 틀린 것은?

① 높은 입력 임피던스를 갖는다.
② 낮은 출력 임피던스를 갖는다.
③ 이득이 1에 가까운 비반전 증폭기이다.
④ 입력과 극성이 반대로 되는 출력을 얻을 수 있다.

54. 다음 중 NOR 회로를 나타내는 논리 기호는?

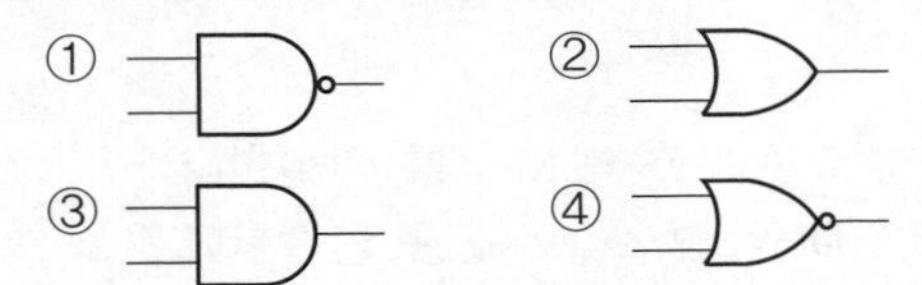

해설 ①은 NAND, ②는 논리합, ③은 논리곱이다.

55. RLC 직렬 회로에서 공진이 발생하기 위한 조건은? (단, X_C는 용량성 리액턴스, X_L은 유도성 리액턴스이다.)

① $X_C > X_L$ ② $X_C < X_L$
③ $X_C = X_L$ ④ $X_C \cdot X_L = 0$

56. 디지털 시스템에서 여러 가지 연산 동작을 위하여 1비트 이상의 2진 정보를 임시로 저장하기 위해 사용되는 기억 장치는?

① 계수기 ② 플립플롭
③ 부호기 ④ 레지스터

해설 레지스터 : 데이터를 한 장치에서 다른 장치로 전송할 때 또는 다른 장치로부터 전송되어 온 데이터를 받아들일 때에 일시적으로 기억되는 직렬 기억 소자로 사용하는 것

57. 회로 시험기로 전압을 측정하여 230 V를 나타낸다. 참값이 220 V이면 오차는 몇 V인가?

① 20 ② 10
③ −10 ④ −20

해설 오차 = 측정값 − 참값 = 230 − 220 = 10 V

58. 다음 그림은 3상 유도 전동기의 단자를 표시한 것이다. 이 전동기를 Δ 결선하고자 한다면?

정답 51. ② 52. ④ 53. ④ 54. ④ 55. ③ 56. ④ 57. ② 58. ③

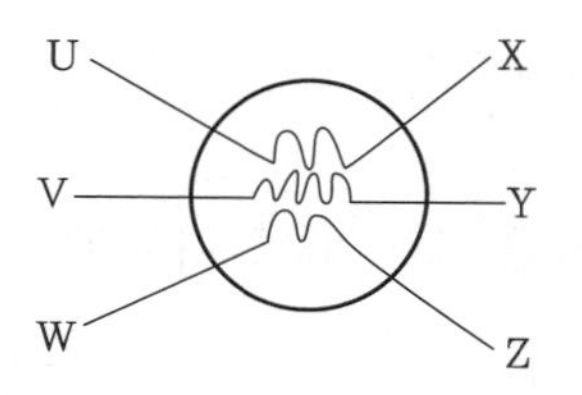

① U-W, Z-Y, V-X를 연결한다.
② U-Y, V-W, X-Z를 연결한다.
③ U-Y, V-Z, W-X를 연결한다.
④ X, Y, Z를 연결한다.

해설 Y 결선은 X, Y, Z를 연결하는 것이다.

59. 60 Hz 4극 3상 유도 전동기의 회전 자기장 회전수(rpm)는? (07년 1회)

① 3600　② 1800
③ 1600　④ 1200

60. 다음 압력계의 종류 중에서 탄성식은 어느 것인가? (06년 3회/09년 2회)

① 침종식　② 벨로스식
③ 경사관식　④ 압전기식

해설 탄성 압력계
㉠ 부르동관식 압력계 : 단면이 원 또는 타원형인 관을 환상으로 구부려 만든 부르동관의 한쪽 끝을 고정시키고 다른 끝을 밀폐시킨 것이다. 고정시킨 끝으로부터 압력을 관 안에 작용시키면 관의 단면은 원형에 가깝게 되고 링의 반지름을 크게 변화하여 자유단이 이동한다. 이 변위는 거의 압력에 비례하므로 이것을 링크와 기어로 확대해서 바늘을 회전시킨다.
㉡ 다이어프램식 압력계 : 다이어프램은 가해진 미소 압력의 변화에 대응된 수직 방향으로 팽창 수축하는 압력 소자이다. 또한 그 압체를 분리하는 역할 및 가압체를 용기로부터 외부로 밀봉시켜 주는 역할을 한다.
㉢ 벨로스식 압력계 : 벨로스는 그 외주에 주름상자형의 주름을 갖고 있는 금속 박판 원통상으로 그 내부 또는 외부에 압력을 받으면 중심축 방향으로 팽창 및 수축을 일으키는 압력 센서이다. 재료로는 인청동, 황동이 사용되며 그 두께는 0.1~0.35 mm이다.

제 4 과목 기계 정비 일반

61. 버니어 캘리퍼스의 종류 중 부척(vernier)이 홈형으로 되어 있으며 외측 측정용 조(jaw), 내측 측정용 조(jaw), 깊이 바(depth bar)가 붙어 있는 것은?

① M형　② CB형
③ CM형　④ MT형

해설 내·외측용 조가 붙어 있는 것이 M형이다.

62. 접착제의 구비 조건으로 적합하지 않은 것은? (11년 2회)

① 액체성일 것
② 고체 표면에 침투하여 모세관 작용을 할 것
③ 도포 후 일정 시간 경과 후 누설을 방지할 것
④ 도포 후 고체화하여 일정한 강도를 유지할 것

해설 접착제의 구비 조건
㉠ 액체성일 것
㉡ 고체 표면의 좁은 틈새에 침투하여 모세관 작용을 할 것
㉢ 액상의 접합체가 도포 직후 용매의 증발 냉각 또는 화학 반응에 의하여 고체화하여 일정한 강도를 가질 것

63. 펌프의 사용 재질에 따른 분류 중 대단히 높은 고압용에 사용하는 펌프는?

① 경연 펌프　② 자기제 펌프
③ 주강제 펌프　④ 경질 염비제 펌프

64. 어떤 볼트를 조이기 위해 50 kgf·cm 정도

정답 59. ② 60. ② 61. ① 62. ③ 63. ③ 64. ①

의 토크가 적당하다고 할 때 길이 10 cm의 스패너를 사용한다면 가해야 하는 힘은 약 얼마 정도가 적정한가?

① 5 kgf ② 10 kgf
③ 50 kgf ④ 100 kgf

해설 $T=L\times F$

$\therefore F=\frac{T}{L}=\frac{50}{10}=5\text{ kgf}$

65. 기계 조립 작업 시 주의 사항으로 옳지 않은 것은? (11년 1회)

① 볼트와 너트는 균일하게 체결할 것
② 무리한 힘을 가하여 조립하지 말 것
③ 정밀 기계는 장갑을 착용하고 작업할 것
④ 접합면에 이물질이 들어가지 않도록 할 것

66. 축의 손상이나 파손되는 형태의 여러 가지 요소 중 가장 많이 발생하는 고장 원인은 무엇인가? (10년 2회)

① 불가항력 ② 자연 열화
③ 설계 불량 ④ 조립·정비 불량

67. 다음 중 관 이음쇠의 기능이 아닌 것은 어느 것인가? (09년 1회/11년 3회)

① 관로의 연장 ② 관로의 곡절
③ 관로의 분기 ④ 관의 피스톤 운동

해설 관 이음쇠 기능
㉠ 관로의 연장 ㉡ 관로의 곡절
㉢ 관로의 분기 ㉣ 관의 상호 운동
㉤ 관 접속의 착탈

68. 다음 중 펌프의 수격 현상 방지책으로 틀린 것은?

① 서지 탱크를 설치한다.
② 관로의 부하 발생점에 공기 밸브를 설치한다.
③ 관로의 지름을 크게 하여 관 내 유속을 감소시킨다.
④ 플라이휠 장치를 사용하여 회전 속도를 급감속시킨다.

해설 관로의 지름을 크게 해서 관 내의 유속을 감속시키면 관로 내 수주의 관성력이 작아지므로 압력 강하가 작아져 수격 현상을 방지할 수 있다.

69. V 벨트 풀리의 홈 각이 V 벨트의 각도에 비해 작은 이유로 옳은 것은?

① 고속 회전 시 풀리의 진동 및 소음 방지
② 미끄럼 발생 방지에 의한 동력 손실 감소
③ V 벨트가 인장력을 받아 늘어났을 때 동력 손실 방지
④ 장기간 사용 시 마모에 의한 V 벨트와 풀리 간 헐거움 방지

해설 V 벨트가 굽혀졌을 때 단면 변화에 따른 미끄럼 발생을 방지하기 때문이다.

70. 파이프를 절단하는 데 주로 사용하는 공구는?

① 오스터
② 파이프 커터
③ 리머
④ 플레어링 툴 세트

해설 오스터 : 파이프에 나사를 깎는 공구

71. 원심형 통풍기의 정기 검사 항목에 해당되지 않은 것은?

① 풍속과 흡기 온도
② 흡기·배기의 능력
③ 통풍기의 주유 상태
④ 덕트 접촉부의 풀림

해설 원심형 통풍기의 정기 검사 항목
㉠ 후드 덕트의 마모, 부식, 움푹 패임, 기타의 손상 유무 및 그 정도

정답 65. ③ 66. ④ 67. ④ 68. ④ 69. ② 70. ② 71. ①

㉡ 덕트 배풍기의 먼지 퇴적 상태
㉢ 통풍기의 주유 상태
㉣ 덕트 접촉부의 풀림
㉤ 통풍기 벨트의 작동
㉥ 흡기 · 배기의 능력
㉦ 여포식 제진 장치에서는 여포의 파손 또는 풀림
㉧ 기타 성능 유지상의 필요 사항

72. 주철제 원통 속에 두 축을 맞대어 끼워 키로 고정한 축이음은? (09년 1회 / 11년 3회)

① 머프 커플링 ② 플랜지 커플링
③ 유체 커플링 ④ 플렉시블 커플링

73. 펌프의 흡입관을 설치할 때 적절한 방법이 아닌 것은?

① 관의 길이는 짧고, 곡관의 수는 적게 한다.
② 흡입관에 편류나 와류를 적당히 발생시킨다.
③ 흡입관 끝에 스트레이너 또는 풋 밸브를 사용한다.
④ 관 내 압력은 대기압 이하로 공기 누설이 없는 관 이음으로 한다.

74. 두 축이 평행하지도 않고, 만나지도 않는 기어는?

① 웜 기어 ② 스퍼 기어
③ 내접 기어 ④ 헬리컬 기어

75. 기어 감속기의 분류 중 평행축형 감속기가 아닌 것은? (09년 3회)

① 스퍼 기어
② 헬리컬 기어
③ 더블 헬리컬 기어
④ 스트레이트 베벨 기어

76. 펌프의 보수 관리에 있어서 베어링의 과열 현상을 일으키는 원인으로 가장 거리가 먼 것은?

① 조립·설치 불량
② 흡입 유량의 부족
③ 윤활유 질의 부적합
④ 윤활유 및 그리스 양의 부족

77. 밸브의 완전 개방 시 유체 저항이 가장 작은 밸브는? (10년 3회)

① 앵글 밸브 ② 글로브 밸브
③ 슬루스 밸브 ④ 리프트 밸브

78. 밸브 시트부의 누설 원인으로 가장 거리가 먼 것은?

① 본체의 변형
② 시트 면의 손상
③ 시트 면의 이물질 부착
④ 패킹 누르기의 과대 조임

해설 패킹 누르기의 과대 조임으로 밸브 개폐가 어려워진다. 밸브 부분의 누설은 플랜지 부분(또는 나사 체결 부분), 밸브 자리, 밸브봉 패킹 부분의 3개소를 들 수 있다.

79. 열박음에 의해서 베어링을 조립하고자 할 때 적당한 가열 온도는? (09년 2회 / 11년 2회)

① 50℃ ② 100℃
③ 200℃ ④ 400℃

해설 열박음 적정 온도 : 100℃

80. 전동기의 고장 현상 중 기동 불능의 원인으로 거리가 먼 것은? (10년 3회)

① 퓨즈 단락
② 베어링의 손상
③ 서머 릴레이 작동
④ 노 퓨즈 브레이크 작동

정답 72. ① 73. ② 74. ① 75. ④ 76. ② 77. ③ 78. ④ 79. ② 80. ②

❖ 2015년 8월 16일 시행

자격종목 및 등급(선택분야)	종목코드	시험시간	문제지형별	수검번호	성 명
기계정비산업기사	2035	2시간	A		

제1과목 공유압 및 자동화 시스템

1. 오일 탱크의 용도로 적합하지 않은 것은?

① 유압 에너지 축적
② 유온 상승의 완화
③ 기름 내의 기포 분리
④ 기름 내의 불순물 제거

해설 유압 장치는 모두 오일 탱크를 가지고 있다. 오일 탱크는 오일을 저장할 뿐만 아니라, 오일을 깨끗하게 하고, 공기의 영향을 받지 않게 하며, 가벼운 냉각 작용도 한다.

2. 유압 액추에이터의 속도 조절용 밸브는 어느 것인가? (08년 3회)

① 축압기
② 압력 제어 밸브
③ 방향 제어 밸브
④ 유량 제어 밸브

해설 공기에 의해 작동되는 액추에이터 속도는 배관 내의 공기 유량에 따라 제어된다.

3. 다음 중 피스톤형 축압기의 특징으로 옳지 않은 것은?

① 대용량도 제작이 용이하다.
② 공기 에너지를 저장할 수 있다.
③ 형상이 간단하고 구성품이 적다.
④ 유실에 가스 침입의 염려가 있다.

해설 피스톤형 축압기 : 피스톤 로드가 없는 유압 실린더와 같은 구조로 되어 있으며, 자유 부동 피스톤이 오일과 가스를 분리하고 있다. 피스톤은 매끈한 내면을 따라 운동하게 되어 있고, 오일과 가스를 분리하기 위한 패킹이 끼워져 있으며, 이중 패킹인 경우는 오일 압력을 줄이기 위해 브리더(breather)를 두고 있다. 이 축압기는 크기에 비해 높은 출력을 내고, 또 작동이 매우 정확하지만, 가스 혼입 및 오일 누출의 문제가 있다.

4. 공유압 변환기와 에어 하이드로 실린더를 조합하여 사용할 때의 주의 사항으로 옳은 것은?

① 공유압 변환기는 수평으로 설치한다.
② 공유압 변환기는 수직으로 설치한다.
③ 공유압 변환기는 30° 경사를 주어 설치한다.
④ 공유압 변환기는 45° 경사를 주어 설치한다.

해설 공유압 변환기의 사용상 주의점
㉠ 공유압 변환기는 액추에이터보다 높은 위치에 수직 방향으로 설치한다.
㉡ 액추에이터 및 배관 내의 공기를 충분히 뺀다.
㉢ 열원의 가까이에서 사용하지 않는다.

5. 유압 실린더를 구성하는 기본적인 부품이 아닌 것은?

① 커버 ② 피스톤
③ 스풀 ④ 실린더 튜브

해설 유압 실린더는 사용 목적, 조건에 따라 여러 가지 구조가 있다. 이것을 구성하고 있는 기본적인 부품에는 실린더 튜브, 피스톤, 피스톤 로드, 커버, 패킹 등이 있다.

정답 1. ① 2. ④ 3. ② 4. ② 5. ③

6. 다음 기호의 명칭으로 적합한 것은?

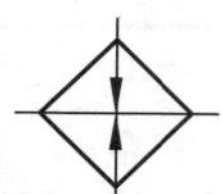

① 냉각기
② 온도 조절기
③ 가열기
④ 드레인 배출기

7. 공기 압축기에서 표준 대기압 상태의 공기를 시간당 10 m^3씩 흡입한다. 이 공기를 700 kPa로 압축하면 압축된 공기의 체적은 약 몇 m^3인가? (단, 압축 시 온도의 변화는 무시한다.)

① 1.26 ② 1.43
③ 2.43 ④ 3.25

해설 $P_1V_1 = P_2V_2$이므로

$\frac{(100\times10)}{700}$=1.428$m^3$

8. 서비스 유닛을 구성하는 기기의 순서가 올바른 것은?

① (유입 측)–필터–윤활기–압력 조절기–(유출 측)
② (유입 측)–필터–압력 조절기–윤활기–(유출 측)
③ (유입 측)–압력 조절기–필터–윤활기–(유출 측)
④ (유입 측)–압력 조절기–윤활기–필터–(유출 측)

9. 표준 대기압에 해당되지 않는 것은?

① 760 mmHg ② 10.33 mAq
③ 14.7 mbar ④ 1.033 kgf/cm^2

해설 1 표준 기압 = 1 atm = 760 mmHg(수은주) = 10.33 mAq(물 기둥) = 1.033 kgf/cm^2, 1 bar = 1.01972 kgf/cm^2

10. KS B 0054(유압 · 공기압 도면 기호)의 기호 요소 중 정사각형의 용도가 아닌 것은?

① 실린더
② 제어 기기
③ 유체 조정 기기
④ 전동기 이외의 원동기

해설 정사각형의 용도 : 제어 기기, 전동기 이외의 원동기, 유체 조정 기기(필터 드레인 분리기, 주유기, 열 교환기 등), 실린더 내의 쿠션, 어큐뮬레이터 내의 추

11. 설비의 로스(loss) 중 정지 로스에 해당되는 것은?

① 순간 정지 로스, 속도 저하 로스
② 고장 정지 로스, 작업 준비 · 조정 로스
③ 초기 유동 관리 수율 로스, 순간 정지 로스
④ 불량 · 수정 로스, 초기 유동 관리 수율 로스

해설 ㉠ 정지 로스 – 고장 정지 로스, 작업 준비 · 조정 로스
㉡ 속도 로스 – 공정 순간 정지 로스, 속도 저하 로스
㉢ 불량 로스 – 불량 수선 로스, 초기 유동 관리 수율 로스

12. 8비트의 2진 신호로 표현되는 0~10 V의 아날로그 값의 최소 범위는?

① 0.039 V ② 0.042 V
③ 0.045 V ④ 0.048 V

13. 다음 그림의 기호가 의미하는 것은?

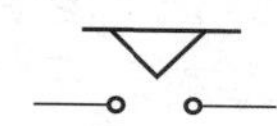

① 한시 동작 타이머 a접점
② 한시 동작 타이머 b접점
③ 한시 복귀 타이머 a접점
④ 한시 복귀 타이머 b접점

정답 6. ③ 7. ② 8. ② 9. ③ 10. ① 11. ② 12. ① 13. ③

14. 빛을 이용하여 물체 유무를 검출하거나 속도, 위치 결정에 응용되는 센서는?

① 포토 센서 ② 리드 스위치
③ 유도형 센서 ④ 용량형 센서

해설 포토 센서(photo sensor) : 빛을 이용하여 물체 유무, 속도나 위치 검출, 레벨, 특정 표시 식별 등을 하는 곳에 사용되며, 광센서 또는 광학 센서(optical sensor)라고도 한다. 광자외광에서 적외광까지 넓은 영역에 걸쳐 광 에너지를 검출하며, 제어의 용이함 때문에 전기 신호로 변환되는 경우가 많아 광기전력 효과형, 광도전 효과형, 광전자 방출형으로 분류하기도 한다.

15. 개회로 제어 시스템(open loop control system)을 적용하기에 적합하지 않은 제어계는?

① 외란 변수의 변화가 매우 적은 경우
② 여러 개의 외란 변수가 존재하는 경우
③ 외란 변수에 의한 영향이 무시할 정도로 적은 경우
④ 외란 변수의 특징과 영향을 확실히 알고 있는 경우

해설 (가) 개회로 제어 시스템 적용
㉠ 외란 변수에 의한 영향이 무시할 정도로 작을 때
㉡ 특징과 영향을 확실히 알고 있는 하나의 외란 변수만 존재할 때
㉢ 외란 변수의 변화가 아주 작을 때
(나) 폐회로 제어 시스템 적용
㉠ 여러 개의 외란 변수가 존재할 때
㉡ 외란 변수들의 특징과 값이 변화할 때

16. 다음 중 되먹임 제어(feedback control)에서 꼭 필요한 장치는?

① 안정도를 좋게 하는 장치
② 응답 속도를 빠르게 하는 장치
③ 응답 속도를 느리게 하는 장치
④ 입력과 출력을 비교하는 장치

해설 피드백 제어는 제어하고자 하는 하나의 변수가 계속 측정되어 다른 변수, 즉 지령치와 비교되며, 그 결과가 첫 번째의 변수를 맞추도록 수정을 가하는 것이다.

17. 그림과 같은 논리 회로의 동작 설명으로 옳은 것은? (12년 3회)

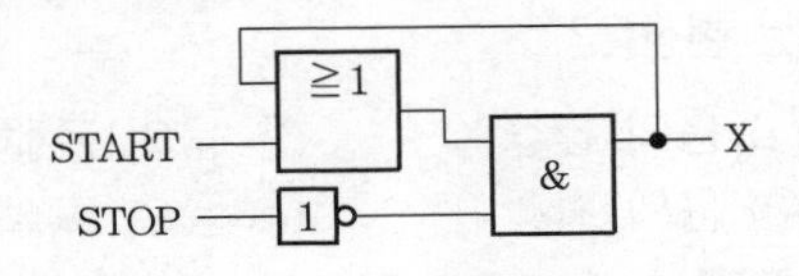

① STOP을 누를 때만 출력 X에 신호가 나온다.
② START를 누를 때만 출력 X에 신호가 나온다.
③ START를 한 번 누르면 출력 X에는 펄스 신호가 발생한다.
④ START를 한 번 누르면 STOP 버튼을 누르기 전까지 출력 X에는 신호가 존재한다.

해설 이 논리 회로는 OFF 우선 자기 유지 회로이다.

18. 솔레노이드 밸브에서 전압이 걸려 있는데도 아마추어가 작동되지 않는 원인과 가장 거리가 먼 것은?

① 코일의 소손
② 아마추어의 고착
③ 전압이 너무 낮음
④ 실링 시트의 마모

19. 다음 논리식 중 틀린 것은?

① $A \cdot 0 = 0$ ② $A \cdot \overline{A} = 0$
③ $A + 1 = 1$ ④ $A + \overline{A} = 0$

정답 14. ① 15. ② 16. ④ 17. ④ 18. ④ 19. ④

20. 확산 반사형 혹은 직접 반사형 광센서를 사용할 때, 감지 거리가 가장 긴 것은?

① 목재 ② 금속
③ 면직물 ④ 폴리스티렌

제 2 과목 설비 진단 및 관리

21. 음의 전파 중 장애물 뒤쪽으로 음이 전파되는 현상은?

① 음의 간섭 ② 음의 굴절
③ 음의 확산 ④ 음의 회절

해설 음의 회절(diffraction of sound wave) : 장애물 뒤쪽으로 음이 전파되는 현상이다. 음의 회절은 파장과 장애물의 크기에 따라 다르고, 파장이 크며, 장애물이 작을수록(물체의 틈 구멍에 있어서는 그 틈 구멍이 작을수록) 회절이 잘된다.

22. 주파수, 진폭 및 위상이 같은 두 진동 파형이 합성되면 진동 형태는 어떻게 변화되는가? (07년 3회 / 10년 1회)

① 주파수, 진폭 및 위상이 두 배로 증가한다.
② 주파수와 진폭은 변하지 않고 위상이 변한다.
③ 주파수와 위상은 변동이 없고 진폭만 두 배로 증가한다.
④ 진폭과 위상은 변동이 없고 주파수만 두 배로 증가한다.

해설 주파수 진폭 및 위상이 같은 두 진동이 합성되면 진폭만 두 배로 증가한다.

23. 석유 제품의 산성 또는 알칼리성을 나타내는 것으로써 산화 조건하에서 사용되는 동안 기름 중에 일어난 변화를 알기 위한 척도로 사용되는 것은?

① 전산가 ② 중화가
③ 산화 안정도 ④ 혼화 안정도

24. 보전 작업 표준에서 표준 시간의 결정 방법에 해당하지 않는 것은?

① 경험법 ② 실존법
③ 실적 자료법 ④ 작업 연구법

해설 보전 작업 표준을 설정하기 위해서는 경험법, 실적 자료법, 작업 연구법 등이 사용된다.

25. 진동 시스템에서 질량은 그대로 유지하고, 강성을 증가시키면 고유 주파수는 어떻게 되는가?

① 고유 주파수가 증가한다.
② 고유 주파수가 감소한다.
③ 고유 주파수는 변하지 않는다.
④ 고유 주파수는 증가하다가 감소한다.

26. 다음 특징의 설비 배치 형태는?

- 유사한 기계 설비나 기능을 한곳에 모아 배치함
- 각 주문 작업은 가공 요건에 따라 필요한 작업장이나 부서를 찾아 이동하므로 작업 흐름이 서로 다르고 혼잡함
- 단속 생산이나 개별 주문 생산과 같이 다양한 제품이 소량으로 생산되고 각 제품의 작업 흐름이 서로 다른 경우에 적합함

① 공정별 배치 ② 제품별 배치
③ 혼합형 배치 ④ 고정 위치 배치

27. 집중 보전에 대한 특징으로 틀린 것은?

① 보전 요원이 용이하게 생산 요원에게 접근할 수 있다.
② 긴급 작업, 고장, 신규 작업을 신속히 처리할 수 있다.

정답 **20.** ② **21.** ④ **22.** ③ **23.** ② **24.** ② **25.** ① **26.** ① **27.** ①

③ 보전 요원의 기술 향상을 위한 교육 훈련이 보다 잘 행해진다.
④ 보전 요원이 생산 작업에 있어서 생산 요원에 비해 우선순위를 갖는다.

28. 설비 관리의 목표는?

① 손실 감소
② 품질 향상
③ 기업의 생산성 향상
④ 기업의 이윤 극대화

해설 설비 관리의 목표는 기업의 생산성 향상이다.

29. 내부에 형성되어 있는 하나 혹은 그 이상의 체임버(chamber)에 의해서 입사 소음 에너지를 반사하여 소멸시키는 장치는?

① 반사 소음기 ② 회전식 소음기
③ 흡음식 소음기 ④ 흡진식 소음기

해설 반사 소음기는 내부에 형성되어 있는 하나 혹은 그 이상의 체임버(chamber)에 의해서 입사 소음 에너지를 반사하여 소멸시키는 장치이다.

30. 제품별 배치의 장점에 속하지 않는 것은?

① 1회의 대규모 사업에 많이 이용된다.
② 정체 시간이 짧기 때문에 재공품(在工品)이 적다.
③ 공정이 단순화되고 직접 확인 관리를 할 수 있다.
④ 작업을 단순화할 수 있으므로 작업자의 훈련이 용이하다.

해설 설비의 제품별 배치는 소품종 대량 생산에 적합하다.

31. 진동 차단기로 이용되는 패드의 재료로 부적합한 것은?

① 스프링 ② 코르크
③ 스펀지 고무 ④ 파이버 글라스

32. 자주 보전 활동 7단계 내용 중 단계에 대한 활동 내용이 틀린 것은?

① 제1단계 – 초기 청소
② 제2단계 – 청소, 급유 기준 작성과 실시
③ 제4단계 – 총 점검
④ 제5단계 – 자주 점검

해설 자주 보전 제2단계는 발생 원인·곤란 개소 대책이다.

33. 정현파의 경우 평균값은 피크값의 몇 배인가?

① π ② 2π ③ $\frac{2}{\pi}$ ④ $\frac{\pi}{2}$

34. 구름베어링 결함에 대한 설명으로 맞는 것은?

① 1X 성분의 조화파가 많이 나타난다.
② 1X 성분이 수직 및 수평 방향에서 뚜렷하게 나타난다.
③ 수직 방향에서 1X 성분이 나타나고, 수평 방향에서 2X, 3X 성분이 나타난다.
④ 고주파 영역에서 비동기 성분의 피크값이 나타나고 시간 파형에서 충격 파형 형태로 관찰된다.

35. 보전 요원의 각 보전 작업에 대한 표준화로 수리 표준 시간, 준비 작업 표준 시간 또는 분해 검사 표준 시간을 결정하는 것은? (10년 3회)

① 보전 작업 표준 ② 설비 성능 표준
③ 설비 점검 표준 ④ 일상 점검 표준

해설 보전 작업 표준 : 표준화하기 가장 어려우나 가장 중요한 표준으로 수리 표준 시간, 준비 작업 표준 시간, 분해 검사 표준 시간을

2015

정답 28. ③ 29. ① 30. ① 31. ① 32. ② 33. ③ 34. ④ 35. ①

결정하는 것, 즉 검사, 보전, 수리 등의 보전 작업 방법과 보전 작업 시간의 표준이다.

36. 윤활제의 급유법 중 순환 급유법에 속하는 것은?

① 수 급유법 ② 비말 급유법
③ 적하 급유법 ④ 사이펀 급유법

37. 보전용 자재 관리상 특징이 아닌 것은?

① 불용 자재 발생 가능성이 높다.
② 보전용 자재는 비순환성이 높다.
③ 연간 사용 빈도가 적고, 소비 속도가 늦다.
④ 자재 구입의 품목, 수량, 시기 등의 계획 수립이 어렵다.

38. 설비 진단 기술의 정의로 가장 적합한 것은?

① 설비를 규정하는 것
② 설비의 경제성을 평가하는 것
③ 설비를 투자할 것인지 결정하는 것
④ 설비의 상태를 정량적으로 관측하여 예측하는 것

39. 고장 분석에서 설비 관리의 목적인 최소 비용으로 최대 효율을 얻기 위해 계획, 진행하는 것과 관계없는 것은?

① 경제성의 향상 : 가능한 비용을 절감한다.
② 신뢰성의 향상 : 설비의 고장을 없게 한다.
③ 유용성의 향상 : 설비의 가동률을 높인다.
④ 보전성의 향상 : 고장에 의한 휴지 시간을 단축한다.

해설 유용성(有用性 : availability) : 신뢰도와 보전도를 종합한 평가 척도로서 어느 특정 순간에 기능을 유지하고 있는 확률

40. 보전 비용을 들여 설비를 안정된 상태로 유지하기 위하여 발생되는 생산 손실은?

① 기회 원가 ② 매몰 손실
③ 이익 손실 ④ 차액 손실

제 3 과목 공업 계측 및 전기 전자 제어

41. 전압 폴로어(voltage follower)에 대한 설명으로 틀린 것은?

① 전압 이득이 1에 가깝다.
② 반전 증폭기이다.
③ 임피던스 변환 회로이다.
④ 입력 임피던스가 크다.

42. 반도체에 대한 설명 중 맞는 것은?

① N형 반도체에 혼입된 불순물을 억셉터라 한다.
② P형 반도체에 혼입된 불순물을 도너라 한다.
③ 불순물 반도체에는 P형과 N형이 있다.
④ 진성 반도체는 자유 전자와 정공의 수가 다르다.

43. P형 반도체와 N형 반도체를 접합시키면 반송자가 결핍되는 공핍층이 생성된다. Si의 경우 이러한 접합면 사이의 전위차는?

① 약 0.2 V ② 약 0.3 V
③ 약 0.7 V ④ 약 0.9 V

44. 계측계를 기능적으로 크게 분류했을 때 해당되지 않는 것은?

정답 36. ② 37. ② 38. ④ 39. ③ 40. ① 41. ② 42. ③ 43. ③ 44. ②

① 검출기 ② 조작기
③ 전송기 ④ 수신기

45. 피측정량을 직접 측정하지 않고, 피측정량에서 기지(旣知)의 일정량을 뺀 나머지 양을 측정하는 방법은?

① 편위법 ② 영위법
③ 치환법 ④ 보상법

46. 회전하고 있는 전동기를 역회전되도록 접속을 변경하면 급정지한다. 압연기의 급정지용으로 이용되는 제동 방식은?

① 플러깅 제동 ② 회생 제동
③ 다이내믹 제동 ④ 와류 제동

47. 다음 중 대칭 3상 교류에 대한 설명으로 옳은 것은?

① 각 상의 기전력과 전류의 크기가 같고 위상이 120도인 3상 교류
② 각 상의 기전력과 전류의 크기가 다르고 위상이 120도인 3상 교류
③ 각 상의 기전력과 전류의 크기가 같고 위상이 240도인 3상 교류
④ 각 상의 기전력과 전류의 크기가 다르고 위상이 240도인 3상 교류

48. 그림과 같은 회로는?

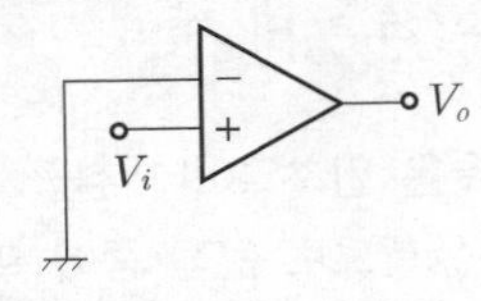

① 전압 폴로어
② 비교기
③ 미분기
④ 전압-전류 변환기

49. OP 앰프의 특징이 아닌 것은?

① OP 앰프는 두 개의 전원 단자(+, −)를 가지고 있다.
② 두 개의 입력단과 1개의 출력단을 가지고 있다.
③ 일반적으로 비반전 입력은 (−)로 표기한다.
④ 일반적인 전원 전압은 ±15V가 된다.

50. 다음 중 열전대 조합으로 많이 사용하지 않는 것은?

① 로듐-백금 ② 크로멜-알루멜
③ 철-콘스탄탄 ④ 구리-알루멜

해설 열전대 조합 : 백금-로듐, 크로멜-알루멜, 철-콘스탄탄, 구리-콘스탄탄

51. 100 V, 20 W의 전구에 50 V의 전압을 가했을 때의 전력은 몇 W인가?

① 20 ② 10
③ 5 ④ 3

52. 동기 속도가 1800 rpm이고, 회전자 회전수가 1728 rpm인 유도 전동기의 슬립은 약 몇 %인가?

① 2 ② 3
③ 4 ④ 6

53. 압력 검출기와 관계가 없는 것은?

① 부르동관 ② 벨로즈
③ 다이어프램 ④ 서미스터

해설 서미스터는 온도 센서이다.

54. 그림에서 정전 용량 C_1, C_2를 병렬로 접속하였을 때의 합성 정전 용량 C_{AB}는?

정답 45. ④ 46. ① 47. ① 48. ② 49. ③ 50. ④ 51. ③ 52. ③ 53. ④ 54. ①

2015

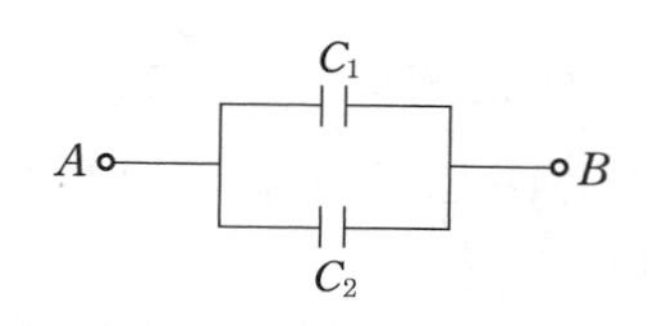

① $C_1 + C_2$ ② $\frac{1}{C_1 + C_2}$

③ $\frac{C_1 \cdot C_2}{C_1 + C_2}$ ④ $C_1 \cdot C_2$

55. 전자의 에너지 준위 M각에 들어갈 수 있는 전자의 수는 얼마인가?

① 4개 ② 8개
③ 18개 ④ 32개

해설 원자핵 가까운 순으로 K, L, M, N … Q 궤도로 2개의 전자가 들어간다. 즉, 원자핵 쪽으로부터 K궤도에는 2개, L궤도에는 8개, M궤도에는 18개의 전자가 들어간다.

56. 어느 교류 전압의 순시값이 $v = 311 \cdot \sin(2\pi \times 60t)$[V]라고 하면, 이 전압의 실효값은 약 몇 V인가?

① 110 ② 125
③ 220 ④ 311

57. 다음 중 3상 유도 전동기의 속도 제어법이 아닌 것은? (07년 3회/13년 1회)

① 계자 제어 ② 주파수 제어
③ 2차 저항 조정 ④ 극수 변환

해설 직류 전동기의 회전 속도를 변화시키려면 전압 변화, 저항 제어, 계자 제어로 가능하다.

58. 방사선식 액면계에서 2위치 검출용으로 적당한 형식은? (13년 1회)

① 정점 감시형 ② 추종형
③ 투과형 ④ 조사형

59. 그림과 같은 기호를 나타내는 것으로서 옳은 것은? (07년 3회)

① 수동 조작 자동 복귀 b접점
② 전자 접촉기 b접점
③ 보조 계전기 b접점
④ 수동 복귀 b접점

60. 변환기에서 노이즈 대책이 아닌 것은 어느 것인가? (06년 3회/11년 2회)

① 실드의 사용 ② 비접지
③ 접지 ④ 필터의 사용

해설 노이즈 대책
㉠ 신호 전송 라인의 격리 : 신호 전송 라인을 노이즈 원(源)으로부터 멀리 두며, 각각에 다른 덕트(duct)로 배선한다.
㉡ 실드(shield) 선의 사용 : 강(steel)으로 된 실드 선이나 구리로 된 실드 선은 정전 유도에 대한 효과를 얻을 뿐, 전자 유도계에 대한 효과는 거의 없다.
㉢ 접지 : 접지는 보통 판넬이나 계기를 접지하는 것과 SN비의 개선으로 노이즈에 의한 장애를 막기 위한 접지가 있다.
㉣ 회로 밸런스 : 수신 계기의 접지 임피던스가 매우 높으면 일반 모드 노이즈로 변환될 염려가 없고, 충분히 높지 않더라도 회로 밸런스를 잡음으로써 2차적으로 발생하는 노이즈를 소거할 수 있다.

제 4 과목 기계 정비 일반

61. 송풍기 축은 압축열이나 취급하는 가스의 온도 등의 영향으로 운전 중에 축 방향으로 신장하려고 한다. 다음 중 온도 상승에 의하여 송풍기 축의 길이가 변할 때의 대책으로 옳은 것은?

① 신장되지 못하도록 제한한다.

정답 55. ③ 56. ③ 57. ② 58. ① 59. ④ 60. ② 61. ③

② 축을 전동기 측 방향으로 신장되도록 한다.
③ 축을 전동기 측 반대 방향으로 신장되도록 한다.
④ 축을 전동기 측과 전동기 측 반대 방향 양쪽 모두 신장되도록 한다.

62. 기어의 손상 중 스코어링의 원인과 거리가 먼 것은? (12년 1회)

① 급유량 부족 ② 내압 성능 부족
③ 충격 및 하중 ④ 윤활유 점도 부족

해설 운전 초기에 자주 발생하는 현상으로 기름막의 파단으로 금속의 국부 융착이 생겨서 미끄럼 운동으로 찢겨 손상을 입는 현상으로, 응급조치로는 급유량 증량, 높은 점도 윤활유로 교체, 적정유의 선정 등을 들 수 있다.

63. 다음 중 원심 펌프에 해당되는 것은 어느 것인가? (07년 3회)

① 기어 펌프 ② 플런저 펌프
③ 벌류트 펌프 ④ 다이어프램 펌프

해설
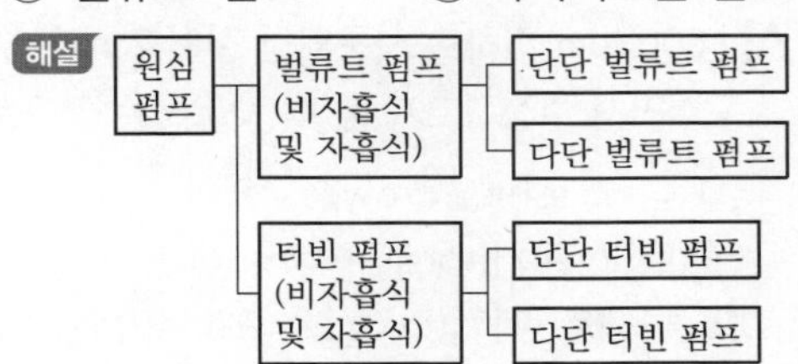

64. 밸브의 무게와 양면에 작용하는 압력 차로 작동하여 유체의 역류를 방지하는 밸브는? (12년 3회)

① 감압 밸브 ② 체크 밸브
③ 게이트 밸브 ④ 다이어프램 밸브

해설 체크 밸브는 밸브의 무게와 밸브의 양면에 작용하는 압력 차로 자동적으로 작동하여 유체의 역류를 방지하여 한쪽 방향에만 흘러가게 하는 밸브이다.

65. 관의 직경이 비교적 크고 내압이 비교적 높은 경우에 사용되며 분해 조립이 편리한 관이음은? (09년 2회/11년 2회)

① 나사 이음 ② 플랜지 이음
③ 용접 이음 ④ 턱걸이 이음

해설 플랜지 이음 : 관의 끝부분에 플랜지를 나사 이음, 용접 등의 방법으로 부착하고 볼트, 너트로 죄어서 관을 접합 또는 기기 용기 밸브류와 접속하는 것이다. 이것은 관의 지름이 비교적 클 경우, 내압이 높을 경우 사용되며, 분해, 조립이 편리하여 산업 배관에 많이 사용된다.

㉠ 부어 내기 플랜지 : 주철관이고 관과 일체로 플랜지를 주물로 부어 내서 만들어진 것이다.
㉡ 나사형 플랜지 : 관용 나사로 플랜지를 강관에 고정하는 것이며, 지름 200 mm 이하의 저압 저온 증기나 약간 고압 수관에 쓰인다.
㉢ 용접 플랜지 : 용접에 의해 플랜지를 관에 부착하는 방법이고 맞대기 용접식, 꽂아 넣기 용접식 등이 있다.
㉣ 유합(遊合) 플랜지 : 강관, 동관, 황동관 등의 끝부분의 넓은 부분을 플랜지로 죄는 방법이다.
㉤ 나사 이음 : 파이프의 끝에 관용 나사를 절삭하고 적당한 이음쇠를 사용하여 결합하는 것으로, 누설을 방지하고자 할 때에는 접착 콤파운드나 접착테이프를 감아 결합한다. 수나사 부분은 관 끝에 암나사를 내고 비틀어 넣는 것이 아니라 다른 이음쇠나 소형 밸브를 비틀어 넣어서 사용한다.

66. 합성 고무와 합성수지 및 금속 클로이드 등을 주성분으로 한 액상 개스킷의 사용 방법으로 옳지 않은 것은? (12년 1회)

① 얇고 균일하게 칠한다.
② 바른 직후 접합해도 관계없다.
③ 사용 온도 범위는 0~30℃까지의 범위

2015

정답 62. ③ 63. ③ 64. ② 65. ② 66. ③

이다.

④ 접합면의 수분, 기름, 기타 오물을 제거한다.

해설 사용 온도 범위는 40~400℃이다.

67. **삼각형 모양의 다리로 운전이 원활하고, 전동 효율이 높고, 소음이 적어 정숙 운전이 가능하나 제작이 어렵고 무거우며 가격이 비싼 체인은?**

① 부시 체인(bush chain)
② 오프셋 체인(offset chain)
③ 사일런트 체인(silent chain)
④ 더블 롤러 체인(double roller chain)

68. **윤활제의 부족에 의한 윤활 불량, 베어링 조립 불량, 체인, 벨트 등의 팽팽함, 커플링의 중심내기 불량이나 적정 틈새가 없어 추력을 받을 때 발생되는 전동기의 고장 현상은 무엇인가?** (12년 1회)

① 과열 ② 코일 소손
③ 기동 불능 ④ 기계적 과부하

해설 과열 현상은 3상 중 1상의 퓨즈가 용단되므로 단상이 되어 과전류가 흐름, 과부하 운전, 빈번한 기동, 냉각 불충분, 베어링부에서의 발열이 원인이며, 이 중 베어링부에서의 발열은 윤활제의 부족에 의한 대책으로 윤활 불량, 베어링 조립 불량, 체인, 벨트 등의 지나친 팽팽함, 커플링의 중심내기 불량이나 적정 틈새가 없어 스러스트를 받을 때 발생되는 것이다.

69. **축 정렬 준비 사항 중 축이나 커플링이 진원에서 얼마나 편차가 되었는가를 확인하는 방법은?**

① 봉의 변형량(sag)의 측정
② 흔들림 공차(run out)의 측정
③ 커플링 면 갭(face gap)의 측정
④ 소프트 풋(soft foot) 상태의 측정

해설 흔들림 공차(런 아웃)는 축이 진원에서 얼마나 편차가 되었는가를 확인하는 방법으로 축이 휘거나 진원에서 편차된 양이 지나치게 크게 되면 축 정렬을 정확히 하는 것이 불가능하다.

70. **V 벨트의 정비에 관한 사항으로 옳지 않은 것은?**

① 풀리의 홈 하단과 벨트의 아랫면은 접촉되어야 한다.
② 2줄 이상을 건 벨트는 균등하게 처져 있어야 한다.
③ 벨트 수명은 이론적으로 보면 정 장력이 옳다고 본다.
④ 베이스가 이동할 수 없는 축 사이에서는 장력 풀리를 쓴다.

해설 V 벨트 풀리의 홈 하단과 벨트의 아랫면은 접촉되면 미끄럼이 발생되므로 접촉되지 않아야 된다.

71. **500 rpm 이하로 사용되던 길이 2 m의 축이 구부러져 수정하고자 할 때 사용하는 공구는?**

① 짐 크로(jim crow)
② 토크 렌치(torque wrench)
③ 임팩트 렌치(impact wrench)
④ 스크루 익스트랙터(screw extractor)

72. **아주 높은 온도를 유지하는 장치의 실(seal)로 사용되고 다른 실에 비해 유밀 기능이 떨어지므로 와이퍼(wiper)형 실로 많이 사용되는 것은?**

① 금속 실(metallic seal)
② 스프링 실(spring seal)
③ 플랜지 실(flange seal)
④ 기계적 실(mechanical seal)

정답 67. ③ 68. ① 69. ② 70. ① 71. ① 72. ①

73. 기어 전동 장치에서 원활한 전동을 위하여 백래시(backlash)를 주는 이유로 옳지 않은 것은?

① 기어의 가공 치수 오차 고려
② 윤활을 위한 유막 두께 유지
③ 언더컷(under cut)의 방지를 고려
④ 발열 팽창에 의한 중심 거리 변화 고려

해설 언더컷 방지를 위한 방법은 전위 기어를 사용하는 것이다.

74. 기어 감속기 중 평행축형 감속기의 종류가 아닌 것은? (08년 1회 / 10년 1회 / 11년 2회 / 14년 1회)

① 웜 기어 감속기
② 스퍼 기어 감속기
③ 헬리컬 기어 감속기
④ 더블 헬리컬 기어 감속기

해설 웜 감속기는 엇물림 축형 감속기에 속한다.

75. 무동력 펌프라고도 하며, 비교적 저낙차의 물을 긴 관으로 이끌어 그 관성 작용을 이용하여 일부분의 물을 원래의 높이보다 높은 곳으로 수송하는 양수기는?

① 마찰 펌프　② 분류 펌프
③ 기포 펌프　④ 수격 펌프

76. 원심 펌프 운전에서 병렬 운전이 유리한 경우는?

① 송출 유량의 변화가 클 때
② 송출 양정의 변화가 클 때
③ 송출 유량의 변화가 작을 때
④ 송출 양정의 변화가 작을 때

해설 송출 유량의 변화가 클 때는 2대 이상의 펌프를 병렬 운전한다.

77. 다이얼 게이지 인디케이터를 "0"점에 맞추는 시기로 적합한 것은? (12년 3회)

① 하루에 한 번
② 매 측정하기 전에
③ 인디케이터 교정 시
④ 처음 측정하기 전에 한 번

해설 인디케이터 하우징의 힘을 조정하여 바늘이 정확히 0점에 오도록 다이얼을 맞추는 절차를 인디케이터 0점 조정(zeroing)이라 하고 매 측정하기 전에 0점 조정을 실시한다.

78. 축이음 중 원활한 동력 전달이 되고 축의 연결이 용이하여 진동과 충격이 잘 흡수되는 장점이 있어 최근 자동차 및 선박 등 산업 분야에 널리 사용되는 것은?

① 유체 커플링
② 스프링 축이음
③ 플랜지형 축이음
④ 분할 원통형 커플링

79. 펌프 흡입 쪽에 설치하며, 차단성이 좋고 전개 시 손실 수두가 가장 적은 밸브는 어느 것인가? (07년 3회)

① 감압 밸브　② 글로브 밸브
③ 앵글 밸브　④ 슬루스 밸브

80. 펌프의 공동 현상 방지책이 아닌 것은?

① 양흡입 펌프를 사용한다.
② 펌프의 회전수를 낮게 한다.
③ 흡입 축에서 펌프의 토출량을 감소시킨다.
④ 펌프의 설치 높이를 낮추고 흡입 양정을 낮게 한다.

해설 펌프 흡입 측 밸브로 유량 조절을 하지 않아야 한다.

정답 73. ③ 74. ① 75. ④ 76. ① 77. ② 78. ① 79. ④ 80. ③

2016년도 출제 문제

기계정비산업기사

❖ 2016년 3월 6일 시행

자격종목 및 등급(선택분야)	종목코드	시험시간	문제지형별	수검번호	성 명
기계정비산업기사	2035	2시간	A		

제1과목 공유압 및 자동화 시스템

1. 오일 탱크에 설치되어 있는 방해판의 일반적 기능이 아닌 것은? (10년 3회)

① 오일의 냉각을 양호하게 한다.
② 오일에 포함된 오염 입자의 침전을 돕는다.
③ 오일 탱크로 이물질이 흡입되는 것을 방지한다.
④ 오일 중에 함유된 기포를 방출하는 데 도움이 된다.

해설 방해판은 오일 탱크로 이물질이 흡입되는 것을 방지할 수 없다.

2. 유압 실린더의 쿠션 장치에 대한 설명으로 틀린 것은?

① 체크 밸브 : 복귀하기 위한 운동 속도를 촉진한다.
② 쿠션 링 : 로드 엔드 축에 흐르는 오일을 차단한다.
③ 쿠션 플런저 : 헤드 엔드 축에 흐르는 오일을 차단한다.
④ 쿠션 밸브 : 완충 장치로 서지압은 발생하지 않는다.

해설 쿠션 밸브는 감속 범위 조정용이다.

3. 12 kW의 전동기로 구동되는 유압 펌프가 토출압이 70 kgf/cm^2, 토출량은 80 L/min, 회전수가 1200 rpm일 때, 전효율은 약 몇 %인가? (09년 3회)

① 59 ② 68
③ 76 ④ 87

4. 다음 중 유압 실린더의 사용 목적으로 가장 적절한 것은?

① 유체의 양을 조절하기 위한 것
② 유체의 흐름 방향을 제어하기 위한 것
③ 유체의 압력 에너지의 압력을 조절하는 것
④ 유체의 압력 에너지를 전진 운동으로 변환하는 것

5. 유압 모터 제어 회로의 종류 중 옳지 않은 것은?

① 정출력 회로 ② 정토크 회로
③ 급속 배기 회로 ④ 브레이크 회로

6. 한쪽 방향의 흐름에 대하여는 설정된 배압을 생기게 하고, 다른 방향으로는 자유로운 흐름이 가능한 유압 밸브로 체크 밸브가 내장되어 있는 밸브는?

정답 1. ③ 2. ④ 3. ③ 4. ④ 5. ③ 6. ④

① 감압 밸브
② 무부하 밸브
③ 시퀀스 밸브
④ 카운터 밸런스 밸브

7. 다음 그림과 같이 2개의 회전자를 서로 90° 위상으로 설치하고, 회전자 간의 미소한 틈을 유지하고 역방향으로 회전시키는 방식의 공기 압축기는?

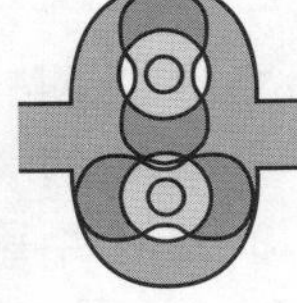

① 루트 블로어
② 베인형 공기 압축기
③ 축류식 공기 압축기
④ 회전식 공기 압축기

8. 직관적인 회로 구성 방법 중 실린더의 운동 방법을 나타내는 것이 아닌 것은?

① 수식적 표현법 ② 서술적 표현법
③ 테이블 표현법 ④ 약식 기호법

해설 직관적인 회로 설계에는 서술적 표현법, 도표(테이블) 표현법, 약식 기호법, 도식 표현법(변위 단계 선도, 변위 시간 선도, 제어 선도)이 있다.

9. 윤활기의 목적으로 적합하지 않은 것은?

① 내구성 향상
② 마찰력 감소
③ 기기 효율 상승
④ 실(seal)의 고착

해설 윤활기는 실(seal)을 보호한다.

10. 압축 공기의 질을 높이는 방법으로 틀린 것은?

① 제습기를 사용한다.
② 응축수를 제거한다.
③ 공압 필터를 사용한다.
④ 압축 공기의 흐름을 빠르게 한다.

11. 생산 공정이나 기계 장치 등에 자동 제어계를 도입하여 자동화를 추진했을 때의 장점이 아닌 것은?

① 생산 원가를 줄일 수 있다.
② 생산량을 증대시킬 수 있다.
③ 인건비를 감축시킬 수 있다.
④ 시설 투자비를 감소시킬 수 있다.

12. 검출 물체가 검출 면으로 접근하여 출력이 동작한 지점에서 검출 물체가 검출 면에서 멀어져 출력이 복귀한 지점 사이의 거리는?

① 검출 거리 ② 설정 거리
③ 응차 거리 ④ 공칭 동작 거리

13. 전기를 이용하여 기계에서 정지 스위치를 ON 하여도 기계가 정지하지 않는 고장의 원인으로 가장 적합한 것은?

① 과전압, 내부 누설의 감소
② 구동 동력 부족, 과부하 작동, 고압 운전
③ 펌프의 흡입 불량, 내부 누설의 감소, 공기의 침입
④ 접촉자 접촉면의 오손, 접촉 불량, 푸시 버튼 장치와 제어 기기의 결손 착오

14. 다음 중 유압 펌프 소음 발생 원인으로 가장 적합한 것은?

① 작동유의 오염
② 에어 필터의 막힘
③ 내부 누설의 증가
④ 외부 누설의 증가

해설 펌프 소음 결함의 원인
㉠ 펌프 흡입 불량
㉡ 공기 흡입 밸브
㉢ 필터 막힘
㉣ 이물질 침입

2016

정답 7. ① 8. ① 9. ④ 10. ④ 11. ④ 12. ④ 13. ④ 14. ②

ⓜ 작동유 점성 증대
ⓗ 구동 방식 불량
ⓢ 펌프 고속 회전
ⓞ 외부 진동
ⓙ 펌프 부품의 마모, 손상

15. 자외선으로 데이터를 지울 수 있어 다시 프로그램이 가능한 메모리는?

① PROM ② EPROM
③ EEPROM ④ Mask ROM

16. 스텝 각 1.8° 인 스테핑 모터에서 펄스당 이동량이 0.01 mm일 때 2 mm를 이동하려면 필요한 펄스 수는? (08년 3회)

① 100 ② 200
③ 300 ④ 400

해설 $\frac{2}{0.01}=200$

17. 산업 현장에서 외부 기계나 장치에 직접 연결하여 사용되는 PLC의 입·출력부가 갖추어야 할 기본 조건이 아닌 것은?

① 입출력 신호의 증폭을 할 것
② 외부 기기와 전기적 규격이 일치할 것
③ 입·출력부의 상태를 감시할 수 있어야 할 것
④ 외부 기기로부터의 노이즈가 CPU 쪽에 전달되지 않도록 해야 할 것

해설 PLC의 입·출력부 요구 사항
㉠ 외부 기기와 전기적 규격이 일치해야 한다.
㉡ 외부 기기로부터의 노이즈가 CPU 쪽에 전달되지 않도록 해야 한다.
㉢ 외부 기기와의 접속이 용이해야 한다.
㉣ 입출력의 각 접점 상태를 감시할 수 있어야 한다(LED 부착). 입력부는 외부 기기의 상태를 검출하거나 조작 패널을 통해 외부 장치의 움직임을 지시하고 출력부는 외부 기기를 움직이거나 상태를 표시한다.

18. 온도 센서가 아닌 것은? (09년 3회)

① 열전대 ② 홀 소자
③ 서미스터 ④ 측온 저항체

해설 홀 소자는 자기 센서이다.

19. 설비의 6대 로스(loss)에 해당하지 않는 것은? (10년 2회)

① 속도 저하 로스
② 일시 정체 로스
③ 초기 수율 로스
④ 생산율 감소 로스

20. 유압을 피스톤의 한쪽 면에만 공급해 주는 실린더는? (12년 3회)

① 복동 실린더 ② 단동 실린더
③ 탠덤 실린더 ④ 양로드 실린더

해설 단동 실린더는 피스톤의 한쪽에만 에너지를 공급한다.

제 2 과목 설비 진단 및 관리

21. 제조 원가는 크게 직접비와 간접비로 구분된다. 다음 중 직접비에 포함되지 않는 비용은 무엇인가? (10년 3회)

① 기술 지원 인건비
② 제품 재료비
③ 제품 생산 인건비
④ 외주 및 임가공 비용

해설 기술 지원 인건비는 간접 노무 비용으로 구분된다.

22. 기계 진동의 가장 일반적인 원인으로서 진동 특성이 $1f$ 성분이 탁월한 회전 기계의 열

정답 15. ② 16. ② 17. ① 18. ② 19. ④ 20. ② 21. ① 22. ②

화 원인은 어느 것인가? (단, $1f$ = 회전 주파수) (06년 1회/08년 1회/11년 1회)

① 미스얼라인먼트 ② 언밸런스
③ 기계적 풀림 ④ 공진

해설

발생 주파수	이상 현상	진동 현상의 특징
저주파	언밸런스 (unbalance)	로터의 축심 회전의 질량 분포의 부적정에 의한 것으로 회전 주파수($1f$)가 발생
	미스얼라인먼트 (misalignment)	커플링으로 연결되어 있는 2개의 회전축의 중심선이 엇갈려 있을 경우로서 회전 주파수($2f$)의 성분, 또는 고주파가 발생
	풀림 (looseness)	기초 볼트 풀림이나 베어링 마모 등에 의하여 발생하는 것으로서 회전 주파수의 고차 성분이 발생
	오일 휩 (oil whip)	강제 급유되는 미끄럼 베어링을 갖는 로터에 발생하며 베어링 역학적 특성에 기인하는 진동으로서 축의 고유 진동수가 발생

23. 신규 설비가 설치, 시운전, 양산에 이르기까지의 기간, 즉 안전 가동에 들어가기까지 최소로 하기 위한 활동을 무엇이라 하는가?

① 복원 관리 ② 로스 관리
③ 자주 보전 관리 ④ 초기 유동 관리

24. 가속도계를 기계에 설치하려 하나 드릴이나 탭을 사용하여 구멍을 뚫을 수 없을 때 사용하는 센서 고정법으로 고정이 빠르고, 장기적 안정성이 좋으나 먼지와 습기는 접착에 문제를 일으킬 수 있고, 가속도계를 분리할 때 구조물에 잔유물이 남을 수 있는 방법은 어느 것인가? (13년 3회)

① 손 고정
② 절연 고정
③ 마그네틱 고정
④ 에폭시 시멘트 고정

25. 내연 기관이 작동할 때 주로 발생하는 진동은 어떤 진동인가? (12년 1회)

① 자유 진동 ② 이상 진동
③ 불규칙 진동 ④ 강제 진동

해설 어떤 계가 외력을 받고 진동한다면 강제 진동이다.

26. 보전비를 들여 설비를 안정된 상태로 유지하기 위하여 발생되는 생산 손실을 무엇이라 하는가?

① 단위 원가 ② 기회 원가
③ 열화 원가 ④ 수리 한계 초과

해설 기회 손실이라고도 한다.

27. 설비의 열화 현상의 종류 중 방치에 의한 녹 발생, 절연 저하 등 재질 노후화에 의해 발생되는 열화는?

① 사용 열화 ② 자연 열화
③ 재해 열화 ④ 강제 열화

28. 소음을 거의 완전하게 투과시키는 유공판의 개공률과 효과적인 구멍의 크기 및 배치 방법은? (08년 1회)

① 개공률 30%, 많은 작은 구멍을 균일하게 분포
② 개공률 10%, 많은 작은 구멍을 균일하게 분포

2016

정답 23. ④ 24. ④ 25. ④ 26. ② 27. ② 28. ①

③ 개공률 30%, 몇 개의 큰 구멍을 균일하게 분포
④ 개공률 50%, 몇 개의 큰 구멍을 균일하게 분포

29. 가속도 센서의 부착 방법 중 마그네틱 고정 방식의 특징이 아닌 것은? (06년 3회)

① 습기에 문제가 없다.
② 먼지와 온도에 문제가 없다.
③ 가속도계의 고정 및 이동이 용이하다.
④ 작은 구조물에는 자석의 질량 효과가 크다.

30. 다음 중 진동 방지의 방법으로 옳지 않은 것은?

① 진동 전달 경로 차단
② 진동원에서의 진동 제어
③ 진동 발생 설비의 자동화
④ 외부 진동으로부터의 보호

31. 안전 계수가 낮거나 스트레스가 기대 이상인 경우에 발생하며, 설비의 열화 패턴에서 개선 개량과 예비품 관리가 중요시되는 기간으로 유효 수명이라고도 하는 것은?

① 우발 고장기 ② 초기 고장기
③ 돌발 고장기 ④ 마모 고장기

32. 자주 보전의 7전개 단계 중 마지막 단계에 해당되는 것은?

① 자주 관리의 철저
② 자주 보전의 시스템화
③ 발생 원인 곤란 개소 대책
④ 점검, 급유 기준의 작성과 실시

해설 자주 보전의 전개 단계
㉠ 제1단계 : 초기 청소
㉡ 제2단계 : 발생 원인, 곤란 개소 대책
㉢ 제3단계 : 점검, 급유 기준의 작성과 실시
㉣ 제4단계 : 총 점검
㉤ 제5단계 : 자주 점검
㉥ 제6단계 : 자주 보전의 시스템화
㉦ 제7단계 : 자주 관리의 철저

33. 외란(disturbance)이 가해진 후에 계가 스스로 진동하고 반복되며 외부 힘이 이 계에 작용하지 않는 진동은?

① 강제 진동 ② 자유 진동
③ 감쇠 진동 ④ 선형 진동

해설 자유 진동 : 외란(disturbance)이 가해진 후에 계가 스스로 진동하고 있다면, 이 진동을 자유 진동(free vibration)이라 하며 반복되는 외부 힘이 이 계에 작용하지 않는다. 진자의 진동이 자유 진동의 한 예이다.

34. 고온에서 사용되는 윤활유의 주된 열화 현상은?

① 산화 ② 희석
③ 유화 ④ 탄화

해설 탄화(carbonization) : 탄화는 윤활유가 특히 고온하에 놓이게 되는 부분, 즉 디젤 기관의 실린더 윤활 등에 이용되는 윤활유에 발생한다. 윤활유가 탄화되는 현상은 윤활유가 가열 분해되어 기화된 기름 가스가 산소와 결합할 때에 열전도 속도보다 산소와의 반응 속도 쪽이 늦으면 열 때문에 기름이 건류되어 탄화됨으로써 다량의 잔류 탄소를 발생하게 된다. 또 지극히 고점도유인 경우는 기화 속도가 열을 받는 속도보다 늦으며 탄화 작용은 한층 빨라진다. 따라서 디젤 기관 또는 공기 압축기의 실린더 내부 윤활에는 특히 탄화 경향이 적은 윤활유를 선정할 필요가 있다. 기화 속도가 큰 쪽, 즉 점도가 낮은 쪽은 탄화 경향이 적다.

35. 보전 조직의 기본 형태를 분류한 것 중 틀

정답 29. ② 30. ③ 31. ① 32. ① 33. ② 34. ④ 35. ③

린 것은? (10년 3회)

① 집중 보전　② 지역 보전
③ 설비 보전　④ 부문 보전

해설 설비 보전 조직의 기본형 : 보처(H. F. Bottcher)는 보전 조직을 집중 보전, 지역 보전, 부분 보전 및 절충형으로 분류하고 있다.

36. 설비 관리의 기능 분업 방식 중 직접 기능에 속하지 않는 것은?

① 조립　② 설계
③ 건설　④ 수리

해설 ㉠ 직접 기능 : 설계, 건설, 수리 등을 직접 수행하는 실무적인 기능
㉡ 관리 기능 : 직접 기능을 수행하기 위한 계획, 통제, 조정 등과 같은 관리적인 기능

37. 원자재의 양, 질, 비용, 납기 등의 확보가 곤란할 경우 원자재를 자사 생산(自社生産)으로 바꾸어 기업 방위를 도모하는 투자는?

① 제품 투자　② 합리적 투자
③ 방위적 투자　④ 공격적 투자

해설 ① 제품 투자 : 제품에 대한 개량 투자와 개발 투자로 구분
② 합리적 투자 : 설비 갱신, 개조 등 경비 절감 목적 투자
④ 공격적 투자 : 적극적 기술 혁신, 신제품 개발 등

38. 펌프를 사용하던 중에 축 봉부에 누설이 생겨 목표한 양정으로 올리지 못하여 메커니컬 실(mechanical seal)을 교체하여 가동하였다. 표에서 어느 구역의 고장기에 해당하는가?

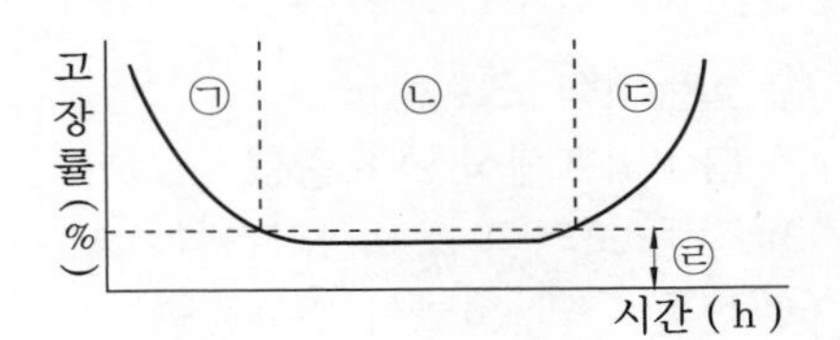

① ㉠ 구역　② ㉡ 구역
③ ㉢ 구역　④ ㉣ 구역

39. 보전 계획을 수립할 때 검토해야 할 사항이 아닌 것은?

① 보전 비용
② 수리 시간
③ 운전원 역량
④ 생산 및 수리 계획

40. 공정별 배치에 대한 설명으로 틀린 것은?

① 같은 종류의 기계들이 한 작업장에 같은 기능별로 배치되어 있다.
② 다품종 소량 생산에 적합한 배치 방법이다.
③ 생산 효율을 높이기 위해 운반 거리의 최소화가 주안점이다.
④ 제품이 규칙적인 비율로 생산되어 원자재 재고, 재고품 등이 발생하지 않는다.

제 3 과목 공업 계측 및 전기 전자 제어

41. 그림과 같은 블록 선도가 의미하는 요소는? (03년 1회)

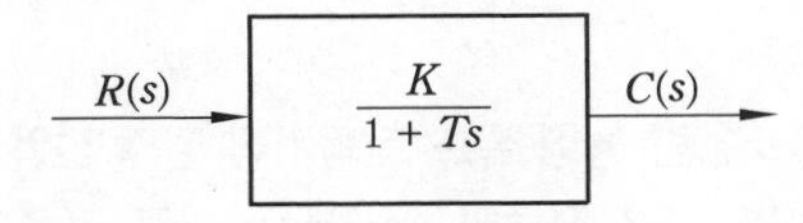

① 1차 빠른 요소　② 미분 요소
③ 1차 지연 요소　④ 2차 지연 요소

해설 블록 선도 : 제어계는 그 안정성이나 응답 속도 등으로 평가되며 제어계의 구성 요소를 블록과 신호 흐름을 나타내는 선으로 표시한 것을 블록 선도(block diagram)라 한다.

정답 36. ① 37. ③ 38. ② 39. ③ 40. ④ 41. ③

42. 조절계의 제어 동작 중 단일 루프 제어계에 속하지 않는 것은?

① 비율 제어 ② 비례 제어
③ 적분 제어 ④ 미분 제어

해설 비율 제어는 복합 루프 제어계이다.

43. 다음 중 각도 검출용 센서가 아닌 것은 어느 것인가? (08년 1회/09년 2회/13년 3회)

① 싱크로(synchro)
② 리졸버(resolver)
③ 리드(reed) 스위치
④ 퍼텐쇼미터(potentiometer)

44. 전압계로 전압의 측정 범위를 확대하기 위하여 전압계 내부에 배율기의 저항은 전압계와 어떻게 연결해야 하는가?

① 전류계와 병렬로 연결한다.
② 전압계와 직렬로 연결한다.
③ 전압계와 병렬로 연결한다.
④ 전압계와 연결하지 않는다.

45. 순시값의 제곱에 대한 평균값의 제곱근으로 표현되는 것은?

① 파고값 ② 최댓값
③ 실효값 ④ 평균값

46. 소용량 농형 유도 전동기에 정격 전압을 가하면 정격 전류의 4~6배의 기동 전류가 흐르지만 용량이 작기 때문에 정격 전압을 가해서 기동하는 방식은?

① Y−Δ 기동
② 전 전압 기동
③ 리액터 기동
④ 2차 저항 기동

47. 어떤 양을 수량적으로 표시하려면 그 양과 같은 종류의 기준이 필요한데 이 비교 기준을 무엇이라 하는가?

① 오차 ② 측정
③ 단위 ④ 보정

해설 단위 : 어떤 양을 측정하여 기준이 되는 양의 몇 배인가를 수치로 표시하기 위해 기준이 되는 일정한 크기를 정하는데 이때 비교의 기준으로 사용되는 일정 크기의 양

48. 피드백 제어에서 가장 핵심적인 역할을 수행하는 장치는?

① 신호를 전송하는 장치
② 안정도를 증진하는 장치
③ 제어 대상에서 부가되는 장치
④ 목표값과 제어량을 비교하는 장치

49. 트랜지스터의 일본식 명칭 표기가 (2SC1815Y)로 되어 있다면, 이것은 어떤 형식인가?

① pnp 저주파 전력용
② npn 저주파 전력용
③ pnp 고주파 소신호용
④ npn 고주파 소신호용

50. 다음 그림은 구동부의 약도이다. 이에 해당하는 것은? (07년 3회)

① 실린더식 스프링형
② 다이어프램식 스프링형
③ 전동 모터식 스프링리스형
④ 전동 유압 서보식 스프링형

정답 42. ① 43. ③ 44. ② 45. ③ 46. ② 47. ③ 48. ④ 49. ④ 50. ①

51. 십진수 53을 2진수로 표시한 것은? (12년 4회)

① 111101 ② 110101
③ 110111 ④ 111111

52. 대칭 3상 Y 결선에서 상전류(I_P)와 선전류(I_l)와의 관계는?

① $I_P = I_l$ ② $I_P = \sqrt{3} \cdot I_l$
③ $I_P = \sqrt{2} \cdot I_l$ ④ $I_P = \dfrac{1}{\sqrt{3}} \cdot I_l$

53. 1μF 콘덴서에 22000 V로 충전하여 이를 200Ω의 저항에 연결하면 저항에서 소모되는 총 에너지는 약 몇 J인가?

① 12.2 ② 122 ③ 24.2 ④ 242

54. 사람의 귀에 들리지 않을 정도로 높은 주파수의 소리를 이용한 센서는?

① 온도 센서 ② 초음파 센서
③ 파이로 센서 ④ 스트레인 게이지

55. 2진수 11001의 2의 보수는 다음 중 어느 것인가?

① 00110 ② 00111
③ 11000 ④ 11010

56. 직류 전동기의 속도 제어법이 아닌 것은 어느 것인가? (14년 1회)

① 저항 제어 ② 극수 제어
③ 계자 제어 ④ 전압 제어

해설 직류 전동기의 속도 제어는 전압 제어, 저항 제어, 계자 제어를 사용하는데, 분권 전동기와 복권 전동기에서는 계자 제어, 직권 전동기에서는 저항 제어, 타여자 전동기에서는 전압 제어와 계자 제어를 병용하기도 한다.

57. 전압을 안정하게 유지하기 위해서 사용되는 다이오드는? (12년 2회)

① 정류 다이오드 ② 제너 다이오드
③ 터널 다이오드 ④ 쇼트키 다이오드

58. 다음과 같은 회로에서 부하 전력을 정확히 표시한 것은? (단, R : 전압계 내부저항, r : 전류계 내부 저항, E : 전압계 지시값, I : 전류계 지시값)

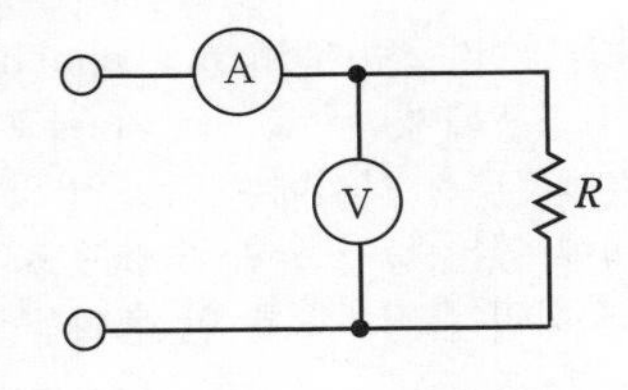

① $P = EI + \dfrac{E^2}{r}$ ② $P = E - \dfrac{E^2}{r}$
③ $P = EI - Ir$ ④ $P = EI + Ir$

59. A와 B가 입력되고 X가 출력일 때 다음 그림과 같이 타임 차트(time chart)가 그려졌다면 어느 회로인가? (06년 1회)

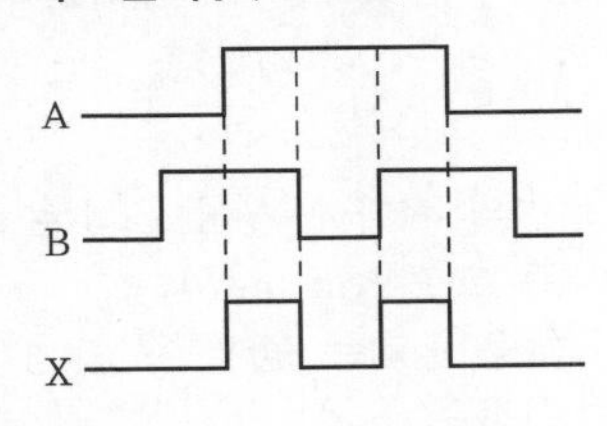

① AND 회로
② OR 회로
③ flip-flop 회로
④ exclusive-OR 회로

60. 대전 현상에 의해서 물체가 가지는 전기량을 무엇이라 하는가? (11년 2회)

① 전류 ② 저항
③ 전하 ④ 전압

정답 51. ② 52. ① 53. ④ 54. ② 55. ② 56. ② 57. ② 58. ② 59. ① 60. ③

제 4 과목 기계 정비 일반

61. 축이음의 종류 중 2개의 축이 평행하고, 2축 사이가 비교적 가까운 경우의 동력을 전달시키고자 할 때 사용되는 축이음 방식은 어느 것인가? (08년 3회)

① 고정 커플링(rigid coupling)
② 올덤 커플링(oldham's coupling)
③ 유니버설 조인트(universal joint)
④ 플렉시블 커플링(flexible coupling)

해설 올덤 커플링(oldham's coupling)은 두 축이 평행하며, 두 축 사이가 비교적 가까운 경우에 두 축 사이에 직각 모양의 돌출부가 양면에 있는 중간 원판을 양쪽 축의 플랜지 홈에 끼워 움직이도록 한 축이음을 말한다.

62. 펌프의 회전수를 변화시킬 때 양정은 어떻게 변하는가? (09년 3회)

① 회전수에 비례한다.
② 회전수의 제곱에 비례한다.
③ 회전수의 세제곱에 비례한다.
④ 회전수의 네제곱에 비례한다.

해설 비속도(N_S)= $\frac{Q^{1/2}}{H^{3/4}}N$

Q : 단위 시간에 끌어 올리는 물의 체적, 즉 토출량(m^3/min)
H : 물을 올리는 높이, 즉 전양정(m)
N : 회전수(rpm)

63. 유체의 역류를 방지하는 것으로 역류일 때 밸브체가 자중과 유체의 압력에 의해 자동적으로 닫히는 것은?

① 콕 체크 밸브
② 흡입형 체크 밸브
③ 리프트 체크 밸브
④ 스프링 부하형 체크 밸브

64. 키(key) 맞춤 시 기본적인 주의 사항으로 틀린 것은? (13년 1회)

① 키 홈은 축심과 평행되지 않게 가공한다.
② 충분한 강도를 검토하여 규격품을 사용한다.
③ 키는 측면에 힘이 작용하므로 폭, 치수의 마무리가 중요하다.
④ 키의 각 모서리는 면 따내기를 하고, 양단은 큰 면 따내기를 한다.

65. 열박음 작업 중 가열 조립 작업 시 주의 사항이 아닌 것은?

① 천천히 정확하게 조립한다.
② 조립 후 냉각할 때는 급랭하지 않는다.
③ 둘레에서 중심으로 서서히 균일하게 가열한다.
④ 가열 도중 구멍 내경을 수시로 측정하여 팽창량을 점검한다.

해설 신속 정확하게 조립해야 한다.

66. 기어 감속기의 분류 중 교쇄 축형 감속기에 해당하는 것은? (10년 1회/12년 2회)

① 웜 기어
② 스퍼 기어
③ 헬리컬 기어
④ 스파이럴 베벨 기어

해설 교쇄 축형 감속기는 두 축이 서로 교차하며, 스트레이트 베벨 기어, 스파이럴 베벨 기어가 이에 속한다.

67. V-벨트 전동 장치에 사용되는 벨트에 관한 설명으로 옳지 않은 것은? (12년 2회)

① A등급이 가장 큰 허용 장력을 받을 수 있다.
② 벨트의 단면 규격도 표준 규격이 제정되어 있다.

정답 61. ② 62. ② 63. ③ 64. ① 65. ① 66. ④ 67. ①

③ 허용 장력의 크기에 따라 6종류로 규정하고 있다.
④ 벨트의 길이는 조정할 수가 없어 생산 시에 여러 가지 길이의 규격으로 제공한다.

해설 E등급이 가장 큰 허용 장력을 받을 수 있다.

68. **배관용 파이프에 나사를 가공하기 위하여 사용하는 공구는?** (09년 1회)

① 오스터(oster)
② 파이프 벤더(pipe bender)
③ 파이프 렌치(pipe wrench)
④ 플레어링 툴 셋(flaring tool set)

해설
- 오스터(oster) : 파이프에 나사를 깎는 공구
- 파이프 커터(pipe cutter) : 파이프 절단용 공구
- 파이프 바이스(pipe vise) : 파이프를 고정할 때 사용

69. **축 정렬(centering)에 관한 설명으로 옳지 않은 것은?** (10년 2회)

① 가능한 한 심(shim)의 개수를 최소화한다.
② 라이너는 높은 쪽의 축 기초 볼트에 삽입한다.
③ 심을 넣어 조정할 부위의 페인트나 녹은 반드시 제거한다.
④ 측정 시 커플링(coupling)을 회전 방향과 같은 방향으로 돌린다.

70. **다음 중 냉간 인발로 제작된 이음매 없는 관으로 값이 비싸고 고온 강도가 약한 단점이 있으나 내식성, 굴곡성이 우수하고 전기 및 열전도성이 좋고 내압성이 있어 열 교환기, 급수, 압력계 배관, 급유관으로 널리 사용되는 관은?** (12년 3회)

① 주철관 ② 강관
③ 가스관 ④ 동관

해설
- 주철관 : 주철관은 강관보다 무겁고 약하나, 내식성이 풍부하고 내구성이 우수하며, 가격이 저렴하여 수도, 가스, 배수 등의 배설관과 지상과 해저 배관용으로 미분탄, 시멘트 등을 포함하는 유체 수송에 사용된다. 호칭은 안지름으로 하고 길이는 보통 3~4 m이나 원심 주조법의 개발로 안지름 1500 mm, 길이 8~10 m 정도까지 생산된다.
- 강관 : 제조에 의한 이음매 없는 강관과 이음매 있는 강관으로 구별하고 이음매 없는 강관은 바깥지름이 500 mm까지 있으며, 이음매 있는 강관은 500 mm 이상의 큰 지름관으로 이음매가 나선형인 스파이럴 용접 강관이며 구조용 및 강관 갱목용 등에 사용된다. 강관의 내식성을 증가시키기 위하여 아연 도금, 모르타르, 고무, 플라스틱 등을 라이닝(lining) 하기도 한다.
- 동관 : 냉간 인발로 제작된 이음매 없는 관으로 내식성, 굴곡성이 우수하고 전기 및 열전도성이 좋고 내압성도 상당히 있어 열교환기용, 급수용, 압력계용 배관, 급유관 등 화학 공업용으로 사용된다. 길이는 보통 3~5 m, 호칭은 바깥지름×두께로 한다. 값이 비싸고, 고온 강도가 약한 결점이 있다.

71. **송풍기 가동 후 베어링의 온도가 급상승하는 경우 점검 사항이 아닌 것은?**

① 윤활유의 적정 여부를 점검한다.
② 미끄럼 베어링은 오일링의 회전이 정상인가 점검한다.
③ 베어링 내의 영하 기상 조건의 경우에는 냉각수를 점검한다.
④ 베어링 케이스 경우에는 자유 측의 커버가 베어링의 외륜을 누르고 있지 않은지 점검한다.

72. **기어 전동 장치에서 두 축이 직각이며, 교차하지 않는 경우에 큰 감속비를 얻을 수 있으**

2016

정답 68. ① 69. ② 70. ④ 71. ③ 72. ①

나 전동 효율이 매우 나쁜 기어는 무엇인가?

① 웜 기어(worm gear)
② 내접 기어(internal gear)
③ 베벨 기어(bevel gear)
④ 헬리컬 기어(helical gear)

73. 원주면에 홈이 있는 원판상 회전체를 케이싱 속에서 회전시켜 이것이 접촉하는 액체를 유체 마찰에 의한 압력 에너지를 주어 송출하는 펌프는? (13년 2회)

① 분류 펌프 ② 수격 펌프
③ 마찰 펌프 ④ 횡축 펌프

해설 마찰 펌프는 구조가 간단하고 제작이 쉬우며 소형에 적당하고 유량이 적은 편이다. 구조상 접촉 부분이 없으므로 운전 보수가 쉬우며 효율이 낮은 편이다.

74. 간단한 형상의 경향 베인을 사용하고 토출 압력이 50~250 mmHg인 원심 통풍기는?

① 축류 팬 ② 시로코 팬
③ 터보 팬 ④ 플레이트 팬

75. 용적형 회전 펌프로서 대유량의 기름을 수송하는 데 적당하고 비교적 고장이 적고 보수가 용이한 것은? (07년 1회/07년 3회)

① 벌류트 펌프 ② 베인 펌프
③ 축류 펌프 ④ 수격 펌프

해설 베인 펌프 : 주로 기름을 취급하는 데 사용하며 대유량의 기름의 수송에 적당하나 소형에서는 간극을 적게 하여 100 kgf/cm^2 정도의 것도 사용된다.

76. 관로에 설치한 힌지로 된 밸브판을 가진 밸브로 밸브판을 회전시켜 개폐를 하며, 스톱 밸브 또는 역지 밸브로 사용되는 밸브는 어느 것인가? (08년 3회/12년 1회)

① 플랩(flap) 밸브
② 게이트(gate) 밸브
③ 리프트(lift) 밸브
④ 앵글(angle) 밸브

해설 플랩 밸브(flap valve) : 관로에 설치한 힌지로 된 밸브판을 가진 밸브로 밸 판을 회전시켜 개폐를 한다. 스톱 밸브 또는 역지(逆止) 밸브로 토출관이 짧은 저양정 펌프(전양정 약 10 m 이하)에 사용된다.

77. 유체의 흐르는 방향을 직각으로 바꿀 때 사용하는 밸브는? (10년 3회)

① 슬루스 밸브 ② 앵글 밸브
③ 글로브 밸브 ④ 체크 밸브

해설 앵글 밸브 : 글로브 밸브의 일종으로 L형 밸브라고도 하며, 관의 접속구가 직각으로 되어 있다.

78. 축 고장의 원인 중 조립 정비 불량에 속하지 않는 것은?

① 급유 불량 ② 휜 축 사용
③ 재질 불량 ④ 끼워 맞춤 불량

79. 전동기의 트러블 현상과 원인의 연결이 옳지 않은 것은?

① 기동 불능-공진
② 과열-과부하
③ 소음 진동-베어링 손상
④ 절연 불량-코일 절연물의 열화

80. 정적 실(seal)로 O-링을 사용할 경우 장점이 아닌 것은?

① 설치 공간이 작다.
② 실 효과가 매우 크다.
③ 저압이 작용되는 곳에 좋다.
④ 접촉 면적이 작아 마찰이 적다.

해설 고압이 작용되는 곳에 좋다.

정답 73. ③ 74. ④ 75. ② 76. ① 77. ② 78. ③ 79. ① 80. ③

❖ 2016년 5월 8일 시행

자격종목 및 등급(선택분야)	종목코드	시험시간	문제지형별	수검번호	성 명
기계정비산업기사	2035	2시간	A		

제1과목 공유압 및 자동화 시스템

1. 공압 실린더 직경의 크기가 제한되어 있는 경우보다 큰 힘을 내기 위해 사용되는 실린더는?

① 탠덤형 실린더
② 다위치형 실린더
③ 양 로드형 실린더
④ 텔레스코프형 실린더

2. 피스톤이 없이 로드 자체가 피스톤 역할을 하는 것으로 로드가 굵기 때문에 좌굴하중을 받을 수 있고, 공기 구멍을 두지 않아도 되는 유압 단동 실린더는?

① 램형 실린더(ram cylinder)
② 디지털 실린더(digital cylinder)
③ 양 로드 실린더(double rod cylinder)
④ 텔레스코프 실린더(telescope cylinder)

3. 다음 밸브의 설명으로 틀린 것은? (10년 2회)

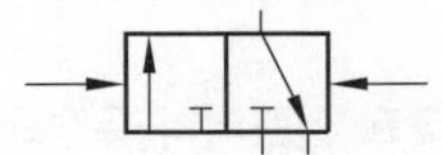

① 메모리형
② 3/2way 밸브
③ 정상 상태 닫힘형
④ 유압에 의한 작동

해설 공압에 의한 작동이다.

4. 흡착식 건조기에 관한 설명으로 옳은 것은 어느 것인가? (08년 1회)

① 일시적으로 사용한다.
② 외부 에너지 공급이 필요하다.
③ 사용되는 건조제는 염화리듐 수용액, 폴리에틸렌 등이 있다.
④ 물리적 방식을 사용하여 반영구적으로 사용할 수 있다.

해설 흡착식 공기 건조기 : 습기에 대하여 강력한 친화력을 갖는 실리카 겔, 활성 알루미나 등의 고체 흡착 건조제를 두 개의 타워 속에 가득 채워 습기와 미립자를 제거하여 건조 공기를 토출하며 건조제를 재생 (제습 청정)시키는 방식이며 최대 −70℃ 정도까지의 저노점을 얻을 수 있다.

5. 실린더의 지지 방식 중 피스톤 로드의 중심선에 대해서 직각으로 이루는 실린더의 양측으로 뻗은 1개의 원통상의 피봇으로 지탱하는 설치 형식은? (07년 3회)

① 풋형 ② 용접형
③ 플랜지형 ④ 트러니언형

6. 다음 유량 제어 밸브 상세 기호의 명칭은?

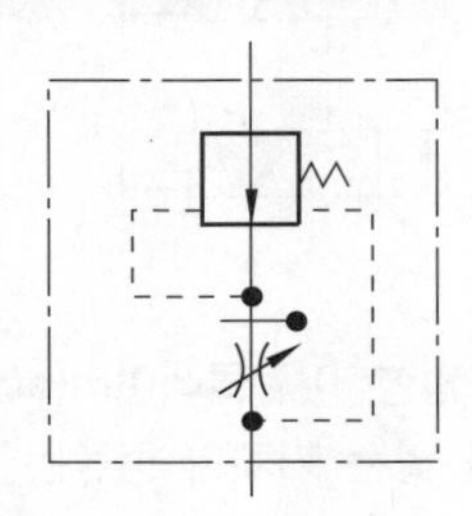

① 분류형 유량 조정 밸브

2016

정답 1. ① 2. ① 3. ④ 4. ④ 5. ④ 6. ④

② 체크붙이 유량 조정 밸브
③ 바이패스형 유량 조정 밸브
④ 온도보상붙이 직렬형 유량 조정 밸브

7. 압축 공기의 특징에 관한 설명으로 옳지 않은 것은? (07년 3회)

① 비압축성이다.
② 저장성이 좋다.
③ 인화의 위험이 없다.
④ 대기 중으로 배출할 수 있다.

해설 공압은 압축성 때문에 균일한 속도를 얻을 수 없다.

8. 그림은 4포트 전자 파일럿 전환 밸브의 상세 기호이다. 이것을 간략 기호로 나타낸 것은?

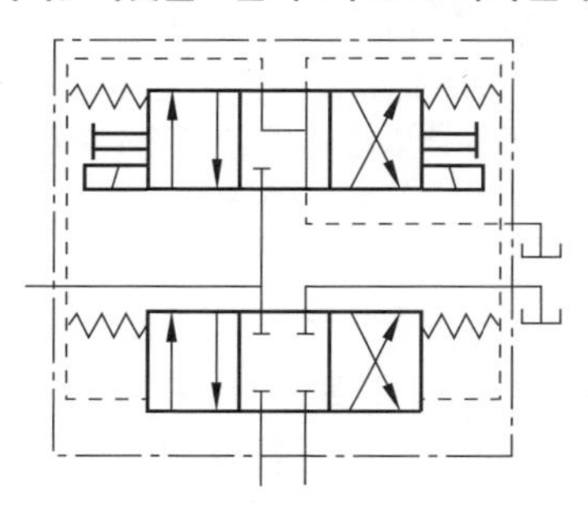

① 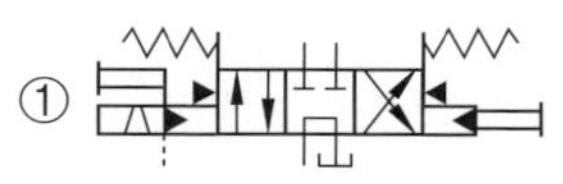

② 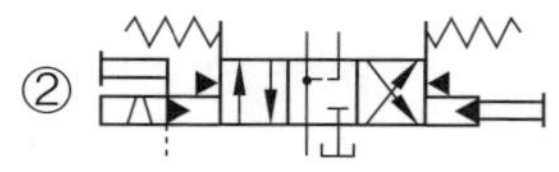

③ 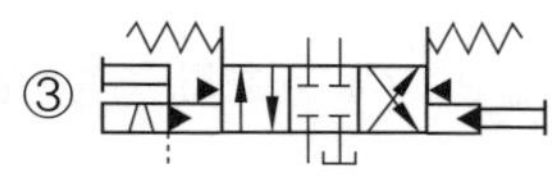

④ 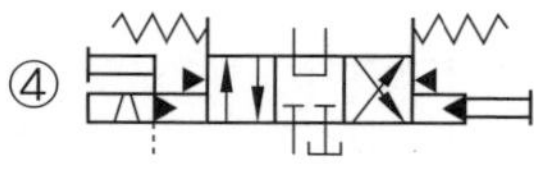

9. 기체 봉입형 어큐뮬레이터(accumulator)에 밀봉하여 넣는 기체의 종류는 어느 것인가? (07년 3회/10년 2회)

① 산소 ② 수소
③ 질소 ④ 이산화탄소

10. 공기 압축기로부터 애프터 쿨러 또는 공기 탱크까지 연결되는 라인이며, 고온 고압과 진동이 수반되는 부분은? (11년 1회)

① 이송 라인 ② 제어 라인
③ 토출 라인 ④ 흡입 라인

해설 압축기 토출 이후 라인이므로 토출 라인이다.

11. 논리 방정식을 간략하게 한 것으로 틀린 것은?

① $A+0=A$ ② $A+1=1$
③ $A \cdot 0=0$ ④ $A \cdot \overline{A}=1$

해설 $A \cdot \overline{A}=0$

12. 다음의 진리표와 관계있는 밸브는 다음 중 어느 것인가? (14년 3회)

S1	S2	H
0	0	0
0	1	0
1	0	0
1	1	1

① 2압 밸브 ② OR 밸브
③ 교축 밸브 ④ 체크 밸브

13. 텔레스코프 실린더의 특징으로 틀린 것은?

① 긴 행정 거리를 낼 수 있다.
② 단동 및 복동 형태로 작동된다.
③ 전진 끝단에서 출력이 떨어진다.
④ 다른 실린더에 비해 속도 제어가 용이하다.

해설 텔레스코프 실린더는 다른 실린더에 비해 속도 제어가 어렵다.

정답 7. ① 8. ③ 9. ③ 10. ③ 11. ④ 12. ① 13. ④

14. 그림과 같은 논리 회로의 연산 결과를 불식으로 나타낸 것은?

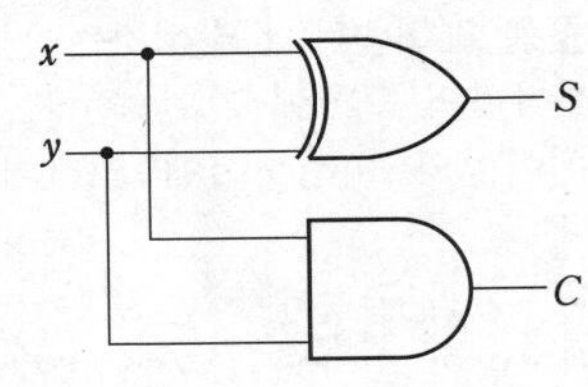

① $S=x\cdot\overline{y}+\overline{x}\cdot y,\ C=x\cdot y$
② $S=\overline{x}C\cdot y+x,\ C=x+y$
③ $S=x+y,\ C=x\cdot y$
④ $S=x+y,\ C=x+y$

15. 전 단계의 작업 완료 여부를 리밋 스위치 또는 센서를 이용하여 확인한 후 다음 단계의 작업을 수행하는 제어 방식은? (12년 2회)

① 메모리 제어
② 시퀀스 제어
③ 파일럿 제어
④ 시간에 따른 제어

해설 시퀀스 제어는 순차 제어이다.

16. 전원 차단 시 내용이 전부 지워지는 메모리는?

① RAM ② ROM
③ PROM ④ EPROM

17. 스트립(strip) 또는 로드 형상의 재질이 그 재질 전체의 길이에 걸쳐 부분적인 공정이 이루어지는 작업에 적합한 핸들링 방식은?

① 리니어 인덱싱
② 로터리 인덱싱
③ 서보 시스템
④ AGV

18. 다음 그림의 회로는?

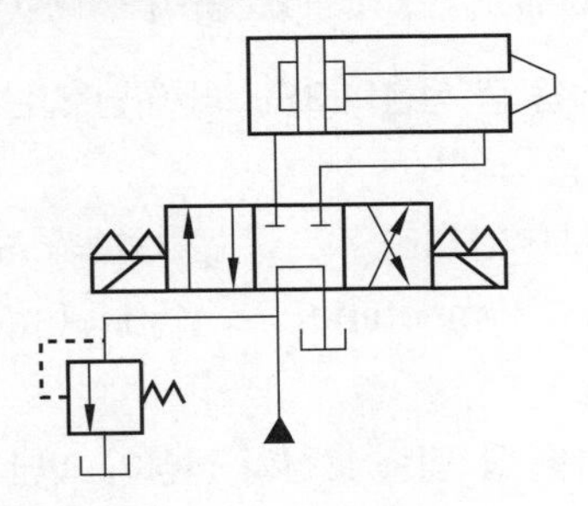

① 차동 회로
② 펌프 회로
③ 브레이크 회로
④ 임의의 위치 로크 회로

해설 이 회로는 언로드 회로도 될 수 있으며, 4/3way valve 중 탠덤형을 사용하고 있는데 이 밸브는 작업 라인을 차단시킬 수 있어 실린더를 로크 할 수 있다.

19. 연속 회전 운동을 하지 않고 한정된 회전각 내에서 회전 운동을 하는 공압 액추에이터는?

① 공압 모터
② 공압 실린더
③ 공압 전기 모터
④ 공압 요동 액추에이터

20. 전기 신호로 전자석을 조작해서 그 힘으로 전자 밸브 내의 스풀(spool)을 변환시켜 공기의 흐름 방향을 제어하는 것은?

① 배압 센서
② 리밋 스위치
③ 공기압 실린더
④ 솔레노이드 밸브

2016

정답 14. ① 15. ② 16. ① 17. ① 18. ④ 19. ④ 20. ④

제 2 과목 설비 진단 및 관리

21. 다음 중 생산의 3요소가 아닌 것은 어느 것인가? (10년 1회)

① 사람(man) ② 자본(capital)
③ 설비(machine) ④ 재료(material)

22. 다음 중 집중 보전의 장점이 아닌 것은?

① 노동력의 유효 이용
② 보전 책임의 명확성
③ 현장 감독의 용이성
④ 보전용 설비 공구의 유효 이용

해설 보전 요원이 공장 전체에서 작업을 하기 때문에 적절한 관리 감독이 어렵다.

23. top-down으로서의 회사 목표와 bottom-up으로서의 전 종업원이 참가하여 활동을 일체화하고 동기 부여로 현장 설비에 대한 자주 보전을 통하여 설비 종합 효율 향상을 추진하는 활동은?

① 벤치마킹 ② QC 분임조
③ 안전 분임조 ④ TPM 분임조

24. 설비의 열화 측정, 열화 진행 방지, 열화 회복 등을 하기 위한 제 조건의 표준으로서 보전 직능마다 각기 설비 검사 표준, 정비 표준, 수리 표준으로 구분하여 명시하는 표준은? (11년 2회)

① 설비 설계 규격 ② 설비 성능 표준
③ 설비 보전 표준 ④ 시운전 검수 표준

25. 롤링 베어링에 발생하는 진동의 종류가 아닌 것은?

① 다듬면의 굴곡에 의한 진동
② 베어링 구조에 기인하는 진동
③ 베어링의 손상에 의한 진동
④ 베어링 선형성에 의한 진동

해설 롤링 베어링에서 발생하는 진동
㉠ 베어링의 구조에 기인하는 진동
㉡ 베어링의 비선형성에 의하여 발생하는 진동
㉢ 다듬면의 굴곡에 의한 진동
㉣ 베어링의 손상에 의하여 발생하는 진동

26. 연간 불출 횟수가 4회 이상인 정량 발주 방식의 주문점 계산식으로 적당한 것은? (단, P : 주문점, $\overline{x}$: 월 평균 사용 시간, D : 기준 조달 기간, m : 예비 재고)

① $P=\overline{x}\times D+m$
② $P=\overline{x}\times D-m$
③ $P=\overline{x}\times m+D$
④ $P=\overline{x}\times m-D$

27. TPM에서 자주 보전에 해당되는 것은?

① 특수한 기능을 요하는 것
② 오버홀을 요하는 것
③ 분해, 부착이 어려운 것
④ 일상 점검

28. 다음의 진동 방지 방법 중 고주파 진동 제어에는 효과적이나 저주파 진동 제어에서는 역효과를 줄 수 있는 방법은? (09년 1회)

① 진동 차단기 사용
② 거더(girder)의 사용
③ 2단계 차단기의 사용
④ 기초의 진동을 제어하는 방법

해설 일반적 진동 방지 기술
㉠ 진동 차단기
㉡ 질량이 큰 경우 거더(girder)의 이용
㉢ 2단계 차단기의 사용
㉣ 기초의 진동을 제어하는 방법

정답 21. ② 22. ③ 23. ④ 24. ③ 25. ④ 26. ① 27. ④ 28. ③

29. 다음 중 변위 센서와 거리가 먼 것은?

① 와전류형 ② 압전형
③ 전자 광학형 ④ 정전 용량형

해설 변위 센서는 와전류식, 전자 광학식, 정전 용량식 등이 있다.

30. 주로 베어링 등 동일 부위에서 측정한 값을 판정 기준과 비교하여 양호/주의/위험을 판정하는 것을 무엇이라 하는가?

① 절대 판정 기준 ② 상대 판정 기준
③ 상호 판정 기준 ④ 0점 판정 기준

31. 제조 원가는 크게 직접비와 간접비로 구분된다. 다음 중 직접비에 포함되지 않는 비용은 무엇인가? (10년 2회)

① 제품 재료비
② 기술 지원 인건비
③ 제품 생산 인건비
④ 외주 및 임가공 비용

해설 기술 지원 인건비는 간접 노무 비용으로 구분된다.

32. 설비 진단 기술의 도입 시 나타나는 일반적인 효과와 관련이 가장 적은 것은? (11년 1회)

① 경향 관리를 통하여 설비의 수명 예측이 가능하다.
② 열화가 심한 설비에 효과적이며 오감에 의한 진단이 일반적이다.
③ 중요한 설비 부위를 상시 감시함에 따라 돌발 사고를 미연에 방지할 수 있다.
④ 점검원이 경험적인 기능과 진단 기기를 사용하면 보다 정량화할 수 있으므로 쉽게 이상 측정이 가능하다.

해설 설비 진단 기술의 도입 시 일반적인 효과
㉠ 점검원이 경험적인 기능과 진단 기기를 사용하면 보다 정량화할 수 있어 누구라도 능숙하게 되면 동일 레벨의 이상 판단이 가능해진다.
㉡ 경향 관리를 실행함으로써 설비(부위)의 수명을 예측하는 것이 가능하다. 이에 따라 계획 수리가 가능해지고 생산 계획의 유연한 대응이 가능해지며, 효율적인 예비품 관리, 공사 관리가 가능하게 된다.
㉢ 정밀 진단을 실행함에 따라 설비의 열화 부위, 열화 내용 정도를 알 수 있기 때문에 오버홀이 불필요해진다.
㉣ 중요 설비, 부위를 상시 감시함에 따라 돌발적인 중대 고장 방지를 도모하는 것이 가능해진다.

33. 생산하는 제품의 흐름에 따라 설비를 배치하여 운반 거리가 짧고 가공물의 흐름이 빠르며 대량 생산하는 경우에 가장 적합한 설비 배치는? (10년 3회)

① 그룹별 배치
② 공정별 배치
③ 제품별 배치
④ 제품 고정형 배치

34. 구입 또는 설치된 설비가 사용자의 환경 변화나 또는 요구를 효율적 및 경제적 측면으로 만족시켜 주지 못할 때 설계 또는 부품의 일부를 공학적 또는 기술적인 방법으로 개조시키는 설비 보전 활동은? (11년 2회)

① 개량 보전 ② 사후 보전
③ 예방 보전 ④ 보전 예방

해설 개량 보전 : 설비 자체의 체질 개선(예방보전으로 고장이 없고, 보전하기 쉬운 설비로 개량)

35. 설비 관리 업무에 있어서 최고 부하(peak load)를 없애는 방법에 해당되지 않는 것은?

① OSI(on stream inspection) : 기계 장치 운전 중 검사

2016

정답 29. ② 30. ① 31. ② 32. ② 33. ③ 34. ① 35. ④

② OSR(on stream repair) : 기계 장치 운전 중 수리
③ SD(shut down) : 부분적으로 설비를 정지시켜 수리
④ CD(cost down) : 원가 절감을 위한 오버홀(overhaul) 실시

해설 원가 절감을 위한 오버홀은 실시하지 않고 개량 보전에서 이루어져야 한다.

36. 설비 보전 표준에서 급유 표준, 청소 표준, 조정 표준은 어디에 속하는가?

① 설비 검사 표준 ② 정비 표준
③ 수리 표준 ④ 설비 성능 표준

해설 보전 표준은 크게 설비 점검 표준, 작업 표준, 일상 점검 표준 그리고 수리 표준으로 구분된다.

37. 변위 진동의 표현 단위가 아닌 것은?

① m ② mm ③ μm ④ mm/s

해설 mm/s는 속도 진동의 단위이다.

38. 음에너지에 의해 매질에 미소한 압력 변화가 생기는 부분을 무엇이라 하는가? (07년 3회)

① 음장 ② 음원
③ 음의 세기 ④ 음압

해설 음에너지에 의해 매질에는 미소한 압력 변화가 생기며 이 압력 변화 부분을 음압이라 하고, 그 표기 기호는 P, 단위는 N/m^2 (=Pa)이다. 음압 진폭 P_m, 피크값 음압 실효값(rms값) P와의 관계는

$$P=\frac{P_m}{\sqrt{2}}[\text{N/m}^2]$$

39. 방청유의 종류에 해당되지 않는 것은?

① 지문 제거형 ② 용제 희석형
③ 열처리 방청제 ④ 기화성 방청제

해설 열처리용 방청제는 제조하지 않는다.

40. 설비 배치 계획이 필요하지 않은 경우는?

① 새 공장의 건설
② 작업장의 확장
③ 설비 개선
④ 신제품의 제조

해설 설비 배치 계획이 필요한 경우 : 새 공장의 건설, 새 작업장의 건설, 작업장의 확장, 작업장의 축소, 작업장의 이동, 신제품의 제조, 설계 변경, 작업 방법의 개선 등

제 3 과목 공업 계측 및 전기 전자 제어

41. 증폭기에서 방형과 계단 신호 입력에 대해 출력 전압이 변하는 비율의 최댓값은?

① 슬루율 ② 증폭률
③ 감쇄율 ④ 이득률

42. 다음 그림에서 연산 증폭기의 출력 전압은?

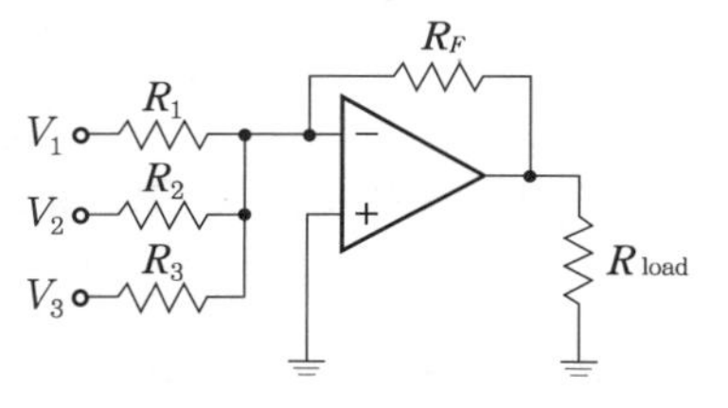

① $-(V_1+V_2+V_3)$
② $+(V_1+V_2+V_3)$
③ $[(V_1+V_2+V_3)/(R_1+R_2+R_3)]\,V_1$
④ $[(R_1+R_2+R_3)/(V_1+V_2+V_3)]\,V_1$

43. 면적식 유량계의 설치 요령 설명 중 틀린 것은?

① 수직으로 설치한다.
② 하류 측에는 역지 밸브를 설치한다.

정답 36. ② 37. ④ 38. ④ 39. ③ 40. ③ 41. ① 42. ① 43. ④

③ 가로, 세로 응력이 걸리지 않도록 한다.
④ 유체의 유입 방향은 상부에서 하부 방향으로 한다.

해설 면적식 유량계의 설치 요령
㉠ 수직으로 설치한다.
㉡ 하류 측에는 역지 밸브를 설치한다.
㉢ 가로, 세로 응력이 걸리지 않도록 한다.
㉣ 유체의 유입 방향은 반드시 하부에서 상부 방향으로 한다.
㉤ 유량계 분리가 용이하도록 플랜지를 설치한다.

44. SI 기본 단위계에 해당되지 않는 것은?

① 켈빈(K) ② 암페어(A)
③ 라디안(rad) ④ 킬로그램(kg)

해설 SI 기본 단위계

양	명 칭	기 호
길이	미터	m
질량	킬로그램	kg
시간	초	s
전류	암페어	A
온도	켈빈	K
광도	칸델라	cd
물질량	몰	mol

45. 시퀀스 제어의 작동 상태를 나타내는 방식이 아닌 것은? (07년 1회)

① 타임 차트
② 플로 차트
③ 릴레이 회로도
④ 나이퀴스트 선도

46. 열동 계전기의 문자 기호로 옳은 것은 어느 것인가? (07년 3회)

① TR ② TDR
③ THR ④ TLR

47. 자기 인덕턴스가 0.5 h인 코일에 전류 10 A를 흘릴 때 축적되는 에너지는 몇 J인가?

① 50 ② 25
③ 5 ④ 2.5

48. 단위 계단 함수 $u(t)$의 라플라스 변환은? (11년 2회)

① e ② $\frac{1}{s}e$
③ $\frac{1}{e}$ ④ $\frac{1}{s}$

해설 $F(s) = \int_0^\infty e^{-st}dt$

$$= -\frac{1}{s}[e^{-st}]_0^\infty = \frac{1}{s}$$

49. 제어 기기는 검출기, 변환기, 증폭기, 조작 기기 등으로 구성된다. 이때 서보모터는 어디에 해당되는가? (09년 2회)

① 증폭기 ② 변환기
③ 검출기 ④ 조작 기기

50. 슈미트 트리거 회로의 출력 파형은 어느 것인가?

① 정현파 ② 구형파
③ 삼각파 ④ 톱니파

51. PLC(programmable logic controller)가 갖추어야 할 조건이 아닌 것은?

① 점검 및 보수가 용이할 것
② 제어반 설치 면적이 클 것
③ 안정성 및 신뢰성이 높을 것
④ 프로그램 작성 변경이 용이할 것

해설 PLC 제어반 설치 면적은 작아야 한다.

2016

정답 44. ③ 45. ④ 46. ③ 47. ① 48. ④ 49. ④ 50. ② 51. ②

52. 도체에 변형을 가하면 길이와 단면적의 변화에 의해 저항률이 바뀌는 원리를 이용하여 압력 센서로 사용하는 것은?

① 홀 센서
② 서미스터
③ 리드 스위치
④ 스트레인 게이지

53. 어떤 도체에 t[s] 동안 Q[C]의 전기량이 이동하면 이때 흐르는 전류 I[A]는 어떤 식으로 표시되는가?

① $I=Q\cdot t$　　② $I=Q^2\cdot t$
③ $I=\frac{Q}{t}$　　④ $I=\frac{t}{Q}$

54. 다음 중 전자식 유량계용 변환기를 설명한 것으로 알맞은 것은? (09년 3회)

① 유량은 기전력에 반비례한다.
② 유체의 종류에 영향을 받지 않는다.
③ 패러데이의 전자 유도 법칙을 응용한 것이다.
④ 유량 변환의 1차 결과 출력은 직류 전압이다.

해설 도전성의 물체가 자계 속을 움직이면 기전력이 발생한다는 패러데이(Faraday)의 전자 유도 법칙을 이용하여 도전성 유체의 유속 또는 유량을 구하는 것을 전자 유량계라 한다.

55. 다이오드 PN 접합을 하고 순 바이어스 전압 공급 시 나타나는 현상은?

① 전기장이 강해진다.
② 전위 장벽이 낮아진다.
③ 전류의 흐름이 어렵다.
④ 공간 전하 영역의 폭이 넓어진다.

56. 조절 밸브(제어 요소)가 프로세스(제어 대상)에 주는 신호는?

① 조작량　　② 제어량
③ 기준 입력　　④ 동작 신호

57. 수동 조작 자동 복귀 접점 심벌은?

①　　②
③　　④

58. 다음과 같은 논리 회로의 출력 Y를 구하면?

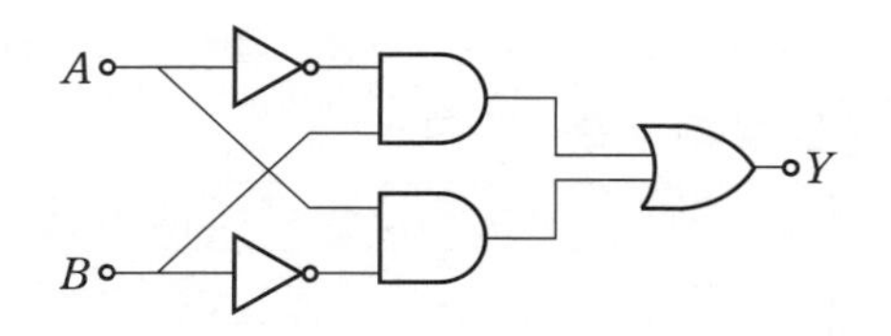

① $Y=\overline{A}+\overline{B}$　　② $Y=A\overline{B}+\overline{A}B$
③ $Y=\overline{AB}+\overline{A}B$　　④ $Y=A\overline{B}+\overline{AB}$

59. 전원 전압을 안정하게 유지하기 위해서 사용되는 소자는? (10년 1회 / 12년 2회 / 16년 1회)

① 제너 다이오드
② 터널 다이오드
③ 포토 다이오드
④ 쇼트키 다이오드

해설 일반 다이오드와는 달리 역방향 항복에서 동작하도록 설계된 다이오드로서 전압 안정화 회로로 사용된다.

60. 차압식 유량계가 아닌 것은?

① 오리피스　　② 벤투리관
③ 로터미터　　④ 플로 노즐

해설 차압식 유량계 : 오리피스, 벤투리관, 피토관, 플로 노즐 등

정답 52. ④ 53. ③ 54. ③ 55. ② 56. ① 57. ① 58. ② 59. ① 60. ③

제 4 과목 기계 정비 일반

61. 벌류트 펌프를 시운전할 시 체크 항목으로 옳지 않은 것은?

① 토출 밸브를 열어 둔다.
② 각종 게이지를 확인한 후 기록해 둔다.
③ 공기빼기 콕을 열고 마중물을 넣는다.
④ 펌프를 손으로 돌려 회전 상태를 확인한다.

해설 벌류트 펌프의 경우 반드시 토출 밸브를 닫아 두어야 한다.

62. 베어링의 윤활 상태를 측정하는 기구는 어느 것인가? (09년 3회)

① 베어링 체커
② 베어링 진동계
③ 회전계
④ 표면 온도계

63. 마이크로미터에 관한 설명 중 옳은 것은?

① 측정 범위는 0～150 mm, 0～300 mm 등 150 mm씩 증가한다.
② 본척의 어미자와 부척의 아들자를 이용하여 길이를 측정한다.
③ 심블을 이용하여 측정 압력을 일정하게 하여 균일한 측정이 되도록 한다.
④ 외측 마이크로미터는 앤빌과 스핀들 사이에 측정물을 대고 길이를 측정한다.

64. 사용 압력이 1 kgf/cm^2 이상으로 가장 큰 압력으로 기체를 송출시키는 기기는?

① 왕복식 압축기
② 양흡입형 송풍기
③ 터보 팬(turbo fan)
④ 시로코 통풍기(sirocco fan)

65. 압축기 부품에서 밸브의 취급 불량에 의한 고장이라고 볼 수 없는 것은? (13년 2회)

① 볼트의 조임 불량
② 시트의 조립 불량
③ 그랜드 패킹의 과다 조임
④ 스프링과 스프링 홈의 부적당

66. 열박음을 위해 베어링을 가열 유조에 넣고 가열할 때 몇 ℃ 이상에서 베어링의 경도가 저하되는가? (06년 1회/09년 1회/10년 1회)

① 130℃ ② 180℃
③ 210℃ ④ 280℃

67. 전양정이 약 100 m 이하인 중·대형 원심 펌프에 사용되는 역류 방지 밸브는?

① 풋 밸브 ② 플랩 밸브
③ 체크 밸브 ④ 슬루스 밸브

68. 두 축이 서로 평행한 기어는? (12년 1회)

① 베벨 기어
② 헬리컬 기어
③ 스파이럴 베벨 기어
④ 헬리컬 베벨 기어

해설 두 축이 서로 평행한 경우 : 스퍼 기어, 헬리컬 기어, 래크와 피니언, 내접 기어

69. 유체가 일직선으로 흐르고 유체 저항이 가장 적으며, 유체 흐름에 대하여 수직으로 개폐하는 밸브는? (11년 2회)

① 앵글 밸브(angle valve)
② 글로브 밸브(globe valve)
③ 슬루스 밸브(sluice valve)
④ 스윙 체크 밸브(swing check valve)

해설 슬루스 밸브 : 칸막이 밸브라고도 하며 밸브체는 밸브 박스의 밸브 자리와 평행으로

2016

정답 61. ① 62. ① 63. ④ 64. ① 65. ③ 66. ① 67. ③ 68. ② 69. ③

작동하고 흐름에 대해 수직으로 개폐하는 것이다. 펌프 흡입 쪽에 설치하여 차단성이 좋고 전개 시 손실 수두가 가장 적다.

70. 볼트의 밑부분이 부러졌을 때 빼내기 위해 사용하는 공구는?

① 탭
② 드릴
③ 스크루 바이스
④ 스크루 익스트랙터

71. 베어링 외, 탄소강 재질의 기계 부품을 가열끼움 작업할 때 다음 중 가열 온도로 가장 적합한 것은? (10년 2회 / 10년 3회 / 12년 3회)

① 100~150℃　　② 200~250℃
③ 400~450℃　　④ 500~600℃

72. 송풍기의 회전수를 변화시키는 방법이 아닌 것은?

① 가변 풀리에 의한 조절
② 정류자 전동기에 의한 조절
③ 극수 변환 전동기에 의한 조절
④ 열동 과전류 계전기에 의한 조절

해설 송풍기의 회전수를 변화시키는 방법
㉠ 유도 전동기의 2차 측 저항을 조절
㉡ 정류자 전동기에 의한 조절
㉢ 극수 변환 전동기에 의한 조절
㉣ 가변 풀리에 의한 조절
㉤ V 풀리 직경비를 변경하는 조절

73. 1 kW 이상의 3상 유도 전동기에서 가장 많이 사용되는 급유 형태는?

① 적하 급유　　② 유욕 급유
③ 그리스 급유　　④ 사이펀 급유

해설 1 kW 이하의 소형에는 그리스, 그 이상의 것은 유욕 급유 윤활 방법이 사용된다.

74. 다음 플랜지에 볼트 8개의 조임 순서로 가장 적합한 것은? (10년 2회)

①
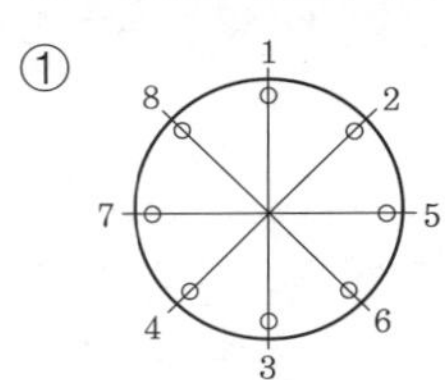

②
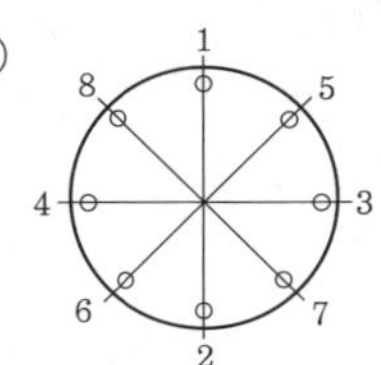

③
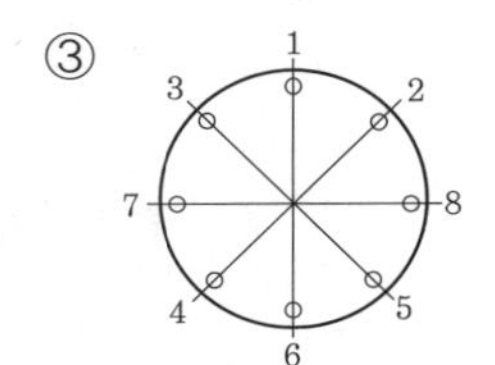

④
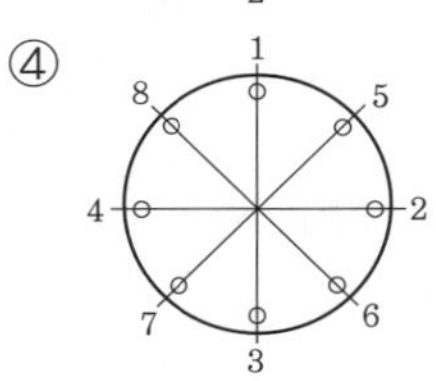

75. 다음 커플링 중 플렉시블 커플링이 아닌 것은? (09년 1회 / 11년 2회 / 15년 2회)

① 기어 커플링
② 고무 커플링
③ 체인 커플링
④ 머프 커플링

해설 플렉시블 커플링 : 기어 커플링, 체인 커플링, 그리드 커플링, 고무 커플링, 조 커플링

76. 기어의 치면 열화가 아닌 것은 다음 중 어느 것인가? (07년 1회 / 10년 1회 / 12년 1회)

① 습동 마모　　② 소성 항복
③ 표면 피로　　④ 균열 소손

해설 기어의 치면 열화에는 마모, 소성 항복, 용착, 표면 피로가 있고, 균열 소손은 이의 파손에 해당된다.

77. 밸브의 정비에 관한 사항으로 옳은 것은?

① 밸브 시트 접촉면이 편마모되어 래핑하였다.
② 밸브 스프링의 탄성이 감소되어 손으로 수정하여 사용하였다.

정답 70. ④ 71. ② 72. ④ 73. ② 74. ② 75. ④ 76. ④ 77. ①

③ 밸브 플레이트가 마모 한계에 달하였으나 파손되지 않아 그대로 두었다.
④ 밸브 부품의 사용 수명 기간이 초과했으나 성능에는 이상이 없어 교환하지 않았다.

해설 마모 한계 또는 사용 수명 기간이 되면 교환해야 하며, 스프링의 탄성이 감소되어도 교체해야 한다.

78. 미끄럼이 거의 없어 변속비가 일정하게 유지되나 그 축이 평행한 경우에 한해서 사용되며 진동 소음에 취약하여 고속 회전에는 사용하기 곤란한 전동 장치로 맞는 것은? (10년 3회)

① 벨트 전동 장치
② 체인 전동 장치
③ 기어 전동 장치
④ 로프 전동 장치

79. 편흡입형 벌류트 펌프(volute pump)의 임펠러(impeller)에 작용하는 추력을 평형시키는 방법으로 가장 적절한 방법은?

① 고 양정의 펌프(pump)로 만든다.
② 임펠러에 웨어링(wearing)을 부착한다.
③ 임펠러에 밸런스 홀(balance hole)을 만든다.
④ 레이디얼 베어링(radial bearing)을 사용한다.

80. 다음 중 V 벨트의 특징이 아닌 것은? (11년 1회)

① 벨트가 잘 벗겨진다.
② 고속 운전을 시킬 수 있다.
③ 미끄럼이 적고, 속도비가 크다.
④ 이음이 없어 전체가 균일한 강도를 갖는다.

해설 V 벨트는 잘 벗겨지지 않는다.

2016

정답 78. ② 79. ③ 80. ①

❖ 2016년 8월 21일 시행

자격종목 및 등급(선택분야)	종목코드	시험시간	문제지형별	수검번호	성 명
기계정비산업기사	2035	2시간	A		

제 1 과목 공유압 및 자동화 시스템

1. 관로 면적을 감소시킨 통로의 길이가 단면 치수에 비해 짧은 것은?

① 스풀(spool)
② 초크(choke)
③ 플런저(plunger)
④ 오리피스(orifice)

2. 다음 중 2개의 복동 실린더가 1개의 실린더의 형태로 조립되어 실린더 출력이 2배로 큰 힘을 얻는 것은? (11년 2회)

① 충격 실린더 ② 탠덤 실린더
③ 양 로드 실린더 ④ 다위치 실린더

해설 탠덤형 실린더 : 길이 방향으로 연결된 복수의 복동 실린더를 조합시킨 것으로 2개의 피스톤에 압축 공기가 공급되기 때문에 실린더의 출력은 실린더 출력의 합이 되므로 큰 힘이 얻어진다. 또 단계적 출력의 제어도 할 수 있어 직경은 한정되고, 큰 힘이 필요한 곳에 사용된다.

3. 다음 공압 기호의 명칭은?

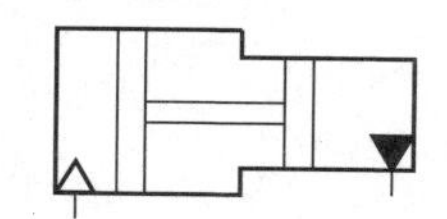

① 증압기
② 복동 실린더
③ 차동 실린더
④ 다이어프램 실린더

4. 양 끝의 지름이 다른 관이 수평으로 놓여 있다. 왼쪽에서 오른쪽으로 물이 정상류를 이루고 매초 2.8 L가 흐른다. B 부분의 단면적이 20 cm^{2}이라면 B 부분에서 물의 속도는 얼마나 되겠는가? (08년 3회 / 13년 2회)

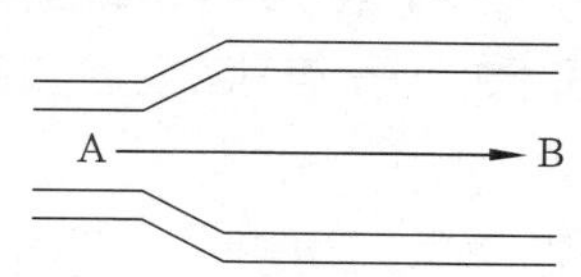

① 14 cm/s ② 56 cm/s
③ 140 cm/s ④ 560 cm/s

해설 $2.8\ L = 2800\ cm^3$
$\therefore\ 2800 \div 20 = 140\ cm/s$

5. 밸브의 구조에 의한 분류에 해당되지 않는 것은? (11년 1회)

① 포핏 형식 ② 스풀 형식
③ 로터리 형식 ④ 파일럿 형식

해설 파일럿 형식은 방향 제어 밸브의 조작 방식이다.

6. 어큐뮬레이터(accumulator)의 일반적인 기능이 아닌 것은?

① 맥동 제거용 ② 압력 감소
③ 충격 완충 ④ 에너지 축적

해설 어큐뮬레이터(accumulator)의 일반적인 기능 : 유압 에너지의 축적, 서지압 흡수, 압력 보상, 맥동 제거, 충격 완충, 액체의 수송, 유체의 반송 및 증압

정답 1. ④ 2. ② 3. ① 4. ③ 5. ④ 6. ②

7. 다음 중 증압기의 사용 용도로 가장 적합한 것은? (12년 3회)

① 압력 에너지를 저장할 때 사용
② 빠른 선형 속도를 얻고자 할 때 사용
③ 빠른 회전 속도를 얻고자 할 때 사용
④ 압력을 증대시켜 큰 힘을 얻고 싶을 때 사용

해설 증압기의 사용 목적은 압력을 증대시켜 큰 힘을 얻고자 함이다.

8. 날개의 회전 운동에 따라 공기 흐름이 회전축과 평행으로 흐르는 압축기는?

① 사류식 압축기　② 원심식 압축기
③ 축류식 압축기　④ 혼류식 압축기

9. 오일의 점도를 알맞게 유지하기 위해 온도를 제어하는 곳은?

① 필터　② 가열기
③ 윤활기　④ 축압기

10. 카운터 밸런스 밸브 및 시퀀스 밸브를 설명한 것 중 옳은 것은?

① 원격 제어가 가능한 시퀀스 밸브는 내부 파일럿 드레인이다.
② 카운터 밸런스 밸브는 릴리프 밸브와 체크 밸브의 조합이다.
③ 카운터 밸런스 밸브는 무부하, 시퀀스 밸브는 배압 발생 밸브이다.
④ 카운터 밸런스 밸브는 압력 제어 밸브, 시퀀스 밸브는 방향 제어 밸브이다.

해설 ① 원격 제어가 가능한 시퀀스 밸브는 외부 파일럿 드레인이다.
③ 카운터 밸런스 밸브는 배압 발생 밸브, 시퀀스 밸브는 순차 제어용이다.
④ 카운터 밸런스 밸브와 시퀀스 밸브는 모두 압력 제어 밸브이다.

11. 공압 타이머에서 제어 신호가 존재함에도 출력 신호가 발생하지 않았을 때 점검해야 할 사항은?

① 탱크가 더러운지 확인한다.
② 서비스 유닛이 잠겨 있는지 확인한다.
③ 윤활유에 수분이 섞여 있는지 확인한다.
④ 유량 조절용 밸브의 조절 나사를 완전히 열고 공기의 새는 소리를 확인한다.

해설 제어 신호가 존재한다는 것은 공압이 서비스 유닛을 통과하였다는 뜻이다.

12. 공압 시스템에서의 고장을 빨리 발견하고 조치를 취하기 위한 방법으로 가장 거리가 먼 것은?

① 회로도를 알기 쉬운 형태로 제작한다.
② 배관을 길게 하여 가능한 많은 수분을 응축시킨다.
③ 사용 부품은 쉽게 교체가 가능한 범용 제품을 사용한다.
④ 배관은 제어 캐비닛 배치도와 회로도가 일치하도록 한다.

해설 배관은 가능한 짧게 하고 응축수를 없애야 한다.

13. 신호 처리 중 최근 DSP(digital signal processing) 기술의 발달로 음향 기기, 통신, 제어 계측 등의 분야에 응용되는 신호 형태는?

① 계수 신호(counting signal)
② 연속 신호(coutinuous signal)
③ 아날로그 신호(analog signal)
④ 이산 시간 신호(discrete-time signal)

14. 로드리스 실린더의 설명으로 틀린 것은?

① 설치 공간을 줄일 수 있다.
② 빠른 속도를 얻을 수 있다.

정답 7. ④　8. ③　9. ②　10. ②　11. ④　12. ②　13. ④　14. ②

③ 임의의 위치에서 정지시키기 유리하다.
④ 양 방향의 운동에서 균일한 힘과 속도를 얻기에 유리하다.

해설 실린더의 속도는 유량에 의해 결정된다.

15. 60 Hz 4극 유도 전동기의 회전자 속도계가 1710 rpm일 때 슬립은 약 얼마인가?

① 5% ② 8%
③ 10% ④ 14%

해설 $Ns = \frac{120f}{P}$

$N = Ns(1-s) = \frac{120f}{P}(1-s)$

$Ns = \frac{120f}{P(1-s)}$

$1710 = \frac{120 \times 60}{4}(1-s)$

16. 신호 발생 요소의 신호 영역을 프로그램 플로 차트의 기호 ON-OFF 표시 방식으로 표현함으로써 각 입력 신호 발생 요소의 작동 상태를 알 수 있으며 아울러 각 신호 발생 요소 간의 신호 간섭 현상을 예측할 수 있는 것은? (09년 3회 / 10년 2회)

① 논리 선도 ② 제어 선도
③ 플로 차트 ④ 변위 단계 선도

해설 제어 선도(control diagram) : 이 선도는 신호 발생 요소의 신호 영역을 ON-OFF 표시 방식으로 표현함으로써 각 신호 발생 요소의 작동 상태를 알 수 있으며 아울러 각 신호 발생 요소 간의 신호 간섭 현상을 예측할 수 있다.
① 논리 선도 : AND, OR, 스텝부, 명령부의 명령을 이용하여 순차 제어를 표시하는 데 적절하게 쓰이는 동작 상태 표현법
③ 플로 차트 : 기계나 장치 동작을 순서적으로 표현한 방법
④ 변위 단계 선도 : 작업 요소의 작업 순서가 표시되고 변위는 순서에 따라 표시

17. 다음 중 핸들링(handling) 장치의 기능으로 볼 수 없는 것은?

① 계수(counting) ② 삽입(inserting)
③ 이송(feeding) ④ 파지(gripping)

해설 핸들링(handling) 장치의 기능 : 정렬, 위치 결정, 반전(전환, 선회, 회전), 삽입, 이송(이동, 취합, 진출, 계량, 위치 및 추출, 비축, 위치 변경, 유지), 파지(gripping) 등

18. 다음 그림과 같이 S_1과 S_2를 동시에 누른 경우 램프에 불이 들어오는 논리 회로는 어느 것인가? (12년 1회)

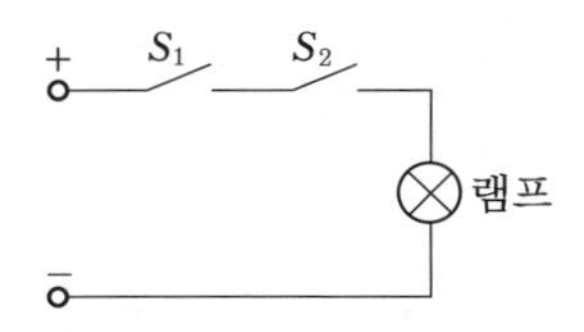

① OR ② AND
③ NOR ④ NOT

해설 이 회로는 S_1과 S_2가 직렬연결이므로 AND 회로이다.

19. 유압 모터의 효율을 감소시키는 사항이 아닌 것은?

① 유체의 유량 변화
② 유체 접촉부와 유체의 마찰
③ 유체의 난류성에 의한 마찰
④ 흡입구와 토출구 사이의 내부 누설

해설 유압 모터의 성능은 제조상의 정밀도뿐만 아니라 설계 작동 조건과의 가까운 공차 유지에 의해 좌우된다. 흡입구와 토출구 사이의 내부 누설은 유압 모터의 용적 효율을 감소시킨다. 한편, 접촉부의 마찰과 유체의 난류성에 의한 마찰은 유압 모터의 기계적 효율을 감소시킨다.

20. 다음 중 자동화 시스템 구축 시 생기는 단점과 가장 거리가 먼 것은?

정답 15. ① 16. ② 17. ① 18. ② 19. ① 20. ③

① 제어 장치 증가
② 시설 투자비 증대
③ 자재비, 인건비 과다
④ 보수 유지에 높은 기술 수준 요구

해설 자동화 시스템을 구축하면, 자재비 및 인건비가 감소된다.

제 2 과목 설비 진단 및 관리

21. 공장의 특정 지역에 보전 요원이 배치되어 그 지역의 예방 보전, 검사, 급유, 수리 등을 담당하는 보전 방식은?

① 부분 보전 ② 지역 보전
③ 절충 보전 ④ 집중 보전

22. 설비의 보전 효과를 측정하는 방법에는 여러 가지가 있다. 다음 중 보전 효과 측정 항목 중 틀린 것은?

① 평균 고장 간격 $=\frac{1}{\text{고장률}}$

② 고장 도수율 $=\frac{\text{고장 횟수}}{\text{부하 시간}}\times 100$

③ 고장 빈도(회수율) $=\frac{\text{보전비 총액}}{\text{생산량}}\times 100$

④ 설비 가동률 $=\left(\frac{\text{정미 가동 시간}}{\text{부하 시간}}\right)\times 100\%$

해설 제품 단위당 보전비 $=\frac{\text{보전비 총액}}{\text{생산량}}$

23. 방청유의 종류가 아닌 것은?

① 용제 희석형 ② 지문 제거형
③ 기화성 방청제 ④ 열처리 방청제

해설 열처리에는 방청제가 사용되지 않는다.

24. 대부분의 설비는 어느 기간 동안 수명을 유지한다. 그러다 어느 기간이 지나면 설비가 고장 나기 시작한다. 다음 중 초기 고장기와 우발 고장기가 지난 후, 마모 고장기에 발생하는 고장 원인과 가장 거리가 먼 것은 어느 것인가? (11년 1회)

① 불충분한 오버홀
② 부품들 간의 변형
③ 열화에 의한 고장
④ 부적절한 설비의 설치

해설 부적절한 설비의 설치에 의한 고장은 초기 고장기에서 나타난다. 마모 고장기는 설비를 구성하고 있는 부품의 마모나 열화에 의하여 고장이 증가하는 고장률 증가형으로 예방 보전의 효과는 마모 고장기에서 가장 높다.

25. 석면과 암면 등 섬유성 재료의 흡음력을 이용해서 소음을 감소시키는 장치는?

① 반사 소음기 ② 충격식 소음기
③ 흡음식 소음기 ④ 흡진식 소음기

26. 다음 중 진동 측정 시 주의해야 할 점이 아닌 것은? (11년 1회/15년 2회)

① 항상 동일한 방향으로 측정한다.
② 진동계를 바꿔 가면서 측정한다.
③ 항상 동일한 장소를 측정한다.
④ 언제나 같은 센서를 사용한다.

해설 진동 측정 시 주의해야 할 점
㉠ 항상 장소 방향에 있어서 동일 포인트에 부착할 것
㉡ 항상 동일 센서의 측정기로 사용할 것
㉢ 항상 같은 회전수로 측정할 것
㉣ 항상 같은 부하일 때에 측정할 것
㉤ 윤활 조건을 항시 같게 유지할 것

27. 음원으로부터 단위 시간당 방출되는 총 음

정답 21. ② 22. ③ 23. ④ 24. ④ 25. ③ 26. ② 27. ①

에너지를 무엇이라고 하는가? (09년 1회/13년 1회)

① 음향 출력 ② 음향 세기
③ 음향 입력 ④ 음의 회절

해설 음향 출력(acoustic power) : 음원으로부터 단위 시간당 방출되는 총 음에너지를 말하며 그 표기 기호는 W, 단위는 W(watt)이다. 음향 출력 W의 무지향성 음원으로부터 r[m] 떨어진 점에서의 음의 세기를 I라 하면, $W = I \times S$[W]. 여기에서 S는 표면적 m^2이다.

28. 음압을 표시할 때 log눈금을 주로 사용하는데 이러한 로그 눈금상의 크기를 비교하여 표시한 음압도(SPL) 산출 공식은? (단, P : power, P_o : 기준 power)

① $20\log\left(\frac{P}{P_o}\right)$ ② $20\log\left(\frac{P_o}{P}\right)$
③ $10\log 10\left(\frac{P}{P_o}\right)$ ④ $10\log\left(\frac{P_o}{P}\right)$

29. TPM의 특징은 '고장 제로, 불량 제로'이다. 이를 위해서는 예방이 가장 좋은 방법인데 이 예방의 개념과 거리가 먼 것은?

① 조기 대처
② 이상 조기 발견
③ 고장 및 정지의 방치
④ 정상적인 상태 유지

해설 예방 개념에서 고장 및 정지는 방치하지 않아야 한다.

30. 전치 증폭기의 기능은?

① 신호 증폭과 임피던스 결합
② 전압 증폭과 리액턴스 결합
③ 전류 증폭과 리액턴스 결합
④ 전압 증폭과 임피던스 결합

31. 순환 급유를 할 수 없는 곳에 사용하는 윤활유 급유법은?

① 체인 급유법 ② 칼라 급유법
③ 패드 급유법 ④ 사이펀 급유법

32. 회전체의 무게 중심이 축 중심과 일치하지 않아 회전 주파수 성분이 높게 나타났을 때 발생하는 현상은?

① 풀림 ② 압력 맥동
③ 언밸런스 ④ 미스얼라인먼트

33. 설비 표준의 종류에 대한 내용 중 옳은 것은?

① 설비 설계 규격 : 설비 사양서, 설비 열화 측정, 열화 회복을 위한 조건의 표준
② 설비 자재 구매 규격 : 설비 설계 규격, 설비 성능 표준에 따라 규정되는 것으로의 표준
③ 시운전 검수 표준 : 표준에 일치되는지의 시험 방법, 검사 방법에 대한 표준
④ 보전 작업 표준 : 설비 열화 측정(점검검사), 열화 진행 방지(일상 보전) 및 열화 회복(수리)을 위한 조건의 표준

34. 설비 효율화를 저해하는 가장 큰 로스(loss)는? (08년 3회)

① 고장 로스 ② 조정 로스
③ 일시 정체 로스 ④ 초기 수율 로스

해설 고장 로스 : 돌발적 또는 만성적으로 발생하는 고장에 의하여 발생 효율화를 저해하는 최대 요인으로 고장 제로를 달성하기 위한 7가지 대책
㉠ 강제 열화를 방치하지 않는다.
㉡ 청소 급유 조임 등 기본 조건을 지킨다.
㉢ 바른 사용 조건을 준수한다.
㉣ 보전 요원의 보전 품질을 높인다.
㉤ 긴급 처리만 끝내지 말고 반드시 근본적

정답 28. ① 29. ③ 30. ① 31. ④ 32. ③ 33. ② 34. ①

인 조치를 취한다.

ⓑ 설비의 약점을 개선한다.

ⓢ 고장 원인을 철저히 분석한다. 현상을 잘 봐야 하는 것은 일시 정체 로스 불량 수정 로스에 해당되는 것이다.

35. 다음의 설비 관리 조직은?

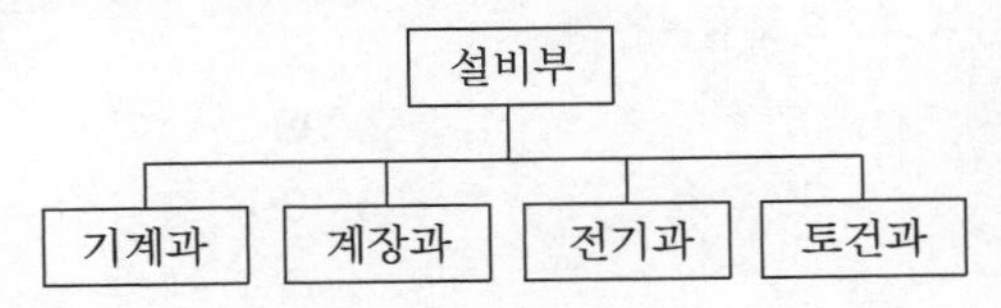

① 공정별 조직
② 기능별 조직
③ 제품별 조직
④ 전문 기술별 조직

36. 보수 자재 예비 부품 관리에서 재고율 분석 사항으로 틀린 것은?

① 상비품 재고량의 적합성
② 상비품 항목의 타당성
③ 예비품의 사용고 발주 방식 표준화
④ 보관 창고 배치나 공간 효율 등의 적합성

해설 예비품의 사용고 발주 방식은 발주 시기, 발주량이 정해 있지 않기 때문에 표준화를 할 수 없다.

37. 설비 배치 시 동일한 기종의 설비를 모아서 배열하는 설비 배치 형태는?

① 기능형 배치 ② 제품형 배치
③ 혼합형 설비 ④ 제품 고정형 배치

38. 강철 시스템의 고유 진동수와 차단기의 정적 변위와의 관계가 올바른 것은? (10년 1회)

① 고유 진동수 $= \dfrac{15\pi}{\sqrt{\text{정적 변위}}}$

② 고유 진동수 $= \dfrac{10\pi}{\sqrt{\text{정적 변위}}}$

③ 고유 진동수 $= \dfrac{\sqrt{\text{정적 변위}}}{15\pi}$

④ 고유 진동수 $= \dfrac{\sqrt{\text{정적 변위}}}{10\pi}$

39. 품질 보전의 전개에 있어서 요인 해석의 방법에 해당하지 않는 것은? (10년 2회/11년 3회)

① PM 분석 ② 특성 요인도
③ 경제성 분석 ④ FMECA 분석

해설 경제성 분석은 건설, 설비 구입, 생산 보전 등에서 고려할 사항이다.

40. 진동 측정용 센서 중 비접촉형으로 변위 검출용에 사용되는 센서가 아닌 것은?

① 용량형 센서
② 동전형 센서
③ 와전류형 센서
④ 전자 광학형 센서

해설 변위 센서는 와전류식, 전자 광학식, 정전 용량식 등이 있다.

2016

제 3 과목 공업 계측 및 전기 전자 제어

41. 다음 중 SCR의 올바른 전원 공급 방법인 것은?

① 애노드 (−) 전압, 캐소드 (+) 전압, 게이트 (−) 전압
② 애노드 (−) 전압, 캐소드 (+) 전압, 게이트 (+) 전압
③ 애노드 (+) 전압, 캐소드 (−) 전압, 게이트 (−) 전압
④ 애노드 (+) 전압, 캐소드 (−) 전압, 게이트 (+) 전압

정답 35. ④ 36. ③ 37. ① 38. ② 39. ③ 40. ② 41. ④

42. 다음 회로의 명칭은 무엇인가?

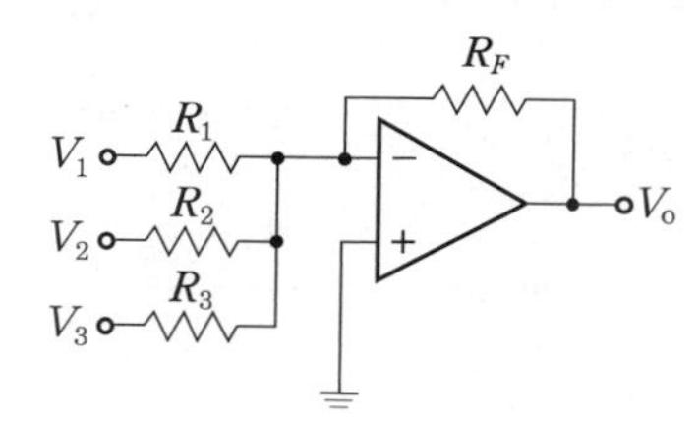

① 비교기 ② 감산기
③ 가산기 ④ 전압 전류 변환기

43. 입력 신호가 주어지고 일정 시간 경과 후에 내장된 접점을 ON, OFF 시키는 시퀀스 제어용 기기는?

① 스위치 ② 타이머
③ 릴레이 ④ 전자 개폐기

44. 온도를 저항으로 변환시키는 것은?

① 열전대 ② 전자 코일
③ 인덕턴스 ④ 서미스터

해설 서미스터(thermistor) : 온도 변화에 의해서 소자의 전기 저항이 크게 변화하는 대표적 반도체 감온 소자로 열에 민감한 저항체(thermal sensitive resistor)이다.

45. 다음 그림의 휘트스톤 브리지(Wheatston bridge) 회로에서 검류계의 지침이 0을 지시할 때 미지 저항 R_x의 값(Ω)은?

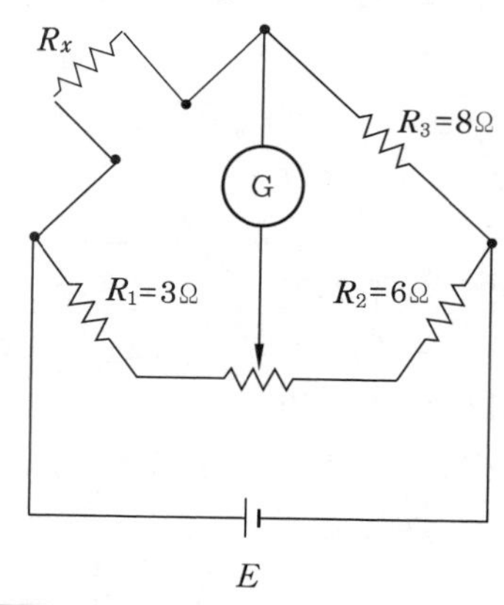

① 1 ② 2
③ 3 ④ 4

해설 $R_x \times R_2 = R_1 \times R_3$

46. 베이스 접지 시 전류 증폭률이 0.99인 트랜지스터를 이미터 접지 회로에 사용할 때 전류 증폭률은?

① 97 ② 98
③ 99 ④ 100

47. 다음 논리 회로의 논리식은?

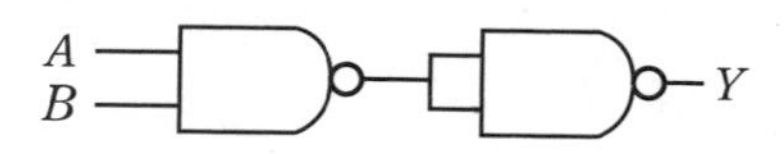

① $Y = A + B$ ② $Y = \overline{A \cdot B}$
③ $Y = A \cdot B$ ④ $Y = \overline{A} \cdot \overline{B}$

48. 저항의 직렬접속 회로에 대한 설명 중 틀린 것은?

① 직렬 회로의 전체 저항값은 각 저항의 총합계와 같다.
② 직렬 회로 내에서 각 저항에는 같은 크기의 전류가 흐른다.
③ 직렬 회로 내에서 각 저항에 걸리는 전압 강하의 합은 전원 전압과 같다.
④ 직렬 회로 내에서 각 저항에 걸리는 전압의 크기는 각 저항의 크기와 무관하다.

49. 다음의 진리표를 만족하는 논리 게이트는? (단, A와 B는 입력단이고, S는 출력단이다.)

A	B	S
0	0	1
0	1	1
1	0	1
1	1	0

정답 42. ③ 43. ② 44. ④ 45. ④ 46. ③ 47. ① 48. ④ 49. ③

① NOR ② XOR
③ NAND ④ XNOR

50. 자동 제어의 분류 중에 폐루프 제어에 해당되는 내용으로 적합한 것은?

① 시퀀스 제어 시스템이다.
② 피드백(feed back) 신호가 요구된다.
③ 출력이 제어에 영향을 주지 않는다.
④ 외란에 대한 영향을 고려할 필요가 없다.

51. 미리 정해 놓은 순서에 따라 제어의 각 단계를 차례대로 진행시켜 가는 제어는? (15년 2회)

① 정치 제어 ② 추치 제어
③ 시퀀스 제어 ④ 피드백 제어

52. 단락 보호와 과부하 보호에 사용되는 기기는?

① 전자 개폐기 ② 한시 계전기
③ 전자 릴레이 ④ 배선용 차단기

53. PLC에서 사용되는 부품 중 출력 기기와 관계가 없는 것은?

① 벨
② 리밋 스위치
③ 전자 계폐기
④ 솔레노이드 밸브

해설 리밋 스위치는 입력 기기이다.

54. 3상 유도 전동기의 정 · 역 운전 회로에서 정 · 역 동시 투입에 의한 단락 사고를 방지하기 위하여 사용하는 회로는? (08년 3회 / 11년 3회)

① 역상 회로 ② 인터록 회로
③ 자기 유지 회로 ④ 시한 동작 회로

55. 피드백 프로세스 제어에서 검출부에서 검지하여 조절계에 가하는 검출량을 나타내는 것은? (10년 3회)

① 변량(PV) ② 설정값(SV)
③ 조작 신호(MV) ④ 제어 편차(DV)

56. 계전기(relay) 접점의 불꽃을 소거할 목적으로 사용하는 반도체 소자는? (08년 3회)

① 바리스터 ② 서미스터
③ 터널 다이오드 ④ 버랙터 다이오드

해설 DC 솔레노이드를 사용할 때는 스파크가 발생되지 않도록 스파크 방지 회로를 채택해 주어야 한다. 그 방법에는 저항 이용법, 저항과 커패시터의 조합 방법, 다이오드 사용법, 제너 다이오드 사용법, 바리스터 사용법 등이 있다.

57. 논리식 $A \cdot (A+B)$를 간단히 하면 다음 중 어느 것인가? (09년 1회 / 10년 2회)

① A ② B
③ $A \cdot B$ ④ $A+B$

58. 평균 반지름이 10 cm이고, 감은 횟수가 20회인 원형 코일에 2 A의 전류를 흐르게 하면 이 코일 중심의 자장의 세기는 몇 AT/m인가?

① 100 ② 200
③ 300 ④ 400

59. 히스테리시스(hysteresis) 차에 의한 오차에 해당되는 것은?

① 이론 오차 ② 관측 오차
③ 계측기 오차 ④ 환경적 오차

해설 계측기 오차 : 측정기 본래의 기기 차이에 의한 것과 히스테리시스 차에 의한 것이 있다.

2016

정답 50. ② 51. ③ 52. ④ 53. ② 54. ② 55. ① 56. ① 57. ① 58. ② 59. ③

60. 다음 설명 중 틀린 것은?

① 오버슈트는 응답 중에 생기는 입력과 출력 사이의 편차량을 말한다.
② 지연 시간(delay time)이란 응답이 최초로 희망값의 30% 진행되는 데 요하는 시간이다.
③ 상승 시간(rise time)이란 응답이 희망값의 10%에서 90%까지 도달하는 데 요하는 시간이다.
④ 정정 시간(settling time)은 응답의 최종값 허용 범위가 5~10% 내에 안정되기까지 요하는 시간이다.

해설 지연 시간(delay time)이란 응답이 최초로 희망값의 50% 진행되는 데 요하는 시간이다.

제 4 과목 기계 정비 일반

61. 방청제의 종류 중 방청 능력이 크고, 두터운 피막을 형성하며 1종(KP-4), 2종(KP-5), 3종(KP-6)으로 분류되는 것은?

① 윤활 방청유
② 용제 희석형 방청유
③ 바셀린 방청유
④ 지문 제거형 방청유

해설 윤활 방청유(rust preventive lubricating oil)(KS A 1105, KS M 2211) : 석유의 윤활유 잔류분을 기제로 한 기름 상태의 방청유로 일반용과 내연 기관용 등이 있다.

종 류		기 호	막의 성질	주용도
1종	1호	KP-7	중점도 유막	금속 재료 방청
	2호	KP-8	저점도 유막	
	3호	KP-9	고점도 유막	
2종	1호	KP-10-1	저점도 유막	내연 기관, 중하중 일시적 운전 장소
	2호	KP-10-2	중점도 유막	
	3호	KP-10-3	고점도 유막	

62. 정비용 측정 기구 중 베어링의 윤활 상태를 측정하는 기구는? (09년 3회 / 16년 2회)

① 록 타이트 ② 그리스 컵
③ 베어링 체커 ④ 스트로브스코프

해설 베어링 체커(bearing checker) : 베어링의 그리스 윤활 상태를 측정하는 측정 기구로서 운전 중에 베어링에 발생하는 윤활 고장을 알 수 있다. 안전, 주의, 위험 세 단계로 표시하며, 그라운드 잭은 기계 장치 몸체에 부착하고, 입력 잭은 베어링에서 제일 가까운 회전체에 회전을 시키면서 접촉하여 측정한다.

63. 보통 PIV라고도 하며 한 쌍의 베벨 기어에 강제 링크 체인을 연결하여 유효 반경을 바꿈으로써 회전수를 조절하는 무단 변속기는 어느 것인가? (11년 3회)

① 벨트형 무단 변속기
② 체인형 무단 변속기
③ 링크형 무단 변속기
④ 디스크형 무단 변속기

해설 체인형은 무단 변속기 중에서 고 토크 전달이 가능하다.

64. 전동기의 고장 원인에서 기동 불능에 대한 원인으로 옳지 않은 것은? (12년 2회)

① 퓨즈 용단
② 기계적 과부하
③ 서머 릴레이 작동
④ 전원 전압의 변동

해설 전원 전압의 변동은 전동기에 회전이 고르지 못한 현상으로 나타난다.

65. 공기 압축기 언로더(unloader)의 작동 불량 원인이 아닌 것은?

① 언로더 조작 압력이 낮은 경우
② 다이어프램(diaphragm)이 파손되어

정답 60. ② 61. ③ 62. ③ 63. ② 64. ④ 65. ③

있는 경우

③ 루브리케이터(lubricator)의 작동 불량인 경우

④ 솔레노이드 밸브(solenoid valve)의 작동 불량인 경우

해설 루브리케이터는 윤활 장치로 언로더 장치에는 사용되지 않는다.

66. **토출 배관 중에 스톱 밸브를 부착할 경우 압축기와 스톱 밸브 사이에 설치되는 밸브는?**

① 안전 밸브
② 유량 제어 밸브
③ 방향 제어 밸브
④ 솔레노이드 밸브

67. **구름 베어링의 경우 간섭 양이 적으면 원주 방향으로 미끄럼이 생겨 발생하는 결함은 어느 것인가?** (09년 3회)

① 균열(crack)
② 크리프(creep)
③ 뜯김(scoring)
④ 플레이킹(flaking)

해설 크리프 현상은 간섭량 부족으로 발생하는 결함으로 끼워맞춤의 수정 슬리브를 적당히 조정하는 것이 그 대책이다.

68. **날개가 회전차의 회전 방향에 대하여 뒤쪽으로 기울어져 있으며 원심 송풍기 중에서 가장 크고 효율이 좋은 것은?**

① 터보 팬　　② 다익 팬
③ 레이디얼 팬　　④ 한계 부하 팬

69. **교류 3상 유도 전동기의 회전 방향을 바꾸려면 어떻게 하는가?** (09년 1회)

① 접지선을 단락시킨다.
② 전원 3선 중 1선을 단락시킨다.
③ 전원 3선 중 1선을 교체하여 결선한다.
④ 전원 3선 중 2선을 서로 교체하여 결선한다.

해설 전동기의 회전 방향을 바꾸는 것을 정역 제어라 하며, 3상의 선 중에서 두 상을 서로 바꾸어서 연결하면 가능하다.

70. **압력계의 지침이 흔들리며 불안정한 경우의 원인으로 적합한 것은?** (09년 2회)

① 펌프의 선정 잘못
② 밸브나 관로가 막힘
③ 펌프가 공회전할 때
④ 캐비테이션이 발생하거나 공기 흡입

해설 캐비테이션이 발생하면 소음과 진동이 수반되고 펌프의 성능이 저하되며 더욱 압력이 저하되면 양수가 불가능해진다. 더욱 이러한 현상이 심해지면 운전이 어렵게 된다. 또 이 현상이 오래 지속되면 발생부 근처에 여러 개의 흠집이 생겨 재료를 손상시킨다. 이것을 점침식이라 하며 이는 캐비테이션에 따라 생긴 여러 기포가 터질 때의 충격이 반복적으로 발생한다.

71. **유효 흡입 수두(NPSH)를 필요 흡입 수두보다 크게 하며, 펌프의 설치 위치를 되도록 낮게 하고 흡입 양정을 작게 하며, 흡입관은 짧게, 펌프의 회전수를 낮게 하고, 양흡입 펌프로 사용하려고 한다. 이는 무엇을 방지하기 위한 대책인가?**

① 디더 현상
② 수격 현상
③ 캐비테이션
④ 히스테리시스 현상

해설 펌프의 설치 위치를 되도록 낮게 하고 흡입 양정을 작게 해야 하며, 외적 조건으로 캐비테이션을 피할 수 없는 경우에는 임펠러 재질을 캐비테이션 침식에 대하여 강한 고급 재질로 택한다.

2016

정답 66. ①　67. ②　68. ①　69. ④　70. ④　71. ③

72. 기어의 안지름이 D이고 죔새가 Δd일 때 가열 온도(T)를 구하는 식은? (단, 기어의 열팽창 계수는 α이다.) (09년 3회)

① $T=\dfrac{\Delta d}{\alpha \times D}$

② $T=\dfrac{D}{\alpha \times \Delta d}$

③ $T=\dfrac{\alpha \times \Delta d}{D}$

④ $T=\alpha \times \Delta d \times D$

해설 $\Delta d=\alpha \cdot D \cdot T$ $\quad T=\dfrac{\Delta d}{\alpha \cdot D}$

73. 기어의 파손 원인 중 윤활 문제로 발생하는 것은? (11년 3회)

① 피칭 ② 스폴링
③ 피로 파괴 ④ 스코어링

해설 스코어링(scoring) : 운전 초기에 자주 발생하며, 고속 고하중 기어에서 이면의 유막이 파단되어 국부적으로 금속 접촉이 일어나 마찰에 의해 그 부분이 용융되어 뜯겨 나가는 현상으로 마모가 활동 방향에 생긴다. 심한 경우는 운전 불능을 초래하기도 하며 일명 스커링이라고도 한다. 이 현상을 방지하는 데는 축의 취부, 이면의 다듬질 등에 주의하여야 하지만 이면에 걸리는 하중과 활동 속도에 적합한 점도 및 극압성을 가진 윤활유를 선정하는 것도 매우 중요하다.

74. 플랜지형 커플링의 센터링 작업을 할 때에 사용되는 다이얼 게이지 사용상 주의 사항으로 잘못된 것은? (12년 2회)

① 커플링이 가열되었어도 즉시 측정한다.
② 사용 중에는 다이얼 게이지 스핀들(spindle)에 기름을 주지 않는다.
③ 다이얼 게이지 눈금을 읽는 시선은 측정 면과 직각 방향이어야 한다.
④ 다이얼 게이지 스핀들의 선단을 손가락 끝으로 가볍게 밀어올리고 가만히 내린다.

해설 다이얼 게이지의 사용상 주의 사항
㉠ 다이얼 게이지의 선단을 손가락 끝으로 가볍게 밀어올리고 가만히 내린다.
㉡ 눈금을 읽는 시선은 측정 면과 직각 방향이어야 한다.
㉢ 단침(작은 바늘) 위치를 확인해 둔다.
㉣ 측정기와 피측정물은 깨끗이 한다.
㉤ 측정 전에 측정 부분의 먼지 혹은 이물질을 제거한다.
㉥ 사용 중 스핀들(spindle)에 기름을 주지 않는다.
㉦ 가열된 것은 식은 후에 측정한다(정밀 측정은 상온 20℃ 유지).
㉧ 게이지 설치 후 손가락으로 작동시켜 지침이 제자리에 되돌아오는가 확인한다.
㉨ 지지구는 변형되지 않고 안전성이 있는 것을 사용한다.
㉩ 충격을 주거나 떨어뜨리지 않는다.
㉪ 사용 후는 보관에 특히 유의하여야 한다(먼지, 파손, 분리 보관).
㉫ 지지 방법과 오차에 주의한다. 측정 면과 스핀들(spindle)의 운동 방향을 될 수 있는 한 직각이 되도록 지지한다.

75. 상온에서 유동적인 접착성 물질로 바른 후 일정 시간이 지난 후 건조되어 누설을 방지하는 개스킷은? (07년 1회/07년 3회)

① 고무 개스킷 ② 석면 개스킷
③ 액상 개스킷 ④ 글랜드 개스킷

76. 펌프의 동력이 급차단, 급기동 시에 관 내부의 압력이 상승 또는 하강하는 현상은 어느 것인가? (12년 3회)

① 서징(surging) 현상
② 부식(corrosion)
③ 캐비테이션(cavitation)
④ 수격 현상(water hammer)

정답 72. ① 73. ④ 74. ① 75. ③ 76. ④

77. 기어의 모듈이 M, 잇수를 Z라고 할 때 피치원 지름 D[mm]를 구하는 공식은 어느 것인가?

① $D=\frac{Z}{M}$ ② $D=MZ$

③ $D=\frac{Z}{\pi M}$ ④ $D=\frac{\pi Z}{M}$

78. 기계 분해 작업 시 이상 상황에 대한 주의 사항으로 틀린 것은?

① 부착물 등을 파악하고 확인한다.
② 분해 중 이상이 없는지 점검한다.
③ 표면이 손상되지 않도록 주의한다.
④ 회전 방지 로크(lock)는 철저히 확인한다.

79. 기름 펌프로 사용되는 펌프의 송출량(Q) 계산식으로 옳은 것은 어느 것인가? [단, Q : 송출량(l/min), h : 이의 높이(cm), b : 이의 폭(cm), N : 회전수(rpm), d : 피치원 지름(cm)] (10년 1회)

① $Q=\frac{\pi bdhN}{1000}$ ② $Q=\frac{1000bN}{\pi hd}$

③ $Q=\frac{\pi hN}{1000bd}$ ④ $Q=\frac{1000bh}{\pi dN}$

80. 일반 배관용 강관의 기호 중 배관용 탄소 강관을 나타내는 것은? (12년 2회)

① SPA ② SPW

③ SPP ④ SUS

정답 77. ② 78. ④ 79. ① 80. ③

2017년도 출제 문제

기계정비산업기사

❖ 2017년 3월 5일 시행

자격종목 및 등급(선택분야)	종목코드	시험시간	문제지형별	수검번호	성 명
기계정비산업기사	2035	2시간	A		

제 1 과목 공유압 및 자동화 시스템

1. 다음 회로의 명칭은? (06년 3회, 07년 3회)

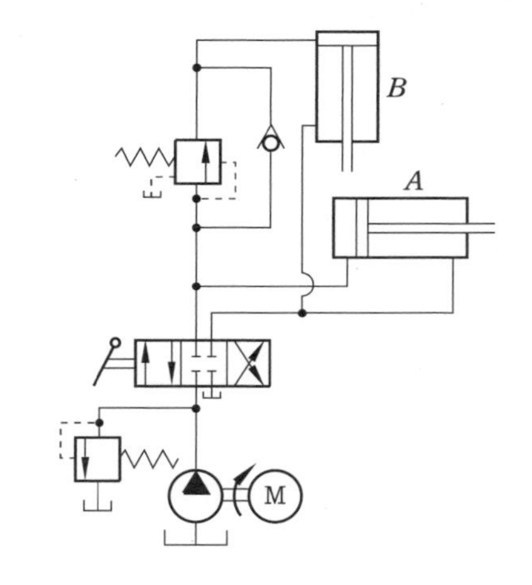

① 시퀀스 회로
② 미터 아웃 회로
③ 블리드 오프 회로
④ 카운터 밸런스 회로

해설 시퀀스 회로에는 전기, 기계, 압력에 의한 방식과 이들의 조합으로 된 것이 있다. 전기 방식은 거리가 떨어져 있는 경우, 환경이 좋고 가격 면에서 조금이라도 유압 밸브를 절약하고 싶을 때, 특히 시퀀스 밸브의 간섭을 받고 싶지 않을 때 사용된다. 그리고 기계 방식은 전기 방식보다 고장이 적고 작동이 확실하며, 밸브 간섭의 염려도 없다. 또, 압력 방식은 주위 환경의 영향을 좀처럼 받지 않고, 실린더 등의 작동부 가까이까지 배치하지 않아도 임의의 배관으로 가능하게 할 수 있다.

2. 다음 그림의 기호는 어떤 밸브인가? (07년 3회)

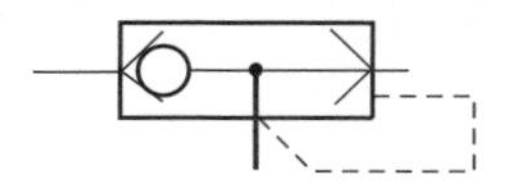

① 급속 배기 밸브
② 고압 우선형 밸브
③ 저압 우선형 밸브
④ 파일럿 조작 체크 밸브

해설 급속 배기 밸브(quick release valve or quick exhaust valve) : 액추에이터의 배출 저항을 적게 하여 실린더의 귀환 행정 시 일을 하지 않을 경우 귀환 속도를 빠르게 하는 밸브로 가능한 액추에이터 가까이에 설치한다. 충격 방출기는 급속 배기 밸브를 이용한 것이다.

3. 공기탱크와 공압 회로 내의 공기압을 규정 이상으로 상승되지 않도록 하며 주로 안전밸브로 사용되는 밸브는? (13년 2회)

① 감압 밸브 ② 교축 밸브
③ 릴리프 밸브 ④ 시퀀스 밸브

4. 토출되는 압축 공기가 왕복 운동을 하는 피스톤과 직접 접촉하지 않아 주로 깨끗한 환경에 사용되는 압축기는? (12년 2회)

① 격판 압축기 ② 베인 압축기

정답 1. ① 2. ① 3. ③ 4. ①

③ 스크루 압축기 ④ 피스톤 압축기

해설 왕복 피스톤 압축기에는 피스톤 압축기, 격판 압축기가 있고, 고압 성향은 피스톤 압축기이다.

5. 그림에서 팽창 측과 수축 측의 부하가 같고, 로드 측의 밸브 C를 닫았을 때 압력 p_2는? (단, $D = 50$ mm, $d = 25$ mm, $p_1 = 30$ kgf/cm^2)

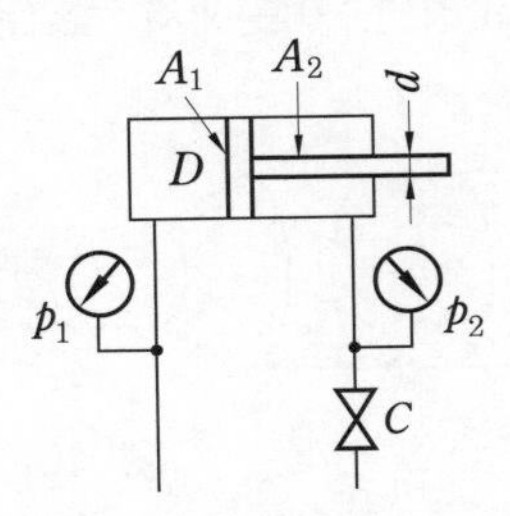

① 10 kgf/cm^2 ② 20 kgf/cm^2
③ 30 kgf/cm^2 ④ 40 kgf/cm^2

해설 $A_1 = \frac{\pi D^2}{4} = \frac{\pi \times 5^2}{4} = 19.63\,\text{cm}^2$

$$A_2 = \frac{\pi(D^2 - d^2)}{4} = \frac{\pi \times (5^2 - 2.5^2)}{4} = 14.73\,\text{cm}^2$$

$$F_1 = F_2$$

$$p_2 = \frac{A_1 \times p_1}{A_2} = \frac{19.63 \times 30}{14.73} = 39.98\,\text{kgf/cm}^2$$

6. 유압 기기에 적용되는 파스칼 원리에 대한 설명으로 맞는 것은? (13년 2회)

① 일정한 부피에서 압력은 온도에 비례한다.
② 일정한 온도에서 압력은 부피에 반비례한다.
③ 밀폐된 용기 내의 압력은 모든 방향에서 동일하다.
④ 유체의 운동 속도가 빠를수록 배관의 압력은 낮아진다.

해설 파스칼의 원리 : 정지된 유체 내의 모든 위치에서의 압력은 방향에 관계없이 항상 같으며, 직각으로 작용한다.

7. 공압 모터의 사용상 주의 사항으로 가장 거리가 먼 것은?

① 저온에서 사용 시 결빙에 주의한다.
② 모터의 진동 및 소음 문제로 밸브는 모터에서 먼 곳에 설치한다.
③ 반드시 윤활기를 사용하고 윤활유 공급이 중단되어 소손되지 않도록 한다.
④ 모터의 성능이 충분히 확보되도록 배관 및 밸브는 가능한 한 유효 단면적이 큰 것을 사용한다.

해설 공압 모터 사용상 주의 사항
㉠ 공압 모터의 성능이 충분히 확보되도록 배관 및 밸브는 될 수 있는 한 유효 단면적이 큰 것을 사용하고, 밸브는 가급적 공기압 모터의 가까이에 설치한다.
㉡ 공기압 모터는 일반적으로 급유를 필요로 하므로 반드시 윤활기를 사용하고 윤활유 공급이 중단되어 타지 않도록 주의한다.
㉢ 내부의 단열 팽창에 의해 항상 냉각되므로 고속 회전 및 저온에서의 사용에 있어 결빙에 주의하고, 경우에 따라 에어 드라이어를 설치한다.

8. 유압 모터의 특징으로 옳지 않은 것은?

① 점도 변화에 영향이 적다.
② 소형·경량으로서 큰 출력을 낼 수 있다.
③ 작동유 내에 먼지나 공기가 침입하지 않도록, 특히 보수에 주의하여야 한다.
④ 작동유는 인화하기 쉬우므로 화재 염려가 있는 곳에서의 사용은 곤란하다.

9. 어큐뮬레이터의 사용 목적이 아닌 것은 어느 것인가? (13년 1회)

① 일정 압력 유지

2017

정답 5. ④ 6. ③ 7. ② 8. ① 9. ④

② 충격 및 진동 흡수
③ 유압 에너지의 저장
④ 실린더 추력의 증가

해설 실린더 추력이 증가하려면 압력이 높아져야 하는데, 이는 어큐뮬레이터의 사용과 관계가 없다.

10. 4포트 3위치 밸브 중 중립 위치에서 펌프를 무부하시킬 수 있는 것은?

①
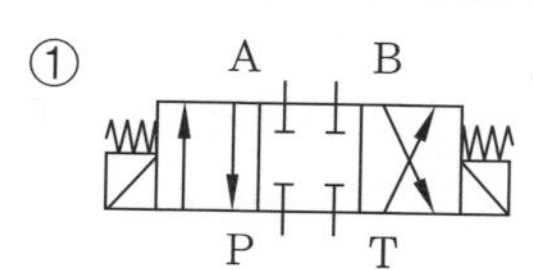

②
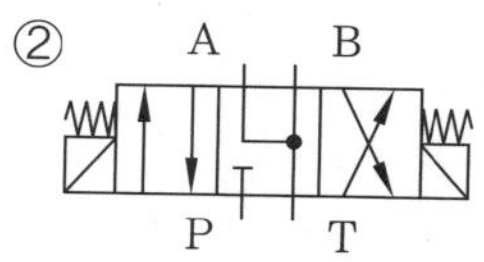

③
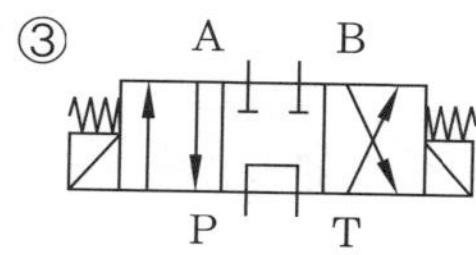

④
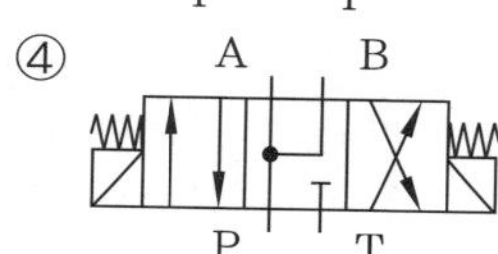

11. 압력을 검출할 수 있는 센서는?

① 리졸버　② 유도형 센서
③ 용량형 센서　④ 스트레인 게이지

12. 시간의 변화에 대해 연속적 출력을 갖는 신호는?

① 디지털 신호　② 접점의 개폐
③ 아날로그 신호　④ ON-OFF 신호

13. 스핀들 리드가 20 mm이고 회전각이 180°인 스텝 모터의 이송거리(mm)는?

① 5　② 10
③ 15　④ 20

해설 이송 거리

$$S = \frac{h}{360} \times \alpha = \frac{20}{360} \times 180 = 10$$

여기서, h는 스핀들 리드, α는 회전각이다.

14. A_1의 면적이 20 cm^2일 때 이곳에서 흐르는 물의 속도 V_1은 10 m/s이다. A_2의 면적이 5 cm^2라면, 이곳에서 흐르는 물의 속도 V_2(m/s)는?

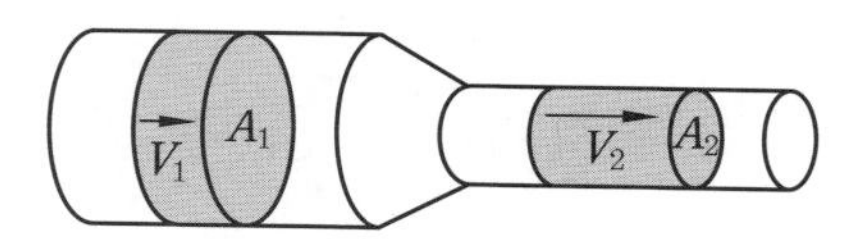

① 2　② 40
③ 100　④ 1000

해설 $Q = A_1 V_1 = A_2 V_2$,

$20 \times 10 = 5 \times V_2$

$V_2 = 40$

15. 펌프에서 소음이 나는 원인으로 적합하지 않은 것은?

① 공기의 침입
② 이물질의 침입
③ 작동유의 과열
④ 펌프의 흡입 불량

해설 펌프 소음 결함의 원인
㉠ 펌프 흡입 불량
㉡ 공기 흡입 밸브 불량
㉢ 필터 막힘
㉣ 이물질 침입
㉤ 작동유 점성 증대
㉥ 구동 방식 불량
㉦ 펌프 고속 회전
㉧ 외부 진동
㉨ 펌프 부품의 마모, 손상

16. 다음 회로에서 점선 안에 있는 제어기의 명

정답 10. ③ 11. ③ 12. ③ 13. ② 14. ② 15. ③ 16. ④

칭은?

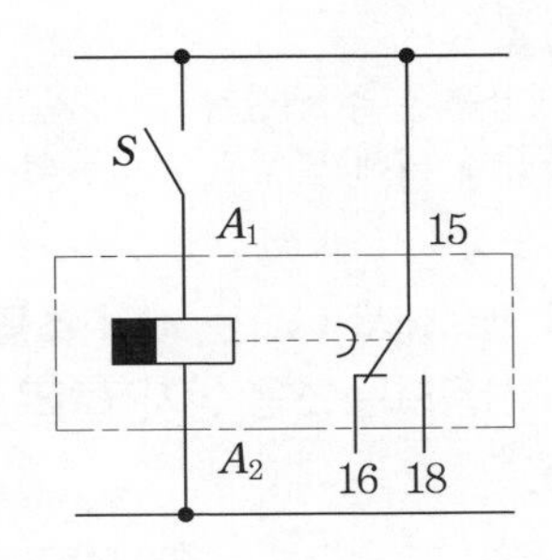

① 카운터
② 플리커 릴레이
③ ON 지연 타이머
④ OFF 지연 타이머

17. 2 kbit에 대한 설명이다. 맞는 것은?

① 1024 bit ② 2000 bit
③ 125 byte ④ 256 byte

해설 1 kbit는 1024 bit이고, 8 bit가 1 byte이므로 2 kbit는 256 byte이다.

18. 작업 요소의 작업 순서가 표시되고, 각 요소의 관계는 스텝별로 비교될 수 있는 것은?

① 논리도 ② 제어 선도
③ 파레토도 ④ 변위-단계 선도

19. 두 개의 복동 실린더가 직렬로 하나의 유니트에 조합되어 가압하면 약 2배의 추력을 얻을 수 있는 구조의 실린더는?

① 격판 실린더
② 충격 실린더
③ 탠덤 실린더
④ 다위치 제어 실린더

20. 실제 시간과 관계된 신호에 의해서 제어가 이루어지는 것은?

① 논리 제어 ② 동기 제어
③ 비동기 제어 ④ 시퀀스 제어

해설 ㉠ 동기 제어계 : 실제의 시간과 관계된 신호에 의하여 제어가 행해지는 시스템
㉡ 비동기 제어계 : 시간과 관계없이 입력 신호의 변화에 의해서만 제어가 행해지는 시스템

제 2 과목 설비 진단 및 관리

21. 윤활유를 사용하는 목적이 아닌 것은?

① 감마 작용 ② 냉각 작용
③ 방청 작용 ④ 응력 집중 작용

해설 윤활유의 작용 : 감마 작용, 냉각 작용, 응력 분산 작용, 밀봉 작용, 청정 작용, 녹 방지 및 부식 방지, 방청 작용, 방진 작용, 동력 전달 작용

22. 공진(resonance)에 관한 설명으로 옳은 것은?

① 진동 파형의 순간적인 위치 및 시간의 지연
② 수직과 수평 방향으로 동시에 발생하는 진동
③ 고유진동수와 강제진동수가 일치할 때 진폭이 증가하는 현상
④ 연결된 두 개의 축 중심이 일치하지 않을 때 발생하는 진동

23. 기계 진동의 발생에 따른 문제점으로 가장 관련성이 적은 것은?

① 기계의 수명 저하
② 고유 진동수의 증가
③ 기계 가공 정밀도의 저하
④ 진동체에 의한 소음 발생

24. 제품에 대한 전형적인 고장률 패턴인 욕조곡선 중 우발 고장기간에 발생할 수 있는 원

2017

정답 17. ④ 18. ④ 19. ③ 20. ② 21. ④ 22. ③ 23. ② 24. ④

인이 아닌 것은? (10년 1회, 12년 1회)

① 안전계수가 낮은 경우
② 사용자 과오가 발생한 경우
③ 스트레스가 기대 이상인 경우
④ 디버깅 중에 발견된 고장이 발생된 경우

해설 디버깅 중에 발견되지 못한 고장이 발생한 경우는 우발 고장기간에 발생할 수 있는 우발 발생원인이다.

25. 보전 표준의 종류 중 진단(diagnosis) 방법, 항목, 부위, 주기 등에 대한 것이 표준화 대상인 것은? (09년 1회, 14년 3회)

① 수리 표준
② 작업 표준
③ 설비 점검 표준
④ 일상 점검 표준

해설 진단 방법, 항목, 부위, 주기 등에 대한 표준화 대상은 설비 점검 표준이다.

26. 설비 보전 관리 시스템의 지속적인 개선을 위한 사이클로 맞는 것은? (14년 1회)

① P(계획) – D(실시) – A(재실시) – C(분석)
② P(계획) – D(실시) – C(분석) – A(재실시)
③ P(계획) – A(재실시) – C(분석) – D(실시)
④ P(계획) – A(재실시) – D(실시) – C(분석)

해설 지속적인 관리 사이클은 P – D – C – A 이다.

27. 로스 계산 방법 중 설비의 종합 이용 효율과 관계가 가장 먼 것은? (11년 1회, 14년 3회

① 양품률 ② 에너지 효율
③ 시간 가동률 ④ 성능 가동률

해설 종합 효율(overall equipment effectiveness) : TPM에서는 설비의 가동 상태를 측정하여 설비의 유효성을 판정한다. 즉, 유효성은 설비의 종합 효율로 판단된다.

㉠ 종합 효율 = 시간 가동률 × 성능 가동률 × 양품률
㉡ 양품률은 총 생산량 중 재가공 또는 공정 불량에 의해 발생된 불량품의 비율이다.

28. 공압 밸브에서 나오는 배기 소음을 줄이기 위하여 사용되는 소음 방지장치로 가장 적당한 것은? (12년 1회)

① 차음벽 ② 진동 차단기
③ 댐퍼(damper) ④ 소음기(silencer)

해설 관로를 통과할 때 나오는 소음을 방지하는 장치로 소음기를 사용한다.

29. 주기(T), 주파수(f), 각진동수(ω)의 관계가 옳은 것은? (12년 2회)

① $\omega = 2\pi T$ ② $\omega = 2\pi f$
③ $\omega = \pi T$ ④ $\omega = \pi f$

해설 $\omega = 2\pi f$이며 $\omega = \frac{2\pi}{T}$이다.

30. 설비 보전 자재 관리의 활동 영역과 거리가 먼 것은? (13년 1회)

① 보전 자재 범위 결정
② 보전 자재 재고 관리
③ 설비 손실(loss) 관리
④ 구매 또는 제작 의사 결정

31. 설비 보전 조직에 있어서 지역 보전의 특징이 아닌 것은? (08년 3회)

① 근무시간의 교대가 유기적이다.
② 생산 라인의 공정 변경이 신속히 이루어진다.
③ 1인으로 보전에 관한 전 책임을 지고 있다.
④ 보전 감독자나 보전 작업원들은 생산 계획, 생산성의 문제점, 특별 작업 등에 관하여 잘 알게 된다.

정답 25. ③ 26. ② 27. ② 28. ④ 29. ② 30. ③ 31. ③

해설 1인으로 보전에 관한 전 책임을 지고 있는 것은 집중 보전의 장점이다.

32. 설비의 열화 현상 중 돌발 고장의 현상이 아닌 것은? (04년 1회)

① 기계 축 절단
② 전기 회로 단선
③ 압축기 피스톤 링 마모
④ 과부하로 인한 모터 소손

33. 센서 부착 방법 중 일반적인 에폭시 시멘트 고정의 특징으로 틀린 것은?

① 고정이 빠르다.
② 먼지와 습기가 많아도 접착에는 문제가 없다.
③ 사용할 수 있는 주파수 영역이 넓고 정확도와 안정성이 좋다.
④ 에폭시를 사용할 경우 고온에서 문제가 발생될 수 있다.

34. 기계의 공진을 제거하는 방법으로 맞지 않는 것은?

① 우발력을 증대시킨다.
② 기계의 강성을 보강한다.
③ 기계의 질량을 바꾸어 고유진동수를 변화시킨다.
④ 우발력의 주파수를 기계의 고유진동수와 다르게 한다.

해설 공진 현상이란 고유진동수와 강제진동 수가 일치할 경우 진폭이 크게 발생하는 현상이다. 기계나 부품에 충격을 가하면 공진 상태가 존재하는데, 이러한 공진 상태를 제거하는 방법에는 다음 3가지 방법이 있다.
㉠ 우발력의 주파수를 기계의 고유진동수 와 다르게 한다(회전수 변경).
㉡ 기계의 강성과 질량을 바꾸고 고유진동수를 변화시킨다(보강 등).
㉢ 우발력을 없앤다(실제로는 밸런싱과 센터링으로는 충분치 않은 경우 고유진동수와 우발력의 주파수는 되도록 멀리한다).

35. 품질 개선 활동 시 사용하는 현상 파악 방법 중 공정에서 취득한 계량치 데이터가 여러 개 있을 때 데이터가 어떤 값을 중심으로 어떤 모습으로 산포하고 있는지를 조사하는 데 사용하는 방법은?

① 산정도 ② 그래프
③ 파레토도 ④ 히스토그램

36. 작업이 표준화되고 대량 생산에 적합한 설비 배치로 일명 라인별 배치라고도 하는 것은?

① 기능별 설비 배치
② 제품별 설비 배치
③ 혼합형 설비 배치
④ 제품 고정형 설비 배치

37. 설비 보전의 발전 순서가 올바르게 나열된 것은?

① 사후 보전 – 예방 보전 – 생산 보전 – 개량 보전 – 보전 예방 – TPM
② 사후 보전 – 생산 보전 – 보전 예방 – 개량 보전 – 예방 보전 – TPM
③ 예방 보전 – 사후 보전 – 생산 보전 – 개량 보전 – 보전 예방 – TPM
④ 예방 보전 – 사후 보전 – 보전 예방 – 개량 보전 – 생산 보전 – TPM

해설

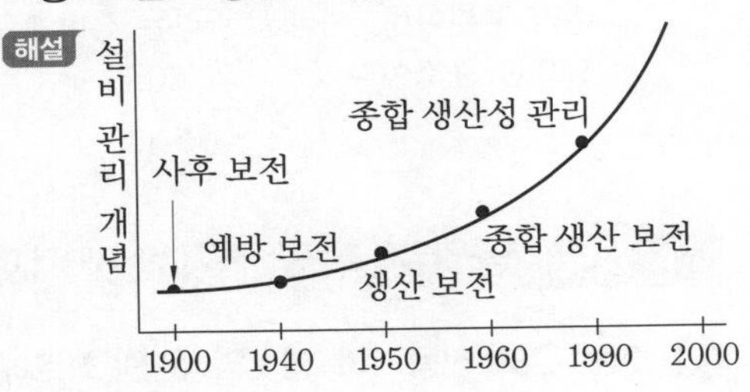

38. 회전기계에서 발생하는 이상 현상 중 언밸

정답 32. ③ 33. ② 34. ① 35. ④ 36. ② 37. ① 38. ①

런스나 베어링 결함 등의 검출에 가장 널리 사용되는 설비 진단 기법은? (14년 3회)

① 진동법 ② 오일 분석법
③ 응력 해석법 ④ 페로그래피법

39. 설비 배치 계획이 필요한 경우가 아닌 것은?

① 시제품 제조 ② 작업장 축소
③ 새 공장 건설 ④ 작업 방법 개선

해설 설비 배치 계획이 필요한 경우
㉠ 새 공장의 건설
㉡ 새 작업장의 건설
㉢ 작업장의 확장
㉣ 작업장의 축소
㉤ 작업장의 이동
㉥ 신제품의 제조
㉦ 설계 변경
㉧ 작업 방법의 개선 등

40. 정비 계획을 수립할 때 주어진 조건을 조합하여 최적 보수 비용, 최적 수리시간 등을 결정한다. 이때 주어진 조건이 아닌 것은?

① 계측 관리 ② 생산 계획
③ 설비 능력 ④ 수리 형태

해설 정비 계획 수립 시 고려할 사항
㉠ 정비 비용
㉡ 수리시기
㉢ 수리시간
㉣ 수리요원
㉤ 생산 및 수리계획
㉥ 일상 점검 및 주간, 월간, 연간 등의 정기 수리 구분이며, 예비품 관리는 정비계획에 필요한 요소이다.

제 3 과목 공업 계측 및 전기 전자 제어

41. 3상 유도 전동기의 정·역 운전 회로에서 정·역 동시 투입에 의한 단락 사고를 방지하기 위하여 사용하는 회로는?

① 인터록 회로 (08년 3회, 11년 3회, 16년 3회)
② 자기 유지 회로
③ 플러깅 회로
④ 시한 동작 회로

42. 미리 정해진 공정에 따라 제어를 진행하는 것은? (03년 1회)

① 정치 제어 ② 추종 제어
③ 비율 제어 ④ 프로그램 제어

해설 프로그램 제어 : 제어량을 미리 정하는 프로그램에 따라 변화시키는 것을 목적으로 하는 제어를 말한다. 예를 들면 온도를 제어할 경우 캠을 사용하여 기계적으로 목표값을 이동시키거나 또는 타이머에 의해서 전기적으로 제어를 하는 것이다.

43. 직류기의 3대 요소는?

① 계자, 전기자, 보주
② 전기자, 보주, 정류자
③ 계자, 전기자, 정류자
④ 전기자, 정류자, 보상 권선

44. 5 kgf/cm^2와 같은 압력은?

① 50 mHg ② 3.68 mAq
③ 61.1 psi ④ 490 kPa

45. 블록 선도에서 블록을 잇는 선은 무엇을 표시하는가? (11년 3회)

① 변수의 흐름 ② 대상의 흐름
③ 공정의 흐름 ④ 신호의 흐름

해설 블록 : 입출력 사이의 전달 특성을 나타내는 신호 전달 요소로 4각의 블록과 화살표 선을 가지고 있다.

46. 인덕턴스 회로의 설명으로 틀린 것은?

① 전압은 전류보다 위상이 90° 앞선다.
② 전압과 전류는 동일 주파수의 정현파

정답 39. ① 40. ① 41. ① 42. ④ 43. ③ 44. ④ 45. ④ 46. ③

이다.

③ 코일은 일반적으로 순수한 L값만을 가진다.

④ 전압과 전류의 실효치의 비는 $X_L = \omega L$과 같다.

해설 코일은 저항 R이다.

47. 액위 측정장치로서 원리와 구조가 간단하며 고온 및 고압에도 사용할 수 있어 공업용으로 많이 쓰이는 직접식 액위계는? (06년 1회)

① 압력식 액위계 ② 기포식 액위계
③ 초음파식 액위계 ④ 플로트식 액위계

해설 부자식 액면계(플로트식 액면계) : 액면의 변화에 대한 부자의 변위를 와이어(wire)나 금속 테이프, 스프로킷(sprocket) 등을 넣어 풀리 또는 스프로킷의 회전량으로서 얻어 내이 양으로 직접 바늘을 움직이거나 전기식, 공기식, 디지털식, 싱크로식 위치 발신기와 결합해서 원격 전송한다. 측정 원리가 원시적이기 때문에 고정도이고 오차가 측정 범위에 관계없이 거의 일정한 것이 특징이다.

48. 다음의 특성 방정식을 갖는 시스템의 안정도는? (11년 3회)

$$s^3 + ss^2 + 20s + 100 = 0$$

① 안정하다.
② 불안정하다.
③ 고주파 영역에서만 안정하다.
④ 안정, 불안정 여부를 파악할 수 없다.

49. 최대 눈금의 1 % 확도를 갖는 0~300 V 전압계를 사용해서 측정한 전압이 120 V일 때 제한 오차를 백분율로 계산하면 약 몇 %인가?

① 1.0 ② 1.5
③ 2.0 ④ 2.5

50. 온도가 변화함에 따라 저항값이 변화하는 특성을 이용하여 온도를 검출하는 데 사용되는 반도체는? (14년 2회)

① 발광 다이오드
② CdS(황화카드뮴)
③ 배리스터(varistor)
④ 서미스터(thermistor)

해설 서미스터 : 온도의 변화에 의해서 소자의 전기 저항이 크게 변화하는 표적 반도체 감온 소자로 열에 민감한 저항체(thermal sensitive resistor)이다.

51. 다음 중 불 대수의 법칙으로 옳지 않은 것은? (12년 3회)

① $A+1=1$ ② $A \cdot 1 = A$
③ $A+\overline{A}=A$ ④ $A \cdot \overline{A}=0$

해설 $A+\overline{A}=1$

52. 그림과 같은 반전 증폭기의 입력 전압과 출력 전압의 비, 즉 전압 이득을 옳게 표현한 식은? (07년 1회, 10년 2회)

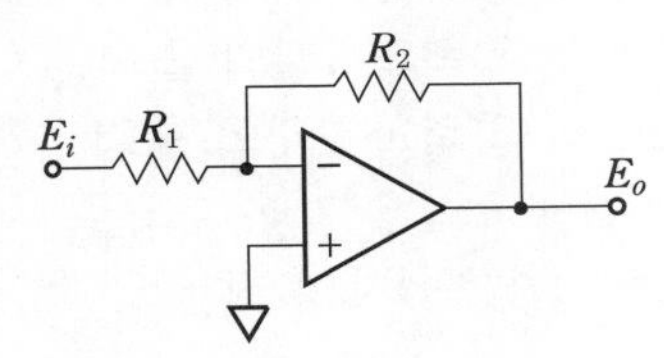

① $\dfrac{R_2}{R_1}$ ② $-\dfrac{R_2}{R_1}$
③ $\left(1+\dfrac{R_2}{R_1}\right)$ ④ $\left(1-\dfrac{R_2}{R_1}\right)$

해설 반전 증폭기 : 출력 극성 위상이 입력 극성(위상)과 반대로 되는 증폭기로 이득은 $A_V = \dfrac{V_o}{V_i} = \dfrac{R_2}{R_1}$이다. 즉 증폭기의 이득은 두 저항의 비로 정해지며 극성은 반대로 된다.

53. 직류 직권 전동기의 벨트 운전을 금하는 이유는? (12년 2회)

2017

정답 47. ④ 48. ② 49. ④ 50. ④ 51. ③ 52. ② 53. ④

① 출력이 감소하므로
② 손실이 많이 발생하므로
③ 과대 전압이 유기되므로
④ 벨트가 벗겨지면 무구속 속도가 되므로

54. 논리식 $Y=A\cdot\overline{A}+B$를 간단히 한 식은 어느 것인가? (12년 2회)

① $Y=A$ ② $Y=B$
③ $Y=\overline{A}+B$ ④ $Y=1+B$

55. 잔류 편차를 제거하기 위해 사용하는 제어계는?

① 비례 제어 ② ON·OFF 제어
③ 비례 적분 제어 ④ 비례 미분 제어

56. 연산 증폭기(op-amp)의 입력단과 출력단의 구성은? (14년 3회)

① 1개의 입력과 1개의 출력
② 1개의 입력과 2개의 출력
③ 2개의 입력과 1개의 출력
④ 2개의 입력과 2개의 출력

해설 비반전(+) 및 반전(−) 전원 2개와 1개의 출력 단자를 가지고 있다.

57. 이상적인 연산 증폭기의 특징이 아닌 것은?

① CMRR = ∞
② 전압 이득 = 0
③ 출력 임피던스 = 0
④ 입력 임피던스 = 0

해설 전압 이득이 무한이어야 한다.

58. 단상 교류 전력 측정법과 가장 관계가 없는 것은?

① 2전력계법 ② 3전압계법
③ 3전류계법 ④ 단상전력계법

59. 40 Ω의 저항에 5 A의 전류가 흐르면 전압은 몇 V인가? (13년 1회)

① 8 ② 100
③ 200 ④ 400

해설 $V=IR=5\times40=200\text{V}$

60. 유접점 방식의 시퀀스 제어에 사용되는 것은? (10년 2회)

① 다이오드 ② 트랜지스터
③ 사이리스터 ④ 전자 개폐기

제 4 과목 기계 정비 일반

61. 배관 계통의 정비를 위하여 분해할 필요가 있는 곳에 사용하는 관 이음쇠로 맞는 것은? (10년 3회, 12년 1회)

① 니플 ② 엘보
③ 리듀서 ④ 유니언

해설 ㉠ 영구관 이음쇠 : 주로 용접, 납땜에 의하여 관을 연결하는 것
㉡ 착탈관 이음쇠 : 나사관 이음쇠, 유니언 조인트관, 플랜지관 이음쇠
㉢ 신축관 이음쇠

62. 다음 V-벨트의 종류 중 단면이 가장 작은 것은? (09년 3회)

① A형 ② B형
③ E형 ④ M형

해설 V 벨트는 M, A, B, C, D, E의 여섯 가지가 있으며 M형의 단면적이 제일 작다(KS M 6535).

63. 체인을 걸 때 이음 링크를 관통시켜 임시 고정시키고 체인의 느슨한 측을 손으로 눌러 보고 조정해야 하는데 아래 그림에서 S-S'가 어느 정도일 때 적당한가? (08년 1회, 13년 1회)

정답 54. ② 55. ③ 56. ③ 57. ② 58. ① 59. ③ 60. ④ 61. ④ 62. ④ 63. ②

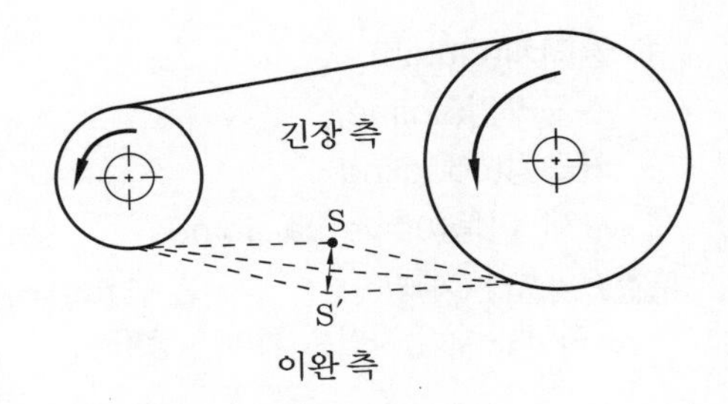

① 체인 폭의 1~2배
② 체인 폭의 2~4배
③ 체인 피치의 1~2배
④ 체인 피치의 2~4배

해설 축 사이의 거리에 다르지만 느슨한 측을 손으로 눌러 보고 S−S′가 체인 폭의 2~4배 정도면 적당하다.

64. 용적형 회전 펌프가 아닌 것은?

① 기어 펌프 ② 베인 펌프
③ 나사 펌프 ④ 터빈 펌프

65. 임펠러(impeller)의 진동 원인으로 볼 수 없는 것은?

① 임펠러(impeller)의 부식 마모
② 임펠러(impeller)의 낮은 회전수
③ 임펠러(impeller)의 질량 불평형
④ 임펠러(impeller)에 더스트(dust) 부착

해설 임펠러가 부식 마모로 침해되거나 먼지 등이 부착하면 불균형이 생기기 쉬우며 이상 진동의 원인이 된다. 이물질의 부착에 의한 진동은 이것을 완전히 제거하고, 부식 마모의 경우는 보수하든지 교체해야 한다.

66. 송풍기의 축 설치와 조정 방법 중 옳은 것은?

① 베어링 케이스와 축 관통부 축과의 틈새의 차가 0.5 mm 이하이어야 한다.
② 베어링 케이스와 축 관통부 축과의 틈새의 차가 0.5 mm 이상이어야 한다.
③ 전동기 축과 반전동기 축의 수평부에 수준기를 놓고 수준기의 좌·우의 구배의 차가 0.2 mm 이하이어야 한다.
④ 전동기 축과 반전동기 축의 수평부에 수준기를 놓고 수준기의 좌·우의 구배의 차가 0.05 mm 이하이어야 한다.

해설 축의 설치와 조정 : 임펠러가 붙여질 축(구름 베어링의 경우는 베어링 또는 베어링 케이스도 함께 붙여 둔다.)을 설치한 후 전동기 축과 반전동기 축의 수평부에 수준기를 놓고 수준기의 좌·우의 구배의 차가 0.05 mm 이하, 또 베어링 케이스의 축 관통부의 축과의 틈새의 차가 0.2 mm 이하가 되도록 베드 밑쪽에 라이너로 조정한다.

67. 펌프를 정격 유량 이하의 부분 유량으로 운전 시 발생하는 현상이 아닌 것은? (11년 2회)

① 임펠러에 작용하는 추력의 증가
② 차단점 부근에서 펌프 과열 현상
③ 고양정 펌프는 차단점 부근에서 수온 저하 발생
④ 특성 곡선의 변곡점 부근에서 생기는 소음 및 진동 발생

68. 효율이 높은 터보 팬의 베인의 방향으로 맞는 것은?

① 사류 베인 ② 횡류 베인
③ 후향 베인 ④ 가변익 베인

해설 송풍기의 케이스 흡입구에 붙인 가변 날개에 의해서 풍량을 조절하는 방법이다. 풍량이 큰 범위에서는(80 % 전후까지) 송풍기의 회전을 변경시키는 방법보다 효율이 좋고 오히려 더 경제적이나, 다익형 날개를 갖는 송풍기에는 별로 효과가 없고 한정 부하 팬, 터보 팬에서는 효과가 좋다. 이 제어는 수동으로도 되지만 온도, 습도에 따라 자동으로 조절할 수 있다.

69. 나사의 피치가 2 mm이고, 2줄 나사일 때

2017

정답 64. ④ 65. ② 66. ④ 67. ③ 68. ③ 69. ④

리드는 몇 mm인가?

① 1 ② 2
③ 3 ④ 4

해설 $L=np$

70. 압축기에 부착된 밸브의 조립에 관한 설명으로 틀린 것은? (13년 3회)

① 밸브 홀더 볼트는 서로 다른 토크로 잠근다.
② 밸브 컴플릿(complete)을 실린더 밸브 홀에 부착한다.
③ 실린더 밸브 홈에서 시트 패킹의 오물을 청소한 후 조립한다.
④ 시트 패킹을 물고 있지 않는지 밸브를 좌우로 회전시켜 확인한다.

71. 글로브 밸브의 일종으로 L형 밸브라고도 하며 관의 접속구가 직각으로 되어 있는 밸브는? (13년 3회)

① 체크 밸브 ② 앵글 밸브
③ 게이트 밸브 ④ 버터플라이 밸브

72. 열박음 가열 작업 시 주의 사항으로 틀린 것은?

① 조립 후 냉각할 때는 급랭해서는 안 된다.
② 중심에서 둘레로 서서히 균일하게 가열한다.
③ 대형 부품을 열박음할 때는 기중기를 사용한다.
④ 250℃ 이상으로 가열하면 재질의 변화와 변형이 발생한다.

해설 둘레에서 중심으로 서서히 균일하게 가열하여야 한다.

73. 운전 중에 두 축을 결합시키거나 떼어 놓을 수 있도록 한 축이음은?

① 클러치(clutch)
② 스플라인(spline)
③ 커플링(coupling)
④ 자재 이음(universal joint)

해설 커플링, 자재 이음은 두 축을 연결하는 고정 축이음, 스플라인은 키의 일종이다.

74. 스패너를 사용하여 볼트를 체결할 때 힘이 작용하는 점까지의 스패너 길이를 L, 볼트에 작용하는 토크를 T라고 하면 가하는 힘 F는?

① $F=\dfrac{T}{L}$ ② $F=\dfrac{L}{T}$
③ $F=L^2\times T$ ④ $F=\dfrac{T}{L^2}$

75. 왕복 펌프의 종류가 아닌 것은? (11년 3회)

① 기어 펌프 ② 피스톤 펌프
③ 플런저 펌프 ④ 다이어프램 펌프

해설 기어 펌프는 회전 펌프이며, 왕복 펌프의 종류에는 피스톤 펌프, 플런저 펌프, 다이어프램 펌프, 윙 펌프 등이 있다.

76. 센터링 불량으로 인한 현상이 아닌 것은 어느 것인가? (10년 3회, 14년 2회)

① 기계 성능이 저하된다.
② 축의 진동이 증가된다.
③ 동력의 전달이 원활하다.
④ 베어링부의 마모가 심하다.

해설 센터링이 불량할 때의 현상
㉠ 진동이 크다.
㉡ 축의 손상(절손 우려)이 심하다.
㉢ 베어링부의 마모가 심하다.
㉣ 구동 전달이 원활하지 못하다.
㉤ 기계 성능이 저하된다.

77. 프로펠러의 양력으로 액체의 흐름을 임펠러에 대한 축 방향으로 평행하게 흡입, 토출

정답 70. ① 71. ② 72. ② 73. ① 74. ① 75. ① 76. ③ 77. ④

하는 것으로 대구경, 대용량이며, 비교적 낮은 양정(1~5 m)이 필요한 곳에 사용되는 펌프는?

① 기어 펌프
② 수격 펌프
③ 원심 펌프
④ 축류 펌프

78. 소음과 진동이 적고 역전을 방지하는 기능이 있으며 효율이 낮고 호환성이 없는 기어는? (13년 2회)

① 웜 기어
② 스퍼 기어
③ 베벨 기어
④ 하이포이드 기어

해설 웜 기어는 감속비가 매우 커서 8~100까지도 가능하며 소음과 진동이 적고 역전을 방지하는 기능이 있다. 그러나 효율이 낮고 호환성이 없으며 값이 비싼 단점이 있다.

79. 전 기어의 표면 피로에 의한 손상으로 가장 적합한 것은? (12년 3회)

① 습동 마모 ② 피닝 항복
③ 파괴적 피팅 ④ 심한 스코어링

해설 ①은 마모, ②는 소성 항복, ④는 용착 현상이다.

- 정상 마모(normal wear) : 기어가 회전하면 이면에 윤활제가 충분히 공급되더라도 장기간 중에 경미한 마모가 진행되면 이면의 연삭이나 절삭 모양이 점차로 마모된다. 그러나 그 정도는 기어의 성능이나 수명에는 거의 악영향을 미치지 않으며 오히려 이면의 맞물림이 잘되도록 작동을 한다.

80. 직접 측정기가 아닌 것은?

① 측장기
② 마이크로미터
③ 다이얼 게이지
④ 버니어 캘리퍼스

2017

정답 78. ① 79. ③ 80. ③

❖ 2017년 5월 7일 시행

자격종목 및 등급(선택분야)	종목코드	시험시간	문제지형별	수검번호	성 명
기계정비산업기사	2035	2시간	A		

제 1 과목 공유압 및 자동화 시스템

1. 톱니바퀴처럼 한 쌍의 로터가 케이싱 내에서 맞물려 회전하며 유압유를 흡입 및 토출시키는 원리의 유압 펌프가 아닌 것은?

① 기어 펌프 ② 로브 펌프
③ 터빈 펌프 ④ 트로코이드 펌프

해설 기어 펌프에는 내접·외접 기어 펌프, 로브 펌프, 트로코이드 펌프 등이 있다.

2. 피스톤에 공기 압력을 급격하게 작용시켜 피스톤을 고속으로 움직이고, 이때의 속도 에너지를 이용한 실린더는?

① 충격 실린더
② 로드리스 실린더
③ 다위치 제어 실린더
④ 텔레스코프 실린더

3. 공유압 회로 작성 방법 중 2개 이상의 기능을 갖는 유닛을 포위하는 선으로 맞는 것은? (07년 3회)

① 실선 ② 파선
③ 1점 쇄선 ④ 2점 쇄선

해설 2개 이상의 기호가 1개의 유닛에 포함되어 있는 경우에는 특정한 것을 제외하고 전체를 1점 쇄선의 포위선 기호에 둘러싼다. 단, 단일 기능의 간략 기호에는 통상 포위선을 필요로 하지 않는다.

4. 절대압력을 올바르게 표현한 것은?

① 절대압력은 게이지압력을 말한다.
② 절대압력은 표준 대기압력보다 항상 높다.
③ 절대압력은 대기압을 '0'으로 하여 측정한 압력이다.
④ 절대압력은 완전한 진공을 '0'으로 하여 측정한 압력이다.

5. 공기 압축기의 용량 제어 방식이 아닌 것은?

① 고속 제어 ② 배기 제어
③ 차단 제어 ④ ON-OFF 제어

6. 방향 제어 밸브의 연결구 표시 방법 중 'R'이 의미하는 것은?

① 배출구 ② 작업 라인
③ 제어 라인 ④ 에너지 공급구

7. 다음 회로의 속도 제어 방식으로 옳은 것은?

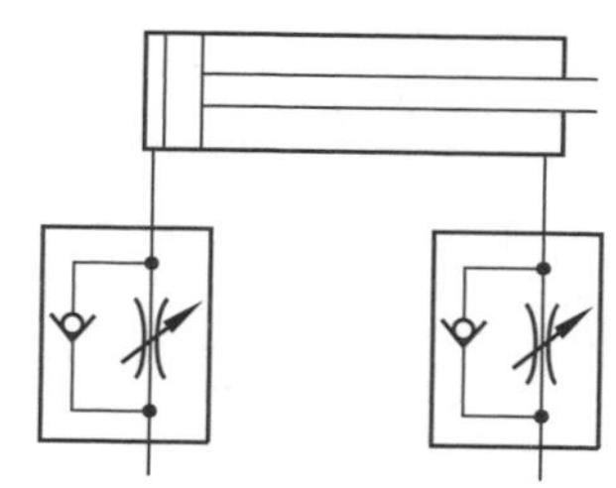

① 전진 시 미터 인, 후진 시 미터 인 제어 회로
② 전진 시 미터 인, 후진 시 미터 아웃 제어 회로
③ 전진 시 미터 아웃, 후진 시 미터 인 제

정답 1. ③ 2. ① 3. ③ 4. ④ 5. ① 6. ① 7. ④

어 회로
④ 전진 시 미터 아웃, 후진 시 미터 아웃 제어 회로

8. 안지름 10 cm, 추력 3140 kgf, 피스톤 속도 40 m/min인 유압 실린더에서 필요로 하는 유압은 최소 몇 kgf/cm^2인가?

① 40 ② 60
③ 80 ④ 160

9. 두 개의 실린더를 동조시키는 데 사용되며, 정확도가 크게 요구되지 않는 경우에 사용되는 밸브는? (12년 3회)

① 감속 밸브
② 감압밸브
③ 체크 밸브
④ 분류 및 집류 밸브

해설 공급되는 유량을 분류 또는 집류하며 10% 내에서 균등하게 분배되는 것으로, 두 개의 실린더를 동조시키는 데 사용된다. 정확도가 크게 요구되지 않는 경우에 사용되는 밸브는 분류 및 집류 밸브이다.

10. 유압 에너지를 직선 왕복 운동으로 변환하는 기계 요소는? (06년 3회)

① 실린더 ② 축압기
③ 회전 모터 ④ 스트레이너

11. 설비의 평균 고장률을 나타내는 것은 어느 것인가? (09년 3회)

① $MTBF$ ② $MTTR$
③ $\frac{1}{MTBF}$ ④ $\frac{1}{MTTR}$

해설 고장률은 $MTBF$ (평균 고장간격시간)의 역비 $\frac{1}{MTBF}$ 이다.

12. 다음 그림과 같은 타이밍 차트(timing chart)에서 입력이 A와 B이며, 출력은 Y일 때 이 타이밍 차트는 어떤 회로인가? (단, 입, 출력 모두 양논리로 동작한다.) (06년 3회, 14년 2회)

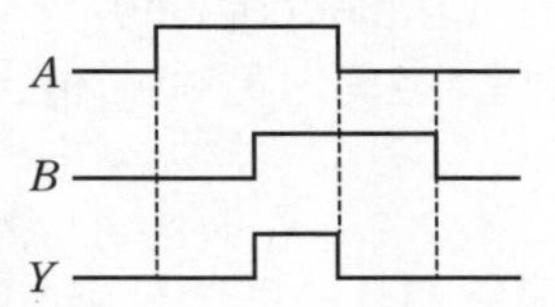

① OR 회로 ② AND 회로
③ NOT 회로 ④ NAND 회로

해설 AND 회로는 2개의 입력을 가질 때 연결도 가능하며, 이때 모든 입력 신호가 만족 되어야만 출력이 발생한다.

13. 짧은 실린더 본체로 긴 행정 거리를 낼 수 있는 다단 튜브형의 로드로 구성되어 있는 실린더는? (09년 1회, 15년 2회)

① 충격 실린더
② 로드리스 실린더
③ 텔레스코프 실린더
④ 다위치 제어 실린더

해설 텔레스코프형 : 복동 실린더 내부에 단동 실린더를 내장하고 유압이 유입되면 순차적으로 실린더가 이동하도록 되어 있다. 긴 행정거리를 얻을 수 있으나 속도 제어가 곤란하고, 전진 끝단에서의 출력이 떨어진다.

14. 직류 전동기의 구성 요소로 토크를 발생하여 회전력을 전달하는 요소는? (07년 3회, 13년 1회)

① 계자 ② 전기자
③ 정류자 ④ 브러시

해설 코일은 전기자의 한 부분이다.

15. 자동화 시스템을 구성하는 각 단위기기를 하드웨어 및 소프트웨어적으로 연결하는 방

2017

정답 8. ③ 9. ④ 10. ① 11. ③ 12. ② 13. ③ 14. ② 15. ①

법을 의미하는 것은? (14년 3회)

① 네트워크(network)
② 프로세서(processor)
③ 액추에이터(actuator)
④ 메커니즘(mechanism)

해설 네트워크는 신호 전달 시스템이다.

16. 회전량을 펄스 수로 변환하는 데 사용되며 기계적인 아날로그 변화량을 디지털량으로 변환하는 것은?

① 서보 모터 ② 포토 센서
③ 매트 스위치 ④ 로터리 엔코더

17. 되먹임 제어계(feedback control system)의 특징이 아닌 것은?

① 전체 제어계는 항상 일정하다.
② 목표값에 정확히 도달할 수 있다.
③ 제어계의 특성을 향상시킬 수 있다.
④ 외부 조건 변화에 대한 영향을 줄일 수 있다.

해설 피드백 제어계는 제어계의 특성 변화에 대한 입력 출력비의 감도가 감소하고, 비선형성과 왜형에 대한 효과가 감소하며, 발진을 일으키고 불안정한 상태로 되어 가는 경향이 있다.

18. 공압 시스템에 있어서 윤활유 등과 섞여 에멀션(emulsion) 상태나 수지 상태가 되어 밸브의 동작을 가로막을 우려가 있는 고장은 어느 것인가? (07년 1회)

① 수분으로 인한 고장
② 이물질로 인한 고장
③ 공급 유량 부족으로 인한 고장
④ 배관 불량에 의한 공기의 유출로 인한 고장

19. PLC 프로그램의 최초 단계인 0스텝에서 최후 스텝까지 진행하는 데 걸리는 시간은?

① 리드 타임(read time)
② 스캔 타임(scan time)
③ 스텝 타임(step time)
④ 딜레이 타임(delay time)

20. 열팽창계수가 다른 두 개의 금속판을 접합시켜 온도 변화에 따른 변형 또는 내부 응력을 이용한 온도 센서는?

① 홀 센서 ② 바이메탈
③ 서미스터 ④ 측온 저항체

해설 바이메탈 : 열팽창계수가 다른 두 개의 금속판을 접합시켜 온도 변화에 따른 변형 또는 내부 응력의 변화를 이용한 온도 센서

제 2 과목 설비 진단 및 관리

21. 설비 종합 효율을 산출하기 위한 공식으로 옳은 것은?

① 설비 종합 효율 = 공정 효율×수율×양품률
② 설비 종합 효율 = 공정 효율×시간 가동률×양품률
③ 설비 종합 효율 = 시간 가동률×성능 가동률×양품률
④ 설비 종합 효율 = 시간 가동률×수율×양품률

해설 종합 효율(overall equipment effectiveness) : TPM에서는 설비의 가동 상태를 측정하여 설비의 유효성을 판정한다. 즉, 유효성은 설비의 종합 효율로 판단된다.
㉠ 종합 효율 = 시간 가동률×성능 가동률×양품률
㉡ 양품률은 총생산량 중 재가공 또는 공정 불량에 의해 발생된 불량품의 비율을 나타낸 것이다.

정답 16. ④ 17. ① 18. ① 19. ② 20. ② 21. ③

22. 윤활 관리의 효과에 대한 설명으로 틀린 것은? (10년 3회)

① 동력비 증가
② 제품 정도의 향상
③ 보수 유지비의 절감
④ 기계의 정도와 기능 유지

해설 ㉠ 기본적 효과 : 윤활의 사고 방지, 윤활비의 절약, 기계의 정도와 기능 유지, 구매 업무의 간소화, 제품 정도의 향상, 안전 작업의 철저, 보수 유지비의 절감, 윤활 의식의 고양, 동력비의 절감
㉡ 경제적인 효과 : 기계나 설비의 유지 관리비(수리비 및 정비 작업비) 절감, 완전 운전에 의한 유지비의 경감, 작업 능률 향상에 의한 이익 및 휴지 손실 방지에 따른 생산성 향상, 윤활제 구입비 절약 등

23. 진동을 측정할 때 회전하는 축을 기준으로 진동 센서를 부착하여 측정하려고 한다. 진동 측정 방향이 아닌 것은?

① 축 방향 ② 수직 방향
③ 경사 방향 ④ 수평 방향

24. 진동 차단기의 재료로 합성 고무를 사용했을 때 강철 코일 스프링보다 유리한 점은 무엇인가?

① 정적 변위가 크다.
② 주파수 폭이 넓다.
③ 고온 강도에 강하다.
④ 측면으로 미끄러지는 하중에 강하다.

25. 직접적인 공기의 압력 변화에 의한 유체역학적 원인에 의해 난류음을 발생시키는 것은? (12년 1회)

① 압축기 ② 송풍기
③ 진공 펌프 ④ 엔진 배음기

해설 공기를 동력원으로 하는 기계에서 발생하는 소음의 발생 원인은 주로 추진 날개에 의해서 공기를 밀어낼 때 발생하는 난류의 흐름이다. 난류는 그 자체가 소음 발생원이기도 하지만 파이프나 케이스 등과 작용하여 소음이 발생된다. ①, ③, ④는 맥동음을 발생시킨다.

26. 고유진동수와 강제진동수가 일치할 경우 진동이 크게 발생하는 현상을 무엇이라고 하는가?

① 울림 ② 공진
③ 외란 ④ 상호 간섭

해설 공진(resonance) : 물체가 갖는 고유진동수와 외력의 강제진동수가 일치하여 진폭이 증가하는 현상이며, 이때의 진동수를 공진 주파수라고 한다.

27. 진동 센서를 설비에 설치하는 경우 정확도와 장기적 안정성이 가장 좋은 설치 방법은? (08년 1회, 10년 1회, 14년 1회)

① 자석 고정 ② 밀랍 고정
③ 나사 고정 ④ 에폭시 고정

해설 (개) 주파수 영역 : 나사 고정 31 kHz, 접착제 29 kHz, 비왁스 28 kHz, 마그네틱 7 kHz, 손 고정 2 kHz
(나) 나사 고정
㉠ 센서의 설치 부위에 탭 구멍을 충분히 깊게 작업한다.
㉡ 사용 주파수 영역이 넓고 정확도 및 장기적 안정성이 좋다.
㉢ 얇은 실리콘 그리스나 왁스를 첨가하면 고정 강성이 증대될 수 있다.
㉣ 먼지, 습기, 온도의 영향이 적다.
㉤ 고정 시 구조물에 탭 작업을 해야 하며, 가속도계의 이동 및 고정시간이 길다.

28. 정현파 진동에서 진동의 상한과 하한의 거리를 무엇이라 하는가? (10년 3회)

① 변위 ② 속도

2017

정답 22. ① 23. ③ 24. ④ 25. ② 26. ② 27. ③ 28. ①

③ 가속도 ④ 진동수

29. 다음 그림은 설비 관리 조직 중에서 어떤 형태의 조직인가? (14년 1회)

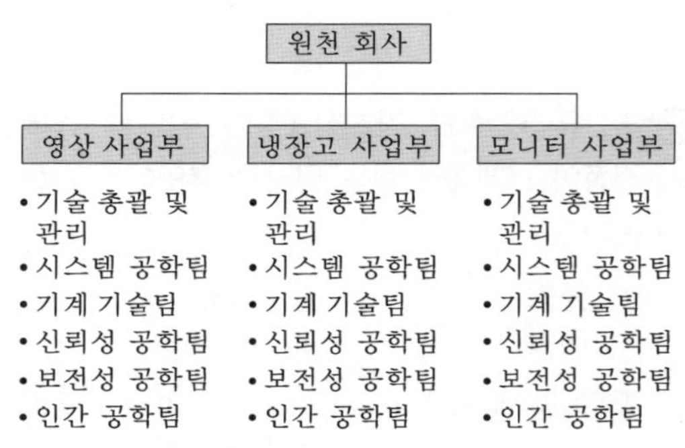

① 제품 중심 조직
② 기능 중심 조직
③ 설계 보증 조직
④ 제품 중심 매트릭스 조직

해설 제품 사업에 따라 독립적으로 운영하는 제품 중심 조직이다.

30. 효율적으로 설비 보전 활동을 위하여 설비의 열화나 고장, 성능 및 강도 등을 정량적으로 관측하여 그 장래를 예측하는 것은 무엇인가? (09년 3회)

① 신뢰성 기술
② 정량화 기술
③ 설비 진단 기술
④ 트러블 슈팅 기술

31. 다음 중 설비 투자의 합리적인 투자 결정에 필요한 경제성 평가 방법이 아닌 것은 어느 것인가? (10년 1회, 12년 1회)

① MAPI법 ② 자본 회수법
③ 비용 비교법 ④ 처분 가치법

해설 처분 가치법은 설비 투자의 경제성 평가 방법이 아니다.

32. 보전 작업 표준을 설정하고자 할 때 사용하지 않는 방법은? (03년 1회, 14년 1회)

① 경험법 ② 공정 실험법
③ 작업 연구법 ④ 실적 자료법

33. 다음 중 속도 센서로 널리 사용되는 동전형 센서의 측정에 사용하는 법칙 혹은 효과는 무엇인가? (11년 3회)

① 압전의 법칙
② 렌츠의 법칙
③ 오른나사의 법칙
④ 패러데이의 전자 유도 법칙

해설 속도 센서의 측정 주파수 범위는 보통 10~1000 Hz, 원리는 가동 코일이 붙은 추가 스프링에 매달려 있는 구조로, 진동에 의해 가동 코일이 영구 자석의 자계 내를 상하로 움직이면 코일에는 추의 상대 속도에 비례하는 기전력이 나오는 Faraday의 전자유도 법칙에 의하여 발생하는 기전력 $e \propto B \times V$를 이용한 것이다.(여기서, e : 발생 기전력, B : 자속 밀도, V : 도체의 속도)

34. 만성 로스의 대책으로 틀린 것은?

① 현상의 해석을 철저히 한다.
② 관리해야 할 요인계를 철저히 검토한다.
③ 원인이 명확하므로 표면적인 요인만 해결한다.
④ 요인 중에 숨어 있는 결함을 표면으로 끌어낸다.

해설 만성 로스의 대책
㉠ 현상의 해석을 철저히 한다.
㉡ 관리해야 할 요인계를 철저히 검토한다.
㉢ 요인 중에 숨어 있는 결함을 표면으로 끌어낸다.

35. 설비 보전에서 효과 측정을 위한 척도로

정답 29. ① 30. ③ 31. ④ 32. ② 33. ④ 34. ③ 35. ②

서 널리 사용되는 지수 중 고장 도수율의 공식은? (14년 3회)

① (정미 가동시간/부하시간) × 100
② (고장 횟수/부하시간) × 100
③ (고장 정지시간/부하시간) × 100
④ (보전비 총액/생산량) × 100

해설 고장 도수율 = 고장 횟수/부하시간 × 100

36. 물 또는 적당한 액체를 가득 채운 유리관 속에서 유적이 서서히 떠올라 오게 하는 급유기를 사용한 것으로서 급유 상태를 뚜렷이 볼 수 있는 이점이 있는 급유법은? (08년 3회)

① 제트 급유법
② 유륜식 급유법
③ 강제 순환 급유법
④ 가시 부상 유적 급유법

해설 가시 부상 유적 급유법 : 유적을 물 또는 적당한 액체를 가득 채운 유리관 속을 서서히 떠올라 오게 하는 급유기를 사용한 것으로서 급유 상태를 뚜렷이 볼 수 있는 이점이 있다.

37. 디지털 신호 처리에서 일반적으로 데이터의 경향을 제거하는 방법으로 옳은 것은?

① 최소 자승법 ② 최대 자승법
③ 이산적 신호법 ④ 데이터 주밍법

해설 일반적으로 데이터의 경향을 제거하는 방법은 최소 자승법을 이용하는 것이 보통이다.

38. 보전용 자재의 특징으로 옳은 것은? (10년 2회)

① 연간 사용 빈도가 많고 소비 속도가 빠르다.
② 베어링, 그랜드 패킹 등은 교체 후 재활용할 수 있다.
③ 설비 개선, 설비 변경 등으로 불용 자재가 발생하지 않는다.
④ 자재 구입의 품목, 수량, 시기에 관한 계획을 수립하기 곤란하다.

39. 윤활유 사용 중 거품이 발생하지 않도록 해 주는 윤활유 첨가제는?

① 청정제 ② 분산제
③ 소포제 ④ 유동점 강하제

해설 소포제는 거품 발생을 방지해 주는 첨가제이다.

40. 고장이 없고 보전이 필요하지 않은 설비를 설계, 제작하기 위한 설비 관리 방법은 어느 것인가? (07년 3회)

① 사후 보전(BM)
② 생산 보전(PM)
③ 개량 보전(CM)
④ 보전 예방(MP)

해설 보전 예방(MP)은 신설비의 PM 설계, 고장이 없고 보전이 필요하지 않은 설비를 설계, 제작 또는 구입하는 것을 말한다.

제 3 과목 공업 계측 및 전기 전자 제어

41. 도수법으로 60도인 각도를 호도법(rad)으로 환산하면?

① $\frac{\pi}{4}$ ② $\frac{\pi}{3}$
③ $\frac{\pi}{2}$ ④ π

42. 과전류 계전기가 트립된다면 그 원인은?

① 과부하
② 퓨즈 용단
③ 시동 스위치 불량

정답 36. ④ 37. ① 38. ④ 39. ③ 40. ④ 41. ② 42. ①

④ 배선용 차단기 불량

43. 국제단위계(SI)에서 사용되는 기본 단위가 아닌 것은? (07년 1회)

① 시간 ② 부피
③ 질량 ④ 광도

해설 SI 기본 단위계

양	명칭	기호	정 의
길이	미터	m	빛이 진공에서 1/299,792,458초 동안 진행한 경로
질량	킬로그램	kg	국제 킬로그램 원기의 질량
시간	초	s	세슘 원자의 방사에 대한 9,192,631,770 주기의 계속 시간
전류	암페어	A	진공 중 평행 간격 1 m, 도체의 길이 1 m에 2×10^{-7}N의 힘이 미치는 일정 전류
온도	켈빈	K	물의 3중점 열역학 온도의 $\frac{1}{273.16}$
광도	칸델라	cd	주파수 540×10^{12} Hz, 방사강도 $\frac{1}{683}$ W의 광도
물질량	몰	mol	0.012 kg의 탄소 12원자수와 같은 요소 입자의 물질량

44. 전자가 자유로이 이동할 수 있는 에너지 준위대를 무엇이라 하는가?

① 금지대 ② 충만대
③ 일함수 ④ 전도대

45. 다음 온도계 중에서 비접촉 방식으로 분류할 수 있는 것은? (08년 1회, 10년 2회)

① 저항 온도계 ② 열전 온도계
③ 방사 온도계 ④ 서미스터 온도계

해설 방사 온도계 : 방사를 이용하여 물체의 온도를 비접촉식으로 측정하는 온도계

46. 논리 회로의 불 대수 $(A+B)\cdot(A+\overline{B})$를 간략화한 것은? (14년 2회)

① $\overline{B}$ ② $\overline{A}$
③ B ④ A

47. 오리피스 유량계는 어떤 정리를 이용한 것인가? (09년 1회)

① 프랭크의 정리
② 토리첼리의 정리
③ 베르누이의 정리
④ 보일-샤를의 정리

48. 회로에 가해진 전기 에너지를 정전 에너지로 변환하여 축적하는 소자는? (12년 3회)

① 저항 ② 콘덴서
③ 인덕터 ④ 변압기

49. 다음 중 밸브에 포지셔너를 사용하게 된 이유로 볼 수 없는 것은? (09년 2회)

① 조절계 신호와 구동부 신호가 다른 경우
② 제어 밸브의 특성을 개선할 필요가 있는 경우
③ 하나의 신호로 2대 이상의 제어 밸브를 동작시킬 경우
④ 그랜드 패킹의 마찰이 작고 유체의 영향을 받기 어려운 경우

해설 포지셔너의 역할
㉠ 밸브 전후의 차압이 크고 유체압 변동의 영향을 받기 쉬운 경우
㉡ 조절계 신호와 구동부 신호가 다른 경우

정답 43. ② 44. ④ 45. ③ 46. ④ 47. ③ 48. ② 49. ④

㉢ 제어 밸브의 특성을 개선할 필요가 있는 경우
㉣ 하나의 신호로 2대 이상의 제어 밸브를 동작시킬 경우
㉤ 그랜드 패킹의 마찰이 크고 히스테리시스가 있으며, 직선성을 나쁘게 하는 경우
㉥ 공기압 신호에서 응답이 지연되는 경우
㉦ 제어 밸브의 지름이 100 mm 이상 커서 부하 용량이 크고 응답이 지연되는 경우
㉧ 큰 조작력이 필요하여 작동 신호를 확대할 경우
㉨ 구조상 유체의 영향을 받기 쉬운 경우

50. 유도 전동기의 기동에서 기동 전류가 정격 전류의 4~6배가 되는 기동법은? (16년 1회)

① $Y-\Delta$ 기동
② 전전압 기동
③ 2차 저항 기동
④ 기동 보상기를 사용한 기동

51. 절연 저항을 측정하는 계기는? (14년 3회)

① 메거 ② 전력계
③ 계기용 변류기 ④ 계기용 변압기

52. 원자 구조를 평면적으로 보면 원자 번호와 같은 수의 전자가 정해진 궤도상을 정해진 개수만큼 원자핵 중심으로 돌고 있다. M각 궤도에 들어갈 수 있는 최대 전자 수는 얼마인가?

① 2 ② 8
③ 18 ④ 32

53. 제어량에 따른 분류에서 프로세스 제어라고 볼 수 없는 것은? (13년 1회)

① 온도 ② 압력
③ 방향 ④ 유량

54. 다음 논리 회로의 출력 X는? (10년 3회)

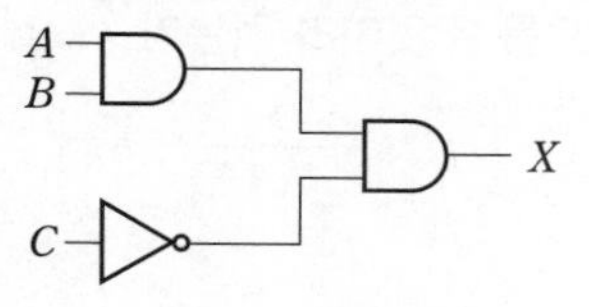

① $A \cdot B+\overline{C}$ ② $A+B+\overline{C}$
③ $(A+B) \cdot \overline{C}$ ④ $A \cdot B \cdot \overline{C}$

55. 자동 제어의 분류 중 미사일 유도 제어는 어디에 속하는가?

① 자동 조정 ② 서보 기구
③ 시퀀스 제어 ④ 프로세스 제어

56. 어떤 코일에 흐르는 전류가 0.1초 사이에 50 A에서 10 A로 변할 때 40 V의 유도 기전력이 발생한다면 이때 코일의 자기 인덕턴스는 몇 mH인가?

① 100 ② 200
③ 300 ④ 400

57. 100 μf의 콘덴서에 1000 V의 직류 전압을 인가하면 충전되는 전하량(C)은 얼마인가?

① 1 ② 10
③ 0.1 ④ 0.01

58. 직류 전동기를 급정지 또는 역전시키는 전기적 제동법은?

① 역상 제동 ② 회생 제동
③ 발전 제동 ④ 단상 제동

해설 역상 제동(플러깅 제동) : 입력의 +, - 단자를 갑자기 바꾸면 전동기 양단에 역전압이 걸려 전동기는 점점 정지하고, 계속 걸려 있으면 전동기는 역회전을 한다. 이것은 과전류로 인한 전동기 손실 우려가 있어 잘 사용하지 않는다.

정답 50. ② 51. ① 52. ③ 53. ③ 54. ④ 55. ② 56. ① 57. ③ 58. ①

59. 블록 선도의 구성요소에서 그림과 같은 블록 선도를 무엇이라 하는가? (08년 3회, 12년 1회)

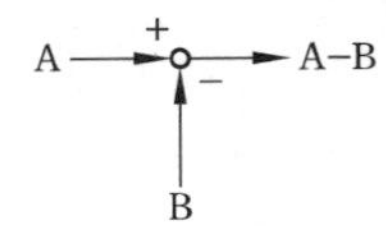

① 블록 ② 가산점
③ 인출점 ④ 직렬 결합

해설 • 가산점 : 신호의 부호에 따라 가산을 한다. 따라서 신호의 차원은 일치되어 있어야 한다.
• 인출점 : 신호의 분기

60. 실리콘 제어 정류기(SCR)에 관한 설명으로 틀린 것은? (12년 3회)

① PNPN 소자이다.
② 스위칭 소자이다.
③ 쌍방향성 사이리스터이다.
④ 직류, 교류 전력 제어에 사용된다.

해설 SCR : 사이리스터와 유사하며 애노드와 캐소드, 게이트를 갖는 PNPN 구조의 4층 반도체

제 4 과목 기계 정비 일반

61. 원심 펌프의 이상 현상 원인이 아닌 것은 어느 것인가? (10년 1회)

① 스터핑 박스로 공기 침입
② 펌프 내 회전 방향이 틀릴 때
③ 패킹과 주축 간의 과도한 틈새
④ 펌프 내 공기 빼기를 하였을 때

62. 원심형 통풍기 중 고속도로 터널 환풍기에 사용되며 효율이 가장 좋은 통풍기는?

① 터보 통풍기 ② 시로코 통풍기
③ 용적식 통풍기 ④ 플레이트 통풍기

63. 펌프의 비속도(specific speed : N_S) 특성을 설명한 것 중 옳은 것은?

① 양정과 토출량은 비속도와 관계가 없다.
② 양정이 낮고 토출량이 큰 펌프는 비속도가 낮아진다.
③ 양정이 높고 토출량이 적은 펌프는 비속도가 낮아진다.
④ 양정이 낮고 토출량이 적은 펌프는 비속도가 낮아진다.

해설 터보 펌프의 모양이 설정되면 양정이 높고 토출량이 적은 펌프는 비속도가 낮아지고, 양정이 낮고 토출량이 큰 펌프는 비속도가 높아진다.

64. V 벨트 전동 장치에서 V 벨트를 선정하려 할 때 고려하지 않아도 되는 것은? (10년 1회)

① V 벨트의 장력
② 소요 벨트의 가닥 수
③ V 벨트의 종류 및 형식
④ V 벨트 풀리의 형상과 지름

65. 다음 중 로크너트는 무엇을 방지하기 위한 것인가? (07년 3회, 11년 1회)

① 부식 ② 풀림
③ 고착 ④ 파손

66. 압축기 부품 중 밸브의 분해 조립에 대한 설명으로 틀린 것은?

① 밸브 볼트의 너트는 규정값으로 조인다.
② 밸브 볼트의 와셔는 재사용한다.
③ 스프링의 내외부가 스프링 홈 벽과 잘 맞는지 확인한다.
④ 밸브 플레이트의 리프트는 규정값에 들어 있는지 틈새로 확인한다.

정답 59. ② 60. ③ 61. ④ 62. ① 63. ③ 64. ① 65. ② 66. ②

67. 플렉시블 커플링(flexible coupling)을 사용하는 이유로 적합하지 않은 것은? (13년 3회)

① 고속 회전으로 진동을 완화시킬 때
② 전달 토크의 변동으로 충격이 가해질 때
③ 두 축의 중심선을 완전히 일치시키기 어려울 때
④ 축 방향으로 인장력이 작용하는 긴 전동축에 사용할 때

68. 분해 중에 볼트가 부러졌을 때 부러진 볼트를 제거하는 방법은?

① 토크 미터를 이용하여 제거한다.
② 스크루 익스트랙터를 이용하여 제거한다.
③ 볼트 밑부분을 정으로 잘라 넓힌 후 해머를 이용하여 제거한다.
④ 두 개의 해머를 이용하여 볼트 머리부의 반대면을 두드려서 제거한다.

69. 이의 맞물림이 원활하여 이의 변형과 진동, 소음이 작고 큰 동력 전달과 고속 운전에 적합한 기어는? (06년 3회, 08년 3회, 13년 1회)

① 웜 기어(worm gear)
② 스퍼 기어(spur gear)
③ 헬리컬 기어(helical gear)
④ 크라운 기어(crown gear)

해설 헬리컬 기어 : 이끝이 나선형인 원통형 기어이다. 한 쌍의 이의 맞물림이 떨어지기 전에 다른 한 쌍의 이의 맞물림이 시작되므로 이의 맞물림이 원활하여 이의 변형과 진동 소음이 작고 큰 동력의 전달과 고속 운전에 적합하다.

70. 관로에서 유속의 급격한 변화 및 정전에 의한 펌프의 동력이 급히 차단될 때 관 내 압력이 상승 또는 하강하는 현상은? (12년 3회)

① 서징(surging) 현상
② 수격(water hammer) 현상
③ 베이퍼 로크(vapor rock) 현상
④ 캐비테이션(cavitation) 현상

71. 밸브에 대한 설명으로 옳은 것은? (13년 2회)

① 글로브 밸브는 밸브 박스가 구형으로 되어 있고 밸브의 개도를 조절해서 교축 기구로 쓰인다.
② 슬루스 밸브는 유체의 역류를 방지하기 위한 밸브이며 리프트식과 스윙식이 있다.
③ 체크 밸브는 전두부(핸들)를 90도 회전시킴으로써 유로의 개폐를 신속히 할 수 있다.
④ 콕(cock)은 밸브 박스의 밸브 시트와 평행으로 작동하고 흐름에 대해 수직으로 개폐를 한다.

해설 슬루스 밸브는 밸브 박스의 밸브 시트와 평행으로 작동하고 흐름에 대해 수직으로 칸막이를 해서 개패를 하는 밸브이다. 체크 밸브는 유체의 역류를 방지하기 위한 밸브로 리프트식과 스윙식이 있다. 콕은 핸들을 90° 회전시킴으로써 유로의 개폐를 신속히 할 수 있는 밸브이다.

72. 체인의 고속, 중하중용에 적합한 급유 방법은? (10년 3회)

① 적하 급유
② 유욕 윤활
③ 강제 펌프 윤활
④ 회전판에 의한 윤활

해설 체인의 고속, 중하중용은 기름이 누설되지 않는 케이스를 써서 펌프에 의해 강제 순환시킨다.

정답 67. ④ 68. ② 69. ③ 70. ② 71. ① 72. ③

73. 다음 중 캐비테이션의 방지 대책으로 틀린 것은?

① 흡입 양정을 작게 한다.
② 펌프의 회전수를 높게 한다.
③ 펌프의 설치 위치를 낮게 한다.
④ 단흡입형 펌프이면 양흡입형 펌프로 고친다.

해설 펌프의 회전수는 낮게 해야 한다.

74. 다음 정비용 공구 중 체결용 공구가 아닌 것은? (09년 2회, 12년 2회)

① L-렌치 ② 기어 풀러
③ 양구 스패너 ④ 조합 스패너

해설 체결용 공구 : 양구 스패너(open end spanner), 편구 스패너(single spanner), 타격 스패너(shock spanner), 더블 오프셋 렌치(double offset wrench, ring spanner), 조합 스패너(combination spanner), 훅 스패너(hook spanner), 박스 렌치(adjust box wrench), 멍키 스패너(monkey spanner), L-렌치 (hexagon bar wrench)
② 기어 풀러는 조립용 공구이다.

75. 전동기의 운전 중 점검 항목으로 볼 수 없는 것은? (12년 2회)

① 전압 상태
② 회전수 상태
③ 베어링 온도 상태
④ 브러시 습동 상태

해설 브러시 습동 상태는 전동기 분해 후의 점검 항목이다.

76. 관이음(pipe joint)의 종류가 아닌 것은?

① 나사 이음 ② 신축 이음
③ 수막 이음 ④ 플랜지 이음

해설 수막 이음이라는 관이음은 없다.

77. 테이퍼 핀을 밑에서 때려서 뺄 수 없을 경우 적합한 분해 방법은? (10년 1회, 14년 2회)

① 테이퍼 핀을 정으로 잘라서 뺀다.
② 스크루 엑스트랙터를 사용하여 뺀다.
③ 테이퍼 핀 머리 부분에 용접을 하여 뺀다.
④ 테이퍼 핀 머리 부분에 나사를 내어 너트를 걸어 뺀다.

해설 테이퍼 핀은 주로 치공구나 두 부품의 조립 위치 결정용으로 사용되는 요소로 관통구멍의 밑에서 때려 뺄 수 있게끔 쓰는 것이 기본이다. 밑에서 때려 뺄 수 없을 경 우에는 핀의 머리에 나사를 내어 너트를 걸어서 빼게끔 한다. 또, 테이퍼 핀을 정으로 잘라서 빼낸다.

78. 생 이음이라고도 하며, 파이프에 나사를 절삭하지 않고 이음하는 것으로 숙련이 필요하지 않고 시간과 공정이 절약되는 관 이음은?

① 신축 이음 ② 턱걸이 이음
③ 패킹 이음 ④ 고무 이음

79. 다음 중 충격과 진동을 완화시켜 주는 플렉시블 커플링이 아닌 것은?

① 고무 커플링 ② 체인 커플링
③ 기어 커플링 ④ 플랜지 커플링

해설 플렉시블 커플링에는 플랜지 플렉시블 커플링, 그리드 플렉시블 커플링, 고무 커플링, 기어 커플링, 체인 커플링, 유체 커플링 등이 있다.

80. 송풍기의 회전수가 1200 rpm, 풍량이 2400 m^3/min일 때, 회전수를 1800 rpm으로 변화시키면 풍량은 몇 m^3/min 인가?

① 3000 ② 3200 ③ 3400 ④ 3600

해설 $1200 : 2400 = 1800 : Q$

$$Q = \frac{2400 \times 1800}{1200} = 3600 \text{ m}^3/\text{min}$$

정답 73. ② 74. ② 75. ④ 76. ③ 77. ④ 78. ③ 79. ④ 80. ④

❖ 2017년 8월 26일 시행

자격종목 및 등급(선택분야)	종목코드	시험시간	문제지형별	수검번호	성 명
기계정비산업기사	2035	2시간	A		

제1과목 공유압 및 자동화 시스템

1. 유압 펌프가 기름을 토출하지 않고 있다. 다음 중 검사 방법이 적합하지 않은 것은?

① 펌프의 온도를 측정한다.
② 펌프의 흡입 쪽을 검사한다.
③ 전동기의 상태를 검사한다.
④ 펌프의 회전 방향을 확인한다.

2. 입력을 A, B라 하고 출력을 C라 할 때 다음 진리표를 충족시키는 회로는? (12년 3회)

입	력	출 력
A	B	C
0	0	1
0	1	0
1	0	0
1	1	0

① OR 회로 ② AND 회로
③ NOT 회로 ④ NOR 회로

해설 NOR 게이트 : OR 게이트와 NOT 게이트가 합친 동작을 수행하며, 입력 신호가 모두 없을 때 출력이 있는 것, 즉 2개의 입력 모두가 0이 되어야만 출력이 1이 된다.

3. 유압 기기 중 불필요한 오일을 탱크로 방출시켜 펌프에 부하가 걸리지 않도록 하는 밸브는?

① 감압 밸브
② 교축 밸브
③ 무부하 밸브
④ 카운터 밸런스 밸브

해설 무부하 밸브(언로드 밸브, unloader pressure control valve, unloader) : 일정한 조건으로 펌프를 무부하로 주기 위해 사용되는 밸브, 예로 계통의 압력이 설정값에 달하면 펌프를 무부하로 하고, 계통 압력이 설정값까지 저하되면 다시 계통으로 압력 유체를 공급하여 동력의 절감과 유온 상승을 피할 수 있는 압력 제어 밸브

4. 밸브의 조작력 또는 제어 신호가 걸리지 않을 때 밸브 몸체의 위치는?

① 초기 위치 ② 작동 위치
③ 과도 위치 ④ 노멀 위치

해설 노멀 위치(normal position) : 조작력 또는 제어 신호가 걸리지 않을 때의 밸브 몸체의 위치

5. 공압 모터의 설치 및 유의 사항에 대한 설명으로 틀린 것은? (14년 1회)

① 윤활기를 반드시 설치하여야 한다.
② 저온에서 사용할 경우 빙결(氷結)에 주의한다.
③ 배관 및 밸브는 될 수 있는 한 유효 단면적이 큰 것을 사용한다.
④ 밸브는 될 수 있는 한 공압 모터에서 멀리 떨어지도록 설치한다.

해설 공압 모터의 사용상 주의 사항
㉠ 배관과 밸브는 되도록 유효 단면적이 큰 것을 사용하고, 밸브는 공압 모터 가까이에 설치한다.

2017

정답 1. ① 2. ④ 3. ③ 4. ④ 5. ④

ⓛ 루브리케이터를 반드시 사용하고, 윤활유 부족 등으로 토크 저하, 융착, 내구성 저하, 소결 등을 일으키지 않도록 한다.
ⓒ 공압 모터의 내부는 압축 공기의 단열 팽창으로 냉각되므로 빙결에 주의하고, 공기 건조기를 사용하도록 한다.
ⓔ 실제 사용 공압의 70~80 %의 토크 출력, 공기 소비율은 최대 출력의 70~80 % 정도로 하며 회전수 영역도 같은 방법으로 용량을 선정한다.
ⓜ 공압 모터에 사용되는 소음기는 연속 배기이므로 큰 유효 단면적을 가진 것을 사용하며, 브레이크를 같이 사용하여 로킹이 되도록 한다.
ⓑ 공기 압축기는 이론 토출량에 효율을 곱한 실토출량으로 선정하고, 장시간 무부하 운전 시 수명이 단축되므로 가급적 피한다.
ⓢ 공압 모터의 출력축에 발생된 하중은 허용 용량값 이내로 사용하며 필요에 따라 적당한 커플링을 사용한다.
ⓞ 관로 내부를 깨끗이 청소한 후 배관하고 필터를 반드시 사용하며, 저속 사용 시 스틱 슬립 현상으로 최소 사용 회전수가 제한되어 있으므로 확인 후 사용한다.
ⓙ 베인형 공기 모터는 시동할 때나 저속 회전 시 공기 누설로 인한 토크 저하를 시동 특성과 비교하여 확인한 후 설치하여 사용한다.

6. 공기 필터 또는 탱크의 응축수를 배출하는 기기는?

① 윤활기 ② 압력 조절기
③ 에어 드라이어 ④ 드레인 분리기

7. 공·유압 도면의 기호 요소에 대한 설명으로 옳은 것은?

① 기기 장치의 상세한 기능을 명시하는 경우에 사용되는 기호
② 기기 장치의 상세한 기능을 명시할 필요가 없을 때 사용되는 기호
③ 기기 장치, 유로 등의 종류를 기호로 표시할 때 사용하는 기본적인 선 또는 도형
④ 기기, 장치의 특성, 작동 등을 기호로 표시할 때 사용하는 기본적인 선 또는 도형

8. 피스톤의 직선 왕복 운동을 회전 운동으로 변환하는 요동 액추에이터는?

① 충격 실린더
② 로드리스 실린더
③ 다위치 제어 실린더
④ 랙과 피니언형 실린더

9. 토출 압력의 크기로 송풍기와 압축기로 구분할 때, 압축기에 해당하는 압력(kgf/cm^3)은?

① 0.01~0.3 ② 0.3~0.5
③ 0.5~0.7 ④ 1.0 이상

10. 유체의 성질에 대한 설명 중 옳은 것은 어느 것인가? (06년 1회, 09년 2회)

① 유체의 속도는 단면적이 큰 곳에서는 빠르다.
② 유속이 느리고 가는 관을 통과할 때 난류가 발생된다.
③ 유속이 빠르고 굵은 관을 통과할 때 층류가 발생한다.
④ 점성이 없는 비압축성 유체가 수평관을 흐를 때 압력, 위치, 속도 에너지의 합은 일정하다.

11. 역학 센서에 해당하지 않는 것은 어느 것인가?

① 변위 센서 ② 압력 센서

정답 6. ④ 7. ③ 8. ④ 9. ④ 10. ④ 11. ③

③ 자기 센서　　　④ 진동 센서

해설 물리 센서 : 온도 센서, 방사선 센서, 광 센서, 칼라 센서, 전기 센서, 자기 센서

12. 어떤 제어 시스템에서 0~5 V를 4개의 2진 신호만을 사용하여 간격을 나눌 때 표시되는 최솟값은?

① 0.139 V　　　② 0.313 V
③ 0.625 V　　　④ 1.250 V

해설 조합의 개수 $= 2^n$ (n은 이진 신호의 개수)

그러므로 $\frac{5}{16} = 0.3125$

13. 시스템의 고장을 사전에 방지하는 목적으로 점검, 검사, 시험, 재조정 등을 정기적으로 행하는 보전 방식은?

① 개량 보전　　　② 보전 예방
③ 사후 보전　　　④ 예방 보전

14. 자동 제어에 대한 설명으로 틀린 것은?

① 피드백(feed back) 신호를 필요로 한다.
② 제어하고자 하는 변수가 계속 측정된다.
③ 출력이 제어 자체에 영향을 미치지 않는다.
④ 여러 개의 외란 변수가 존재할 때 사용한다.

해설 개회로 제어 시스템은 출력이 제어 자체에 아무런 영향을 미치지 않는다.

15. 다음 그림과 같이 두 개의 복동 실린더가 한 개의 실린더 형태로 조립되어 있고, 실린더의 지름이 한정되어 큰 힘을 요하는 곳에 사용되는 실린더는? (08년 3회, 13년 1회)

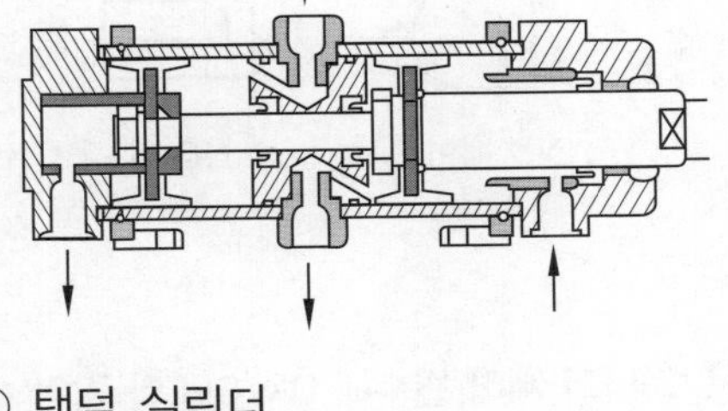

① 탠덤 실린더
② 양로드형 실린더
③ 쿠션 내장형 실린더
④ 텔레스코프형 실린더

해설 탠덤 실린더 : 꼬치 모양으로 연결된 복수의 피스톤을 n개 연결시켜 n배의 출력을 얻을 수 있도록 한 것이다.

16. 변위 단계 선도(displacement step diagram)의 설명으로 옳은 것은?

① 단순한 논리 연결을 표현한다.
② 순차 제어에서 시간에 대한 정보를 제공한다.
③ 스텝에 따른 작업 요소의 작동 순서를 표현한다.
④ 플래그, 카운터, 타이머의 기능을 가지고 있다.

17. 다음 회로와 같은 동작을 하는 논리 회로는?

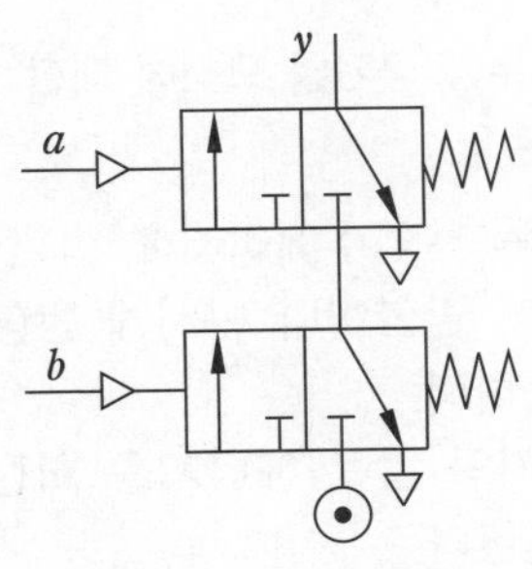

① OR　　　② AND
③ NOT　　　④ EX-OR

2017

정답 12. ②　13. ④　14. ③　15. ①　16. ③　17. ②

해설

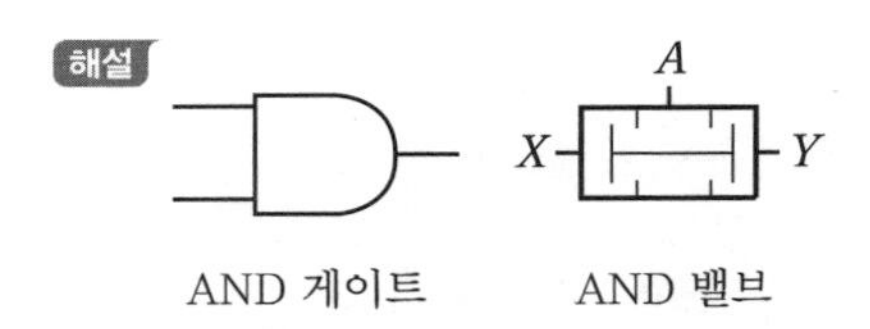

18. 하나의 제어 변수에 ON/OFF와 같이 두 가지의 값으로 제어하는 제어계는? (09년 2회)

① 2진 제어계
② 동기 제어계
③ 디지털 제어계
④ 아날로그 제어계

해설 2진 제어계 : 사이클링이 있는 제어로 하나의 제어 변수에 2가지의 가능한 값, 즉 신호의 유/무, ON/OFF, YES/NO, 1/0 등과 같은 2진 신호를 이용하여 제어하는 시스템을 의미한다.

19. 메모리의 단위를 크기순으로 바르게 나열한 것은? (11년 3회)

① bit < kbyte < Mbyte < Gbyte
② kbyte < Mbyte < Gbyte < bit
③ Mbyte < Gbyte < byte < bit
④ Mbyte <bit < kbyte < Gbyte

20. 피스톤형 공기압 모터에 대한 설명으로 틀린 것은?

① 요동형 액추에이터에 속한다.
② 시계 방향이나 반시계 방향의 회전이 가능하다.
③ 공기의 압력 에너지를 회전 운동으로 변환한다.
④ 공기 압력이나 피스톤의 수에 의해 출력이 결정된다.

제 2 과목 설비 진단 및 관리

21. 정비의 시기에 맞추어 필요한 예비품을 준비해 두어야 하는데 해당되는 예비품이 아닌 것은? (14년 1회)

① 부품 예비품
② 연료 예비품
③ 라인 예비품
④ 부분적 세트(set) 예비품

해설 예비품은 ①, ③, ④ 외에 단일 기계 예비품이 있다.

22. 다음 진폭을 나타내는 파라미터 중 거리로 측정하는 것은? (08년 1회, 11년 2회)

① 속도 ② 변위
③ 가속도 ④ 중력

해설 진폭을 나타내는 요소에는 변위, 속도, 가속도가 있지만 그중에서 변위는 거리로 나타낸다. 변위(displacement)는 진동의 변위량 상한과 하한의 거리(양진폭 혹은 변위 P-P) 혹은 중립점에서 상한 또는 하한까지의 거리(편진폭 : P)를 말한다.

23. 다음 중 설비 보전 조직의 직접 기능이 아닌 것은? (12년 1회)

① 일상 보전 ② 원가 보전
③ 사후 보전 ④ 예방 보전 검사

해설 설비 보전의 직접 기능은 예방 보전 검사, 일상 보전, 사후 보전, 예방 수리, 계량 보전, 검수 등이 있다.

24. 다음 중 변위 센서에 사용되는 것은 무엇인가? (07년 1회, 11년 2회)

① 동전형 센서 ② 압전형 센서
③ 기전력 센서 ④ 와전류형 센서

해설 변위 센서는 진동 변위를 측정하며, 축의 운동이 직선일 경우 고감도 와전류형 변위

정답 18. ① 19. ① 20. ① 21. ② 22. ② 23. ② 24. ④

센서가 사용된다. 저속으로 회전하는 저널 베어링 상태 감시용으로 가장 많이 사용하는 진동 센서로 다음과 같은 특징이 있다.
㉠ 저주파 특성이 탁월하지만 중·고주파수 측정은 불가능하다.
㉡ 축의 진동 측정에 유용하게 사용된다.
㉢ 변위와 출력이 비례하므로 신호 처리가 쉽다.

25. 진동 차단기의 기본 요건 중 옳은 것은 어느 것인가? (07년 3회)

① 온도, 습도에 의해 견딜 수 있어야 한다.
② 화학적 변화에 따라 변형되어야 한다.
③ 강성은 충분히 커야 하고 하중은 고려하지 않는다.
④ 차단하려는 진동의 최저 주파수보다 큰 고유진동수를 가져야만 한다.

해설 진동 차단기의 기본 요건
㉠ 강성이 충분히 작아서 차단 능력이 있어야 한다.
㉡ 강성은 작되 걸어 준 하중을 충분히 지지할 수 있어야 한다.
㉢ 온도, 습도, 화학적 변화 등에 의해 견딜 수 있어야 한다.
㉣ 차단기의 강성은 그에 부착된 진동 보호 대상체의 구조적 강성보다 작아야 하며, 차단하려는 진동의 최저 주파수보다 작은 고유진동수를 가져야만 한다.

26. TPM의 목표인 '맨, 머신, 시스템(man, machine, system)을 극한 상태까지 높일 것'에서 머신이 고장, 일시 정지를 발생시키지 않도록 하여 최대한 설비 가동률을 높이고자 할 때의 방법으로 틀린 것은?

① 현장의 체질 개선
② 설비 성능을 항상 최고 상태로 유지
③ 설비 성능을 최고로 하여 장기간 유지
④ 주기적인 오버홀(over haul)을 수행하여 생산량 증가

27. 기계의 공진을 제거하는 방법으로 맞지 않는 것은?

① 우발력을 없앤다.
② 기계의 질량을 바꾸어 고유진동수를 변화시킨다.
③ 기계의 강성을 바꾸어 고유진동수를 변화시킨다.
④ 우발력의 주파수를 기계의 고유진동수와 같게 한다.

해설 공진 현상이란 고유진동수와 강제진동수가 일치할 경우 진폭이 크게 발생하는 현상이다. 기계나 부품에 충격을 가하면 공진 상태가 존재하므로 공진 상태를 제거하는 방법에는 다음 3가지 방법이 있다.
㉠ 우발력의 주파수를 기계의 고유진동수와 다르게 한다(회전수 변경).
㉡ 기계의 강성과 질량을 바꾸고 고유진동수를 변화시킨다(보강 등).
㉢ 우발력을 없앤다(실제로는 밸런싱과 센터링으로는 충분치 않은 경우 고유진동수와 우발력의 주파수는 되도록 멀리 한다).

28. 예방 보전의 효과가 가장 높게 나타나는 시기는? (14년 1회)

① 새로운 원료를 투입할 때
② 설비를 새로 제작하여 시운전할 때
③ 설비가 유효 수명을 초과하여 가동 중일 때
④ 설비가 유효 수명 내에서 정상 가동 중일 때

해설 예방 보전의 효과가 높은 시기는 유효 수명이 지닌 마모 고장기이다.

29. 다음 중 제품별 설비 배치에 대한 특징이 아닌 것은? (13년 2회)

① 하나 또는 소수의 표준화된 제품을 대량으로 반복 생산하는 라인 공정에 적합함

2017

정답 25. ① 26. ④ 27. ④ 28. ③ 29. ③

② 작업 흐름은 미리 정해진 패턴을 따라 가며, 각 작업장은 소품종 작업을 수행함
③ 하나의 기계 고장 시에도 유연하게 생산을 수행하며 고임금 기술자를 필요로 함
④ 작업 흐름이 원활하고 생산 기간이 짧으며, 작업장 간 거리 축소로 재고 감소, 비용 감소, 생산 통제가 용이함

30. 측정된 진동값에 대하여 정상값인지 이상 값인지를 판정하는 기준의 종류가 아닌 것은? (11년 3회)

① 절대판정 기준
② 절충판정 기준
③ 상대판정 기준
④ 상호판정 기준

해설 판정 기준의 결정
㉠ 절대판정 기준 : 동일 부위에서 측정한 값을 「판정 기준」과 비교해 양호/주의/위험으로 판정한다.
㉡ 상대판정 기준 : 동일 부위를 정기적으로 측정하여 시계열로 비교해 정상인 경우의 값을 초깃값으로 하여 그 값의 몇 배로 되었는지 판정하는 방법이다.
㉢ 상호판정 기준 : 동일 사양의 설비가 동일 조건하에서 몇 대가 운전되고 있을 경우 각각의 설비의 동일 부위를 측정하여 서로 비교함으로써 이상의 정도를 파악하는 방법이다.

31. 일반적인 집중 보전의 특징이 맞는 것은?

① 일정 작성이 용이하다.
② 긴급 작업을 신속히 처리할 수 있다.
③ 작업 의뢰와 완성까지의 시간이 매우 짧다.
④ 자본과 새로운 일에 대하여 통제가 불확실하다.

해설 집중 보전(central maintenance) : 공장의 모든 보전 요원을 한 사람의 관리자인 보전 부문의 장 밑에 두고 모든 보전 요원을 집중 관리하는 보전 방식이다. 기동성, 이원 배치의 유연성, 보전비 통제의 확실성, 보전 요원 1인의 보전에 관한 전 책임성이 좋으나, 보전 요원이 공장 전체에서 작업을 하기 때문에 적절한 관리 감독이 어렵고, 전 요원이 생산 작업에 대하여 우선순위를 가질 수 있으며, 작업 표준을 위한 시간 손실이 많고 일정 작성이 곤란하다.

32. 다음 중 설비 보전의 효과로서 적합하지 않은 것은?

① 가동률이 향상된다.
② 설비 보전 비용이 감소된다.
③ 예비 설비의 필요성이 증가된다.
④ 설비 고장으로 인한 정지 손실이 감소된다.

해설 설비 보전의 효과
㉠ 설비 고장으로 인한 정지 손실 감소(특히 연속 조업 공장에서는 이것에 의한 이익이 크다.)
㉡ 보전비 감소
㉢ 제작 불량 감소
㉣ 가동률 향상
㉤ 예비 설비의 필요성이 감소되어 자본 투자가 감소
㉥ 예비품 관리가 좋아져 재고품 감소
㉦ 제조 원가 절감
㉧ 종업원의 안전, 설비의 유지가 잘되어 보상비나 보험료 감소
㉨ 고장으로 인한 납기 지연 감소

33. 설비 진단 기술의 목적으로 틀린 것은?

① 설비의 상태를 파악한다.
② 설비의 미래 상태를 예측한다.
③ 설비를 분해하여 열화를 찾는다.
④ 설비의 이상이나 고장의 원인을 파악한다.

정답 30. ② 31. ② 32. ③ 33. ③

34. 공장의 증설 및 신설, 휴지 공사 등에 임시로 편성하는 설비 관리 조직은? (04년 3회)

① 정상 조직
② 기능별 조직
③ 경상적 조직
④ 프로젝트 조직

35. 자주 보전을 설명한 것 중 틀린 것은?

① 작업자에게 가장 중요한 것은 '이상을 발견할 수 있는 능력'이다.
② 자주 보전이란 '작업자 개개인이 자기 설비는 자신이 지킨다.'이다.
③ 자주 보전을 하기 위해서는 '설비에 강한 작업자'가 되어야 한다.
④ 작업자는 단순한 운전 조직원의 구성원으로 '설비 보전 업무는 설비 요원'만 하도록 한다.

36. 설비의 제1차 건강진단 기술로서 현장 작업원이 수행하는 기술은? (14년 1회)

① 간이진단 기술
② 정밀진단 기술
③ 고장해석 기술
④ 응력해석 기술

해설 간이 진단 기술이란 설비의 1차 진단 기술을 의미하며, 정밀진단 기술은 전문 부서에서 열화 상태를 검출하여 해석하는 정량화 기술을 의미한다.

37. 조직상으로 집중 보전과 같이 한 관리자 밑에 조직되어 있지만 배치상 각 지역에 분산된 보전 조직은? (13년 2회)

① 지역 보전　② 절충 보전
③ 설비 보전　④ 절충형 보전

38. 설비의 경제성을 평가하기 위한 방법으로 가장 거리가 먼 것은? (13년 2회)

① 자본회수 기간법
② 수익률 비교법
③ 미래 가치법
④ 원가 비교법

39. 설비 진단 기법이 아닌 것은? (13년 1회)

① 응력법　② 진동법
③ 오일 분석법　④ 사각 탐상법

40. 윤활유 급유법 중 순환 급유법에 해당되는 것은?

① 적하 급유법
② 유륜식 급유법
③ 사이펀 급유법
④ 가시 부상 유적 급유법

해설 순환 급유법 : 윤활유를 반복하여 마찰 면에 공급하는 방식으로 기름 용기 속에서 기름을 반복하여 사용하는 급유법과, 펌프에 의해 강제 순환시켜 도중에서 오일을 여과하여 세정 또는 냉각하는 방법으로 패드 급유법, 유륜식 급유법, 원심 급유법, 나사 급유법, 비말 급유법, 중력 순환 급유법, 강제 순환 급유법 등이 있다.

제 3 과목 공업 계측 및 전기 전자 제어

41. 측온 저항 온도계에서 사용되는 금속 저항체가 아닌 것은? (10년 1회)

① 백금　② 니켈
③ 구리　④ 안티몬

해설 측온 저항체 : 백금, 동, 니켈, 백금 – 코발트

42. 다음의 반가산기의 회로도에서 $A=1$, $B=1$일 때의 출력으로 맞는 것은?

2017

정답 34. ④ 35. ④ 36. ① 37. ① 38. ③ 39. ④ 40. ② 41. ④ 42. ②

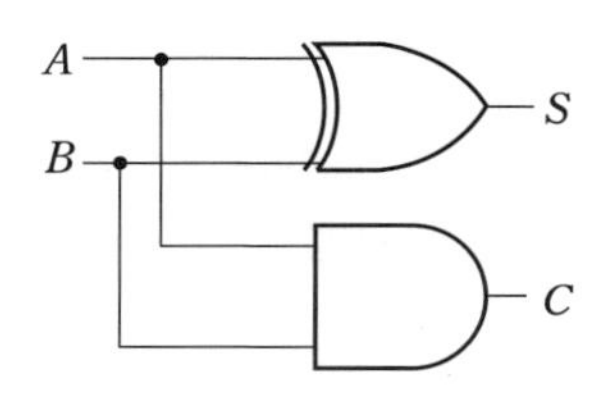

① $S=0$, $C=0$ ② $S=0$, $C=1$
③ $S=1$, $C=0$ ④ $S=1$, $C=1$

해설 반가산기 회로 진리표

입력 변수		출력 변수	
A	B	S	C
0	0	0	0
0	1	1	0
1	0	1	0
1	1	0	1

$S=\overline{A}B+A\overline{B}=A+B$ $C=AB$

43. 다음 보기에서 조작량에 해당되는 것은 어느 것인가? (08년 3회)

> 보일러의 온도를 80℃로 유지시키기 위하여 기름의 공급량을 변화시킨다.

① 온도 ② 80℃
③ 보일러 ④ 기름의 공급량

44. 측정하고자 하는 양과 일정한 관계가 있는 다른 종류의 양을 각각 직접 측정으로 구하여, 그 결과로부터 계산에 의해 측정량의 값을 결정하는 측정 방법은?

① 일반 측정 ② 비교 측정
③ 절대 측정 ④ 간접 측정

해설 간접 측정(indirect measurement) : 측정량과 일정한 관계가 있는 몇 개의 양을 측정하고, 이로부터 계산에 의하여 측정값을 유도해 내는 경우를 말한다. 예로서 변위와 이에 소요된 시간을 측정하여 속도를 구하는 경우와 사인바에 의한 각도 측정 등이 있다.

45. 다음 논리 회로에서 입력이 A, B일 때 출력 Y에 나타나는 논리식은? (13년 2회)

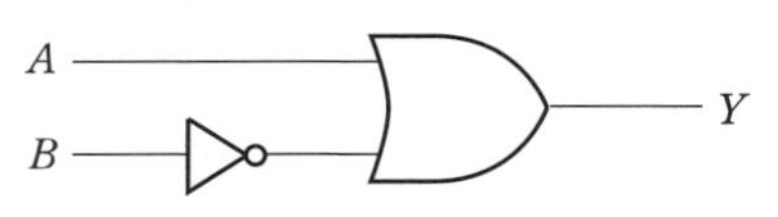

① $A+B$ ② $A\times B$
③ $A\times\overline{B}$ ④ $A+\overline{B}$

46. 다음 중 유도 전동기에서 슬립링이 필요한 전동기는?

① 농형 유도 전동기
② 단상 유도 전동기
③ 권선형 유도 전동기
④ 2중 농형 유도 전동기

47. 신호 변환기에서 변위 센서로 많이 사용되며, 변위를 전압으로 변환하는 장치는 어느 것인가? (08년 1회, 08년 3회, 10년 3회, 13년 1회)

① 벨로즈 ② 서미스터
③ 노즐, 플래퍼 ④ 차동 변압기

48. 다음 중 이상적인 연산 증폭기의 특성이 아닌 것은? (11년 2회)

① 주파수 대역폭 = ∞
② 개방 전압 이득 = ∞
③ 입력 임피던스 = ∞
④ 출력 임피던스 = ∞

해설 이상적인 연산 증폭기의 특징
㉠ 무한대의 전압 이득을 가져 아주 작은 입력이라도 큰 출력을 얻을 수 있다.
㉡ 무한대의 대역폭을 가져 모든 주파수 대역에서 동작된다.
㉢ 입력 임피던스가 무한대이므로 구동을 위한 공급 전원이 연산 증폭기 내부로 유입되지 않는다.
㉣ 출력 임피던스가 0이므로 부하에 영향을 받지 않는다.

정답 43. ④ 44. ④ 45. ④ 46. ③ 47. ④ 48. ④

㉤ 동상 신호 제거비(CMRR)가 무한대이다. 따라서 입력단에 인가되는 잡음을 제거하여 출력단에 나타나지 않는다.

49. 전압과 주파수를 가변시켜 전동기의 속도를 고효율로 쉽게 제어하는 장치로 사용되는 것은? (12년 3회)

① 인버터 ② 카운터
③ 다이오드 ④ 배선용 차단기

50. 회전수 1200 rpm인 6극 교류 발전기와 병렬 운전하는 8극 교류 발전기의 회전수는 몇 rpm인가?

① 900 ② 1000
③ 1100 ④ 1200

해설 $n = \frac{120f}{P}$

$f = \frac{nP}{120} = 60$

$n = \frac{120 \times 60}{8} = 900\ \text{rpm}$

51. 10~15 kW 정도의 3상 농형 유도 전동기의 기동 방식으로 사용하는 것은?

① 반발 기동
② $Y-\Delta$ 기동
③ 전전압 기동
④ 기동 보상기를 사용한 기동

52. 두 코일이 있다. 한 코일의 전류가 매초 20 A의 비율로 변화할 때, 다른 코일에 10 V의 기전력이 발생하였다면 두 코일의 상호 인덕턴스는 약 몇 H인가?

① 1.25 ② 0.75
③ 0.5 ④ 0.25

53. 공기식 조작 기기의 장점을 나타낸 것은 어느 것인가? (02년 3회)

① 선형 특성이다.
② 간단하게 PID 동작이 된다.
③ 신호를 먼 곳까지 보낼 수 있다.
④ 다른 방식에 적용시키기 쉽다.

해설 공기식 조작부 : 일반적으로 조작량에 비례한 0.2~1.0 kgf/cm^2의 공기압이 사용되며 큰 조작량이 필요한 경우 0.4~ 2.0 kgf/cm^2의 공기압이 사용된다. 실린더식이나 대형 구동부와 거리가 먼 경우에는 포지셔너를 사용하여 그 출력으로 구동된다. 0 또는 1.4 kgf/cm^2의 공기압 신호를 모터 또는 실린더에 가하여 밸브 등에 ON-OFF를 행한다.

54. 검출용 기기가 아닌 것은?

① 캠 스위치 ② 리밋 스위치
③ 근접 스위치 ④ 플로트 스위치

해설 캠 스위치(cam switch) : 캠의 작동에 의하여 접점이 개폐되는 스위치이며, 여러 개의 단자를 이용할 수 있다.

55. 전기 기계의 철심을 성층하는 이유와 가장 관계가 있는 것은? (10년 3회)

① 와류손 ② 기계손
③ 표유부하손 ④ 히스테리시스손

56. 다음 전력 증폭기 중 효율이 가장 높은 것은? (14년 1회)

① A급 전력 증폭기
② B급 전력 증폭기
③ C급 전력 증폭기
④ AB급 전력 증폭기

57. 소자 상태에서 트랜지스터의 이미터와 컬렉터 사이의 이상적인 저항값(Ω)은? (13년 1회)

2017

정답 49. ① 50. ① 51. ② 52. ③ 53. ② 54. ① 55. ① 56. ③ 57. ④

① 0　　② 20
③ 50　　④ ∞

58. 되먹임 제어(feed back control)에서 반드시 필요한 장치는? (05년 3회, 14년 2회)

① 구동기　　② 조작기
③ 검출기　　④ 비교기

해설 피드백 제어에서 반드시 필요한 장치는 입출력 비교 장치이며, 비교기는 기준량과 출력량을 비교하여 편차를 가려내는 장치이다.

59. 3상 $Y-Y$ 회로에서 a상의 전압 V_a가 220 V, 부하한 상의 임피던스 Z는 $8+j6\,\Omega$일 때 선전류값은 몇 A인가?

① 10　　② 11
③ 20　　④ 22

60. 전자 코일에 전원을 주어 형성된 자력을 이용하여 접점을 즉시 개폐하는 역할을 하는 것은? (10년 2회)

① 카운터
② 릴레이
③ 열동형 계전기
④ 실렉터 스위치

제 4 과목 기계 정비 일반

61. 다음 중 원심식 압축기의 장점으로 틀린 것은?

① 대용량이다.
② 윤활이 쉽다.
③ 고압 발생이 용이하다.
④ 맥동 압력이 없다.

해설 원심식 압축기 : 회전체의 원심력에 의하여 압송하는 기계이다.

62. 전동기의 고장 중 과열의 원인으로 틀린 것은? (12년 3회)

① 과부하 운전
② 냉각팬에 의한 발열
③ 빈번한 기동 및 정지
④ 베어링부에서의 과열

해설 전동기에 설치되어 있는 냉각팬은 열을 억제하는 역할을 담당한다.

63. 송풍기의 압력 범위를 올바르게 표현한 것은? (07년 3회, 08년 1회, 10년 1회)

① 0.1 kgf/cm^2 이하
② 1.4 kgf/cm^2 이상
③ 0.1~1 kgf/cm^2
④ 1.0~1.4 kgf/cm^2

해설 압력에 의한 분류

구 분	압 력		기압 (atm) (표준)
	mAq(수두)	kgf/cm^2	
통풍기	1 이하	0.1 이하	0.1
송풍기	1~10	0.1~1.0	0.1 ~ 1.0
압축기	10 이상	1.0 이상	1.0 이상

64. 관의 안지름 1.2 m, 평균 유속 3 m/s인 도수관 1개를 사용할 때 이 도수관에 흐르는 유량은 약 몇 m^3/s인가?

① 3.39　　② 6.79
③ 33.93　　④ 67.85

해설 $Q=AV,\ A=\dfrac{\pi d^2}{4}$

65. 원심형 통풍기(fan)의 정기 검사 항목이 아닌 것은?

① 닥트의 마모 상태
② 흡기, 배기의 능력
③ 통풍기의 주유 상태

정답 58. ④ 59. ④ 60. ② 61. ③ 62. ② 63. ③ 64. ① 65. ④

④ 배기 세정장치 수리

66. 기계요소에 대한 설명 중 틀린 것은 어느 것인가? (13년 3회)

① 분할 핀은 풀림 방지용으로 사용한다.
② 테이퍼 핀은 위치 결정용으로 사용한다.
③ V 벨트는 평벨트보다 전동 효율이 좋다.
④ 크랭크 축은 연삭기 등의 주축에 사용한다.

67. 펌프 점검 관리 항목 중 일상 점검 항목이 아닌 것은?

① 누수량 ② 토출 압력
③ 베어링 온도 ④ 임펠러의 마모

68. 펌프의 부식에 관한 설명 중 옳은 것은 어느 것인가? (12년 2회)

① 유속이 느릴수록 부식되기 쉽다.
② 온도가 낮을수록 부식되기 쉽다.
③ 유체 내의 산소량이 적을수록 부식되기 쉽다.
④ 재료가 응력을 받고 있는 부분은 부식이 생기기 쉽다.

해설 (가) 부식 작용 요소
㉠ 액의 종류 성분 농도 pH값
pH : 14……………………7……………………3
← 알칼리 → 중성 ← 산 →
㉡ 온도가 높을수록, pH값이 낮을수록 부식되기 쉽다.
㉢ 유체 내의 산소량이 많을수록 부식되기 쉽다.
㉣ 유속이 빠를수록 부식되기 쉽다.
㉤ 금속 표면이 거칠수록 부식이 잘된다.
㉥ 재료가 응력을 받고 있는 부분은 부식이 생기기 쉽다.
㉦ 금속 표면의 돌기부, 캐비테이션 발생 부위, 충격 흐름을 받는 부위는 부식이 잘된다.
(나) 방식 방법
㉠ 내식성 재료를 주철, 청동, 합금강으로 한다.
㉡ 임펠러 중량은 펌프의 중량보다 작으므로 이것을 스테인리스강과 같이 고급 재료로 해도 전체 가격이 비교적 적으나 중량이 큰 케이싱을 고급 재질로 한다는 것은 가격의 영향이 크므로 케이싱 내면에 고무 또는 합성수지 같은 내식성 물질로 코팅 라이닝을 한다.
㉢ 전기 방식법
- 전류 양극 방식 : 방식할 부분에 Zn, Mg 등을 장치하면 양극이 되어 점차 소모 용해되며, 피방식체는 음극이 되어 보호되고 양극이 될 금속은 순도 99.99 %로 요구되며, 확실하게 전기적 접촉을 유지하도록 장치한다.
- 전기 화학적 부식 원리를 이용하여 역전류를 외부에서 통제시켜 부식을 억제하는 방식이다.

69. 다음 변속기 중 유성 운동을 하는 원추판을 반지름 방향으로 이동시켜 접시형 스프링을 가진 한 쌍의 태양 플랜지와 접촉시켜 유성 원추판의 공전을 출력 축으로 빼내는 구조로 된 것은?

① 가변 변속기
② 컵 무단 변속기
③ 디스크 무단 변속기
④ 체인식 무단 변속기

70. 주어진 V 벨트 호칭법에서 80은 무엇을 의미하는가?

일반용 V 벨트 A80 또는 A2032

① 폭(mm)
② 호칭번호

2017

정답 66. ④ 67. ④ 68. ④ 69. ③ 70. ②

③ 호칭지름(mm)
④ 인장강도(kg/cm²)

71. 다음 체결용 기계 요소 중 볼트의 이완 방지법이 아닌 것은? (04년 1회)

① 절삭 너트에 의한 방법
② 로크너트에 의한 방법
③ 테이퍼 핀에 의한 방법
④ 홈 달림 너트에 의한 방법

해설 볼트 너트의 이완 방지 : 홈 달림 너트 분할 핀 고정에 의한 방법, 절삭 너트에 의한 방법, 로크너트에 의한 방법, 특수 너트에 의한 방법, 철사로 죄어 매는 방법 등이 있다.

72. V 벨트나 풀리의 홈 크기에 대한 규격 중 단면이 가장 큰 것은?

① M형　② A형
③ E형　④ Y형

해설 V 벨트 종류에는 M, A, B, C, D, E의 여섯 가지가 있다. V 벨트 풀리의 홈 모양의 크기는 V 벨트의 종류와 마찬가지로 M, A, B, C, D, E의 여섯 가지 규격으로 규정하고 있다. 홈의 각도는 V 벨트 크기에 따라 달라지며, 홈은 V 벨트 수명과 전동 효율에 큰 영향을 주므로 정밀하게 다듬질되어야 한다.

73. 축의 직접적인 고장 원인이 아닌 것은?

① 윤활 불량
② 응력 분산
③ 키 홈 마모
④ 끼워 맞춤 불량

해설 축 고장의 자연 열화 원인과 대책

직접 원인	주요 원인	조치 요령
자연 열화	끼워 맞춤 부위 마모, 녹, 홈, 변형, 휨 등이 발생	외관 검사로 판명, 수리 또는 교체

74. 측정 방법 중 비교 측정의 장점으로 맞는 것은? (13년 3회)

① 측정 범위가 넓다.
② 측정물의 치수를 직접 잴 수 있다.
③ 소량 다종의 제품 측정에 적합하다.
④ 길이뿐 아니라 면의 모양 측정 등 사용 범위가 넓다.

75. 압력이 포화 수증기압 이하로 낮아지면서 기포가 발생하는 현상을 무엇이라고 하는가? (06년 1회, 09년 1회, 11년 1회)

① 공동 현상　② 교축 현상
③ 수격 현상　④ 채터링 현상

76. 왕복동 압축기의 피스톤 앤드 간극의 측정에 대한 설명으로 옳은 것은?

① 하부 간극보다 상부 간극을 크게 한다.
② 수평 게이지는 0.05 mm/m 정도의 것을 사용한다.
③ 테이퍼 라이너를 사용하여 크로스 헤드를 조정한다.
④ 다이얼 게이지를 사용하여 90° 간격으로 편차 0.03 mm 이하로 한다.

77. 축 정렬 작업 시 사용하는 심 플레이트(shim plate)의 용도는?

① 축의 직진도를 측정하는 게이지이다.
② 양 커플링 사이에 삽입하여 축의 간격 조정에 사용한다.
③ 커플링 면 사이를 측정하는 틈새 게이지의 일종이다.
④ 기초 볼트에 삽입하여 기계 등의 높낮이 조정에 사용한다.

해설 심플레이트는 ㄷ자 형식으로 제작한다.

정답 71. ③ 72. ③ 73. ② 74. ④ 75. ① 76. ① 77. ④

78. 플렉시블 커플링에 대한 설명으로 틀린 것은? (13년 2회)

① 완충 작용이 필요한 경우 사용한다.
② 두 축이 일치하는 경우 사용한다.
③ 고무 커플링은 방진고무의 탄성을 이용한 커플링이다.
④ 그리드 플렉시블 커플링은 스틸 플렉시블 커플링이라고도 한다.

해설 플렉시블 커플링은 두 축이 정확히 일치하지 않는 경우, 급격히 힘이 변화하는 경우, 완충 작용과 전기 절연 작용이 필요한 경우 사용한다.

79. 펌프 운전 중 발생되는 캐비테이션 방지법으로 적합하지 않은 것은? (07년 3회)

① 흡입구를 작게 한다.
② 흡입 양정을 작게 한다.
③ 양흡입 펌프를 사용한다.
④ 펌프의 회전수를 낮게 한다.

80. 가열 끼워 맞춤에서 가열 온도를 250℃ 이하로 하는 이유로 가장 적합한 것은?

① 에너지 절감을 위해
② 끼워 맞춤 후 급냉을 위해
③ 가열시간 단축을 위해
④ 재질의 변화 및 변형을 방지하기 위해

해설 가열 작업 시 주의 사항
250℃ 이상으로 가열하면 재질의 변화 및 변형이 발생한다. 또 조립 후 냉각할 때는 급랭해서는 안 된다.

2017

정답 78. ② 79. ① 80. ④

2018년도 출제 문제

기계정비산업기사

❖ 2018년 3월 4일 시행

자격종목 및 등급(선택분야)	종목코드	시험시간	문제지형별	수검번호	성 명
기계정비산업기사	2035	2시간	A		

제1과목 공유압 및 자동화 시스템

1. 릴리프 밸브를 이용한 유압 브레이크 회로에서 유압 모터를 정지시키고자 오일의 공급을 중단했을 때 유압 모터의 현상은?(단, 모터 축의 부하 관성이 크다.)

① 바로 정지한다.
② 잠시 동안 고정된다.
③ 얼마간 회전을 지속하다가 정지한다.
④ 급정지했다가 관성에 의해 다시 회전한다.

해설 제동 회로(brake circuit) : 시동 시 서지압을 방지하거나, 정지할 경우 유압적으로 제동을 부여하거나, 주된 구동 기계의 관성 때문에 이상 압력이 생기거나 이상음이 발생되어 유압장치가 파괴되는 것을 방지하기 위해 제동 회로를 둔다.

2. 직선 왕복 운동용 액추에이터가 아닌 것은?

① 다단 실린더 ② 단동 실린더
③ 복동 실린더 ④ 요동 실린더

해설 요동 실린더는 요동 모터 또는 요동 액추에이터라고 한다.

3. 안지름 32 mm의 실린더가 10 mm/s의 속도로 움직이려 할 때 필요한 최소 펌프 토출량은 약 몇 /min인가?

① 0.48 ② 1.04
③ 1.52 ④ 2.17

4. AND 밸브라고도 불리며 연동 제어, 안전 제어에 사용되는 밸브는?

① 2압 밸브 ② 셔틀 밸브
③ 차단 밸브 ④ 체크 밸브

해설 2압 밸브(two pressure valve) : AND 요소로서 저압 우선 셔틀 밸브라고도 한다.

5. 유압 펌프에서 압력이 상승하지 않는 경우 점검 사항이 아닌 것은?

① 언로드 회로의 점검
② 릴리프 밸브의 압력 설정 점검
③ 유량 조절 밸브의 조절 상태 점검
④ 펌프 축 및 카트리지 등의 파손 점검

6. 무부하 밸브(unloading valve)에 대한 설명으로 틀린 것은?

① 동력을 절감시키는 역할을 한다.
② 유압의 상승을 방지하는 역할을 한다.
③ 실린더의 부하를 감소시키는 역할을 한다.
④ 펌프 송출량을 탱크로 되돌리는 역할을 한다.

정답 1. ③ 2. ④ 3. ① 4. ① 5. ③ 6. ③

7. 일반적인 압축 공기의 생산과 준비 단계가 옳은 것은? (10년 3회)

① 압축기 → 건조기 → 서비스 유닛 → 애프터 쿨러 → 저장 탱크
② 압축기 → 애프터 쿨러 → 저장 탱크 → 건조기 → 서비스 유닛
③ 압축기 → 건조기 → 서비스 유닛 → 저장 탱크 → 애프터 쿨러
④ 압축기 → 서비스 유닛 → 애프터 쿨러 → 건조기 → 저장 탱크

8. 제어 시스템에서 신호 발생 요소의 작동 상태를 알 수 있으며 시퀀스 상의 간섭 유무를 판별할 수 있는 것은?

① 논리도 ② 제어 선도
③ 내부 결선도 ④ 변위 단계 선도

해설 제어 선도(control diagram) : 신호 발생 요소의 신호 영역을 프로그램 플로 차트의 기호 ON-OFF 표시 방식으로 표현함으로써 각 신호 발생 요소의 작동 상태를 알 수 있으며, 각 신호 발생 요소 간의 신호 간섭 현상을 예측할 수 있다. 이 선도는 제어 시스템에 발생되는 신호 간섭의 원인 파악이 가능하여 간섭 해결의 방안을 모색할 수 있다.

9. 공학 기압 1 atm와 크기가 다른 것은? (15년 3회)

① 10 bar ② 10 mAq
③ 1 kgf/cm^2 ④ 10000 kgf/m^2

해설 1 표준 기압 = 1 atm = 760 mmHg(수은주) = 10.33 mAq(물기둥) = 1.033 kgf/cm^2,
1 bar = 1.01972 kgf/cm^2

10. 다음 유압 밸브에서 알 수 없는 것은 어느 것인가? (06년 1회, 11년 3회)

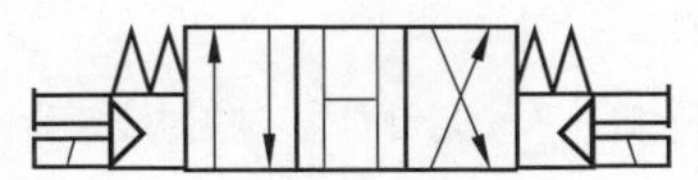

① 3위치 ② 4포트
③ 개스킷 ④ 오픈 센터

해설 이 밸브는 센터 4port 3way 밸브로 open center 타입이다.

11. 큰 운동 에너지를 얻기 위해 설계된 것으로 리베팅, 펀칭, 프레싱 작업 등에 사용하는 실린더는?

① 충격 실린더
② 양로드 실린더
③ 쿠션 내장형 실린더
④ 텔레스코프형 실린더

해설 충격 실린더(impact cylinder) : 실린더 내에 있는 공기탱크에서 피스톤에 공기 압력을 급격하게 작용시켜 피스톤에 충격 힘(25~500 N·m 정도)을 고속인 속도 에너지로 이용하게 된 실린더이다. 보통 실린더는 성형 작업을 할 때에 추력에 제한을 받게 되므로 운동 에너지를 얻기 위해 이 실린더를 설계하였으며, 속도를 7.5~10 m/s까지 얻을 수 있다. 프레싱, 플랜징, 리베팅, 펀칭 등의 작업에 이용한다.

12. 로터의 피치가 60, 극수가 8, 회전자의 치수가 6인 4상 스테핑 모터의 스텝각은?

① 15° ② 24°
③ 32° ④ 48°

해설 1회전당 각도 = 360/6상 = 60°
스탭각 = 60°/4상 = 15°

13. 다음 중 서보 센서가 아닌 것은?

① 리졸버 ② 엔코더
③ 서미스터 ④ 타코미터

해설 서미스터(thermistor) : 온도 변화에 의해서 소자의 전기 저항이 크게 변화하는 표적 반도체 감온 소자로 열에 민감한 저항체(thermal sensitive resistor)이다.

2018

정답 7. ② 8. ② 9. ① 10. ③ 11. ① 12. ① 13. ③

14. **다음 중 직류 전동기가 과열하는 원인이 아닌 것은?**

① 저전압
② 과부하
③ 핸들 이송 속도가 느림
④ 저항 요소 또는 접촉자의 단락

해설 직류 전동기의 과열 원인 : 과부하, 스파크, 베어링 조임 과다, 코일 단락, 브러시 압력 과다, 이송 핸들 속도 부적당 등

15. **자동화 시스템 유지 보수에 관한 설명 중 틀린 것은?** (12년 2회)

① 유지 보수비 지출은 가능한 최소로 하는 것이 전체 생산 원가를 줄이는 방법이다.
② 설비의 상태를 관찰하여 필요한 시기에 필요한 보전을 하는 것을 개량 보전(CM)이라 한다.
③ 예비 부품의 상시 확보 여부는 그 부품의 보관 비용과 고장 빈도 또는 고장 1회당 설비 손실 금액을 고려하여 결정하여야 한다.
④ 설비가 고장을 일으키기 전에 정기적으로 예방 수리를 하여 돌발적인 고장을 줄이는 데 목적이 있는 설비 관리 기법이 예방 보전(PM)이다.

해설 설비의 상태를 관찰하여 필요한 시기에 필요한 보전을 하는 것은 예지 보전이다.

16. **미터－아웃 유량 제어 방식의 특징으로 틀린 것은?**

① 부하가 카운터 밸런스 되어 있어 끄는 힘에 강하다.
② 교축 요소에 의하여 발생된 열은 탱크로 옮겨진다.
③ 낮은 속도 조절 면에서 미터-인 방식보다 불리하다.
④ 유압유의 압축성 측면에서 미터-인 방식보다 유리하다.

17. **제작 회사에서 미리 ROM에 프로그램 내용을 기억시켜 스스로 판독하여 프로그램을 수행할 수 있도록 만든 것은?**

① EPROM ② EEPROM
③ PROM ④ MASK ROM

해설 ① EPROM (erasable programmable read only memory) : 마이크로프로세서 시스템에서 메모리의 내용을 지워진 프로그래밍이 가능한 플로팅 게이트(floating gate) 메모리 셀로 구성한 것
② EEROM(electrically erasable read only memory) : 반도체 메모리 중 비휘발성이며 전기적으로 데이터를 읽거나 써넣을 수 있는 것
③ PROM(programmable read only memory) : 사용자가 1번에 한하여 써넣을 수 있는 것

18. **검출 물체가 센서의 작동 영역(감지 거리 이내)에 들어올 때부터 센서의 출력 상태가 변화하는 순간까지의 시간 지연을 무엇이라 하는가?** (14년 1회)

① 동작 주기 ② 복귀 시간
③ 응답 시간 ④ 초기 지연

19. **다음의 밸브 작동 방법 기호의 의미는?**

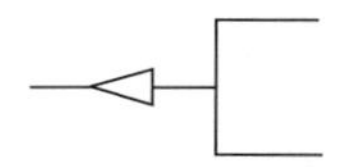

① 감압 작동 ② 레버 작동
③ 압축 공기 작동 ④ 롤러 레버 작동

해설 : 압력에 의한 작동으로 압력을 가하는 것
: 압력을 제거하는 것

정답 14. ① 15. ② 16. ④ 17. ④ 18. ③ 19. ①

20. 메모리 제어의 설명으로 옳은 것은?

① 이전 단계 완료 여부를 센서를 이용하여 확인한 후 다음 단계의 작업을 수행하는 제어
② 시스템 내의 하나 또는 여러 개의 입력 변수가 약속된 법칙에 의하여 출력 변수에 영향을 미치는 공정
③ 어떤 신호가 입력되어 출력 신호가 발생한 후에는 입력 신호가 없어져도 그 때의 출력 상태를 유지하는 제어
④ 제어하고자 하는 하나의 변수가 계속 측정되어 다른 변수, 즉 지령치와 비교되며 그 결과가 첫 번째 변수를 지령치에 맞추도록 수정하는 것

해설 메모리 제어 : 출력에 영향을 줄 반대되는 입력 신호가 들어올 때까지 이전에 출력된 신호는 유지된다.

제 2 과목 설비 진단 및 관리

21. 다음 중 보전 자재 관리상의 특징으로 틀린 것은? (15년 3회)

① 불용 자재의 발생 가능성이 적다.
② 자재 구입 품목, 구입 수량, 구입 시기의 계획을 수립하기 곤란하다.
③ 보전 기술 수준 및 관리 수준이 보전 자재의 재고량을 좌우하게 된다.
④ 보전 자재의 연간 사용 빈도가 낮으며, 소비 속도가 늦는 것이 많다.

해설 보전용 자재의 관리상 특징
㉠ 보전용 자재는 연간 사용 빈도 또는 창고로부터의 불출 회수가 낮으며, 소비 속도가 늦는 것이 많다.
㉡ 자재 구입의 품목, 수량, 시기의 계획을 수립하기 곤란하다.
㉢ 보전 기술 수준 및 관리 수준이 보전 자재의 재고량을 좌우하게 된다.
㉣ 불용 자재의 발생 가능성이 크다.
㉤ 소모, 열화되어 폐기되는 것과 예비기 및 예비 부품과 같이 순환 사용되는 것이 있다.
㉥ 재고 유지비와 수리 기간 중의 정지 손실비의 합계를 최소화시키는 형식과 소재, 부품 기기 또는 완성품 중 어떤 형식으로 재고해 두는 것이 가장 경제적인지에 따라 결정한다.

22. 종합적 생산 보전 활동과 가장 거리가 먼 것은? (11년 1회)

① 계획 보전 체제를 확립한다.
② 작업자를 보전 전문 요원으로 활용한다.
③ 설비에 관계하는 사람은 빠짐없이 참여한다.
④ 설비의 효율화를 저해하는 로스(loss)를 없앤다.

23. 진동 센서 고정 방법 중 주파수 영역이 넓고 진동 측정 정확도가 가장 좋은 것은 무엇인가? (08년 3회, 10년 1회, 14년 1회, 14년 3회)

① 손 고정 ② 나사 고정
③ 밀랍 고정 ④ 마그네틱 고정

해설 가속도 센서 부착 방법을 공진 주파수 영역이 넓은 순서로 나열하면 나사 > 에폭시 시멘트 > 밀랍 > 자석 > 손이다.

24. PM(phenomena mechanism) 분석의 단계별 내용에 해당되지 않는 것은?

① 현상을 명확히 한다.
② 조사 방법을 검토한다.
③ 이상한 점을 파악한다.
④ 최적 조건을 파악한다.

해설 PM 분석 단계
㉠ 제1단계 : 현상을 명확히 한다.
㉡ 제2단계 : 현상을 물리적으로 해석한다.

2018

정답 20. ③ 21. ① 22. ② 23. ② 24. ④

ⓒ 제3단계 : 현상이 성립하는 조건을 모두 생각해 본다.
ⓓ 제4단계 : 각 요인의 목록을 작성한다.
ⓔ 제5단계 : 조사 방법을 검토한다.
ⓕ 제6단계 : 이상 상태를 발견한다.
ⓖ 제7단계 : 개선안을 입안한다.

25. 다음 중 음파가 서로 다른 매질을 통과할 때 구부러지는 현상을 무엇이라고 하는가? (10년 1회, 13년 3회)

① 음의 반사
② 음의 간섭
③ 음의 굴절
④ 마스킹(masking) 효과

해설 음이 다른 매질을 통과할 때 구부러지는 현상은 음의 굴절이다.

26. 생산 정지 혹은 유해한 성능 저하를 초래하는 상태를 발견하기 위한 설비의 정기적인 검사를 무엇이라 하는가? (10년 2회, 13년 2회, 14년 2회)

① 개량 보전 ② 사후 보전
③ 예방 보전 ④ 보전 예방

27. 유(oil) 윤활과 비교한 그리스 윤활의 장점으로 옳은 것은? (09년 1회)

① 누설이 적다.
② 냉각 작용이 크다.
③ 급유가 용이하다.
④ 이물질 혼입 시 제거가 용이하다.

28. 정현파 신호에서 진동의 크기를 표현하는 방법으로 피크값의 $2/\pi$인 값은? (09년 3회)

① 편진폭 ② 양진폭
③ 평균값 ④ 실횻값

해설 평균값(ave) : 순간 측정값 자체의 시간 평균을 구하는 것이며, 정현파의 경우 $2A_p\sqrt{\pi}$이고, 시간에 대한 변화량을 표시하지만 실제적으로 사용 범위가 국한되어 있다.

29. 다음 그림과 같은 설비 관리의 조직 형태를 무엇이라 하는가? (12년 1회)

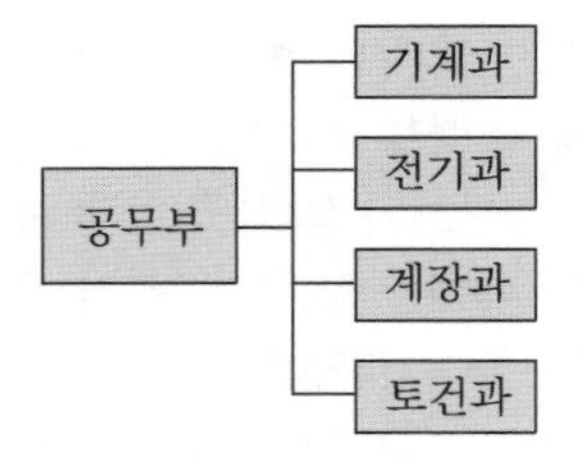

① 기능별 조직
② 대상별 조직
③ 전문 기술별 조직
④ 매트릭스(matrix) 조직

30. 고속으로 회전하는 기어 및 베어링 등에서 충격력 등과 같이 힘의 크기가 문제로 되는 이상의 진단 시 일반적으로 사용되는 측정 변수는? (12년 3회)

① 변위 ② 속도
③ 가속도 ④ 위상각

해설 고속 회전하는 시스템에서의 진동 측정 시 진동 가속도를 측정한다.

31. 다음 설비 보전 표준 중 검사, 정비, 수리 등의 보전 작업 방법과 보전 작업 시간의 표준을 말하는 것은? (12년 1회)

① 설비 성능 표준
② 일상 점검 표준
③ 설비 점검 표준
④ 보전 작업 표준

해설 보전 작업 표준 : 표준화하기 가장 어려우나 가장 중요한 표준으로 수리 표준 시간, 준비 작업 표준 시간, 분해 검사 표준 시간을 결정하는 것, 즉 검사, 보전, 수리 등의 보전 작업 방법과 보전 작업 시간의 표준을 말한다.

정답 25. ③ 26. ③ 27. ① 28. ③ 29. ③ 30. ③ 31. ④

32. 설비 배치에서 설비 요소의 면적 결정 방법이 아닌 것은?

① 변환법 ② 계산법
③ 이분법 ④ 비율 경향법

해설 소요 면적의 결정 방법에는 계산법, 변환법, 표준 면적법, 개략 레이아웃법, 비율 경향법 등이 있으며, 계산법과 변환법이 많이 사용되고 있다.

33. 다음 중 설비의 체질 개선을 위하여 실시하는 보전 활동은? (07년 1회, 09년 1회)

① 예방 보전 ② 생산 보전
③ 개량 보전 ④ 고장 보전

해설 개량 보전 : 설비 자체의 체질 개선으로 고장이 없고, 수명이 길고, 고장이 적으며, 보전 절차가 없는 재료나 부품을 사용할 수 있도록 개조, 갱신을 해서 열화 손실 혹은 보전에 쓰이는 비용을 인하하는 방법

34. 변위 센서의 종류가 아닌 것은? (16년 2회)

① 압전형 ② 와전류형
③ 전자 광학형 ④ 정전 용량형

해설 변위 센서는 와전류식, 전자 광학식, 정전 용량식 등이 있다.

35. 팽창식 체임버(chamber)의 소음기 면적비는?

① $\frac{\text{팽창식 체임버의 단면적}}{\text{연결 길이}}$

② $\frac{\text{연결 길이}}{\text{팽창식 체임버의 단면적}}$

③ $\frac{\text{연결 덕트의 단면적}}{\text{팽창식 체임버의 단면적}}$

④ $\frac{\text{팽창식 체임버의 단면적}}{\text{연결 덕트의 단면적}}$

36. 진동 차단기의 기본 요구 조건 중 틀린 것은? (12년 2회)

① 온도, 습도, 화학적 변화 등에 대해 견딜 수 있어야 한다.
② 차단하려는 진동의 최저 주파수보다 큰 고유진동수를 가져야 한다.
③ 차단기의 강성은 그에 부착된 진동 보호 대상체의 구조적 강성보다 작아야 한다.
④ 강성은 충분히 작아 차단 능력이 있되 작용하는 하중을 충분히 받칠 수 있어야 한다.

해설 진동 차단기의 기본 요구 조건
㉠ 강성이 충분히 작아서 차단 능력이 있어야 한다.
㉡ 강성은 작되 걸어 준 하중을 충분히 받칠 수 있어야 한다.
㉢ 온도, 습도, 화학적 변화 등에 의해 견딜 수 있어야 한다.
㉣ 차단기의 강성은 그에 부착된 진동 보호 대상체의 구조적 강성보다 작아야 하며, 차단하려는 진동의 최저 주파수보다 작은 고유진동수를 가져야만 한다.

37. 다음 그림과 같은 보전 조직은?

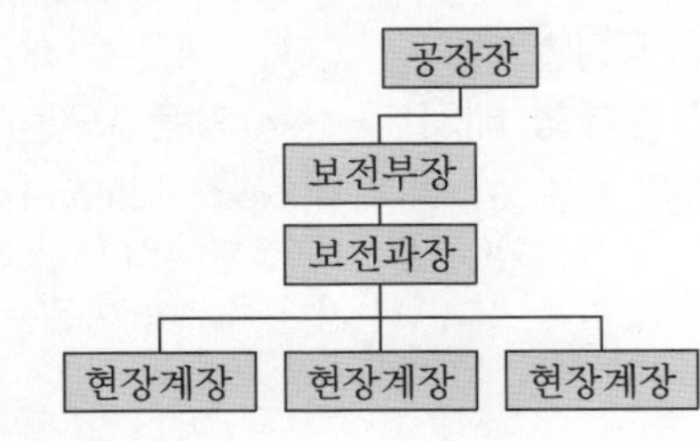

① 지역 보전 ② 집중 보전
③ 부문 보전 ④ 절충 보전

해설 집중 보전(central main) : 모든 보전 작업 및 보전원을 한 관리자 밑에 두며, 보전 현장도 한곳에 집중된다. 또한 설계나 공사 관리, 예방 보전 관리 등이 한곳에서 집중적으로 이루어진다.

2018

정답 32. ③ 33. ③ 34. ① 35. ④ 36. ② 37. ②

38. 다음 중 회전 기계의 진동 측정 방법 중 변위를 측정해야 하는 경우로 가장 적합한 것은?

① 회전축의 흔들림
② 캐비테이션 진동
③ 베어링 홈 진동
④ 기어의 홈 진동

39. 설비 관리의 조직 계획에서 지역이나 제품, 공정 등에 따라 설비를 분류하여 그 관리를 담당하는 방식은? (15년 2회)

① 기능 분업　② 지역 분업
③ 직접 분업　④ 전문 기술 분업

해설 지역(제품별, 공정별) 분업 : 지역이나 제품, 공정 등에 따라 설비를 분류하여 그 관리를 담당하는 방식으로 공장 내를 몇 개의 지구로 나누어 각 지구마다 보전과를 두는 경우이다.

40. 제품의 크기, 무게 및 기타 특성 때문에 제품 이동이 곤란한 경우에 생기는 배치 형태로 자재, 공구, 장비 및 작업자가 제품이 있는 장소로 이동하여 작업을 수행하는 설비 배치의 형태는?

① 공정별 배치　② 제품별 배치
③ 혼합형 배치　④ 제품 고정형 배치

해설 제품 고정형 배치(fixed position layout) : 주재료와 부품이 고정된 장소에 있고 사람, 기계, 도구 및 기타 재료가 이동하여 작업이 행하여진다.

제 3 과목 공업 계측 및 전기 전자 제어

41. 다음의 그림은 3상 유도 전동기의 단자를 표시한 것이다. 이 전동기를 Δ 결선하고자 한다면? (15년 2회)

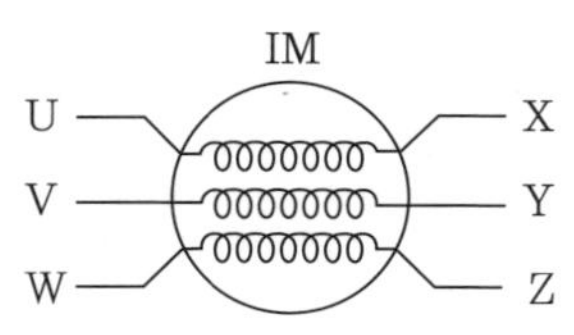

① X-Y-Z, U-V-W를 연결한다.
② U-W, Z-Y, V-X를 연결한다.
③ U-Y, V-W, X-Z를 연결한다.
④ U-Y, V-Z, W-X를 연결한다.

해설 Y 결선은 X, Y, Z를 연결한다.

42. 0.1 H의 코일에 60 Hz, 200 V인 교류 전압을 인가하면 유도 리액턴스는 약 몇 Ω인가? (13년 2회)

① 12　② 18.8
③ 37.7　④ 125.6

해설 $X_L = 2\pi f L = 2 \times 3.14 \times 60 \times 0.1 \fallingdotseq 37.7$

43. 옴의 법칙(Ohm's law)에 관한 설명 중 옳은 것은? (14년 1회)

① 전압은 전류에 비례한다.
② 전압은 저항에 반비례한다.
③ 전압은 전류에 반비례한다.
④ 전압은 전류의 2승에 비례한다.

해설 옴의 법칙(Ohm's law) : 도체(conductor)를 흐르는 전류의 크기는 도체의 양 끝에 가한 전압에 비례하고, 그 도체의 전기 저항에 반비례한다.

44. 다음 그림과 같이 입력이 동시에 ON 되었을 때에만 출력이 ON 되는 회로를 무슨 회로라고 하는가?

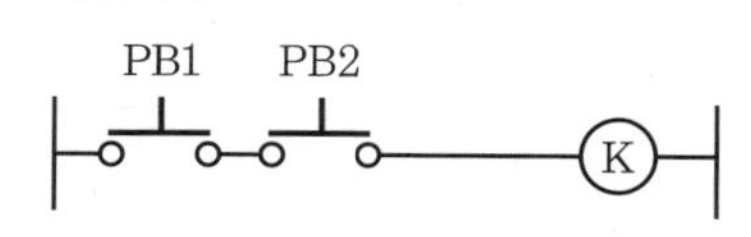

① OR 회로　② AND 회로
③ NOR 회로　④ NAND 회로

정답 38. ① 39. ② 40. ④ 41. ④ 42. ③ 43. ① 44. ②

45. 타여자 발전기의 용도로 적당하지 않은 것은?

① 고전압 발전기
② 승압기(booster)
③ 저전압 대전류 발전기
④ 동기 발전기의 주 여자기

46. 논리식 a · 1(a AND 1)을 간략히 했을 때 옳은 것은?

① 1　② 0　③ a　④ $\overline{a}$

47. 기호 중 계전기의 b접점을 나타낸 것은?

① 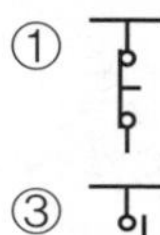
② 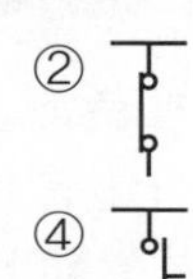
③
④

해설 b접점 : 접점이 항상 닫혀 있어 통전되고 있다가 외력이 작용하면 열리는 것, 즉 통전이 차단되는 것을 상시 닫힘형, 정상 상태 닫힘형(normally closed, N/C형), break 접점이라고도 부른다.

48. 이미터 접지 증폭 회로에서 트랜지스터의 h_{fe} = 100, h_{ie} = 10 k, 부하 저항이 5 k이면 이 회로의 전압 증폭도는?

① −5　② −10
③ −50　④ −100

해설 $A_V = \dfrac{-h_{fe}Z_L}{h_{ie}} = \dfrac{-100\times5}{10} = -50$

49. 다음 중 연산 증폭기의 심벌로 옳은 것은 어느 것인가? (07년 3회, 14년 1회)

① 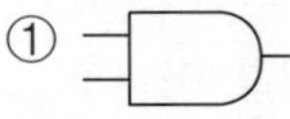
② 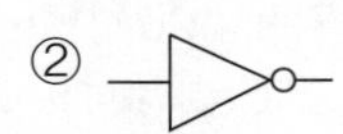
③ 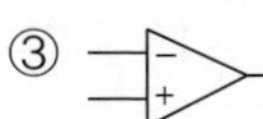

④ 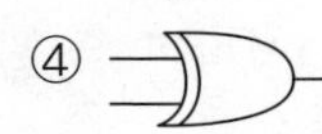

50. 구조는 간단하나 잔류 편차가 생기는 제어 요소는? (07년 1회, 10년 1회, 10년 3회)

① 적분 제어　② 미분 제어
③ 비례 제어　④ 온/오프 제어

해설 비례 제어 : 입력에 비례하는 크기의 출력을 내는 제어 동작을 비례 동작 또는 P 동작이라고 한다.

51. 다음 그림에서 검류계의 지침이 0을 지시하고 있다면 미지 전압 E_x는 몇 V인가?

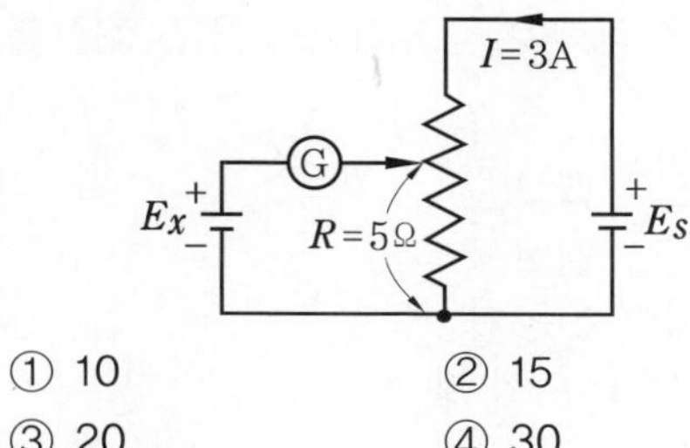

① 10　② 15
③ 20　④ 30

해설 $V = IR = 3\text{A}\times5\Omega = 15\text{V}$

52. PLC 제어반의 특징이 아닌 것은? (11년 2회)

① 유닛 교환으로 수리를 할 수 있다.
② 복잡한 제어라도 설계가 용이하다.
③ 완성된 장치는 다른 곳에서 사용할 수 없다.
④ 프로그램으로 복잡한 제어 기능도 할 수 있다.

53. 제어 밸브는 프로세스의 요구에 따라 여러 종류의 형식이 있다. 다음 중 제어 밸브를 조작 신호와 밸브 시트의 형식에 따라 분류할 때 조작 신호에 따른 분류에 속하는 것은? (08년 1회, 10년 2회)

① 격막 밸브　② 글로브 밸브
③ 게이트 밸브　④ 자력식 밸브

2018

정답 45. ③ 46. ③ 47. ② 48. ③ 49. ③ 50. ③ 51. ② 52. ③ 53. ④

54. 외부 압력에 대한 탄성체의 기계적 변위를 이용한 압력 검출기에 해당되지 않는 것은?

① 벨로스(bellows)
② 다이어프램(diaphragm)
③ 부르동관(bourdon tube)
④ 스트레인 게이지(strain gauge)

해설 스트레인 게이지 : 금속체를 잡아당기면 늘어나면서 전기 저항이 증가하며, 반으로 압축하면 줄어 전기 저항이 감소한다. 이러한 전기 저항의 변화 원리를 이용한 것이다.

55. 다음 중 공기식 조작기로 옳은 것은 어느 것인가? (09년 1회, 11년 1회)

① 전자 밸브
② 전동 밸브
③ 서보 전동기
④ 다이어프램 밸브

해설 공기식 조작기 : 다이어프램식 스프링형, 실린더식 스프링 리스형, 에어 모터식 스프링 리스형

56. 도전성 유체의 유속 또는 유량 측정에 가장 적합한 것은? (08년 1회, 10년 2회, 12년 3회)

① 전자 유량계
② 차압식 유량계
③ 와류식 유량계
④ 초음파식 유량계

해설 도전성의 물체가 자계 속을 움직이면 기전력이 발생한다는 패러데이(Faraday)의 전자 유도 법칙을 이용하여 도전성 유체의 유속 또는 유량을 구하는 것을 전자 유량계(electromagnetic flowmeter)라 한다.

57. 다음 중 셰이딩 코일형 전동기의 특성이 아닌 것은?

① 구조가 간단하다.
② 효율이 좋지 않다.
③ 기동 토크가 매우 작다.
④ 회전 방향을 바꿀 수 있다.

58. 직류 발전기의 전기자 철심을 성층 철심으로 하는 이유는?

① 동손의 감소 ② 철손의 감소
③ 풍손의 감소 ④ 기계손의 감소

59. 프로세서 제어에 속하지 않는 것은 어느 것인가? (15년 1회)

① 압력 ② 유량
③ 온도 ④ 자세

60. 접합 전계 효과 트랜지스터(JFET)의 드레인 소스 간 전압을 0에서부터 증가시킬 때 드레인 전류가 일정하게 흐르기 시작할 때의 전압은?

① 차단 전압(cutoff voltage)
② 임계 전압(threshold voltage)
③ 항복 전압(breakdown voltage)
④ 핀치오프 전압(pinch-off voltage)

제 4 과목 기계 정비 일반

61. 다음 중 베어링의 열박음 시 주의 사항이 아닌 것은?

① 깨끗한 광유에 베어링을 넣고 90~120℃로 가열한다.
② 축과 베어링 사이에 틈새가 발생되면 널링 작업 후 억지 끼워 맞춤을 한다.
③ 베어링 가열 온도는 경도 저하 방지를 위해 120℃를 초과해서는 안 된다.
④ 베어링 냉각 시 틈이 있을 경우 지그를 사용하여 축 방향에 베어링을 밀어 고정한다.

정답 54. ④ 55. ④ 56. ① 57. ④ 58. ② 59. ④ 60. ④ 61. ②

해설 열박음 방법은 도금법, 용접 덧살법, 부시 삽입법 등이 있으며, 널링은 하지 않는다.

62. V 벨트에 관한 설명으로 옳은 것은 어느 것인가? (14년 3회)

① V 벨트는 벨트 풀리와의 마찰이 없다.
② V 벨트는 종류는 M, A, B, C, D, E 여섯 가지이다.
③ V 벨트는 풀리의 홈 모양의 크기는 V 벨트 크기에 관계없이 일정하다.
④ V 벨트의 형상은 V 벨트 풀리와 밀착성을 높이기 위해 38°의 마름모꼴 형상이다.

해설 V 벨트는 벨트 풀리와의 마찰이 평벨트보다는 작지만 존재하고, 풀리의 홈 모양의 크기는 V 벨트 크기에 비례하며 V 벨트의 형상은 40°의 마름모꼴 형상이다.

63. 원심 펌프가 기동은 하지만 진동하는 원인으로 옳지 않은 것은?

① 축의 굽음
② 회전수 저하
③ 캐비테이션 발생
④ 볼 베어링의 손상

해설 모터 회전수 저하는 풍량, 풍압 저하로 나타난다.

64. 다음 중 축의 고장 원인으로 볼 수 없는 것은?

① 축의 재질 불량
② 원동기의 회전 불량
③ 휘어진 축 사용으로 진동 발생
④ 풀리, 베어링 등의 끼워 맞춤 불량

65. 다음 그림은 기어 감속기에 부착된 명판이다. 이 감속기의 출력 회전수는 약 얼마인가? (14년 2회)

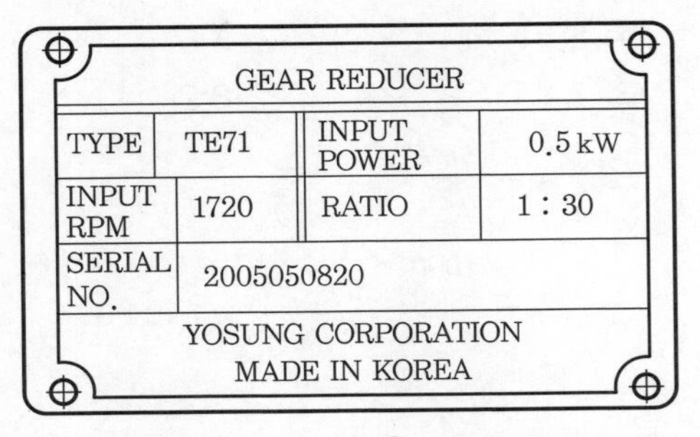

① 27.3 rpm ② 57.3 rpm
③ 516 rpm ④ 860 rpm

해설 1720÷3≒57.3 rpm

66. 바셀린(petrolaturm) 방청유의 종류가 아닌 것은? (05년 1회)

① KP-4 ② KP-5
③ KP-6 ④ KP-7

해설 방청 페트롤레이텀

종류	기호	도포 온도(℃)	주 용도
1종	KP-4	90 이하	대형 기계 및 부품 녹 방지
2종	KP-5	85 이하	일반 기계 및 소형 정밀 부품 녹 방지
3종	KP-6	80 이하	구름 베어링 등 고정면 녹 방지

67. 축에 보스를 가열 끼움 시 가열 온도로 가장 적당한 것은?

① 50~100℃ 이하
② 100~150℃ 이하
③ 200~250℃ 이하
④ 300~350℃ 이하

68. 유량 1 m^3/min, 전양정 25 m인 원심 펌프의 축동력은 약 몇 PS인가? (단, 펌프 전효

정답 62. ② 63. ② 64. ② 65. ② 66. ④ 67. ③ 68. ③

율 0.78, 물의 비중량은 1000 kgf/m³이다.)

① 5.5 ② 6.5
③ 7.1 ④ 8.2

해설 $L=\dfrac{\gamma QH}{75\eta}$

$$=\frac{1000\times\dfrac{1}{60}\times 25}{75\times 0.78}\fallingdotseq 7.12\text{ PS}$$

69. 코터의 빠짐을 방지하기 위한 방법으로 가장 적합한 것은?

① 코터를 용접한다.
② 코터에 나사를 만든다.
③ 코터에 분할 핀을 조립한다.
④ 코터를 편구배로 가공한다.

해설 분할 핀의 구멍을 내고 빠짐 방지용 분할 핀을 부착하는 것이 중요하다.

70. 축 마모부의 수리는 보스 안지름과의 관계를 고려하여 수리 방법을 결정해야 한다. 수리 방법의 판단 기준으로 적합하지 않은 것은? (12년 3회)

① 외관 ② 신뢰성
③ 비용과 시간 ④ 수리 후의 강도

해설 수리 방법의 결정 기준 : 강도, 신뢰성, 사고, 비용

71. 마이크로미터 나사의 피치가 p[mm], 나사의 회전각이 α[rad]일 때, 스핀들의 이동 거리 x[mm]는?

① $p\dfrac{\alpha}{2\pi}$ ② $\dfrac{\alpha}{2\pi p}$
③ $\dfrac{2\pi p}{\alpha}$ ④ $p\dfrac{\alpha}{\pi}$

72. 임펠러(impeller) 흡입구에 의하여 송풍기를 분류한 것이 아닌 것은?

① 편흡입형
② 양흡입형
③ 구름체 흡입형
④ 양쪽 흐름 다단형

해설 송풍기를 임펠러 흡입구에 의하여 분류하면 편흡입형, 양흡입형, 양쪽 흐름 다단형이 있다.

73. 다음 중 축의 급유 불량으로 나타나는 현상은? (11년 1회)

① 조립 불량
② 축의 굽힘
③ 강도 부족
④ 기어 마모 및 소음

해설 축의 급유 불량 시 기어 마모 및 소음, 베어링 부위 발열이 나타난다.

74. 유로 방향의 수로 분류한 콕의 종류가 아닌 것은? (12년 2회)

① 이방 콕 ② 삼방 콕
③ 사방 콕 ④ 오방 콕

75. 구부러진 축을 현장에서 수리하여 사용할 수 있는 일반적인 경우로 옳은 것은?

① 감속기가 고속 회전축일 경우
② 중하중용이고 고속 회전축일 경우
③ 단 달림부에서 급하게 휘어져 있는 경우
④ 500 rpm 이하이며 베어링 간격이 길 경우

76. 수격 현상에서 압력 상승 방지책으로 사용되지 않는 것은?

① 흡수조 ② 밸브 제어
③ 안전밸브 ④ 체크 밸브

정답 69. ③ 70. ① 71. ① 72. ③ 73. ④ 74. ④ 75. ④ 76. ①

77. 펌프 축에 설치된 베어링에 이상 현상을 일으키는 원인이 아닌 것은? (06년 1회)

① 윤활유의 부족
② 축 중심의 일치
③ 축 추력의 발생
④ 베어링 끼워 맞춤 불량

78. 헬리컬 기어에 관한 설명으로 틀린 것은?

① 축 방향의 반력이 발생한다.
② 큰 동력의 전달과 고속 운전에 적합하다.
③ 이의 맞물림이 원활하여 이의 변형과 진동 소음이 작다.
④ 이 끝이 직선이며 축에 나란한 원통형 기어로 감속비는 최고 1 : 6까지 가능하다.

79. 전동기 베어링 부분에서 발열이 발생할 때 주요 원인이 아닌 것은? (11년 1회, 14년 3회)

① 벨트의 장력 과대
② 베어링의 조립 불량
③ 커플링 중심내기
④ 전동기 입력 전압의 변동

80. 다음 중 펌프의 캐비테이션 방지책으로 적합한 것은?

① 펌프의 흡입 양정을 되도록 높게 한다.
② 펌프의 회전 속도를 되도록 높게 한다.
③ 단흡입 펌프이면 양흡입 펌프로 사용한다.
④ 유효 흡입 수두를 필요 흡입 수두보다 작게 한다.

정답 77. ② 78. ④ 79. ④ 80. ③

❖ 2018년 4월 28일 시행

자격종목 및 등급(선택분야)	종목코드	시험시간	문제지형별	수검번호	성 명
기계정비산업기사	**2035**	**2시간**	**A**		

제1과목 공유압 및 자동화 시스템

1. 다음 유압 밸브 중 주회로의 압력보다 저압으로 사용할 경우 쓰이는 밸브는?

① 감압 밸브
② 릴리프 밸브
③ 무부하 밸브
④ 시퀀스 밸브

2. 다음 중 공압 모터의 단점에 대한 설명으로 틀린 것은? (12년 3회)

① 배기음이 크다.
② 에너지 변환 효율이 낮다.
③ 과부하 시 위험성이 크다.
④ 공기의 압축성으로 인해 제어성이 나쁘다.

해설 공압은 압축성이 있어 과부하가 발생하여도 안정성이 확보된다.

3. 다음 유압기기 그림의 기호로 옳은 것은?

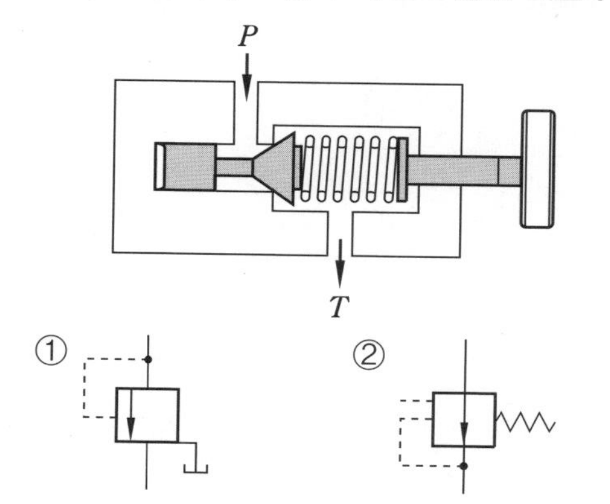

③ 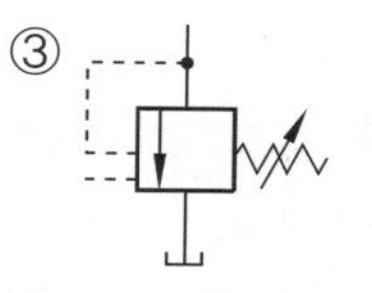

④ 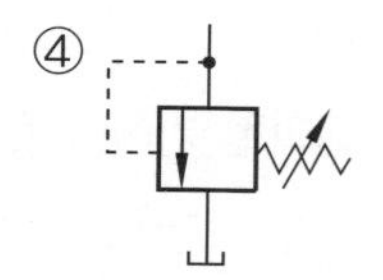

해설 주어진 밸브는 릴리프 밸브이다.

4. 다음 중 전진과 후진 운동에서 같은 속도와 출력을 얻을 수 있는 실린더는?

① 탠덤 실린더 ② 다위치 실린더
③ 차동형 실린더 ④ 양로드 실린더

5. 압력 릴리프 밸브의 용도에 따른 분류가 아닌 것은?

① 감압 밸브
② 안전밸브
③ 압력 시퀀스 밸브
④ 카운터 밸런스 밸브

해설 감압 밸브를 제외한 나머지 밸브는 릴리프 밸브이다.

6. 다음 회로의 명칭으로 옳은 것은?

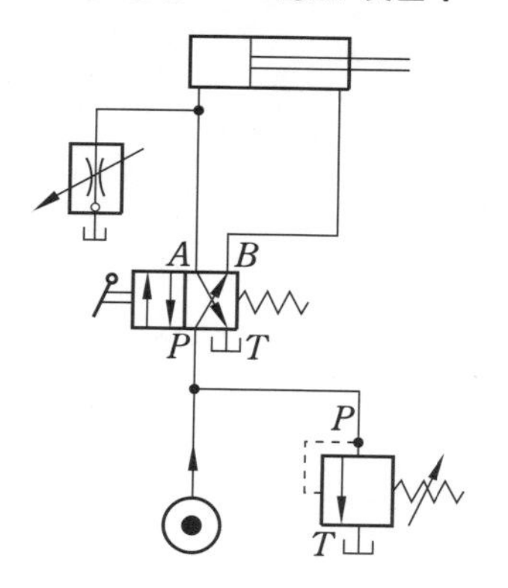

정답 1. ① 2. ③ 3. ④ 4. ④ 5. ① 6. ④

① 동조 회로　　　② 미터 인 회로
③ 브레이크 회로　④ 블리드 오프 회로

해설 속도 제어 회로 중 병렬 연결은 블리드 오프 회로이다.

7. A_1의 면적은 30 cm^{2}이고 유속 V_1은 2 m/s이다. A_2의 면적이 10 cm^{2}일 때 유속 V_2(m/s)는 얼마인가?

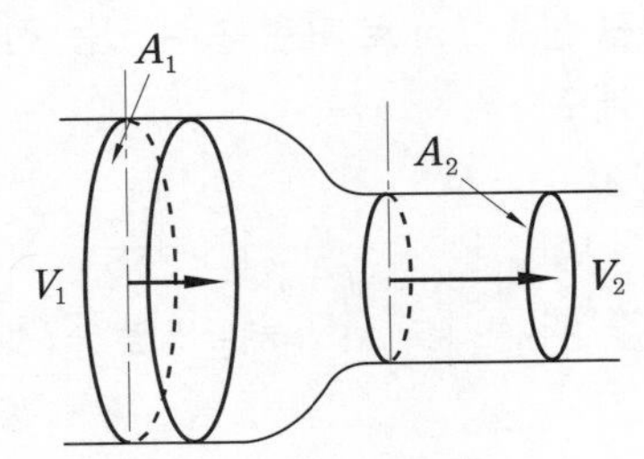

① 3　② 6
③ 12　④ 24

해설 $Q = A_1 V_1 = A_2 V_2$, $30 \times 2 = 10 \times V_2$
$V_2 = 6$ m/s

8. 안지름이 60 mm인 관내에 유체가 3 m/s로 흐르고 있을 때, 유량(m^3/s)은 약 얼마인가?

① 4.24×10^{-2}　② 4.24×10^{-3}
③ 8.48×10^{-2}　④ 8.48×10^{-3}

해설 $Q = A_1 V_1$, $A = \frac{\pi d^2}{4}$

$Q = \frac{\pi \times 0.06^2}{4} \times 3 \fallingdotseq 8.48 \times 10^{-3}$ m^3/s

9. 다음 중 밀도의 의미로 옳은 것은?

① 단위 용적당 면적
② 단위 면적당 체적
③ 단위 체적당 질량
④ 단위 질량당 점성계수

해설 밀도는 단위 체적당 유체의 질량으로 나타내며 $\rho = \frac{m}{V}$ [kgf/m^3]이다.

10. 소용량 펌프와 대용량 펌프를 동일 축선상에 조합시킨 펌프는?

① 2연 베인 펌프　② 3단 베인 펌프
③ 단단 베인 펌프　④ 복합 베인 펌프

해설 2연(連) 베인 펌프(double vane pump) : 단단 소용량 펌프와 대용량 펌프를 동일 축선상에 조합시킨 것으로, 단흡입형과 양흡입형이 있고 토출구가 2개 있어 각각 다른 유압원이 필요한 경우나 서로 다른 펌프를 조합시켜 동일 축으로 구동하고, 베어링 수를 줄일 수 있어 설치비가 매우 경제적이다.

11. 로터리 인덱싱 핸들링 장치를 이용하여 작업하기에 적합한 것은? (12년 2회)

① 연속된 동일 작업을 수행할 때
② 스트립 형태의 재질이 길이 방향으로 작업될 때
③ 하나의 가공물에 여러 가공 공정을 진행할 때
④ 전체의 길이에 걸쳐 부분적인 공정이 이루어질 때

12. 유압 펌프의 소음 발생 원인으로 적절하지 않은 것은? (14년 2회)

① 이물질의 침입
② 펌프 흡입 불량
③ 작동유 점성 증가
④ 펌프의 저속 회전

해설 유압 펌프의 소음 발생 원인 : 펌프 흡입 불량, 작동유 점성 증대, 필터 막힘, 이물질 침입, 펌프의 고속 회전

13. 다음 중 데이터 단위에 대한 설명으로 옳은 것은? (09년 2회)

① 1 byte는 2 bit로 구성되고, 1 kbyte는 1012 byte이다.
② 1 byte는 2 bit로 구성되고, 1 kbyte는

2018

정답 7. ② 8. ④ 9. ③ 10. ① 11. ③ 12. ④ 13. ④

1024 byte이다.

③ 1 byte는 8 bit로 구성되고, 1 kbyte는 1012 byte이다.

④ 1 byte는 8 bit로 구성되고, 1 kbyte는 1024 byte이다.

14. 변위, 길이 등을 감지 대상으로 하는 센서가 아닌 것은?

① 로드 셀 ② 퍼텐쇼미터

③ 차동 트랜스 ④ 콘덴서 변위계

해설 로드 셀의 특징

㉠ 중량을 전기 신호로 변환해서 높은 정밀도$\left(\frac{1}{1000} \sim \frac{1}{5000}\right)$의 측정이 가능하며, 동적으로 측정할 수 있다.

㉡ 수 g에서부터 수백 ton의 것까지 제작 가능하다.

㉢ 구조가 간단하고 가동부가 없어 수명이 반영구적이다.

㉣ 검출 방식이 전기식이므로 임의의 장소에 하중을 신호로 전송할 수 있으며 아날로그 표시, 디지털 표시, 제어 등을 자유로이 할 수 있다.

㉤ 보통 완전히 밀폐된 구조로 되어 있어 내부의 스트레인 게이지가 습도의 영향을 받지 않도록 되어 있다. 그러나 최근에는 여러 형태의 방습 방법이 취해져 완전히 밀폐된 구조가 아닌 것도 있다.

15. 자동화 시스템의 보수관리 목적으로 옳은 것은?

① 설비의 보전성을 감소시킨다.

② 평균 고장 수리시간(MTTR)을 짧게 한다.

③ 자동화 시스템을 최상의 상태로 유지한다.

④ 저비용의 시스템 운영으로 인력 수요를 창출한다.

16. 스테핑 모터가 사용되는 곳이 아닌 것은?

① D/A 변환기

② 디지털 X-Y플로터

③ 정확한 회전각이 요구되는 NC공작기계

④ 저속과 큰 힘을 필요로 하는 유압 프레스

해설 스테핑 모터는 저출력용이다.

17. 2진 신호 8 bit로 표현할 수 있는 신호의 최대 개수는?

① 4 ② 16

③ 128 ④ 256

해설 8 bit 사용 시 분해능 = 2^8 = 256

18. 정성적 제어 방식으로 분류되는 것은?

① 비교 제어 ② 되먹임 제어

③ 시퀀스 제어 ④ 폐루프 제어

해설 되먹임 제어, 폐루프 제어는 정량적 제어, 시퀀스 제어는 정성적 제어이다.

19. 실린더의 부하 운동 방향이 고정형인 것은?

① 축 방향 풋형

② 분납식 아이형

③ 로드 측 트러니언형

④ 분납식 클레비스형

해설 고정 실린더 : 풋형(LA, LB), 플런저형(FA, PB)

20. 다음 회로의 명칭은?

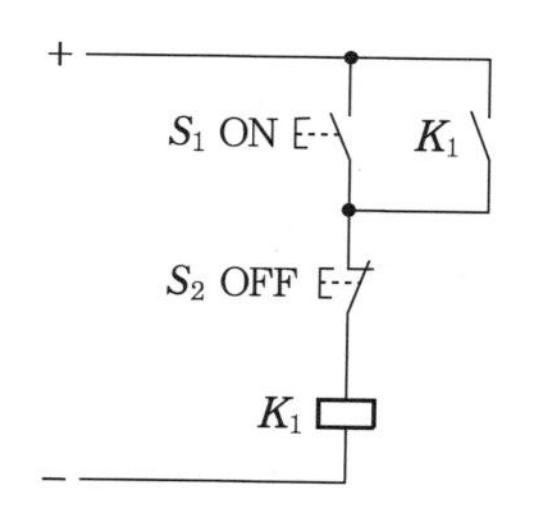

정답 14. ① 15. ③ 16. ④ 17. ④ 18. ③ 19. ① 20. ④

① ON 반복 회로 ② ON 우선 회로
③ OFF 반복 회로 ④ OFF 우선 회로

해설 ㉠ ON 우선 자기 유지 회로 : ON 스위치와 OFF 스위치를 같이 작동시킬 때 릴레이가 OFF 스위치와는 관계없이 ON 스위치에 의해 작동되는 회로
㉡ OFF 우선 자기 유지 회로 : ON 스위치와 OFF 스위치를 같이 작동시킬 때 릴레이가 ON 스위치와는 관계없이 OFF 스위치에 의해 작동되는 회로로, OFF 신호가 ON 신호보다 우선되어야 하며 자기 유지 회로로 이 방식이 많이 이용된다.

제 2 과목 설비 진단 및 관리

21. 설비 경제성 평가 방법 중 평균 이자법에서 연간 비용 산출식으로 옳은 것은?

① 연간 비용 = 정액 상각비 + 세금 + 연평균 가동비
② 연간 비용 = 설비 구입비 + 평균 이자 + 연평균 가동비
③ 연간 비용 = 정액 상각비 + 평균 이자 + 연평균 가동비
④ 연간 비용 = 정액 상각비 + 평균 이자 + 정지 손실비

22. 설비의 돌발 고장을 방지하기 위한 조치로 적절하지 않은 것은?

① 고장에 대비하여 예비 설비를 보유한다.
② 설비를 사용하기 전에 점검을 실시한다.
③ 충격, 피로의 원인을 없애고 규정된 취급 방법을 지킨다.
④ 설비의 만성적인 부하요인을 제거한다.

23. 다음 그림과 같은 설비관리 조직의 형태를 무엇이라고 하는가? (11년 3회)

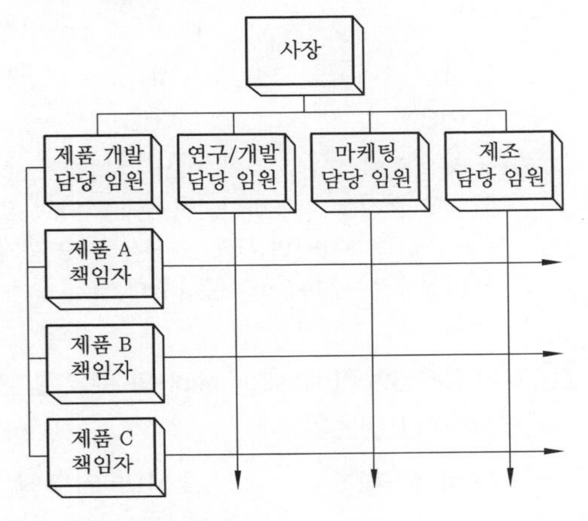

① 대상별 조직
② 전문 기술별 조직
③ 기능 중심 매트릭스(matrix) 조직
④ 제품 중심 매트릭스(matrix) 조직

24. 기초와 진동보호 대상물체 사이에 스프링형 진동 차단기를 설치하였더니 진동보호 대상물체에 진동이 발생하여 그림과 같이 진동보호 대상물체와 스프링 사이에 블록을 설치하였다. 블록을 설치한 이유로 옳은 것은?

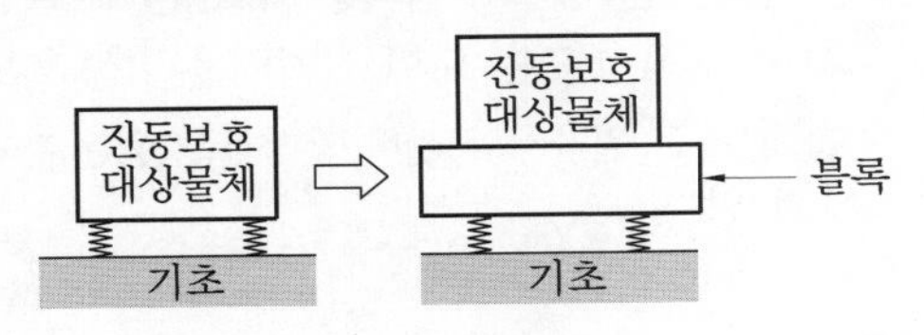

① 강성을 높이기 위해
② 진동을 차단하기 위해
③ 고유진동수를 낮추기 위해
④ 고유진동수를 높이기 위해

해설 블록과 같은 거더는 진동 방지 대책으로 스프링 차단기 위에 놓아 고유진동수를 낮추는 역할을 하는 것이다.

25. 차음벽의 무게는 중간 이상 주파수의 소음 투과 손실을 결정한다. 무게를 2배 증가시킬

2018

정답 21. ③ 22. ① 23. ④ 24. ③ 25. ②

때 투과 손실은 이론적으로 얼마나 증가하는가? (07년 1회)

① 2 dB ② 6 dB
③ 12 dB ④ 24 dB

해설 차음벽의 무게 : 중간 이상 주파수 소음의 투과 손실을 결정한다. 이론에 의하면 무게를 2배 증가시키면 투과 손실은 6 dB 증가하나 실제로는 4~5 dB 증가한다.

26. 미스얼라인먼트(misalignment)의 주요 발생 원인이 아닌 것은? (15년 2회)

① 윤활유 불량 ② 축심의 어긋남
③ 휨축(bent shaft) ④ 베어링 설치불량

해설 축의 오정렬(misalignment)은 두 축의 중심이 어긋난 것을 뜻하며 윤활유와는 관계가 없다.

27. 설비 상태를 정확히 알고 기술적 근거에 의해 수행하는 설비 관리의 중요 업무에 해당되지 않는 것은?

① 예비품 발주 시기의 결정
② 보수나 교환 시기 또는 범위 결정
③ 생산 원자재 수급 및 재고 관리 결정
④ 수리 작업 또는 교환 작업의 신뢰성 확보

해설 생산 원자재와 설비 상태와는 상관 관계가 없다.

28. 소음에서 마스킹(masking)에 대한 설명으로 틀린 것은? (08년 3회)

① 저음이 고음을 잘 마스킹한다.
② 두 음의 주파수가 비슷할 때는 마스킹 효과가 대단히 커진다.
③ 공장 내의 배경음악, 자동차의 스트레오 음악 등이 있다.
④ 발음원이 이동할 때 그 진행 방향 쪽에서는 원래 발음원의 음보다 고음으로 나타난다.

해설 마스킹의 특징
㉠ 저음이 고음을 잘 마스킹한다.
㉡ 두 음의 주파수가 비슷할 때는 마스킹 효과가 대단히 커진다.
㉢ 두 음의 주파수가 거의 같을 때는 맥동이 생겨 마스킹 효과가 감소한다.

29. 다음 중 부하시간을 나타낸 것은? (08년 1회)

① 부하시간 = 조업시간 + 정지시간
② 부하시간 = 정미가동시간 − 무부하시간
③ 부하시간 = 조업시간 + 무부하시간
④ 부하시간 = 정미가동시간 + 정지시간

해설 부하시간 : 정미가동시간에 정지시간을 부가한 시간

30. 설비 보전 표준의 분류와 가장 거리가 먼 것은? (15년 1회)

① 설비 검사 표준 ② 설비 성능 표준
③ 정비 표준 ④ 수리 표준

해설 (가) 설비 성능 표준 : 설비 사양서라고도 한다.
(나) 설비 보전 표준 : 설비 열화 측정(검사), 열화 진행 방지(일상 보전) 및 열화 회복(수리)을 위한 조건의 표준이다.
(다) 설비 보전 표준의 분류
㉠ 설비 검사 표준
㉡ 보전 표준
㉢ 수리 표준

31. 초기 고장기간에 발생할 수 있는 고장 원인과 가장 거리가 먼 것은?

① 설비의 혹사
② 부적정한 설치
③ 설계상의 오류
④ 제작상의 오류

해설 초기 고장기 : 부품의 수명이 짧은 것, 설계 불량, 제작 불량에 의한 약점 등의 원인에 의한 고장률 감소형으로, 이 고장기에는 예방 보전이 필요 없다.

정답 26. ① 27. ③ 28. ③ 29. ④ 30. ② 31. ①

32. 한 개의 진동 사이클에 걸린 총 시간을 무엇이라고 하는가? (02년 3회)

① 주기 ② 진폭
③ 주파수 ④ 진동수

해설 주기 $T=\frac{2\pi}{\omega}$

단, T : s/cycle, ω : 각 진동수(rad/s)

주파수 $f=\frac{1}{T}=\frac{\omega}{2\pi}$(cycle/s 또는 Hz)

33. 흡음식 소음기를 사용하기에 가장 적합한 곳은? (10년 1회)

① 헬름홀츠 공명기
② 실내 냉난방 덕트
③ 집진시설의 배출기
④ 내연기관의 송기구

해설 넓은 주파수 폭을 갖는 소음 감소에 효과적이어서 실내 냉난방 덕트 소음 제어에 흔히 이용된다. 내연기관 배기 소음이나 집진시설의 송풍기 소음 같은 경우에는 내부의 흡음재가 손상될 우려가 있기 때문에 사용이 힘들다.

34. 다음 중 패킹을 저널에 가볍게 접촉시켜 급유하는 방법으로 모세관 현상을 이용하여 윤활시키며 윤활유를 순환시켜 사용하는 급유 방법은?

① 손 급유법
② 패드 급유법
③ 적하 급유법
④ 가시 부상 유적 급유법

해설 패드 급유법(pad oiling) : 패킹을 가볍게 저널에 접촉시켜 급유하는 방법으로 모사 급유법의 일종이다. 패드의 모세관 현상에 의하여 각 윤활 부위에 직접 접촉하여 공급하는 형태의 급유 방식으로 경하중용 베어링에 많이 사용된다.

35. 다음 센서 중 가속도 센서로 사용되는 것은? (10년 3회)

① 압전형 ② 동전형
③ 와전류형 ④ 전자광학형

해설 압전형 가속도 센서의 특징은 적은 출력 전압에서 가속도 레벨이 낮아지는 취약성과 높은 주파수 대역에서 저주파 결함이 나타난다(약 5 Hz로 제한). 또한 마운팅에 매우 고감도이므로 손으로 고정할 수 없고 정교하게 나사로 고정해야 한다.

36. 설비 배치의 분류 중 제품별 배치의 특징으로 틀린 것은? (08년 3회, 14년 4회)

① 기계 대수가 많아지고 공구의 가동률이 저하된다.
② 작업자의 보전 간접작업이 적어지므로 실질적 가동률이 향상된다.
③ 정체 시간이 길기 때문에 제공품이 많아지고 공정이 복잡해진다.
④ 작업의 흐름 판별이 용이하며 설비의 이상 상태 조기발견, 예방, 회복 등을 쉽게 할 수 있다.

해설 제품별 배치의 장점
㉠ 공정 관리의 철저
㉡ 분업 전문화
㉢ 간접 작업의 제거
㉣ 정체 감소
㉤ 공정 관리 사무의 간소화
㉥ 품질 관리의 철저
㉦ 훈련의 용이성
㉧ 작업 면적의 집중

37. 대응하는 두 개의 데이터가 있을 때 두 데이터가 상관관계가 있는지 여부를 판단하는 현상 파악에 사용되는 방법은?

① 관리도 ② 산정도
③ 체크 시트 ④ 히스토그램

2018

정답 32. ① 33. ② 34. ② 35. ① 36. ③ 37. ②

38. 설비 진단 방법 중 금속성분 특유의 발광 또는 흡광현상을 이용한 방법은? (14년 2회)

① 진동법 ② 응력법
③ SOAP법 ④ 페로그래피법

해설 SOAP법은 시료유를 채취하여 연소시킨 뒤 그때 생기는 금속성분 특유의 발광 또는 흡광현상을 분석하는 것으로, 특정 파장과 그 강도에서 오일 속의 마모 성분과 농도를 알 수 있다.

39. 설비 관리기능은 일반 관리기능, 기술기능, 실시기능, 지원기능 등이 있다. 기술기능에 해당하지 않는 것은? (10년 1회, 12년 3회)

① 설비 성능 분석
② 설비 진단 기술 이전 및 개발
③ 고장 분석 방법 개발 및 실시
④ 주유, 조정, 수리업무 등의 준비 및 실시

해설 주유, 조정 그리고 수리업무 등의 준비 및 실시는 실시기능에 해당한다.

40. 설비 효율화를 저해하는 로스(loss)에 해당하지 않는 것은? (09년 3회)

① 고장 로스
② 속도 로스
③ 가동 로스
④ 작업 준비 · 조정 로스

해설 6대 로스 : 고장 로스, 작업 준비 · 조정 로스, 일시 정체 로스, 속도 로스, 불량 수정 로스, 초기 수율 로스

제 3 과목 공업 계측 및 전기 전자 제어

41. 직류 전동기의 속도 제어법에 해당하지 않는 것은? (14년 1회)

① 계자 제어 ② 저항 제어
③ 전압 제어 ④ 전류 제어

해설 직류 전동기의 회전 속도를 변화시키려면 전압 제어, 저항 제어, 계자 제어로 가능하다.

42. 유도 전동기를 기동할 때 필요 조건은?

① 기동 토크를 크게 할 것
② 기동 토크를 작게 할 것
③ 천천히 가속시키도록 할 것
④ 기동 전류가 많이 흐르도록 할 것

43. 전동 밸브의 제어성을 양호하게 하기 위하여 사용되는 포지셔너(positioner)는 어느 것인가? (07년 1회, 15년 1회)

① 전기 – 전기식 포지셔너
② 전기 – 유압식 포지셔너
③ 전기 – 공기식 포지셔너
④ 공기 – 공기식 포지셔너

해설 포지셔너는 조절계로부터의 신호와 구동축 위치 관계를 외부의 힘에 대하여 항상 정확하게 유지시키고 조작부가 제어 루프 속에서 충분한 기능을 발휘할 수 있도록 하기 위해 사용된다.

44. 공진 주파수를 나타내는 공식은? (단, 공진 주파수 : f[Hz], 인덕턴스 : L[H], 커패시턴스 : C[F]이다.)

① $f = 2\pi f L$ ② $f = \dfrac{1}{2\pi f C}$
③ $f = \dfrac{1}{2\pi\sqrt{C}}$ ④ $f = \dfrac{1}{2\pi\sqrt{LC}}$

45. 표준 압력계로서 다른 압력계의 교정용으로 사용되는 것은? (08년 3회)

① 단관식 압력계
② 분동식 압력계
③ 피스톤식 압력계

정답 38. ③ 39. ④ 40. ③ 41. ④ 42. ① 43. ① 44. ④ 45. ②

④ 부르동관식 압력계

해설 분동식 압력계 : 표준 압력계로서 다른 압력계의 교정용으로 사용되며, 2 kgf/cm^2 이상(3000 kgf/cm^{2}까지 측정 가능)의 고압 측정용으로 램과 실린더, 기름 탱크, 가압 펌프로 구성되어 있다.

46. 다음 논리식을 간단히 한 것은?

$$Y = \overline{A} \cdot B \cdot \overline{C} + A \cdot B \cdot \overline{C} + \overline{A} \cdot B \cdot C + A \cdot B \cdot C$$

① A ② $\overline{A}$ ③ B ④ $\overline{B}$

47. 두 종류의 금속을 접속하고 양 접점에 온도차를 주어 단자 사이에 발생되는 기전력을 이용한 온도계는? (15년 2회)

① 광 온도계 ② 열전 온도계
③ 방사 온도계 ④ 액정 온도계

해설 열전 온도계 : 측온 저항체와 같이 비교적 안정되고 정확하며 일부 원격 전송 지시를 할 수 있는 특징이 있다.

48. 기준량을 준비하고 이것을 피측정량과 평행시켜 기준량의 크기로부터 피측정량을 간접적으로 알아내는 방법은? (11년 1회, 14년 1회)

① 편위법 ② 영위법
③ 치환법 ④ 보상법

해설 영위법 : 측정하려고 하는 양과 같은 종류로서 크기를 조정할 수 있는 기준량을 준비하여, 기준량을 측정량과 평행시키고 계측기의 지시가 0 위치에 나타날 때 기준량의 크기로부터 측정량의 크기를 간접으로 측정하는 방식이다. 편위법보다 정도가 높은 측정을 할 수 있으며 마이크로미터나 휘트스톤 브리지, 전위차계 등에 사용된다.

49. 연산 증폭기의 특징이 아닌 것은?

① 2개의 입력단자를 가진 차동 증폭기이다.
② 일반적으로 비반전 입력을 (−)로 표기한다.
③ 2개의 입력단자와 1개의 출력단자를 가지고 있다.
④ 일반적으로 연산 증폭기는 2개의 전원단자(+, −)를 가지고 있다.

해설 OP 앰프는 반전 입력을 (−), 비반전 입력을 (+)로 표기한다.

50. 센서 선정 시 고려해야 할 기본사항으로 틀린 것은?

① 정밀도 ② 응답속도
③ 검출범위 ④ 폐기비용

51. 미분시간 3분, 비례 이득 10인 PD 동작의 전달함수는? (09년 2회, 15년 2회)

① $1+3s$ ② $5+2s$
③ $10(1+2s)$ ④ $10(1+3s)$

52. 검출용 기기가 아닌 것은?

① 리밋 스위치 ② 근접 스위치
③ 광전 스위치 ④ 푸시버튼 스위치

해설 유지형 수동 스위치는 로커 스위치이며, 푸시버튼 스위치와 같이 접촉 스위치이다.

53. 반가산기에서 자리올림 C(carry)의 값은? (단, A와 B는 입력이다.)

① $A+B$ ② $A \cdot B$
③ $A+\overline{B}$ ④ $A \cdot \overline{B}$

54. 다음 ( )에 알맞은 내용은?

교류의 전압, 전류의 크기를 나타낼 때 일반적으로 특별한 언급이 없을 경우에는 ( )을 나타낸다.

① 평균값 ② 최대값

2018

정답 46. ③ 47. ② 48. ② 49. ② 50. ④ 51. ④ 52. ④ 53. ② 54. ④

③ 순시값 ④ 실효값

해설 실효값(effective value) : 교류 전류 i를 저항 R에 임의의 시간 동안 흘렸을 때의 발열량이, 같은 저항 R에 직류 전류 I[A]를 같은 시간 동안 흘렸을 때의 발열량과 같을 때 그 교류 i를 실효값이라고 하며, 순시값의 제곱에 대한 평균값의 제곱근으로 표현한다.

55. 4층 이상의 PNPN 구조로 이루어졌으며, 전류의 도통과 저지 상태를 가진 반도체 스위치 소자는?

① 저항 ② 다이오드
③ 사이리스터 ④ 트랜지스터

해설 사이리스터 : 애노드와 캐소드를 갖는 PNPN 구조의 4층 반도체로, 일정값 이상 전압이 인가되면 ON 상태가 되어 일정값 이하로 전류가 감소될 때까지 ON 상태가 유지된다.

56. 광센서의 종류가 아닌 것은?

① 포토 다이오드 ② 광위치 검출기
③ 포토 트랜지스터 ④ 스트레인 게이지

해설 스트레인 게이지는 압력 센서이다.

57. 직류 전동기의 회전 방향을 바꾸는 방법으로 적합한 것은? (10년 4회)

① 콘덴서의 극성을 바꾼다.
② 정류자의 접속을 바꾼다.
③ 브러시의 위치를 조정한다.
④ 전기자 권선의 접속을 바꾼다.

해설 직류 전동기의 회전 방향을 반대로 하려고 할 때 전동기 단자 전압의 극성을 바꾸어도 역전되지 않는다. 그 이유는 자속 ϕ와 전기자 전류 I_a의 방향이 동시에 반대가 되기 때문이다. 따라서 자속 ϕ와 전기자 전류 I_a 중 하나만 반대로 해야 한다. 즉 계자 회로나 전기자 회로 중 어느 하나만 바꾸면 된다.

58. 전류 이득 $\beta = 25$, 베이스 전류 $I_B = 100\,\mu$A, 컬렉터 전류 $I_C = 3$ mA인 BJT가 있다. $I_B = 125\,\mu$A일 때 I_C(mA)는?

① 3 ② 3.125
③ 3.625 ④ 3.9

59. 직류 전동기에서 정류자와 접촉하여 전기자 권선과 외부 회로를 연결해 주는 것은?

① 계자 ② 전기자
③ 브러시 ④ 계자철심

60. PLC의 특징이 아닌 것은? (11년 3회)

① 제어반 설치 면적이 크다.
② 설비의 변경, 확장이 쉽다.
③ 신뢰성이 높고 수명이 길다.
④ 조작이 간편하고 유지보수가 쉽다.

해설 PLC 제어반 설치 면적이 작다.

제 4 과목 기계 정비 일반

61. 삼각형 모양의 다리가 있는 특수한 형태의 강판을 여러 장 연결한 체인으로, 소음이 작아 고속 정숙 회전이 필요할 때 사용하는 체인은?

① 링크 체인(link chain)
② 오프셋 링크(offset link)
③ 사일런트 체인(silent chain)
④ 스프로킷 휠(sprocket wheel)

해설 사일런트 체인은 전동 시 조용하나 제작이 어렵고 무거우며 가격이 비싸다.

62. 수격 현상의 피해를 설명한 것 중 적합하지 않은 것은? (12년 1회)

① 압력 강하에 따라 관로가 파손된다.
② 펌프나 원동기에 역전 또는 과속에 따

정답 55. ③ 56. ④ 57. ④ 58. ③ 59. ③ 60. ① 61. ③ 62. ④

른 사고가 발생한다.

③ 워터 해머 상승압에 따라 밸브 등이 파손된다.

④ 수주 분리현상에 기인하여 펌프를 돌리는 전동기의 전압 상승이 일어난다.

해설 펌프에 부착된 모터의 공급 전압은 일정하다.

63. 피치 2 mm인 세 줄 나사를 1회전시켰을 때의 리드는?

① 2 mm ② 3 mm
③ 6 mm ④ 12 mm

해설 $L=nP=3\times2=6\text{ mm}$

64. 접착제의 종류 중 용매 또는 분산매의 증발에 의하여 경화되는 것은?

① 감압형 접착제
② 유화액형 접착제
③ 중합제형 접착제
④ 열 용융형 접착제

해설 용매 또는 분산매의 증발에 의하여 경화되는 접착제를 용액 또는 유화액형 접착제라 한다.

65. 정비용 측정 기구가 아닌 것은? (14년 2회)

① 오스터 ② 진동 측정기
③ 베어링 체커 ④ 지시 소음재

해설 오스터는 측정 기구가 아니라 배관용 작업 공구이다.

66. 회전기계에서 센터링(centering) 불량 시 나타나는 현상이 아닌 것은? (10년 3회)

① 진동, 소음이 크다.
② 기계 성능이 저하된다.
③ 구동의 전달이 원활하다.
④ 베어링부의 마모가 심하다.

해설 센터링 불량 시 위상차 등으로 인하여 구동 전달이 원활하지 못하게 된다.

67. 다음 중 일반적인 밸브의 취급 방법으로 틀린 것은? (13년 3회)

① 이종 금속으로 된 밸브는 열팽창에 주의하여 취급한다.
② 밸브를 열 때는 기기의 이상 유무를 확인하면서 천천히 연다.
③ 손으로 돌리는 밸브는 회전 방향을 정확히 확인한 후 핸들을 돌려 개폐한다.
④ 밸브를 열고 닫을 때는 누설을 방지하기 위해 빨리 조작한다.

해설 밸브를 열고 닫을 때와 누설은 관계가 없으며, 조작은 천천히 해야 한다.

68. 축이 마모되어 수리할 때 보스에 부시를 넣어야 하는 경우의 작업 방법으로 옳은 것은?

① 마모 부분 다시 깎기
② 마모부에 금속 용사하기
③ 마모부에 덧살 붙임 용접하기
④ 마모부를 잘라 맞춰 용접하기

해설 부시를 삽입할 경우 부시 두께 만큼 마모 부분을 깎아내야 한다.

69. 원심형 통풍기 중 전향 베인으로 풍량 변화에 풍압 변화가 적고, 풍량이 증가하면 동력이 증가하는 통풍기는?

① 터보 통풍기 ② 용적식 통풍기
③ 시로코 통풍기 ④ 플레이트 통풍기

해설 시로코 통풍기(sirocco fan)

베인 방향	압력 (mmHg)	특징
전향 베인	15~200	풍량 변화에 풍압 변화가 적다. 풍량이 증가하면 동력이 증가한다.

2018

정답 63. ③ 64. ② 65. ① 66. ③ 67. ④ 68. ① 69. ③

70. 다음 중 전동기의 과열 원인으로 가장 거리가 먼 것은? (11년 3회)

① 과부하 운전
② 빈번한 기동
③ 전원 전압의 변동
④ 베어링부에서의 발열

해설 전동기의 과열 원인 : 과부하 운전, 빈번한 기동, 냉각 불충분, 3선 중 1선 단락, 베어링부에서의 발열 등

71. 배관 정비에서 누설에 관한 설명으로 틀린 것은? (13년 3회)

① 나사부의 정비 등으로 탈부착을 반복함으로써 나타난 마모는 누설과 관계가 없다.
② 나사부에서 증기, 물 등의 누설은 관의 나사 부분을 부식시켜 강도 저하, 균열, 파단의 원인이 된다.
③ 배관 이음쇠 용접부의 일부에 균열이 생겨 누설이 진행되면 파단에 이르기도 하므로 조기 발견이 중요하다.
④ 비틀어 넣기부 배관의 나사부에서 누설 시 그 상태로 밸브나 관을 더 조이면 반드시 반대 측의 나사부에 풀림이 생겨 누설개소가 이동한다.

해설 나사부의 탈부착이 반복되면 누설이 발생된다.

72. 다음 중 끼워 맞춤부 보스의 수리법으로 틀린 것은? (02년 3회)

① 편마모된 부분은 최소한도로 깎아서 다듬질한다.
② 원래 구멍 이상으로 상당량 절삭할 경우는 부시를 삽입한다.
③ 보스의 바깥지름이 작아서 강도가 부족할 때는 링을 용접하여 사용한다.
④ 보스 안지름에 부시를 압입할 경우는 중심내기 마무리를 한다.

해설 축 수리 방법 : 신작(新作) 교체, 마모부의 덧살 붙임 용접, 마모부를 잘라 맞춰 용접, 마모 부위를 잘라 버리고 비틀어 넣어 용접, 마모 부분 금속 용사, 마모 부분 경질 크롬 도금하여 연삭 마무리, 마모 부분 다시 깎기, 마모부에 로렛 수리

73. 송풍기 기동 후 베어링의 온도가 급상승하는 경우 점검사항이 아닌 것은?

① 윤활유의 적정 여부
② 베어링 케이스의 볼트 조임 상태 여부
③ 미끄럼 베어링의 경우 오일량의 회전이 정상인지 여부
④ 관통부에 펠트(felt)가 쓰인 경우 축에 강하게 접촉되어 있는지 여부

74. 다음 정비용 공기구 중 크게 축용과 구멍용으로 구분되어 있으며, 스냅 링 또는 리테이닝 링의 부착이나 분해용으로 사용되는 공구는?

① 조합 플라이어
② 스톱 링 플라이어
③ 롱 노즈 플라이어
④ 콤비네이션 바이스 플라이어

75. 체인의 검사시기나 기준으로 적합하지 않은 것은? (11년 3회)

① 과부하가 걸렸을 때
② 균열이 발생했을 때
③ 체인의 길이가 처음보다 5 % 이상 늘어났을 때
④ 링(ring) 단면의 지름이 10 % 이상 감소했을 때

76. 일반적인 왕복식 압축기의 장점으로 옳은 것은?

정답 70. ③ 71. ① 72. ③ 73. ② 74. ② 75. ① 76. ④

① 윤활이 어렵다.
② 설치 면적이 넓다.
③ 맥동 압력이 있다.
④ 고압을 발생시킬 수 있다.

77. 다음 밸브 중 밸브 박스가 구형으로 만들어져 있으며, 구조상 유로가 S형이고 유체의 저항이 크며 압력강하가 큰 결점은 있지만, 전개까지의 밸브 리프트가 적어 개폐가 빠르고 구조가 간단한 밸브는? (13년 1회)

① 체크 밸브 ② 글로브 밸브
③ 플러그 밸브 ④ 버터플라이 밸브

해설 글로브 밸브는 밸브 박스가 구형으로 되어 있으며, 밸브의 개도를 조절하여 교축 기구로 쓰인다.

78. 다음 중 가열 끼움에서 사용하는 가열법이 아닌 것은?

① 수증기로 가열하는 법
② 전기로로 가열하는 법
③ 가스토치로 가열하는 법
④ 자연광으로 가열하는 법

해설 자연광의 온도로는 가열 끼움이 필요한 온도를 얻을 수 없다.

79. 펌프의 흡입 양정이 높거나 흐름속도가 국부적으로 빠른 부분에서 압력 저하로 유체가 증발하는 현상은?

① 서징 현상
② 수격 현상
③ 압력상승 현상
④ 캐비테이션 현상

해설 캐비테이션 현상 : 압력이 포화 수증기압 이하로 낮아지면서 기포가 발생하는 현상

80. 보통 금속과 고무로 되어 있고 회전축의 동적 실로 사용되는 것으로, 바깥쪽 부분은 하우징에 고정시키고 안쪽 부분은 회전축에 부착하여 스프링으로 두 실 부분을 단단히 지지하는 기밀요소는?

① 립 패킹
② 금속 실
③ 기계적 실
④ 플랜지 패킹

2018

정답 77. ② 78. ④ 79. ④ 80. ③

❖ 2018년 8월 19일 시행

자격종목 및 등급(선택분야)	종목코드	시험시간	문제지형별	수검번호	성 명
기계정비산업기사	2035	2시간	A		

제1과목 공유압 및 자동화 시스템

1. 공압 요동 액추에이터에서 피스톤형 요동 액추에이터 종류가 아닌 것은? (13년 3회)

① 나사형 ② 베인형
③ 크랭크형 ④ 랙과 피니언형

해설 피스톤형 요동 액추에이터에는 랙과 피니언형, 스크루형, 크랭크형, 요크형이 있다.

2. 밸브에 조작력이 작용하고 있을 때의 위치를 나타내는 용어는?

① 과도 위치 ② 노멀 위치
③ 작동 위치 ④ 초기 위치

해설 작동 위치(actuated position) : 조작력이 걸려 있을 때 밸브 몸체의 최종 위치

3. 다음 유압 배관 중 내식성 또는 고온용으로 사용되며 열처리하여 관의 굽힘 가공, 플레어 가공에 가장 적합한 배관은?

① 동관 ② 합성고무관
③ 알루미늄관 ④ 스테인리스 강관

해설 스테인리스관 : 난연성 작동 오일을 사용하는 경우 부식을 일으키기 쉬운 곳에 사용한다. 동관은 산화작용으로 인하여 유압 작동유 관으로 사용하지 않는다. 재료 특성상 석유계 유압유의 산화작용을 촉진하여 윤활유의 열화 현상을 극대화시키므로 유압 배관용에는 사용하지 않는다.

4. 압력의 크기가 다른 것은?

① 1 bar ② 14.5 psi
③ 10 kgf/cm^2 ④ 750 mmHg

해설 $1\ bar = 1\times10^5\ Pa = 1.01972\ kgf/cm^2$
$= 9.86923\times10^{-1}\ atm$
$= 1.01972\times10^{-4}\ mmH_2O$
$= 7.50062\times10^2\ mmHg$

5. 다음의 기호가 의미하는 기기는?

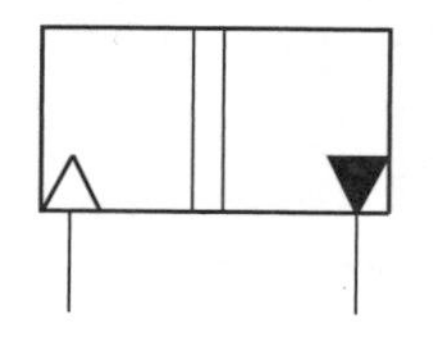

① 증압기
② 공기 유압 변환기
③ 텔레스코프형 실린더
④ 고압 우선형 셔틀 밸브

6. 공압기기 중 소음기에 대한 설명으로 옳은 것은?

① 흡입속도를 빠르게 한다.
② 공압기기의 수명이 길어진다.
③ 공압 작동부의 출력이 커진다.
④ 배기 속도를 줄일 수 있으며, 효율이 나빠진다.

7. 유압 프레스를 설계하려고 한다. 사용 압력은 24 MPa, 필요한 힘은 500 kN일 경우 유압 실린더의 지름(cm)으로 가장 적합한 것은? (11년 2회)

① 17 ② 27
③ 37 ④ 47

정답 1. ① 2. ③ 3. ④ 4. ③ 5. ② 6. ④ 7. ①

해설 $F = PA$이므로

$$d = \sqrt{\frac{4F}{\pi P}} = \sqrt{\frac{4 \times 500 \times 10^3}{\pi \times 24}}$$
$\fallingdotseq 163\text{ mm} \fallingdotseq 17\text{ cm}$

8. 유압 모터를 급정지하고자 할 때, 관성으로 인한 과부하를 방지하는 회로는?

① 직렬 회로 ② 브레이크 회로
③ 일정 출력 회로 ④ 일정 토크 회로

해설 브레이크 회로 : 유압 모터 동작 시 회전 운동 중 정지하거나 역회전 운동을 하려고 할 때 모터 내에 발생되는 서지 압력을 제거할 수 있는 회로

9. 유압 모터의 장점으로 틀린 것은?

① 기계식 모터에 비해 효율이 높다.
② 소형, 경량으로 큰 출력을 낼 수 있다.
③ 무단 변속으로 회전 속도를 낼 수 있다.
④ 회전체의 관성이 작아 응답성이 바르다.

해설 효율의 크기는 전기 > 기계 > 유압 > 공압 순이다.

10. 유압 제어 밸브 중 회로의 최고 압력을 제한하는 밸브는?

① 감압 밸브
② 릴리프 밸브
③ 시퀀스 밸브
④ 카운터 밸런스 밸브

해설 릴리프 밸브 : 실린더 내의 힘이나 토크를 제한하여 부품의 과부하(over load)를 방지하고, 최대 부하 상태로 최대의 유량이 탱크로 방출되기 때문에 작동 시 최대의 동력이 소요된다.

11. 다음 중 공압 단동 실린더의 특징으로 틀린 것은?

① 귀환장치를 내장한다.
② 행정거리의 제한을 받는다.
③ 압축공기를 한쪽에서만 받는다.
④ 압축공기의 유량을 조절하여도 전·후진 속도가 동일하다.

해설 단동 실린더의 속도는 전진보다 후진측이 더 빠르며, 전·후진 속도를 같게 하는 것은 복동 양로드 실린더이다.

12. 제어장치의 기능을 실행하고자 PLC 프로그램을 작성할 때, 고려사항이 아닌 것은?

① 공진 주파수의 중역공진과 고역공진
② 릴레이와 PLC의 특성 및 사용 방법
③ 그림 기호, 기구 번호, 상태 등에 대한 약속(규칙)
④ 제어 목적, 운전 방법, 동작 등의 각종 전기적인 조건

13. 다음 기능선도의 기본 기호의 의미로 옳은 것은?

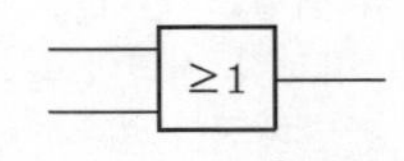

① OR ② AND
③ NOT ④ EX-OR

14. 다음 중 비접촉식 근접 센서의 특징이 아닌 것은?

① 빠른 스위칭 주기를 갖는다.
② 비교적 수명이 길고 신뢰성이 높다.
③ 접점부의 개방으로 내환경성이 나쁘다.
④ 비접촉 감지 동작으로 마모의 염려가 없다.

15. 보수 관리의 효과에 대한 설명으로 틀린 것은?

① 유지비가 높아 비경제적이다.
② 수리기간이 정기적이며 단축할 수 있다.

정답 8. ② 9. ① 10. ② 11. ④ 12. ① 13. ① 14. ③ 15. ①

2018

③ 수리를 위한 공장 휴지의 예고를 경영자, 생산 담당자가 알 수 있다.
④ 예기치 않는 기계의 고장, 파손이 생산 도중에 발생되는 것을 방지한다.

16. 실린더의 피스톤 위치를 영구 자석의 힘으로 검출하는 것은?

① 광센서 ② 리드 스위치
③ 리밋 스위치 ④ 정전용량형 센서

해설 리드 센서의 특징
㉠ 접점부가 완전히 차단되어 있으므로 가스나 액체 중, 고온 고습 환경에서 안정되게 동작한다.
㉡ ON/OFF 동작 시간이 비교적 빠르고 (<1 μm), 반복 정밀도가 우수하여(±0.2 mm) 접점의 신뢰성이 높고 동작 수명이 길다.
㉢ 사용 온도 범위가 넓다(−270~+150℃).
㉣ 내전압 특성이 우수하다(>10 kV).
㉤ 리드의 겹친 부분은 전기 접점과 자기 접점으로의 역할도 한다.
㉥ 가격이 비교적 저렴하고 소형, 경량이며, 회로가 간단해진다.

17. AC 220V, Δ 결선 전동기를 Y결선으로 바꿀 때 전동기에 인가되는 선간 전압(V)은 약 얼마인가?

① 381 ② 441
③ 621 ④ 761

18. 자석이 회전에 의해 도체에 유도전류가 흐르고, 이 유도전류와 자속의 상호작용에 의해 회전하는 현상을 이용한 전동기는?

① 복권 전동기 ② 분권 전동기
③ 유도 전동기 ④ 직권 전동기

해설 와전류는 일정한 자계 내에 있으면 발생한다. 아라고의 원판(Arago's disk)은 축을 중심으로 원판이 회전할 수 있는 구조로 말굽자석이 정지된 상태에서 왼쪽으로 회전하면 자석이 움직이는 앞쪽에는 자속이 증가하는데, 렌츠의 법칙에 의해 자속의 증감을 반하는 쪽으로 유도 기전력에 의한 전류가 형성되어야 하므로 와전류가 발생하며, 자석의 뒤편에는 반대 방향 즉, 접선 방향의 와전류가 형성되어 금속체 전체에 축 방향의 합성 전류가 흐르게 된다. 즉, 이 전류와 자계에 의하여 금속도체 역시 자석 방향으로 회전을 하는 유도 전동기, 적산전력계와 같은 원리이다.

19. 다음 중 서보 전동기의 노이즈 대책이 아닌 것은?

① 접지 ② 서지 킬러
③ 실드선 처리 ④ 인버터 사용

해설 인버터 : 전압과 주파수를 가변시켜 전동기의 속도를 고효율로 쉽게 제어하는 장치

20. 다음 그림의 시스템 방식은?

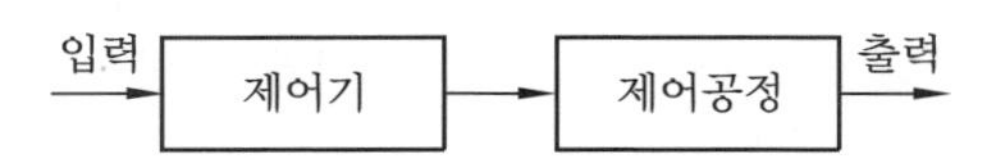

① 서보 시스템(servo system)
② 피드백 제어 시스템(feedback control system)
③ 개회로 제어 시스템(open loop control system)
④ 폐회로 제어 시스템(closed control system)

제 2 과목 설비 진단 및 관리

21. 설비 표준의 종류가 아닌 것은?

① 설비 성능 표준
② 시운전 검수 표준
③ 설비 보전원 표준

정답 16. ② 17. ① 18. ③ 19. ④ 20. ③ 21. ③

④ 설비 자체 검사 표준

해설 설비 보전 표준 : 설비 설계규격 표준, 설비 성능 표준, 설비 자재 구매규격 표준, 설비 자재 검수 표준, 시운전 검수 표준, 설비 보전 표준, 보전 작업 표준 등

22. 윤활 관리 목적에 대한 설명과 관련이 가장 적은 것은?

① 기계에 대한 올바른 급유
② 고점도유 사용으로 누유 방지
③ 정기적 점검을 통한 고장 감소
④ 시설 관리의 절감과 생산성 향상

해설 윤활 관리의 목적은 기계에 올바른 급유를 하고 정기적인 점검을 하여 고장 감소와 윤활한 가동을 도모하여 그 효과를 시설 관리의 절감과 생산성의 향상에 반영시키는 것이다.

23. 설비의 노화를 나타내는 파라미터에 해당되지 않는 것은? (07년 1회)

① 진동
② 소음
③ 가격
④ 기름의 오염도

해설 설비의 노화는 사용조건에 따라 다르다.

24. 설비의 고장률과 열화 패턴에서 시간의 경과와 함께 고장발생이 감소되는 고장률 감소형의 기간으로 설계불량, 제작불량에 의한 약점 등이 나타나는 고장기는?

① 우발 고장기 ② 초기 고장기
③ 마모 고장기 ④ 혼합 고장기

25. 집중 보전의 장점이 아닌 것은? (16년 2회)

① 노동력의 유효 이용
② 보전 책임의 명확성
③ 현장 감독의 용이성
④ 보전용 설비 공구의 유효 이용

해설 보전 요원이 공장 전체에서 작업을 하기 때문에 적절한 관리 감독이 어렵다.

26. 회전기계에서 발생하는 이상 현상 중 유체기계에서 국부적 압력 저하에 의하여 기포가 생기며, 일반적으로 불규칙한 고주파 진동 음향이 발생하는 현상은?

① 공동
② 풀림
③ 언밸런스
④ 미스얼라인먼트

해설 기포가 발생되는 것은 캐비테이션, 즉 공동 현상이다.

27. 음파의 종류 중 음원으로부터 거리가 멀어질수록 더욱 넓은 면적으로 퍼져나가는 파는?

① 평면파 ② 구면파
③ 진행파 ④ 발산파

해설 모든 음은 음원으로부터 거리가 멀어질수록 더욱 넓은 면적으로 퍼져나가므로 모두 정답이다.

㉠ 평면파(plane wave) : 음파의 파면들이 서로 평행한 파(예 긴 실린더의 피스톤 운동에 의해 발생하는 파)
㉡ 구면(형)파(spherical wave) : 음원에서 모든 방향으로 동일한 에너지를 방출할 때 발생하는 파(예 공중에 있는 점 음원)
㉢ 진행파(progressive wave) : 음파의 진행 방향으로 에너지를 전송하는 파
㉣ 발산파(diverging wave) : 음원으로부터 거리가 멀어질수록 더욱 넓은 면적으로 퍼져나 가는 파, 즉 음의 세기가 음원으로부터 거리에 따라 감소하는 파

28. 다음 보기에서 설비의 탄생에서 사멸까지의 라이프 사이클(life cycle) 4단계 순서를 바르

정답 22. ② 23. ③ 24. ② 25. ③ 26. ① 27. 전항정답 28. ②

2018

게 나열한 것은?

㉠ 설비 개념의 구성과 규격의 결정 ㉡ 제작 설비 ㉢ 설비의 설계 개발 ㉣ 설비의 운용 유지

① ㉠ → ㉡ → ㉢ → ㉣
② ㉠ → ㉢ → ㉡ → ㉣
③ ㉡ → ㉠ → ㉢ → ㉣
④ ㉡ → ㉣ → ㉢ → ㉠

29. 회전기계의 열화 시 발생되는 주파수 특성에서 언밸런스에 의한 설명으로 틀린 것은? (13년 3회)

① 언밸런스는 회전 벡터이다.
② 회전 주파수의 $1f$ 성분의 탁월 주파수가 나타난다.
③ 휨축이거나 베어링의 설치가 잘못되었을 때 나타난다.
④ 언밸런스에 의한 진동은 수평 · 수직 방향에 최대의 진폭이 발생한다.

해설 언밸런스는 질량 불평형이며, 휨축이나 베어링 설치의 오류는 미스얼라인먼트로 표현된다.

30. 다음 중 설비 진단기술의 정의로 가장 적합한 것은? (15년 3회)

① 설비를 규정하는 것
② 설비의 경제성을 평가하는 것
③ 설비를 투자할 것인지 결정하는 것
④ 설비의 상태를 정량적으로 관측하여 예측하는 것

31. 설비 보전 조직 설계 시 고려 사항으로 가장 거리가 먼 것은? (15년 1회)

① 생산 형태
② 설비의 특징
③ 생산 제품의 특성
④ 기업 경영 방식

해설 설비 보전 조직 설계 시 고려 사항
㉠ 제품의 특성 : 원료, 반제품, 제품의 물리적 · 화학적 · 경제적 특성
㉡ 생산 형태 : 프로세스, 계속성, 교체 수
㉢ 설비의 특징 : 구조, 기능, 열화의 속도, 열화의 정도
㉣ 지리적 조건 : 입지, 환경
㉤ 공장의 규모
㉥ 인적 구성 및 역사적 배경 : 기술 수준, 관리 수준, 인간관계
㉦ 외주 이용도 : 외주 이용의 가능성, 경제성

32. 신뢰도와 보전도를 종합한 평가 척도로 "설비가 어느 특정 순간에 기능을 유지하고 있는 확률"로 정의할 수 있는 용어는?

① 유용성 ② 보전성
③ 경제성 ④ 설비 가동률

33. 보전 계획을 수립할 때 검토해야 할 사항이 아닌 것은? (16년 1회)

① 보전 비용
② 수리시간
③ 운전원의 역량
④ 생산 및 수리계획

34. 다음 중 설비 관리기능과 가장 거리가 먼 것은? (11년 1회, 15년 1회)

① 실행기능
② 기술기능
③ 개발기능
④ 일반 관리기능

35. 진동 에너지를 표현하는 값으로 정현파의

정답 29. ③ 30. ④ 31. ④ 32. ① 33. ③ 34. ③ 35. ②

경우 피크값의 $\frac{1}{\sqrt{2}}$ 배에 해당되는 것은?

① 피크값 ② 실효값
③ 평균값 ④ 피크-피크

해설 실효값(rms) : 시간에 대한 변화량을 고려하고 에너지량과 직접 관련된 진폭을 표시하는 것으로, 진동의 에너지를 표현하는 데 가장 적합한 값이다. 정현파의 경우는 피크값의 $\frac{1}{\sqrt{2}}$ 배이다.

36. 설비의 돌발적인 고장으로 인한 손실이 아닌 것은?

① 생산정지로 인한 원료 절약
② 돌발고장으로 인한 수리비 지출
③ 생산 정지시간의 감산에 의한 손실
④ 설비수리로 인한 저능률 조업에 따른 복구

해설 원자재 절약은 손실이 아니다.

37. 연간 불출 횟수가 4회 이상인 정량 발주 방식의 주문점 계산식으로 옳은 것은? (단, P : 주문점, $\overline{x}$: 월 평균 사용량, D : 기준 조달 기간, m : 예비 재고이다.) (16년 2회)

① $P=\overline{x}\times D+m$ ② $P=\overline{x}\times D-m$
③ $P=\overline{x}\times m+D$ ④ $P=\overline{x}\times m-D$

38. 종합적 생산 보전(TPM)에 대한 설명 중 틀린 것은?

① 전원이 참가하여 동기부여 관리
② 작업자의 자주 보전 체계의 확립
③ 설비효율을 최고로 높이기 위한 보전 활동
④ 생산설비의 라이프 사이클만 관리하는 활동

39. 보전 작업 표준에서 표준 시간의 결정 방법이 아닌 것은? (07년 1회, 14년 2회)

① 경험법 ② 실적 자료법
③ 작업 연구법 ④ 관적 자료법

40. 패킹을 가볍게 저널에 접촉시켜 급유하는 방법으로 일종의 모세관 현상에 의하여 기름을 마찰면에 보내게 되는데, 이때 털실이 직접 마찰면에 접촉하게 되는 급유법은?

① 패드 급유법 ② 칼라 급유법
③ 버킷 급유법 ④ 비말 급유법

해설 패드 급유법(pad oiling) : 패킹을 가볍게 저널에 접촉시켜 급유하는 방법으로 모사 급유법의 일종이다. 패드의 모세관 현상에 의하여 각 윤활 부위에 직접 접촉하여 공급하는 형태의 급유 방식으로 경하중용 베어링에 많이 사용된다.

제 3 과목 공업 계측 및 전기 전자 제어

41. 연산 증폭기에 계단파 입력(step function)을 인가하였을 때 시간에 따른 출력 전압의 최대 변화율은? (09년 1회, 15년 2회)

① 오프셋(offset)
② 드리프트(drift)
③ 슬루율(slew rate)
④ 대역폭(bandwidth)

42. 계측기가 미소한 측정량의 변화를 감지할 수 있는 최소 측정량의 크기를 무엇이라고 하는가? (08년 1회, 10년 2회)

① 오차 ② 정밀도
③ 정확도 ④ 분해능

정답 36. ① 37. ① 38. ④ 39. ④ 40. ① 41. ③ 42. ④

2018

43. 감도를 나타내는 올바른 식은?

① $\frac{\text{지시량}}{\text{측정량}}$

② $\frac{\text{측정량}}{\text{지시량}}$

③ $\frac{\text{지시량의 변화}}{\text{측정량의 변화}}$

④ $\frac{\text{측정량의 변화}}{\text{지시량의 변화}}$

해설 계측기가 측정량의 변화를 감지하는 민감성의 정도를 그 기기의 감도라고 한다.

$\text{감도} = \frac{\text{지시량의 변화}}{\text{측정량의 변화}}$

44. 1차 지연요소의 스탭 응답이 시정수 τ를 경과했을 때, 그 값의 최종 도달값에 대한 비율은 약 몇 %인가?

① 50 ② 63
③ 90 ④ 98

해설 $t=0$에서 응답 곡선에 접선을 그리고, 그것이 최종값에 도달하기까지의 시간이 시정수 τ가 된다. 또한 시정수 τ를 경과했을 때의 값은 최종 도달값의 63.2 %가 된다.

45. 3상 유도 전동기의 회전 방향을 시계 방향에서 반시계 방향으로 변경하는 방법은?

① 3상 전원선 중 1선을 단락시킨다.
② 3상 전원선 중 2선을 단락시킨다.
③ 3상 전원선 모두를 바꾸어 접속한다.
④ 3상 전원선 중 임의의 2선의 접속을 바꾼다.

46. 직류 전동기의 속도 제어법에 속하지 않는 것은? (14년1회, 18년 2회)

① 계자 제어법 ② 저항 제어법
③ 전압 제어법 ④ 주파수 제어법

해설 직류 전동기의 회전 속도를 변화시키려면 전압 제어, 저항 제어, 계자 제어로 가능하다.

47. 60 Hz, 4극 유도 전동기의 회전자 속도가 1728 rpm일 때 슬립은 얼마인가? (11년 1회)

① 0.04 ② 0.05
③ 0.08 ④ 0.10

해설 $N_S = \frac{120f}{P}$

$N = N_S(1-s) = \frac{120f}{P}(1-s)$

$1728 = \frac{120 \times 60}{4}(1-s)$

$1728 = 1800(1-s)$, $1-s = 0.96$

$\therefore s = 0.04$

48. 직류 전동기에서 자속을 감소시키면 회전수는?

① 증가 ② 감소
③ 정지 ④ 불변

49. 입력 회로가 "0"이면 출력이 "1", 입력 신호가 "1"이면 출력이 "0"이 되는 논리 회로는? (10년 1회)

① OR 회로 ② AND 회로
③ NOT 회로 ④ NAND 회로

50. 피드백 제어 시스템에서 반드시 필요한 장치는? (11년 2회)

① 조작장치
② 안정도 향상장치
③ 속응성 향상장치
④ 입출력 비교장치

51. 공업계측에서 측정량의 쉬운 변환과 확대, 증폭이나 전송에 편리한 기본 신호가 아닌

정답 43. ③ 44. ② 45. ④ 46. ④ 47. ① 48. ④ 49. ③ 50. ④ 51. ④

것은?

① 변위 ② 전압
③ 압력 ④ 주파수

52. 검출용 기기가 아닌 것은?

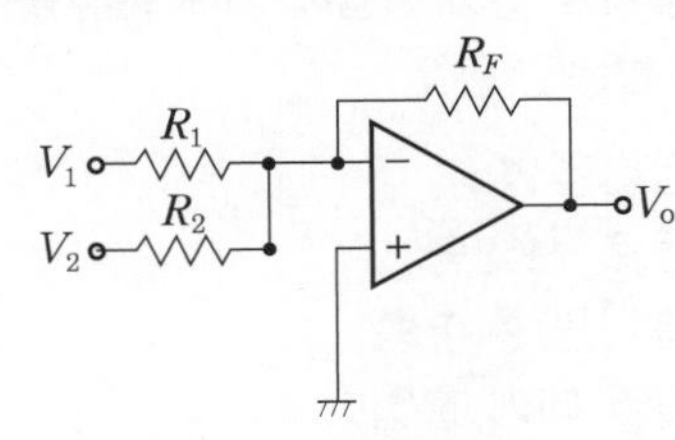

① $V_o = R_F\left(\frac{V_1}{R_1} + \frac{V_2}{R_2}\right)$

② $V_o = -R_F\left(\frac{V_1}{R_1} + \frac{V_2}{R_2}\right)$

③ $V_o = -R_F\left(\frac{V_1}{R_1} - \frac{V_2}{R_2}\right)$

④ $V_o = -R_F\left(\frac{V_2}{R_2} - \frac{V_1}{R_1}\right)$

53. 방폭형이고 본질적으로 안정하지만 전송 거리가 먼 경우에는 적용하기 곤란한 조작부의 종류는?

① 공압식 ② 전기식
③ 유압식 ④ 전자식

해설 공압은 압축성(compressible) 때문에 특성 변화가 커 균일한 피스톤 속도를 얻는 것이 불가능하다.

54. 절연 저항 측정 시 가장 많이 사용되는 계기는? (14년 3회, 15년 1회)

① 메거
② 켈빈 더블
③ 휘트스톤 브리지
④ 코올라시 브리지

55. 일정한 환경 조건하에서 측정량이 일정 함에도 불구하고 전기적인 증폭기를 갖는 계측기의 지시가 시간과 함께 계속적으로 느슨하게 변화하는 현상은? (15년 2회)

① 비직선성 ② 과도 특성
③ 히스테리시스 ④ 드리프트(drift)

해설 드리프트는 자기 가열이나 재료의 크리프 현상에 기인한다.

56. 전원 전압을 안정하게 유지하기 위해서 사용되는 소자는? (12년 3회, 16년 2회)

① 제너 다이오드 ② 터널 다이오드
③ 포토 다이오드 ④ 쇼트키 다이오드

해설 제너 다이오드는 일반 다이오드와는 달리 역방향 항복에서 동작하도록 설계된 다이오드로서 전압 안정화 회로로 사용된다.

57. 교류의 최대값이 100V인 경우 실효값은 약 몇 A인가? (08년 3회, 10년 2회)

① 64 ② 71
③ 80 ④ 141

58. 2개의 합성 저항 R_1과 R_2를 병렬로 접속하면 합성 저항 R은 어떻게 되는가? (10년 1회)

① $R_1 + R_2$ ② $\frac{R_1 + R_2}{2}$
③ $\frac{R_1 + R_2}{R_1 \cdot R_2}$ ④ $\frac{R_1 \cdot R_2}{R_1 + R_2}$

59. PLC의 구성 중 입력(input) 측에 해당되지 않는 것은? (14년 1회)

① 광센서
② 전자 접촉기
③ 리밋 스위치
④ 푸시버튼 스위치

2018

정답 52. ② 53. ① 54. ① 55. ④ 56. ① 57. ② 58. ④ 59. ②

60. 다음 그림은 어떤 논리 회로를 나타낸 것인가? (05년 3회, 13년 1회)

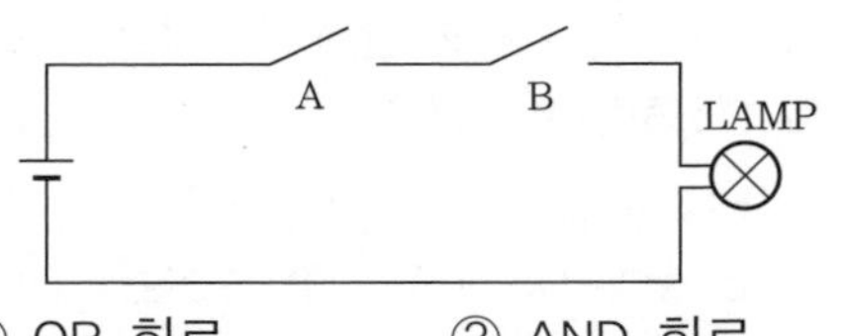

① OR 회로 ② AND 회로
③ NOR 회로 ④ NAND 회로

제 4 과목 기계 정비 일반

61. 다음 중 원심 펌프에 해당되는 것은 어느 것인가? (06년 1회, 07년 3회, 15년 3회)

① 기어 펌프 ② 플런저 펌프
③ 벌류트 펌프 ④ 다이아프램 펌프

해설 원심 펌프

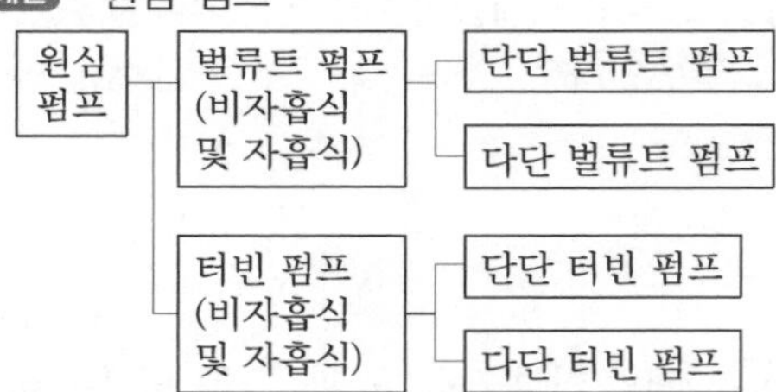

62. 하우징에 베어링을 설치할 때 한쪽 또는 양쪽을 좌우로 이동할 수 있도록 하는 이유로 가장 적합한 것은? (09년 2회, 13년 3회)

① 베어링 마찰 감소
② 윤활유의 원활한 공급
③ 베어링의 끼워 맞춤 용이
④ 열 팽창에 의한 소손 방지

63. 분할 핀의 사용 방법 중 적당하지 않은 것은 무엇인가? (03년 3회)

① 부착 후 양 끝을 충분히 넓혀 둔다.
② 볼트, 너트의 풀림 방지용으로 사용한다.
③ 이음 핀의 빠짐 방지용으로 사용한다.
④ 볼트 또는 기계 부품의 위치 결정용으로 사용된다.

64. 송풍기를 흡입 방법에 의해 분류했을 때 속하지 않는 것은?

① 양흡입형
② 풍로 흡입형
③ 흡입관 취부형
④ 실내 대기 흡입형

65. 다이얼 게이지를 이용한 축의 센터링 측정 준비 작업이 아닌 것은?

① 커플링의 외면을 세척한다.
② 면간을 센터 게이지를 이용하여 측정한다.
③ 다이얼 게이지의 오차 및 편차를 구한다.
④ 커플링의 외면에 0°, 90°, 180°, 270°의 방향을 표시한다.

해설 센터 게이지는 선반 작업 중 나사 가공에서 사용된다.

66. 페더 키라고도 하며, 키를 조립하였을 경우 보스가 가볍게 이동하는 키는?

① 묻힘 키 ② 접선 키
③ 반달 키 ④ 미끄럼 키

해설 페더 키는 키에 경사가 없는 것이다.

67. 합성고무와 합성수지 및 금속 클로이드 등을 주성분으로 제조한 개스킷으로 상온에서 유동성이 있는 접착성 물질로서 접합면에 바르면 일정시간이 지난 후 건조되어 누설을 방지하는 개스킷은?

① 메탈 개스킷 ② 고상 개스킷

정답 60. ② 61. ③ 62. ④ 63. ④ 64. ① 65. ② 66. ④ 67. ④

③ 접착 개스킷 ④ 액상 개스킷

68. 기어 감속기의 분류에서 평행 축형 감속기에 속하지 않는 기어는? (08년 1회, 10년 1회, 11년 2회)

① 스퍼 기어
② 헬리컬 기어
③ 더블 헬리컬 기어
④ 웜 기어

해설 웜 기어 감속기는 엇물림 축형 감속기이다.

69. 축이음에서 센터링이 불량할 때 나타나는 현상이 아닌 것은? (10년 3회)

① 진동이 크다.
② 축의 손상이 심하다.
③ 구동의 전달이 원활하다.
④ 베어링부의 마모가 심하다.

해설 센터링이 불량할 때의 현상
㉠ 진동이 크다.
㉡ 축의 손상(절손 우려)이 심하다.
㉢ 베어링부의 마모가 심하다.
㉣ 구동의 전달이 원활하지 못하다.
㉤ 기계 성능이 저하된다.

70. 펌프 축의 밀봉장치로 봉수가 공급되는 것으로 맞는 것은?

① 밸런스 홀 ② 스터핑 박스
③ 금속 개스킷 ④ 케이싱 웨어링

해설 펌프의 밀봉장치는 축봉장치라고도 하며, 축 주위에 원통형의 스터핑 박스 또는 실 박스를 설치하고 내부에 실 요소를 넣어 케이싱 내의 유체가 외부로 누설되거나 케이싱 내로 공기 등의 이물질이 유입되는 것을 방지하는 장치이다.

71. 수격 현상에서 압력 상승 방지책으로 사용되는 밸브는? (09년 3회)

① 안전밸브 ② 슬루스 밸브
③ 셔틀 밸브 ④ 언로딩 밸브

72. 다음 중 펌프의 전효율을 구하는 공식으로 맞는 것은?

① 파이프의 단면적×인장하중
② 압송유량×누설량
③ 축 동력×기계손실
④ 수력효율×기계효율×체적효율

해설 ㉠ 전효율 η
= 기계효율 η_m ×체적효율 η_v ×수력효율 η_h
㉡ 전효율 $\eta = \dfrac{L_w}{L}$ (L_w : 수동력, L : 축 동력)

73. 전동기 본체의 점검항목이 아닌 것은?

① 지침의 영점
② 본체의 진동
③ 베어링의 이음
④ 베어링부의 발열

74. 열 박음에서 가열 끼움 방법이 아닌 것은?

① 수증기로 가열하는 법
② 기름으로 가열하는 법
③ 액화질소로 가열하는 법
④ 가스 토치로 가열하는 법

해설 질소로는 가열이 되지 않는다.

75. 롤러 체인에 링크의 수가 홀수일 때 연결부로 사용되는 것으로 맞는 것은?

① 핀 링크 ② 롤러 링크
③ 이음 링크 ④ 오프셋 링크

해설 링크 수가 짝수일 때는 각 링크가 정상적으로 조립되나 홀수일 경우에는 오프셋 링크 1개를 사용해야 링크 수가 나온다.

76. 펌프의 흡입 쪽에 설치하여 흡입한 유체를 역류하지 않도록 하기 위한 밸브로 가장 적당

2018

정답 68. ④ 69. ③ 70. ② 71. ① 72. ④ 73. ① 74. ③ 75. ④ 76. ②

한 것은?

① 감압 밸브 ② 체크 밸브
③ 니들 밸브 ④ 슬루스 밸브

77. 다음 중 공기를 압축할 때 압력 맥동이 발생하며, 설치 면적이 넓고 윤활이 어려운 압축기는? (12년 2회)

① 왕복식 압축기 ② 원심식 압축기
③ 축류식 압축기 ④ 나사식 압축기

해설 왕복식 압축기 : 모터로부터 구동력을 크랭크축에 전달시켜 크랭크축을 회전시키고 실린더 내부의 피스톤 왕복 운동에 의하여 흡입 밸브를 통해 흡입된 공기를 토출 밸브를 통해 압송한다.

78. 원심형 통풍기의 종류 중 간단한 형상의 경향 베인을 사용하고 토출 압력이 50~250 mmHg인 것은? (07년 3회, 16년 1회)

① 축류 팬 ② 시로코 팬
③ 터보 팬 ④ 플레이트 팬

해설 플레이트 팬(plate fan)

베인 방향	압력(mmHg)	특징
경향 베인	50~250	베인 형상이 간단하다.

79. 다음 중 기어 펌프의 특징으로 맞는 것은? (09년 3회)

① 효율이 낮다.
② 소음과 진동이 적다.
③ 기름 속에 기포가 발생하지 않는다.
④ 점성이 큰 액체에서는 회전수를 크게 해야 한다.

해설 기어 펌프 : 유압 펌프로 사용할 수 있으나 효율이 낮고 소음과 진동이 심하며 기름 속에 기포가 발생한다는 결점이 있다. 보통 송출량 2~5 m^3/h, 모듈 3~5를 사용하고 회전수 1,200~900 rpm의 윤활유 펌프에 많이 이용되고 있으며, 점성이 큰 액체에서는 회전수를 적게 한다.

80. 구름 베어링을 구성하는 기본요소가 아닌 것은? (14년 2회)

① 저널
② 내륜
③ 회전체
④ 리테이너

해설 저널은 베어링 내륜이 축에 조립될 때의 축 부분을 말한다.

정답 77. ① 78. ④ 79. ① 80. ①

2019년도 출제 문제

기계정비산업기사

❖ 2019년 3월 3일 시행

자격종목 및 등급(선택분야)	종목코드	시험시간	문제지형별	수검번호	성 명
기계정비산업기사	2035	2시간	A		

제1과목 공유압 및 자동화 시스템

1. 가열기를 나타낸 공 · 유압 기호는?

① 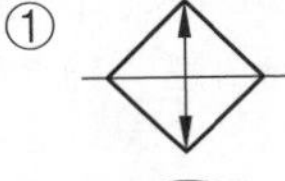 ② 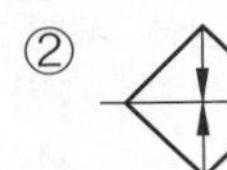

③ 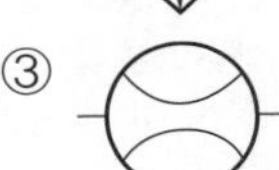 ④ 

해설 ① 냉각기, ③ 유량계, ④ 압력계

2. 다음 실린더 중 전진운동과 후진운동의 속도와 힘을 같게 할 수 있는 것은?

① 탠덤 실린더
② 충격 실린더
③ 복동 양로드 실린더
④ 단동 텔레스코프 실린더

3. 외부의 압력 부하가 변하더라도 회로에 흐르는 유량을 항상 일정하게 유지시켜 주면서 유압 모터의 회전이나 유압 실린더의 이동 속도를 제어하는 밸브는? (12년 2회)

① 분류 밸브
② 단순 교축 밸브
③ 압력 보상형 유량 조절 밸브
④ 온도 보상형 유량 조절 밸브

해설 압력 보상형 유량 조절 밸브 : 압력 보상 기구를 내장하고 있으므로 압력의 변동에 의하여 유량이 변동되지 않도록 회로에 흐르는 유량을 항상 일정하게 자동적으로 유지시켜 주면서 유압 모터의 회전이나 유압 실린더의 이동 속도 등을 제어한다.

4. 용적형 공기 압축기가 아닌 것은?

① 격판 압축기 ② 베인 압축기
③ 터보 압축기 ④ 피스톤 압축기

5. 압력이 설정 압력 이상이 되면 작동유를 탱크로 귀환시키는 회로는?

① 단락 회로 ② 미터 인 회로
③ 압력 설정 회로 ④ 미터 아웃 회로

해설 압력 설정 회로 : 모든 유압 회로의 기본으로, 회로 내 압력을 설정 압력으로 조정하는 회로로서 압력이 설정 압력 이상일 때는 릴리프 밸브가 열려 탱크에 작동유를 귀환시키는 회로이므로 안전 측면에서 필수적이다.

6. 유압 모터 중 가장 간단하며 출력 토크가 일정하고 정 · 역회전이 가능하지만 정밀 서보 기구에는 부적합한 모터는? (08년 1회, 10년 1회)

① 기어 모터
② 베인 모터
③ 레이디얼 피스톤 모터
④ 액시얼 피스톤 모터

해설 기어 모터(gear motor) : 유압 모터 중 구조면에서 가장 간단하며 유체 압력이 기어의

2019

정답 1. ② 2. ③ 3. ③ 4. ③ 5. ③ 6. ①

이에 작용하여 토크가 일정하고, 또한 정회전과 유체의 흐름 방향을 반대로 하여 역회전이 가능하다. 그리고 기어 펌프의 경우와 같이 체적은 고정되며, 압력 부하에 대한 보상 장치가 없다.

7. 공기의 체적과 온도의 관계를 표현한 것은?

① 보일의 법칙
② 샤를의 법칙
③ 베르누이의 법칙
④ 파스칼의 법칙

해설 샤를의 법칙 : 압력이 일정하면 일정량의 체적은 그 절대온도에 비례한다.

8. 다음 유압회로에서 실린더에 70 kgf/cm^2 압력이 가해지고 있다. 이 실린더의 동작으로 옳은 것은? (단, 마찰저항은 무시한다.)

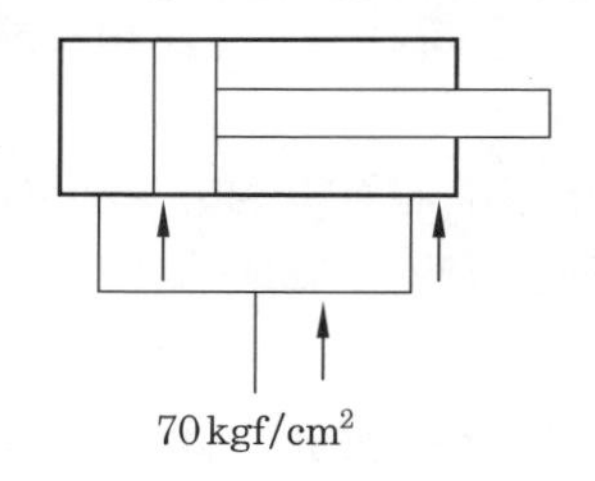

① 전진한다.
② 정지한다.
③ 후진한다.
④ 전진 후 후진한다.

9. 다음 중 어큐뮬레이터의 용도로 적합하지 않은 것은?

① 압력 증대용
② 에너지 축적용
③ 펌프 맥동 완화용
④ 충격 압력의 완충용

해설 압력 증대용은 증압기의 용도이다.

10. 다음 조작방식의 명칭은?

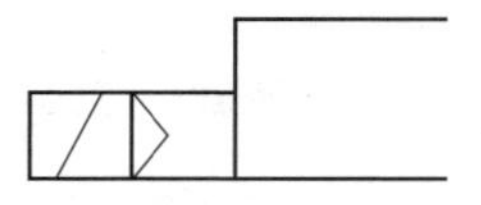

① 유압 2단 파일럿
② 전자 · 유압 파일럿
③ 전자 · 공기압 파일럿
④ 공기압 · 유압 파일럿

11. 프로그램에 의한 제어가 아닌 것은?

① 조합 제어
② 시퀀스 제어
③ 파일럿 제어
④ 시간에 따른 제어

해설 파일럿 제어 : 입력조건이 만족되면 그에 상응하는 출력신호가 발생하는 형태의 제어이며, 논리 제어라고도 한다. 프로그램 제어 방식으로는 시간에 따른 제어, 조합 제어, 시퀀스 제어가 있다.

12. 플라스틱, 유리, 도자기, 목재 등과 같은 절연물의 위치를 검출할 수 있는 센서는?

① 압력 센서 ② 리드 스위치
③ 유도형 센서 ④ 용량형 센서

해설 용량형 근접 센서 : 정전용량형 센서(capacitive sensor)라고도 한다. 전계 중에 존재하는 물체 내의 전하 이동, 분리에 따른 정전용량의 변화를 검출하는 것으로 센서의 분극 현상을 이용하므로 플라스틱, 유리, 도자기, 목재와 같은 절연물과 물, 기름, 약물과 같은 액체도 검출이 가능하다.

13. 유압 시스템에서 펌프의 구동 동력이 부족할 때 발생되는 현상은? (10년 1회)

① 작동유가 과열된다.
② 토출 유량이 많아진다.
③ 실린더 추력이 감소된다.
④ 유압유의 점도가 높아진다.

해설 펌프의 구동 동력이 부족하면 토출 압력이 저하되고 실린더의 추력이 감소된다.

정답 7. ② 8. ① 9. ① 10. ③ 11. ③ 12. ④ 13. ③

14. 두 종류의 금속을 접합하여 폐회로를 만들고 두 접합점의 온도차를 다르게 유지했을 때 두 금속의 사이에 기전력이 발생하여 전류가 흐르는 현상은? (19년 1회)

① 제베크 효과 ② 초전 효과
③ 톰슨 효과 ④ 펠티어 효과

해설 열전대(thermocouple) : 제베크 효과라고 불리우는 것으로, 재질이 다른 두 금속을 연결하고 양 접점간에 온도차를 부여하면 그 사이에 열기전력이 발생하여 회로 내에 열전류가 흐르는 물질이다.

15. 다음 논리 회로에서 출력이 1이 되기 위한 입력값으로 옳은 것은?

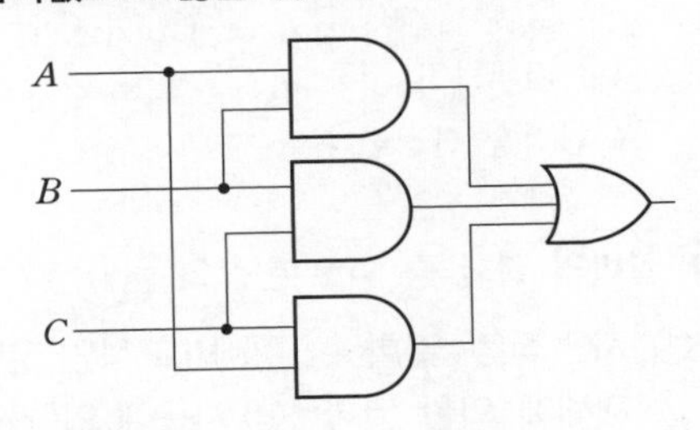

① $A=B=C=0$
② $A=1,\ B=C=0$
③ $A=C=0,\ B=1$
④ $A=B=1,\ C=0$

16. 자동화의 작업순서를 제어하는 제어 시스템(control system)의 최종 작업목표가 아닌 것은?

① 공정 상태의 확인
② 작업 공정의 계획 수립
③ 처리된 결과에 기초한 공정 작업
④ 공정 상태에 따른 자료의 분석 처리

해설 제어 시스템의 최종 작업 목표
㉠ 공정 상태의 확인
㉡ 공정 상태에 따른 자료의 분석 처리
㉢ 처리된 결과에 기초한 공정에의 작업

17. 스테핑 모터의 속도를 결정하는 요소는?

① 펄스의 방향 ② 펄스의 전류
③ 펄스의 주파수 ④ 펄스의 상승시간

해설 스테핑 모터는 미세각 구동(스텝 구동)을 할 수 있다. 회전 각도는 펄스와 정비례하므로 입력 펄스의 총수에 비례한다. 주파수에 비례한 회전 속도를 얻을 수 있으므로 속도 제어가 용이하다.

18. 설비 보전과 관리 차원에서 신뢰성을 활용한 경우의 특징이 아닌 것은?

① 제품 출고 시간을 판단할 수 있다.
② 설비의 장래 가동 상황을 예측할 수 있다.
③ 사용 시간과 고장 발생과의 관계를 알 수 있다.
④ 운전 중인 설비의 장비 수리나 생산 계획 수립에 도움이 된다.

해설 ㉠ 사용할 때 시간과 고장 발생과의 관계를 알 수 있다.
㉡ 운전 조업 중인 설비의 장래 가동상황을 예측하고 수정할 수 있다.
㉢ 설비의 수명이 예측 가능하다.
㉣ 설비의 운전 조업계획에 참고가 된다.
㉤ 설비의 운전 조업을 시간적으로 예측할 수 있으므로 정비 수리나 생산계획 수립에 도움이 크다.

19. 다단형 피스톤 로드를 가진 형태로 실린더 길이에 비해 긴 행정거리를 얻을 수 있는 실린더는?

① 충격 실린더
② 탠덤 실린더
③ 텔레스코프 실린더
④ 복동 양 로드 실린더

해설 텔레스코프 실린더

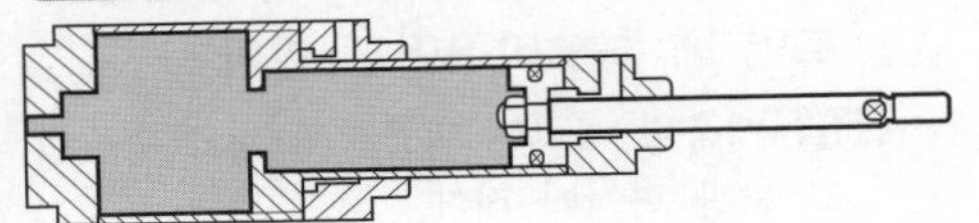

정답 14. ① 15. ④ 16. ② 17. ③ 18. ① 19. ③

20. 양 제어 밸브라고도 하며 다음 그림과 같이 압축공기가 입구 Y에 작용할 경우 볼에 의해 다른 입구 X를 차단하면서 공기의 통로를 Y에서 A로 개방하는 구조의 밸브는?

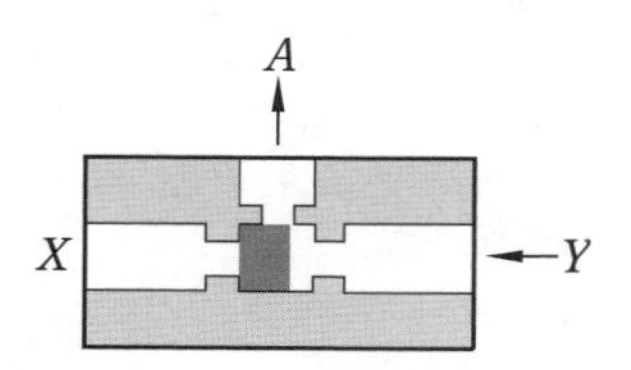

① 2압 밸브 ② 셔틀 밸브
③ 차단 밸브 ④ 체크 밸브

제 2 과목 설비 진단 및 관리

21. TPM 관리와 전통적 관리의 차이점 중 TPM 관리에 속하지 않는 것은?

① 결과 측정
② 사전 활동
③ 원인 추구 시스템
④ 전사적 조직과 전사원 참여

해설 결과 측정은 전통적인 방법이다. 이에 반하여 TPM 관리에서는 사전에 문제를 제거하려고 예방 활동을 추진한다.

22. 설비 배치의 형태 중 제품별 배치 형태의 특징으로 틀린 것은?

① 기계 대수가 적어지고 공구 가동률이 증가한다.
② 작업을 단순화할 수 있으므로 작업자의 훈련이 용이하다.
③ 공정이 확정되므로 검사 횟수가 적어도 되며 품질관리가 쉽다.
④ 작업의 융통성이 적고 공정계열이 다르면 배치를 바꾸어야 한다.

해설 제품별 배치는 재공품의 재고 수준이 낮고 보관 면적이 적다.

23. 다음 중 설비 진단기법이 아닌 것은 어느 것인가? (13년 1회)

① 진동법 ② 응력법
③ 회절법 ④ 오일 분석법

24. 설비를 배치할 때 소요 면적 산정법으로 기계 1대의 소요 면적을 계산하여 전체 면적을 산출하는 방식은?

① 변환법 ② 계산법
③ 표준 면적법 ④ 비율 경향법

해설 계산법 : 설비 자체가 차지하는 면적, 작업이나 보전을 위한 면적, 재료나 제품을 두기 위한 면적 등을 산출하여 모두 합해 기계 1대당 소요 면적을 계산한 다음 소요 기계 대수를 곱해 전체의 실질 면적을 산출한다. 그리고 여기에 서비스 면적을 더하여 전체 소요 면적을 산정한다.

25. 설비의 열화 중 피로 현상의 원인은?

① 자연적인 열화 ② 비교적인 열화
③ 재해에 의한 열화 ④ 사용에 의한 열화

해설 사용에 의한 열화

사용 열화	운전 조건	온도, 압력, 회전수, 설비 기능과 재질, 마모, 부식, 충격, 피로, 원료 부착, 진애
	조작 방법	취급, 반자동 등의 오조작

26. 다음 그림은 어떤 보전 조직을 나타낸 것인가? (09년 3회, 14년 2회)

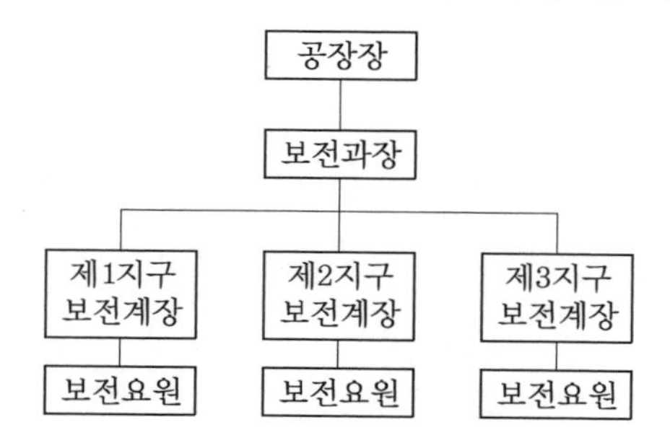

정답 20. ② 21. ① 22. ① 23. ③ 24. ② 25. ④ 26. ④

① 집중 보전 조직 ② 부분 보전 조직
③ 절충 보전 조직 ④ 지역 보전 조직

27. 진동 현상을 표현할 때 진폭 파라미터가 아닌 것은? (09년 2회)

① 변위 ② 속도
③ 위상 ④ 가속도

28. 사람이 가청할 수 있는 최대 가청음의 세기(W/m^2)는? (단, W : 음향 출력, m^2 : 표면적) (11년 2회)

① 10^{-12} ② 10
③ 10^{10} ④ 20^{10}

해설 일반적으로 사람이 가청할 수 있는 최대 가청음의 세기는 10 W/m^2, 최소 가청음의 세기는 10^{-12} W/m^2이다.

29. 여러 파동이 마루는 마루끼리, 골은 골끼리 서로 만나 엇갈려 지나갈 때 그 합성파의 진폭이 크게 나타나는 음의 현상은?

① 맥놀이 ② 보강 간섭
③ 소멸 간섭 ④ 마스킹 효과

30. 설비의 고장률에 관한 설명으로 올바른 것은? (12년 1회)

① 설비의 도입 초기에는 고장이 없다.
② 마모 고장기에서 예방 정비의 효과가 크다.
③ 설계 불량으로 인한 고장은 우발 고장기에 주로 발생한다.
④ 우발 고장기의 고장률 곡선은 고장률 증가형이다.

해설 설비 도입 초기에는 고장률이 감소하고 우발 고장기에는 고장률이 일정하며, 설계 불량으로 인한 고장은 초기 고장기에 주로 발생한다.

31. 윤활제 중 그리스의 상태를 평가하는 항목이 아닌 것은? (14년 1회)

① 점도 ② 주도
③ 이유도 ④ 적하점

해설 점도는 액체 윤활유에 사용되는 평가 항목이다.

32. 설비 진단 기술의 기본 시스템 구성에서 간이 진단 기술이란? (10년 2회)

① 작업원이 실시하는 고장 검출 해석 기술
② 전문 요원이 실시하는 스트레스 정량화 기술
③ 전문 요원이 실시하는 강도, 성능의 정량화 기술
④ 현장 작업원이 이용하는 설비의 제1차 건강진단 기술

해설 간이 진단 기술(condition monitering tech)은 설비의 제1차 건강진단 기술로서 현장 작업원이 이용한다.

33. 소음원으로부터 직접 오는 소음 거리가 2배로 증가함에 따라 소음은 약 얼마 정도 감소하는가? (09년 1회, 15년 1회)

① 2 dB ② 4 dB ③ 6 dB ④ 8 dB

34. 보전 효과 측정 방법에서 항목별 계산식이 틀린 것은? (11년 3회, 14년 1회, 15년 2회)

① 설비가동률 = $\frac{\text{부하시간}}{\text{가동시간}} \times 100$

② 고장빈도율 = $\frac{\text{고장건수}}{\text{부하시간}} \times 100$

③ 고장강도율 = $\frac{\text{고장정지시간}}{\text{부하시간}} \times 100$

④ 예방보전 수행률
$= \frac{\text{예방보전건수}}{\text{예방보전계획건수}} \times 100$

정답 27. ③ 28. ② 29. ② 30. ② 31. ① 32. ④ 33. ③ 34. ①

해설 설비가동률 $= \frac{\text{가동시간}}{\text{부하시간}} \times 100$

35. 설비 보전 표준의 종류가 아닌 것은?

① 개별 표준 ② 설비 성능 표준
③ 보전 작업 표준 ④ 시운전 검사 표준

해설 설비 보전 표준 : 설비 설계규격 표준, 설비 성능 표준, 설비 자재 구매규격 표준, 설비 자재 검수 표준, 시운전 검수 표준, 설비 보전 표준, 보전 작업 표준 등

36. 석유 제품의 산성 또는 알칼리성을 나타내는 것으로써 산화 조건하에서 사용되는 동안 기름 중에 일어난 변화를 알기 위한 척도로 사용되는 것은? (15년 3회)

① 점도 ② 중화가
③ 산화 안정도 ④ 혼화 안정도

해설 중화가(neutralization number) : 석유 제품의 산성 또는 알칼리성을 나타내는 것으로써 산화 조건하에서 사용되는 동안 기름 중에 일어난 변화를 알기 위한 척도로 사용된다(중화가란 산가와 알칼리성가의 총칭).

37. 설비 관리기능을 일반 관리기능, 기술기능, 실시기능 및 지원기능으로 분류할 때 일반 관리기능에 해당하지 않는 것은 어느 것인가? (09년 1회, 13년 2회)

① 보전 업무 분석 및 검사기준 개발
② 보전 정책 결정 및 보전 시스템 수립
③ 자산 관리와 연동된 설비 관리 시스템 수립
④ 보전 업무의 경제성 및 효율성 분석 측정 및 평가

해설 일반 관리기능
㉠ 보전 정책기능
㉡ 보전 조직과 시스템 수립
㉢ 보전 업무의 계획, 일정 계획 및 통제
㉣ 보전 요원의 교육 훈련 및 동기 부여
㉤ 보전 자재 관리 및 공구와 보전 설비의 대체 분석
㉥ 보전 업무를 위한 외주 관리
㉦ 공급망 관리(supply chain management)에서의 설비 역할 규명
㉧ 자산 관리와 연동된 설비 관리 시스템 수립
㉨ 예산 관리
㉩ 보전 전산화 계획 및 관리
㉪ 보전 업무의 경제성 및 효율성 분석 측정 및 평가
㉫ TPM에 대한 추진 및 지원

38. 최고 재고량을 일정량으로 정해 놓고, 사용할 때마다 사용량만큼 발주해서 언제든지 일정량을 유지하는 방식은? (08년 3회)

① 2궤법 방식
② 정량 발주 방식
③ 정기 발주 방식
④ 사용고 발주 방식

해설 사용고 발주 방식 : 발주량과 발주시기가 같이 변화하는 방식으로, 최고 재고량을 일정량으로 정해 놓고 사용할 때마다 사용량만큼을 발주해서 언제든지 일정량을 유지하는 방식이다. 정량 유지 방식, 정수형 또는 예비품 방식이라고도 한다.

39. 기계의 결함을 분석하기 위하여 사용되는 진동수의 단위는?

① g ② Hz
③ mm/s ④ micrion

40. 측정 반복성이 양호하고 사용 주파수의 영역이 넓으며 먼지, 습기, 온도의 영향이 적어 장기적 안정성이 좋은 진동 센서 설치 방법은? (08년 3회, 10년 1회, 14년 1회, 14년 3회)

① 손 고정 ② 밀랍 고정
③ 나사 고정 ④ 영구 자석 고정

해설 가속도 센서 부착 방법을 공진 주파수 영역이 넓은 순서로 나열하면 나사 > 에폭시 시멘트 > 밀랍 > 자석 > 손이다.

정답 35. ① 36. ② 37. ① 38. ④ 39. ② 40. ③

제 3 과목 공업 계측 및 전기 전자 제어

41. 도너(donor)와 억셉터(acceptor)의 설명 중 틀린 것은?

① 반도체 결정에서 Ge나 Si에 넣는 5가의 불순물을 도너라고 한다.
② N형 반도체의 불순물은 억셉터이고, P형 반도체의 불순물은 도너이다.
③ 반도체 결정에서 Ge나 Si에 넣는 3가의 불순물에는 In, Ga, B 등이 있다.
④ Ge나 Si에 도너 불순물을 넣어 결정하면 과잉 전자(excess electron)가 생긴다.

해설 N형 반도체에 혼입된 불순물을 도너, P형 반도체에 혼입된 불순물을 억셉터라 하며, 진성 반도체는 자유전자와 정공이 같은 수로 존재한다.

42. 그림은 접점에 의한 논리 회로를 표현한 것이다. 알맞은 논리 회로는? (11년 2회)

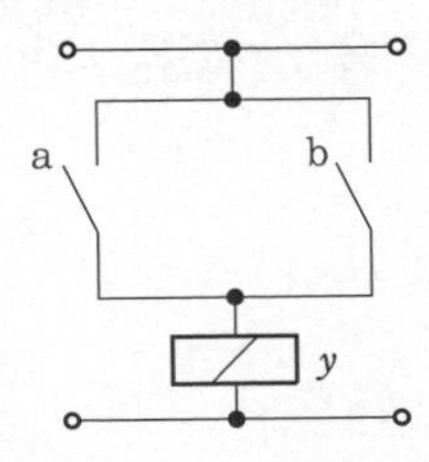

① OR 논리 회로 ② AND 논리 회로
③ NOT 논리 회로 ④ X-OR 논리 회로

43. 3상 유도 전동기의 Y-Δ 기동에 대한 설명 중 틀린 것은?

① 기동 시 선전류는 $\frac{1}{\sqrt{3}}$로 감소된다.
② 10~15 kW 정도의 전동기에 적합하다.
③ 기동 전류는 전부하 전류보다 매우 크다.
④ 기동 시는 고정자 권선을 Y결선하고 정상 운전 시 Δ결선하는 방법이다.

44. 어떤 제어계의 응답이 지수 함수적으로 증가하여 일정값이 되었다면, 이 제어계는 어떤 요소인가?

① 미분 요소 ② 부동작 요소
③ 1차 지연 요소 ④ 2차 지연 요소

해설 1차 지연 요소 응답이 나타나는 전달 요소

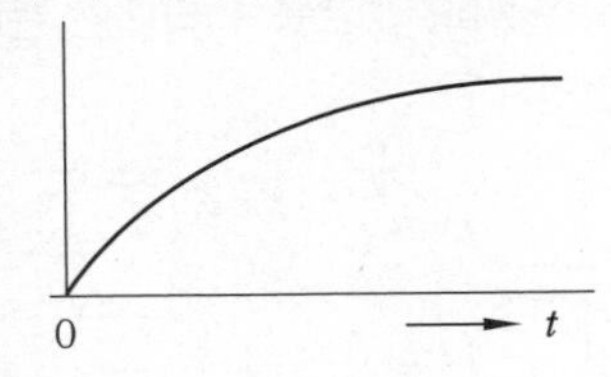

45. 콘덴서에 대한 설명으로 옳은 것은?

① 단위로는 F가 사용된다.
② 발열작용을 하므로 전구로도 사용된다.
③ 자기작용을 하므로 전자석으로 사용된다.
④ 직렬 연결은 가능하나 병렬 연결은 할 수 없다.

해설 콘덴서 : 전하를 축적할 목적으로 두 개의 도체 사이에 절연물 또는 유전체를 삽입한 것으로, 회로에 가해진 전기 에너지를 정전 에너지로 변환하여 축적하는 소자

46. 어떤 도체에 5A의 전류가 10분 동안 흐르면 이때 이동한 전기량은 몇 C인가? (14년 1회)

① 500 ② 1000
③ 2000 ④ 3000

47. 조작량의 일정한 값에 대응하여 제어 대상인 자산에 제어량이 일정한 값에 도달하는 성질을 무엇이라 하는가?

① 자기 평형성 ② 자동 평형성
③ 프로세스 제어 ④ 프로세스 특성

48. 다음 중 유접점 시퀀스 제어의 특징이 아닌 것은? (15년 1회)

① 개폐 부하의 용량이 크다.

정답 41. ② 42. ① 43. ① 44. ③ 45. ① 46. ④ 47. ① 48. ②

② 제어반의 외형과 설치 면적이 작아진다.
③ 온도 특성이 좋다.
④ 입출력이 분리된다.

해설 유접점 시퀀스 제어는 무접점 시퀀스 제어에 비해 제어반의 외형과 설치 면적이 크다.

49. 다음 중 NOR 회로를 나타내는 논리 기호는 어느 것인가? (15년 1회)

해설 ① NAND
② OR
③ AND

50. 국제단위계(SI)의 기본 단위가 아닌 것은?

① 길이 – 미터 ② 전류 – 암페어
③ 질량 – 킬로그램 ④ 면적 – 제곱미터

51. 물리적인 양을 전기적 신호로 변환하거나, 역으로 전기적 신호를 다른 물리적인 양으로 바꾸어주는 장치는? (14년 2회)

① 포지셔너 ② 오리피스
③ 트랜스듀서 ④ 액추에이터

해설 트랜스듀서(transducer) : 측정량에 대응하여 처리하기 쉬운 유용한 출력 신호를 주는 변환기(converter)

52. 다음의 회로도에서 입력 $A=0$, $B=1$일 때 출력 C, S로 옳은 것은? (단, C : 자리올림(carry), S : 합(sum)) (18년 1회, 19년 1회)

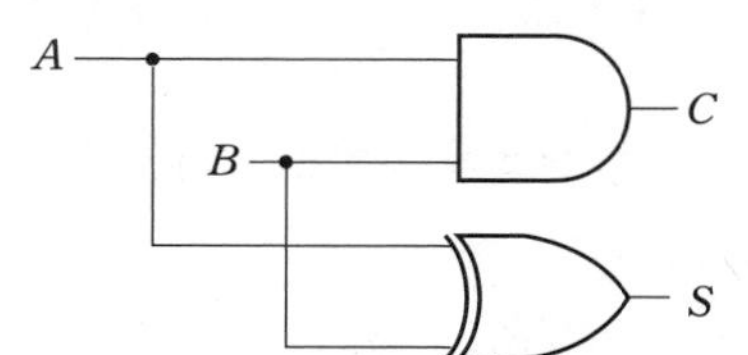

① $C=0$, $S=0$ ② $C=0$, $S=1$
③ $C=1$, $S=0$ ④ $C=1$, $S=1$

53. 다음 중 시퀀스 제어 회로에서 입력에 의해 작동 된 후 입력을 제거하여도 계속 작동되는 회로는? (14년 1회)

① 인터로크 회로 ② 타이머 회로
③ 자기 유지 회로 ④ 수동 복귀 회로

해설 자기 유지 회로(기억 회로, latching circuit) : 시간적으로 변화하지 않는 일정한 입력 신호를 단속 신호로 변환하는 회로로 변환 신호를 상태 신호로 변환하는 회로이다. 릴레이를 작동시키기 위한 전기 신호가 짧은 기간 동안만 존재하다가 없어지거나 또는 스위치를 작동하는 시간보다 오랫동안 릴레이를 동작시키기 위해 필요하며, ON 우선 회로와 OFF 우선 회로가 있다.

54. 와류식 유량계는 유량에 비례한 주파수에 의해 체적 유량을 측정할 수 있다. 안정한 와류를 발생시키는 조건은 무엇인가? (단, 이때 와류의 간격을 L, 와류 사이의 거리를 τ라 한다.) (14년 1회)

① $\frac{L}{\tau}=0.5$ ② $\frac{L}{\tau}=0.357$
③ $\frac{L}{\tau}=0.281$ ④ $\frac{L}{\tau}=0.194$

해설 와류식 유량계(vortex flow meter)는 측정 대상에 제한 없이 기체 · 액체 어느 것도 측정할 수 있으며, 유체의 조성 · 밀도 · 온도 · 압력 등의 영향을 받지 않고 유량에 비례한 주파수로서 체적 유량을 측정할 수 있다.

55. 전기자 도체의 전류는 전기자 도체가 브러시를 통과할 때마다 반대 방향으로 바뀐다. 이러한 전기자 권선의 교류 기전력을 직류 기전력으로 변환하는 것을 무엇이라 하는가?

① 정류 ② 교번
③ 점호 ④ 섬락

정답 49. ④ 50. ④ 51. ③ 52. ② 53. ③ 54. ③ 55. ①

56. P형 반도체의 다수 반송자(carrier)는?

① 전자 ② 정공
③ 중성자 ④ 억셉트

해설 p형 반도체 : 순수 실리콘에 알루미늄(Al), 붕소(B), 인듐(In), 갈륨(Ga)과 같은 3가의 불순물을 첨가한다. 첨가된 불순물의 3개의 가전자들은 인접한 실리콘 원자의 4개의 가전자들과 공유 결합을 이루지만 하나의 전자가 부족하여 전자를 받아들일 수 있는 빈 자리가 발생하는데, 이것을 정공이라 한다. 이러한 정공은 전기 전도도에 관계되며 (+)인 전기적 성질을 갖는다.

57. E_1 = 80 V인 전압과 E_1보다 위상이 90° 앞선 E_2 = 60 V인 전압의 합성전압 E_0[V]는 얼마인가?

① 100 ② 110 ③ 120 ④ 140

58. 제베크 효과(Seebeck effect)를 이용한 온도계는?

① 2색 온도계 ② 열전 온도계
③ 저항 온도계 ④ 방사 온도계

해설 제베크 효과(seebeck effect)를 이용하여 온도를 측정하기 위한 소자가 열전대이며, 한쪽 접점의 온도를 알면 다른 접점의 온도는 열기전력을 측정하면 알 수 있다. 기준 측의 접점을 기준 접점(냉접점), 측온 측의 접점을 측온 접점(온접점)이라 한다.

59. 제어 요소의 동작 중 연속 동작이 아닌 것은? (05년 1회, 15년 2회)

① 미분 동작
② on-off 동작
③ 비례 미분 동작
④ 비례 적분 동작

해설 액위 제어에도 on-off 제어와 연속 제어가 있다.

60. 면적식 유량계의 설치 요령 설명 중 틀린 것은? (16년 2회)

① 수직으로 설치한다.
② 하류 측에는 반드시 역지 밸브를 설치한다.
③ 가로, 세로 방향으로 응력이 걸리도록 한다.
④ 유체의 유입 방향은 반드시 하부에서 상부 방향으로 한다.

해설 면적식 유량계의 설치 요령
㉠ 수직으로 설치한다.
㉡ 하류 측에는 역지 밸브를 설치한다.
㉢ 가로, 세로 응력이 걸리지 않도록 한다.
㉣ 유체의 유입 방향은 반드시 하부에서 상부 방향으로 한다.
㉤ 유량계 분리가 용이하도록 플랜지를 설치한다.

제 4 과목 기계 정비 일반

61. 아주 높은 온도를 유지하는 장치의 실(seal)로 사용되고 다른 실에 비해 유밀 기능이 떨어지므로 와이퍼(wiper)형 실로 많이 사용되는 것은? (15년 3회)

① 금속 실(metallic seal)
② 플랜지 실(flange seal)
③ 스프링 실(spring seal)
④ 기계적 실(mechanical seal)

해설 금속 실은 유밀에 약해 주로 와이퍼 실로 사용된다.

62. 배관용 파이프에 나사를 가공하기 위하여 사용하는 공구는? (16년 1회)

① 오스터(oster)
② 파이프 벤더(pipe bender)

2019

정답 56. ② 57. ① 58. ② 59. ② 60. ③ 61. ① 62. ①

③ 파이프 렌치(pipe wrench)
④ 플레어링 툴 셋(flaring tool set)

63. 100 m 높이에 유량 240 L/min으로 물을 보내고자 할 때 사용되는 펌프의 필요 동력은 약 몇 kW인가? (단, 물의 비중량은 1000 kgf/m³ 이다.) (06년 3회)

① 1.8 ② 3.9 ③ 4.8 ④ 7.6

해설 $L_w = \frac{\gamma QH}{102} = \frac{1000 \times \frac{240}{1000 \times 60} \times 100}{102}$
$\fallingdotseq 3.92\text{ kW}$

64. 버니어 캘리퍼스의 용도로 적합하지 않은 것은? (13년 1회)

① 물체의 길이 측정
② 구멍의 안지름 측정
③ 구멍의 깊이 측정
④ 나사의 유효지름 측정

해설 나사의 유효지름은 나사 마이크로미터, 삼침법, 공구현미경 등으로 측정한다.

65. 일반적인 주철관의 특징으로 틀린 것은?

① 가격이 고가이다.
② 내식성이 우수하다.
③ 내구성이 우수하다.
④ 수도, 가스 등의 배설관으로 사용한다.

66. 두 물체 사이의 거리를 일정하게 유지시키면서 결합하는 데 사용되는 볼트는?

① 스터드 볼트(stud bolt)
② 스테이 볼트(stay bolt)
③ 리머 볼트(reamer bolt)
④ 관통 볼트(through bolt)

67. 다음 중 펌프를 원리 구조에 따라 분류할 때 용적형 회전 펌프의 종류에 해당되지 않는 것은? (10년 3회)

① 기어 펌프 ② 나사 펌프
③ 편심 펌프 ④ 프로펠러 펌프

해설 비용적식 펌프 : 임펠러의 회전에 의한 반작용에 의하여 유체에 운동 에너지를 주고 이를 압력 에너지로 변환시키는 것으로, 토출되는 유체의 흐름 방향에 따라 원심형과 축류형 및 혼류형이 있는 프로펠러형으로 구분된다.

68. 수격 현상에 의해 발생되는 피해 현상이 아닌 것은? (12년 1회, 14년 3회)

① 압력 강하에 따른 관로 파손 발생
② 펌프 및 원동기의 역회전 과속에 따른 사고 발생
③ 수격 현상 상승압에 따라 펌프, 밸브, 관로 등의 파손 발생
④ 관로의 압력 상승에 의한 수주 분리로 낮은 충격압 발생

해설 수격 현상으로 높은 충격압이 발생된다.

69. 다음 중 공동 현상의 방지 대책이 아닌 것은? (11년 2회)

① 펌프 회전수를 낮게 한다.
② 양흡입형 펌프를 사용한다.
③ 펌프의 설치 위치를 높게 한다.
④ 임펠러의 재질을 침식에 강한 것으로 택한다.

해설 캐비테이션의 방지책 중 하나가 펌프의 설치 위치를 되도록 낮게 하고 흡입 양정을 작게 하는 것이다.

70. 일반적인 기계 분해 작업 시 주의 사항으로 틀린 것은?

① 부착물 등을 파악하고 확인한다.

정답 63. ② 64. ④ 65. ① 66. ② 67. ④ 68. ④ 69. ③ 70. ④

② 분해 중 이상이 없는지 점검한다.
③ 표면이 손상되지 않도록 주의한다.
④ 볼트와 너트를 조일 때는 균일하게 조인다.

해설 기계 분해 작업에서는 볼트와 너트를 조이는 것이 아니고 푸는 것이다.

71. 한쪽 또는 양쪽의 기울기를 갖는 평판 모양의 쐐기로 인장력이나 압축력을 받는 2개의 축을 연결하는 결합용 기계요소는?

① 키 ② 핀
③ 코터 ④ 리벳

72. 펌프를 중심으로 하여 흡입 수면으로부터 송출 수면까지의 수직 높이를 무엇이라 하는가? (07년 3회, 10년 3회)

① 전양정 ② 실양정
③ 흡입 양정 ④ 토출 양정

73. 벨트 풀리와 벨트 사이의 접촉면에 치형의 돌기가 있어 미끄럼을 방지하고 맞물려 전동할 수 있는 벨트는? (12년 3회)

① 평벨트 ② V 벨트
③ 타이밍 벨트 ④ 체인 벨트

해설 타이밍 벨트는 풀리와 벨트에 기어형의 돌기가 있어 미끄럼 없이 동력을 전달할 수 있다.

74. 압축기 플레이트 교환에 관한 내용으로 틀린 것은?

① 두께가 0.3 mm 이상 마모되면 교체한다.
② 마모된 플레이트는 뒤집어서 재사용한다.
③ 교환 시간이 되면 사용한계의 기준치 내에서도 교환한다.
④ 마모 한계에 달하였을 때는 파손되지 않아도 교환한다.

해설 밸브 플레이트
㉠ 마모 한계에 달하였을 때는 파손되지 않았어도 교환한다.
㉡ 교환시간이 되었으면 사용한계의 기준치 이내라 할지라도 교환한다.
㉢ 마모된 플레이트는 뒤집어 사용해서는 안 된다(두께가 0.3 mm 이상 마모 되면 교체한다).

75. 전동기의 고장 현상과 원인의 연결이 틀린 것은? (16년 1회)

① 기동 불능 – 공진
② 과열 – 과부하 운전
③ 진동 – 베어링 손상
④ 절연 불량 – 코일 절연물의 열화

해설 공진은 운전 중에 발생된다.

76. 송풍기(blower)의 중심 맞추기(centering)에 일반적으로 사용되는 측정기는? (12년 1회)

① 센터 게이지
② 게이지 블록
③ 높이 게이지
④ 다이얼 게이지

해설 다이얼 게이지 : 랙과 기어의 운동을 이용하여 작은 길이를 확대하여 표시하게 된 비교 측정기

77. 일반적인 펌프 성능 곡선에 나타나지 않는 내용은? (14년 1회)

① 효율 ② 비교 회전도
③ 축 동력 ④ 전양정

해설 펌프 성능 곡선(performance curve 또는 characteristic curve) : 펌프 제작사가 구매자에게 펌프 성능을 알려주는 방법 중의 하나이며, 펌프의 규정 회전수에서의 유량, 전양정, 효율, 축 동력, 필요 흡입 수두와의 관계를 나타낸 것이다.

정답 71. ③ 72. ② 73. ③ 74. ② 75. ① 76. ④ 77. ②

78. M22 볼트를 스패너로 체결할 경우 가장 적절한 죔 방법은?

① 팔꿈치의 힘으로 돌린다.
② 손목의 힘만 사용하여 돌린다.
③ 팔의 힘을 충분히 벌리고 체중을 써서 돌린다.
④ 발을 충분히 벌리고 체중을 실어서 돌린다.

79. 볼트, 너트의 풀림을 방지하기 위해 사용하는 방법으로 틀린 것은?

① 캡 너트에 의한 방법
② 로크 너트에 의한 방법
③ 자동 죔 너트에 의한 방법
④ 분할 핀 고정에 의한 방법

해설 캡 너트 : 유밀 방지용이다.

80. 송풍기 운전 중 점검 사항이 아닌 것은?

① 베어링의 온도
② 베어링의 진동
③ 임펠러의 부식 여부
④ 윤활유의 적정 여부

해설 임펠러의 부식 여부는 정지 중 점검 사항이다.

정답 78. ④ 79. ① 80. ③

❖ 2019년 4월 27일 시행

자격종목 및 등급(선택분야)	종목코드	시험시간	문제지형별	수검번호	성 명
기계정비산업기사	2035	2시간	A		

제 1 과목 공유압 및 자동화 시스템

1. 유압 실린더를 선정함에 있어서 유의할 사항이 아닌 것은?

① 행정길이 ② 설치형식
③ 실린더 색상 ④ 튜브의 안지름

2. 다음 중 공압 모터의 특징으로 틀린 것은 어느 것인가? (10년 2회, 15년 1회)

① 배기소음이 크다.
② 모터 자체의 발열이 적다.
③ 에너지 변환 효율이 높으며 제어성이 좋다.
④ 폭발의 위험성이 있는 환경에서도 안전하다.

해설 공압 모터는 에너지 변환 효율이 낮고 배출음이 큰 단점이 있다.

3. 점성계수의 단위로 옳은 것은?

① kgf・m ② kgf/cm^2
③ $kgf・s/m^2$ ④ $kgf/s・m^4$

4. 4포트 3위치 방향 제어 밸브 중 탠덤 센터형에 대한 설명이 아닌 것은?

① 펌프를 무부하시킬 수 있다.
② 센터 바이패스형이라고도 한다.
③ 실린더를 임의의 위치에서 정지시킬 수 있다.
④ 중립 위치에서 액추에이터 배관에 압력이 걸리지 않는다.

해설 탠덤 센터형 : 중립 위치에서 펌프와 탱크 사이 배관에는 압력이 걸리지 않고, 액추에이터에는 압력이 걸린다.

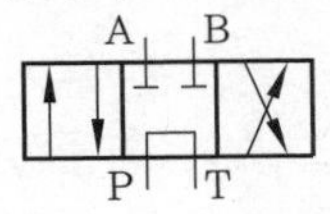

5. 다음 그림과 같은 구조의 밸브 명칭은?

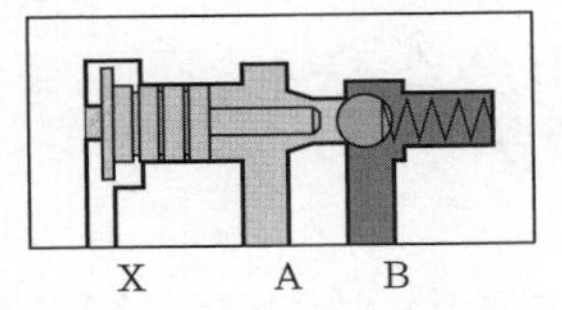

① 셔틀 밸브
② 릴리프 밸브
③ 파일럿 조작 체크 밸브
④ 압력 보상형 유량 조정 밸브

해설 파일럿 조작 체크 밸브(pilot operated check valve) : 파일럿으로서 작용되는 유체 압력에 의해 그 기능을 변화시키는 것이 가능한 체크 밸브

6. 유체의 관로 중 짧은 줄인 기구로 면적을 줄인 길이가 단면 치수에 비하여 비교적 짧은 것은? (16년 3회)

① 초크 ② 벤추리
③ 피토관 ④ 오리피스

해설 오리피스는 관의 길이가 짧은 교축이며, 다이어프램은 격막, 벤투리는 윤활기에서 사용된다.

7. 공압 회로에서 얻어지는 압력보다 큰 압력이

정답 1. ③ 2. ③ 3. ③ 4. ④ 5. ③ 6. ④ 7. ①

필요할 때 사용하는 것은?

① 증압기
② 공기 배리어
③ 어큐뮬레이터
④ 하이드롤릭 체크유닛

해설 증압기는 보통의 공압 회로에서 얻을 수 없는 고압을 발생시키는 데 사용하는 기기이다.

8. 유압 펌프 운전 시 점검 사항에 대한 설명으로 틀린 것은?

① 작동유의 온도는 유온계로 점검한다.
② 오일탱크 속에 이물질이 있는지 확인한다.
③ 유면계를 이용하여 작동유의 점도를 점검한다.
④ 배관의 연결부가 완전히 연결되었는지 확인한다.

9. 다음 회로에서 실린더의 속도 제어 방식은 무엇인가?

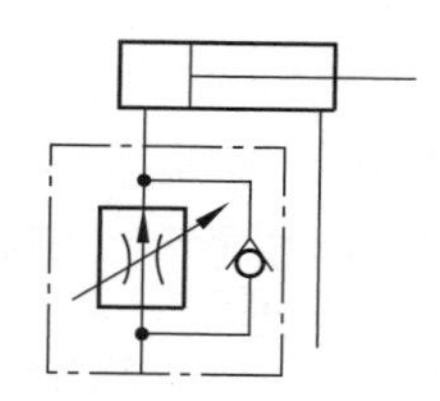

① 블리드 오프 방식
② 파일럿 오프 방식
③ 전진 시 미터 인 방식
④ 후진 시 미터 아웃 방식

10. 다음 공·유압 기호의 명칭은?

① 공압 펌프　　② 유압 펌프
③ 유압 모터　　④ 요동 모터

11. 로드 커버와 피스톤에 연결되어 피스톤 출력 및 변위를 외부에 전달하는 공압 실린더의 구성 요소는?

① 로드 부싱　　② 타이 로드
③ 실린더 튜브　　④ 피스톤 로드

12. 수요 변화에 따른 다양한 제품의 생산에 유연하게 대처하고 높은 생산성 요구에 대응하는 생산 시스템을 의미하는 용어는?

① FMS　　② FTL
③ LCA　　④ MRP

13. 다음 중 능동 센서가 아닌 것은?

① 서미스터　　② 측온 저항체
③ 포토 다이오드　　④ 스트레인 게이지

14. 열전대에 사용하는 열전쌍의 조합이 틀린 것은?

① 구리 – 백금　　② 철 – 콘스탄탄
③ 크로멜 – 알루멜　　④ 크로멜 – 콘스탄탄

해설 열전쌍의 조합 : 구리–콘스탄탄, 철–콘스탄탄, 크로멜–콘스탄탄, 크로멜–알루멜

15. 다음 블리드 오프 방식의 회로에서 점선 안에 들어갈 기호로 적절한 것은?

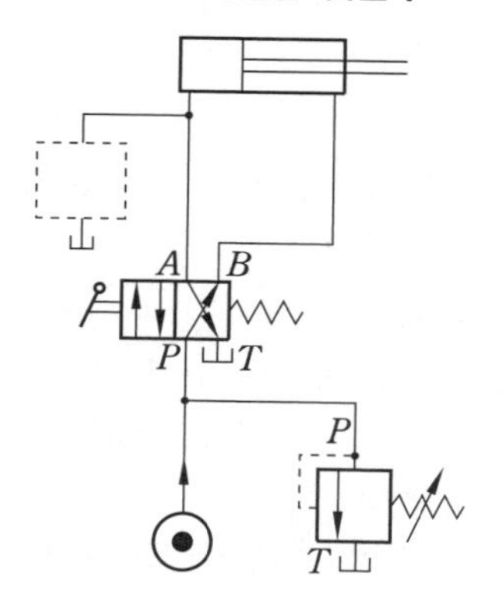

정답 8. ③ 9. ③ 10. ② 11. ④ 12. ① 13. ③ 14. ① 15. ④

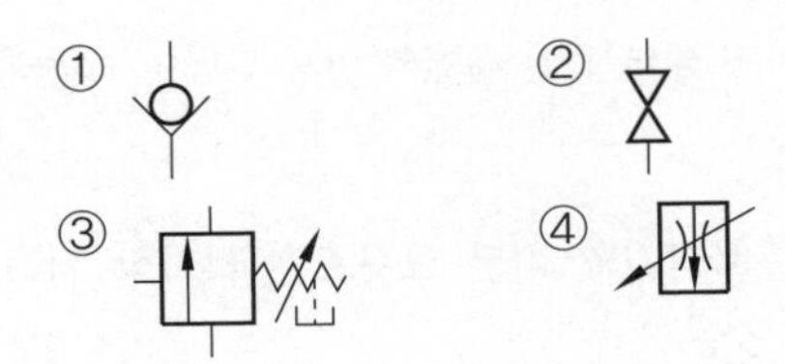

16. 다음 기능 다이어그램(function diagram)과 동작이 같은 것은?

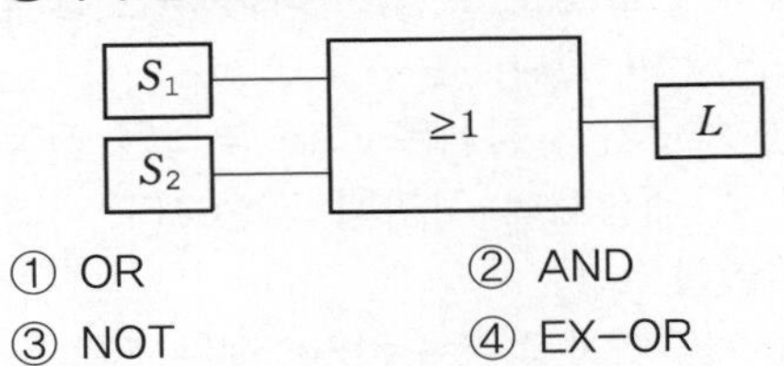

① OR ② AND
③ NOT ④ EX-OR

17. 선형 스텝 모터 구성요소가 아닌 것은?

① 스핀들 ② 인덕터
③ 고정자 코일 ④ 회전자(영구자석)

해설 인덕터(inductor) : 전류의 변화량에 비례해 전압을 유도하는 코일로 전자기 유도현상을 이용하여 전류의 시간에 따른 변화로 유도기전력을 형성할 수 있게 고안된 장치

18. 유량 제어 밸브가 아닌 것은?

① 스로틀 밸브 ② 시퀀스 밸브
③ 급속 배기 밸브 ④ 속도 제어 밸브

해설 시퀀스 밸브 : 압력 제어 밸브의 한 종류

19. 폐회로 자동 제어 시스템의 특징으로 옳은 것은?

① 외란 변수의 변화가 적다.
② 작은 에너지로 큰 에너지를 조절한다.
③ 외란 변수에 의한 영향을 제어할 수 없다.
④ 출력신호의 일부가 시스템에 보내져 오차를 수정하는 피드백 통로가 있다.

20. 설비의 효율화에 나쁜 영향을 미치는 로스(loss) 중 속도 로스에 속하는 것은?

① 고장 정지 로스
② 작업준비/조정 로스
③ 공전/순간정지 로스
④ 초기 유동관리/수율 로스

해설 속도 로스 : 공전/순간정지 로스, 속도저하 로스

제 2 과목 설비 진단 및 관리

21. 최소의 비용으로 최대의 설비효율을 얻기 위하여 고장분석을 실시한다. 고장분석을 행하는 이유가 아닌 것은? (07년 3회, 10년 1회)

① 설비의 고장을 없애고 신뢰성을 향상시키기 위하여
② 설비의 가동시간을 늘리고 열화고장을 방지하기 위하여
③ 설비의 보수비용을 늘려 경제성을 향상시키기 위하여
④ 설비의 고장에 의한 휴지시간을 단축시켜 보전성을 향상시키기 위하여

22. 다음 중 윤활유의 작용으로 틀린 것은?

① 감마 작용 ② 방청 작용
③ 냉각 작용 ④ 마찰 작용

23. 보전비를 들여 설비를 만족한 상태로 유지해 막을 수 있는 생산상의 손실을 무엇이라고 하는가? (16년 1회)

① 단위 원가 ② 열화 원가
③ 기회 원가 ④ 수리한계 원가

24. 롤링 베어링에서 발생하는 진동의 종류에 해당되지 않는 것은? (09년 2회)

① 신품의 베어링에 의한 진동
② 다듬면의 굴곡에 의한 진동

정답 16. ① 17. ② 18. ② 19. ④ 20. ③ 21. ③ 22. ④ 23. ③ 24. ①

③ 베어링 구조에 기인하는 진동
④ 베어링의 비선형성에 의해 발생하는 진동

25. **제품의 종류가 많고 수량이 적으며, 주문생산과 표준화가 곤란한 다품종 소량생산일 경우에 알맞은 설비 배치형태는?**

① 공정별 배치
② 제품별 배치
③ 라인별 배치
④ 제품 고정형 배치

26. **윤활유를 선정할 때 가장 기본적으로 검토해야 할 사항은?** (06년 1회, 14년 3회)

① 적정 점도 ② 운전 속도
③ 다양한 유종 ④ 관리 방법

27. **설비의 효율화를 저해하는 가장 큰 로스(loss)는?** (08년 3회, 13년 3회, 16년 3회)

① 고장 로스 ② 조정 로스
③ 일시정체 로스 ④ 초기 수율 로스

28. **다음 중 설비 진단기술을 도입할 때 나타나는 일반적인 효과와 관련이 가장 적은 것은?** (11년 1회, 16년 2회)

① 경향관리를 통하여 설비의 수명 예측이 가능하다.
② 열화가 심한 설비에 효과적이며 오감에 의한 진단이 일반적이다.
③ 중요 설비, 부위를 상시 감시함에 따라 돌발사고를 미연에 방지할 수 있다.
④ 점검원이 경험적인 기능과 진단기기를 사용하면 보다 정량화할 수 있으므로 쉽게 이상 측정이 가능하다.

해설 점검원이 경험적인 기능과 진단기기를 사용하면 보다 정량화할 수 있어 누구라도 능숙하게 되면 동일 레벨의 이상 판단이 가능해진다.

29. **진동 차단기의 기본 요구조건과 가장 거리가 먼 것은?** (12년 2회)

① 온도, 습도, 화학적 변화 등에 견딜 수 있어야 한다.
② 강성을 충분히 크게 하여 차단 능력이 있어야 한다.
③ 차단기의 강성은 그에 부착된 진동보호 대상체의 구조적 강성보다 작아야 한다.
④ 차단기의 강성은 차단하려는 진동의 최저 주파수보다 작은 고유진동수를 가져야 한다.

해설 강성은 충분히 작아서 차단 능력이 있어야 한다.

30. **다음 설비 진단기법 중 응력법에 해당하지 않는 것은?**

① SOAP ② 응력 측정
③ 응력분포 해석 ④ 피로수명 예측

해설 SOAP법은 시료유를 채취하여 연소시킨 뒤 그때 생기는 금속 성분 특유의 발광 또는 흡광 현상을 분석하는 것이다.

31. **다음 중 음파가 한 매질에서 타 매질로 통과할 때 구부러지는 현상을 무엇이라 하는가?** (10년 1회, 13년 3회, 18년 1회)

① 파면 ② 음선
③ 음의 굴절 ④ 음의 회절

해설 음이 다른 매질을 통과할 때 구부러지는 현상은 음의 굴절이다.

32. **소음원으로부터 거리를 2배 증가시키면 음압도(dB)는 어떻게 변하는가?** (09년 1회, 15년 1회)

① 2배 증가한다. ② $\frac{1}{2}$로 감소한다.

정답 25. ① 26. ① 27. ① 28. ② 29. ② 30. ① 31. ③ 32. ④

③ 6 dB 증가한다. ④ 6 dB 감소한다.

33. 설비의 신뢰성 향상을 위한 대책으로 틀린 것은?

① 예방 보전의 철저
② 예지기술의 향상
③ 폐기품 관리기준의 설정 개정
④ 윤활관리, 급유기준의 설비 개정

34. 고속 고하중 기어 이면의 유막이 파단되면 국부적인 금속 접촉마찰에 의한 용융으로 뜯겨나가는 현상이 발생되는데, 이러한 기어의 이면 손상은?

① 리징(ridging)
② 긁힘(scratching)
③ 스코어링(scoring)
④ 정상 마모(normal wear)

해설 스코어링은 급유량 부족, 윤활유 점도 부족, 내압 성능 부족일 때 발생한다.

35. 다음 중 설비의 유효가동률을 나타낸 것은? (09년 3회, 11년 2회)

① 설비 유효가동률 = $\frac{\text{시간가동률}}{\text{속도가동률}}$
② 설비 유효가동률 = 시간가동률×속도가동률
③ 설비 유효가동률 = 시간가동률+속도가동률
④ 설비 유효가동률 = 시간가동률−속도가동률

36. 계획공사의 견적 공수와 현 보유 표준능력을 비교하여 이월량이 거의 일정하게 되도록 공사요구 접수 조정, 예비공사 중간 차입, 외주 발주량 조정 등을 하는 것은?

① 일정계획 ② 휴지공사
③ 진도관리 ④ 여력관리

37. 설비 효율을 저하시키는 손실 계산에 대한 설명으로 옳은 것은?

① 실질가동률은 부하시간에 대한 가동시간의 비율이다.
② 성능가동률은 속도가동률에 대한 시간가동률을 곱한 수치이다.
③ 시간가동률은 단위시간당 일정속도로 가동하고 있는 비율이다.
④ 속도가동률은 설비가 본래 갖고 있는 능력에 대한 실제 속도의 비율이다.

38. 다음 중 설비 보전요원이 제조 부분의 감독자 밑에 배치되어 보전을 행하는 설비 보전 방식은? (10년 3회)

① 절충 보전 ② 지역 보전
③ 부분 보전 ④ 집중 보전

39. 다음 상황은 그림과 같은 그래프에서 어느 구역의 고장기에 해당하는가? (16년 1회)

펌프를 사용하던 중 축봉부의 누설로 인해 목표한 양정이 되지 않음을 발견하여 메커니컬 실을 교체 후 계속 정상 가동하였다.

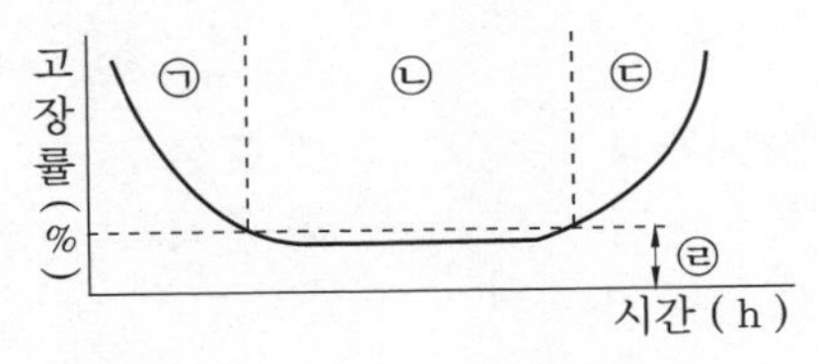

① ㉠ 구역 ② ㉡ 구역
③ ㉢ 구역 ④ ㉣ 구역

40. 2대의 기계가 각각 90 dB의 소음을 발생시킨다면 2대가 동시에 동작할 때의 소음도는 얼마인가? (14년 1회)

① 90 dB ② 93 dB

정답 33. ③ 34. ③ 35. ② 36. ④ 37. ④ 38. ③ 39. ② 40. ②

③ 135 dB ④ 180 dB

해설 같은 소음도를 발생하는 기계가 동시에 동작되면 소음도가 3 dB 증가한다.

제 3 과목 공업 계측 및 전기 전자 제어

41. 전기 회로에서 일어나는 과도현상은 그 회로의 시정수와 관계가 있다. 과도현상과 시정수의 관계를 바르게 표현한 것은? (09년 2회)

① 시정수는 과도현상의 지속시간에는 상관되지 않는다.
② 시정수가 클수록 과도현상은 빨라진다.
③ 회로의 시정수가 클수록 과도현상은 오래 지속된다.
④ 시정수의 역이 클수록 과도현상은 천천히 사라진다.

42. 다음 중 트랜지스터의 접지방식이 아닌 것은?

① 케이트 접지 ② 이미터 접지
③ 베이스 접지 ④ 컬렉터 접지

43. 다음 중 제어 밸브가 속하는 곳은 어디인가? (06년 3회, 09년 3회, 13년 2회)

① 변환기 ② 조절기
③ 설정기 ④ 조작기

44. 자기장의 에너지를 이용하여 검출 헤드에 접근하는 금속체를 기계적으로 접촉시키지 않고 검출하는 스위치는? (10년 3회)

① 근접 스위치
② 플로트레스 스위치
③ 광전 스위치
④ 리밋 스위치

45. 다음 중 국제단위계(SI)에서 기본 단위로 옳은 것은?

① 길이, 질량, 시간, 전압, 열역학적 온도, 물질량, 광속
② 길이, 질량, 시간, 전류, 열역학적 온도, 물질량, 광도
③ 길이, 질량, 시간, 저항, 열역학적 온도, 물질량, 광도
④ 길이, 질량, 시간, 전압, 열역학적 온도, 물질량, 광도

46. 2개의 입력을 가지는 경우 두 입력이 서로 다를 때는 출력이 "1"이 되고 같을 때는 출력이 "0"이 되는 배타적 OR 회로의 논리식은?

① $Y = A \cdot B$ ② $Y = A + B$
③ $Y = A \oplus B$ ④ $Y = A \odot B$

47. 3상 유도 전동기의 회전속도 제어와 관계없는 요소는?

① 전압 ② 극수
③ 슬립 ④ 주파수

48. 다음의 진리표가 나타내는 논리게이트는 무엇인가? (12년 3회, 17년 3회)

입 력		출 력
A	B	Y
0	0	1
0	1	0
1	0	0
1	1	0

① AND ② OR
③ NAND ④ NOR

해설 입력 신호가 모두 없을 때 출력이 있는 것은 NOR 회로이다.

정답 41. ③ 42. ① 43. ④ 44. ① 45. ② 46. ③ 47. ① 48. ④

49. 프로세서 제어의 제어량으로 틀린 것은?

① 속도 ② 온도
③ 유량 ④ 압력

50. P형 불순물 반도체의 불순물로 사용할 수 있는 것은?

① 인(P) ② 비소(As)
③ 갈륨(Ga) ④ 안티몬(Sb)

해설 P형 반도체의 불순물 : 인듐(In), 갈륨(Ga), 알루미늄(Al)

51. 소비전력 100 kW, 역률 0.8인 부하의 피상전력(kVA)은?

① 75 ② 80
③ 100 ④ 125

52. 다음 압력계의 종류 중 탄성식 압력계는 무엇인가? (06년 3회, 09년 2회, 15년 2회)

① 단관식 압력계
② 침종식 압력계
③ 저항선식 압력계
④ 벨로스식 압력계

해설 탄성 압력계 : 다이어프램식 압력계, 벨로스식 압력계, 부르동관식 압력계

53. 100 μF의 콘덴서에 200 V, 60 Hz의 교류 전압을 가할 때 용량성 리액턴스(Ω)는?

① 30.52 ② 26.53
③ 24.63 ④ 30.42

54. $R_1 = 10\ \Omega$, $R_2 = 20\ \Omega$의 저항이 병렬로 연결된 회로에 전압을 인가하면 전체 전류가 6 A이다. 저항 R_2에 흐르는 전류(A)는?

① 1 ② 2
③ 3 ④ 4

55. 차동 증폭기의 동상신호 제거비에 대한 설명으로 틀린 것은?

① 증폭기의 잡음을 제거하는 능력을 말한다.
② 차동신호 이득은 크고 동상신호 이득은 가능한 작아야 좋다.
③ CMRR(common-mode rejection ratio)로 표현된다.
④ 동상 입력 시 출력 전압은 2배가 된다.

56. 그림의 시퀀스 회로를 논리식으로 나타내면?

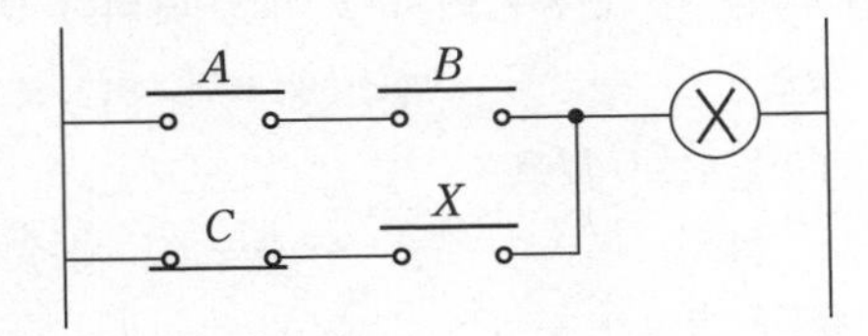

① $X = AB + \overline{C}X$
② $X = AB + CX$
③ $X = \overline{A}B + \overline{C}X$
④ $X = \overline{AB} + C\overline{X}$

57. 온도가 변화함에 따라 저항값이 변화하는 특성을 이용하여 온도를 검출하는 데 사용하는 반도체는? (14년 2회, 17년 1회)

① 발광 다이오드
② 황화 카드뮴(CdS)
③ 배리스터(varistor)
④ 서미스터(thermistor)

해설 서미스터(thermistor) : 온도 변화에 의해서 소자의 전기 저항이 크게 변화하는 표적 반도체 감온 소자로 열에 민감한 저항체(thermal sensitive resistor)이다.

58. 다음 중 직류 전동기의 속도 제어법이 아닌 것은? (14년 1회, 16년 1회)

① 저항 제어 ② 극수 제어
③ 계자 제어 ④ 전압 제어

2019

정답 49. ① 50. ③ 51. ④ 52. ④ 53. ② 54. ② 55. ④ 56. ① 57. ④ 58. ②

59. 잔류 편차가 발생하는 제어계는? (07년 1회)

① 비례 제어계
② 적분 제어계
③ 비례 적분 제어계
④ 비례 적분 미분 제어계

해설 비례 제어계 : 조절계의 출력값은 제어 편차에 대응하여 특정한 값을 취하므로 편차 0일 때의 출력값에 상당하는 조작량에 의해 제어량이 목표값에 일치되지 않는 한 잔류 편차가 발생한다.

60. 다음 중 변환기에서 노이즈 대책이 아닌 것은? (06년 3회, 11년 2회, 15년 3회)

① 실드의 사용 ② 비접지
③ 접지 ④ 필터의 사용

해설 접지가 노이즈 대책이다.

제 4 과목 기계 정비 일반

61. 열박음을 하기 위해 베어링을 가열 유조에 넣고 가열할 때 적당한 온도는? (09년 2회)

① 40℃ 정도 ② 100℃ 정도
③ 150℃ 정도 ④ 190℃ 정도

62. 송풍기(blower)는 일반적으로 사용 공기압력이 몇 kgf/cm^2인가? (07년 3회, 08년 1회)

① 0.01 이하 ② 0.1~1.0
③ 2.0~10 ④ 20 이상

해설 압력에 의한 분류

구 분	압 력		기압(atm) (표준)
	mAq(수두)	kgf/cm^2	
통풍기	1 이하	0.1 이하	0.1
송풍기	1~10	0.1~1.0	0.1~1.0
압축기	10 이상	1.0 이상	1.0 이상

63. 다음 중 액상 개스킷의 사용법 중 잘못된 것은?

① 얇고 균일하게 칠한다.
② 바른 직후에 접합해서는 안 된다.
③ 접합면에 수분 등 오물을 제거한다.
④ 사용온도 범위는 대체로 40~400℃이다.

해설 액상 개스킷은 바른 직후에 접합한다.

64. 다음 중 시로코 통풍기의 베인 방향으로 옳은 것은? (11년 3회, 14년 3회)

① 경향 베인 ② 수직 베인
③ 전향 베인 ④ 후향 베인

해설 시로코 통풍기(sirocco fan)

베인 방향	압력 (mmHg)	특 징
전향 베인	15~200	풍량 변화에 풍압 변화가 적으며, 풍량이 증가하면 동력이 증가한다.

65. 무동력 펌프라고도 하며, 비교적 저낙차의 물을 긴 관으로 이끌어 그 관성 작용을 이용해 높은 곳으로 수송하는 양수기는? (15년 3회)

① 마찰 펌프 ② 분류 펌프
③ 기포 펌프 ④ 수격 펌프

66. 수도, 가스, 배수관 등에 사용하는 주철관이 강관에 비하여 우수한 점은? (11년 1회, 14년 1회)

① 충격에 강하고 수명이 길다.
② 내약품성, 열전도성, 용접성이 좋다.
③ 비중이 작고 높은 내압에 잘 견딘다.
④ 내식성이 우수하고 가격이 저렴하다.

67. 어떤 볼트를 조이기 위해 50 kgf · cm 정도의 토크가 적당하다고 할 때 길이 10 cm의 스패너를 사용한다면 가해야 하는 힘은 약 얼마 정도가 적정한가? (15년 2회)

정답 59. ① 60. ② 61. ② 62. ② 63. ② 64. ③ 65. ④ 66. ④ 67. ①

① 5 kgf ② 10 kgf
③ 50 kgf ④ 100 kgf

해설 $T=FL$

$\therefore F=\frac{T}{L}=\frac{50}{10}=5\,\text{kgf}$

68. 기어 감속기 중 평행 축형 감속기의 종류가 아닌 것은? (14년 1회, 15년 3회)

① 웜 기어 감속기
② 스퍼 기어 감속기
③ 헬리컬 기어 감속기
④ 더블 헬리컬 기어 감속기

해설 웜 기어 감속기는 엇물림 축형 감속기이다.

69. 관의 지름이 비교적 크고, 내압이 비교적 높은 경우에 사용되며, 분해 조립이 편리한 관이음은? (09년 2회, 11년 2회, 15년 3회)

① 나사 이음 ② 용접 이음
③ 플랜지 이음 ④ 턱걸이 이음

해설 플랜지 이음
㉠ 부어 내기 플랜지 : 주철관과 일체된 플랜지를 주물로 부어 내서 만드는 것이다.
㉡ 나사형 플랜지 : 관용 나사로 플랜지를 강관에 고정하는 것이며, 지름 200 mm 이하의 저압 저온 증기나 약간의 고압 수관에 쓰인다.
㉢ 용접 플랜지 : 용접에 의해 플랜지를 관에 부착하는 방법으로 맞대기 용접식, 꽂아 넣기 용접식 등이 있다.
㉣ 유합 플랜지 : 강관, 동관, 황동관 등 끝 부분의 넓은 부분을 플랜지로 죄는 방법이다.

70. 감압 밸브에 관한 설명으로 옳은 것은?

① 밸브의 양면에 작용하는 온도 차에 의해 자동적으로 작동한다.
② 피스톤의 왕복운동에 의한 유체의 역류를 자동적으로 방지한다.
③ 내약품, 내열 고무제의 격막 판을 밸브 시트에 밀어 붙인 밸브이다.
④ 유체 압력이 높을 경우에는 자동적으로 압력을 감소시키며 감소된 압력을 일정하게 유지한다.

71. 원심 펌프 스터핑 박스의 봉수 압력에 대한 설명으로 옳은 것은?

① 흡입 압력보다 0.5~1 정도 높게 한다.
② 토출 압력보다 0.5~1.5 정도 낮게 한다.
③ 흡입 압력보다 1.5~2 정도 높게 한다.
④ 토출 압력보다 1~2 정도 낮게 한다.

72. 송풍기를 흡입 방법에 따라 분류할 때 포함되지 않는 것은?

① 풍로 흡입형
② 토출관 취부형
③ 흡입관 취부형
④ 실내 대기 흡입형

73. 두 축의 중심을 정확히 일치시키기 어려울 때 사용되며 고무, 강선, 가죽, 스프링 등을 이용하여 충격과 진동을 완화시켜 주는 커플링은?

① 올덤 커플링
② 고정식 커플링
③ 플랜지 커플링
④ 플렉시블 커플링

74. 펌프의 부착계기가 아닌 것은? (13년 1회)

① 리밋 스위치
② 압력 스위치
③ 플로트 스위치
④ 액면 제어 스위치

2019

정답 68. ① 69. ③ 70. ④ 71. ③ 72. ② 73. ④ 74. ①

75. 기어의 이 부분이 파손되는 주 원인이 아닌 것은?

① 균열 ② 마모
③ 피로 파손 ④ 과부하 절손

76. 펌프를 구조상 분류할 때 왕복 펌프의 종류가 아닌 것은? (09년 2회)

① 피스톤 펌프
② 플런저 펌프
③ 다이어프램 펌프
④ 로터리 플랜지 펌프

77. 기어 전동장치에 대한 설명으로 틀린 것은?

① 큰 동력을 일정한 속도비로 전달할 수 있다.
② 소형이면서 높은 효율로 큰 회전력을 전달할 수 있다.
③ 서로 맞물려 있는 한 쌍의 기어에서 잇수가 많은 것을 피니언이라 한다.
④ 연속적인 이의 물림에 의하여 동력을 전달하는 기계요소를 기어라 한다.

78. 다음 배관용 공기구에서 파이프에 나사를 절삭하는 것은? (19년 1회)

① 오스터
② 파이프 커터
③ 파이프 벤더
④ 플레어링 툴 세트

79. 3상 유도 전동기의 구조에 속하지 않는 것은? (10년 2회, 13년 2회)

① 정류기 ② 회전자 철심
③ 고정자 철심 ④ 고정자 권선

80. 펌프의 배관을 90도로 방향을 바꾸고자 할 때 사용하는 배관용 이음쇠는? (14년 2회)

① 크로스(cross) ② 유니언(union)
③ 엘보(elbow) ④ 리듀서(reducer)

해설 ① 크로스 : 3방향 분기 시 사용
② 유니언 : 직선 이음 시 사용
③ 엘보 : 90도로 방향을 바꾸고자 할 때 사용
④ 리듀서 : 배관지름을 줄이거나 늘리는 데 사용

정답 75. ② 76. ④ 77. ③ 78. ① 79. ① 80. ③

❖ 2019년 8월 4일 시행

자격종목 및 등급(선택분야)	종목코드	시험시간	문제지형별	수검번호	성 명
기계정비산업기사	2035	2시간	A		

제1과목 공유압 및 자동화 시스템

1. 공압 제어 밸브의 연결구 표시 방법이 틀린 것은?

① 압축공기 공급라인 : P 또는 1
② 작업라인 : A, B, C 또는 1, 2, 3
③ 배기라인 : R, S, T 또는 3, 5, 7
④ 제어라인 : Y, Z, X 또는 10, 12, 14

해설 밸브의 기호 표시법

라인	ISO 1219	ISO 5509/11
작업라인	A, B, C	2, 4, 6
공급라인	P	1
배기라인	R, S, T	3, 5, 7
제어라인	Y, Z, X	10, 12, 14

2. 유압장치의 구성요소와 해당기기의 연결이 옳은 것은?

① 동력원 – 전동기, 엔진, 윤활기
② 동력장치 – 오일탱크, 유압 모터
③ 구동부 – 실린더, 유압 펌프, 요동 액추에이터
④ 제어부 – 압력 제어 밸브, 유량 제어 밸브, 방향 제어 밸브

해설 ① 동력원 : 전동기, 엔진
② 동력장치 : 오일탱크, 유압 펌프
③ 구동부 : 실린더, 유압 모터, 요동 액추에이터

3. 공기압 회로에서 압축 공기를 대기 중으로 방출할 경우 배기속도를 줄이고 배기음을 작게 하기 위하여 사용되는 것은? (10년 3회)

① 소음기 ② 완충기
③ 진공 패드 ④ 원터치 피팅

해설 소음기 : 소음기는 일반적으로 배기속도를 줄이고 배기음을 저감하기 위하여 사용되고 있으나, 소음기로 인한 공기의 흐름에 저항이 부여되고 배압이 생기기 때문에 공기압 기기의 효율 면에서는 좋지 않다. 이것은 자동차의 머플러를 제거하면 마력이 증가하는 것으로도 알려졌지만 배기음이 높아지므로 부득이 소음기를 설치해야 한다.

4. 자중에 의한 낙하 등을 방지하기 위한 배압이 발생하게 하며, 역방향의 흐름이 자유롭도록 체크 밸브의 기능이 내장되어 있는 밸브는?

① 방향 제어 밸브
② 유압 서보 밸브
③ 유량 제어 밸브
④ 카운터 밸런스 밸브

해설 카운터 밸런스 밸브(counter balance valve) : 회로의 일부에 배압을 발생시키고자 할 때 사용하는 밸브로, 조작 중 부하가 급속하게 제거되어 연직 방향으로 작동하는 램이 중력에 의하여 낙하하는 것을 방지하고자 할 경우에 사용한다.

5. 절대압력이 일정할 때 절대온도와 체적과의 관계는? (15년 1회)

① 공기의 체적은 절대온도에 비례한다.
② 공기의 체적은 절대온도에 반비례한다.

정답 1. ② 2. ④ 3. ① 4. ④ 5. ①

③ 공기의 체적은 절대온도의 제곱에 비례한다.
④ 공기의 체적은 절대온도의 제곱에 반비례한다.

해설 샤를의 법칙 : 압력이 일정할 때 공기의 체적은 온도에 정비례한다.

6. 다음 회로와 동일한 동작의 논리는?(단, 입력은 X_1, X_2, 출력은 Y이다.)

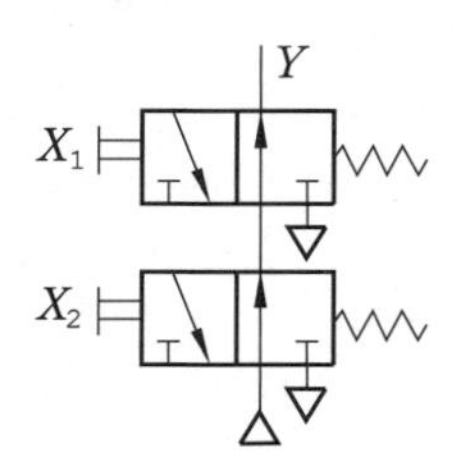

① OR 논리 ② AND 논리
③ NOR 논리 ④ NAND 논리

해설 NOR 게이트 : OR 게이트와 NOT 게이트가 합친 동작을 수행하며, 입력 신호가 모두 없을 때 출력이 있는 것, 즉 2개의 입력 모두가 0이 되어야만 출력이 1이 된다.

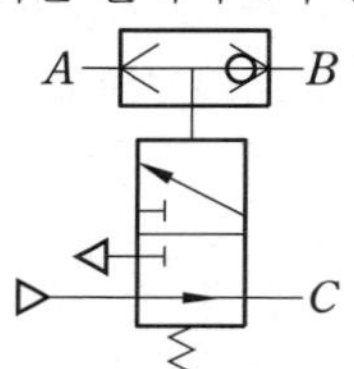

7. 구조가 간단하고 값이 저렴하며 차량, 건설기계, 운반기계 등에 널리 사용되고 외접, 내접 등의 구조를 갖는 펌프는? (10년 2회)

① 기어 펌프 ② 베인 펌프
③ 피스톤 펌프 ④ 플런저 펌프

해설 기어 펌프의 특징
㉠ 구조가 간단하며 다루기 쉽고 가격이 저렴하다.
㉡ 기름의 오염에 비교적 강한 편이며, 흡입 능력이 가장 크다.
㉢ 피스톤 펌프에 비해 효율이 떨어지고, 가변 용량형으로 만들기 곤란하다.

8. 유압 실린더의 실린더 전진과 후진 속도를 일정하게 하는 방법으로 옳은 것은?

① 양로드 실린더를 사용한다.
② 브레이크 회로를 사용한다.
③ 블리드 오프 회로를 사용한다.
④ 카운터 밸런스 회로를 사용한다.

9. 공압 모터의 종류가 아닌 것은? (09년 2회)

① 기어 모터 ② 나사 모터
③ 베인 모터 ④ 피스톤 모터

해설 공압 모터에는 피스톤형, 베인형, 기어형, 터빈형 등이 있으며, 주로 피스톤형과 베인형이 사용되고 있다. 피스톤형은 반지름류(radial)와 축류(axial)로 구분된다.

10. 다음 밸브 기호의 명칭은?

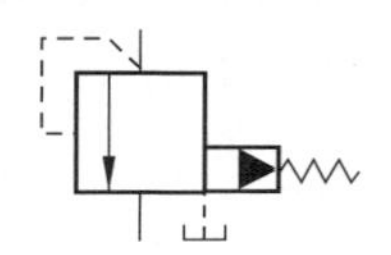

① 감압 밸브
② 릴리프 밸브
③ 카운터 밸런스 밸브
④ 파일럿 작동형 시퀀스 밸브

11. 측온 저항체로 이용되기 위한 요구조건이 아닌 것은?

① 저항 온도계수가 작을 것
② 소선의 가공이 용이할 것
③ 사용온도 범위가 넓을 것
④ 화학적, 기계적으로 안정될 것

해설 측온 저항체의 저항 온도계수는 커야 한다.

12. 유압 작동유에 공기가 침입할 경우 발생하는 현상으로 적절한 것은? (14년 1회)

① 작동유의 과열
② 토출 유량의 증대

정답 6. ③ 7. ① 8. ① 9. ② 10. ④ 11. ① 12. ④

③ 비금속 실(seal)의 파손
④ 실린더의 불규칙적인 작동

해설 유압 작동유에 공기가 혼입되면 캐비테이션 현상과 같은 결과가 되어 액추에이터의 운동이 불규칙적으로 된다.

13. 다음 기호의 명칭으로 옳은 것은?

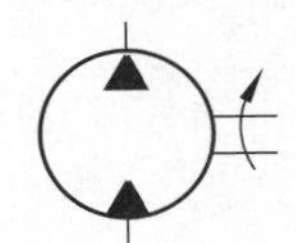

① 공기압 모터
② 요동형 액추에이터
③ 정용량형 펌프 · 모터
④ 가변 용량형 펌프 · 모터

14. 구조가 간단하고 무게가 가벼우며, 3~10개의 날개가 삽입되어 있는 구조로 대부분의 공압 회로에 사용되는 모터는?

① 기어 모터　　② 베인 모터
③ 터빈 모터　　④ 피스톤 모터

15. 제어 시스템의 분류 중 신호처리 방식에 의한 분류가 아닌 것은?

① 논리 제어계　　② 비동기 제어계
③ 시퀀스 제어계　　④ 파일럿 제어계

해설 신호처리 방식에 따른 제어계의 분류

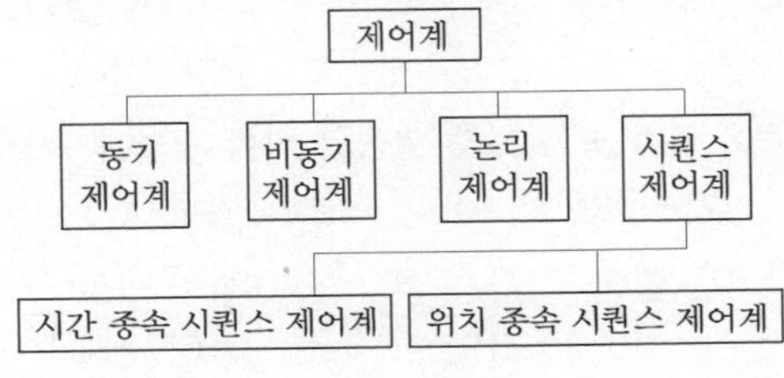

16. 설비 개선의 사고법의 종류가 아닌 것은?

① 복원
② 기능의 사고법
③ 미결함의 사고법
④ 미조정, 미조절화의 사고법

17. 전자 계전기를 사용할 때 주의 사항이 아닌 것은?

① 계전기의 설치 높이를 확인한다.
② 정격전압 및 정격전류를 확인한다.
③ 본체 취부 시 확실히 고정하여야 한다.
④ 2개 이상의 계전기를 사용할 때 적당한 간격을 유지하여야 한다.

해설 계전기의 설치 위치는 입력 측과 출력 측의 위치에 따라 결정된다.

18. 단동 실린더가 아닌 것은?

① 탠덤 실린더　　② 격판 실린더
③ 피스톤 실린더　　④ 벨로스 실린더

해설 탠덤 실린더 : 복수의 피스톤을 n개 연결시켜 n배의 출력을 얻을 수 있도록 한 것이다.

19. 리드 스위치의 특징으로 틀린 것은?

① 반복 정밀도가 낮다.
② 회로 구성이 간단하다.
③ 사용온도 범위가 넓다.
④ 내전압 특성이 우수하다.

해설 리드 스위치의 특징
㉠ 접점부가 완전히 차단되어 있으므로 가스나 액체 중 고온 고습 환경에서 안정되게 동작한다.
㉡ ON/OFF 동작시간이 비교적 빠르고(<1 μm), 반복 정밀도가 우수하여(±0.2 mm) 접점의 신뢰성이 높고 동작 수명이 길다.
㉢ 사용온도 범위가 넓다(−270~+150℃).
㉣ 내전압 특성이 우수하다(>10 kV).
㉤ 리드의 겹친 부분은 전기 접점과 자기 접점으로의 역할도 한다.
㉥ 가격이 비교적 저렴하고 소형, 경량이며, 회로가 간단해진다.

20. PLC에 사용되는 CPU의 내부 구성요소에서

정답 13. ③ 14. ② 15. ④ 16. ④ 17. ① 18. ① 19. ① 20. ④

ALU의 역할은?

① 스파크 방지
② 데이터의 저장
③ 아날로그의 영상화
④ 산술이나 논리연산

해설 ALU(arithmetic logic unit) : 산술연산, 논리연산 및 시프트를 수행하는 중앙처리장치 내부의 회로장치

제 2 과목 설비 진단 및 관리

21. 다음 중 윤활유를 사용하는 목적이 아닌 것은? (17년 1회)

① 감마 작용 ② 냉각 작용
③ 방청 작용 ④ 응력 집중 작용

해설 윤활유의 작용 : 감마 작용, 냉각 작용, 응력 분산 작용, 밀봉 작용, 청정 작용, 녹 방지 및 부식 방지, 방청 작용, 방진 작용, 동력전달 작용

22. 설비를 구성하고 있는 부품의 피로, 노화 현상 등에 의해 시간의 경과와 함께 고장률이 증가하는 시기는? (12년 2회)

① 초기 고장기 ② 우발 고장기
③ 마모 고장기 ④ 라이프 사이클

해설 마모 고장기 : 설비를 구성하고 있는 부품의 마모나 피로, 노화 현상 등 열화에 의하여 고장이 증가하는 고장률 증가형으로 사전에 열화 상태를 파악하고 청소, 급유, 조정 등 일상 점검을 잘 해두면 열화 속도는 현저히 늦어지고, 부품의 수명은 길어진다. 또한, 미리 어느 시간에서 마모가 시작되는지 예지하여 사전 교체하면 고장률을 낮출 수 있다. 예방 보전의 효과는 마모 고장기에서 가장 높으며, 초기 고장기나 우발 고장기에서는 큰 효과가 없다.

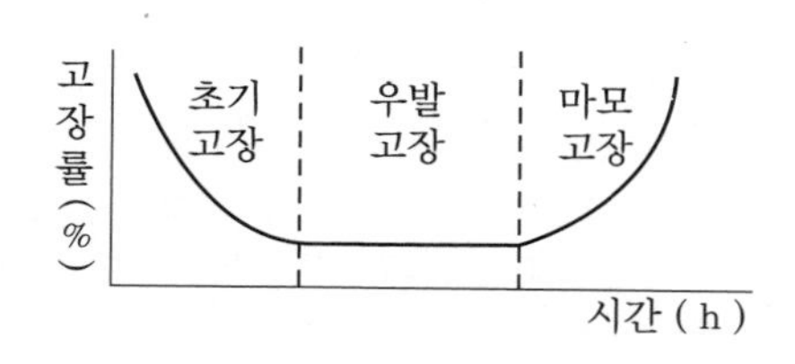

23. 다음 중 설비 진단기법이 아닌 것은?

① 진동법 ② 잔류법
③ SOAP법 ④ 페로그래피법

24. 진동 차단기로 이용되는 패드의 재료로 부적합한 것은? (15년 3회)

① 스프링 ② 코르크
③ 스펀지 고무 ④ 파이버 글라스

해설 진동 차단기 재료 : 강철 스프링, 천연고무 혹은 합성고무 절연재, 패드(스펀지 고무, 파이버 글라스, 코르크)

25. 내부에 형성되어 있는 하나 혹은 그 이상의 체임버(chamber)에 의해 입사 소음 에너지를 반사하여 소멸시키는 장치는? (15년 3회)

① 반사 소음기 ② 회전식 소음기
③ 흡음식 소음기 ④ 흡진식 소음기

해설 반사 소음기는 내부에 형성되어 있는 하나 혹은 그 이상의 체임버(chamber)에 의해 입사 소음 에너지를 반사하여 소멸시키는 장치이다.

26. 설비 보전 표준 설정의 직접 기능에 속하지 않는 것은? (06년 3회, 08년 1회, 11년 3회)

① 설비 검사 ② 설비 정비
③ 설비 수리 ④ 설비 교체

해설 직접 기능은 설비 검사, 설비 정비, 설비 수리의 3가지로 대별된다.

27. 설비 관리기능 중 지원기능으로 가장 거리가 먼 것은? (15년 1회)

정답 21. ④ 22. ③ 23. ② 24. ① 25. ① 26. ④ 27. ①

① 부품 대체(교체) 분석
② 보전 자재선정 및 구매
③ 보전 인력관리 및 교육훈련
④ 포장, 자재취급, 저장 및 수송

28. 윤활제의 공급방식에서 비순환 급유법에 속하는 것은?

① 원심 급유법　　② 패드 급유법
③ 유륜식 급유법　　③ 사이펀 급유법

해설 순환 급유법 : 패드 급유법, 유륜식 급유법, 원심 급유법, 나사 급유법, 비말 급유법, 중력 순환 급유법, 강제 순환 급유법 등이 있다.

29. 센서 부착 방법 중 일반적인 밀랍 고정의 특징으로 틀린 것은? (12년 1회)

① 장기적 안정성이 좋다.
② 고정 및 이동이 용이하다.
③ 사용 후 구조물의 접착면을 깨끗이 할 수 있다.
④ 먼지, 습기, 고온은 접착에 문제를 발생시키지 않는다.

해설 밀랍 고정에서 먼지, 습기, 고온은 접착에 문제를 발생시킨다.

30. 그리스를 가열했을 때 반고체 상태의 그리스가 액체 상태로 되어 떨어지는 최초의 온도로 그리스의 내열성을 평가하는 기준이 되는 것은?

① 이유도　　② 적하점
③ 침투점　　④ 산화안정도

해설 적하점은 그리스의 내열성 및 사용온도를 결정하는 기준이다.

31. 설비의 라이프 사이클 중 설비 투자 계획 과정에 속하는 것은? (12년 3회)

① 설계, 제작　　② 설치, 운전
③ 조사, 연구　　④ 보전, 폐기

해설 ㉠ 설비 투자계획 과정 : 조사, 연구
㉡ 건설 과정 : 설계, 제작, 설치
㉢ 조업 과정 : 운전, 보전, 폐기

32. 자재 흐름 분석의 P-Q 분석에 의하여 분류가 결정되면 그 분류 내에 있는 제품들에 대하여 개별적인 분석을 행할 때 그 분류와 내용이 옳은 것은? (14년 2회)

① A급 분류 : 제품의 종류는 많고 생산량은 적다. 유입 유출표를 작성한다.
② B급 분류 : 제품의 종류는 중간이고 생산량도 중간이다. 다품종 공정표를 작성한다.
③ C급 분류 : 제품의 종류는 적고 생산량은 많다. 단순 작업 공정표 다음 조립 공정표를 작성한다.
④ D급 분류 : 제품의 종류도 적고 생산량도 적다. 소품종 공정표를 작성한다.

해설 자재 흐름 분석
㉠ A급 분류 : 제품의 종류는 적고 생산량은 많다. 단순 작업 공정표 다음 조립 공정표를 작성한다.
㉡ C급 분류 : 제품의 종류는 많고 생산량은 적다. 유입 유출표(from to chart)를 작성한다.

33. 다음 중 설비의 분류가 바르게 연결된 것은? (12년 1회)

① 관리 설비 – 인입선 설비, 도로, 항만 설비, 육상 하역 설비, 저장 설비
② 유틸리티 설비 – 기계, 운반장치, 전기장치, 배관, 조명, 냉난방 설비
③ 판매 설비 – 서비스 스테이션(service station), 서비스 숍(service shop)
④ 생산 설비 – 건물, 공장관리 설비 및 보조 설비, 복리후생 설비

해설 ㉠ 관리 설비 : 건물, 공장관리 설비 및

정답 28. ③ 29. ④ 30. ② 31. ③ 32. ② 33. ③

보조 설비, 복리후생 설비
㉡ 유틸리티 설비 : 증기, 전기, 공업용수, 냉수, 불활성가스, 연료 등
㉢ 생산 설비 : 기계, 운반장치, 전기장치, 배관, 계기, 배선, 조명, 냉난방 설비
㉣ 수송 설비 : 인입선 설비, 도로, 항만 설비, 육상 하역 설비, 저장 설비

34. 설비 관리 조직의 계획상 고려되어야 할 사항으로 가장 거리가 먼 것은? (15년 1회)

① 제품의 품질 ② 설비의 특징
③ 지리적 요건 ④ 외주 이용도

35. 기계 진동의 가장 일반적인 원인이 되는 것으로, 진동 특성이 $1f$ 성분인 탁월한 회전기계의 열화 원인은 무엇인가? (단, $1f$ = 회전 주파수) (06년 1회, 08년 1회, 11년 1회, 16년 1회)

① 공진 ② 언밸런스
③ 기계적 풀림 ④ 미스얼라인먼트

해설 언밸런스(unbalance)는 회전체 질량 중심의 불균형으로 인해 회전체의 회전 주파수가 가장 크게 나타나는 것으로, 그 물체의 회전 주파수($1f$ 성분)와 동일한 진동수를 유발시킨다. 주로 수평 방향의 성분이 크게 나타난다.

36. 다음 중 로스(loss) 계산 방법이 잘못된 것은? (09년 2회, 11년 2회)

① 속도가동률 $= \dfrac{\text{기준 사이클시간}}{\text{실제 사이클시간}}$

② 시간가동률 $= \dfrac{\text{부하시간} - \text{정지시간}}{\text{부하시간}}$

③ 실질가동률 $= \dfrac{\text{생산량} \times \text{실제 사이클시간}}{\text{부하시간} - \text{정지시간}}$

④ 성능가동률 $= \dfrac{\text{속도가동률} \times \text{실질가동률}}{\text{부하시간} - \text{정지시간}}$

해설 성능가동률 = 속도가동률 × 실질가동률
㉠ 실질가동률 : 단위 시간 내에서 일정 속도로 가동하고 있는지를 나타내는 비율
㉡ 시간 가동률 : 설비 가동률이라고도 하며, 부하시간(설비를 가동시켜야 하는 시간)에 대한 가동시간의 비율이다.

37. 다음 중 만성 로스의 대책으로 거리가 먼 것은? (08년 1회)

① 현상 해석을 철저히 한다.
② 로스의 발생량을 정확하게 측정한다.
③ 관리해야 할 요인계를 철저히 검토한다.
④ 요인 중에 숨어 있는 결함을 표면으로 끌어낸다.

해설 (가) 만성 로스의 대책
㉠ 현상의 해석을 철저히 한다.
㉡ 관리해야 할 요인계를 철저히 검토한다.
㉢ 요인 중에 숨어 있는 결함을 표면으로 끌어낸다.
(나) 미소 결함을 발견하는 방법
㉠ 원리, 원칙에 의해 다시 본다.
㉡ 영향도에 구애받지 않는다.

38. 작업이 표준화되고 대량생산에 적합한 설비 배치로 일명 라인별 배치라고도 하는 것은? (17년 1회)

① 기능별 설비 배치
② 혼합형 설비 배치
③ 제품별 설비 배치
④ 제품 고정형 설비 배치

해설 제품별 배치의 장점
㉠ 공정 관리의 철저
㉡ 분업 전문화
㉢ 간접 작업의 제거
㉣ 정체 감소
㉤ 공정 관리 사무의 간소화
㉥ 품질 관리의 철저
㉦ 훈련의 용이성
㉧ 작업 면적의 집중

정답 34. ① 35. ② 36. ④ 37. ② 38. ③

39. 보전용 자재의 상비품 발주 방식 중 발주량은 일정하고 발주의 시기가 변화되는 방식은?

① 정량 발주 방식 ② 정기 발주 방식
③ 적소 발주 방식 ④ 비상 발주 방식

해설 정량 발주 방식은 필요시마다 일정량을 발주하고, 정기 발주 방식은 일정 시기에 재고 조사를 해서 필요량을 발주한다.

40. 전치 증폭기의 기능은? (16년 3회)

① 전류 증폭과 리액턴스 결합
② 전압 증폭과 리액턴스 결합
③ 신호 증폭과 임피던스 결합
③ 전압 증폭과 임피던스 결합

제 3 과목 공업 계측 및 전기 전자 제어

41. 다음 중 수동형 센서(passive sensor)에 속하는 것은? (14년 2회)

① 포토 커플러 ② 포토 리플렉터
③ 레이저 센서 ④ 적외선 센서

해설 ㉠ 패시브 센서 : 대상물에서 나오는 정보를 그대로 입력하여 정보를 감지 또는 검지하는 기기로 적외선 센서가 대표적이다.
㉡ 액티브 센서 : 대상물에 어떤 에너지를 의식적으로 주고 그 대상물에서 나오는 정보를 감지 또는 검지하는 기기로 레이저 센서가 대표적이다.

42. 다음 중 출력 파형이 그림과 같다면 논리 기호는? (13년 2회)

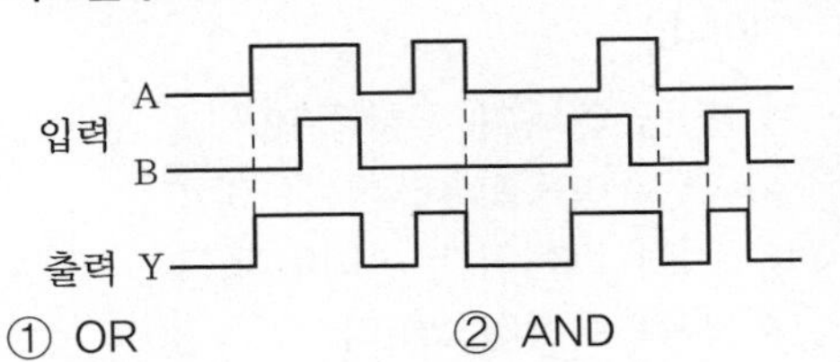

① OR ② AND
③ NOR ④ NAND

43. 다음 중 제어 밸브를 밸브 시트의 형태에 따라 분류한 것으로 틀린 것은? (08년 3회)

① 앵글 밸브
② 공기압식 제어 밸브
③ 게이트 밸브
④ 글로브 밸브

44. 0.2 μF의 콘덴서에 1000 V의 전압을 가할 때 축적되는 에너지(J)는? (12년 3회)

① 0.1 J ② 1 J
③ 10 J ④ 100 J

해설 충전 에너지$(W) = \frac{1}{2}CV^2$

45. 그림의 회로에서 출력 전압(V_o)은? (16년 2회)

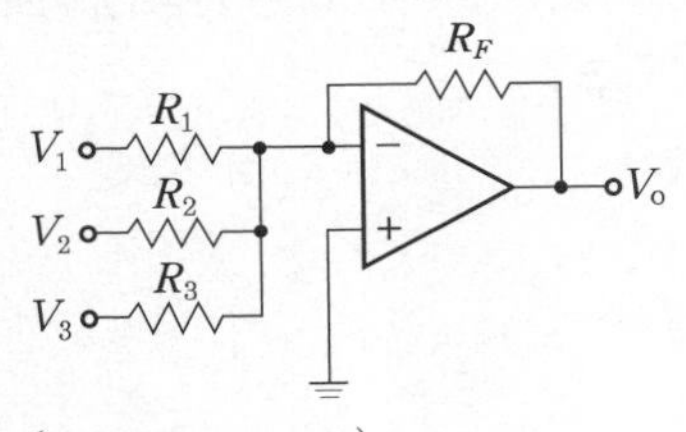

① $-(V_1+V_2+V_3)$
② $+(V_1+V_2+V_3)$
③ $[(V_1+V_2+V_3)/(R_1+R_2+R_3)]V_1$
④ $[(R_1+R_2+R_3)/(V_1+V_2+V_3)]V_1$

46. 다음의 열전대 조합에서 가장 높은 온도까지 측정할 수 있는 것은? (13년 2회)

① 백금로듐 – 백금 ② 크로멜 – 알루멜
③ 철 – 콘스탄탄 ④ 구리 – 콘스탄탄

47. 다음 중 제어 시스템의 안정도 판별법이 아닌 것은? (11년 3회)

① 로스–허위츠(Routh–Hurwitz) 판별법

2019

정답 39. ① 40. ③ 41. ④ 42. ① 43. ② 44. ① 45. ① 46. ① 47. ③

② 나이퀴스트(Nyquist) 판별법
③ 디지털 제어 판별법
④ 보드 선도 판별법

48. 다음 그림 기호 중 한시 동작형 a접점은 어느 것인가? (14년 2회)

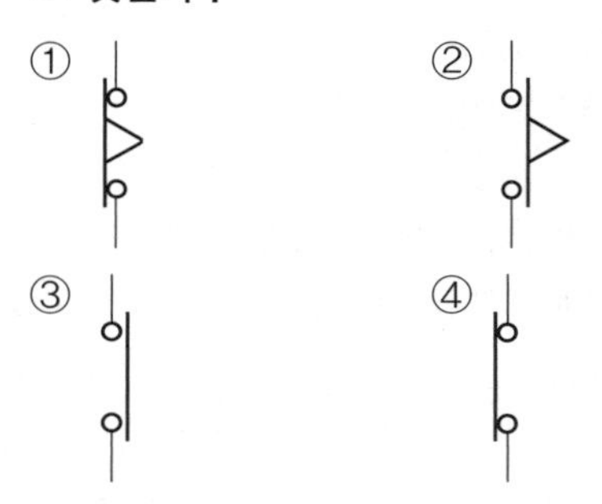

해설 ①은 한시 동작형 b접점, ③은 제어기 a접점, ④는 제어기 b접점

49. 8개의 비트(bit)로 표현 가능한 정보의 최대 가짓수는? (07년 3회)

① 211 ② 256
③ 285 ④ 512

해설 $2^n = 2^8 = 256\ \text{bit}$

50. 트랜지스터 증폭 회로 중 입력과 출력 전압이 동위상이고, 큰 입력 저항과 작은 출력을 가지며 전압 이득이 1에 가까워 임피던스 매칭용 버퍼로 사용되는 회로는? (10년 3회)

① 공통 이미터 회로
② 공통 베이스 회로
③ 공통 컬렉터 회로
④ 공통 소스 회로

해설 공통 컬렉터 증폭기는 이미터 폴로어(emitter follower)라고도 한다. 전압 이득이 거의 1이고 높은 전력 이득과 입력 저항을 갖는다는 점에서 높은 입력 임피던스를 갖는 전원과 낮은 임피던스를 갖는 부하 사이의 완충단 역할을 하는 버퍼(buffer)로 사용된다.

51. 도선의 전기저항에 관한 설명으로 옳은 것은?

① 도선의 길이에 비례한다.
② 도선의 길이에 반비례한다.
③ 도선의 길이 제곱에 비례한다.
④ 도선의 길이 제곱에 반비례한다.

52. 다음 중 피드백 제어계에서 제어 요소는 무엇인가? (06년 1회, 09년 2회, 11년 1회, 15년 1회)

① 검출부와 조작부 ② 조절부와 조작부
③ 검출부와 조절부 ④ 비교부와 검출부

53. 다음 중 단상 유도 전동기의 기동 방법으로 틀린 것은? (08년 3회)

① 분상 기동형 ② 직권 기동형
③ 셰이딩 코일형 ④ 콘덴서 기동형

해설 단상 유도 전동기 : 분상 기동형, 콘덴서 기동형, 반발 기동형, 셰이딩 코일형 특수 전동기

54. 차압식 유량계의 차압 기구에 해당되지 않는 것은? (14년 2회)

① 회전자 ② 오리피스
③ 벤투리관 ④ 피토관

55. 다음 소자 중 검출용 기기는?

① 누름버튼 스위치 ② 캠 스위치
③ 토글 스위치 ④ 리밋 스위치

56. 연산 증폭기(op-amp)의 특징으로 틀린 것은? (단, 연산 증폭기는 이상적인 연산 증폭기이다.)

① 전압 이득이 무한대이다.
② 단위 이득의 대역폭은 0이다.
③ 입력 저항이 무한대이다.
④ 출력 저항이 0이다.

정답 48. ② 49. ② 50. ③ 51. ① 52. ② 53. ② 54. ① 55. ④ 56. ②

57. 직류기의 3대 요소는?

① 계자, 전기자, 보주
② 전기자, 보주, 정류자
③ 계자, 전기자, 정류자
④ 전기자, 정류자, 보상권선

58. 다음 그림과 같이 정전용량 C_1, C_2를 병렬로 접속하였을 때의 합성 정전용량은? (07년 3회, 15년 3회)

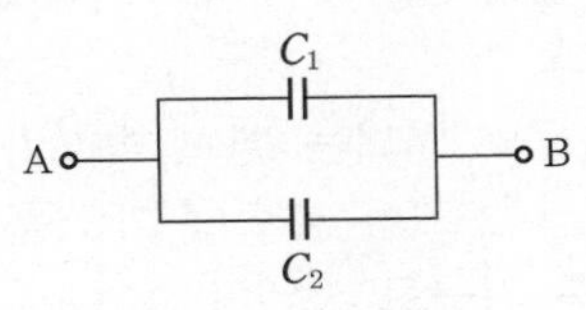

① $C_1 + C_2$　② $\frac{1}{C_1 + C_2}$
③ $\frac{C_1 \times C_2}{C_1 + C_2}$　④ $C_1 \times C_2$

59. 다음 중 계장 제어 시스템의 제어 밸브 조작부의 구비 조건으로 틀린 것은 어느 것인가? (07년 3회, 08년 3회, 10년 3회, 11년 2회)

① 제어 신호에 정확하게 동작할 것
② 히스테리시스 현상이 클 것
③ 현장의 환경 조건에 충분히 견딜 것
④ 보수 점검이 용이할 것

해설 히스테리시스가 작을 것

60. 다음 회로에서 다이오드의 양단에 걸리는 전압(V)은? (06년 1회)

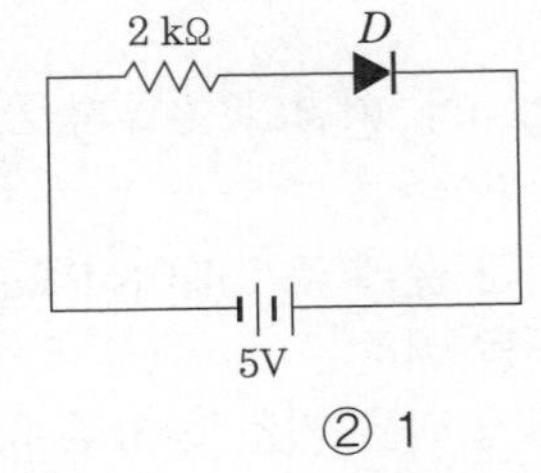

① 0　② 1
③ 3　④ 5

제 4 과목 기계 정비 일반

61. 합성고무와 합성수지 및 금속 클로이드 등을 주성분으로 제조된 액상 개스킷의 특징이 아닌 것은? (12년 2회)

① 접합면에 바르면 일정 시간 후 건조된다.
② 상온에서 유동성이 있는 접착성 물질이다.
③ 사용온도의 범위는 5~35℃까지의 범위이다.
④ 누유 및 누수를 방지하고 내압 기능을 가지고 있다.

해설 사용온도의 범위는 40~400℃이다.

62. 다음 중 관 이음쇠의 기능이 아닌 것은 무엇인가? (09년 1회, 11년 3회, 15년 2회)

① 관로의 연장　② 관로의 곡절
③ 관로의 분기　④ 관의 피스톤 운동

해설 관 이음쇠의 기능
㉠ 관로의 연장
㉡ 관로의 곡절
㉢ 관로의 분기
㉣ 관의 상호 운동
㉤ 관 접속의 착탈

63. 500 rpm 이하로 사용되던 길이 2 m의 축이 구부러져 수정하고자 할 때 사용하는 공구는? (15년 3회)

① 짐 크로(jim crow)
② 토크 렌치(torque wrench)
③ 임펙트 렌치(impact wrench)
④ 스크루 익스트랙터(screw extractor)

64. 다음 기어 중 두 축이 평행하지도 않고, 만나지도 않는 것은? (15년 2회)

① 래크　② 스퍼 기어

2019

정답 57. ③ 58. ① 59. ② 60. ④ 61. ③ 62. ④ 63. ① 64. ③

③ 웜 기어 ④ 헬리컬 기어

해설 웜 기어(worm gear) : 기어 전동장치에서 두 축이 직각이며 교차하지 않는 경우 큰 감속비를 얻을 수 있으나 전동 효율이 매우 나쁜 기어

65. 볼트, 너트의 풀림 방지에 주로 사용되는 핀은? (09년 2회)

① 평행 핀 ② 분할 핀
③ 스프링 핀 ④ 테이퍼 핀

해설 홈 달림 너트 분할 핀 고정에 의한 방법은 일반적으로 많이 쓰고 확실한 방법이다. 홈과 분할 핀 구멍을 맞출 때 너트를 되돌려 맞추지 말고, 규격에 적합한 분할 핀을 사용하며, 분할된 선단을 충분히 굽히는 등 확실한 시공을 하면 완벽하다. 보통 너트를 죈 다음 구멍을 내서 분할 핀을 끼우는 것은 볼트의 강도를 약하게 하고, 또 재사용할 경우에는 구멍이 어긋나기도 하므로 좋은 방법이라고 할 수 없다.

66. 혐기성 접착제에 대한 설명으로 틀린 것은?

① 경화가 느리고 경화한 후 무게가 증가한다.
② 가스, 액체가 누설되는 것을 막을 때 사용한다.
③ 진동이 있는 차량, 항공기, 동력기 등의 체결용 요소 등의 풀림을 막기 위해 사용된다.
④ 일단 경화되면 유류, 소금물, 유기용제에 대하여 내성이 우수하고 반영구적이며 노화되지 않는다.

해설 혐기성 접착제는 진동이 있는 차량 항공기, 동력기 등의 체결 요소 풀림 방지를 위해 사용되는 접착제이다.

67. 펌프 운전 시 캐비테이션 발생 없이 펌프가 안전하게 운전되고 있는지 나타내는 척도로 사용되는 것은? (09년 3회, 10년 2회, 12년 3회)

① 전수두 ② 실수두
③ 토출 수두 ④ 유효 흡입 수두

해설 유효 흡입 수두(NPSH) : 펌프 임펠러 입구 직전의 압력이 액체의 포화 증기압보다 어느 정도 높은지 나타내는 값이며, 펌프를 설치한 위치에 따라 변한다.

68. 밸브에 대한 설명으로 옳은 것은? (13년 2회)

① 슬루스 밸브는 유체의 역류를 방지하기 위한 밸브이며 리프트식과 스윙식이 있다.
② 글로브 밸브는 밸브 박스가 구형으로 되어 있으며, 밸브의 개도를 조절해서 교축 기구로 쓰인다.
③ 체크 밸브는 전두부(핸들)를 90도 회전시킴으로써 유로의 개폐를 신속히 할 수 있다.
④ 콕(cock)은 밸브 박스의 밸브 시트와 평행으로 작동하고 흐름에 대해 수직으로 개폐를 한다.

해설 슬루스 밸브는 밸브 박스의 밸브 시트와 평행으로 작동하고 흐름에 대해 수직으로 칸막이를 해서 개폐를 하는 밸브이며, 체크 밸브는 유체의 역류를 방지하기 위한 밸브로 리프트식과 스윙식이 있다. 콕은 핸들을 90° 회전시킴으로써 유로의 개폐를 신속히 할 수 있는 밸브이다.

69. 펌프의 흡입관을 설치할 때 적절한 방법이 아닌 것은? (15년 2회)

① 관의 길이는 짧고, 곡관의 수는 적게 한다.
② 흡입관에 편류나 와류를 적당히 발생시킨다.
③ 흡입관 끝에 스트레이너 또는 풋 밸브를 사용한다.
④ 관내 압력은 기압 이하로 공기 누설이 없는 관이음으로 한다.

정답 65. ② 66. ① 67. ④ 68. ② 69. ②

70. 죔새가 있는 베어링을 축에 설치할 경우 베어링의 적정 가열온도는? (12년 1회)

① 90~120℃ ② 130~150℃
③ 160~180℃ ④ 190~210℃

해설 보통 90~120℃로 가열하여 베어링의 안지름을 팽창시켜 조립한다.

71. 송풍기를 설치할 때 기초판 위에 넣어 높이를 조정할 수 있도록 하는 기계요소는?

① 코터 ② 평행 핀
③ 구배 키 ④ 구배 라이너

72. 다음 중 벌류트 펌프(volute pump)를 시운전할 때 체크해야 할 항목으로 옳지 않은 것은? (16년 2회)

① 토출 밸브를 열어 둔다.
② 각종 게이지를 확인 후 기록해 둔다.
③ 공기빼기 코크를 열고 마중물을 넣는다.
④ 펌프를 손으로 돌려 회전 상태를 확인한다.

해설 벌류트 펌프의 경우 반드시 토출 밸브를 닫아 두어야 한다.

73. 펌프의 부식을 촉진시키는 요인으로 옳지 않은 것은? (15년 1회)

① 온도가 높을수록 부식되기 쉽다.
② 유속이 빠를수록 부식되기 쉽다.
③ 금속 표면이 거칠수록 부식되기 쉽다.
④ 유체 내의 산소량이 적을수록 부식되기 쉽다.

해설 산소량이 많을수록 부식되기 쉽다.

74. 펌프를 원리 구조에 따라 분류할 때 회전 펌프에 속하지 않는 것은?

① 베인 펌프 ② 나사 펌프
③ 플런저 펌프 ④ 외접 기어 펌프

해설 플런저 펌프는 왕복 펌프이다.

75. 공기의 유량과 압력을 이용한 장치를 압력에 의해 분류할 때 0.1~1.0 kgf/cm^2 압력으로 분류되는 장치는?

① 압축기 ② 통풍기
③ 송풍기 ④ 공기 여과기

해설 압력에 의한 분류

구 분	압 력		기압(atm) (표준)
	mAq(수두)	kgf/cm^2	
통풍기	1 이하	0.1 이하	0.1
송풍기	1~10	0.1~1.0	0.1~1.0
압축기	10 이상	1.0 이상	1.0 이상

76. 깊은 홈 볼 베어링의 규격이 6200일 때 안지름은 얼마인가? (13년 3회)

① 10 mm ② 12 mm
③ 15 mm ④ 20 mm

해설 00 : 10 mm

77. 송풍기의 주요 구성품이 아닌 것은?

① 임펠러
② 케이싱
③ 이송장치
④ 풍량 제어장치

78. 압축기에 부착된 밸브의 조립에 관한 설명으로 틀린 것은? (13년 3회, 17년 1회)

① 밸브 홀더 볼트는 각각 서로 다른 토크로 잠근다.
② 밸브 컴플릿(complete)을 실린더 밸브 홈에 부착한다.
③ 실린더 밸브 홈에서 시트 패킹의 오물을 청소한 후 조립한다.

정답 70. ① 71. ④ 72. ① 73. ④ 74. ③ 75. ③ 76. ① 77. ③ 78. ①

④ 시트 패킹을 물고 있지 않는지 밸브를 좌우로 회전시켜 확인한다.

해설 밸브 홀더 볼트는 모두 같은 토크로 잠근다.

79. 다음 중 전동기 기동 불능의 원인이 아닌 것은? (14년 1회)

① 전선의 단선
② 정전압 발생
③ 기계적 과부하
④ 과부하 계전기의 작동

80. 베어링의 그리스 윤활 상태를 측정하는 측정 기구는? (16년 2회)

① 회전계 ② 진동계
③ 소음계 ④ 베어링 체커

해설 베어링 체커(bearing checker) : 베어링의 그리스 윤활 상태를 측정하는 측정 기구로서 운전 중 베어링에 발생하는 윤활 고장을 알 수 있다. 안전, 주의, 위험의 세 단계로 표시하며 그라운드 잭은 기계장치의 몸체에 부착하고, 입력 잭은 베어링에서 가장 가까운 회전체에 회전시키면서 접촉하여 측정한다.

정답 79. ② 80. ④

2020년도 출제 문제

기계정비산업기사

❖ 2020년 6월 13일 시행

자격종목 및 등급(선택분야)	종목코드	시험시간	문제지형별	수검번호	성 명
기계정비산업기사	2035	2시간	A		

제1과목 공유압 및 자동화 시스템

1. 공기압 실린더의 고정 방법 중 가장 강력한 부착이 가능한 형식은? (11년 3회)

① 풋형 ② 피벗형
③ 플랜지형 ④ 트러니언형

해설 플랜지형 : 축심이 고정된 것

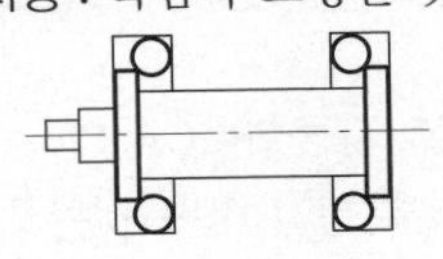

2. 유압 실린더의 호칭을 표시할 때 포함되지 않는 정보는?

① 규격 명칭 ② 로드 무게
③ 쿠션 구분 ④ 실린더 안지름

해설 로드 지름은 기호로 나타내고 무게는 표시하지 않는다.

3. 다음 중 시간 지연 밸브의 구성요소가 아닌 것은? (08년 1회, 10년 2회)

① 압력 증폭기 ② 3/2 Way 밸브
③ 속도 조절 밸브 ④ 공기 저장 탱크

해설 시간 지연 밸브 : 3/2-way 밸브, 속도 제어 밸브, 공기 저장 탱크로 구성되어 있으나 3/2-way 밸브가 정상 상태에서 열려 있는 점이 공기 제어 블록과 다르다.

4. 실린더에 인장 하중이 걸리거나 부하의 관성에 의한 인장 하중 효과가 발생되면 피스톤 로드가 끌리게 되는데, 이를 방지하기 위하여 구성하는 회로는?

① 감압 회로
② 언로딩 회로
③ 압력 시퀀스 회로
④ 카운터 밸런스 회로

해설 카운터 밸런스 회로 : 실린더를 조작하는 도중 부하가 급속히 제거될 경우, 배압을 발생시켜 실린더와 급속 전진을 방지하려 할 때 사용하는 회로

5. 사축식과 사판식으로 분류되며 고압 출력에 적합한 유압 펌프는?

① 기어 펌프 ② 나사 펌프
③ 베인형 펌프 ④ 피스톤 펌프

해설 피스톤 펌프(piston pump, plunger pump) : 사축형과 사판형 두 형태가 있으며, 피스톤을 실린더 내에서 왕복시켜 흡입 및 토출을 하는 것으로 고정 체적형이나 가변 체적형 모두 할 수 있다. 효율이 매우 좋고 균일한 흐름을 얻을 수 있어 성능이 우수하며 고속, 고압에 적합하나 복잡하여 수리가 곤란하고 값이 비싸다.

6. 실린더에 적용된 사양이 다음과 같을 때 실린더의 전진 추력(N)은 얼마인가? (단, 배압

정답 1. ③ 2. ② 3. ① 4. ④ 5. ④ 6. ③

은 작용하지 않는다.) (13년 3회)

- 피스톤 지름 : 10 cm
- 공급 압력 : 1000 kPa
- 로드 지름 : 2 cm

① 250 π ② 500 π
③ 2500 π ④ 5000 π

해설 $F=P_1A_1$에서

$P_1 = 10\ \text{bar} = 1,000,000\ \text{Pa}$

$= 1,000,000\ \text{N/m}^2 = 100\ \text{N/cm}^2$

$A_1 = \frac{\pi}{4}\times 10^2\text{cm}^2$

$F = 100\times\frac{\pi}{4}\times 10^2 = 2500\pi$

7. 다음과 같은 밸브를 사용하는 목적으로 옳은 것은?

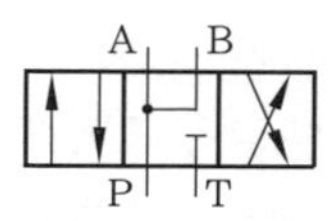

① 중립 위치에서 펌프의 부하를 줄이기 위해 사용된다.
② 중립 위치에서 실린더의 힘을 증대시키기 위해 사용된다.
③ 중립 위치에서 실린더의 후진 속도를 제어하기 위해 사용된다.
④ 중립 위치에서 실린더의 전진 속도를 빠르게 하기 위해 사용된다.

해설 PAB 접속으로 P포트와 실린더 전진 및 후진 포트가 서로 연결되어 있어 후진할 때 P에서 공급되는 유량과 실린더 후진 측 B에서 공급되는 유량이 더해져 실린더의 전진이나 후진 속도가 빠르게 된다.

8. 공압 시스템의 특징으로 틀린 것은?

① 과부하에 대하여 안전하다.
② 에너지로서 저장성이 있다.
③ 사용 에너지를 쉽게 구할 수 있다.
④ 방청과 윤활이 자동으로 이뤄진다.

해설 공압 시스템에 방청과 윤활이 되려면 윤활기에서 오일이 공급되어야 한다.

9. 다음 중 서비스 유닛의 구성요소에 포함되지 않는 것은?

① 필터 ② 소음기
③ 압력 조절기 ④ 드레인 배출기

해설 서비스 유닛의 구성 : 필터, 압력 조절기, 윤활기

10. 압력의 조정을 통하여 실린더를 순서대로 작동시키기 위해 사용되는 밸브는?

① 시퀀스 밸브
② 카운터 밸런스 밸브
③ 파일럿 작동 체크 밸브
④ 일방향 유량 제어 밸브

해설 시퀀스 밸브는 순차 밸브이다.

11. 저투자성 자동화(LCA : low cost automation)의 특징이 아닌 것은?

① 단계적 자동화 구축
② 원리가 간단하고 확실
③ 기존의 장비 이용 가능
④ 다양한 제품에 유연하게 대응 가능

해설 저투자성 자동화 : 비용이 적게 드는 자동화를 의미하며 운영, 보수·유지가 간단하고 적당한 노력이 필요한 자동화

특징

㉠ 원리를 간단하고 확실하게 하여 스스로 자동화 장치 설계 및 시설을 하여야 함
㉡ 기존 장비를 이용하여 자동화에 최소 시간 투입
㉢ 단계별 자동화 구축
㉣ 자신이 직접 자동화를 구축함

12. 공기압 요동형 액추에이터에 관한 설명으로 틀린 것은?

① 속도 조정은 속도 제어 밸브를 미터 인

정답 7. ④ 8. ④ 9. ② 10. ① 11. ④ 12. ①

방식으로 접속한다.

② 부하의 운동 에너지가 기기의 허용 운동 에너지보다 큰 경우에는 외부 완충기구를 설치한다.

③ 외부 완충기구는 부하 쪽 지름이 큰 곳에 설치하여 내구성의 향상과 정지 정밀도를 확보할 수 있게 한다.

④ 축과 베어링에 과부하가 작용되지 않도록 과대 부하를 직접 액추에이터 축에 부착하지 않고, 부하가 축에 적게 작용하도록 부착한다.

해설 속도 조정은 미터 아웃 방식으로 접속한다.

13. 입력 요소 S_1, S_2가 동시에 작동되든지, S_3가 작동되지 않는 상태에서 S_4가 작동되었을 때 출력이 존재하는 제어기의 논리식으로 옳은 것은? (09년 3회)

① $Z = S_1 + S_2 + \overline{S_3} + S_4$

② $Z = S_1 + S_2 \cdot \overline{S_3} + S_4$

③ $Z = S_1 \cdot S_2 + \overline{S_3} \cdot S_4$

④ $Z = (S_1 + S_2) \cdot (\overline{S_3} + S_4)$

해설 S_1과 S_2는 AND 조건, S_3는 NOT 상태에서 S_4와 AND 조건이며, 두 AND 조건은 OR 조건이다.

14. 측정값이 참값에 얼마나 가까운지를 나타내는 것은?

① 감도 ② 오차 ③ 정도 ④ 확도

해설 ㉠ 감도 $= \dfrac{\text{지시량의 변화}}{\text{측정량의 변화}}$

㉡ 오차 = 측정값 - 참값

㉢ 정도 : 측정 또는 이론적 추정이나 근사 계산에 있어서의 정확성과 정밀도

㉣ 확도 : 계기 등에서의 측정의 정확성을 양적으로 나타내는 것, 즉 측정값의 평균과 참값의 차

15. 다음 중 직류 전동기의 주요 구성요소가 아닌 것은?

① 계자 ② 격자

③ 전기자 ④ 정류자

해설 ㉠ 정류자 : 주전류를 통하게 하며 회전력을 발생시키는 부분

㉡ 전기자 : 토크를 발생하여 회전력을 전달하는 요소

㉢ 계자 : 자속을 발생시키는 부분

16. 피드백 제어계에서 신호 흐름의 순서가 바르게 나열된 것은?

㉠ 프로세서가 제어 프로그램을 처리 ㉡ 센서의 신호 상태를 처리 ㉢ 액추에이터 작동 ㉣ 제어대상의 상대값과 목표값을 비교

① ㉠ → ㉡ → ㉢ → ㉣

② ㉡ → ㉣ → ㉠ → ㉢

③ ㉢ → ㉠ → ㉣ → ㉡

④ ㉣ → ㉢ → ㉡ → ㉠

해설 피드백 신호는 현재값을 센서가 감지하여 목표값과 비교하면 이 오차를 액추에이터에 전송, 작동하는 것을 연속적으로 실행한다.

17. 온도 센서에서 측정된 값을 PLC에서 제어하고자 한다. 이때 적용되는 변환기는?

① A/D 변환기 ② D/A 변환기

③ F/V 변환기 ④ U/D 변환기

해설 A/D 변환기는 측정된 온도값을 디지털값으로 변환시키는 기능이 있다.

18. 다음 중 설비의 신뢰성을 나타내는 척도가 아닌 것은? (14년 1회)

① 고장률

② 폐입률

③ 평균 고장간격시간

④ 평균 고장수리시간

정답 13. ③ 14. ④ 15. ② 16. ② 17. ① 18. ②

해설 설비의 신뢰성 평가 척도

$$\text{고장률}(\lambda) = \frac{\text{고장횟수}}{\text{총가동시간}}$$

- 평균 고장간격시간(MTBF) $= \dfrac{1}{F(t)}$ ($F(t)$: 고장률)
- 평균 고장시간(MTTF)

$$= \frac{\text{장비의 총가동시간}}{\text{특정시간으로부터 발생한 총고장 수}}$$

19. 다음 플로 차트(flow chart) 기호의 의미는 무엇인가?

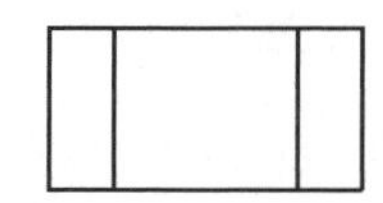

① 분지(branch)
② 전이점(move point)
③ 서브루틴(subroutines)
④ 일반적인 작업(general work)

해설 프로그램 플로 차트의 기호

기호	설명
	제약 예 : 시작 또는 끝
	일반적인 작업 (예 : 계산, 비교)
	분지
	입력 또는 출력
	서브루틴(subroutines)
	전이점
	프로그램 흐름의 방향 표시 화살표

20. 실린더가 전진할 때 이론 출력을 구하는 식으로 옳은 것은? (단, D : 실린더 안지름, P : 사용 공기압력, d : 로드 지름, 마찰력 무시, 로드 측 압력은 대기압이다.) (11년 3회)

① $\dfrac{\pi D^2}{4} \times P$

② $\dfrac{\pi}{4} \times (D^2 - d^2) \times P$

③ $\dfrac{\pi}{4} \times (D^2 - d^2) \times P^2$

④ $\dfrac{\pi}{4 \times (D-d)} \times P^2$

해설 이론 출력$\left(\dfrac{\pi D^2}{4}\right)P$은 실린더의 튜브 안지름과 피스톤 로드의 바깥지름 및 사용 압력으로 결정된다.

제 2 과목 설비 진단 및 관리

21. 설비 표준화를 위한 설비 위치 코드 부여 순서가 바르게 나열된 것은? (08년 3회)

㉠ 공장	㉡ 부서
㉢ 작업장	㉣ 생산라인

① ㉠ → ㉢ → ㉡ → ㉣
② ㉡ → ㉢ → ㉣ → ㉠
③ ㉣ → ㉡ → ㉢ → ㉠
④ ㉣ → ㉢ → ㉠ → ㉡

해설 순서 : 공장–작업장–부서–생산라인

22. 사용 중인 설비의 고장, 정지 또는 유해한 성능 저하를 가져오는 상태를 발견하기 위한 보전은? (13년 2회)

① 개량 보전　　② 보전 예방
③ 사후 보전　　④ 예방 보전

해설 예방 보전 : 고장, 정지 또는 유해한 성능 저하를 가져오는 상태를 발견하기 위하여 설비의 주기적인 검사를 통해 초기 단계에서 제거 또는 복구시키기 위한 보전 방법으로 일상 보전, 장비점검, 예방 수리로 구성되어 있다.

정답 19. ③ 20. ① 21. ① 22. ④

이것은 특정 운전 상태를 계속 유지시키는 계획 보전 방법이다.

23. MAPI(machinert & allied products institute)방식에 관한 설명으로 옳은 것은?

① 긴급도의 산출방식이다.
② 연간 생산량의 결정방식이다.
③ 설비 교체의 경제 분석 방법이다.
④ 인플레이션을 고려하여 분석한다.

24. 기계를 가동하여 직접 생산하는 시간을 무엇이라 하는가? (08년 3회)

① 실제 생산시간 ② 실제 조업시간
③ 정미 가동시간 ④ 직접 조업시간

해설 ㉠ 정미 가동시간 : 기계를 가동하여 직접 생산하는 시간
㉡ 정지시간 : 준비시간, 대기시간, 수리시간, 불량 수정시간 등
㉢ 무부하 시간 : 기계가 정지하고 있는 시간
㉣ 기타 시간 : 조업시간 내에 전기, 압축기 등이 정지하여 작업 불능시간 조회, 건강 진단 등의 시간
㉤ 캘린더 시간 : 공휴일을 포함한 1년 365일
㉥ 조업시간 : 잔업을 포함한 실제 가동시간
㉦ 부하시간 : 정미 가동시간에 정지시간을 부가한 시간

25. 회전기계에서 발생하는 이상 현상의 설명이 틀린 것은?

① 언밸런스 : 로터 축심 회전의 질량 분포 부적정에 의한 것으로 통상 회전 주파수가 발생
② 미스얼라인먼트 : 커플링으로 연결된 2개의 회전축 중심선이 엇갈려 있는 경우로 통상 회전 주파수 발생
③ 풀림 : 기초 볼트의 풀림이나 베어링 마모 등에 의하여 발생하는 것으로 통상 회전 주파수의 고차 성분 발생
④ 캐비테이션 : 유체기계에서 국부적 압력 저하에 의하여 기포가 발생하고 고압부에서 파괴될 때 규칙적인 저주파 발생

해설 캐비테이션은 불규칙적인 고주파가 발생된다.

26. 기계의 공진을 제거하는 방법으로 맞지 않는 것은? (17년 3회)

① 우발력을 없앤다.
② 기계의 질량을 바꾸어 고유진동수를 변화시킨다.
③ 기계의 강성을 바꾸어 고유진동수를 변화시킨다.
④ 우발력의 주파수를 기계의 고유진동수와 같게 한다.

해설 공진 현상이란 고유진동수와 강제진동수가 일치할 때 진폭이 크게 발생하는 현상이다.
공진 상태를 제거하는 방법
㉠ 우발력의 주파수를 기계의 고유진동수와 다르게 한다(회전수 변경).
㉡ 기계의 강성과 질량을 바꾸고 고유진동수를 변화시킨다(보강 등).
㉢ 우발력을 없앤다(실제로는 밸런싱과 센터링으로는 충분치 않은 경우 고유진동수와 우발력의 주파수는 되도록 멀리 한다).

27. 운전 중에 실시되는 수리작업을 무엇이라고 하는가?

① SD(shut down)
② 유닛(unit) 방식
③ OSR(on stream repair)
④ OSI(on stream inspection)

해설 OSR : 기계장치 운전 중 수리작업

28. 7개의 깃을 가진 축류 펌프가 2400 rpm으로 회전하고 있을 때 깃 통과 주파수는 얼마인가?

① 40Hz ② 80Hz
③ 280Hz ③ 310Hz

정답 23. ③ 24. ③ 25. ④ 26. ④ 27. ③ 28. ③

해설 $\frac{7\times 2400}{60}=280\text{ Hz}$

29. 동점도를 나타내는 단위는? (14년 2회)

① cm^2/s ② m/s^2
③ s/cm^2 ④ s/m^2

30. 설비의 이상진단 방법 중 정밀진단에 해당하는 것은? (06년 3회)

① 상대 판정법 ② 상호 판정법
③ 절대 판정법 ④ 주파수 분석법

해설 절대 판정법, 상대 판정법, 상호 판정법은 설비의 판정 기준법이다.

31. 진동 차단기의 변위가 걸리는 힘에 비례 할 때 시스템의 고유진동수(ω)와 정적 변위(δ)의 관계식으로 옳은 것은? (15년 1회)

① $\omega=5\pi\delta$ ② $\omega=\frac{5\pi}{\delta}$
③ $\omega=\frac{10\pi}{\delta}$ ④ $\omega=\frac{10\pi}{\sqrt{\delta}}$

32. 보전 작업의 낭비를 제거하여 효율성을 증대시키기 위한 것으로 보전작업 측정, 검사 및 일정계획을 위해서 반드시 필요한 것은? (11년 3회, 15년 2회)

① 설비 보전 표준 ② 설비 효율 측정
③ 로스(loss) 관리 ④ 설비 경제성 평가

해설 설비 보전 표준 : 설비 열화 측정(점검검사), 열화 진행 방지(일상 보전) 및 열화 회복(수리)을 위한 조건의 표준이다.

33. 보전작업 표준을 설정하고자 할 때 사용하지 않는 방법은? (03년 1회, 4년 1회, 17년 2회)

① 경험법 ② 공정 실험법
③ 실적 자료법 ④ 작업 연구법

해설 보전작업 표준을 설정하기 위해 경험법, 실적 자료법, 작업 연구법 등이 사용된다.

34. 가공 및 조립 설비에서 부품의 막힘, 센서의 오작동에 의한 일시적인 설비 정지 또는 설비만 공회전함으로써 발생되는 로스에 해당하는 것은? (12년 3회)

① 고장 로스 ② 속도 저하 로스
③ 수율 저하 로스 ④ 순간 정지 로스

35. 다음 중 진동 소음에 관한 설명으로 옳은 것은? (14년 1회)

① 소음은 진동과 전혀 상관없다.
② 공진은 고유진동수와 상관없다.
③ 투과 손실은 반사값만 계산한다.
④ 이론상으로 차음벽 무게를 2배 증가시키면 투과 손실은 6 dB 증가한다.

해설 이론상으로 차음벽 무게를 2배 증가시키면 투과 손실은 6 dB 증가하나 실제로는 4~5 dB 증가한다.

36. 마찰이나 저항 등으로 인하여 진동 에너지가 손실되는 진동은? (13년 2회)

① 감쇠 진동 ② 규칙 진동
③ 선형 진동 ④ 자유 진동

해설 진동 에너지가 손실이 없는 것을 비감쇠 진동이라 한다.

37. 특수한 고장 이외에는 사용하지 않는 예비품은?

① 부품 예비품
② 라인 예비품
③ 단일기계 예비품
④ 부분적 세트(set) 예비품

해설 예비품에는 부품 예비품, 부분적 세트 예비품, 단일기계 예비품, 라인 예비품 등이 였

정답 29. ① 30. ④ 31. ④ 32. ① 33. ② 34. ④ 35. ④ 36. ① 37. ②

다. 라인 예비품은 특수한 고장을 제외하면 없으나 단일기계 예비품은 전 공장에 영향을 미치는 동력 설비에서 많이 볼 수 있다.

38. 진동방지 대책으로 스프링 차단기 위에 놓아 고유진동수를 낮추는 역할을 하는 것은?

① 거더 ② 고무
③ 패드 ④ 파이버 글라스

39. 보전 표준의 종류 중 진단(diagnosis) 방법, 항목, 부위, 주기 등에 대한 것이 표준화 대상인 것은? (09년 1회, 14년 3회, 17년 1회)

① 수리 표준 ② 작업 표준
③ 설비점검 표준 ④ 일상점검 표준

해설 진단 방법, 항목, 부위, 주기 등에 대한 표준화 대상은 설비점검 표준이다.

40. 전기 스위치나 퓨즈(fuse) 등을 수리하지 않고 고장이 나면 교체하는 부품의 신뢰성 평가 척도는? (10년 3회)

① 고장률 ② 유용성
③ 평균 고장간격 ④ 평균 고장시간

해설 평균 고장시간 : 시스템이나 설비가 사용되어 최초로 고장이 발생할 때까지의 평균 시간

제 3 과목 공업 계측 및 전기 전자 제어

41. 프로세서 제어에 속하는 것은?

① 장력 ② 압력
③ 전압 ④ 주파수

해설 프로세서의 제어량은 온도, 유량, 압력, 액면 등이다.

42. 이득을 나타내는 단위는?

① A ② C ③ dB ④ kW

해설 증폭기의 입력과 출력과의 관계와 같이 신호의 양이 증가했을 때 이득이 있었다고 하며, 이득은 이것을 인간의 감각량으로 대응시키기 위해 대수로 환산하고 dB(데시벨)이라는 단위를 붙여서 나타낸다.
$G = 10\log10Ap[dB]$

43. 교류의 정현파에서 주파수가 1kHz일 때 주기는? (13년 2회)

① 1 ms ② 1 μs ③ 1 ns ④ 1 ps

44. 전류가 흐르는 두 평행 도선 간에 반발력이 작용했다면 두 도선의 전류 방향은?

① 같은 방향이다.
② 반대 방향이다.
③ 서로 수직 방향이다.
④ 전류 방향과는 관계없다.

45. 열전대는 어느 현상을 이용하여 온도를 측정하는가?

① 온도에 의한 열팽창을 이용한 것
② 온도에 의한 저항 변화를 이용한 것
③ 온도에 의한 화학적 변화를 이용한 것
④ 온도에 의한 열기전력의 발생을 이용한 것

해설 열전대(thermocouple)는 제베크 효과(seebeck effect)를 이용하여 온도를 측정하기 위한 소자로 열기전력을 측정하는 것이다.

46. 다음 압력의 크기 중에서 값이 다른 것은?

① 1 psi ② 0.71 lb/ft^2
③ 0.0703 kgf/cm^2 ④ 51.715 mmHg

47. 쿨롱(coulomb)의 법칙을 설명한 것 중 틀린 것은? (07년 1회, 10년 3회)

① 서로 다른 부호인 경우 두 자극은 끌어

2020

정답 38. ① 39. ③ 40. ④ 41. ② 42. ③ 43. ① 44. ② 45. ④ 46. ② 47. ④

당긴다.

② 그 힘의 방향은 두 자극을 이은 직선 위에 있다.

③ 두 자극 사이에 작용하는 힘의 크기는 두 자극의 세기의 곱에 비례한다.

④ 두 전하 사이에 작용하는 힘의 크기는 두 전하간 거리의 제곱에 비례한다.

해설 쿨롱의 법칙 : 전하를 연결하는 직선상에서 같은 종류의 전하 사이에는 반발력이 작용한다. 작용하는 힘의 크기는 매질의 종류에 의해 정해지며, 두 전하 사이에 작용하는 힘의 크기는 두 전하의 크기에 비례한다.

48. 자동 제어의 분류 중 폐루프 제어에 해당되는 내용으로 적합한 것은? (16년 3회)

① 시퀀스 제어 시스템이다.
② 피드백(feed back) 신호가 요구된다.
③ 출력이 제어에 영향을 주지 않는다.
③ 외란에 한 영향을 고려할 필요가 없다.

해설 폐루프 제어는 피드백 제어이다.

49. 다음 중 PD 미터라고도 부르며 오벌 기어식과 루츠 미터식이 대표적인 유량계는 어느 것인가? (07년 1회, 15년 1회)

① 면적식 유량계 ② 용적식 유량계
③ 차압식 유량계 ④ 터빈식 유량계

해설 용적식 유량계는 관로에 흐르는 유체의 통과 체적을 측정하는 방식으로 PD 미터(positive displacement meter)라고도 부르며, 오벌(oval) 기어형과 루츠(roots) 미터형이 대표적인 유량계이다.

50. 100 Ω과 400 Ω인 두 개의 저항을 병렬로 연결하였을 때 합성저항은 몇 Ω인가?

① 80 ② 250 ③ 400 ④ 500

해설 $\frac{1}{R}=\frac{1}{R_1}+\frac{1}{R_2}=\frac{1}{100}+\frac{1}{400}=\frac{1}{80}$

$\therefore R=80\ \Omega$

51. 다음 중 대칭 3상 교류에 대한 설명으로 옳은 것은? (15년 3회)

① 각 상의 기전력과 전류의 크기가 같고 위상이 120도인 3상 교류
② 각 상의 기전력과 전류의 크기가 같고 위상이 240도인 3상 교류
③ 각 상의 기전력과 전류의 크기가 다르고 위상이 120도인 3상 교류
④ 각 상의 기전력과 전류의 크기가 다르고 위상이 240도인 3상 교류

52. 다음 논리 회로도의 출력식은? (11년 3회)

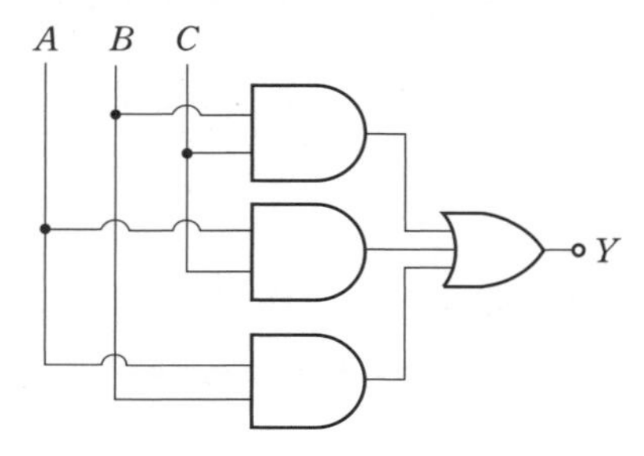

① $Y=ABC$
② $Y=A+B+C$
③ $Y=\overline{A}+\overline{B}+\overline{C}$
④ $Y=AB+BC+AC$

53. 절연 저항계에 대한 설명으로 적합하지 않은 것은?

① 발전기식과 전자식이 있다.
② 영구자석과 교차코일로 구성되어 있다.
③ 메거(megger)는 절연 저항계의 일종이다.
④ 발전기식의 경우 핸들의 분당 회전수는 60을 표준으로 하고 있다,

54. 신호변환기에서 다음 중 필터링에 대한 설명으로 옳은 것은?

정답 48. ② 49. ② 50. ① 51. ① 52. ④ 53. ④ 54. ④

① 트랜스를 이용한다.
② 포토 커플러를 이용한다.
③ 검출신호의 비선형성을 선형화한다.
④ 잡음에 의한 수신계의 오동작을 방지한다.

55. 시퀀스 제어에 사용되는 조작용 기기에 속하지 않는 것은? (07년 1회)

① 캠 스위치 ② 압력 스위치
③ 토글 스위치 ④ 선택 스위치

56. 프로세스 제어 시스템에서 조작부의 구비조건으로 틀린 것은?

① 보수점검이 용이할 것
② 제어신호에 정확히 동작할 것
③ 응답성이 좋고 히스테리시스가 클 것
④ 주위환경과 사용조건에 충분히 견딜 것

해설 히스테리시스가 작아야 한다.

57. 10진수 25를 2진수로 변환하면? (12년 2회)

① 10011 ② 11010
③ 11001 ④ 11100

58. 역률 80 %인 부하의 전력이 400 kW이라면 무효전력은 몇 kVar인가?

① 200 ② 300
③ 400 ④ 500

59. 그림의 트랜지스터 기호에서 A가 표시하는 것은?

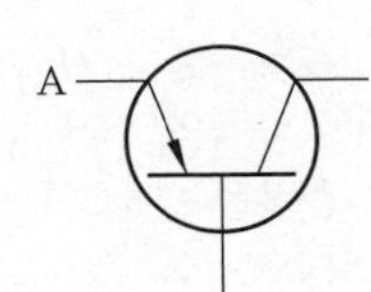

① 게이트 ② 베이스
③ 콜렉터 ④ 이미터

60. 다음 중 1 eV에 해당하는 것은?

① 1.602×10^{-19} J
② 1.602×10^{-19} C · W
③ 1.602×10^{-19} V · m
④ 1.602×10^{-19} C · kg

제 4 과목 기계 정비 일반

61. 다음 중 유도 전동기에서 회전수(N_S), 극수(P) 및 주파수(F)의 관계식이 옳은 것은 무엇인가? (09년 3회, 15년 1회)

① $N_S = \frac{120F}{P}$ ② $N_S = \frac{120P}{F}$
③ $N_S = \frac{120}{PF}$ ④ $N_S = \frac{PF}{120}$

62. 전동기의 고장현상 중 기동 불능의 원인으로 거리가 먼 것은? (10년 3회, 15년 2회)

① 퓨즈 단락
② 베어링 손상
③ 서머 릴레이 작동
④ 노 퓨즈 브레이크 작동

해설 베어링의 손상은 불규칙적인 기동이 된다.

63. 송풍기의 회전수를 변화시키는 방법이 아닌 것은? (16년 2회)

① 가변 풀리에 의한 조절
② 정류자 전동기에 의한 조절
③ 극수 변환 전동기에 의한 조절
④ 열동 과전류 계전기에 의한 조절

해설 송풍기의 회전수를 변화시키는 방법
㉠ 유도 전동기의 2차 측 저항 조절
㉡ 정류자 전동기에 의한 조절
㉢ 극수 변환 전동기에 의한 조절
㉣ 가변 풀리에 의한 조절
㉤ V 벨트 풀리 지름비를 변경하는 조절

2020

정답 55. ② 56. ③ 57. ③ 58. ② 59. ④ 60. ① 61. ① 62. ② 63. ④

64. 다음 중 송풍기의 베어링 과열 원인이 아닌 것은? (10년 2회)

① 베어링 마모
② 베어링 조립 불량
③ 임펠러(impeller)의 부식
④ 그리스(grease)의 과충전

해설 베어링(bearing)의 온도 : 주위의 공기 온도보다 40℃ 이상 높으면 안 된다고 규정되어 있지만 운전 온도가 70℃ 이하이면 큰 지장은 없다. 베어링의 진동 및 윤활유 적정 여부를 점검한다.

65. 다음 중 고무벨트의 특징이 아닌 것은?

① 유연하고 밀착성이 좋아 미끄럼이 적다.
② 열과 기름에 약하여 장시간 연속운전에 손상되기 쉽다.
③ 내습성이 좋아 습기가 많은 곳에 사용하기에 알맞다.
④ 다른 벨트에 비해 수명이 길고 연신율이 작아 고 정밀도의 큰 동력을 전달한다.

해설 고무벨트는 연신율이 크기 때문에 고 정밀도의 큰 동력 전달에는 부적당하다.

66. 펌프에서 발생하는 이상 현상 중 수격 현상에 관한 설명으로 옳은 것은? (14년 3회)

① 관로의 유체가 비중이 낮아 흐름속도가 빨라지는 현상이다.
② 펌프 내부에서 흡입 양정이 높아 유체가 증발하여 기포가 생기는 현상이다.
③ 배관을 흐르는 유체에 불순물이 섞여 관로에서 충격파를 발생시키는 현상이다.
④ 배관에 흐르는 유체의 속도가 급격한 변화에 의해 관내 압력이 상승 또는 하강하는 현상이다.

해설 ②는 캐비테이션에 관한 설명이다.

67. 송풍기의 진동 원인으로 가장 거리가 먼 것은? (14년 2회)

① 축의 굽음
② 임펠러의 마모
③ 모터의 용량 증가
④ 임펠러에 더스트(dust) 부착

68. 육각 홈이 있는 둥근 머리 볼트를 체결할 때 사용하는 공구는? (11년 2회)

① 훅 스패너
② 육각 L-렌치
③ 조합 스패너
④ 더블 오프셋 렌치

해설 L-렌치 : 육각 홈이 있는 둥근 머리 볼트를 빼고 끼울 때 사용한다. 6각형 공구강 막대를 L자형으로 굽혀 놓은 것으로 크기는 볼트 머리의 6각형 대변 거리이며 미터계는 1.27~32 mm, 인치계는 1/16″~1/2″로 표시한다.

69. 다음 중 펌프의 부식작용 요소로 맞지 않는 것은? (15년 1회, 19년 3회)

① 온도가 높을수록 부식되기 쉽다.
② 금속 표면이 거칠수록 부식되기 쉽다.
③ 유체 내의 산소량이 적을수록 부식되기 쉽다.
④ 재료가 응력을 받고 있는 부분은 부식이 생기기 쉽다.

해설 ㉠ 온도가 높을수록, pH값이 낮을수록 부식되기 쉽다.
㉡ 유체 내의 산소량이 많을수록 부식되기 쉽다.
㉢ 유속이 빠를수록 부식되기 쉽다.
㉣ 금속 표면이 거칠수록 부식되기 쉽다.
㉤ 재료가 응력을 받고 있는 부분은 부식이 생기기 쉽다.
㉥ 금속 표면의 돌기부, 캐비테이션 발생 부위, 충격 흐름을 받는 부위는 부식이 잘 된다.

정답 64. ③ 65. ④ 66. ④ 67. ③ 68. ② 69. ③

70. 접선 키에서 120°의 각도로 두 곳에 한 쌍의 키를 사용하는 가장 큰 이유는?

① 큰 회전력을 전달하기 위하여
② 축에서 보스를 이동하기 위하여
③ 축의 강도 저하를 방지하기 위하여
④ 정 · 역회전을 가능하게 하기 위하여

해설 축의 접선 방향에 설치하는 접선 키(tangential key)는 $\frac{1}{40} \sim \frac{1}{45}$의 기울기를 가진 2개의 키를 한 쌍으로 하여 키의 압축력을 높이고, 회전 방향이 양방향일 때 사용하도록 중심각이 120°로 되는 위치에 두 쌍을 설치한다. 즉 정 · 역회전을 가능하게 하기 위한 것이며 세레이션, 스플라인보다 작은 전달력에 사용된다.

71. 두 기어 사이에 있는 기어로 속도비에 관계없이 회전 방향만 변하는 기어는? (14년 3회)

① 웜 기어 ② 아이들 기어
③ 구동 기어 ④ 헬리컬 기어

72. 키 맞춤을 위해 보스의 구멍 지름, 홈의 깊이 등을 측정할 때 적합한 측정기는 무엇인가? (14년 1회)

① 강철자
② 틈새 게이지
③ 마이크로미터
④ 버니어 캘리퍼스

73. 다음 중 직접 측정의 장점이 아닌 것은?

① 제품의 치수가 고르지 못한 것을 계산하지 않고 알 수 있다.
② 양이 적고 종류가 많은 제품을 측정하기에 적합하다.
③ 측정물의 실제 치수를 직접 잴 수 있다.
④ 측정 범위가 다른 측정 범위보다 넓다.

74. 합성고무와 합성수지 및 금속 클로이드 등을 주성분으로 한 액상 개스킷의 사용 방법으로 옳지 않은 것은? (12년 1회, 15년 3회)

① 얇고 균일하게 칠한다.
② 바른 직후 접합해도 관계없다.
③ 사용온도 범위는 0~30℃까지이다.
④ 접합면의 수분, 기름, 기타 오물을 제거한다.

해설 사용온도 범위는 40~400℃이다.

75. 펌프 흡입관 배관 시 주의 사항으로 맞지 않는 것은? (11년 2회)

① 흡입관 끝에 스트레이너를 설치한다.
② 관의 길이는 짧고 곡관의 수는 적게 한다.
③ 배관은 펌프를 향해 $\frac{1}{100}$ 내림 구배한다.
④ 흡입관에서 편류나 와류가 발생하지 못하게 한다.

해설 배관은 펌프를 향해 $\frac{1}{100}$ 올림 구배를 한다.

76. 다음 중 주철관에 대한 설명으로 틀린 것은?

① 내식성이 풍부하다.
② 내수성이 우수하다.
③ 강관보다 가볍고 강하다.
④ 수도, 가스, 배수 등의 배설관으로 사용된다.

해설 주철관은 강관에 비해 무겁다.

정답 70. ④ 71. ② 72. ④ 73. ① 74. ③ 75. ③ 76. ③

77. 핀(pin)에 대한 설명 중 잘못된 것은?

① 핀은 주로 인장력이나 압축력으로 파괴된다.
② 종류에는 평행 핀, 스프링 핀, 분할 핀 등이 있다.
③ 분할 핀은 코터 이음 및 너트의 풀림 방지용으로 사용된다.
④ 경하중의 기계 부품을 결합하거나 위치 결정용에도 사용된다.

해설 핀은 주로 전단력으로 파괴된다.

78. 유체의 역류를 방지하는 밸브로 가장 적당한 것은? (14년 1회)

① 체크 밸브
② 앵글 밸브
③ 니들 밸브
④ 슬루스 밸브

79. 체결 후 장기간 방치한 볼트와 너트가 고착되는 가장 주된 원인은?

① 조임 시 적절한 체결용 공구를 사용하지 않았을 때
② 너트 조임 시 수용성 절삭유를 사용하지 않고 조임했을 때
③ 볼트와 너트 가공 시 재질이 고르지 않고 표면 거칠기가 클 때
④ 틈새로 수분, 부식성 가스가 침입하거나 가열 시 산화철이 발생했을 때

80. 수격 현상에서 압력 상승 방지책으로 사용되지 않는 것은? (18년 1회)

① 밸브의 제어
② 흡수조의 사용
③ 안전밸브의 사용
④ 체크 밸브의 사용

정답 77. ① 78. ① 79. ④ 80. ②

❖ 2020년 9월 3일 시행

자격종목 및 등급(선택분야)	종목코드	시험시간	문제지형별	수검번호	성 명
기계정비산업기사	2035	2시간	A		

제 1 과목 공유압 및 자동화 시스템

1. 실린더 튜브와 커버를 체결하는 것으로, 공기 압력이나 피스톤 왕복운동 시 충격력을 흡수할 수 있는 충분한 강도를 가져야 하는 부품은?

① 쿠션 링 ② 타이 로드
③ 피스톤 로드 ④ 피스톤 패킹

해설 타이 로드(tie rod) : 튜브와 커버를 체결하는 것으로 공기 압력이나 피스톤 왕복운동 시 충격력을 흡수할 수 있는 충분한 강도가 있어야 하며, 튜브와 커버를 일체로 제작하는 일체형도 있다.

2. 다음 회로의 명칭은?(단, A와 B는 입력이다.)

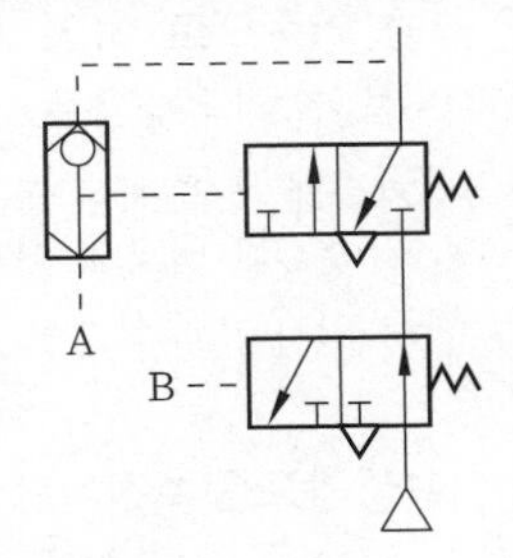

① NAND 회로
② FLIP-FLOP 회로
③ CHECK VALVE 회로
④ EXCLUSIVE OR 회로

해설 플립플롭 회로(flip-flop circuit) : 주어진 입력 신호에 따라 정해진 출력을 내는 것으로, 기억(memory) 기능을 겸비한 것으로 되어 있다.

3. 기호의 표시 방법과 해석에 관한 설명으로 틀린 것은?

① 포트는 관로나 기호요소의 접점으로 나타낸다.
② 기호는 기기의 실제 구조를 나타내는 것이 아니다.
③ 기호는 기능 · 조작 방법 및 외부 접속구를 표시한다.
④ 기호는 압력, 유량 등의 수치 또는 기기의 설정값을 표시한 것이다.

4. 유체의 흐름은 층류와 난류가 있다. 배관 내에서 유체 흐름의 형태를 결정짓는 것은?

① 레이놀즈수
② 베르누이 정리
③ 파스칼의 원리
④ 토리첼리의 정리

해설 난류는 유체의 레이놀즈수가 큰 경우, 즉 점도계수가 작고 유속이 굵은 관을 흐를 때 일어나기 쉬우며, 에너지를 많이 소비한다. 층류는 유체의 동점도가 크고 유속이 비교적 작으며 가는 관이나 좁은 틈새를 통과할 때, 레이놀즈수가 작을 때, 즉 점성계수가 큰 경우 잘 일어나며, 유체의 점성만이 압력 손실의 원인이 된다.

5. 베인형 압축기의 특징이 아닌 것은?

① 소음과 진동이 작다.
② 압력을 일정하게 공급한다.
③ 소형으로 제작이 가능하다.
④ 압축기 벽면에 냉각판을 부착하여야 한다.

2020

정답 1. ② 2. ② 3. ④ 4. ① 5. ④

6. 다음 중 유압 신호를 전기 신호로 전환시키는 기기는?

① 압력 스위치
② 유압 실린더
③ 방향 제어 밸
④ 압력 제어 밸브

해설 압력 스위치는 유압 신호를 전기 신호로 전환시키는 일종의 스위치이다.

7. 공기압 시스템에 부착된 압력 게이지의 눈금이 0.5 MPa을 나타낼 때 절대압력은 몇 MPa인가?

① 0.3 ② 0.4
③ 0.5 ④ 0.6

해설 절대압 = 게이지압 + 대기압
= 0.5 + 0.1 = 0.6 MPa

8. 유압 실린더 피스톤 로드의 추력 방향이 실린더 축심 끝을 기준으로 원주상 일정 각도로 회전할 수 있도록 하기 위한 실린더 설치 형식은?

① 풋형 ② 램형
③ 플랜지형 ④ 클레비스형

해설 클레비스형 : 부하가 한 평면 내에서 요동할 경우 사용

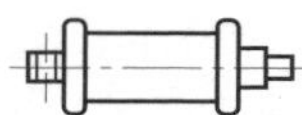

9. 한쪽 방향으로의 흐름은 제어하지만 역방향으로의 흐름은 제어가 불가능한 밸브는?

① 감속 밸브 ② 니들 밸브
③ 셔틀 밸브 ④ 체크 밸브

10. 회로압이 설정압을 초과하면 유체압에 의해 파열되어 압유를 탱크로 귀환시키고 동시에 압력 상승을 막아 기기를 보호하는 역할을 하는 유압기기는? (10년 1회, 14년 3회)

① 유압 퓨즈 ② 체크 밸브
③ 압력 스위치 ④ 릴리프 밸브

해설 유압 퓨즈(fluid fuse) : 전기 퓨즈와 같이 유압장치 내의 압력이 어느 한계 이상이 되는 것을 방지하는 것으로, 얇은 금속막을 장치하여 회로압이 설정압을 넘으면 막이 유체압에 의해 파열되어 압유를 탱크로 귀환시킴과 동시에 압력 상승을 막아 기기를 보호하는 역할을 한다. 그러나 맥동이 큰 유압장치에서는 부적당하다. 급격한 압력 변화에 대하여 응답이 빨라 신뢰성이 좋고, 설정압은 막의 재료 강도로 조절한다.

11. 제어(control)의 의미로 옳은 것은? (07년 1회)

① 측정장치, 제어장치 등을 정비하는 것
② 입력 신호보다 높은 레벨의 출력 신호를 주는 것
③ 어떤 목적에 적합하도록 대상이 되어 있는 것에 필요한 조작을 가하는 것
④ 어떤 양을 기준으로 하여 사용하는 양과 비교하여 수치나 부호로 표시하는 것

해설 제어 : 시스템 내의 하나 또는 여러 개의 입력 변수가 약속된 법칙에 의하여 출력 변수에 영향을 미치는 공정

12. 설비의 신뢰성 정도를 측정하는 기준이 아닌 것은?

① 고장률
② 관리도
③ 평균 고장간격시간
④ 평균 고장수리시간

해설 설비의 신뢰성 평가 척도 : 신뢰도, 고장률, 평균 고장간격시간, 평균 고장수리시간

13. 고정 결선에 의한 제어 시스템 구성 순서가 바르게 나열된 것은?

정답 6. ① 7. ④ 8. ④ 9. ④ 10. ① 11. ③ 12. ② 13. ①

㉠ 시운전	㉡ 기술 선정
㉢ 시스템 구성	㉣ 회로도 작성

① ㉡→㉢→㉣→㉠
② ㉡→㉣→㉢→㉠
③ ㉣→㉢→㉠→㉡
④ ㉣→㉢→㉡→㉠

14. 이미 정의된 위치 데이터를 수동 키(key)조작에 의해 직접 입력하는 방식은?

① AGV ② MDI
③ PTP ④ TPB

해설 ① AGV : 무인 반송차
② MDI : 수동 데이터 입력
③ PTP : 정밀 시각 프로토콜, 종이 테이프 천공기
④ TPB : 단행본

15. 자계의 세기나 자극을 판단할 수 있는 반도체 소자는?

① 홀 소자
② 포토 커플러
③ 포토 다이오드
④ 포토 트랜지스터

해설 홀 소자는 자기 센서이다.

16. 전진 및 후진 완료 위치에서 가해지는 충격을 방지하기 위한 유압 실린더는?

① 충격 실린더
② 탠덤 실린더
③ 양로드 실린더
④ 쿠션 내장형 실린더

해설 쿠션 내장형 실린더는 충격 방지용 실린더이다.

17. 다음 그림에서 입력신호가 증폭되어 출력신호가 될 때 증폭은 몇 배인가?

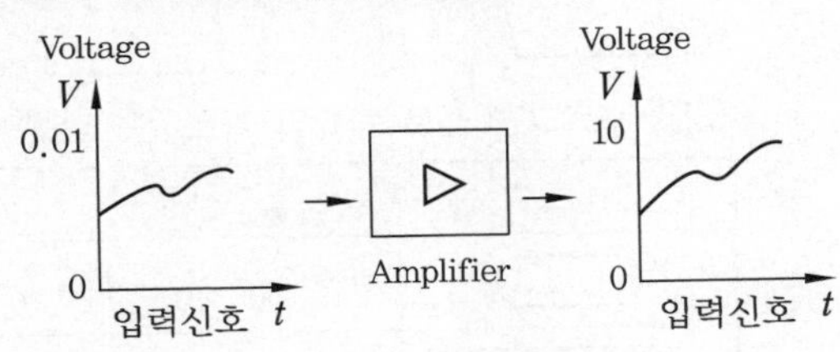

① 10배 ② 100배
③ 1000배 ④ 10000배

해설 증폭기의 전압 이득

$$A_v = \frac{v_0}{v_i} = \frac{10}{0.01} = 1,000$$

18. 스텝 전동기를 여자 상태로 하여 출력축을 외부에서 회전시키려고 했을 때, 이 힘에 대항하여 발생하는 최대 토크는?

① 탈출 토크(pull out torque)
② 홀딩 토크(holding torque)
③ 풀 인 토크(pull in torque)
④ 디텐트 토크(detent torque)

해설 탈출 토크 : 동기 전동기에서 정격 전압, 정격 주파수 조건에서 여자를 일정하게 유지하고 부하를 서서히 증가할 경우 견딜 수 있는 최대 부하 토크

19. 기기에서 발생하는 노이즈를 제거하기 위해 전원 접지와 구분하여 PLC 기기에 별도로 접지하는 방식은?

① 공용 접지 ② 라인 접지
③ 절연 접지 ④ 프레임 접지

해설 라인 접지 : 기기에서 발생하는 노이즈 또는 이상 전압을 보호 및 억제할 목적으로 접지하는 방식

20. 다음 프로그램 플로 차트(flow chart) 기호 중 입력 또는 출력을 나타내는 기호는?

① ◯ ② ⬭

2020

정답 14. ② 15. ① 16. ④ 17. ③ 18. ① 19. ② 20. ③

③ (평행사변형 기호) ④ (서브루틴 기호)

해설 프로그램 플로 차트의 기호

기호	설명
(타원형)	제약 예 : 시작 또는 끝
(직사각형)	일반적인 작업 (예 : 계산, 비교)
(마름모)	분지
(평행사변형)	입력 또는 출력
(양옆 세로선 사각형)	서브루틴(subroutines)
(원)	전이점
(화살표)	프로그램 흐름의 방향 표시 화살표

제 2 과목 설비 진단 및 관리

21. 덕트(duct) 소음이나 배기 소음을 방지하기 위해 사용되는 장치로 맞는 것은? (11년 2회)

① 소음기 ② 유공판
③ 공명판 ④ 진동 차단기

22. 설비 관리의 조직 계획상 고려할 사항이 옳게 연결된 것은? (11년 3회)

① 제품의 특성 – 프로세스, 계속성
② 설비의 특징 – 입지, 분산 비율, 환경
③ 외주 이용도 – 구조, 기능, 열화 속도 및 정도
④ 인적 구성과 그의 역사적 배경 – 기술수준, 관리수준, 인간관계

해설 ㉠ 제품의 특성 : 원료, 반제품, 제품의 특성
㉡ 생산 형태 : 프로세스, 계속성
㉢ 설비의 특징 : 구조, 기능, 열화 속도 및 정도
㉣ 외주 이용도 : 가능성과 경제성
㉤ 지리적 조건 : 입지, 분산 비율, 환경

23. 제품의 물리적 특성이 기계와 사람을 제품으로 가져오도록 강요하는 설비 배치방식은? (03년 3회)

① 제품별 배치(product layout)
② 공정별 배치(process layout)
③ 정지제품 배치(static product layout)
④ 혼합방식 배치(mixed model layout)

해설 제품 특성으로 기계와 사람을 제품에 가져오도록 하는 방식의 배치는 정지제품 배치로 조선업에서 주로 사용한다.

24. 다음 중 설비 보전 표준의 분류에 포함되지 않는 것은? (15년 1회, 18년 2회)

① 수리 표준 ② 정비 표준
③ 설비 검사 표준 ④ 설비 성능 표준

해설 (가) 설비 성능 표준 : 설비 사양서라고도 한다.
(나) 설비 보전 표준 : 설비 열화 측정(점검 검사), 열화 진행 방지(일상 보전) 및 열화 회복(수리)을 위한 조건의 표준이다.
(다) 설비 보전 표준의 분류
㉠ 설비 검사 표준
㉡ 보전 표준
㉢ 수리 표준

25. 기계 진동 방지대책으로 거더(girder)를 이용하는 주된 이유는?

① 강성을 높인다.
② 균형을 맞춘다.
③ 설치 면적을 넓힌다.

정답 21. ① 22. ④ 23. ③ 24. ④ 25. ④

④ 고유진동수를 낮춘다.

해설 진동 차단기가 기본적으로 갖춰야 할 조건
㉠ 강성이 충분히 작아서 차단 능력이 있어야 한다.
㉡ 강성은 작되 걸어준 하중을 충분히 지지할 수 있어야 한다.
㉢ 온도, 습도, 화학적 변화 등에 의해 견딜 수 있어야 한다.
㉣ 차단기의 강성은 그에 부착된 진동 보호 대상체의 구조적 강성보다 작아야 하며, 차단하려는 진동의 최저 주파수보다 작은 고유진동수를 가져야 한다.

26. 일반적으로 사람이 들을 수 있는 주파수의 범위는? (12년 1회, 14년 3회)

① 0.2~30,000 Hz ② 0.1~10,000 HZ
③ 10~30,000 HZ ④ 20~20,000 HZ

해설 가청 주파수는 20~20,000 Hz이다.

27. 고장 분석에서 설비 관리의 목적인 최소 비용으로 최대 효율을 얻기 위해 계획, 진행하는 것과 관계없는 것은? (15년 3회)

① 유용성의 향상 : 설비의 가동율을 높인다.
② 경제성의 향상 : 가능한 비용을 절감한다.
③ 신뢰성의 향상 : 설비의 고장을 없게 한다.
④ 보전성의 향상 : 고장에 의한 휴지시간을 단축한다.

해설 유용성(availability) : 신뢰도와 보전도를 종합한 평가 척도로서 어느 특정 순간에 기능을 유지하고 있는 확률

28. 축면에 나선상의 홈을 만들고 축을 회전시키면 축의 회전에 의해 기름이 홈을 따라 올라가 측면에 급유되는 방식은? (11년 3회)

① 나사 급유법 ② 원심 급유법
③ 유욕 급유법 ④ 롤러 급유법

해설 축면에 나선 홈을 만들고 축을 회전시키면 기름이 홈을 따라 올라가 급유되는 방법을 나사 급유법이라 한다.

29. 차음벽 재료의 강성을 두 배 증가시킬 때 투과 손실은?

① 3 dB 증가한다. ② 3 dB 감소한다.
③ 6 dB 증가한다. ④ 6 dB 감소한다.

30. 다음 중 회전기계에서 발생하는 진동을 측정하는 경우 측정 변수를 선정하는 내용에 대한 설명으로 맞는 것은? (09년 1회)

① 주파수가 높을수록 변위의 검출 감도가 높아진다.
② 진동 에너지나 피로도가 문제가 되는 경우 측정 변수는 속도로 한다.
③ 회전축의 흔들림이나 공작기계의 떨림 현상이 문제가 되는 경우 측정 변수로 가속도를 이용한다.
④ 낮은 주파수에서는 가속도, 중간 주파수에서는 속도, 높은 주파수에서는 변위를 측정 변수로 한다.

해설 높은 주파수에서는 가속도, 중간 주파수에서는 속도, 낮은 주파수에서는 변위를 측정 변수로 한다. 또한 회전축의 흔들림이나 공작기계의 떨림 현상이 문제가 되는 경우 측정 변수로 변위를 이용한다.

31. 제조원가는 크게 직접비와 간접비로 구분된다. 직접비에 포함되지 않는 비용은 무엇인가? (10년 2회, 10년 3회, 16년 1회, 16년 2회)

① 제품 재료비
② 기술지원 인건비
③ 제품생산 인건비
④ 외주 및 임가공 비용

정답 26. ④ 27. ① 28. ① 29. ③ 30. ② 31. ②

해설 기술지원 인건비는 간접 노무비용으로 구분된다.

32. 외란(disturbance)이 가해진 후에 계가 스스로 진동하고 반복되며 외부 힘이 이 계에 작용하지 않는 진동은? (16년 1회)

① 감쇠진동 ② 강제진동
③ 선형진동 ④ 자유진동

해설 자유진동 : 외란이 가해진 후에 계가 스스로 진동하고 있다면, 이 진동을 자유진동(free vibration)이라 하며, 반복되는 외부 힘이 이 계에 작용하지 않는다. 진자의 진동이 자유진동의 한 예이다.

33. 여러 대의 공작기계를 1대의 컴퓨터에 결합시켜 제어하는 생산설비 시스템으로 머시닝 센터의 기초가 된 생산설비를 무엇이라 하는가?

① 수치 제어기계(numerical control machine)
② 유연기술 시스템(flexible technological system)
③ 직접 제어기계(DNC : direct numerical control machine
④ 컴퓨터 수치 제어(CNC : computerized numerical control machine)

34. 다음 중 윤활유의 작용이 아닌 것은 어느 것인가? (09년 1회)

① 감마 작용 ② 냉각 작용
③ 방독 작용 ④ 응력 분산 작용

35. 설비 표준화를 위한 설비 코드의 부여 순서로 옳은 것은?

① 계정분류 → 기종분류 → 특성분류 → 규격분류 → 일련번호
② 기종분류 → 특성분류 → 계정분류 → 규격분류 → 일련번호
③ 계정분류 → 특성분류 → 기종분류 → 규격분류 → 일련번호
④ 기종분류 → 계정분류 → 특성분류 → 규격분류 → 일련번호

36. 다음 중 흡음에 대한 설명으로 옳은 것은?

① 흡음재의 종류가 같을 경우 흡음률은 항상 일정하다.
② 흡음판에서 일부 음향 에너지는 열로 소멸된다.
③ 부드럽고 다공성 표면을 갖는 재질일수록 흡음률은 낮다.
④ 흡음률은 손실 에너지에 대한 전체 음향 에너지의 비이다.

해설 부드럽고 다공성 표면을 갖는 재질일수록 흡음률은 높다. 흡음 재료는 주파수, 재료의 구성, 표면 처리, 두께 등에 따라 흡음 특성이 다르게 나타나며, 흡음율은 입사 에너지 중 흡수되는 에너지의 비이다.

$$\text{흡음률 } \alpha = \frac{\text{흡수된 에너지}}{\text{입사 에너지}} = \frac{(\text{입사음}-\text{반사음})\text{의 세기}}{\text{입사음의 세기}}$$

37. 유틸리티 설비와 관계없는 것은?

① 급수 설비 ② 하역 설비
③ 수처리 시설 ④ 증기 발생장치

해설 유틸리티란 증기, 전기, 공업용수, 냉수, 불활성가스, 연료 등을 말하며 유틸리티 설비는 증기 발생장치 및 배관 설비, 발전 설비, 공업용 원수·취수 설비, 수처리 시설(공업, 식수용 등), 냉각탑 설비, 펌프 급수 설비 및 주 배분관 설비, 냉동 설비 및 주 배분관 설비, 질소 발생 설비, 연료 저장 수송 설비, 공기 압축 및 건조 설비 등이 있다.

38. 다음 중 정비 계획 수립 시 고려할 사항이 아닌 것은? (09년 2회, 11년 3회)

정답 32. ④ 33. ② 34. ③ 35. ③ 36. ② 37. ② 38. ②

① 수리요원 ② 제품성분 분석
③ 생산계획 확인 ④ 설비능력 파악

해설 정비 계획 수립 시 고려할 사항
㉠ 정비 비용
㉡ 수리시기
㉢ 수리시간
㉣ 수리요원
㉤ 생산 및 수리계획
㉥ 일상점검 및 주간, 월간, 연간 등의 정기 수리 구분

39. 제품별 설비 배치의 장점이 아닌 것은?

① 정체시간이 짧기 때문에 재공품이 적다.
② 공정이나 설비가 집중되고 소요 면적이 적어진다.
③ 작업자의 간접작업이 적어지므로 실질적 가동률이 향상된다.
④ 작업의 융통성이 적고 공정계열이 다르면 배치를 바꾸어야 한다.

해설 ④는 제품별 설비 배치의 단점이다.

40. 다음 가속도계 센서 부착방법 중 사용 주파수 영역이 가장 좁은 방법은?

① 손 고정 ② 밀랍 고정
③ 자석 고정 ④ 나사 고정

해설 주파수 영역 : 나사 고정 31 kHz, 접착제 29 kHz, 비왁스 28 kHz, 마그네틱 7 kHz, 손 고정 2 kHz

제 3 과목 공업 계측 및 전기 전자 제어

41. 논리식 $Y=\overline{A}\cdot B\cdot \overline{C}+\overline{A}\cdot B\cdot C+A\cdot B\cdot \overline{C}$를 간략화한 식은?

① $Y=A\cdot B+B\cdot C$
② $Y=A\cdot \overline{B}+B\cdot C$
③ $Y=A\cdot \overline{B}+B\cdot \overline{C}$
④ $Y=\overline{A}\cdot B+B\cdot \overline{C}$

해설 카르노맵을 이용하여 풀면 다음과 같다.

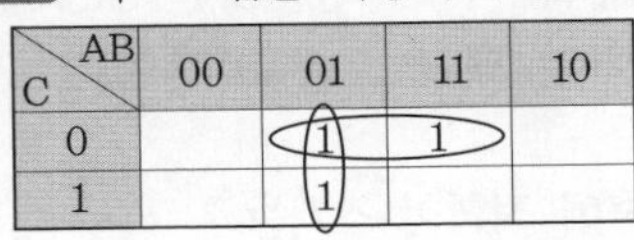

C \ AB	00	01	11	10
0		1	1	
1		1		

$Y=\overline{A}B+B\overline{C}$

42. 다음 그림은 제어 밸브 고유유량의 특성에 대한 것이다. ㉠ 곡선에 해당되는 특성은? (13년 1회)

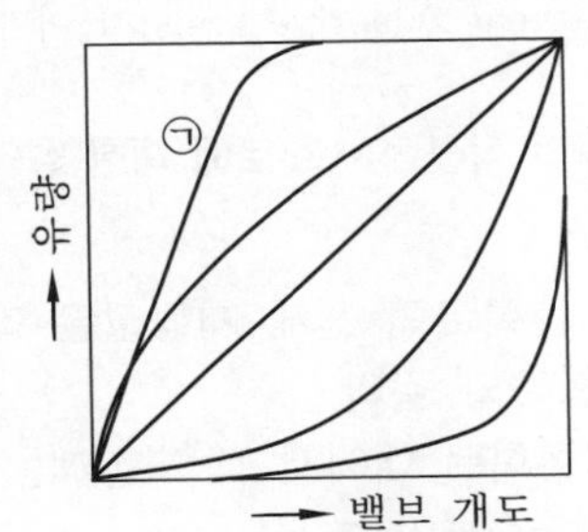

① 리니어 ② 이퀄 퍼센트
③ 퀵 오픈 ④ 하이퍼볼릭

43. 16진수 A6을 2진수로 나타낸 것은?

① 10010110 ② 01101001
③ 10100110 ④ 01101010

44. $C_1=3\mu F$, $C_2=6\mu F$의 콘덴서를 병렬로 접속해서 1kV의 전압을 인가하였다. 전체 콘덴서 C에 축적되는 에너지(J)는?

① 1 ② 2
③ 3.5 ④ 4.5

해설 콘덴서 병렬 접속 시 합성 정전용량 $C=C_1+C_2$이므로 $C=9\mu F$이다.
축적되는 에너지는

$$W=\frac{1}{2}CV^2=\frac{1}{2}\times 9\times 10^{-6}\times (10^3)^2=4.5\text{ J}$$

2020

정답 39. ④ 40. ① 41. ④ 42. ③ 43. ③ 44. ④

45. 열잔류 편차를 제거하기 위해 사용하는 제어계는? (17년 1회)

① 비례 제어 ② ON · OFF 제어
③ 비례 적분 제어 ④ 비례 미분 제어

46. 온도 검출에 적합한 소자는?

① 포토 다이오드 ② 서미스터
③ 바리스터 ④ 제너 다이오드

해설 서미스터(thermistor) : 온도 변화에 의해서 소자의 전기 저항이 크게 변화하는 표적 반도체 감온 소자로 열에 민감한 저항체(thermal sensitive resister)이다.

47. 저항의 직렬 접속회로에 대한 설명 중 틀린 것은? (16년 3회)

① 직렬회로의 전체 저항값은 각 저항의 총합계와 같다.
② 직렬회로 내에서 각 저항에는 같은 크기의 전류가 흐른다.
③ 직렬회로 내에서 각 저항에 걸리는 전압강하의 합은 전원전압과 같다.
④ 직렬회로 내에서 각 저항에 걸리는 전압의 크기는 각 저항의 크기와 무관하다.

48. 전류의 최대값을 I_m이라 할 때 사인파 교류의 실효값 I와 I_m의 관계는?

① $I = I_m$ ② $I = \frac{I_m}{\sqrt{2}}$
③ $I = \frac{2}{\pi} I_m$ ④ $I = \sqrt{2}\, I_m$

해설 $I = \sqrt{i^2\text{의 1주기 평균}}$

$$= \sqrt{\frac{1}{2\pi}\int_0^{2\pi} i^2\, dt}$$

$$= I_m \sqrt{\frac{1}{4\pi}\left[\theta - \frac{1}{2}sin2\theta\right]_0^{2\pi}}$$

$$= \frac{I_m}{\sqrt{2}}$$

49. 조절 밸브(제어 요소)가 프로세스(제어 대상)에 주는 신호는? (16년 2회)

① 조작량 ② 제어량
③ 기준 입력 ④ 동작신호

50. SI 기본 단위계가 아닌 것은? (16년 2회)

① m ② K
③ cd ④ rad

해설 SI 기본 단위계

양	명칭	기호	정 의
길이	미터	m	빛이 진공에서 1/299,792,458초 동안 진행한 경로
질량	킬로그램	kg	국제 킬로그램 원기의 질량
시간	초	s	세슘 원자의 방사에 대한 9,192,631,770 주기의 계속 시간
전류	암페어	A	진공 중 평행 간격 1 m, 도체의 길이 1 m에 2×10^{-7} N의 힘이 미치는 일정 전류
온도	켈빈	K	물의 3중점 열역학 온도의 $\frac{1}{273.16}$
광도	칸델라	cd	주파수 540×10^{12} Hz, 방사 강도 $\frac{1}{683}$ W의 광도
물질량	몰	mol	0.012 kg의 탄소 12 원자 수와 같은 요소 입자의 물질량

51. 다음 시퀀스 회로를 논리식으로 나타낸 것은? (10년 1회)

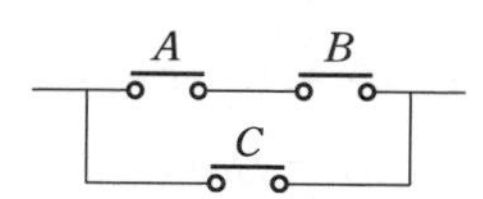

정답 45. ③ 46. ② 47. ④ 48. ② 49. ① 50. ④ 51. ②

① $A \cdot B \cdot C$ ② $(A+B) \cdot C$
③ $A \cdot (B+C)$ ④ $(A+B) \cdot C$

52. 3상 유도 전동기의 회전 방향은 전동기에서 발생되는 회전자계의 회전 방향과 어떤 관계가 있는가?

① 부하조건에 따라 회전 방향이 변화한다.
② 특별한 관계가 없다.
③ 회전자계의 회전 방향으로 회전한다.
④ 회전자계의 반대 방향으로 회전한다.

53. 다음 중 이상적인 연산 증폭기의 특성이 아닌 것은? (11년 1회)

① 입력 저항은 무한대이다.
② 전압 이득은 무한대이다.
③ 대역폭은 0이다.
④ 출력 저항은 0이다.

해설 이상적인 연산 증폭기의 특징
㉠ 무한대의 전압 이득을 가지므로 아주 작은 입력이라도 큰 출력을 얻을 수 있다.
㉡ 무한대의 대역폭을 가지므로 모든 주파수 대역에서 동작된다.
㉢ 입력 임피던스가 무한대이므로 구동을 위한 공급 전원이 연산 증폭기 내부로 유입 되지 않는다.
㉣ 출력 임피던스가 0이므로 부하에 영향을 받지 않는다.
㉤ 동상 신호 제거비(CMRR)가 무한대이므로 입력단에 인가되는 잡음을 제거하여 출력단에 나타나지 않는다.

54. 그림과 같은 연산 증폭기의 출력 전압 V_o는 다음 중 어느 것인가?

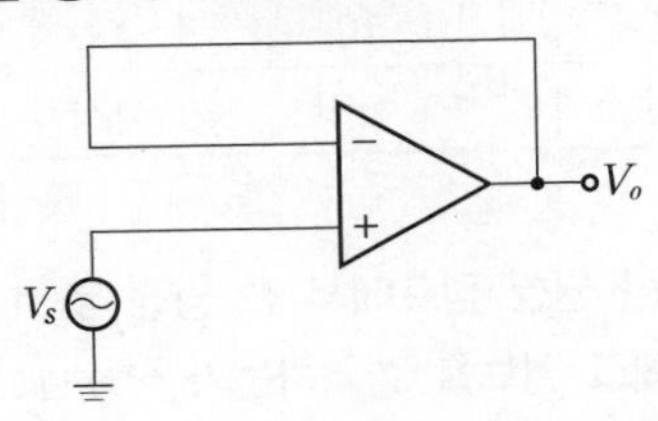

① $V_o=1$ ② $V_o=V_s$
③ $V_o=0$ ④ $V_o=-V_s$

해설 부귀환 전부가 반전 입력단자(−)에 걸리게 하는 구조로 귀환 저항 = 0으로 출력 전부를 입력에 그대로 전달시키기 때문에 입력 전압과 출력 전압이 같다.
따라서 $V_o=V_s$이다.

55. 15 Ω의 저항 3개를 병렬로 연결하면 합성저항(Ω)은?

① 45 ② 10
③ 20 ④ 5

해설 $\frac{1}{R}=\frac{1}{15}+\frac{1}{15}+\frac{1}{15}=\frac{3}{15}=\frac{1}{5}$
$R=5$

56. 측정의 기본 방법 중 눈금자를 직접 제품에 대고 실제 길이를 알아내는 것은?

① 직접 측정 ② 간접 측정
③ 절대 측정 ④ 비교 측정

해설 직접 측정 : 측정하고자 하는 양을 직접 접촉시켜 그 크기를 구하는 방법

57. 10~15 kW 정도의 3상 농형 유도 전동기 기동방식으로 사용하는 것은? (17년 3회)

① 반발 기동
② $Y-\Delta$ 기동
③ 전전압 기동
④ 기동 보상기를 사용한 기동

58. 전동식 구동부를 가진 제어 밸브의 특징이 아닌 것은? (14년 1회)

① 신호 전달의 지연이 없다.
② 동력원 획득이 용이하다.
③ 큰 조작력을 얻을 수 있다.
④ 공기압 구동부에 비해 구조가 복잡하지 않고 비용이 적게 든다.

2020

정답 52. ③ 53. ③ 54. ② 55. ④ 56. ① 57. ② 58. ④

해설 전동식 구동부의 특징
㉠ 신호 전달의 지연이 없다.
㉡ 동력원 획득이 용이하다.
㉢ 큰 조작력을 얻을 수 있다.
㉣ 구조가 복잡하여 방폭 구조가 필요하다.
㉤ 공기압에 비해 고가이다.

59. 다음 중 트랜지스터의 최대 정격으로 사용하지 않는 것은?

① 접합 온도
② 최고 사용 주파수
③ 컬렉터 전류
④ 컬렉터 - 베이스 전압

해설 트랜지스터의 최대 정격으로는 컬렉터-베이스간 전압, 이미터-베이스간 전압, 컬렉터 전류, 컬렉터 손실, 접합부 온도, 주위 온도 등이 있다.

60. 전동기의 과부하 보호장치로 사용되는 계전기는? (15년 2회)

① 지락 계전기(GR)
② 열동 계전기(THR)
③ 부족 전압 계전기(UVR)
④ 래칭 릴레이(LR)

제 4 과목 기계 정비 일반

61. 프로펠러의 양력으로 액체의 흐름을 임펠러에 대한 축 방향으로 평행하게 흡입, 토출하는 것으로 대구경, 대용량이며, 비교적 낮은 양정(1~5 m 정도)이 필요한 곳에 사용되는 펌프는? (17년 1회)

① 기어 펌프 ② 수격 펌프
③ 원심 펌프 ④ 축류 펌프

62. 다음 중 축에 고정된 기어, 커플링, 풀리 등을 분해하려고 할 때 가장 적절한 방법은? (08년 3회)

① 기어 풀러를 사용한다.
② 황동 망치로 가볍게 두드린다.
③ 쇠붙이를 대고 쇠망치로 두드린다.
④ 가열하여 팽창되었을 때 충격을 주어 빼낸다.

해설 기어 풀러(gear puller) : 축에 고정된 기어 풀리, 커플링 등의 분해가 곤란할 때 사용한다.

63. 다음 중 축이나 커플링이 진원에서 편차가 얼마나 되었는지를 확인하는 축 정렬 준비 사항은? (15년 3회)

① 봉의 변형량(sag)의 측정
② 흔들림 공차(run out)의 측정
③ 커플링 면 갭(face gap)의 측정
④ 소프트 풋(soft foot) 상태의 측정

해설 흔들림 공차(런 아웃)는 축이 진원에서 편차가 얼마나 되었는지를 확인하는 방법으로 축이 휘거나 진원에서 편차된 양이 지나치게 크게 되면 축 정렬을 정확히 하는 것이 불가능하다.

64. 통풍기의 압력 범위는?

① 0.1 kgf/cm^2 이하 ② 0.1~10 kgf/cm^2
③ 10 kgf/cm^2 이상 ④ 20 kgf/cm^2 이상

해설 압력에 의한 분류

구분	압력		기압(atm)(표준)
	mAq(수두)	kgf/cm^2	
통풍기	1 이하	0.1 이하	0.1
송풍기	1~10	0.1~1.0	0.1~1.0
압축기	10 이상	1.0 이상	1.0 이상

65. 소형 원심 펌프에서 전 양정 몇 m 이상 일 때 체크 밸브를 설치하는가? (07년 3회, 11년 3회)

정답 59. ② 60. ② 61. ④ 62. ① 63. ② 64. ① 65. ④

① 10 m ② 20 m
③ 50 m ④ 100 m

해설 소형 원심 펌프에서 전 양정 100 m 이상일 때 체크 밸브, 풋 밸브를 설치한다. 소구경(40 mm 이하)에서는 스프링식 급폐 체크 밸브, 대구경(500 mm 이상)에서는 중량 체크 밸브(weight check valve)가 사용된다.

66. 기계 조립 작업 시 주의사항으로 적절하지 않은 것은? (11년 1회, 15년 2회)

① 볼트와 너트는 균일하게 체결할 것
② 무리한 힘을 가하여 조립하지 말 것
③ 정밀 기계는 장갑을 착용하고 작업할 것
④ 접합면에 이물질이 들어가지 않도록 할 것

67. 펌프의 축 추력을 제거할 수 있는 방법으로 적절한 것은? (07년 1회, 08년 3회, 13년 3회)

① 다단 펌프를 사용한다.
② 고양정 펌프를 사용한다.
③ 고유량 펌프를 사용한다.
④ 양흡입 펌프를 사용한다.

해설 임펠러, 축 등을 맞게 해서 양흡입형으로 사용함으로써 축 추력을 제거하는 방식을 양흡입형 임펠러라고 한다.

68. 다음 중 압축기의 설치장소로 적절하지 않은 것은?

① 습기가 적은 곳
② 지반이 견고한 곳
③ 유해물질이 적은 곳
④ 우수, 염풍, 일광이 있는 곳

69. 원심형 통풍기의 정기 검사 시 기록해야 할 사항이 아닌 것은?

① 검사비 ② 검사자
③ 검사 개소 ④ 검사 방법

70. 롤러 체인을 스프로킷 휠이 부착된 평행 축에 평행 걸기를 할 때 거는 방법으로 적절한 것은? (14년 2회)

① 긴장 측에 긴장 풀리를 사용해 건다.
② 이완 측에 이완 풀리를 사용해 건다.
③ 긴장 측은 위로, 이완 측은 아래로 하여 건다.
④ 긴장 측은 아래로, 이완 측은 위로 하여 건다.

해설 이완 측에 긴장 풀리를 사용하여 건다.

71. 볼트의 밑부분이 부러졌을 때 빼내기 위해 사용하는 공구는? (16년 2회)

① 탭
② 드릴
③ 스크루 바이스
④ 스크루 익스트랙터

72. 밸브의 무게와 양면에 작용하는 압력 차로 작동하여 유체의 역류를 방지하는 밸브는? (12년 3회, 15년 3회)

① 감압 밸브 ② 체크 밸브
③ 게이트 밸브 ④ 다이어프램 밸브

73. 너트 풀림 방지용으로 사용되는 와셔로 적절하지 않은 것은?

① 사각 와셔 ② 스프링 와셔
③ 이붙이 와셔 ④ 혀붙이 와셔

해설 사각 와셔는 목재용이다.

74. 접착제의 구비 조건으로 적절하지 않은 것은?

① 액체성일 것
② 접착제가 파괴되지 않는 저분자일 것
③ 고체 표면의 좁은 틈새에 침투하여 모세관 작용을 할 것

2020

정답 66. ③ 67. ④ 68. ④ 69. ① 70. ③ 71. ④ 72. ② 73. ① 74. ②

④ 도포 직후 화학반응에 의해 고체화되고 일정한 강도를 가질 것

75. 다음 중 펌프에서 캐비테이션(cavitation)이 발생했을 때 그 영향으로 적절하지 않은 것은? (13년 2회)

① 소음과 진동이 생긴다.
② 펌프의 성능에는 변화가 없다.
③ 압력이 저하하면 양수가 불가능해진다.
④ 펌프 내부에 침식이 생겨 펌프를 손상시킨다.

해설 캐비테이션이 발생하면 압력의 감소에 의하여 성능이 저하된다.

76. 베어링의 축 방향으로 이동을 방지하기 위해 스냅 링을 보스나 축에 장착하는데, 이를 조립하거나 분해할 때 쓰이는 공구로 적절한 것은?

① 조합 플라이어(combination plier)
② 스톱 링 플라이어(stop ring plier)
③ 롱 노즈 플라이어(long nose plier)
④ 워터 노즈 플라이어(water nose plier)

77. 열 박음에서 끼워 맞춤 가열온도를 구하는 식으로 옳은 것은?(단, T : 가열온도, Δd : 죔새(축 지름-구멍 지름), α : 열팽창계수, D : 구멍 지름)

① $T=\dfrac{\Delta d}{D}$ ② $T=\dfrac{\alpha\times D}{\Delta d}$

③ $T=\dfrac{\Delta d}{\alpha\times D}$ ③ $T=\dfrac{D}{\Delta d}$

78. 원심 펌프의 이상 원인 중 시동 후 송출이 되지 않는 원인으로 적절하지 않은 것은?

① 회전 방향이 다를 때
② 펌프 내 공기가 없을 때
③ 임펠러가 손상되었을 때
④ 임펠러에 이물질이 걸렸을 때

79. 두 축의 중심선이 일치하지 않거나, 토크의 변동으로 충격 하중이 발생하거나, 진동이 많은 곳에 주로 사용하는 축이음은?

① 머프 커플링
② 셀러 커플링
③ 올덤 커플링
④ 플렉시블 커플링

80. 공기 압축기의 흡입 관로에 설치하는 스트레이너(strainer)의 설치 목적으로 옳은 것은? (13년 2회)

① 배관의 맥동으로 소음이 발생하는 것을 방지해 준다.
② 빗물이 스며들어 압축기에 들어가지 않도록 차단해 준다.
③ 나뭇잎 등의 큰 이물질이 압축기에 들어가지 않도록 차단해 준다.
④ 공기 중의 수분이 응축되어 압축기에 들어가지 않도록 제거해 준다.

해설 스트레이너는 나뭇잎 등의 큰 이물질이 압축기에 들어가지 않도록, 돌 등이 펌프에 혼입되지 않도록 차단해 주는 장치이다.

정답 75. ② 76. ② 77. ③ 78. ② 79. ④ 80. ③

기계정비산업기사 필기

2021년 2월 10일 인쇄
2021년 2월 15일 발행

저 자 : 기계정비시험연구회
펴낸이 : 이정일

펴낸곳 : 도서출판 **일진사**
www.iljinsa.com
(우) 04317 서울시 용산구 효창원로 64길 6
전화 : 704-1616 / 팩스 : 715-3536
등록 : 제1979-000009호 (1979.4.2)

값 28,000 원

ISBN : 978-89-429-1662-7